FAUNE

DE LA

SÉNÉGAMBIE

PAR

A.-T. DE ROCHEBRUNE

DOCTEUR EN MÉDECINE

LAURÉAT DE LA FACULTÉ DE MÉDECINE DE PARIS, LAURÉAT DE L'INSTITUT (AC. DES SC.)
ANCIEN MÉDECIN COLONIAL A St-LOUIS (SÉNÉGAL), AIDE NATURALISTE AU MUSÉUM DE PARIS
MEMBRE DE LA SOCIÉTÉ LINNÉENNE DE BORDEAUX, ETC., ETC.

MAMMIFÈRES

Avec neuf planches en couleurs retouchées au pinceau

PARIS
OCTAVE DOIN
ÉDITEUR
8, PLACE DE L'ODÉON,
1883

Le 3e fascicule : **LES OISEAUX**, avec 30 planches, paraîtra dans le 1er semestre de 1884.

FAUNE

DE LA

SENÉGAMBIE

Bordeaux. — Imprimerie J. Durand, rue Condillac, 20.

FAUNE

DE LA

SÉNÉGAMBIE

PAR

A.-T. DE ROCHEBRUNE

DOCTEUR EN MÉDECINE

LAURÉAT DE LA FACULTÉ DE MÉDECINE DE PARIS, LAURÉAT DE L'INSTITUT (AC. DES SC.
ANCIEN MÉDECIN COLONIAL A St-LOUIS (SÉNÉGAL), AIDE NATURALISTE AU MUSÉUM DE PARIS
MEMBRE DE LA SOCIÉTÉ LINNÉENNE DE BORDEAUX, ETC., ETC.

MAMMIFÈRES

Avec neuf planches en couleurs retouchées au pinceau

PARIS
OCTAVE DOIN
ÉDITEUR
8, PLACE DE L'ODÉON.
1883

—

FAUNE DE LA SÉNÉGAMBIE.

MAMMIFÈRES.

CONSIDÉRATIONS GÉNÉRALES.

§ I. — Les Naturalistes qui ont écrit sur la Mammalogie Sénégambienne sont en très petit nombre; aussi, la plupart du temps, pour parvenir à la connaissance des espèces, faut-il péniblement compulser, surtout, les recueils périodiques Anglais, Allemands, voire même Américains, et rechercher avec non moins de peine, les renseignements épars dans de rares publications Françaises.

La Bibliographie Mammalogique de cette partie de l'Afrique se réduit donc à citer, plus particulièrement : les Annales (1) et les Nouvelles archives du Muséum (2); les Transactions de Londres (3) et de Philadelphie (4); le Magazine (5), les Proceedings (6) de Londres; les Monatsbericht de Prusse (7); les Cata-

(1) *Annales du Muséum de Paris.* — Mémoires de E. et I. Geoffroy Saint-Hilaire, Duvernoy, Cuvier, etc. Passim.

(2) *Nouvelles Archives du Muséum de Paris.* — Mémoires de Gratiolet, Alix, Pucheran, Milne Edwards, Huet, de Rochebrune, etc. Passim.

(3) *Transactions of the Zool. Soc. of London.* — Articles de F. Cuvier, Bennet, Harvey, etc. Passim.

(4) *Proced. Acad. of Philadelphie.* — Articles de Allen, etc. Passim.

(5) *Magazine of Nat. Hist. of London.* — Articles de Gray, etc. Passim.

(6) *Proced. of the Zool. Soc. of London.* — Articles de Ogilby, Tomes, Gunther, Blith, Broock, Bennett, Speke, Bartlet, Murie, Gray, Barboza du Bocage, Sclater, etc. Passim.

(7) *Monatsberichte der K. Akademie der Wissenschaften zu Berlin.* — Articles de Peters, etc.

logues du British Muséum, de Gray (1); la Revue et Magasin de Zoologie, de Guerin-Meneville (2), et quelques brochures isolées, dont on trouvera l'indication à la synonymie même des espèces que nous mentionnerons plus loin.

Si la Sénégambie a été peu étudiée, en revanche, la majeure partie des régions limitrophes, ont été le sujet de travaux importants, qu'il est nécessaire de ne pas négliger, car souvent le mélange d'espèces habitant simultanément l'une ou l'autre de ces contrées, impose la connaissance des ouvrages qui les concernent, et sans laquelle on ne pourrait arriver avec certitude à des comparaisons rigoureuses et indispensables.

Les ouvrages de Ruppel (3), E. Geoffroy Saint-Hilaire (4), Temminck (5), A. Schmidt (6), Deckens (7), Heuglin (8), Dobson (9), sont ceux que l'on doit consulter.

Les traités généraux renferment en outre des documents que l'on ne trouve nulle part ailleurs, nous signalerons : les ouvrages de Buffon (10), Audebert (11), Temminck (12), F. Cuvier et Geoffroy Saint-Hilaire (13), P. Gervais (14), H. Smith (15), Wagner (16), H. et A. Milne Edwards (17), Trouessart (18), etc.

---

(1) Gray, *Cat. of Mamm. in British Museum*, et *Cat. Monkeys-Lemurs, Fruit-Eating-Bats, Horas, Buffalo, Antelopes, Scales and Whales, etc.* — *List of the vertebrated animals in the Gardens of Zool. Soc. of London.*

(2) *Revue et Magasin de Zoologie.* Articles de Lesson, Pucheran, etc. Passim.

(3) *New Wirbelthiere zu der fauna von Abyssinien Gehorig*, 1835-1840. — *Atlas Nordl. Afrika*, 1826.

(4) *Hist. Nat. Egypte*, 1812.

(5) *Esquisses zoologiques sur la côte de Guinée*, 1853.

(6) *Illustr. zool. South. Afrika*, 1859.

(7) *Reisen in Ost Afrika*, 1869.

(8) *Reisen Nord Ost Afrika*, 1877.

(9) *Monograph. of the Chiroptera and Catal. of the species of Bats in the Indian Museum, Calcutta*, 1876.

(10) *Hist. Nat. Mamm.* (Passim.), édit. Daubenton.

(11) *Hist. Nat. des Singes et des Makis*, an VIII.

(12) *Monogr. Mammalium*, 1820.

(13) *Hist. Nat. Mamm.*, pl. lithogr., 1824.

(14) *Hist. Nat. Mamm.*, 1855.

(15) *Varia in the Natur. Library by Jardines*, 1841-1845.

(16) *Die Singthiere et Supp.*, 6 vol., 1775-1843.

(17) *Recherches pour servir à l'hist. des Mammifères*, 1861-1871.

(18) *Revue et Magasin de Zoologie* et *Bulletin Soc. Etud. scient.*, Angers, 1881.

Enfin, parmi les récits de voyages, quelques-uns méritent de fixer l'attention; tels sont ceux de Labat, malgré ses descriptions trop souvent fantaisistes (1), de Bruce (2), Golbery (3), Durand (4), et parmi les plus récents : ceux de Livingston (5), Raffenel (6), Mage (7), Lefebvre (8), Dupéré (9), où l'on trouve soit des indications d'espèces, soit des détails sur leurs mœurs et leur habitat.

Nous ajouterons que les ouvrages d'Adanson, le premier explorateur scientifique de la Sénégambie, sont le point de départ de toute étude zoologique concernant cette contrée (10).

§ II. — La distribution géographique des Mammifères Africains a été étudiée, à diverses reprises. Dans un long mémoire ayant pour titre : Esquisses sur la Mammalogie du Continent Africain, le Dr Pucheran (11) a cherché, l'un des premiers, à poser les bases de cette distribution, que Schlegel, dans sa Physionomie des Serpents (12), ouvrage où tant d'erreurs fourmillent, comme nous l'avons démontré ailleurs (13), avait tenté d'ébaucher avant lui.

Plus récemment, Andrew Murray, dans son grand ouvrage : *The geographical distribution of Mammals* (14), s'inspire des idées de Pucheran; avant lui, Schmarda (15), s'occupant de la

---

(1) Le P. J.-B. Labat, *Nouvelle relation de l'Afrique occidentale*, 1728, in-12.

(2) *Voyage aux sources du Nil, en Nubie et en Abyssinie*, pendant les années 1768-1769-1770-1771 et 1772, trad. de l'Anglais, in-8°, 1790.

(3) *Fragments d'un voyage en Afrique*, 1802.

(4) *Voyage au Sénégal*, 1802.

(5) *Missionary travels in South Africa*, 1802.

(6) *Voyage dans l'Afrique occidentale*, 1843-1844.

(7) *Voyage dans le Soudan occidental*, 1868.

(8) *Voyage en Abyssinie*, de 1839 à 1843.

(9) *Bull. Soc. Geogr.*, Paris, 1876-1877.

(10) *Hist. nat., du Sénégal*, in-4° M DCC LVII. — *Cours d'Hist. Nat.*, 1772. — Édit. Payer, 1845.

(11) *Rev. et Mag. de Zoologie*, 2e sér., t. VII, 1855, p. 289 et seq. — T. VIII, 1856, p. 40 et seq.

(12) *Essai sur la Physionomie des Serpents*, vol. I et II.

(13) De Rochebrune, *Journ. d'Anat. et de Phys.*, 1881, p. 185 et seq.

(14) Gr. in-4°, 1866.

(15) *Geographische Verbreitung der Thiere*, 1853.

distribution des animaux de tous les ordres, parle subsidiairement des Mammifères d'Afrique et tous, bien que d'opinions différentes sur certains points de détail, sont unanimes pour déclarer : que le continent Africain ne possède pas de Faune spéciale, et que la majeure partie de ses genres ont des représentants soit en Europe, soit en Asie, et quelquefois simultanément dans ces deux parties de l'ancien monde.

Telle est la première conclusion, posée notamment par Pucheran; puis il ajoute : « Sous un point de vue spécial, l'Afrique peut se diviser en quatre zones :

» 1° La zone Méditerranéenne, étendue depuis le rivage Marocain de l'Atlantique, jusqu'à la frontière Egyptienne de l'Abyssinie;

» 2° La zone septentrionale du centre de l'Afrique, comprenant le Sénégal, la Nubie, et, pour certains types, l'Abyssinie;

» 3° La zone méridionale du centre de l'Afrique, située au Sud du Sénégal, et dont les limites, dans l'état actuel de la science (Pucheran écrivait en 1855), ne peuvent être nettement déterminées;

» 4° Enfin la zone orientale, occupant toute la côte orientale d'Afrique, depuis le Cap de Bonne-Espérance, jusqu'au rivage Abyssinien de la Mer Rouge (1). »

A peu de chose près, les provinces Africaines, également acceptées par Andrew Murray, sont les mêmes.

Il importe d'examiner si, comme l'affirment les auteurs cités, l'Afrique est dépourvue de faune spéciale; si elle peut être partagée en zones définies; si surtout la Sénégambie doit être comprise dans l'une de ces zônes.

A cette dernière question, sont intimement liées les deux autres; nous devons donc chercher à la résoudre la première, en faisant observer que nous écartons de la discussion la zone dite zone Méditerranéenne, adoptée par tous les Zoologistes, comme entièrement distincte de la Faune Africaine proprement dite.

Nous écartons, également, toute comparaison avec les genres ayant, d'après Pucheran, des représentants en Europe. Ces genres, en effet, sont trop peu nombreux, ou trop peu importants,

---

(1) *Loc. cit.*, p. 210 (1855).

pour qu'il faille en tenir compte; l'analogie également cherchée par Andrew Murray, mais basée plus spécialement sur les restes d'animaux éteints (*Elephant*, *Hippopotame*, *Rhinocéros*, etc.) ne saurait non plus être invoquée, elle nous entraînerait à des considérations sans utilité ici, et dont la place est, du reste, marquée dans la partie Géologique et Paléontologique de cet ouvrage.

Il est nécessaire, avant tout, de rappeler à grands traits la situation topographique de la Sénégambie.

Depuis le Cap Blanc jusqu'à Sedhiou (Casamence), la côte basse, bordée d'une triple ligne de bancs de sables s'élevant à une faible altitude, quand du rivage on pénètre dans les terres, donne à tout le pays cet aspect triste et aride, propre aux plaines sablonneuses où croissent, avec peine, quelques plantes herbacées et des arbrisseaux rabougris.

La partie orientale, au contraire (Fouta-Djalon), est essentiellement montagneuse; de là, descendent vers l'Ouest et vers le Nord, des ramifications nombreuses, peu élevées, formant les bassins supérieurs des cours d'eau dirigés vers la côte; cette chaîne du Fouta-Djalon, considérée comme un des prolongements du grand plateau de l'Afrique centrale, plateau sur lequel règnent encore bien des hypothèses, comprend des rangées de montagnes secondaires, plus ou moins parallèles, se dégradant insensiblement, au fur et à mesure de leur inclinaison vers l'Ouest et vers le Nord.

A l'Ouest, une dernière chaîne sépare le haut pays des régions basses et marécageuses du littoral; au Nord, une contrée boisée et couverte de vastes steppes, sépare ces montagnes des déserts de sables; là, d'immenses forêts, des plaines à végétation luxuriante, s'étendent dans toutes les directions.

Au Sud, la végétation tropicale s'accentue, et dans les parties arrosées par la Casamence, la Gambie et les cours d'eau tributaires, si des espaces arides se montrent encore, si des collines élevées surgissent de loin en loin, tout rappelle néanmoins l'aspect des contrées qui, de là, se continuent vers les côtes de Sierra-Leone, de Guinée, des Ashanties, du Gabon, etc., etc.

La Sénégambie peut donc être topographiquement partagée en plusieurs régions : la région Désertique, la région Littorale, la région Montagneuse et la région des Steppes et des Vallées.

Sur cette large étendue, vivent les Mammifères dont nous avons à rechercher le mode de distribution : d'abord, à un point de vue général, puis ensuite dans leurs rapports et leurs différences avec ceux des contrées voisines.

Prise dans son ensemble, la faune Mammalogique Sénégambienne se caractérise par le grand développement des espèces de la famille des Singes : « *This is,* PAR EXCELLENCE, dit Andrew Murray, *the district of Monkeys, especially of the Circopitheci* (1). »

Étendus plus articulièrement au Nord et au Sud, ces animaux sont ordinairement cantonnés dans les forêts du haut fleuve, comme dans celles désignées sous le nom du bas de la côte; là aussi apparaissent les formes Anthropoïdes, dont l'aire d'extension s'écarte considérablement des limites qu'on avait cru pouvoir fixer jusqu'ici.

Les Lémuriens, représentés par plusieurs espèces du groupe des *Galago,* par les *Perodicticus,* propres aux portions boisées du Nord et aux forêts de Gommiers, sur la limite extrême du désert, descendent le long de la côte, pour réapparaître dans les plaines arrosées par la Casamence et la Gambie.

Sans pouvoir qualifier les Chiroptères de cosmopolites, leurs moyens de transport facilitent leurs migrations; aussi voit-on les espèces frugivores se montrer à des époques fixes, sur tel ou tel point de la contrée, suivant, pour ainsi dire par étapes, les centres où dominent les espèces végétales fructifères; les grands bois du Nord et du Sud sont naturellement les plus visités; les espèces insectivores, tout en n'effectuant pas, comme les premières, des voyages réguliers, pénètrent plus loin et fréquentent les plaines et les bords des marigots, où pullulent les petits animaux, leur nourriture exclusive.

La distribution des types appartenant aux Insectivores et aux Rongeurs, suit une ligne à peu près semblable. Peu cependant se plaisent au voisinage des contrées boisées ou herbeuses; la plupart, recherchent les sables arides; beaucoup sont fouisseurs; il leur faut un sol facile à entamer, et si quelques-uns chassent pendant la nuit, sur des arbustes, pendant le jour ils habitent des terriers, et par conséquent se plaisent ou à la

---

(1) *Loc. cit.*, p. 309.

lisière des bois, ou dans les steppes, dont le sable mobile ne produit que de rares arbrisseaux, parfois seulement des arbres isolés.

Les grands Félidés ne font pas défaut à la Sénégambie, et leur répartition s'étend dans toutes les directions; on les rencontre partout où dominent les formes si variées des Ruminants Cavicornes, c'est-à-dire dans les plaines entourées de profondes forêts; les plus petites espèces du même ordre, ou bien se tiennent dans les régions boisées, ou plus rarement, ne quittent pas la bande sablonneuse du littoral.

Tout au contraire, les représentants de la famille des Canidés parcourent isolés, mais plus souvent en troupes, les steppes et les parages sablonneux qui, de la côte, montent vers l'intérieur; on peut ranger dans la même catégorie toute la série des petits Carnassiers, dont peu de genres délaissent ces régions, pour habiter le bord des eaux et les lieux herbeux et boisés qui les avoisinent.

Pour les grands Pachydermes auxquels la proximité des cours d'eau et l'abondance de la nourriture est essentielle, les forêts du haut fleuve et du bas de la côte, s'imposent naturellement; jadis répandus indistinctement dans tous les lieux où ils trouvaient ces moyens d'existence, ils tendent aujourd'hui à disparaître, devant l'invasion incessante de l'homme blanc, rétrécissant de plus en plus leur aire d'extension, si vaste encore du temps même d'Adanson.

L'Afrique est la partie presque exclusive du groupe nombreux des Antilopes; tous les genres qui le composent, à peu d'exceptions près, s'observent en Sénégambie; très peu, du reste, se localisent, et soit dans les steppes, soit dans les vallées et les contrées montagneuses, beaucoup, sinon tous, se trouvent indifféremment mélangés.

Les Édentés en fort petit nombre, appartiennent au Nord comme au Sud et à l'Ouest.

Nous ne pouvons donner que des indications incomplètes sur les Cétacés qui sillonnent les côtes de la Sénégambie; beaucoup d'espèces sont voyageuses; la plupart, rares du reste, séjournent peu de temps dans ces parages, et ne seraient pas improprement qualifiées d'erratiques; il faut en excepter, cependant, quelques types du groupe des Dauphins, et surtout le *Physeter macroce-*

phalus, qui, s'il ne se maintient pas constamment au large, apparait du moins à des époques fixes, et fait par conséquent partie de la faune marine de cette région.

Comme on le voit, la faune Sénégambienne, de même que celle de l'Afrique, prise dans son ensemble, se caractérise par la grande extension des Mammifères dont elle se compose.

L'étude plus détaillée des genres et des espèces démontre le mélange, en Sénégambie, d'animaux des autres contrées Africaines.

L'immense plaine du Sahara, limitée à l'Ouest par le littoral de l'Atlantique, confinant vers le Nord-Est aux chaînes de l'Atlas, également dans la direction Nord-Est, aux déserts du Fezzan Tripolitain et Tunisien, à l'Est, aux déserts de Nubie et d'Abyssinie, et contournant au Sud toute la région Soudanienne, borne le Nord et la partie Est de la Sénégambie, et par cette configuration même, indique, *a priori*, la présence sur le sol de cette contrée, d'espèces Sahariennes, Nubiennes et Abyssiniennes.

Aux premières, en effet, correspondent, parmi les rongeurs : les *Gerbillus pigargus* et *Ægyptius*, les *Lepus Ægyptius* et *isabellinus*, espèces d'un genre dont Pucheran niait la présence en Sénégambie (1); les *Hyæna striata*, *Vulpes Niloticus* et plusieurs *Antilopes*, peuvent être joints à ces espèces.

La ressemblance entre les faunes Nubio-Abyssinienne et Sénégambienne est généralement acceptée par les Zoologistes; au nombre des espèces communes, dominent les Canidés et les Antilopes, telles que les *Tragelaphus decula*, *Gazella dama*, *Addax naso maculatus*, *Oryx leucoryx*; la *Girafe*, le *Phacochærus Æliani*, etc., s'y associent; mais la similitude s'accentue davantage encore par l'existence de types remarquables, parmi lesquels tranchent le *Guereza Ruppellii*, déjà indiqué par Fraser comme habitant sur les bords du Niger, et les *Fennecus dorsalis*, *Simenia Simensis* et *Lycaon venaticus*, ce dernier surtout, regardé, jusqu'ici, croyons-nous, comme éminemment Abyssinien (2).

Comme le professent plusieurs savants Mammalogistes, la région Nubio-Abyssinienne, possède des genres et des espèces du

---

(1) *Loc. cit.*, p. 548 (1855).

(2) Le *Lycaon venaticus* est signalé comme existant aussi au Cap de Bonne-Espérance.

Cap; il devient évident qu'un certain nombre, tout au moins, de ces genres ou de ces espèces, doit exister aussi en Sénégambie, dont les relations avec la Nubie et l'Abyssinie sont irréfutables; c'est ce qui a lieu en effet; nous citerons entre autres : les *Nycteris Thebaicus*, *Graphiurus Capensis*, *Felis serval*, *Phacochærus Africanus*, *Aigocerus equinus*, *Nanotragus pigmæus*, déjà indiqués par J. Smuts (1).

Lorsque, quittant la région Nord et Est de la Sénégambie, on se dirige vers le Sud, il n'est pas possible de tracer, comme le suppose Pucheran, une ligne de démarcation entre son point extrême, la Gambie, par exemple, et les pays qui lui font suite.

Nous n'ignorons, en aucune façon, combien sont remarquables les types rapportés chaque jour par les explorateurs, et provenant de Sierra-Leone, des Ashantées, de la Côte de Guinée, du Gabon, etc. Il est incontestable que beaucoup de ces types qualifiés par quelques-uns d'anormaux, y dominent; malgré cela, nous voyons un nombre si grand de ces types anormaux, remonter en Sénégambie, qu'il serait au moins prématuré d'adopter ce que Pucheran, et avec lui Andrew Murray, nomment : zone australe du centre Africain.

De la Gambie au Cap, s'étend une large bande de pays à végétation tropicale. Des chaînes de montagnes, courant parallèlement au littoral, s'élèvent dans toute sa longueur; partout la constitution géologique est la même; partout les conditions d'existence sont identiques; aussi peut-on affirmer qu'elle renferme une faune dont la Sénégambie possède divers représentants.

On a déjà vu ceux qui lui sont communs avec la faune du Cap; comme le Damara, elle possède : l'*Erinaceus frontalis*, le *Graphiurus Capensis*, l'*Aigocerus equinus*, etc. (2).

La côte d'Angole lui envoie : les *Epomophorus Gambianus*, *Crocidura æquatorialis*, *Felis neglecta*, *Dendrohyrax arboreus*, *Manis tricuspis* (3).

Aux monts Cameroon, elle emprunte : l'*Anomalurus Beecroftii* (4).

---

(1) *Dissert. Zool. Enum. Mamm. Capensium*, 1832.
(2) Tornes, *P. Z. S.*, 1861.
(3) Monteiro, *P. Z. S.*, 1860. — Barbòza du Bocage, *id.*, 1865.
(4) Burton, *P. Z. S.*, 1862.

Au Gabon : les *Troglodites niger*, *Myopithecus talapoin*, *Perodicticus potto*, *Eleutherura unicolor*, *Epomops Franqueti*, *Tragelaphus gratus*, etc., etc.

A Liberia : le rarissime *Chæropsis Liberiensis*.

A Fernando-Po : les *Cercopithecus Campbellii*, *Anomalurus Fraseri*.

A la côte de Guinée : les *Colobus bicolor* et *ferrugineus*, les *Sciurus annulatus*, *Potamochærus penicillatus*.

Enfin, à Sierra-Leone : les *Cynocephalus sphinx*, plusieurs *Colobus*, presque tous les *Cephalophus*, etc., etc.

Il serait facile d'augmenter considérablement ces listes; nous renvoyons, pour plus de détails, à la partie descriptive des espèces; mais nous insistons sur certaines d'entre elles, plus propres que bien d'autres, souvent citées, à montrer la puissance de dispersion particulière aux Mammifères Africains, comme par exemple : les *Hyemoschus aquaticus* et *Oreas Derbianus*, de Sierra-Leone et de Gambie, vivant également dans le haut fleuve, sur les rives du Bakoy et du Bafing; comme aussi le *Tragelaphus gratus*, découvert au Gabon, et habitant les plaines arides du Cayor; le *Manis Tricuspis* de la côte d'Angole; le *Manis longicauda* de Sierra-Leone, retrouvés dans le Oualo et le pays des Sérères, où ils étaient communs du temps d'Adanson.

Cette rapide esquisse sur la distribution géographique des Mammifères Sénégambiens, suffit à démontrer la non-existence d'une zone septentrionale, dont la Sénégambie ferait partie intégrante; de plus, elle démontre la non-existence de zones méridionales et orientales; mais conduit-elle à la négation absolue d'une faune propre au continent tout entier, comme le veulent Pucheran, Andrew Murray et autres?

Nous ne le pensons pas.

Ces auteurs s'appuient sur le nombre restreint des genres, comparés à ceux que possèdent l'Asie, l'Europe et l'Amérique. Nous ne comprenons pas un raisonnement formulé sur des données de cette nature, car, quel que soit le nombre des genres existant sur une étendue quelconque, quelles que soient les espèces, les formes, si l'on veut, appartenant à ces genres, du moment où elles possèdent des caractères qui leur sont propres, du moment qu'elles ne se rencontrent nulle part ailleurs, elles impriment à cette étendue un facies particulier, et, par cela même, établissent une faune que l'on est forcé d'accepter comme spéciale.

« Il est nécessaire, dit Pucheran, quand on base l'établissement d'une faune spéciale sur les genres qu'elle renferme, il est nécessaire de faire attention principalement à la spécialité d'organisation que ces genres peuvent offrir, car ce sont les genres doués de tels caractères qui donnent aux productions d'un pays leur physionomie spéciale (1). »

C'est précisément là ce que l'on observe en Afrique, et c'est précisément dans les *trente-sept genres* dont Pucheran donne la liste (2), que nous trouvons la caractéristique invoquée (et qu'il leur refuse), sur laquelle nous nous fondons, pour attribuer au continent tout entier une faune spéciale.

C'est également sur ces *trente-sept genres* (on pourrait facilement en augmenter le nombre), que nous nous fondons, pour réfuter certaines propositions, certaines lois même, formulées par Pucheran.

Pour lui, « les Mammifères à grandes oreilles et fuyant par cela même l'éclat du jour et l'éclat des rayons solaires, sont plus fréquents en Afrique que partout ailleurs (3). »

Si on excepte les *Fennecus*, aucun genre, aucune espèce ne se singularise, en Afrique, par le développement exagéré des organes externes de l'audition, d'une façon plus remarquable que dans les autres parties du monde; les Carnassiers n'en fournissent aucun exemple; il en est de même des Antilopes, dont les conques auditives ne surpassent aucunement celles des Antilopes Asiatiques et des Cervidés Européens et Américains.

C'est à peine si, dans l'ordre des Chiroptères, on peut noter trois ou quatre exemples de types, dont les oreilles atteignent les dimensions de certaines formes Européennes.

Les Lièvres cités par Pucheran (4) ne sont pas seulement Africains; dans tous les cas, ils ne passent pas pour nocturnes; les *Perodicticus*, classés dans la même catégorie, nous sont connus par des conques auditives de faibles dimensions.

---

(1) *Loc. cit.*, p. 407 (1855).
(2) *Loc. cit.*, p. 403 (1855).
(3) *Loc. cit.*, p. 454 (1855).
(4) *Loc. cit.*, p. 454 (1855).

Parmi les Loirs, les *Graphiurus Coupei, Hueti* et *Capensis* ont des oreilles courtes, et si celles des *Otomys* sont relativement allongées, celles des *Aulacodus* et des *Hystrix*, etc., ne brillent pas par leur ampleur.

A cette première caractéristique inacceptable, Pucheran en ajoute une seconde : « La pénurie des Mammifères aquatiques (palmipèdes) en Afrique, dit-il, est extrême, et *cette rareté est un indice de l'absence des grands cours d'eau* (1). »

Sans relever cette dernière phrase, involontairement échappée sans doute à la plume de Pucheran, la pénurie des Mammifères palmipèdes ne nous paraît pas aussi grande qu'il l'affirme, car lorsque, d'après ses listes, l'Inde, l'Amérique du Sud et la Nouvelle-Hollande réunies, comptent seulement *sept genres* absolument palmipèdes, il n'y a rien d'étonnant et rien de caractéristique d'en rencontrer seulement *deux* en Afrique.

L'Europe en possède à peine davantage; personne pourtant n'a songé à invoquer cette absence, comme un des caractères de la faune Européenne.

Nous n'insisterons pas sur certains genres, réputés à juste titre aquatiques, tels que l'*Hippopotame*, le *Chœropsis*, le *Potamogale*, spéciaux au continent Africain; tous apportent une preuve négative à l'affirmation précédemment émise.

Dans une troisième et dernière proposition, Pucheran proclame « comme classique en zoologie, la teinte isabelle du pelage des Mammifères Africains » (2), puis il ajoute : « d'une zone à l'autre, d'une région à celle qui la suit ou à celle qui la précède, les types varient par la couleur, et ces variations sont en rapport avec les degrés différents de température des localités habitées (3). »

Ces deux affirmations se contredisent l'une l'autre; en outre, prises isolément, elles sont inexactes.

La teinte isabelle pourrait, à la rigueur, être regardée comme dominante chez les types de la région Méditerranéenne; mais cette région ayant été écartée, ses espèces ne peuvent être mises en cause; quelques-unes, véritablement Africaines, ont une

---

(1) *Loc. cit.*, p. 454 (1855).
(2) *Loc. cit.*, p. 410 (1855).
(3) *Loc. cit.*, p. 554 (1855).

livrée semblable; mais leur nombre est trop restreint, pour qu'elles soient prises comme l'expression d'un fait général.

En réalité, tous les tons dérivés du marron foncé au brun pâle, se trouvent répartis sur le pelage des Mammifères Africains; la teinte intermédiaire entre ces deux couleurs extrêmes peut donc être prise comme moyenne.

L'influence du climat sur la coloration ne nous paraît pas s'exercer plus qu'ailleurs sur les Mammifères Africains, et quoi qu'en ait dit Pucheran, la température Sénégalienne ne fonce pas les teintes (1).

Les animaux à pelages noirs et roux, sont aussi communs en Nubie, en Abyssinie, au Cap, etc., qu'en Sénégambie; ceux à pelage où le blanc domine, s'observent dans les mêmes régions. « Les espèces à teintes les plus blanchâtres, dit Pucheran, habitent la Nubie et l'Abyssinie : tel est le *Guereza Ruppelii.* »

Nous avons cependant signalé cette espèce en Sénégambie, et, avant nous, Fraser l'a vue sur les bords du Niger; les *Oryx leucoryx*, *Addax naso maculatus*, Abyssiniens et Sénégambiens à la fois, ont des teintes blanches; si les *Zorilla striata*, *Mellivora Capensis* et *leuconota*, *Ichneumia albicauda* et tant d'autres, portent sur leur pelage des couleurs sombres, en revanche le blanc et le *blanc pur*, est largement mélangé aux *couleurs dites Sénégambiennes*.

Les exemples choisis par Pucheran « parmi les Carnassiers les mieux connus » ne sont pas heureux; le pelage du Lion du Sénégal, en effet, est bien plus pâle que celui du Lion de Barbarie, ce qui devrait être le contraire, d'après sa théorie: le *Canis anthus*, de Cuvier, à teinte mélanienne, est Sénégambien et Abyssinien; le *Canis aureus*, du Cap, n'est pas plus foncé au Sénégal; le *Lycaon venaticus* ne diffère en aucune façon, du Sénégal à l'Abyssinie; le *Hyena striata* est dans le même cas, etc., etc.

Rien ne serait plus facile que d'accumuler des preuves semblables; toutes, indistinctement, détruisent la caractéristique présentée par Pucheran.

Si maintenant on vient à rechercher les relations existant

---

(1) *Loc. cit.*, p. 547 (1855).

entre la faune Africaine et celle des autres continents, on observe que l'Asie et une grande partie de l'Archipel Indien, sont les seules contrées où ces relations soient manifestes.

Ce fait, érigé en principe par Isidore Geoffroy Saint-Hilaire (1), est vrai d'une manière absolue, car non seulement il s'applique aux Mammifères, mais à tous les vertébrés, comme nous aurons maintes fois occasion de le démontrer dans le cours de cet ouvrage.

En se rapportant aux listes publiées par Andrew Murray (2), on trouve *quarante-sept genres* communs à l'Afrique et à l'Asie; ces genres sont représentés par *trente-huit espèces*, également communes à l'une et à l'autre.

Nulle autre partie du monde ne partage cette communauté avec l'Afrique; l'Europe ne peut être mise en parallèle, et, le fût-elle, c'est à peine si l'on y observe *sept genres* également Africains.

L'Amérique enfin, dont la faune, suivant quelques Zoologistes, présente de véritables relations avec l'Afrique, compte seulement *douze genres* Africains, genres dont *aucune espèce semblable* n'habite simultanément les deux continents.

§ III. — Résumant l'ensemble de ces faits, nous pouvons en conclure : qu'au point de vue Mammalogique, le continent Africain se caractérise :

1° Par la grande dispersion des genres et des espèces, dont la plupart se trouvent indifféremment distribués sur tous les points;

2° Par la présence d'une faune spéciale, composée de genres et d'espèces n'ayant encore été rencontrés nulle part ailleurs;

3° Par l'absence absolue de zones zoologiques, pouvant être définies d'une façon quelconque;

---

(1) *Voy. de Bellanger aux Indes-Orientales.*

(2) *Loc. cit.*, p. 320 à 407. — Ces listes, publiées en 1866, quoique relativement incomplètes aujourd'hui, sont largement suffisantes, pour démontrer l'analogie des faunes Africaine et Asiatique, fait du reste accepté par la majorité des Zoologistes.

4° Par sa très grande analogie avec la faune Asiatique et celle de l'Archipel Indien;

5° Enfin, par l'absence de toute relation avec le continent Américain.

Ces conclusions s'appliquent dans toute leur teneur à la Sénégambie, que, jusqu'ici, rien n'autorise à ériger en zone ou portion de zone, distinctement tranchée.

DESCRIPTION ET ÉNUMÉRATION DES ESPÈCES. [1]

MICRALLANTOÏDEI H. M. Edw.

SIMII Alpin.

Fam. ANTHROPOMORPHÆ L.

Gen. TROGLODYTES E. Geoff.

1. TROGLODYTES NIGER E. Geoff.

Troglodytes niger E. Geoff. Ann. Mus., t. XIX, p. 87.
Simia troglodytes L. Gmel. Syst. Nat., XIII, p. 26.
Jocko Buffon, H. N., t. XIV, p. 1.
Pongo Buffon, H. N., Supp., t. VIII, p. 3.
Chimpanzé Cuv. Reg. An., t. I, p. 104.
Troglodytes leucoprymnus Lesson, Ill. Zooll., pl XXXII, 1831.
— *vellerosus* Gray, P. Z. S. of Lond., 1862, p. 181.
— *Aubryi* Gratiolet, Nouv. Arch. Mus., t. II, 1866, p. 2.

---

(1) Parmi les diverses classifications proposées, nous avons choisi de préférence celle de M. H. Milne Edwards, établie sur les caractères tirés de l'Embryogénie. Pour les genres et les espèces, nous avons suivi plus particulièrement l'ordre établi par Gray dans les *Catalogues du British Museum* les plus récents.

Malgré le nombre restreint d'espèces spécifiquement désignées par les indigènes, nous avons pu cependant réunir la plupart des noms ordinairement en usage, soit parmi les chasseurs, soit parmi les habitants des régions où les animaux se rencontrent, et nous avons écrit ces noms d'après le mode de prononciation des différents districts. Cette indication, que nous noterons au

2

Troglodytes Schweinfurthii Giglioli, Ann. Mus. Civ. Hist. Nat. Gen., vol. III, 1872, p. 56.
— *Tschego* Duvernoy, Arch. Mus., t. VIII, p. 1.
— *calvus* Duchaillu, Boston. Jour. Nat. Hist., p. 296, 1860.
— *Koulo-Komba* Duchaillu, *loc. cit.*, p. 358.

N'Tyigajh. — Très rare en Sénégambie; — remonte la rivière Gambie et la Casamence, d'où il est quelquefois rapporté; nous avons vu à Saint-Louis, chez un commerçant Français, marchand d'animaux du Sénégal, un jeune sujet provenant de cette région.

Le *Troglodytes niger*, localisé, au dire des voyageurs, au Gabon, à la côte d'Or, à la côte de Loango, chez les Ashanties et les Gombi, etc., aurait aussi des représentants dans l'Afrique centrale.

D'après le Professeur Issel (1), l'existence d'un singe Anthropomorpho, dans cette partie de l'Afrique, est prouvée. « Ce singe, dit-il, est un *Troglodyte*, probablement différent du *Troglodytes niger* des auteurs, connu sur la côte occidentale, plus spécialement au pays des Ashanties et dans la région nord du Sénégal; mais les échantillons trop peu nombreux que l'on en possède, ne permettent pas d'établir s'il doit être distingué spécifiquement. »

De son côté, Schweinfurth (2) écrit que l'on rencontre fréquemment un Chimpanzé dans le pays habité par les Niam-Niam, vers 5°,45' de latitude Nord, et plus particulièrement dans les environs du village de Sandé, près la petite rivière de Diam-

---

commencement de chacune des parties de cet ouvrage, sera suivie, selon les besoins, de certains éclaircissements.

C'est à la gracieuse bienveillance de M. le Professeur A. Milne Edwards, que nous devons d'avoir pu compléter l'étude des Mammifères Sénégambiens; nous sommes heureux de lui témoigner publiquement notre respectueuse gratitude. Nous remercions également notre collègue M. Huet, aide-naturaliste, pour sa complaisance, à laquelle nous avons eu plusieurs fois recours, ainsi que MM. Quantin, chef des travaux taxidermiques, et Terrier, préparateur, dont l'obligeance nous a été souvent utile. C'est à ce dernier que nous devons les belles planches accompagnant cette partie de notre faune.

(1) *Ann. Scient. et Industr. Zool.*, p. 272, Milan, 1866.

(2) *In litt.* Giglioli, *loc. cit.*, p. 64.

Vonu, où il a pu en recueillir quinze crânes, et il ajoute que le *Gorille* manque complètement dans toute la région qu'il a parcourue, et que les quinze crânes déposés au Musée de Berlin sont considérés, quoique avec doute, par Hartmann, comme distincts du *Troglodytes niger* type.

Le Troglodyte de l'Afrique centrale, a reçu de Giglioli (1) le nom de *Troglodytes Schweinfurthii*.

Les Naturalistes qui se sont occupés de l'étude du genre Troglodyte, se basant généralement sur les localités diverses habitées par cet animal, surtout aussi sur des caractères plus ou moins accusés, fournis par des individus souvent d'âge et de sexe différents, soumis à leurs études, en ont décrit plusieurs espèces.

Existe-t-il donc en Afrique, des types susceptibles d'être spécifiquement séparés du *Troglodytes niger* ?

Sans avoir la prétention de résoudre une question aussi grave, à l'aide des matériaux restreints dont nous disposons, il n'est pas indifférent de relater, au moins brièvement, l'opinion des auteurs à ce sujet, et d'examiner sur quels fondements leurs distinctions sont établies.

Après avoir donné les caractères extérieurs du *Troglodytes niger* type et de quelques espèces (?) démembrées, nous comparerons les crânes de ces mêmes espèces et nous pourrons en tirer certaines déductions.

Chez le *Troglodytes niger*, la face modérément prognathe, aux arcades sourcilières très proéminentes, arquées, et délimitant brusquement le front fuyant en arrière, est complètement nue et d'une teinte bistrée ou d'un brun rougeâtre, plus ou moins clair par places; de rares poils durs, blanchâtres ou gris, sont épars sur la lèvre supérieure et en dessous de la mâchoire inférieure; les oreilles également nues, de même couleur que la face, sont bien conformées, larges, arrondies et fortement écartées.

Le corps est couvert de poils noirs, disposés différemment, suivant les régions. Ils atteignent leur plus grande longueur sur la tête, le cou et les deux côtés de la face, où ils tombent perpendiculairement. Un peu plus courts et très touffus sur les épaules, le dos, la partie externe des membres, ils s'allongent au pli du coude et à la face antérieure des cuisses; ceux de l'a-

---

(1) *Loc. cit.*, p. 142.

vant-bras, se dirigent en haut, tandis que ceux du bras s'inclinent en sens contraire et viennent se joindre, par leur pointe, en une sorte de pinceau. Des poils plus courts et très peu fournis sont épars sur le dessous du cou, les côtés de la poitrine, la face interne des membres, l'abdomen, le dessus des mains et des pieds, et laissent voir la peau, de même couleur que la face, seulement un peu plus foncée; enfin, de rares poils blancs se localisent autour de l'anus et sur le scrotum.

Il est à remarquer que, chez les jeunes sujets, les poils, relativement beaucoup plus longs que chez l'adulte, ont une couleur brune, d'autant plus pâle que les individus sont plus jeunes; en outre, les parties peu couvertes de poils dans l'adulte, sont ici presque entièrement nues.

Le *Troglodytes niger* ainsi défini, nous citerons seulement pour mémoire : 1° le *Troglodytes leucoprymnus* de Lesson, espèce établie sur un caractère inacceptable, la présence de poils blancs à la marge de l'anus; 2° le *Troglodytes vellerosus*, des monts Cameroon, différencié par Gray, à cause de la longueur des poils : « *being covered with much more abondant and softer fur* », Troglodyte que Giglioli semble considérer comme identique à son *T. Schweinfurthii*; 3° les *Troglodytes calvus* et *Koulo-Komba* de Duchaillu, espèces non moins fantaisistes que les récits du voyageur à travers l'Afrique équatoriale; et nous nous arrêterons un instant sur le *Troglodytes Tschego* de Duvernoy, dont deux très beaux spécimens adultes, existent dans les galeries du Muséum.

Ces deux individus diffèrent du *Troglodytes niger :* par un peu moins de prognathisme de la face et sa couleur brune plus foncée; leur taille est aussi plus forte; de longs poils noirs, parmi lesquels tranchent quelques poils blancs, garnissent les côtés de la face, le dessus de la tête, du cou, du dos et des bras, tandis qu'ils sont grisâtres et faiblement roussâtres sur toute la région des reins, des cuisses et des jambes; à part cette différence tranchée de teintes, leur disposition est en tout semblable à celle de l'espèce type.

Au dire du Dr Alix, collaborateur de Gratiolet (*loc. cit.*), le *Troglodytes Aubryi* « était couvert d'un poil noir à reflets roux »; notons que l'individu paraît relativement jeune, car le crâne est figuré (*loc. cit.*, pl. II) avec toutes les sutures largement ouvertes.

Enfin, d'après Giglioli, le *Troglodytes Schweinfurthii*, aurait la face noirâtre et le corps couvert de poils généralement noirs, à reflets bruns ou roussâtres : « *Il colore dei peli e generalmente nero con riflessi brunei e rossicci* » (*loc. cit.*, p. 167).

En résumé, si l'on veut tenir compte de la taille et de la couleur du pelage, jusqu'ici deux types sont seuls admissibles : le *Troglodytes niger* et le *Troglodytes Tschego*, ou *Schweinfurthii*.

L'étude des crânes peut-elle conduire à d'autres conséquences? Le tableau suivant, des principales mesures (1), va nous fournir quelques indications.

DÉSIGNATION DES MESURES		T. NIGER ♂ (GIGLIOLI) 1	T. NIGER ♀ (GIGLIOLI) 2	T. SCHWEINFURT. ♂ (GIGLIOLI) 3	T. SCHWEINFURT. ♀ (GIGLIOLI) 4	T. NIGER ♂ (OWEN) 5	T. NIGER ♀ (OWEN) 6
DIAMÈTRES.	Antero-postérieur max.	118	112	125	118	142	129
	Bizygomatique	89	74	80	76	130	123
	Biorbitaire externe	74	65	75	69	113	104
ORBITE	Largeur	39	28	30	29	41	44
	Hauteur	30	30	30	32	33	35
NEZ	Longueur totale	»	»	»	»	»	»
	Longueur maxima	21	16	20	18	26	27
VOUTE PALATINE	Longueur	49	43	49	43	78	82
	Largeur maxima	29	28	30	30	»	»
	Largeur minima	27	28	27	25	»	»

DÉSIGNATION DES MESURES		T. NIGER ♀ (DUVERNOY) 7	T. TSCHEGO JEUNE? (DUVERNOY) 8	T. AUBRYI JEUNE? (ALIX) 9	T. NIGER ♀ (BLAINVILLE) 10	T. NIGER ♂ (G. MUSÉUM) 11	T. TSCHEGO ♂ (G. MUSÉUM) 12
DIAMÈTRES	Antero-postérieur max.	»	»	133	125	142	141
	Bizygomatique	113	132	»	111	116	125
	Biorbitaire externe	104	117	»	104	94	107
ORBITE	Largeur	»	»	»	34	40	31
	Hauteur	»	»	31	32	37	32
NEZ	Longueur totale	»	»	»	47	56	56
	Largeur maxima	25	29	»	25	28	32
VOUTE PALATINE	Longueur	»	»	»	72	69	62
	Largeur maxima	44	47	»	40	41	39
	Largeur minima	38	41	»	42	36	37

(1) Pour ne pas surcharger nos tableaux, nous avons négligé un grand nombre de mesures, qui toutes, du reste, concordent avec celles que nous

Les mesures portées à ce tableau montrent un écart considérable entre les diverses têtes observées, et il semble au premier abord que cet écart résulte du mélange d'individus d'âge et de sexe différents; il n'en est rien cependant, car si l'on prend, parmi les douze sujets, les mâles adultes seuls, on trouve que l'écart est le même.

Ainsi, dans les *Troglodytes niger*, ou du moins ceux cités comme tels, l'écart entre les mesures maxima et minima est, pour les diamètres :

Antero-postérieur maximum	de	0,030	millimètres.
Bizygomatique	de	0,038	—
Biorbitaire externe	de	0,039	—
Largeur de la voûte palatine	de	0,029	—

Les *Troglodytes Tschego*, *Schweinfurthii*, etc., donnent des chiffres presque identiques :

Antero-postérieur maximum	de	0,026	millimètres.
Bizygomatique	de	0,045	—
Biorbitaire externe	de	0,032	—
Largeur de la voûte palatine	de	0,009	—

Des écarts encore plus grands ressortent de la comparaison des capacités crâniennes; pour le *Troglodytes niger* seul, sur cinq sujets, tous mâles et adultes, on trouve un écart de 108 centimètres cubes, entre les capacités maxima et minima, d'après le calcul fait sur les cubages même des auteurs :

Troglodytes niger	(Giglioli (1)	304	c. cub.
— —	(Bischoff (2)	310	—
— —	(Owen (3)	412	—
— —	(Owen)	400	—
— —	(Wyman (4)	368	—

---

donnons, celles-ci étant suffisantes pour représenter la forme et la disposition du crâne et de la face.

Il n'est pas inutile de mentionner sur le crâne n° 11 un os épactal de 0,017 de haut sur 0,014 de large.

(1) *Loc. cit.*, p. 112.

(2) Giglioli, *loc. cit.*, p. 112.

(3) *Trans. Zool. Soc., London*, IV, p. 85-86.

(4) *Trans. Zool. Soc., London, loc. cit.*, et in Duchaillu, *Expl. in Equat. Africa London*, 1861, p. 373.

Pour les autres espèces (?), la différence est moins forte; elle s'élève cependant à 82 centimètres cubes :

Troglodytes Schweinfurthii (Giglioli)................	402 c. cub.
— *Tschego* (Bischoff)........................	395 —
— *Aubryi* (Bischoff)........................	370 —
— *calvus* (Wyman)........................	320 —
— — —	330 —
— *Koulo-Komba* (Wyman)..................	400 —

Ces différences, selon nous, sont suffisantes pour caractériser deux types définis. Il existe évidemment chez les *Troglodytes* des variations purement individuelles; ces variations, on le sait, sont toujours d'autant plus accusées, que les êtres chez lesquels on les constate, sont plus haut placés dans l'échelle zoologique. L'Homme lui-même en fournit des exemples nombreux, et tous les Anthropologistes les observent chaque jour sur les crânes de races parfaitement authentiques; nos races Sénégambiennes, notamment, l'ont surabondamment démontré. Les Singes Anthropomorphes partagent, avec l'Homme, cette faculté, que nous serions disposé à considérer comme un indice de supériorité; mais chez eux, comme chez lui aussi, des caractères fixes subsistent malgré ces variations, et sont facilement appréciables.

En comparant les chiffres de nos tableaux, on peut donc reconnaître deux types, dont le caractère dominant s'accuse par une constance dans les proportions correspondantes, plus grandes chez l'un que chez l'autre; par des différences notables entre les dimensions du diamètre antero-postérieur et la capacité crânienne; par un prognathisme moins fort dans l'un, un facies plus Anthropomorphe, si l'on peut s'exprimer ainsi.

A l'un de ces types, correspondrait le *Troglodytes niger* des auteurs, de la côte occidentale d'Afrique; à l'autre, le *Troglodytes Tschego* de Duvernoy, des mêmes régions, mais aussi de l'Afrique centrale; car il ne nous semble pas possible d'en séparer le *Troglodytes Schweinfurthii*, du pays des Niam-Niam, type décrit par Giglioli, seize ans après celui de Duvernoy.

Au type *niger*, doit être rapporté également le *Troglodytes Aubryi*, « car la présence à la partie postérieure de la dernière molaire d'en bas, d'un talon, dont, ni le *Troglodytes niger* ni le *Troglodytes Tschego* ne montrent aucune trace », est, malgré l'opinion du Dr Alix, un caractère insuffisant pour légitimer la création d'une espèce (1).

Ruetimeyer, dont la manière de voir ne peut être contestée, envisage du reste l'espèce comme mal fondée et conclut, lui aussi, à la grande variation des Anthropomorphes (2); Hartmann a été conduit au même résultat (3).

Dans son savant mémoire sur la crâniologie du Chimpanzé, Giglioli fait observer que, pendant tout le cours de sa discussion, il a soigneusement évité de se servir du mot *espèce*, pour caractériser son *Troglodytes Schweinfurthii* : « *Mi sono sempre astenuto di far uso della parola specie* », et il ajoute : « Pour moi, le *Troglodytes Schweinfurthii* doit être considéré comme une race, *una razza di Cimpanzé, una sottospecie con decisa tendenza antropoide* » (4). Sans revenir sur notre manière d'envisager la race et l'espèce, exposée dans notre introduction, et répondant à la question posée en commençant : existe-t-il chez le *Troglodytes niger* des types susceptibles d'être spécifiquement distingués?, nous concluerons par l'affirmative, tout en n'en reconnaissant que deux, parmi les spécimens jusqu'ici connus : l'un ayant son centre d'habitat dans la région de l'Ouest, tandis que l'autre serait plus spécialement cantonné sur un espace restreint de la partie centrale du continent Africain.

Fam. SEMNOPITHECIDÆ Is. Geoff.

Gen. COLOBUS Illig.

3. COLOBUS BICOLOR Gray.

Colobus bicolor Gray, Cat. Monk. Brit. Mus., p. 18, 1870.
Semnopithecus bicolor Wesmael, Bull. Acad. Brux., 1835.
— *vellerosus* Is. Geoff. Belanger Voy. 37, 1837.
Colobus leucomeros Ogilby P. Z. S. of Lond., p. 69, 1837.

---

(1) *Recherches sur l'anat. du Trogl. Aubryi* (Gratiolet et Alix), *Nouv. Arch. Mus., loc. cit.*, p. 112.
(2) *Arch. fur. Anthrop.*, vol. II., p. 358.
(3) *Zeitsch. der* Gessel. Voir Erdk., Berlin.
(4) *Loc. cit.*, p. 146-147.

Mondi. — Rare. — Forêts de la Gambie et de la Casamence.

Cette espèce vit par petites troupes, composées de six à huit individus au plus; Is. Geoffroy Saint-Hilaire a bien indiqué sa véritable patrie. D'après Trouessart (*Rev. et Mag. Zool.*, p. 117, 1880), elle habiterait également à la côte d'Or. Elle aurait ainsi une aire d'extension des plus considérables.

3. COLOBUS FERRUGINEUS Is. Geoff.

Colobus ferrugineus Is. Geoff. Ann. Mus., t. XIX.
— *Temminckii* Kuhl., 1820.
— *fuliginosus* Ogilby P. Z. S. of Lond., p. 97, 1835.
— *rufoniger* Ogilby, M. S. Mart., Quad. I, p. 500.
— *Pennanti* Waterhouse P. Z. S. of Lond., p. 57, 1838.

Mondi. — Rare. — Ce Colobe habite les mêmes régions que l'espèce précédente.

La grande variabilité dans la taille et la couleur du pelage, a donné lieu à la création de plusieurs espèces, qui, toutes, doivent être considérées comme appartenant au *Colobus ferrugineus;* l'examen d'une série de crânes ne nous a pas non plus présenté de caractères propres à les différencier; enfin, le plus ou moins de longueur du pouce des mains antérieures, que certains auteurs ont cru devoir prendre comme critérium de leurs espèces, ne peut avoir aucune valeur réelle, son développement relatif ou son atrophie presque complète, étant susceptibles de varier considérablement, suivant les sujets observés.

Gen. GUEREZA Gray.

4. GUEREZA RUPPELLII Gray.

Guereza Ruppellii Gray, Cat. Monk. Brit. Mus., p. 119, 1870.
Colobus guereza Rupp., Neue Wibelt, zu der Faun. von Abys., 1835-1840, p. 1, taj. 1.

Oshoko. — Versant Ouest des Montagnes du Fouta, où il est rare.

Cette espèce, si bien caractérisée par le cercle de longs poils blancs, s'étendant depuis les épaules jusqu'au-dessous des reins, en longeant les côtés du corps, et jusqu'ici regardée comme spéciale à l'Abyssinie, doit incontestablement faire partie de la faune Sénégambienne. Elle vit en petites troupes dans les forêts de Teck, sur le versant Ouest des montagnes du Fouta, où elle se nourrit des fruits du *Nété* (*Parkia Africana* R. Brw.). A l'époque de la traite des Gommes, des sujets vivants sont apportés par les Peuls, qui fabriquent aussi, avec les peaux, des tapis (*Tuomba-ga*) d'un prix élevé.

Nous avons possédé deux individus provenant du haut du fleuve, et dont le caractère était loin d'avoir la douceur que les voyageurs et les naturalistes se plaisent à accorder à cet animal; peu actifs pendant le jour, c'est surtout à l'approche de la nuit qu'ils commencent à s'agiter et à réclamer leur nourriture, par un sifflement plaintif et prolongé.

Fam. CERCOPITHECIDÆ Is. Geoff.

Gen. MIOPITHECUS Is. Geoff.

5. MIOPITHECUS TALAPOIN Is. Geoff.

Miopithecus Talapoin Is. Geoff. Arch. Mus. II, p. 510.
Talapoin Buffon, H. N., t. XIV, p. 46.
Cercopithecus melarhinus Shinz., 1, p. 47.

Pindojh. — Assez rare. — Habite les forêts de la Gambie et de la Casamence. Se rencontre également sur les bords de la rivière de Somone, et dans le pays de Den-y-Dack et de Douzar.

Les types que nous avons pu examiner, ne diffèrent, sous aucun rapport, de ceux provenant du Gabon.

Gen. CERCOPITHECUS Erxl. (*pro parte*).

6. CERCOPITHECUS ASCANIAS Audeb.

Cercopithecus Ascanias Audeb., t. II, pl. 13 (non F. Cuv.).

N'Kema. — Cette espèce, assez commune, habite les mêmes localités que le *Talapoin.*

7. CERCOPITHECUS DIANA Erxl.

Cercopithecus Diana Erxl. Audeb. t. II, pl. 6.
— *Roloway* Fisch., Syn. Mam., p. 20.

N'Kema. — Habite les forêts de Bafoulabé et de Senoudebou, et s'étend sur les pentes boisées des contre-forts du Fouta-Djalon, où il est assez commun.

8. CERCOPITHECUS MONA Erxl.

Cercopithecus mona Erxl., Buff. suppl. 7, p. 19.
Le Mone Buffon, H. N., t. XIV, p. 258, t. 36.
Cercopithecus Grayi, Fraser, Cat. Knows. Coll. Aug., 1850.

N'Kma. — Assez commun. — Habite les mêmes localités que le Diana; descend jusqu'à Merinaghem et Richard-Toll.

La tache blanc jaunâtre au-dessus des yeux, et la double ligne noire de chaque côté de la tête, que Fraser attribue à son *C. Grayi,* constituent une simple variation de couleur, ne pouvant autoriser la légitimité de l'espèce.

9. CERCOPITHECUS CAMPBELLII Wather.

Cercopithecus Campbellii Wather., P. Z. S. of Lond., p. 61, 1838.
— *Burnettii* Gray, Ann. and. Mag. N. Hist., 1842, p. 256.

Cette espèce, indiquée comme habitant Sierra-Leone et Fernando-Po, se rencontre également en Gambie et en Casamence.

Gen. CHLOROCEBUS Gray.

10. CHLOROCEBUS RUBER Gray.

Chlorocebus ruber Gray, Cat. Monk. Brit. Mus., 1870, p. 25.

Patas à bandeau noir Buffon, H. N. XIV, t. 25.
Cercopithecus ruber H. Geoff. et F. Cuv., Mam. t. I, p. 25.

Aoohaÿh. — Commun. — Habite en troupes les forêts de la rive gauche du Sénégal, Saldé, Matam, Dagana. On l'observe plus rarement et par familles isolées, dans les environs du marigot de Leybar.

11. CHLOROCEBUS PATAS Erxleb.

Chlorocebus patas Erxleb. in Trouessart, Syn. Mam., Rev. de Zool., 1878, p. 121.
Patas à bandeau blanc Buffon, H. N., XIV, f. 26.
Cercopithecus patas Erxleb. Mam., p. 34, n° 12.

Aoohaÿh. — Commun. — Forêts du Fouta-Tauro, les rives de la Falémé, du Bakoy, Bafoulabé, Dambakane, Pays de Galam.

Si, comme l'admettent la majeure partie des Mammalogistes, il faut distinguer les *Chlorocebus ruber* Auct. et *pyrrhonotus* Ehrh., parce que l'un a le *nez noir* et la *face externe des bras grisâtres*, tandis que l'autre a le *nez blanc* et *cette même face des bras rousse*, comme le reste du corps, tous deux *de taille* et *de force semblables à l'état adulte*, à plus forte raison doit-on séparer le *Chlorocebus ruber* Auct. en deux espèces parfaitement caractérisées.

« Dans la famille des Singes de l'ancien continent, dit Temminck (*Esq. Zool. sur la côte de Guinée*, 1re part., 1855, p. 19), il est nécessaire de constater que le sexe et l'âge, présentent des différences plus ou moins remarquables dans la nature et la couleur du pelage; les jeunes, dans la première période de leur vie, ressemblent si peu aux parents, que le plus grand nombre des indications chez les auteurs même récents, induisent en erreur, par le nombre multiple des espèces qu'ils forment d'une seule. »

Ces observations, vraies dans la plupart des cas, ne peuvent s'appliquer au *Chlorocebus ruber* Auct., car dans *chacun des deux types* que nous allons décrire, *jeunes ou vieux*, *mâles ou femelles*, possèdent un pelage *uniformément le même*.

Chez le premier, figuré avec une scrupuleuse exactitude dans le grand ouvrage de F. Cuvier et E. Geoffroy Saint-Hilaire (t. I, p. 25), le dessus du corps, les flancs, les épaules, les cuisses, la région supérieure de la queue, sont d'un beau rouge fauve brillant; toutes les parties internes sont d'un blanc grisâtre; les longs poils des joues, de même couleur, offrent un mélange de poils noirs; un bandeau étroit, également noir, suit la ligne des sourcils; un second bandeau, partant de l'angle externe des sourcils, contourne toute la région frontale, où il forme comme une sorte de couronne.

C'est bien l'espèce dont Gray (*Cat. Monk. Brit. Mus.*, p. 25) fait une variété ou un jeune du *C. ruber* Auct., ayant les épaules et la partie externe des bras rouges : « *Var. or younger shoulders and outside of arms red.* »

Les dimensions moyennes de cette espèce sont les suivantes :

Longueur du bout du museau à l'origine de la queue.	0,455	millimètres.
Longueur de la queue.	0,290	—
Hauteur du train de devant.	0,312	—
Hauteur du train de derrière.	0,307	—

Le second, également figuré avec une aussi grande exactitude par F. Cuvier et E. Geoffroy Saint-Hilaire (*loc. cit.*, p. 26), diffère de l'autre : par un pelage roux moins foncé et plus orangé aux parties supérieures du corps; par la couleur grise de toute la partie externe des membres antérieurs, depuis l'épaule jusqu'à la main; par les jambes complètement d'un gris blanc, et enfin par le bandeau circulaire du front à peine indiqué.

Ces caractères sont ceux que Gray (*loc. cit.*) assigne aux individus adultes du *Chlorocebus ruber* Auct.

Sa taille, de beaucoup supérieure à celle du premier, donne :

Longueur du bout du museau à l'origine de la queue.	0,630	millimètres.
Longueur de la queue.	0,342	—
Hauteur du train de devant.	0,400	—
Hauteur du train de derrière.	0,382	—

L'examen des têtes osseuses offre des caractères non moins tranchés.

Dans les individus de forte taille, la largeur de la face contraste avec l'étroitesse du front excessivement fuyant; les arcades sourcilières sont proéminentes, les cavités orbitaires très écartées, ainsi que les arcades zygomatiques; on observe une crête frontale élevée, un développement exagéré des canines supérieures et la petitesse du trou occipital.

Dans les types de taille moindre, la face est étroite, le front arrondi, proportionnellement beaucoup plus large, les arcades zygomatiques sont rapprochées et donnent à l'ensemble un facies moins bestial; la crête frontale est à peine indiquée, les canines sont faibles, le trou occipital, plus grand, est moins reporté en arrière.

Nous résumons, dans le tableau suivant, les moyennes de dix crânes *adultes* et *mâles*, pris pour chacune des deux espèces :

DÉSIGNATION DES MESURES		CHLOROCEBUS PATAS Grand Type ♂	CHLOROCEBUS RUBER Petit Type ♂
COURBE totale du crâne		193	179
DIAMÈTRES	Antero-postérieur maximum	80	79
	Bitemporal	66	63
	Bizygomatique	68	60
	Bimaxillaire	34	31
	Biorbitaire externe	60	47
ORBITES	Largeur	24	21
	Hauteur	22	19
NEZ	Longueur totale	38	26
	Largeur maxima	11	9
HAUTEUR totale de la face		61	43
VOUTE PALATINE	Longueur	43	33
	Largeur maxima	15	10
	Largeur minima	14	8

L'existence de deux espèces confondues, jusqu'ici, sous le nom de *Chlorocebus ruber*, espèces que Cuvier et E. Geoffroy Saint-Hilaire avaient bien vues, mais que le peu d'échantillons qu'ils possédaient ne leur permettait pas de caractériser suffisamment et surtout d'une manière définitive, nous paraît aujourd'hui hors de doute.

C'est aux sujets de petite taille que nous appliquons le nom de *ruber*, réservant celui de *patas* à ceux de taille plus forte, nom donné par Erxleben, qui semble, lui aussi, avoir distingué les deux espèces.

Il est à remarquer que les troupes de nos *Chlorocebus*, ont un habitat distinct et qu'elles ne se confondent jamais.

« Les grands singes, fort gros, d'un rouge si vif qu'on les aurait pris pour une peinture de l'art, » trouvés par Brue à Dambacané, dans le pays de Galam (1), appartiennent évidemment à notre *Chlorocebus patas*, et non au *ruber*, auquel ne peut être appliquée l'épithète de « grand et gros ». Les mêmes « gros singes rouges » ont été vus à Dembacané, perchés en grand nombre sur les arbres de la rive droite du fleuve, par Raffenel (*Voy. dans l'Afr. Occid.*, 1843, p. 73).

12. CHLOROCEBUS CALLITRICHUS Is. Geof.

Chlorocebus callitrichus Is. Geoff. Cat., p. 23.
Le Callitrix Buffon, H. N. XIV, t. 37.
Cercopithecus sabæus Auctor., non Lin., nec. Is. Geoff.

Golojh. — Très commun. — Forêts de Podor, Dagana, Backel; descend dans les environs de Saint-Louis, notamment dans les bois et les marigots de Lampsar. Les rares exemplaires que l'on observe à l'archipel du Cap-Vert, paraissent y avoir été introduits.

Adanson avait signalé l'existence du *Chlorocebus callitrichus* (*Singe vert*) dans les environs de Podor, et il relate dans son Voyage au Sénégal (1757, p. 177) une chasse abondante qu'il fit de ces animaux.

Elevés en captivité, leur caractère ne change point avec l'âge : ou bien ils s'attachent à leur maître et sont toujours d'une excessive douceur, ou bien ils restent d'une grande méchanceté ; ces deux manières d'être, opposées, sont inhérentes aux sujets et ne dépendent en aucune façon des traitements auxquels ils sont soumis.

13. CHLOROCEBUS TANTALUS Gray.

Chlorocebus Tantalus Gray, Cat. Monk. Brit. Mus., p. 26.
Cercopithecus Tantalus Ogilby, P. Z. S. of Lond., 1841, p. 33.

---

(1) *Hist. génér. des voyages*, t. III, p. 8.

Galajh. — Commun dans les mêmes localités que l'espèce précédente.

Depuis l'époque (1841) où Ogilby fit connaître son *Cercopithecus Tantalus*, aucun auteur ne semble l'avoir étudié de nouveau; Gray, dans son Catalogue des singes du British Museum, le cite parmi les espèces qu'il ne connaissait pas; Trouessart, dans son *Synopsis Mammalium* (*loc. cit.*), le considère avec doute comme variété du *Chlorocebus callitrichus;* pour tous, son lieu d'origine est inconnu (1).

Il nous paraît incontestable que l'espèce est Sénégambienne, et, de plus, qu'elle a été constamment confondue avec le *callitrichus* type.

Parmi les innombrables spécimens de *callitrichus* qu'il nous a été donné d'étudier, nous avons toujours vu, en effet, deux formes : l'une répondant exactement au type connu de tous; l'autre identique à l'espèce d'Ogilby, c'est-à-dire : « *Supra saturate flavo-viridis, in artus cinerescens, subtus stramineus; facie subnigra, circa oculos livida; auriculis palmisque fuscis; cauda fusca; apice caudæ, mystacibus et perinæo flavis; tænia frontali alba.* » (*loc. cit.*)

Indépendamment de ces caractères, la taille du *Tantalus* est inférieure à celle du *callitrichus.* La longueur moyenne de ce dernier, prise du bout du museau à l'origine de la queue, est de 0,610, tandis que, dans le *Tantalus,* elle dépasse rarement 0,460; la hauteur moyenne aux épaules est comme 0,321 est à 0,219; celle du train de derrière, comme 0,312 est à 0,230.

La tête du *Tantalus,* dit Ogilby, est plus ronde et la face plus courte que celle du *callitrichus :* « *A rounder head and shorter face.* »

Les mesures suivantes, moyennes prises sur dix crânes adultes, donnent les caractères ostéologiques :

---

(1) Le plus récent travail que nous connaissions, où il soit question de cette espèce, est celui de Trouessart (*loc. cit.*); le point de doute (?) qui précède le nom de *Tantalus,* démontre qu'il est complètement inconnu à ce naturaliste.

Désignation des mesures		C. Callitrichus ♂	C. Tantalus ♂
Courbe totale du crâne		160	149
Diamètres	Antero-postérieur maximum	71	64
	Bitemporal	51	50
	Bizygomatique	75	64
	Bimaxillaire	38	35
	Biorbitaire externe	54	48
Orbites	Largeur	13	12
	Hauteur	9	14
Nez	Longueur totale	31	29
	Largeur maxima	9	7
Voute palatine	Longueur	46	41
	Largeur maxima	18	16
	Largeur minima	14	15

Ces différences entre les deux types, sont, comme on le voit, manifestes, et le *Tantalus* d'Ogilby, considéré comme espèce douteuse, ne peut manquer d'être séparé du *callitrichus*, lorsque l'on étudiera un grand nombre de spécimens.

Gen. CYNOCEBUS Gray.

14. CYNOCEBUS CYNOSURUS Gray.

Cynocebus cynosurus Gray, Cat. Monk. Brit. Mus., p. 26, 1870.
Le Malbrouck Buffon, H. N. XIV, p. 240, t. 20.
Cercopithecus cynosurus E. Geoff. Cat., p. 24.
Cercopithecus Tephrops Bennet, P. Z. S. of Lond., 1832, p. 109.

Bouboujh. — Peu commun. — Vit par petites troupes; provient de Bafoulabé, Medine, Bakel.

Les Peuls, à l'approche de la traite, en apportent quelquefois de jeunes; l'espèce remonte donc plus haut vers l'Ouest, dans les forêts du Fouta.

Gen. CERCOCEBUS Is. Geoff.

15. CERCOCEBUS FULIGINOSUS Gray.

Cercocebus fuliginosus Gray List. Mam. Brit. Mus., p. 7, et Cat. Monk. Brit. Mus., p. 27, 1870.

Cercopithecus fuliginosus E. Geoff. Ann. Mus., XIX, p. 97.
Le Mangabey Buffon, H. N. XIV, t. 32.

Cette espèce est assez rare; elle se cantonne dans les forêts de la Gambie et de la Casamence, et aussi sur les bords de la rivière de Saloum.

16. CERCOCEBUS COLLARIS Gray.

Cercocebus collaris Gray, List. Mam. Brit. Mus., p. 7.
Cercopithecus mangabey E. Geoff. Ann. Mus., XIX, p. 97.
Le Mangabey à collier Buffon, H. N. XIV, t. 33.

Le *Cercocebus collaris* habite les mêmes régions que l'espèce précédente.

Fam. CYNOCEPHALIDÆ Is. Geoff.

Gen. CYNOCEPHALUS Briss.

17. CYNOCEPHALUS BABOUIN Desm.

Cynocephalus babouin Desm. Mam., p. 63.
Papio cynocephalus E. Geoff. Ann. Mus., XIX, p. 102.
Le petit Papion Buffon, H. N. XIV, t. 14.

Kagoïh. — Peu répandu en Sénégambie, mais vivant en troupes dans les lieux découverts : contreforts Ouest des montagnes du Fouta, dans le Damga et le Gnoye, notamment.

Le *Cynocephalus babouin*, indiqué comme habitant le Nord-Est de l'Afrique, et que des auteurs récents ont cité au Dongola et au Sennaar, est une espèce également Sénégambienne. Adanson, dans son *Cours d'Histoire naturelle* (t. 1, p. 98. éd. Payer), l'indique expressément du Sénégal; nous avons pu vérifier nous-même l'exactitude de cette affirmation. En tous cas, sa présence dans les régions explorées par Rüppell et les voyageurs modernes, n'impliquerait nullement sa non-existence en Sénégambie; nous avons déjà fait remarquer la communauté d'espèces entre les deux contrées; nous aurons à en fournir de nombreux exemples.

C'est à cette espèce qu'il faut rapporter ce que Mage dit des Cynocéphales qu'il a observés dans les environs de Bafoulabé (*Voyage dans le Soudan Occidental*, 1868, p. 58 et fig., p. 59), tout en tenant compte des exagérations relatives au nombre de ces animaux (plus de 5000) réunis sur l'emplacement désigné par le voyageur sous le nom de Montagne des Singes.

18. CYNOCEPHALUS SPHINX Desm.

Cynocephalus sphinx Desm. Mam., p. 69.
Papio sphinx E. Geoff. Ann. Mus., XIX, p. 103.
Le Papion Buffon, H. N., XIV, p. 13.

Pata. — Assez fréquent dans les forêts de la rive droite du Sénégal et de ses affluents; bois de Médine, Bakel, Matam, etc.

Cette espèce ne vit pas en troupes, mais par couples isolés. L'assertion de Fraser (*P. Z. S. of Lond.*, 1841, p. 17), d'après laquelle le *Cynocephalus sphinx* existerait à Sierra-Leone, ne nous paraît pas justifiée. Adanson l'a rencontré au Sénégal, et la description qu'il en donne (*Cours d'Hist. Nat.*, p. 97, éd. Payer) ne peut laisser aucun doute sur l'exactitude de cet habitat, que nous avons pu, du reste, vérifier. Tout nous porterait à croire que Fraser a confondu cette espèce avec la suivante.

19. CYNOCEPHALUS RUBESCENS Trouess.

Cynocephalus rubescens Trouess. Syn. Mam. in Rev. Zool., 1878, p. 128.
Papio rubescens Temm. Es. Zool. Guinée, 1853, p. 39.
Cynocephalus choras Ogilby. P. Z. S. of Lond., 1843, p. 12.

Patajh. — Rare. — Bakel, rives du Bakoy, région du Felou et du Fouta-Tauro.

Cette espèce est bien distinguée de la précédente, même par les Nègres. Un seul individu que nous avons possédé ne différait en rien du type décrit par Temminck (*loc. cit.*); il faut rapporter à ce Cynocéphale « les Cynocéphales de taille moyenne, à pelage rouge et à tête très grosse relativement au corps », cités par Raffenel, comme habitant le mont des Singes, colline derrière Bakel (*loc. cit.*, p. 89). Ogilby l'indique des bords du Niger, dans le voisinage, du reste, des localités où nous le signalons.

Gen. CHÆROPITHECUS Gray.

20. CHÆROPITHECUS LEUCOPHÆUS Gray.

Chæropithecus leucophæus Gray, Cat. Monk. Brit. Mus., p. 35, 1870.
Simia leucophæa F. Cuvier, Mam. List., IV, p. 637.
Papio leucophæa Gray, List. Mam. Brit. Mus., p. 10.

Bogoïh. — Rare. — Gambie, Casamence, districts de Sedhiou et de Carabane.

Adanson, en parlant du Mandrille, donne comme un de ses caractères : la face violacée, sillonnée des deux côtés par des rides longitudinales (*Cours d'Hist. Nat.*, p. 98, éd. Payer); et il le cite comme étant un « des cinq Babouins » que l'on rencontre au Sénégal. C'est bien de l'espèce qui nous occupe qu'il a voulu parler, et non du vrai Mandrille, *Mormon Morimon*, si différent surtout par la coloration de la face.

Adanson (*loc. cit.*) fait observer également, avec raison, que Buffon a faussement appliqué au *Chlorocebus ruber* le nom de *Pata*, imposé par les Nègres au *Cynocephalus sphinx* (1).

---

(1) Nous avons exposé (p. 29-30) notre manière de voir relativement au *Chlorocebus ruber* des auteurs, et, pour l'une des espèces démembrées, nous avons dû maintenir, malgré son inexactitude, le nom de *patas*, imposé par Erxleben dans son *Systema regni animalis*.

PROSIMII Illig.

Fam. GALAGINIDÆ Benn.

Gen. SCIUROCHEIRUS Gray.

31. SCIUROCHEIRUS ALLENII Gray.

Sciurocheirus Allenii Gray, P. Z. S. of Lond., 1872, p. 857, fig. 5.
Galago Allenii Waterhouse, P. Z. S. of Lond., 1837, p. 87.
— Gray, Cat. Lem. Brit. Mus., 1870, p. 82.

Peu commune, cette espèce remonte dans la basse Casamence; on la rencontre plus particulièrement dans les parages de Zighinchior.

Gen. HEMIGALAGO Dobs.

32. HEMIGALAGO DEMIDOFFII Dobs

Hemigalago Demidoffi Dobs. Stud., p. 230, t. 10.
— Gray, P. Z. S. of Lond., 1872, p. 858.
Galago Demidoffi Fisch. Mém. Ac. Mosc., 1, t. 24, f. t., 1806.
— *murinus* Mur. Edimb. Phil. journ. N. S. x., t. II.

Koyak. — Commun, depuis les forêts de Gommiers du Cayor et du Baol, jusqu'à celles de la Casamence; on le retrouve au Gabon, où il est cité par tous les auteurs.

Fischer a indiqué avec raison cette espèce comme originaire du Sénégal (*Mém. Soc. Nat. Moscou,* 1806, v. 1, p. 24). Elle ne peut être confondue avec aucune autre de ses congénères. Le naturaliste de Moscou en donne une description détaillée : « Elle est de la grosseur d'une souris, dit-il, ses oreilles sont nues, sa queue très touffue, son poil est roussâtre, son dessous grisâtre et son cou noirâtre; des poils très longs, en forme de moustaches, couvrent les coins de la bouche, les joues et l'angle de l'œil. » A l'exception d'une taille un peu plus forte, les individus Sénégambiens ne diffèrent sous aucun rapport de celui décrit par Fischer.

Gen. OTOLICNUS Peters.

33. OTOLICNUS SENEGALENSIS Gray.

Pl. I, fig. 1.

Otolicnus Senegalensis Gray, P. Z. S. of Lond., 1872, p. 850.
Galago Senegalensis E. Geoff., 1796. — Is. Geoff. cat., 81.
Le Koyak Adanson, *Cours d'H. N.*, éd. Payer, t. 1, p. 101.

Koyak. — Habite les forêts de Gommiers, pays de Galam, Bondou, Bambouk, Casamence, où on l'observe assez fréquemment, par couples isolés.

On doit à Adanson les premiers renseignements relatifs à cet animal; il en recueillit plusieurs exemplaires lors de son voyage au Sénégal, et c'est sur l'un d'eux que E. Geoffroy Saint-Hilaire établit sa diagnose. Très mal figuré jusqu'ici, nous représentons le Galago d'après nature.

D'un naturel très doux, le Galago du Sénégal se nourrit, comme dit Adanson, de fruits, d'Insectes et de Gomme; il est plutôt crépusculaire que diurne, car ce n'est qu'exceptionnellement qu'on le rencontre pendant le jour.

Malgré l'affirmation d'Adanson, nous n'avons jamais vu les Nègres chasser le Galago pour s'en nourrir.

Les types recueillis par Rüppell, au Sennaar et au Kordofan, décrits par lui comme appartenant au *Senegalensis*, puis spécifiés par Gray sous le nom de *Sennaariensis* (*P. Z. S. of Lond.*, 1863, p. 147), présentent des caractères si peu constants, qu'il ne nous paraît pas possible de les considérer même comme forme locale; quoi qu'il en soit, ils montrent une grande extension de l'espèce sur le continent Africain.

Adanson cite seulement, sans les faire suivre d'aucun détail, deux autres Galago du Sénégal : l'un, dit-il, de la taille d'un Chat, l'autre seulement gros comme une Souris.

Cette dernière désignation s'applique très certainement à l'*He-*

migalago Demidoffi; quant à la première, elle doit être rapportée à l'*Otogale crassicaudatus*.

Gen. EUOTICUS Gray.

24. EUOTICUS PALLIDUS Gray.

Euoticus pallidus Gray, P. Z. S. of Lond., 1872, p. 860.
Otogale pallida Gray, P. Z. S. of Lond., 1863, t. 19, p. 140; et Cat. Lem. Brit. Mus., 1870, p. 81, f. 7.

Galago (Otolicnus) elegantulus (Le.)

Koyak. — Assez commun dans les forêts de Gommiers du Galam; se rencontre également à Zighinchior, dans la Casamence.

Gen. OTOGALE Gray.

25. OTOGALE CRASSICAUDATUS Gray.

Otogale crassicaudatus Gray, P. Z. S. of Lond., 1872, p. 860; et Cat. Brit. Mus., 1870, p. 80.
Otoclinus crassicaudatus Peters. Monats., t. II, t. 4, f. 1, 5.
Galago crassicaudatus E. Geoff., 1812.

Koyakgoud. — Assez commun; dans les mêmes localités que l'espèce précédente.

Comme nous l'avons déjà fait observer, c'est à cette espèce qu'il faut rapporter le Galago d'Adanson, de la taille d'un Chat.

Fam. PERODICTICINIDÆ Gray.

Gen. PERODICTICUS Bennet.

26. PERODICTICUS POTTO Wagn.

Perodicticus potto Wagn. Schreb. Saug. supp., p. 288.
— *Geoffroyi* Bennet, P. Z. S. of Lond., 1830, p. 109.
Lemur potto Gmel. S. N., p. 42.
Nycticebus potto E. Geoff., Ann. Mus. XVII, p. 114.

Mako. — Forêts de Zighinchior, rives du Dongol, Courbali, dans la basse Casamence et la Gambie, — où il est rare.

Le Potto est indiqué par tous les auteurs comme éminemment propre à la Guinée et au Gabon. Gray (*loc. cit.*) l'indique de Sierra-Leone; dès lors son habitat dans les régions arrosées par la Casamence et les rivières tributaires de ce fleuve, se trouve naturellement expliqué.

Les habitudes de cet animal sont essentiellement nocturnes; mais sa vivacité pendant la nuit n'est pas aussi grande que le dit Temminck, d'après les observations de Pel (*Esq. Zool. sur la Côte de Guinée*, 1853, p. 50). Un sujet jeune, provenant de Zighinchior, que nous avons possédé, restait enroulé sur lui-même durant le jour, dans un coin de la cage où il était enfermé; vers le soir, il sortait de son assoupissement, et c'est avec des mouvements relativement lents, qu'il recherchait sa nourriture, consistant en fruits et en insectes; il paraissait très sensible à la lumière, faisant tous ses efforts pour se soustraire à l'influence d'une lampe placée dans son voisinage.

CHIROPTERI Blumb.

Fam. PTEROPIDÆ C. Bp.

Gen. XANTHARPYA Gray.

27. XANTARPYA STRAMINEA Gray.

Pteropus stramineus E. Geoff. Ann. Mus., XV, p. 93. Temm. Mon., p. 196.

Xantarpya straminea Gray, Cat. Fruit-Eating-Bats, 1870, p. 116.

Tonga. — Commun. — Voltige en troupes à Saint-Louis même, et dans ses environs : villages de Sorres, Gandiole; haut du fleuve, Podor, Dagana, Bakel; Gambie, Casamence.

L'aire d'habitat de cette espèce parait excessivement étendue, car, indépendamment des localités où nous l'indiquons, on l'a trouvée en Egypte, au Sennaar, en Guinée, au Gabon, à Sierra-Leone, etc. Elle habiterait également Timor, d'où Peron et Lesueur l'ont rapportée, et c'est sur des individus de cette localité que E. Geoffroy aurait établi son espèce. « Nous sommes redevable, dit-il, d'un exemplaire recueilli à Timor, par M. Fourcroy. » (*Loc. cit.*, p. 95, et *Mém. d'Hist. Nat.*, 1802, p. 11.)

Temminck (*Mon.* II, p. 84, 1837) fait observer que « trompé, comme E. Geoffroy, par d'anciennes étiquettes peu exactes, relativement à la patrie mentionnée, l'un et l'autre avaient erronément indiqué Timor comme patrie certaine, et que l'espèce ne s'y trouve pas, mais est essentiellement Africaine. »

Enfin Peters (Voy. Gray, *Cat. Fruit-Eating-Bats.*, p. 116) croit au contraire que les deux régions sont habitées par un *Xantharpya*, mais que l'espèce décrite par E. Geoffroy n'est pas la même que celle de Temminck.

Cette manière de voir nous semble admissible, car des caractères notables différencient les individus de l'une et l'autre provenance; dans ce cas, le type de Timor devrait conserver le nom imposé par E. Geoffroy, comme le plus ancien; et le type Africain, recevoir une autre appellation. Peters, en publiant son *Pteropus* (*Pterocyon*) *paleaceus* (*Monats. Akad. Berl.*, 1861, p. 423, et Gray, *loc. cit.*, p. 116), tout en voulant ainsi établir cette distinction, a eu le tort d'imposer un nom à l'espèce Asiatique, pour laquelle celui de E. Geoffroy devrait être conservé, et surtout de créer un genre sur des caractères inacceptables.

Quoi qu'il en soit, les types Sénégambiens fournissent les caractères suivants :

Pelage très court, lisse; tête, noir brunâtre; des poils de même couleur, mais longs et rares, garnissent extérieurement les joues; la région du cou porte un demi-collier de longs poils légèrement laineux, d'un jaune doré bruni par places; la poitrine et l'abdomen sont brun doré; les bras, grisâtres; des poils gris blancs, longs et laineux, règnent en ligne continue sur la membrane, à son point d'attache avec les membres supérieurs; le dos, les fesses, les cuisses revêtent une couleur jaune brunâtre, entourée d'une bande assez large d'un jaune orangé doré, clair et brillant, couvrant la ligne de jonction de l'aile avec le corps; la membrane est brunâtre.

Contrairement à l'affirmation de Temminck (*Esq. Zool. Guinée*, 1853, p. 55), les femelles possèdent, comme les mâles, un demi-collier de poils laineux; la teinte générale du corps est seulement plus pâle que chez ces derniers.

La longueur totale du corps est de....... 0,160 millimètres.
L'envergure mesure.................... 0,675 —

Des exemplaires rapportés du Nil-Blanc (*Gal. Mus. d'Hist. Nat.*, Paris) ont une teinte jaune blanchâtre; le dos est brun au centre, avec une bande circulaire brun doré terne; le demi-collier est jaune doré brun.

La longueur du corps est de............. 0,248 millimètres.
L'envergure de........................ 0,780 —

La concordance parfaite des exemplaires du Nil-Blanc avec les descriptions de Temminck, montre combien ils s'éloignent du type Sénégambien, et nous n'hésiterions pas à les séparer spécifiquement, si nous en possédions une série plus complète; leurs caractères différentiels sont, en effet, plus tranchés que ceux de la variété *Dupreana* Schleg. et Pollen, de Madagascar, érigée au rang d'espèce par Dobson.

Quant au type de Timor, décrit par E. Geoffroy, son pelage brun pâle, ses lombes jaunâtres, sa gorge avec un large demi-collier jaune rougeâtre (Geoff., *loc. cit.*, p. 65), la petitesse relative de ses dimensions : longueur du corps, 0,120, envergure 0,620, conduisent, comme nous l'avons dit, à partager, sous certaines réserves, l'opinion de Peters.

Les *Xantharpya straminea* vivent en bandes nombreuses, dans les forêts et les lieux couverts, et se livrent à de longs voyages, à des époques fixes. Pendant la saison de l'hivernage, ils arrivent à Saint-Louis même, et s'établissent sur les Dattiers de la place du Gouvernement. Là, immobiles pendant le jour, suspendus en légions serrées sous les longues feuilles, on les voit, aussitôt la nuit venue, planer d'un vol lourd au-dessus de ces Dattiers, dont ils dévorent les fruits, en poussant des cris perceptibles à une longue distance, et comparables aux stridulations des grands Rapaces nocturnes.

Gen. ELEUTHERURA Gray.

28. ELEUTHERURA ÆGYPTIACA Gray.

Eleutherura Ægyptiaca Gray, Cat. Fruit. Eating-Bats., 1870, p. 117.
Pteropus Ægyptiacus E. Geoff. Ann. Mus., XV, p. 96.
— *Geoffroyii* Tem. Mon., I, p. 197.

Tonga. — Cette espèce, peu commune, habite les forêts des environs de Podor et de Bakel.

Également propre à l'Egypte et à l'Abyssinie, l'*Eleutherura Ægyptiaca* a été d'abord indiqué par Temminck (*loc. cit.*) comme vivant au Sénégal.

29. ELEUTHERURA UNICOLOR Gray.

Eleutherura unicolor Gray, Cat. Fruit. Eating-Bat., 1870, p. 117.

Konja. — Assez rare. — Rives de la Gambie et de la Casamence.

Il ne diffère en rien des exemplaires provenant du Gabon, où on l'indique habituellement. M. le Dr Trouessart (*Rev. et Mag. Zool.* 1878, p. 206) considère, à tort selon nous, cette espèce comme une variété de l'*E. collaris* Illig.; les différences fournies par les teintes du pelage, les longueurs disproportionnées des avant-bras, et surtout les caractères tirés de la dentition, que Gray a résumés dans son Catalogue des Chiroptères frugivores (*loc. cit.*, p. 118), nous semblent suffisants pour séparer les deux types.

Gen. HYPSIGNATHUS Allen.

30. HYPSIGNATUS MONSTROSUS Allen.

Hypsignathus monstrosus Allen. Proc. Acad. Philad., 1861, p. 156.

Rives de la Gambie, où l'espèce est rare.

Gen. EPOMOPHORUS Benn.

31. EPOMOPHORUS MACROCEPHALUS Gray.

Epomophorus macrocephalus Gray, Cat. Fruit-Eating-Bats., 1870, p. 123.
Pteropus macrocephalus Ogilby, P. Z. S. of Lond., 1835, p. 101.
— *megacephalus* Swains. Lardn. Ency., p. 92.
Epomophorus Whitei Benn. Trans. Zool. Soc., II, p. 38.

Habite les mêmes parages que l'espèce précédente.

32. EPOMOPHORUS GAMBIANUS Gray

Epomophorus Gambianus Gray, Mag. Zool. et Bot., II, p. 504.
Pteropus Gambianus Ogilby, P. Z. S. of Lond., 1835, p. 100.

Konja. — Commun dans les environs d'Albreda, sur les bords de la Gambie ; on l'observe également dans la Casamence.

Cette espèce reste abritée pendant le jour sous les larges feuilles des grands arbres, tels que les *Nauclea* et les *Spondias*.

Gen. EPOMOPS Gray.

33. EPOMOPS FRANQUETI Gray.

Epomops Franqueti Gray, Cat. Fruit-Eating-Bats., 1870, p. 126.
Epomophorus Franqueti Tomes, P. Z. S. of Lond., 1860, p. 54.

Rare. — Habite les bords de la Gambie.

Sa teinte brun doré pâle par places, sa plaque ovoïde ventrale blanche, et ses épaulettes jaune pâle, ne permettent pas de confondre cette espèce avec aucune autre. Le Gabon a été indiqué jusqu'ici comme sa patrie exclusive.

34. EPOMOPS PUSILLUS Peters.

Epomops pusillus Peters, Monats. Akad., Berlin, 1861.
Pteropus Schœnsis Tomes, P. Z. S. of Lond., 1860, p. 56 (non Rüppell).

Rare. — Bords de la Gambie.

Fam. MEGADERMIDÆ Wagn.

Gen. LAVIA Gray.

35. LAVIA FRONS Gray.

Lavia frons Gray, Mag. Zool. et Bot., II, p. 8.
Megaderma frons E. Geoff. Ann. Mus., XV, p. 192.
La Feuille Daubenton, Mém. Ac. Sc., Paris, 1759, p. 374.

Dtougoup. — Assez commun. — Saint-Louis, Sorres, Dakar-Bango, Gambie, Casamence.

Cette espèce, rapportée pour la première fois par Adanson, est l'une des dix qu'il dit « particulières au climat du Sénégal. » (*Cours Hist. Nat.*, éd. Payer, t. 1, p. 154.) Elle habite les greniers et les cavités creusées dans le tronc des Baobabs.

Les couleurs du pelage du *Lavia frons*, données par E. Geoffroy (*Mém. d'Hist. Nat.*, 1802, p. 37) d'après Daubenton, ne sont pas exactes.

« Le poil, dit-il, est d'une belle couleur cendrée, avec quelque teinte de jaunâtre peu apparent. »

La teinte générale est d'un roux doré pâle, un peu plus foncé sur la tête et la région dorsale; le ventre est gris argenté; les poils sont très longs et soyeux; les oreilles, la feuille nasale, d'un rose pâle; les membranes des ailes d'un roux transparent.

Fam. NYCTERIDÆ E. Geoff.

Gen. NYCTERIS Dobs.

36. NYCTERIS HISPIDUS Desm.

Nycteris hispidus Desm. Dict. H. N., 1818, XXIII, p. 128.
— *Daubentonii* E. Geoff.
Le Campagnol volant Daubenton, Mém. Ac. Sc., Paris, 1759, p. 387.

Diougoup. — Peu commun. — Thionk, Sorres, Leybar, Gandiole, Dagana, Podor.

L'exemplaire d'après lequel l'espèce a été décrite par Daubenton, avait été rapporté par Adanson. On la rencontre dans les cases abandonnées; son vol est saccadé et peu élevé.

37. NYCTERIS THEBAICUS E. Geoff.

Nycteris Thebaicus E. Geoff. Hist. Nat. Egypte, II, p. 119, pl. 1, nº 2.

Diougoup. — Assez rare. — Habite les mêmes localités que l'espèce précédente.

Décrit pour la première fois par E. Geoffroy comme particulier à l'Egypte, ce *Nytéris* est indiqué du Sénégal par Temminck (*Monast.* 14, p. 283); c'est également à lui qu'il faut rapporter le spécimen d'Adanson, spécimen desséché, et dont la mauvaise conservation ne put permettre à E. Geoffroy d'en donner la diagnose.

Fam. RHINOLOPHIDÆ Wagn.

Gen. RINOLOPHUS E. Geoff.

38. RHINOLOPHUS FUMIGATUS Rupp.

Rhinolophus fumigatus Rüpp. Mus. Senck., 1842, p. 132.

Diampekh. — Se rencontre assez communément en Gambie, Casamence, Podor, Dagana, bords du Bakoy.

Le *Rhinolophus fumigatus* de Rüppell, dont l'aire d'habitat s'étend depuis l'Abyssinie jusqu'au Cap et au Gabon, que l'on retrouve dans les points de la Sénégambie précédemment indiqués, est considéré, par certains auteurs, et notamment par M. Trouessart (*Rev. et Mag. Zool.*, 1870, p. 220), comme une simple variété du *Rhinolophus unihastatus* E. Geoff.

La comparaison des deux espèces montre, selon nous, des différences spécifiques bien tranchées.

Chez le *R. unihastatus*, en effet, le pelage est cendré clair, mêlé de roux en dessus, teinté de jaunâtre en dessous. Sa longueur est de 0,078^{mm}, son envergure de 0,364^{mm}.

Le pelage du *R. fumigatus*, au contraire, est d'une couleur uniforme brun grisâtre, et ses dimensions sont bien inférieures à celles du précédent, car sa longueur ne dépasse pas 0,067^{mm}, et son envergure 0,292^{mm}.

39. RHINOLOPHUS CLIVOSUS Rüpp.

Rhinolophus clivosus Rüpp., Cretzchm. Atl. Nord Af., 1826, p. 47, taf. 18.

Assez rare. — Pangala, bords du Bakoy.

Le type Sénégambien ne diffère en rien des spécimens décrits et figurés par Rüppell.

Fam. PHYLLORHINIDÆ Bp.

Gen. PHYLLORHINA Wagn.

40. PHYLLORHINA TRIDENS Wagn.

Phyllorhina tridens Wagn. D. Sangthiere V. Supp., p. 656.
Rhinolophus tridens E. Geoff. Mém. Hist. Nat., p. 7, et Hist. Nat. Egypte, II, pl. 2, n° 1.

Vit dans les mêmes localités que l'espèce précédente.

Cette espèce, commune en Égypte et en Nubie, est considérée, avec raison, par le Professeur H. Gervais, comme Sénégambienne : « Nous en avons vu, dit-il, des exemplaires provenant du Sénégal. » (*Hist. Nat. Mam.*, t. I, p. 205, 1854.)

41. PHYLLORHINA GIGAS Wagn.

Phyllorhina gigas Wagn. D. Sangthiere V. Supp., p. 650.
Rhinolophus gigas Wagn. Wiegm. Arch., 1845; I, p. 148-148, I, p. 180.
Phyllorhina vittata Peters, Nat. Reis. Nach. Moss., 1852, p. 32, taf. VI, f. 7.

Commun sur les rives de la Gambie.

Nous ignorons sur quels fondements se base M. le Dr Trouessart pour donner les *Phyllorhina gigas* Wagn. et *vittata* Peters en synonymie du *Phyllorhina* (*Rhinolophus*) *Commersonii* E. Geoff., établi sur une simple figure de Commerson.

Laissant de côté cette espèce douteuse, il nous semble plus sage d'adopter le type bien connu de Wagner, identique, du reste, à celui de Peters, mais publié quatre ans avant lui.

42. PHYLLORHINA FULIGINOSA Temm.

Phyllorhina fuliginosa Temm. Esq. Zool. Guinée, 1853, p. 77.

Gambie, Casamence, — où il est assez rare.

L'espèce, découverte en Guinée, puis à Fernando-Po, remonte la côte, et se tient de préférence dans les forêts qui en sont à peu de distance.

Fam. TAPHOZOIDÆ Wagn.

Gen. TAPHOZOUS E. Geoff.

43. TAPHOZOUS PERFORATUS E. Geoff.

Taphozous perforatus E. Geoff. H. Nat. Egypte, II, p. 126, tab. 3 *a*.
— *Senegalensis* E. Geoff. Hist. Nat. Egypte, II, p. 127.
Le Lerot volant Daubenton, Mém. Ac. Sc. Paris, 1879, p. 386.

Diadjia. — Assez commun. — Sorres, Leybar, Podor, Dagana, Bakel.

C'est sur des échantillons du Sénégal, que Daubenton a établi son *Lerot volant*, le *T. Senegalensis*, de E. Geoffroy, parfaitement semblable au *T. perforatus* et ne pouvant en être séparé.

44. TAPHOZOUS NUDIVENTRIS Rüpp.

Taphozous nudiventris Rüpp. Atl. Nord. Afrika, 1826, p. 70, taf. 27 *b*.

Diadjia. — Assez commun. — Habite avec l'espèce précédente.

45. TAPHOZOUS PELI Temm.

Taphozous Peli Temm. Esq. Zool. Guinée, 1853, p. 82.

Simposig. — Forêts de la Casamence, — où il est peu commun.

Cette espèce, non encore signalée en Sénégambie, et provenant de la côte de Guinée, des monts Cameroon, etc., est un de ces nombreux types dont l'aire d'habitat s'étend sur une vaste surface, types si nombreux en Sénégambie. Son pelage très peu fourni, brun foncé, ses régions postérieures entièrement nues, ne laissent aucun doute sur son identité avec les échantillons décrits par Temminck.

Fam. MOLOSSIDÆ Peters.

Gen. MYOPTERIS E. Geoff.

46. MYOPTERIS DAUBENTONII E. Geoff.

Myopteris Daubentonii E. Geoff. Hist. Nat. Egypte, II, p. 113.
Le Rat volant Daubenton, Mém. Ac. Sc. Paris, 1759, p. 387.

Assez commun. — Environs de Saint-Louis, Sorres, Thiouk, Babagay, Leybar, Gandiole.

Ce *Myopteris* a été découvert au Sénégal, par Adanson.

On ne sait pourquoi M. le Dr Trouessart (*Rev. et Mag. Zool.*, 1878, p. 230) inscrit cette espèce à la synonymie du *Molossus planirostris* de Peters, tout en faisant précéder le nom de *Daubentonii*, d'un point de doute (?), ni d'après quelles indications il la donne comme provenant de la Guyane Anglaise. L'ouvrage du professeur H. Gervais (*Hist. Nat. Mamm.*, 1854, t. 1, p. 221), souvent cité par M. Trouessart, aurait dû lui indiquer la véritable patrie du *Myopteris* décrit par E. Geoffroy.

Gen. NYCTINOMUS E. Geoff.

47. NYCTYNOMUS PUMILUS Gray.

Nyctinomus pumilus Gray, Cat. Brit. Mus., 1843, p. 35.
Dysopes pumilus Rüpp. Atl. Nord. Afrika, p. 69, taf. 27 *a*.

Assez commun. — Bords de la Gamble ; remonte dans le haut Sénégal ; Bakel, Médine, rives de la Falémé.

Ce *Nyctinomus* s'étend depuis l'Égypte et la Nubie, jusqu'à Fernando-Po et au Gabon.

Fam. VESPERTILIONIDÆ I. G. St-Hil.

Gen. SYNOTUS Keys.

48. SYNOTUS LEUCOMELAS Wagn.

Synotus leucomelas Wag. Die. Saugth., 1855, Supp. V., p. 719.
Vespertilio leucomelas Rüpp. Atl. Nord. Afrika, 1826, p. 73, taf. 28, *b*.

Lieux boisés de Bakel, Podor ; descend jusqu'à Saint-Louis, Sorres, Dakar-Bango. — L'espèce est assez rare.

Nous ne pouvons, malgré l'autorité de certains Zoologistes, considérer cette espèce comme une variété du *S. barbastellus* Schreb. Les différences dans la coloration du pelage : noir en dessus, varié de noir et de blanc en dessous, chez le *S. leucomelas*, tandis qu'il est brun foncé sur le dos, et brun cendré sous le ventre, chez le *S. barbastellus*; la longueur des oreilles dépassant celle de la tête dans le premier, égalant la longueur de la tête dans le second; enfin, l'envergure de l'un, égale à 0,220^{mm}, celle de l'autre, égale 0,260^{mm}, suffisent, nous le croyons, à les spécifier.

Gen. PLECOTUS E. Geoff.

49. PLECOTUS ÆGYPTIACUS E. Geoff.

Plecotus Ægyptiacus E. Geoff. Mém. Hist. Nat., 1802, p. 140.

Habite, en petit nombre, les mêmes régions que l'espèce précédente.

Les raisons invoquées pour séparer spécifiquement les *Synotus leucomelas* et *barbastellus* s'appliquent au *Plecotus Ægyptiacus*, dont quelques-uns font une variété du *Plecotus auritus* Linn.

Gen. VESPERUGO Blas.

50. VESPERUGO TEMMINCKII Rüpp.

Vesperugo Temminckii Rüpp. Atl. Nord. Afrika, p. 17, taf. 6.

Makhoujh. — Rare. — Collines de Gouina; bords du Bakoy, confins du Banbouk.

Gen. SCOTOPHILUS Leach.

51. SCOTOPHILUS NIGRITA Schreb.

Scotophilus nigrita Schreb. Saug., 1, p. 58.
Nycticejus nigrita Temm. Mon., II, p. 147, tab. 47, f. 1, 2.
Vespertilio nigrita E. Geoff. Mém. Hist. Nat., 1802, p. 143.
La Marmotte volante Daubenton, Mém. Ac. Sc. Paris, 1759, p. 388.

Oukendajh. — Assez fréquent dans les plaines du Cayor; se rencontre également à Dakar, Rufisque et Joalles.

Le *Scotophilus nigrita*, l'une des plus grosses espèces de la famille, a été découvert au Sénégal par Adanson; il se réfugie, pendant le jour, dans les troncs creux des Baobab.

Il n'est pas possible de le confondre avec le *S. Borbonicus*, auquel M. le Dr Trouessart le rapporte comme variété.

Gen. VESPERTILIO L.

52. VESPERTILIO BOCAGII Peters.

Vespertilio Bocagii Peters Jorn. Lisb., 1870, p. 125.

Rare sur les côtes de Gambie, où l'espèce voltige pendant la nuit, sommet des *Rhizophora*.

INSECTIVORI Cuv.

Fam. ERINACEIDÆ J. G. St-Hil.

Gen. ERINACEUS L.

53. ERINACEUS FRONTALIS A. Smith.

Erinaceus frontalis A. Smith, Sud Afr. Quart. Journ., 1831, 2, p. 29.
— *diadematus* Pr. P. de Wurtemb. Mus. Francfort, et Fitzing. S. B. Akad. Wien., 1867, p. 852.

Seugnelt. — Lieux découverts, dans le haut du fleuve; observé en très petit nombre à Dagana, Podor, Backel.

L'identité des caractères des *Erinaceus frontalis* et *diadematus* nous les fait considérer, avec Hartmann (*Zeit. Ges. Erdkund*, p. 210), comme ne formant qu'une seule espèce. Nous l'inscrivons sous le nom de *frontalis*, cette qualification étant antérieure de trent-six années à celle de *diadematus*.

54. ERINACEUS AURITUS Pall.

Erinaceus auritus Pall. Nov. Comm. Ac. Petrop., XIV, p. 593, pl, 21, f. 4.

Seugnell. — Environs de Saint-Louis, Sorres, tout le Cayor.

Propre à l'Egypte, à la Nubie et à l'Abyssinie, cette espèce est bien connue aussi comme Sénégambienne.

55. ERINACEUS ÆTHIOPICUS Ehrenb.

Erinaceus Æthiopicus Ehrenb. Symb. Phys., Dec. 2.

Seugnell. — Egalement d'Egypte et d'Abyssinie, cet *Erinaceus* vit dans les mêmes localités que l'espèce précédente ; c'est dans les plaines de Cayor qu'on le rencontre le plus fréquemment.

56. ERINACEUS PRUNERI Wagn.

Erinaceus Pruneri Wagn. Schreb. Saug., Supp. II, p. 23, et Die. Saugth. Supp. VI, p. 587.
— *heterodactylus* Sundev. Stockh. Vet. Akad. Handl., 1841, p. 227.

Seugnell. — Sorres, Leybar, Gandiole, Thiouk, — où nous l'avons rencontré, blotti, pendant le jour, sous les branchages secs dont les Nègres entourent leurs plantations.

57. ERINACEUS ADANSONI Rochbr.

Pl. II, fig. 1.

Erinaceus Adansoni Rochbr. Bull. Soc. Phil., Paris, 28 octobre 1882.

R. — SPINIS ACUTISSIMIS, ALBIS, MEDIANITER PALLIDE RUFIS; GASTRÆO, FRONTE, LATERIBUSQUE SETIS LONGIS GRISEIS TECTIS; AURICULIS ROTUNDATO-OVATIS, MEDIOCRIBUS; PEDIBUS CRASSIS 4-DACTYLIS; UNGUIBUS LATIS ALBIDIS.

Piquants faibles, très acérés, blancs à la base et au sommet, d'un fauve pâle au centre; joues, front, côtés et dessous du corps couverts de longs poils roides, gris blanchâtres, un peu teintés de jaune; museau allongé, nu; oreilles ovales, assez courtes, nues; pieds, surtout ceux de derrière, épais, à quatre doigts; ongles larges et blancs.

Longueur totale du corps............. 0,131 millimètres.

Saugnell. — Nous l'avons souvent observé aux environs de Saint-Louis, et les Nègres nous l'ont toujours apporté comme capturé dans les vastes dunes arides de la rive droite du Sénégal, Babagaye, pointe de Barbarie; se trouve aussi au Cap Vert, Joalles, Rufisque, etc.

Cette espèce semble localisée dans les régions sablonneuses comprises entre le fleuve et la côte; pendant le jour, elle se cache, à moitié enfoncée dans le sable, sous quelque touffe de plantes; le soir, elle sort de sa retraite et trotte légèrement, à la recherche de sa nourriture; elle s'attaque de préférence aux innombrables légions de Crabes (*Ocypoda* Fabr. et *Gelasimus* Latr.) répandues dans ces parages.

L'*Erinaceus Pruneri* Wagn., est celui dont le nôtre semble se rapprocher le plus; il en diffère par une taille plus faible, par ses piquants plus longs, plus grêles, non pas annelés de noir, mais de fauve pâle.

Également voisin de l'*E. albiventris* Wagn., regardé par Peters comme un jeune du *Pruneri*, et que nous considérons comme espèce, il en diffère surtout par la coloration des piquants, et surtout par la forme trapue des pieds, très grêles, au contraire, dans l'*albiventris*.

Enfin, la disposition particulière de son museau, très allongé, nu, et presque conique, l'éloigne de tous ses congénères.

Le genre *Erinaceus* a été signalé, pour la première fois, en Sénégambie par Adanson : « Le *Sougneul* ou Hérisson du Sénégal, dit-il, diffère de celui d'Europe, en ce qu'il est plus petit, plus blanchâtre, que son museau est plus allongé, et ne fait pas tant le groin de Cochon; il ne s'engourdit point, mais sort toutes les nuits de l'année. » (*Cours d'Hist. Nat.*, éd. Payer, t. 1, p. 189.) Tout incomplète que soit la description d'Adanson, elle nous paraît se rapporter plus à l'espèce que nous lui dédions, qu'à toute autre des mêmes régions; l'observation de l'illustre Naturaliste s'applique aux divers *Erinaceus* Sénégambiens; nous ne les avons rencontrés engourdis à aucune époque de l'année; c'est à la tombée du jour qu'ils se mettent en mouvement, à la chasse des insectes, dont, l'*E. Adansoni* excepté, ils font leur nourriture presque exclusive. En captivité, ils s'apprivoisent facilement, mangent volontiers du pain, des dattes, etc., qu'on leur présente, mais ils préfèrent à tout les Cancrelats (*Periplaneta Americana* Fisch.), et font une grande destruction de ces hôtes incommodes.

Fam. SORICIDÆ C. Bp.

Gen. CROCIDURA Selys.

58. CROCIDURA SERICEA Wagn.

Crocidura sericea Wagn. Schreb. Saug., V. 1853, p. 557.
Sorex sericeus Sundv. Vet. Akad. Handl. Stock., 1842, p. 171 et 177.

Anakojh. — Podor, Richard-Tol, Bakoy, rives de la Falémé, — où l'espèce se rencontre assez rarement.

59. CROCIDURA CRASSICAUDA Wagn.

Crocidura crassicauda Wagn. Schreb. Saug., V. 1853, p. 554.
Sorex sericeus Sundw. Vet. Akad. Handl. stock., 1842, p. 176 et 178.

Anakojh. — Habite les mêmes localités que l'espèce précédente; — il est, également, rare.

Ces deux espèces sont confondues par certains Naturalistes; le Dr Trouessart, entre autres, fait de cette dernière une variété du *C. sericea* (*Rev. et Mag. zool.*, 1879, p. 250). Nous croyons devoir nous ranger à l'opinion de Duvernoy et de I. Geoffroy, dont on se plaît souvent à discuter les espèces sans apporter de preuves, et qui, connaissant les deux types, les ont parfaitement distingués.

60. CROCIDURA VIARIA Rochbr.

Pl. II, fig. 2.

Crocidura viaria Rochbr. in Mus., Paris.
Sorex viarius I. Geoff. Voy. Bellanger, Zool., 1831, p. 127.

Anakojh. — Richard-Tol, Tionk, Dakar-Bango.

Le *Crocidura viaria*, découvert au Sénégal par Perrottet, a été décrit par I. Geoffroy (*loc. cit.*). Son pelage est, en dessus, d'un fauve isabelle très clair; les flancs sont gris brun; le ventre est d'une teinte plus pâle; les oreilles, grandes, ne sont pas cachées par les poils; la queue, épaisse, arrondie à la base, devient comprimée dans son dernier tiers; elle est garnie de longues soies brunes, dirigées obliquement.

Sa longueur, du bout du museau à l'origine de la queue, est de 0,082^{mm}; la queue mesure 0,045^{mm}; les oreilles, larges de 0,009^{mm} à la base, ressortent de 0,005^{mm}.

Nous figurons le type même de Perrottet. Le Dr Trouessart fait de cette espèce une variété du *S. cyaneus* Duvern.; celle-ci est d'un bleu cendré d'ardoise en dessus, plus pâle en dessous; sa queue est mince, égalant à peine les 2/3 du corps. Ces caractères sont suffisants pour maintenir la séparation des deux types.

Comme l'a observé Perrottet (I. Geoff., *loc. cit.*), le *Crocidura viaria* se trouve ordinairement dans les sentiers battus, et se cache sous les racines de certains arbres; il pénètre accidentellement dans les cases.

Les autres Musaraignes plus grandes, citées également par Perrottet, nous paraissent appartenir aux *C. sericea* et *crassicauda*.

61. CROCIDURA OCCIDENTALIS Puch.

Crocidura occidentalis Puch., Arch. Mus., Paris, t. X, 1861, p. 124, pl. XII, f. 1, 2.
Pachyura occidentalis Puch., Rev. et Mag. Zool., 1855, p. 154.

Gnangogo. — Découvert au Gabon, par M. Aubry Lecomte, le *Crocidura occidentalis* remonte jusqu'en Gambie et sur les rives de la Casamence. — L'espèce n'est pas rare dans les environs de Gilfré, où elle se cache sous les racines des *Ficus.*

Gen. CROSSOPUS Auder.

62. CROSSOPUS NASUTUS Rochbr.

Pl. II, fig. 3.

Crossopus nasutus Rochbr., Bull. Soc. Phil., 28 octobre 1882.

C. — SUPRA FULVIDO-RUFESCENS, SUBTUS GRISEUS : AURICULIS SUBABSCONDITIS, NUDIS ; ROSTRO PRELONGO ; CAUDA COMPRESSIUSCULA, FERE 3/4 CORPORIS LONGITUDINE.

Toutes les régions supérieures sont d'un brun fauve pâle à reflets rougeâtres ; le ventre est gris ; la queue, faiblement comprimée dans sa dernière moitié, égale environ les 3/4 de la longueur du corps ; les oreilles, nues, font légèrement saillie ; le museau, brun, est mince, allongé, très proéminent.

Cette espèce mesure 0,055mm du bout du museau à l'origine de la queue ; celle-ci compte 0,038mm.

Gnanga. — Elle se rencontre avec l'espèce précédente.

Le type que nous possédons est identique à celui des Galeries du Muséum, étiqueté *Sorex æquatorialis* Puch. Il serait inutile d'insister sur les différences fondamentales qui l'en distinguent : le *Crocidura æquatorialis* Puch., très voisin de l'*occidentalis*

Puch., indépendamment de sa coloration, est d'une taille relativement considérable, comparé à l'espèce que nous proposons, sa longueur étant de 0,093mm et celle de la queue de 0,057mm.

Le fait important à établir, c'est qu'il appartient à une autre division des *Soricidæ*. La coloration rouge des dents à leur pointe, la présence de quatre petites dents intermédiaires à la grande incisive et à la première vraie molaire (P. Gervais, *Hist. Nat. Mamm.*, t. 1, p. 244), indiquent, nettement, sa place parmi les *Crossopus*.

C'est la première fois qu'un type de ce groupe est, croyons-nous, signalé sur le continent Africain.

Nous ne voyons aucune espèce à laquelle la nôtre puisse être comparée. Le *S. gracilis* Blainv. semble s'en rapprocher par la couleur du pelage, mais il en diffère par la grandeur des oreilles; de plus, il fait partie d'un autre groupe.

GLIRINI Erxl.

Fam. ANOMALURIDÆ Waterh.

Gen. ANOMALURUS Waterh.

63. ANOMALURUS FRASERI Waterh.

Anomalurus Fraseri Waterh. P. Z. S. of Lond., 1842, p. 124.
Pteromys Derbyanus Gray, Ann. N. H., 1842, 10, p. 262.

Gnamayuñ. — Bords de la Gambie et de la Casamence.

Cité, pour la première fois, comme originaire de Fernando-Po, cet Anomalure a été, depuis, découvert en Gambie; on le rencontre par couples isolés, assez rarement du reste. Le Professeur P. Gervais (*H. N. Mamm.*, t. 1, p. 356), donne, sur cet animal, certains détails de mœurs empruntés à Fraser (Waterh., *loc. cit.*, p. 127) : « Les écailles sous-caudales, que ce genre présente seul, dit-il, sont disposées de manière à arc-bouter l'animal contre les écorces des arbres, lorsqu'il s'arrête dans sa course, le long du tronc ou sur les branches les plus verticales. » Nous ne pensons pas que ces écailles soient destinées à cette fonction.

L'action de grimper s'effectue avec une assez grande rapidité, et dans le mouvement ascensionnel, la queue est fortement relevée sur le dos, « à la façon des Ecureuils ». D'après Fraser lui-même, quand l'animal s'arrête, soit au moindre bruit, soit sous l'influence d'une préoccupation quelconque, le corps s'infléchit en avant et s'applique sur la branche, sans que la région sous-caudale participe à ce contact.

P. Gervais signale, avec justesse, les caractères particuliers de l'omoplate et du squelette des membres antérieurs, dénotant une aptitude pour grimper portée à un degré supérieur à tout ce qu'on connaît chez les autres rongeurs; dès lors, même en acceptant pour vraie l'opinion de Fraser, on ne peut s'empêcher de voir, dans les plaques sous-caudales, un organe dont le secours devient tout au moins secondaire pendant la progression de l'animal. Ne seraient-elles pas, plutôt, destinées à jouer un certain rôle pendant l'acte génésique?

64. ANOMALURUS BEECROFTII Fras.

Anomalurus Beecroftii Fraser, P. Z. S. of Lond., 1852, p. 17, pl. XXXII.

Gnamayuñ. — Découverte également à Fernando-Po, cette espèce, comme la précédente, se rencontre en Gambie et en Casamence, — où elle est rare.

Fam. SCIURIDÆ Waterh.

Gen. SCIURUS Linn.

65. SCIURUS GAMBIANUS Ogilby

Sciurus Gambianus Ogilby, P. Z. S. of Lond., 1855, p. 103.
— *rufobrachiatus* Waterh. P. Z. S. of Lond., 1842, p. 128, et Huet. N. Arch. Mus. 1840, p. 144.

Selauhotjñ. — Forêts de la Gambie et de la Casamence; — assez commun.

A l'exemple de notre collègue M. Huet, et suivant l'opinion de M. le Professeur A. Milne Edwards, établie sur l'examen d'une suite nombreuse d'exemplaires de *Sciurus rufobrachiatus*, nous considérons le *S. Gambianus* comme faisant avec lui une seule et même espèce. Cette même raison nous fait l'inscrire sous le nom de *Gambianus* Ogilby, nom antérieur à celui de *rufobrachiatus* Waterh.

66. SCIURUS MACULATUS Temm.

Sciurus maculatus Temm. Esq. Zool. Guinée, 1853, p. 130.

Seleuhotjh. — Cayor, Joalles, Rufisque, — où l'espèce, assez commune, se tient de préférence dans les broussailles et les arbres peu élevés des plaines longeant le littoral.

Nous croyons devoir distinguer le *Sciurus maculatus* du *S. rufobrachiatus;* indépendamment de sa coloration, exactement donnée par Temminck et identique chez les adultes et les jeunes, il diffère du type de la Gambie par quelques-unes de ses dimensions : la longueur de la queue, notamment, est de 0,286^{mm}, tandis qu'elle atteint seulement 0,250^{mm} chez le *S. rufobrachiatus*.

C'est à lui, sans doute, qu'il faut rapporter le Rat palmiste (Ecureuil) observé par Golbery, dans la vallée de Gagnack, sur la côte, entre Saint-Louis et le Cap-Vert. « Ce petit Ecureuil, dit-il, est tout à fait noir, son poil, long et fin, est aussi brillant que celui des beaux Renards noirs de Sibérie (Golbery, t. II, p. 46).

67. SCIURUS ANNULATUS Desm.

Sciurus annulatus Desm. Mamm., 1820, p. 338.
— Huet. N. Arch. Mus., 1880, p. 150.

Seleuhotjh. — Commun à Lampsar, Bakel, Podor, Saldé, — où il est connu des Européens sous le nom de Rat palmiste.

M. Huet l'indique, dans sa monographie, comme provenant du Sénégal, de la Guinée et de Fernando-Po.

68. SCIURUS ERYTHROGENYS Waterh.

Sciurus erythrogenys Waterh. P. Z. S. of Lond., 1842, p. 129.
— Huet, N. Arch. Mus., 1880, p. 155.

Seleuhotjh. — Assez commun dans les forêts des bords de la Gambie et de la Casamence.

D'après M. Huet, le *S. leucostigma* Temm. serait un jeune de cette espèce.

Gen. XERUS Hempr. et Ehrenb.

69. XERUS CONGICUS Kuhl

Xerus congicus Kuhl. Beit. Zool., 1820, 2e part., p. 66.
— Huet, N. Arch. Mus., 1880, p. 135.

Gaskajh. — Gambie, Casamence; remonte, en suivant la côte, où il se rencontre plus rarement, dans les parages de Rufisque et du Cap-Vert.

70. XERUS ERYTHROPUS E. Geoff.

Xerus erythropus E. Geoff. et F. Cuv. Mam. lith., 1829.
Xerus leucumbrinus Rüpp. Neue. Wirb. Abyss., 1835, p. 37.
— Huet, N. Arch. Mus., 1880, p. 134.

Gaskajh. — Cayor, Gandiole, Leybar, environs de Saint-Louis, — où l'espèce est assez commune.

C'est le véritable Ecureuil fouisseur, bien connu des Européens ayant séjourné en Sénégambie; on le rencontre rarement sur les arbres, et c'est toujours sur les branches les plus basses qu'il se tient de préférence, à portée de son terrier, creusé généralement entre les racines, à une assez grande profondeur; il se nourrit de fruits, qu'il a soin d'emmagasiner pour s'en servir pendant la saison sèche.

71. XERUS RUTILUS Rüpp.

Xerus rutilus Rüpp. Atl. Nord Afrika, 1826-1830, p. 59, pl. 24.
— Huet, N. Arch. Mus., 1880, p. 138.

Gaskajh. — Haut du fleuve, Bakel, Podor, lisière de la forêt de Kita, Saldé.

Cette espèce Abyssinienne nous a été apportée de Saldé par le capitaine Daboville. Le spécimen que nous avons possédé vivant, ne différait du type de Rüppell que par une teinte générale plus sombre.

Fam. MYOXIDÆ Wagn.

Gen. GRAPHIURUS F. Cuv. et E. Geoff.

72. GRAPHIURUS MURINUS Desm.

Graphiurus murinus Desm. Mam. Suppl., 1822, p. 542.

Diadjia. — Dakar-Bango, Sorres, Thionk, Jardin de Dakar; — se tient dans les petits arbres, et notamment les Goyaviers *(Psidium pyriferum* Lin.), dont il mange les fruits.

Nous considérons comme appartenant au *G. murinus*, type de Desmarest, les individus de très petite taille, à ventre entièrement blanc, vus par I. Geoffroy Saint-Hilaire, et qu'il était tenté de considérer comme une espèce distincte (*Dict. Class. H. N.*, 1826, vol. IX, p. 485); et nous réservons le nom de *G. Coupei* F. Cuv. à l'espèce suivante, dont les caractères nous paraissent assez tranchés pour autoriser sa distinction.

73. GRAPHIURUS COUPEI F. Cuv.

Graphiurus Coupei F. Cuv. Mam. lith., liv. 37.

Diadjia. — Assez commun. — Vit dans les mêmes régions que l'espèce précédente.

L'aire d'habitat des *G. murinus* et *Coupeii* s'étend de l'Abyssinie à toute la Sénégambie, au Cap de Bonne-Espérance et au Mozambique.

74. GRAPHIURUS HUETI Rochbr.

Pl. III, fig. 1.

Graphiurus Hueti Rochbr. Bull. Soc. Phil. Paris, 28 octobre 1882.

G. — SUPRA RUFO-ISABELLINUS; LATERIBUS LUTEO-GRISEIS; ABDOMINE MURINO-ALBESCENTE; CAUDA DISTICHA, LATA, FULVA, PEDIBUS RUFESCENTIBUS.

Toutes les parties supérieures sont d'un roux isabelle, plus foncé sur la ligne dorsale, rougeâtre entre les yeux; les joues ont une teinte jaune grisâtre; cette teinte règne sur les flancs, et devient d'un blanc faiblement ardoisé sous le ventre; les poils ont une couleur roussâtre; la queue, très aplatie, large, à poils rudes, est d'un fauve foncé en dessus, plus pâle en dessous.

Longueur du bout du museau à l'origine de la queue.	0,150	millimètres.
Longueur de la queue...........................	0,170	—

Diadjia. — Environs de Saint-Louis, Sorres; s'observe plus rarement en Gambie; paraît exister également dans le haut du fleuve.

Ce *Graphiurus*, que nous dédions à notre collègue M. Huet, qui l'a examiné avec nous, est bien distinct du *G. Coupeii* : non seulement par sa coloration, mais aussi par ses dimensions, de beaucoup plus grandes; ce dernier, en effet, mesure 0,092^{mm} de long, du bout du museau à l'origine de la queue; celle-ci ne dépasse pas 0,097^{mm}.

75. GRAPHIURUS CAPENSIS F. Cuv. et E. Geoff.

Graphiurus Capensis F. Cuv. et E. Geoff. Mam. lith., liv. 60.
Myoxus ocularis Smith. Zool. Journ., IV, p. 439.

Mêmes localités que les autres espèces, — mais peu commun.

L'Afrique Sud et l'Afrique Australe possèdent cette espèce en commun avec la Sénégambie.

Fam. GERBILLIDÆ Alst.

Gen. GERBILLUS Desm.

76. GERBILLUS ÆGYPTIUS Desm.

Gerbillus Ægyptius Desm. Nouv. Dict. Hist. Nat., 1804, t. XXIV, p. 22.

Dianabam. — Peu commun. — Plaines sablonneuses de la rive droite du Sénégal; Cayor, Saldé.

77. GERBILLUS PYGARGUS F. Cuv.

Gerbillus pygargus F. Cuv. T. Z. S. of Lond., 1841, t. II, p. 142.
Meriones gerbillus Rüpp. Atl. Nord Afrika, 1826, p. 75, taf. 30, f. *b*.

Dianabam. — Mêmes régions que l'espèce précédente.

Le *Gerbillus pygargus,* comme le *G. Ægyptius,* se rencontre aussi en Egypte, en Nubie et en Abyssinie; mais, bien que le *G. pygargus* soit regardé comme identique au *G. Ægyptius,* notamment par M. le Dr Trouessart (*Bull. Soc. Etud. Scient. Angers,* 1881, p. 107), les différences qu'ils présentent nous engagent à les séparer.

La Gerbille d'Egypte, dit Desmarets (*loc. cit.*), est seulement de la taille d'une Souris, fauve en dessus et jaune en dessous; sa queue est brune.

Au contraire, l'espèce de F. Cuvier mesure 0,140^{mm}, taille de beaucoup supérieure à celle d'une Souris; sa queue atteint 0,163^{mm}; la couleur du pelage est fauve clair en dessus, d'un blanc pur en dessous. Quant au *Meriones gerbillus* de Rüppell, rien ne le distingue du *G. pygargus;* les teintes du pelage, les dimensions, sont identiquement les mêmes.

78. GERBILLUS LONGICAUDUS Wagn.

Gerbillus longicaudus Wagn. Schreb. Saug., 1843, III, p. 477.

Dianabam. — Assez rare. — Forêts de Gommiers des Maures Tarzas; s'étend dans les régions désertes du littoral, en remontant vers le Cap Mirik.

79. GERBILLUS BURTONI F. Cuv.

Gerbillus Burtoni F. Cuv. T. Z. S. of Lond., 1836, 2 p. 1845, pl. 22, 23.

Dianabam. — Se rencontre dans les mêmes localités que l'espèce précédente, — mais en petit nombre.

Gen. RHOMBOMYS Wagn.

80. RHOMBOMYS PYRAMIDUM E. Geoff.

Rhombomys pyramidum E. Geoff. et I. Geoff., Dict. Class. H. N., 1825, t. 7, p. 321.

Dianabam. — Observé assez fréquemment dans le haut fleuve, plateaux de Kita et toute la ligne de sables du pays des Maures, rive droite du Sénégal.

Gen. PSAMMOMYS Rüpp.

81 PSAMMOMYS OBESUS Rüpp.

Psammomys obesus Rüpp. Atl. Nord. Afrika, 1826, p. 50, pl. 22.

Dianabam. — Cette espèce vit réunie par couples; elle habite avec la précédente

Nous devons à notre excellent confrère, M. le Dr Collin, la connaissance de ces deux espèces, désignées par les Européens sous le nom de Rats sauteurs ou de Gerboises.

Fam. DENDROMYDÆ Alst.

Gen. DENDROMYS A. Smith.

82. DENDROMYS MYSTACALIS Heugl.

Dendromys mystacalis Heuglin Verhand. Leop. Car. Akad., 1868, 30, p. 5.

Dianaguen. — Environs de Kita; forêts de Gommiers du pays des Maures; Saldé, — où il est rare, et dont le capitaine Daboville nous en a rapporté un exemplaire.

Fam. CRICETIDÆ Alst.

Gen. CRICETOMYS Waterh.

83. CRICETOMYS GAMBIANUS Waterh.

Cricetomys Gambianus Waterh. P. Z. S. of Lond., 1840, p. 2.

Simpogoh. — Rare. — Bords de la Gambie et de la Casamence; voisinage d'Albréda; environs de Lampsar, — où il a été rencontré accidentellement.

Fam. MURIDÆ Alst.

Gen. EPIMYS Trouess.

84. EPIMYS DECUMANUS Trouess.

Epimys decumanus Trouess. Bull. Soc. Et. Scient. Angers, 1881, p. 117.
Mus decumanus Pall. Nov. Sp. Glir., 1778, p. 91.

Guenho. — Commun dans toute la Sénégambie.

85. EPIMYS RATTUS Trouess.

Epimys rattus Trouess. Bull. Soc. Etud. Scient. Angers, 1881, p. 119.
Mus rattus Linn. Syst. Nat., 1766, t. 1, p. 79.

Guenho. — Habite toute la Sénégambie, mais en moins grand nombre que le *decumanus*.

86. EPIMYS LEUCOSTERNUM Rüpp.

Epimys leucosternum Rüpp. Mus. Senck., 3, p. 108, pl. 6, f. 2.

Guenho. — Champs du haut du fleuve Podor, Dagana, Bakel, — où il est rare.

Gen. ISOMYS Sundev.

87. ISOMYS VARIEGATUS E. Geoff.

Isomys variegatus E. Geoff. Descr. Egyp. 5, f. 2.

Guenho. — Haut du fleuve, Bakel, Dagana, Kita, Falémé et les régions limitrophes, — où l'espèce est assez rare.

Gen. LEMNISCOMYS Trouess.

88. LEMNISCOMYS BARBARUS Trouess.

Lemniscomys barbarus Trouess. Bull. Soc. Etud. Scient., Angers, 1881, p. 465.
Mus barbarus Linn. Syst. Nat., 1766, l. par. 2 add.

Guenho. — Assez commun dans les mêmes localités que l'*Isomys variegatus*.

89. LEMNISCOMYS LINEATUS E. Geoff.

Lemniscomys lineatus E. Geoff. Mamm. Lith., 1829, liv. 61.
— *pumilio* Smith. Ill. Zool. Sud. Afrika, pl. 46, f. 1.

Guenho. — Assez commun. — Dakar-Bango, Thionk, Babagaye, et le haut du fleuve, à Podor, etc.

Gen. MUS Lin.

90. MUS MUSCULUS Lin.

Mus musculus Lin. Syst. Nat., 1766, p. 83.

Guenhotout. — Toute la Sénégambie; habite les cases et les magasins de provisions.

Cette espèce, des plus communes, diffère de notre Souris par une coloration plus foncée de tout le pelage. Aucun caractère important, du reste, ne permet de la différencier de sa congénère d'Europe.

91. MUS GALANUS Heugl.

Mus Galanus Heuglin, Reise Nordost Afrik., 1876, 2, p. 73.

Guenhotout. — Pays de Galam, Cayor, — où il est rare. — On l'observe plus particulièrement dans les lieux cultivés, et notamment dans les champs de Cotoniers.

Gen. ACOMYS Is. Geoff.

92. ACOMYS DIMIDIATUS Rüpp.

Acomys dimidiatus Rüpp. Atl. Nord. Afrika, 1826, p. 37, pl. 13, f. *a.*

Guenho. — Assez rare. — Thionk, Leybar; rencontré une seule fois à Dakar-Bango; plus commun sur la rive droite et dans la région des Gommiers.

Fam. SPALACIDÆ Alst.

Gen. TACHYORICTES Rüpp.

93. TACHYORICTES MACROCEPHALUS Rüpp.

Tachyorictes macrocephalus Rüpp. Mus. Senek., 1834, 3, p. 115,

Environs de Kita, collines ferrugineuses.

Cette espèce Abyssinienne a été découverte en Sénégambie par M. le Dr Collin; elle est des plus communes, nous dit-il, dans les environs de Kita, où elle habite les crevasses des rochers et les pentes sablonneuses des collines boisées; les Européens la désignent sous le nom de Marmotte.

Fam. ECHINOMYDÆ Alst.

Gen. AULACODUS W. Swind.

94. AULACODUS SWINDERIANUS Temm.

Pl. III, fig. 2.

Aulacodus Swinderianus Temm. Mon. Mam. 1, 1827, p. 245, pl. 25 (Juv.)
— Waterh. Mamm., t. II, p. 356, pl. 16, f. 2.

Volimpogo. — Côte de la Gambie, Casamence. — Un exemplaire du Muséum a été rapporté du Fouta-Djalon par Heudelot.

Les couleurs du pelage de cet animal, telles qu'elles sont données par les auteurs, diffèrent assez de nos spécimens et surtout de celui du Fouta-Djalon, pour que nous les décrivions comparativement.

D'après Temminck (*Esq. Zool. Guinée*, 1853, p. 170) « tous les » poils portent des annelures noires et rousses, qui alternent; il » s'en suit que les couleurs de la robe offrent un mélange de ces » deux teintes; mais la base des poils, ainsi que leur face interne, » sont d'une teinte blanchâtre; le ventre est couvert de poils » blanchâtres annelés de brun; ceux du museau, de la partie in- » férieure des joues, de la gorge et de l'abdomen, sont d'un » blanc pur; en dessous la queue est noire, et roussâtre en » dessus. »

La description de Waterhouse (*H. N. Mam.*, 1848, p. 356, t. II), est à peu près calquée sur celle de Temminck.

P. Gervais se contente de dire (*H. N. Mamm.*, 1854, p, 335, t. I): « C'est un animal de couleur brune. »

Chez l'exemplaire de Heudelot, les poils que nous figurons blancs à la base, bruns au milieu, sont fauve doré à la pointe; par suite de cette disposition, toutes les parties supérieures paraissent d'un brun doré passant au rouge brun éclatant sur le dos et la croupe; cette coloration pâlit sur les flancs; le dessous est d'un gris cendré blanchâtre, ainsi que la gorge, les côtés du nez et les angles de la mâchoire inférieure; la queue, courte et faible relativement à la taille de l'animal, est peu garnie de poils; elle est fauve en dessus avec des reflets dorés et grisâtres en dessous.

Cette distribution de teintes correspond aux *A. aureus* Kaup, et *variegatus* Pictet, qui ne peuvent être spécifiquement séparés du véritable *A. Swinderianus* Temm.

Les dimensions de l'animal semblent varier comme ses couleurs; Temminck donne à l'adulte une longueur totale de 0,676^{mm}, et 0,182^{mm} pour la queue; les individus étudiés par Waterhouse mesuraient, du bout du museau à l'origine de la queue, de 0,500 à 0,525^{mm}; la queue variait de 0,137 à 0,212.

Chez l'individu rapporté par Heudelot, la longueur égale 0,610, celle de la queue 0,180.

Il est bon d'observer que les poils déprimés et rainurés (Temminck, *loc cit.*) sont convexes en dessous, plats en dessus; que la rainure ne dépasse pas le premier tiers de la longueur totale; et que leur pointe est flexible, aiguë, mais très peu résistante et non pas « piquante » (Temminck, *loc. cit.*); leur dimension moyenne est de 0,032, sur 1/3 de millimètre environ de largeur.

Fam. HYSTRICIDÆ F. Cuv.

Gen. ATHERURA G. Cuv.

95. ATHERURA AFRICANA Gray.

Atherura Africana Gray, Ann. Nat. Hist., 1842, p. 261.

N'Got N'Ga. — Casamence, Gambie; se rencontre dans les oasis des environs d'Albréda, sur le vaste plateau sablonneux qui s'étend de cette localité dans la direction de l'Ouest; mais il est plus fréquent vers le Sud, dans les parages de Zekinchor.

96. ATHERURA ARMATA P. Gerv.

Pl. IV, fig. 1, 2.

Atherura armata P. Gervais, Hist. Nat. Mamm., 1854, t. I, p. 333.

N° 8 et N° 8a. — Mêmes localités que l'espèce précédente.

L'Atherura armata, décrit par le Professeur P. Gervais, et qui, croyons-nous, n'a point été figuré, est parfaitement distinct de l'*Africana*. Nous reproduisons *in extenso* la description que P. Gervais a donnée de cet animal :

« Dans cet Atherure, les piquants sont bruns, aplatis, rudes en » dessous et *ciliés latéralement;* ceux des lombes sont plus longs » que ceux du dos et des flancs; quelques-uns dépassent de beaucoup les autres, et deviennent ainsi des armes offensives fort » redoutables, parce qu'ils forment de longues tiges épineuses, » roides et pointues, qui s'élèvent au-dessus du corps dans plusieurs directions; ces épines sont, en outre, *finement dentées* » *en scie sur leurs bords;* les piquants de la tête sont courts et » semblables à des poils roides; les moustaches sont fortes et » longues; enfin, la queue se termine par un bouquet de tubes » secs et cornés, présentant, sur leur trajet, plusieurs renflements bulbeux. »

La couleur des piquants (fig. 2) est d'un blanc un peu jaunâtre dans leur première moitié; les membres sont d'un brun noirâtre; les côtés de la tête ont leurs piquants teintés de blanc jaunâtre; tout le dessous est de cette même couleur; les flancs portent une large tache également blanc jaunâtre; les pattes sont noirâtres, les ongles bruns. La queue, dans le premier quart de sa longueur, est entourée de forts piquants, noirs en dessus, blancs jaunâtres en dessous et sur les côtés; un espace brun écailleux, portant de rares poils noirs se montre ensuite; ces poils augmentent de longueur vers l'extrémité de l'organe et se convertissent peu à peu en tubes cornés, blancs et moniliformes, formant le bouquet terminal précédemment signalé.

Nous représentons sur notre planche IV le type même de P. Gervais.

Gen. HYSTRIX Lin.

97. HYSTRIX CRISTATA Lin.

Hystrix cristata Lin. Syst. Nat., 1766, p. 76.

Dionkop. — Tout le Cayor, le Oualo. — Commun sur la rive droite du Sénégal, aux confins des forêts de Gommiers de Sahel, Alfatak, etc.

La comparaison de nos exemplaires avec des individus provenant d'Algérie et de Sicile, l'étude des têtes osseuses, au nombre desquelles nous comprenons celle rapportée du Sénégal par Perrottet (*Gal. Anat. Comp. Mus.*), ne nous ont montré aucune différence propre à les séparer spécifiquement.

98. HISTRIX SENEGALICA F. Cuv.

Hystrix Senegalica F. Cuvier, Mém. Mus., 1832, t. IX, p. 430.
— *Afrikæ australis* Peters, Reis. Moss. Saug. 1852, p. 170, pl. 32, f. 6, 7.

Dionkhop. — Mêmes localités que l'espèce précédente; Gambie, plaines d'Albréda.

L'*Hystrix Senegalica* de F. Cuvier est regardé avec raison, par la plupart des Mammalogistes, comme identique avec l'*H. Afrikæ australis*, de Peters; aussi, loin de suivre l'exemple de M. le Dr Trouessart, qui adopte le nom de Peters (*Bull. Soc. Etud. Scient. Angers*, 1881, p. 187), nous l'inscrivons en synonymie, ce nom étant postérieur de trente ans à celui de F. Cuvier.

Fam. LEPORIDÆ Gray.

Gen. LEPUS Lin.

99. LEPUS ÆGYPTIUS E. Geoff.

Lepus Ægyptius E. Geoff. Hist. Nat. Egyp., 1812, Mamm., t. II, p. 739, pl. 6, f. 2.

Leugoua. — Commun. — Cayor, Oualo, Leybar, Thionk, Sorres, etc.

C'est à cette espèce qu'il faut rapporter le Lièvre décrit par

Adanson (*Voy. au Sénégal*, p. 25) : « Le Lièvre de Sorres, dit-il, » n'est pas tout à fait celui de France, il est un peu moins gros, » et tient, pour la couleur, du Lièvre et du Lapin. Il semble que » sa chair le rapproche davantage de ce dernier. »

100. LEPUS ISABELLINUS Rüpp.

Lepus isabellinus Rüpp. Atl. Nord. Afrika, 1826, p. 52, pl. 20.

Leugoua. — Habite les mêmes régions que le *L. Ægyptiacus*, — où il est cependant moins commun.

Gen. CUNICULUS P. Gerv.

101. CUNICULUS SENEGALENSIS Rochbr.

Cuniculus Senegalensis Rochbr. Notes Mnscr.

Ibobäjh. — Lieux sablonneux. — Commun dans le Cayor et le Oualo, dunes de la rive droite du Sénégal.

Le Lapin existe bien positivement en Sénégambie; Adanson n'a point omis de le citer, et un grand nombre d'auteurs considèrent même notre Lapin sauvage de France comme originaire de cette contrée. Sans insister sur cette opinion, que nous ne partageons pas, nous croyons devoir dénommer spécifiquement le type du Sénégal.

Adanson (*Cours d'Hist. Nat.*, édit. Payer, 1845, t. I, p. 184) lui donne un pelage roux; en réalité, il est d'une teinte gris brunâtre, roussâtre en dessous et aux membres, un peu plus petit que le *C. cuniculus* de France; il se rapproche du *C. arenarius* Geoff.

Il vit par couples dans les terriers qu'il se creuse au milieu des terrains sablonneux. Ses mœurs sont analogues à celles de notre Lapin sauvage.

102. CUNICULUS DOMESTICUS P. Gerv.

Cuniculus domesticus P. Gerv., Hist. Nat. Mamm., 1854, t. I, p. 286.

Les Lapins domestiques que l'on rencontre au Sénégal, où ils sont du reste en petit nombre, y ont été introduits par les Européens et sont élevés seulement par eux; ils appartiennent aux races plus ou moins croisées, si communes en France.

Nous ne connaissons pas d'exemples où, abandonnés à eux-mêmes, ils soient devenus sauvages. Comme pour tous les animaux domestiques en général, il est difficile de préciser l'espèce ou les espèces souches; nous les croyons multiples; dans tous les cas, nous nous rangeons à l'opinion du Professeur P. Gervais (*loc. cit.*), tendant à voir dans le Lapin sauvage et le Lapin domestique deux types parfaitement tranchés.

MESALLANTOIDEI H. M. Edw.

CARNIVORI Cuv.

Fam. FELIDÆ Wagn.

Gen. LEO Gray.

103. LEO GAMBIANUS Gray.

Leo Gambianus Gray, Cat. Mamm. Brit. Mus., 1843, p. 40.
Felis Senegalensis Fisch. (non Lesson) Syn. Mamm., 1829, p. 197.
Lion du Sénégal F. Cuv. et Geoff Mamm. Lith., liv. 9.
Leo nobilis Gray, P. Z. S. of Lond., 1867, p. 263.

Guindé. — Commun dans toute la Sénégambie. — Podor-Dagana, Bakel, Kita, Gambie, Casamence; descend souvent dans les environs de Saint-Louis, Thionk, Leybar, Dakar-Bango.

« Les Lions, dit le Professeur P. Gervais (*H. N. Mamm.*, t. II, » p. 81), sont répandus dans toute l'Afrique; la persistance de » taches ombrées chez ceux de la Sénégambie, et plusieurs autres » caractères encore, ont engagé certains auteurs à admettre qu'il » y a diverses espèces parmi ces animaux. »

Partisan de cette manière de voir, nous chercherons à l'étayer par quelques preuves.

Dans sa monographie des *Felidæ*, Temminck (p. 85) distingue le Lion du Sénégal du Lion de Barbarie : par son pelage, d'une teinte plus jaunâtre et plus brillante; par une crinière moins épaisse et moins longue; par le manque total de longs poils à la ligne médiane du ventre et aux jambes; cette crinière est plus courte, toute fauve, sans mèches de poils noirs; elle est moins étendue sur le garot et aux épaules; sa taille est aussi plus petite.

Ajoutons à cette description les taches ombrées dont parle P. Gervais, taches arrondies, d'un brun brillant, disposées plus particulièrement sur les membres, les fesses, les côtés de l'abdomen, et que l'on ne rencontre pas chez le Lion de Barbarie.

La comparaison des têtes osseuses fournit des caractères différentiels encore plus accusés.

Chez le Lion de Barbarie, mâle et adulte, le crâne, vu d'en haut, se montre sous une forme lozangique; l'étroitesse de la boite encéphalique est considérable; la crête occipitale énorme, le front fortement aplati; les apophyses zygomatiques, larges, s'écartent d'une manière exagérée et forment un angle franchement aigu; l'ouverture nasale est relativement étroite; les lobes de la première molaire sont obtus, à peine séparés; ceux de la carnassière, écartés, à angles obtus, un peu mousses à leur sommet.

Dans le Lion du Sénégal, le crâne est ovoïde; la boite encéphalique est relativement large, la crête occipitale peu accusée, le front bombé; les apophyses zygomatiques, peu écartées, sont faibles et dirigées suivant une ligne courbe; l'ouverture nasale est large; les lobes de la première molaire, écartés; le médian droit, aigu et tranchant; ceux de la carnassière, séparés par un angle aigu, se terminent en pointe acérée.

Ces différences, établies sur cinq têtes de l'un et l'autre type, peuvent être résumées dans le tableau suivant, dont les chiffres doivent être pris comme moyenne :

Désignation des mesures		Lion de l'Atlas	Lion du Sénégal
Longueur totale de la tête		360	327
Diamètres	Bizygomatique	270	184
	Bimaxillaire	126	109
Occipital	Hauteur	44	37
	Largeur	62	58
	Hauteur de la crête	44	26
Nez	Largeur	51	59
Face	Longueur totale	140	121
1re Molaire	Hauteur	16	17
	Largeur	24	21
Carnassière	Hauteur	19	22
	Largeur	38	31

Tous ces caractères suffisent pour séparer les deux types; aussi inscrivons-nous comme espèce : le Lion du Sénégal.

Gen. LEOPARDUS Gray.

104. LEOPARDUS PARDUS Gray.

Leopardus pardus Gray, P. Z. S. of Lond., 1867, p. 263.
Felis Leopardus Schreb. Saüght., p. 387, 5, t. 101.
— Cuv. Ann. Mus., XIV, p. 148.
— Temm. Monogr., p. 92, t. 9, f. 1, 2.

Ségué. — Commun dans toute la Sénégambie, mais surtout dans les forêts du haut fleuve : Podor, Saldé, Dagana, Médine, Bakel, et sur les rivières Gambie et Casamence.

Gray, à l'exemple d'un certain nombre de Mammalogistes, a réuni sous une même appellation le Léopard et la Panthère, tandis que d'autres continuent à les distinguer spécifiquement. Parmi ces derniers, Temminck nous paraît être le seul qui en ait donné les véritables caractères distinctifs.

« Extérieurement, le Léopard est d'un fauve clair, avec six à dix rangées de taches noires en forme de roses n'ayant jamais plus de 0,040 à 0,041^{mm} de diamètre; la longueur de la queue égale seulement celle du corps; son extrémité aboutit aux épaules (Temminck, *loc. cit.*, p. 92).

» La Panthère est beaucoup plus petite que le Léopard; son pelage est d'un fauve jaunâtre foncé, avec de nombreuses taches en rose, très rapprochées, ayant au plus de 0,027 à 0,030^{mm}; la queue égale la longueur du corps et de la tête; son extrémité atteint le bout du museau (Temminck, *loc. cit.*, p. 99).

» En outre, le crâne de la Panthère est plus long et plus comprimé; les arcades zygomatiques beaucoup plus écartées; la face est plus obtuse dans le Léopard; le frontal plus large, plus rectangulaire; mais ses apophyses post-orbitaires sont moins fortes. (Temminck, *loc. cit.*, p. 99).

» Le Léopard, enfin, a 22 vertèbres caudales, tandis que la Panthère en a 28. »

L'étude des nombreux individus que nous avons examinés en Sénégambie nous a conduit à accepter entièrement la manière de voir de Temminck, au sujet de ces deux espèces controversées; pour lui, comme pour nous, l'animal désigné sous le nom de Panthère, par les Naturalistes Français, n'est qu'un Léopard dont la couleur du pelage s'éloigne un peu du type ordinaire. La véritable Panthère n'existe pas en Afrique; elle habite l'Inde, et plus particulièrement le Bengale, les îles de la Sonde, Java, etc.; tandis que le Léopard, tel qu'il est précédemment décrit, et bien qu'il existe également dans l'Inde, est plus particulièrement Africain.

Gen. FELIS Lin.

105. FELIS SERVAL Schreb.

Felis serval Schreb. Saught, p. 407, 14, f. 108.
— *galeopardus* Desmar. Mamm., p. 227, 355.
— *Capensis* Forst. Phil. Trans., LXX., p. 1.

Sénéguen. — Se rencontre, mais en petit nombre, dans toute la Sénégambie, plus particulièrement vers le Nord.

Le *Felis serval* est une espèce du Cap et même de l'Algérie.

106. FELIS RUTILA Waterh.

Felis rutila Waterh. P. Z. S. of Lond., 1842, p. 130.
— Gray, P. Z. S. of Lond., 1867, p. 272.

Oshingi. — Rare. — Forêts de la Gambie et de la Casamence.

107. FELIS NEGLECTA Gray.

Felis neglecta Gray, Ann. et Mag. N. A., 1838, 1, p. 27.; et P. Z. S. of Lond., 1867, p. 272.

Oshingi. — Habite les forêts, en compagnie du *F. rutila*.

108. FELIS SENEGALENSIS Lin.

Felis Senegalensis Less. Mag. Zool. (*Guerin*) Mamm., 1838, p. 15.

Guen. — Assez commun. — Thionk, Dakar-Bango, Leybar; le Oualo et le Cayor.

109. FELIS MANICULATA Rüpp.

Felis maniculata Rüpp. Atl. Nord. Afrika, p. 1, taf. 1.

Guen. — Peu commun. — Localisé spécialement dans le haut fleuve : Saldé, Podor, Dagana, Bakel.

110. FELIS DOMESTICA Briss.

Felis domestica Briss. Blasius, Fauna W. E. p. 167, f. 104-105.

Guenhoë. — Commun dans toute la Colonie, où il vit soit dans les cases, soit dans les habitations des Européens.

Les habitudes de cet animal sont les mêmes que celles de son congénère d'Europe; il est, toutefois, moins sédentaire et, sans s'écarter des lieux habités, il s'aventure parfois assez loin dans les terres. Il rentre régulièrement au domicile, et ne se mélange point avec les espèces sauvages qu'il peut rencontrer; du moins nous n'en connaissons pas d'exemple.

111. FELIS BOUVIERI A. M. Edw.

Felis Bouvieri A. M. Edw. Mnscr. in Mus. Par.

Guenhoë. — Mélangé avec le précédent. — Rapporté par M. Bouvier des îles de l'Archipel du Cap-Vert.

M. le Professeur A. Milne Edwards a fait inscrire sous ce nom, dans les Galeries du Muséum, un type que l'on rencontre non seulement à l'archipel du Cap-Vert, mais aussi dans toute la Sénégambie, et plus particulièrement à Saint-Louis, Dakar, Joalles, Rufisque, etc. Le savant Zoologiste le considère, avec raison, comme une race du Chat domestique, race dont il est difficile, sinon impossible, de définir la souche, car elle ne présente aucun des caractères propres aux espèces sauvages de la région.

De la taille d'un Chat domestique de grosseur moyenne, le *Felis Bouvieri* possède un pelage gris noirâtre, avec des bandes foncées disposées assez irrégulièrement sur la région supérieure; une bande, également noire, règne le long du dos; les jambes sont ornées, en travers, de bandes de même couleur.

Le *Felis Cafra* est l'espèce dont il se rapproche le plus; il en diffère, toutefois, en ce que, chez celui-ci, le fond du pelage est plus clair, les bandes noires du corps régulièrement disposées, et les dimensions de l'animal plus considérables.

Gen. CHAUS Gray.

112. CHAUS CALIGATUS Gray.

Chaus caligatus Gray, P. Z. S. of Lond., 1867, p. 398.
Felis caligata F. Cuv., Mamm. lith.
— *chaus* Rüpp. Atl. Nord. Afrika, p. 13, taf. 4.

Suanhoé. — Peu commun. — Lisière des grands bois : Saldé, Thionk; Gambie, Casamence; l'intérieur du Cayor.

D'après Temminck et le Professeur P. Gervais, cette espèce est propre à toute l'Afrique.

Gen. CARACAL Gray.

113. CARACAL MELANOTIS Gray.

Caracal melanotis Gray, P. Z. S. of Lond., 1867, p. 277.
Felis caracal Schreb. Saugth., p. 415, 17, t. 110.

Safandou. — Assez fréquent. — Oualo, Cayor, Gambie.

Les individus du Cap, de Barbarie et du Sénégal, comme l'observe Temminck (*Mon. Gen. Felis,* p. 119), n'offrent entre eux que des différences insignifiantes dans la couleur du pelage, la taille, etc. Il est impossible, dit également le Professeur P. Gervais (*H. N. Mamm.*, t. II, p. 93), de distinguer le Caracal de l'Inde d'avec celui d'Afrique.

Gen. GUEPARDA Gray.

114. GUEPARDA GUTTATA Gray.

Gueparda guttata P. Z. S. of Lond., 1867, p. 277.
Felis guttata Herm. Blainv. Osteogr., t. 4.

Schaglé. — Commun dans toute la Sénégambie : le Oualo, le Cayor et le haut du fleuve plus particulièrement.

Suivant Duvernoy, le *Felis guttata* Herm. serait différent du *Felis guttata* Schreb., que l'on considère généralement comme lui étant identique. Le premier serait Africain, le second spécial à l'Inde.

Nous partageons entièrement cette manière de voir, et comme

nous l'avons fait pour le Lion, nous nous appuyons sur l'examen des crânes.

Sans vouloir insister sur des différences de peu d'intérêt, relatives à la coloration du pelage, et sur l'absence presque complète de crinière dans le Guepard Africain, la forme et les dimensions des têtes osseuses suffisent pour séparer les deux types.

Dans le Guepard d'Afrique, en effet, le crâne, vu d'en haut, est ovoïde, le front est aplati, étroit, les arcades zygomatiques rapprochées, le museau allongé; dans celui de l'Inde, le crâne est quadrilatère, à front large et bombé, à arcades zygomatiques écartées à angle obtus; le museau est court et trapu.

La forme des dents fournit un caractère d'une valeur non moins grande : les lobes de la première molaire du Guepard d'Afrique sont obtus; le lobe central se distingue par sa largeur et son aspect triangulaire, tandis que les latéraux, d'une petitesse excessive, en sont à peine séparés.

La première molaire du Guepard de l'Inde, au contraire, de dimensions moins grandes, a ses quatre lobes profondément divisés par un large sinus; le central est en forme de coin aigu, les autres sont en petit sa reproduction fidèle. La carnassière présente également des différences: relativement étroite, à lobes séparés par un angle presque droit chez le premier, elle s'élargit dans le second, et ses lobes, plus tranchants, s'inclinent en formant un angle franchement obtus.

Ajoutons encore à ces caractères le développement considérable des apophyses sus-orbitaires dans le Guepard de l'Inde, contrastant avec la faiblesse et la brièveté de ces mêmes apophyses sur les crânes du Guepard Africain; la crête occipitale prononcée de l'un et son absence presque complète chez l'autre.

Fam. VIVERRIDÆ Wagn.

Gen. VIVERRA Lin.

115. VIVERRA CIVETTA Schreb.

Viverra civetta Schreb. Saugeth., t. III.
— Temm. Esq. Zool. Guinée, p. 88.
La Civette Buffon, H. N., t. IX, 299, t. 34.

Kastorjh. — Assez commun. — Cayor, Oualo, Thionk, Joalles, Casamence, Gambie.

On trouve une figure assez exacte de la Civette dans le *Voyage en Afrique*, de Labat (t. II, p. 104).

Fam. GENETTIDÆ Gray.

Gen. GENETTA Briss.

116. GENETTA VULGARIS Gray.

Genetta vulgaris Gray, P. Z. S. of Lond., 1832, p. 63.
Viverra Genetta Linn. in Fisch. Syn. Mamm., 169.

Sycore. — Assez commun. — Thionk, Sorres, Leybar, Dakar-Bango.

117. GENETTA SENEGALENSIS Gray.

Genetta Senegalensis Gray, P. Z. S. of Lond., 1832, p. 63.
Viverra Senegalensis Fisch. Syn. Mamm., 170.

Sycore. — Mêmes localités que l'espèce précédente, — où on l'observe assez fréquemment.

118. GENETTA PARDINA I. Geoff.

Genetta pardina I. Geoff. Mag. Zool., 1832, p. 63.
— *Poensis* Waterh. P. Z. S. of Lond., 1838, p. 59.
— *fieldiana* Duchaillu, Proc. Bost. N. H. Soc., VII, 1860.

Sycore. — Thionk, Leybar, Rufisque, Cap-Vert, Gambie, Casamence. Cette espèce contrairement à la précédente, habite de préférence dans le voisinage des cours d'eau.

Fam. PARADOXURIDÆ Gray.

Gen. NANDINIA Gray.

119. NANDINIA BINOTATA Gray.

Nandinia binotata Gray, Cat. Mamm. Br. Mus., p. 54.
Viverra binotata Gray, Spec. Zool., 9.
Paradoxurus binotatus Temm. Monogr., II, 338, t. 65, f. 79.

Sycore. — Peu commun. — Gambie, Casamence, Sainte-Marie.

Fam. HERPESTIDÆ Gray.

Gen. HERPESTES Illig.

120. HERPESTES ICHNEUMON Gray.

Herpestes Ichneumon Gray, Cat. Mamm. Brit. Mus., p. 51.
— *Pharaonis* A. Smith., S. A. Quart. Journ., 1, p. 49.
Mangouste d'Egypte F. Cuv. Mamm. Lith.

Sycore. — Commun. — Toute la Sénégambie; se tient de préférence le long des cours d'eau, et surtout sur le rivage de la mer.

Gen. CALOGALE Gray.

121. CALOGALE MELANURA Gray.

Calogale melanura Gray, P. Z. S. of Lond., 1868, p. 562.
Cynictis melanura Martin, P. Z. S. of Lond., 1830, p. 56.
Herpestes melanura Gray, P. Z. S. of Lond., 1838, p. 5.

Sycore. — Peu commun. — Localisé plus particulièrement en Gambie et en Casamence.

Gen. ICHNEUMIA I. Geoff.

122. ICHNEUMIA ALBICAUDA I. Geoff.

Ichneumia albicauda I. Geoff. Mag. Zool., 1839, p. 13.
Herpestes albicaudus Cuv. Reg. An., 1834, 2e éd.

Sycore. — Affectionne les plaines et les îles herbeuses du cours du Sénégal, Thiouk, Dakar-Bango, Gandiole; descend vers le Cap-Vert et le pays des Serrères.

123. ICHNEUMIA NIGRICAUDA Pucher.

Ichneumia nigricauda Pucher. Rev. et Mag. Zool., t. VII, p. 39.

Sycore. — Mêmes localités que l'*I. albicauda*, mais moins commun.

Fam. RHINOGALIDÆ Gray.

Gen. MUNGOS Ogilby (pro part.).

124. MUNGOS GAMBIANUS Gray.

Mungos Gambianus Gray, Cat. Mamm. Brit. Mus., p. 50.
Herpestes Gambianus Ogilby, P. Z. S. of Lond., 1835, p. 102.

Sycore. — Rives de la Gambie et de la Casamence; environs d'Albreda, — où l'espèce est rare.

125. MUNGOS FASCIATUS Gray.

Mungos fasciatus Gray, Cat. Mamm. Brit. Mus., p. 51.
Herpestes fasciatus Desm. Dict. S. N., t. XXIX, p. 58.
— *zebra* Rüpp. Wirbel. faun. Abyss., p. 33, pl. II.

Sycore. — Gambie, rives du Bafing et de la Falémé, — où il est peu commun.

Fam. HYÆNIDÆ I. G. St-Hil.

Gen. HYÆNA Lin.

196. HYÆNA BRUNNEA Thunb.

Hyæna brunnea Thunb. Vetensk. A. H., 1820, p. 59.
— F. Cuv., Dict. Sc. Nat., XXII, p. 294.
Hyæna fusca Geoff. Dict. Class. H. N., VIII, p. 444.
La Hyène Buffon, H. N. Supp., III, p. 234, t. 46.

Thill. — Assez commun sur tout le littoral. — A été tué plusieurs fois, notamment à la pointe de Barbarie, et au bord de la mer, entre la pointe du Cap-Vert et Gandiole.

Cette espèce, de l'Afrique centrale, depuis Mozambique jusqu'au Cap de Bonne-Espérance, remonte en Sénégambie; elle se tient presque exclusivement dans la région maritime, et se nourrit de préférence des Poissons rejetés sur le rivage; comme le fait observer Delgorgue, qui l'a observée au Cap, elle n'est point essentiellement ichthyophage, elle ne dédaigne pas la chair des autres animaux, mais elle les attaque rarement, et se contente des cadavres qu'elle rencontre.

197. HYÆNA STRIATA Zimm.

Hyæna striata Zimmerm. Geogr., II, p. 256.
— *vulgaris* Desm. Mamm., p. 215.

Thill. — Commun au Cayor et dans le Oualo. — Nous l'avons souvent observé dans les environs immédiats de Saint-Louis, à Sorres notamment, et autour de l'abattoir, où il rôde à la recherche des restes d'animaux jetés sur les bords du fleuve.

Fam. LYCAONIDÆ Gray.

Gen. LYCAON Solin.

128. LYCAON VENATICUS Gray.

Lycaon venaticus Gray, Cat. Mamm. Brit. Mus., p. 67.
Hyæna picta Temm. Ann. Gen. Sc. Phys., III, p. 54, t. 35.
Canis pictus Rüpp. Atl. Nordl. Afrika, p. 35, taf. 12.
Cynhyæna picta F. Cuv., Dict. Sc. Nat., XXII, p. 299.
Chien hyenoide Cuv. Oss. Foss., IV, p. 386.

Thill. — Région sablonneuse de la rive droite du Sénégal; descend jusqu'à la pointe des Chameaux; marigot des Maringouins, Leybar, — où l'espèce est rare, et confondue par les Nègres avec la Hyène.

On suppose que cette espèce est le même animal que le *Lycaon* de Solin; aussi acceptons-nous le genre proposé par Gray, comme antérieur au *Cynhyæna* de F. Cuvier.

Le *Lycaon pictus*, du Cap de Bonne-Espérance et d'Abyssinie, est incontestablement Sénégambien; deux exemplaires adultes, tués par nous dans les environs du marigot des Maringouins, ne nous laissent aucun doute à ce sujet, et leur comparaison avec la figure de Rüppel, nous a pleinement convaincu que nous ne faisions aucune confusion.

Nous ignorons si, comme le dit Burchel dans son *Voyage en Abyssinie*, l'*Hyæna venatica*, ainsi qu'il le nomme, se réunit par petites troupes pour chasser; nous l'avons seulement vu par couples isolés. Quoi qu'il en soit, à l'exemple des Hyènes, il se nourrit de cadavres d'animaux et paraît préférer, comme l'*Hyæna fusca*, les Poissons rejetés sur les rivages qu'il fréquente.

Les types Sénégambiens différeraient ainsi par leurs mœurs, des types de l'Abyssinie et du Cap.

Fam. CANIDÆ Wagn.

Gen. LUPUS Briss.

129. LUPUS ANTHUS Gray.

Lupus Anthus Gray, P. Z. S. of Lond., 1868, p. 502, f. 3, p. 503.
Canis Anthus F. Cuv. Mamm. Lith., XXII.
— Rüpp. Atl. Nordl. Afrika, 1835-1840, p. 44, taf. 17.

Boukis. — Très commun. — Oualo, Cayor, île de Thiouk, — où il abonde ; — Dakar-Bango, Sorres, etc.

Dans cette espèce, la tête est trapue, le dos et les flancs sont d'un gris foncé, faiblement teinté de jaunâtre; le cou est fauve grisâtre, devenant plus gris sur la tête, les joues et le dessus des oreilles; les membres antérieurs et postérieurs, ainsi que la queue, sont d'un fauve assez pur; la queue, terminée par des poils noirs, porte, en dessous, à partir de son tiers supérieur, une bande longitudinale également noire; le dessous de la mâchoire inférieure, la gorge, la poitrine, le ventre et la face interne des membres sont blanchâtres; une bande noire règne sur les épaules; les poils de la région supérieure sont longs et rudes.

Longueur moyenne, du bout du museau à l'origine de la queue.	0,820 mm.
Longueur de la queue	0,240 »
Hauteur moyenne	0,365 »
Hauteur des oreilles	0,095 »

130. LUPUS SENEGALENSIS H. Smith.

Lupus (*Thous*) *Senegalensis* H. Smith. Dogs. Nat. Libr. Jardine, 1839, p. 201, pl. XIII.

Boukiba. — Moins commun que l'espèce précédente — S'observe surtout en Gambie et en Casamence ; plus rare à Leybar et dans le pays de Gandiole; de rares exemplaires ont été trouvés à Thiouk et à Dakar-Bango.

De taille plus forte que le *Lupus anthus*, cette espèce s'en distingue par d'autres caractères : les oreilles sont relativement hautes et larges; le front est d'un gris jaunâtre; la gorge et le ventre sont blancs; le dos, de couleur chamois foncé, porte quatre ou cinq bandes nuageuses plus foncées, descendant de chaque côté sur les flancs; une bande plus large, brunâtre, règne sur la croupe; on voit un espace blanc compris entre la fesse et le haut de la cuisse; celle-ci est limitée en arrière par une large bande onduleuse noirâtre; la queue est brunâtre en dessus, d'un gris blanc en dessous; tous les poils sont courts, à l'exception de ceux du cou.

Longueur moyenne, du bout du museau à l'origine de la queue.	0,881 mm.
Longueur de la queue	0,330 »
Hauteur moyenne	0,550 »
Hauteur des oreilles	0,099 »

Pour la majeure partie des Zoologistes, suivant en cela l'exemple de Blainville, les deux types que nous venons d'examiner, et bien d'autres encore, ne sont que des *races* du *Canis aureus* Auctor. (*Lupus aureus* Kampf.).

Avec F. Cuvier, Geoffroy Saint-Hilaire, Gray et H. Smith, nous n'hésitons pas à les en séparer spécifiquement; l'absence de tout mélange entre ces *prétendues races*, la fixité des caractères qu'elles fournissent, nécessitent cette séparation. Nous allons plus loin même, et, comme H. Smith, nous considérons le *Canis aureus* comme type d'un genre que nous désignons, d'après le Zoologiste Anglais, sous le nom de *Sacalius*.

Après avoir donné la description du *Sacalius aureus*, nous examinerons son crâne comparativement avec celui du *Lupus anthus*.

Gen. SACALIUS H. Smith.

131. SACALIUS AUREUS H. Smith.

Sacalius aureus H. Smith, Dogs, Nat. Libr. Jardine, 1839, p. 214, pl. XV.
Lupus aureus Kampf. Amœn. Exot., 413, t. 407, f. 3.
Canis aureus Lin. Syst. Nat., 1, p. 59.

Boukis. — Assez commun. — Lieux découverts et sablonneux de la rive droite du Sénégal : Rufisque, Cap-Vert, pays des Serrères.

Le *Sacalius aureus* a la tête allongée; le cou, les côtés du ventre, les cuisses, ainsi que la face externe des membres et des oreilles, sont d'un fauve sale; le dos et les côtés du corps, depuis les épaules jusqu'à la croupe, d'un gris jaunâtre, tranchent avec les teintes avoisinantes; le dessous du cou, du ventre, la face interne des membres sont d'un blanc sale; la queue est mélangée de poils fauves et noirs; cette teinte domine à l'extrémité; le pelage est fourni et soyeux, bien que les poils soient durs.

Longueur moyenne, du bout du museau à l'origine de la queue.	0,730mm.
Longueur de la queue	0,260 »
Hauteur moyenne	0,321 »
Hauteur des oreilles	0,072 »

Les crânes de *Lupus anthus* et de *Sacalius aureus* diffèrent d'une manière considérable.

La tête du *Lupus anthus* est semblable à une tête de *Loup*, toutes dimensions à part. Le front est bombé, large, proéminent; les apophyses post-orbitaires sont droites et aiguës; la crête occipitale est élevée et tranchante; la boite crânienne large, arrondie; les apophyses zygomatiques volumineuses et fortement écartées; le museau court, épais; la voûte palatine large et profonde; les prémolaires toutes trilobées; les lames tranchantes de la carnassière inférieure, obtuses; la dernière petite tuberculeuse inférieure, à couronne également obtuse.

Chez le *Sacalius aureus,* la forme générale de la tête rappelle celle du *Renard.* Elle est très allongée, à profil presque droit; le front ne fait aucune saillie et se distingue par son étroitesse; les apophyses post-orbitaires, à peine saillantes, sont obtuses et inclinées en bas et en dedans; la crête occipitale est à peine indiquée; les arcades zygomatiques rapprochées, faibles; le museau étroit, allongé; la voûte palatine resserrée en arrière, et peu profonde; les prémolaires simples, aiguës, triangulaires; les lames de la carnassière inférieure obtuses, la médiane inclinée obliquement; la petite tuberculeuse inférieure, à couronne profondément mamelonnée.

Les principales mesures moyennes de dix crânes d'individus mâles des deux espèces, résument ces différences.

DÉSIGNATION DES MESURES		L. ANTHUS ♂	S. AUREUS ♂
LONGUEUR totale du crâne		169	178
DIAMÈTRES	Bizygomatique	96	77
	Bitemporal	55	53
	Bimaxillaire	49	37
	Au niveau des canines	30	37
	Post-orbitaire	47	35
VOUTE PALATINE	Longueur	83	77
	Largeur	49	33

C'est à tort que Gray, dans son Mémoire sur les crânes des *Canidés* (*P. Z. S. of Lond.*, 1868, p. 504), classe le *Sacalius aureus* dans le genre *Lupus*; en outre, les caractères qu'il lui assigne sont inexacts : la largeur du museau en avant des orbites (*muzzle broad in front of orbits*) n'existe pas, et l'obliquité de la carnassière par rapport à la direction des prémolaires et des tuberculeuses (*The sectorial tooth is placed obliquely in respect to the line of præmolars and tubercular grinders*), est beaucoup moins accusée que dans plusieurs genres voisins, dont il ne parle pas. C'est encore à tort qu'il indique son *Lupus aureus* comme spécial à l'Inde. Pour tous les auteurs, il est également propre à l'Afrique, et le fait n'est pas contestable.

Gen. SIMENIA Gray.

133. SIMENIA SIMENSIS Gray.

Simenia simensis Gray, P. Z. S. of Lond., 1868, p. 500, f. 4, p. 505.
Canis simensis Rüpp. New. Wirbelt. F. Abyss., p. 39, pl. 14.

Boukis. — Rare. — Montagnes du Fouta-Djalon ; environs de Kita ; bords de la Falémé ; plaines entre le Bafing et le Bakoy ; le Kaarta et le Fouladou.

Gen. CANIS Lin.

183. CANIS LAOBETIANUS Rochbr.

Pl. V, fig. 1.

Canis Laobetianus Rochbr. Bull. Soc. Phil. Paris, 28 octobre 1889.

C. — Capite elongato, rostro subacuminato, auriculis longis, erectis, abdomine postice attenuato; corpore ...o, pilis brevibus; cauda pendula, longissima, rufa, subcomosa.

Tête allongée, à museau pointu; oreilles droites, hautes et aiguës; abdomen levretté; corps à poils très ras, d'un fauve brun à reflets roussâtres, également distribués; queue très longue, tombante, de couleur brune, très peu fournie; membres longs et maigres; cou proportionnellement long.

Longueur, du bout du museau à l'origine de la queue............	0,870
Longueur de la queue.......................................	0,402
Hauteur moyenne..	0,580
Hauteur des oreilles..	0,103

Kraff. — Assez commun. — Sans localité précise; accompagne les Laobets dans leurs pérégrinations.

L'animal que nous qualifions du nom de *Canis Laobetianus* est un type évidemment domestiqué; c'est une race bien connue en Sénégambie, où elle vit à la suite des Laobets, à l'époque où ces sortes de Bohémiens Nègres parcourent le pays, pour vendre les pilons et autres ustensiles en bois, dont ils ont le monopole presque exclusif.

La grande ressemblance du Chien de Laobet, comme on le désigne, avec le *Simenia simensis*, nous porterait à voir en lui une race dérivée de cette espèce; très certainement elle doit son origine à un commencement de domestication; nous disons « commencement », parce que, malgré sa sociabilité relative avec l'homme, ce Chien a conservé des allures indépendantes. On l'observe souvent, la nuit, rôdant sur les dunes de la pointe de Barbarie, dans les environs du cimetière Nègre. Parfois il parvient à enlever les viandes suspendues au marché de la boucherie. L'un d'eux put s'emparer d'un quartier de Bœuf, après avoir rongé une palissade en bois, qu'il ne pouvait franchir, au marché même de Guet N'Dar, près Saint-Louis; après plusieurs nuits passées à l'affût, nous eûmes la bonne fortune de le tuer, malgré sa méfiance; c'est l'individu que nous figurons ici, et sur lequel nous avons pris nos mensurations.

Les Chiens «au poil court, rude et roux, communs surtout dans la vallée des deux Gagnacks», dont parle Golbery (*Fragm. d'un voyage en Afrique*, t. II, p. 399), appartiennent, sans aucun doute, à la race du Chien de Laobet.

Il en est de même « de ces Chiens horribles, au museau pointu, aux oreilles droites, à poil ras, maigres, efflanqués, vivant plutôt de chasse que de ce qu'on leur donne à manger », cités par M. Mulron d'Arcenant, dans sa Notice sur le Sénégal (*Bull. Soc. Geogr.*, 1877, t. XIII, p. 131).

134. CANIS FAMILIARIS Lin.

Canis familiaris Lin. Syst. Nat., I, 56.
— *domesticus* Lin. Mus. Adolph. Frid., t. 6.

Kraffa. — Peu commun (1).

Nous indiquons seulement pour mémoire plusieurs races de Chiens domestiques, généralement chiens de chasse, amenés en Sénégambie par les Européens. C'est avec difficulté qu'ils se maintiennent, et presque toujours ils ne tardent pas à périr sous l'influence du climat.

Nos observations personnelles, relatives à la rage, sont conformes à celles de Volnay, Larrey, Brown, Barron, etc. Nous n'en avons rencontré aucun cas, et les renseignements qui nous ont été fournis par les indigènes, ont toujours été négatifs.

---

(1) Nous ne possédons que des renseignements incomplets sur la race ou les races de Chiens que les Diolas, peuples des bords de la rivière Géba, élèvent presque exclusivement pour s'en nourrir. Nous espérons combler avant peu cette lacune.

Fam. VULPIDÆ Burm.

Gen. VULPES Briss.

128. VULPES NILOTICUS Gerrard.

Vulpes Niloticus Gerrard, Cat. of Bones of Mamm., p. 85.
Canis Niloticus Geoff. Cat. Mus. Paris; — et Desm. Mamm., 204.
— Rüpp. Atl. Nordl. Afrika, p. 41, taf. 15.

Bouktbora. — Assez commun. — Cayor, Oualo, île de Thionk.

Comme le Renard d'Europe et les autres espèces Africaines, le *Vulpes Niloticus* se creuse des terriers, d'où il ne sort que la nuit.

129. VULPES EDWARDSI Rochbr.

Pl. V, fig. 2.

Vulpes Edwardsi Rochbr. Bull. Soc. Phil. Paris, 28 octobre 1882.

V. — Caput acuminatum, auriculæ magnæ, acutæ, extus fulvescentes, margine interno pilis longis albidis obsessæ; frons, vertex genæque pallide rufi; corpus pilis sordide griseis, passim ochraceis vestitum, subtus griseum; artus antici et postici ochracei, intus dilutiores; cauda longa, comosa, subrufa, stria dorsali fusca, apice nigra.

Tête allongée, à museau pointu; oreilles assez grandes, aiguës, droites, d'un fauve pâle en dehors, bordées intérieurement par une ligne de poils assez longs, blanchâtres; le dessus de la tête et les joues, d'un roux très pâle; toute la partie supérieure du corps, ainsi que les flancs, d'un gris sale, mélangé de poils jaunâtres; ventre à poils très longs, d'un blanchâtre sale; poitrine et dessous du cou, d'une teinte plus claire; membres d'un fauve clair, pâle à la partie interne; queue longue, fournie, roussâtre, portant en dessus et sur toute sa longueur une ligne d'un brun noirâtre ; extrémité noire.

Longueur, du bout du museau à l'origine de la queue........	0,400^{mm}.
Longueur de la queue...	0,240 »
Hauteur moyenne..	0,187 »
Hauteur des oreilles...	0,047 »

Boukibora. — Rare. — Plaines du Cayor, du Oualo ; Gandiole, Sorres ; lisière des forêts de Gommiers de la rive droite du Sénégal.

L'espèce que nous proposons, rapportée d'abord au *Canis pallidus* de Rüppel, par suite de la grande analogie des deux animaux dans la couleur de leur pelage, en diffère tellement par d'autres caractères, que nous n'hésitons pas à l'en séparer.

Les caractères différentiels reposent surtout sur la taille des individus adultes.

Les dimensions données par Rüppel du *Canis pallidus* Abyssinien (*Atl. Nordl. Afrika*, 1826, p. 33, pl. XI) sont les suivantes :

Longueur, du bout du museau à l'origine de la queue.........	0,768^{mm}.
Longueur de la queue...	0,260 »
Hauteur moyenne..................	0,242 »
Hauteur des oreilles...	0,052 »

En comparant ces chiffres avec les nôtres, il est facile de voir que notre type, *adulte*, se distingue de celui de Rüppel par une taille presque moitié moindre : la longueur de l'un, 0,768^{mm}, celle de l'autre, 0,400^{mm} donnant une différence de 0,368^{mm} ou 0,36 cent.

Un échantillon en mauvais état, de la Galerie de Zoologie du Muséum, fournit des dimensions presque semblables.

Les auteurs qui, après Rüppel, se sont occupés du *Canis pallidus*, lui donnent constamment une taille relativement forte ; leurs descriptions s'écartent si peu de celle de Rüppel, qu'elles la confirment pleinement ; il est donc évident qu'ils ont eu affaire à des exemplaires d'un même type et que le nôtre en diffère complètement.

L'examen de la tête conduit à la même conclusion : Rüppel donne au crâne du *Canis pallidus* une longueur de 0,115^{mm} ; celui de notre espèce mesure seulement 0,096^{mm}.

Un document, d'une grande valeur pour nous, est la tête osseuse envoyée d'Abyssinie au Muséum d'Histoire Naturelle, en 1840, par Lefebvre et le Dr Petit, tête provenant d'un « Renard plus grand que celui d'Europe, ayant sur le dos et la queue une tache grosse comme une noisette, le pelage beaucoup plus clair que chez l'espèce d'Europe, le museau plus effilé ». Ce spécimen, donné par Florent Prévost et O. des Murs, auteurs de la partie Mammalogique du *Voyage* de Lefebvre, comme appartenant au *Canis pallidus* de Rüppel (*loc. cit.*, t. VI, p. 16), porte, dans la Galerie d'Anatomie comparée, le n° 436 et en Amareen le nom de *Kquebora;* ses dimensions sont seulement un peu plus fortes que dans le type de Rüppel.

Ainsi, pour Rüppel, comme pour Smith, Florent Prévost et O. des Murs, le *Canis pallidus* est un animal de taille relativement forte, et supérieure à celle du Renard d'Europe; notre *Vulpes Edwardsi* ne peut donc lui être assimilé.

Gray, en classant le *Canis pallidus* dans le genre *Fennecus* (*P. Z. S. of Lond.*, 1868, p. 520), sans dire sur quels caractères il se fonde, avait-il en vue un animal semblable au nôtre? Nous l'ignorons; quoi qu'il en soit, dans aucun cas, il ne peut être envisagé comme un Fennec, car, par sa dentition, les dimensions de ses oreilles, l'ensemble de son facies, il s'éloigne complètement de ce genre, et sa véritable place est dans le genre *Vulpes*.

Gen. FENNECUS Desm.

137. FENNECUS DORSALIS Gray.

Fennecus dorsalis Gray, P. Z. S. of Lond., 1868, p. 519.
Canis dorsalis Gray, P. Z. S. of Lond., 1837, p. 132.
— *Rüppelii* Schintz, Cuv. Thiers, IV, p. 508.

Rare. — Plaines entre le Bafing et le Bakoy.

Cette espèce, des déserts de Nubie et du Kordofan, nommée par les Arabes *Sabora,* d'après Rüppel, avait été indiquée du Sénégal par Gray (*loc. cit.*)

Fam. MUSTELIDÆ Gray.

Gen. GYMNOPUS Gray.

138. GYMNOPUS AFRICANUS Gray.

Gymnopus Africanus Gray, P. Z. S, of Lond., 1835, p. 120.
Mustela Africana Desm., N. Dict. H. N., XIX, p. 376.
Putorius Africanus A. Smith South. Afric. Journ., II, p. 39.

Assez rarement observé dans la région de la basse Sénégambie : Casamance, Gambie.

Fam. LUTRIDÆ Gray.

Gen. AONYX Lesson.

139. AONYX LALANDII Lesson.

Aonyx Lalandii Lesson. Man., I, p. 37.
Lutra inunguis F. Cuv. Dict. Sc. Nat., t. XXVII, p. 248.
— *Gambianus* Gray, Cat. Mamm. Brit. Mus., p. 111.
— *Poensis* Waterh. P. Z. S., of. Lond., 1838.

Ouala. — Assez rare. — Gambie, Casamence ; remonte le long de la rivière Saloum ; se rencontre parfois sur le bord des marigots de Gaé, N'Dor, etc.

Nous en avons tué un spécimen sur les bords du lac de Pagnefoul ; un autre nous a été rapporté par notre chasseur Amadou N'Gaye, des bords du marigot de Fanaye.

La taille et les teintes du pelage varient chez cet animal, sans qu'il soit possible cependant de pouvoir distinguer plusieurs espèces à l'aide de ces caractères, aussi croyons-nous devoir réunir, jusqu'à plus ample informé, les types décrits comme espèces distinctes par les auteurs précités.

Fam. MELLIVORIDÆ Gray.

Gen. MELLIVORA Stor.

140. MELLIVORA RATEL Gray.

Mellivora ratel Gray, List. Mamm. Brit. Mus., 68.
— *Capensis* F. Cuv. Lesson Man., 143.
Gulo Capensis Desm. Mamm., p. 176.
Ursus mellivorus Cuv. Tab. elem., 1798, p. 112.
Ratel Sparrm. Kong. Vet. Akad. Handl., 1777, p. 40, t. 4, f. 3.

Kajäh. — Assez commun. — Gandiolo, tout le Cayor et le Oualo; environs de Sorres, île de Thionk, Dakar-Bango, etc.; remonte dans la région du haut fleuve; Podor, Dagana, Saldé; tout le Feleu et une partie du Fouta-Djalon.

Le *Mellivora ratel*, de même que l'espèce suivante, est très recherché par les Nègres des contrées où se rencontrent ces animaux; leurs organes génitaux coupés et desséchés, connus sous le nom de *Getala*, sont suspendus aux colliers en graines d'*Abelmoschus* (*Daukh ba*) portés, le plus ordinairement, par les jeunes Pouls; des lambeaux de peau (*Lar ba*) sont aussi attachés aux colliers (*Potal ba*) des Bambaras et des Ouoloves.

141. MELLIVORA LEUCONOTA Sclat.

Mellivora leuconota Sclat. P. Z. S. of Lond., 1867, p. 98, pl. VIII.

Kajha. — Se rencontre dans les mêmes régions que l'espèce précédente.

Ces deux Mellivores Africains sont bien distincts. Dans le *Mellivora ratel*, le corps est noir, le dos gris de fer, une large bande blanche règne le long des flancs; le dessus de la tête et de la queue sont de la même couleur.

Le *Mellivora leuconota* se distingue par une taille beaucoup plus petite, et toute la partie supérieure du corps et de la tête, qui sont d'un blanc pur.

Nous avons possédé longtemps en captivité un individu de cette espèce; pendant le jour, il restait enroulé au fond de sa cage; aussitôt la nuit venue, il se livrait à des mouvements désordonnés, en poussant des grognements assez forts; d'une voracité extrême, il consommait des quantités relativement considérables de viande, cachant sous le sable les morceaux qu'il ne pouvait plus avaler; il avait soin de déposer ses excréments dans un coin de sa cage, toujours le même, et de les recouvrir, en grattant le sable avec les pattes de devant, de la même façon que les Chats.

Fam. ZORILLIDÆ Gray.

Gen. ZORILLA Gray.

142. ZORILLA STRIATA Gray.

Zorilla striata Gray, List. Mamm. Brit. Mus., 67.
Viverra zorilla Thunb. Act. Petrop., III, p. 306.
Mustela zorilla Cuv. Tab. elem., 1798, p. 116.

Oualajh. — Assez commun. — Forêts du haut du fleuve; Podor, Bakel, Kita, d'où M. le Dr Colin en a rapporté un très bel exemplaire.

Cette espèce vit loin des habitations; il est excessivement rare de la rencontrer ailleurs que sur la lisière des grands bois.

143. ZORILLA SENEGALENSIS Gray.

Zorilla Senegalensis Gray, var. P. Z. S. of. Lond., 1865, p. 151.
— *striata* var. *Senegalensis* Gray, loc. cit.

Oulajh. — Commun. — Tiouk, Sorres, Guet N'Dar, N'Dartout, Rufisque, Cap Vert, Dakar.

Gray regarde le *Zorilla Senegalensis* comme une variété du

Zorilla striata; nous ne pouvons partager cette manière de voir, car non seulement il en diffère par la couleur du pelage et une taille beaucoup plus petite, mais ses mœurs ne sont en aucune façon les mêmes; contrairement au *Zorilla striata*, il ne quitte jamais les lieux habités, et vit à l'entour des poulaillers et des colombiers, où il exerce ses ravages.

HYRACIDEI H. M. Edw.

HYRACEI H. M. Edw.

Fam. HYRACIDÆ G. Cuv.

Gen. HYRAX Herm.

144. HYRAX SYRIACUS Schreb.

Hyrax Syriacus Schreb. Saugeth. IV, p. 923, t. 240, B.
— *Brucei* Gray, Ann. and Mag. N. H., 1868, p. 44.

Askojh. — Commun. — Montagnes du Felou, coteaux rocailleux et boisés des bords du Bakoy; environs de Kita.

Cette espèce, désignée par les Européens sous le nom de Marmotte, se tient dans les anfractuosités des rochers, en troupes souvent nombreuses. Elle sort de sa retraite pendant le jour, se dresse au moindre bruit, puis disparaît subitement; les Européens et les Nègres la recherchent pour l'excellence de sa chair. Nous devons ces renseignements à la bienveillante obligeance de M. le Dr Colin.

Gen. EUHYRAX Gray.

145. EUHYRAX ABYSSINICUS Gray.

Euhyrax Abyssinicus Gray, Ann. and Mag. N. H., 1868, p. 47.
Hyrax Habessynicus Hemp. et Ehrenb. Sym. Phys. Dec. 1, t. 2.

Askajh. — Assez commun. — Habite les mêmes localités que l'espèce précédente.

Gen. DENDROHYRAX Gray.

146. DENDROHYRAX DORSALIS Gray.

Dendrohyrax dorsalis Gray, Ann. and Mag. N. H., 1868, p. 49.
Hyrax dorsalis Fraser, P. Z. S. of Lond., 1852, p. 90.

Se rencontre assez fréquemment dans les forêts des bords de la Casamence.

147. DENDROHYRAX ARBOREUS Gray.

Dendrohyrax arboreus Gray, Ann. and Mag. N. H., 1868, p. 49.
Hyrax arboreus A. Smith. Linn. Trans. XV, p. 468.

Peu commun. — Forêts de la Gambie et de la Casamence.

Comme le *Dendrohyrax dorsalis*, et comme tous les *Hyrax* du reste, cette espèce se nourrit de préférence de fruits. Elle ne dédaigne pas cependant une autre nourriture, du moins en captivité; plusieurs individus que nous avons possédés, mangeaient volontiers du pain et même du couscous. Immobiles pendant le jour, ils se mettaient en chasse dès la tombée de la nuit.

PROBOSCIDEI Illig.

ELEPHANTINI Gray.

Fam. ELEPHANTIDÆ Gray.

Gen. LOXODONTA F. Cuv.

148. LOXODONTA AFRICANA F. Cuv.

Loxodonta Africana F. Cuv. in Gray List. Mamm. Brit. Mus. 1843, p. 184.
Elephas Africanus Blumenb. Abbild., t. 19, f. c.

Brûl. — Commun dans le haut Sénégal; Bélédégou, Bakhounou bords du Bakoy et du Bafing; plaines de Kita, etc.

Les caractères tirés de la dentition, sur lesquels F. Cuvier s'est fondé pour faire de l'Eléphant d'Afrique le type du genre *Loxodonta,* ont une valeur que l'on ne peut méconnaître, et bien que généralement les Naturalistes le comprennent dans le genre *Elephas,* à côté de l'espèce de l'Inde, nous adoptons la manière de voir de P. Gervais, entre autres, et nous l'inscrivons sous le nom proposé par F. Cuvier.

Adanson (*Voyage au Sénégal,* 1757, p. 75) signale la présence des Eléphants dans les environs de Dagana. « Comme je me promenais, dit-il, dans les bois qui sont vis-à-vis Dagana, j'aperçus quantité de leurs traces fort fraîches. Je les suivis constamment pendant près de deux lieues; et enfin, je découvris cinq de ces animaux, dont trois se vautraient couchés dans leur souil, à la manière des Cochons, et le quatrième était debout avec son petit, mangeant les extrémités des branches d'un Acacia qu'il venait de rompre. »

Aujourd'hui l'Eléphant d'Afrique, comme tous les autres grands Mammifères, a fui devant l'invasion humaine et les armes meurtrières de l'Européen. L'Ile à Morphil, jadis célèbre, doit son nom aux nombreux Eléphants qu'elle renfermait (Morphil veut dire ivoire en Ouoloff); elle n'en possède plus maintenant.

Les deux rives du Sénégal nourrissent cependant encore des Eléphants; au dire des Noirs, ceux de la rive droite seraient plus grands que ceux de la rive opposée; nous n'avons pu vérifier si le fait est exact; quoi qu'il en soit, les rares spécimens que nous avons vus avaient une taille considérable; ils mesuraient en moyenne 3 mètres 50 c. de haut, et leurs défenses dépassaient 0,98 centimètres. Comme l'observe Adanson, ils sont d'une couleur gris noirâtre foncée.

MEGALANTOIDEI H. M. Edw.

SOLIDUNGULATI Illig.

Fam. EQUIDÆ Gray.

Gen. EQUUS Lin.

149. EQUUS CABALLUS Lin.

Equus Caballus Lin. Syst. Nat. 12, I, p. 100, n. 1.
Le Cheval Buffon, H. N. IV, p. 174, t. 1.

Faris. — Commun dans toute la Sénégambie; se rencontre plus généralement chez les Maures et les Pouls.

Il serait hasardeux d'affirmer, avec Golbery (*Voyage en Afrique*, 1802, t. 1, p. 324), que les chevaux de la Sénégambie descendent des chevaux Arabes; nous serions plutôt disposé à leur trouver une certaine analogie avec les représentants de la race de Dongola, mais surtout avec le type décrit et figuré par H. Smith (*The Equidæ in Nat. Libr. Jardines*, 1841, vol. XII, p. 227, pl. XI) sous le nom de *The Shrubat-ur-Reech*. Comme ce type, en effet, ils sont de petite taille, à robe baie ou grise, maigres, efflanqués « *They are brown or grey, rather low, shaped like greyhounds, destitute of flesh, or as Davidson terms it, like a bag of bones ; but their spirit is high and endurance of fatigue prodigious.* »

Nous ignorons quels sont ces Chevaux sauvages, qu'Adanson (*Cours H. N.*, éd. Payer, t. 1, p. 229) dit exister dans les déserts de l'Afrique, depuis le Sénégal jusqu'en Arabie.

Gen. ASINUS Gray.

150. ASINUS VULGARIS Gray.

Asinus vulgaris Gray, Zool. Journ., 1, p. 244.
Equus asinus Linn. Syst. Nat. XII, p. 100.
L'Asne Buffon, H. N. IV, p. 377, t. 11, 13.

Senapp. — Toute la Sénégambie.

L'Ane est très commun en Sénégambie, où il est employé comme bête de somme, principalement par les Maures.

Adanson (*Voy. au Seneg.*, p. 118.) donne une excellente description du type de cette contrée : « Ces Anes, dit-il, sont un peu plus grands que les nôtres, leur poil est d'un gris de souris fort beau et bien lustré, sur lequel la bande noire qui s'étend le long du dos et croise ensuite sur les épaules, fait un joli effet. »

Nous ferons remarquer que souvent on observe sur les membres antérieurs et postérieurs, des zébrures fortement accusées et de couleur brunâtre.

Quelques individus à pelage brun, semblables à certains de nos Anes d'Europe, ont été introduits dans la colonie, mais ils sont peu estimés, et servent uniquement à l'usage de leurs introducteurs.

MULTUNGULATI Illig.

Fam. HIPPOPOTAMIDÆ Gray.

Gen. HIPPOPOTAMUS Lin.

151. HIPPOPOTAMUS SENEGALENSIS Desm.

Hippopotamus Senegalensis Desm. Journ. Phys., v. p. 354, et Dict. class. H. N., t. VIII, p. 122.

Habit. — Sénégal, Falémé, Bakoy, Bafing, et généralement tous les fleuves de la Sénégambie.

Très commun anciennement en Sénégambie, l'Hippopotame tend à disparaître de jour en jour; on l'observe parfois en petites troupes, mais le plus ordinairement il va par sociétés de deux ou trois individus, le père, la mère et le petit; presque constamment à l'eau, où il dort en faisant émerger son mufle, il sort le soir et gravit les berges du fleuve, où il broute les plantes qui y croissent, et les branches des arbres peu élevés; nageant avec une grande vitesse, il franchit souvent des distances considérables, mais il ne se tient jamais à l'embouchure des fleuves, car il redoute l'eau salée.

Toute la partie supérieure du corps, le front et le haut du museau, sont d'un brun noirâtre; les flancs et les régions inférieures, d'un gris vineux sale; cette couleur s'éclaircit et se teinte de rosé aux divers plis formés par la peau; de petites maculatures noirâtres très nombreuses se remarquent sur toute la surface du corps; le tour des yeux, les paupières, le derrière des oreilles sont d'un rouge brique, le cou ne présente pas de forts plis; toute la peau est finement réticulée.

Longueur du bout du museau à l'origine de la queue	3m 27c
Longueur de la queue	0 43
Hauteur moyenne	1 35

Avec Desmoulins et Duvernoy, nous distinguons spécifiquement l'Hippopotame du Sénégal, des Hippopotames du Cap et d'Abyssinie.

Pour Boitard, le premier est une simple variété des deux autres, et il fait remarquer que les caractères invoqués par Desmoulins n'ont aucune valeur, attendu qu'ils reposent sur la comparaison d'un squelette de jeune individu du Sénégal, et d'un squelette de vieux sujet du Cap; nous ignorons si l'assertion de Boitard (*Dict. H. N.*, d'Orbigny, 2e éd., t. VII, p. 122, art. *Hippopotame*) est exacte; nous ferons simplement observer à notre tour que les caractères fournis par Desmoulins le sont scrupuleusement et existent sur les squelettes de sujets *adultes* et *mâles* du Cap, du Sénégal et du Nil Blanc; tout concourt à séparer les trois types, car non seulement le squelette, mais encore la taille, la couleur, etc., les différencient complètement.

L'examen comparatif détaillé des divers Hippopotames Africains nous entraînerait ici à des longueurs que nous devons éviter, et nous renvoyons pour tous les détails aux Mémoires précités de Desmoulins et Duvernoy; nous ne pouvons cependant nous dispenser de donner dans le tableau suivant les mesures les plus essentielles, permettant d'embrasser d'un coup d'œil les caractères ostéologiques différentiels.

Nos mesures ont été prises sur les squelettes d'individus adultes, exposés dans les Galeries d'Anatomie comparée du Muséum de Paris.

L'*Hippopotamus Senegalensis* provient du Prince de Joinville;
L'*Hippopotamus Capensis* a été rapporté par Delgorgue;
L'*Hippopotamus Abyssinicus* est du à Delalande.

Dans son Mémoire sur l'Ostéologie de l'Hippopotame (*Ann. Mus.*, p. 312) Cuvier suppose la tête de l'adulte égale à 0.60 cent. ou le quart de la longueur totale non compris la queue.

Nous nous abstenons de donner comme terme de comparaison les chiffres fournis par Cuvier, par la raison qu'étant basés sur l'étude d'un squelette de fœtus, et calculés conjointement avec une tête d'adulte, ils ne présentent pas une garantie suffisante d'exactitude.

DÉSIGNATION DES MESURES		H. Senegalensis ♂	H. Capensis ♂	H. Abyssinicus ♂
Crâne	Longueur totale	483	553	593
	Diamètre biorbitaire externe	274	300	305
	— bizygomatique	391	402	438
	Largeur de la crête occipitale	230	184	300
	Largeur au niveau des trous sous-orbitaires	160	186	150
	Largeur des orbites	65	63	64
	Hauteur des orbites	74	60	63
	Largeur de l'ouverture nasale	193	110	133
	Longueur de la 1re molaire à la canine	90	197	115
Maxillaire inférieur	Diamètre intercondylien	300	307	320
	— intercoronoïde	219	204	207
	— interangulaire	403	445	410
	— entre les deux canines	234	310	320
Omoplate	Longueur totale	460	480	449
	Largeur au niveau de l'échancrure	100	91	104
	Longueur de l'épine	310	350	375
Bassin	Largeur au niveau des deux crêtes iliaques	700	750	703
	Distance entre les épines iliaques	635	630	707
	Longueur de la symphise	250	243	272
	Largeur du trou ovalaire	90	90	67
	Longueur du trou ovalaire	119	160	154
	Diamètre du détroit supérieur	240	243	230
	— du détroit inférieur	234	230	210
Sternum	Longueur totale	530	520	475
	— du manubrium	152	200	170
	Largeur du manubrium	124	70	90
	Nombre de pièces	6	4	5
Membres	Longueur de l'humerus	420	419	430
	— du radius	280	284	268
	— du fémur	493	490	390
	— du tibia	322	330	320
	— du pied de devant	315	310	270
	— du pied de derrière	328	312	293
Longueur totale de l'animal		2m10	2m44	2m13

Toutes ces mesures sont prises en millimètres, seules les longueurs de l'animal entier sont en mètres et centimètres.

Gen. **CHÆROPSIS** Leidy.

152. CHÆROPSIS LIBERIENSIS Leidy.

Chæropsis Liberiensis Leidy Journ. Ac. Nat. Sc. Philad., 1852, t. II, p. 207.

— A. M. Edw. Recherches sur les Mamm., 1868-1874, t. I, p. 43.

Hippopotamus minor Morton, Proc. Ac. N. H. Sc. Philad. 1844, t. II, p. 14.

Hippopotamus Liberiensis Morton, Journ. Acad. Nat. Sc. Philad, vol. 1, 1849.

Ditomeodon Liberiensis Gratiolet, Anat. Hippopot. (Alix) 1867, p. 271.

Très rare. — Rivière Gambie.

Nous ne pouvons avoir de doutes sur l'authenticité de la présence du *Chæropsis Liberiensis* en Sénégambie, car nous en avons vu sur les bords de la Casamence; mais un fait exceptionnel et des plus remarquables est la capture d'un individu adulte dans le marigot de Lampsar.

Cet individu, tué par des Nègres et bientôt dépecé comme un jeune *Hippopotamus Senegalensis*, nous a fourni les dimensions suivantes :

Longueur totale du bout du museau à l'origine de la queue.....	1m 575c
Longueur de la queue..	0 248
Hauteur au garrot...	0 674
Hauteur à la croupe...	0 721
Hauteur des oreilles..	0 047
Distance interoculaire......................................	0 122
Courbe du mufle...	0 328

Avec ces dimensions, nous retrouvons sur nos cahiers de notes quelques indications relatives à la coloration :

Peau lisse, sans plis, d'un brun rougeâtre sur toutes les régions supérieures; rougeâtre clair en dessous et aux articulations. La tête de cet exemplaire fut achetée 20 fr. par un commerçant français, marchand d'animaux, M. Izard fils; nous ne pûmes l'obtenir de lui. Aujourd'hui, nous ignorons ce qu'elle est devenue.

Fam. PHACOCHÆRIDÆ Gray.

Gen. PHACOCHÆRUS F. Cuv.

153. PHACOCHÆRUS AFRICANUS F. Cuv.

Phacochærus Africanus F. Cuv. Mém. Mus. VIII, p. 454, t. 23, f. c. d.
— *Æthiopicus* F. Cuv. loc. cit., p. 447, f. a. b.
— *edentatus* I. Geoff. Dict. Class. H. N., t. XIII, p. 320.

Sanglier d'Afrique Adanson, H. N. Sénégal, p. 76.
— *du Cap Vert* Daubenton, Buffon, H. N., t. XIV, p. 409.

Bamal. — Commun. — Cayor, Oualo, Tiouk, Gandiole, Dakar-Bango, et la rive droite du Sénégal. — Descend jusqu'en Gambie et en Casamence.

154. PHACOCHÆRUS ÆLIANI Gray.

Phacochærus Æliani Gray, List. Mamm. Brit. Mus., p. 185.
Phascochærus Æliani Rüpp. Atl. Nordl. Afrika, p. 61, pl. 25.

Bamal. — Moins commun que le précédent, et plus spécialement localisé dans le haut du fleuve.

Les auteurs qui ont écrit sur les Phacochœres ont, à notre avis, choisi des caractères sans aucune valeur pour la distinction des espèces; le plus ou moins d'usure de la dernière molaire, mais surtout l'absence ou la présence d'incisives à la mâchoire supérieure, invoquée par F. Cuvier, I. Geoffroy, Gray, etc., sans tenir compte de l'âge des sujets, ont amené une confusion que l'on voit subsister encore. M. Sclater a compliqué cette confusion en 1869 (*P. Z. S. of Lond.*) en prenant une espèce pour une autre, exemple suivi du reste par d'autres auteurs, comme il est facile de s'en assurer, en consultant les diverses communications relatives à ces animaux, notamment celles éparses dans les *Proceedings* de la Société Zoologique de Londres.

L'examen fait sur place d'un très grand nombre de Phacochœres de tout âge, donnera, nous l'espérons, un certain degré de certitude aux observations à l'aide desquelles nous cherchons à combattre l'opinion de nos devanciers, formulée sur des séries malheureusement toujours trop restreintes.

Deux espèces de Phacochœres existent en Sénégambie : les *Phacochærus Africanus* et *Æliani*.

Prenant pour criterium une moyenne de dix individus de chaque sexe, adultes et jeunes (en doublant ce chiffre, ce qui nous serait facile, nous arriverions aux mêmes conclusions), on voit que les incisives à la mâchoire supérieure existent invariablement chez tous dans le jeune âge, et qu'au fur et à mesure de la croissance, ces incisives tantôt se maintiennent, tantôt, au contraire, disparaissent à un moment donné. Ce phénomène est dû à plusieurs causes; la vieillesse compte en première ligne, mais cette condition exceptée, l'usure plus au moins rapide des incisives ne peut être attribuée qu'à des influences purement individuelles; car, suivant une marche rapide ou lente, l'oblitération des alvéoles, conséquence de l'usure arrivée à son maximum, apparaît chez des sujets relativement jeunes, plus tôt que chez certains individus vieux.

Nous le répétons, ce phénomène existe dans les deux espèces et dans les deux sexes.

Ce fait établi, sans insister sur le désaccord des auteurs dans l'exposé des caractères extérieurs des deux Phacochœres, nous établissons ainsi leur diagnose :

PHACOCHÆRUS AFRICANUS. – Animal fort, haut sur jambes, rappelant, par sa forme générale, nos grands sangliers d'Europe; t[illegible] allongée; un fort tubercule parallélogrammique proéminent, placé à l'angle supérieur des mâchoires; yeux situés presque sur la ligne frontale; teinte générale brun noirâtre; de très rares poils roussâtres, épars plus particulièrement à la région des épaules et des fesses; crinière de longs poils bruns et noirs, régnant depuis l'occipital jusqu'au niveau des lombes; joues garnies en dessous de longs poils gris noirâtres, queue atteignant le jarret, mince, droite, terminée par un bouquet de poils bruns; défenses robustes, les supérieures plus longues, faiblement incurvées en arc de cercle; oreilles allongées, elliptiques, presque nues, bordées extérieurement de poils courts grisâtres.

Longueur totale, du bout du museau à l'origine de la queue.	1m 30c
Longueur de la queue.	0 25
Hauteur moyenne.	0 80

La femelle se distingue du mâle par une taille un peu moindre, des défenses moins robustes et par le tubercule de la face moins proéminent; les jeunes ont le corps moins nu et d'une teinte plus rousse.

PHACOCHÆRUS ÆLIANI. — Animal court, trapu, bas sur jambes, très large dans sa moitié antérieure; jambes grêles; tête large; un énorme tubercule conique, un peu au-dessus de l'angle externe de l'œil; poche ridée, tuberculeuse, située dans le voisinage de la paupière inférieure; yeux écartés en dessous de la ligne frontale; un second tubercule, également conique, mais plus faible que le premier, au milieu de l'espace compris entre celui-ci et le point de saillie des défenses. Teinte générale grisâtre; flancs, régions postérieure des fesses et antérieure des cuisses, garnies de longs poils d'un blanc jaunâtre; crinière, depuis le frontal jusqu'à l'origine de la queue, à poils très longs, brun marron; toute la région frontale, la partie inférieure des maxillaires, le cou et les épaules couverts de longs poils blanchâtres; oreilles ovoïdes, également bordées extérieurement de longs poils de même couleur; queue dépassant le jarret, à bouquet terminal blanchâtre; défenses énormes, fortement incurvées.

Longueur totale, du bout du museau à l'origine de la queue....	0m 93
Longueur de la queue..	0 34
Hauteur moyenne...	0 65

Comme chez l'espèce précédente, les femelles et les jeunes se distinguent par une taille plus faible et un pelage plus clair.

La moyenne des crânes de dix mâles adultes donne les chiffres suivants :

DÉSIGNATION DES MESURES		P. AFRICANUS ♂	P. ÆLIANI ♂
LONGUEUR totale du crâne....................		440	380
DIAMÈTRES.....	Bizygomatique..............	214	230
	Biorbitaire..............	112	139
	Au niveau de la 1re molaire.....	59	71
DISTANCE de la 1re molaire à l'incisive externe....		105	92
VOÛTE PALATINE, largeur moyenne..............		33	40
ESPACE entre les deux défenses..............		120	149
LONGUEUR de la dernière molaire..............		43	57

Les caractères différentiels tirés de l'inspection des têtes osseuses correspondent, comme on le voit, à ceux fournis par l'aspect extérieur.

Gray, le premier, croyons-nous, tout en acceptant comme caractéristique l'absence ou la présence des incisives à la mâchoire supérieure, a cherché à spécifier les deux types, par la forme de la tête; seulement, de même que M. Sclater donne au *Phacochærus Æthiopicus* (*Africanus*) le pelage du *Phacochærus Æliani*, de même Gray donne à ce dernier la tête de l'*Æthiopicus* (*Africanus*).

Les Phacochæres vivent par bandes dans les forêts; ils se nourrissent de plantes et de racines, et ont l'habitude, pour fouiller le sol, de plier les membres antérieurs et de marcher sur l'articulation du carpe. Leur réputation de férocité n'est rien moins que justifiée; ils fuient en présence de l'homme et se laissent chasser sans résistance. D'un naturel doux, ils subissent sans trop s'inquiéter l'influence de la domestication; chaque jour on peut voir, dans les rues de Saint-Louis et dans plusieurs postes du haut fleuve, plusieurs Phacochæres à demi domestiques, errer dans les rues et à l'entour des cases et rentrer le soir librement à leur étable, comme les Cochons de nos campagnes.

Fam. SUIDÆ Owen.

Gen. POTAMOCHÆRUS Gray.

155. POTAMOCHÆRUS PENICILLATUS Gray.

Potamochærus penicillatus Gray, Ann. and Mag. Nat. Hist. t. XV, p. 66.
Sus penicillatus Schinz. Monogr. d. Saugeth., t. 10.
Cochon de Guinée Buffon, H. N., t. V, p. 146.

N'Gouaïh. — Assez fréquent en Gambie et en Casamence

Gen. SCROFA Gray.

156. SCROFA DOMESTICA Gray.

Scrofa domestica Gray, P. Z. S. of Lond., 1868, p. 38.
Sus domesticus Briss. Reg. Anim., 106.
Le Cochon Buffon, H. N., t. V, p. 99.

Sam. — Introduit et consommé par les Européens seuls.

« Les Cochons multiplient beaucoup sur l'île du Sénégal », dit Adanson (*Hist. Nat. Sénégal*, p. 168); la race la plus estimée, la seule, pour ainsi dire, élevée par les Européens, est celle connue sous le nom de *Cochon de Siam*.

157. SCROFA GAMBIANA Gray.

Scrofa Gambiana Gray, List. Mamm. Brit. Mus.
Sus Gambianus Gerrard, Cat. Bones. Brit. Mus, 277.

Sam. — Gambie, Casamence, — où il est assez commun; on l'observe également sur la côte, à Rufisque et Joalles notamment.

TYLOPODI Illig.

Fam. CAMELIDÆ J. Brokes.

Gen. CAMELUS Cuvier.

158. CAMELUS ARABICUS Desmoul.

Camelus Arabicus Desmoul. Dict. Class. H. N., III, p. 452.
— *dromedarius* Lin. Syst. Nat. éd. 12, p. 70.
Le Chameau Buffon, H. N., t. XI, p. 9.

Gelemme. — Commun. — Toute la Sénégambie, plus particulièrement la rive droite du Sénégal et la ligne de côtes.

Le Chameau est surtout employé par les Maures; on en voit de couleurs différentes, depuis le brun foncé jusqu'au blanc presque pur. Ces derniers, toutefois, sont plus rares; la teinte isabelle domine.

TRAGULIDÆI H. et A. M. Edw.

Fam. TRAGULIDÆ H. et A. M. Edw.

Gen. HYEMOSCHUS Gray.

159. HYEMOSCHUS AQUATICUS Gray.

Hyemoschus aquaticus Gray, Ann. and. Mag. N. H., XVI, p. 303.
Moschus aquaticus Ogilby, P. Z. S. of Lond., 1840, p. 33.

Bomorajh. — Assez commun. — Se tient sur les bords de la Casamence et de la Gambie.

M. le Dr Colin nous affirme que cette espèce vit aussi sur les bords du Bakoy et du Bafing, où elle est connue des Européens sous le nom de *Biche Cochonne*, qu'elle porte également sur les côtes de la Gambie.

PECORIDÆI H. et A. M. Edw.

Fam. BOVIDÆ Gray.

Gen. BOS Lin. *(pro parte)* (1).

160. BOS ZEBU J. Brookes.

Bos Zebu J. Brookes. Cat. Mus., 1825, p. 65.
— *Indicus* Lin. Syst. Nat. 99, et Auctorum.

---

(1) Les Races de Bœufs domestiques, que l'on rencontre en Sénégambie, sont toutes dérivées du *Bos Indicus* Lin., communément désigné sous le nom de *Zebu*. « Ce type *Zebu*, comme le dit le Professeur P. Gervais (*H. N. Mamm.*, t. II, p. 183), n'est pas une simple variété du Bœuf ordinaire, mais

Le Zebu Buffon, H. N., t. XI., p. 439, *pro parte*.
Zebu grande race Desm. Mamm., p. 499.

Nack. — Commun. — Toute la Sénégambie; employé comme bête de somme par les Maures, les Pouls, etc.; employé également comme animal de boucherie.

Nous ne pouvons entrer dans les détails anatomiques que nécessite la distinction du Bœuf ordinaire et du Zebu; nous renvoyons, pour certains renseignements, au Mémoire que nous avons publié à ce sujet dans les *Nouvelles archives du Muséum* (2e série, t. II, 1879, p. 159); la différenciation des races de Zebus rentre dans le même cadre (*loc. cit.*, p. 166 et seq.), et nous devons nous borner ici à caractériser nos races Sénégambiennes.

Celle que nous inscrivons sous le nom de *Bos Zebu*, la plus commune de toutes, atteint une taille égale à celle de nos moyens Bœufs de France; la couleur du pelage varie entre le brun très clair et le gris brun pâle; cette dernière teinte cependant est la moins commune; les cornes, de dimensions ordinaires, sont disposées régulièrement, légèrement lyrées, le fanon est court et peu développé, la gibbosité volumineuse; les jambes sont relativement longues.

Employé comme bête de somme par les Maures, les Pouls, etc., cette race est plus spécialement élevée pour la consommation. C'est bien l'une de celles dont parle Golbery (*Voy. au Sénégal*, t. II, p. 323), chez laquelle il signale la « bosse, cette masse formant sur le garrot une saillie de près d'un pied, morceau fort estimé. »

---

une véritable ESPÈCE, depuis longtemps domestiquée en Asie, et l'un des animaux les plus utiles aux peuples Indous. »

Il se distingue non seulement par ses formes extérieures, mais par des caractères anatomiques des plus accusés. Transporté de l'Inde continentale en Afrique, il s'est modifié sous l'influence de l'homme; les formes que nous allons examiner s'éloignent donc du type ou des types Indiens; aussi, afin d'établir une démarcation tranchée, nous les désignons par des appellations caractéristiques; en outre, nous appliquons au type le plus commun de la Sénégambie la dénomination de *Zebu*, imposée en 1825 par J. Brookes, afin de le distinguer de l'*Indicus*, type Indien dont on donne le nom à tort, selon nous, à toutes les races qu'il a produites.

La bosse et la langue, en effet, sont les parties du Zebu les plus recherchées et celles que les Chefs de village offrent en présent. Bien souvent pareil cadeau nous a été fait durant nos explorations, et c'est toujours avec reconnaissance que nous l'avons reçu comme témoignage d'affection, disons-le bien haut, d'affection vraie, c'est-à-dire exempte de toute arrière-pensée, de ces Nègres dont on se plait souvent tant à médire, et chez lesquels le cœur sait noblement vibrer.

« En Afrique, dit le Professeur P. Gervais (*H. N. Mamm.*, t. III, p. 180), les Bœufs sont moindres que les nôtres, ils sont même beaucoup plus petits au Sénégal, où vit une race à peine supérieure à un Sanglier pour les dimensions. »

Cette assertion, également émise par Godron (*De l'espèce et des races dans les êtres organisés*, t. I, p. 430), est complètement erronée; la taille des Bœufs du Sénégal égale toujours celle de nos Bœufs d'Europe, quand elle ne la surpasse pas, ce qui existe fréquemment; pour la petite race, elle est inconnue en Sénégambie et particulière à l'Inde, témoin l'exemplaire des Galeries de Zoologie du Muséum portant la mention *Zebu nain de l'Inde*, probablement celui offert par les ambassadeurs de Tipoo-Zaïb (*Nouv. Arch. Mus., loc. cit.*, p. 161).

161. BOS TRICEROS Rochbr.

Pl. VI, fig. 1.

Bos triceros Rochbr. Bull. Soc. Phil., Paris, 28 octobre 1882.
Race de Bœuf domestique Rochbr. Nouv. Arch. Mus. 2e série, t. III, p. 159, — et Acad. Sc. Compt. rend., 2 août 1880.

B. — CORPUS ELATUM; CAPUT ELONGATUM; CORNUBUS TRIBUS; POSTERIORIBUS DUOBUS, SUBTERETIBUS, GRACILIBUS, EXTRORSUM SURSUMQUE CURVATIS; ANTERI NASALI, PYRAMIDALE; AURIBUS ELLIPTICIS RECTIS; DORSO GIBBOSO; PALEARIBUS LAXIS; ARTUBUS TENUICULIS; CAUDA LONGA, SUBTILI; CORPUS PILIS BREVISSIMIS PALLIDE RUFIS, PASSIM GRISEO CÆRULESCENTIBUS, VESTITUM.

Animal de taille assez haute, fort, robuste, à corps maigre, relativement long, à partie antérieure large, la postérieure étroite; peau à rides profondes dans la région du cou et des flancs; tête allongée, cornes frontales de volume médiocre, présentant une double courbure, étui portant dans les deux tiers inférieurs six ou huit lignes concentriques plus ou moins espacées, rugueuses et imbriquées, la partie supérieure lisse, à fibres onduleuses et sillonnée à partir de la pointe jusqu'au milieu de la portion lisse; corne nasale parfois conique, plus ordinairement ayant la forme d'une pyramide tronquée, rugueuse, sillonnée, semblable aux cornes frontales par sa contexture et son mode de développement; oreilles droites, longues, elliptiques nues; fanon développé, ventre légèrement levretté, bosse haute, conique; pelage court, lustré, rougeâtre pâle, mélangé de gris bleuâtre plus spécialement en dessus; queue mince, dépassant le jarret, à bouquet terminal peu fourni; membres relativement grêles; sabots courts, elliptiques, à bouts arrondis.

Longueur du bout du museau à l'origine de la queue	2m 98c
Longueur de la queue	0 89
Hauteur moyenne	1 00
Longueur des cornes	0 33
Ecartement des cornes à leur point d'insertion	0 10
— à leur pointe	0 35
Hauteur de la corne nasale	0 09
Largeur	0 06
Epaisseur	0 03

Nack-Looïh-Oua. — Commun. — Territoire du Fouta-Djalon, Oualo, Cayor, haut du fleuve, Cap-Blanc, Joalles, Rufisque, Saint-Louis, Dakar, etc. Employé au transport des marchandises surtout par les Maures Trarza, Brakna, Douaïch et Oualed-Embark; souvent employé également comme animal de boucherie, mais moins fréquemment que la race précédente.

La présence à la région susnasale d'une protubérence osseuse (noyau) surmontée d'une véritable corne, caractérise cette race et lui donne un facies particulier; le mémoire que nous avons d'abord présenté à l'Institut, puis publié dans les nouvelles archives du Muséum sur son ostéologie, nous dispense de la décrire plus longuement; nous ajouterons toutefois, comme à la fin du mémoire précité, que nous avons affaire non pas à une anomalie, mais à une véritable race depuis longtemps créée, ainsi que le démontre le grand nombre des individus porteurs d'une corne nasale. Ce fait, que nous avons été le premier à faire connaître, est chaque jour confirmé par nos excellents confrères de la marine; à côté du spécimen type des Galeries d'Anatomie comparée du Muséum, on peut voir une belle suite de têtes en tout semblables, dues aux bons soins de Naturalistes dévoués, nos affectionnés confrères, MM. les Docteurs L. Savatier et Colin.

162. BOS GALLA Salt.

Bos Galla Salt. Travels. et Gray, Cat. Mamm. Brit. Mus., 1852, p. 20.
— *Abessinicus* Donnd. Zool. Beitr., 603, 1792.

Hab. — Amené de l'intérieur par troupeaux que les Nègres dirigent sur la rive des Maures; fréquent à Dakar.

Cette race, splendidement belle par sa taille, ses formes élégantes, son pelage gris jaunâtre doré, et les immenses cornes dont sa tête est garnie, a été à tort classée par Gray (*loc. cit.*) comme variété du Bœuf ordinaire. Elle appartient à la section des Zébu par la présence d'une bosse haute et largement développée.

163. BOS DANTE Link.

Bos Dante Link. Beitr. Nat. II, p. 95, 1795.
Dante Purchas, Pilgrim II, 1002.

Hab. — Assez commun. — Gambie, Casamence, Cap Sainte-Marie et en général le littoral jusqu'au Cap-Vert.

Sa couleur est d'un gris jaunâtre mélangé de brun et sa taille un peu inférieure à celle du Bœuf ordinaire.

164. BOS HARVEYI Rochbr.

Bos Harveyi Rochbr. Bull. Soc. Phil. Paris, 28 octobre 1882.
— *Taurus Var.* Harvey, Mag. Nat. Hist., 1828, p. 217.
— Varsey, Monogr. of the gen. Bos, 1857, p. 137.

B. — CORPUS CRASSUM; CAPUT LATUM, ABBREVIATUM; CORNUBUS CONTRACTIS, ANTRORSUM CURVATIS; AURIBUS RECTIS ABBREVIATIS; OCULIS EXTANTIBUS, EMINENTIBUS; DORSO LATE GIBBOSO; PALEARIBUS DECUMBENTIBUS; ARTUBUS CRASSIS; UNGUIBUS DIGITORUM RUDIMENTARIORUM ELONGATIS, INCURVATIS; PILIS SORDIDE ALBIS, VEL PALLIDE LUTEIS.

Animal robuste, trapu. Tête courte, ainsi que les cornes, un peu dirigées en avant et faiblement courbées; front large, couvert de poils frisés brunâtres; oreilles droites, ovales, petites; yeux très saillants; bosse dorsale peu élevée, large; fanon pendant, très développé; jambes épaisses, courtes; queue longue, terminée par un fort bouquet de poils roussâtres; pelage d'un blanc jaunâtre; doigts rudimentaires armés d'ongles longs, robustes, arqués, plus longs aux pieds de devant.

Longueur du bout du museau à l'origine de la queue	2m	30c
Longueur de la queue	0	78
Hauteur moyenne	1	08
Longueur des cornes	0	16
Ecartement des cornes à leur point d'insertion	0	10
— à leur pointe	0	13
Longueur moyenne des ongles des doigts rudimentaires	0	12

Hab. — Toute la Sénégambie. — Assez fréquent sur le littoral; Dakar, Joalles, Rufisque, Cap Sainte-Marie, etc.

C'est en 1828 qu'Harvey fit connaître cette race remarquable. Personne, que nous sachions, ne l'a mentionnée depuis lui; elle est cependant assez répandue en Sénégambie; nous l'avions notée sur nos cahiers de voyage; en retrouvant aujourd'hui notre description semblable à celle du *Magazine of Natural History* de

Londres, nous l'inscrivons sous le nom du Naturaliste qui en a le premier parlé.

Ses caractères les plus accusés résident dans le développement considérable des ongles des doigts rudimentaires ; de même que la corne nasale de notre *Bos Triceros*, ils ne constituent pas une anomalie individuelle, mais une race, puisqu'ils existent sur un grand nombre de sujets et se reproduisent toujours dans les mêmes conditions, à travers les générations successives. Il en est de même pour la disposition des yeux, fortement saillants, arrondis, à iris d'un bleu clair.

Gen. BUBALUS H. Smith.

165. BUBALUS ÆQUINOCTIALIS Blith.

Bubalus æquinoctialis Blith. P. Z. S. of Lond. 1863, p. 371, f. 1.1a.
— *Caffer Var.* Blith. Loc. cit.
— *Centralis* Gray, Cat. Rum. Brit. Mus., p. 11.

Neesseajh. — Commun. — Plaines de Kita, bords du Bakoy et du Bafing, Falémé.

Il est impossible de se ranger à l'opinion de M. Brooke (P. Z. S. of Lond. 1873, p. 483.) et de considérer cette espèce comme la souche orientale du *Bubalus brachyceros* dont elle diffère par la forme de ses cornes, sa taille et la couleur de son pelage ; bien distincte aussi du *Bubalus Caffer* ou Buffle du Cap, elle ne peut lui être rapportée.

Elle atteint la taille de ce dernier et présente une teinte uniforme *brun olive* des plus accusées.

M. le Dr Colin nous l'indique comme fréquente dans toute la région du haut fleuve.

166. BUBALUS BRACHYCEROS Gray.

Bubalus brachyceros Gray, Mag. Nat. Hist., 1er ser., t. XIII, p. 284.
Bos brachyceros Gray, Mag. Nat. Hist., 1837, p. 589.

Nsassaqjh. — Assez commun. — Gambie, Casamence, Cap Sainte-Marie.

C'est avec les cornes de cette espèce et de la précédente que les Nègres fabriquent ces splendides poires à poudre recouvertes de cuir ouvragé et d'un prix fort élevé dans le centre même de production.

Manquant de documents suffisants, nous ne pouvons nous arrêter plus longtemps sur les Buffles de la Sénégambie. Nous croyons fermement que d'autres espèces habitent cette vaste région, et nous faisons des vœux pour que les explorateurs s'attachent à la recherche de ces animaux dont, malgré de nombreux travaux, l'histoire est loin d'être complète.

Fam. TRAGELAPHIDÆ Gray.

Gen. OREAS Desm.

167. OREAS DERBIANUS Gray.

Pl. VII, fig. 2.

Oreas Derbianus Gray, Know. Menag. 27, t. 25, et P. Z. S., 1850, p. 144.
Boselaphus Derbianus Gray, Ann. and Mag. Nat. Hist., t. XX, p. 280.
Oreas Livingstoni Sclater. P. Z. S. of Lond., 1861, p. 105.

Diguidanga. — Vit en troupes nombreuses dans les forêts et les plaines herbeuses de la Gambie et de la Casamence; se rencontre également dans les plaines de Kita, sur les rives du Bakoy, du Bafing, de la Falémé, etc.

D'après les Naturalistes Anglais, l'*Oreas Derbianus* serait propre à la Gambie, à la Casamence et à Sierra-Leone; son existence dans le haut Sénégal est incontestablement démontrée par les individus que nous y avons vus et ceux que M. le Dr Colin y a également rencontrés. La même espèce habite d'autres régions de l'Afrique. Livingstone dans ses *Missionary travels in south Africa* (1857, p. 210) décrit et figure : « *a new undescribed variety of splendid antelope* », retrouvée par le capitaine Speke et le Dr Kirk dans le Zambèze, dont M. Sclater fait une espèce sous le nom d'*Oreas Livingstoni* (P. Z. S., 1864, p. 105) et qui pour nous est identique à l'*Oreas Derbianus*.

M. Sclater, en effet, donne comme caractéristique de l'*Oreas Livingstoni* : une bande dorsale noire très distincte « *a very distinct black dorsal band* », une manchette également noire à la partie postérieure des membres antérieurs juste au-dessus du genou « *a broad black band strongly marked on the hinder part of the forelegs, above the bend of the knee* », de plus 7 ou 8 lignes blanches le long des flancs.

Or, si l'on compare cette description avec celle de l'*Oreas Derbianus*, donnée par Gray (P. Z. S. of Lond., 1850, p. 144), on trouve entre autres caractères fondamentaux une bande dorsale noir foncé « *a dorsal streak dark black* » et une tache de même couleur, au côté postérieur de la partie supérieure des jambes de devant «*hinder side of the upper part of the foreleg dark black*».

La seule différence entre les deux animaux consiste en ce que le premier compte 7 ou 8 bandes blanches sur les flancs, tandis que le second en possède 14 ou 15 ; mais cela suffit-il pour caractériser une espèce ? évidemment non ! L'*Oreas Livingstoni* n'est pour nous qu'un *Oreas Derbianus*.

168. OREAS COLINI Rochbr.

Pl. VII, fig. 1.

Oreas Colini Rochbr. Bull. Soc. Phil. Paris, 28 octobre 1882.

♂. — ANIMAL MAGNITUDINE TAURI ; COLORE PALLIDE CINEREO ; CAPUT CRASSUM, ABBREVIATUM ; SCANALATURA FRONTALE ELEVATO-GIBBOSUM, 2 FASCICULIS PILORUM CRISPATORUM, ANTICO NIGRESCENTE, POSTICO FULVESCENTE ; AURICULIS LATIS EXTUS NIGRIS, INTUS ET MARGINE ALBIDIS ; CORNUBUS CRASSIS, ELONGATIS, PICEIS, ANTRORSUM CURVATIS A BASI AD MEDIUM CARINA SPIRALI ELEVATA CONTORTIS.

Animal de forte taille, égalant celle de nos plus forts Bœufs de

France. Teinte générale gris pâle ; tête ovoïde gris de souris, à chanfrein très largement busqué et portant une touffe de poils frisés brun noirâtre ; une seconde touffe de poils roux, également frisés sur le sommet du front en avant des cornes ; celles-ci très fortes, longues, un peu courbées en avant, à carène épaisse, saillante, régnant seulement dans la première moitié de leur longueur ; oreilles larges, noirâtres sur les bords, blanchâtres intérieurement ; yeux bruns.

Diguidanga. — Forêts de Kita.

La découverte de cette espèce remarquable est due à M. le Dr Colin ; elle est assez fréquente dans les forêts de Kita où il a pu se procurer la tête que nous figurons d'après un de ses croquis faits sur nature. Grâce au zèle et au dévouement de notre excellent confrère, les Galeries du Muséum de Paris ne tarderont pas à s'enrichir d'un spécimen monté et d'un squelette de l'*Oreas Colini*, sur lequel nous nous réservons de publier un travail aussi complet que possible.

Sur notre planche VII nous avons représenté la tête de l'*Oreas Colini* (1) à côté de celles des *Oreas Derbianus* (2) et *Oreas Canna* (3) afin de montrer les différences caractéristiques des trois espèces.

Gen. TRAGELAPHUS Blainv.

160. TRAGELAPHUS EURYCEROS Gray.

Tragelaphus Euryceros Gray, Knows. Menag. 27, t. 23, f. 1, et P. Z. S. of Lond., 1850, p. 141.

Antilope Euryceros Ogilby, P. Z. S. of Lond., 1836, p. 120.

N'Tyerri. — Assez commun. — Cayor, Oualo, forêts de Gommiers de la rive droite du Sénégal.

170. TRAGELAPHUS DECULA Gray.

Tragelaphus Decula Gray Knows, Menag. 28, et P. Z. S. of Lond., 1850, p. 145.
Antilope Decula Rupp. Wirt. Faun. Abyss., p. 11, taf. 4.

N'Tierri. — Forêts de Kita, plaines du Bakoy, Falémé, Podor, Dagana, où l'espèce est assez commune.

C'est encore un des types Abyssiniens dont l'aire d'extension descend jusqu'aux régions supérieures de la Sénégambie.

171. TRAGELAPHUS SCRIPTUS Gray.

Tragelaphus scriptus Gray, P. Z. S. of Lond., 1850, p. 145.
— *scripta* Gray, Knows. Menag., p. 28, t. 28.
Le Guib. Buffon, H. N., t. XII, p. 305, pl. 40.

N'Tierri. — L'une des espèces les plus communes de la Sénégambie.

On ne sait pourquoi Gray donne comme nom indigène de cette espèce justement celui des Nègres Ouolofs. (*Called Oualofes or Zalofes, loc. cit.*, p. 145.)

172. TRAGELAPHUS GRATUS Sclat.

Pl. VIII, fig. 1.

Tragelaphus gratus Sclat. P. Z. S. of Lond., 1880, p. 452, pl. XLIV.
— Rochbr. Bull. Soc. Phil. Paris, 28 octobre 1882.

T. — Caput abbreviatum, admodo conicum, ab oculis inde attenuatum, rufo castaneum, utrinsecus quadrimaculatum, maculis albis 3 oblongis sub oculo triangula forma positis, altera late elliptica ad basin auriculæ contigua; cornua brunnea, incurvata, antice compressa, lateraliter semispirali carinata; auriculæ latæ, extus nigrescentes, intus pilis albidis marginatæ; corpus pilis longis rigidis castaneis hirtum; collo, ventre, clunibus,

FAUCIBUS, ARTUBUSQUE CASTANEO NIGRICANTIBUS; 2 FASCIIS GUTTURALIBUS TRANSVERSIS ALBIDIS; CRURIUM PARS INTERNA PEDUMQUE SUFFRAGO MACULIS ALBIS NOTATÆ; LINEA DORSALIS NIGRA; LATERA 6-7 STRIGIS SUBLATIS INTERRUPTIS PICTA; CLUNES 3-4 SERIEBUS MACULARUM DISTANTIBUS ALBIS NOTATÆ; CAUDA BREVIS FUSCA.

Animal de taille supérieure à celle du *Tragelaphus scriptus;* corps trapu; tête courte à museau fin, d'un brun roussâtre; nez noir; trois taches blanches de chaque côté en dessous des yeux; insertion des oreilles également blanchâtre; oreilles larges, noires, bordées intérieurement de longs poils blancs; cornes de longueur médiocre, un peu incurvées, aplaties et comprimées en avant, anguleuses sur les côtés externes; poils longs; teinte générale brun foncé, roussâtre sur le cou; ventre d'un brun noirâtre très foncé, ainsi que la partie postérieure des fesses, la gorge, le devant du cou et les parties externes des membres; ceux-ci roussâtres en dedans; une tache blanche à la patrie interne des jambes de devant et aux quatre pieds au-dessus des sabots; deux larges taches triangulaires blanches, l'une à la gorge, l'autre au milieu du cou; une ligne de poils blanchâtres mélangés de noir sur toute l'étendue du dos; de 6 à 7 bandes assez larges, interrompues, blanches, perpendiculaires à la ligne des flancs; une bande de poils blancs disposés en mèches, placés horizontalement à la région supérieure du ventre; 3 à 4 autres bandes semblables sur chaque fesse; queue courte et brune; jambes élancées; doigts et sabots courts; ces derniers ovoïdes.

La femelle ne diffère du mâle que par sa teinte générale qui est d'un roux doré; pour tout le reste elle lui est semblable; il en est de même pour les jeunes.

Longueur du bout du museau à l'origine de la queue........	1m	330mm
Longueur de la queue..	0	270
Hauteur du train de devant..................................	0	870
Hauteur du train de derrière................................	0	930
Longueur des cornes...	0	252
— du métacarpe..	0	211
— du métatarse..	0	240
— des doigts..	0	060
— des sabots..	0	050

N'Tiarri. — Assez rare; plaines du Cayor, Oualo, où l'espèce vit sur la lisière des bois.

La description inexacte de M. Sclater, la figure on ne peut plus mauvaise qu'il donne de la femelle, nous ont engagé à décrire cette espèce d'après des individus vivants, et à figurer le mâle inconnu à M. Sclater. Nous ne pouvons suivre le Secrétaire de la Société Zoologique de Londres dans la comparaison qu'il établit entre le *Tragelaphus gratus* et le *Tragelaphus Spekii*, cette dernière espèce nous étant inconnue; il est possible que la longueur des tarses et des doigts soit telle chez elle, qu'elle ait nécessité la création du genre *Hydrotragus* dont pour Gray, auteur du genre, le *Tragelaphus Spekii* est le type; mais nous ne reconnaissons dans le *Tragelaphus gratus* aucun caractère propre à l'y faire rentrer; la forme et la longueur des tarses et des doigts ne dénotent en aucune façon des habitudes aquatiques « *aquatic and marsh-loving habits* » (Sclater, *loc. cit.*), il lui serait du reste difficile de se livrer à des bains prolongés dans les contrées arides où il se tient exclusivement.

Pour M. Sclater encore, le *Tragelaphus gratus* provient du Gabon; c'est possible, mais nous ne l'avons jamais observé en Gambie et en Casamence, où tant d'espèces communes avec le Gabon existent, tandis que nous l'avons *vu* et *tué* dans les plaines du Cayor!

Fam. ORYGIDÆ Gray.

Gen. ORYX Blainv.

173. ORYX LEUCORYX Gray.

Oryx leucoryx Gray. Knows. Menag. 17, 2, 10, f. 1, jeune.
Antilope leucoryx Pallas. Ehrenb. S. P., t. 3.

M'Bende. — Commun dans toute la Sénégambie.

Gen. **ADDAX** Gray.

174. ADDAX NASOMACULATUS Gray.

Addax nasomaculatus Gray, Knows. Menag. 17, t. 18.
Antilope nasomaculatus Blainv. Bull. Soc. Phil. 1816, p. 76.
— *addax* Rüpp. Atl. Nordl. Afrika, p. 19, t. 7.
— *suturosa* Otto. N. A. Nat. Cur. XII, t. 48.

M'Bende. — Commun. — Cayor, Oualo, rive droite du Sénégal.

Le fond du pelage varie dans cette espèce; nous en avons observé un exemple d'un beau jaune doré pâle.

Fam. **HIPPOTRAGIDÆ** Gray.

Gen. **AIGOCERUS** H. Smith.

175. AIGOCERUS EQUINUS Gray.

Aigocerus equinus Gray, Knows. Menag. 16.
Le Tzeiran Buffon, H. N. XII, pl. 31, fig. 6 (une corne).

N'Klebo. — Assez commun. — Gambie, forêts de Kita, haut du fleuve.

L'aire d'extension de l'*Aigocerus equinus* est excessivement vaste; les spécimens de Gambie ne diffèrent en rien de ceux de Kita.

Fam. **ANTILOPIDÆ** Gray.

Gen. **GAZELLA** H. Smith.

176. GAZELLA ISABELLA Gray.

Gazella isabella Gray, Ann. and Mag. Nat. Hist. 1846, p. 214.

Antilope dorcas Var. Sund. Pecor., p. 267.
Gazella dorcas Temm. Esq. Zool. Guinée, p. 193.

Kevel. — Montagnes et forêts des environs de Kita

177. GAZELLA DORCAS Licht.

Gazella dorcas Licht. Berl. Mag. Naturk., t. VI, p. 168.
Antilope dorcas Desm. Mamm., p. 453.

Kevel. — Assez commun. — Plaines du Bakoy et du Bafing; environs de Kita; rive droite du Sénégal et limite des forêts de Gommiers.

M. Brooke (*P. Z. S.* of Lond., 1873, p. 538) donne avec doute le Sénégal, comme l'une des régions habitées par cette espèce. Elle est éminemment Sénégambienne, car nous l'y avons souvent rencontrée, et M. le Dr Colin l'a également observée.

178. GAZELLA RUFIFRONS Gray.

Gazella rufifrons Gray, Ann. Nat. Hist., t. XVIII, p. 214.
Antilope corina Goldf. Schreb. Supp., t. V, p. 1193, pl. 270-271.
La Corine Buffon, H. N., t. XII, p. 201, pl. 270.

Kevel. — Se rencontre en troupes nombreuses dans toute la haute Sénégamble.

179. GAZELLA CUVIERI Brooke

Gazella Cuvieri Brooke, P. Z. S. of Lond., 1873, p. 542
Antilope Cuvieri Ogilby, P. Z. S. of Lond., 1840, p. 35
Le Kevel gris F. Cuvier, H. N. M.

Kevel. — Assez commun dans les plaines de Kita.

Les Maures de la rive droite apportent assez souvent la dé

pouille de cette espèce, qu'il n'est pas possible de confondre avec ses congénères.

180. GAZELLA DAMA Gray.

Gazella dama Gray, P. Z. S. of Lond., 1850, p. 114.
Antilope dama Pall. Misc., p. 5.
Gazella ruficollis Gray, Cat. Rum. Brit. Mus., p. 39.
— *mohr* Turner (pro parte), P. Z. S. of Lond., 1850, p. 168.

Kevel. — Toute la haute Sénégambie : — Plaines de Kita, Bakoy, Bafing, rive droite du fleuve.

181. GAZELLA MOHR Gray.

Gazella mohr Gray, Cat. Rum. Brit. Mus., p. 39.
Antilope mohr Benn. P. Z. S. 1833, p. 1.
— *dama* Pall. Spec. Zool., fasc. 1, p. 8.
Le Nanguer Buffon, H. N., vol. XII, p. 213, pl. 34.

Kevel. — Habite toute la Sénégambie.

Fam. CERVICAPRIDÆ Gray.

Gen. ADENOTA Gray.

182. ADENOTA KOB Gray.

Adenota Kob Gray, P. Z. S. of Lond., 1830, p. 129.
Antilope Kob Ogilby, P. Z. S. of Lond., 1836.
Kobus Adansonii A. Smith, G. A. K. IV, 224, t. 184.

Kobäjh. — Assez commun. — Gambie, Casamence, Oualo, Cayor, etc.

Gen. **KOBUS** H. Smith.

183. KOBUS SING-SING Gray.

Kobus Sing-Sing Gray, Knows. Menag. 15.
Antilope Sing-Sing Benn. Waterh. Cat. Zool. Soc. Mus. 41, n° 378.
— *unctuosa* Laur. d'Orb. Dict. H. N. I, p. 622.
Le Koba Buffon, H. N. t. XII, p. 210, 267, t. 32, f. 2 (cornes).

Oobsa. — Assez fréquent dans le Oualo, le Cayor et le haut Sénégal.

Nous ne connaissons pas cette espèce, de Gambie, où elle est signalée par Gray (*P. Z. S.* of Lond., 1850, p. 131).

Les descriptions des auteurs ne concordent pas avec les spécimens que nous avons vus; nous en donnons la diagnose suivante :

Tout le dessus du corps brun taché de noir; flancs, épaules, dessous du cou, gris noirâtre; dessus du cou fauve, avec une bande blanche dans la région de la gorge; fesses fauves portant en arrière une large tache blanche; jambes brun foncé; tour du sabot blanc; queue rousse en dessus, blanche en dessous, terminée par un bouquet de poils noirs. Cornes à 16 anneaux.

Les femelles et les jeunes sont d'une teinte roux Isabelle.

Comme l'observe Gray, la longueur du poil varie suivant les saisons, mais contrairement à son assertion la couleur ne change pas.

Nous ne pouvons avec certains Zoologistes, Gray entre autres, assimiler au *Kobus Sing-Sing*, le *Kobus* (*antilope*) *Defassa*, d'Abyssinie, décrit par Ruppel. Sa couleur, sa taille, la forme de ses cornes l'en différencient selon nous d'une manière complète.

Gen. **ELEOTRAGUS** Gray.

184. ELEOTRAGUS REDUNCUS Gray.

Eleotragus reduncus Gray, P. Z. S. of Lond., 1850, p. 127, et Knows. Menag. 13, t. 13.

Antilope redunca Pallas, Ruppel. Wirlett. Faun. Abyss., p. 20, pl. 7, f. 1.

Dobsa. — Toute la haute Sénégambie.

Gen. NANOTRAGUS Sundev.

185. NANOTRAGUS NIGRICAUDATUS Brooke.

Nanotragus nigricaudatus Brooke, P. Z. S. of Lond., 1872, p. 875, pl. LXXV.

Casamence, Gambie, environs de Sainte-Marie-de-Bathurst.

186. NANOTRAGUS PYGMÆA Brooke.

Nanotragus pygmæa Brooke, P. Z. S. of Lond., 1872, p. 641, f. p. 642. (Tête.)
Capra pygmæa Lin. Syst. Nat., 10e éd.
Moschus pygmæus Lin. Syst. Nat., 12e éd., p. 92.
Antilope pygmæa Pallas, Spic. Zool., fasc. XII, p. 18.
Royal antelope Penn. Syn. Mamm., p. 28.
Antilope spinigera Temm. Mon. Mamm., I, pl. XXX.
Calotragus spiniger Temm. Esq. Zool. Guinée, p. 201.
Cervus juvencus perpusillus Seba, Thes. 1, 70, t. 43, f. 5.
— Adanson, Voy. Sénég., p. 114.

Touti N'Dyojh. — Rare. — Toute la côte depuis le Cap-Vert.

Cette intéressante espèce, commune du temps d'Adanson, tend chaque jour à disparaître des localités où le savant voyageur l'a observée pour la première fois. « Quand je me rendais à la forêt de Krampsane, près Rufisque, dit-il, le gibier ne manquait pas dans ces quartiers; il y avait beaucoup de Gazelles et de cette petite espèce de Biches qui ont à peine la grandeur du lièvre; *Cervus juvencus perpusillus Guineensis*, de Seba » (*loc. cit.*, p. 114).

« Le cerf de Guinée, dit encore Adanson, dans son Cours d'Histoire Naturelle (Ed. Payer, p. 300, t. 1.), commun depuis le

Cap-Vert jusqu'au Congo, vit dans les sables et se retire dans les buissons; il a à peine la grandeur d'un jeune lièvre, le poil fauve brun, le ventre blanc.»

Fam. CEPHALOPHIDÆ Gray.

Gen. CEPHALOPHUS H. Smith.

187. CEPHALOPHUS CORONATUS Gray.

Cephalophus coronatus Gray, Ann. and Mag. Nat. Hist., 1842, t. X, p. 266.

Grim. — Forêts de la Gambie et de la Casamence, où il est assez rare.

188. CEPHALOPHUS MADOQUA Gray.

Cephalophus madoqua Gray, Knows. Menag., 9.
Antilope madoqua Rupp. Wirbelt. Faun. Abyss. 2, 7, f. 2.

Grim. — Assez fréquent; coteaux ferrugineux et boisés au delà de Kita, au bord du Bakoy (Dr Colin).

189. CEPHALOPHUS RUFILATUS Gray.

Cephalophus rufilatus Gray, Ann. and Mag. Nat. Hist. 1846, p. 166.
Antilope grimmia H. Smith, G. A. K., t. V, p. 266.
La Grimme Buffon, H. N., t. XII, 2, t. 41, f. 2.

Grim. — Habite avec le précédent, s'observe aussi dans la Casamence.

190. CEPHALOPHUS MAXWELLII Gray.

Cephalophus Maxwellii Gray, Knows. Menag. 11, t. 12.
Antilope Maxwellii H. Smith, G. A. K., t. IV, p. 267.
— *Frederici* Laur. d'Orb. Dict. H. N., t. II, p. 515.

Grim. — Assez commun dans toute la Sénégambie, Kita, bords de la Falémé, Podor.

191. CEPHALOPHUS WHITFIELDII Gray.

Cephalophus Whitfieldii Gray, Knows. Menag. 12, t. 11, f. 2.

Grim. — Rare. — Gambie, Casamence.

Fam. ALCELAPHIDÆ Gray.

Gen. BOSELAPHUS Gray.

192. BOSELAPHUS MAJOR E. Blith.

Boselaphus major E. Blith, P. Z. S. of Lond., 1869, p. 51 et pl. X, (Cornes).

Gangaraïjh. — Plaines du Bakoy et du Bafing, environs de Kita (Dr Colin).

Gen. DAMALIS H. Smith.

193. DAMALIS SENEGALENSIS Gray.

Damalis Senegalensis Gray, Knows. Menag. 21, t. 21.
Antilope Senegalensis H. Smith, G. A. K., t. V, t. 109, f. 3.

Gangaraïjh. — Toute la Sénégambie, de Kita à la Casamence.

Le nom de *Yunga* ou *Yongah*, donné par les Ouolofs à cet animal, d'après Gray, sur les indications de M. Whitfield, et celui de *Tan-Bang*, donné par les Mandingues, sont faux et erronés.

194. DAMALIS ? ZEBRA Gray.

Damalis? zebra Gray, Knows. Menag., 22.

Antilope? zebrata Robert et P. Gervais, Hist. Nat. Mamm., t. II, p. 202.

Apporté par les Nègres et les Maures, de l'intérieur.

Nous avons inutilement cherché à nous procurer l'animal entier, fournissant les peaux que Gray a rapportées avec doute au genre *Damalis*. C'est sans doute par suite d'une superstition que les naturels refusent de les vendre exempts de mutilations.

Fam. HIRCIDÆ Brooke.

Gen. CAPRA Sundev.

195. CAPRA NUBIANA F. Cuv.

Capra Nubiana F. Cuv., Mamm. Lith., 1825.
— Gray, Cat. Mamm. Brit. Mus., 168.
Ibex Nubiana Gray, List. Osteol. Spec. Brit. Mus., 60.
Capra Sinaitica Ehrenb. Syn. Phys., t. 18.

Hab. — Rare. — Haut Sénégal; montagnes du Fouta; hauteurs de Kita; Bakoy.

Nous n'avons aucun doute sur l'authenticité de cette espèce comme Sénégambienne.

Un spécimen existant dans les Galeries de Zoologie du Muséum est étiqueté comme provenant du Sénégal. C'est celui dont parle Gray dans son Catalogue des Mammifères du British Muséum, publié en 1852, p. 152, et qu'il considère comme variété; *Legs less black*, les jambes sont moins noires que dans le type, dit-il; ce spécimen, de taille un peu plus petite que les exemplaires de Nubie, présente en effet une teinte blanchâtre à l'intérieur des membres et des taches allongées de même couleur à la partie antéro-postérieure du métacarpien, *mais nous ne croyons* pas que cette légère différence de coloration puisse conduire à le distinguer du type même comme variation, d'autant plus qu'un autre individu de Nubie lui est identiquement semblable.

Le *Capra Nubiana* a été connu d'Adanson; dans son Cours d'Histoire Naturelle (éd. Payer, t. 1, p. 299), il dit en effet : « Le Bouquetin du Sénégal diffère de celui d'Europe en ce que ses cornes sont minces et comprimées par les côtés, plus arquées et à anneaux; il paraît être le même que le *Pasen* de la Perse. »

Gen. HIRCUS Wagn.

196. HIRCUS DOMESTICUS Briss.

Hircus domesticus Briss., R. An., 62.
Capra hircus Linn. Faun. Suec., 15.
— *ægagrus* Gmel. Syst. Nat. 1, p. 193.
Le Bouc Buffon, H. N. XII, p. 146, t. 15.

Phassha. — Peu commun. — Domestiqué chez les Maures de a rive droite, mais moins recherché que la race suivante.

Adanson (*Cours d'Hist. Nat.*, Ed. Payer, t. 1, p. 282) cite les Chèvres sauvages que l'on trouvait de son temps sur les montagnes des Iles du Cap-Vert et surtout à Boavista.

Les Chèvres du Cap-Vert, comme celles des Canaries, primitivement introduites par les Européens, puis abandonnées, peuvent vivre en quelque sorte en liberté dans ces régions, mais elles y ont conservé tous les caractères des Chèvres domestiques.

197. HIRCUS DEPRESSUS Schreb.

Hircus depressus Schreb., t. 287.
Capra depressa Lin. Syst. Nat. XII, p. 95.
Bouc d'Afrique Buff., H. N. XII, p. 154, t. 18.
Chèvre naine Buff., H. N. XII, p. 154, t. 19.

Phasstouti. — Commun dans toute la Sénégambie.

Cette race, de petite taille, jouit d'une réputation méritée sur les divers points où elle est élevée; les Maures en possèdent des troupeaux nombreux; elle est également commune chez les Pouls, et les Européens la recherchent à cause surtout de l'abondance et de la qualité de son lait.

La peau des tout jeunes individus, ainsi que celle des individus jeunes de la race suivante, sert à fabriquer les tapis connus sous le nom de *Tiougous*, dont les Maures semblent avoir le monopole et qu'ils vendent souvent un prix très élevé.

198. HIRCUS REVERSUS Schreb.

Hircus reversus Schreb., t. 283.
Capra reversa Lin., Syst. Nat. XII, I, p. 95.
Bouc de Juda Buff., H. N. XII, p. 154.

Phasstouti. — Toute la Sénégambie, mais moins commun que l'espèce précédente.

Fam. OVIDÆ J. Brooke.

Gen. OVIS Lin. (pro parte).

199. OVIS LONGIPES Desm.

Ovis longipes Desm. Mamm. p. 480.
— *Guineensis* Linn., Syst. Nat. XII, t. I, p. 98.
Mouton à longues jambes F. Cuv. et Geoff., Mamm. lith.
Bélier du Sénégal Buffon, H. N. XI, p. 350.

Karr. — Commun. — Est plus généralement localisé dans les parages de la Gambie et de la Casamence; on l'observe également sur la côte jusqu'au Cap Sainte-Marie. Plus rare chez les Maures et dans l'intérieur.

200. OVIS BAKELENSIS Rochbr.

Pl. IX, fig. 1.

Ovis Bakelensis Rochbr., Bull Soc. Phil., Paris, 28 octobre 1882

Adimmayn Marmol., Afrique, I, p. 59.
Adimain ou *Kar* Adanson, Cours H. N., Ed. Payer, t. 1, p. 287.
Bélier du Sénégal Adanson, Voy. au Sénég., p. 37.

O. — Caput subelongatum, scanalatura frontali arcuatum; auriculæ latæ, decumbentes; cornua crassa, regulariter 4 convoluta; corpus præaltum, artubus elevatis; pilis rigidis, brevissimis, fuscorufescentibus vestitum, passim maculis latis albidis notatum; cauda longissima, subgracilis.

Animal grand, robuste, maigre, à jambes fortes et très longues; tête assez allongée, à chanfrein largement busqué; oreilles longues, pendantes; cornes très grandes, enroulées régulièrement en trois ou quatre spirales, de couleur jaunâtre clair; pelage excessivement court et rude, d'une teinte générale brun foncé rougeâtre, excepté aux épaules, aux flancs et aux fesses, où il présente de larges taches d'un blanc sale. Ces teintes varient *quelquefois, mais seulement* par *plus ou moins d'intensité*; la queue très longue est relativement mince.

Longueur du bout du museau à l'origine de la queue	0 910mm
Hauteur moyenne	0 810
Longueur de la queue	0 497

Karr. — Commun. — Haut du fleuve, Dagana, Podor, Bakel, rive droite, tout l'intérieur.

Cette race domestique, connue sous le nom de mouton de Bakel, présente beaucoup de rapports avec la race précédente, mais elle doit cependant en être *distinguée*. C'est à ce type qu'Adanson fait allusion dans son Cours d'Histoire Naturelle (*loc. cit.*); « l'Adimain ou Kar, dit-il, est le plus grand de toutes les races de Béliers; il égale les plus grandes Chèvres ».

Les auteurs lui rapportent, à tort, l'*Ovis longipes* de F. Cuvier et Geoffroy Saint-Hilaire. Ce dernier, en effet, diffère du nôtre surtout par l'épaisse crinière qui recouvre les parties supérieures du corps et la petitesse relative de ses cornes; il diffère également par la couleur du pelage, une taille moins élevée et un ensemble général plus trapu.

201. OVIS DJALONENSIS Rochbr.

Pl. IX, fig. 2.

Ovis Djalonensis Rochbr. Bull. Soc. Phil., Paris, 23 octobre 1882.

O. — STATURA QUADRATA; CAPUT ABBREVIATUM, SCANALATURA FRONTALE SUBBROTUM; AURICULÆ DECUMBENTES; CORNUA CRASSA SUB CIRCONVOLUTA; CORPUS PILIS RIGIDIS BREVISSIMIS, FULVIDORUFESCENTIBUS VESTITUM; CAUDA LONGA.

Animal petit, trapu, à jambes courtes; tête raccourcie, à chanfrein légèrement busqué; oreilles pendantes; cornes régulièrement enroulées, mais dans une faible étendue; pelage court, rude, d'une teinte générale fauve rougeâtre; queue longue, mince.

Longueur du bout du museau à l'origine de la queue	0 640mm
Hauteur moyenne	0 437
Longueur de la queue	0 215

La teinte et la taille toujours uniformes ne varient en aucune façon sur les nombreux sujets observés.

Karr. — Commun dans tout le Fouta-Djalon, le Damga, le Bondou, etc.

Remarquable par sa petite taille et ses formes courtes et ramassées, cette race vit par troupeaux sous la conduite des Pouls pasteurs, et semble localisée dans les régions énumérées; nous ne saurions la comparer à aucune race connue d'Afrique.

202. OVIS MELANOCEPHALUS Gene.

Ovis melanocephalus Gene, Mem. Acad. Torino XXXVI, 286.
— *ecaudatus* I. Geoff. Saint-Hil., Dict. Class. Hist. Nat. XI, 268.

Karrga. — Assez commun, mais plus généralement élevé en Gambie; on le rencontre également dans le Fouta et le Bondou.

Cette race domestique semble provenir d'Abyssinie, d'où elle s'est étendue dans les régions où on la rencontre aujourd'hui.

303. OVIS LATICAUDATUS Erxl.

Ovis laticaudatus Erxl. in Less. Comp. Buffon, t. X, p. 313.
Mouton de Barbarie Buffon, H. N. XI, p. 355.

Idombe. — Plus commune que la race précédente, celle-ci ne se rencontre que sur la côte et plus spécialement dans les régions de la Gambie et de la Casamence.

Fam. CAMELEOPARDALIDÆ S. Long.

Gen. GIRAFFA Briss.

304. GIRAFFA CAMELEOPARDALIS Briss.

Giraffa cameleopardalis Briss. R. An. 61.
Cervus camelcopardalis Lin., Syst. Nat. 1, 102.
Cameleopardalis giraffa Gmel. Syst. Nat. 1, 181.
— *Æthiopicus* Ogilby. P. Z. S. of Lond. 1836, p. 134.
La Giraffe Buffon, H. N. XIII, 1 et Supp. III, p. 320, t. 64.

Getendiuba. — Assez commun. — région de la haute Sénégambie; plaines de Kita; Tinkare, le Beledougou, Bakhounou; plaines du Bakoy et du Bafing, etc.

Un des caractères distinctifs de la Girafe, est de posséder vers le milieu du front une saillie osseuse plus développée chez les mâles que chez les femelles, portant des poils en brosse comme les cornes frontales, et que tous les auteurs ont désignée sous le nom de corne nasale.

Pour P. Gervais, elle diffère des deux cornes frontales en ce qu'elle n'a pas comme elles de point spécial d'ossification (*Dict. H. N.*, d'Orbigny, t. VI, p. 501).

D'après R. Owen, la corne frontale (pyramide) n'est pas un os distinct, mais simplement une protubérance due à l'épaississement et à l'élévation des extrémités antérieures des frontaux et des extrémités contiguës des os du nez (*Trans. Zool. Soc. London*, t. II).

MM. Joly et Lavocat (*Recherches sur la Girafe; Mem. Soc. Mus. H. N.*, Strasbourg extr. 1845) prétendent, de leur côté, avoir constaté que cette troisième corne de la Girafe, a un point spécial d'ossification et que, comme les frontales, elle est épiphysaire. Les naturalistes de Toulouse se fondent, disent-ils, sur l'examen des têtes de Girafes des Galeries d'Anatomie comparée du Muséum.

L'observation de MM. Joly et Lavocat est inexacte; on relève même dans leur mémoire certaines contradictions qui ont lieu d'étonner.

Laissant de côté les cornes frontales, sur lesquelles les auteurs dissertent longuement pour prouver un fait connu, celui de leur nature épiphysaire, et réclamer la priorité en faveur de Pander et d'Alton, contre Cuvier et Geoffroy Saint-Hilaire, passons avec eux à l'examen de la pyramide ou corne médiane.

Pour démontrer que cette pyramide est *épiphysaire*, ils s'appuient sur cette phrase de Cuvier (*Lec. d'Anat. comp.*, t. II, p. 365) « le noyau osseux qui constitue la pyramide a cela de particulier que non seulement il offre l'exemple unique d'un os impair à cheval sur une suture, mais que de plus il s'avance, de son extrémité antérieure, jusque sur le sommet des os du nez ». Puis à la page 67, c'est-à-dire quatre pages plus loin, ils ont soin de dire : « la protubérance (pyramide) est formée chez les jeunes sujets par les seuls sinus frontaux développés à l'endroit qu'elle occupe; chez les individus plus âgés par ces mêmes sinus *auxquels se surajoute un os épiphysaire* qui, dans la vieillesse, finit par se souder avec les os frontaux ».

Si dans les jeunes sujets il n'existe pas de point épiphysaire, ce que MM. Joly et Lavocat affirment et ce qui est vrai, comment ce point peut-il apparaître, alors que les individus sont plus âgés, c'est-à-dire quand l'ossification est sinon complète du moins sur le point de l'être ?

Pour tous les anatomistes, l'épiphyse est une éminence osseuse unie au corps d'un os au moyen d'un cartilage et qui se change en apophyse par les progrès de l'ossification; elle ne peut donc apparaître, nous le répétons, lorsque l'ossification est complète.

La manière de voir des monographes de la Girafe est simplement basée sur une fausse interprétation d'un phénomène cependant bien facile à expliquer.

« The protuberance upon the frontal and contiguous parts of the nasal bones, dit R. Owen (*Anatomy of vertebrates*, t. II, p. 476, 1866), is due to the enlargement of those bones, and not to any distinct osseous part; *its surface is roughened by vascular impressions undetermining the basal periphery and simulating a suture.* »

Là est la véritable explication. Il y a épaississement et élévation des extrémités contiguës des os du nez; il y a prolifération du tissu osseux, avec vascularisation, une véritable ostéoporose; et les aspérités résultantes, se multipliant, forment une sorte de bourrelet comparable aux *pierrures* de la *meule* des Cervidés, entourant la base de la pyramide et lui donnant l'aspect d'un *os propre à cheval sur la suture.*

Nous avions déjà insisté sur ces faits dans les Nouvelles Archives du Muséum (t. III, 2e série, 1880).

EDENTATI Cuv.

VERMILINGUI Gray.

Fam. MANIDÆ Turner.

Gen. MANIS Sund.

205. MANIS LONGICAUDA Geoff.

Manis longicauda Geoff., Sundev. Kongl. Vet. Akad. Handl., 1842, p. 251.

Manis tetradactyla Lin. Syst. Nat. I, p. 53.
Pholidotus longicaudatus Briss. R. An. 31.
Pangolin d'Afrique Cuv., oss. foss., t. V, p. 98.

Quojhelo. — Peu commun. — Gambie, Casamence; on le rencontre également dans le pays des Serrères et plus rarement dans le Oualo Nous en avons possédé provenant de cette région.

Adanson connaissait cette espèce; il en parle dans son Cours d'Histoire Naturelle (*loc. cit.*, t. 1, p. 200) et s'exprime de la façon suivante : « Le Pangolin a l'air d'un Lézard dont la queue égale la longueur du corps; ses écailles sont grandes, non pas collées sur la peau, mais adhérentes seulement par leur partie inférieure, de manière qu'elles se relèvent à la volonté de l'animal comme les piquants du Hérisson, de sorte qu'aucun animal ne peut alors l'attaquer sans se blesser dangereusement; il se plie en boule, mais moins régulièrement que le Hérisson; sa grosse et longue queue reste au dehors, elle se roule en cercle autour du corps et, comme elle est anguleuse ou pyramidale, les écailles en se redressant lui donnent l'apparence d'une chausse-trape. Cet animal habite les terrains pierreux où il se creuse un terrier profond dans lequel il fait ses petits. Il ne vit que de Fourmis qu'il prend avec sa langue; il est doux, innocent, ne fait aucun mal; il court lentement et ne peut échapper à l'homme. Les Nègres en mangent la chair qu'ils trouvent délicate et saine; ils emploient ses écailles à divers usages. »

306. MANIS TRICUSPIS Rafin.

Manis tricuspis Rafin, Ann. Gen. Sc. Phys., Bruxelles, VII, p. 214.
— *multisulcata* Gray, P. Z. S. of Lond., 1843.
— *tridentata* Focillon., Rev. de Zool., 1850, t. 1.
Le Phatagin Buff., H. N., t. X, p. 35.

Quojhelo. — Habite les mêmes localités que l'espèce précédente, mais est moins commun.

« Le Phatagin diffère du Pangolin, dit Adanson (*loc. cit.*,

p. 261), en ce qu'il est une fois plus petit; que sa queue est une fois plus petite que son corps, et que ses pieds et une partie de ses jambes sont dégarnies d'écailles et velues; ses écailles sont armées de trois pointes. »

Gen. PHOLIDOTUS Sundev.

207. PHOLIDOTUS AFRICANUS Gray.

Pholidotus Africanus P. Z. S. of Lond., 1865, p. 368, p. XVII.

Peu commun. — Paraît localisé dans la région haute du fleuve; plaines du Bakoy et du Bafing; Pangalla; Kita.

Fam. ORYCTEROPODIDÆ Turner.

Gen. ORYCTEROPUS I. Geoff. Saint-Hil.

208. ORYCTEROPUS ÆTHIOPICUS Sundev.

Orycteropus Æthiopicus Sundev. Kong. Vet. Akad. Handl. 1841., p. 226, t. III, f. 1, 5.
— *Senegalensis* Lesson. Spec. Mamm., p. 277.

Goubpaba. — Assez commun. — Habite les plaines sablonneuses, le Oualo, le Cayor; Pays de Serrères, rive droite du Sénégal, lisière des forêts de Gommiers.

Suivant l'opinion de Duvernoy, que nous tenons pour juste, et qui est adoptée également par Gray (*P. Z. S.* of Lond., 1865, p. 382), nous ne voyons aucun caractère suffisant pour distinguer l'*Orycteropus Æthiopicus* Sundev. de l'*Orycteropus Senegalensis* Lesson.

Il n'en est pas de même quand on le compare à *l'Orycteropus Capensis* Geoff., où la dentition, diverses particularités du squelette et une couleur différente du pelage, caractérisent une espèce généralement acceptée.

PISCIFORMI H. M. Edw.

SIRENIDEI Illig.

Fam. MANATIDÆ Cuv.

Gen. MANATUS Cuv.

209. MANATUS SENEGALENSIS Cuv.

Manatus Senegalensis Cuv. Ann. Mus., t. XIII, p. 294, pl. 19, f. 4, 5.
Lamantin Adanson, Hist. Nat. Seneg., p. 143, et Cours d'Hist. Nat., t. 1, p. 135-137.

Lerou. — Assez commun. — Habite les grands Marigots, Lampsar, Leybar ; paraît remonter jusqu'au Bafing, où M. le Dr Colin l'a vu.

Adanson indique le Lamantin dans les Marigots de Sorres. Depuis l'époque où il visitait la Sénégambie, ils ont disparu de cette localité ; quoi qu'il en soit, les renseignements qu'il donne de cette espèce dans son Cours d'Histoire Naturelle sont d'une grande exactitude et nous ne saurions nous dispenser de les relater ici.

« Les plus grands Lamantins du Sénégal, dit-il, ont de 8 à 10 et 12 pieds de long ; ils ont la tête conique, les yeux petits, la bouche petite, armée de trente-deux dents mâchelières rondes sans aucune incisive ; le cuir est cendré noir, épais d'un pouce sur le dos et semé de quelques poils longs. La femelle a deux mamelles pectorales rondes ; l'accouplement se fait dans l'eau sur un bas-fond, la femelle se renverse quelquefois sur le dos.

» Cet animal broute l'herbe qui croît au bord des rivages et ne sort jamais de l'eau. Les Nègres le tuent en lui enfonçant leurs zagaies dans le corps ; ils en mangent la chair, qui est blanche, aussi bonne que celle du meilleur veau, recouverte d'une couche de lard blanc, de 4 à 5 pouces d'épaisseur; les deux os des oreilles servent aux Nègres du Sénégal dans les maladies vénériennes; ils en font infuser ou bien ils en râpent une petite quantité qu'ils boivent dans l'eau. »

Tous les auteurs, depuis Adanson, ont répété que le Lamantin vit à l'embouchure des fleuves. C'est une erreur en ce qui concerne du moins l'espèce du Sénégal. Elle ne se rencontre même jamais dans le fleuve, habitant, comme nous l'avons dit, les grands Marigots, toujours très éloignés de l'embouchure.

CETACEI Lin.

Fam. BALÆNIDÆ Gray.

Gen. BALÆNA Lin.

210. BALÆNA AUSTRALIS Desm.

Balæna australis Desm., Dict. Class. Hist. Nat., t. II, p. 164.
— Gerv. et V. Bened. Osteogr., p. 25, 1880.
Eubalæna australis Gray, Cat. Seals and Whales, p. 91, 1866.
Hunterius Temminckii Gray, Cat. Seals and Whales, p. 98, 1866.

N'Gagu. — Se rencontre assez fréquemment au large, à trois ou quatre milles de la côte, du Cap-Blanc au Cap-Vert; échoue rarement sur la côte.

Ce grand Cétacé auquel on donne ordinairement pour habitat presque exclusif (Gray, *loc. cit.*) le Cap de Bonne-Espérance, voyage, disent P. Gervais et Van Beneden (*Ostéologie des Cétacés vivants et fossiles, loc. cit.*), de l'Amérique du Sud à la côte d'Afrique; la Baleine du Sud, d'après Lesson, ajoutent ces auteurs, est très probablement répandue dans toutes les mers.

Suivant Scoresby (vol. II, p. 535), cet animal se trouve sur la côte Occidentale d'Afrique.

Fam. BALÆNOPTERIDÆ Gray.

Gen. BALÆNOPTERA Lacep. (Pro parte.)

211. BALÆNOPTERA PATACHONICA Bur.

Balænoptera Patachonica Burmès, P. Z. S. of Lond., 1865, p. 190
— Gerv. et V. Bened, *loc. cit.*, p. 225.

N'Gagu. — Mêmes localités que l'espèce précédente, mais plus rare.

« La côte Occidentale d'Afrique, disent P. Gervais et Van Beneden (*loc. cit.*) est riche en Balénoptères; pendant tout un temps on a été chercher des ossements de ces animaux pour la fabrication du Guano artificiel. »

La rareté sur la côte Sénégambienne de ce Balénoptère n'a pu donner lieu au commerce dont parlent P. Gervais et Van Beneden, commerce en quelque sorte localisé dans les environs immédiats du Cap de Bonne-Espérance; si la récolte des ossements de grands Cétacés a jamais été faite en Sénégambie, ce que nous ignorons, elle s'appliquait incontestablement à l'espèce suivante.

Fam. PHYSETERIDÆ Owen.

Gen. PHYSETER Wagl.

212. PHYSETER MACROCEPHALUS Lin.

Physeter macrocephalus Lin., Syst. Nat., 1, p. 107.
Catodon macrocephàlus Lacep., Cet., t. 10, f. 1.
— Gray, Cat. Seals and Whales, 1866, p. 202.

N'Gagu. — Commun sur la côte, depuis les deux Mamelles jusqu'au Cap-Blanc.

Le Cachalot fréquente régulièrement les côtes de la Sénégambie; il vit en troupes nombreuses et s'approche du rivage où il échoue souvent en grand nombre. Il n'est pas rare de voir sur la côte des cadavres de ce Cétacé, plus particulièrement depuis les deux Mamelles jusqu'aux environs de Saloum, aux Almadies et à la baie du Lévrier.

Les Baleines et surtout les Cachalots, dit Golberry (*Voy. en Afr.*, t. II, p. 451.), fréquentent beaucoup les bords de l'Océan Atlantique, entre le Sénégal et le Cap des Palmiers; j'ai vu sur le rivage, près des petites Mamelles, une carcasse de Cachalot qui était encore entière et un cadavre de la même espèce sur les bords de la baie d'Ioff.

On trouve de l'Ambre gris, continue le même voyageur, vers le Cap-Blanc, dans le golfe d'Argain, au Cap-Vert, au Cap Sainte-Marie et au Cap Verga.

Dès 1605, la présence de l'Ambre gris était signalée sur la côte Sénégambienne, témoin ce passage du voyage de Peter Vanden Broock au Cap-Vert (Livre VII, chap. IX, p. 129) : « Pendant que j'étais sur la côte (*Cap Vert*) la mer y jeta une pièce d'Ambre gris de 80 livres ». Il y a sans nul doute exagération sur le volume de la pièce rejetée par la mer, mais le fait n'en est pas moins établi. Nous-même nous avons pu souvent recueillir des fragments de cet Ambre, soit au Cap-Vert, soit à la pointe de Barbarie, où les Nègres, très amateurs de parfums, s'empressent de le récolter parfois en quantités considérables.

Durand, dans son voyage au Sénégal, parle également de l'Ambre gris. « C'est sur les bords de la rivière de Saloum, dit-il, que l'on trouva un bloc d'Ambre gris dont le citoyen Pelletan fit l'acquisition. » (*loc. cit.*, p. 48.)

Fam. DELPHINIDÆ Gray.

Gen. ORCA Rondel.

313. *ORCA CAPENSIS* Gray.

Orca capensis Gray, Zool. Ereb. and Terror, p. 34, t. 9.

Delphinus orca Owen, Brit. Foss. Mamm.
— *globiceps* Owen, Cat. Mus. Coll. Surg., 165, n° 1139.

Galerr. — Rare. — Pêché au large, en vue de Guet-N'Dar.

Un exemplaire dont nous avons possédé la tête, pris en rade de N'Dartout, mesurait sept mètres de long.

Gen. GRAMPUS Gray.

214. GRAMPUS RICHARDSONII Gray.

Grampus Richardsonii Gray, Cat. Cet. Brit. Mus., 1850, p. 83.
— Gray, Cat. Seals and Whales, p. 299.

Galerr. — Rare. — Mêmes parages que le précédent.

Cette espèce du Cap remonte la côte Ouest et se rencontre au large en juin et juillet.

Gen. LAGENORHYNCHUS Gray.

215. LAGENORHYNCHUS ASIA Gray

Lagenorhynchus Asia Gray, Zool. Ereb. and Terror., t. 14.
— Gray, Cat. Seals and Whales, p. 269.

Tanoss. — Rare. — Toute la côte, du Cap-Blanc au Cap Verga

D'après P. Gervais et Van Beneden (*loc. cit.*, p. 597), ce Cétacé habite la côte de Guinée et l'archipel des Bissagos.

Gen. TURSIOPS P. Gerv.

216. TURSIOPS ADUNCUS P. Gerv.

Tanoss. — Assez fréquemment pêché en rade de Guet-N'Dar. On l'observe également au Cap-Vert et en Gambie.

Le Muséum d'Histoire Naturelle de Bordeaux possède un exemplaire de cette espèce provenant du Cap-Vert; le Musée de Liverpool en possède également un des côtes de Gambie.

Gen. EUDELPHINUS P. Gerv.

217. EUDELPHINUS DELPHIS P. Gerv.

Eudelphinus delphis P. Gerv. et V. Bened. Ost., p. 596.
Delphinus delphis Lin. Syst. Nat., 1, 103.
— Gray, Cat. Seals and Whales, p. 242.

Tanoss. — Commun sur toute la côte où il se tient pendant la plus grande partie de l'année.

Les Nègres, quand ils parviennent à s'emparer de cet animal, ne négligent jamais de recueillir les os du tympan, dont ils font des Grigris pour leurs pirogues.

Gen. PRODELPHINUS P. Gerv.

218. PRODELPHINUS DUBIUS P. Gerv.

Prodelphinus dubius P. Gerv. et V. Bened. Ost., p. 605.
Delphinus dubius Cuv. R. An., 1, 288, et Ann. Mus. XIX, p. 14.
— Gray, Cat. Seals and Whales, p. 253.

Tanoss. — Commun au Cap-Vert et dans les parages de Guet-N'Dar. On l'observe également à l'archidel du Cap-Vert.

219. PRODELPHINUS FRENATUS P. Gerv.

Prodelphinus frenatus P. Gerv. et V. Bened., Ost., p. 605.
Delphinus frenatus Duss. in F. Cuv. Mamm. Lith. et Cétacés, p. 155, pl. X, f. 1.

Tanoss. — Vit en troupes dans les mêmes parages que l'espèce précédente.

Il existe très certainement d'autres espèces de Cétacés sur les côtes de Sénégambie, surtout parmi les Dauphins; mais les difficultés de leur capture, comme aussi celle de leur étude, seront longtemps un obstacle à la connaissance complète de ces Mammifères si remarquables à plusieurs titres.

Quoi qu'il en soit, nous espérons compléter plus tard ces listes, grâce au bienveillant concours de nos confrères de la marine, auxquels nous devrons, dans un avenir prochain, de donner des suppléments importants à nos diverses monographies.

LISTE MÉTHODIQUE

DES

MAMMIFÈRES DE LA SÉNÉGAMBIE

MICRALLANTOIDEI H. M. Edw.

Simii A. M. Edw.

Anthropomorphæ Lin.

I. Troglodytes E. Geoff.

1. — T. niger E. Geoff.

Semnopithecidæ I. Geoff.

II. Colobus Illig.

2. — C. bicolor Gray.
3. — C. ferrugineus I. Geoff.

III. Guereza Gray.

4. — G. Ruppellii Gray.

Cercopithecidæ I. Geoff.

IV. Miopithecus I. Geoff.

5. — M. talapoin I. Geoff.

V. Cercopithecus Erxl.

6. — C. Ascanias Audeb.
7. — C. Diana Erxl.
8. — C. Mona Erxl.
9. — C. Campbellii Waterh.

VI. Chlorocebus Gray.

10. — C. ruber Gray.
11. — C. patas Erxl.
12. — C. Callitrichus I. Geoff.
13. — C. Tantalus Gray.

VII. Cynocebus Gray.

14. — C. Cynosurus Gray.

VIII. Cercocebus I. Geoff.

15. — C. fuliginosus Gray.
16. — C. collaris Gray.

Cynocephalidæ I. Geoff.

IX. Cynocephalus Briss.

17. — C. babouin Desm.
18. — C. sphinx Desm.
19. — C. rubescens Trouess.

X. Chæropithecus Gray.

20. — C. leucophæus Gray.

Prosimii Hæck.

Galaginidæ Benn.

XI. Sciurocheirus Gray.

21. — S. Alleni Gray.

XII. Hemigalago Dahl.

22. — H. Demidoffii Dahl.

XIII. Otolicnus Peters.

23. — O. Senegalensis Gray.

XIV. Euoticus Gray.

24. — E. pallidus Gray.

XV. Otogale Gray.

25. — O. crassicaudatus Gray.

Perodicticinidæ Gray.

XVI. Perodicticus Benn.

26. — P. potto Wagn.

Chiropteri Blumb.

Pteropidæ Bp.

XVII. Xantharpya Gray.

27. — X. Straminea Gray.

XVIII. Eleutherura Gray.

28. — E. Ægyptiaca Gray.
29. — E. unicolor Gray.

XIX. Hypsignathus Allen.

30. — H. Monstrosus Allen.

XX. Epomophorus Benn.

31. — E. macrocephalus Gray.
32. — E. Gambianus Gray.

XXI. Epomops Gray.

33. — E. Franqueti Gray.
34. — E. pusillus Peters.

Megadermidæ Wagn.

XXII. Lavia Gray.

35. — L. frons Gray.

Nycteridæ Dobs.

XXIII. Nycteris E. Geoff.

36. — N. hispidus Desm.
37. — N. Thebaicus E. Geoff.

Rhinolophidæ Wagn.

XXIV. Rhinolophus E. Geoff.

38. — R. fumigatus Rupp
39. — R. Clivosus Rupp.

Phyllorhinidæ Bp.

XXV. Phyllorhina Wagn.

40. — P. tridens Wagn.
41. — P. Gigas Wagn.
42. — P. fuliginosa Temm.

Taphozoidæ Wagn.

XXVI. Taphozous E. Geoff.

43. — T. perforatus E. Geoff.
44. — T nudiventris Rupp.
45. — T. Peli Temm.

Molossidæ Peters.

XXVII. Myopteris E. Geoff.

46. — M. Daubentonii E. Geoff.

XXVIII. Nyctinomus E. Geoff.

47 — N. pumilus Gray.

Vespertilionidæ I. G. St-H.

XXIX. Synotus Keys.

48. — S. leucomelas Wagn.

XXX. Plecotus E. Geoff.

49. — P. Ægyptiacus E. Geoff.

XXXI. Vesperugo Blas.

50 — V. Temminckii Rupp.

XXXII. Scotophilus Leach.

51. — S. Nigrita Schreb.

XXXIII. Vespertilio Lin.

52. — V. Bocagei Peters.

Insectivori Cuv.

Erinaceidæ I. G. St-Hil.

XXXIV. Erinaceus Lin.

53. — E. frontalis A. Smith.
54. — E auritus Pall.
55. — E. Æthiopicus Ehrenb.
56. — E. Pruneri Wagn.
57. — E. Adansoni Rochbr.

Soricidæ Bp.

XXXV. Crocidura Selys.

58. — C. sericea Wagn.
59. — C. crassicauda Wagn.
60. — C. viaria Rochbr.
61. — C. occidentalis Puch.

XXXVI. Crossopus Ander.

62. — C. nasutus Rochbr.

Glirini Erxl.

Anomaluridæ Waterh.

XXXVII. Anomalurus Waterh.

63. — A. Fraseri Waterh
64. — A. Beecroftii Fras.

Sciuridæ Alst.

XXXVIII. Sciurus Lin.

65. — S. Gambianus Ogilby.
66. — S. maculatus Temm.
67. — S. annulatus Desm.
68. — S. erythrogenys Wath.

XXXIX. Xerus Hemp. et Ehrenb

69. — X. congicus Kuhl.
70. — X. erythropus E. Geoff.
71. — X. rutilus Rupp.

Myoxidæ Wagn.

XL. Graphiurus F. Cuv. et E. Geoff.

72. — G. murinus Desm.
73. — G. Coupei F. Cuv.
74. — G. Huetii Rochbr.
75. — G. Capensis F. Cuv.

Gerbillidæ Alst.

XLI. Gerbillus Desm.

76. — G. Ægyptius Desm.
77. — G. pigargus F. Cuv.
78. — G. longicaudus Wagn.
79. — G. Burtoni F. Cuv.

XLII. Rhombomys Wagn.

80. — R. Pyramidum E. Geoff.

XLIII. Psammomys Rupp.

81 — P. obesus Rupp.

Dendromydæ Alst.

XLIV. Dendromys A. Smith.

82. — D. mystacalis Heugl.

Cricetidæ Alst.

XLV. Cricetomys Waterh.

83 — C. Gambianus Waterh.

Muridæ Alst.

XLVI. Epimys Trouess.

84. — E. decumanus Trouess.
85. — E. rattus Trouess.
86. — E. leucosternum Rupp.

XLVII. Isomys Sundev.

87. — I. variegatus E. Geoff.

XLVIII. Lemniscomys Trouess.

88. — L. barbarus Trouess.
89. — L. lineatus E. Geoff.

XLIX. Mus Lin.

90. — M. Musculus Lin.
91. — M. Gambianus Heugl.

L. Acomys I. Geoff.

92. — A. dimidiatus Rupp.

Spalacidæ Alst.

LI. Tachyoryctes Rupp

93. — T. macrocephalus Rupp.

Echinomydæ Alst.

LII. Aulacodus W. Swind.

94. — A. Swinderianus Temm.

Hystricidæ F. Cuv.

LIII. Atherura G. Cuv.

95. — A. Africana Gray.
96. — A. armata P. Gerv.

LIV. Hystrix Lin.

97. — H. cristata Lin.
98. — H. Senegalica F. Cuv.

Leporidæ Gray.

LV. Lepus Lin.

99. — L. Ægyptius E. Geoff.
100. — L. Isabellinus Rupp.

LVI. Cuniculus Gerbe.

101. — C. Senegalensis Rochbr.
102. — C. domesticus P. Gerv.

MESALLANTOIDEI H. M. Edw.

Carnivori Cuv.

Felidæ Wagn.

LVII. Leo Gray.

103 — L. Gambianus Gray.

LVIII. Leopardus Gray.

104. — L. pardus Gray.

LIX. Felis Lin.

105. — F. Serval Schreb.
106 — F. rutila Waterh.
107. — F. neglecta Gray.
108. — F. Senegalensis Less.
109. — F. maniculata Rupp
110. — F domestica Briss.
111. — Bouvieri A. M. Edw.

LX. Chaus Gray.

112. — C. Caligatus Gray.

LXI. Caracal Gray.

113. C. Melanotis Gray.

LXII. Guepardα Gray.

114. — G. guttata Gray.

Viverridæ Wagn.

LXIII. Viverra Lin.

115. — V. civetta Schreb.

Genettidæ Gray.

LXIV. Genetta Briss.

116. — G. vulgaris Gray.
117. — G. Senegalensis Gray.
118. — G. Pardina I. Geoff.

Paradoxuridæ Gray.

LXV. Nandinia Gray.

119. — N. binotata Gray.

Herpestidæ Gray.

LXVI. Herpestes Illig.

120. — H. ichneumon Gray.

LXVII. Calogale Gray.

121. — C. melanura Gray.

LXVIII. Ichneumia I. Geoff.

122. — I. albicauda I. Geoff.
123. — I. nigricauda Pucher.

Rhinogalidæ Gray.

LXIX. Mungos Ogilby.

124. — M. Gambianus Ogilby.
125. — M. fasciatus Gray.

Hyænidæ I. G. St-Hil.

LXX. Hyæna Lin.

126. — H. brunnea Thumb.
127 — H. striata.

Lycaonidæ Gray.

LXXI. Lycaon Solin.

128. — L. venaticus Gray.

Canidæ Wagn.

LXXII. Lupus Briss

129. — L. anthus Gray.
130. — L. Senegalensis H. Smith.

LXXIII. Scalius H. Smith.

131. — S. aureus H. Smith.

LXXIV. Simenia Gray

132. — S. Simensis Gray.

LXXV. Canis Lin.

133. — C. Laobatianus Rochbr.
134. — C. familiaris Lin.

Vulpidæ Burm.

LXXVI. Vulpes Briss

135. — V. Niloticus Gerrard.
136. — V. Edwardsi Rochbr.

LXXVII. Fennecus Desm.

137. — F. dorsalis Gray.

Mustelidæ Gray.

LXXVIII. Gymnopus Gray.

138. — G. Africanus Gray.

Lutridæ Gray.

LXXIX. Aonyx Less.

139. — A. Lalandii Less.

Mellivoridæ Gray.

LXXX. Mellivora Stor.

140. — M. ratel Gray.
141. — M. leuconota Sclat.

Zorillidæ Gray.

LXXXI. Zorilla Gray.

142. — Z. striata Gray.
143. — Z. Senegalensis Gray.

HYRACIDEI H. M. Edw.

Hyracei H. M. Edw.

Hyracidæ G. Cuv.

LXXXII. Hyrax Herm.

144. — H. Syriacus Schreb.

LXXXIII. Euhyrax Gray.

145. — E. Abyssinicus Gray.

LXXXIV. Dendrohyrax Gray.

146. — D. dorsalis Gray.
147. — D. arboreus Gray.

PROBOSCIDEI Illig.

Elephantini Gray.

Elephantidæ Gray.

LXXXV. Loxodonta F. Cuv.

148. — L. Africana F. Cuv.

MEGALLANTOIDEI H. M. Edw.

Solidungulati Illig.

Equidæ Gray.

LXXXVI. Equus Lin.

149. — E. Caballus Lin.

LXXXVII. Asinus Gray.

150. — A. Vulgaris Gray.

Multungulati Illig.

Hippopotamidæ Gray.

LXXXVIII. Hippopotamus Lin.

151. — H. Senegalensis Desm.

LXXXIX. Chœropsis Leidy.

152. — C. Liberiensis Leidy.

Phacochæridæ Gray.

XC. Phacochærus F. Cuv.

153. — P. Africanus F. Cuv.
154. — P. Æliani Gray.

Suidæ Owen.

XCI. Potamochærus Gray.

155. — P. penicillatus Gray.

XCII. Scrofa Gray.

156. — S. domestica Gray.
157. — S. Gambiana Gray.

Tylopodi Illig.

Camelidæ I. Brook.

XCIII. Camelus Cuv.

158. — C. Arabicus Desm.

Tragulidæi H. et A. M. Edw.

Tragulidæ H. et A. M. Edw.

XCIV. Hyomoschus Gray.

159. — H. aquaticus Gray.

Pecoridæi H. et A. M. Edw.

Bovidæ Gray.

XCV. Bos Lin. (Pro parte.)

160. — B. Zébu I. Brook.
161. — B. Triceros Rochbr.
162. — B. Galla Salt.
163. — B. Dante Link.
164. — B. Harveyi Rochbr.

XCVI. Bubalus H. Smith.

165. — B. æquinoctialis Blith.
166. — B. brachyceros Gray.

Tragelaphidæ Gray.

XCVII. Oreas Desm.

167. — O. Derbianus Gray.
168. — O. Colini Rochbr.

XCVIII. Tragelaphus Blainv.

169. — T. euryceros Gray.
170. — T. decula Gray.
171. — T. scriptus Gray.
172. — T. gratus Sclat.

Orygidæ Gray.

XCIX. Oryx. Blainv.

173. — O. leucoryx Gray.

C. Addax Gray.

174. — A. nasomaculatus Gray.

Hippotragidæ Gray.

CI. Aigoce.us H. Smith

175. — A. equinus Gray.

Antilopidæ Gray.

CII. Gazella H. Smith.

176. — G. isabella Gray.
177. — G. dorcas Licht.
178. — G. rufifrons Gray.
179. — G. Cuvieri Brook.
180. — G. dama Gray.
181. — G. mohr Gray.

Cervicapridæ Gray.

CIII. Adenota Gray.

182. — A. kob Gray.

CIV. Kobus H. Smith.

183. — K. sing-sing Gray.

CV. Electragus Gray.

184. — E. reduncus Gray.

CVI. Nanotragus Sundw.

185. — N. nigricaudatus Brook.
186. — N. pygmæus Brook.

Cephalophoridæ Gray.

CVII. Cephalophorus H. Smith.

187. — C. coronatus Gray.
188. — C. madoqua Gray.
189. — C. rufilatus Gray.
190. — C. Maxwellii Gray.
191. — C. Whitfieldii Gray.

Alcelaphidæ Gray.

CVIII. Boselaphus Gray.

192. — B. major E. Blith.

CIX. Damalis H. Smith.

193. — D. Senegalensis Gray.
194. — D. zebra Gray.

Hircidæ I. Brook.

CX. Capra Sundw.

195. — C. Nubiana F. Cuv.

CXI. Hircus Wagn.

196. — H. domesticus Briss.
197. — H. depressus Schreb.
198. — H. reversus Schreb.

Ovidæ I. Brook.

CXII. Ovis Lin. (Pro parte.)

199. — O. longipes Desm.
200. — O. Bakelensis Rochbr.
201. — O. Djalonensis Rochbr.
202. — O. melanocephalus Gray.
203. — O. laticaudatus Erxl.

Cameleopardalidæ S. Hong.

CXIII. Giraffa Briss.

204. — G. camelopardalis Briss.

EDENTATI Cuv.

Vermilingui Gray.

Manidæ Turner.

CXIV. Manis Sund.

205. — M. longicauda Geoff.
206. — M. tricuspis Rafin.

CXV. Philodotus.

207. — P. Africanus Gray.

Orycteropodidæ Turn.

CXVI. Orycteropus E. Geoff.

208. — O. Æthiopicus Sundw.

PISCIFORMI H. M. Edw.

Sirenidei Illig.

Manatidæ Cuv.

CXVII. Manatus Cuv.

209. — M. Senegalensis Cuv.

Cetacei Lin.

Balænidæ Gray.

CXVIII. Balæna Lin.

210. — B. australis Desm.

Balænopteridæ Gray.

CXIX. Balænoptera Lacep.

211. — B. Patachonica Burm.

Physeteridæ Owen.

CXX. Physeter Wagl.

212. — P. macrocephalus Lin.

Delphinidæ Gray.

CXXI. Orca Rond.

213. — O. Capensis Gray.

CXXII. Grampus Gray.

214. — G. Richardsonii Gray.

CXXIII. Lagenorhynchus Gray.

215. — L. Asia Gray.

CXXIV. Tursiops P. Gerv.

216. — T. aduncus P. Gerv.

CXXV. Eudelphinus P. Gerv.

217. — E. Delphis P. Gerv.

CXXVI. Prodelphinus P. Gerv.

218. — P. dubius P. Gerv.

219. P. frenatus P. Gerv.

Bordeaux. — Imprimerie J. Durand, rue Condillac, 20.

EXPLICATION DES PLANCHES

Planche I.

Figure 1. — *Otolicnus Senegalensis* Gray grand. nat.

Planche II.

Figure 1. — *Erinaceus Adansoni* Rochbr. 3/5 grand. nat.
» 2. — *Crocidura viaria* Rochbr. grand. nat.
» 3. — *Crossopus nasutus* Rochbr. grand. nat.

Planche III.

Figure 1. — *Graphiurus Hueti* Rochbr. 2/3 grand. nat.
» 2. — *Aulacodus Swinderianus* Temm. 1/4 grand. nat.

Planche IV.

Figure 1. — *Atherura armata* P. Gerv. 1/3 grand. nat.
» 2. — Un des piquants du même, grossi 2 fois.

Planche V.

Figure 1. — *Canis Laobetianus* Rochbr. 1/8 grand. nat.
» 2. — *Vulpes Edwardsi* Rochbr. 1/4 grand. nat.

Planche VI.

Figure 1. — *Bos triceros* Rochbr. 1/13 grand. nat.

Planche VII.

Figure 1. — *Oreas Colini* Rochbr. 1/6 grand. nat.
» 2. — *Oreas Derbianus* Gray » »
» 3. — *Oreas canna* Gray » »

Planche VIII.

Figure 1. — *Tragelaphus gratus* Sclat. 1/8 grand. nat.

Planche IX.

Figure 1. — *Ovis Bakelensis* Rochbr. 1/8 grand. nat.
» 2. — *Ovis Djalonensis* Rochbr. 1/8 grand. nat.

BIBLIOTHÈQUE
du
MUSEUM

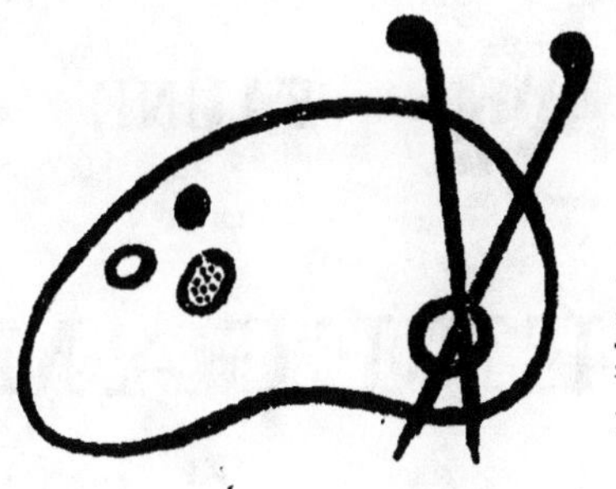

FAUNE

DE LA

SÉNÉGAMBIE

PAR

A.-T. DE ROCHEBRUNE

DOCTEUR EN MÉDECINE

LAURÉAT DE LA FACULTÉ DE MÉDECINE DE PARIS, LAURÉAT DE L'INSTITUT (AC. DES SC.),
ANCIEN MÉDECIN COLONIAL A St-LOUIS (SÉNÉGAL), AIDE-NATURALISTE AU MUSEUM DE PARIS
MEMBRE DE LA SOCIÉTÉ LINNÉENNE DE BORDEAUX, ETC., ETC.

OISEAUX

Avec trente planches en couleurs retouchées au pinceau.

PARIS

OCTAVE DOIN

ÉDITEUR

8, PLACE DE L'ODÉON,

1884

Le 4e fascicule : les **REPTILES**, avec 20 planches et les **AMPHIBIENS**, avec 10 planches, paraîtra à la fin de novembre 1884.

FAUNE

DE LA

SÉNÉGAMBIE

Bordeaux. — Imprimerie J. Durand, rue Condillac, 20.

FAUNE

DE LA

SÉNÉGAMBIE

PAR

A.-T. DE ROCHEBRUNE

DOCTEUR EN MÉDECINE

LAURÉAT DE LA FACULTÉ DE MÉDECINE DE PARIS, LAURÉAT DE L'INSTITUT (AC. DES SC.),
ANCIEN MÉDECIN COLONIAL A St-LOUIS (SÉNÉGAL), AIDE-NATURALISTE AU MUSÉUM DE PARIS,
MEMBRE DE LA SOCIÉTÉ LINNÉENNE DE BORDEAUX, ETC., ETC.

OISEAUX

Avec trente planches en couleurs retouchées au pinceau.

PARIS
OCTAVE DOIN
ÉDITEUR
8, PLACE DE L'ODÉON,
1884

FAUNE DE LA SÉNÉGAMBIE.

OISEAUX.

CONSIDÉRATIONS GÉNÉRALES.

§ I. — Le nombre des ouvrages relatifs à l'Ornithologie Africaine est considérable, et aujourd'hui, presque chaque contrée de ce vaste continent : les Ashanties, l'Ogooué, le Gabon, Angola, le Cap, le Transvaal, Zanzibar, l'Égypte, l'Abyssinie, etc., etc., possèdent leur faune propre, le pays des Çomals lui-même doit d'être connu grâce à l'énergie et au dévouement de notre courageux ami Georges Révoil; seule, comme toujours, la Sénégambie est restée dans l'oubli.

Il existe, il est vrai, diverses publications où sous le titre vague : d'Ornithologie de l'Ouest de l'Afrique, une quantité notable d'espèces Sénégambiennes se trouvent décrites et figurées, mais leur mélange au milieu de tant d'autres, étrangères à la région, ne peut dônner, malgré des recherches longues et minutieuses, qu'une idée incomplète des Oiseaux répartis sur son territoire.

On doit néanmoins recourir tout d'abord à ces ouvrages : ceux de Swainson (1) et d'Hartlaub (2) méritent d'être cités en première ligne.

Les listes données par ces auteurs une fois établies, la dispersion des types Ornithologiques sur laquelle nous nous arrêterons bientôt, dispersion supérieure à celle des Mammifères précédem-

(1) *History of the Birds of Western Africa*, London, 1837, 2 vol. in-8°, 34 pl.
(2) *System der Ornithologie West Afrikas*, Bremen, 1857, in-8°.

ment étudiés, nécessite l'examen des faunes limitrophes, toutes indistinctement dues à des savants étrangers, une seule exceptée, celle de l'Ogooué, de notre collègue M. Oustalet (1).

Nous mentionnerons parmi ces travaux, ceux de Rüppel (2), Smith (3), Antinori (4), Layard (5), Heuglin (6), Shelley (7), Barboza du Bocage (8).

Des mémoires d'une grande valeur sont en outre épars dans les divers recueils périodiques; c'est, surtout dans la *Revue et Magasin de Zoologie*, les *Proceedings* de Londres et de Philadelphie, ceux de la *Société Asiatique du Bengale*, les *Annals and Magazine of Natural History*, le *Journal für Ornithologie*, l'*Ibis a Magazine of general Ornithology*, les *Catalogues of Birds British Museum*, le *Journal des Sciences* de Lisbonne, etc., qu'il faut consulter les publications de Ogilby (9), Müller (10), Gurney (11), Cassin (12), Cabanis (13), Speke (14), Sclater (15), Heuglin (16), Finsch (17), Dohrn (18), Ayres (19), Salvadori (20),

---

(1) *Nouvelles Archives du Muséum*, 2e série, t. II, 1879.

(2) *Atlas zur Reise im Nordlichen Afrika*, 1826, et *Neue Wirbelthiere zur Fauna von Abyssinien gehörig*, 1835.

(3) *Illustrations of the Zoology of South Africa*, 1834-1836, avec 114 pl.

(4) *Cat. desc. di una collezione di uccelli nell' interno dell' Afr. cent.*, 1859-64.

(5) *The Birds of South Africa*, 1866.

(6) *Ornithologie Nordost Afrikas*, 1869-1870.

(7) *A handbook of the Birds of Egypt.*, 1872.

(8) *Ornithologie d'Angola*, 1877-1881.

(9) *Description of Birds from the Gambia*, Proc. Zool. Soc. of Lond., 1835.

(10) *Systematisches Verzeichniss der Vögel Afrikas*, J. f. Orn., 1854-1856.

(11) *List of Birds from Natal, Ibadan, Damaraland*, Ibis, 1859 à 1867.

(12) *Cat. Birds coll. on the river Camma and Ogobay*, Proc. Ac. N. H. Sc. P., Philad., 1859.

(13) *Journal für Ornithologie*, Passim.

(14) *On the Birds collected in the Somaly country*, Ibis, 1860.

(15) *Proc. Zool. Soc. of London*, Passim.

(16) *Journal für Ornithologie*, Passim.

(17) *Ueber eine Vögelsammlung aus Natal*, J. f. Orn., 1867. — *On a collection of Birds from N. E. Abyssinia*, etc. Trans. Zool. Soc. of Lond., 1870.

(18) *Synopsis of Birds of ilha do Principe*, P. Z. Soc. of Lond., 1866. — *Beitrage zur Ornithologie der Capverdischen Inseln*, J. f. Orn., 1871.

(19) *Notes on Birds of the Transvaal*, etc., Ibis, 1869 et Passim.

(20) *Revista critica de catalogo nell' interno del Africa*, Atti Acad. Sc. Torino 1870.

Sharpe (1), Seebohm (2), Sundevall (3), Monteiro (4), Barboza du Bocage (5), Reichenow (6), Peters (7), J. et E. Verreaux (8), etc.

Nous ajouterons les traités d'Ornithologie générale, qu'il est indispensable de consulter; tels sont ceux de Brisson (9), Latham (10), Vieillot (11), Buffon (12), Temminck (13), Levaillant (14), Gray (15), Jardine et Selby (16), C. Bonaparte (17), ainsi que les monographies de Malherbe (18), Elliot (19), Sharpe (20), Shelly (21), etc., etc.

Comme nous l'avons fait pour les Mammifères (22), nous indiquerons en dernier lieu les voyages, où, parfois, des catalogues d'espèces servent à compléter les données générales relatives à leur distribution géographique; nous ne saurions, enfin, répéter trop souvent que les œuvres d'Adanson doivent être naturellement prises comme point de départ (23).

---

(1) In *Ibis* Passim, et *Catal. of Birds, Brit. Mus.*

(2) *Catalogue of the Passerine Birds, in Brit. Mus*, 1883.

(3) *Foglar fran Sierra-Leone*, 1849. Akad. Forhdlg.

(4) *Notes on Birds collect. in Angola*, Ibis, 1862, et Passim.

(5) *Journal Sciencias Math. Phys. Nat.*, Lisboa, 1868 à 1883.

(6) *Neue Vögel aus Ostafrica* in Ornith. Centralb., 1879.

(7) *J. f. Orn.* et *Berlin Monatsberichte*, Passim.

(8) *Revue et Mag. de Zoologie*, 1851-1852-1853-1855-1859.

(9) *Ornithologia sive synopsis methodica Avium*, 1760.

(10) *Nat. Hist. or gen. synopsis of Birds*, 1781.— *Gen. Hist. of Birds*, 1821

(11) *Galerie des Oiseaux*, 1820. — *Oiseaux chanteurs*, 1805.

(12) *Hist. Nat. générale*, 1752-1805. — *Pl. enluminées*, 1800.

(13) *Recueil de Pl. Color.* Suites à Buffon, 1820.

(14) *Voyage.* — *Hist. Nat. des Oiseaux rares et nouveaux*, etc., 1801.

(15) *The genera of Birds*, 1841. — *Handlist of genera and species*, 1869.

(16) *The Natur. Library*, 1834. — *Illustrations of Ornithology*, 1825-1843.

(17) *Conspectus generum Avium*, 1851.

(18) *Monogr. des Picidés*, 1862.

(19) *Monogr. des Bucerotidés*, 1879.

(20) *Monogr. des Alcedinidæ*, 1867; — *Oriolidæ*, Ibis, 1870.

(21) *Monogr. des Cynniridæ*, 1881.

(22) Pour l'indication des auteurs de voyages, nous renvoyons à la partie Mammalogique de notre Faune (*Considérations générales*, S. 1, p. 3).

(23) Indépendamment des diverses publications plus haut énumérées, nous citerons encore : *Le Catalogue géographique des Oiseaux recueillis* par Marche et Compiègne, au Sénégal, au Gabon, à l'Ogooué, etc., par A. Bouvier et Sharpe ; ainsi que le *Cat. African Birds* de ce dernier; et les *Catalogues* de MM. Sharpe et Bouvier, publiés dans le *Bulletin de la Société Zoologique de France.*

§ II. — Après avoir esquissé à grands traits, dans la partie Mammalogique de cet ouvrage, la constitution topographique de la Sénégambie, nous avons jeté un coup d'œil d'ensemble sur la distribution générale des types répandus sur le continent Africain et nous avons cherché à démontrer, par suite de cette distribution même, la non-existence de zônes zoologiques distinctes, refusant ainsi à la Sénégambie ce caractère spécial que, jusqu'ici, la plupart des Naturalistes lui avaient attribué.

Les raisons invoquées pour les Mammifères s'appliquent intégralement aux Oiseaux, dont la dispersion encore plus accentuée peut dépendre, au moins pour une large part, du mode de locomotion qui leur est propre.

Longtemps avant nous, les propositions que nous avons émises avaient été développées et Duméril, dans un remarquable mémoire sur les Reptiles et les Poissons de l'Afrique Occidentale, les avait victorieusement démontrées.

Nous ne pouvons nous dispenser de faire appel encore à l'opinion des auteurs favorables à notre thèse.

« Le plus habituellement, a dit le savant Professeur du Muséum, la répartition des animaux est sous la dépendance des températures et des conditions géologiques propres aux contrées dont on compare les populations animales » (1).

De son côté, notre collègue M. Oustalet, dans son *Catalogue méthodique des Oiseaux* de l'Ogooué (2), fait appel à ces mêmes causes.

« En raison même de la constitution physique du sol, de l'absence de grandes chaînes de montagnes divisant le pays en un certain nombre de régions naturelles, la portion du continent Africain, qui s'étend au Sud du grand désert jusqu'au Cap de Bonne-Espérance, ne présente pas de faunes Ornithologiques aussi nombreuses et aussi tranchées que d'autres régions du globe.

» Certaines espèces, poursuit-il, se trouvent de l'Est à l'Ouest, d'autres du Nord au Sud, depuis la Sénégambie, ou depuis les côtes de la Mer Rouge jusqu'au Cap. Celles-ci sont cependant en plus petit nombre que les premières; car la température, à

---

(1) *Archives du Muséum*, t. X, 1858-1861, p. 151.
(2) *Nouvelles Arch. du Muséum*, 2e sér., t. II, 1879, p. 53.

peu près uniforme dans les régions traversées par le même parallèle, s'abaisse à mesure qu'on s'éloigne de l'équateur et vient *parfois* arrêter, dans le sens vertical, l'extension de telle espèce qui s'est répandue dans le sens horizontal ».

Cette dernière assertion, vraie en général, perd cependant de sa valeur, au fur et à mesure des découvertes, et pour la Sénégambie, du moins, une observation attentive établit : que l'extension dans le sens vertical et l'extension dans le sens horizontal d'un grand nombre de types marchent simultanément.

Pour nous, cette progression, égale dans les deux sens, explique l'absence d'espèces pouvant être données comme *franchement propres à la région.*

Plus on avance dans l'étude des animaux Africains, et plus on constate une diminution dans le nombre des espèces *dites spéciales* à telle ou telle partie du continent, et si nous sommes parvenus à démontrer cette proposition pour les Mammifères, à plus forte raison pouvons-nous la déclarer établie pour les Oiseaux.

On voit en effet une quantité relativement considérable d'espèces, longtemps considérées comme habitant uniquement le Gabon notamment, vivre et se propager dans des localités éloignées de cette contrée, où, pour la première fois, elles avaient été observées. Nos listes vont nous en fournir des preuves incontestables.

Il en sera de même pour plusieurs types du Cap, de l'Égypte, de l'Abyssinie, du Zambèze, de la Nubie et des pays Çomals, etc.

Un exemple suffira entre tous : comme preuve d'une diffusion des espèces Ornithologiques plus grande que celle généralement admise, M. Barboza du Bocage (1) indique tout particulièrement les espèces appartenant à la famille des *Vulturidæ;* suivant Wallace (2), *six* genres et *seize* espèces de cette famille existeraient sur tout le continent ; or la Sénégambie en fournit *cinq* genres et *huit* espèces, elle possède donc à elle seule les *cinq sixièmes* des genres et *la moitié* des espèces. On obtiendrait des proportions absolument semblables en comparant une foule d'autres groupes.

---

(1) *Ornithologie d'Angola*, p. 5.

(2) *The Geographical distribution of Animals*, t. II, p. 346, 1876.

Par ces simples données, on est naturellement conduit à la négation de zônes distinctes, et de plus, sinon à la même négation absolue de types spéciaux à certaines régions, du moins à l'affirmation de leur excessive rareté.

La comparaison des divers ordres Ornithologiques Sénégambiens, avec ceux des principales régions Africaines, va rendre cette affirmation encore plus concluante.

Le nombre des espèces de la Sénégambie actuellement connues s'élève au chiffre de 686; d'autre part, on évalue le nombre des espèces des autres régions à :

300 pour le *Gabon* (1);
697 — la région connue sous le nom d'Angola (2);
753 — le Sud de l'Afrique (3);
948 — le Nord et l'Est (4).

Ces chiffres établis, prenant pour base les tableaux ou les indications des auteurs cités, on constate que la Sénégambie comprend dans sa faune :

112	espèces	communes	avec le Gabon;
274	—	—	avec Angola;
99	—	—	avec le Sud;
423	—	—	avec le Nord et l'Est.

Et l'on obtient ce résultat significatif, à savoir qu'elle compte pour sa part :

37,33	pour 100	des espèces	du Gabon;
39,03	—	—	d'Angola;
13,02	—	—	du Sud;
44,60	—	—	du Nord et de l'Est.

Poussant plus loin la comparaison, les espèces de la Sénégambie et celles des quatre régions simultanément étudiées se

---

(1) Oustalet, *loc. cit.*, p. 147.
(2) Barboza du Bocage, *Orn. Angol.*
(3) Layard, *Birds of South Africa.*
(4) Heuglin, *Orn. Nordost Afrikas.*

répartissent dans les différents ordres (1), de la manière exprimée par le tableau suivant :

ORDRES	Sénégambie	Gabon	Angola	Sud Afr.	N. et E. Afr.
Rapaces...............	70	17	59	66	91
Grimpeurs.............	65	33	63	43	64
Passereaux.............	323	188	412	427	518
Colombes..............	14	10	12	16	19
Gallinacés.............	23	6	20	19	33
Échassiers.............	103	36	91	124	136
Palmipèdes.............	83	10	40	58	87
TOTAL........	686	300	697	753	948

A l'aide de ce tableau, il est aisé de formuler dans quels rapports les représentants Sénégambiens de chacun des ordres énumérés se trouvent, relativement à ceux des régions comparées; nous résumons ainsi ces rapports :

Rapaces Sénégambiens	411,07	p. 100 des Rapaces	du Gabon;
— —	135,05	— —	d'Angola;
— —	106,06	— —	du Sud;
— —	76,09	— —	du Nord et de l'Est.
Grimpeurs Sénégambiens	197,18	p. 100 des Grimpeurs	du Gabon;
— —	103,01	— —	d'Angola;
— —	151,01	— —	du Sud;
— —	101,05	— —	du Nord et de l'Est.
Passereaux Sénégambiens	171,08	p. 100 des Passereaux	du Gabon;
— —	78,03	— —	d'Angola;
— —	75,00	— —	du Sud;
— —	62,03	— —	du Nord et de l'Est.

(1) Bien que la classification adoptée dans cet ouvrage ne soit pas celle des auteurs avec lesquels nous établissons nos comparaisons, à cause même de ces comparaisons et pour la plus grande exactitude de nos chiffres, nous réunissons cette fois seulement nos types, sous les mêmes appellations que les auteurs mis en cause.

Colombes de Sénégambie	140,00 p.	100 des Colombes	du Gabon;
— —	119,60	— —	d'Angola;
— —	87,05	— —	du Sud;
— —	73,68	— —	du Nord et de l'Est.
Gallinacés Sénégambiens	382,02 p.	100 des Gallinacés	du Gabon;
— —	115,00	— —	d'Angola;
— —	126,03	— —	du Sud;
— —	69,06	— —	du Nord et de l'Est.
Echassiers Sénégambiens	300,00 p.	100 des Echassiers	du Gabon;
— —	118,06	— —	d'Angola;
— —	87,00	— —	du Sud;
— —	79,04	— —	du Nord et de l'Est.
Palmipèdes Sénégambiens	830,00 p.	100 des Palmipèdes	du Gabon;
— —	206,09	— —	d'Angola;
— —	143,01	— —	du Sud;
— —	95,04	— —	du Nord et de l'Est.

Prises séparément ou réunies, les espèces Sénégambiennes donnent toujours un résultat prévu identique; pour les autres régions on trouverait des proportions analogues, preuve concluante de l'impossibilité de diviser le continent Africain en zônes zoologiques. Nous ne pouvons non plus accepter les trois sous-régions établies par Wallace, dans son ouvrage sur la distribution des animaux (*loc. cit.*).

Discuter pied à pied ces régions nous entraînerait à des longueurs inutiles, mais bien que l'aire considérable de sa sous-région Est, dans laquelle il réunit, on ne sait trop pourquoi, la Sénégambie tout entière, l'Égypte, l'Abyssinie, le Zanzibar, Angola, le Damara, la région des grands lacs, etc., l'ait conduit naturellement à reconnaître la grande diffusion des types Ornithologiques, toutefois il assigne à cette sous-région, comme propres à la caractériser, des types qu'elle est loin de posséder en particulier. Abstraction faite de l'exceptionnel genre *Balæniceps*, insuffisant à lui seul, ce nous semble, il cite (*loc. cit.*, t. I. p. 259): les *Coracias nævia, Corythornis cyanostigma, Tockus nasutus, Tockus erythrorhynchus, Parus leucopterus, Buphaga Africana, Vidua paradisea,* lesquels, dit-il, ont été observés en Gambie, en Abyssinie, au Sud-Est de l'Afrique, « *But not in the West African subregion* ».

Cette sous-région Ouest, comprend, entre autres, Sierra-Leone, Fernando-Po, le Gabon, la Guinée, l'Ogôoué, Loango, Bissao, les Aschanties, etc.; or, le *Coracias nævia,* se retrouve au Gabon, à

Sierra-Leone, au Congo; le *Corythornis cyanostigma*, aux Aschanties, à la Côte-d'Or, au Gabon, au Congo; le *Tockus nasutus*, au Gabon et aux Aschanties; le *Tockus erythrorhynchus*, à Sierra-Leone; le *Parus leucopterus*, à Bissao; le *Buphaga Africana*, en Guinée; le *Vidua paradisea*, enfin, à Sierra-Leone et à Fernando-Po.

Wallace, on le voit, n'a pas été heureux dans le choix de ses espèces caractéristiques; il est vrai que son ouvrage remonte à 1876.

Quoi qu'il en soit, ce court aperçu des théories de l'auteur Anglais montre que la division du continent Africain en sous-régions n'est pas plus acceptable que la division en zônes zoologiques.

La faune Ornithologique Sénégambienne se fait remarquer par sa richesse en *Accipitres*, parmi lesquels on compte un assez grand nombre d'espèces jusqu'ici considérées comme lui étant complètement étrangères.

De ses onze espèces de *Psittacidæ*, plusieurs sont dans le même cas.

Les *Cuculidæ* occupent également une large part, ainsi que les divers groupes des *Capitonidæ*, les *Bucerotidæ*, les *Musophaga*, les *Colius* et les *Coracias*.

Parmi les *Passereaux*, les *Saxicola*, les *Cisticola*, les *Crinigier* dominent; il faut y ajouter les espèces du genre *Laniarius*, les *Hirundo*, les *Cynniridæ*, les *Lamprotornithidæ*, les genres *Hiphantornis*, les *Euplectes*, et les représentants si remarquables de la famille des *Spermestidæ*.

Il faut citer dans l'ordre des *Gallinacæ*: les *Pterocles*, les *Francolinus*, les *Coturnix* et le rare *Phasidus niger*.

Aux plaines habitées par ces genres appartiennent encore les grands *Echassiers*, les *Eupodotis*, les *Tantalus*, les *Mycteria*, les *Gruidæ*, etc.; de même aussi les vallées humides, les marigots donnent asile à d'autres types du même ordre et aux légions de *Palmipèdes*, parmi lesquels on doit citer : les *Phœnicopterus*, les *Plectropterus*, etc., etc., et surtout les *Dendrocygna*, sur lesquels nous aurons à revenir longuement.

De tous ces éclaircissements, nous ne saurions tirer des conclusions différentes de celles précédemment posées pour les Mammifères; aux uns comme aux autres, elles s'appliquent indifféremment.

La faune Ornithologique Sénégambienne n'est pas plus UNE

que la faune Mammalogique; presque toutes les contrées de l'Afrique lui payent un large tribut; leurs familles, leurs genres, leurs espèces s'y trouvent en partie, et si, exceptionnellement, quelques types semblent lui appartenir en propre, parce qu'ils n'ont pas été jusqu'ici observés ailleurs, ils sont dans des proportions trop minimes pour que l'on soit en droit de les invoquer comme un caractère particulier.

Quant aux relations existant entre les types Ornithologiques soit de la Sénégambie, soit de l'Afrique prise dans son ensemble, et ceux des autres continents, la grande majorité des Naturalistes, nos recherches personnelles nous enseignent qu'il faut les demander à l'Asie et à l'archipel Indien.

L'Europe ne peut être comptée; ses espèces communes avec l'Afrique, étant essentiellement migratrices, n'auraient aucune valeur comparative.

Il en est de même pour l'Amérique; car si certains Oiseaux de ce continent se rencontrent en Afrique et en Sénégambie, les uns sont également voyageurs, et le chiffre des autres est encore trop faible pour qu'il puisse être utilement discuté.

§ III. — Avant de passer à l'étude des espèces, il est essentiel de considérer les plumes protectrices du corps, et d'insister sur certaines particularités qui leur sont propres, particularités invoquées par plusieurs Ornithologistes, comme caractéristiques de genres, de familles, parfois même d'ordres entiers.

« Un fait qui ne nous paraît pas avoir été signalé, du moins dans les plumes de nos espèces Européennes, dit M. Gerbe (1), est celui de l'existence de deux tiges sur le même tube. Cette particularité caractéristique des plumes du *Casoar* et de l'*Emou*, se montre d'une manière fort remarquable chez un grand nombre d'Oiseaux, mais notamment chez les Rapaces. Toutes leurs plumes sont pourvues, à la face interne de la tige principale et à sa base, d'une tige secondaire. Cette tige garnie de barbes, sur lesquelles se montrent des barbules excessivement fines et soyeuses, est constituée par conséquent comme une tige ordinaire. Ce fait nous a été démontré dans toute son exagération sur un grand nombre d'Oiseaux de proie; nous l'avons aussi

(1) *Dict. Univ. H. N.* d'Orbigny, 2e éd., t. IX, article *Oiseau*, p. 605, 1872.

rencontré chez les Palmipèdes, les Échassiers et les Passereaux. Une pareille disposition a, sans doute, pour but d'augmenter et de conserver la chaleur interne de l'Oiseau; car c'est là le rôle que les plumes duveteuses paraissent destinées à remplir. En effet, leur quantité est toujours, ou presque toujours, en raison directe de la température. Elles sont d'autant plus nombreuses que l'Oiseau vit davantage dans les climats froids, ou ce qui revient à peu près au même, qu'il vit plus en haut des airs, ou qu'il demeure plus fréquemment sur l'eau ».

Cinquante-trois ans avant l'époque où M. Gerbe écrivait ces lignes, Dutrochet disait dans un savant mémoire (1): « Il est des plumes qu'on pourrait appeler *doubles*, lesquelles ont deux tiges supportées par un même tuyau. Telles sont les plumes du *Casoar*, telles sont aussi la plupart des petites plumes des *Poules* de nos basses-cours.

« Ces plumes nous offrent deux tiges différentes de grandeur, dont les faces concaves se regardent et qui sont supportées par le même tuyau ».

Plus tard, mais cependant trente-deux ans encore avant M. Gerbe, Nitzsch publiait un ouvrage in-4° de 228 pages et X planches (2), où il décrivait les plumes à deux tiges chez un grand nombre de groupes à la caractéristique desquels il essayait de les faire servir.

Les observations de Dutrochet restèrent oubliées et l'ouvrage de Nitzsch fut traduit par M. Sclater en 1867 (3); mais depuis sa publication, comme aussi depuis sa traduction, l'attention s'est à peine portée sur cette disposition étrange des plumes, signalée pour la première fois par le savant Français.

Un mémoire de M. Sclater, sur le *Leptosoma discolor*, paru d'abord en 1865 (4), puis réédité dans la traduction de la Ptérylographie de Nitzsch (5);

---

(1) *Observations sur la structure et la régénération des plumes*, in *Journ. Phys. Chim. et H. N.*, t. LXXXVIII, p. 330, 1819.

(2) *System der Pterylographie*, Halle, 1840.

(3) *Nitzsch's Pterylography* (Ray Society), in-f°, 1867.

(4) *On the structure of Leptosoma discolor*, P. Z. S. of Lond., 1865, p. 682 et seq.

(5) *Loc. cit.*, p. 158 et seq.

Une note de M. Sharpe, concernant quelques types de la famille des *Coraciidæ* (1);

Enfin un travail de M. Murie, sur le *Rhinochetus jubatus* et le *Cancroma cochlearia* (2);

Telles sont, à notre connaissance, les seules publications saillantes, où les plumes du corps, doubles, aient été décrites et figurées.

Nous ferons observer en passant que le savant Senior Assistant du British Museum semble oublier qu'il est le traducteur de Nitzsch, en attachant une importance toute particulière à la plume double des *Leptosoma*, qu'il décrit du reste d'une façon inexacte, et que M. Sharpe commet la même erreur, quand il décrit les plumes des *Coraciidæ*. Nous démontrerons ces faits en traitant de cette famille; ici, il nous faut étudier avec Nitzsch les groupes chez lesquels il signale les plumes doubles, et examiner, *tout au moins* pour les types Sénégambiens (3), le plus ou moins d'exactitude des renseignements qu'il fournit; nous aurons ensuite à voir quelle peut être la valeur caractéristique de ces plumes, et ce que sont les hypothèses formulées par M. Gerbe.

Il importe, avant tout, de définir la plume double. « Elle consiste, a dit M. Gerbe (*loc. cit.*), dans la présence de deux tiges sur un même tube »; ce n'est en réalité qu'une plume ordinaire, portant, à sa base et dans une position déterminée, une seconde plume à peu près constituée comme elle.

Nitzsch a donné à cette seconde plume le nom de *Afterschaft* ou *Hyporrhachis;* nous l'appellerons simplement *plume adventice*. Le même auteur prend comme plumes typiques les plumes du corps de l'*Argus giganteus;* on admet plus généralement comme telles celles du *Casoar*.

---

(1) On the *Coraciidæ* of the Ethiop. region, *Ibis*, 1871, p. 184.

(2) On the dermal..... structure of the *Kagusun-Bittern*, and *Boatbill*, *Trans. Z. S. of Lond.*, vol. VII, p. 465 et seq., 1872.

(3) Nous choisirons naturellement de préférence les espèces Sénégambiennes, pour appuyer nos discussions; nous devrons cependant avoir parfois recours à des types complètement étrangers à la région. Toutes les plumes figurées et décrites par nous ont été prises uniquement sur des sujets faisant partie de nos collections personnelles, collections qui, sous peu, seront déposées dans un de nos Musées Nationaux.

« L'Hyporrhachis (ici nous traduisons Nitzsch) naît à la face inférieure de la plume, dans une petite cavité ombilicale et presque exactement à la place même où cet ombilic pénètre dans la hampe. Cette plume ressemble à la principale et porte également des barbules sur deux rangs opposés. Elle a l'aspect d'une double plume ».

On verra plus loin que cette définition est loin d'être conforme à ce qui existe pour la majorité des cas.

« C'est chez les Casoars, continue Nitzsch, qu'elle est la plus grande, car elle atteint l'extrémité de la hampe principale; chez les autres Oiseaux elle est courte et porte des barbules minces, telle est la plume dorsale de l'*Argus giganteus*, que j'ai figurée sur la Planche I, figure 1.

» J'ai trouvé une semblable plume accessoire chez les *Cypselus*; elle se montre plus petite chez les Oiseaux de proie diurnes, excepté dans le genre *Pandion*, puis chez les *Caprimulgus*, *Prodotes* (*Indicator* des auteurs), les *Musophaga*, les *Psittacus*, le plus grand nombre des Oiseaux des marais et chez les Oiseaux nageurs, tels que les *Longipennes*, les *Nasuta*, les *Tubinares*, les *Pygopodes*; toutefois elle est une exception chez les *Diomedea*.

» J'en ai rencontré une plus petite, flasque, très faible chez la plupart des *Passereaux* et dans le genre *Picus*, bien qu'elle paraisse manquer chez quelques-uns.

» Il existe beaucoup d'Oiseaux chez lesquels cette plume manque et est remplacée par de simples barbules isolées; parmi ceux-ci, on compte le genre *Pandion*, les Oiseaux de proie nocturnes, les *Cuculus*, *Centropus*, *Coracias*, *Merops*, *Upupa*, *Alcedo*, *Rhamphastos*, *Columba*, *Pterocles*, puis les Oiseaux nageurs de la famille des *Unguirostres* et les *Steganopodes* ».

Ces données générales sont complétées par des renseignements plus détaillés, que nous aurons à examiner successivement.

Une étude attentive des plumes du corps des Oiseaux permet d'établir, d'une manière irréfutable, plusieurs faits négligés jusqu'ici. La plume adventice manque exceptionnellement dans tels ou tels groupes; souvent elle fait défaut chez une espèce, quand, au contraire, elle existe chez une espèce voisine du même genre.

Variable dans ses formes, ses dimensions, sa composition, elle n'est pas toujours unique; très souvent on en rencontre deux ou un plus grand nombre, distinctes, indépendantes les unes des autres, quoique en connexion par leur insertion sur la tige de la plume principale. Ce mode d'insertion n'est pas non plus invariablement fixe; on voit ces plumes adhérer tantôt directement à la face inférieure de la tige principale, tantôt en côté, soit au niveau de la cavité ombilicale citée par Nitzsch, soit en dessus ou en dessous, être sessiles ou pédicellées, disposées en couronne, etc., enfin dans aucun *cas* et *sous aucun rapport, elles* ne ressemblent à la plume principale.

Accipitrini. — « Le caractère le plus important de l'ordre des Rapaces diurnes, dit Nitzsch (*loc. cit.*, p. 60), repose sur la présence d'une plume axillaire aux plumes de la surface du corps, mais cette plume manque dans les genres *Cathartes* et *Pandion* (1) ».

La plume adventice existe, il est vrai, chez tous les accipitres diurnes, mais elle diffère considérablement dans les différents types. Dans le genre *Gyps* (Pl. I, fig. 1), on en observe quatre parfaitement distinctes, situées de chaque côté de la base de la plume principale et disposées deux par deux; les plumes de la collerette se comportent d'une manière semblable et Nitzsch l'a mal observée, quand il la donne comme étant généralement solide et roide; elle est au contraire toujours touffue et molle (Pl. II, fig. 2).

Dans le genre *Cathartes*, auquel Nitzsch refuse la plume adventice, il en existe une très grande, égalant en hauteur la moitié environ de la plume principale, insérée tout à fait en dessous de l'ombilic et excessivement duveteuse.

Dans un grand nombre de *Falconidæ*, dans le *Poliohierax semitorquatus*, par exemple (Pl. I, fig. 3), on en rencontre quatre de chaque côté, minces, effilées, indépendantes les unes des autres et disposées en couronne par leur base.

Le genre *Circaetus* se distingue entre tous, par une disposition toute particulière; indépendamment d'une longue plume adventice très molle et très déliée, placée à droite de la tige, on voit, à gauche et lui étant directement opposés, de trois à cinq longs poils flexibles, ornementés à leur sommet par des barbules courtes

---

(1) Dans l'exposé des caractères ptérylographiques des espèces, nous suivons la classification adoptée dans cet ouvrage, nous écartant ainsi de celle de Nitzsch, que nous ne pouvons accepter.

et rigides; cette disposition est unique dans l'ordre tout entier (Pl. II, fig. 1).

La plume adventice fait défaut aux soies du bec et de la barbe des *Gypaetus*, malgré l'opinion contraire de Nitzsch; ces soies, composées en général de trois tiges principales accompagnées chacune de barbules déliées, sont entourées, à leur base, de barbules semblables, sans aucune analogie avec la plume adventice (Pl. I, fig. 2); elles ressemblent aux soies du bec des Rapaces nocturnes, lesquelles toutefois sont plus roides et à une seule tige (Pl. I, fig. 5, 7).

Pandioni. — Contrairement encore à l'assertion de Nitzsch, on constate, chez le genre *Pandion*, la présence non pas d'une, mais de quatre plumes adventices, petites il est vrai, mais tout à fait distinctes et insérées deux par deux de chaque côté (Pl. I, fig. 4).

Strigi. — « Le manque absolu de plumes adventices, est un caractère fondamental des Rapaces nocturnes », dit Nitzsch (*loc. cit.*, p. 95). Tous les types n'en possèdent pas, mais, chez un assez grand nombre, cette plume atteint presque des dimensions pour ainsi dire colossales. La plume du *Bubo maculosus*, que nous figurons (Pl. I, fig. 6), en fournit un exemple remarquable; un énorme paquet de plumules légères, distinctes, entoure la base de la plume principale comme d'une couronne; les genres *Noctua* et *Glaucidium* sont dans le même cas. Ces plumules ne peuvent, dans aucun cas, être confondues avec le véritable duvet dont certaines plumes sont accompagnées; dans ce dernier cas, l'insertion, la forme des plumules duveteuses ne se différencient des barbules de la tige tout entière que par plus de finesse et de légèreté.

Psittaci. — Pour Nitzsch, « une plume adventice large et distincte est probablement moins fréquente chez les *Perroquets* que chez les autres Oiseaux » (*loc. cit.*, p. 139). Il avait dit précédemment (*loc. cit.*, p. 121) : « chez tous les *Perroquets*, elle atteint une taille vraiment considérable, mais qui ne dépasse pas celle des *Gallinacés* ».

Nous avons examiné la plume adventice dans presque tous les genres de cet ordre et nous avons constaté des différences très grandes et nullement en rapport avec les deux opinions si contraires de Nitzsch; nous citerons seulement les exemples les plus concluants.

Dans les genres *Porocephalus* (Pl. I, fig. 8), *Psittacus*, *Palæornis*, la plume adventice se montre sous un aspect qui rappelle les dispositions particulières aux Rapaces nocturnes; seulement cette plume, au lieu d'être duveteuse et molle, devient relativement rigide; les tigelles droites, peu flexibles, portent des barbules courtes et de consistance assez résistante.

Unique dans le genre *Caica*, elle s'insère au-dessus de l'ombilic, et atteint une longueur égale aux deux tiers de la plume principale; ses barbules extrêmement divisées sont molles et flexibles.

Une tigelle nue, longue et mince, supporte la plume adventice des *Sittace;* ses barbules acquièrent une grande finesse; tout au contraire, dans le genre *Domicella*, elle est courte, touffue et sessile.

Également touffue et sessile chez les *Microglossus*, elle prend son point d'appui au-dessous de l'ombilic; la même disposition existe chez les *Plissolophus;* enfin, énorme chez les *Stringops*, où elle dépasse en longueur la moitié de la plume principale, on la voit adhérer sur l'ombilic même. Elle est remarquable par la souplesse et la finesse de ses barbules.

Picari. — Une plume adventice existe chez la majeure partie des groupes de cet ordre; comme toujours, elle varie non seulement dans les familles et les genres, mais aussi suivant les espèces, et elle n'est nullement comparable à celle des *Passereaux*.

Parmi les *Picidæ*, malgré l'affirmation contraire de Nitzsch (*loc. cit.*, p. 136), qui la donne comme faible, nous l'avons toujours vue fortement développée, double, c'est-à-dire que la tige principale supporte de chaque côté de l'ombilic une plume adventice à barbules longues et passablement rigides (Pl. I, fig. 9).

Aux *Cuculidæ*, répond une plume adventice courte et excessivement touffue (Pl. I, fig. 10).

Chez les *Capitonidæ* (Pl. I, fig. 11), elle acquiert au contraire des dimensions exceptionnelles, et dépasse souvent en hauteur la plume principale.

Encore plus volumineuse chez les *Trogonidæ* (Pl. I, fig. 12), elle égale par ses dimensions la plume principale, étant en quelque sorte calquée sur elle, avec la seule différence que ses barbules sont molles au lieu d'être rigides.

Absente chez les *Bucorvidæ*, on la retrouve chez les *Bucerotidæ*, où, dans le genre *Tockus* (Pl. II, fig. 3), elle est molle, courte et touffue; chez les *Musophagidæ*, elle revient à des dimensions ordinaires et se montre touffue et duveteuse (Pl. I, fig. 13).

Enfin dans les *Meropidæ*, la plume principale, à barbules d'une grande mollesse relative, porte une plume adventice courte, à barbules déliées (Pl. I, fig. 14).

Epopsini. — Des deux familles comprises dans cet ordre, une seule possède une plume adventice, celle des *Irrisoridæ* (Pl. I, fig. 15); insérée au niveau de l'ombilic, elle se distingue par sa petitesse excessive et sa rigidité; elle égale à peine le cinquième de la plume principale.

Ocyptilini. — « Une large plume adventice des plumes de la surface du corps, dit Nitzsch (*loc. cit.*, p. 122), constitue le caractère du groupe des *Cypselus*; les *Caprimulgidæ*, voisins ptérylographiquement des *Cypselus*, portent au contraire une très petite plume adventice (*loc. cit.*, p. 124) ».

Malgré nos recherches les plus minutieuses, aucune espèce des genres *Cypselus*, *Chætura*, etc., ne nous a fourni de plume adventice et nous affirmons que toutes indistinctement en sont dépourvues.

Pour nous encore, la « très petite plume » des *Caprimulgidæ* est grande et robuste (Pl. I, fig. 16), égalant plus de la moitié de la plume principale, et à barbules rigides.

Passeri. — A peu d'exceptions près, tous les Oiseaux rangés dans l'ordre des *Passereaux* possèdent une plume axillaire. Toujours très mince, allongée, d'une flexibilité remarquable, elle varie peu, et se différencie chez les divers groupes par plus ou moins de longueur et de gracilité; sur nos planches I (fig. 17 à 26) et II (fig. 4 à 12), nous avons fait représenter les types les plus remarquables.

Columbi. — Toutes les espèces de cet ordre manquent invariablement de plume adventice.

Gallini. — « Les plumes de la surface du corps des *Gallinacés*, écrit Nitzsch (*loc. cit.*, p. 120), portent une longue plume adventice, entièrement duveteuse, attachée à l'extrémité d'un tuyau excessivement fin et délicat en comparaison de la très grosse tige de la plume principale ».

Rien n'est plus faux; la plume adventice des *Gallinacés* ne diffère en aucune façon de celle des autres ordres précédemment examinés; comme chez eux, elle varie suivant les groupes; comme chez eux, souvent une ou plusieurs espèces d'un genre en possèdent, quand d'autres espèces du même genre en sont constamment dépourvues; le genre *Gallus* est un de ceux où ce phénomène est peut-être le plus accentué.

La plume adventice des *Gallinacés* peut être ramenée à trois types fondamentaux. Le premier type est fourni par le genre *Numida*, où l'on trouve cinq plumes adventices distinctes, d'inégale longueur, sessiles sur la tige principale et à insertion commune; leurs barbules sont assez fortes, courtes et médiocrement rigides (Pl. III, fig. 1).

Le second type appartient aux *Perdicidæ*, dont la plume axillaire, unique, longuement triangulaire, insérée au-dessous de l'ombilic, ne diffère de la plume principale que par un plus faible développement, lui étant identique à tous les autres points de vue (Pl. III, fig. 3).

Un aspect duveteux, des barbules minces et légères, supportées par des tigelles également légères et insérées autour de l'ombilic, constituent le troisième type dont le genre *Phasidus* nous montre un exemple (Pl. III, fig. 2).

Grallatori. — Ce que nous venons de dire des *Gallinacés* s'applique aux *Echassiers;* chez eux, toutefois, quand la plume adventice existe, ce qui n'est pas une loi fondamentale, comme semble le croire Nitzsch (*loc. cit.*, p. 172), on la trouve variable de formes et de dimensions, et pas plus que pour les autres ordres elle n'offre de caractère fixe et tranché.

La famille des *Otididæ* (Pl. III, fig. 4) se distingue par une plume adventice longue et ferme, insérée en dessous de l'ombilic, à barbules droites et courtes.

La plume adventice des *Cursoriidæ* (Pl. II, fig. 13) ressemble considérablement à celle des *Perdicidæ;* ses barbules seules sont plus molles. Souvent égale à la plume principale chez les *Charadriidæ* (Pl. II, fig. 8), elle ne se différencie pas de celle des *Cursorius.*

En général, chez les *Gruidæ*, elle est assez largement développée, à barbules molles et déliées; elle s'insère au-dessus de l'ombilic par un pédoncule long et nu (Pl. III, fig. 7).

Très longue, touffue, molle, chez les *Ardeidæ* (Pl. III, fig. 10), elle entoure ordinairement la tige principale au niveau de l'ombilic, et présente l'aspect d'un large pinceau; cette disposition est semblable chez les *Ibididæ* (Pl. III, fig. 6); tandis que chez les *Scopidæ* (Pl. III, fig. 11) et les *Tantalidæ* (Pl. III, fig. 5), elle est légère, duveteuse, touffue et insérée un peu en dessous de l'ombilic.

La plume axillaire des autres familles n'offre pas de caractères spéciaux, nous figurons comme exemple un type pris parmi les *Parridæ* (Pl. III, fig. 9).

On doit observer que chez les *Palamedea* la plume adventice n'est pas petite et délicate, comme le prétend Nitzsch (*loc. cit.*, p. 179), mais au contraire longue et touffue, et semblable à celle des *Tantalidæ*.

Odontoglossi. — La plume adventice des *Phœnicopterus* peut être envisagée comme un assemblage de plumules indépendantes les unes des autres, à insertions alternes, échelonnées sur le tiers environ de la longueur de la plume principale; ces plumules très déliées retombent en tous sens comme un panache léger et duveteux (Pl. III, fig. 12).

Anserini. — C'est comme exception que Nitzsch (*loc. cit.*, p. 12) accorde aux « *Anas clangula* et *fuligula* une *petite plumule adventice très faible* »; il la refuse à tous les autres représentants de l'ordre. Elle manque, il est vrai, chez un grand nombre; nous l'avons cependant assez souvent observée; dans les *Dendrocygna*, entre autres (Pl. II, fig. 14), elle est très développée, semblable à celle des *Phœnicopterus*, moins la longueur des tigelles; chez les *Nettapus* (Pl. III, fig. 13), elle est effilée, légère, et tout aussi forte que dans la majeure partie des groupes jusqu'ici examinés.

Gaviæ. — On constate les mêmes dispositions chez les *Laridæ*, où la plume adventice est forte et touffue; celle des *Sternidæ* est faiblement développée, quoique très apparente.

Tubinarii. — Rare dans cet ordre, la plume adventice s'observe toutefois dans le genre *Diomedea*, où elle est grande, touffue et duveteuse.

Steganopodi. — Également rare chez les *Steganopodes*, on la trouve chez certains *Plotus*, effilée, légère et à barbules très courtes.

Pigopodi. — Enfin ici encore, on en observe une, courte et faiblement touffue.

Des trois questions posées au début de l'examen auquel nous venons de soumettre la plume adventice, dans les divers ordres Ornithologiques, deux sont, croyons-nous, suffisamment résolues.

Cet examen démontre, en effet, que les renseignements fournis par Nitzsch sont la plupart du temps inexacts, et que par conséquent la présence ou l'absence de la plume adventice, sa forme et sa disposition, dans tels ou tels groupes, ne peuvent, à aucun point de vue, servir à caractériser ces groupes.

L'absence prétendue de cet organe supplémentaire chez les *Rapaces nocturnes* entre autres, où nous l'avons montré; son large développement chez les *Cypselidæ* où jamais on ne l'observe; sa présence chez une espèce d'un genre donné, quand, tout à côté, une autre espèce du même genre en est toujours privée, sont autant d'arguments qu'on peut opposer à certaines lois ptérylographiques, données comme absolues par Nitzsch.

D'un autre côté, le rôle biologique que M. Gerbe fait jouer aux plumes adventices, repose sur une supposition purement gratuite et qui tombe devant les faits.

« Plus l'Oiseau vit dans les climats froids, a-t-il dit, ou ce qui revient au même, plus il habite en haut des airs ou dans le voisinage de l'eau, plus les plumes adventices (*les plumes doubles*) sont nombreuses ».

Pourquoi, dès lors, les Oiseaux des contrées tropicales portent-ils cette plume double? Pourquoi fait-elle défaut chez les *Cypselus*, Oiseaux des hautes régions de l'atmosphère? Pourquoi ses dimensions exagérées chez les *Gallinacés*, une partie des *Gralles*, Oiseaux des plaines sablonneuses et arides? Pourquoi sa petitesse relative ou son absence constante chez la plupart des *Palmipèdes*, Oiseaux des lacs, des fleuves et des rivages maritimes? Pourquoi chez beaucoup est-elle localisée plutôt sur une région du corps que sur une autre? Pourquoi?.... Chercher à résoudre ces énigmes serait vouloir accumuler hypothèses sur hypothèses, nous ne l'essayerons pas!

Nous avons dû appeler l'attention sur un phénomène évident et indiscutable, montrer qu'une observation attentive est seule capable de rectifier des données fausses, faire entrevoir le danger de classifications ou de théories établies sur des caractères sans valeur, signaler en somme des particularités qu'il n'est pas permis d'ignorer et dont il importait de faire mention dans cet ouvrage, rien de plus ! Laissons à de plus audacieux, à de plus savants sans doute, le soin de poser des conclusions idéales ; des faits existent, nous les signalons ; les théories sans preuves tangibles retombent fatalement au pays des chimères, d'où un instant elles avaient été évoquées.

DESCRIPTION ET ÉNUMÉRATION DES ESPÈCES[1]

CARINATI Huxl.

ACCIPITRINI Illig.

Fam. VULTURIDÆ C. Bp

Gen. GYPS Savig.

1. GYPS OCCIDENTALIS C. Bp

Gyps occidentalis C. Bp., Consp. Av., t. I, p. 10, 1850.
Vultur fulvus occidentalis Schleg. u. Suschl., Vog. Eur., p. 12, pl. II.
— — Heugl., Orn. Nordost Afr., t. I, p. 3.
Vautour chasse-fiente Rüpp. (non Levaill.). Neue Wirb. Vog., p. 47.

N'Kougou. — Rare. — Massif de Kita, montagnes du Bandoubé, où on l'observe seulement au commencement de l'hivernage, et par couples isolés.

---

(1) L'ordre, dans lequel nous inscrivons les Oiseaux de la Sénégambie, est établi d'après la classification de Cuvier, modifiée par suite des découvertes postérieures aux travaux de l'immortel Naturaliste, et encore aujourd'hui suivie au Muséum d'Histoire Naturelle de Paris.

Cette classification, grâce à sa simplicité et à l'excellence des caractères sur lesquels elle repose, nous semble de beaucoup préférable à certains systèmes récents, systèmes éminemment scientifiques, nous le savons, mais malgré cela d'une application le plus généralement impossible.

Dans des publications récentes, M. le Dr Sclater, pour lequel les travaux de Cuvier sont sans valeur à l'heure actuelle : « The Cuvierian arrangement and

La distribution géographique de cette espèce serait limitée d'après M. Sharpe (*Geogr. distr. of Accipitres*, Journ. Lin. Soc. of Lond., vol. XIII, p. 7, 1878), à la partie Nord-Est du continent Africain; il l'indique en effet le long des côtes de la Mer Rouge, en Égypte, en Nubie, en Abyssinie, dans le Kordofan; Browne (*Discoveries in Africa*, p. 441, 1849) le donne comme fréquent dans le Darfour « *freq ent in the country of Durfur* ».

Heuglin (*Orn. Nordost Afr.*, vol. I, p. 5) le signale sur les bords du Niger, parages voisins des localités où nous l'indiquons; il se trouve également au Zambèze et au pays des Aschanties.

Le *Gyps occidentalis* C. Bp., bien distinct du *Gyps fulvus* Auct., commence la série des types de Vulturidés, non encore signalés

---

its modifications have been broken down by the criticisms of modern inquirers » (*Ibis*, 1880, p. 340), ému de voir les Ornithologistes continuer, faute de mieux, à suivre le système de Cuvier : « but no other system has arisen to take its place, or, at all events, has secured general adoption » (*Ibis, loc. cit.*), s'est efforcé à son tour de formuler un *Systema Avium*, où les caractéristiques de Nitzsch, tirées de la disposition de l'artère Carotide (*Obs. de Avium arteria Carotidæ Communi*, Halæ, 1829), de Mivart, établies d'après le système musculaire (*P. Z. S. of Lond., passim*), celles de Garrod, Parker, Huxley, d'après la forme de la voûte palatine (*P. Z. S. of Lond., passim*). celles de Sundevall, basées sur la disposition du pied (*Œfr. K. Akad. Stockh.*, 1835, p. 60), etc., etc., sont tour à tour invoquées, pour l'édification de son système.

Les savants Anglais, naturellement, les Naturalistes Italiens, d'autres encore, ont accepté cette classification, sans contrôle.

Il ne nous appartient pas de discuter ici l'œuvre du Dr Sclater, mais avant d'adopter son système, il peut être prudent de remettre au temps le soin de lui donner une consécration semblable à celle dont n'a cessé de jouir la classification de Cuvier.

Un assez grand nombre d'espèces portent un nom indigène, mais souvent le même nom sert à désigner des animaux différents; nous les avons néanmoins scrupuleusement recueillis.

M. le Professeur A. Milne Edwards a bien voulu s'intéresser de nouveau à nos études, en nous communiquant gracieusement les richesses Ornithologiques contenues dans son laboratoire et dans les galeries du Muséum; nous nous faisons un devoir de lui en témoigner notre reconnaissance.

Que notre savant collègue M. Oustalet, Aide-naturaliste, reçoive également nos remerciements, nous devons à son affectueuse obligeance bien des renseignements précieux. Nous félicitons de nouveau M. Terrier, préparateur, pour nos planches remarquables, si habilement faites d'après nature. N'oublions pas M. Quentin, chef des travaux taxidermiques, à la complaisance duquel nous avons souvent fait appel.

en Sénégambie ; ces types vont en quelque sorte répondre au vœu émis par M. le Professeur Barboza du Bocage, dans son *Ornithologie d'Angola* (p. 5), relativement à la dispersion sur tout le continent Africain, des espèces Ornithologiques, dispersion que nous avons affirmée dans les paragraphes précédents.

9. GYPS RÜPPELI C. Bp.

(Pl. IV, fig. 1).

Gyps Rüppeli C. Bp., Rev. et Mag. de Zool., 1851, p. 530.
— *Rüppelii* Sharpe, Cat. Accip. Brit. Mus., 1874, p. 9.
Vultur Kolbii Cretz., in Atl. Rüpp. Vög., p. 47, tab. 32 (non Daud).
— *Rüppellii* Heugl., Orn. Nordost Afr., 1869, p. 5.
Gyps fulvus Rüpp., Syst. Ueber., p. 9, 1845.

N'KOUGOU. — Rare. — Habite les mêmes régions que le *Gyps occidentalis*, avec lequel il se montre en petites troupes, au commencement de l'hivernage. Quelques individus isolés apparaissent parfois dans le Gangaran et sur la limite des forêts de Boukarié.

Le *Gyps Rüppeli*, très abondant sur les bords du Nil Blanc (*Sharpe, loc. cit.*), habite la Nubie, le Kordofan, l'Abyssinie, le Semien, le pays des Gallas, le Shoa, Angola, etc. ; rare dans le Sud de l'Afrique, il a été observé par J. Verreaux, à Port-Natal, et sur les bords de la rivière Orange.

Rüppel, dans son article consacré au *Vultur Kolbii* (*Atl. Nordl. Afr.*, p. 47), a, sans aucun doute, confondu sous ce nom plusieurs espèces.

Chez cet Oiseau, dit-il, l'adulte (*avis adulta*) diffère du jeune : « *Indumento toto lacteo; prolabi colore cacaotico; rectricibus secundariis cinerascentibus; rectrices primariæ et remiges nigræ; colli cute cærulescente* ».

Cette description s'applique au *Gyps Kolbii*, type de Daudin (*Trait. Orn.*, t. II, p. 15, 1800), le Chasse-fiente de Levaillant (non Rüppel), *Ois. Afr.*, t. I, p. 44, pl. X, 1799, dont une figure exacte a été donnée par M. Sharpe (*Cat. Accip. Brit. Mus.*, pl. I, 1874).

Dans une revue critique des espèces du genre Vautour (*Ann.

sc. nat., 1830), Rüppel complète cette diagnose, mais il continue à considérer comme un jeune de son *Vultur Kolbii*, l'exemplaire décrit et figuré par lui en 1826 (*loc. cit.*, *tab.* 32), sous la qualification de jeune de l'année (*avis hornotina*); or cet *avis hornotina* représente précisément le *Gyps Rüppeli* adulte, type de Schlegel, Brehm, Bonaparte, etc., etc.

La diagnose de Rüppel est en effet identique, à part de faibles différences, à celle des précédents auteurs, à celle également de Heuglin et de Sharpe; nos exemplaires Sénégambiens se rapportent en tous points à cet Oiseau.

Le jeune de Rüppel (*avis juvenis*) doit être une troisième espèce, car aucun des caractères qu'il lui assigne ne se rencontre sur les deux premières, quel que soit l'âge auquel on les observe.

Les individus jeunes du *Gyps Rüppeli* se différencient seulement des adultes par les plumes de la collerette, fauves, bordées de roux pâle au lieu d'être d'un blanc jaunâtre « yellowish white » (Sharpe, *loc. cit.*); par les bordures et les taches des plumes d'un blanc pur et non d'un blanc crémeux « creamy white » (Sharpe, *loc. cit.*), et par quelques autres points que nous examinerons plus loin.

Nous établissons de la manière suivante, les caractères de l'exemplaire (jeune passant à la livrée de l'adulte) que nous figurons, exemplaire choisi parmi cinq autres en tout semblables.

G. — SUPRA FUSCO, SUBTUS PALLIDIORI, PLUMIS INTENSE ALBO MARGINATIS; JUGULO NIGRESCENTE RUFO; INTERSCAPULARIBUS PALLIDE FUSCO MARGINATIS; SCAPULARIBUS ET TECTRICIBUS APICE CONSPICUE ALBO MARGINATIS; REMIGIBUS RECTRICIBUSQUE ATRO FUSCIS, NITESCENTIBUS; SUPRACAUDALIBUS PROFUNDE FUSCIS, APICE ALBIS; UROPYGIO ALBO; CORONA AUCHENALI DECOMPOSITA, PLUMIS ANGUSTATIS, FUSCIS, PALLIDE MARGINATIS; LANUGINE CAPITIS ET COLLI ALBIDIS; PARTIBUS NUDIS, GRISEO CÆRULEIS; CEROMATE SUBNIGRO; ROSTRO FULVESCENTE AURANTIACO; IRIDE RUFRO; PEDIBUS PLUMBEIS.

Les dimensions du *Gyps Rüppeli*, notées par les auteurs, diffèrent d'une manière assez notable. Nous croyons utile d'en dresser un tableau comparatif; nos mesures représentent la moyenne de nos cinq exemplaires Sénégambiens; pour chacun, elles ont été réduites en millimètres.

DÉSIGNATION DES MESURES	D'APRÈS RÜPPEL	D'APRÈS HEUGLIN	D'APRÈS SHARPE	EXEMPLAIRES EXAMINÉS
Longueur totale (maxima)	830	[illegible]	1000	1010
— de l'aile	570	541	820	820
— de la queue	•	318	370	314
— du bec (maxima)	60	66	70	80
— du tarse	80	75	103	110
— du doigt médian	90	•	130	125

M. Gurney (*Ibis*, 1860, p. 206) cite les différents modes de coloration, attribués par plusieurs auteurs à l'Iris du *Gyps Rüppeli*.

Pour M. Ayres, dit-il, il serait « very dark colour »; Rüppel le décrit : « white, intermixed with serpentine fibrelike lines of brown »; Brehm l'a vu : « silvery gray »; le Dr Viorthaler enfin le dit : « yellowish brown ». Ces variations, ajoute l'Ornithologiste Anglais, peuvent résulter de l'âge des individus examinés.

L'âge n'est pour rien dans ces couleurs, selon nous, mal interprétées; la véritable couleur de l'Iris chez le jeune *Gyps Rüppeli*, est d'un brun pâle, tandis que chez l'adulte, elle est invariablement d'un rouge groseille.

Il en est de même pour le bec dont la coloration a été faussement indiquée, notamment par Heuglin (*loc. cit.*) et par M. Gurney (*Ibis*, 1875, p. 90), d'après M. Ayres (*Ibis*, 1860, p. 206) et Müller (*Descr. Ois. Afr.*, Stuttgard, 1853). Pour ces Ornithologistes, le bec de l'adulte serait couleur de corne claire; celui du jeune, plus foncé, tournerait parfois au noir « sometimes black ».

D'après nos observations personnelles, le bec chez les jeunes sujets est brun jaunâtre; tandis que chez les adultes, sa couleur est d'un brun rouge tirant sur l'orangé.

M. Sharpe (*loc. cit.*), malgré l'opinion contraire de M. Gurney (*Ibis*, 1875, p. 90), est le seul dont la description serait exacte, s'il se bornait à dire : « bill deep orange », sans ajouter, « inclining to greenish horn-colour on edge of upper and on the whole of lower mandible ».

M. Gurney (*Ibis*, 1860, p. 206) a été également mal renseigné, lorsqu'il indique les parties nues du cou et de la tête « greenish white » chez le mâle, et ces mêmes parties ainsi que le bec et les pieds « black » chez la femelle.

Dans les deux sexes, comme dans les jeunes, la peau du cou et de la tête est d'un gris bleuâtre et les pieds présentent toujours une coloration gris de plomb.

Gen. PSEUDOGYPS Sharpe.

3. PSEUDOGYPS AFRICANUS Sharpe.

Pseudogyps Africanus Sharpe, Cat. Accip. Brit. Mus., 1874, p. 12.
— B. du Boc., Orn. Ang., 1877, p. 1, pl. IX.
— Bouvier, Cat. Ois. Voy. Marche et Compiègne, 1875, p. 5.
Gyps Africanus Salvad., Not. Stor. N. Acad. Torin., 186?, p. 133.
Vultur leuconotus Africanus Heugl., Orn. Nordost Afr., I, p. 6, 1869.
Gyps tenuirostris Antin., Cat. desc. Ucc., p. 5, 1864.

N'Tan. — Assez commun. — Rufisque, Joalles, Hann, M'Bao, Dakar.

Cette espèce vole par couples, et plane à une assez grande hauteur, toujours au voisinage des cases, s'écartant rarement des endroits habités.

Son aire d'habitat paraît assez étendue; M. Sharpe l'indique en Abyssinie, et dans la région du Nil Blanc; elle existe également à Angola.

Gen. OTOGYPS Gray.

4. OTOGYPS AURICULARIS Gray.

Otogyps auricularis Gray, Gen. of. B., I, p. 6, 1844.
— Bouvier, Cat. Ois. Voy. Marche et Compiègne, p. 5.
— Sharpe, Cat. Accip. Brit. Mus., p. 13.
Vultur auricularis Daud., Trait. Orn., II, p. 10, ex. Levaill.
L'Oricou Levaill., Ois. d'Af., I, p. 36, pl. IX.
Vultur Nubicus H. Smith, in Griff. An. Kingd., I, p. 164, 1829.

N'Tan. — Habite les mêmes localités que l'espèce précédente, où il est cependant moins fréquent; très commun à San-Iago, archipel du Cap Vert, où il a été signalé pour la première fois par M. Bouvier.

L'Abyssinie, l'Égypte et le Sud de l'Afrique, paraissent être également la patrie de ce Vautour.

Les exemplaires du Nord-Est, dit M. Sharpe, ont les appendices membraneux du cou moins développés que ceux des autres régions et sont considérés par plusieurs auteurs comme une espèce distincte.

Le degré de développement de ces appendices est variable sur les sujets provenant d'une même localité, ainsi que nous l'avons constaté; par conséquent cette seule caractéristique ne peut être suffisante pour autoriser la séparation des types du Nord-Est, de ceux de l'Ouest Africain.

Gen. LOPHOGYPS C. Bp.

8. LOPHOGYPS OCCIPITALIS C. Bp.

Lophogyps occipitalis C. Bp., Rev. et Mag. de Zool., 1854, p. 531.
— Bouvier, Cat. Ois. Voy. Marche et Compiègne, p. 5.
— Sharpe, Cat. Accip. Brit. Mus., p. 15.
Vultur occipitalis Burch., Trav., II, p. 329 (*Descr. orig.*).

N'Tan. — Se rencontre assez fréquemment sur le littoral, notamment à Dakar, Joalles, Rufisque, M'Bao, Deine, les Almadies. Il est signalé dans le Nord-Est et le Sud de l'Afrique, ainsi qu'à Bissao et à Angola, d'après M. Barboza du Bocage.

Nous rapportons sans hésitation à cette espèce le N'Tan d'Adanson (*Voy. au Sénég.*, 1757, p. 104, et *Cours H. N. Éd. Payer*, 1845, Vol. I, p. 525), nom sous lequel presque tous les Vautours sont désignés au Sénégal, et faussement attribué par le savant voyageur à une espèce unique, qu'il croyait être le Vautour Huppé de Brisson, ou Vautour à Aigrettes de Buffon, c'est-à-dire selon toute probabilité le *Vultur monachus* Lin. et Auctor.

Adanson donne à son N'Tan un plumage d'un brun noir, les ailes cendrées vers leur origine, les parties nues de la tête et du cou rouges; ces caractères ne peuvent s'appliquer qu'au *Lophogyps occipitalis.*

Quant aux nids, « semblables à de grands paniers ovales, de trois pieds au moins de long, ouverts par en bas, et dont les Nègres lui assurèrent que l'habitant était un N'Tan » (*loc. cit.*), nous démontrerons plus loin qu'ils appartiennent à un tout autre oiseau, sur le compte duquel bien des fables sont encore en faveur aujourd'hui, surtout parmi les Ornithologistes Anglais.

La coloration des parties nues du *Lophogyps occipitalis* vivant et adulte, est des plus remarquables; nous la trouvons ainsi indiquée sur nos notes de voyage et figurée sur nos croquis :

Cire bleu cendré clair; paupières supérieures rouge livide; paupières inférieures bleu cendré foncé; peau nue de la face et du cou rouge couleur de chair; bec orange; iris brun; pieds rose vineux.

Fam. NEOPHRONIDÆ Savig.

Gen. NEOPHRON Savig.

6. NEOPHRON PERCNOPTERUS Savig.

Neophron percnopterus Savig., Ois. Egyp., p. 239, 1809.
— Sharpe, Cat. Accip. Brit. Mus., p. 17.
— B. du Boc., Orn. Angol., p. 4.
Vultur percnopterus Lin., Syst. Nat., I, p. 123, 1766.
Le Vautour brun Briss., Orn., I, p. 455, 1760 et Buff., H. N. Ois., I, p. 107.

Gikal. — Assez commun. — Dakar, Joalles, Rufisque; très commun à l'archipel du Cap Vert, notamment à Saint-Nicolas et sur le plateau de Porto-Praya; Darwin l'a observé à Santiago.

Nous trouvons entre les jeunes que nous avons étudiés et ceux décrits par plusieurs Ornithologistes, MM. Sharpe et Barboza du Bocage entre autres (*loc. cit.*), des différences assez grandes pour être signalées.

Chez tous nos jeunes, le dos est couleur isabelle, et chaque plume de cette région porte à la pointe une bande circulaire d'un blanc jaunâtre; la base du cou, la poitrine, le ventre et les cuisses sont d'un brun noir à reflets brillants; les grandes couvertures des ailes, les couvertures de la queue, sont d'un gris roussâtre légèrement métallique; la pointe des rectrices est d'un noir foncé; les parties nues de la tête et le bec sont d'un jaune verdâtre pâle; l'iris est brun clair; les pieds d'un rose sale.

7. NEOPHRON PILEATUS Gray.

Neophron pileatus Gray, Gen. of. B., I, p. 3, 1844.
— Sharpe, Cat. Accip. Brit. Mus., p. 18.
— Bouvier, Cat. Ois. Voy. Marche et Compiègne, p. 5.
Vultur pileatus Burch., Trav. II, p. 195, 1824.

Djakalba. — Assez commun en Gambie et en Casamence, bords de la Melacorée, Sedhiou, Bathurst.

Le *Neophron pileatus* est donné par M. Sharpe (*loc. cit.*) comme spécial au Sud de l'Afrique; M. Bouvier l'indique à Sierra-Leone, et le mentionne (*loc. cit.*) comme ayant été recueilli à Rufisque; c'est par erreur que cette dernière localité est attribuée au *Neophron pileatus*, tout à fait étranger à cette partie du continent, où le *Neophron percnopterus* existe seul.

8. NEOPHRON MONACHUS Jard.

Neophron monachus Jard. et Selby, Illustr. of Orn., I, pl. XXXIII.
— Sharpe, Cat. Accip. Brit. Mus., p. 19.
Neophron pileatus Hartl., Orn. W. Afr., pp. 1 et 269.
— Heugl., Orn. Nordost Afr., I, p. 15.

Indiogoni. — Rare. — Boukarié, Maina, bords du Bakoy et du Bafing, parages de Bakel.

Malgré sa grande analogie avec l'espèce précédente, le *Neophron monachus* s'en distingue par plusieurs caractères suffisamment tranchés; son aire d'habitat est complètement différente, car il paraît se localiser de préférence dans la région Est et sur les bords du Niger (Sharpe, *loc. cit.*).

L'existence en Sénégambie des trois *Neophron* Africains nous est clairement démontrée, et leur répartition est réglée de la façon la plus tranchée.

Ainsi : le *Neophron percnopterus*, cantonné dans la région Ouest du littoral, ne descend que très exceptionnellement dans le Sud; le *Neophron pileatus* au contraire, propre au Sud, ne dépasse pas les contrées arrosées par la Casamence et la Gambie; tandis que le *Neophron monachus* habite toute la partie Est, sans visiter les deux autres et sans se mélanger, même momentanément, avec ses congénères.

Fam. GYPAETIDÆ C. Bp.

Gen. GYPAETUS Storr.

9. GYPAETUS OSSIFRAGUS Sharpe.

Gypaetus ossifragus Sharpe, Cat. Accip. Brit. Mus., p. 230.
Phene ossifraga Savig., Ois. Egypt., p. 245, 1809.
Gypaetus meridionalis Keys et Blas., Wirb. Eur., p. 28, 1840.
— *barbatus meridionalis* Schl., Mus. P. B., *Vultures*, p. 10.
— Heugl., Orn. Nordost Afr., I, p. 17.

Itkäjh. — Peu commun. — Tomboconi, Makana, Kouguel, Taalari.

Indiqué comme spécial au Nord-Est et au Sud de l'Afrique, à l'Abyssinie et à l'Égypte, le *Gypaetus ossifragus* se montre dans la région Est de la Sénégambie, où on l'observe plus généralement à la fin de l'hivernage, par individus isolés, et toujours sur les points les plus élevés et les plus solitaires.

Voisin du *Gypaetus barbatus* Storr., il s'en distingue par une taille plus petite, par la région parotidienne entièrement blanche et par la portion inférieure des tarses entièrement nue.

M. Sharpe (*loc. cit.*) indique cette espèce comme existant à Angola, d'après M. Harris?

Fam. GYPOGERANIDÆ C. Bp.

Gen. SERPENTARIUS Cuv.

10. SERPENTARIUS SECRETARIUS Daud.

(Pl. IV, fig. 1).

Serpentarius secretarius Daud., Trait. Orn., II, p. 20, pl. XI.
— Sharpe, Cat. Accip. Brit. Mus., p. 45.
Falco Serpentarius Miller, Various subj. H. N., pl. XVIII, A. B.
Secretarius reptilivorus Daud., Trait. Orn., II, p. 20, pl. XI.
Gypogeranus serpentarius Illig., Prod., p. 234, 1811; et B. du Boc., Orn. Ang., p. 6, 1877, t. I.
Le Secrétaire Sonn., Voy. N. Guin., pl. L, 1776.
Le Messager du Cap Buff., Pl. Enl., VIII., pl. 721.
Le Mangeur de Serpents Levaill., Ois. Afr., I, pl. 25.
Gypogeranus Capensis Ogilby, P. Z. S. of Lond., 1835, p. 104.
— *Philippensis* Ogilby, P. Z. S. of Lond., 1835, p. 105.
— *Gambiensis* Ogilby, P. Z. S. of Lond., 1835, p. 105.

Ojïankhelkajh.—Fréquemment observé dans toute la région Sud de la Sénégambie. — Gambie, Casamence, Mélacorée, plaines du Cagnout, Kaguiac-Cay, Maloumb; plus rare dans l'Ouest : Gahé, M'Bilor; nous en avons tué un exemplaire à l'Ile de Safal et un second dans le Bahol; sédentaire dans toutes ces localités, il apparaît exceptionnellement dans le Nord-Est, où quelques individus nous ont été signalés à la fin de l'hivernage, dans les plaines de Taalari et de Banionkadougou.

Ogilby (*loc. cit.*) avait établi trois espèces dans le genre Serpentaire, d'après des caractères tirés de la disposition des plumes de la huppe occipitale.

Chez son *Gypogeranus Gambiensis,* « les plumes de la huppe sont implantées de chaque côté des pariétaux et de la partie postérieure du cou, de manière que, s'écartant à droite et à gauche, à la volonté de l'animal, elles forment une sorte d'éventail renversé, encadrant cette région du cou de plus de la moitié de sa longueur.

» Chez les individus du Cap et du Sud de l'Afrique, ces plumes ne composent pas de huppe, mais une sorte de crinière simple, un prolongement de la nuque. Les plumes sont superposées l'une à l'autre d'une façon graduée et seulement dans la partie médiane et postérieure du cou ».

Florent Prévost et O. des Murs (*Voy. Lefebvre Abyss.*, t. VI, p. 72), tout en penchant vers la distinction des espèces d'Ogilby, font observer avec raison, que la caractéristique invoquée par le Naturaliste Anglais, n'est pas constante; il n'y a donc pas lieu de séparer nos types du Sud et de l'Ouest de la Sénégambie.

Chez l'adulte du *Serpentarius secretarius*, l'iris est gris de perle brillant, et non légèrement brun comme l'indique M. Gurney (*Ibis*, 1859, p. 237), ou jaune rougeâtre suivant M. Barboza du Bocage, d'après M. d'Anchieta (*Orn. Ang.*, p. 6); la cire, la peau nue autour des yeux, sont d'un bel orangé brillant; le bec est blanc bleuâtre, à pointe couleur de corne claire; les pieds sont rosés.

Les très jeunes sujets, dont nous figurons un individu, présentent une teinte générale d'un gris roussâtre mélangé de brun et de jaune pâle; le dessus de la tête est d'un gris bleu; la région parotidienne, de même couleur, est lamée de blanc; la gorge, les côtés du cou, sont d'un blanc jaunâtre pâle, lamé de roux; la poitrine et l'abdomen gris brun; les scapulaires, le crissum, les cuisses sont d'un gris roux, à macules nuageuses brunâtres; le croupion est d'un blanc pur; les tectrices, d'un gris bleuâtre, ont leur pointe rousse; les rémiges sont noires; une large tache de même couleur se montre au pli du tibia; la huppe occipitale est formée de plumes courtes, noires, à base d'un gris bleuâtre; la cire, l'espace nu autour des yeux, les côtés de la bouche sont orangé pâle; le bec est brun de corne plus foncé à la pointe; l'iris brun clair; les pieds d'un jaune sale.

Le Serpentaire ne fait pas sa nourriture exclusive des Reptiles, du moins dans les régions où nous l'avons observé; il est loin de dédaigner la chair des animaux morts, et faute de mieux, il s'empare des Insectes.

Pendant le repos, il replie à angle droit ses longs tarses, qui lui servent ainsi de point d'appui, tel qu'il est figuré sur notre planche, habitude qu'il partage du reste avec tous les grands Echassiers; souvent après avoir pris cette attitude, il se couche à plat sur le sol le cou tendu, les pennes de la queue droites et écartées, et les ailes largement ouvertes horizontalement, offrant ainsi l'aspect de ce que l'on est convenu de nommer une figure de Saint-Esprit.

Il construit au milieu des buissons, rarement sur les grands arbres, un nid composé de petites branches, lâchement reliées entre elles par quelques herbes sèches, dans lequel il pond de *deux à trois* œufs fortement pyriformes d'un blanc roussâtre sale.

Leur grand axe mesure 0,080 millimètres.

Leur plus grand diamètre égale 0,060 millimètres.

Nous figurons un de ces œufs exécuté d'après nature, sur notre planche XXVIII, fig. I.

Fam. POLYBORIDÆ C. Bp.

Gen. POLYBOROIDES A. Smith.

11. POLYBOROIDES TYPICUS A. Smith.

Polyboroides typicus A. Smith., S. Afr. Quart. Journ., I, p. 107.
— Sharpe, Cat. Accip. Brit. Mus., p. 48.
Serpentarius typicus Guer. et Lafr., in Ferr. et Gal. Voy. Abyss., III, p. 181, 1847.
Polyboroides radiatus Strickl., Orn. Syn., p. 143.
Gymnogenys Malzacci J. et E. Verr., Rev. et Mag. de Zool., 1855, p. 349, pl. XIII.
Polyboroides radiatus var. *melanostictus* A. M. Edw. et Grand., H. N. Madag., vol. XII, p. 53.

Gnent. — Assez commun. — Thiése, M'Bao, Joalles, Hann, Gambie, Sedhiou, Bakel, Bafoulabé, Bandoubé.

Cette espèce est répandue sur tout le continent Africain.

Le *Polyboroides typicus*, bien distinct du type de Madagascar, en diffère, comme le fait observer M. le Professeur A. Milne Edwards (*loc. cit.*), par une taille plus grande, par sa coloration générale un peu plus foncée et par les raies abdominales noires et plus larges.

M. Gurney (*Ibis*, 1859, p. 221) remarque que M. Sharpe, dans sa description du *Polyboroides typicus* (*loc. cit.*), ne fait pas mention de l'étroitesse des bandes transverses des parties inférieures et spécialement des tibias, qu'il a observées chez quelques femelles probablement très vieilles.

L'étroitesse des bandes abdominales, donnée par M. le Professeur A. Milne Edwards, comme caractéristique du type de Madagascar, et que M. Sharpe a soin d'indiquer également, dans sa diagnose du *Polyboroides radiatus*, démontre que M. Gurney a confondu les deux espèces, dans ses critiques du catalogue de M. Sharpe.

Le plumage des jeunes *Polyboroides typicus*, d'âge à peu près égal, varie considérablement.

Chez l'un de nos sujets observés, la tête et le cou présentent une teinte brun foncé; la poitrine et l'abdomen, d'un brun plus clair, sont flammés de fauve; les plumes de la queue, noires, maculées de brun, portent une seule bande transversale large et blanche.

Chez l'autre, la tête, le cou, la poitrine et le ventre, d'un fauve isabelle clair, sont tachetés de brun; le dos est brun foncé; les ailes de même couleur portent des bandes onduleuses plus pâles; la queue est fauve clair, avec quatre bandes blanches et étroites en dessous.

Fam. CIRCINIDÆ C. Bp.

Gen. CIRCUS Lacep.

18. CIRCUS MAURUS Less.

Circus maurus Less., Trait. Orn., p. 87.
— Sharpe, Cat. Accip. Brit. Mus., p. 60.
Falco maurus Temm., Pl. Col., I, pl. 461.
Strigiceps maurus Kaup., Mus. Senck., III, p. 258.

Liquinba. — Assez fréquent dans la partie Sud de la Sénégambie: Melacorée, Gambie, Casamence, Sedhiou, Bathurst; remonte vers l'Ouest où il est plus rare. M. Bouvier (*Cat. Ois. Voy. Marche et Compiègne*, p. 6) le cite comme ayant été tué à Rufisque.

13. CIRCUS MACRURUS Sharpe

Circus macrurus Sharpe, Cat. Accip. Brit. Mus., p. 67.
Falco macrurus Gm., S. N., I, p. 269, 1788.
Circus Swainsonii A. Smith, S. Afr. Quart. Journ., I, p. 384.
— Hartl., Orn. W. Afr., p. 16.
Circus pallidus Sykes, P. Z. S. of Lond., 1832, p. 80.
Circus Dalmaticus Rüpp., Mus. Senck., II, p. 177, pl. II.
Circus æquipar Pucher., Rev. et Mag. de Zool., 1850, p. 14.

Liquinba. — Commun. — Gambie, Casamence, Dakar, Joalles, Deine, Thiess.

M. Sharpe (*loc. cit.*) commet deux erreurs relatives à l'habitat de cette espèce; quand il dit : « is winter in Africa, except the forest-region of the west coast ».

Le *Circus macrurus* est sédentaire dans les localités où nous l'avons rencontré, de plus il se tient dans toute la région boisée de la côte Ouest, depuis Joalles jusqu'à la Casamence. Notre affirmation se trouve suffisamment confirmée par les indications puisées dans les ouvrages de Hartlaub (*Orn. W. Afr., loc. cit.*) et Heuglin (*Orn. Nordost Afr.*, I, p. 106), où indépendamment du Nord-Est et du Sud de l'Afrique, le Sénégal et la Casamence sont indiqués comme régions habitées par cette espèce.

14. CIRCUS RANIVORUS Cuv.

Circus ranivorus Cuv., R. An., I, p. 358, 1829.
— Sharpe, Cat. Accip. Brit. Mus., p. 71.
Falco ranivorus Daud., Trait. Orn., II, p. 170.
Circus Levaillantii A. Smith., S. Afr. Quart. Journ., I, p. 387, 1830.
Le Grenouillard Levaill., Ois. Afr., I, pl. 23.

Liquinba. — Très rare. — Marigots de la Casamence et de la Melacorée.

Cette espèce, recueillie à Angola, est indiquée comme plus spéciale à l'Afrique Sud où elle serait sédentaire (Barboza du Bocage, *Orn. Ang.*, p. 12); elle ne séjourne pas dans la partie Sénégambienne où nous l'indiquons, et où ses apparitions pendant l'hivernage ne sont pas régulières.

Fam. ACCIPITRIDÆ Swain.

Gen. MELIERAX Gray.

15 MELIERAX POLYZONUS Rüpp.

Melierax polyzonus Rüpp., Syst. Uebor., p. 12.
— Sharpe, Cat. Accip. Brit. Mus., p. 88.
— Bouv., Cat. Ois. Voy. Marche et Compiègne, p. 6.
Falco polyzonus Rüpp., Neue Wirb. Vög., p. 38, pl. XV.
Melierax musicus Horsf. et Moore, Cat. B. Mus. E. I. Co., I, p. 40.
— Hartl., Orn. W. Afr., p. 12.

Liquin. — Assez commun. — Daranka où il est signalé par M. Bouvier (*loc. cit.*), Sedhiou, Diatacunda; plus rare dans l'Ouest, marigots de M'Bao. Nous en possédons un specimen tué près de l'étang de Kouguel.

Cette espèce a été signalée sur tout le continent : en Abyssinie, dans le Kordofan, à Angola, etc.

16. MELIERAX GABAR Hartl.

Melierax gabar Hartl., Abhandl. Geb. Nat., Hamb., 1852, p. 15.
— Sharpe, Cat. Accip. Brit. Mus., p. 89.
Falco gabar Daud., Trait. Orn., II, p. 87.
Sparvius gabar Vieill., N. Dict. H. N., X., p. 323, 1817.
Nisus gabar Cuv., R. An., I, p. 321.
Micronisus gabar Gray, List. Gen. B., p. 5, 1840.
— Hartl., Orn. W. Afr., p. 13.

Ouolof. — Liquin. — Commun. — Dakar, Joalles, Rufisque, Saint-Louis, Sorres, Dakel, Médine, Kita, Sedhiou, Bathurst.

Indépendamment de la région Sénégambienne, le *Melierax gabar* habite la Nubie, le Sennaar, le Damara, le Kordofan, le Zambèze, le pays des Grands Namaquas et l'intérieur, vers la région des Lacs.

M. Sharpe (*loc. cit.*) lui donne pour habitat : « Africa generally, except the West coast, from Sierra-Leone to Angola ». M. Barboza du Bocage a démontré, depuis la publication du catalogue de M. Sharpe, que l'existence du *Melierax gabar* était parfaitement constatée à Angola et sur toute la côte depuis Sierra-Leone.

Heuglin (*Ibis*, 1861, p. 74), dans sa liste des oiseaux du Nord de l'Afrique, relate les observations déjà anciennes de Lichtenstein relatives au *Melierax gabar* : « specimina e Nubia et Africa australi, *Nisum* magnitudine superant : mas 14"; fœmina 15" $\frac{1}{2}$ longa ; Senegalensia autem multo minora : mas 10"; fœmina 11" longa; sed vix species diversa ».

De son côté M. Sharpe (*loc. cit.*) établit en note, qu'après une comparaison minutieuse il n'a pu trouver de caractères propres à séparer les types du Nord et du Sud de l'Afrique : « after careful comparison, I am not able to separate the northern and southern specimens of this bird specifically ».

M. Gurney, au contraire (*Ibis*, 1879, p. 289), sépare les deux espèces : « the *smaller* Northern race, *Melierax Niloticus* (*Sundevall Œfver. K. Akad. Stockh.*, 1850, p. 132), dit-il, may, I think, be accepted as specifically distinct ».

La manière de voir de M. Gurney doit incontestablement prévaloir, et comme preuves à l'appui, nous donnons comparativement la description des mâles, femelles et jeunes, choisis dans chacun des deux types.

Type du Sénégal. — ♂ *Adulte.* — Dessus de la tête, dos scapulaires, d'un gris ardoisé à reflets bruns ; région parotidienne gris pâle ; gorge, poitrine, gris teinté de roux vineux pâle ; ventre, cuisses, d'un blanc sale ondulé de brunâtre, à ondulations denticulées ; couvertures de la queue brunes, à pointe d'un blanc sale, et portant des bandes transversales brunes ; queue blanchâtre en dessous avec bandes également brunes mais plus pâles; croupion gris, lavé de brun; cire et pieds jaunes; iris brun.

Longueur totale		390	millimètres.
—	de l'aile	211	—
—	de la queue	190	—
—	du bec	18	—
—	du tarse	58	—
—	du doigt médian	29	—

♀ *Adulte.* — Toutes les parties supérieures d'un brun foncé; scapulaires ondées de brun brillant; extrémité des rémiges d'un blanc pur; région parotidienne brune, lavée de roux; gorge et poitrine blanches à larges mouchetures roussâtres; ventre, cuisses, blancs ondés de larges bandes d'un brun roux; queue, en dessus, gris brun portant de larges bandes transversales d'un brun foncé; cire et pieds jaune sale pâle; iris brun.

Les dimensions générales sont un peu supérieures à celles du mâle.

Jeune. — Le plumage du jeune, presque identique à celui de la femelle, en diffère cependant par ses teintes plus pâles.

Type de l'Afrique australe. — ♂ *Adulte.* — Dessus de la tête gris noirâtre; dos, scapulaires brun pâle; région parotidienne gris ardoisé foncé; gorge gris de perle; poitrine gris blanchâtre; ventre, cuisses d'un blanc pur ondé de brun; les lignes onduleuses plus étroites et plus nombreuses que dans le type du Sénégal; couvertures de la queue brunes; croupion, dessous de la queue d'un blanc pur sans bandes ni taches; cire et pieds jaune orangé pâle; iris jaunâtre.

Longueur totale		339	millimètres.
—	de l'aile	100	—
—	de la queue	150	—
—	du bec	15	—
—	du tarse	50	—
—	du doigt médian	24	—

♀ *Adulte.* — Teinte générale brun pâle sur les parties supérieures ; poitrine et cuisses d'un roux rougeâtre à mouchetures plus foncées ; ventre et cuisses grisâtres ondulés de blanc.

La taille est un peu plus forte que celle du mâle.

Jeune. — Le jeune se distingue de la femelle par les mouchetures de la poitrine en beaucoup plus grand nombre, de forme moins allongée et d'une teinte plus foncée.

Ces caractères sont plus que suffisants pour autoriser la distinction des deux espèces; et nous croyons que le nom de *Melierax gabar* devra être appliqué aux types Sénégambiens, tandis que celui de *Melierax Niloticus* servira à désigner ceux du Nord et de l'Est de l'Afrique.

Nous ferons remarquer que nos descriptions diffèrent sous plusieurs rapports de celles jusqu'ici publiées; faites d'après un nombre assez considérable d'exemplaires vivants, elles présentent un degré d'exactitude qui ne peut être contesté; nous ajouterons que Heuglin (*loc. cit.*) a commis la même erreur que Lichtenstein (*loc. cit.*), en attribuant une plus forte taille aux spécimens du Nord, erreur rectifiée par M. Gurney, pour lequel, ce qui est hors de doute, les petits individus sont propres à cette région Nord.

17. MELIERAX NIGER Lay.

Melierax niger Lay., B. S. Afr., p. 31, 1867.
— Sharpe, Cat. Accip. Brit. Mus., p. 91.
Sparvius niger Bouv. et Vieil., Enc. Meth., III, p. 1269.
Nisus niger Cuv., R. An., I, p. 334.
Micronisus niger C. Bp., Consp. Av., I, p. 33, 1850.
— Hartl., Orn. W. Afr., p. 14.

Liquin. — Assez commun. — Habite les mêmes localités que l'espèce précédente.

Tous les mâles adultes que nous avons étudiés nous ont fourni les caractères suivants :

Tête d'un noir brillant; interscapulaires, cou, poitrine, ventre, cuisses, parties inférieures de la queue d'un noir profond lavé de fauve; rémiges brun noir en dessus, blanchâtres en dessous et rayées de brun clair, avec une ligne d'un gris fauve pâle, régnant tout le long de leur bord externe; rectrices ornées en dessous de larges macules blanches; cire orangée; bec et pieds, d'un rouge de corail éclatant; iris rouge groseille.

Longueur totale	....	300	millimètres.
—	de l'aile	160	—
—	de la queue	134	—
—	du bec	16	—
—	du tarse	47	—
—	du doigt médian	28	—

La couleur du plumage de nos spécimens est un peu différente de celle jusqu'ici indiquée; la diagnose de M. Barboza du Bocage (*Orn. Angol.*, I, p. 11) est celle qui s'en rapproche le plus; nous n'avons pu découvrir certains caractères signalés par Hartlaub (*Orn. W. Afr.*, p. 14), tels que celui-ci : « colli postici nuchæque plumis basi albis », propre au jeune et non à l'adulte.

Les variations dans la couleur du bec, de la cire et de l'iris, signalées par M. Barboza du Bocage d'après M. d'Anchieta, sont en raison de l'âge des individus observés; chez l'adulte, ces couleurs ne diffèrent jamais de celles précédemment indiquées.

La taille de nos sujets Sénégambiens dépasse notablement la taille des individus décrits, entre autres par M. Sharpe (*loc. cit.*).

Gen. **ASTUR** Lacep.

18. **ASTUR TIBIALIS** J. Verr.

Astur tibialis J. Verr., J. f. Orn., 1861, p. 100.
— Sharpe, Cat. Accip. Brit. Mus., p. 108.
Accipiter Hartlaubi Sharpe, P. Z. S. of Lond., 1871, p. 613 (*non* Verr.).

Biramba. Assez commun. — Bakel, Makana, Kita, bords de la Falémé; Rufisque, les deux Mammelles; Gambie, Melacorée, Casamence.

19. **ASTUR SPHENURUS** Sharpe.

Astur sphenurus Sharpe, Cat. Accip. Brit. Mus., p. 112.
Falco sphenurus Rüpp., Neue Wirb. Vög., p. 42.
Astur brachydactylus Hartl., Orn. W. Afr., p. 14.
Nisus badius Heugl., Orn. Nordost Afr., I, p. 70.

Biramba. — Plus commun que l'*Astur tibialis;* vit dans les mêmes localités et de préférence à l'extrême limite des côtes, où on l'observe en plus grand nombre que dans les parties avoisinant le haut du fleuve et les confins de l'Est et du Sud.

Hartlaub (*loc. cit.*) l'indique seulement en Gambie, en Casamence et à Bissao; son habitat Sénégambien est mentionné par M. Sharpe (*loc. cit.*); M. Bouvier (*Cat. Ois. Voy. Marche et Compiègne*, p. 6) le signale sur les bords de la Melacorée.

Gen. ACCIPITER Briss.

20 ACCIPITER MINULUS Vig.

Accipiter minulus Vig., Zool. Journ., I, p. 338.
— Sharpe, Cat. Accip. Brit. Mus., p. 140.
Nisus binotatus Licht., Nomencl., p. 4, 1854.
Le Minule Levaill., Ois. Afr., I, p. 140, pl. XXXIV.

Maff. — Rare. — Forêts de Bakel et de Taalari, massif de Kita; descend très exceptionnellement le long de la côte; nous l'avons tué une seule fois dans les environs de M'Bao.

« La femelle, dit M. Sharpe (*loc. cit.*), est semblable au mâle, mais de taille plus forte »; il faut ajouter qu'elle s'en distingue par une coloration générale plus foncée.

Cet oiseau pond de *quatre* à *cinq* œufs; ceux que nous avons pu nous procurer et que nous figurons (Pl. XXVIII, f. 4), sont d'un ovale régulier, également obtus à chaque bout, d'un rose vineux assez vif; ils sont fortement maculés de taches irrégulières brun laque, plus abondantes et plus foncées au gros bout. Leur grand axe mesure $0{,}034^{mm}$, leur plus grand diamètre atteint $0{,}027^{mm}$.

21. ACCIPITER HARTLAUBII Cass.

Accipiter Hartlaubii Cass., Proc. Ac. N. H. Sc. P. Philad., 1859, p. 32.
— Sharpe, Cat. Accip. Brit. Mus., p. 150.
Nisus Hartlaubii J. Verr., in Hartl. Orn. W. Afr., p. 15.

Maff. — Découvert par J. Verreaux sur les bords de la Casamence (teste Hartlaub, *loc. cit.*); remonte exceptionnellement dans l'Ouest. Nous possédons un individu tué à Diatacounda; on le rencontre également dans les plaines arrosées par la Melacorée.

Cette espèce est indiquée au Gabon et dans l'Ogooué (Sharpe, Bouvier).

92. ACCIPITER MELANOLEUCUS A. Smith.

Accipiter melanoleucus A. Smith., Illustr. S. Afr. Zool., pl. XVIII.
— Sharpe, Cat. Accip. Brit. Mus., p. 156.
Astur melanoleucus Hartl., Orn. W. Afr., p. 11, 269.
Nisus Verreauxii Schl., Mus. P. B., p. 37, 1862.

Maff. — Assez rare. — Bakel, Médine, Kita, Fouta-Kouro, Bandoubé.

L'*Accipiter melanoleucus* est propre à une grande partie du continent, son aire d'habitat s'étend en Abyssinie, au Gabon, au Niger et au Cap.

Fam. BUTEONIDÆ Swain.

Gen. BUTEO Cuv.

93 BUTEO AUGUR Rüpp.

Buteo augur Rüpp., Neue Wirb. Vög., p. 38, taf. 16.
— Sharpe, Cat. Accip. Brit. Mus., p. 175.
— B. du Boc., Orn. Ang., p. 24.

Peu commun. — Forêts de Kita et de Bandoubé, intérieur du Gangaran, Banionkadougou.

Le *Buteo augur* a été considéré comme spécial à l'Abyssinie, jusqu'au jour où M. Barboza du Bocage a indiqué sa présence sur les confins méridionaux d'Angola; les stations, où nous signalons sa présence, sont une nouvelle preuve à l'appui de notre manière de voir relative à la dispersion des espèces sur le continent Africain.

Gen. KAUPIFALCO C. Bp.

24. KAUPIFALCO MONOGRAMMICUS C. Bp.

Kaupifalco monogrammicus C. Bp., Rev. et Mag. de Zool., 1854, p. 535.
Asturinula monogrammica Sharpe, Cat. Accip. Brit. Mus., p. 275.
— B. du Boc., Orn. Angol., p. 33.
Micronisus monogrammicus Hartl., Orn. W. Afr., p. 13.

Commun. — Saint-Louis, Sorres, Ile de Thionk et de Babagaye, Rufisque, Bathurst, Sedhiou.

M. Gurney fait observer avec raison (*Ibis*, 1876, p. 484) que M. Sharpe, lors de la publication de son catalogue des Accipitres du British Muséum, ignorait sans doute l'existence du genre *Kaupifalco*, créé par Ch. Bonaparte, seize ans avant celui d'*Asturinula*, de Finsch et Hartlaub; le nom d'*Asturinula* doit donc être rejeté à la synonymie.

Fam. AQUILIDÆ Swain.

Gen. AQUILA Briss.

25. AQUILA RAPAX Less

Aquila rapax Less., Trait. Orn., p. 37, 1831.
— Sharpe, Cat. Accip. Brit. Mus., p. 242.
— B. du Boc., Orn. Angol., p. 26.
Aquila Senegala Cuv., R. An. I, p. 326 et Hartl., Orn. W. Afr., p. 3.
Aquila albicans Rüpp., Neue Wirb. Vög., p. 34.
Aquila nævioides Cuv., R. An., I, p. 326.

Sontout. — Commun. — Toute la Sénégambie, Saint-Louis, Sorres, Dagana, Saldé, Bakel, Dakar, Gambie, Casamence.

M. Sharpe (*loc. cit.*) se borne à donner la description du jeune et de la femelle adulte de cette espèce; de son côté, M. Barboza du Bocage (*loc. cit.*), sous le titre de mâle adulte, décrit un individu ayant encore presque tous les caractères du jeune; il a cependant soin d'ajouter : « en suivant les changements de plumage jusqu'à leur terme définitif, on reconnait que les teintes changent successivement de ton, passant du brun foncé au brun roux, de celui-ci au roux fauve, et au fauve isabelle; les teintes plus pâles remplacent peu à peu les autres, jusqu'à ce que l'on arrive à la coloration uniforme d'un blanc sale, lavé de roussâtre, qui caractérise l'*Aquila albicans* ».

Heuglin (*loc. cit.*) est, selon nous, celui dont la diagnose tend à reproduire le plus exactement la livrée de l'adulte. Les nombreux exemplaires, observés par nous en Sénégambie (*mâles adultes*), nous fournissent les caractères suivants :

Tête, cou, interscapulaires, poitrine, ventre, cuisses, croupion, d'un blanc sale très faiblement lavé de roux isabelle; couvertures des ailes également d'un blanc sale sans trace de roux; tectrices brunes à pointe blanche; rémiges primaires noires; rectrices gris pâle légèrement teinté de fauve, à reflets métalliques; iris brun fauve : cire bleuâtre; bec brun de corne pâle à pointe plus foncée; côtés de la bouche jaunes; pieds jaune orangé.

Malgré l'opinion de M. Gurney (*Ibis*, 1877, p. 231), il nous paraît impossible de séparer spécifiquement l'*Aquila albicans* de l'*Aquila rapax;* le premier n'est autre que l'adulte du second; les types Abyssiniens et du Sud de l'Afrique, ceux de la Sénégambie offrent entre eux les mêmes variations; ces variations dépendent uniquement de l'âge, elles ne sont nullement la conséquence de l'habitat et des conditions d'existence inhérentes à cet habitat; en un mot elles ne constituent pas ce que quelques-uns appellent *races locales*, auquel cas nous n'aurions pas hésité à les inscrire comme *espèces*.

Nos œufs de l'*Aquila rapax* (Pl. XXVIII, fig. 3) diffèrent un peu de ceux décrits par M. Layard (*Ibis*, 1869, p. 70); de forme ovale, arrondis aux deux bouts, ils offrent une teinte générale d'un blanc rose sale; des macules larges et irrégulières, d'un brun rouge à reflets de laque, forment une couronne au gros bout; ils mesurent 0,064^{mm} dans leur grand axe et 0,051^{mm} dans leur plus grand diamètre.

C'est ordinairement sur les arbres élevés, souvent sur le sommet des Baobabs, que l'*Aquila rapax* construit son aire, composée de branchages grossièrement entrelacés, où il dépose de *deux* à *trois* œufs.

Cet oiseau vit par couples, planant des journées entières dans le voisinage des cases et des habitations, en faisant entendre un cri rauque et prolongé; bien que se nourrissant de proie vivante, nous l'avons vu fréquemment s'abattre sur les quartiers de viande, aux abattoirs de Sorres et de Dakar notamment.

26. AQUILA WAHLBERGI Sundev.

Aquila Wahlbergi Sundev., Œfr. K. Akad. Stockh., 1850, p. 109.
— Sharpe, Cat. Accip. Brit Mus., p. 245.
Aquila Brehmii Müll., Naum., 1851, p. 24.
Aquila Desmursii J. Verr., in Hartl. Orn. W. Afr., p. 4.

Sontout. — Rare. — Environs de Bakel, Makana, Arondou; lisière des forêts de Taalari; s'observe exceptionnellement dans les régions arrosées par la Gambie et la Casamence.

Au dire de M. d'Anchieta (Barboza du Bocage, *Orn. Angol.*, p. 29). l'*Aquila Wahlbergi* serait « de tous les oiseaux de proie, le plus vulgaire au Humbe, où il se laisse voir en toute saison »; M. Sharpe (*loc. cit.*) lui donne pour habitat « the whole of Africa »; M. Gurney (*P. Z. S. of Lond.*, 1862, p. 145) semble le localiser plus particulièrement en Nubie, en Abyssinie et sur les bords du Nil Blanc.

La distribution de cette espèce en Sénégambie, où elle affectionne les régions Nord-Est, parait donner raison à la manière de voir de M. Gurney.

Gen. NISAETUS Hodgs.

27. NISAETUS SPILOGASTER Sharpe.

Nisaetus spilogaster Sharpe, Cat. Accip. Brit. Mus., p. 252.
Spizaetus spilogaster C. Bp., Rev. et Mag. de Zool., 1850, p. 487.
Aquila Bonellii Brehm., J. f. Orn., 1853, p. 204 (non La Marm. nec Less.).
— Hartl., Orn. W. Afr., p. 3.

Peu commun. — Sedhiou, Bathurst, Diataconda.

M. Barboza du Bocage (*Orn. Ang.*, p. 30) décrit les caractères servant à distinguer cette espèce de sa congénère d'Europe.

C'est à tort que M. Sharpe (*loc. cit.*) donne en synonymie du *Nisaetus fasciatus*, l'*Aquila Bonellii* indiqué au Sénégal par Hartlaub (*loc. cit.*); le type décrit par l'auteur de l'Ornithologie de l'Afrique Ouest est un jeune de *Nisaetus spilogaster*.

28. NISAETUS PENNATUS Sharpe

Nisaetus pennatus Sharpe, Cat. Accip. Brit. Mus., p. 253.
Falco pennatus Gm., S. N., I, p. 272, 1788.
Aquila pennata Vig., Zool. Journ., I, p. 337, 1827.
— Hartl., Orn. W. Afr., p. 4.

Sontout. — Commun dans toute la Sénégambie. — Sorres, Leybar, Thionk, Guet-N'Dar, Bakel, Kita; plus rare dans le Sud, Sedhiou, Bathurst.

Gen. SPIZAETUS Vieill.

29. SPIZAETUS BELLICOSUS Kaup.

Spizaetus bellicosus Kaup., Isis, 1847, p. 147.
— Sharpe, Cat. Accip. Brit. Mus., p. 265.
— Hartl., Orn. W. Afr., p. 5.
Aquila bellicosa Dumont, Dict. Sc. Nat., I, p. 347, 1816.
Le Griffard Levaill., Ois. Afr., I, pl. I, 1799.

Diagueye. — Peu commun. — Gambie, Casamence, Melacorée, Daranka, Cap Roxo.

Le *Spizaetus bellicosus*, assez fréquent dans la colonie du Cap et les régions avoisinantes (Layard, *Birds of S. Afr.*, p. 13, 1867), remonte jusqu'à Sierra-Leone où il est indiqué notamment par Hartlaub (*loc. cit.*).

Nous ne connaissons pas d'exemple où l'espèce ait été rencontrée en Sénégambie au delà des localités où nous l'indiquons.

30. SPIZAETUS ALBESCENS Gray.

Pl. VI, fig. 1.

Spizaetus albescens Gray, Gen. of B., I, p. 14, 1845.
Falco albescens Daud., Trait. Orn., II, p. 45, 1800.
— *coronatus* Lin., Syst. Nat., I, p. 124, 1766.
Le Blanchard Levaill., Ois. Afr., I, p. 19, pl. III.
Spizaetus coronatus C. Bp., Consp. Av., I, p. 28,
— Sharpe, Cat. Accip. Brit. Mus., p. 266.
— Hartl., Orn. W. Afr., p. 5.
— A. Smith, Illustr. S. Afr. Zool., pl. XL-XLI.
Aquila coronata Gray, Gen. of B., I, p. 14.
L'Aigle huppé d'Afrique Briss., Orn., I, p. 448.

Diagueye. — Assez fréquemment rencontré dans les mêmes parages que l'espèce précédente; s'observe plus rarement en remontant vers le Nord; Thiouk, Babaguey, Leybar; nous en possédons un exemplaire tué à M'Bao.

C'est avec un profond étonnement que nous relevons le passage suivant, dans un travail de M. Gurney (*Birds from the colony of Natal* in *Ibis*, 1861, p. 129), passage consacré au *Spizaetus coronatus*.

« This species, dit l'auteur anglais, is well figured in pl. XL-XLI, of Aves of Smith, *Illustr. S. Afr. Zool.*, but, pl. XL, which is stated to represent an adult bird does, in fact, give the figure of an immature specimen, while, pl. XLI, which is described as representing an immature bird, is in reality a correct delineation of the adult plumage ».

Notre étonnement s'accroît devant l'opinion de M. Barboza du Bocage sur le même sujet; il s'exprime ainsi (*Orn. Ang.*, p. 32) : « On doit à M. Gurney la connaissance exacte de la livrée du jeune et de l'adulte chez le *Spizaetus coronatus;* grâce à cet

Ornithologiste distingué, on sait à présent que le plumage à teintes blanchâtres et uniformes en dessous, le seul connu de Levaillant, qui avait donné à cette espèce le nom de *Blanchard*, appartient au jeune âge, contrairement à ce que prétendait Smith; réciproquement, la livrée décrite et figurée par cet auteur, comme celle du jeune, caractérise en réalité l'adulte ».

L'étude du *Spizaetus coronatus*, à différents âges, démontre de la façon la plus évidente que l'affirmation des deux savants Ornithologistes précités est complètement erronée, et que Smith avait parfaitement raison quand il décrivait comme adultes les individus au plumage clair, et comme jeunes, ceux à teintes sombres.

A de très rares exceptions près, chez les Accipitres diurnes, la livrée des jeunes se montre plus foncée que celle des adultes; le *Spizaetus coronatus* pourrait évidemment rentrer dans l'exception, et nous l'eussions peut-être considéré comme tel, si quelques spécimens de la même couvée, que nous avons possédés et élevés soigneusement pendant plus d'une année, ne nous avaient démontré l'exactitude des diagnoses de Smith.

Ce même auteur, à la suite de la description de son mâle adulte, ajoute : « specimens are frequently obtained, in which the under parts are more or less tinged with pale hyacinth red, *and blotched with brown; such appearances are only to be* regarded as indication of immaturity ».

Notre planche montre un individu porteur d'un plumage presque identique à l'un de ces spécimens de Smith; seulement il ne représente pas « une livrée remarquable de sujet jeune », mais la dernière livrée caractéristique du jeune, passant au plumage définitif de l'adulte.

Levaillant en décrivant son *Blanchard* (*loc. cit.*) connaissait parfaitement l'adulte; Daudin (*loc. cit.*) consacrait scientifiquement l'espèce de Levaillant par le nom de *Falco albescens*, sous lequel il le désignait. En choisissant le nom de *Spizaetus albescens*, bien qu'il soit postérieur à celui de *coronatus*, nous voulons faire ressortir tout particulièrement la caractéristique de Smith, la seule vraie, par conséquent la seule acceptable.

Gen. LOPHOAETUS Kaup.

31. LOPHOAETUS OCCIPITALIS Kaup.

Lophoaetus occipitalis Kaup., Isis, 1847, p. 165.
— Sharpe, Cat. Accip. Brit. Mus., p. 274.
Spizaetus occipitalis Gray, Gen. of B., I, p. 14.
— Hartl., Orn. W. Afr., p. 5.
Falco Senegalensis Daud., Trait. Orn., II, p. 41.
Le Huppard Levaill., Ois. Afr., I, p. 8, pl. II.

N'Gouagoni. — Assez fréquent dans la région Sud de la Sénégambie, Melacorée, Bathurst, Cap Roxo, Daranka, Sedhiou; plus rare au centre et au Nord, marigots de M'Bao, Thionk, Safal. Nous avons constaté sa présence à Richard Toll, et dans les environs du lac de N'Guer.

Le *Lophoaetus occipitalis* est indiqué par Hartlaub (*loc. cit.*) comme existant en Gambie et en Casamence; il provient également des Aschanties, du Gabon et de la côte d'Angola. Heuglin (*Orn. Nordost Afr.*, I, p. 57) le signale au Zambèze; M. Sharpe lui assigne le Sud de l'Afrique, en constatant néanmoins qu'il est très répandu sur tout le continent.

Tout en reconnaissant l'exactitude de cette assertion, nous croyons cependant que son aire d'habitat normale est plus particulièrement limitée au Sud de l'Afrique et aux régions avoisinantes; c'est du moins ce que nous avons constaté pour la Sénégambie, où l'espèce, stationnaire en Gambie et en Casamence par exemple, paraît être au contraire de passage, ou du moins apparaît exceptionnellement et à époques fixes, dans les parties Nord-Ouest et Nord-Est.

Fam. CIRCAETIDÆ Swain.

Gen. CIRCAETUS Vieill.

32. CIRCAETUS GALLICUS Vieill.

Circaetus Gallicus Vieill., N. Dict. H. N., VII, p. 137.
Falco Gallicus. Gm., S. N., I, p. 295.

Le Jean le Blanc Briss., Orn., I, p. 443.
Circaetos Gallicus Hartl., Orn. W. Afr., p. 6.

M'Bouajh. — Assez fréquemment rencontré à Dagana, N'Bilor, Oahé, Maïna, Boukarié.

Sous le titre : *Observations sur le genre Circaetus, par J. Verreaux et O. des Murs, Ibis*, 1862, p. 208, on lit : « quoique le Dr Hartlaub signale cette espèce (*Gallicus*) dans son ouvrage sur les Oiseaux de l'Afrique occidentale, nous doutons encore que ce soit bien elle, avec d'autant plus de raison que l'un de nous a eu en sa possession au Cap de Bonne-Espérance de jeunes *Circaetus thoracicus*, qui avaient changé de plumage sous ses yeux et qui cependant, tout en ressemblant au *Gallicus*, finissaient deux années plus tard par prendre le plumage du vrai *thoracicus*, avec la région inférieure de la poitrine d'un blanc pur ».

Cette observation ne nous paraît démontrer, en aucune façon, l'absence du *Circaetus Gallicus* en Sénégambie ; qu'à un certain âge il présente quelques caractères de coloration, analogues, identiques même, si l'on veut, à ceux fournis par le *Circaetus thoracicus*, nous l'accordons, mais ce fait fournit-il un argument sérieux propre à infirmer l'indication vraie d'Hartlaub, et à nier l'existence du *Circaetus Gallicus* dans l'Afrique occidentale? évidemment non !

Nous avons tué le *Circaetus Gallicus* dans la partie Nord-Est de la Sénégambie, et quel que fût le sexe ou l'âge des sujets, nous les avons trouvés invariablement semblables à ceux d'Europe.

Le *Circaetus Gallicus* d'Europe, disent J. Verreaux et O. des Murs (*loc. cit.*), existe aussi dans le Nord de l'Afrique, dans l'Afrique orientale, en Nubie, etc.

D'après Shelly (*Ibis*, 1871, p. 41), cette espèce est partout abondante en Egypte et en Nubie.

La proximité des régions signalées, la communauté des espèces que l'on y a si souvent constatées, indiquaient naturellement la présence du *Circaetus Gallicus* Nubien au Sénégal par exemple, où Hartlaub le mentionne et où, en dernier lieu, nous l'avons observé.

33. CIRCAETUS CINEREUS Vieill.

Circaetus cinereus Vieill., N. Dict. H. N., XXIII, p. 445, 1818.
— Sharpe, Cat. Accip. Brit. Mus., p. 283.
Circaetus thoracicus C. Bp., Consp. Av., I, p. 10.
— Hartl., Orn. W. Afr., p. 6 et 269.
— J. Verr. et O. des Murs, Ibis, 1862, p. 209.

M'Bouajh. — Assez commun. — Se rencontre habituellement dans la région Nord-Est : Bakel, Tamboocané, Taalari ; descend plus rarement dans le Sud : Ghimboring, Samatit, Cagnac-Cay.

J. Verreaux et O. des Murs (*loc. cit.*) donnent comme habitat de cette espèce : le Cap de Bonne-Espérance, l'Abyssinie, la Nubie, Bissao, le Sénégal.

Sa présence à Bissao, au Sénégal, à Angola, où M. d'Anchieta la dit très commune (Barboza du Bocage, *Orn. Ang.*, p. 36), dans le Maconjo et le Humbe ; son habitat en Casamence et en Gambie, constaté par nous, montrent combien M. Sharpe était mal renseigné quand il dit (*loc. cit.*, p. 283) : « Hab. the whole of Africa, *excepting the forest-region on the west coast* ».

34. CIRCAETUS BEAUDOUINII J. Verr. et des Murs.

Circaetus Beaudouinii J. Verr. et O. des Murs, Ibis, 1862, p. 212.
— Sharpe, Cat. Accip. Brit. Mus., p. 284.
Circaetus fasciatus Heugl., Syst. Ueber., p. 7, et Orn. Nordost Afr., p. 80.

M'Bouajh. — Assez rare. — Gambie, Casamence, Maloumb, Cagnout, Albreda.

M. Sharpe (*loc. cit.*) l'indique à Bissao et au Sénégal ; cette dernière indication est due au Baron Laugier de Chartrouse.

35. CIRCAETUS CINERASCENS Müll.

Circaetus cinerascens Müll., Naum., 1851, Heft IV, p. 27.
— Sharpe, Cat. Accip. Brit. Mus., p. 285.

Circaetus zonurus Pr. P. Wurt., M. S. Heugl., Syst. Ueber, p. 8.
Circaetus melanotis J. Verr., in Hartl. Orn. W. Afr., p. 7.

M'Bouqjh. — Rare. — Habite les mêmes localités que l'espèce précédente.

D'après J. Verreaux et O. des Murs (*loc. cit.*), partageant en cela l'opinion d'Heuglin, « le *Circaetus cinerascens* est le même oiseau (plus jeune) que le *Circaetus zonurus* du Prince P. de Wurtemberg, qui, à son tour, est le même, dans un âge moins avancé encore, que le *Circaetus melanotis* J. Verreaux, qui serait alors l'oiseau *parfaitement adulte* ».

Le nom de *Circaetus cinerascens* doit néanmoins avoir le rang de priorité, comme étant antérieur de six années au *Circaetus melanotis* et de cinq au *Circaetus zonurus*.

Gen. HELOTARSUS Smith.

86. HELOTARSUS ECAUDATUS Gray

Helotarsus ecaudatus Gray, List. Gen. B., p. 3.
— Sharpe, Cat. Accip. Brit. Mus., p. 300.
— Hartl., Orn. W. Afr., p. 7.
Falco ecaudatus Daud., Trait. Orn., II, p. 54.
Aquila ecaudata Dumont, Dict. Sc. Nat., I, p. 350.
Helotarsus typus A. Smith, S. Afr. Quart. Journ., I, p. 110, 1830.
Le Bateleur Levaill., Ois. Afr., I, p. 31, pl. VII, VIII.

Bouliba. — Commun dans toute la Sénégambie. — Diaranka, Sedhiou, M'Bao, Ponte, Deine, Joalles, Rufisque, Saint-Louis, Sorres, Bakel, Médine, Podor, Dagana, Thiouk, Leybar, le Cayor, le Gangaran, le Fouta, etc., etc.

Le mâle adulte de l'*Helotarsus ecaudatus* a été décrit de la façon la plus complète par M. Barboza du Bocage (*Orn. Ang.*, p. 41), et l'on en trouve une figure à peu près exacte dans l'atlas d'Heuglin (*Orn. Nordost Afrik., Tab.* 11); tout au contraire, la planche VII de Levaillant est des plus défectueuses et ne peut donner qu'une idée fausse de cet oiseau.

Quant à la femelle, nous ne trouvons nulle part l'indication de sa livrée. M. Sharpe (*loc. cit.*) se borne à dire : « larger than the male », laissant ainsi supposer qu'elle ressemble en tout point au mâle.

Nous l'avons constamment trouvée semblable au jeune dont le même M. Sharpe donne une bonne diagnose. Elle s'en différencie seulement par sa cire d'un bleu livide, et non pas jaunâtre, et par ses pieds d'un rosé blanc.

Chez l'adulte vivant, la cire est d'un rouge vermillon à reflets orangés, le bec est d'un jaune de corne pâle, plus foncé à la pointe, les pieds sont rosés, et l'iris brun brillant.

L'*Helotarsus ecaudatus* est largement réparti sur tout le continent Africain ; il vit sur la lisière des grandes forêts, et construit un nid composé de branchages secs, ordinairement placé à l'enfourchure de deux branches à une certaine hauteur. Il y dépose de *trois* à *quatre* œufs de forme ovale arrondie, d'un blanc rougeâtre sale, chargés au gros bout de macules et de taches irrégulières brunâtres. Leur grand axe mesure 0,077mm ; ils ont 0,061mm dans leur plus grand diamètre (Pl. XXVIII, fig. 2).

M. Barboza du Bocage (*loc. cit.*) rapporte, d'après M. d'Anchieta, que l'*Helotarsus ecaudatus* « compte parmi les oiseaux de proie qu'on peut attirer en se servant comme appât de cadavres en décomposition », fait que nous n'avons jamais constaté ; les nombreux individus, que nous possédions en captivité, refusaient absolument la viande qui n'était pas parfaitement fraîche, en revanche ils avaient une prédilection marquée pour le Poisson.

Cet oiseau est susceptible d'une sorte d'éducation, il s'apprivoise facilement, reconnaît celui qui le soigne, obéit à son appel, et s'écarte rarement de l'endroit où l'on a coutume de lui apporter sa nourriture.

Suivant M. d'Anchieta (*loc. cit.*), « les indigènes du Humbe éprouvent toujours, en voyant l'*Helotarsus ecaudatus*, une crainte superstitieuse ; ils sont persuadés qu'il lui suffit de regarder en passant un jeune enfant dans les bras de sa mère pour le faire tomber dangereusement malade ».

Cette croyance n'existe pas en Sénégambie où les indigènes sont les fournisseurs attitrés des Européens, qui recherchent cet oiseau pour son plumage remarquable et sa docilité à l'état captif.

Fam. HALIAETIDÆ Blyth.

Gen. HALIAETUS Savig.

37. HALIAETUS VOCIFER Cuv.

Haliaetus vocifer Cuv., R. An., I, p. 316.
— Sharpe, Cat. Accip. Brit. Mus., p. 310.
— Hartl., Orn. W. Afr., p. 8.
Falco vocifer Daud., Trait. Orn., II, p. 65.
Aquila vocifera Dumont, Dict. Sc. Nat., I, p. 355.
Le Vocifer Levaill., Ois. Afr., I, p. 17, pl. IV.
? *Haliaetus hypogeolis* Geoff. Saint-Hil. (*Etiquette manuscr. Galeries Mus. Paris*).
? *Le Pygargue tricolore* Vieill., Nouv. Dict. H. N., t. XXVIII, p. 278, 1819.

N'Guiarkhol. — Commun parmi les Palétuviers le long des marigots. — Sorres, Leybar, Thionk, Babagaye, Saloum, Joalles, Rufisque, Safal, lac de Pagnefoul, N'Guer, Dagana, Podor, Kita, Bafing, Albreda, Ghimbering, Samatite, Cagnac-Cay, etc., etc.

Les observations d'Adanson sur l'*Haliaetus vocifer* sont empreintes d'un degré d'exactitude tel, que nous les reproduisons sans commentaires (*Voy. au Sénégal,* p. 125).

« Le Faucon pêcheur, que les Ouolofs appellent N'Guiarkhol et les Français Nonette, dit-il, est un oiseau de la grandeur d'une Oye et dont le plumage est brun à l'exception de la tête, du col, de la poitrine et de la queue, qui sont d'un très beau blanc. Il a le bec très fort et crochu comme celui de l'Aigle et des serres aiguës, courbées en demi-cercle, dont il se sert admirablement bien pour la pêche.

» Il se tient ordinairement sur les arbres, au-dessus de l'eau, et quand il voit un poisson approcher de la surface il fond dessus et l'enlève avec ses serres.

» J'en tuai un, ce qui me fit regarder d'un très mauvais œil par mes Nègres, parce que cet oiseau est craint et respecté par eux; ils portent même la superstition au point de le mettre au nombre de leurs Marabouts ou Prêtres, qu'ils regardent comme des gens sacrés et divins ».

Levaillant, qui a considéré avec raison comme son *Vocifer* l'Aigle mangeur de Poissons, cité par Gaby (*Relations de la Nigritie*, p. 147), Aigle appelé *Nonette*, « parce qu'il a le plumage de couleur de l'habit d'une Carmélite, avec son scapulaire blanc », a donné sur l'*Haliaetus vocifer* les renseignements les plus erronés. « Son cri, dit-il (*H. N. Ois. Afr.*, t. I, p. 17) peut être traduit par la phrase musicale suivante : il est à remarquer, ajoute-t-il, que c'est toujours en l'air qu'il fait entendre ce chant. Ce cri serait un cri d'amour. Ils jettent aussi souvent de grands cris et se répondent entre eux de fort loin. On les voit pendant ces conversations faire de grands mouvements du cou et de la tête, indice certain des efforts nécessaires à la production des accents variés de leur voix ».

L'*Haliaetus vocifer* vit isolé et solitaire, perché sur les bords des marigots et pousse de temps en temps un cri rauque et prolongé bien connu des Noirs et que nous traduisons textuellement par les trois notes ci-jointes. Les cris d'amour, les conversations entre voisins, sont autant de rêveries enfantées par l'imagination féconde de Levaillant; en outre c'est seulement posé sur une branche qu'il pousse son cri, il est toujours muet en volant.

Vieillot, à l'article Pygargue du Nouveau Dictionnaire d'Histoire Naturelle (*Edit. Deterville, loc. cit.*, p. 278), considère l'*Haliaetus vocifer* comme devant former deux espèces qu'il décrit l'une sous le nom de *Vocifer*, l'autre sous celui de *Pygargue tricolore* ou *Aigle nonette*.

M. Sharpe ne connaissait pas, sans doute, le travail de Vieillot, car il n'en parle pas dans sa synonymie (*loc. cit.*).

La première espèce de Vieillot est incontestablement établie sur un jeune du type; les taches noires longitudinales sur le fond blanc de la tête, du cou, de la gorge et de la poitrine, l'indiquent suffisamment.

Quant à sa seconde espèce, son Pygargue tricolore, c'est tout simplement un vieux mâle.

Nous rapportons à l'*Haliaetus vocifer* jeune, un spécimen des Galeries d'Ornithologie du Muséum de Paris, portant le nom d'*Haliaetus hypogeolis* Geoff. Saint-Hil., sur une étiquette manuscrite; il est indiqué comme provenant du Sénégal.

Malgré les recherches les plus minutieuses, nous n'avons pu trouver la moindre trace du nom attribué à Geoffroy Saint-Hilaire dans les nombreux ouvrages que nous avons consultés. Quoi qu'il en soit, la livrée de ce sujet est assez remarquable pour que nous la décrivions.

Le dessus est d'un brun foncé, la tête, de même couleur, porte en arrière sur la nuque une large tache blanchâtre; la région parotidienne est d'un blanc sale; la poitrine, le ventre, les cuisses, également d'un blanc sale, portent des mouchetures brunes plus grandes et plus foncées sur la poitrine; le croupion est d'un blanc jaunâtre; les petites couvertures des ailes, d'un brun pâle, ont chaque plume largement marginée de fauve doré; la queue est d'un gris brun avec une large bande terminale noirâtre; une autre bande blanche partage les rectrices en dessous; la cire et les pieds sont jaunâtres; le bec brun pâle; l'iris de même couleur.

Longueur totale	710	millimètres.
— de l'aile	400	—
— de la queue	260	—
— du bec	45	—
— du tarse	92	—
— du doigt médian	30	—

Plusieurs exemplaires jeunes recueillis en Sénégambie nous ont fourni une coloration presque identique à celle que M. Barboza du Bocage (*loc. cit.*, p. 40) donne au jeune *Haliaetus vocifer*.

Gen. GYPOHIERAX Rüpp.

38. GYPOHIERAX ANGOLENSIS Rüpp.

Gypohierax angolensis Rüpp., Neue Wirb. Vög., p. 46, 1835.
— Sharpe, Cat. Accip. Brit. Mus., p. 312.
— Hartl., Orn. W. Afr., p. 1 et 246.
Falco Angolensis Gm., S. N., I, p. 252.
Vultur Angolensis Daud., Trait. Orn., II, p. 27.

Alebajh. — Peu commun. — Gambie, Casamence, Albreda, Sedhiou; remonte la côte où nous l'avons recueilli à la pointe du Cap-Vert, les deux Mamelles, et à M'Bao dans les environs de Rufisque.

Fam. MILVIDÆ C. Bp.

Gen. NAUCLERUS Vigors.

39. NAUCLERUS RIOCOURI Vigors.

Nauclerus Riocouri Vigors, Zool. Journ., 1825, p. 396.
— Sharpe, Cat. Accip. Brit. Mus., p. 318.
— Hartl., Orn. W. Afr., p. 11.
Falco Riocouri Temm., Pl. Col., I, pl. LXXXV.

Assez rare. — Rufisque, Joalles, Thionk, Leybar, Hann, M'Bao, où l'indique également M. Bouvier (*Cat. Ois. Voy. Marche et Compiègne*, p. 6).

Les auteurs ne sont pas d'accord sur les couleurs de la cire, des pieds et de l'iris chez cette espèce. Les spécimens adultes nous ont présenté la cire orangée, les pieds jaune paille et l'iris rosé foncé. M. Barboza du Bocage donne au jeune un iris jaune d'or, d'après M. d'Anchieta (*Orn. Ang.*, p. 45); nous l'avons toujours vu d'un brun pâle.

Gen. MILVUS Cuv.

40. MILVUS ÆGYPTIUS Gray.

Milvus Ægyptius Gray, Cat. Accip., p. 44, 1848.
— Sharpe, Cat. Accip. Brit. Mus., p. 320.
Falco Ægyptius Gm., S. N., I, p. 261.
Milvus parasiticus Less., Trait. Orn., p. 71, pl. XIV, fig. 1.
— Hartl., Orn. W. Afr., p. 10.
Milvus Forskahli Strickl., Orn. Syn., p. 134.
Le Parasite Levaill., Ois. Afr., I, p. 88, pl. XXII.

Liquingajh. — Commun. — Saint-Louis, Guet-N'Dar, Thionk, Babagaye, Leybar, M'Bilor, Dagana, Podor, Bakel, Saldé, Kita, Falémé Bafing, Rufisque, Joalles, Dakar, Gambie, Casamence.

Cette espèce est, sans contredit, la plus commune parmi les oiseaux de proie de la Sénégambie, où, contrairement à l'opinion d'Adanson (*Cours d'Hist. Nat.* Éd. *Payer*, t. I, p. 503, 1845), elle habite toute l'année, et non pas depuis Novembre jusqu'en Mai.

Le *Milvus Ægyptius* se plaît dans les lieux habités; on le voit occupé à planer des journées entières au-dessus des villages, qu'il abandonne momentanément au moment de la ponte. Il construit sur des arbres peu élevés un nid grossièrement fait de branchages et d'herbes desséchées, où il dépose *quatre* œufs ovales d'un blanc saumoné pur, couverts de taches et de raies rouge brique plus larges au gros bout; le grand axe mesure 0,054^{mm}, et le plus grand diamètre 0,041^{mm} (Pl. XXVIII, fig. 5).

« Le nid de cet oiseau, d'après M. Shelly (*Ibis*, 1871, p. 43), paraît contenir invariablement quelques morceaux de vieux chiffons : « some piece of old rag », fait que nous n'avons jamais observé.

» Le Milan ou Ecouffe du Sénégal, dit Adanson (*loc. cit.*), est si familier, qu'il vient dans les villages et enlève en plein jour la viande ou le poisson, que les Nègres portent dans les gamelles sur leur tête en revenant du marché. A défaut de viande, ils se nourrissent de fruits et particulièrement de Dattes ». Nous avons pu vérifier mainte fois l'exactitude de ces renseignements.

41. MILVUS KORSCHUN Sharpe.

Milvus Korschun Sharpe, Cat. Accip. Brit. Mus., p. 322.
Accipiter Korschun Gm., N. Comm. Petrop., XV, p. 444, 1771.
Milvus ater Daud., Trait. Orn., II, p. 149.
Falco ater Gm., S. N., I, p. 262.
Milvus niger C. Bp., Comp. List. B. Eur. and N. Am., p. 4.
Milvus migrans Strickl., Orn. Syn., p. 133.

Liquinguijh. — Habite les mêmes localités que son congénère, où il est cependant moins commun. Ses mœurs sont identiques.

M. Bouvier (*Cat. Ois. Voy. Marche et Compiègne*, p. 7) cite le *Milvus Korschun* à l'île Mayo, archipel du Cap-Vert.

Gen. ELANUS Savig.

42. ELANUS CÆRULEUS Strickl.

Elanus cæruleus Strickl., Orn. Syn., p. 137.
— Sharpe, Cat. Accip. Brit. Mus., p. 336.
Falco cæruleus Desj., Mém. Acad. R. Sc., 1787, p. 503, pl. XV.
Elanus melanopterus Leach., Zool. Misc., p. 5, pl. CXXII.
— Hartl., Orn. W. Afr., p. 11.
Falco melanopterus Daud., Trait. Orn., II, p. 152.
Elanus cæsius Savig., Ois. Egyp., p. 274.
Le Blac Levaill., Ois. Afr., I, p. 147, pl. XXXVI, XXXVII.

Assez commun dans toute la Sénégambie, mais plus particulièrement dans la région Sud. — Gambie, Casamance, Melacorée.

Gen. PERNIS Cuv.

43. PERNIS APIVORUS Cuv.

Pernis apivorus Cuv., R. An., I, p. 322.
— Sharpe, Cat. Accip. Brit. Mus., p. 344.
— Hartl., Orn. W. Afr., p. 10.
Falco apivorus Lin., Syst. Nat., I, p. 130, 1766.
La Bondrée Briss., Orn., I, p. 410. — Buff., pl. Enl., I, pl. CCCCXX.
Le Tachard Levaill., Ois. Afr., I, pl. XIX.

Seguelokoyo. — Rare. — De passage pendant l'hiver, dans la région Nord-Est; Kita, Bakel, Saldé. Descend quelquefois jusqu'à Saint-Louis. Nous l'avons tué à Rufisque.

Gen. BAZA Hodgs.

44. BAZA CUCULOIDES Schl.

Baza cuculoides Schl., Mus. P. B., p. 6, 1862.
— Sharpe, Cat. Accip. Brit. Mus., p. 354, pl. XI, f. 2.
— Sharpe et Bouv., Bull. Soc. Zool. France, I, p. 301.

Faucon tanas Adans., Cours Hist. Nat. Ed. Payer, I, p. 402.
Avicida cuculoides Swain., B. W. Afr., I, p. 104, pl. I, 1837.
— Hartl., Orn. W. Afr., p. 10.
Pernis cuculoides Kaup., Contr. Orn., 1850, p. 77.
Falco Piscator Gm., in Buff. pl. Enl., n° 478 (non Levaill., Ois. Afr., pl. XXVIII).

Tanass. — Peu commun. — Gambie, Melacorée, Sedhiou, Albreda; rare dans le Cayor et dans le pays des Serrères où nous l'avons tué.

Il parait très douteux, dit Hartlaub (*loc. cit.*), que cet oiseau soit le *Tannas* de Buffon (*Falco piscator* Gm.) et je considère, comme spécifiquement distinct, le type du Sud-Est de l'Afrique « ob dieser Vogel der Tanas Buffon's (*Falco piscator* Gm.) sei, bleibt höchst zweifelhaft. Den Südost afrikanischen *Avicida Verreauxi* Lafr. (*Hyptiopus Caffer* Sundev.) halte ich für specifisch verschieden ».

Bien que nous reconnaissions avec Hartlaub et la plupart des Ornithologistes, la différence des spécimens de l'Ouest et du Sud de l'Afrique, nous ne partageons pas ses doutes relativement au *Tannas* d'Adanson et non pas de Buffon, comme le prétend Hartlaub.

Ce nom de *Tannas*, donné encore aujourd'hui par les Nègres au *Baza cuculoides*, type de la Sénégambie, est une preuve d'une certaine valeur en faveur de l'identification de l'espèce; d'un autre côté, la description et la figure de Swainson (*loc. cit.*) se rapportent bien réellement à l'un des âges de ce type Sénégambien, vu et décrit pour la première fois par Adanson (*loc. cit.*).

La fausse conjecture, émise par Hartlaub, provient très probablement des divergences considérables que l'on trouve dans les descriptions des auteurs.

Sans tenir compte de la figure des plus défectueuses de la planche enluminée de Buffon (*loc. cit.*), on s'aperçoit, à la simple lecture des diagnoses, qu'elles ont été faites d'après des individus d'âges différents, et pour les travaux récents même, si l'on compare, par exemple, la description et la figure de Swainson (*loc. cit.*) d'une part, avec la description et la figure de M. Sharpe (*loc. cit.*) de l'autre, ces descriptions et ces figures peuvent, à première vue, s'appliquer à deux espèces nettement tranchées; il n'en est rien cependant, les différences résultant de l'âge des individus.

Dans notre pensée, chaque auteur aurait décrit comme type les sujets qu'il avait en mains, sans s'inquiéter de leur âge, tout au moins probable; de là l'erreur et la confusion qui règnent encore aujourd'hui au sujet du *Baza cuculoides*.

Nous ajouterons que le type figuré par Levaillant (*Ois. Afr.*, I, pl. XXVIII), nous semble se rapporter au *Baza Verreauxi* (*Avicida Verreauxi*) de Lafresnaye (*Rev. Zool.*, 1846, p. 130).

Avec M. Gurney (*Ibis*, 1880, p. 462), nous avons inscrit le *Baza cuculoides* à la fin des *Milvidæ* et non parmi les *Falconidæ*, comme l'a fait M. Sharpe (*loc. cit.*), nous basant sur les remarques suivantes de M. le Professeur A. Milne Edwards (*H. N. Madagas.*, vol. I, p. 75) : « l'étude détaillée des caractères ostéologiques du *Baza Madagascariensis* montre que cet oiseau diffère trop complètement des *Faucons* pour pouvoir prendre place dans la même famille; il ressemble bien plus aux *Milans* et aux *Bondrées*; et que si la forme de sa tête et de son appareil sternal n'était pas toute spéciale, on pourrait le considérer comme appartenant au genre *Pernis* ».

Fam. FALCONIDÆ C. Bp.

Gen. POLIOHIERAX Kaup.

45. POLIOHIERAX SEMITORQUATUS Kaup.

Pl. VII, fig. 1, 2.

Poliohierax semitorquatus Kaup., Isis, 1847, p. 47.
— Sharpe, Cat. Accip. Brit. Mus., p. 370.
Falco semitorquatus A. Smith, Illustr. S. Afric. Zool., p. 1, pl. 1.
Hypotriorchis semitorquatus Gray, Gen. of B., I, p. 20.
— *castanonotus* Heugl., Ibis, 1860, p. 407 et Sclat., Ibis, 1861, p. 316, pl. XIII.

Jkhonl. — Rare. — Observé seulement dans la région Nord-Est : Forêts de Taalari, intérieur du Gangaran, Mainu.

Pendant longtemps, la femelle de cette espèce, caractérisée surtout par la région scapulaire et interscapulaire d'un brun marron, a été considérée comme une espèce à laquelle Heuglin, en 1860 (*loc. cit.*), avait donné le nom de *castaneonotus*; en 1861, M. Sclater (*Ibis*, p. 346) se livrait à une discussion approfondie, pour démontrer, à l'aide de spécimens du Nord et du Sud de l'Afrique, l'erreur à laquelle Heuglin s'était laissé entraîner. A partir de cette époque, les Ornithologistes se sont empressés, avec raison du reste, d'accepter l'opinion de M. Sclater, mais cette manière de voir eût été moins tardive, si M. Sclater et partant ses disciples n'eussent pas oublié, sans doute, que Smith, l'auteur du *Poliohierax* (*Falco*) *semitorquatus*, avait le premier parfaitement distingué la femelle en disant (*loc. cit.*) : « in the female the scapulars and the back are deep chestnut brown; in the other respects the colours are similar to those of the male ».

La figure inexacte du mâle (A. Smith, *loc. cit.*, Pl. I), celle imparfaite de la femelle (Sclater, *loc. cit.*, Pl. XII), nous ont engagé à faire représenter, d'après nature, les deux sexes de cet oiseau.

Gen. FALCO Lin.

46. FALCO BARBARUS Lin.

Falco barbarus Lin., Syst. Nat., I, p. 125.
— Sharpe, Cat. Accip. Brit. Mus., p. 386
Falco peregrinoides Schl. et Susem., Vög. Eur., taf. IX, f. 1.
Le Faucon de Barbarie Briss., Orn., I, p. 343.

Ouleil. — Assez commun. — Daranka, Albreda, Bathurst; plus rare à Rufisque, M'Bao, Thiese.

Cette espèce est indiquée par M. Sharpe (*Ibis*, 1875, p. 255) comme habitant l'île Santiago de l'archipel du Cap-Vert. Le Muséum d'Histoire Naturelle de Paris en possède un spécimen de cette localité.

47. FALCO TANYPTERUS Schl.

Falco tanypterus Schl., Abhandl. Gel. Zool., p. 8, taf. XII, XIII.
— Sharpe, Cat. Accip. Brit. Mus., p. 391.
Falco biarmicus Rüpp., Neue Wirb. Vög., p. 44 (nec Temm.).

Quiali. — Peu commun. — Bakel, Dagana, Kita, rives du Bakoy et du Bafing.

Le *Falco tanypterus* est indiqué de Nubie, des bords du Niger, de la côte d'Angola, etc.

48. FALCO RUFICOLLIS Swain.

Falco ruficollis Swain., B. W. Afr., I, p. 407, pl. II.
— Sharpe, Cat. Accip. Brit. Mus., p. 401.
— Hartl., Orn. W. Afr., p. 8.
Falco chicqueroides A. Smith., S. Afr. Quart. Journ., I, p. 233.

Quiali. — Assez répandu dans toute la région Sénégambienne. — Sorres, Thionk, Leybar, Bakel, Rufisque, Casamence, Gambie.

Hartlaub, qui a très exactement décrit cette espèce, lui donne : « rostro apice cœrulescente corneo, pedibus flavis, iride fusca » (*loc. cit.*); M. Ayres (*Ibis*, 1869, p. 288) et, d'après lui, M. Sharpe (*loc. cit.*), l'indiquent comme ayant : « orbits, cere, tarsi and feet yellow; bill bluish horn-colour, yellow at base; iris dark brown ». Chez tous les exemplaires adultes et vivants que nous avons examinés, la cire et le tour des orbites étaient orangé brillant, le bec était jaune pâle à pointe noire, les pieds d'un jaune verdâtre, et l'iris brun-rouge très pâle.

Gen. CERCHNEIS Boie.

49. CERCHNEIS TINNUNCULA Boie.

Cerchneis tinnuncula Boie, Isis, 1828, p. 314.
— Sharpe, Cat. Accip. Brit. Mus., p. 425.
Falco tinnunculus Lin., Syst. Nat., I, p. 127.
Tinnunculus Alaudarius Gray, Gen. of B., I, p. 21.
Tinnunculus tinnunculus Hartl., Orn. W. Afr., p. 9.
La Cresserelle Briss., Orn., I, p. 393 et Buff., pl. Enl., I, pl. 401 471.

Ehsonghé. — Peu commun. — De passage dans la partie Nord-Est, Saldé, Dagana, Bakel; très rare vers le Sud-Ouest, M'Bao, Rufisque, Joalles.

Cette espèce Européenne est aussi indiquée du Sud et du Nord de l'Afrique, où elle émigre parfois « occasionally wandering » (Sharpe, *loc. cit.*, p. 428).

50. CERCHNEIS NEGLECTA Sharpe.

Cerchneis neglecta Sharpe, Cat. Accip. Brit. Mus., p. 428.
Falco neglectus Schleg., Mus. P. B. Rev. Accip., p. 43, 1873.

Assez commun. — Dakar, les deux Mamelles; recueilli à Santiago, archipel du Cap-Vert, par MM. Bouvier et Keulemans.

Avec M. Sharpe (*loc. cit.*) nous considérons le *Cerchneis neglecta*, comme distinct spécifiquement du *Cerchneis Tinnuncula*. Indépendamment des caractères différentiels, nous insistons sur ce fait : que la dernière espèce est de passage en Sénégambie, tandis que la première est sédentaire sur le continent, comme dans les îles de l'archipel du Cap-Vert.

51. CERCHNEIS RUPICOLA Boie.

Cerchneis rupicola Boie, Isis, 1828, p. 314.
— Sharpe, Cat. Accip. Brit. Mus., p. 429.
— B. du Boc., Orn. Ang., p. 49.
Tinnunculus rupicolus Gray, Gen. of B., I, p. 21.
Falco rupicolus Daud., Trait. Orn., II, p. 135.
Le Montagnard Levaill., Ois. Afr., I, p. 144, pl. XXXV.

Ehsonghé. — Rare. — Casamence, Gambie, Melacorée, où cette espèce remonte vers la fin de l'hivernage.

52. CERCHNEIS ARDESIACA. Sharpe.

Cerchneis ardesiaca Sharpe, Cat. Accip. Brit. Mus., p. 440.
Falco ardosiacus Bonn. et Vieill., Enc. Méth., I, p. 1238.
Æsalon ardosiacus Hartl., Orn. W. Afr., p. 9.
Falco concolor Temm., Pl. col., I, pl. CCCXXX.
Dissodectes ardesiacus Sclat., Ibis, 1864, p. 306.

Likmé. — Commun dans toute la Sénégambie. — Saint-Louis, Sorres, Thionk, Leybar, Rufisque, Joalles, Dakar, Babagaye, Maka, le Cayor, le Ounlo, la Gambie, la Casamance, etc.

M. Sharpe donne pour habitat exclusif à cette espèce l'Ouest et le Nord-Ouest de l'Afrique.

PANDIONI Sharpe.

Fam. PANDIONIDÆ Sharpe.

Gen. PANDION Savig.

53. PANDION HALIÆTUS Less.

Pandion haliætus Less., Man. Orn., I, p. 86, 1828.
— Sharpe, Cat. Accip. Brit. Mus., p. 440.
— Hartl., Orn. W. Afr., p. 7.
Aigle de mer Briss., Orn., I, p. 440.
Falco haliætus Lin., Syst. Nat., I, p. 129.

Seguéligo. — Assez rare — Hann, M'Bao, Joalles, Gorée, Dakar, Almadies, Gandiole, pointe de Ghimbering.

Le *Pandion haliætus* habite la zône littorale; ce n'est qu'exceptionnellement qu'on l'observe en remontant les fleuves, et toujours à de faibles distances de la côte. M. Bouvier (*Cat. Ois. Voy. Marche et Compiègne*, p. 7) le signale à Gorée où nous l'avons également tué.

STRIGI C. Bp.

Fam. BUBONIDÆ Swain.

Gen. SCOTOPELIA C. Bp.

54. SCOTOPELIA PELI C. Bp.

Scotopelia Peli C. Bp., Consp. Av., I, p. 44, ex Temm., M. S. in Mus. Lugd.
— Sharpe, Cat. Strig. Brit. Mus., p. 10.
— Hartl., Orn. W. Afr., p. 18.
— Gurney, Ibis, 1859, p. 445, pl. XV.
Bubo Peli Kaup., Contr. Orn., 1852, p. 117.
Strix Pelii Schl., Handal. Dierk., I, p. 176, pl. I, f. 10.
Ketupa Peli Gray, Hand. l. B., I, p. 45.

Enkourou. — Rare. — Forêts de la Gambie, de la Casamence et de la Melacorée; Cagnout, Samatite, Bering, Kagulac-Cay.

M. Sharpe (*loc. cit.*) indique cette espèce de la Sénégambie au Gabon, et dans la région du Zambèze. M. Barboza du Bocage l'inscrit dans son Ornithologie d'Angola (p. 55), « sous la responsabilité, dit-il, de M. Sharpe, qui l'a vue parmi d'autres oiseaux rapportés du Quanza ».

Les spécimens du Zambèze, fait observer M. Sharpe (*loc. cit.*), « sont d'une taille moins forte que ceux du Gabon, ils sont en outre différemment colorés; les parties inférieures sont fauves avec des taches longitudinales noires, et en forme de flèches; parfois on observe des taches cordiformes sur la région des flancs; quelques-unes des plumes de la poitrine sont terminées par des taches noires. Mais, ajoute l'auteur Anglais, comme ces caractères se retrouvent sur la planche de M. Gurney (*Ibis*, 1859, *loc. cit.*) représentant un type de l'Ouest Afrique, il est probable qu'ils ne peuvent servir à distinguer une espèce (*it is probably not a specific character*) et désignent plutôt la livrée du jeune âge (*but the sign of nonage*) ».

Ne connaissant pas les spécimens du Zambèze, nous ne pouvons discuter la valeur des caractères précédemment énumérés; aussi nous bornerons-nous à traduire textuellement l'excellente description que M. Sharpe donne du *Scotopelia Peli* type, afin de permettre la comparaison de cette espèce avec la suivante, que nous considérons comme en étant tout à fait distincte.

« *Sujet adulte.* — En dessus d'un roux châtain foncé orné de bandes nombreuses irrégulières noires, moins distinctes sur la tête; celle-ci légèrement fauve; pennes et couvertures des ailes châtain avec bandes noires exactement comme sur le dos; face inférieure des ailes de couleur rousse et barrée de la même façon que la face supérieure; queue d'un roux fauve un peu plus clair que le dos, traversée de bandes noires; parties inférieures du corps châtain clair avec des taches cordiformes noires, de forme souvent un peu irrégulière; couverture inférieure des ailes roux châtain avec quelques taches et quelques raies noires plus distinctes sur les rangs inférieurs; cire bleu de plomb; bec de la même couleur que la cire, mais d'une teinte plus foncée excepté vers le bout; tarses d'un blanc sale, nuancés de rose bleuâtre; serres couleur de corne claire, teintées de bleuâtre; iris brun noir prononcé ».

Longueur totale		575	millimètres.
—	de l'aile	420	—
—	de la queue	250	—
—	du bec	50	—
—	du tarse	52	—

55. SCOTOPELIA OUSTALETI Rochbr.

Pl. VIII, fig. 1.

Scotopelia Oustaleti Rochbr., Bull. Soc. Phil., 2 août 1883.

S. — SUPRA NITIDE FULVO CINNAMOMEA, CASTANEO FASCIOLATA; CAPITE PALLIDIORE, FASCIIS MINUTIS RARIORIBUS; FACIE LUTEO CINEREA; COLLO, PECTORE, EPIGASTRO, LÆTE ALBO CINNAMOMEIS, RUFO MACULATIS; TECTRICIBUS CINNAMOMEO RUFIS, MACULIS SUBTRIQUETRIS CASTANEIS; REMIGIBUS PALLIDIORIBUS, RACHIDE AURATO, FASCIIS FUSCIS TRANSVERSIM NOTATIS; SUBALARIBUS DILUTE CINNAMOMEIS, FASCIIS GRISEO RUFIS;

RECTRICIBUS SIMILLIMIS; UROPYGIO LUTEO ALBESCENTE, MINUTE FULVO STRIOLATO; CRISSO GRISEO LUTESCENTE, FUSCO FASCIATO; CRURIBUS ALBO CINNAMOMEIS, IMMACULATIS; CERA RUBRO CARNEA; ROSTRO SORDIDE CÆRULEO, APICE NIGRO; SETIS BASALIBUS RIGIDIS, LONGIS, LUTEO ALBIS; PEDIBUS ET TARSIS INFERIORIBUS NUDIS, LUTEO AURANTIACIS; IRIDE CÆRULEO.

En dessus fauve cannelle à reflets brillants, chaque plume marquée de petites bandes irrégulières brun marron; la tête de couleur plus pâle à bandes moins nombreuses et de dimensions plus faibles; région parotidienne d'un jaune blanc châtain sans taches; cou, poitrine, ventre d'une teinte chamois très pâle, à mouchetures brun noir, plus arrondies sur la poitrine; couvertures des ailes roux cannelle avec nombreuses macules triangulaires brun marron; les pennes de couleur plus claire, à rachis d'un beau jaune orange doré, marquées transversalement de bandes fauves; surface inférieure des ailes chamois pâle à bandes d'un gris roussâtre; queue en dessus comme les pennes de l'aile; croupion jaune blanchâtre finement strié en travers de lignes onduleuses fauves; dessous de la queue d'un jaunâtre pâle à bandes brunes; cuisses d'un blanc chamois sans aucune trace de taches; cire d'un rouge carné; bec d'un bleu légèrement plombé, noirâtre au milieu de la mandibule supérieure ainsi qu'à la pointe; poils de la base du bec rigides, longs, d'un blanc jaunâtre; tarse et pieds nus, d'un jaune orangé; iris brun rouge pâle.

Longueur totale	....	690	millimètres.
—	de l'aile......................	502	—
—	de la queue......................	261	—
—	du bec......................	50	—
—	des tarses......................	60	—
—	du doigt médian............	30	—
—	moyenne des ongles..........	45	—

Enkourouba. — Rare. — Forêts du Cayor; a été tué en remontant le fleuve, à Saldé; s'observe quelquefois à l'île de Thionk où nous l'avons vu; excessivement rare sur la Gambie.

La livrée du sujet adulte et mâle que nous venons de décrire, sa taille considérable, les localités où on le rencontre, sont autant de points sur lesquels nous nous sommes appuyé pour le distinguer du *Scotopelia Peli*. Lorsque nous voyons M. Gurney (*P. Z. S. of London*, 1871, p. 48 et in *Ander. B. Dam.*, p. 42) accorder une valeur non seulement spécifique, mais qui plus est, générique, à la couleur de l'iris chez certains *Accipitres* nocturnes; lorsque nous voyons plusieurs Ornithologistes accepter cette caractéristique, que nous nous permettons de regarder comme discutable, nous n'hésitons pas à spécifier un type, toutes les fois qu'il réunit, comme notre *Scotopelia Oustaleti*, une somme notable de caractères particuliers.

Gen. BUBO Cuv.

56. BUBO MACULOSUS C. Bp.

Bubo maculosus C. Bp., Consp. Av., I, p. 49.
— Sharpe, Cat. Strig. Brit. Mus., p. 30.
Strix maculosa Vieill., N. Dict. H. N., VII, p. 44.
Otus Africanus Steph., Gen. Zool., XIII, pt. 2, p. 58.
Bubo Africanus Boie, Isis, 1826, p. 976.

Loye. — Peu commun. — Bathurst, Sedhiou, forêts de la région arrosée par la Kiclacorée.

Cette espèce de Sierra-Leone et du Gabon existe également au Zambèze et dans le Sud de l'Afrique; elle remonte dans la basse Sénégambie, où elle apparaît périodiquement.

57. BUBO CINERASCENS Guer.

Bubo cinerascens Guer., Rev. Zool., 1843, p. 321.
— Sharpe, Cat. Strig. Brit. Mus., p. 32.
Bubo maculosus Hartl., Orn. W. Afr., p. 19 (non Vieill.).

Loye. — Assez fréquent dans la région Nord-Est. — Bakel, Médine, Podor, forêts de Maina et de Bandoubé; notre excellent confrère M. le Dr Colin nous l'a rapporté de cette dernière localité.

M. Sharpe (*loc. cit.*) l'indique sur les bords du Niger.

58. BUBO LACTEUS Steph.

Bubo lacteus Steph., Gen. Zool., XIII, pt. 2, p. 55.
— Sharpe, Cat. Strig. Brit. Mus., p. 33.
— Hartl., Orn. W. Afr., p. 19.

Loye. — Assez commun dans les mêmes parages que l'espèce précédente.

L'Est et l'Ouest du continent Africain paraissent limiter l'aire d'habitat du *Bubo lacteus;* avec M. Gurney (*Ibis,* 1868, p. 148) nous considérons comme distinct le type du Sud que nous désignons comme lui sous le nom de *Bubo Verreauxi,* imposé par C. Bonaparte (*Consp. Av.,* I, p. 49).

Gen. SCOPS Savig.

59. SCOPS SENEGALENSIS Swain.

Scops Senegalensis Swain., B. W. Afr., I, p. 127.
— Finsch., Trans. Z. S. of Lond., VII, p. 210.
— Hartl., Orn. W. Afr., p. 19.
Scops giu Sharpe, Cat. Strig. Brit. Mus., p. 47 à 52.

Touti Loye. — Commun. — Sorres, Saint-Louis, Thionk, Dakar, M'Bao, Joalles, Rufisque, etc.

Le Dr Finsch considère le *Scops Senegalensis* comme très voisin de l'espèce d'Europe; il en diffère cependant, dit-il, par ses ailes plus courtes, caractère qu'il n'hésite pas à regarder comme spécifique (*loc. cit.*).

Pour M. Sharpe (*loc. cit.*) rien ne les distingue; le *Scops Senegalensis* n'est qu'une race locale du *Scops giu,* de taille un peu plus petite; on sait que les *races locales* jouent un grand rôle dans les travaux de M. Sharpe.

L'auteur du *Scops Senegalensis,* et tous ceux qui, comme nous, ont adopté son espèce, reconnaissent des caractères suffisants pour le distinguer.

« Dans le *Scops Senegalensis*, dit Swainson (*loc. cit.*), la face intérieure des rémiges est légèrement brune passant au roux et marquée en travers de *six* bandes noirâtres dirigées obliquement, et s'étendant en travers sur toute la largeur des plumes; dans le *Scops Europæus*, ces bandes sont blanchâtres, moins larges et ne règnent pas sur toute la surface des rémiges; on en compte *six* sur la première chez le *Scops Senegalensis*, et *neuf* chez le *Scops Europæus;* les petites couvertures des ailes de cette dernière espèce sont d'un brun roux foncé; elles sont jaunâtres lavées de roux chez le *Scops Senegalensis;* celui-ci a les ailes plus courtes, la deuxième rémige est moins longue que la cinquième, la troisième et la quatrième sont égales, tandis que la deuxième rémige du *Scops Europæus* égale la quatrième et que la troisième dépasse les autres ».

Adanson (*Cours H. Nat.* Éd. *Payer*, t. I, p. 534) a bien connu cette espèce. « J'ai tué en juin, dit-il, dans les bois qui avoisinent l'île du Sénégal, un petit *Scops* différant de celui d'Europe, en ce que ses oreilles sont composées chacune de six plumes, en ce qu'il est moins roux, plus cendré et marqué de six bandes transversales sur chaque aile ».

60. SCOPS LEUCOTIS Swain.

Scops leucotis Swain., B. W. Afr., I, p. 124.
— Sharpe, Cat. Strig. Brit. Mus., p. 97.
— Hartl., Orn. W. Afr., p. 20.
Strix leucotis Temm., Pl. Col., I, pl. XVI.
Bubo leucotis Schleg., Mus. P. B., p. 17.

Vekh Loye. — Commun. — Dakar, M'Bao, Cap-Vert, Rufisque, Sorres, Thionk, île Befisch, Bakel, Saldé, Dagana, Kita, forêts de la Gambie et de la Casamence.

L'espèce se rencontre à Angola, au Gabon, dans la Cafrerie, le Damara, le Zambèze, etc. Son aire d'habitat comprend ainsi tout le continent.

Fam. SURNIDÆ C. Bp.

Gen. NOCTUA Savig.

61. NOCTUA SPILOGASTRA Heugl.

Noctua spilogastra Heugl., Orn. Nordost Afr., p. 119, taf. IV.
Carine spilogastra Sharpe, Ibis, 1875, p. 258 et Cat. Strig. Brit. Mus., p. 138.

Polor. — Peu commun. — Forêts de Tualari et de Bandoubé, Kita, Banion-Kadougou.

Cette espèce, considérée comme Abyssinienne, a été découverte dans les localités où nous l'indiquons par M. le Dr Colin, qui a bien voulu nous communiquer un magnifique exemplaire tué par lui.

Gen. GLAUCIDIUM Boie.

62. GLAUCIDIUM PERLATUM Sharpe.

Glaucidium perlatum Sharpe, Cat. Strig. Brit. Mus., p. 210.
Athene perlata Gray, Gen. of B., I, p. 35.
— Hartl., Orn. W. Afr., p. 17.
Strix Senegalensis Chapm., Trav. S. Afr., II, app. p. 393.
La Chevechette perlée Levaill., Ois. Afr., VI, pl. CCLXXXIV.
Strix perlata Vieill., N. Dict. H. N., VII, p. 26.

Ouataïh. — Assez commun. — Bathurst, Daranka, Sedhiou, Melacorée, Diatacouda.

La présence de cette espèce en Gambie, où M. Bouvier (*Cat. Ois. Voy. Marche et Compiègne*, p. 7) l'a indiquée avant nous, détruit l'assertion de M. Sharpe (*loc. cit.*) « Hab. the whole of Africa south of the Sahara, *excepting the forest regions of the west coast* ».

Parmi les Ornithologistes qui ont étudié le *Glaucidium perlatum*, MM. Ayres, Finsh, Sharpe entre autres, déclarent l'impossibilité de distinguer les types du Sud et du Nord-Est; tout ce qu'ils affirment, c'est que les individus du Sud ont une coloration moins foncée.

L'examen d'un nombre assez considérable de sujets de tout âge nous a démontré que, contrairement à l'opinion des auteurs précités, les spécimens provenant du Sud sont ceux dont le plumage présente les *teintes les plus sombres*, et en second lieu que les uns et les autres fournissent des caractères suffisants pour autoriser leur séparation.

Les spécimens à plumage sombre ont été décrits comme types du *Glaucidium perlatum*, nous reproduisons leur diagnose:

Adulte ♂. — « En dessus d'un brun marron nuancé de roux sur la tête et varié de taches arrondies blanches, liserées de noirâtre, plus petites et plus rapprochées sur la tête et le cou; au dessous de la nuque un demi-collier blanc et roux bordé de noir. Parties inférieures blanc lavé de roussâtre, tachetées de roux sur la gorge et la poitrine, fortement striées de brun sur l'abdomen; sous-caudales blanches sans taches; joues blanchâtres; rémiges brun olivâtre, marquées en dehors et en dedans de grandes taches blanc fauve, régulièrement espacées; queue longue, de la couleur du dos, ornée de taches allongées blanches, disposées en deux séries régulières sur chaque rectrice; cire, bec et doigts jaune verdâtre; iris jaune ».

Longueur totale		210	millimètres.
—	de l'aile	122	—
—	de la queue	88	—
—	du bec	16	—
—	du tarse	21	—
—	du doigt médian	20	—

Cette description s'applique, selon nous, et nous insistons sur ce point, aux exemplaires *seuls* provenant du Sud-Ouest et du Sud-Est de l'Afrique.

Nous désignerons, dès lors, les exemplaires du Nord-Ouest et du Nord-Est, que nous allons examiner comparativement (exemplaires à teintes pâles), sous le nom imposé par Lichtenstein aux types présentant ce mode de coloration.

63. GLAUCIDIUM LICUA Rochbr.

Pl. IX, fig. 1.

Glaucidium licua Rochbr., Notes M. S., 1876.
Strix licua Licht., Vers. Saüg. u. Vög. Kafferal., p. 12.
Athene licua Strickl. et Sclat., Contr. Orn., 1852, p. 142.

Sibalajh. — Peu commun. — Bakel, forêts de Makana, Kouguel, Arondou, Kita, Bandoubé, bords du Bakoy et de la Falémé.

Adulte ♂ — En dessus, d'un jaune chamois; la tête de cette dernière couleur, ornée de petites taches arrondies, blanches, bordées de noir; sourcils blancs, joues brunâtres; en dessous de la nuque un demi-collier blanc pur mélangé de noir; toutes les parties inférieures d'un blanc pur très lâchement tachetées de brun fauve, les taches de la poitrine arrondies irrégulières, celles de l'abdomen un peu plus foncées et allongées; petites couvertures des ailes, d'un fauve rougeâtre clair, mélangées de taches blanches larges et *irrégulières*; *rémiges* d'un fauve tirant sur le gris, marquées de taches quadrangulaires blanches, alternant avec des taches semblables d'un noir pâle et régulièrement barrées de brun en dessus et en dessous; queue courte, chamois en dessus, ornée de taches blanches, arrondies; en dessous d'un gris brun, à larges taches quadrangulaires, blanchâtres; cire brunâtre; bec d'un jaune brun, ainsi que les pieds; iris jaune clair.

Longueur totale		180	millimètres.
—	de l'aile	105	—
—	de la queue	71	—
—	du bec	13	—
—	du tarse	22	—
—	du doigt médian	17	—

Nous n'insisterons pas sur ces différences, pleinement suffisantes pour séparer nos deux types; nous poserons seulement une simple question, question applicable à bon nombre d'espèces dont nous aurons à nous occuper : pourquoi certaines variations dans la coloration, considérées comme *sans valeur* pour plusieurs types, sont-elles *unanimement acceptées comme caractères spécifiques* pour d'autres ?

Fam. SYRNIIDÆ Sharpe.

Gen. ASIO Briss.

64. ASIO ABYSSINICUS Strickl.

Asio Abyssinicus Strickl., Orn. Syn., p. 211.
— Sharpe, Cat. Strig. Brit. Mus., p. 227.
Otus Abyssinicus Guer. Men. Rev. Zool., 1843, p. 321.
— Heugl., Orn. Nordost Afr., p. 107.

Kheurguedjh. — Commun. — Kita, Falémé, Bakoy et Bafing; montagnes du Fouta sur la lisière des Forêts; Maina, Bandoubé.

Nous possédions cette espèce de la région Nord-Est de la Sénégambie, où M. le Dr Colin l'a recueillie depuis nous; il a bien voulu nous en communiquer deux exemplaires.

65. ASIO CAPENSIS Strickl.

Asio Capensis Strickl., Orn. Syn., p. 211.
— Sharpe, Cat. Strig. Brit. Mus., p. 239.
Otus Capensis A. Smith., S. Afr. Quart. Journ., ser. 2, par. I, p. 316.
— B. du Boc., Orn. Ang., p. 61.

Assez commun. — Forêts des bords de la Gambie et de la Casamence, Diatacunda, Sedhiou, Bathurst.

L'*Asio Capensis* du Sud de l'Afrique, cité à Angola par M. Barboza du Bocage (*loc. cit.*), également indiqué dans le Benguela, le Zambèze, remonte jusqu'à la limite Sud de la Sénégambie où il séjourne momentanément.

Gen. SYRNIUM Savig.

66. SYRNIUM NUCHALE Sharpe.

Syrnium nuchale Sharpe, Ibis, 1870, p. 487.
— Sharpe, Cat. Strig. Brit. Mus., p. 265.

Kheurguedjh. — Assez commun. — Forêts du haut du fleuve, Saldé, Matham, Bakel, Podor; nous l'avons observé à l'île de Thionk, à Babagayo, ainsi qu'à Loybar.

67. SYRNIUM WOODFORDI. C. Bp.

Syrnium Woodfordi C. Bp., Consp. Av., I, p. 59.
— Sharpe, Cat. Strig. Brit. Mus., p. 267.
— Hartl., Orn. W. Afr., p. 21.
Athene Woodfordi A. Smith., Illust. S. Afr. Zool., pl. LXXI.

Kheurguedjh. — Assez commun. — Gambie, Casamence, Mélacorée, Bathurst, Ghimbering, Cagnout, forêts de Wagram.

M. Sharpe (*Ibis*, 1870, p. 487) prétend que le *Syrnium nuchale* remplace le *Syrnium Woodfordi*, dans l'Afrique occidentale; nous affirmons que les deux espèces se trouvent en Sénégambie où nous les avons tuées; mais elles paraissent localisées : la première dans les régions Nord-Ouest et Est, la seconde dans la région Sud.

Le *Syrnium nuchale*, dit M. Sharpe (*loc. cit.*), est « *affine S. Woodfordi, sed multo saturatius, collo postico fasciis latis albis notato, pectore saturate brunneo, late albo transfasciato* ».

Ainsi, le *Syrnium nuchale*, espèce acceptée par tous les ornithologistes, par M. Gurney lui-même (*this bird which M. Gurney agrees with me in considering to be undescribed*, Sharpe, *Ibis*, 1870, p. 487), se distingue uniquement du *Syrnium Woodfordi*, par des teintes plus foncées et par l'absence presque complète de taches blanches et de vermiculations sur les couvertures des ailes et sur le dos; ne serait-ce pas le cas de renouveler la question précédemment posée?

Fam. STRIGIDÆ C. Bp.

Gen. STRIX Linn.

68. STRIX FLAMMEA Linn.

Strix flammea Linn., Syst. Nat., I, p. 133.
— Sharpe, Cat. Strig. Brit. Mus., p. 291.

S. — SUPRA CINERASCENS, TENUISSIME NIGRICANTE VERMICULATA, MACULIS MINUTIS CREBRIS ALBIS; GULA ET FACIE ALBIDIS; CORONA LÆTE FULVO MARGINATA, PERIOPHTHALMIS OBSCURIORIBUS; SUBTUS PALLIDE FULVESCENS, MACULIS MINUTIS ROTUNDATIS NIGRIS; CAUDA ET ALIS FULVIS, CINEREO FASCIATIS, NIGRICANTE VARIEGATIS; TARSIS ALBIDIS, FERE NUDIS, IRIDE CROCEO.

Loye Loye. — Commun. — Dakar, Joalles, M'Bao, Sorres, Saint-Louis, Thionk, etc.

69. STRIX INSULARIS Pelz.

Strix insularis Pelz., J. f. Orn., 1872, p. 23.
Strix flammea (Dark phase) Sharpe, Cat. Strig. Brit. Mus., p. 300, pl. XIV, fig. *a* (Var. *insularis*).

S. — SUPRA BRUNNEO FULVESCENS, MACULIS MINUTIS CÆRULEO ALBIDIS REGULARITER DISPOSITIS PICTA; GULA ET FACIE FULVIS; CORONA AURANTIACA, PERIOPHTHALMIS INTENSE RUFIS; SUBTUS CINNAMOMEO PALLESCENS, MACULIS CASTANEIS SPARSIS; CAUDA ET ALIS RUFIS, BRUNNEO LATE FASCIATIS; TARSIS LUTEO RUFIS, FERE NUDIS; IRIDE CASTANEO.

Loye Loye. — Commun. — Iles de l'archipel du Cap-Vert; Santiago, Porto-Praya; plus rare sur le continent où on l'observe cependant, notamment : aux Almadies, au Cap Blanc, aux deux Mamelles, à Dakar, à Gorée; très rare dans les environs immédiats de Saint-Louis où nous en avons capturé un exemplaire unique.

70. STRIX POENSIS Fras.

Strix Poensis Fras., P. Z. S. of Lond., 1842, p. 189.
— Hartl., Orn. W. Afr., p. 22.
Strix flammea (Light phase) Sharpe, Cat. Strig. Brit. Mus., p. 300 (Var. *Poensis*).

S. — SUPRA CERVINO FLAVESCENS, ALBO ET PURPURASCENTE ADSPERSA, PLUMARUM OMNIUM SCAPIS 2-3 GUTTATIS, SPATIIS INTERMEDIIS NIGRIS; FACIE ALBA; REMIGIBUS PRIMARIIS ET SECUNDARIIS OBSOLETE FASCIATIS; CAUDA FULVESCENTE, FUSCO FASCIATA, RARIUSQUE ALBO GUTTATA; SUBTUS FLAVESCENTE ALBA, GUTTIS TRIANGULARIBUS NIGRICANTIBUS; TARSIS FERE AD DIGITOS USQUE, ALBO LANUGINOSIS; IRIDE LUTEO (1).

Loye Loye. — Commun. — Gambie, Casamence, Bathurst, Albreda, Bering, Samatite, Itou, Maling.

Après une longue, très longue dissertation sur les *Strix* des différentes parties du monde, M. Sharpe, que nous venons de voir distinguer le *Syrnium nuchale* du *Syrnium Woodfordi*, à cause de son plumage « *multo saturatius* », conclut ainsi (*loc. cit.*, p. 296) : « my conclusion with regard to the Barn-Owls is, that there is one dominant type which prevails generally over the continents of the old and new worlds, being darker or lighter according to different localities, but possessing no distinctive specific characters ».

Pour l'Ornithologiste Anglais, la coloration, la disposition des teintes, dans le genre *Strix* ne sont rien, il y a deux teintes dans le plumage, ce qu'il appelle *light phase* et *dark phase*, rien de plus.

Ne partageant pas cette manière de voir et d'accord en cela avec plusieurs Ornithologistes d'une valeur indiscutable, comme l'est M. Sharpe lui-même du reste, nous avons donné, suivant les auteurs et après un minutieux contrôle, la diagnose comparative

(1) Les trois diagnoses précédentes sont textuellement copiées dans Hartlaub (*loc. cit.*).

des trois types Sénégambiens, afin de montrer que les *light* et *dark phases* ne doivent pas être seules mises en cause.

« The African Barn-Owl, dit encore M. Sharpe (*loc. cit.*, p. 295), according to my experience, *is always darker than the European*, especially the specimens from *Southern Africa;* but they are again scarcely distinguished from the *dark phase* of *Strix flammea* ».

C'est encore une erreur, puisque nous avons décrit le *Strix flammea* type, de Dakar, Joalles, Saint-Louis, identique aux types français, *à plumage des plus pâles;* et que ce ne sont pas les exemplaires du Sud qui présentent la coloration la plus foncée, témoin le *Strix Poensis*, que l'on peut classer dans les *light phase;* mais bien au contraire le *Strix insularis* des îles du Cap-Vert, de Dakar, etc., par conséquent de l'Ouest.

PSITTACI Nitz.

Fam. PALÆORNITHIDÆ Gray.

Gen. PALÆORNIS Vig.

71. PALÆORNIS PARVIROSTRIS C. Bp.

Palæornis parvirostris C. Bp., Rev. et Mag. Zool., 1854, p. 152.
Psittacus docilis Vieill., Nouv. Dict. H. N. XXV, p. 343.
Palæornis torquatus Hartl., Orn. W. Afr., p. 166.
— *Subspecies docilis* Reichen., J. f. Orn., 1881, p. 230.

N'Tiol. — Commun. — Forêts du haut du fleuve d'où les nègres en rapportent de grandes quantités; Saldé, Dagana, Bakel, Podor.

Habituellement confondu avec le *Palæornis torquatus* de l'Inde, cette espèce est décrite comme *sous-espèce* par Reichenow (*Consp. Psittacorum, loc. cit.*), et ainsi caractérisée : *P. torquato simillimus, sed alis breviaribus, rostro debiliore* ».

Les innombrables exemplaires qu'il nous a été si facile d'examiner nous ont montré d'autres différences : chez tous indistinctement en effet, l'occiput et le cou sont d'un gris perle des plus accusés; le collier est beaucoup plus large, à bande noire plus intense, tandis que la bande rose est à peine indiquée; enfin les rémiges sont bleues et non pas vertes; toutes les dimensions sont aussi plus faibles :

Longueur totale	380	millimètres.
— de l'aile	155	—
— de la queue	221	—
— du bec	18	—
— du tarse	11	—

C'est parmi les Oiseaux dits de volière, une des espèces les plus communes, et l'objet d'un commerce important.

Gen. AGAPORNIS Selby.

72. AGAPORNIS TARANTÆ Reichen.

Agapornis Tarantæ Reichen., J. f. Orn., 1881, p. 257.
Psittacus Tarantæ Stanl., Salt. Trav. Abyss. app.

N'Douro — Peu commun. — Bords du Bakoy et du Bafing, Kita, forêts du Fouta-Kouro.

Cette espèce, considérée jusqu'ici comme exclusivement Abyssinienne, se montre dans la région Nord-Est de la Sénégambie vers la fin de l'hivernage; elle arrive par petites troupes composées de huit à dix individus, et se plaît sur la lisière des grands bois.

Nous avons pu nous procurer un exemplaire sans doute égaré, tué à Saldé par le capitaine Daboville; depuis M. le Dr Colin l'a rapportée des localités où nous l'indiquons.

73. AGAPORNIS PULLARIA Selby.

Agapornis pullaria Selby, Nat. Libr., p. 117.
— Reichen., J. f. Orn., 1881, p. 257.
— Hartl., Orn. W. Afr., p. 168.
— Oustal., Nouv. Arch. Mus., 1879, p. 55.
Psittacus pullarius Lin., Mus. Ad. Fried., II, p. 15.
Psittacula Guineensis Briss., Orn., IV, p. 387.

Singogo. — Assez commun. — Gambie, Casamence, Mélacorée, Bathurst, Gilfré.

L'*Agapornis pullaria* se tient en troupes à la lisière des bois, au milieu des buissons d'*Haronya Madagascariensis*.

Notre collègue M. Oustalet la donne comme habitant depuis la Guinée, jusqu'au pays d'Angola inclusivement (*loc. cit.*); elle remonte jusque dans la basse Sénégambie, comme l'établissent les localités où nous l'avons observée, elle occupe donc une aire plus vaste qu'on ne le supposait jusqu'ici.

Fam. PSITTACIDÆ Leach.

Gen. PSITTACUS Lin.

74. PSITTACUS TIMNEH Fras.

Psittacus Timneh Fras., P. Z. S. of Lond., 1844, p. 38.
— *carycinurus* Reichen., J. f. Orn., p. 262.
Perroquet cendré-noir Levaill., H. N. Perr., pl. CII.

N'Gogo. — Rare. — Gambie, Casamence, Mélacorée, où il habite dans les forêts d'*Elais Guineensis*.

75. PSITTACUS ERYTHACUS Lin.

Psittacus erythacus Lin., Syst. Nat., I, p. 144.
— Hartl., Orn. W. Afr., p. 166.
— Reichen., J. f. Orn., 1881, p. 262.
Psittacus ruber Scop., Ann., I, p. 32.
Le Jaco Buff., H. N. Ois., VII, p. 81.
Perroquet cendré Levaill., H. N. Perr., pl. IC.
Psittacus Guineensis cinereus Briss., Orn. IV, p. 310.

N'Gogo. — Commun. — Gambie, Casamence, Mélacorée; remonte parfois plus à l'Ouest, notamment à Leybar où nous en avons tué deux exemplaires.

Le *Psittacus erythacus* est fréquemment apporté à Saint-Louis par les Noirs. Cette espèce est très recherchée des Européens.

76. PSITTACUS RUBROVARIUS Rochbr.

Pl. X, fig. 1.

Psittacus rubrovarius Rochbr., Notes M. S.
Psittacus erythacus Var. *Tapirée* Auctor.
Psittacus Guineensis rubrovarius Briss., Orn., IV, p. 313.
Perroquet cendré Tapiré de rouge Levaill., H. N. Perr., pl. CI, p. 73.

P. — CINEREO NIGRESCENTE, PLUMIS ALBO MARGINATIS; SCAPULARIBUS, GENIS, NUCHÆ, PECTORE ET ABDOMINE INTENSE SALMONEO ROSEIS; REMIGIBUS ARDOSIACEIS, EXTERNE NIGRO LIMBATIS; SUBCAUDALIBUS VINACEO RUBRIS; FACIE CARNEO CÆRULESCENTE, ROSTRO ARDOSIACO; PEDIBUS VINACEIS, IRIDE ALBO CÆRULESCENTE.

Teinte générale d'un gris noirâtre, pâle sur la tête et la nuque, foncé sur les côtés du cou et la gorge; couvertures des ailes, tout l'abdomen et une partie de la poitrine, les joues, la nuque, d'un rouge saumon foncé, mélangé de quelques plumes gris noirâtre; toutes les plumes largement bordées de blanc; rémiges d'un gris d'ardoise foncé, liserées extérieurement de noir; dessous de la queue d'un rouge vineux intense; parties nues de la face rose de chair, bleuâtres à la base du bec; celui-ci d'un noir brun pâle; pieds rougeâtre vineux pâle; iris d'un blanc bleuâtre.

Longueur totale	....	350	millimètres.
—	de l'aile	220	—
—	de la queue	110	—
—	du bec	40	—
—	du tarse	20	—

Oga N'Gogo. — Assez rare. — Haute Gambie et haute Casamence.

Le Perroquet que nous inscrivons ici comme espèce, est envisagé par tous les Ornithologistes, comme une simple variété du *Psittacus erythacus*, disons mieux comme le représentant d'individus maladifs, exemple pour eux le plus concluant de ce que l'on a coutume de désigner sous le nom de *Tapiré.*

Certes, si la coloration rouge de certaines régions du corps ordinairement grises était, comme on l'a dit : soit l'effet d'un état morbide de l'animal, soit le résultat d'une opération pratiquée par les Indigènes, soit enfin un cas accidentel, suivant l'opinion acceptée, nous nous serions contenté de noter la variation sans lui accorder aucune importance.

Mais il n'en est pas ainsi; non seulement la prétendue variation ne peut être attribuée à aucune des causes précitées, mais elle est fixe et constante; les sujets Tapirés (*nous employons ce mot à dessein*), naissent Tapirés et se reproduisent de même (le fait pour nous est démontré); en outre, ils vivent dans des localités où le type gris n'existe pas; celui-ci vit dans les forêts voisines de la côte; le Tapiré ne s'y rencontre pas et se localise dans les forêts de l'intérieur.

M. Barboza du Bocage avait déjà signalé cette particularité (*Orn. Ang.*, p. 67) : « la variété à plumage rouge ou Tapiré de rouge, dit-il, est beaucoup plus rare, il paraît que tous les individus de cette variété que les Noirs de l'intérieur apportent vivants à Loanda, viennent de localités très éloignées de la côte, telles que Cassange et Lunda ».

Que parmi les espèces du genre *Psittacus*, il existe des variétés purement accidentelles, nous le savons; que certains Sauvages changent à volonté les teintes de leur plumage, en arrachant les plumes pendant le jeune âge et en frottant la partie dépouillée avec le sang d'une *Raine bleue à raies jaunes*, comme le raconte Vieillot (*Dict. H. N. Ed. Deterville*, 1816, t. XXV, p. 315), ou avec du Rocou (*Vieillot, loc. cit.*) d'après d'Azara, nous voudrions le croire, mais nous en doutons; qu'enfin, sous l'influence d'un état morbide, des variations dans le plumage apparaissent, surtout à l'état de domesticité (*Levaillant, H. N. Perr.*, 1805, t. II, p. 75), c'est incontestable; mais qu'à l'état de nature, les choses se passent ainsi, nous le nions.

Le Perroquet cendré Tapiré de rouge de la Sénégambie existe *sauvage et libre* dans ses forêts, il se *reproduit tel*, nous le répétons, il vit dans des *régions déterminées*, et, il faut bien le dire, il jouit d'une *santé parfaite; variété* pour les uns, *race locale* pour d'autres, il est pour nous le *type d'une espèce*, qu'en vertu du système de nomenclature adopté dans cet ouvrage, nous devons nommer, et à laquelle nous appliquons la caractéristique de Brisson, qui, lui aussi, le décrivait comme variété de son *Psittacus Guineensis*.

Les dimensions du *Psittacus rubrovarius* sont supérieures à celles du *Psittacus erythacus*, comme le montre le tableau comparatif suivant :

		P. rubrovarius	*P. erythacus*
Longueur totale		350 millim.	339 millim.
—	de l'aile	220 —	214 —
—	de la queue	110 —	99 —
—	du bec	40 —	36 —
—	du tarse	20 —	14 —

Fam. PIONIDÆ Reichen.

Gen. POEOCEPHALUS Swain.

77. POEOCEPHALUS ROBUSTUS Reichen.

Poeocephalus robustus Reichen., J. f. Orn., 1881, p. 383.
Psittacus robustus Gmel., Syst. Nat., I, p. 344.
— *Levaillantii* Lath., Ind. Orn., Supp., p. 23.
— *infuscatus* Shaw., Gen. Zool., VIII, p. 523.
Poeocephalus Vaillantii C. Bp., Rev. et Mag. Zool., 1854, p. 154.

Kyiombo. — Peu commun. — Gambie, Casamence, Cagnout, forêts de Wagram.

78. POEOCEPHALUS FUSCICOLLIS Reichen.

Pl. XI, fig. 1.

Poeocephalus fuscicollis Reichen., J. f. Orn., 1881, p. 383 (subspecies).
Psittacus fuscicollis Kuhl., Comp. Psitt., p. 93.
Phaeocephalus pachyrhynchus Hartl., Orn. W. Afr., p. 167.
Poeocephalus magnirostris C. Bp., Comp. Psitt., I, p. 5.

Kyiombo. — Peu commun. — Observé dans les mêmes localités que l'espèce précédente.

De tous les auteurs dont les descriptions du *Poeocephalus fuscicollis* nous sont connues, M. de Souancé (*Rev. et Mag. Zool.*, 1856, p. 216) est le seul à peu près exact : « les plumes de la tête, du cou et du haut de la poitrine, dit-il, sont d'un gris argentin très brillant ».

La figure que nous donnons de cette espèce est celle d'un mâle adulte; tous ceux que nous avons étudiés et que nous possédons, du même âge et du même sexe, sont caractérisés de la façon suivante :

En dessus : d'un vert brun foncé à plumes marginées de vert olivâtre; tête, cou, région parotidienne, d'un blanc rosé, chaque plume marquée sur le milieu (rachis) d'une ligne brune; sommet de la poitrine d'un beau gris de perle; poitrine, abdomen, vert pré clair, brillant; couvertures des ailes vert olive teinté de jaune; rémiges vert olive foncé, bordées de brun; pli de l'aile, tectrice médiane externe, poignet, d'un beau rouge vermillon; couvertures supérieures de la queue vert foncé métallique; rectrices brun foncé, à bords passant au fauve; bec jaune de corne; parties nues de la face couleur de chair; pieds brun jaunâtre; iris brun rouge.

Reichenow (*loc. cit.*), considère le *Poeocephalus fuscicollis*, comme une *sous espèce* du *Poeocephalus robustus;* nous sommes encore à nous demander ce que veut dire le mot *sous espèce?* Les ouvrages Anglais et Allemands fourmillent de ces expressions métisses, ayant la prétention de simplifier la science! certains Naturalistes Français s'empressent de les accepter; nous ne pouvons que les plaindre, en conseillant de ne pas les imiter.

79. POEOCEPHALUS GULIELMI C. Bp.

Poeocephalus Gulielmi C. Bp., Rev. et Mag. Zool., 1854, p. 154.
Pionus Gulielmi Jard., Contr. Orn., 1849, p. 64.
Psittacus Gulielmi Sharpe, Cat. Afr. Bird., p. 19.
— Oustal., Nouv Arch. Mus., 1879, p. 54.
Phaeocephalus Gulielmi Hartl., Orn. W. Afr., p. 167.

Kyiombo. — Rare. — Gambie, Casamence, Albreda, Ghimbering, Maloumb, Samatite.

La présence de cette espèce en Gambie et en Casamence, où nous l'avons tuée, modifie l'affirmation un peu trop absolue de notre savant collègue M. Oustalet (*loc. cit.*) : « le *Psittacus Guilielmi*, habite l'Afrique occidentale, depuis la Guinée, jusqu'au pays d'Angola inclusivement ».

80. POEOCEPHALUS SENEGALUS Swain.

Poeocephalus Senegalus Swain., Class. Birds, II, p. 301.
Psittacus Senegalus Lin., Syst. Nat., I, p. 149.
Phaeocephalus Senegalus Hart., Orn. W. Afr., p. 170.

Tout N'Gogo. — Commun. — Podor, Saldé, Dagana, Bakel, tout le Cayor, le pays des Serrères où il est plus rare, descend exceptionnellement au Sud de la région où nous en avons observé quelques individus, égarés, sans doute, à Bathurst par exemple.

Chassée par les indigènes, cette jolie espèce est l'objet d'un commerce important comme Oiseau de volière.

81. POEOCEPHALUS FLAVIFRONS C. Bp.

Poeocephalus flavifrons C. Bp., Rev. et Mag. Zool, 1854, p. 145.
— Reichen., J. f. Orn., 1881, p. 380.
Pionus flavifrons Rüpp., Syst. U. d. Vög. N. O. Afrik., p. 81, pl. XXXI.
Pionias citrinocapillus Heugl., Orn. Nordost Afr. I, p. 744, taf. XXIV

Peu commun. — Bakel, Kita, forêts du Fouta-Kouro, d'où il a été rapporté par M. le Dr Colin.

Nous ne voyons dans la description et la figure de Heuglin relatives à son *Pionias citrinocapillus*, rien qui permette de le distinguer du *Pionus flavifrons* de Rüppel; l'un et l'autre pour nous sont identiques; l'espèce de Rüppel repose sur un jeune, tandis que Heuglin a décrit un adulte.

PICARI Nitz.

Fam. PICIDÆ C. Bp..

Gen. DENDROPICUS Malh.

82. DENDROPICUS LAFRESNEYI Malh.

Dendropicus Lafresneyi Malh., Rev. et Mag. Zool., 1849, p. 532, et
Monog. Picid., I, p. 204, tab. 44.
Picus Lafresneyi Sundev., Consp., p. 43, nº 127.

Suké. — Commun. — Saldé, Dagana, Thionk, Leybar, Babagaye, Bathurst, Mélacorée.

Cette espèce vit par paires sur la lisière des grands bois.

83. DENDROPICUS AFRICANUS Gray.

Dendropicus Africanus Gray, Zool. miscel, I, p. 10.
— Malh., Monog. Picid., I, p. 205.
Picus Africanus Sundev., Consp., p. 42, nº 123.

Ejhoké. — Assez rare. — Gambie, Casamence, Mélacorée, dans les forêts d'*Elais Guineensis.*

M. Bouvier (*Cat. Ois. Voy. Marche et Compiègne,* p. 29) l'indique du Gabon et de l'Ogooué; cette espèce se trouve également à Sierra-Leone.

84. DENDROPICUS OBSOLETUS Malh.

Dendropicus obsoletus Malh., Monog. Picid., I, p. 206, t. 45.
— Hartl., Orn. W. Afr., p. 178.
Picus obsoletus Wagl., Isis, 1829, p. 510.
— Sundev., Consp., p. 31, nº 92.

Saké. — Commun. — Ile de Thionk, Dakar-Bango, Leybar, M'Bao, Joalles, Rufisque.

Nous avons constamment observé cette espèce sur les arbustes et les buissons des localités précitées, en chasse des Insectes dont elle fait sa nourriture. C'est par exception qu'elle se réfugie sur les grands arbres; elle niche dans les troncs de Baobab où elle dépose sur le bois en décomposition, de quatre à six œufs d'un blanc rosé et de forme arrondie.

85. DENDROPICUS ABYSSINICUS *Heugl.*

Dendropicus Abyssinicus Heugl., Syst. Ueber, Nr. 346.
Picus Abyssinicus Stanl., Salts. Voy., app. p. 381.
Dendropicus Desmursi Malh., Monog. Picid., I. 202, t. 42.

Konoïk. — Peu commun. — Bakel, Podor, forêts des bords de la Falémé, Kita.

Le *Dendropicus Abyssinicus,* considéré comme propre au Nord-Est de l'Afrique, nous a été communiqué par M. le Dr Colin, qui l'a capturé dans les environs immédiats de Kita.

86. DENDROPICUS MINUTUS Malh.

Dendropicus minutus Malh., Monog. Picid., I, p. 208, t. 45.
— Hartl., Orn. W. Afr., p. 117.
Picus minutus Temm., Pl. color., 197, f. 2.

Saké. — Commun. — Dans toute la Sénégambie; et plus particulièrement, dans les bois des environs de Saldé, à l'île de Thionk, à M'Bao; plus rare dans la région Sud, à Albreda et à Bathurst.

Gen. MESOPICUS Mahl.

87. MESOPICUS PYRRHOGASTER Malh.

Mesopicus pyrrhogaster Malh., Monog. Picid., II, p. 41, t. 58.
Picus pyrrhogaster Sundev., Consp., p. 45, n° 131.
— Hartl., Orn. W. Afr., p. 180.

Ghoke. — Peu commun. — Gambie, Casamence, Mélacorée, bois de Cagnout, pointe de Ghimbering.

Indiqué à Sierra-Leone, aux Aschanties, etc. Cette espèce remonte dans le Sud de la Sénégambie, où elle se cantonne, dans les bois et les forêts de la côte.

88. MESOPICUS MENSTRUUS Malh.

Mesopicus menstruus Malh., Monog. Picid., II, p. 42, t. 62.
Picus menstruus Scop., Mus. Hein., 134.
— Sundev., Consp., p. 45, n° 132.
Picus Capensis Gmel. (ex. Buff., Pl. Enl., 780).

Saké. — Rare. — Pays des Serrères, M'Bao, Hann, Thiese.

Le *Mesopicus menstruus*, d'après Sundevall (*loc. cit.*), n'existerait pas dans l'Afrique occidentale, son aire d'habitat serait limitée au Cap, exclusivement; M. Barboza du Bocage (*Orn. Ang.*, p. 74) met avec raison cette assertion en doute, sans vouloir se prononcer toutefois sur l'identité spécifique de cette espèce et du *Mesopicus immaculatus* de Swainson.

La présence du *Mesopicus immaculatus*, à Angola, détruit l'affirmation de Sundevall; de plus MM. Bouvier et Sharpe (*Bull. Soc. Zool. France*, 1878, p. 73) ont démontré que les deux types étaient parfaitement distincts. L'un et l'autre, du reste, se rencontrent en Sénégambie, et notre affirmation à ce sujet, pour le *Mesopicus menstruus*, du moins, est corroborée par M. Bouvier (*Cat. Ois. Voy. Marche et Compiègne*, p. 30) où il indique l'espèce à Deine (Sénégal).

89. MESOPICUS IMMACULATUS Malh.

Mesopicus immaculatus Malh., Monog. Picid., II, p. 47.
Dendrobates immaculatus Swain., Bird. W. Afr., II, p. 152.
— B. du Boc., Orn. Ang., p. 56.
— Sharpe et Bouv., Bul. Soc. Zool. Fr., 1878, p. 73.
Picus immaculatus Sundev., Consp., p. 45, n° 132 (*observ.*).
— Hartl., Orn. W. Afr., p. 180.

Saké. — Rare. — Habite les mêmes localités que l'espèce précédente.

On ne doit pas comparer cette espèce avec le *Mesopicus menstruus*, disent MM. Sharpe et Bouvier (*loc. cit.*), car il s'en distingue au premier coup d'œil par sa poitrine cendrée comme chez le *Mesopicus goertan*, dont il est beaucoup plus voisin; mais il diffère de ce dernier par l'absence presque totale de la teinte orangée du dos qui est grisâtre et par le gris du front beaucoup plus étendu chez le mâle.

90. MESOPICUS GOERTAN Malh.

Mesopicus goertan Malh., Classif., p. 29.
— Hartl., Orn. W. Afr., p. 179.
Picus goertan Gmel. (Pl. Enl. 320).
— Sundev., Consp., p. 45, nº 133.
Dendrobates poliocephalus Swain., Birds W. Afr., II, p. 154.
— *spodocephalus* C. Bp., Consp. Av., I, p. 125.
— *poliocephalus* Rüpp. (non Swain.), Beschr. N. Abyss. Klett., p. 119.

Saké. — Assez commun. — Saldé, Podor, Thionk, Dakar-Bango, M'Bao, Hann, Thiese, Rufisque, Casamence, Gambie.

Sundevall (*loc. cit.*) distingue deux formes dans cette espèce : l'une Occidentale, type du *Mesopicus goertan* Gm., l'autre Orientale, désignée sous le nom de *Mesopicus spodocephalus* C. Bp. (*loc. cit.*), qui est le *Mesopicus poliocephalus* de Rüppel (*loc. cit.*); de son côté Swainson (*loc. cit.*) décrit un *Mesopicus poliocephalus.*

Après un examen comparatif sérieux de chacune des descriptions des auteurs cités, il est impossible de trouver des caractères suffisants pour légitimer leurs espèces.

D'un autre côté, nous avons étudié une suite nombreuse d'individus de l'Afrique Occidentale et Orientale, et tout ce que nous avons pu découvrir, se réduit à une taille à peine plus petite chez les spécimens Orientaux, aux teintes grises de la tête plus pâles, et à la tache rouge du croupion moins intense; pour tout le reste ils sont identiques aux échantillons Occidentaux.

Ces différences sont trop faibles pour caractériser même les deux types de Sundevall, aussi avons nous cru devoir les réunir au *Mesopicus goertan*.

Fam. GECINIDÆ Gray.

Gen. CHRYSOPICUS Malh.

91. CHRYSOPICUS NIVOSUS Malh.

Chrysopicus nivosus Malh., Monog. Picid., II, p. 151, t. 93.
Dendromus nivosus Swain., Birds W. Afr., II, p. 162.
Pardipicus nivosus Hartl., Orn. W. Afr., p. 183.
Picus pardinus Temm., Mus. Lugd.
— Sundev., Comp., p. 56, n° 164.

Saké. — Assez commun. — Leybar, Galam, tout le Cayor, le pays des Serrères, M'Bao, Hann, Rufisque.

Sundevall, à l'article *Picus pardinus* (*loc. cit.*), observe : « nomen antiquius *nivosus*, pessime huic datum, rejiciendum ». Pourquoi et comment ce nom de *nivosus* est-il mauvais? l'auteur ne le dit pas, mais fût-il plus mauvais encore qu'il ne le suppose, nous ne voyons pas en vertu de quel droit il l'a supprimé. Nous n'avons pas ici à discuter les règles admises en nomenclature; nous avons toujours pensé que le nom le plus anciennement imposé, bon ou mauvais (tout dépend de la manière de voir) devait être maintenu; c'est ce que nous avons fait jusqu'ici et ce que nous continuerons de faire.

92. CHRYSOPICUS MACULOSUS Malh.

Chrysopicus maculosus Malh., Monog. Picid., II, 156, t. 92.
Dendromus brachyrhynchus Swain., Birds W. Afr., II, p. 160.
— Hartl., Orn. W Afr., p. 182.
Picus maculosus Valenc., Dict. Sc. Nat., XL, 18 , p. 173.
— *chloronotus* Cuv. Pucher., Rev. et Mag. Zool., 1852, p. 479.
— Sundev., Comp., p. 62, n° 183.

Saké. — Assez commun. — Galam, le Cayor, Thionk, Saldé, Dagana, Podor.

Le type d'après lequel Valenciennes a créé le *Picus maculosus*, type que Cuvier avait désigné sous le nom de *chloronotus* sur une étiquette manuscrite du Muséum de Paris, n'est autre que la femelle du *Dendromus brachyrhynchus* de Swainson.

En examinant le spécimen déterminé par Cuvier et Valenciennes, spécimen que nous avons sous les yeux, on ne peut conserver aucun doute à ce sujet. La tache occipitale rouge fait défaut, c'est le seul point qui le différencie de l'espèce de Swainson. Sundevall (*loc. cit.*) avait donc supposé avec raison que l'un était la femelle ou le jeune de l'autre : « hanc avem (*maculosus*) ipse non vidi, crederem vero eam a precedente (*brachyrhynchus*) non, nisi sexu et ætate differre. Hæc enim (*maculosus*) est fœmina senior; altera vero (*brachyrhynchus*) ex junioribus et ex mare seniore ejusdem speciei descripta videtur ».

93. CHRYSOPICUS CHRYSURUS Malh.

Chrysopicus chrysurus Malh., Monog. Picid., II, p. 153, t. 94.
Dendromus chrysurus Swain., Birds W. Afr., II, p. 158.
— Hartl., Orn. W. Afr., p. 182.
Picus chrysurus Sundev., Consp., p. 64, n° 188 *a*.

Ejhoke. — Peu commun. — Gambie, Bathurst, Sedhiou, Mélacorée, Galam.

94. CHRYSOPICUS NUBICUS Malh.

Chrysopicus Nubicus Malh., Monog. Picid., II, p. 150, t. 93.
Picus Nubicus Gm., Lath. Ind. Orn., I, p. 233.
— Sundev., Consp., p. 67, n° 192.
Dendrobates Æthiopicus C. Bp., Consp. Av., I, p. 123.
Pic tacheté de Nubie Buff., Pl. enl., 667.

Konojh. — Rare. — Kita, Falémé, Bakoy, Bafing, forêts des environs de Bakel.

Cette espèce nous a été rapportée par M. le Dr Colin.

95. CHRYSOPICUS PUNCTATUS Malh.

Chrysopicus punctatus Malh., Monog. Picid., II, p. 164, t. 92.
Picus punctatus Valenc., Dict. Sc. Nat., XL, p. 71.
Dendromus punctatus Swain., Birds W. Afr., II, p. 163.
Picus punctuligerus Wagl., Syst. Av., sp. 36.
— Hartl., Orn. W. Afr., p. 181.
— Sundev., Consp., p. 67, n° 193.

Saké. — Commun. — Sorres, Leybar, Thionk, Dakar-Bango, Saldé Dagana, Podor, Bathurst, Sedhiou, M'Bao, Hann, Rufisque, Joalles.

Le *Chrysopicus punctatus* est l'une des espèces de Pics les plus communes dans toute la Sénégambie. On l'observe de préférence dans les forêts, au sommet des arbres les plus élevés, d'où il s'écarte rarement.

Fam. PICUMNIDÆ C. Bp.

Gen. VERREAUXIA Hartl.

96. VERREAUXIA AFRICANA Hartl.

Verreauxia Africana Hartl., Orn. W. Afr., p. 176.
Sasia Africana J. et E. Verr., Rev. et Mag. de Zool., 1855, p. 218
Picumnus Verreauxi Malh., Monog. Picid., II, p. 284, t. 118.
— *Africanus* Sundev., Consp., p. 106, n° 28.

M'Banba. — Peu commun. — Albreda, Bathurst, Mélacorée.

Les Ornithologistes donnent cette espèce comme spéciale au Gabon; J. et E. Verreaux, qui les premiers l'ont fait connaître (*loc. cit.*), ont cependant soin de dire : « Elle n'est que de passage au Gabon et n'y séjourne que près de la moitié de l'année pendant la belle saison », ce qui implique évidemment qu'elle vit dans d'autres localités.

Elle apparaît en basse Sénégambie, vers la moitié de l'hivernage, probablement au moment où elle quitte les parages du Gabon; c'est du moins à cette époque seulement que nous l'avons observée et que nous avons pu nous procurer les deux exemplaires que nous possédons; les Indigènes nous ont affirmé que le M'Banba quitte la région où nous l'indiquons, au commencement de la saison des pluies.

Fam. **YUNGIDÆ** C. Bp.

Gen. **YUNX** Lin.

97. YUNX ÆQUATORIALIS Rüpp.

Yunx æquatorialis Rüpp., Mus. Senck., III, 121.
— Malh., Monog. Picid., II, p. 291, t. 121.
— Sundev., Consp., p. 109, n° 4.

Peu commun. — Forêts des environs de Bakel, du Gangaran, Kita, Bandoubé.

Le *Yunx æquatorialis* paraît être de passage dans la région Nord-Est de la Sénégambie, où il se montre pendant l'hivernage.

Son congénère le *Yunx pectoralis*, indiqué à Angola, ne nous est pas connu de la basse Sénégambie. Quant au *Yunx torquilla*, que quelques-uns donnent comme visitant l'Afrique pendant l'hiver, nous ne l'avons jamais rencontré dans nos explorations.

Fam. **CUCULIDÆ** Swain.

Gen. **CUCULUS** Lin.

98. CUCULUS CANORUS Lin.

Cuculus canorus Lin., Syst. Nat., p. 168, 1766.
— Sharpe, P. Z. S. of Lond., 1873, p. 580.
— Hartl., Orn. W. Afr., p. 266.
Le Coucou d'Europe Levaill., Ois. Afr., V, pl. CCII.

Peu commun. — M'Bao, Sorres, Saldé, Thionk, Bathurst, Sedhiou.

Le *Coucou d'Europe* visite le continent Africain où on l'observe à peu près partout, d'après la liste fournie par M. Sharpe (*loc. cit.*), mais son apparition n'aurait pas lieu aux mêmes époques; c'est ainsi que M. Hartmann l'a vu en Nubie pendant le mois de Mars; Heuglin prétend l'avoir observé en Mai dans le Sennaar; c'est en Septembre et en Avril qu'il se tiendrait dans le Dongola; il habiterait le Cap en Novembre, le Damara en Février, l'Oudonga enfin en Décembre.

C'est d'Octobre à Janvier, que nous l'avons tué en Sénégambie; passé cette époque il quitte définitivement la région, pour réapparaître l'année suivante dès les premiers jours d'Octobre.

99. CUCULUS SOLITARIUS Steph.

Cuculus solitarius Steph., Gen. Zool., IX, pt. I, p. 84, pl. XVIII.
— Sharpe, P. Z. S. of Lond., 1873, p. 582.
Cuculus rubiculus Swain., Birds W. Afr., II, p. 181.
— Hartl., Orn. W. Afr., p. 190.
Le Coucou solitaire Levaill., Ois. Afr., V, p. 206.

Dedoba. — Assez rare. — Kita, forêts de Bakel, bords de la Gambie, Casamence.

La présence du *Cuculus solitarius* en Sénégambie montre que la manière de voir de M. Sharpe (*loc. cit., note*) était trop affirmative en 1873 : « Its occurrence in Senegal, on Swainson's authority, is untrustworthy ». Cet oiseau niche dans les trous des vieux arbres; il pond de deux à trois œufs de forme ovale, presque également gros aux deux extrémités; sur un fond d'un rose pâle, existent des taches irrégulières rougeâtres plus nombreuses au gros bout (Pl. XXIX, fig. 1). Ils mesurent 0,026^{mm} dans leur plus grand axe, et 0,017^{mm} dans leur plus grand diamètre.

100. CUCULUS GULARIS Steph.

Cuculus gularis Steph., Gen. Zool., IX, pt. I, p. 83, pl. XVII.
— Sharpe, P. Z. S. of Lond., 1873, p. 585.
— Hartl., Orn. W. Afr., p. 189.

Cuculus lineatus Swain., Birds W. Afr., II, p. 178, pl. XVIII.
Le Coucou vulgaire d'Afrique Levaill., Ois. Afr., V, pl. CC-CCI.
Cuculus aurantiirostris Sharpe, P. Z. S. of Lond., 1873, p. 584.

Dadoba. — Commun. — Dans les mêmes localités que le *Cuculus solitarius*.

Cette espèce se rencontre dans toute la Sénégambie, aussi bien au Sud qu'au Nord-Est et à l'Ouest.

M. Sharpe (*loc. cit.*) a cru devoir créer une espèce sur des échantillons recueillis en Gambie et en Casamence, dont l'unique caractère distinctif consiste dans la coloration jaune orangée du bec, et l'étroitesse des bandes des parties inférieures : « Like *C. gularis*, the Gambian Cuckoo has the nostrils situated in, and of the same colour as, the yellow portion of the back; but this is much more brilliantly coloured (*rich orange*, blackish along the culmen and towards the tip of both mandibles) have the name suggested. The cross bars of the under surface are very much narrower than in true *C. gularis*, the chestnut shade on the under parts is another character ».

M. Sharpe en conclut que son *Cuculus aurantiirostris* est le même que celui de la Casamence décrit par Hartlaub sous le nom de *Cuculus gularis* (*Orn. W. Afr., loc. cit.*), et que, selon toute probabilité, il est spécial à la Sénégambie : « the bird noticed by Hartlaub from Casamanze is *clearly C. aurantiirostris*, so that it is by no means improbable, that Senegambia has its peculiar species of Cuckoo ».

Si M. Sharpe, un peu trop sévère pour certains types établis avant lui, avait examiné une série à peu près complète de sujets du *Cuculus gularis*, il aurait hésité avant de publier son espèce; car il lui eût été facile de voir que le bec de ce *gularis*, variant avec l'âge et le sexe, d'abord jaune verdâtre, devient jaune orangé; que la largeur des bandes des parties inférieures varie également de dimensions, et il n'eût pas donné comme caractéristique de deux régions opposées, un Coucou à bec verdâtre d'une part, un Coucou à bec orangé de l'autre.

101 CUCULUS CLAMOSUS Lath.

Cuculus clamosus Lath., Ind. Orn., Suppl., p. XXX.
— Sharpe, P. Z. S. of Lond., p. 587.
Cuculus nigricans Swain., Birds W. Afr., II, p. 180.
— Hartl., Orn. W. Afr., p. 190.
Le Coucou criard Levaill., Ois. Afr., V, pl. CCIV-CCV.

Kadj. — Commun. — Bakel, Dagana, Kita, Leybar, Thionk, Sorres, Dakar-Bango, M'Bao, Hann, Rufisque, Gambie, Casamence.

Le *Cuculus clamosus*, désigné par les Européens sous le nom de Coq de pagode, vit solitaire, perché pendant des heures entières sur le sommet des cases des Nègres, faisant entendre, à des intervalles assez rapprochés, un cri saccadé et retentissant.

Gen. CHRYSOCOCCYX Boie.

102. CHRYSOCOCCYX SMARAGDINEUS Strickl.

Pl. XII, fig. 1, 2.

Chrysococcyx smaragdineus Strickl., Contr. Orn., 1851, p. 135.
— Hartl., Orn. W. Af., p. 191.
Cuculus smaragdineus Sharpe, P. Z. S. of Lond., 1873, p. 588.
Chalcites cupreus Rüpp., Neue Wirb. Vög., p. 62.
Cuculus cupreus Shaw. (non Bodd.), Mus. Lever., p. 157, 1792.

N'Docoum. — Rare. — Gambie, Casamence, Mélacorée, Albreda; plus rare vers l'Ouest, M'Bao, Hann, Leybar, Thionk, Saint-Louis.

M. Bouvier (*Cat. Ois. Voy. Marche et Compiègne*, p. 31) indique cette espèce à Zekinkior. C'est, avec les espèces suivantes, l'une des plus recherchées dans la colonie comme Oiseau dit de parure; les Nègres en apportent souvent des quantités considérables, qu'ils vendent aux commerçants Européens; ces derniers les désignent sous le nom de *Foliotocoles*.

Les descriptions des auteurs laissent quelque peu à désirer, et si le mâle adulte et la femelle ont été décrits à peu près exactement, le jeune a été négligé par tous : grâce à la bienveillante obligeance de notre excellent ami M. le Dr Savatier, Médecin en Chef de la Marine, auquel nous devons plusieurs espèces précieuses, nous pouvons décrire minutieusement le mâle, la femelle et le jeune de ce magnifique oiseau.

Adulte ♂ — (*Type figuré* Pl. XII, fig. 1). — Plumage d'un vert métallique à reflets cuivrés, chaque plume semblable à une écaille à centre d'un vert foncé des plus brillants; joues rouge cuivré; poitrine, ventre, sous-caudales, d'un beau jaune vif; ailes de la couleur du dos à reflets rouge cuivré; rémiges et rectrices portant extérieurement de larges taches blanches; bec d'un noir bleu, avec le milieu des mandibules jaune; pieds d'un bleu pâle; iris jaune et non pas brun ou gris (*Barboza du Bocage, Orn. Ang.*, p. 142, *et Heugl.*).

Jeune ♂ — (*Type figuré* Pl. XII, fig. 2). — Chez le jeune, toutes les parties supérieures sont semblables à celles de l'adulte, avec cette différence que le vert métallique est plus foncé et manque complètement de reflets rouge cuivré; la tache parotidienne cuivrée est également ici moins étendue; mais le caractère dominant est la coloration, d'un blanc pur éclatant, de toutes les parties jaune brillant de l'adulte; les pieds, le bec et l'iris ne présentent aucune différence.

Adulte ♀ — Chez les femelles, les teintes générales vert métallique de l'adulte et du jeune sont en général beaucoup plus pâles et moins brillantes; quant aux parties jaunes de l'un et blanches de l'autre, elles sont ici d'un blanc sale, finement barrées en travers de lignes étroites roussâtres.

108. CHRYSOCOCCYX CUPREUS Finsch.

Chrysococcyx cupreus Finsch. et Hartl., Vög. Ost Afr., p. 522.
Cuculus cupreus Bodd., Tab. Pl. Enl., p. 40.
— Sharpe, P. Z. S. of Lond., p. 591.
Le Coucou vert doré et blanc Buff., H. N. Ois., VI, p. 385.
Le Coucou Didric Levaill., Ois. Afr., V, p. 46.
Chrysococcyx auratus C. Bp., Consp. Av., I, p. 105.
— Hartl., Orn. W. Afr., p. 190.

N'Docoum. — Commun dans toute la Sénégambie.

Le *Chrysococcyx cupreus* est répandu sur tout le continent Africain. M. Oustalet mentionne *Gorée* au nombre des localités diverses où l'espèce a été rencontrée (*Nouv. Arch. Mus.*, 1879, p. 59); l'île de Gorée doit être rayée de la liste, car jamais le *Chrysococcyx cupreus* n'y a été et n'y sera rencontré. Le rocher aride qui constitue l'île ne peut nourrir une espèce propre aux grandes forêts. La même erreur se reproduira souvent pour d'autres, car beaucoup de voyageurs, ayant coutume d'acheter des Oiseaux en peau, chez les commerçants de Gorée, sans s'inquiéter du véritable lieu d'origine, leurs étiquettes portent de fausses indications. Nous avons déjà signalé un fait de cette nature dans la partie Mammalogique de cet ouvrage.

M. Sharpe (*loc. cit.*) déclare qu'il n'existe pas de différence entre le mâle et la femelle du *Chrysococcyx cupreus :* « no difference has been shown to exist between the sexes of this little Cuckoo ».

La grande quantité de spécimens que nous avons minutieusement examinés, nous autorise à affirmer que la femelle adulte est *identiquement semblable au jeune,* tel que le décrit M. Barboza du Bocage, dont nous reproduisons la diagnose :

« Dessus d'un roux cannelle, nuancé de vert doré sur le dos et le croupion, avec les sus-caudales plus distinctement ornées de bandes de cette couleur; les couvertures alaires roux cannelle, barrées de vert doré et en partie variées de blanc; régions inférieures d'un blanc sale, tachetées de noirâtre sur la gorge et au devant de la poitrine, barrées sur les flancs et sur les côtés du ventre d'un brun noirâtre à reflets verts peu distincts; rémiges primaires et secondaires roux cannelle, barrées de brun; rectrices rousses, barrées et variées de vert doré ».

Nous ajouterons que le bec et les pieds sont noirâtres, et que chez les tout jeunes sujets, la teinte générale est plus foncée.

104. CHRYSOCOCCYX KLAASI C. Bp.

Chrysococcyx Klaasi C. Bp., Consp. Av., p. 105.
Cuculus Klaasii Vieill., N. Dict. H. N., VIII, p. 230.
— Sharpe, P. Z. S. of Lond., p. 592.
Chrysococcyx Claasii Hartl., Orn. W. Af., p. 190.
Le Coucou de Klaas Levaill., Ois. Afr., V, p. 53, pl. CCXII.

N'Docoum. — Commun. — Toute la Sénégambie, Kita, Bakoy, Saldé, Dagana, Leybar, Thionk, Sorres, M'Bao, Joalles, Casamence, Gambie, Sedhiou, Bathurst, etc., etc.

Le *Chrysococcyx Klaasi*, objet d'un commerce important comme ses deux congénères, ne leur cède en rien sous le rapport du nombre considérable d'individus qu'il fournit, malgré l'opinion contraire de M. Sharpe (*loc. cit.*) : « much rarer than the other Emerald Cuckoos ».

Gen. COCCYSTES Gloger.

105. COCCYSTES GLANDARIUS Heugl.

Coccystes glandarius Heugl., Syst. Ueber., p. 48, 1856.
— Sharpe, P. Z. S. of Lond., p. 594.
Cuculus glandarius Lin., Syst. Nat., I, p. 169.
Oxylophus glandarius Hartl., Orn. W. Afr., p. 188.

Dedoba. — Commun. — Saint-Louis, Sorres, Thionk, Leybar, Babagaye, Saldé, Matam, Podor, Dagana, tout le Cayor, le pays des Serrères, Ghimbering, Cagnout, Albreda, Gandiole, N'Bor.

L'aire d'habitat de cette espèce s'étend sur tout le continent Africain. M. Bouvier (*Cat. Ois. Voy. Marche et Compiègne*, p. 31) l'indique au Cap-Vert.

106. COCCYSTES CAFFER Sharpe.

Coccystes Caffer Sharpe, Ibis, 1870, p. 58, et P. Z. S. of Lond., 1873, p. 596.
Cuculus Caffer Licht., Cat. Rer. Nat., Hamb., p. 14, 1793.
Oxylophus ater Rüpp., Syst. Ueber., p. 96.
— Hartl., Orn. W. Afr., p. 188.
Cuculus Levaillantii Less., Trait. Orn., p. 148.

Dedoba. — Commun. — De même que l'espèce précédente, le *Coccystes Caffer*, que nous avons rencontré dans les mêmes localités, est largement distribué sur tout le continent.

107. COCCYSTES JACOBINUS Cab. et Hein.

Coccystes Jacobinus Cab. et Hein., Mus. Hein., t. IV, p. 45.
— Sharpe, P. Z. S. of Lond., 1873, p. 507.
Cuculus Jacobinus Bodd., Tab. Pl. Enl., p. 53.
Le Coucou Edolio Levaill., Ois. Afr., V, pl. CCVIII.

Dedoba. — Commun. — Kita, Bakoy, Bafing, Falémé, Bakel, Maina, Boukarié; plus rare dans la région Sud, Daranka, Sedhiou, Bathurst.

Fam. PHÆNICOPHAIDÆ Gray.

Gen. CEUTHMOCHARES Cab. et Hein.

108. CEUTHMOCHARES FLAVIROSTRIS Rochbr.

Ceuthmochares flavirostris Rochbr., Notes M. S.
Zanclostomus flavirostris Swain., Birds W. Afr., II, p. 183.
Phænicophaes flavirostris Schl., Mus. P. B., p. 50.

Dedoba. — Assez commun. — Gambie, Casamence, Sedhiou, Bathurst, Leybar, Thionk, Dagana, Podor, Kita, M'Bao, etc.

Schlegel d'abord, M. Sharpe ensuite, ont séparé spécifiquement les individus de l'Afrique Occidentale et ceux de l'Afrique Australe. Nous ne connaissons pas ces derniers, mais nos types Sénégambiens, différant un peu, quant à la livrée, des descriptions jusqu'ici données, nous croyons utile de faire ressortir ces différences.

Adulte ♂ — Dessus de la tête noir; dos, scapulaires, d'un noir bleu métallique; cou, gorge, gris d'ardoise pâle; poitrine plus foncée; ventre noirâtre; rémiges et couvertures de la queue d'un noir bleu à reflets pourprés; extrémité des rémiges brune; bec jaune; pieds jaunâtre sale; iris blanc bleuâtre.

Longueur totale	....	320	millimètres.
—	de l'aile	116	—
—	de la queue	175	—
—	du bec	21	—
—	du tarse	28	—

Adulte ♀ — Tête et cou gris brun; parties supérieures et couvertures de la queue d'un noir verdâtre brillant; gorge gris pâle; poitrine, ventre, cuisses, gris d'ardoise; rémiges brun foncé à reflets métalliques; bec jaune pâle; pieds brunâtres; iris d'un brun très clair.

Longueur totale	....	328	millimètres.
— de l'aile	....	110	—
— de la queue	....	181	—
— du bec	....	22	—
— du tarse	....	30	—

Le jeune diffère de la femelle par une teinte générale plus pâle.

Nos diagnoses sont faites d'après un nombre assez considérable de spécimens de tout âge.

Les types de l'Afrique Australe nous sont inconnus, nous le répétons; nous remarquerons cependant que la description de l'adulte du *Ceuthmochares Australis* Sharpe (*loc. cit.*, p. 609) se rapproche singulièrement de celle de notre femelle de *Ceuthmochares flavirostris*.

Les œufs de cette espèce, dont nous avons pu nous procurer deux exemplaires en parfait état de fraîcheur, présentent une forme régulièrement ovoïde, d'un rougeâtre brique pâle; ils portent des taches brunes disposées en plus grand nombre au gros bout; leur grand axe mesure 0,024mm, leur plus grand diamètre 0,014mm. Nous en avons fait figurer un (Pl. XXIX, fig. 2).

Fam. CENTROPODIDÆ C. Bp.

Gen. CENTROPUS Illig.

109. CENTROPUS SENEGALENSIS Kuhl.

Centropus Senegalensis Kuhl. et Swind., Nom. Syst., p. 6.
— Hartl., Orn. W. Afr., p. 187.
— Sharpe, P. Z. S. of Lond., 1873, p. 617.
Cuculus Senegalensis Lin., Syst. Nat., I, p. 169.
Le Coucou du Sénégal Briss., Orn., IV, p. 120, pl. VIII, fig. 1.

Kadjhba. — Commun. — Kita, Bafing, Falémé, Dagana, Podor, Leybar, Thionk, Sorres, Cap-Vert, M'Bao, Joalles, Bathurst, Daranka, Mélacorée.

110. CENTROPUS MONACHUS Rüpp.

Centropus monachus Rüpp., Neue Wirb. Vög., p. 57, t. XXI, f. 2.
— Sharpe, P. Z. S. of Lond., 1873, p. 620.
— Hartl., Orn. W. Afr., p. 187.

Kadjhba. — Assez commun, mais moins que l'espèce précédente. — Kita, Bakel, Podor, Saldé; rare à Thionk, M'Bao, Joalles.

Cette espèce se rencontre soit dans les parties boisées de la côte, soit sur les hauteurs, sans affecter de préférence telle ou telle de ces localités, comme elle semblerait le faire en Abyssinie (*Blanfort, Zool. et Géol. Abyss.*, p. 314 *et seq.*) et à Angola (*Barboza du Bocage, Orn. Ang.*, p. 152). Elle se comporte, à cet égard, comme l'espèce suivante avec laquelle on la voit fréquemment, et comme tous nos Coucous Africains en général.

111. CENTROPUS SUPERCILIOSUS Hemp. et Ehr.

Centropus superciliosus Hemp. et Ehr., Symb. Phys. f. R., 1828.
— Sharpe, P. Z. S. of Lond., 1873, p. 620.

Kadjhba. — Peu commun. — Mêmes localités que le *Centropus monachus*, seulement dans la région Nord-Est; très rarement dans la partie Ouest, où nous ne l'avons vu qu'une seule fois à Gandiole.

Fam. INDICATORIDÆ Swain.

Gen. INDICATOR Vieill.

112. INDICATOR SPARRMANNI Steph.

Indicator Sparrmanni Steph., Gen. Zool., IX, p. 138.
— Heugl., Orn. Nordost Afr., I, p. 767.
Indicator albirostris Temm., Pl. Col., 867.
— Hartl., Orn. W. Afr., p. 184.

Jobougu. — Assez commun. — M'Bao, Cayor, Gambie, Casamence, Albreda, Ghimbering, Samatit, Cagnout.

Déjà connue de la Gambie et de la Casamence, cette espèce n'avait pas été encore signalée, que nous sachions, en Sénégambie au delà de ces deux régions.

113. INDICATOR MAJOR Steph.

Indicator major Steph., Gen. Zool., IX, p. 1, t. 27.
— Hartl., Orn. W. Afr., p. 183.
Indicator flavicollis Swain., Birds W. Afr., II, p. 198.

Jobougu. — Assez rare. — Gambie, Casamence, Mélacorée; très rare dans l'Ouest et le Nord.

Quoique cet Oiseau soit plus spécial à l'Afrique Australe, sa présence en Sénégambie était déja constatée par J. Verreaux.

114. INDICATOR MINOR Steph.

Indicator minor Steph., Gen. Zool., IX, p. 140.
— Hartl., Orn. W. Afr., p. 184.
Le Petit indicateur Levaill., Ois. Afr., pl. CCXLII.

Jobougu. — Commun. — Bakel, Kita, Falémé, Podor, Dagana, Saldé, Thionk, Leybar, Sorres, M'Bao, Rufisque, tout le Cayor, le Oualo, le Sin.

L'*Indicator minor* ne nous est pas connu du Sud de la Sénégambie.

Fam. POGONORHYNCHIDÆ Marsh.

Gen. POGONORHYNCHUS V. der Hoev.

115. POGONORHYNCHUS DUBIUS V. der Hoev.

Pogonorhynchus dubius V. der Hoev., Handl., II, p. 461.
— Marsh., Monog. Cap., pl. IV.

Bucco dubius Gm., S. N., I, p. 109.
Pogonias dubius Hartl., Orn. W. Afr., p. 169.
Le Barbican Levaill., Barb., t. 18.

M'Pühki. — Assez commun dans la région Sud. — Casamence, Gambie, Mélacorée; très rare en remontant la côte et en pénétrant dans les régions boisées de l'intérieur.

La femelle diffère simplement du mâle en ce que les teintes rouges du cou et de l'abdomen sont d'une couleur plus pâle, et par le bec et les pattes moins vivement colorés en jaune.

Le *Pogonorhynchus dubius* se montre seulement pendant l'hivernage, ce qui viendrait confirmer l'opinion de Levaillant (*loc. cit.*), qui le considère comme de passage dans certains districts de l'Afrique Sud.

116. POGONORHYNCHUS BIDENTATUS Heugl.

Pogonorhynchus bidentatus Heugl., Ibis, 1861, p. 123.
— Marsh., Monog. Cap., pl. VI.
Pogonias bidentatus Hartl., Orn. W. Afr., p. 170.

Okenjek. — Commun. — Bakel, Kita, Podor, Saldé, Casamence, Mélacorée, Sedhiou, Bathurst.

MM. Sharpe et Bouvier (*Bull. Soc. Zool. France,* 1878, p. 77), d'après les renseignements fournis par MM. Lucan et Petit, donnent à la femelle de cette espèce, d'après un spécimen provenant de Landana: « les yeux blancs, les paupières et le bec jaunes, les pattes noires ».

Nous n'avons jamais vu d'individus vivants de Landana, mais ceux de Sénégambie ont les yeux bruns, les paupières orangées, le bec d'un jaune de Naples pâle et les pieds d'un jaune brun, couleurs parfaitement reproduites sur la planche citée de M. M. Marshall.

Sur la foi de Heuglin (*Ibis,* 1861, p. 123), les auteurs de la Monographie des Capitonidæ donnent à ces oiseaux (*African Barbets*), comme nourriture presque exclusive, les fruits du

Ficus Sycomorus; nous avons acquis la certitude qu'ils se nourrissent souvent d'insectes, et ordinairement de gros Coléoptères.

Le *Pogonorhynchus bidentatus* niche dans les creux des vieux arbres, où il pond de quatre à six œufs relativement gros eu égard à sa taille. Ces œufs, largement ovoïdes, présentent, sur un fond blanc bleuâtre, des taches irrégulières d'un bleu foncé. Leur grand axe mesure 0,029mm, et leur plus grand diamètre 0,021mm (Pl. XXIX, fig. 3).

L'aire d'habitat de cette espèce ne semble pas dépasser le district d'Angola. On la reçoit souvent du Gabon et de la côte de Guinée.

117. POGONORHYNCHUS VIEILLOTI Strick.

Pogonorhynchus Vieilloti Strick., P. Z. S. of Lond., 1850, p. 219.
— Marsh., Monog. Cap., pl. XI.
Pogonias Vieilloti Leach., Misc. Zool., t. 97.
— Hartl., Orn. W. Afr., p. 170.
Le Barbu brunâtre Vieill., N. Dict. H. N., III, p. 241.
Pogonias Senegalensis Licht., Verz. Doubl., p. 9.

Okenjek. — Commun. — Kita, Bakel, Dagana, Podor, M'Bao, Casamence, Gambie, Mélacorée.

Cette espèce est l'une des plus communes du groupe; les riches teintes dont elle est ornée la font rechercher parmi les Oiseaux de parure.

118. POGONORHYNCHUS MELANOCEPHALUS Goff.

Pogonorhynchus melanocephalus Goff., Mus. P. B., p. 10.
— Marsh., Monog. Capit., pl. XV.
Pogonias melanocephalus Rüpp., Atl., t. 28, f. *a*, p. 41.
Laimodon bifrenatus Gray, Gen. of B., II, p. 429.
— Hartl., Orn. W. Afr., p. 171.

Okenjek. — Assez rare. — Kita, Bakel, bords du Bakoy et du Bafing, Saldé, Podor, Dagana.

Fam. MEGALÆMIDÆ Marsh.

Gen. XYLOBUCCO C. Bp.

119. XYLOBUCCO SCOLOPACEUS Hartl.

Xylobucco scolopaceus Hartl., J. f. Orn., 1854, p. 195.
— Marsh., Monog. Capit., pl. XLVI.
Barbatula scolopacea C. Bp., Consp. Av., p. 12.
Megalaima stellata Gray, Cat. Brit. Mus., p. 16.

M'Pijh.— Assez commun. — Gambie, Casamence, Samatite, Kagniac-Cay, Maloumb, Albreda, Ghimbering.

Jusqu'ici, le *Xylobucco scolopaceus* avait été indiqué comme spécial au Gabon, à la Côte-d'Or, à Loango, à Fernando-Po et au Dabocrom.

Gen. BARBATULA Less.

120. BARBATULA PUSILLA Hartl.

Barbatula pusilla Hartl., Rev. Zool., 1811, p. 337.
— Marsh., Monog. Cap., pl. XLVII.
Megalæma pusilla Finsh., Trans. Zool. Soc. of Lond., VII, p. 282.
Barbatula minuta Hartl., Orn. W. Afr., p. 173.
Le Barbion Levaill., Barbus., pl. XXXII.

M'Pijh. — Assez fréquent. — Kita, Bakel, Dagana, M'Bao, Thionk, Albreda, Ghimbering, Bathurst.

121. BARBATULA CHRYSOCOMA Marsh.

Barbatula chrysocoma Marsh., Monog. Capit., pl. XLVIII, f. 2.
— Hartl., Orn. W. Afr., p. 173.
Bucco chrysocomus Temm., Pl. Col., 536, f. 2.
Barbatula uropygialis Heugl., J. f. Orn., 1862, p. 37.
— Marsh., Monog. Capit., pl. XLVIII, f. 1.

M'Pijh. — Assez commun. — Kita, Podor, Bakel, Casamence, Gambie.

Cette espèce, que l'on observe dans le Nord-Est comme dans le Sud de la Sénégambie, existe également au Nord-Est et au Sud de l'Afrique, en Abyssinie, au Sennaar, à Angola, etc.

Sous le nom de *Barbatula uropygialis*, Heuglin (*loc. cit.*) a décrit un type Abyssinien, cantonné, disent MM. Marshall dans leur monographie (*loc. cit.*) « to mountains of Bogos and Beni-Amer, on the Blue Nile up to Chartum, etc. This species, ajoutent-ils, has probably been confounded with : *B. chrysocoma* from which, however, it is easily distinguished by the *orange rump* and *scarlet forehead* ».

La présence, en Sénégambie, des deux formes (*Barbatula uropygialis*, à front écarlate et à croupion orange; *Barbatula chrysocoma*, à front jaune d'or et à croupion jaune de soufre) détruit la première assertion de Heuglin et de MM. Marshall, relative au cantonnement de ces formes; de plus, l'examen d'une suite d'individus démontre péremptoirement que l'une et l'autre appartiennent à la même espèce; le *Barbatula chrysocoma* n'est autre que la femelle, tandis que le *Barbatula uropygialis* est le mâle.

A part la coloration du front et du croupion, de l'aveu même des auteurs de la monographie des Capitonidæ, rien absolument ne les différencie.

Le nom de *chrysocoma*, imposé par Temminck, bien qu'établi sur une femelle, doit néanmoins être maintenu de préférence à celui d'*uropygialis*, postérieur au premier de vingt et un ans.

122. BARBATULA ATROFLAVA Strick.

Barbatula atroflava Strick., Contr. Orn., p. 135.
— Marsh., Monog. Capit., pl. XLIX.
— Hartl., Orn. W. Afr., p. 172.
Bucco atroflavus Blum., Abb. Nat. Geg., t. 65.
Le Barbion à dos rouge Levaill., Barbus, n° 57.

M'Pijh. — Rare. — Galam, Gambie, Casamence, Albreda, Ghimbering.

123. BARBATULA SUBSULPHUREA Fras.

Barbatula subsulphurea Fras., P. Z. S. of Lond., 1843, p. 3.
— Marsh., Monog. Capit., pl. L, f. 1.
— Hartl., Orn. W. Afr., p. 172.
Barbatula leucolæma Verr., Rev. et Mag. de Zool., 1851, p. 3.
— Marsh., Monog. Capit., pl. L, f. 2.
— Hartl., Orn. W. Afr., p. 173.

M'Püh. — Rare. — Mêmes localités que l'espèce précédente.

Nous ferons, pour cette espèce, les mêmes observations que pour le *Barbatula chrysocoma*.

« The present species (*B. leucolæma*), disent MM. Marshall (*loc. cit.*), is very nearly allied to *Barbatula subsulphurea*, the sole difference being in the colour of the rump and the edges of the wingfeathers, the former bird having these *sulphur yellow*, and the latter *golden yellow* ».

Le *Barbatula leucolæma* est en réalité la femelle du *Barbatula subsulphurea*, et doit être inscrit comme tel dans les catalogues systématiques.

Gen. GYMNOBUCCO C. Bp.

124. GYMNOBUCCO CALVUS Hartl.

Gymnobucco calvus Hartl., J. f. O., 1854, p. 165.
— Hartl., Orn. W. Afr., p. 174.
— Marsh., Monog. Capit., pl. LIII.
Bucco calvus Lafresn., Rev. Zool., 1841, p. 241.

Rare. — Gambie, Casamence, Samatite, Bering, Oasis de Cagnout.

Le *Gymnobucco calvus* est de passage dans la basse Sénégambie, où il se montre dans les derniers mois de l'hivernage. Nous en possédons un spécimen tué en août, dans les bois de Samatite.

Fam. CAPITONIDÆ Briss.

Gen. TRACHYPHONUS Ranz.

125. TRACHYPHONUS PURPURATUS Verr.

Trachyphonus purpuratus Verr., Rev. et Mag. de Zool., 1851, p. 260.
— Marsh., Monog. Capit., pl. LIX.
— Hartl., Orn. W. Afr., p. 175.
Capito purpuratus Gaff., Mus. P. B. Cap., p. 71.

Peu commun. — Gambie, Casamence, Kagniac-Cay, Wagran, dans les forêts d'*Elais Guineensis*, environs de Maloumb.

Cette belle espèce du Gabon remonte jusque dans la région Sud de la Sénégambie, où elle est sédentaire.

Fam. TROGONIDÆ C. Bp.

Gen. TROGON Lin.

126. TROGON NARINA Vieill.

Trogon Narina Vieill., N. Dict. H. N., VIII, p. 318.
— Hartl., Orn. W. Afr., p. 263.
Apaloderma Narina Less., Trait. Orn., p. 121.
Le Couroucou Narina Levaill., Ois. Afr., pl. CCXXVIII.

Sikoroïh. — Assez rare. — Podor, Saldé, Albreda, Ghimbering.

Le *Trogon Narina* est un des Oiseaux les plus recherchés comme Oiseau de parure.

Les spécimens que nous possédons, et dont un mâle et une femelle adultes ont été tués à Saldé par notre ami regretté, le Capitaine Daboville, présentent la livrée suivante :

Adulte ♂ — Parties supérieures, gorge, poitrine, d'un vert doré métallique; rectrices intermédiaires de même couleur, toutes les autres noires; les grandes tectrices grisâtres, à vermiculations brun foncé brillant; rémiges brunes, portant une tache blanche à la base; les primaires liserées de blanc en dehors; poitrine et abdomen d'un magnifique rose; bec jaune doré à pointe bleuâtre; pieds bruns; iris rouge de laque.

Adulte ♀ — Parties supérieures vert doré mat; front brun olive; rectrices médianes d'un noir gris à reflets cuivrés; poitrine olivâtre pâle; abdomen et sous-caudales d'un blanc rosé; le reste comme chez le mâle, mais avec des teintes moins vives; bec jaune verdâtre; pieds gris brun; iris brun pâle.

Fam. BUCORVIDÆ Elliot.

Gen. BUCORVUS Less.

127. BUCORVUS ABYSSINICUS Less

Bucorvus Abyssinicus Less., trait. Orn., p. 256.
— *a.* Elliot, Monog. Bucer., pl. III.
Buceros Abyssinicus Bodd., Tab. Pl. Enl. d'Auben., n° 779.
— *caruncutatus Abyssinicus* Schleg., Mus. P. B., p. 19.
Bucorax Abyssinicus B. du Boc., P. Z. S. of Lond., 1873, p. 698, et Bull. Soc. Zool. France, 1877, p. 374.
Le Calao caronculé Levaill., Ois. Afr., V, p. 109, pl. CCXXX-CCXXXI.

Guinar. — Commun. — Thionk, Leybar, tout le Cayor, le Oualo, Gandiole, M'Bao, Rufisque, Hann, Joalles.

128. BUCORVUS GUINEENSIS B. du Boc.

Bucorvus Guineensis B. du Boc., Bull. Soc. Zool. France, 1877, p. 375.
— — *b.* Elliot, Monog. Bucer, p. 2, fig. 1, 2, 3.
— *caruncutatus Guineensis* Schleg., Mus. P. B., p. 20.
Bucorax Abyssinicus Hartl., Orn. W. Afr., p. 165.
Bucorvus pyrrhops Elliot, Ann. and Mag. Nat. Hist., 1877, p. 171, et Monog. Bucer, pl. IV.

Guinar. — Commun. — Mêmes localités que l'espèce précédente.

129. BUCORVUS CAFFER B. du Boc.

Bucorvus Caffer B. du Boc., Bull. Soc. Zool. France, 1877, p. 375.
— — *c.* Elliot, Monog. Bucer., p. 3, f. 1, 2.
— *caruncululatus Caffer* Schleg., Mus. P. B., p. 20.

Guinar. — Peu commun. — Gambie, Casamence, Mélacorée; s'observe quelquefois dans l'Ouest et le Nord de la Sénégambie, notamment à Gandiole et dans le Oualo.

Les trois espèces, que nous venons d'inscrire, ont donné lieu à d'interminables discussions; aujourd'hui encore elles ne sont pas généralement admises; les uns y voient des variétés de sexe et surtout d'âge d'un même type, les autres des *races géographiques,* ce terme si commode quand on ne veut pas se compromettre, ou que l'on ne sait comment qualifier un animal difficile à déterminer.

M. Barboza du Bocage est le seul qui ait compris les espèces du genre *Bucorvus,* et nous nous empressons de nous ranger à son avis, pleinement confirmé du reste par nos observations personnelles.

« Le *Bucorvus Abyssinicus,* dit le savant directeur du Musée de Lisbonne (*Bull. Soc. Zool. France, loc. cit.*) se distingue des *Bucorvus Guineensis* et *Caffer* par la supériorité de sa taille, la forme et les dimensions de son casque d'une courbure fort prononcée et largement ouvert par devant chez l'adulte, et par la présence d'une plaque étendue, roussâtre à la base de la mâchoire.

» Le *Bucorvus Guineensis,* dont le *Bucorvus pyrrhops* d'Elliot (*loc. cit.*) n'est que l'état complètement adulte, se différencie du *Bucorvus Abyssinicus* par une taille plus petite et un casque de dimensions plus restreintes, ouvert par devant chez l'adulte et fermé chez le jeune ».

Nous rapportons à cette espèce la figure 232 de Levaillant que l'on regarde, à tort selon nous, comme appartenant au *Bucorvus Abyssinicus.*

« Enfin le *Bucorvus Caffer,* continue M. Barboza du Bocage, se distingue de ses deux congénères par l'absence de la plaque roussâtre à la base de la mâchoire, et par la forme du casque très peu élevé, très comprimé, et présentant chez les individus les plus âgés une fente étroite à l'extrémité ».

A l'exemple de ses prédécesseurs, M. Barboza du Bocage assigne à chacune des trois espèces une région distincte; ainsi « l'habitat du *Bucorvus Abyssinicus* semble restreint, dit-il, à l'Abyssinie et aux pays voisins, il est fort douteux qu'il soit répandu jusqu'aux régions du Zambèze et de Natal.

» Le *Bucorvus Guineensis* a été observé dans la Guinée Portugaise, à la Côte-d'Or et au Congo; celui du Nord d'Angola pourrait lui être identique, mais il faut rayer de son habitat le Damaraland.

» Le *Bucorvus Caffer* enfin habite la partie méridionale d'Angola. Le Calao, rapporté de Damara par Andersson, appartient aussi à cette espèce, qui doit probablement se répandre dans l'Afrique Australe jusqu'au Zambèze ».

Nous n'acceptons pas cette manière de voir, car les trois *Bucorvus* vivent en Sénégambie, où nous les avons vus et chassés. Chose étrange, ni Elliot, ni M. Barboza du Bocage, ne disent un mot de cet habitat, que Hartlaub donne avec doute (*Orn. W. Afr.*, p. 166: *Sénégal?*) et que plusieurs Ornithologistes modernes paraissent ignorer.

Le R. P. Labat (*Nouvelle relation de l'Afr. Occid.*, t. IV, p. 160, fig. 1) est le premier, si nous ne nous trompons, qui ait cité le *Bucorvus* en Sénégambie; la figure qu'il en donne est des plus défectueuses, mais malgré ses imperfections, elle doit être rapportée plutôt au *Bucorvus Guineensis* qu'à l'*Abyssinicus*.

« On trouve, dit-il, aux environs du lac des Serrères, dans beaucoup d'endroits sur la route, des troupes d'oiseaux communément appelés *Trompette de Brac;* ils sont tout noirs et de la grosseur d'un Coq d'Inde; ce qu'ils ont de particulier, c'est un bec double ou deux becs l'un sur l'autre ».

Adanson parle à différentes reprises du *Bucorvus Abyssinicus*.

« Les Nègres du Sénégal, dit-il (*Hist. Nat.*, Éd. *Payer*, t. I, p. 550), appellent du nom de *Guinar* (ce mot est encore adopté en Sénégambie) un Oiseau grand comme un Dinde, et tout noir, qui a le bec grand, arqué, comprimé par les côtés, denté seulement à la mâchoire supérieure qui est relevée ainsi que la tête d'une bosse cartilagineuse concave; cet Oiseau a encore la gorge nue, rouge dans le mâle et bleue dans la femelle (1); il a trois pieds et demi de longueur du bout du bec au bout des pieds et six pouces de largeur aux épaules; il est commun dans les bois et les plaines humides voisines des marais; il vit d'Insectes et surtout de Reptiles et de Serpents, aussi les Nègres le respectent-ils et empêchent-ils qu'on ne le tue ».

Dans son voyage au Sénégal, l'illustre explorateur de la Sénégambie s'exprime ainsi (p. 173) : « le lendemain 15 juin, j'allais reconnaître les environs de Mouitt (Pays de Gandiole); j'aperçus certains Oiseaux à l'orient du village; ils étaient si semblables aux Coqs d'Inde pour la grosseur et le plumage, qu'on s'y serait facilement trompé. J'en tuai deux d'un même coup, l'un mâle et l'autre femelle; tous deux portaient sur la tête une espèce de casque noir et creux de même grandeur et de même figure que celui du Casoar; ils avaient sur le col une longue plaque semblable à un vélin très luisant qui était rouge dans le mâle et bleu dans la femelle. Les habitants de ce quartier le regardent comme un Marabout, c'est-à-dire comme un animal sacré, peut-être parce qu'il vit communément des petits Serpents qui sont si communs dans le voisinage. Ils ne pouvaient souffrir que je sacrifiasse si hardiment leurs Marabouts à mes plaisirs.... leur superstition alla même au point que chacun d'eux me prédit que je mourrais infailliblement dans la journée pour avoir commis un si grand crime ».

M. Barboza du Bocage (*Ornit. Ang.*, p. 113) vient confirmer

---

(1) « Notre regretté ami V. Heuglin, dit M. Barboza du Bocage (*loc. cit.*), en faisant connaître les variations de couleur de la poche gulaire et des parties nues du cou et de la tête chez le *B. abyssinicus*, nous a mis en garde contre toute prétention à faire valoir ces différences comme caractères spécifiques ».

Sans vouloir attacher une valeur spécifique à la coloration des parties énumérées par Heuglin, il est bon d'observer que les renseignements fournis par Adanson sont d'une scrupuleuse exactitude; les figures d'Elliot entre autres ne rendent en aucune façon l'aspect de ces parties pendant la vie.

Dans le *B. abyssinicus*, le tour des yeux est d'un bleu livide et toutes les parties nues rouge intense chez le mâle; ces mêmes parties sont d'un bleu livide chez la femelle; elles sont invariablement lie de vin chez les jeunes, mâles ou femelles indifféremment.

le dire d'Adanson; « partout en Afrique, dit-il, les Calaos inspirent aux populations indigènes des craintes superstitieuses; mais c'est surtout le *Bucorax*, qui paraît jouir au plus haut degré des privilèges attachés à des attributs surnaturels; sa vie y est mieux respectée que la vie humaine ».

Il est possible que le *Bucorvus* ait été un oiseau sacré du temps d'Adanson, aujourd'hui il n'en est plus de même; les Nègres (*certaines castes seulement*) le considèrent parfois comme un Oiseau néfaste; il ne faut pas se diriger du côté où, à l'état de repos, sa partie postérieure est tournée, car il pourrait arriver malheur à celui qui prendrait le chemin que cette posture désigne; aussi pour éviter tout accident, les Indigènes, même les moins imbus de cette superstition, s'empressent-ils de mettre en fuite l'Oiseau, s'ils ne peuvent le tuer. Trois fois dans ce même village de Moulti, où nous avons séjourné plusieurs semaines, on nous a apporté des cadavres de *Bucorvus*, et le Chef nous a fait présent de deux exemplaires que nous avons conservés vivants pendant plus d'une année. Il est toujours prudent de se mettre en garde devant les récits de certains Voyageurs souvent enclins à exagérer ce qu'ils attribuent au merveilleux, et nous croyons que, parmi eux, il faut compter Monteiro, cité par M. Barboza du Bocage.

Nous en dirons autant d'Ayrès, dont M. Elliot (*Monog.*, *loc. cit.*) relate tout au long les histoires les plus fantaisistes, au sujet des singuliers combats des *Bucorvus*, associés pour se rendre maîtres d'un gros Serpent « a large Serpent ».

Qu'ils soient isolés ou en troupes, ils vont nonchalamment à la recherche de leur nourriture, sans s'inquiéter les uns des autres; trouvent-ils un Reptile, Serpent ou Lézard, toujours de petite taille, ils l'étourdissent d'un coup d'aile et le saisissent avec leur bec, voilà tout, mais ils ne se mettent pas trois ou quatre en cercle les ailes étendues autour de l'animal, ils ne s'avancent pas de côté, présentant à ses morsures l'extrémité des grandes rémiges, ils ne se reculent pas brusquement pour revenir à la charge, l'épuiser peu à peu, et se partager fraternellement son cadavre.

En captivité, les *Bucorvus* sont omnivores, nous en avons nourri de viande, de pain, d'Insectes, de légumes cuits, mais surtout de Poissons, qu'ils semblaient préférer à tout autre aliment.

Fam. BUCEROTIDÆ C. Bp.

Gen. CERATOGYMNA C. Bp.

130. CERATOGYMNA ELATA C. Bp.

Ceratogymna elata C. Bp., Consp. Av., I, p. 2.
— Elliot, Monog. Bucer., p. XXIII.
Buceros elatus Temm., Pl. Col., II, p. 521, f. 1.
— *cultratus* Sundev., Ofvers. Kongl. Vetensk. Ak. Forh., p. 60.
— — Hartl., Orn. W. Afr., p. 161.

Tokobro. — Peu commun. — Forêts de Samatite, Wagran, Kagniac-Cay, Gambie, Casamence.

Jusqu'ici cette espèce a été signalée à Sierra-Leone et au Gabon. Le *Buceros cultratus* Sundev., indiqué également par Hartlaub (*loc. cit.*) comme distinct du *Buceros elatus* Temm., n'est que la femelle de ce dernier.

Gen. BYCANISTES Cab. et Hein.

131. BYCANISTES CRISTATUS Cab. et Hein.

Bycanistes cristatus Cab. et Hein., Mus. Hein., p. 172.
— Elliot, Monog. Bucer., p. XXVI.
Buceros cristatus Rüpp., Faun. Abyss., I, p. 3, tab. I.

Kilaro. — Peu commun. — Bakel, Kita, forêts du Bakoy et de la Falémé.

M. le Dr Colin a bien voulu nous offrir un exemplaire de cette espèce, tué par lui dans les environs de Kita.

Gen. PHOLIDOPHALUS Elliot.

132. PHOLIDOPHALUS FISTULATOR Elliot.

Pholidophalus fistulator Elliot, Monog. Bucer., pl. XXXII.
Buceros fistulator Cass., Pr. Ac. N. H. Sc. P. Phil., 1850, p. 68.
— Hartl., Orn. W. Afr., p. 162.

Kilaïh. — Commun. — Gambie, Casamence, Mélacorée; remonte quelquefois vers l'Ouest où il a été tué dans les environs de M'Bao.

Gen. LOPHOCEROS Hemp. et Ehr.

133. LOPHOCEROS NASUTUS Elliot.

Lophoceros nasutus Elliot, Monog. Bucer., pl. XLVIII.
Buceros nasutus Lin., Syst. Nat., I, p. 154.
Tockus nasutus Rüpp., Syst. Ueber Vög. N. O. Afr., p. 79.
— Hartl., Orn. W. Afr., p. 164.
Calao à bec noir du Sénégal Buff., Pl. Enl., 890.
Le Calao nasique Levaill., Ois. Afr., V, p. 120, f. 235.

Tokba. — Commun. — Podor, Bakel, Kita, Saldé, Thionk, Leybar, M'Bao, Sorres, Mouitt, Gandiole, Gambie, Casamence.

Gen. TOCKUS Less.

134. TOCKUS MELANOLEUCUS C. Bp.

Tockus melanoleucus C. Bp., Consp. Av., p. 91.
— Elliot, Monog. Bucer., pl. XLIX.
— Hartl., Orn. W. Afr., p. 164.
Le Calao couronné Levaill., Ois. Afr., V, p. 117, pl. CCXXXIV, CCXXXV.

Tokba. — Assez rare. — Albreda, Sainte-Marie, Samatite, Mélacorée, Leybar, Thionk, etc.

Hartlaub (*loc. cit.*) indique ce Calao en Gambie; c'est le seul auteur, à notre connaissance, qui fasse mention de cette localité exacte. Le *Tockus melanoleucus* est généralement considéré comme spécial à Angola et au Damara.

D'après M. d'Anchieta (Barboza du Bocage, *Orn. Angol.*, p. 117), cette espèce vit de baies et de fruits, surtout de ceux d'une espèce de *Ficus*. Il semblerait, dans l'esprit de l'auteur, faire exception parmi ses congénères. Il n'en est rien, car tous les *Tockus*, que nous avons pu étudier, vivent indifféremment d'Insectes et de fruits de toute sorte.

135. TOCKUS FASCIATUS C. Bp.

Tockus fasciatus C. Bp., Consp. Av., p. 91.
— Elliot, Monog. Bucer., pl. L, f. a.
— Hartl., Orn. W. Afr., p. 163.
Le Calao longibande Levaill., Ois. Afr., V, p. 115, pl. CCXXXIII.

Tokba. — Peu commun. — Habite les mêmes parages que l'espèce précédente.

Propre à Angola, au Cap Lopez, au Calabar, il avait déjà été indiqué en Casamence par J. Verreaux.

136. TOCKUS SEMIFASCIATUS Sharpe.

Tockus Semifasciatus Sharpe, Ibis, 1869, p. 192.
— Elliot, Monog. Bucer., pl. L, f. b.
— Hartl., Orn. W. Afr., p. 163.
Buceros semifasciatus Hartl., J. f. O., 1855, p. 350.

Tokba. — Peu commun. — Gambie, Casamence, Mélacorée, Thionk, Leybar, M'Bao, etc.

Le *Tockus semifasciatus*, dont l'aire d'habitat, suivant Elliot et autres (*loc. cit.*), s'étend de la Sénégambie au Gabon, est à peine distinct du *Tockus fasciatus*. La seule différence appréciable réside dans le mode de distribution des couleurs sur les rectrices. Hartlaub (*loc. cit.*) les décrit ainsi :

T. fasciatus — rectricibus quatuor intermediis et extima utrinque nigris, RELIQUIS TOTIS ALBIS.

T. semifasciatus — rectricibus quatuor intermediis et extima utrinque nigris, RELIQUIS MACULA APICALI CIRCA BIPOLLICARI ALBA.

Des différences aussi minimes, quand toutes les autres parties sont semblables chez les deux types, suffisent-elles pour constituer deux espèces?

La majeure partie des Ornithologistes répondent par l'affirmative et nous nous rangeons avec eux en raison même du système de nomenclature que nous avons adopté; mais il est permis de poser une seconde question et de dire : si tout autre qu'Hartlaub, Elliot, Sharpe, etc., proposait une espèce sur des caractères aussi faibles, cette espèce ne serait-elle pas bien vite rejetée, et le caractère invoqué considéré comme ayant à peine la valeur d'une variation individuelle?

137. TOCKUS ERYTHRORHYNCHUS Rüpp.

Tockus erythrorhynchus Rüpp., Syst. Ueber Vög. N. O. Afr., p. 79.
— Elliot, Monog. Bucer., pl. LVI.
— Hartl., Orn. W. Afr., p. 165.
Calao à bec rouge du Sénégal Buff., Pl. Enl., n° 260.
Le Calao Toc Levaill., Ois Afr., V, p. 122, pl. CCXXXVIII.

Tokba. — Commun. — Bakel, Kita, Podor, Dagana, Thionk, Dakar-Bango, M'Bao, Rufisque, Joalles, Sainte-Marie, Albreda, Sedhiou, etc.

L'aire d'habitat de cette espèce, des plus communes, s'étend sur tout le continent Africain.

138. TOCKUS BOCAGEI Oustal.

Pl. XIII, fig. 1.

Tockus Bocagei Oustal., Bull. Soc. Phil. Paris, 13 août 1881, 7e sér., t. V, p. 161-162.

Toko. — Rare. — Forêts de Bandoubé ; Kita, dans les parties boisées du Massif.

Cette espèce rare, que nous devons à l'obligeance de M. le Dr Colin, est, à peu de chose près, identique à celle décrite par notre collègue M. Oustalet, d'après un exemplaire vendu au Muséum de Paris par M. Abdou Gindi, et provenant de la région Africaine comprise entre le pays des Gallas et celui des Çomalis.

Les quelques différences existant entre le type du Dr Colin et celui de M. Oustalet ne nous semblent pas assez tranchées pour permettre de les séparer l'un de l'autre ; aussi l'inscrivons-nous sous le nom que lui a donné notre savant collègue.

Nous le décrirons de la manière suivante :

Parties supérieures d'un noir bleu à reflets métalliques ; sommet de la tête gris brunâtre ; une bande blanche règne à partir de la nuque et s'étend jusqu'au croupion en s'élargissant sur le dos ; sourcils, région parotidienne, cou, poitrine, abdomen, cuisses, d'un blanc éclatant, faiblement lavé de fauve pâle ; petites couvertures des ailes d'un noir bleu métallique ; les grandes rémiges de même couleur, les secondaires d'un blanc pur, les dernières d'un brun noir, extérieurement bordées de fauve ; rectrices médianes d'un noir bleu métallique ; les deux premières latérales de même couleur dans leur premier tiers, d'un blanc légèrement fauve linéolé de brun dans leurs deux tiers inférieurs ; l'externe entièrement blanche à linéoles brunes et portant au milieu une tache d'un noir bleu ; mandibule supérieure rouge intense, à carène orangée ; l'inférieure d'un jaune rouge ; le tranchant des mandibules brun ; parties nues autour des yeux d'un bleu clair ; portion dénudée de la gorge jaunâtre rouge, partagée longitudinalement par une ligne étroite de plumes blanches ; pieds noirâtres ; iris brun rouge.

La description de M. Oustalet donne au type du pays des Gallas : « la pointe du bec jaunâtre ; la teinte du sommet de la tête gris de fer ; les lores gris noirâtre ; les grandes rémiges noires avec des marques blanches sur les barbes externes ; les pennes secondaires, les unes noirâtres ou brunâtres avec des échancrures blanches en dedans et en dehors, d'autres toutes blanches, d'autres enfin, les dernières, brunâtres ; les rectrices médianes brun très foncé, tirant au noir ».

Ces variations de couleur dans les deux types doivent être attribuées simplement à l'âge des sujets; le type de M. le Dr Colin serait pour nous un vieux mâle dans sa livrée la plus complète.

Comme M. Oustalet, nous ne rapporterons pas cette espèce au *Tockus Deckeni* Cab.; cependant elle en est extrêmement voisine. Ce dernier pourtant en diffère : par la calotte noire du sommet de la tête, par toutes les parties blanches teintées de gris, par la moitié terminale du bec d'un jaune pâle, et la gorge à peine dénudée.

Fam. MUSOPHAGIDÆ C. Bp.

Gen. MUSOPHAGA Isert.

180. MUSOPHAGA VIOLACEA Isert.

Musophaga violacea Isert, Schr. d. Gesells. Nat. Freu. zu Berlin, 1789, t. IX, p. 16, 20, pl. I.
— Swain., Birds W. Afr., I, p. 218, pl. XIX.
— Latham, Gen. Hist. of Birds, 1822, II, p. 341, pl. XXXVII.
— Vieill., Gal. Ois., I, p. 43, pl. XLVII.
— Hartl., Orn. W. Afr., p. 159.
— Cuv., R. An., Ois., pl. LVII.

Thioïpichïba. — Peu commun. — Forêts du haut fleuve et du bas de la côte; Saldé, Dagana, Podor, Mélacorée, Albreda, Wagran, Kaguiac-Cay, Ghimbering.

Dans le premier volume de son ouvrage sur les Oiseaux de l'Ouest de l'Afrique, Swainson décrit et figure le *Musophaga violacea*, sa description est incomplète, sa figure est mauvaise, aussi nous serions-nous borné à le citer en synonymie, si une note d'une facture INQUALIFIABLE (*loc. cit.*, p. 219) n'eût attiré notre attention.

Nous reproduisons textuellement cette note : « The EFFRONTERY with which some of the German nomenclators (*Cuvier, Latham, Vieillot*, etc. Synonymie, p. 218) have endeavoured *to set aside this name for one of their own*, is unexampled in science; such synonyms should never be even quoted, — *the best punishment their authors can receive* ».

Avant d'accuser d'indélicatesse, d'effronterie, des savants tels que Cuvier, Latham, Vieillot et autres, Swainson aurait bien fait de recourir à leurs ouvrages; il y aurait vu que pas un d'eux ne s'est emparé de la découverte du voyageur Prussien Isert, et peut-être aurait-il compris qu'en cherchant à dresser un pilori pour les Naturalistes qu'il accuse faussement, il s'y attachait volontairement lui-même.

En effet, Latham, dans le second volume *General History of Birds*, 1822, p. 341, a le soin de faire suivre le nom de *Musophaga violacea*, de l'indication suivante : *Schr. der Berl. Gesell.*, IX, S. I, 6, taf. I.; il ne s'approprie pas par conséquent la découverte d'Isert, puisqu'il indique l'ouvrage où le *Musophaga* a été décrit par lui pour la première fois; de plus, à la suite d'une description détaillée de l'Oiseau, dans laquelle Latham rectifie certaines erreurs d'Isert, il n'oublie pas de dire :

« This beautiful Bird is found on the Plains near the borders of rivers in the province of Acra in Guinea, it is very rare, *for with every pain taken by* M. Isert, *he could only obtain one specimen* ».

Vieillot, dans le premier volume de sa *Galerie des Oiseaux*, p. 43, agit de même; on y voit : *Musophaga violacea : Schr. der Berl. Gesell.*, IX, S. I, 6, taf. I.; il renvoie donc lui aussi à l'auteur Prussien et ne s'attribue nullement un nom qu'il dit être donné par un autre.

Cuvier, dans son *Règne animal*, n'oublie pas d'inscrire le nom d'Isert à la suite du nom générique *Musophaga*; il est vrai qu'il écrit *Musophaga violacea Vieill., Gal. Ois.*, pl. XLVII; mais cela veut-il dire qu'il s'empare de ce nom, ou qu'il l'attribue à Vieillot? évidemment non, il renvoie simplement à la planche de Vieillot, où la figure du *Musophaga* d'Isert est exacte, et non à celle d'Isert, où l'Oiseau est affreusement mal représenté.

Nous pourrions multiplier les preuves; celles-ci suffisent pour démontrer combien sont injustes les allégations de Swainson, qui, tout en voulant infliger une punition (*punishment*) à Vieillot, Cuvier, Latham, etc., ose copier, sans le citer, le passage tout entier où ce dernier discute l'opinion d'Isert, relative à la manière dont sont disposés les doigts des pieds du *Musophaga violacea*.

Swainson ne peut plus nous répondre, nous le regrettons, mais nous devions à la mémoire de nos illustres Maîtres de réduire à néant les injures que l'envie seule a pu lui suggérer.

Gen. TURACUS Cuv.

140. TURACUS GIGANTEUS Hartl.

Turacus giganteus Hartl., Orn. W. Afr., p. 159.
Musophaga gigantea Vieill., Enc. Meth., p. 1295.
— *cristata* Vieill., Ann. Nouv. Ornith., p. 68.
Le Touraco géant Levaill., Prom. et Guep., pl. XIX.

Gnoni N'Tialjh. — Peu commun. — Sud de la Sénégambie, Casamence, Mélacorée, Cagnout, Monsor, Maloumb, forêts de Wagean.

Nous ne voyons pas que cette espèce ait été jusqu'ici indiquée en Sénégambie; le Gabon, Sierra-Leone, Fernando-Po, Dabocrom, sont les seules régions où elle est signalée. On l'apporte cependant à Saint-Louis même, où elle est vendue comme Oiseau de parure; un magnifique exemplaire provenant de la Gambie existe au Musée des Colonies, il est identique aux beaux spécimens des Galeries du Muséum de Paris. Nous possédons un sujet mâle adulte tué par notre chasseur Sambalam, dans les environs immédiats de Maloumb.

Le *Turacus giganteus* habite les endroits boisés, à proximité des marigots, et s'aventure rarement dans l'intérieur.

Gen. SCHIZORHIS Wagl.

141. SCHIZORHIS AFRICANA Hartl.

Schizorhis Africana Hartl., Orn. W. Afr., p. 160.
Phasianus Africanus Latham, Gen. Hist. of Birds, 1822, II, p. 343.
Musophaga variegata Vieill., Encyc. Meth., p. 1296.
— *Senegalensis* Licht., Doubl., p. 7.
Schizoerhis Variegata Swain., Birds W. Afr., I, p. 223, pl. XX.
Le Touraco musophage Levaill., Tour., p. 20.

N'Ded. — Assez commun. — Saldé, Safal, Damarkour, île Kouma, M'Bilor, Mélacorée, Gambie, Casamence, Daranka, Albreda, Bathurst

142. SCHIZORHIS CONCOLOR Hartl.

Schizorhis concolor Hartl., P. Z. S. of Lond., 1865, p. 88, 91.
— B. du Boc., Orn. Ang., p. 134.
Corythaix concolor A. Smith, S. Afr. Quart. Journ., 2e sér., p. 48.

N'Ded. — Assez rare. — Habite les mêmes localités que l'espèce précédente.

Heuglin (*Orn. Nordost Afr.*, I, p. 710) donne comme habitat de cette espèce le Sud, l'Ouest et le Sud-Est de l'Afrique; sa présence en Sénégambie nous est parfaitement démontrée par plusieurs spécimens tués par nous et par M. le Dr Colin.

MM. Hartlaub et Barboza du Bocage (*loc. cit.*) indiquent quelques différences dans les teintes du plumage, chez les individus provenant du Benguela et d'Angola et chez ceux de l'Afrique Australe, la coloration des premiers étant toujours plus pâle que celle des seconds.

Pour nous, la diversité d'habitat ne saurait être la cause de cette différence; car nos spécimens Sénégambiens présentent eux aussi des teintes sombres et des teintes pâles, teintes que nous n'hésitons pas à attribuer à l'âge des sujets.

143. SCHIZORHIS LEUCOGASTRA Rüpp.

Schizorhis leucogastra Rüpp., P. Z. S. of Lond., 1842, p. 9.
— Heugl., Orn. Nordost Afr., I, p. 707.
Musophaga leucogastra Schleg., Cat. Cucul., p. 78.

N'Ded. — Rare. — Forêts de Boukarié, Maina, Taalari.

Cette rare espèce d'Abyssinie, du Schoa et du pays Çomal, régions où l'indiquent Rüppel et Heuglin, fait de fréquentes apparitions dans le Nord-Est de la Sénégambie, où elle a été tuée par M. le Dr Colin, à l'obligeance duquel nous devons de l'inscrire dans cet ouvrage.

Gen. CORYTHAIX Illig.

144. CORYTHAIX PERSA Hartl.

Corythaix persa Hartl., Orn. W. Afr., p. 150.
Cuculus persa Lin., Syst. Nat., éd. X, p. 171.
— *Guineensis viridis* Briss., Orn., IV, p. 171.
Le Touraco Edw., Birds, pl. VII.

N'Dodo. — Assez commun. — Gambie, Casamence, Mélacorée, Daranka, Bathurst.

145. CORYTHAIX PURPUREUS Cuv.

Corythaix purpureus Cuv. Less., Trait. Orn., p. 124.
Opaethus Buffonii Vieill., Enc. Méth., p. 1297.
Corythaix Buffonii Jard., Illust. Orn., pl. CXXII.
— Hartl., Orn. W. Afr., p. 156.
Corythaix Senegalensis Swain., Birds W. Afr., p. 225, pl. XXI.

N'Dodo. — Commun. — Le Ouolo, Bokol, Dagana, île Kouma, environs du Lac de N'Guer, Maka, M'Bao, Sainte-Marie, Albreda, Kagniac-Cay, Ghimbering, Mélacorée, Zokenkior.

146. CORYTHAIX MACRORHYNCHUS Fras.

Corythaix macrorhynchus Fras., P. Z. S. of Lond., 1839, p. 34.
— Hartl., Orn. W. Afr., p. 157.

N'Dodo. — Assez rare. — Mélacorée, Gambie, Casamence, Zekenkior, Albreda.

Fam. COLIIDÆ C. Bp.

Gen. COLIUS Briss.

147. COLIUS MACROURUS Heugl.

Colius macrourus Heugl., Orn. Nordost Afr., p. 712.
Lanius macrourus Lin., Syst. Nat., I, p. 134.
Colius Senegalensis Hartl., Orn. W. Afr., p. 155.

N'Dokojh. — Commun. — Dagana, Saldé, Kita, Bakel, Joalles, Rufisque, Richard-Toll, Darmankour, M'Bilor, Gilfré, Samatite, Maloumb, Cagnout, etc.

Cette espèce, malgré ses teintes peu éclatantes, compte parmi les Oiseaux dits de parure et est expédiée en France mélangée à une foule d'autres espèces; généralement les plumes de la queue sont rongées, le rachis seul existe, toutes les barbes ayant disparu; cela tient, selon nous, à ce que ce *Colius* est tué et apporté par les Indigènes à l'époque de la reproduction.

Comme les autres *Colius*, en effet, il niche dans les creux et les trous du tronc des vieux arbres, et use ses rectrices par le frottement que nécessitent ses entrées et ses sorties réitérées à travers un espace souvent étroit.

Layard (*Birds of S. Afr.*, 1869, p. 221 *et seq.*) donne aux *Colius* des œufs d'un blanc sale; ceux du *Colius macrourus*, que nous possédons (Pl. XXIX, fig. 4), arrondis aux deux extrémités, présentent une teinte jaune sale, et sont finement tiquetés de brun rougeâtre au gros bout; ils mesurent $0{,}022^{mm}$ dans leur plus grand axe, et $0{,}016^{mm}$ de diamètre.

148. COLIUS NIGRICOLLIS Vieill.

Colius nigricollis Vieill., N. Dict. H. N., VII, p. 378.
— Hartl., Orn. W. Afr., p. 155.
— B. du Boc., Orn. Ang., p. 120.
Le Coliou à gorge noire Levaill., Ois. Afr., pl. CCLIX.

N'Dokojh.— Peu commun. — Gambie, Mélacorée, Casamence, Gilfré, Samatite, Albreda.

Le *Colius nigricollis*, considéré comme rare et propre à Angola, au Gabon, à l'Ogooué, bien distinct du précédent est souvent apporté avec lui par les Nègres chasseurs et compris sous la même dénomination d'Oiseau de parure. Nous en avons capturé deux exemplaires dans les environs d'Albreda.

Tout au contraire nous n'avons jamais vu en Sénégambie le *Colius castanonotus*, commun, paraît-il, à Angola et au Gabon.

Fam. CORACIIDÆ Gray.

M. Sharpe, dans son mémoire : « *On the Coraciidæ of the Ethiopian region* (*Ibis*, Third Ser., Vol. I, 1871, p. 184 et seq., Pl. VIII), divise cette famille en trois sous-familles qu'il caractérise ainsi :

a. — Nares ad basin maxillæ positæ, setis obtectæ.
  a'. — Tarsus brevior quam digitus medius........ CORACIINÆ.
  b'. — Tarsus longior quam digitus medius........ BRACHYPTERACINÆ.
b. — Nares nudæ, lineares, in media maxilla positæ.. LEPTOSOMINÆ.

La première sous-famille comprend les genres *Coracias* et *Eurystomus*.

N'ayant à traiter ici que de ces deux genres, essentiellement Sénégambiens, nous passerons les autres sous silence, à l'exception cependant du genre *Leptosomus*, dont nous aurons à parler, mais d'une façon tout à fait subsidiaire.

En donnant pour caractères essentiels aux *Coraciinæ* : 1° des narines situées à la base du bec et cachées par des poils; 2° un tarse plus court que le doigt médian; et en classant côte à côte, sous cette rubrique, les *Coracias* et les *Eurystomus*, M. Sharpe déclare évidemment que ces caractères leur sont communs.

Il n'en est rien cependant.

En premier lieu, chez tous les *Coracias*, les narines sont, en effet, situées à la base du bec, presque linéaires, dirigées très obliquement et entièrement cachées sous de très petites plumes.

Chez tous les *Eurystomus*, au contraire, les narines situées à la base du bec, ovales elliptiques, sont presque nues, c'est-à-dire à peine recouvertes par de très petites plumes.

En second lieu, chez tous les *Coracias*, le doigt médian est invariablement et mathématiquement de la même longueur (1) que le tarse : : 20 : 20 (Pl. XIV, fig. 3).

---

(1) Nous avons eu soin, pour nos mensurations, de suivre la méthode employée par M. Sharpe *(loc. cit.*, p. 84, *en note)*, c'est-à-dire que la longueur du tarse a été prise en dessous de sa surface articulaire avec le tibia, à l'angle

Chez tous les *Eurystomus*, le doigt médian est plus long que le tarse : : 19 : 14 (Pl. XIV, fig. 8).

La forme du bec n'est pas non plus la même; les deux mandibules du *Coracias* sont très allongées, étroites, l'angle de leur commissure est situé en avant de l'angle externe de l'œil; les deux mandibules des *Eurystomus* sont courtes, larges, plates, et l'angle de leur commissure est situé en arrière de l'angle externe de l'œil.

Des différences n n moins grandes se montrent par l'étude du squelette, elles consistent « principalement dans la forme de la tête osseuse et dans le développement de l'appareil sternoclaviculaire », comme le fait remarquer M. le Professeur A. Milne Edwards, auquel nous empruntons plusieurs des données suivantes (*Hist. Phys. Nat. et Pol. de Madagascar. Oiseaux*, t. I, 2ᵉ *part.* 10ᵉ *fasc.*, p. 218 *et seq.*, 1881).

La tête osseuse des *Eurystomus* (Pl. XIV, fig. 6) est courte et très élargie, celle des *Coracias* (Pl. XIV, fig. 1) est au contraire allongée et rétrécie en avant, la portion orbitaire du frontal des premiers est plus large et plus aplatie que celle des seconds; l'orbite est plus grand, les os lacrimaux plus dilatés en dehors; la voûte palatine très complète a sur la ligne médiane une ouverture ovalaire, et les os palatins étendus en arrière, sous forme de lames très légèrement concaves, ne sont pas creusés en gouttière comme chez les *Coracias*.

Nous ajouterons que, chez les *Eurystomus*, la région occipitale est très développée latéralement, par suite de la dilatation des caisses auditives, ce qui manque chez les *Coracias*.

Le sternum des *Eurystomus* (Pl. XIV, fig. 7) est plus développé que celui des *Coracias* (Pl. XIV, fig. 2); les rainures coracoïdiennes sont plus larges et plus profondes, les angles hyosternaux plus relevés; les bords latéraux plus excavés, les coracoïdiens ont une longueur relative plus considérable.

Chez les *Eurystomus*, l'extrémité postérieure de l'humérus arrive jusqu'au niveau du trou sciatique, tandis que chez les *Coracias* cette extrémité postérieure atteint à peine la cavité

---

formé par l'articulation du doigt postérieur (from the ankle-joint to the base of the hallux); comme M. Sharpe également, nous faisons abstraction de l'ongle, dans la longueur du doigt médian.

cotyloïde du bassin; enfin le tarso-métatarsien court, élargi, comprimé d'avant en arrière, diffère de celui des *Coracias* qui est beaucoup plus élancé.

Si, à tout ce qui précède, nous ajoutons que les *Eurystomus* et les *Coracias* ont des mœurs complètement différentes, nous aurons accumulé une somme de raisons suffisantes pour les considérer comme devant être séparés. Du reste, en proposant d'instituer une division pour le genre *Eurystomus*, nous suivons simplement l'exemple que nous ont souvent donné, avec de moins forts arguments peut-être, plusieurs Ornithologistes des plus autorisés.

Modifiant les caractéristiques de M. Sharpe (*loc. cit.*), nous partagerons comme il suit les différents types.

a. — Nares ad basin maxillæ positæ, obliquæ, lineares, *plumulis absconditæ*.
 a'. — Tarsus digitum medium æquans........... CORACIIDÆ.
b. — Nares ad basin maxillæ positæ, ovato ellipticæ, obliquæ, *fere nudæ*.
 b'. — Tarsus brevior quam digitus medius........ EURYSTOMIDÆ.
c. — Nares ad basin maxillæ positæ, lineares, obliquæ, *subabsconditæ*.
 c'. — Tarsus longior quam digitus medius........ BRACHYPTERACIDÆ.
d. — Nares in medio maxillæ positæ, lineares, transversæ, *nudæ*.
 d'. — Tarsus brevior quam digitus medius........ LEPTOSOMIDÆ.

MM. Sharpe et Sclater donnent, comme un caractère du groupe des *Coraciidæ*, la plume axillaire dont les plumes du corps sont toujours munies.

Nous ne reviendrons pas sur les longs éclaircissements fournis dans nos considérations générales sur ces plumes axillaires, mais nous devons, en ce qui concerne le groupe qui nous occupe, rectifier les renseignements des deux Ornithologistes Anglais.

Sur la planche VIII qui accompagne mon mémoire, dit M. Sharpe (*Ibis, loc. cit.*, p. 183), j'ai fait figurer les plumes du corps des divers genres de *Coraciidæ*, et il est facile de voir : « that in *Coracias* the axillary plumule is scarcely developed at all; equally in *Eurystomus* and *Brachypteracias;* more in *Geobiastes*, and most in *Atelornis* and *Leptosoma*.

Nous ne connaissons pas les plumes axillaires des *Brachypteracias*, des *Geobiastes* et des *Atelornis*, mais il nous est facile de voir (it will be seen) que M. Sharpe a mal figuré celles des *Coracias, Eurystomus* et *Leptosomus*.

Nous avons fait reproduire (fig. 5 et 10 de notre Pl. XIV) les fig. 5 et 6 de la Pl. VIII de M. Sharpe, et à côté (fig. 4 et 9), une plume de *Coracias* et d'*Eurystomus*, telles qu'elles sont en réalité; leur comparaison montre que, loin d'être à peine développée (scarcely developped at all) chez les *Coracias*, la plumule axillaire égale presque en longueur la moitié de la hauteur de la plume principale, et que ses barbules sont longues et fournies; elle montre encore, que, chez les *Eurystomus*, cette même plumule axillaire atteint des proportions presque égales à la précédente, qu'elle est extrêmement fournie et non à courtes barbules, comme la représente la figure 6 de M. Sharpe.

De son côté, M. Sclater, traducteur du traité de Ptérylographie de Nitzsch, et qui semble attacher à la présence d'une plume axillaire chez les *Leptosomus* une importance particulière (1), figure lui aussi cette plume d'une manière tout à fait inexacte.

Les figures 3 et 4 (*Proc. Z. S. of Lond.*, 1865, p. 68), reproduites dans la traduction anglaise de la Ptérylographie de Nitzsch (*Ray Society, Appendice*, p. 160, fig. 3-4, 1867), montrent deux plumes de *Leptosomus discolor*, dont la plume axillaire dépasse en hauteur les deux tiers de la plume principale; en réalité, c'est à peine si elle atteint la moitié de celle-ci; on peut y relever en outre une exagération par trop grande du développement des barbules, que nous avons vues toujours très fines, très peu fournies et non touffues comme l'indique M. Sharpe.

La figure 10 Pl. VIII de M. Sharpe (*loc. cit.*) est une mauvaise copie de la figure 4 inexacte de M. Sclater.

Gen. CORACIAS Lin.

149. CORACIAS GARRULA Lin.

Coracias garrula Lin., Syst. Nat., éd. XII, p. 159.
— Sharpe, Ibis, 1871, p. 189.
— Hartl., Orn. W. Afr., p. 20.

---

(1) L'importance, que M. Sclater attache à la plume axillaire du *Leptosomus discolor*, a d'autant plus lieu d'étonner, qu'ayant, comme on l'a vu plus haut, traduit l'ouvrage de Nitzsch, il devait savoir mieux que personne combien les plumes axillaires sont fréquentes chez un grand nombre d'Oiseaux de diverses familles (vid. sup., p. 11-12) et qu'elles ne peuvent servir comme caractères pour la classification.

N'Diyko. — Assez rare. — Haute et basse Sénégambie, Saldé, Dagana, Albreda, Zekenkior.

Cette espèce paraît être de passage, nous ne l'avons jamais observée que pendant les mois d'Octobre et de Novembre, son apparition est courte, et les individus sont constamment isolés.

150. CORACIAS NÆVIA Daud.

Coracias nævia Daud., Trait. Orn., II, p. 258.
— Sharpe, Ibis, 1871, p. 109.
Galgulus pilosus Bonn. et Vieill., Enc. Méth., II, p. 867.
Coracias pilosa Lath., Ind. Orn., Supp., pl. XXVII.
— Hartl., Orn. W. Afr., p. 30.
Coracias crinita Shaw, Gen. Zool., VII, p. 401.
— *nuchalis* Swain., Birds W. Afr., II, p. 110.
Le Rollier varié dans son jeune âge Levaill., Roll., pl. XXIX.

N'Diyko. — Commun. — Dagana, Podor, Saldé, Thionk, Leybar, tout le Oualo et le Cayor, Gambie, Casamonce, Daranka, Ghimbering, Cagnout, Samatite, Monsor, Kaguine-Cay, Dakar, Deine, pointe du Cap-Vert.

Le *Coracias nævia* habite le Nord-Est, l'Ouest et le Sud de l'Afrique.

Heuglin (*Orn. Nordost Afr.*, I, p. 173 et *J. f. O.*, 1868, p. 320) distingue les exemplaires de l'Est et les considère comme une race locale différente de celle du Sud et de l'Ouest.

Avec MM. Sharpe (*loc. cit.*) et Finsch (*Trans. Zool. Soc. of Lond.*, VII, p. 221, 1870), nous ne voyons dans les variations de plumage invoquées par Heuglin qu'un état dû à l'âge et au sexe des sujets observés.

151. CORACIAS ABYSSINICA Gm.

Coracias Abyssinica Gm., S. N., I, p. 370.
— Sharpe, Ibis, 1871, p. 107.
— Hartl., Orn. W. Afr., p. 30.

Coracias Senegalensis Gm., S. N., I, p. 379.
— *albifrons* Shaw, Gen. Zool., VII, p. 392.
Le Rollier d'Abyssinie Buff., Pl. Enl., 626.
— *du Sénégal* Buff., Pl. Enl., 326.
— *à longs brins* Levaill., Roll., p. 75, tab. 25.

N'Dlyko. — Commun. — Habite les mêmes localités que l'espèce précédente.

Comme son congénère, le *Coracias Abyssinica* vit sédentaire en Sénégambie; nous les y avons vus toute l'année, en troupes souvent nombreuses, voltigeant à la lisière des bois et des forêts, où ils cherchent leur nourriture, consistant plus spécialement en Insectes; vers le soir, ils s'élèvent en coassant, et planent au-dessus des grands arbres, sur lesquels ils ne tardent pas à s'abattre pour y passer la nuit.

Lefebvre, dans son voyage en Abyssinie (*Zool.*, t. VI, p. 70), rapporte que « le *Rollier bleu* est appelé en Tigreen *Ouadde guimele*, ce qui veut dire le fils des nuages, parce qu'il vole généralement en grand nombre comme les nuages ».

M. Sharpe (*loc. cit.*, p. 200) trouve ce fait des plus extraordinaires, il en conclut qu'il y a une erreur d'observation, et que Lefebvre a voulu parler d'une toute autre espèce.

Nos remarques personnelles viennent confirmer la narration de Lefebvre, vraie, quoi qu'en pense M. Sharpe, non seulement pour le *Coracias Abyssinica*, mais aussi pour le *Coracias naevia*.

C'est au *Coracias Abyssinica* qu'il faut rapporter « l'Oiseau d'une beauté singulière » tué par Adanson le 25 avril 1749, « sur une manœuvre du bâtiment » où se trouvait le savant Voyageur le jour où, pour la première fois, il apercevait la côte du Sénégal.

« C'était une espèce de Geai, dit-il (*Voy. au Sénég.*, p. 15), auquel il ressemblait fort par la grosseur du corps et par la figure du bec et des pieds (*Garrulus argentoratensis* de Willug.), mais il en différait à quelques autres égards. Il était d'un bleu pâle sous le ventre, et fauve sur le dos. Sa queue, qui avait pour ornement deux plumes de la longueur du reste du corps, était relevée, aussi bien que ses ailes, par l'éclat d'un bleu céleste, le plus beau qu'on puisse imaginer. J'ai eu souvent occasion de voir ce Geai dans les terres du Sénégal ».

A la suite de cette description des plus exactes, Adanson commet une erreur, car il confond l'espèce avec le *Coracias garrula*, en la considérant comme oiseau de passage. « J'ai reconnu depuis, continue notre Naturaliste, que c'était un Oiseau de passage, qui vient habiter pendant quelques mois de l'été dans les pays méridionaux de l'Europe, et qui retourne passer le reste de l'année au Sénégal ; je ne veux pas laisser ignorer qu'il a été rencontré quelquefois en mer dans le temps de son passage ».

152. CORACIAS CYANOGASTRA Sharpe.

Coracias cyanogastra Sharpe, Ibis, 1871, p. 202.
— Hartl., Orn. W. Afr., p. 30.
Coracina cyanogastra C. Bp., Consp. Av., p. 7.
Coracias cyanogaster Cuv., R. An., I, p. 401.
Galgulus cyanogaster Vieill., N. Dict. H. N., XXIX, p. 436.

N'Diyko. — Assez commun. — Thionk, Leybar, Dakar-Bango, Hann, Rufisque, Joalles, pointe des deux Mamelles, Sedhiou, Samatite, Albreda, Ghimbering, Maloumb, Mélacorée.

Ce *Coracias*, comme les autres espèces, est sédentaire. Toutes sont recherchées à cause de leur plumage éclatant et les naturels en fournissent de grandes quantités aux commerçants Européens, qui les revendent comme Oiseaux de parure.

Fam. EURYSTOMIDÆ Rochbr.

Gen. EURYSTOMUS Vieill.

153. EURYSTOMUS AFER Gray.

Pl. XV, fig. 1, 2.

Eurystomus afer Gray, Cat. Fiss. Brit. Mus., p. 32.
— Sharpe, Ibis, 1871, p. 274.
— Hartl., Orn. W. Afr., p. 28

Coracias afra Lath., Ind. Orn., I, p. 172.
Eurystomus purpurascens Vieill., N. Dict. H. N., XXIX, p. 427.
— *viridis* Gray, Gen. of B., I, p. 62.
— *rubescens* Vieill., N. Dict. H. N., XXIX, p. 426.
— *orientalis* Rüpp. (non Lin.), Syst. Ueber, p. 23.
Colaris afra Cuv., R. An., I, p. 401.
Cornipio afer Cab. et Hein., Mus. Hein., th. III, p. 119.
Eurystomus glaucurus var. *Afer* A. M. Edwards, H. N. Madag., t. I, 2e part., 10e fasc., p. 217, 1881.

Shapp. — Peu commun. — Kita, Bakel, Podor, Makana, Tombokani, Bandoubé, Maina, Daranka, Sedhiou, Bathurst.

« L'Eurystome de la côte Occidentale d'Afrique, dit M. A. Milne Edwards (*loc. cit.*), ne diffère de l'Eurystome qui habite la côte Orientale et l'île de Madagascar, que par sa taille plus petite d'un cinquième et par ses teintes un peu moins foncées et un peu moins vives, il n'est en réalité qu'une simple race (*Eurystomus glaucurus* var. *Afer.*) ».

Toujours en vertu de notre système de nomenclature et des idées exprimées dans notre introduction, nous ne pouvons partager l'opinion émise par le savant Professeur du Muséum de Paris.

Plus que pour tout autre Oiseau, elle nous semble inadmissible.

Un type modifié sous l'influence des conditions d'existence, qui lui sont inhérentes, ne devient, en effet, *race locale,* pour nous servir de l'expression adoptée, qu'à la condition *sine quâ non* de rester cantonné dans les régions, où les modifications se sont produites et où elles continuent d'exercer leur action incessante; que ce type ne reste pas stationnaire, qu'il émigre régulièrement d'une contrée dans une autre, à des époques fixes, sa qualité de race locale cesse de subsister.

Or M. le Professeur A. Milne Edwards nous enseigne (*loc. cit.*) « que les Eurystomes ne passent pas toute l'année à Madagascar, ils n'arrivent guère dans cette île avant le mois d'Octobre, pour en repartir après la saison pluvieuse au mois de mars; pendant la saison sèche on n'en trouve plus, ils habitent alors la côte Orientale d'Afrique ».

D'un autre côté M. Sharpe (*loc. cit.*), s'appuyant sur les renseignements fournis par Hartlaub (*Orn. W. Afr.*, p. 17, et *J. f. O.*, 1861, p. 104) relatifs à une race du Gabon, aux larges dimensions; sur les remarques de Cassin (*Proc. Phil. Acad.*, 1859, p. 33), concernant également une grande race de l'Ogooué; et sur les observations de Verreaux (*Rev. et Mag. de Zool.*, 1855, p. 414), conclut que l'aire d'habitat de l'*Eurystomus glaucurus* s'étend sur une large partie du continent Africain.

Il en est de même de l'*Eurystomus afer*, dont la dispersion est considérable; car on l'observe en Abyssinie, au Sennaar, au Kordofan, au Zambèze, en Sénégambie, à Bissao, au Gabon, dans l'Ogooué et à Angola, localités où presque constamment il est indiqué comme Oiseau de passage.

Le mode de distribution des deux types ne plaide-t-il pas en faveur de notre opinion qui consiste à les séparer spécifiquement, opinion acceptée, du reste depuis longtemps, par presque tous les Ornithologistes?

Mais indépendamment de ce fait, selon nous, d'une importance réelle, il en est d'autres sur lesquels nous devons insister, ils ont trait aux teintes du plumage.

On a vu que d'après M. A. Milne Edwards, abstraction faite de la taille, le type de la côte Occidentale diffère seulement du type Malgache par ses teintes un peu moins foncées et un peu moins vives.

Toujours d'après le savant auteur, « l'*Eurystome Malgache* a sa face supérieure d'un brun rouge et sa face inférieure violette; les ailes sont en dessus d'un beau bleu d'indigo, en dessous d'un bleu azuré, à l'exception des barbes externes et de la pointe des rémiges; les rectrices d'un bleu pâle sont terminées par une large bande d'un bleu foncé; les couvertures de la queue sont d'un bleu verdâtre, les sous-alaires sont violettes; le bec est jaune; l'iris de l'œil est brun, et les pattes sont d'un jaune verdâtre. Il n'y a de différence entre les sexes ni sous le rapport de la coloration ni sous celui de la taille ».

Sans reproduire les diagnoses de l'*Eurystomus afer*, d'après Hartlaub (*loc. cit.*) notamment, ni d'après M. Barboza du Bocage (*Orn. Ang.*, p. 85), diagnoses où l'on constate des différences très grandes entre cet Eurystome et l'Eurystome Malgache, nous donnons la description suivante établie sur neuf types Sénégambiens mâles et adultes.

Adulte ♂ — (*Type figuré*, Pl. XV, fig. 1). — Toutes les parties supérieures d'un roux cannelle brillant; les petites couvertures de même couleur, celles les plus rapprochées du bord de l'aile d'un bleu d'outre-mer varié de violet pâle, les grandes couvertures également bleu d'outre-mer à pointe teintée de verdâtre; rémiges d'un beau bleu brillant, extérieurement liserées de noir et terminées par une large bande de cette teinte; rectrices d'un bleu d'aigue-marine; sous-alaires gris bleu métallique; bande sourcillière, région parotidienne, gorge, cou, poitrine, abdomen, d'un beau violet clair changeant, lâchement tiqueté de linéoles plus foncées; couvertures inférieures de la queue, crissum, d'un bleu pâle nuancé de blanc, à mouchetures médianes noires; rectrices terminées en dessous par une large bande noire; bec orangé; paupières gris bleuâtre; iris brun pâle; pieds d'un rougeâtre foncé.

Longueur totale	227	millimètres.
— de l'aile	158	—
— de la queue	93	—
— du bec	22	—
— du tarse	13	—
— du doigt médian	17	—

Si chez le type Malgache il n'existe aucune différence entre le mâle et la femelle sous le rapport de la coloration et de la taille, il n'en est pas de même chez le type Sénégambien, malgré l'opinion contraire de M. Sharpe (*loc. cit.*) : « the female only differs from the male in size; it appears to be a little larger »; la femelle est effectivement plus petite, mais ses teintes sont loin d'être les mêmes.

Adulte ♀ — (*Type figuré*, Pl. XV, fig. 2). — Parties supérieures d'un fauve cannelle pâle; les petites couvertures bleuâtres liserées de fauve pâle; les couvertures moyennes d'un bleu verdâtre; les rémiges bleu d'outre-mer, çà et là maculées de fauve, à pointe d'un noir brunâtre; rectrices bleu pâle, terminées par une bande également brun noirâtre, et précédée d'une bande plus étroite d'un beau bleu; gorge bleuâtre, tachetée de fauve; parties inférieures, d'un bleu blanchâtre, chaque plume portant au milieu une ligne brun noir; bec jaune pâle; paupières plombées; iris brun clair; pieds rosés.

Longueur totale	223	millimètres.
— de l'aile	156	—
— de la queue	96	—
— du bec	21	—
— du tarse	12	—
— du doigt médian	16	—

Les jeunes présentent une coloration en tout semblable à celle des femelles.

Nous n'insisterons pas plus longuement sur les caractères différentiels des types Malgaches et Sénégambiens, qui, nous le répétons, ne peuvent être réunis à titre de variétés ou de races locales.

Les mœurs de l'*Eurystomus afer* ne sont pas les mêmes non plus que celles de l'*Eurystomus glaucurus*, bien que celles que M. Sharpe (*loc. cit.*) lui attribue semblent, pour ainsi dire, identiques.

La nourriture de l'*Eurystomus afer* est composée uniquement d'Insectes, mais loin de les chasser pendant le jour, au lieu de rester perché sur une branche, et de fondre sur la proie qu'il aperçoit, il attend la tombée du jour, et alors il vole par couples, saisissant au passage les Insectes qu'il rencontre; toujours silencieux, tantôt il effleure le sol, tantôt il rase le sommet des arbres, puis, vers dix heures, il s'abrite dans les fourrés, où il reste immobile, attendant patiemment la soirée du lendemain pour recommencer ses excursions.

Les *Eurystomus afer* sont des oiseaux *essentiellement crépusculaires*, et ils offrent, à ce point de vue, de grands rapports avec les *Caprimulgus;* les Européens fixés au Sénégal, ordinairement peu observateurs, connaissent cependant leurs habitudes, et les désignent sous le nom d'*Engoulevant bleu.*

Ils arrivent par petites bandes vers le milieu d'Août, s'isolent par couples et disparaissent au commencement de Novembre.

154. EURYSTOMUS GULARIS Vieill.

Eurystomus gularis Vieill., N. Dict. H. N., XXIX, p. 246.
— Sharpe, Ibis, 1871, p. 278.
— Hartl., Orn. W. Afr., p. 29.
Colaris gularis Wagl., Syst. Av., n° 3.
Cornopio gularis Cab. et Hein., Mus. Hein., II, p. 119.

Shapp. — Assez rare. — Habite les mêmes localités que l'espèce précédente.

M. Sharpe (*loc. cit.*) pense que l'habitat de cette espèce est extrêmement limité, et il doute qu'elle remonte jusqu'au Sénégal, malgré l'affirmation d'Hartlaub (*loc. cit.*).

M. Sharpe émettait ce doute en 1871. Son opinion s'est sans doute modifiée depuis, car il n'a pu ignorer que son *collaborateur* M. Bouvier indique l'*Eurystomus gularis* à Ponte (Sénégal), à la page 10 de son Catalogue des oiseaux recueillis pendant le voyage en Afrique de MM. Marche et Compiègne.

Les mœurs, les migrations de cet *Eurystomus*, sont en tout semblables à celles de l'*Eurystomus afer*.

Fam. ALCEDINIDÆ C. Bp.

Gen. ALCEDO Lin.

155. ALCEDO QUADRIBRACHYS C. Bp.

Alcedo quadribrachys C. Bp., Consp. Av., I, p. 158.
— Sharpe, Monog. Alced., pl VI.
— Hartl., Orn. W. Afr., p. 31.
— Oustal., Nouv. Arch. Mus., 1879, p. 72.

Babaka. — Commun. — Bakel, Dagana, Podor, Saint-Louis, Sorres, Thionk, Dakar-Bango, Rufisque, Joalles, Haun, Gambie, Casamence, Mélacorée.

156. ALCEDO SEMITORQUATA Swain.

Alcedo semitorquata Swain., Zool. Ill., pl. CLI.
— Sharpe, Monog. Alced., pl. VII.
— Hartl., Orn. W. Afr., p. 34.
Alcedo azureus Less., Trait. Orn., p. 243.

Babaka. — Assez commun. — Vit dans les mêmes localités que le *quadribrachys*.

M. Sharpe (*loc. cit.*) donne pour habitat à cette espèce l'Abyssinie, le Cap, la Cafrerie, le Zambèze, le Sénégal, mais il la considère comme rare dans cette dernière région, assertion contraire à ce qu'il nous a été donné de constater *de visu*. Sans être aussi abondant que l'*Alcedo quadribrachys*, l'*Alcedo semitorquata* se rencontre, en effet, fréquemment sur le bord des marigots dans toutes les localités du Sud, de l'Ouest et du Nord-Est de la Sénégambie, plus haut énumérées.

Gen. CORYTHORNIS Kaup.

157. CORYTHORNIS CYANOSTIGMA Sharpe.

Corythornis cyanostigma Sharpe, Monog. Alced., Intr., p. VI.
— Oustal., Nouv. Arch. Mus., 1879, p. 72.
— B. du Boc., Orn. Ang., p. 90.
Alcedo cyanostigma Rüpp., Neue Wirb. Vög., pl. XXIV.
Corythornis cristata Hartl., Orn. W. Afr., p. 36.

Bourou. — Commun — Sorres, Leybar, Thionk, N'Guer, Podor, Bakel, Joalles, Rufisque, Dakar, Albreda, Sedhiou, Daranka, etc.

Partageant entièrement la manière de voir de M. Oustalet relativement à cette espèce, nous nous bornons à renvoyer à la savante discussion qu'il a publiée dans les Nouvelles Archives du Muséum (*loc. cit.*).

158. CORYTHORNIS CÆRULEOCEPHALA Kaup.

Corythornis cæruleocephala Kaup., Fam. Alced., p. 13, 1848.
— Sharpe, Monog. Alced., pl. XII.
— Hartl., Orn. W. Afr., p. 36.
— Oustal., Nouv. Arch. Mus., 1879, p. 78.
Alcedo cæruleocephala Gm., S. N., I, p. 449.
Le Petit Martin pêcheur du Sénégal Buff., Pl. Enl., p. 356.

Bourou. — Assez commun. — Gambie, Casamence, Mélacorée, Albreda, Daranka, Sedhiou, Sainte-Marie, M'Bao.

Le *Corythornis cæruleocephala*, que M. Oustalet (*loc. cit.*) paraît disposé à localiser plus particulièrement à la Côte-d'Or, au Gabon et aux îles avoisinantes, se rencontre fréquemment, à l'état stationnaire, dans la basse Sénégambie; il remonte très exceptionnellement vers l'Ouest, où nous l'avons tué une seule fois à M'Bao.

Gen. CERYLE Boie.

159. CERYLE RUDIS Boie

Ceryle rudis Boie, Isis, 1828, p. 316.
— Sharpe, Monog. Alced., pl. XIX.
— Hartl., Orn. W. Afr., p. 37.
Alcedo rudis Lin., Syst. Nat., I, p. 181.
Ispida rudis Jerv., Madr. Journ., 1840, p. 232.
— *bitorquata* Swain., Cl. of Birds, p. 336.
— *bicincta* Swain., Birds W. Afr., II, p. 95.
Le Martin pêcheur noir et blanc du Sénégal Buff., Pl. Enl., 62.

N'Bourojh. — Très commun. — Le long des cours d'eau dans toute la Sénégambie.

L'aire d'habitat de cette espèce est des plus vastes, car on a constaté sa présence dans toute l'Afrique, l'Europe méridionale et une large portion de l'Asie; aucun caractère distinctif n'est appréciable sur les individus provenant de ces différentes régions.

M. Sharpe (*loc. cit.*) raconte sur cette espèce des détails de mœurs que nous n'avons jamais observés en Sénégambie; nous l'avons constamment vue planer à une assez grande hauteur, au dessus des cours d'eau, pendant des journées entières, plongeant rapidement de moments en moments pour saisir les petits Poissons, les avaler aussitôt pris, puis s'élever de nouveau et recommencer bientôt le même manège. Que de fois nous avons assisté à la pêche des *Ceryle rudis*, réunis en troupes, aux abords du pont Faidherbe, aux portes même de Saint-Louis.

160. CERYLE MAXIMA Gray.

Ceryle maxima Gray, Gen. of Birds, I, p. 82.
— Sharpe, Monog. Alced., pl. XX.
— Hartl., Orn. W. Afr., p. 37.
Alcedo maxima Gm., S. N., I, p. 455.
Ceryle gigantea Hartl., J. f. O., 1854, p. 5.
— Hartl., Orn. W. Afr., p. 38.

N'Bouröjh. — Commun. — Bakel, Podor, Dagana, Thionk, Leybar, Joalles, Rufisque, Gambie, Casamence, Mélacorée, lac de Pagnefoul.

Le *Ceryle maxima* est répandu sur tout le continent Africain; l'examen d'un nombre considérable de spécimens de diverses provenances ne nous a fourni aucun caractère propre à séparer les types de telle ou telle région, nous n'y avons vu que de très légères modifications dans la taille, modifications existant, du reste, même chez les individus d'une localité donnée; aussi, à l'exemple de plusieurs Ornithologistes, nous considérons comme lui étant identique le *Ceryle gigantea* Reich. établi sur des exemplaires de taille un peu supérieure à celle du *Ceryle maxima.*

Cette espèce se nourrit uniquement de Poissons, du moins en Sénégambie, où nous ne l'avons point vue chasser les Crabes, les Grenouilles et les Reptiles, comme elle le ferait au Cap, d'après M. Layard (*Birds S. Afr.*, 1867, p. 67).

Nous devons à l'affectueuse obligeance de M. Gasconi, député du Sénégal, deux magnifiques sujets mâle et femelle du *Ceryle maxima,* tués par lui dans les environs du lac de Pagnefoul.

Fam. DACELONIDÆ C. Bp.

Gen. ISPIDINA Kaup.

161. ISPIDINA PICTA. Kaup.

Ispidina picta Kaup., Fam. Alced., p. 12, 1848.
— Sharpe, Monog. Alced., pl. LI.

Alcedo picta Gray, Cat. Fiss. Brit. Mus., p. 65, 1848.
Ispidina cærulea C. Bp., Consp. Av., p. 9.
— *cyanotis* Hartl., J. f. O., 1861, p. 105, et Orn. W. Afr., p. 35.
Le Todier de Juida Buff., Pl. Enl., 783.

Legoé. — Assez commun. — Kita, Bakel, Dagana, Saldé, Zekinklor, Albreda, Ghimbering, Bathurst.

Cette espèce s'étend de l'Abyssinie au Gabon, on la trouve également au Congo, à Angola, en Cafrerie et à Natal, etc.

Gen. HALCYON Swain.

162. HALCYON ERYTHROGASTRA Sharpe.

Halcyon erythrogastra Sharpe, Ibis, 1869, p. 282.
— Sharpe, Monog. Alced., pl. LXIII.
Alcedo Senegalensis var. *g* Gm., S. N., I, p. 456.
— var. *a* Lath., Ind. Orn., I, p. 249.
— var. *c* Vieill. et Bon., Encycl. Méth., I, p. 283.
Halcyon rufiventris Bolle, J. f. O., 1857, p. 319 *(non Swain.)*.
Alcedo cancrophaga Forst., Descr. Anim., p. 4 *(non Lath.)*.

Passerinha *(Teste Keulemans)*. — Très commun. — Santiago, Archipel du Cap-Vert, où l'espèce a été découverte pour la première fois par Darwin *(Teste Sharpe, loc. cit.)*.

163. HALCYON SEMICÆRULEA Rüpp.

Halcyon semicærulea Rüpp., Syst. Ueber., p. 23.
— Hartl., Orn. W. Afr., p. 33.
— Sharpe, Monog. Alced., pl. LXIV.
Alcedo Senegalensis var. *d* Gm., S. N., I, p. 456.
— var. *j* Lath., Ind. Orn., I, p. 249.
— var. *b* Vieill. et Bon., Encycl. Méth., I, p. 283.
Halcyon rufiventer Swain., Birds W. Afr., II, p. 101, pl. XII.
Le Martin pêcheur bleu et noir du Sénégal Buff., Pl. Enl., 356.

Legha. — Commun. — Bakel, Kita, bords du Bafing et de la Falémé, Thiouk, Dakar-Bango, Hann, Rufisque, Zekenkior, Albreda, M'Bao.

M. Sharpe (*loc. cit.*) distingue cette espèce du type de Santiago, parce que ce dernier : « is to be recognised, by its larger size, whiter head, and generally purer and more brilliant coloration ». L'examen des deux espèces nous montre quelques différences plus tranchées; c'est ainsi que, chez l'*Halcyon semicærulea*, le dessus de la tête est d'un gris pâle, un peu plus foncé sur la nuque, tandis que les mêmes parties sont d'un gris vineux chez l'*Halcyon erythrogastra;* ce dernier porte, en outre, un large sourcil blanc et une tache de même couleur au miroir de l'aile.

Dans la description de l'*Halcyon semicærulea*, de Hartlaub (*loc. cit.*), la phrase suivante : « colli lateribus et pectore dilute griseis, minutissime fasciolatis », est faussement appliquée à l'adulte, dont le cou et la poitrine sont blancs, tandis que chez le jeune les mêmes parties grisâtres portent des petites lignes longitudinales brunes.

164. HALCYON CHELICUTENSIS Finsh. et Hartl.

Halcyon Chelicutensis Finsh. et Hartl., Orn. Ost Afr., p. 163.
— Sharpe, Monog. Alced., pl. LXVII.
Alcedo Chelicuti Stanley, Salt. Trav. Ayss., app., pl. LVI.
— *variegata* Vieill. et Bon., Encycl. Méth., I, p. 397.
Dacelo pygmæa Cretzsch., in Rüpp. Zool. Atl., p. 12.

Legha. — Commun. — Bakel, Kita, bords du Bakoy et du Bafing, Dagana, Saldé, lac de N'Guer, Safal, Richard-Toll, île Kouma, M'Bao, Cagnout, Maloumb, Bering, etc.

Cette espèce se rencontre sur la majeure partie du continent Africain.

165. HALCYON CYANOLEUCA Hartl.

Halcyon cyanoleuca Hartl., Contr. Orn., 1849, p. 20.
— Sharpe, Monog. Alced., pl. LXIX.
— Hartl., Orn. W. Afr., p. 31.
Alcedo cyanoleuca Vieill., N. Dict. H. N., XIX, p. 401.
Le Martin pêcheur à ventre sablé Temm., Cat. Syst., p. 215, 1807.

Loghu. — Peu commun. — Casamance, Gambie, Mélacorée, Daring, Albreda.

166. HALCYON SENEGALENSIS Swain.

Halcyon Senegalensis Swain., Zool. Illustr., 1re sér., I, p. 27, 1821.
— Sharpe, Monog. Alced., pl. LXX.
— Hartl., Orn. W. Afr., p. 31.
Alcedo Senegalensis Lin., Syst. Nat., I, p. 180.
Le Martin pêcheur à tête grise du Sénégal Buff., Pl. Enl., 594.

Loghu. — Assez commun. — Habite les mêmes localités que l'espèce précédente.

L'*Halcyon cyanoleuca* ne serait pour M. Oustalet (*Nouv. Arch. Mus.*, 1879, p. 79) qu'une race de l'*Halcyon Senegalensis*, « race peu tranchée, de taille un peu plus forte et à tête moins brune ».

Avec Vieillot, Bonaparte, Hartlaub, Temminck, M. Sharpe, etc., nous considérons les deux types comme spécifiquement distincts. L'*Halcyon cyanoleuca* n'a pas la tête moins brune que le *Senegalensis*, mais d'un beau bleu verdâtre ; la tache périoculaire noire est plus large et s'étend très loin en arrière de l'œil ; la gorge est d'un blanc plus pur ; les régions parotidiennes et abdominales, d'un blanc bleuâtre, sont fortement tiquetées et vermiculées de bleu foncé, tandis que dans l'*Halcyon Senegalensis* le ventre est blanc sans aucune vermiculation ; toutes les parties supérieures de l'un sont d'un bleu verdâtre, les mêmes parties de l'autre sont d'un bleu foncé ; enfin le premier a les pieds rosés, tandis que le second les a bruns.

167. HALCYON MALIMBICA Cass.

Halcyon Malimbica Cass., Cat. Halc. Phil. Mus., p. 8, 1852.
— Sharpe, Monog. Alced., pl. LXXII.
Alcedo cinereifrons Vieill., N. Dict. H. N., XIX, p. 103.
Halcyon torquatus Swain., Birds W. Afr., II, p. 99.
— *cinereifrons* Hartl., Orn. W. Afr., p. 32.

Legba. — Assez commun. — Bakel, Saldé, lac de N'Guer, M'Bao, Joalles, Casamence, Gambie, Mélacorée, Albreda, Sedhiou.

Cette espèce a été observée au Gabon, à Sierra-Leone, à Angola et à Natal; et, malgré l'opinion de M. Schlegel (*Alced. Mus. P. B.*, p. 20), nous ne pouvons séparer l'*Halcyon cinereifrons* du *Malimbica;* les quelques différences de coloration, invoquées par M. Schlegel, sont uniquement dues à l'âge des sujets; quant à la localisation de l'un en Sénégambie, et de l'autre à la Côte-d'Or, au Congo et à Angola, elle ne repose sur aucune preuve sérieuse, comme nous avons pu le constater sur des individus vivants, porteurs des prétendus caractères différentiels.

Fam. MEROPIDÆ Leach.

Gen. MEROPS Lin.

168. MEROPS APIASTER Lin.

Merops apiaster Lin., Syst. Nat., I, p. 182.
— Hartl., Orn. W. Afr., p. 38.
— Swain., Birds W. Afr., II, p. 76.
— B. du Boc., Orn. Ang., p. 86.

Teté. — Peu commun. — Saldé, Dagana, M'Bao, Joalles, Rufisque, Thionk, Mélacorée, Albreda, Sedhiou.

Le *Merops apiaster* d'Europe est une espèce de passage en Afrique; elle arrive vers le mois de Septembre dans les localités où nous l'indiquons et les quitte dans les premiers jours de Février; passé cette époque, on n'en rencontre plus aucun spécimen.

169. MEROPS SUPERCILIOSUS Lin.

Merops superciliosus Lin., Syst. Nat., I, p. 183.
— Sharpe, Cat. Afr. B., p. 3.
— B. du Boc., Orn. Ang., p. 87.
Merops Ægyptius Cab., Mus. Hein., p. 139, 140.
— *Savignii* Swain., Birds W. Afr., II, p. 7.
— Hartl., Orn. W. Afr., p. 38.

Tété. — Assez commun. — Cayor, Oualo, Bakel, N'Bareul, Kouma, Sedhiou, Samatite, Albreda, Ghimbering.

170. MEROPS ALBICOLLIS Vieill.

Merops albicollis Vieill., N. Dict. H. N., XIV, p. 15
— Hartl., Orn. W. Afr., p. 39.
— Sharpe, Cat. Afr. B., p. 3.
Merops Cuvieri Licht., Doubl., p. 13.

Tété. — Assez commun. — Mêmes localités que l'espèce précédente.

L'aire d'habitat de cette espèce s'étend du Sénégal au Gabon; on l'a également observée au Kordofan, au Sennaar, et dans le pays des Aschanties.

171. MEROPS BICOLOR Daud.

Merops bicolor Daud., Ann. Mus., II, p. 140, pl. LXII, f. 1.
— Hartl., Orn. W. Afr., p. 41.
— B. du Boc., Orn. Ang., p. 89.
Merops Malimbicus Shaw, Nat. Misc., pl. DCCI.
— Sharpe, Cat. Afr. B., p. 3.

Kelbett. — Assez rare. — Gambie, Casamence, Mélacorée, Sedhiou, Samatite, Albreda, Ghimbering, Daranka, Zekinkior, Bathurst.

172. MEROPS VIRIDISSIMUS Swain.

Merops viridissimus Swain., Birds W. Afr., II, p. 82.
— Hartl., Orn. W. Afr., p. 40.
— Heugl., Orn. Nordost Afr., I, p. 202.

Kelbett. — Commun. — Kita, Bakel, Saldé, M'Bao, Hann, Joalles Rufisque, Sedhiou, Zekinkior, Albreda, Samatite.

173. MEROPS NUBICUS Gm.

Merops Nubicus Gm., S. N., Ed. 13, p. 464.
— Heugl., Orn. Nordost Afr., p. 199.
— Hartl., Orn. W. Afr., p. 41.
Merops cœruleocephalus Lath., Gen. Syn., II, p. 680.
Le Guêpier rouge à tête bleue Buff., Pl. Enl., 649.

Oulogo. — Très commun. — Dakar-Bango, Thiouk, Leybar, Bakel, Kita, Saldé, Dagana, Casamance, Gambie, Sedhiou, Zekinkior, Daranka, M'Bao, Poute, Hann.

Le *Merops Nubicus*, dont la dispersion sur le continent Africain paraît assez considérable, est l'une des espèces les plus communes de la Sénégambie; comme presque tous ses congénères, il vit en troupes nombreuses, passant une partie du jour au milieu des clairières, à planer en poussant de longs sifflements analogues à ceux que nos Martinets d'Europe font entendre le soir; pendant cet exercice, ils affectent une position presque perpendiculaire, c'est-à-dire la queue dirigée vers le sol et la tête dans le sens opposé; le mouvement excessivement précipité de leurs ailes les maintient en place, pressés les uns contre les autres; on croirait voir de loin un large nuage rose immobile.

Ils nichent dans des trous profonds, qu'ils pratiquent le long des berges des marigots, souvent creusés comme de vastes ruches; chaque couple dépose au fond du couloir de cinq à sept œufs presque ronds, et d'un beau rose pâle.

Leur grand axe mesure 0,024mm, et leur grand diamètre 0,019mm (Pl. XXIX, fig. 5).

Le *Merops Nubicus*, plus que tout autre, est recherché comme Oiseau de parure; ses vives couleurs roses le font préférer à ses congénères, dont le plumage est moins éclatant.

Gen. MELITTOPHAGUS Boie.

174. MELITTOPHAGUS VARIEGATUS C. Bp.

Melittophagus variegatus C. Bp., Consp. Av., I, p. 163.

Merops variegatus Vieill., N. Dict. H. N., XIV, p. 25.
— — Hartl., Orn. W. Afr., p. 39.
— *erythropterus* Schleg. (pro. parte), Mus. P. B. Mer., p. 11.
— *Sonnini* C. Bp., Consp. Av., p. 163.
— *Angolensis* Sharpe, Cat. Afr. B., p. 3.

Nakanaka. — Assez rare. — Gambie, Casamence, Zekinkior, Sedhiou, Bathurst, Mélacorée, Ghimbering.

175. MELITTOPHAGUS ERYTHROPTERUS C. Bp.

Melittophagus erythropterus C. Bp., Consp. Av., I, p. 163.
Merops erythropterus Gm., S. N., I, p. 464.
— — Hartl., Orn. W. Afr., p. 40.
— *collaris* Hartl., Orn. W. Afr., p. 40.
— *minutus* Finsch. et Hartl., Vog. West Afr., p. 188.
— *pusillus* Sharpe, P. Z. S. of Lond., 1873, p. 716.

Nakanaka. — Assez commun. — Kita, Bakel, Podor, Leybar, Dakar-Bango, Thiouk, Zekinkior, Sedhiou, Bathurst.

Cette espèce, voisine de la précédente, mais bien distincte par sa taille plus faible et la distribution de ses couleurs, s'étend non seulement dans toute la région Ouest de l'Afrique, mais encore dans le Sud, ainsi qu'en Abyssinie, au Sennaar et au Kordofan.

176. MELITTOPHAGUS LAFRESNAYI Guer.

Melittophagus Lafresnayi Guer., Rev. Zool., 1843, p. 322.
— C. Bp., Consp. Av., I, p. 163.
— Heugl., Orn. Nordost Afr., I, p. 206.
Merops Lefeburei O. des Murs, Rev. Zool., 1846, p. 243.

Nakanaka. — Peu commun. — Kita, Bakel, bords de la Falémé, du Bakoy et du Bafing, étang de Kouguel, Arondou, Tombokani.

Considéré comme propre à la côte Orientale, le *Melittophagus Lafresnayi* a été découvert dans le haut Sénégal par M. le Dr Colin, à qui nous devons de le connaître dans les localités plus haut indiquées. Cette espèce serait de passage et apparaîtrait à la fin de l'hivernage, pour repartir à la saison des pluies.

« Quoique la coloration du *Merops Lafresnayi*, disent J. et E. Verreaux (*Rev. et Mag. de Zool.*, 1855, p. 355), ressemble beaucoup à celle du *Merops variegatus*, il est impossible de les confondre, *ne fût-ce que par la taille supérieure* du *Lafresnayi* ».

Comment, après avoir aussi explicitement reconnu la valeur de la taille, comme caractéristique de deux *Merops*, les frères Verreaux, dont l'autorité Ornithologique est justement appréciée de tous, ont-ils pu écrire, *cinquante-neuf pages* plus loin, dans le même recueil (*Rev. et Mag. de Zool.*, 1855, p. 414), à propos de l'*Eurystomus afer* : « la race du Gabon, quoique ne différant pas, sous le rapport de la coloration, de celle du reste de la côte à partir du Sénégal, *est cependant de près d'un quart plus forte; mais habitués comme nous le sommes à apprécier de semblables différences, nous n'hésitons pas à la regarder comme la même* ».

Nous laisserons l'explication d'une contradiction aussi évidente aux trop nombreux imitateurs de J. et E. Verreaux.

177. MELITTOPHAGUS BULLOCKII C. Bp.

Melittophagus Bullockii C. Bp., Consp. Av., I, p. 163.
Merops Bullockii Vieill. et Bon., Encycl. Méth., I, p. 393.
— *cyanogaster* Swain., Birds W. Afr., II, p. 80, pl. VIII.

Nakanaka. — Assez commun. — Gambie, Casamence, Mélacorée, Zekinkior, Sedhiou, Albreda, Bathurst, Hann, M'Bao.

Cette espèce, assez fréquemment observée dans la basse Sénégambie, remonte exceptionnellement dans la région Ouest, où nous ne l'avons rencontrée que dans les environs de Hann et de M'Bao, par couples isolés, à la fin de l'hivernage.

Gen. DICROCERCUS Cab.

178. DICROCERCUS HIRUNDINACEUS Cab. et Hein.

Dicrocercus hirundinaceus Cab. et Hein., Mus. Hein., II, p. 136.
Merops hirundinaceus Vieill. et Bon., Encycl. Méth., I, p. 393.
— — Hartl., Orn. W. Afr., p. 40.
— — Swain., Birds W. Afr., II, p. 91, pl. X.
— *chrysolaimus* Jard., Sell. Ill., pl. IC.
— *furcatus* Stanl., Salt. Voy. App., n° 18.
— *azuror* Less., Trait. Orn., p. 239.
Le Guêpier Tawa Levaill., Merop., p. 35, pl. VIII.

Dougousamokono. — Commun. — Kita, Bakel, Podor, Dagana, Thionk, Leybar, Dakar-Bango, Sorres, M'Bao, Hann, Rufisque, Joalles, Sedhiou, Zekinkior, Albreda, Bathurst, Gimberhing.

Répartie sur la majeure partie du continent Africain, cette espèce est faussement indiquée par Heuglin (*Orn. Nordost Afr.*, I, p. 211) comme existant à l'île de Gorée. Nous avons exposé précédemment les raisons, pour lesquelles plusieurs espèces provenant de telle ou telle localité sont souvent données comme existant à Gorée.

Fam. NYCTIORNITIDÆ Swain.

Gen. MEROPISCUS Sundev.

179. MEROPISCUS GULARIS Sundev.

Meropiscus gularis Sundev., Ofv. Vetensk. Ac. Forkhandl., 1849, p. 162.
— Hartl., Orn. W. Afr., p. 42.
— Sharpe, Cat. Afr. B., p. 4.
— B. du Boc., Orn. Ang., p. 94.
— J. et E. Verr., Rev. et Mag. de Zool., 1855, p. 353.
Nyctiornis gularis C. Bp., Consp. Av., I. p. 164.

Ouhotajh. — Assez rare. — Gambie, Casamence, Zekinkior, Sedhiou, Bathurst, Mélacorée.

Presque tous les auteurs donnent à cette espèce le Gabon pour patrie. J. et E. Verreaux (*loc. cit.*) supposent qu'elle est originaire de la côte de Guinée; dans tous les cas, disent-ils, « elle est de celles qui sont de passage au Gabon, où elle ne séjourne pas autant que les autres, n'y arrivant qu'à la fin de Novembre pour en repartir vers le milieu de Février ».

Elle passe le même laps de temps dans la basse Sénégambie. Il est assez fréquent d'en rencontrer des peaux bien préparées parmi les autres espèces dites de parure.

EPOPSINI A. M. Edw.

Fam. UPUPIDÆ C. Bp.

Gen. UPUPA Lin.

180. UPUPA SENEGALENSIS Hartl.

Upupa Senegalensis Hartl., Orn. W. Afr., p. 42.
— *epops* var. *Senegalensis* Swain., Birds W. Afr., II, p. 114.

Ibouga. — Peu commun. — Podor, Saldé, Thiouk, Leybar, Ponte, M'Bao, Rufisque, Dakar, Joalles.

L'*Upupa Senegalensis*, bien distincte de la Huppe d'Europe, n'est pour quelques-uns qu'une simple variété de celle-ci; elle s'en distingue par une taille plus petite, par les plumes de la crête d'un fauve pâle, terminées de noir et tachetées de blanc, par les parties inférieures blanchâtres, tiquetées de fauve, et par les petites rémiges à peine fasciées de blanc.

181. UPUPA AFRICANA Bech.

Upupa Africana Bech., Ueb., IV, p. 172.
— Heugl., Orn. Nordost Afr., I, p. 213.
— B. du Boc., Orn. Ang., p. 124.

Ibouga. — Rare. — Gambie, Casamence, Sedhiou, Albreda, Zekinkior; Rarissime dans le haut Sénégal, Kita, Bakel, Bakoy.

L'*Upupa Africana* est de passage en Gambie et en Casamence; un exemplaire parfaitement authentique nous a été communiqué par le Dr Patouillet, comme ayant été capturé dans le haut fleuve.

Fam. IRRISORIDÆ Less.

Gen. IRRISOR Less.

182. IRRISOR ERYTHRORHYNCHUS Mont.

Irrisor erythrorhynchus Mont., *Ibis*, 1862, p. 334.
Upupa erythrorhynchus Lath., Ind. Orn., p. 280, t. 34.
Falcinellus senegalensis Vieill., Encycl. Méth., p. 580.
Irrisor senegalensis Hartl., Orn. W. Afr., p. 42.
Epimachus melanorhynchus Wagl., Syst. Av., spec. 3.

Tetenloul. — Commun. — Kita, Bakel, Podor, Thionk, Leybar, Dakar-Bango, Rufisque, Joalles, Sedhiou, Albreda.

Chez l'adulte mâle, le bec est d'un beau rouge corail; chez la femelle, plus petite que le mâle, le bec est légèrement plus court, plus arqué, rouge seulement à la base et noir dans le reste; le bec du jeune est entièrement noir. C'est uniquement sur ces différences de coloration du bec, qu'ont été établies les trois espèces que nous avons réunies en synonymie.

183. IRRISOR CYANOMELAS Mont.

Irrisor cyanomelas Mont., P. Z. S. of Lond., 1865, p. 94.
Falcinellus cyanomelas Vieill., N. Dict. H. N., XXVIII, p. 165.
Upupa purpurea Burch., S. Afr., I, p. 326, et II, p. 436.

Tetenloul. — Rare. — Saldé, Dagana, Thionk, Leybar, Dakar-Bango.

Nous possédons un très bel exemplaire de cette espèce que nous avons tué à Dagana.

184. IRRISOR ATERRIMUS Steph.

Irrisor aterrimus Steph., Gen. Zool., XIV, p. 257.
Promerops pusillus Swain., Birds W. Afr., II, p. 120.
Irrisor pusillus Hartl., Orn. W. Afr., p. 43.

Tetenloul. — Assez commun. — Kita, Podor, Bakel, Saldé, Thionk, M'Bao, Rufisque, Deine, Albreda, Zekinkior, Bathurst, Mélacorée.

Cette espèce, étendue du Sénégal au Gabon, existe également dans le Sud et l'Est de l'Afrique.

Nos trois *Irrisor* sont recherchés comme Oiseaux de parure.

OCYPTILINI A. M. Edw.

Fam. CYPSELIDÆ C. Bp.

Gen. CYPSELUS Illig.

185. CYPSELUS ÆQUATORIALIS Müll.

Cypselus æquatorialis Müll., Naum., 1851, IV, p. 25.
— Sclat., P. Z. S. of Lond., 1865, p. 598.
— B. du Boc., Orn. Ang., p. 157.
Cypselus Rüeppelii Heugl., J. f. O., 1861, p. 421, et Orn. Nordost Afr., p. 141.

Volholl. — Peu commun. — Montagnes de Bandoubé, massif de Kita, environs de Médine, au mont Fouti.

Le *Cypselus æquatorialis*, des Montagnes d'Abyssinie, et que M. Barboza du Bocage indique à Angola (*loc. cit.*), a été découvert dans le haut Sénégal par M. le Dr Colin; il est de passage dans les localités où nous l'indiquons, et où il se montre seulement pendant les derniers mois de l'hivernage.

186. CYPSELUS APUS Blyth.

Cypselus apus Blyth., Cat., p. 85.
— Sclat., P. Z. S. of Lond., 1865, p. 598.
Hirundo apus Lin., Syst. Nat., I, p. 346.

Volholl. — Assez fréquent. — Kita, Bakel, Podor, Dagana, Thionk, Sorres, Joalles, Rufisque, M'Bao.

Cette espèce, de passage en Sénégambie de la fin d'Octobre au commencement de Mars, conserve dans cette région les mêmes mœurs qu'en Europe (1); d'après Layard (*Birds S. Afr.*, 1867, p. 50), elle se comporterait au Cap d'une manière toute différente, mais, en revanche, ses habitudes Européennes seraient le partage du *Cypselus Caffer*. Il est permis de mettre en doute l'assertion de Layard, car, à l'article *Cypselus Caffer* (*loc. cit.*, p. 51), il se contredit d'une façon complète, en donnant à ce *Cypselus Caffer* des mœurs toutes différentes de celles qu'il lui assigne à la page 50.

187. CYPSELUS CAFFER Licht.

Cypselus Caffer Licht., Doubl., p. 58.
— Sclat., P. Z. S. of Lond., 1865, p. 600.

Volholl. — Rare. — Gambie, Casamence, Mélacorée, Zekinkior, Sedhiou, Bathurst.

Le *Cypselus Caffer* avait été déjà signalé en Gambie par M. Sharpe (*Cat. Afr. B.*, p. 2, 1871).

---

(1) Voir A. T. de Rochebrune Père : observations sur les *Cypselus apus*, etc., in-8°, 1866.

188. CYPSELUS PARVUS Licht.

Cypselus parvus Licht., Doubl., p. 58 *(non Less.)*.
— Sclat., P. Z. S. of Lond., 1865, p. 601.
— A. M. Edw., Orn. Madag., t. I, 2e part., p. 189.

Volhoff. — Assez commun. — Joalles, Rufisque, M'Bao, Casamence, Gambie, Sedhiou, Bathurst.

Cette espèce de l'Est, du Sud et de l'Ouest de l'Afrique, que l'on retrouve à Madagascar, a présenté une synonymie des plus embrouillées jusqu'au moment où M. le Professeur A. M. Edwards l'a définitivement établie; nous empruntons au savant Zoologiste le passage suivant (*loc. cit.*) : « la plupart des auteurs modernes ont considéré à tort le petit Martinet Africain, comme identique avec l'Oiseau nommé par Gmelin *Hirundo ambrosiaca*. On sait, en effet, que l'*Hirundo ambrosiaca* n'est autre que l'*Hirundo riparia Senegalensis*, décrite par Brisson (*Orn.*, II, p. 508, pl. XLV); or, comme le fait remarquer M. Sclater (*P. Z. S. of Lond.*, 1865, p. 601), ce célèbre Ornithologiste a soin de marquer : que cet Oiseau a douze rectrices à la queue; l'*Hirundo ambrosiaca* n'est donc pas un Martinet, mais une Hirondelle. On ne peut pas, par conséquent, conserver l'épithète d'*ambrosiacus* au *Cypselus* Africain dont nous nous occupons ici ».

189. CYPSELUS AFFINIS Gray.

Cypselus affinis Gray, Ill. Ind. Zool., pl. XXXV, f. 2.
— Sclat., P. Z. S. of Lond., 1865, p. 603.
Cypselus Abyssinicus Streub., Isis, 1848, p. 354.
— — Hartl., Orn. W. Afr., p. 24.
— *parvus* Less., Trait. Orn., p. 268.

Volhoff. — Assez commun. — Kita, Bakel, Saldé, Dagana, Casamence, Gambie, Albreda, Zekinkior, Bathurst.

Fam. CHÆTURIDÆ Sclat.

Gen. CHÆTURA Steph.

190. CHÆTURA SABINI Gray.

Chætura Sabini Gray, Griff. An. King., II, p. 70.
— Sclat., P. Z. S. of Lond., 1865, p. 613.
— Hartl., Orn. W. Afr., p. 25.
Acanthylis bicolor Strickl., P. Z. S. of Lond., 1844, p. 99.
Pallene leucopygia Boie, Isis, 1844, p. 168.

Volholl. — Rare. — Gambie, Casamence, Mélacorée, Bathurst, Sedhiou, Zekinkior, Albreda.

Cette espèce de Sierra-Leone et de Fernando-Po, remonte dans la basse Sénégambie, où nous l'avons observée à l'état sédentaire.

Fam. CAPRIMULGIDÆ Vig.

Gen. CAPRIMULGUS Lin.

191. CAPRIMULGUS TRISTIGMA Rüpp.

Caprimulgus tristigma Rüpp., Neue Wirb. Vög., p. 105, et Syst. Ueber, p. 62.
— Heugl., Orn. Nordost Afr., I, p. 126.
Caprimulgus trimaculatus Swain., Birds W. Afr., II, p. 70.

Lipakoun. — Peu commun. — Kita, bords de la Falémé, du Bakoy et du Bafing, Gangaran, Banioukadougou.

Cette espèce nous a été communiquée par M. le Dr Colin; elle serait, selon lui, de passage dans la région, seulement pendant les premiers mois de l'hivernage.

192. CAPRIMULGUS POLIOCEPHALUS Rüpp.

Caprimulgus poliocephalus Rüpp., Syst. Uebor, p. 63.
— Heugl., Orn. Nordost Afr., I, p. 131.

N'Pühmabata. — Assez fréquent. — Rencontré dans le haut fleuve; Kita, Podor, Falémé, Banionkadougou.

193. CAPRIMULGUS ÆGYPTIUS Licht.

Caprimulgus Ægyptius Licht., Doubl., p. 69.
— Heugl., Orn. Nordost Afr., I, p. 127.
Caprimulgus isabellinus Temm., Pl. Col., 379.
— C. Bp., Consp. Av., I, p. 62.

Lipakoumba. — Peu commun. — Kita, Podor, Banionkadougou, Gangaran.

L'Égypte, la Nubie et l'Abyssinie sont assignées à cette espèce, observée et rapportée de la haute Sénégambie par M. le Dr Colin.

194. CAPRIMULGUS RUFIGENA A. Smith.

Caprimulgus rufigena A. Smith., Illust. S. Afr. Zool., pl. C.
— Hartl., Orn. W. Afr., p. 22.
— B. du Boc., Orn. Ang., p. 154.

Lipakoumba. — Assez commun. — Gambie, Casamence, Mélacorée, Zekiukior, Albreda, Sedhiou, Bathurst.

Le *Caprimulgus rufigena*, comme tous ses congénères, niche à terre, ou à très peu d'élévation au-dessus du sol. Son nid, grossièrement formé de quelques bûchettes et garni de plumes, contient de trois à cinq œufs, de dimensions assez fortes, relativement à la taille de l'Oiseau; ces œufs arrondis aux deux bouts, d'un jaune sale, portent des taches verdâtres, nuageuses et irrégulières; ils mesurent 0,032mm dans le sens de leur axe, et 0,023mm dans leur plus grand diamètre (Pl. XXIX, fig. 6).

Gen. SCOTORNIS Swain.

195. SCOTORNIS LONGICAUDA Heugl.

Scotornis longicauda Heugl., Orn. Nordost Afr., I, p. 133.
Caprimulgus longicaudus Drap., Dict. Class., VI, p. 169.
— *climacurus* Vieill., Gal. Orn., pl. CXII.
— — Hartl., Orn. W. Afr., p. 23.

Men Ompounga. — Peu commun. — Kita, Bakel, Saldé, Thionk, Dakar-Bango, Casamence, Sedhiou, Zekinkior.

M. Bouvier (*Cat. Ois. Voy. Marche et Compiègne*, p. 8) indique cette espèce comme ayant été recueillie à la pointe du Cap-Vert.

Gen. MACRODIPTERYX Swain.

196. MACRODIPTERYX VEXILLARIUS Hartl.

Macrodipteryx vexillarius Hartl., P. Z. S. of Lond., 1867, p. 821.
— Heugl., Orn. Nordost Afr., I, p. 134.
Cosmetornis vexillarius Gurney, in Anders. B. Damar., p. 45.
— B. du Boc., Orn. Ang., p. 155.

Halasosokonoïh. — Assez rare. — Gambie, Casamence, Zekinkior, Albreda, Sedhiou.

197. MACRODIPTERYX LONGIPENNIS Shaw.

Macrodipteryx longipennis Shaw, Nat. Misc., pl. CCLXV.
— — Hartl., Orn. W. Afr., p. 23.
— — Heugl., Orn. Nordost Afr., I, p. 137.
— *Africanus* Swain., Birds W. Afr., II, p. 62, pl. V.

Halasosokonoïh. — Commun. — Kita, Bakel, Saldé, Thionk, Leybar, Zekinkior, Diataconda, Albreda, Ghimbering, Bathurst.

Ce *Macrodipteryx* fait son nid sur le sol; ce nid consiste en une petite dépression pratiquée au pied d'un arbuste; là, l'Oiseau dépose directement sur le sable de deux à quatre œufs elliptiques, arrondis aux deux bouts, d'un blanc roussâtre sale, parsemés de taches plus foncées, particulièrement au gros bout; leur plus grand axe mesure 0,037^{mm}, leur grand diamètre 0,025^{mm} (Pl. XXIX, fig. 7).

PASSERI Illig.

Fam. TURDIDÆ Gray.

Gen. TURDUS Lin.

198. TURDUS ABYSSINICUS Gm.

Turdus Abyssinicus Gm., S. N., I, p. 824.
— *olivacinus* C. Bp., Consp. Av., I, p. 273.
— *erythrorhynchus* Rüpp., Test. Heugl. J. f. Orn., 1871, p. 207.
— *Abyssinicus* Seebohm, Cat. Turd. Brit. Mus., 1881, p. 228.

Naka. — Rare. — Massif de Kita, forêts de Bandoubé et de Taalari, Boukarié, Maina.

Cette espèce, que M. Seebohm (*loc. cit.*) considère comme résidant dans les montagnes d'Abyssinie, émigre pendant l'hivernage et visite les localités où nous l'indiquons, localités où M. le Dr Colin l'a observée et d'où il a rapporté les deux échantillons que nous avons sous les yeux, au moment où nous rédigeons ces lignes.

199. TURDUS PELIOS C. Bp.

Turdus pelios C. Bp., Consp. Av., I, p. 273.
— — Hartl., Orn. W. Afr., p. 75.
— — Seebohm, Cat. Turd. Brit. Mus., 1881, p. 230.
— *icterorhynchus* Pr. Wurt., in Heugl. Orn. Nordost Afr., p. 383.
— — B. du Boc., Orn. Ang., p. 265.

Hab. — Assez commun. — Kita, Bakel, Richard-Tol, Darmankour, Maloumb, Cagnout, M'Boro, Ghimbering.

Le *Turdus pelios*, du Gabon, des Aschanties, d'Abyssinie, etc., serait, d'après Cabanis, une espèce spéciale à l'Asie centrale et aurait été confondu par tous les Ornithologistes et par C. Bonaparte lui-même avec le *Turdus icterorhynchus*, type Africain (*Cab.*, *J. f. Orn.*, 1870, p. 238). M. Barboza du Bocage, qui partage cette manière de voir, donne au *Turdus pelios*, avec Cabanis, comme caractères différentiels d'avec le *Turdus icterorhynchus* : « un gris plus prononcé, le bec brun foncé sur la moitié supérieure au lieu d'être uniformément jaune et la queue plus courte ».

Nous avons observé ces caractères sur nos spécimens Sénégambiens, et malgré l'opinion de l'Ornithologiste Prussien, ils n'ont aucune valeur spécifique; cette manière de voir est du reste celle de M. Seebohm, auteur du catalogue des *Turdidæ* du British Museum; on lit, en effet, en note de la page 230 (*loc. cit.*) : « I have examined Bonaparte's type in the museum at Leyden, and am convinced that it is the African species ».

Comme M. Seebohm, comme tous les Ornithologistes, nous continuons à inscrire le *Turdus icterorhynchus* en synonymie du *Turdus pelios*.

300. TURDUS CHIGUANCOIDES Seebohm.

Turdus Chiguancoides Seebohm, Cat. Turd. Brit. Mus., 1881, p. 231.

Nous ne connaissons pas cette espèce, nous l'indiquons d'après M. Seebohm, qui la mentionne (*loc. cit.*) comme habitant les plaines de la Gambie, où il suppose qu'elle est sédentaire.

Gen. GEOCICHLA Kuhl.

301. GEOCICHLA SIMENSIS Seebohm.

Geocichla Simensis Seebohm, Cat. Turd. Brit. Mus., 1881, p. 183.
Merula Simensis Rüpp., Neue Wirb. Vög., p. 81, pl. XXIX, f. 1.
Turdus Simensis Gray, Gen. of B., I, p. 219.
— *Semiensis* Heugl., Orn. Nordost Afr., I, p. 380.

Nakanaka. — Peu commun. — Kita, Maina, Boukarié, intérieur du Gangaran.

Cette espèce Abyssinienne, de passage seulement en Sénégambie, paraît résider dans les parages de Sierra-Leone (*Heuglin, loc. cit.*). M. Seebohm l'indique également à Angola.

Gen. **MONTICOLA** Boie.

302. MONTICOLA SAXATILIS Boie.

Monticola saxatilis Boie, Isis, 1822, p. 552.
— Seebohm, Cat. Turd. Brit Mus., 1881, p. 313.
Turdus saxatilis Lin., Syst. Nat., I, p. 294.
Petrocincla saxatilis Vig., Zool. Journ., 1825, p. 396.
Saxicola saxatilis Rüpp., Neue Wirb. Vög., p. 80.
Le Merle de roche Briss., Orn., II, p. 238.

N'Goudouguen. — Commun. — Kita, Bakel, Podor, Saldé, Gandiole, N'Dingo, Gadieba, Kaarta, Sobicoutane, Benty, Bathurst, Albreda.

Gen. **COSSYPHA** Vig.

303. COSSYPHA VERTICALIS Hartl.

Cossypha verticalis Hartl., Orn. W. Afr., p. 77.
Petrocincla albicapilla Swain., Birds W. Afr., I, p. 284, pl. XXXII.
Bessonornis Swainsonii C. Bp., Consp. Av., I, p. 301.

Thioloumba. — Assez commun. — Mêmes localités que l'espèce précédente.

304. COSSYPHA SEMIRUFA Guer.

Cossypha semirufa Guer., Rev. Zool., 1843, p. 322.
Petrocincla semirufa Rüpp., Neue Wirb. Vög., p. 81.

Thioloumba. — Rare. — Kita, Bandoubé, Maina.

Cette espèce, qui nous a été communiquée par M. le Dr Colin, est de passage dans le haut Sénégal, où elle séjourne pendant les derniers mois de l'hivernage.

Gen. CERCOTRICHAS Boie.

205. CERCOTRICHAS ERYTHROPTERA Cab.

Cercotrichas erythroptera Cab., Mus. Hein., I, p. 41.
— Hartl., Orn. W. Afr., p. 69.
Turdus erythropterus Gm., S. N., I, p. 835.
Sphenura erythroptera Licht., Doubl., p. 41.
Argya erythroptera Lafr., in d'Orb. Dict. H. N., II, p. 126.
— *luctuosa* Lafr., in d'Orb. Dict. H. N., II, p. 126.
Le Podobé du Sénégal Buff., Pl. Enl., 354.

Thiotoumba. — Commun. — Kita, Bakel, Saldé, Gandiole, N'Diago, Gadioba, Rufisque, Joalles.

Le *Cercotrichas* (*Argya*) *luctuosa* de Lafresnaye, ne nous paraît pas devoir être séparé du *Cercotrichas erythroptera*; il lui est, en effet, en tout semblable, à l'exception des rémiges complètement noires, au lieu d'être teintées de cannelle à la base; nous voyons, dans cette minime différence, un caractère d'âge ou de sexe et rien de plus.

Gen. CITTOCINCLA Sclat.

206. CITTOCINCLA ALBICAPILLA Sharpe.

Cittocincla albicapilla Sharpe, Timel. Brit. Mus., p. 89, 1883.
Cossypha albicapilla Hartl., Orn. W. Afr., p. 77.
Turdus albicapillus Vieill., N. Dict. H. N., XX, p. 254.
Petrocincla leucoceps Swain., Birds W. Afr., I. p. 282.

Thiotoumba. — Assez commun. — Leybar, Diouk, Saldé, M'Bao, Sedhiou.

Fam. CRATEROPODIDÆ Swain.

Gen. ARGYA Less.

307. ARGYA FULVA Dresser.

Argya fulva Dresser, B. Eur., Part. XIV, 1873.
— Sharpe, Timel. Brit. Mus., p. 397, 1883.
Turdus fulvus Desf., Mém. Ac. Roy. Sc., 1787, p. 493, pl. XI.
Crateropus fulvus C. Bp., Cat. Parzud., App., p. 18, sp. 23.

Kontofolho. — Rare. — Aleb, Gesser-El-Barka, Elimané, Argain.

Cette espèce des oasis du Sahara Algérien et du Feyzan Tripolitain, se tient sur la lisière Saharienne du Nord de la Sénégambie, où nous en avons tué des spécimens dans le voisinage des forêts de Gommiers propres à cette région.

308. ARGYA ACACIÆ Cab.

Argya Acaciæ Cab., Mus. Hein., I, p. 84.
— Sharpe, Timel. Brit. Mus., p. 398, 1883.
Crateropus Acaciæ Gray, Gen. of B., III, app., p. 10.

Kontofolho. — Rare. — Kita, Bakel, Podor, Dagana, Saldé.

Propre à l'Abyssinie et à la Nubie, l'*Argya Acaciæ* fait de rares apparitions dans le Nord-Est de la Sénégambie. Nous devons à M. le Dr Colin de pouvoir inscrire cette espèce sur nos listes.

309. ARGYA RUBIGINOSA Heugl.

Argya rubiginosa Heugl., Orn. Nordost Afr., I, p. 390.
— Sharpe, Timel. Brit. Mus., p. 391, 1883.
Crateropus rubiginosus Rüpp., Syst. Ueber, p. 47, taf. 19.

Kontofolho. — Rare. — Kita, Bakel, Taalari, Bandoubé.

C'est également à M. le Dr Colin que revient l'honneur d'avoir découvert cet *Argya*, dans les localités où nous l'indiquons.

Gen. CRATEROPUS Swain.

310. CRATEROPUS REINWARDTII Swain.

Crateropus Reinwardtii Swain., Zool. Ill., pl. LXXX.
— Hartl., Orn. W. Afr., p. 79.
Turdus melanocephalus Pucher., Arch. Mus., VII, p. 342.

Kontofolho. — Assez commun. — Oualo, Cayor, Galam, Gambie, Casamence, Sebicoutane, Benty, Douzar, Kounakeri, Gadiebo, Albreda, Diaoundoun.

M. Bouvier (*Cat. Ois. Voy. Marche et Compiègne*, p. 18) indique cette espèce à Bathurst, dans la Gambie.

311. CRATEROPUS PLATYCERCUS Swain.

Crateropus platycercus Swain., Birds W. Afr., I, p. 274.
— Hartl., Orn. W. Afr., p. 79.

Kontofolho. — Assez commun. — Mêmes localités que l'espèce précédente.

Deine est également indiqué au nombre des localités où existe cette espèce (*Bouvier, loc. cit.*).

312. CRATEROPUS LEUCOCEPHALUS Rüpp.

Crateropus leucocephalus Rüpp., Syst. Ueber, p. 60, n° 198.
— Sharpe, Timel. Brit. Mus., p. 474, 1883.
Turdoides leucocephala Cretz., in Rüpp. Atl., taf. 4.

Kontofolho. — Rare. — Kita, Bakel, Albreda, Sedhiou, Daranka.

M. Sharpe (*loc. cit.*) l'indique également en Gambie; nous en possédons un spécimen de cette région.

813. CRATEROPUS ATRIPENNIS Swain.

Crateropus atripennis Swain., Birds W. Afr., I, p. 278.
— Hartl., Orn. W. Afr., p. 79.
Phyllanthus capusinus Less., Echo du mond. Sav., 1844, p. 1165.

Kontofolho. — Peu commun. — Oualo, Cayor, Galam, Gadieba, Dabocroum, Albreda, Bathurst, Dinoundoun.

Gen. HYPERGERUS Reich.

814. HYPERGERUS ATRICEPS Hartl

Hypergerus atriceps Hartl., Orn. W. Afr., p. 80.
Moho atriceps Less., Trait. Orn., p. 646.
Crateropus oriolides Swain., Birds W. Afr., I, p. 280.

Kontofolho. — Assez commun. — Bathurst, Albreda, Sedhiou, Carabane, Gadieba.

Nous ne croyons pas que cette espèce soit sédentaire, car elle se montre au commencement de l'hivernage pour disparaître peu de temps après son arrivée; elle remonterait ainsi du Gabon, du pays des Aschanties, etc., où elle se tient habituellement.

Fam. SAXICOLIDÆ Swain.

Gen. SAXICOLA Bechs.

815. SAXICOLA LUGUBRIS Rüpp.

Saxicola lugubris Rüpp., Neue Wirb. Vög., p. 77, pl. XVIII, f. 1.
— — Seebohm, Cat. Turd. Brit. Mus., p. 365, 1881.
— *leucuroides* Guer., Rev. Zool., 1843, p. 162.

Sabouné. — Rare. — Kita, massif de Bandoubé, mont Fouti près Médine.

Nous n'avons aucun doute sur la présence de cette espèce Abyssinienne dans les localités où nous l'indiquons, car nous avons sous les yeux les spécimens mêmes, tués par M. le Dr Colin, et ils se rapportent entièrement au type décrit et figuré par Rüppel (*loc. cit.*). M. Seebohm (*loc. cit.*) indique le *Saxicola lugubris* comme confiné dans les montagnes d'Abyssinie, où il serait sédentaire; son existence en Sénégambie dénote clairement qu'il est migrateur; les spécimens de M. le Dr Colin ont été tués en Juin et Juillet.

216. SAXICOLA LEUCURA Keys.

Saxicola leucura Keys, U. Blas. Wirb. Eur., pl. IX, 193.
Ænoenthe leucura Vieill., N. Dict. H. N., XXI, p. 422.
Dromolæa leucura C. Bp., Consp. Av., I, p. 303.

Sabouné. — Peu commun. — Portendik, Aleb, Gesser-El-Barka, Cap Mirik, Argain, Elimané.

Le *Saxicola leucura* est une des espèces sédentaires de la région Saharienne qui descendent jusqu'en Sénégambie; nous aurons occasion d'en signaler d'autres exemples.

217. SAXICOLA DESERTI Temm.

Saxicola deserti Temm., Pl. Col., pl. CCCLIX, f. 2.
— — Seebohm, Cat. Turd. Brit. Mus., 1881, p. 383.
— *pallida* Rüpp., Neue Wirb. Vög., p. 80.
— *gutturalis* Licht., Nomencl. Av., p. 35.

Sabouné. — Peu commun. — Mêmes localités que l'espèce précédente.

Le *Saxicola deserti* rentre, comme son congénère, dans la catégorie des espèces Sahariennes; il est de passage en Abyssinie pendant l'hiver (*Seebohm, loc. cit.*); on en rencontre également quelques spécimens isolés dans les environs de Kita et du mont Fouti.

218. SAXICOLA STAPAZINA Temm.

Saxicola stapazina Temm., Man. Ornith., I, p. 239.
— Seebohm, Cat. Turd. Brit. Mus., 1881, p. 387.
Ænanthe stapazina Vieill., N. Dict. H. N., XXI, p. 425.
Motacilla stapazina Gm., S. N., I, p. 966, 1788.
Le Motteux ou Cul blanc roux Buff., H. N. Ois., V, p. 246.

Sabouné. — Peu commun. — Bakel, Podor, Saldé, Thionk, M'Bao, Sedhiou, Albreda, Bathurst.

Cette espèce d'Europe se rencontre de passage sur une grande partie du continent Africain; elle se montre en Sénégambie à la fin de l'hivernage.

219. SAXICOLA ÆNANTHE Bech.

Saxicola ænanthe Bech., Orn. Taschemb., I, p. 217.
— Seebohm, Cat. Turd. Brit. Mus., 1881, p. 391.
Motacilla ænanthe Lin., Syst. Nat., I, p. 332, 1766.
Le Cul blanc ou Vitrec Briss., Orn., III, p. 449.

Sabouné. — Assez commun. — Toute la Sénégambie, et notamment le Oualo, le Cayor, Gandiole, Bathurst, Sedhiou.

Comme le précédent, le *Saxicola ænanthe* est de passage à la fin de l'hivernage.

220. SAXICOLA LEUCORHOA Hartl.

Saxicola leucorhoa Hartl., Orn. W. Afr., p. 64.
Motacilla leucorhoa Gm., S. N., I, p. 966.
Le Çul Blanc du Sénégal Buff., Pl. Enl., 583, f. 2.

Sabouné. — Commun. — Sorres, Thionk, Dakar-Bango, Diouk, M'Bao, Gandiole, Diaoundoun, Deny-Dack, Gadieba.

M. Seebohm (*loc. cit.*, p. 392) n'accorde même pas au *Saxicola leucorhoa* le titre de *sous-espèce*, dont, selon nous, il abuse en ce qui concerne le *Saxicola stapazina*, et il le relègue en synonymie du *Saxicola œnanthe*. Cette manière de voir nous semble inacceptable, car le *Saxicola leucorhoa* diffère de son congénère d'Europe non seulement par une taille plus forte et par un plumage différent, mais aussi par un *modus vivendi* complètement opposé.

Tandis que le *Saxicola œnanthe* ne visite la Sénégambie qu'à une certaine époque de l'année, le *Saxicola leucorhoa*, au contraire, vit sédentaire et ne s'éloigne jamais des régions où il habite et où nous l'avons constamment vu en nombre, se livrant à la nidification et à l'élevage de ses couvées.

221. SAXICOLA AURITA Temm.

Saxicola aurita Temm., Man. Orn., I, p. 241.
— Hartl., Orn. W. Afr., p. 64.
— Seebohm, Cat. Turd. Brit. Mus., 1881, p. 394.
Œnanthe albicollis Vieill., N. Dict. H. N., XXI, p. 424.

Sabouné. — Peu commun. — Kita, Bakel, Dagana, Saldé, Gahé, Bokol.

L'espèce est sédentaire en Sénégambie. Elle est indiquée à Bathurst par M. Bouvier (*Cat. Ois. Voy. Marche et Compiègne*, p. 16).

222. SAXICOLA ISABELLINA Cretz.

Saxicola isabellina Cretz., in Rüpp. Atl., p. 52.
— — Seebohm, Cat. Turd. Brit. Mus., 1881, p. 399.
— *saltator* Menetr., Cat. Rais. Cauc., p. 30.
— *squalida* Eversm., Add. Pall. Zoogr. Rosso Asiat., p. 16.

Sabouné. — Rare. — Kita, Bakel, bords du Bakoy et du Bafing, Bandoubé.

Ce *Saxicola* Abyssinien est de passage en Sénégambie, durant les premiers mois de l'hivernage.

Gen. MYRMECOCICHLA Cab.

223. MYRMECOCICHLA FORMICIVORA C. Bp.

Myrmecocichla formicivora C. Bp., Consp. Av., I, p. 302.
— Seebohm, Cat. Turd. Brit. Mus., 1881, p. 356.
— Hartl., Orn. W Afr., p. 65.
Ænanthe formicivora Vieill., N. Dict. H. N., XXI, p. 421.
Myrmecocichla æthiops Cab., Mus. Hein., I, p. 8.
— Hartl., Orn. W. Afr., p. 65.
Le Traquet fourmilier Levaill., Ois. Afr., IV, p. 108, pl. CLXXXVI.

Sankhalegoua. — Peu commun. — Sedhiou, Maloumb, Bathurst, Kagniac-Cay, M'Bao, Hann.

Le *Myrmecocichla æthiops*, se distingue du *Myrmecocichla formicivora*, par l'absence de tache scapulaire blanche et un peu plus de longueur de la queue; pour tout le reste il lui est identique; devant un caractère d'une importance aussi faible, à l'exemple de M. Seebohm, nous les réunissons.

La présence en Sénégambie et en Nubie du *Myrmecocichla formicivora*, dit M. Seebohm, mérite confirmation.

Nous en avons tué un spécimen à M'Bao; M. le Dr Colin nous en a communiqué deux autres également tués par lui, nous espérons que M. Seebohm ne mettra pas en doute notre affirmation.

Gen. PRATINCOLA Koch.

224. PRATINCOLA RUBETRA Koch.

Pratincola rubetra Koch, Syst. Baier. Zool., p. 191.
— Hartl., Orn. W. Afr., p. 67.
— Sharpe, Ciclom. Brit. Mus., p. 179.
Motacilla fervida Gm., S. N., I, p. 968.
Pratincola fervida Hartl., Orn. W. Afr., p. 67.

Malou. — Peu commun. — Sorres, Thionk, Diouk, Leybar, M'Bao, Joalles, Rufisque.

Cette espèce arrive en Sénégambie à la fin de l'hivernage.

225. PRATINCOLA SENEGALENSIS Hartl.

Pratincola Senegalensis Hartl., Orn. W. Afr., p. 68.
Motacilla Senegalensis Lin., Syst. Nat., I, p. 333.
Le Traquet du Sénégal Briss., Orn., III, p. 441, pl. XX, f. 3.

Malou. — Commun. — Saldé, Dagana, Podor, Thionk, Joalles, Albreda, Sedhiou, Bathurst, M'Bao, Gandiole.

Nous ferons pour cette espèce la même observation que pour le *Saxicola leucorhoa.* Le *Pratincola Senegalensis,* confondu par plusieurs Ornithologistes et notamment par M. Sharpe (*Ciclom. Brit. Mus.*, p. 179 *et seq.*) avec le *Pratincola rubetra,* s'en distingue par une livrée différente, une taille plus forte et par ses habitudes sédentaires, contrairement à son congénère éminemment migrateur.

226. PRATINCOLA RUBICOLA Koch.

Pratincola rubicola Koch, Syst. Baier. Zool., p. 192.
— Hartl., Orn. W. Afr., p. 66.
— Sharpe, Ciclom. Brit. Mus., p. 185.
Motacilla rubicola Lin., Syst. Nat., I, p. 332.
Ænanthe rubicola Vieill., N. Dict. H. N., XXI, p. 429.
Le Traquet Briss., Orn., III, p. 428, pl. XXIII, fig. 2.

Malou. — Peu commun. — Saldé, Thionk, Sorres, M'Bao, Joalles, Dakar.

Comme le *Pratincola rubetra,* cette espèce se montre en Sénégambie à la fin de l'hivernage.

Gen. PENTHOLÆA Cab.

227. PENTHOLÆA FRONTALIS Cab.

Pentholæa frontalis Cab., Mus. Hein., I, p. 40.
Saxicola frontalis Swain., Birds W. Afr., II, p. 46.
Thamnobia frontalis Hartl., Orn. W. Afr., p. 68.

Maiou. — Assez rare. — Kita, Bakel, Sorres, Galam, Douzar, Diaoundoun, M'Bao, Albreda, Sedhiou, Bathurst.

Fam. RUTICILLIDÆ Swain.

Gen. RUTICILLA C. L. Brehm.

228. RUTICILLA PHÆNICURUS C. Bp.

Ruticilla phænicurus C. Bp., Comp. List. B. Eur. and N. Am., p. 15, 1838.
— Sharpe, Turd. Brit. Mus., p. 336.
Sylvia phænicurus Lath., Gen. Syst., Supp. I, p. 287.
Erithacus phænicurus Degl., Orn. Eur., I, p. 502.
Ruticilla phænicura Hartl., Orn. W. Afr., p. 68.
Le Rossignol de muraille Briss., Orn., III, p. 403.

Popitba. — Peu commun. — Sorres, Thionk, Diouk, M'Bao, Sedhiou.

« Le Rougo queue ou Rossignol de muraille, dit Adanson (*Cours d'Hist. Nat.*, éd. *Payer*, t. I, p. 477), est un Oiseau de passage qui passe l'hiver au Sénégal et qui revient au printemps en Europe ». En effet on ne le rencontre en Sénégambie qu'à la fin de l'hivernage, il y séjourne jusqu'en Février.

229. RUTICILLA MESOLEUCA Cab.

Ruticilla mesoleuca Cab., J. f. Orn., 1854, p. 446.
— Hartl., Orn. W. Afr., p. 68.
— Sharpe, Turd. Brit. Mus., p. 338.
Sylvia mesoleuca Hempr. et Ehrh., Symb. Phys., f. *ec.*, 1852.

Popitha. — Assez rare. — Kita, Bakel, Podor, Saldé, M'Bao, Hann.

Comme le précédent, le *Ruticilla mesoleuca* est de passage en Sénégambie.

Gen. CYANECULA C. L. Brehm.

230. CYANECULA CÆRULECULA C. Bp.

Cyanecula cærulecula C. Bp., Consp. Av., I, p. 296.
— Sharpe, Turd. Brit. Mus., p. 308.
Motacilla cærulecula Pall., Zoogr. Rosso Asiat., I, p. 480.

Très rare. — Kita, Bakel.

Cette espèce, de passage en Abyssinie, se montre exceptionnellement dans le haut Sénégal. Un exemplaire unique nous a été communiqué par M. le Dr Colin.

Gen. ERYTHACUS Cuv.

231. ERYTHACUS RUBECULA Swain.

Erythacus rubecula Swain., Faun. Bor. Amer., p. 488.
— Sharpe, Turd. Brit. Mus., p. 299.
Motacilla Rubecula Lin., Syst. Nat., I, p. 337.
Le Rouge gorge Briss., Orn., III, p. 418.

Rare. — Lisière des forêts de Gommiers, Portendik, Aleb.

Nous avons tué un spécimen de cet *Erythacus* à la pointe de Barbarie, au commencement de Mars de l'année 1877. Dans ses migrations, il visite l'Algérie, Madère, les Canaries (*Sharpe, loc. cit.*), ce qui explique la présence de quelques représentants de l'espèce, dans les régions où nous l'indiquons, situées sur la limite du Sahara, et à une distance de l'archipel des Canaries peu considérable pour un Oiseau voyageur.

Fam. SYLVIIDÆ Vigors.

Gen. SYLVIA Scop.

832. SYLVIA CINEREA Bech.

Sylvia cinerea Bech., Orn. Taschenb., I, p. 170.
— — Sharpe, Turd. Brit. Mus., p. 8.
— *communis* Lath., Gen. Syn., Suppl. I, p. 287.
La Fauvette grise Briss., Orn., III, p. 370.

Assez rare. — Diouk, Leybar, Sorres, M'Bao, Bathurst.

La Fauvette grise, de passage en Sénégambie, visite pendant l'hiver l'Ouest, le Centre et le Sud de l'Afrique (*Sharpe, loc. cit.*).

833. SYLVIA ORPHEUS Temm.

Sylvia orpheus Temm., Man. Orn., p. 107.
— Seebohm, Cat. Turd. Brit. Mus., p. 14.
Curruca orphea Boie, Isis, 1822, p. 553.
La Fauvette Briss., Orn., III, p. 372.

Garanké. — Peu commun. — Sorres, Diouk, Gandiole, Bathurst, Albreda.

« Le *Sylvia orpheus*, dit M. Seebohm (*loc. cit.*), passe l'hiver dans les plaines de la Gambie, et probablement dans d'autres localités de l'Afrique centrale ». Nous l'indiquons non seulement de la Gambie et de la Casamence, mais encore des environs même de Saint-Louis et des contrées voisines, où nous l'avons chassé et observé à différentes reprises.

834. SYLVIA CONSPICILLATA Marm.

Sylvia conspicillata Marm., Teste Temm. Man. Orn., I, p. 210.
— Dohrn, J. f. Orn., 1871, pl. I.
— Seebohm, Cat. Turd. Brit. Mus., p. 22.
Curruca conspicillata Boie, Isis, 1822, p. 553.

Peu commun. — Archipel du Cap-Vert, Santiago, Saint-Vincent, Pointe du Cap-Vert aux deux Mamelles, Joalles, Rufisque.

Sédentaire aux îles du Cap-Vert, le *Sylvia conspicillata* se montre, à la fin de l'hivernage, sur la côte Sénégambienne, où nous l'avons observé et tué en Octobre et en Novembre.

235. SYLVIA ATRICAPILLA Scop.

Sylvia atricapilla Scop., Ann., I, p. 156, 1769.
Motacilla atricapilla Lin., Syst. Nat., I, p. 332.
La Fauvette à tête noire Briss., Orn., III, p. 380.

Garankeba. — Assez rare. — Sorres, Diouk, Gandiole, Albreda, Sedhiou, le Oualo, Gambie et Casamence.

L'espèce est de passage au Cap-Vert et au Sénégal où Adanson (*Cours H. N., loc. cit.*, p. 483) l'a signalée le premier. « La Fauvette à tête noire, dit-il, va jusqu'au Sénégal, où j'en ai tué cent fois ».

236. SYLVIA SUBALPINA Bonel.

Sylvia subalpina Bonel., Test. Temm. Man. Orn., I, p. 214.
— Seebohm, Cat. Turd. Brit. Mus., p. 27.
Curruca subalpina Boie, Isis, 1822, p. 553.

Garankéga. — Très rare. — Sedhiou, Albreda.

M. Sharpe indique le *Sylvia subalpina* en Gambie (*Seebohm, loc. cit.*).

237. SYLVIA DESERTICOLA Trist.

Sylvia deserticola Trist., Ibis, 1859, p. 58.
— Seebohm, Cat. Turd. Brit. Mus., p. 32.

Rare. — Kaiedé, Cap Mirik, Argain, Agnitier, Aleb, Portendik.

Cette espèce, indiquée par M. Seebohm (*loc. cit.*) comme propre aux déserts de l'Algérie, descend jusqu'à la limite Saharienne de la Sénégambie et habite les forêts de Gommiers.

Fam. PHYLLOSCOPIDÆ Swain.

Gen. PHYLLOSCOPUS Boie.

838. PHYLLOSCOPUS SIBILATRIX Blyth.

Phylloscopus sibilatrix Blyth., Cat. Brit. Mus. Ass. Soc., p. 184.
Sylvia sibilatrix Bech., Orn. Taschemb., I, p. 176.
Phyllopneuste sibilatrix Brehm., Vög. Deutsch., p. 425.

Kono. — Rare. — Kita, Bakel, Saldé, M'Bao, Sedhiou, Bathurst.

Le *Phylloscopus sibilatrix* visite l'Abyssinie, l'Ouest, le Nord et le Sud de l'Afrique; on le voit arriver en Sénégambie dès la fin de l'hivernage; il vit solitaire dans les lieux arides et sur les petits arbustes.

839. PHYLLOSCOPUS TROCHILUS Boie.

Phylloscopus trochilus Boie, Isis, 1826, p. 972.
Sylvia trochilus Scop., Ann., I, p. 160.
Motacilla trochilus Lin., Syst. Nat., I, p. 338.
Le Pouillot ou Chantre Briss., Orn., III, p. 479.

Kono. — Peu commun. — Thiong, Leybar, Dakar-Bango, M'Bao, Hann, Zekinkior, Bathurst.

Cette espèce est également de passage en Sénégambie, aux mêmes époques que la précédente.

840. PHYLLOSCOPUS BONELLI C. Bp.

Phylloscopus Bonelli C. Bp., Comp. List. B. Eur. and N. Am., p. 13.
Sylvia Bonelli Vieill., N. Dict. H. N., XXVIII, p. 91.
Phyllopneuste Bonelli Hartl., Orn. W. Afr., p. 61.

Kono. — Rare. — Portendik, Aleb, Cap Mirik, Argain, Farani, Elimané et toute la région Saharienne, limite nord de la Sénégambie, où il se montre à la fin de l'hivernage.

Fam. CALAMODYTIDÆ C. Bp.

Gen. HYPOLAIS C. L. Brehm.

241. HYPOLAIS POLYGLOTTA Gerb.

Hypolais polyglotta Gerb., Rev. Zool., 1844, p. 440.
Sylvia polyglotta Vieill., N. Dict. H. N., XI, p. 200.
— *flaveola* Vieill., N. Dict. H. N., XI, p. 183.
Salicaria hypolais Filipp., Mus. Mediol., p. 30.

M'Pitie. — Peu commun. — Thionk, Gandiole, N'Diago, Gadieba, Sebicoutane, Deni-Dack, Maloumb, Zekinkior, Albreda, Saloum.

M. Seebohm (*loc. cit.*, p. 79) indique aussi cette espèce comme de passage en Gambie.

242. HYPOLAIS OPACA Cab.

Hypolais opaca Cab., Mus. Hein., I, p. 36.
— Hartl., Orn. W. Afr., p. 60.
Phyllopneuste opaca Licht., Nomencl. Av., p. 30.

M'Pitie. — Rare. — Zekinkior, Albreda, Bathurst, où l'espèce est de passage.

Gen. ACROCEPHALUS Naum.

243. ACROCEPHALUS TURDOIDES Heugl.

Acrocephalus turdoides Heugl., Orn. Nordost Afr., I, p. 280.
Turdus arundinaceus Lin., Syst. Nat., I, p. 296.
Calamoherpe turdoides Boie, Isis, 1822, p. 552.
La Rousserolle Briss., Orn., II, p. 219, pl. XXII, f. 1.

Nakanakafano. — Rare. — Mêmes localités que l'espèce précédente.

La Rousserolle d'Europe émigre pendant l'hiver au Gabon (*Heuglin, loc. cit.*), dans le Transvaal, le Congo, le Damara (*Seebohm, Cat. Turd. Brit. Mus.*, p. 97); sa présence en Sénégambie n'avait pas encore été signalée. Elle se tient dans les Roseaux et les Palétuviers sur le bord des marigots.

244. ACROCEPHALUS STREPERUS Newt.

Acrocephalus streperus Newt., éd. Yar., Br. B., I, p. 269.
Sylvia arundinacea Lath., Ind. Orn., II, p. 510.
Calamoherpe arundinacea Boie, Isis, 1822, p. 552.
La Fauvette de Roseaux Briss., Orn., III, p. 378.

Nakanakafano. — Rare. — Kita, Bakel, bords du Bakoy, du Bafing, de la Falémé, Kounakeri, lac de N'Guer, Merinaghen.

Pendant son court séjour en Sénégambie, cette espèce, également de passage en Égypte, en Nubie et en Abyssinie, se tient, comme en Europe, le long des cours d'eau et sur le bord des marécages.

Gen. CALAMOCICHLA Sharpe.

245. CALAMOCICHLA BREVIPENNIS Sharpe.

Calamocichla brevipennis Sharpe, Timel. Brit. Mus., p. 132, 1883.
Calamoherpe brevipennis Dohrn, J. f. Orn., 1871, p. 4.

Assez commun. — Archipel du Cap-Vert, Saint-Nicolas, Saint-Antoine, Santiago (*Teste Dohrn*).

Nous copions la diagnose de cette espèce que nous ne connaissons pas, *telle qu'elle a été donnée par Dohrn* (*loc. cit.*).

C. — SUPRA CINEREA, OLIVASCENS, SUBTUS ALBIDO GRISEA, LATERIBUS FUSCESCENS, SUBCAUDALIBUS ALBIDIS; IRIDE BRUNNEA; ROSTRO ET PEDIBUS FLAVO CORNEIS; TARSI MEDIOCRES SCUTELLATI; UNGUIS HALLUCIS VALIDUS, CURVATUS, RELIQUIS MAJOR; ALÆ BREVES, APICE ROTUNDATÆ; REMIGIBUS PRIMI ORDINIS DECEM, PRIMA DIMIDIUM SECUNDÆ, SECUNDA NONAM ÆQUANTE, QUARTA ET QUINTA LONGISSIMIS; CAUDA LONGIUSCULA.

Long. tot	155	mil.
— alæ	63	—
— caudæ	61	—
— tarsi	28	—

Fam. MALURIDÆ Gray.

Gen. EUPRINODES Cass.

846. EUPRINODES OLIVACEUS Cass.

Euprinodes olivaceus Cass., Proc. Ac. N. H. Sc. Philad., 1859, p. 38.
Drymoica olivacea Gray, Hand. l. B., I, p. 201.
Prinia olivacea Strickl., P. Z. S. of Lond., 1844, p. 90.
Chloropeta olivacea Hartl., Orn. W. Afr., p. 60.

Lelaïh. — Assez rare. — Kagniac-Cay, Bering, Gilfré, Cagnout, Maloumb.

Jusqu'ici l'espèce a été indiquée comme spéciale au Gabon et à Fernando-Po; elle remonte incontestablement dans la basse Sénégambie, d'où nous en possédons deux spécimens.

Gen. DRYODROMAS Finsh. et Hartl.

847. DRYODROMAS RUFIFRONS Sharpe.

Dryodromas rufifrons Sharpe, Timel. Brit. Mus., p. 146, 1883.
Drymoica rufifrons Rüpp., Syst. Ueber, p. 56.
Drymæca rufifrons Hartl., Orn. W. Afr., p. 57.

Lelaïh. — Rare. — Kita, Bakel, Albreda, Bathurst.

L'aire d'extension du *Dryodromas rufifrons* paraît plus étendue que ne l'indique M. Sharpe (*loc. cit.*); l'espèce n'est pas, en effet, localisée sur les côtes de la mer Rouge et le pays des Çomalis; car, indépendamment de son habitat Sénégambien, elle a été signalée au Gabon et en Abyssinie (*Heugl.*, *loc. cit.*).

Gen. SYLVIETTA Lafr.

348. SYLVIETTA RUFESCENS Cass.

Sylvietta rufescens Cass., Proc. Ac. N. H. Sc. Philad., 1859, p. 39.
— *crombu* Lafr., Rev. Zool., 1839, p. 258.
Sylviella rufescens Sharpe, Timel. Brit. Mus., p. 153, 1883.

Lelajh. — Rare. — Kita, Boukarié, Banionkadougou, Albreda, Bathurst.

Cette espèce, observée à Angola et au Zambèze, s'étend au Nord et au Sud-Ouest de la Sénégambie; les exemplaires rapportés par M. le Dr Colin ne diffèrent, en aucune façon, de ceux des autres régions Africaines.

Elle construit un nid composé de fines branches desséchées, entremêlées de petites herbes; ce nid est ordinairement placé à l'enfourchure des branches des arbustes et à peu d'élévation au-dessus du sol; il contient de cinq à six œufs, de couleur verdâtre fortement tachés de brun noirâtre au gros bout; ils mesurent 0,017mm dans leur grand axe sur 0,009mm de diamètre (Pl. XXIX, fig. 8).

349. SYLVIETTA MICRURA Hartl.

Sylvietta micrura Hartl., Orn. W. Afr., p. 63.
— *brachyura* Lafr., Rev. Zool., 1839, p. 258.
— *brevicauda* O. des Murs, in Lefebvre Voy. Abyss., pl. VI.
Sylviella micrura Sharpe, Timal. Brit. Mus., p. 153, 1883.

N'Toute. — Peu commun. — Kita, Bakel, Maina, Boukarié, Bandoubé.

La couleur du bec et des pattes de cet oiseau est diversement indiquée par Heuglin et Blanfort; pour Heuglin (*Ibis*, 1869, p. 142), le bec est « pallide fuscescente corneo », l'iris « helvola », les pieds « rubentibus »; pour Blanfort (*Geol. et Zool. Abyss.*, p. 376) : « bill dusky above, pale below; tarsus deep fleshcolour; iris orange brown ».

Ni l'une ni l'autre de ces indications ne sont exactes; nous copions sur nos notes de voyage : bec brun; iris châtain; pieds jaunâtre sale. Quant au plumage de nos spécimens, il ne diffère en rien de celui assigné par les auteurs, à cette espèce.

Gen. EREMOMELA Sundev.

250. EREMOMELA LUTESCENS Hartl.

Eremomela lutescens Hartl., Orn. W. Afr., p. 22.
Sylvietta lutescens Less., Écho du monde Sav., 1844, p. 233.

Ne connaissant pas cette espèce, décrite par Lesson comme provenant de la Gambie, nous copions la diagnose qui en a été donnée par Hartlaub (*loc. cit.*).

E. — Supra viridi flavescens, subtus tota flava; remigibus et rectricibus fuscis, flavo limbatis; rostro corneo; tarsis brunneis, unguibus albidis.

251. EREMOMELA VIRIDIFLAVA Hartl.

Eremomela viridiflava Hartl., Orn. W. Afr., p. 59.
Drymoica viridiflava Gray, Hand. l. B., I, p. 202.

Il en est de cette espèce comme de la précédente, nous donnons la diagnose d'Hartlaub, faite sur un spécimen du Musée de Francfort.

E. — Supra læte virescens; pileo et nucha flavo viridibus; alis et cauda subrotundata, fusco virentibus; remigum et rectricum marginibus externis, dorso concoloribus; his apice pallide flavo limbatis; gutture et pectore albis; abdomine cruribus et subcaudalibus læte flavis, rostro corneo.

252. EREMOMELA PUSILLA Hartl.

Eremomela pusilla Hartl., Orn. W. Afr., p. 59.
Drymoica pusilla Gray, Hand. l. B., I, p. 202.

Moun. — Peu commun. — Cagnout, Maloumb, Ghimbering, Albreda, Monsor.

Gen. CAMAROPTERA Sundev.

253. CAMAROPTERA BREVICAUDATA Sundev.

Camaroptera brevicaudata Sundev., Æfv. K. Vet. Ak. Forh. Stockh., 1850, p. 103.
Sylvia brevicaudata Cretz., in Rüpp. Atl. Vög., p. 53, pl. XXXV *b*.
Camaroptera tincta Hartl., Orn. W. Afr., p. 271.

Lolan'ta. — Assez rare. — M'Bao, Sorres, Gandiole, Maloumb.

M. Sharpe (*Timel. Brit. Mus.*, p. 169) l'indique du Sénégal et de la Gambie.

254. CAMAROPTERA SUPERCILIARIS Cass.

Camaroptera superciliaris Cass., Proc. Ac. N. H. Sc. Philad., 1879, p. 38.
Sylvicola superciliaris Fras., Ann. and Mag. H. N., XII, p. 440.
Chloropeta icterica Hart., J. f. Orn., 1854, p. 17.
— Hartl., Orn. W. Afr., p. 60.

Lalan'ta. — Rare. — Mêmes localités que l'espèce précédente.

Cette espèce ne nous paraît pas sédentaire en Sénégambie; nous ne l'y avons rencontrée qu'après l'hivernage.

Gen. PRINIA Horsf.

255. PRINIA MYSTACEA Rüpp.

Prinia mystacea Rüpp., Neue Wirb. Vög., p. 110.
Drymæca mystacea Hartl., Orn. W. Afr., p. 57.

Lalan'ta. — Assez commun dans la basse Sénégambie. — Albreda, Bathurst, Zekinkior, Maloumb.

Les œufs de cette espèce sont d'un gris violacé, maculés de taches d'un brun rouge, plus nombreuses et plus larges au gros bout; ils mesurent 0,018mm dans leur grand axe, sur 0,010mm de diamètre (Pl. XXIX, fig. 9).

Gen. BURNESIA Jerd.

256. BURNESIA GRACILIS Sharpe.

Burnesia gracilis Sharpe, Timel. Brit. Mus., p. 210, 1883.
Drymoica gracilis Hartl., Orn. W. Afr., p. 57.
Sylvia gracilis Licht., Verz. Doubl., p. 34.

Fagnonay. — Très rare. — Portendik, Aleb, Jarra, Kaiedé, Cap Mirik.

Le *Burnesia gracilis* ne dépasse pas en Sénégambie la limite Saharienne, où il se tient sur les petits arbustes et les Graminées.

Gen. ORTHOTOMUS Horsf.

257. ORTHOTOMUS ERYTHROPTERUS Sharpe.

Orthotomus erythropterus Sharpe, Timel. Brit. Mus., p. 228, 1883.
Drymæca erythroptera Hartl., Orn. W. Afr., p. 55.
Cisticola erythroptera Heugl., Orn. Nordost Afr., I, p. 248.

Foräjh. — Peu commun. — Albreda, Bathurst, Zekinkior, Maloumb.

C'est Jules Verreaux qui le premier a fait connaître cette espèce en Sénégambie (*Casamence*).

Gen. CISTICOLA Kaup.

258. CISTICOLA CINERASCENS Heugl.

Cisticola cinerascens Heugl., Orn. Nordost Afr., I, p. 264.
— Sharpe, Timel. Brit. Mus., p. 248, 1883.
Drymaca cinerascens Heugl., J. f. Orn., 1867, p. 296.
Drymæca Swainzii Sharpe, Ibis, 1870, p. 476.

Feloba. — Rare. — Kita, Bakel, Saldé, Dagana, Podor.

Cette espèce est de passage dans la haute Sénégambie.

259. CISTICOLA ERYTHROPS Sharpe.

Cisticola erythrops Sharpe et Bouv., Bull. Soc. Zool. France, II, p 476.
Drymæca erythrops Hartl., Orn. W. Afr., p. 58.

Feloba. — Commun. — Maina, Boukarié, Tombocané, Albreda, Zekinkior, Bathurst.

Le *Cisticola erythrops* habite, indépendamment des régions où nous l'indiquons, le Congo, le Nord de l'Afrique et la côte de Zanzibar.

260. CISTICOLA RUFA Sharpe.

Cisticola rufa Sharpe, Timel. Brit. Mus., p. 252, 1883.
Drymæca rufa Hartl., Orn. W. Afr., p. 58.
— *brachyptera* Sharpe, Ibis, 1870, p. 476, pl. XIV, fig. 1.

Feloba. — Assez rare. — Gambie, Casamence, Zekinkior, Albréda, Samatite.

Plus généralement distribué dans les localités indiquées, le *Cisticola rufa*, remonte cependant dans l'Est de la Sénégambie, où on l'observe à Kita, sur les bords du Bakoy, de la Falémé et dans les environs de Bandoubé.

Son nid de forme ovoïde est artistement façonné avec de petites tiges de Graminées. Il y dépose de quatre à six œufs d'un violet pâle, tachetés de points et de lignes brun rouge plus abondantes au gros bout, et mesurant 0,017mm dans leur grand axe sur 0,011mm de diamètre (Pl. XXIX, fig. 10).

261. CISTICOLA CISTICOLA Less.

Cisticola cisticola Less., Trait. Orn., p. 415.
— Sharpe, Timel. Brit. Mus., p. 259, 1883.
Sylvia cisticola Temm., Man. Orn., I, p. 228.
Drymoica cisticola Swain., Class. B., II, p. 242.
Salicaria cisticola Gould., B. Eur., pl. CXIII.
La Fauvette cisticole Vieill., Faune Franc., p. 27, pl. CII, f. 1.

Feleba. — Peu commun. — Saldé, Podor, Banionkadougou, Leybar, Hann, M'Bao, Bathurst, Zekinkior.

M. Sharpe (*loc. cit.*) donne pour habitat à cette espèce, l'Europe, la Chine, le Japon, la Péninsule Malaise, l'Inde, et tout le continent Africain; nous ne la croyons pas sédentaire en Sénégambie, où nous l'avons seulement vue à la fin de l'hivernage.

262. CISTICOLA TERRESTRIS Ayres.

Cisticola terrestris Ayres, Ibis, 1871, p. 151.
— Sharpe, Timel. Brit. Mus., p. 266, 1883.
Drymoica terrestris A. Smith, Illust. S. Afr. Zool., pl. LXXIV, f. 2.

Feleba. — Rare. — Kita, Bakel, Podor, Maina, Boukarié, Bafoulabé.

Comme la précédente, cette espèce est de passage dans le Nord-Est de la Sénégambie.

363. CISTICOLA STRANGEI Sharpe.

Cisticola Strangei Sharpe et Bouv., Bull. Soc. Zool. France, I, p. 306.
Drymoica Strangei Fras., P. Z. S. of Lond., 1843, p. 16.
Drymæca Strangei Hartl., Orn. W. Afr., p. 55.

Feleba. — Assez rare. — Oualo, Cayor, Galam, Gandiole, N'Diago, Mélacorée, Benty, Kaarta.

Le *Cisticola Strangei* est sédentaire et niche en Sénégambie; comme celui de ses congénères, son nid est composé d'herbes sèches artistement enlacées et contient de quatre à six œufs, d'un blanc bleuâtre, tachetés de points roses, plus abondants au gros bout; ils mesurent 0,018mm dans leur axe et 0,011mm dans leur diamètre. (Pl. XXIX, fig. 11).

364. CISTICOLA LUGUBRIS O. des Murs.

Cisticola lugubris O. des Murs, in Lefebvre Voy. Abyss., p. 89.
Drymoica lugubris Rüpp., Syst. Ueber., p. 56, taf. XI.

Feleba. — Assez commun. — Leybar, Thionk, Gandiole, Gadieba, Douzar, Deny-Dack, Mélacorée, Gambie, Casamence, Hann, Rufisque.

L'aire d'habitat de cette espèce s'étend sur la presque totalité du continent Africain.

365. CISTICOLA SUBRUFICAPILLA Sharp.

Cisticola subruficapilla Sharpe, éd. Layard, B. S. Afr., p. 266.
Drymoica subruficapilla A. Smith, Illust. S. Afr. Zool., pl. LXXII, fig. 2.

Feleba. — Assez commun. — Dans les mêmes localités que l'espèce précédente.

Comme elle aussi, elle est distribuée sur la presque totalité du continent.

Fam. PARIDÆ Boie.

Gen. PARUS Lin.

266. PARUS LEUCOMELAS Rüpp.

Parus leucomelas Rüpp., Neue Wirb. Vög., taf. 37, f. 2
— *leucopterus* Swain., Birds W. Afr., II, p. 42.

Sagasa. — Commun. — Sorres, Thionk, Diouk, Dakar-Bango, Gandiole, Hann, M'Bao, Deine, Zekinkior, Albreda, Bathurst.

267. PARUS LEUCONOTUS Guer.

Parus leuconotus Guer., Rev. et Mag. de Zool., 1848, p. 162.
— *dorsatus* Rüpp., Syst. Ueber, p. 171, taf. 18.

Sagasa. — Rare. — Kita, Bakel, Maina, Boukarié, Banionkadougou.

Cette espèce Abyssinienne nous a été rapportée du haut Sénégal par M. le Dr Colin.

Fam. ÆGITHALIDÆ Vig.

Gen. ÆGITHALUS Boie.

268. ÆGITHALUS CALOTROPIPHILUS Rochbr.

Pl. XVI, fig. 1.

Ægithalus calotropiphilus Rochbr., Bull. Soc. Phil. Paris, 1883.

Æ. — Supra intense olivaceus, uropygio pallidiore; tectricibus olivaceo rufis; remigibus rectricibusque fusco olivaceis, luteo marginatis; fronte flavo; colli lateribus, pectore, gastreo, pallide flavescentibus; rostro flavido, apice fuscescente, corneo; iride fusco; pedibus pallide roseis.

Parties supérieures d'un vert olive foncé, passant au jaune sur le croupion; petites couvertures brunâtres liserées de jaune; rémiges et rectrices, de même couleur avec des tons plus foncés; front jaune orangé; parties inférieures d'un jaune très pâle, bec jaunâtre en côté, d'un brun corné au sommet et sur le milieu des deux mandibules; iris brun fauve; pieds d'un rose sale.

Longueur	totale	70	millimètres.
—	de l'aile	38	—
—	de la queue	18	—
—	du bec	06	—
—	du tarse	11	—
—	du doigt médian	07	—

M'Pitie Vouten. — Assez commun. — Sorres, Pointe de Barbarie, Leybar, Thiouk, Diouk, Dakar-Bango.

Voisine de l'*Ægithalus flavifrons* Cass., l'espèce, que nous proposons, s'en distingue par une taille plus petite, par la teinte orangée du front, par les parties supérieures d'un vert olive uniforme et teinté de jaune, par les sous-alaires jaunâtres et non pas blanches, par son bec plus court, ses pieds moins robustes d'un rose sale et non pas bruns.

Notre *Ægithalus* vit par couples isolés; dans les localités arides et sablonneuses, où croissent en abondance les *Calotropis gigantea*, grande Asclepiadée, dont les feuilles sont utilisées par les Nègres pour rendre l'eau potable.

Il construit un nid, dont la forme est en quelque sorte calquée sur celui de l'espèce Européenne, l'*Ægithalus pendulinus* Boie. Ce nid (Pl. XV, f. 2), suspendu aux branches des *Calotropis*, est entièrement fait avec les aigrettes soyeuses de la graine de cette plante, soigneusement enchevêtrées et tissées en un feutre résistant et imperméable; l'entrée située en côté et vers le sommet est tubuleuse, une ou deux cavités en forme de poches peu profondes existent en dessous de la tubulure; il mesure 0,145^{mm} de long sur une largeur moyenne de 0,076^{mm}; la tubulure atteint une longueur de 0,040 à 0,045^{mm}; au fond de ce nid, sont déposés quatre à six œufs d'une couleur verdâtre pâle, à petites taches et à larges stries d'un brun rougeâtre, plus abondantes au gros bout; ils mesurent 0,015mm dans leur grand axe et 0,009mm dans leur grand diamètre (Pl. XV, f. 3).

Fam. MOTACILLIDÆ Boie.

Gen. MOTACILLA Lin.

269. MOTACILLA ALBA Lin.

Motacilla Alba Lin., Syst. Nat., I, p. 331.
— *gularis* Swain., Birds W. Afr., II, p. 30.
— — Hartl., Orn. W. Afr., p. 72.

Orn'oba. — Assez commun. — Saint-Louis, Sorres, Dakar, Joalles, Rufisque.

Le *Motacilla alba* se montre en Sénégambie, le jour où finit l'hivernage; aussi dès que les Européens l'aperçoivent voltigeant sur les bords du fleuve, à la recherche des Insectes dont il se nourrit, ils éprouvent un sentiment de joie, car c'est la marque certaine que les chaleurs et leur inévitable cortège de maladies meurtrières vont disparaître pendant plusieurs mois.

270. MOTACILLA VIDUA Sundev.

Motacilla vidua Sundev., Œfvers., 1850, p. 128.
— *Capensis* Ehr. et Licht. *(non Lin.)*, Symb. Phys. Av. et Dub. Cat., p. 36.
— *Longicauda* Blas., Naum., V, D. XIII, p. 117.

Orn'oba. — Rare. — Albreda, Zekinkior, Samatite, Cagnout, Maloumb, Wagran.

L'espèce nous paraît être seulement de passage dans la basse Sénégambie.

Gen. BUDYTES Cuv.

371. BUDYTES FLAVA Cuv.

Budytes flava Cuv., R. An., I, p. 371.
Motacilla flava Lin., Syst. Nat., I, p. 331.
La Bergeronnette jaune Buff., Pl. Enl., 28, f. 1.

Thiolbett. — Commun. — Saint-Louis, Sorres, Leybar, Thionk, Dakar, Joalles, Rufisque, M'Bao, Hann.

Comme le *Motacilla alba,* cette espèce annonce, par son arrivée en Sénégambie, la fin de l'hivernage.

Adanson établit les mêmes faits dans son Cours d'Histoire Naturelle (éd. *Payer,* t. 1, p. 474). « La Bergeronnette jaune, dit-il, est un oiseau migratoire qui va passer l'hiver dès le mois d'octobre en Afrique, jusqu'au Sénégal. »

372. BUDYTES RAYI C. Bp.

Budytes Rayi C. Bp., Comp. List. B. Eur. and N. Am., p. 18.
Motacilla flava Ray (non Lin) Gould., P. Z. S. of Lond., 1832, p. 120.
Motacilla flava var. *flava Rayi* Heugl., Orn. Nordost Afr., I, p. 321.

Thiolbett. — Peu commun. — Bakel, Kita, Saldé, Dakar-Bango, Bathurst, Zekinkior, Albreda.

Le *Budytes Rayi* est, selon Heuglin (*loc. cit.*), l'une des cinq variétés du *Budytes flava,* pour lesquelles il établit une synonymie des plus compliquées, et une nomenclature bizarre, qu'un ex-Aide-Naturaliste du Muséum de Paris, d'origine Allemande, s'efforce vainement de remettre en usage (1); la manière de voir

---

(1) Dans un mémoire incompréhensible sur l'espèce végétale considérée au point de vue de l'anatomie comparée (*Ann. Sc. Nat.*, 6e série, T. XIII).

de Heuglin nous paraît tout à fait inadmissible; car non seulement la prétendue variété *flava Rayi* s'éloigne du type *flava* par un plumage différent, mais la première est sédentaire, tandis que la seconde arrive directement d'Europe et séjourne, seulement pendant la saison sèche, sur le continent Africain.

Fam. ANTHIDÆ Gray.

Gen. ANTHUS Bechst.

273. ANTHUS ARBOREUS Bechst.

Anthus arboreus Bechst., Naturg. Deutsch., III, 700.
Motacilla spipola Pall., Zoogr. Rosso Asiat., I, p. 512.
Pipastes arboreus Kaup., Natur. Syst., p. 33.

Sgeuenäjh. — Peu commun. — Portendik, Cap Mirik, Argain, Elimané, Aleb.

L'*Anthus arboreus* est de passage en Sénégambie; son existence, constatée aux Canaries et dans plusieurs parties du Sahara, explique ses apparitions dans les régions Nord que nous venons d'énumérer, au voisinage des forêts de Gommiers.

274. ANTHUS CAMPESTRIS Bechst.

Anthus campestris Bechst., Naturg. Deutsch., III, 722.
Alauda campestris Bris., Orn., III, p. 349.
Agrodroma campestris Swain., Cl. B., II, p. 241.
— Hartl., Orn. W. Afr., p. 73.

M. Vesque propose de renoncer à la nomenclature binaire et de revenir à l'ancienne phrase. Une citation est indispensable pour permettre de juger les données fantaisistes dudit M. Vesque : « au lieu de *Capparis galeata* (M. Vesque étudie dans ce mémoire les *Capparidées*), on doit dire : *Eucapparis pedicellaris pilis fusiformibus, centromala eophylla xerophilla, megalangiopora glabra* ». Nous nous déclarons incapables de comprendre les finesses de ce LATIN TUDESQUE!

Seguenajh. — Assez fréquent. — Argain, Dakar, Saint-Louis, Sorres, Zekinkior, Albreda, Bathurst, Gandiole.

L'espèce est également de passage en Sénégambie.

275. ANTHUS GOULDII Fras.

Anthus gouldii Fras., P. Z. S. of Lond., 1843, p. 27.
— — Hartl., Orn. W. Afr., p. 73.
— *Sordidus* Heugl., J. f. Orn., 1863, p. 63.

Seguenajh. — Peu commun. — Albreda, Bathurst, Zekinkior.

Heuglin (*Orn. Nordost Afr.*, I, p. 323) indique aussi cette espèce comme provenant du bord de la Casamence.

Gen. MACRONYX Swain.

276. MACRONYX CROCEUS Gurn.

Macronyx croceus Gurn., Ibis, 1860, p. 208.
— Hartl., Orn. W. Afr., p. 73.
Alauda crocea Vieill., Enc. Méth., p. 323, pl. CCXXXII.
Macronyx flavigaster Swain., Birds W. Afr., I, p. 215.

Konko. — Assez commun. — Gandiole, Diaoundoun, Kounakiré, Maloumb, Itou, Zekinkior, Albreda.

L'aire d'habitat du *Macronyx croceus* comprend tout le continent Africain.

Fam. PYCNONOTIDÆ Gray.

Gen. CRINIGER Temm.

277. CRINIGER VERREAUXI Sharpe.

Criniger Verreauxi Sharpe, Cat. Afr. B., p. 21.
— Sharpe, Cat. Timel. Brit. Mus., p. 73, 1881.
Trichophorus gularis Swain., Birds W. Afr., II, p. 266 (non Horsf.).
— Hartl., Orn. W. Afr., p. 82.

N'Tioukore. — Peu commun. — Zekinkior, Albreda, Bathurst, Cagnout, Maloumb.

M. Sharpe (*loc. cit.*) localise cette espèce d'une façon absolue : « Verreaux's Bulbul inhabits the forest region of West Africa from the Gold Coast to the Cameroons », dit-il.

C'est avec raison qu'indépendamment de ces régions, Hartlaub (*loc. cit.*) l'indique en Gambie et en Casamence, où nous l'avons vue et tuée; Hartlaub, du reste, mentionne cette dernière localité, d'après J. Verreaux lui-même, et nous nous étonnons de voir M. Sharpe négliger cette indication, tout en citant Hartlaub en synonymie.

278. CRINIGER BARBATUS Finsch.

Criniger barbatus Finsch, J. f. Orn., 1867, p. 21.
— Sharpe, Cat. Timel. Brit. Mus., p. 82, 1881.
Trichophorus barbatus Temm., Pl. Col., III, pl. LXXXII.
— Hartl., Orn. W. Afr., p. 82.

N'Tioukore. — Assez rare. — Gambie, Casamence, Zekinkior, Bathurst.

Nous ferons, pour cet Oiseau, les mêmes observations que pour le précédent, relativement aux indications de M. Sharpe.

Gen. XENOCICHLA Hartl.

279. XENOCICHLA FLAVICOLLIS Sharpe.

Xenocichla flavicollis Sharpe, Cat. Timel. Brit. Mus., p. 97, 1881.
Criniger flavicollis Sharpe, Cat. Afr. B., p. 22.
Trichophorus flavicollis Hartl., Orn. W. Afr., p. 85.

N'Tioukore. — Assez fréquent. — Forêts de Bandoubé et Taalari, île de Thionk, Leybar, Albreda, Zekinkior.

L'aire d'habitat du *Xenocichla flavicollis* serait limitée de la basse Sénégambie à Sierra-Leone, d'après M. Sharpe (*loc. cit.*); cette aire s'étend assez loin dans la région Nord-Est, ainsi que l'indiquent les spécimens rapportés, par M. le Dr Colin, des forêts de Taalari et Bandonbé, situées au Nord de Kita.

280. XENOCICHLA OLIVACEA Sharpe.

Xenocichla olivacea Sharpe, Cat. Timel. Brit. Mus., p. 98, 1881.
Thichophorus olivaceus Swain., Birds W. Afr., I, p. 264.
— Hartl., Orn. W. Afr., p. 82.

N'Tioukore. — Assez commun. — Dans les mêmes localités que l'espèce précédente.

281. XENOCICHLA SYNDACTYLA Sharpe.

Xenocichla syndactyla Sharpe, Cat. Timel. Brit. Mus., p. 100, 1881.
Trichophorus syndactyilus Hartl., Orn. W. Afr., p. 86.

N'Tioukore. — Forêts de Taalari, Podor, Daguna, Thionk, Albreda, Zekinkior.

282. XENOCICHLA SCANDENS Sharpe.

Xenocichla scandens Sharpe, Cat. Timel. Brit. Mus., p. 102, 1881.
Trichophorus pallescens Hartl., Orn. W. Afr., p. 86.

Rare. — Gambie, Casamence, Bathurst, Albreda, Zekinkior.

283. XENOCICHLA LEUCOPLEURA Sharpe.

Xenocichla leucopleura Sharpe, Cat. Timel. Brit. Mus., p. 104, 1881.
Phyllastrephus leucopleurus Hartl., Orn. W. Afr., p. 89.
Trichophorus nivosus Hartl., Orn. W. Afr., p. 84.

Assez commun. — Gambie, Casamence, Albreda, Bathurst, Zekinkior.

Ces deux espèces, que l'on voit descendre jusque dans la région du Congo, au Gabon, aux monts Cameroons, etc., ne remontent pas en Sénégambie au delà des parages de la Gambie et de la Casamence.

284. XENOCICHLA CANICAPILLA Sharpe.

Xenocichla canicapilla Sharpe, Cat. Timel. Brit. Mus., p. 105, 1881.
Trichophorus canicapillus Hartl., Orn. W. Afr., p. 84.

Peu commun. — Habite les mêmes localités que ses deux congénères du Sud de la Sénégambie.

Gen. ANDROPADUS Swain.

285. ANDROPADUS LATIROSTRIS Strickl.

Andropadus latirostris Strickl., P. Z. S. of Lond., 1844, p. 100.
— Sharpe, Cat. Timel. Brit. Mus., p. 107, 1881.
— Hartl., Orn. W. Afr., p. 87.

Fehlagah. — Assez commun. — Gambie, Casamence, Zekinkior, Maloumb.

Comme nous avons pu le constater souvent, la strie jaune de chaque côté du menton, qui existe chez l'adulte, se montre également dans les jeunes; seulement les stries de ces derniers sont beaucoup plus minces et d'un jaunâtre très pâle.

286. ANDROPADUS VIRENS Cass.

Andropadus virens Cass., Pr. Ac. N. H. Sc. P. Philad., 1857, p. 34.
— Sharpe, Cat. Timel. Brit. Mus., p. 109, 1881.
— Hartl., Orn. W. Afr., p. 264.

Fehlagah. — Peu commun. — Gambie, Casamence, Albreda, Bathurst, Zekinkior.

Cette espèce de la basse Sénégambie descend jusqu'au Gabon, au Congo, et à Fernando-Po, etc.

Gen. CHLOROCICHLA Sharpe.

287. CHLOROCICHLA GRACILIROSTRIS Sharpe.

Chlorocichla gracilirostris Sharpe, Cat. Timel. Brit. Mus., p. 114, 1881.
Andropadus gracilirostris Strick., P. Z. S. of Lond., 1844, p. 101.
— Hartl., Orn. W. Afr., p. 87.

Fehigu. — Rare. — Gambie, Casamence, Maloumb, Albreda, Sainte-Marie, Zekinkior.

Le *Chlorocichla gracilirostris* habite également le Gabon et les îles du golfe de Benin.

L'iris est d'un brun pâle et non *reddish brown*, suivant Reichenow; ou *white*, suivant Fraser (*Teste* Sharpe, *loc. cit*).

Gen. PYCNONOTUS Boie.

288. PYCNONOTUS BARBATUS Gray.

Pycnonotus barbatus Gray, Handl. B., I, p. 268.
— Sharpe, Cat. Timel. Brit. Mus., p. 147, 1881.
Turdus barbatus Desf., Mem. Acad. Roy. Sc., p. 500, pl. XIII.
Ixus inornatus Fras., P. Z. S. of Lond., 1843, p. 27.
— Hartl., Orn. W. Afr., p. 88.

Sieleiu. — Assez communément rencontré en Gambie et en Casamence : Sedhiou, Daranka, Zekinkior, Bathurst; remonte dans le haut Sénégal : Kita, Boukarié, Banionkadougou.

289. PYCNONOTUS ASHANTEUS C. Bp.

Pycnonotus Ashanteus C. Bp., Consp. Av., I, p. 266.
— *barbatus* Sharpe, Cat. Timel. Brit. Mus., p. 147.
Ixos Ashanteus Hartl., Orn. W. Afr., p. 88.

Sisîelu. — Gambie, Casamence, où l'espèce est assez abondante : Zekinkior, Bathurst.

Contrairement à la manière de voir de M. Sharpe (*loc. cit.*), nous séparons cette espèce de la précédente, suivant en cela l'opinion de la plupart des Ornithologistes. Des dimensions plus petites, un plumage différent de celui du *Pycnonotus barbatus*, ne permettent pas de la confondre avec celui-ci.

Fam. ORIOLIDÆ Boie.

Gen. ORIOLUS Lin.

290. ORIOLUS GALBULA Lin.

Oriolus galbula Lin., Syst. Nat., I, p. 160.
— Sharpe, Ibis, 1870, p. 215.
— Hartl., Orn. W. Afr., p. 80.
Le Loriot Briss., Orn., II, p. 320.

Ogoakono. — Peu commun. — Gambie, Casamence, Sedhiou, Daranka, Leybar, Thionk, Kita, Bakel.

Cette espèce, de passage en Sénégambie à la fin de l'hivernage, visite la presque totalité du continent Africain.

291. ORIOLUS AURATUS Vieill.

Oriolus auratus Vieill., N. Dict. H. N., XVIII, p. 194.
— — Sharpe, Ibis, 1870, p. 219, et Cat. B. Brit. Mus., vol. III, p. 194, 1877.
— *bicolor* Hart., Orn. W. Afr., p. 80.

Ogoakono. — Assez commun. — Kita, Bakel, Banionkadougou, Mélacorée, Sedhiou, Bathurst, Zekinkior.

892. ORIOLUS MONACHUS Cab.

Oriolus monachus Cab., Mus. Hein., Th. I, p. 210.
— — Sharpe, Ibis, 1870, p. 220.
— *moloxita* Rüpp., Neue Wirb. Vög., p. 29, t. XII, f. 1.

Ogoukono. — Rare. — Kita, Bakel, Maina, Boukarié, Banionkadougou.

L'*Oriolus monachus*, espèce Abyssinienne, descend dans la haute Sénégambie, d'où l'a rapporté M. le Dr Colin.

893. ORIOLUS BRACHYRHYNCHUS Swain.

Oriolus brachyrhynchus Swain., Birds W. Afr., II, p. 35.
— — Sharpe, Ibis, 1870, p. 226, pl. VIII, f. 1.
— *Baruffi* C. Bp., Consp. Av., I, p. 347.
— — Sharpe, Ibis, 1870, p. 227, pl. VIII, f. 2.

Ogoukono. — Peu commun. — Gambie, Casameuce, Sedhiou, Daranka, Bathurst.

Indiqué depuis Sierra-Leone jusqu'au Gabon, l'*Oriolus brachyrhynchus* fait de courtes apparitions dans la basse Sénégambie. M. Sharpe (*Cat. B. Brit. Mus.*, vol. III, p. 219) réunit avec raison cette espèce à l'*Oriolus Baruffi*, qu'il décrivait primitivement comme espèce distincte (*Ibis, loc. cit.*); l'*Oriolus Baruffi* n'est, en réalité, qu'un jeune de l'*Oriolus brachyrhynchus*.

Fam. DICRURIDÆ Swain.

Gen. DICRURUS Vieill.

894 DICRURUS ATRIPENNIS Swain.

Dicrurus atripennis Swain., Birds W. Afr., I, p. 256.
— Hartl., Orn. W. Afr., p. 101.
— Sharpe, Ibis, 1870, p. 481.

Konoba. — Rare. — Gambie, Casamence, Sainte-Marie, Maloumb, Zekinkior.

Gen. BUCHANGA Hogds.

895. BUCHANGA MUSICA Rochbr.

Buchanga musica Rochbr., Notes M. S., 1876.
Dicrurus musicus Vieill., N. Dict. H. N., XI, p. 586.
— — Hartl., Orn. W. Afr., p. 100.
— *divaricatus* Gray, Gen. of B., I, p. 287.
— — Hartl., Orn. W. Afr., p. 100.

Konoba. — Assez commun. — Kita, Bakel, Maina, Boukarié, Gambie, Casamence, Malcumb, Zekinkior.

Pour M. Sharpe (*Cat. B. Brit. Mus.*, vol. III, p. 247), le *Buchanga musica* est une sous-espèce du *Buchanga atra* de l'Inde, (*loc. cit.*, p. 247) ou mieux le *Buchanga atra* est une *grande race* du type Africain.

C'est toujours avec le même étonnement que nous voyons apparaître de temps en temps dans les ouvrages de M. Sharpe les sous-espèces, ou bien les races grandes et petites de certains types, quand pour d'autres, la simple couleur du bec, une ligne plus ou moins jaune, située à la base des mandibules, sont des caractères d'une valeur indiscutable et servent à établir des espèces tranchées. Malgré l'autorité de M. Sharpe, il nous semble que celle de Vieillot, Bonaparte et autres, mérite quelque considération et c'est l'opinion de ces Ornithologistes *démodés*, que nous croyons devoir accepter.

Fam. CAMPEPHAGIDÆ Gray.

Gen. GRAUCALUS Cuv.

896. GRAUCALUS PECTORALIS Jard.

Graucalus pectoralis Jard. et Selb., Ill. Orn., II, p. 57.
— Sharpe, Cat. B. Brit. Mus., vol. IV, p. 29.
Ceblepyris pectoralis Rüpp., Mus. Senck., III, p. 32.
— Hartl., Orn. W. Afr., p. 99.

Bajh, — Commun. — Kita, Maina, Boukarié, Gambie, Casamence, Mélacorée.

L'espèce se rencontre sur tout le continent Africain.

Gen. **CAMPEPHAGA** Vieill. (1).

297. CAMPEPHAGA PHÆNICEA Swain.

Campephaga phænicea Swain., Birds W. Afr., I, p. 252.
— — Hartl., Orn. W. Afr., p. 98.
— *xanthornoides* Gray, Gen. of B., I, p. 283.

Bajh, — Assez commun. — Gambie, Casamence, Mélacorée, Daranka, Sedhiou, Bathurst, Zokinkior.

Nous réunissons au *Campephaga phænicea*, le *Campephaga xanthornoides*, ce dernier étant le jeune du premier. Comme le pense judicieusement M. Barboza du Bocage (*Orn. Angol.*, p. 207), l'épaulette jaune ou jaune orange est la livrée du jeune; tandis que chez l'adulte, elle est d'un rouge orangé brillant et intense.

Fam. **MALACONOTIDÆ** Wagn.

Gen. **LANIARIUS** Vieill.

298. LANIARIUS BARBARUS Vieill.

Laniarius barbarus Vieill., Anal., p. 41, 1816.
Lanius barbarus Lin., Syst. Nat., I, p. 137.
Malaconotus barbarus Swain., Birds W. Afr., I, p. 243, pl. XXIV.
Lanius Senegalensis Briss., Orn., II, p. 185, pl. XVII, f. 2.
Le Gonoleck Buff., Pl. Enl., 56.

---

(1) On est en droit de se demander pourquoi M. Sharpe (*Cat. B. Brit. Mus.*, IV, p. 59), qui accepte le nom générique de Vieillot : *CampEphaga*, inscrit en tête du chapitre et à toutes les espèces, *CampOphaga;* l'auteur ne donne aucune explication, et le mot répété douze fois ne peut être pris pour une faute d'impression.

Jonkojh. — Commun. — Kita, Podor, Saldé, Boukarié, Maina, Bafoulabé, Thiouk, Diouk, Dakar-Bango, M'Bao, Hann, Rufisque, Zekinkior, Albreda, Mélacorée, etc.

Cet Oiseau, remarquable par l'éclat de son plumage, est l'une des espèces les plus recherchées comme Oiseau de parure et il abonde dans toute la Sénégambie.

Il se plait à la lisière des grands bois; son nid, grossièrement fait de buchettes et d'herbes sèches, contient cinq œufs de forme largement ovoïde, d'un bleu pâle, couverts de taches nuageuses rougeâtres plus abondantes au gros bout, leur axe mesure 0,024mm sur un diamètre de 0, 018mm (Pl. XXIX, fig. 12).

299. LANIARIUS SULFUREOPECTUS Less.

Laniarius sulfureopectus Less., Trait. Orn., p. 373.
Malaconotus chrysogaster Swain., Birds W. Afr., I, p. 244.
— *similis* A. Smith, Illust. S. Afr. Zool., pl. XLVI.

N'Dikondo. — Assez commun. — Leybar, Thiouk, Diouk, Gadieba, N'Diago, Sebicoutane, Kaarta, Gambie, Mélacorée, Casamence.

L'aire d'habitat du *Laniarius sulfureopectus* s'étend sur tout le continent Africain, il parait plus rare dans les régions Nord et Est.

300. LANIARIUS SUPERCILIOSUS Hartl.

Laniarius superciliosus Hartl., Orn. W. Afr., p. 108.
Malaconotus superciliosus Swain., Birds W. Afr., I, p. 239.

N'Dikondo. — Peu commun. — Gambie, Casamence, Mélacorée, Daranka, Bathurst, Diatacouda.

J. Verreaux et avec lui plusieurs Ornithologistes considèrent cette espèce comme identique à la précédente. Nous nous sommes assuré que les différences de plumage assez tranchées du reste, telles que la raie située au-dessus des yeux, blanche au lieu d'être jaune, l'absence de jaune à la région frontale, le manque de tache orange à la poitrine, enfin la taille plus forte, ne sont, en aucune façon, des caractères d'âge ou de sexe, et suffisent pour distinguer le *Laniarius superciliosus* du *Laniarius sulfureopectus*.

Ajoutons que, tandis que le dernier habite toute la Sénégambie, le *Laniarius superciliosus* est localisé dans les régions arrosées par la Gambie et la Casamence.

301. LANIARIUS MULTICOLOR Hartl

Laniarius multicolor Gray, Gen. of Birds, pl. LXXII.
— Hartl., Orn. W. Afr., p. 108.
— Cass., Pr. Ac. N. Sc. P. Philad., 1855, p. 439.

Nous ne connaissons pas cette espèce citée par Hartlaub (*loc. cit.*) comme provenant de la Gambie et de Sierra-Leone, et nous l'inscrivons sur la foi de l'auteur.

302. LANIARIUS CRUENTUS Hartl.

Laniarius cruentus Hartl., Orn. W. Afr., p. 109.
Vanga cruenta Less., Cent. Zool., p. 65.
Harcolestes hypopyrrhus C. Bp., in J. Verr. Rev. et Mag. de Zool., 1855, p. 419.

Diokat. — Assez commun. — Gambie, Casamence, Mélacorée, Daranka, Sedhiou, Bathurst, Zekinkior.

Jusqu'ici, le Gabon a été assigné comme centre d'habitat de cette espèce; assez commune dans la basse Sénégambie, elle y est sédentaire comme au Gabon; nous avons pu vérifier l'exactitude des renseignements fournis sur cet Oiseau par J. Verreaux (*loc. cit.*); seulement, le voyageur des frères Verreaux les a induits en erreur, lorsqu'il dit qu'il n'existe aucune différence entre le mâle et la femelle; chez celle-ci, les couleurs sont plus pâles, toutes les parties inférieures ont une teinte d'un jaune terne, il n'existe aucune trace de la splendide coloration rouge orangé dont la poitrine du mâle est ornée.

La richesse du plumage de cet Oiseau le fait rechercher comme Oiseau de parure.

303. LANIARIUS PELI C. Bp.

Laniarius Peli C. Bp., Consp. Av., I, p. 360.
— Hartl., Orn. W. Afr., p. 109.
Lanius chloris Valenc., Dict. Sc. Nat., t. 40, p. 226.
— Pucher., Arch. Mus., t. VII, p. 325.

Diokat. — Peu commun. — Denidak, Douzar, Diaoundoun, Kounakeri.

Cette espèce du Gabon, de la rivière Saint-Paul, du Rio-Boutry, etc., est sédentaire dans la région Ouest de la Sénégambie, où nous l'avons tuée.

304. LANIARIUS ICTERUS Cuv.

Laniarius icterus Cuv., R. An., I, p. 352.
— Hartl., Orn. W. Afr., p. 110.
Lanius olivaceus Vieill., Encycl. Méth., p. 730.
Malaconotus olivaceus Swain., Birds W. Afr., I, p. 237, pl. XXII.
Le Blanchot Levaill., Ois. Afr., pl. CLXXXV.

Diokat. — Commun. — Kita, Bakel, limites du Kaarta, Thionk, M'Bao, Zekinkior, Bathurst, Albreda.

Gen. DRYOSCOPUS Boie.

305. DRYOSCOPUS GAMBENSIS Boie.

Dryoscopus Gambensis Hartl., Orn. W. Afr., p. 110.
Lanius Gambensis Licht., Verz. Doubl., p. 48.
Malaconotus mollissimus Swain., Birds W. Afr., I, p. 240, pl. XXIII.

Kasshajh. — Commun. — Maina, Bonkarié, Kouguel, Bandoubé, Leybar, Thiouk, N'Diago, Sebicoutane, Wagran, Mélacorée, Ghimberhing, Maloumb.

Le *Drioscopus Gambensis*, commun en Sénégambie, se montre sur tout le continent; il possède ainsi une aire d'habitat des plus vastes.

Gen. TELEPHONUS Swain.

306. TELEPHONUS SENEGALUS Strickl.

Telephonus Senegalus Strickl., Ann. and Mag. N. H., VII, p. 30.
Lanius Senegalus Lin., Syst. Nat., I, p. 137.
Telephonus erythropterus Hartl., Orn. W. Afr., p. 105.

Kassiba. — Commun. — Kita, Bakel, Kouguel, Sorres, Leybar, M'Bao, Rufisque, Albreda, Zekinkior.

307. TELEPHONUS TRIVIRGATUS A. Smith.

Telephonus trivirgatus A. Smith., Illust. S. Afr. Zool., t. XCIV.
— Hartl., Orn. W. Afr., p. 105.
Malaconotus australis Smith., Rep. Exp., p. 44.

Kassiba. — Assez commun. — Mêmes localités que l'espèce précédente.

Comme le *Drioscopus Gambensis*, ces deux *Telephonus* ont été observés dans toutes les régions Africaines aujourd'hui connues.

Ils se tiennent sur la lisière des grands bois, dont ils ne s'écartent jamais, et se nourrissent habituellement d'Insectes; l'estomac de ceux que nous avons préparés, contenait des débris de Coléoptères.

Gen. CORVINELLA Less

308. CORVINELLA CORVINA Less.

Corvinella corvina Less., Trait. Orn., p. 372
Lanius corvinus Shaw, Gen. Zool., VII, p. 337.

Bajh. — Assez commun. — Kita, Bakel, Médine, Gangaran, Dinoundoun, Douzar, Mélacorée, Daranka, Sedhiou.

Gen. NILAUS Swain.

309. NILAUS BRUBRU Strickl.

Nilaus brubru Strickl., Ann. and Mag. H. N., VIII, p. 30.
— Hartl., Orn. W. Afr., p. 106.
Lanius brubru Lath., Ind. Orn., Supp., pl. XX.
Le Brubru Levaill., Ois. Afr., pl. LXXI, f. 1, 2.

Nafajka. — Assez commun. — Saldé, Médine, Bakel, Gadieba, Gandiole, M'Bao, Zekinkior, Albreda, Bathurst.

M. Barboza du Bocage (*Orn. Ang.*, p. 220) semble considérer comme exceptionnelle la présence du *Nilaus Brubru* en Sénégambie. « MM. Finsh et Hartlaub, dit-il, citent un individu du Sénégal appartenant au musée de Berlin et un autre de Casamence déposé au musée de Brehme ». L'espèce est fréquente en Sénégambie, et son aire d'habitat paraît considérable, puisque, indépendamment de cette région, elle a été observée à Angola, au Damara, au Cap et en Abyssinie.

310. NILAUS EDWARDSI Rochbr.

Pl. XVII, fig. 1, 2.

Nilaus Edwardsi Rochbr., Bull. Soc. Phil., 2 août 1883.

N. — VERTICE NIGRO CINERASCENTE; MARGINE FRONTALI ET SUPERCILIIS, SORDIDE ALBIS; REGIO PAROTICA ALBA; COLLO POSTICO ET DORSO ARDOSIACEIS, ALBOVARIIS; FLEXO NIGRO, FASCIA ALÆ ELONGATA, CINEREO ALBA; REMIGIBUS PALLIDE CASTANEIS, ALBO MARGINATIS; RECTRICIBUS NIGRIS, LATERALIBUS EXTUS ALBIDIS; UROPYGIO, COLLO, PECTORE, ABDOMINE ET CRISSO, ALBIS; HYPOCHONDRIIS CINAMOMEO TINCTIS; ROSTRO PEDIBUSQUE PLUMBEO NIGRIS; IRIDE FUSCO.

FÆMINA UBI MAS ARDOSIACEUS, CINEREO FUSCA; REGIO PAROTICA FERRUGINEA, TÆNIA PER COLLUM, PECTUS, HYPOCHONDRIISQUE LATA, CASTANEA, LONGITUDINALITER DISPOSITA.

Adulte ♂. — Dessus de la tête d'un noir ardoisé, front d'un blanc sale, une large bande sus-oculaire de même couleur; région parotidienne blanche; cou, dos, également blancs, teintés de gris; une large tache blanche sur la partie externe de l'aile; rémiges d'un marron pâle, les latérales bordées de blanc; tectrices noires; croupion, cou, poitrine, ventre d'un blanc lavé de gris; côtés de la poitrine d'une teinte cannelle claire; bec et pieds noirâtres plombés, iris brun.

Adulte ♀. — La femelle, de même taille que le mâle, en diffère par une teinte d'un brun très clair sur toutes les régions supérieures blanches chez le mâle; par la région parotidienne fauve, l'étroitesse de la bande sus-oculaire et par une bande marron, partant de l'angle du bec et se terminant à la partie inférieure des flancs, après s'être infléchie en dessous de la gorge; le bec est un peu plus foncé et moins crochu; les pieds sont de même couleur ainsi que l'iris.

Les jeunes présentent la même livrée que les femelles.

Longueur totale	150	millimètres.
— de l'aile	87	—
— de la queue	53	—
— du bec	14	—
— du tarse	24	—
— du doigt médian	11	—

Nafajka. — Assez commun. — Kita, Bakel, Deny-Dack, Sebicoutane, Douzar, forêts de Maina et de Bandoubé.

Voisine du *Nilaus brubru*, l'espèce, que nous proposons, en diffère : par des dimensions bien plus considérables, par les teintes blanches et non pas noires des parties supérieures; par la large tache blanche de l'aile; par ses rémiges d'un brun marron, avec les latérales bordées de blanc, et non pas d'un fauve pâle, liserées de fauve plus clair; par les côtés de la poitrine ornés d'une bande de couleur cannelle, et non pas variés de marron; enfin par la couleur du bec et des pieds plombés, et non d'un noir pur.

Le *Nilaus Edwardsi* paraît, en outre, se localiser dans les contrées les plus rapprochées du haut fleuve, nous ne l'avons jamais observé dans les régions habitées par son congénère le *Nilaus brubru*.

Fam. LANIIDÆ Boie.

Gen. ENNEOCTONUS Boie.

311. ENNEOCTONUS COLLURIO Boie.

Enneoctonus collurio Boie, Okens., Isis, 1826, p. 973
Lanius collurio Lin., Syst. Nat., I, p. 136.
La Piegrièche écorcheur Buff., Pl. Enl., 31, f. 2.

N'Diokou. — Peu commun. — Saldé, Matam, Bakel, Rufisque, M'Bao.

N'ayant jamais rencontré cette espèce en Sénégambie, qu'à la fin de l'hivernage, tout nous porte à la considérer comme Oiseau de passage.

312. ENNEOCTONUS NUBICUS Cab.

Enneoctonus Nubicus Cab., Mus. Hein., I, p. 73.
Lanius Nubicus Licht., Doubl. Cat., p. 47.
— *personatus* Temm., Pl. Col., 256, f. 2.
Collurio Nubicus Hartl., Orn. W. Afr., p. 103.

Barajh. — Assez rare. — Mélacorée, Gambie, Casamence, Bathurst, Sedhiou, Zekinkior.

Gen. LANIUS Lin.

313. LANIUS RUFUS Briss.

Lanius rufus Briss., Orn., II, p. 147.
— — Hartl., Orn. W. Afr., p. 102.
— *collurio* var. *rufus* Gm., S. N., I, p. 300.

Barajh. — Rare. — Kita, Bakel, Saldé, Matam, Bafoulabé, Sorres, M'Bao, Zekinkior.

L'Europe, l'Asie et l'Afrique sont indiquées comme la patrie de cet Oiseau. Comme pour l'*Enneoctonus collurio*, nous ne le croyons pas sédentaire en Sénégambie, ne l'ayant observé qu'après l'hivernage.

314. LANIUS RUTILANS Temm.

Lanius rutilans Temm., Man. Orn., III, p. 601.
— — Hartl., Orn. W. Afr., p. 103.
— *superciliosus* Licht., Doubl. Cat., p. 47.
La Piegrièche rousse du Sénégal Buff., Pl. Enl., 477, f. 2.

Barajh. — Assez commun. — Kita, Maina, Boukarié, Bathurst, Zekinkior.

Voisin du *Lanius rufus*, le *Lanius rutilans*, que plusieurs Ornithologistes lui réunissent, en diffère cependant d'une manière assez notable, et mérite d'autant plus d'en être séparé, que, indépendamment de sa taille plus forte, de la coloration moins intense de la bordure blanche des tectrices et des scapulaires, de la teinte rousse de la tête, beaucoup plus étendue et plus brillante, etc., c'est une espèce sédentaire, tandis que sa congénère est de passage, comme nous l'avons précédemment établi.

Fam. PRIONOPIDÆ C. Bp.

Gen. EUROCEPHALUS Smith.

315. EUROCEPHALUS RÜPPELII C. Bp.

Eurocephalus Rüppelii C. Bp., Rev. et Mag. de Zool., 1853, p. 440.
— Sharpe, Cat. B. Brit. Mus., III, p. 280.

Rare. — Kita, Fouta-Kouro, Bandoubé, Banionkadougou, Taalari.

Cette espèce Abyssinienne visite la haute Sénégambie, d'où M. le Dr Colin l'a rapportée.

Gen. PRIONOPS Vieill.

316. PRIONOPS PLUMATUS Swain.

Prionops plumatus Swain., Birds W. Afr., I, p. 246, pl. XXVI
Lanius plumatus Shaw, Gen. Zool., VII, pt. II, p. 292.
Le Geoffroy Levaill., Ois. Afr., pl. LXXX-LXXXI.

Tholou. — Commun. — Bakel, Kita, Thionk, Leybar, Sorres, Deine, Ponte, M'Bao, Zekinkior, Albreda, Sedhiou, Mélacorée.

Le *Prionops plumatus* est recherché comme Oiseau de parure.

Gen. BRADYORNIS Smith.

317. BRADYORNIS SENEGALENSIS Hartl.

Bradyornis Senegalensis Hartl., J. f. Orn., 1859, p. 325.
Sigelus Senegalensis Hartl., Orn. W. Afr., p. 112.

Assez rare. — Leybar, Thionk, M'Bao, Ponte, Hann, Kita, Bakel.

Gen. MALÆORNIS Gray.

318. MALÆORNIS EDOLIOIDES Gray.

Malæornis edolioides Gray, List. Gen. Birds, 1840, p. 30.
— Hartl., Orn. W. Afr., p. 102.
Melasoma edolioides Swain., Birds W. Afr., I, p. 257, pl. XXIX.

Dakagol. — Assez commun. — Gambie, Casamence, Albreda, Zekinkior, Sedhiou, Bathurst, Daranka, Mélacorée.

Fam. MUSCICAPIDÆ Vig.

Gen. MUSCICAPA Lin.

319. MUSCICAPA GRISOLA Lin.

Muscicapa grisola Lin., Syst. Nat., I, p. 328.
— Hartl., Orn. W. Afr., p. 97.
Butalis grisola Boie, Isis, 1826, p. 973.

N'Tyina. — Peu commun. — Leybar, Thionk, Maringouins, Almadies, Portendik, Cap Mirik, Aleb, M'Bao, Hann, Zekinkior, Albreda.

Cette espèce Européenne est de passage en Sénégambie; on l'observe plus fréquemment sur la limite Saharienne, que dans les régions Est et Sud.

320. MUSCICAPA AQUATICA Heugl.

Muscicapa aquatica Heugl., J. f. Orn., 1864, p. 256.
— Sharpe, Cat. B. Brit. Mus., IV, p. 154.

Nous ne connaissons pas cette espèce, que nous donnons, d'après M. Sharpe (*loc. cit.*), comme provenant de la Gambie.

321. MUSCICAPA ATRICAPILLA Lin.

Muscicapa atricapilla Lin., Syst. Nat., I, p. 326.
— — Sharpe, Cat. B. Brit. Mus., IV, p. 157.
— *picata* Hartl., Orn. W. Afr., p. 97.

N'Tyina. — Assez rare. — Thionk, Leybar, Bafoulabé, Gandiole, M'Bao, Hann, Albreda, Zekinkior.

Le *Muscicapa atricapilla* est seulement de passage en Sénégambie.

Gen. HYLIOTA Swain.

322. HYLIOTA FLAVIGASTRA Swain.

Hyliota flavigastra Swain., Class. B., II, p. 260.
— Hartl., Orn. W. Afr., p. 97.
Muscicapa flavigastra Gray, Hand. l. B., I, p. 323.

N'Tyina. — Assez commun. — Thionk, Sorres, Leybar, Gandiole, M'Bao, Bathurst, Albreda.

Gen. ARTOMYAS J. et E. Verr.

323. ARTOMYAS FULIGINOSA J. et E. Verr.

Artomyas fuliginosa J. et E. Verr., J. f. Orn., 1855, p. 105.
— Hartl., Orn. W. Afr., p. 93.
Muscicapa infuscata Hartl., Orn. W. Afr., p. 69.

Dagakol. — Rare. — Gambie, Casamence, Albreda, Bathurst, Mélacorée.

Cette espèce, considérée comme spéciale au Gabon, se rencontre dans la basse Sénégambie; un exemplaire provenant de Bathurst nous a été donné par notre affectueux confrère M. le Dr L. Savatier.

Fam. MYAGRIDÆ Boie.

Gen. BATIS Boie.

394. BATIS SENEGALENSIS Sharpe.

Batis Senegalensis Sharpe, Ibis, 1873, p. 173.
Muscicapa Senegalensis Lin., Syst. Nat., I, p. 327.
Platystira Senegalensis Hartl., Orn. W. Afr., p. 93.

Kongajh. — Commun. — Bakel, Kita, Saldé, Dagana, Portendik, Thionk, Leybar, M'Bao, Hann, Ponte, Gambie, Albreda, Zekinkior, Mélacorée.

395. BATIS ORIENTALIS Sharpe.

Batis orientalis Sharpe, Ibis, 1873, p. 165.
Platystira orientalis Heugl., Orn. Nordost Afr., I, p. 449.
— *affinis* Finsh, Trans. Z. S. of Lond., VII, p. 315.

Kongajh. — Rare. — Kita, Bakel, Fouta, Taalari, Boukarié.

La découverte de cette espèce Abyssinienne, en Sénégambie, est due à M. le Dr Colin.

Gen. PLATYSTIRA Jard.

396. PLATYSTIRA CYANEA Gray.

Platystira cyanea Gray, Hand. l. B., I, p. 329.
— *lobata* Swain., Birds W. Afr., II, p. 40.
Muscicapa cyanea P. L. S. Müller, S. N., Supp., p. 170.
Platystira melanoptera Hartl., Orn. W. Afr., p. 93.

Blijh. — Commun. — Gambie, Casamence, Zekinkior, Albreda, Bathurst, Mélacorée; très rare en remontant la région Nord-Ouest, notamment à M'Bao et Hann, où nous en avons tué deux spécimens.

Gen. TERPSIPHONE Glog.

297. TERPSIPHONE CRISTATA Sharpe.

Terpsiphone cristata Sharpe, Cat. B. Brit. Mus., IV, p. 354.
Muscicapa cristata Gm., S. N., I, p. 938.
Tchitrea cristata Hartl., Orn. W. Afr., p. 89.
Le Gobe-mouche huppé du Sénégal Buff., Pl. Enl., 573.

Gawou Blüh. — Commun. — Bakel, Saldé, Thionk, Leybar, Gandiole, M'Bao.

298. TERPSIPHONE MELANOGASTRA Cab.

Terpsiphone melanogastra Cab., Mus. Hein., Th. I, p. 53.
— Hartl., Orn. W. Afr., p. 90.

Gawou Blüh. — Assez commun. — Mêmes localités que l'espèce précédente, et de plus la Gambie et la Casamence : Albreda, Bathurst, Zekinkior.

299. TERPSIPHONE SENEGALENSIS Rchbr.

Terpsiphone Senegalensis Rochbr., N. Ms.
Tchitrea Senegalensis Hartl., Orn. W. Afr., p. 91.
Muscipeta Senegalensis Less., Ann. Sc. Nat., IX, p. 173 (non Sharpe).

Gawan Blüh. — Commun. — Thionk, Leybar, Diouk, M'Bao, Hann, Gandiole, Rufisque.

Il ne nous paraît pas admissible d'accepter la manière de voir de M. Sharpe, qui inscrit l'espèce de Lesson et bon nombre d'autres en synonymie du *Terpsiphone cristata* (*loc. cit.*, p. 354), sous prétexte que les variations dans le plumage sont considérables; en tenant compte de ces variations, beaucoup moins tranchées que ne le dit l'Ornithologiste Anglais, on trouve néanmoins des caractères différentiels suffisants pour séparer les espèces, caractères d'une valeur bien supérieure à ceux souvent invoqués par M. Sharpe, quand il s'agit de ses espèces.

330. TERPSIPHONE NIGRICEPS Sharpe.

Terpsiphone nigriceps Sharpe, P. Z. S. of Lond., 1874, p. 300.
Tchitrea nigriceps Hartl., Orn. W. Afr., p. 91.

Gawan Blüh. — Peu commun. — Kita. Portendik, Thiouk, Leybar, Diouk, Albreda, Bathurst, Zekinkior.

331. TERPSIPHONE RUFIVENTRIS Sharpe.

Terpsiphone rufiventris Sharpe, Cat. B. Brit. Mus., IV, p. 360.
Tchitrea rufiventris Hartl., Orn. W. Afr., p. 90.
Muscipeta Casamansæ Less., Ann. Sc. Nat., IX, p. 173.
— *rufiventris* Swain., Birds W. Afr., II, p. 53, pl. IV.

Gawan. — Peu commun. — Albreda, Bathurst, Sedhiou, Daranka, Mélacorée.

Gen. ELMINIA C. Bp.

332. ELMINIA LONGICAUDA C. Bp.

Elminia longicauda C. Bp., C. R., XXVIII, p. 652.
— Hartl., Orn. W. Afr., p. 93.
Myagra longicauda Swain., Monog. Flyc., p. 210, pl. XXV.
Muscipeta cærulea Hartl., J. f. Orn., 1854, p. 25.

Hillama. — Assez rare. — Gambie, Casamence, Daranka, Sedhiou.

333. ELMINIA TERESITA Antin.

Elminia teresita Antin., Cat. Desc. Ucc., p. 50.
— *minor* B. du Boc., Journ. Lisb., 1877, p. 18.
— *longicauda minor* Heugl., Orn. Nordost Afr., I, p. 446, pl. XV.

Hillama. — Rare. — Kita, Bakel, Fouta-Kouro, Bandoubé.

Cette espèce Abyssinienne, très voisine mais bien distincte de l'*Elminia longicauda*, habite les forêts du haut Sénégal, où M. le Dr Colin en a tué des individus à différentes reprises. Elle paraît sédentaire dans ces parages.

Fam. HIRUNDINIDÆ Vig.

Gen. CHELIDON Boie.

334. CHELIDON URBICA Boie.

Chelidon urbica Boie, Isis, 1822, p. 550.
— Sharpe, P. Z. S. of Lond., 1870, p. 292.
Hirundo urbica Lin., Syst. Nat., I, 344.
— Buff., Pl. Enl., 542, f. 2.
— de Rochebrune (Père), Obs. sur les Hir., 1866.

N'Jargaigne. — Assez commun. — Podor, Rufisque, Joalles, Serres, Saint-Louis, Pointe de Barbarie, Albreda, Sainte-Marie.

Le *Chelidon urbica* est de passage en Sénégambie; Adanson indique son arrivée au mois d'Octobre; nous avons pu vérifier par nous-même l'exactitude de ce fait, déjà signalé par mon Père (*loc. cit.*).

Gen. COTYLE Boie.

335. COTYLE AMBROSIACA A. M. Edw.

Cotyle ambrosiaca A. M. Edw., H. Nat. Madag., I, p. 189.
Hirundo ambrosiaca Gm., S. N., I, p. 1021.
— *riparia Senegalensis* Briss., Orn., II, p. 508, pl. XLV.

N'Jargaigne. — Peu commun. — Kita, Bakel, Saldé, Portendik, les deux Mamelles, Joalles, M'Bao, Haun, Ponte.

Nous donnons ici la synonymie de cette espèce telle qu'elle

doit être rétablie, d'après M. le Professeur A. Milne Edwards (*loc. cit.*). Confondue avec le *Cypselus parvus* par tous les auteurs, elle n'est pas mentionnée dans la monographie des Hirundinidæ Africaines de M. Sharpe (*P. Z. S. of Lond.*, 1870, p. 286 à 391).

336. COTYLE RUPESTRIS Heugl.

Cotyle rupestris Heugl., Orn. Nordost Afr., n° 122.

N'Jarguigne. — Rare. — Mêmes localités que l'espèce précédente.

Deux exemplaires, mâle et femelle, de cette espèce Abyssinienne nous ont été donnés par M. le Dr Colin.

Gen. WALDENIA Sharpe.

337. WALDENIA NIGRITA Sharpe.

Waldenia nigrita Sharpe, P. Z. S. of Lond., 1870, p. 303.
Hirundo nigrita Gray, Gen. of B., pl. XX.
— Hartl., Orn. W. Afr., p. 25.

N'Jarguigne. — Assez rare. — Kita, Bakel, bords de la Falémé, du Bakoy, du Bafing, Fouta-Kouro, intérieur du Gangaran.

Cette espèce du Gabon, du Calabar, etc., a été aussi observée sur les bords du Niger, non loin des stations où nous l'indiquons.

Gen. HIRUNDO Lin.

338. HIRUNDO RUSTICA Lin.

Hirundo rustica Lin., Syst. Nat., I, p. 343.
— Hartl., Orn. W. Afr., p. 26.
— Sharpe, P. Z. S. of Lond., 1870, p. 304.
— de Rochebrune (Père), Obs. sur les Hir., 1860.

N'Jarguigne. — Assez commun. — Toute la Sénégambie où l'espèce est de passage.

339. HIRUNDO LUCIDA J. Verr.

Hirundo lucida J. Verr., J. f. Orn., 1858, p. 42.
— Sharpe, P. Z. S. of Lond., 1870, p. 308.

N'Jargaigne. — Rare — Gambie, Casamence, Mélacorée, Sedhiou, Bathurst.

340. HIRUNDO LEUCOSOMA Swain.

Hirundo leucosoma Swain., Birds W. Afr., II, p. 74.
— Hartl., Orn. W. Afr., p. 27.
— Sharpe, P. Z. S. of Lond., 1870, p. 309.

N'Jargaigne. — Rare. — Gambie, Casamence, Mélacorée, Zekinkior, Daranka.

Découverte au Gabon par J. Verreaux, l'*Hirundo leucosoma* a été également trouvée en Casamence par cet Ornithologiste.

341. HIRUNDO FILIFERA Steph.

Hirundo filifera Steph., Gen. Zool., X, p. 78.
Cecropis filicauda Rüpp., Syst. Ueber., p. 22.
Hirundo Smithii Hartl., Orn. W. Afr., p. 26.

N'Jargaigne. — Assez commun. — Albreda, Zekinkior, Sainte-Marie, Sedhiou, Mélacorée.

L'aire d'extension de cet Oiseau est assez vaste; M. Sharpe (*P. Z. S. of Lond.*, 1870, p. 313) le cite non seulement de la basse Sénégambie, mais aussi du Zambèze, du Benguéla, du Kordofan, du Dongola et de l'Abyssinie.

342. HIRUNDO MELANOCRISSA Gray.

Hirundo melanocrissa Gray, Hand. l. B., I, p. 69 (non Hartl.).
Cecropis melanocrissus Rüpp., Syst. Ueber., p. 22.

N'Jargaigne. — Rare. — Kita, Bakel, Fouta-Koro, Gangaran, Bakoy, Bafing.

Cette espèce, dit M. Sharpe (*P. Z. S. of Lond.*, 1870, p. 315), paraît être localisée dans le Nord-Est de l'Afrique, et surtout en Abyssinie. Elle habite également la haute Sénégambie ; les exemplaires communiqués par M. le Dr Colin ne nous laissent aucun doute à ce sujet.

343. HIRUNDO DOMICELLA Finsch et Hartl.

Hirundo domicella Finsch et Hartl., Orn. Ost Afr., I, p. 143.
— *melanocrissa* Hartl., Orn. W. Afr., p. 27.

N'Jargaigne. — Peu commun. — Gambie, Casamence, Mélacorée, Zekinkior, Sedhiou, Bathurst.

344. HIRUNDO SENEGALENSIS Lin.

Hirundo Senegalensis Lin., Syst. Nat., I, p. 345.
— Hartl., Orn. W. Afr., p. 27.
Hirondelle à ventre roux du Sénégal Buff., Pl. Enl., 310.

N'Jargaigne. — Commun. — Saldé, Dagana, Podor, Thionk, Sorres, M'Bao, Ponte, Albreda, Bathurst.

345. HIRUNDO GORDONI Jard.

Hirundo Gordoni Jard., Contr. Orn., 1849, p. 141.
— Hartl., Orn. W. Afr., p. 27.

N'Jargaigne. — Rare. — Gambie, Casamence, Mélacorée, Zekinkior, Sedhiou, Sainte-Marie, Albreda.

Du Gabon, des Aschanties, de l'Ogooué, etc., cette espèce est également citée par M. Sharpe (*P. Z. S. of Lond.*, 1870, p. 317) comme habitant la Gambie.

346. HIRUNDO ABYSSINICA Guér.

Hirundo Abyssinica Guér., Rev. Zool., 1843, p. 322.
— — Hartl., Orn. W. Afr., p. 28.
— *puella* Sharpe, P. Z. S. of Lond., 1870, p. 310.
— *striolata* Gray, Cat. Fiss. Brit. Mus., p. 23.
Cecropis striolata Rüpp., Syst. Uebor., p. 18, t. 6.

N'Jarguigne. — Assez fréquent. — Kita, Bakel, Dagana, Podor, Fouta-Kouro, Kouguel, Arondou, Makana.

Les exemplaires de l'*Hirundo Abyssinica*, que nous possédons de la haute Sénégambie, ne diffèrent sous aucun rapport de ceux d'Abyssinie, dont le type a été publié et figuré par Rüppel (*loc. cit.*); indépendamment de la région Est de l'Afrique, cette espèce est indiquée dans le pays des Aschanties et au Rio-Boutry.

Fam. NECTARINIIDÆ Illig.

Gen. HEDYDIPNA Cab.

347. HEDYDIPNA METALLICA Cab.

Hedydipna metallica Cab., Mus. Hein., I, p. 101.
— Shelly, Monogr. Cinnyr. (1).
Nectarinia metallica Licht., Very. Doubl., p. 15.

Marameïaisselaisse (2). — Peu commun. — Kita, Bakel, Maina, Bandoubé, Fouta-Kourou.

(1) M. Shelly, de même que la plupart des Ornithologistes Anglais, auteurs de monographies, ayant la singulière habitude de ne jamais paginer ni leur texte, ni leurs planches, nous nous voyons forcé de citer seulement son ouvrage, sans renvoyer à ce texte ni à ces planches.

(2) Le mot *Marameïaisselaisse*, servant à désigner presque toutes les

Selon M. Shelly (*loc. cit.*), cet Oiseau serait confiné (*confined*) au Nord-Est de l'Afrique, dans les vallées de l'Abyssinie et dans le Sud de la Nubie, où il habite durant toute l'année; voyageant quelquefois, mais surtout au Nord du continent Africain.

Ce serait sans doute dans ses migrations, qu'il visiterait les régions Nord-Est de la Sénégambie. Ces voyages réguliers nous semblent très hypothétiques, car les exemplaires étudiés et les observations faites sur place démontrent que l'espèce est sédentaire, du moins dans le haut Sénégal.

On ne peut invoquer contre cette donnée, la supposition que peut-être l'*Hedydipna metallica* a pu être confondu avec son congénère que nous allons examiner, l'*Hedydipna platura*; car malgré des points de ressemblance assez tranchés, l'un et l'autre sont parfaitement faciles à distinguer; et, en outre, le dernier n'habite pas les mêmes parages. Nous avons tué les deux espèces; nos affectueux correspondants, MM. les Drs Savatier et Colin notamment, nous ont fourni sur ces Oiseaux de précieux renseignements; il est, par conséquent, hors de doute que l'espèce Abyssinienne doit être inscrite au nombre des Oiseaux Sénégambiens.

348. HEDYDIPNA PLATURA Reich.

Hedydipna platura Reich., Handb. Scans., p. 299.
— Shelly, Monogr. Cinnyr.
Nectarinia platura Drap., Dict. Class. H. N., XV, p. 511.
— Hartl., Orn. W. Afr., p. 53.
Le Sucrier figuier Levaill., Ois. Afr., VI, p. 157, pl. CCXCIII.

Assez commun. — Joalles, M'Bao, Thiouk, Diouk, Gandiole, Mélacorée, Bathurst, Zekinkior.

---

espèces de la famille des *Nectariniidæ*, nous ne le répèterons pas à chacune des espèces; nous observons également une fois pour toutes que ces Oiseaux sont recherchés comme Oiseaux de parure, et entrent, pour une large part, dans le commerce des peaux préparées, soit par les indigènes, soit directement par les commerçants Européens.

Gen. NECTARINIA Illig.

349. NECTARINIA PULCHELLA Jard.

Nectarinia pulchella Jard., Monogr. Sund. B., p. 207, pl. XVIII.
— Shelly, Monogr. Cinnyr.
Certhia pulchella Lin., Syst. Nat., I, p. 187.
Cinnyris caudatus Vieill., N. Dict. H. N., XXXI, p. 503.
Le Grimpereau à longue queue du Sénégal Briss., Orn., III, p. 645.

Commun. — Thionk, Leybar, Dionk, M'Bao, Ponto, Hann; Casamence, Gambie, Sedhiou, Zekinkior, Mélacorée; plus rare dans la haute Sénégambie, Richard-Toll, Faf, N'Bilor, Damarkour.

350. NECTARINIA CUPREONITENS Shelly.

Nectarinia cupreonitens Shelly, Monogr. Cinnyr.
— *famosa* Rüpp., Neue Wirb. Vög., p. 90 (non Illig.).
Souimanga à longue queue Lefeb., Voy. Abyss., p. 88.

Peu commun. — Kita, Bakel, Mainn, Boukarié, Albreda, Bathurst, Sedhiou, Mélacorée.

Cette espèce, plus spécialement propre à l'Abyssinie, d'après M. Shelly, est citée par le même auteur comme existant en Casamence; les localités où nous l'indiquons confirment cette indication, et donnent au *Nectarinia cupreonitens*, une aire d'habitat plus étendue qu'on ne le supposait jusqu'ici.

Gen. CINNYRIS Cuv.

351. CINNYRIS SUPERBUS Cuv.

Cinnyris superbus Cuv., R. An., I, p. 412.
— — Shelly, Monogr. Cinnyr.
— *sanguineus* Less., Trait. Orn., p. 296.
Nectarinia superba Hartl., Orn. W. Afr., p. 45.

Assez rare. — Leybar, Thionk, Diouk, Ponte, M'Bao, Joalles, Rufisque, Dakar.

352. CINNYRIS SPLENDIDUS Cuv.

Cinnyris splendidus Cuv., R. An., I, p. 412.
— Shelly, Monogr. Cinnyr.
Nectarinia splendida Hartl., Orn. W. Afr., p. 46.
Le Sucrier éblouissant Levaill., Ois. Afr., VI, p. 103, pl. CCXCV, f. 1.

Commun. — Kita, Saldé, Thionk, Dakar-Bango, Zekinkior, Sedhiou, Bathurst.

353. CINNYRIS VENUSTUS Cuv.

Pl. XVIII, fig. 1.

Cinnyris venustus Cuv., R. An., I, p. 412.
— Shelly, Monogr. Cinnyr.
Nectarinia venusta Hartl., Orn. W. Afr., p. 48.
Cinnyris affinis Rüpp., Neue Wirb. Vög., p. 87, pl. XXXI.
— Shelly, Monogr. Cinnyr.
Nectarinia affinis Heugl., Orn. Nordost Afr., p. 232.

Assez rare. — Kita, Bakel, Makana, Kouguel, Maina, Zekinkior, Sedhiou, Bathurst.

Les différences, invoquées par M. Shelly pour légitimer la séparation des *Cinnyris venustus* et *affinis*, sont tellement faibles, qu'il n'y a pas lieu d'en tenir compte ; la comparaison d'un certain nombre d'individus fait, en effet, ressortir les liens qui les unissent et démontre que les légères variations de plumage dépendent uniquement de l'âge des sujets.

M. Shelly localise, en outre, le *Cinnyris affinis* dans le Nord-Est de l'Afrique, et donne pour habitat au *Cinnyris venustus* toute la région comprise entre le Sénégal et le Gabon. Cette manière de voir est également inadmissible, car les *deux variations*, si l'on peut s'exprimer ainsi, habitent l'une et l'autre les parages Sénégambiens où nous les indiquons.

Le mâle adulte du *Cinnyris venustus*, que nous figurons, est dans son plumage d'amour et diffère, sous certains rapports, des types représentés sur la planche de M. Shelly; ces différences ne doivent être attribuées qu'à l'âge du sujet, ainsi qu'à la saison où il a été capturé.

Le nid de cette espèce (Pl. XVIII, fig. 2) est construit sur le même plan que celui de tous les Cinnyris en général; il est composé de feuilles sèches, de plumes, et suspendu aux branches des grands arbres; il présente au centre une entrée circulaire; au fond sont déposés de trois à quatre œufs d'un blanc rougeâtre, piquetés de rouge orangé, quelquefois tachetés de même couleur au gros bout; leur axe mesure 0,015mm sur 0,010mm de diamètre (Pl. XVIII, fig. 3).

354. CINNYRIS CHLOROPYGIUS C. Bp.

Cinnyris chloropygius C. Bp., Consp. Av., I, p. 407.
— Shelly, Monogr., Cinnyr.
Nectarinia chloropygia Hartl., Orn. W. Afr., p. 47.

Commun. — Bakel, Dagana, Saldé, Thionk, Leybar, Diouk, M'Bao, Hann, Zekinkior, Albreda, Mélacorée.

355. CINNYRIS SENEGALENSIS Cuv.

Cinnyris Senegalensis Cuv., R. An., I, p. 412.
— Shelly, Monogr. Cinnyr.
Nectarinia Senegalensis Hartl., Orn. W. Afr., p. 49.

Commun. — Mêmes localités que l'espèce précédente.

356. CINNYRIS FULIGINOSUS Cuv.

Cinnyris fuliginosus Cuv., R. An., I, p. 412.
— Shelly, Monogr. Cinnyr.
Nectarinia fuliginosa Hartl., Orn. W. Afr., p. 43.
— *aurea* Hartl., Orn. W. Afr., p. 44.

Commun. — Thionk, Leybar, Serres, Diouk, M'Bao, Hann, Zekinkior, Albreda.

357. CINNYRIS AMETHISTINUS Cuv.

Cinnyris amethistinus Cuv., R. An., I, p. 412.
— Shelly, Monogr. Cinnyr.
Nectarinia amethistina Hartl., Orn. W. Afr., p. 44.

Commun. — Leybar, Thionk, Dakar-Bango, Gandiole, tout le Oualo, Zekinkior, Bathurst.

Cette espèce est incontestablement Sénégambienne, malgré les renseignements fournis par M. Shelly, et d'après lesquels les régions Sud de l'Afrique seraient les seuls parages, où elle habiterait.

358. CINNYRIS ADELBERTI Gerv.

Cinnyris Adelberti Gerv., Mag. Zool., III, pl. XIX, 1834.
— Shelly, Monogr. Cinnyr.
Nectarinia Adelberti Hartl., Orn. W. Afr., p. 44.

Assez rare. — Kita, Saldé, Dagana, Thionk, Dakar-Bango.

Spécial au haut Sénégal, le *Cinnyris Adélberti* ne descend pas au delà de l'embouchure du fleuve, et bien qu'il soit indiqué, notamment dans le pays des Aschanties (*Shelly, loc. cit.*), nous ne l'avons ni vu ni reçu de la Casamence et de la Gambie.

359. CINNYRIS CUPREUS Less.

Cinnyris cupreus Less., Man. Orn., II, p. 47.
— — Shelly, Monogr. Cinnyr.
— *rubrofuscus* Cuv., R. An., I, p. 412.
— *nibarus* Vieill., N. Dict. H. N., XXI, p. 512.
— *tricolor* Vieill., N. Dict. H. N., XXI, p. 573.
Nectarinia cuprea Hartl., Orn. W. Afr., p. 48.

Commun. — Kita, Podor, Saldé, Portendik, Thionk, Leybar, Cayor, Oualo, Gambie, Casamence, Mélacorée.

360. CINNYRIS VERTICALIS Shelly.

Cinnyris verticalis Shelly, Monogr. Cinnyr.
Certhia verticalis Lath., Ind. Orn., I, p. 193.
Cinnyris cyanocephalus Cuv., R. An., I, p. 412.
— *chloronotus* Swain., Birds W. Afr., II, p. 136, pl. XVI.
Nectarinia verticalis Hartl., Orn. W. Afr., p. 50.
— *cyanocephala* Hartl., Orn. W. Afr., p. 49.

Commun. — Mêmes localités que l'espèce précédente.

361. CINNYRIS CYANOLÆMUS Sharpe et Bouv.

Cinnyris cyanolæmus Sharpe et Bouv., Bull. S. Z. France, I, p. 41.
— Shelly, Monogr. Cinnyr.
Nectarinia cyanolæma Jard., Contr. Orn., 1851, p. 154.
— Hartl., Orn. W. Afr., p. 51.

Rare. — Merinaghem, Deny-Dack, Douzar, Richard-Toll, N'Bilor, le Oualo, le Cayor, Galam.

Le *Cinnyris cyanolæmus* serait spécial, d'après les auteurs, à Angola et à la Côte-d'Or. Quoique rare, il existe dans l'intérieur de la Sénégambie, où il est sédentaire et où nous l'avons tué à trois reprises différentes.

Gen. ANTHREPTES Swain.

362. ANTHREPTES LONGUEMARII C. Bp.

Anthreptes Longuemarii C. Bp., Consp. Av., I, p. 409.
— Shelly, Monogr. Cinnyr.
— Hartl., Orn. W. Afr., p. 53.
Cinnyris Longuemarii Less., Bull. Soc. Nat., XXV, p. 242.
Anthreptes leucosoma Swain., Birds W. Afr., II, p. 146.

Ekombasani. — Commun. — Thionk, Leybar, Diouk, Dakar-Bango, Gandiole, Ponte, Hann, Joalles, Rufisque, Zekinkior, Albreda, Sedhiou

363. ANTHREPTES RECTIROSTRIS Shelly.

Anthreptes rectirostris Shelly, Monogr. Cinnyr.
Nectarinia rectirostris Jard., Monogr. Sund. B., p. 271.
— *Fantensis* Sharpe, Ibis, 1870, p. 52.
— *Gabonica* Sharpe, Cat. Afr. B., p. 41.

Assez rare. — Gambie, Casamence, Mélacorée, Bathurst, Sedhiou, Zekinkior.

364. ANTHREPTES HYPODILA Shelly.

Anthreptes hypodila Shelly, Monogr. Cinnyr.
Nectarinia hypodilus Jard., Contr. Orn., 1851, p. 153.
— — Hartl., Orn. W. Afr., p. 52
— *subcollaris* Hartl., Orn. W. Afr., p. 52.

Commun. — Gambie, Casamence, Sedhiou, Albreda, Bathurst.

Fam. ZOSTEROPIDÆ Vig.

Gen. ZOSTEROPS Vig.

365. ZOSTEROPS ABYSSINICA Guer.

Zosterops Abyssinica Guer., Rev. et Mag. de Zool., 1843, p. 162.
— Hartl., J. f. Orn., 1865, p. 9.
— Heugl., Orn. Nordost Afr., I, p. 413.

N'Diyke. — Rare. — Kita, Bakel, Bandoubé, Taalari, bords du Bakoy et du Bafing, Falémé, Bafoulabé, Banionkadougou, Gangaran.

Cette espèce Abyssinienne a été rapportée de la haute Sénégambie, par M. le Dr Colin.

366. ZOSTEROPS SENEGALENSIS C. Bp.

Zosterops Senegalensis C. Bp., Consp. Av., I, p. 399.
— — Hartl., Orn. W. Afr., p. 71.
— *flava* Swain., Birds W. Afr., II, p. 43, pl. III.
— *citrina* Hartl., Beitr. Orn. W. Afr., p. 22.

N'Diyko. — Peu commun. — Leybar, Thionk, Sorres, M'Bao, Hann, Ponte, Gandiole, Joalles, Casamence, Gambie, Mélacorée.

Fam. LAMPROTORNITHIDÆ C. Bp.

Gen. LAMPROTORNIS Temm.

367. LAMPROTORNIS ÆNEA Hartl.

Lamprotornis ænea Hartl., J. f. Orn., 1859, p. 9.
Turdus æneus Gm., S. N., I, p. 318.
Juida ænea Less., Trait. Orn., p. 407.
Merle à longue queue du Sénégal Buff., H. N., v. III, p. 369.
Le Vert-Doré Levaill., Ois. Afr., II, p. 146, pl. LXXXVII.

Hiara-Dyao. — Commun. — Kita, Bakel, Maino, Boukarié, Thionk, Leybar, Oualo, Cayor, Dakar, Hann, Rufisque, Deine, M'Bao, Gambie, Casamence, Bathurst, Daranka, Zekiukior.

Cette espèce, comme toutes celles de la famille des *Lamprotornithidæ*, est l'objet d'un important commerce comme Oiseau de parure. Elles sont désignées par les Européens sous le nom de *Merles métalliques*.

Le mode de nidification des *Lamprotornis* est, à peu de chose près, le même chez les diverses espèces. Ils établissent leurs nids, soit sur les grands arbres, soit dans les fourrés; il est fait de petites branches grossièrement enchevêtrées, et garni, au fond, de duvet et de substances molles; les œufs diffèrent peu comme coloration; ceux du *Lamprotornis ænea* ont une forme régulièrement ovoïde, c'est-à-dire qu'ils sont à peu près égaux aux deux extrémités; ils sont d'un beau vert foncé, brillant, avec des lignes et des taches brunes, plus abondantes au gros bout; ils mesurent 0,031mm suivant leur axe et 0,021mm dans leur plus grand diamètre (Pl. XXIX, fig. 13).

368. LAMPROTORNIS PURPUROPTERA Hartl.

Lamprotornis purpuroptera Hartl., J. f. Orn., 1859, p. 11.
— *purpuropterus* Rüpp., Syst. Uebor. Vög., p. 75, pl. XXV.
— *Burchelli* P. Wurt. (non Smith.), Coll. Mergenth.
— *purphyroptera* Heugl., Orn. Nordost Afr., I, p. 511.
Juida æneoides C. Bp., Consp. Av., I, p. 415.

Hiara-Dyao. — Assez commun. — Kita, Bakel, Arondou, Makana, forêts de Taalari, Maina, Boukarié, Podor, Saldé.

Considéré jusqu'ici comme propre au Sennaar, au Kordofan et à l'Abyssinie, ce *Lamprotornis* descend dans la haute Sénégambie, où M. le Dr Colin l'a tué à différentes reprises et pendant toute l'année.

Gen. LAMPROCOLIUS Sundev.

369. LAMPROCOLIUS IGNITUS Hartl.

Lamprocolius ignitus Hartl., J. f. Orn., 1859, p. 13.
— Hartl., Orn. W. Afr., p. 116.

Lela. — Assez rare. — Gambie, Casamence, Bathurst, Albreda, Zekinkior.

370. LAMPROCOLIUS SPLENDIDUS Hartl.

Lamprocolius splendidus Hartl., J. f. Orn., 1859, p. 14.
— Hartl., Orn. W. Afr., p. 117.
Turdus splendidus Vieill., Encycl. Méth., p. 653.
Merle vert d'Angola Buff., Pl. Enl., 561.
Lamprotornis chrysonotis Swain., Birds W. Afr., I, p. 143, pl. VI.

Loïo. — Assez commun. — Gambie, Casamence, Albreda, Zekinkior, Bathurst, Daranka, Sedhiou.

Le Gabon, Fernando-Po, le Congo font partie de l'aire d'habitat de cette espèce.

371. LAMPROCOLIUS AURATUS Hartl.

Lamprocolius auratus Hartl., J. f. Orn., 1859, p. 16.
— Hartl., Orn. W. Afr., p. 117.
Merle violet de Juida Buff., Pl. Enl., 540.
Le Couigniop Levaill., Ois. d'Afr., pl. XC.
Turdus auratus Gm., S. N., I, p. 819.

Loïo. — Commun. — Podor, Dagana, Saldé, Thionk, Leybar, Diouk, Dakar, M'Bao, Hann, Rufisque, Deine, Daranka, Zekinkior, Sedhiou.

372. LAMPROCOLIUS CYANOTIS Swain.

Lamprocolius cyanotis Swain., Birds W. Afr., I, p. 146.
— — Hartl., J. f. Orn., 1859, p. 17.
— *chalcurus* Hartl., Orn. W. Afr., p. 118.

Loïo. — Assez commun. — Gambie, Casamence, Zekinkior, Albreda, Bathurst, Sedhiou, Daranka.

373. LAMPROCOLIUS CHALYBEUS Hartl.

Lamprocolius chalybeus Hartl., J. f. Orn., 1859, p. 21.
Lamprotornis chalybea Ehrenb., Symb. Phys. Av. d., I, t. X.
— *nitens* Rüpp., Syst. Ueber., p. 75.

Loïo. — Rare. — Thionk, Diouk, Leybar, Galam, Oualo, Cayor.

Gen. NOTAUGES Cab.

374. NOTAUGES CHRYSOGASTER Cab.

Notauges chrysogaster Cab., Mus. Hein., I, p. 198.
— Hartl., J. f. Orn., 1859, p. 25.
Lamprotornis rufiventris Rüpp., Neue Wirb. Vög., t. II, f. 1, p. 24.
Merle à ventre orangé du Sénégal Buff., Pl. Enl., 358.
Spreo pulchra Gray, Handl., II, p. 23.

Lela-Dyal. — Rare. — Gambie, Casamence, Sedhiou, Daranka, Zekinkior, Sainte-Marie.

Gen PHOLIDAUGES Cab.

375. PHOLIDAUGES LEUCOGASTER Cab.

Pholidauges leucogaster Cab., Mus. Hein., I, p. 198.
— Hartl., J. f. Orn., 1859, p. 28.
Turdus leucogaster Gm., S. N., I, p. 819.
Lamprotornis leucogaster Swain., Birds W. Afr., I, p. 112, pl. VIII.
Merle violet à ventre blanc Buff., Pl. Enl., 203, f. 1.

Lela-Dyal. — Commun. — Gambie, Casamence, Sedhiou, Bathurst, Zekinkior, Albreda.

Le *Pholidauges leucogaster* se rencontre sur la plus grande partie du continent Africain; car il a été observé en Abyssinie, à Natal, dans le Damara, ainsi que sur la côte de Mozambique.

Gen. OLIGOMYDRUS Schiff.

376. OLIGOMYDRUS TENUIROSTRIS Schiff.

Oligomydrus tenuirostris Schiff., Mus. Frankof.
— Hartl., J. f. Orn., 1859, p. 34.
Lamprotornis tenuirostris Rüpp., Neue Wirb. Vög., p. 26, pl. X.

Lela-Dyal. — Très rare. — Kita, Arondou, Makana, Boukarié, Maina.

C'est encore une des espèces Abyssiniennes que l'on retrouve dans la haute Sénégambie, d'où l'a rapportée M. le Dr Colin.

Fam. BUPHAGIDÆ Swain.

Gen. BUPHAGA Lin.

377. BUPHAGA AFRICANA Lin.

Buphaga Africana Lin., Syst. Nat., I, p. 154; Strickl. et Sclat., Contr. Orn., 1852, p. 149.
— Hartl., Orn. W. Afr., p. 120.
Le Pic-Bœuf Buff., Pl. Enl., 293.
— Levaill., Ois. Afr., pl. XCVII.

Serviett. — Commun. — Bakel, Podor, Dagana, Saldé, Thiouk, Diouk, Dakar-Bango, Hann, Rufisque, Dakar, Oualo, Cayor, Gandiole.

378. BUPHAGA ERYTHRORHYNCHA Temm.

Buphaga erythrorhyncha Temm., Pl. Col., 465.
— Hartl., Orn. W. Afr., p. 121.
Tanagra erythrorhyncha Stanl., Salt. Trav., app., p. 59.
Buphaga Abyssinica Hemp. et Ehren., Symb. Phys. Av., Dec. I, t. IX.
— *Africanoides* Smith., Contr. Nat. Hist. S. Afr., p. 12.

Serviett. — Moins commun que l'espèce précédente; observé dans les mêmes localités, et de plus dans toute la région Sud, dite du bas de la côte : Albreda, Bathurst, Zekinkior, Daranka, Sedhiou, Mélacorée.

Fam. GLAUCOPIDÆ Swain.

Gen. CRYPTORHINA Wagl.

379. CRYPTORHINA AFRA Sharpe.

Cryptorhina Afra Sharpe, Cat. Brit. Mus., III, p. 75, 1877.
Corvus Afer Lin., Syst. Nat., I, p. 157.
— *Senegalensis* Lin., Syst. Av., I, p. 158.
Ptilostomus Senegalensis Swain., Birds W. Afr., I, p. 135.
— Hartl., Orn. W. Afr., p. 113.
La Pie du Sénégal Briss., Orn., II, p. 40, pl. III, f. 2.
Le Piapiac Levaill., Ois. Afr., pl. LIV.

Sajhalgne. — Commun. — Leybar, Thionk, Diouk, Dakar-Bango, Hann, Rufisque, M'Bao, Sainte-Marie, Zekinkior, Bathurst.

La femelle de cette espèce, dit M. Sharpe : « is altogether smaller than the male, and distinguised by the bill being yellow in life, tipped with black » (*loc. cit.*). Il donne au mâle une longueur totale moyenne de 0,425mm, tandis que la femelle ne mesurerait que 0,300mm.

Ces deux assertions sont complètement fausses; chez les nombreux individus que nous avons examinés, les mâles et les femelles ont une taille invariable de 0,410 à 0,415mm en moyenne; en outre, le bec jaune, à pointe terminée de noir, est caractéristique du mâle adulte, celui de la femelle est au contraire entièrement noir; chez les jeunes, le bec est également de cette dernière couleur.

M. Sharpe observe en outre : « the specimen from the White Nile, is a much larger and finer bird, than any of the West-African ones »; et il donne comme longueur de cet oiseau 0,475mm.

Trois spécimens de *Cryptorhina Afra* du Nil-Blanc, déposés dans les galeries du Muséum de Paris, ne diffèrent en rien des types Sénégambiens; comme eux, ils ont le même plumage, la même coloration du bec; comme eux aussi ils mesurent 0,410mm de long.

Les œufs de cette espèce sont piriformes, d'un blanc violet pâle, couverts de taches et de points noirs et bruns très abondants au gros bout; ils mesurent 0,032mm sur 0,019mm (Pl. XXIX, fig. 14).

Fam. CORVIDÆ Swain.

Gen. CORVUS Lin.

380. CORVUS SCAPULATUS Daud.

Corvus scapulatus Daud., Trait. Orn., II, p. 232.
— *curvirostris* Gould., P. Z. S. of Lond., 1830, p. 18.
— Hartl., Orn. W. Afr., p. 114.
La Corneille du Sénégal Montb., Pl. Enl., III, pl. CCCXXVII.

Bajhaigne. — Assez commun. — Thionk, Diouk, Dakar-Bango, Deine, Hann, pointe du Cap-Vert, Rufisque, Sedhiou, Bathurst, Zekinkior, Albreda.

Cette espèce est propre à tout le continent Africain. Elle pond de quatre à cinq œufs, d'un blanc bleu, couverts de grosses taches brunes plus abondantes au gros bout; ils mesurent 0,037mm dans leur grand axe et 0,024mm dans leur plus grand diamètre (Pl. XXIX, fig. 15).

Gen. CORONE Kaup.

381. CORONE CORONE Sharpe.

Corone corone Sharpe, Cat. Birds Brit. Mus., III, p. 30.
Corvus corone Lin., Syst. Nat., I, p. 155.
— Dohrn, J. f. Orn., 1871, p. 3.

Archipel du Cap-Vert, Saint-Antoine *(Teste Dohrn)*.

C'est sous toutes réserves et sur l'indication seule de M. Dohrn, que nous inscrivons, dans notre faune, cette espèce, qui nous est complètement inconnue en Afrique.

Fam. PLOCEIDÆ Gray.

Gen. TEXTOR Temm.

382. TEXTOR ALECTO Temm.

Textor alecto Temm., Pl. Enl., 446.
— Hartl., Orn. W. Afr., p. 131.
Alecto albirostris C. Bp., Consp. Av., I, p. 438.
Textor panicivorus Hartl., Orn. W. Afr., p. 131.
Loxia panicivora Lin., Syst. Nat., I, p. 302.

Omokom. — Commun. — Thionk, Leybar, Diouk, Deine, Rufisque, Joallea, Albreda, Zekiukior, Bathurst, Sedhiou.

La description du *Textor panicivorus*, telle que la donne Hartlaub (*loc. cit.*), ressemble tellement à celle du *Textor alecto*, que, sans le connaître autrement, nous croyons devoir l'inscrire en synonymie.

Gen. SYCOBIUS Vieill.

383. SYCOBIUS MELANOTIS C. Bp.

Sycobius melanotis C. Bp., Consp. Av., I, p. 438.
Ploceus melanotis Lafresn., Rev. Zool., 1839, p. 20, pl. VII.
— *erytrocephalus* Rüpp., Syst. Uober., p. 71.

N'Kéné — Assez rare. — Sedhiou, Albreda, Zekinkior, Mélacorée.

Gen. PHILAGRUS Cab.

384. PHILAGRUS SUPERCILIOSUS Cab.

Philagrus superciliosus Cab., Mus. Hein., I, p. 179.
Plocepasser superciliosus Hartl., Orn. W. Afr., p. 131.

Peu commun. — Gambie, Casamence, Mélacorée, Albreda, Sedhiou, Zekinkior, Bathurst.

Gen. SPOROPIPES Cab.

385. SPOROPIPES FRONTALIS Cab.

Sporopipes frontalis Cab., Mus. Hein., I, p. 179.
— Hartl., Orn. W. Afr., p. 131.
Loxia frontalis Vieill., Ois. Chant., pl. XVI.
Amadina frontalis Rüpp., Neue Wirb. Vög., p. 101.

Peu commun. — Thionk, Diouk, Gandiole, Albreda, Sedhiou.

Gen. NIGRITA Strickl.

386. NIGRITA CANICAPILLA Hartl

Nigrita canicapilla Hartl., Orn. W. Afr., p. 130.
Æthiops canicapilla Strickl., P. Z. S. of Lond., 1841, p. 30.

Soromaka. — Rare. — Gambie, Casamence, Mélacorée, Sedhiou, Bathurst, Zekinkior.

Cette espèce du Gabon et de Fernando-Po remonte dans la basse Sénégambie, où elle vit à l'état sédentaire, sur le bord des marigots.

387. NIGRITA BICOLOR Sclat.

Nigrita bicolor Sclat., Jard. Contr., 1852, p. 34.
— Hartl., Orn. W. Afr., p. 130.
Pytelia bicolor Hartl., Verz. Brem. Samml., p. 76.

Soromaka. — Peu commun. — Casamence, Gambie, Mélacorée, Zekinkior, Sedhiou, Albreda.

Gen. QUELEA Rchb.

388. QUELEA OCCIDENTALIS Hartl.

Quelea occidentalis Hartl., Orn. W. Afr., p. 129.
Emberiza quelea Lin., Syst. Nat., X, p. 177.

Saor. — Commun. — Podor, Bakel, Dagana, Thionk, Diouk, Leybar, Gambie, Casamence, Mélacorée.

389. QUELEA ORIENTALIS Heugl.

Quelea orientalis Heugl., J. f. Orn., 1862, p. 27.
Ploceus sanguinirostris var 3 Sundev., Œfv., 1850, p. 126.
Hyphantica Æthiopica Heugl., Orn. Nordost Afr., 1, p. 543.

Saor. — Moins commun que l'espèce précédente. — Kita, Bakel, Gangaran, Danionkadougou, Maina, Boukarié.

Sous le nom d'*Hyphantica Æthiopica*, Heuglin (*loc. cit.*) décrit trois races : 1° *Senegambische Rasse*, 2° *Sudafrikanische Rasse*, 3° *Sennaar Rasse*.

Les caractères assignés à ces RACES, caractères que nous avons rencontrés sur d'innombrables échantillons minutieusement étudiés sur place, permettent de les ériger au rang d'espèces.

Nous inscrivons la première sous le nom de *Quelea occidentalis*, et avec Heuglin nous la décrivons de la manière suivante : *Gastræo fulvo albido; capite cum cervice fulvescente vel roseo; facie cum gula fronteque nigris.*

La seconde, désignée sous le nom de *Quelea orientalis*, se distingue par une taille plus forte, elle est en outre, *supra subtus que magis fulvescens, gastræo fere toto flavo flavescente; ventre medio albo, sœpe roseo tincto; caput cum cervice, pectori concolore, flavo fulvescente; genæ cum loris, gulaque, nigræ.*

Gen. FOUDIA Rchb.

390. FOUDIA ERYTHROPS Hartl.

Foudia erythrops Hartl., Orn. W. Afr., p. 129.
Ploceus erythrops Hartl., Rev. Zool., 1848, p. 109.

Tiobolt. — Assez commun. — Thionk, Diouk, Albreda, Sedhiou, Zekinkior, Bathurst, Mélacorée.

Gen. HYPHANTORNIS Gray.

391. HYPHANTORNIS BRACHYPTERUS C. Bp.

Hyphantornis brachypterus C. Bp., Consp. Av., I, p. 440.
— Hartl., Orn. W. Afr., p. 121.
Ploceus brachypterus Swain., Birds W. Afr., I, p. 168, pl. X.

Rabkat. — Assez commun. — Thionk, Diouk, Leybar, Dakar-Bango, Sorres, M'Bao, Joalles, Rufisque, Gambie, Casamence.

Presque tous les *Hyphantornis* vivent en sociétés nombreuses, et se tiennent de préférence dans les Palétuviers, sur le bord des marigots; leurs nids, artistement tissés de larges feuilles de Graminées, ont une forme ovoïde à côtés aplatis; suspendus aux branches des arbres, ils pendent au-dessus de l'eau; l'Oiseau y pénètre par une ouverture circulaire ménagée à la base; chaque couple établit son nid à côté du nid de son voisin, et il n'est pas rare de voir, sur un espace de plusieurs mètres, les arbres littéralement couverts de ces élégantes constructions.

Ces Oiseaux sont désignés par les Européens sous le nom de *Gendarmes*.

392. HYPHANTORNIS OCULARIUS Hartl.

Hyphantornis ocularius Hartl., Orn. W. Afr., p. 122.
Ploceus ocularius A. Smith., Illust. Zool. S. Afr., pl. XXX, f. 1.

Habitat. — Assez commun. — Mêmes localités que l'espèce précédente.

Les œufs de cette espèce, au nombre de quatre à six, présentent, sur un fond vert clair, des lignes et des taches d'un vert brun foncé, très abondantes au gros bout; leur grand axe mesure 0,023^{mm} et leur plus grand diamètre 0,012^{mm} (Pl. XXIX, fig. 16).

393. HYPHANTORNIS LUTEOLUS Hartl.

Hyphantornis luteolus Hartl., Orn. W. Afr., p. 123.
Fringilla luteola Licht., Doubl., p. 23.

Habitat. — Assez commun. — Gambie, Casamence, Mélacorée, Bathurst, Albreda, Sedhiou, Zekinkior.

394. HYPHANTORNIS AURIFRONS Hartl.

Hyphantornis aurifrons Hartl., Orn. W. Afr., p. 123.
Ploceus aurifrons Temm., Pl. Col., 175, 176.

Habitat. — Commun. — Thionk, Leybar, M'Bao, Diouk, Dakar-Bango, Sorres.

Cet *Hyphantornis* pond cinq œufs à fond grisâtre, ornés de taches brunes et vert clair formant une couronne au gros bout; ils ont 0,024^{mm} dans leur grand axe et 0,016^{mm} de diamètre (Pl. XXIX, fig. 17).

395. HYPHANTORNIS VITELLINUS Hartl.

Hyphantornis vitellinus Hartl., Orn. W. Afr., p. 124.
Fringilla vitellina Licht., Doubl., p. 23.

Habitat. — Rare. — Thionk, Leybar, Diouk, M'Bao, Hann.

L'espèce se retrouve au Zambèze, d'après Livingston.

396. HYPHANTORNIS TEXTOR Hartl.

Hyphantornis textor Hartl., Orn. W. Afr., p. 124.
Oriolus textor Gm., S. N., I, p. 392.
Fringilla Senegalensis Briss., Orn., III, p. 173.

Habitat. — Commun. — Kita, Bakel, Saldé, Podor, Thionk, Dakar-Bango, Diouk, Albreda, Bathurst, Sedhiou.

397. HYPHANTORNIS CUCULLATUS Hartl.

Hyphantornis cucullatus Hartl., Orn. W. Afr., p. 125.
Ploceus cucullatus Swain., Birds W. Afr., II, p. 261.
Textor cucullatus C. Bp., Consp. Av., I, p. 441.

Habitat. — Peu commun. — Mêmes localités que l'*Hyphantornis textor*.

398. HYPHANTORNIS SPILONOTUS Hartl.

Hyphantornis spilonotus Hartl., Orn. W. Afr., p. 125.
Ploceus spilonotus Vig., P. Z. S. of Lond., 1830, p. 92.
— *stictonotus* A. Smith., Illust. Zool. S. Afr., pl. LXVI, fig. 1.

Habitat. — Rare. — Podor, Kouguel, Arondou, Makana, Thionk, Diouk, M'Bao.

399. HYPHANTORNIS CASTANEOFUSCUS Hartl.

Hyphantornis castaneofuscus Hartl., Orn. W. Afr., p. 126.
Ploceus castaneofuscus Less., Rev. Zool. Soc. Cuv., 1840, p. 99.

Habitat. — Rare. — Gambie, Casamence, Mélacorée, Albreda, Zekinkior, Sedhiou, Bathurst.

Gen. EUPLECTES Swain.

400. EUPLECTES FLAMMICEPS Swain.

Euplectes flammiceps Swain., Birds W. Afr., I, p. 186, pl. XIII.
— Hartl., Orn. W. Afr., p. 127.

Guessy. — Commun. — Thionk, Leybar, Diouk, M'Bao, Albreda, Sedhiou, Bathurst, Mélacorée.

Cette espèce paraît habiter tout le continent Africain.

401. EUPLECTES ORYX Rchb.

Euplectes oryx Rchb., Singv., p. 57.
— Hartl., Orn. W. Afr., p. 128.
Loxia oryx Lin., in Vieill. Ois. Chant., pl. LXVI.

Doumdou. — Commun. — Kita, Bakel, Bakoy, Bafing, Falémé, Bathurst, Sedhiou, Thionk, Sorres, Gandiole.

402. EUPLECTES FRANCISCANUS Hartl.

Euplectes franciscanus Hartl., Beitr. Orn. W. Afr., p. 30.
— — Hartl., Orn. W. Afr., p. 128.
— *ignicolor* Swain., Birds W. Afr., I, p. 184.
Fringilla ignicolor Vieill., Ois. Chant., pl. LIX.

Bobirama. — Commun. — Mêmes localités que les deux espèces précédentes.

403. EUPLECTES PHÆNICOMERUS Gray.

Euplectes phænicomerus Gray, Ann. And Mag. Nat. Hist., 1862.

Bobirama. — Assez commun. — Kita, Bakel, Saldé, Leybar, Diouk.

404. EUPLECTES MELANOGASTER Hartl.

Euplectes melanogaster Hartl., Orn. W. Afr., p. 128.
Loxia melanogastra Lath., I. O., I, p. 395.
Fringilla Abyssinica Vieill., Encycl. Méth., p. 953.

Assez commun. — Kita, bords de la Falémé, Diouk, Leybar, Albreda, Bathurst.

Gen. SYMPLECTES Swain.

405. SYMPLECTES JUNQUILLACEUS Hartl.

Symplectes junquillaceus Hartl., Orn. W. Afr., p. 134.
Ploceus junquillaceus Vieill., N. D. Hist. Nat., XXXIV, p. 130.
— *tricolor* Temm., Mus. Lugd., 1835.
Le Républicain à ventre et gorge jaune Temm., Cat., 1807, p. 234.

Rare. — Gambie, Casamence, Mélacorée, Sedhiou, Albreda, Zekinkior, Bathurst.

406. SYMPLECTES BICOLOR Hartl.

Symplectes bicolor Hartl., Orn. W. Afr., p. 135.
Ploceus bicolor Vieill., Encycl. Méth., p. 698.
— *chrysogaster* Vig., P. Z. S. of Lond., 1830, p. 92.

Rare. — Mêmes localités que l'espèce précédente.

Fam. VIDUIDÆ Cab.

Gen. PENTHETRIA Cab.

407. PENTHETRIA MACROURA Cab.

Penthetria macroura Cab., Mus. Hein., I, p. 176.
Loxia macroura Gm., S. N., I, p. 845.

Coliostruthus macroura Hartl., Orn. W. Afr., p. 137.
Vidua chrysonotos Swain., Birds W. Afr., I, p. 178.
Moineau du royaume de Juida Buff., Pl. Enl., 183, f. 1.

Ompodo. — Assez commun. — Thionk, Leybar, Dakar-Bango, Diouk, Gambie, Casamence, Albreda, Zekinkior, Sedhiou, Bathurst.

L'aire d'habitat de cette espèce est assez étendue; on la retrouve au Gabon, à Angola, au Benguela, aux Aschanties et au Cap.

Toutes les espèces de la famille des Viduidæ, ainsi que celles des autres familles que nous allons examiner, sont le sujet d'un commerce des plus importants; sous le nom d'Oiseaux de volière, on les exporte par milliers, plus particulièrement de Saint-Louis.

408. PENTHETRIA ARDENS Cab.

Penthetria ardens Cab., Mus. Hein., I, p. 177.
Coliostruthus ardens Hartl., Orn. W. Afr., p. 138.
Vidua torquata Less., Compl., VIII, p. 278.
— *rubritorques* Swain., Birds W. Afr., I, p. 174.

Ompodo. — Assez rare. — Thionk, Diouk, M'Bao; observé exceptionnellement dans le haut fleuve, notamment à Kita et dans les régions arrosées par la Falémé.

Cette espèce établit son nid à l'enfourchure de deux branches, sur les arbres peu élevés; ce nid, composé de matériaux très menus, ordinairement de feuilles et de tiges de Graminées, est de forme ovoïde, et rappelle un peu celui de notre Pinson d'Europe; il contient de cinq à sept œufs d'un blanc rosé, ornés de larges taches et de stries bleues; leur grand axe mesure 0,017^{mm}, leur diamètre 0,011^{mm} (Pl. XXIX, fig. 18).

Gen. VIDUA Cuv.

409. VIDUA REGIA Hartl.

Vidua regia Hartl., Orn. W. Afr., p. 136.
Emberiza regia Lin., Syst. Nat., I, p. 313.

Jonkala. — Rare. — Gambie, Casamence, Mélacorée, Bathurst, Albreda, Sedhiou, Zekinkior.

410. VIDUA PRINCIPALIS Hartl.

Vidua principalis Hartl., Orn. W. Afr., p. 136.
Emberiza principalis Lin., Syst. Nat., I, p. 313.
Vidua Angolensis Briss., Orn., III, app., p. 60.

Jonkala. — Rare. — Kita, Bakel, Thionk, Loybar, Diouk, Dakar-Bango, Gambie, Casamence, Albreda, Sedhiou, Bathurst.

411. VIDUA HYPOCHERINA J. Verr.

Vidua hypocherina J. Verr., Rev. et Mag. de Zool., 1856, p. 260, pl. XVI.
— Hartl., Orn. W. Afr., p. 136.

Rare. — Gambie, Casamence, Mélacorée, Albreda, Zekinkior, Bathurst.

M. Oustalet (*Nouv. Arch. Mus.*, 1879, p. 141) fait observer « que les individus du *Vidua hypocherina* qui ont servi de types à la description de J. Verreaux (*loc. cit.*) ont été donnés en 1852 par le Commandant Guislain et sont indiqués comme venant *probablement* du Gabon ». Il serait porté à croire « que cette indication est inexacte; car cette espèce n'a pas été rencontrée dans ces derniers temps par les voyageurs qui ont exploré le cours de l'Ogooué ».

De ce qu'une espèce n'a pas été encore rencontrée sur les bords de l'Ogooué, est-on en droit de supposer qu'elle n'existe pas au Gabon? c'est, croyons-nous, trancher un peu trop prématurément la question. Quoi qu'il en soit, le *Vidua hypocherina* est une espèce Sénégambienne, localisée dans toute la région Sud, où nous l'avons personnellement observée et tuée à diverses reprises.

Gen. STEGANURA Rchb.

412. STEGANURA PARADISEA Hartl.

Steganura paradisea Hartl., Orn. W. Afr., p. 137.
Emberiza paradisea Lin., Syst. Nat., I, p. 312.
Vidua Africana Briss., Orn., III, p. 120.

Jonkala. — Assez commun. — Thionk, Leybar, forêts du Cayor, Galam, Gandiole, M'Bao, Hann, Gambie, Casamence.

Gen. HYPOCHERA C. Bp.

413. HYPOCHERA ÆNEA Hartl.

Hypochera ænea Hartl., J. f. Orn., 1854, p. 115.
— *nitens* C. Bp., Consp. Av., p. 450.
— — Hartl., Orn. W. Afr., p. 140.

Saor. — Assez commun. — Thionk, Leybar, Diouk, Galam, Gandiole, M'Bao, Joalles, Rufisque, Hann.

414. HYPOCHERA ULTRAMARINA Hartl.

Hypochera ultramarina Hartl., Orn. W Afr., p. 140.
— C. Bp., Consp. Av., I, p. 450.
Fringilla ultramarina Gm., S. N., I, p. 927.
L'Outremer Buff., Ois., IV, p. 16.

Saor. — Assez commun. — Habite les mêmes localités que l'espèce précédente.

Pour inscrire comme espèces distinctes ces deux *Hypochera*, considérés comme de simples variétés par plusieurs Ornithologistes, nous nous appuyons sur des caractères tout aussi importants que ceux invoqués par M. Sharpe, quand il établit une troisième espèce : l'*Hypochera nigerrima* provenant d'Angola, et dont les caractères reposent sur la teinte du plumage qui est *omnino niger*, au lieu d'être *nigro virescens*, ou *nigro cærulescens*, comme dans nos deux espèces.

Le type de M. Sharpe a été accepté! pourquoi les deux autres ne le sont-ils pas, quand ils ont pour parrains des Ornithologistes d'une valeur au moins égale à celle de M. Sharpe?

Fam. COCCOTHRAUSTIDÆ Swain.

Gen. SPERMOSPIZA Gray.

416. SPERMOSPIZA HÆMATINA Harti.

Pl. XIX, fig. 1, 2, 3.

Spermospiza hæmatina Hartl., Orn. W. Afr., p. 138.
Loxia hæmatina Vieill., Ois. Chant., pl. LXVII.
Spermospiza guttata Hartl., Orn. W. Afr., p. 138.
Loxia guttata Vieill., Ois. Chant., pl. LXVIII.
— J. Verr., Rev. et Mag. de Zool., 1852, p. 312.

Sagor. — Assez commun. — Gambie, Casamence, Mélacorée, Albreda, Sedhiou, Bathurst, Zekinkior.

Dans une savante note sur le genre *Spermospiza*, J. Verreaux (*loc. cit.*) a cherché à prouver « que les *Spermospiza hæmatina* et *guttata* de Vieillot formaient deux espèces distinctes, et que le *Spermospiza guttata* représentait la femelle de l'espèce, dont le mâle était inconnu à Vieillot et pour lequel, malgré cela, le nom doit être maintenu en vertu des droits de priorité ».

Cette manière de voir semble avoir été généralement acceptée; dans tous les cas, les caractères sexuels sont admis, et les individus *à taches blanches, arrondies, sont indiqués positivement comme des femelles*.

Nous regrettons d'être si souvent en contradiction avec certains Ornithologistes, mais la vérité, basée sur une observation directe et scrupuleuse, nous fait un devoir de ne pas transiger.

L'éducation de quatre couvées nous a péremptoirement démontré que les *Spermospiza hæmatina* et *guttata ne sont qu'une seule et même espèce;* que le *guttata* indiqué comme femelle *est un jeune*, tandis que le type décrit sous le nom d'*hæmatina est la femelle* de ce même *guttata*.

Les descriptions du mâle, de la femelle et du jeune de cette unique espèce, que nous désignons sous le nom d'*hæmatina* (1), descriptions établies sur *dix-sept individus*, provenant de nos *quatre couvées*, sont les suivantes :

Adulte ♂ (Pl. XIX, fig. 1). — En dessus d'un noir lustré à reflets bleuâtres; rémiges de même couleur; les secondaires et les rectrices teintées de fauve foncé; région oculaire, joues, cou, poitrine ainsi qu'une partie du ventre et les couvertures supérieures de la queue d'un rouge laque excessivement vif; sous-caudales noires, une bande de même couleur sur le milieu de la région abdominale; bec d'un bleu d'acier brillant, en dessus et en dessous de chaque mandibule; le centre de ces dernières d'un jaune vif; iris brun; pieds brun rougeâtre.

Adulte ♀ (Pl. XIX, fig. 2). — En dessus noir lustré à reflets bleuâtres comme chez le mâle, ainsi que la queue, les sous-caudales et la ligne médio-abdominale; toute la région parotidienne noire, ainsi que les couvertures supérieures de la queue; bec bleu d'acier brillant à pointe jaune; iris brun; pieds fauve pâle.

Jeune ♂ (Pl. XIX, fig. 3). — Toutes les parties supérieures d'un brun teinté de noir; tête et région parotidienne lavées de rouge vineux; gorge et une partie de la poitrine rouges, ondées de blanc jaunâtre; poitrine, flancs, couvertures supérieures de la queue, rouge laque; abdomen noir, maculé de taches arrondies blanches cerclées de noir; bec comme chez la femelle; iris d'un brun pâle; pieds brun foncé.

La taille du mâle et de la femelle est exactement la même; seuls, les jeunes offrent des dimensions un peu moins considérables.

---

(1) Les noms d'*hæmatina* et de *guttata*, ayant été créés par Vieillot à la même époque, nous choisissons celui d'*hæmatina* comme étant le plus propre à caractériser l'espèce.

Gen. PYRENESTES Swain.

416. PYRENESTES OSTRINUS Gray.

Pyrenestes ostrinus Gray, Gen. of Birds, II, p. 350.
— Hartl., Orn. W. Afr., p. 130.
Loxia ostrina Vieill., Ois. Chant., pl. XLVIII.

Sagor. — Rare. — Gambie, Casamence, Albreda, Sedhiou, Zekinkior.

417. PYRENESTES PERSONATUS Dubus.

Pyrenestes personatus Dubus, Bull. Ac. Brux., 1855, XXII, p. 151.
— Hartl., Orn. W. Afr., p. 130.

Sagor. — Peu commun. – Thiouk, Diouk, Leybar, Gandiole, Dakar-Bango, Hann, Ponte, Joalles, Rufisque, Gambie, Mélacorée, Albreda, Sedhiou, Bathurst, Zekinkior.

Fam. SPERMESTIDÆ Cab.

Gen. SPERMESTES Swain.

418. SPERMESTES CUCULLATA Swain.

Spermestes cucullata Swain., Birds W. Afr., I, p. 201.
— Hartl., Orn. W. Afr., p. 147.

Hor. — Peu commun. — Gambie, Casamence, Bathurst, Sedhiou, Joalles, Daranka.

419. SPERMESTES POENSIS Hartl.

Spermestes Poensis Hartl., Orn. W. Afr., p. 148.
Amadina Poensis Frass., P. Z. S. of Lond., 1842, p. 145.

Hor. — Assez rare. — Gambie, Casamence, Bathurst, Sedhiou.

C'est avec raison que cette espèce du Gabon, et de Fernando-Po, est indiquée par Hartlaub (*loc. cit.*) comme observée en Casamence.

490. SPERMESTES FRINGILLOIDES Hartl.

Spermestes fringilloides Hartl., Orn. W. Afr., p. 147.
Ploceus fringilloides Lafr., Mag. Zool., 1835, pl. XLVIII.

Nar. — Peu commun. — Thionk, Leybar, Sorres, Gandiole, Casamence, Gambie, Mélacorée.

M. Oustalet (*N. Arch. Mus.*, 1879, p. 112) indique cette espèce à Liberia, au Gabon et à Zanzibar.

Gen. UROLONCHA Cab.

491. UROLONCHA CANTANS Cab

Uroloncha cantans Cab., Mus. Hein., I, p. 173.
Amadina cantans Hartl., Orn. W. Afr., p. 147.
Loxia cantans Gm., S. N., I, p. 859.

Narnajh. — Commun. — Thionk, Leybar, Diouk, Dakar-Bango, Dakar, Joalles, Rufisque, Hann, Ponte.

Gen. AMADINA Swain.

492. AMADINA FASCIATA Hartl.

Amadina fasciata Hartl., Orn. W. Afr., p. 146.
Loxia fasciata Gm., S. N., I, p. 859.
Sporothlastes fasciatus Cab., Mus. Hein., I, p. 173.

Tiaha. — Commun. — Thionk, Leybar, Diouk, Dakar, Joalles, Rufisque, Hann, Ponte, Gambie, Casamence, Sedhiou.

Gen. ORTYGOSPIZA Sundev.

423. ORTYGOSPIZA ATRICOLLIS Cass.

Ortygospiza atricollis Cass., Proc. Ac. N. Sc. Phil., 1859, p. 138
Fringilla atricollis Vieill., Encycl. Méth., p. 990.
Ortygospiza polyzona Sundev., Œfv. K. Vet. Ak. Forh., 1850.
— Hartl., Orn. W. Afr., p. 148.

Tiehéjh. — Commun. — Habite les mêmes localités que l'espèce précédente.

Gen. ESTRILDA Swain.

424. ESTRILDA CINEREA Gray.

Estrilda cinerea Gray, Gen. of Birds, II, p. 368.
— Hartl., Orn. W. Afr., p. 141.
Fringilla cinerea Vieill., Encycl. Méth., p. 986.
Estrelda troglodytes C. Bp., Consp. Av., I, 459.
Habropyga cinerea Cab., Mus. Hein., I, p. 169.

Ramatou. — Commun. — Gambie, Casamence, Sedhiou, Albreda, Zekinkior, Bathurst.

Ce sont surtout les espèces de ce genre, que chassent les Noirs et que les commerçants Européens recherchent comme Oiseaux de volière. Comme nous l'avons déjà observé, des quantités considérables de ces Oiseaux sont expédiés en Europe plusieurs fois chaque année.

425. ESTRILDA ASTRILD Swain.

Estrilda astrild Swain., Zool. Journ., 1827, III, p. 349.
Loxia astrild Lin., Syst. Nat., I, p. 852.
Estrilda occidentalis Jard., Contr. Orn., 1851, p. 156.
— — Hartl., Orn. W. Afr., p. 140.
— *rubriventris* Gray, Gen. of Birds, II, p. 368.
— — Hartl., Orn. W. Afr., p. 141.

Ramatou. — Commun. — Thionk, Leybar, Diouk, Sorres, Dakar-Bango, Daranka, Bathurst, Albreda, Hann, Ponte, Joalles, Rufisque.

Cette espèce est répandue sur tout le continent Africain.

426. ESTRILDA MELPODA Hartl.

Estrilda melpoda Hartl., Orn. W. Afr., p. 141.
Fringilla melpoda Vieill., Encycl. Méth., p. 991.
Melpoda melpoda Gray, Handl. Birds, II, p. 51.

Ramatou. — Assez commun. — Gambie, Casamence, Mélacorée, Zekinkior, Sedhiou, Bathurst, Albreda.

427. ESTRILDA VIRIDIS Gray.

Estrilda viridis Gray, Gen. of Birds, II, 369.
— Hartl., Orn. W. Afr., p. 142.
Fringilla viridis Vieill., Encycl. Méth., p. 988.

Ramatou. — Rare. — Thionk, Leybar, Diouk, Sorres, Joalles, Rufisque.

428. ESTRILDA SUBFLAVA Hartl.

Pl. XX, fig. 1, 2, 3.

Estrilda subflava Hartl., Orn. W. Afr., p. 144.
Fringilla subflava Vieill., N. Dict. H. N., XXX, p. 575.
— *sanguinolenta* Temm., Pl. Col., 221, f. 2.

Ramatou. — Commun. — Thionk, Diouk, Dakar-Bango, Hann, Joalles, Albreda, Zekinkior, Sedhiou.

Cette espèce, que nous figurons d'après un de nos exemplaires en plumage d'amour (Pl. XX, fig. 1), construit son nid sur les arbres peu élevés; ce nid, de petit volume et de forme ovoïde, est uniquement composé de feuilles desséchées de Graminées (Pl. XX, fig. 2); il contient sept ou huit œufs arrondis d'un blanc violacé, ornés de points ou de taches allongées violettes; ils mesurent 0,015^{mm} dans leur grand axe et 0,011^{mm} de diamètre (Pl. XX, fig. 3).

429. ESTRILDA CÆRULESCENS Swain.

Estrilda cærulescens Swain., Birds W. Afr., I, p. 195.
Fringilla cærulescens Vieill., Encycl. Méth., p. 986.
Lagonosticta cærulescens Cab., Mus. Hein., I, p. 172.

Ramatou. — Assez commun. — Gambie, Casamence, Mélacorée, Sedhiou, Bathurst, Albreda, Zekinkior.

Les œufs de cette espèce, au nombre de six par nid, sont d'un verdâtre pâle, couverts de petites taches allongées rouges; ils mesurent 0,015^{mm} de long sur 0,009^{mm} de large (Pl. XXIX, fig. 19).

430. ESTRILDA SAVATIERI Rochbr.

Pl. XXI, fig. 1.

Estrilda Savatieri Rochbr., Bull. Soc. Phil., 2 août 1883.

E. — Supra olivacea; pileo et cervice intense plumbeis; regione parotica, mento, pectoreque, pallide cærulescente cinereis; uropygio et rectricibus caudæ superioribus, rubro aurantiacis; abdomine læte luteo; cauda castaneo nigra; rostro supra nigricante, infra rubro; iride rubro; pedibus fulvis.

Tête et cou d'un cendré de plomb tirant sur le brun; dos et ailes d'un vert olive foncé; croupion et couvertures supérieures de la queue d'un rouge orangé brillant; joues, menton, gorge et poitrine d'un gris bleuâtre de perle; ventre jaune pâle; flancs d'un jaune brunâtre; sous-caudales de même couleur; rémiges olive brun, bordées de noir; rectrices médianes d'un noir marron, les latérales olivâtres; mandibule supérieure brune, l'inférieure rouge carmin; iris, de cette dernière teinte; pieds brun pâle.

Longueur totale	87	millimètres.
— de l'aile	45	—
— de la queue	30	—
— du bec	6	—
— du tarse	10	—

Ramatou. — Assez commun. — Thionk, Leybar, Diouk, Sorres, pointe de Barbarie.

Voisine de l'*Estrilda quartinia* C. Bp., cette espèce, que nous devons à notre excellent ami M. le Dr Ludovic Savatier, Médecin en chef de la Marine, s'en différencie : par la teinte gris de perle des joues, du menton et de la gorge, régions d'un noir profond chez l'*Estrilda quartinia;* par son croupion et les couvertures supérieures de la queue, d'un rouge orange et non pas rouge vif; par ses sous-caudales jaune brunâtre et non d'un jaune pâle; par l'absence de rayures noires sur les rectrices latérales; par ses flancs jaune brunâtre et non pas gris; enfin par ses pieds brun pâle et non noirâtres.

431. ESTRILDA QUARTINIA C. Bp.

Estrilda quartinia C. Bp., Consp. Av., I, p. 461.
— *flaviventris* Heugl., Ueber Vög. N. O. Afr., p. 40.

Ramatou. — Assez commun. — Kita, Bakel, Saldé, Dagana, Gambie, Casamence, Sedhiou.

L'*Estrilda quartinia,* de l'Abyssinie et de la côte d'Angola, habite la haute et la basse Sénégambie; M. le Dr Colin l'a rapporté du haut fleuve et nous-même l'avons observé dans le Sud.

La description des plus exactes, que M. Barboza du Bocage a donnée de cette espèce (*Orn. Ang.*, p. 360), permet d'établir les caractères qui la distinguent de notre *Estrilda Savatieri.*

432. ESTRILDA PERREINI Hartl.

Pl. XXI, fig. 2.

Estrilda Perreini Hartl., Orn. W. Afr., p. 143.
Fringilla Perreini Vieill., N. Dict. H. N., XXVI, p. 181.

Ramatou. — Assez commun. — Gambie, Casamence; rare dans le haut fleuve, Kita, Bakel, Makana, Arondou, Taalari.

Nous devons l'exemplaire que nous figurons à l'obligeance de M. le Dr Colin; il provient des environs de Kita.

Gen. LAGONOSTICTA Cab.

433. LAGONOSTICTA VINACEA Hartl.

Lagonosticta vinacea Hartl., Orn. W. Afr., p. 143.

Ramatou. — Commun. — Gambie, Casamence, Sedhiou, Albreda; plus rare dans le Nord et l'Ouest, Kita, Bakel, Sorres, Thionk, Diouk.

434. LAGONOSTICTA SENEGALA Gray.

Lagonosticta Senegala Gray, Gen. of Birds, II, p. 369.
Senegalus ruber Briss., Orn., III, p. 208.
Sénégali rouge Buff., Pl. Enl., 157, f. 1.

Ramatou. — Commun. — Mêmes localités que l'espèce précédente, et toute la Sénégambie.

435. LAGONOSTICTA RUFOPICTA Hartl.

Lagonosticta rufopicta Hartl., Orn. W. Afr., p. 143.
Estrelda rufopicta Fras., P. Z. S. of Lond., 1843, p. 27.

Ramatou. — Assez rare. — Kita, Arondou, Makana, Tombocané.

Cette espèce, généralement indiquée au Cap, à Angola, au Fanti, a été observée dans la haute Sénégambie par M. le Dr Colin, qui nous l'a communiquée.

436. LAGONOSTICTA MINIMA Cab.

Lagonosticta minima Cab., Mus. Hein., I, p. 172.
— Hartl., Orn. W. Afr., p. 144.
Fringilla minima Vieill., Encycl. Méth., p. 992.

Ramatoutout. — Commun. — Se rencontre dans toute la Sénégambie.

Gen. URAEGINTHUS Cab.

437. URAEGINTHUS PHÆNICOTIS Cab.

Uraeginthus phænicotis Cab., Mus. Hein., I, p. 171.
— Hartl., Orn. W. Afr., p. 145.
Fringilla benghalus Lin., Syst. Nat., I, p. 323.

Siramakomba. — Assez commun. — Kita, Bakel, Arondou, Gangaran, Sedhiou, Bathurst, Babagaye, Keza, Safal.

438. URAEGINTHUS GRANATINUS Gurney.

Uraeginthus granatinus Gurney, in Anders. B. Damara, p. 180.
— Cab., Mus. Hein., I, p. 171.
— Hartl., Orn. W. Afr., p. 144.
Fringilla granatina Lin., Syst. Nat., I, p. 319.

Simarakomba. — Peu commun. — Gambie, Casamance, Albreda, Zekinkior, Bathurst, Sedhiou.

Cette espèce du Sud de l'Afrique remonte dans la basse Sénégambie, où nous en avons tué des exemplaires.

Gen. PYTELIA Swain.

439. PYTELIA MELBA Strickl.

Pytelia melba Strickl., Contr. Orn., 1852, p. 151.
— Hartl., Orn. W. Afr., p. 145.

Simarakomba. — Rare. — Thiouk, Dakar-Bango, Gandiole, Hann, Ponte, Gambie, Casamence, Zekinkior.

440. PYTELIA PHŒNICOPTERA Swain.

Pytelia phœnicoptera Swain., Birds W. Afr., I, p. 203, pl. XVI.
— Hartl., Orn. W. Afr., p. 145.
Estrilda erythroptera Less., Ech. du Monde Sav., 1844, p. 295.

Simarakomba. — Peu commun. — Vit dans les mêmes localités que son congénère.

Fam. FRINGILLIDÆ Vig.

Gen. PASSER Briss.

441. PASSER SWAINSONII C. Bp.

Passer Swainsonii C. Bp., Consp. Av., I, p. 510.
— Rüpp., Syst. Ueber., nº 295.

Dialack. — Assez commun. — Kita, Bakel, Makana, Aroudou, Gangaran, Maina.

442. PASSER SIMPLEX Hartl.

Passer simplex Hartl., Orn. W. Afr., p. 150.
Pyrgita simplex Swain., Birds W. Afr., I, p. 208.
— *gularis* Less., Rev. Zool., 1839, p. 45.

Dialack. — Assez commun. — Thiouk, Diouk, Sorres, Dakar-Bango, Joalles, Rufisque, Bathurst.

443. PASSER DIFFUSUS C. Bp.

Passer diffusus C. Bp., Consp. Av., I, p. 511.
— Hartl., Orn. W. Afr., p. 151.
Pyrgita diffusa Smith., Rep. of Exp. C. Afr., p. 50.

Dialackba. — Assez commun. — Joalles, Bathurst, Sedhiou, Albreda, Zekinkior.

L'examen attentif d'un nombre considérable d'individus, que nous avons eus en mains, soit vivants, soit provenant de nos récoltes personnelles ou de celles de nos chasseurs, nous ont pleinement convaincu de l'existence des trois espèces précitées.

Cette opinion a été émise, avant nous, par M. Sharpe (*P. Z. S. of Lond.*, 1870, p. 143) et par M. Gurney (*in Anders. B. Damara*, p. 188); les différences de taille et de coloration ne peuvent permettre de confondre ces trois types sous une seule et même appellation.

M. Sharpe est porté à les considérer comme races géographiques. Notre opinion sur les races est assez connue pour que nous n'insistions pas; nous ferons observer, cependant, que nos trois espèces paraissent occuper plus particulièrement, chacune, une aire limitée : au Nord de la Sénégambie appartient, en effet, le *Passer Swainsonii;* le *Passer simplex* ne se rencontre guère que dans l'Ouest proprement dit, tandis que le *Passer diffusus* occupe la région Sud.

444. PASSER JAGOENSIS Gould.

Passer jagoensis Gould, Voy. Beagle Birds, 95, tab. 31.
Pyrgita jagoensis Gould, P. Z. S. of Lond., 1837, p. 77.
Passer italiæ Peale., Unit. St. Expl. Exp., 1848.

Archipel du Cap-Vert, île Saint-Vincent.

D'après Dohrn (*J. f. Orn.*, 1871, p. 9), sur la foi duquel nous inscrivons cette espèce, elle apparaîtrait en Janvier, à l'île de Saint-Vincent.

445. PASSER SALICICOLUS Cab.

Passer salicicolus Cab., Mus. Hein., I, p. 155.
Fringilla salicicola Vieill., Faun. Franç., p. 417.
Passer salicarius Keys, Wirb. Eur., p. 40.
— *hispaniolinsis* Degl., Orn. Eur., I, p. 244.

Archipel du Cap-Vert, îles Saint-Vincent et Saint-Antoine.

C'est également sur l'affirmation de Dohrn que nous citons cette seconde espèce, qui, elle aussi, serait de passage à l'Archipel du Cap-Vert.

Fam. PYRRHULIDÆ Swain.

Gen. CRITHAGRA Swain.

446. CRYTHAGRA BUTYRACEA Gray.

Crythagra butyracea Gray, Gen. of Birds, II, 384.
Fringilla butyracea Vieill., Encycl. Méth., p. 976.

Sagou. — Rare. — Gambie, Casamence, Albreda, Sedhiou, Bathurst, Zekinkior.

447. CRYTHAGRA MUSICA Hartl.

Crythagra musica Hartl., Orn. W. Afr., p. 149.
— *leucopygia* Sundev., Œfv. Vet. Ak. Forh., 1850, p. 127.
Sénégali chanteur Vieill., Ois. Chant., pl. II.

Sagou. — Assez commun. — Thionk, Diouk, Leybar, Sorres, Joalles, Rufisque, Sedhiou, Bathurst, Zekinkior, Albreda.

Fam. EMBERIZIDÆ Vig.

Gen. FRINGILLARIA Swain.

448. FRINGILLARIA FLAVIVENTRIS Hartl.

Fringillaria flaviventris Hartl., Orn. W. Afr., p. 151.
Passerina flaviventris Vieill., Encycl. Méth., p. 929.
Ortolan à ventre jaune Buff., Pl. Enl., 664, f. 2.

Ishosho. — Commun. — Kita, Bakel, Richard-Toll, N'Dilor, Babagaye, Safal, Bering, Cagnout, Maloumb, Bathurst, Albreda.

449. FRINGILLARIA SEPTEMSTRIATA Hartl.

Fringillaria septemstriata Hartl., Orn. W. Afr., p. 152.
Emberiza septemstriata Rüpp., Abyss. Wirb. Vog., t. XXX, f. 2.
— *Tahapisi* Smith., Rep. of Exp. C. Afr., p. 48.

Ishosho. — Assez commun. — Habite les mêmes localités que l'espèce précédente.

Fam. ALAUDIDÆ Boie.

Gen. CORAPHITES Cab.

450. CORAPHITES LEUCOTIS Cab.

Coraphites leucotis Cab., Mus. Hein., I, p. 124.
Pyrrhulauda leucotis Hartl., Orn. W. Afr., p. 154.
Alauda melanocephala Licht., Doubl., p. 28.

N'Diobaye. — Assez commun. — Saldé, Richard-Toll, Thionk, Dakar-Bango, Bathurst, Daranka, Sedhiou.

Heuglin (*Orn. Nordost Afr.*, I, p. 670) indique avec doute cette espèce comme existant au Cap-Vert, nous ne la connaissons pas de cette localité.

451. CORAPHITES FRONTALIS Cab.

Coraphites frontalis Cab., J. f. Orn., 1868, p. 218.
Alauda frontalis C. Bp., Consp. Av., I, p. 512.
Pyrrhulauda albifrons Blanf., Voy. Abyss., p. 391.
— *nigriceps* Dohrn, J. f. Orn., 1871, p. 3.

Archipel du Cap-Vert, île de Santiago. Teste Dohrn *(loc. cit.)*

Gen. ALAUDA Lin.

452. ALAUDA GORENSIS Vieill.

Alauda Gorensis Vieill., Encycl. Méth., p. 320.
— Sparm., Mus. Carlson., t. 16.
— Lath., Gen. Hist., Vol. IV, p. 293.
— Hartl., Orn. W. Afr., p. 153.

Sénégal (Sparm.). Teste Hartlaub *(loc. cit.)*.

Nous ne connaissons pas cette espèce et nous la citons simplement sur la foi d'Hartlaub.

453. ALAUDA ARVENSIS Lin.

Alauda arvensis Lin., Syst. Nat., I, p. 287.
Alouette ordinaire Buff., Pl. Enl., 363, f. 1.

N'Diobaye. — Assez rare. — Portendik, Cap Mirik, Argain, Elimané, Aleb, Jarra, Kaiedé.

Cette espèce, de passage pendant l'hivernage, se tient à la limite du désert et sur la lisière des forêts de Gommiers.

Gen. GALERITA Boie.

484. GALERITA SENEGALENSIS C. Bp.

Galerita Senegalensis C. Bp., Consp. Av., I, p. 245.
— Hartl., Orn. W. Afr., p. 153.
Alauda Senegalensis Gm., S. N., I, p. 797.
Alauda cristata Senegalensis Briss., Orn., III, p. 362.

N'Diobaye. — Assez commun. — Sorres, Leybar, Diouk, Joalles, Albreda, Bathurst.

Considéré par quelques-uns comme variété locale du *Galerita cristata* d'Europe, le *Galerita Senegalensis* s'en distingue par sa taille et son mode de coloration; c'est un Oiseau sédentaire en Sénégambie, où nous n'avons jamais rencontré le type Européen.

Les œufs de cette espèce, au nombre de quatre ou cinq, sont d'un blanc rosé, piqués de points et de lignes d'un brun rougeâtre; ils mesurent 0,022mm dans leur grand axe et 0,015mm dans leur grand diamètre (Pl. XXIX, fig. 20).

Gen. CALANDRELLA Kaup.

485. CALANDRELLA DESERTI C. Bp.

Calandrella deserti C. Bp., Consp. Av., I, p. 244.
Alauda deserti Licht., Doubl., p. 28.
Ammomanes deserti Cab., Mus. Hein, I, p. 123.

N'Diobaye. — Rare. — Kaiedé, Argain, Portendik, Agnitier, Aleb, Farani, Java, Gaser-El-Barka.

Cette espèce, d'Algérie, de Lybie, de Palestine, fait parfois une courte apparition en Sénégambie, au moment de l'hivernage; elle se tient alors sur la limite Nord-Est du Sahara.

456. CALANDRELLA CINCTURA Gould.

Calandrella cinctura Gould, Voy. Beagl. Birds, p. 87.
Alauda cinctura Dohrn, J. f. Orn., 1871, p. 3.
Ammomanes pallida Cab., Mus. Hein., I, p. 125.
— *arenicolor* Sundev., Œfv. Vet. Ak. Forh., 1850, p. 128.

Archipel du Cap-Vert, île Santiago, plateau de Porto-Praya; Test. Dohrn (*loc. cit.*) et Heugl. (*Orn. Nordost Afr.*, I, p. 685).

Gen. **CERTHILAUDA** Swain.

457. CERTHILAUDA NIVOSA Swain.

Certhilauda nivosa Swain., Birds W. Afr., I, p. 213.
— Hartl., Orn. W. Afr., p. 153.

N'Diobaye. — Peu commun. — Kita, Bakel, Podor, Joalles, Rufisque, Cayor, Oualo, Galam.

Les œufs du *Certhilauda nivosa*, au nombre de quatre, sont d'un jaune verdâtre, ornés de larges taches d'un brun violet plus abondantes au gros bout; ils mesurent 0,021mm sur 0,017mm (Pl. XXIX, fig. 21).

Fam. **PITTIDÆ** Strickl.

Gen. **PITTA** Temm.

458. PITTA ANGOLENSIS Vieill.

Pitta Angolensis Vieill., N. Dict. H. N., IV, p. 356.
— Hartl., Orn. W. Afr., p. 74.
Brachyurus Angolensis Ell., Monogr. Pitt., t. 5.
Pitta pulih Fras., P. Z. S. of Lond., 1842, p. 190.

Naka N'Tyeye. — Rare. — Gambie, Casamence, Sedhiou, Daranka.

Le *Pitta Angolensis* est une des espèces les plus rares de la Sénégambie; nous ne pouvons douter de sa présence dans la région Sud, puisque nous en possédons un spécimen authentique tué sur les bords de la Casamence.

Comme le fait observer M. Barboza du Bocage (*Orn. Ang.*, p. 240), le bec et les pieds sont rouge laque, et non pas noirs ou noirâtres, suivant Vieillot et Hartlaub.

Nous avons eu la bonne fortune de nous procurer un œuf de *Pitta Angolensis;* il est d'un vert pâle picté de brun rouge et porte au centre une couronne de taches de la même couleur; de forme régulièrement ovoïde, il mesure 0,027mm sur 0,017mm (Pl. XXIX, fig. 22).

COLUMBI Illig.

Fam. TRERONIDÆ Gray.

Gen. TRERON Vieill.

459. TRERON WAALIA Heugl.

Treron Waalia Heugl., Orn. Nordost Afr., I, p. 817.
Waalia Bruce, Trav. Abyss., IV, p. 212.
Columba Abyssinica Lath., Ind. Orn., Supp., p. 40.
Treron Abyssinica Hartl., Orn. W. Afr., p. 193.
Vinago Abyssinica Cuv., R. An., I, p. 492.

Mpetajhe. — Assez rare. — Gambie, Casamence, Mélacorée, Albreda, Bathurst, Zekinkior.

L'espèce habite le Gabon, le Zambèze, le Sud de l'Afrique, la Guinée, etc.

460. TRERON CALVA Gray

Treron calva Gray, Gen. of Birds, II, p. 467.
— Hartl., Orn. W. Afr., p. 192.

Columba calva Temm., Pig. Gall., I, p. 63.
Treron nudirostris Reich., Nat. Syst., Tf. p. 244.
— Hartl., Orn. W. Afr., p. 192.
Vinago nudirostris Swain., Birds W. Afr., II, p. 203.
Treron crassirostris Fras., Zool. Typ., XXVI, p. 60.
— *nudifrons* B. du Roc., Jorn. Lisb., 1867, p. 144.

Mpatajhe. — Commun. — Kita, Dagana, Bakel, Thionk, Leybar, Sorres, Albreda, Diatacondo, Bathurst, Mélacorée.

A l'exemple d'Heuglin (*Orn. Nordost Afr.*, p. 821), nous considérons les *Treron calva* et *nudirostris* comme ne formant qu'une même espèce. La seule différence invoquée en faveur de leur distinction repose uniquement sur l'étendue plus ou moins grande de la nudité rostrale; quoi qu'en dise Swainson (*loc. cit.*), la forme du bec est la même; le plumage est identique; l'examen comparatif d'un nombre assez grand d'individus nous a convaincu que le caractère invoqué est purement et simplement un effet de l'âge; aux sujets jeunes répond le *Treron nudirostris*, aux spécimens âgés, le *Treron calvus*.

Fam. COLUMBIDÆ Swain.

Gen. COLUMBA Lin.

461. COLUMBA GUINEENSIS Briss.

Columba Guineensis Briss., Orn., I, p. 132.
— *Guinea* Gm., S. N., I, p. 774.
Strictænas Guinea C. Bp., Consp. Av., II, p. 50.

Dome. — Assez commun. — Saldé, Podor, Kita, Bakel, Joalles, Daranka, Bathurst, Zekinkior.

462. COLUMBA MALHERBEI J. Verr.

Columba Malherbei J. Verr., Rev. et Mag. de Zool., 1851, p. 514.
— *chalcauchenia* Gray, Cat. Coll., 1856, p. 30.
— *iriditorques* Cass., P. Ac. N. Sc. Philad., 1856.

N'Toufa-dee. — Rare. — Gambie, Casamence, Mélacorée, Albreda, Bathurst.

Cette espèce, donnée comme spéciale au Gabon, se rencontre à l'état sédentaire dans les localités de la basse Sénégambie, où nous l'indiquons.

463. COLUMBA SCHIMPERI C. Bp.

Columba Schimperi C. Bp., Consp. Av., II, p. 48.
— *livia* Auctor.
— *livia* Hartl., Orn. W. Afr., p. 193.

Potopoto. — Commun. — M'Bao, Joalles, Rufisque et surtout la pointe du Cap-Vert, Dakar, Gorée; plus rare en Gambie et en Casamence.

Le type Sénégambien du *Columba Schimperi,* désigné sous le nom de *Biset du Sénégal,* se caractérise par une livrée que l'on ne retrouve chez aucun de ses congénères et qui diffère sensiblement des descriptions données par les auteurs. Chez le mâle adulte, les parties supérieures sont d'un vert bleu cuivré à reflets changeants; les petites couvertures des ailes, la poitrine et le ventre sont d'un gris métallique; deux larges bandes noires coupent en travers les rémiges; l'iris est rouge; les parties nues de la base du bec, sont d'un bleu rosé; les pieds, d'un rose pâle.

Il ne nous paraît pas possible d'envisager cette espèce comme une simple variété ou comme une race du *Columba livia,* suivant l'opinion de quelques-uns; notre manière de voir sur les races sauvages est connue, et quand bien même nous les accepterions, nous n'hésiterions pas à la séparer spécifiquement du type.

464. COLUMBA DOMESTICA Lin.

Columba domestica Lin., Syst. Nat., I, p. 769.
— *livia* Briss., Orn., I, p. 82.

Piso. — Assez commun. — Est élevé en domesticité à Saint-Louis, Sorres, et dans quelques postes du haut fleuve et du bas de la côte.

Nous désignons sous ce nom les diverses races du *Pigeon domestique,* introduites par les Européens et entretenues pour l'alimentation, dans les colombiers construits à cet effet; leurs mœurs et leurs habitudes sont les mêmes que celles de leurs compagnons d'Europe.

Gen. TURTUR Selby.

465. TURTUR SENEGALENSIS Briss.

Turtur Senegalensis Briss., Orn., I, p. 125.
— Hartl., Orn. W. Afr., p. 195.
Columba Senegalensis Lin., Syst. Nat., I, p. 770.

Mariame. — Commun. — Kita, Bakel, Podor, Bakoy, Falémé, Thionk, Leybar, Sorres, Hann, Dakar, Rufisque, Albreda, Bathurst.

466. TURTUR VINACEUS Schleg.

Turtur vinaceus Schleg., Mus. P. Bas. Coll., 123.
— *torquatus Senegalensis* Briss., Orn., I, p. 124, pl. XI, f. 1.
Columba Vinacea Gm., S. N., I, p. 782.

Jhallé. — Commun. — Mêmes localités que l'espèce précédente.

467. TURTUR SEMITORQUATUS Swain.

Turtur semitorquatus Swain., Birds W. Afr., II, p. 208.
— — Hartl., Orn. W. Afr., p. 196.
— *albiventris* Gray, Gen. of Birds, II, p. 472.

Mariame. — Assez commun. — Thionk, Sorres, Diouk, Leybar, Hann, M'Bao, Gambie, Casamence.

468. TURTUR ERYTHROPHRYS Swain.

Turtur erythrophrys Swain., Birds W. Afr., II, p. 207, pl. XXII.
— Hartl., Orn. W. Afr., p. 195.
Columba semitorquata Rüpp., Faun. Abyss., p. 66, t. XXIII, f. 2.

Mariama. — Assez commun. — Thiouk, Diouk, Ponte, Hann, M'Bao, pointe du Cap-Vert, les deux Mamelles, Joalles, Rufisque.

469. TURTUR LUGENS Gray.

Turtur lugens Gray, Gen. of Birds, II, p. 472.
Columba lugens Rüpp., Wirb. Abyss. Vög., p. 64, t. XXII, f. 2.

Bembe. — Rare. — Kita, Bakel, Bakoy, Bafing, Gangaran, Boukarié, Maina.

Cette espèce Abyssinienne a été rencontrée par M. le Dr Colin dans la haute Sénégambie.

Gen. PERISTERA Swain.

470. PERISTERA TYMPANISTRIA Selby.

Peristera tympanistria Selby, Pig., p. 205, pl. XXIII.
— Hartl., Orn. W. Afr., p. 197.
Columba peristera Temm., Knip. Pig., I, pl. XXXVI.

Ibembe. — Rare. — Gambie, Casamence, Mélacorée, Albreda, Zekinkior.

Du Gabon, de Rio-Nunès, de Fernando-Po, etc., ce *Peristera* vit dans les forêts du bas de la côte, où nous l'avons observé.

Gen. CHALCOPELEIA Reich.

471. CHALCOPELEIA AFRA Reich.

Chalcopeleia Afra Reich., Columb., p. 78.
— Hartl., Orn. W. Afr., p. 197.
Columba Afra Lin., Syst. Nat., I, p. 214.

Menga. — Assez commun. — Thionk, Leybar, M'Bao, Rufisque, Sebicoutane, Douzar, Kounakeri, Diaoundoun, Gadieba; plus rare en Gambie et en Casamence.

Gen. OENA Selby.

472. OENA CAPENSIS Selby.

Oena Capensis Selby, in C. Bp. Comp., II, p. 69.
— Hartl., Orn. W. Afr., p. 198.
Columba Capensis Lin., Syst. Nat., I, p. 286.

M'Boré. — Rare. — Saldé, Maina, Tombocané, Yen, Douzar, Thionk, Diaoundoun, Galam, Oualo, Gadieba.

GALLINI Dum.

Fam. PTEROCLIDÆ C. Bp.

Gen. PTEROCLES Temm.

473. PTEROCLES GUTTURALIS A. Smith.

Pterocles gutturalis A. Smith., Illust. Zool. S. Afr. Birds, pl. III.
— Elliot, P. Z. S. of Lond., 1878, p. 241.

Vayajh. — Rare. — Kita, Taalari, Bakoy, Bafing.

Ce *Pterocles* Abyssinien se montre dans la haute Sénégambie, généralement vers les mois d'Août et de Septembre; passé cette époque, on ne le rencontre plus dans la région; nous en possédons un spécimen tué à Taalari.

474. PTEROCLES SENEGALUS Gray.

Pterocles Senegalus Gray, Gen. of Birds, III, p. 519.
Tetrao Senegalus Lin., Mantiss., p. 526.
La Gelinotte du Sénégal Buff., Pl. Enl., 130.
Pterocles guttatus Licht., Verz. D. Doubl., p. 64.

Asimiraj̈h. — Assez commun. — Boukarié, Maina, Bandoubà, Thiouk, Diouk, Dakar-Bango.

Elliot, dans son étude sur la famille des *Pteroclidæ* (*loc. cit.*), assigne pour habitat à cette espèce, l'Égypte, le Sud du Sahara, le pays des Çomalis, la Nubie, la Palestine, etc.; elle vit à l'état sédentaire dans la haute Sénégambie, ainsi que dans la partie Ouest, où nous l'avons tuée fréquemment.

475. PTEROCLES ARENARIUS Temm.

Pterocles arenarius Temm., Pig. et Gall., III, p. 240.
Tetrao arenaria Pall., Nov. Comm. Petrop., XIX, p. 418.
Perdix Aragonica Lath., Ind. Orn., p. 645.

Asimiraj̈h. — Assez rare. — Portendik, Aleb, Gaser-El-Barka, Agnitier, Argain.

Nous avons observé cette espèce sur la limite Saharienne, au commencement de l'hivernage. Son aire d'extension, suivant Elliot (*loc. cit.*), comprend l'Asie, le Nord de l'Afrique, la Grande Canarie, etc., etc.

476. PTEROCLES EXUSTUS Temm.

Pterocles exustus Temm., Pl. Col., nos 354-360.
— Hartl., Orn. W. Afr., p. 205.
— Elliot, P. Z. S. of Lond., 1878, p. 248.

Asimiraïh. — Commun. — Bakel, Saldé, Dagana, Podor, Thionk, Leybar, Hann, Rufisque, Cayor, Oualo, Galam, Gambie, Casamence.

Les œufs de ce *Pterocles,* que nous possédons, ne sont pas tout à fait conformes à la description que Elliot en donne (*loc. cit.*); arrondis aux deux bouts, ils sont d'une couleur jaune brunâtre tournant à l'olive pâle et ornés de points bruns de petites dimensions; ils mesurent 0,039^{mm} dans leur grand axe et 0,025^{mm} dans leur diamètre (Pl. XXX, fig. 1).

Elliot les décrit ainsi : « the eggs are of a greenish colour, thickly spotted with grey and brown ».

Le nid consiste en une petite excavation pratiquée dans le sable; les œufs, au nombre de quatre, reposent sur une mince couche de feuilles sèches.

477. PTEROCLES QUADRICINCTUS Temm.

Pterocles quadricinctus Temm., Pig. et Gal., III, p. 252.
— — Hartl., Orn. W. Afr., p. 205.
— *tricinctus* Swain., Birds W. Afr., II, pl. XXIII.

Asimiraïh. — Assez commun. — Vit dans les mêmes localités que l'espèce précédente.

Fam. PHASIANIDÆ Vig.

Gen. GALLUS Lin.

478. GALLUS DOMESTICUS Auctor.

Gallus domesticus Auctor.
Phasianus gallus Lin., Syst. Nat., I, p. 270.

Guanare. — Commun. — Toute la Sénégambie.

Plusieurs races du Coq domestique sont élevées en Sénégambie; les marchés Nègres en sont largement pourvus; leur chair est ordinairement dure et peu appétissante, conséquence de leur mauvaise nourriture, consistant presque uniquement en fragments de Poissons secs.

Fam. MELEAGRIDÆ C. Bp.

Gen. GALLOPAVO Briss.

479. GALLOPAVO DOMESTICUS Temm.

Gallopavo domesticus Temm., Pig. Gall., p. 677.

Kopine. — Assez commun. — Saint-Louis, Sorres, Dakar, Rufisque, et les localités habitées par les Européens.

Le Dindon, moins communément élevé en Sénégambie que le Coq domestique, se rencontre cependant en assez grand nombre; toujours d'un prix relativement plus élevé que les Coqs et les Poules, il est moins recherché des Européens.

Fam. NUMIDIDÆ C. Bp.

Gen. NUMIDA Lin.

480. NUMIDA MELEAGRIS Lin.

Numida meleagris Lin., Syst. Nat., I, p. 273.
— — Hartl., Orn. W. Afr., p. 201.
— *maculipennis* Swain., Birds W. Afr., II, p. 220.

Nate. — Commun. — Saldé, Dagana, Thionk, Dakar-Bango, tout le Oualo, le Cayor, Galàm, le pays des Serrères, Merinaghem, Gadieba, Diaoundoun, etc.

La Pintade est indiquée comme habitant l'archipel du Cap-Vert.

481. NUMIDA CRISTATA Pall.

Numida cristata Pall., Spicil. Zool., IV, p. 15, pl. V.
— *Ægyptiaca* Lath., Ind. Orn., II, p. 622.

Nato. — Rare. — Albreda, Zekinkior, Bathurst, Sedhiou.

482. NUMIDA PLUMIFERA Cass.

Numida plumifera Cass., P. Ac. N. Sc. Philad., 1858, t. III.
Guttera plumifera C. Bp., Comp. Rend. Ac. Sc., 1856, p. 876.

Nato. — Rare. — Mêmes localités que le *Numida cristata*.

Ces deux espèces sont incontestablement Sénégambiennes; les exemplaires authentiques, que nous possédons, ne laissent aucun doute sur leur présence constante dans les régions du bas de la côte, où elles remontent; le Gabon et Sierra-Leone ont été indiquées, jusqu'ici, comme leur centre d'habitat.

483. NUMIDA PTYLORHYNCHA Licht.

Numida ptylorhyncha Licht., Rüpp. Syst. Ueber. N. O. Afr., p. 872.
— *meleagris* Lefeb., Voy. Abyss., p. 142.

Kami. — Rare. — Kita, Arondou, Kouguel, Makana, plaines du Bakoy, du Baling, de la Falémé, Banlonkadougou.

Nous devons à M. le Dr Colin cette espèce Abyssinienne, découverte par lui dans les plaines arides des hautes régions de la Sénégambie.

Gen. AGELASTUS Temm.

484. AGELASTUS MELEAGRIDES C. Bp.

Agelastus meleagrides C. Bp., P. Z. S. of Lond., 1849, p. 145.
— Hartl., Orn. W. Afr., p. 200.

Kaminata. — Rare. — Albreda, Bathurst, Sedhiou.

L'observation relative aux *Numida cristata* et *plumifera* s'applique à cette espèce.

Gen. PHASIDUS Cass.

Pl. XXII, fig. 1.

485. PHASIDUS NIGER Cass.

Phasidus niger Cass., Proc. Ac. N. Sc. Philad., 1856, p. 322.
— Hartl., Orn. W. Afr., p. 208.
— Elliot, Monogr. Phasian., pl. XXXIII.

N'Kouané. — Peu commun. — Gambie, Casamence, Albreda, Sedhiou.

Les descriptions, jusqu'ici données, de cette espèce remarquable, que nous avons possédée vivante, sont inexactes; aucun des exemplaires examinés ne présente les ponctuations et les vermiculations indiquées par Cassin (*loc. cit.*); le plumage, d'un noir bleuâtre changeant, montre seulement par place des tons roussâtre foncé; nous nous sommes assuré que ni l'âge ni le sexe n'étaient pour rien dans cette teinte.

Cassin (*loc. cit.*) donne aux parties nues les couleurs suivantes: « bill horn colour, with the edges of the mandibles nearly white; legs dark, naked space in head and neck probably yellow or light red ».

Elliot (*loc. cit.*) dit de son côté : « naked portion of head and neck, I presume would be red; tarsi and feet horn colour; bill also horn colour ».

Chez l'Oiseau adulte mâle vivant, les parties nues de la face et du cou sont d'un jaune de Naples brillant; la gorge et le dessous du cou, d'un beau jaune orange; le bec est brun rougeâtre; les pieds, d'un rosé vineux; et l'iris, d'un rouge carmin.

Fam. PERDICIDÆ C. Bp.

Gen. PTILOPACHYS Gray.

486. PTILOPACHYS VENTRALIS Gray.

Ptilopachys ventralis Gray, Gen. of Birds, III, 505, tab. 130, f. 5.
— *fuscus* Hartl., Orn. W. Afr., p. 203.
Perdix ventralis Less., Trait. Orn., 508.
— *fusca* Vieill., Gal. Ois., t. CCXII.

Kloker. — Assez commun. — Thionk, Leybar, Diouk, Gandiole, Douzar, Samone, Albreda, Bathurst, Sedhiou.

Gen. FRANCOLINUS Steph.

487. FRANCOLINUS BICALCARATUS Gray.

Francolinus bicalcaratus Gray, Gen. of Birds, III, p. 505.
Tetrao bicalcaratus Lin., Syst. Nat., I, p. 277.
Perdix Senegalensis Briss., Orn., I, p. 231, t. XXIV, f. 1.
Francolinus Senegalensis Steph., Gen. Zool., XI, p. 330.

Kloker. — Commun. — Habite les mêmes localités que l'espèce précédente.

C'est la Perdrix des Nègres et des Européens.

488. FRANCOLINUS ALBIGULARIS Gray.

Francolinus albigularis Gray, List. Sp. Brit. Mus., III, p. 35.
— Hartl., Orn. W. Afr., p. 201.
Chaetopus albigularis C. Bp., Comp. Rend. Ac. Sc., 1856, p. 883.

Kloker. — Assez commun. — Thionk, Leybar, Diouk, Dakar-Bango Sorres, Gandiole, Gambie, Casamence, Albreda, Sedhiou.

489. FRANCOLINUS LATHAMI Hartl.

Francolinus Lathami Hartl., Orn. W. Afr., p. 202.
Peliperdix Lathami C. Bp., Comp. Rend. Ac. Sc., 1856, p. 882.
Francolinus Peli Temm., Bijdr. Dierkde, I, p. 50, t. XV.

Kioker. — Raro. — Gambie, Casamence, Albreda, Bathurst, Zekinkior, Sedhiou.

490. FRANCOLINUS GRANTI Hartl.

Francolinus Granti Hartl., P. Z. S. of Lond., 1865, p. 665, pl. XXX.
— Gray, Handl., II, p. 265.
— Heugl., Orn. Nordost Afr., II, p. 891.

Kioker. — Rare. — Kita, Banioukadougou, Makana, Tombocané.

Découverte par M. le Dr Colin, cette espèce Abyssinienne se montre seulement à la fin de l'hivernage.

Gen. COTURNIX Mohr.

491. COTURNIX COMMUNIS Bonn.

Coturnix communis Bonn., Encycl. Méth., I, p. 217.
Tetrao coturnix Lin., Syst. Nat., I, p. 278.
Perdix coturnix Lath., Ind. Orn., II, p. 651.
La Caille Buff., Ois., II, p. 449, t. XVI.

Proupreunlito. — Commun. — Dans toute la Sénégambie à l'époque du passage.

492. COTURNIX ADANSONI Verr.

Coturnix Adansoni Verr., Rev. et Mag. de Zool., 1851, p. 515.
— Hartl., Orn. W. Afr., p. 204.

Proupprounlito. — Assez commun. — Thionk, Leybar, Dakar-Bango, Gandiole, Albreda, Sedhiou.

Le *Coturnix Adansoni* comme l'espèce suivante, indiqués au Gabon et à Sierra-Leone, sont des Oiseaux communs en Sénégambie.

493. COTURNIX HISTRIONICA Hartl.

Coturnix histrionica Hartl., Orn. W. Afr., p. 55, t. XI.
— — Hartl., Orn. W. Afr., p. 204.
— *Delegorguei* Deleg., Voy. Afr. Austr., II, p. 605.

Kioker. — Assez commun. — Mêmes localités que le *Coturnix Adansoni*.

Fam. TURNICIDÆ Gray.

Gen. ORTYXELOS Vieill.

494. ORTYXELOS MEIFFRENI Hartl.

Ortyxelos Meiffreni Hartl., Orn. W. Afr., p. 204.
Turnix Meiffreni Vieill., N. Dict. H. N., XXXIV.
Hemipodius nivosus Swain., Birds W. Afr., II, p. 223.

Kioker. — Commun. — Thionk, Dakar-Bango, Gandiole, Gangaran, Oualo, Galam.

Fam. CACCABINIDÆ Gray.

Gen. AMMOPERDIX Gould.

495. AMMOPERDIX HAYI Shelly.

Ammoperdix Hayi Shelly, Ibis, 1871, p. 143.
Perdix Hayi Temm., Pl. Col., 328-329.
Caccabis rupicola Licht., Mus. Berol. Nom., p. 85.

Kioker. — Rare. — Kita, Bakel, Kouguel, Arondou, Makana, Bandoubé.

Cette espèce du Nord-Est de l'Afrique est de passage en Sénégambie, où M. le Dr Colin l'a tuée à diverses reprises.

GRALLATORI Illig.

Fam. OTIDIDÆ Selys.

Gen. EUPODOTIS Less.

496. EUPODOTIS SENEGALENSIS Gray

Eupodotis Senegalensis Gray, Gen. of Birds, III, p. 533.
— Hartl., Orn. W. Afr., p. 206.
Otis Senegalensis Vieill., Encycl. Méth., p. 333.

Gueument. — Commun. — Cayor, Oualo, Galam, pays des Serrères, Gambie, Casamence.

Cette espèce, largement répandue dans toute la Sénégambie et que nous avons souvent tuée aux portes même de Saint-Louis, est désignée par les Européens sous le nom de *Poule de Pharaon.*

497. EUPODOTIS DENHAMI Child.

Eupodotis Denhami Child., Griff. An Kingd., III, p. 303.
— Hartl., Orn. W. Afr., p. 207.

Bedbed. — Rare. — Kita, Banionkadougou, Maina, Boukarié.

Un bel exemplaire, tué par M. le Dr Colin, ne laisse aucun doute sur l'existence dans le haut Sénégal de cet *Eupodotis,* observé à Angola, dans l'Afrique centrale et au Nord-Est (Heuglin, *Orn. Nordost Afr.,* II, p. 942).

498. EUPODOTIS ARABS Gray.

Eupodotis Arabs Gray, Gen. of Birds, III, p. 533.
Otis Arabs Lin., Syst. Nat., I, p. 264.
Autruche volant Adans., H. Nat. éd. Payer, t. II, p. 127.

Ketket. — Assez commun. — Thionk, Diouk, Dakar-Bango, Loybar, Gandiole, Gadieba, N'Diago, Rufisque.

499. EUPODOTIS MELANOGASTER Rüpp.

Eupodotis melanogaster Rüpp., Faun. Abyss., t. V, VII.
— Hartl., Orn. W. Afr., p. 207.

Ketket. — Assez commun. — Mêmes localités que l'espèce précédente; également observée en Gambie et en Casamence; Albreda, Sedhiou, Bathurst.

500. EUPODOTIS HARTLAUBI Heugl.

Eupodotis Hartlaubi Heugl., Orn. Nordost Afr., II, p. 951.
Otis Hartlaubi Heugl., J. f. Orn., 1863, p. 10.

Ketket. — Assez rare. — Kita, Bakel, Taalari, Arondou, Makana.

Les descriptions, données par Heuglin, de cette espèce et de la précédente, sont tellement conformes à nos spécimens, que nous considérons, avec lui, les deux *Eupodotis* comme entièrement distincts, contrairement à l'opinion de plusieurs Ornithologistes.

Gen. HOUBARA C. Bp.

501. HOUBARA UNDULATA Gray.

Houbara undulata Gray, List. Gen. Birds, p. 83.
Otis houbara Gm., S. N., I, p. 721.
Le Houbara Desf., Mém. Ac. Sc., 1787, t. X.
L'Outarde huppée d'Afrique Buff., H. N., II, p. 59.

Lonk. — Assez commun. — Saldé, Podor, Portendik, Leybar, Thienk, Galam, Oualo, pays des Serrères, M'Bao.

Brüe, dans son « voyage au long de la côte Occidentale d'Afrique depuis le Cap Blanc jusqu'à Sierra-Leone », dont on trouve la relation dans le Père Labat, t. III, p. 360 (1698), parle d'un Oiseau fantastique tué dans le voisinage des chutes de Gouina : « Un homme de la suite du général, est-il dit, tua un Oiseau extraordinaire, que les Français nommèrent *Quatre ailes*. Il était de la grosseur d'un Coq d'Inde, le plumage blanc, le bec gros et crochu, les pieds armés de fortes griffes, avec toutes les autres marques d'un Oiseau de proie; comme le temps de sa chasse est la nuit, on ne put juger quelle est sa proie. Il avait les ailes très grandes, très fortes, et bien garnies de plumes; mais dans la partie qui touchait à l'épaule, les plumes de dessous étaient nues et couvertes néanmoins d'autres plumes plus longues que les premières, qui, à la longueur de quatre ou cinq pouces, portaient un poil long et épais; de sorte qu'une aile, en s'étendant, paraissait en former deux, l'une, à la vérité, plus grande que l'autre, avec un espace vide entre les deux. De là vient le nom de quatre ailes, que les Français donnèrent à cet Oiseau, et tout le monde aurait cru qu'il n'en avait pas moins. »

Les commentateurs de Brüe et de Labat conjecturent que cet Oiseau appartient au genre *Secrétaire*, et qu'il a de l'analogie avec le *Serpentarius secretarius*.

Cette opinion ne nous semble pas admissible, nous ne voyons aucune relation possible entre ces deux Oiseaux. Il est difficile devant la description de Brüe d'indiquer avec certitude à quelle espèce appartient l'Oiseau dont il parle; cependant quand on considère le *Houbara undulata* vivant, comme nous l'avons fait mainte fois, et que l'on voit ses ailes à demi déployées, les longues plumes du cou, à barbes effilées, fortement relevées et formant au-dessus des ailes deux larges houppes horizontalement dirigées, on est frappé de cette disposition qui de loin figure bien certainement deux ailes doubles.

Un instant nous avions été porté à voir dans le *Quatre ailes* de Brüe une espèce du genre *Neophron*, nous fiant à la couleur blanche attribuée à l'oiseau; mais là encore le caractère principal fait défaut, et nous pensons, sans rien affirmer, que le *Houbara undulata*, plus que tout autre, pourrait bien être l'Oiseau que Brüe et ses compagnons ont les premiers découvert.

Nous avons pu nous procurer deux œufs du *Houbara undulata*, qui jusqu'ici ont été décrits d'une manière fort inexacte; ils ont une forme ovale excessivement obtuse au gros bout; sur un fond d'un rouge livide, existent de larges taches irrégulières et comme nuageuses d'un rouge laque plus ou moins pâle, mélangées d'autres taches noires et brunes, recouvrant entièrement toute la surface; ils mesurent 0,066^{mm} suivant leur axe et 0,042^{mm} dans leur grand diamètre (Pl. XXX, fig. 2).

Fam. OEDICNEMIDÆ Gray.

Gen. OEDICNEMUS Temm.

502. OEDICNEMUS CREPITANS Temm.

Oedicnemus crepitans Temm., Man. Orn., II, p. 322.
Charadrius oedicnemus Lin., Syst. Nat., I, p. 255.
Otis oedicnemus Lath., Ind. Orn., II, p. 661.
Le Grand Pluvier Buff., Pl. Enl., 919.

Beutté. — Peu commun. — Portendik, Aleb, pointe des Chameaux, Cap Mirik, Argain, Dakar, Joalles.

L'*Oedicnemus crepitans* d'Europe est de passage en Sénégambie à la fin de l'hivernage, et se tient le plus ordinairement sur la lisière du Sahara ou des localités qui en sont le plus voisines.

503. OEDICNEMUS SENEGALENSIS Swain.

Oedicnemus Senegalensis Swain., Birds W. Afr., II, p. 228.
— Hartl., Orn. W. Afr., p. 208.
Les Gros Yeux Adans., Voy. Sénég., p. 43.

Beuttebat. — Commun. — Thionk, Leybar, Hann, Gandiole, Ponte, Rufisque, Sedhiou, Sebicoutane, Albreda.

Certains Ornithologistes considèrent cette espèce comme une

simple variété de l'*Oedicnemus crepitans;* indépendamment des caractères différentiels tirés de la livrée, qui sont pour nous des caractères distinctifs, nous faisons observer que l'un est simplement de passage, tandis que l'autre est sédentaire.

Fam. CURSORIDÆ Gray.

Gen. CURSORIUS Lath.

504. CURSORIUS SENEGALENSIS Hartl.

Cursorius Senegalensis Hartl., Orn. W. Afr., p. 209.
Tachydromus Senegalensis Licht., Doubl. Cat., p. 72.
— *Temminckii* Swain., Birds W. Afr., p. 106.

Dawkat. — Assez commun. — Thionk, Leybar, Dakar-Bango, Hann, Ponte, Rufisque, Joalles, Sedhiou, Albreda.

Les œufs de ce *Cursorius*, au nombre de trois par nid, ont une forme à peu près ronde; d'un jaune éclatant, ils sont marqués de lignes irrégulières et de taches brunes, celles-ci localisées au gros bout; ils mesurent 0,031^{mm} dans leur grand axe et 0,024^{mm} de diamètre (Pl. XXX, fig. 3).

505. CURSORIUS CHALCOPTERUS Temm.

Cursorius chalcopterus Temm., Pl. Col., 298.
— Hartl., Orn. W. Afr., p. 210.
Rhinoptilus chalcopterus Strickl., P. Z. S. of Lond., 1850, p. 220.

Dawkat. — Assez commun. — Mêmes localités que son congénère.

Gen. PLUVIANUS Vieill.

506. PLUVIANUS ÆGYPTIUS Gray.

Pluvianus Ægyptius Gray, Gen. of Birds, III, p. 536.
— Hartl., Orn. W. Afr., p. 209.
Charadrius Ægyptius Lin., Syst. Nat., I, p. 254.
Le Pluvian du Sénégal Buff., Pl. Enl., 918. *Juv.*

Assez commun. — Dagana, Portendik, Podor, Thiouk, Leybar, Dakar. Bango, Gandiole, Ponte, Sedhiou.

Fam. GLAREOLIDÆ Brehm.

Gen. GLAREOLA Briss.

507. GLAREOLA PRATINCOLA Leach.

Glareola pratincola Leach., T. Linn. Soc., 1821, p. 131, f. 12.
Hirundo pratincola Lin., Syst. Nat., I, p. 345.
Glareola Senegalensis Briss., Orn., V, p. 141.
— *torquata* Briss., Orn., V, p. 145.

Assez commun. — Kita, Saldé, Leybar, Portendik, Albreda, Sedhiou.

508. GLAREOLA NUCHALIS Gray.

Glareola nuchalis Gray, P. Z. S. of Lond., 1849, p. 63.
— Hartl., Orn. W. Afr., p. 211.
— Oustal., Nouv. Arch. Mus., 1879, p. 122.

Rare. — Gambie, Casamence, Mélacorée, Bathurst, Sedhiou, Albreda.

M. Oustalet (*loc. cit.*) donne pour habitat exclusif à cette espèce : « la Nubie (environ la 5e cataracte), la Guinée (bords du Niger), le Gabon (bords de l'Ogooué); sans insister sur son existence en Sénégambie où nous l'avons tuée, nous ajouterons qu'elle est indiquée par MM. Sharpe, Barboza du Bocage et Reichenow, comme propre à Angola.

Fam. CHARADRIDÆ Swain.

Gen. CHETTUSIA C. Bp.

509. CHETTUSIA FLAVIPES Gray.

Chettusia Flavipes Gray, Handl., III, p. 11.
Vanellus Leucurus Hartl., Orn. W. Afr., p. 211.

Peu commun. — Khasa, Safal, Babagaye, Thionk, N'Guer, Kouma, N'Bilor.

A notre connaissance, cette espèce n'a jamais été observée dans la basse Sénégambie.

Gen. LOBIVANELLUS Strickl.

510. LOBIVANELLUS SENEGALENSIS Lörp.

Lobivanellus Senegalensis Rüpp., Syst. Ueber. N. O. Afr., p. 117.
— *Senegalus* Hartl., Orn. W. Afr., p. 213.
Vanellus Senegalensis armatus Briss., Orn., V, p. 111.
— *albicapillus* Vieill., N. Dict. H. N., XXXV, p. 205.
— *strigillatus* Swain., Orn. W. Afr., II, p. 241, pl. XXVII.

Uett-Uett. — Commun. — Kita, Bakel, Saldé, Thionk, N'Guer, Gandiole, Dakar, M'Bao, Sedhiou, Sainte-Marie.

Gen. HOPLOPTERUS C. Bp.

511. HOPLOPTERUS SPINOSUS C. Bp.

Hoplopterus spinosus C. Bp., Comp. List. B. Eur. and N. Am., 46.
— Hartl., Orn. W. Afr., p. 214.
Charadrius spinosus Lin., Syst. Nat., I, p. 256.

Teme. — Commun. — Mêmes localités que l'espèce précédente.

512. HOPLOPTERUS ALBICEPS Gurney.

Hoplopterus albiceps Gurney, Ibis, 1868, p. 255.
— Hartl., Orn. W. Afr., p. 214
Sarciophorus albiceps Fras., Zool. Typ., pl. LXIV.

Rare. — Gambie, Mélacorée, Casamence, Sedhiou, Sainte-Marie. Daranka.

C'est un des types du Gabon, de Fernando-Po, etc., qui remontent dans la basse Sénégambie.

Gen. SARCIOPHORUS Strickl.

513. SARCIOPHORUS PILEATUS Strickl.

Sarciophorus pileatus Strickl., P. Z. S. of Lond., 1841, p. 33.
Charadrius pileatus Gm., S. N., I, p. 961.
Hoplopterus tectus Gray, Handl. Birds, III, p. 13.

Uett-Uett. — Assez commun. — N'Guer, les Maringouins, Kouma, N'Bilor, Malounb, Ghimbering.

Gen. SQUATAROLA Cuv.

514. SQUATAROLA VARIA Boie.

Squatarola varia Boie, Isis, 1828.
Vanellus varius Briss., Orn., V, p. 100.
— *Helveticus* Vieill., N. Dict. H. N., XXXV, p. 215.

Huetba. — Peu commun. — Observé à la fin de l'hivernage, à Sorres, Gandiole, Arguin, au Cap Blanc et à la baie du Lévrier.

Gen. CHARADRIUS Lin.

515. CHARADRIUS APRICARIUS Gm.

Charadrius apricarius Gm., S. N., I, p. 687.
— *pluvialis* Lin., Syst. Nat., I, p. 254.
— — Hartl., Orn. W. Afr., p. 215.

Peu commun. — De passage à la même époque et dans les mêmes localités que le *Squatarola varia*.

Gen. AEGIALITES Boie.

516. AEGIALITES TRICOLLARIS Gray.

Aegialites tricollaris Gray, List. Sp. Br. Mus.
Charadrius tricollaris Vieill., Encycl. Méth., II, p. 338.
— *bitorquatus* Licht., Isis, 1829, p. 651.

Assez rare. — Gambie, Casamence, Mélacorée, Sedhiou, Bathurst, Daranka.

517. AEGIALITES FLUVIATILIS Gray.

Aegialites fluviatilis Gray, Handl. Birds, III, p. 15.
Charadrius fluviatilis Bech., Vög. Deutschl., IV, p. 422.
Aegialites zonatus Hartl., Orn. W. Afr., p. 216.

Assez commun. — Gambie, Casamence, Sedhiou, Bathurst, Daranka, Zekinkior.

518. AEGIALITES PECUARIUS Lay.

Aegialites pecuarius Lay., Ibis, 1867, p. 244.
Charadrius pecuarius Temm., Pl. Col., 183.

Rare. — Kita, Bakel, Banionkadougou, Bakoy, Bafing, Fa'émé.

Cette espèce, du Sud et du Nord-Est de l'Afrique, nous a été communiquée par M. le Dr Colin qui l'a tuée dans le haut Sénégal.

519. AEGIALITES CANTIANA Boie.

Aegialites cantiana Boie, Isis, 1826, p. 978.
Charadrius cantianus Lath., Ind. Orn., Supp., p. 66.

Peu commun. — Cap Blanc, Baie du Lévrier, Argain, Pointe de Barbarie.

Cet *Aegialites* est de passage seulement à la fin de l'hivernage.

520. AEGIALITES MARGINATUS Cass.

Aegialites marginatus Cass., P. Ac. Sc. Philad., 1859, p. 173.
Charadrius marginatus Vieill. (non Geoff.), N. Dict. H. N., XXVII, p. 138.

Rare. — Kita, Falémé, Bakoy, Bafing, bords du Niger.

L'aire d'habitat de cette espèce s'étend du Cap au Gabon; on l'observe également dans le pays des Damaras, à Angola et à Madagascar. Sa présence dans le haut Sénégal nous est signalée par M. le Dr Colin; déjà Tomson l'avait indiquée sur les bords du Niger, dans le voisinage immédiat de nos possessions Sénégambiennes.

Fam. CINCLIDÆ Gray.

Gen. CINCLUS Mœhr.

521. CINCLUS INTERPRES Gray.

Cinclus interpres Gray, Gen. of Birds, III, p. 549.
Tringa interpres Lin., Syst. Nat., I, p. 248.
Strepsilas interpres Hartl., Orn. W. Afr., p. 217.

Assez commun. — Gambie, Casamence, Mélacorée, Sedhiou, Bathurst, Daranka, Diataconda.

Fam. HÆMATOPODIDÆ Gray.

Gen. HÆMATOPUS Lin.

522. HÆMATOPUS OSTRALEGUS Lin.

Hæmatopus ostralegus Lin., Syst. Nat., I, p. 257.
— Hartl., Orn. W. Afr., p. 217.
Ostraligus vulgaris Less., Rev. Zool., 1839, p. 351.

Sathiou. — Assez commun. — Cap Blanc, Argain, la Bayadère, les Almadies, Angel, Tanit; très rarement observé vers le Sud.

Nous l'avons tué une seule fois au Cap Naz.

523. HÆMATOPUS MOQUINI C. Bp.

Hæmatopus Moquini C. Bp., Tabl. Echass., p. 39.
— — Hartl., Orn. W. Afr., p. 218.
— *niger* Cuv. *(pro parte)*, R. An., I, p. 469.

Sathiou. — Rare. — Diatacondo, Sedhiou, Bathurst, Daranka, Mélacorée.

Jusqu'ici, le sud de l'Afrique et le Gabon étaient connus comme localités Africaines de cet *Hæmatopus*.

Fam. GRUIDÆ Vig.

Gen. GRUS Lin.

524. GRUS CINEREA Bech.

Grus cinerea Bech., Nat. Gesch., IV, p. 103.
Ardea grus Lin., Faun. Suec., p. 167.
La Grue Buff., Ois., IV, p. 287.

Kimba. — Très rare. — Cap Blanc, Argain, Angel, les Almadies.

La Grue d'Europe apparaît au moment du passage sur les rivages de la côte Ouest de la Sénégambie; nous en possédons trois exemplaires tués sur le banc d'Angel, l'un par nous, les deux autres par un de nos chasseurs.

Gen. BUGERANUS Glog.

525. BUGERANUS CARUNCULATUS Gurney.

Bugeranus carunculatus Gurney, in Anders. B. Damara, p. 278.
Ardea carunculata Lin., Syst. Nat., I, p. 643.
Grus carunculata Gray, Gen. of Birds, III, p. 532, pl. CXLVIII.

Koulokamba. — Assez rare. — Sedhiou, Daranka, île aux Chiens, Bathurst, plaines du Bafing, Portendik.

Cet Oiseau, dit M. Barboza du Bocage (*Orn. Ang.*, p. 437), appartient à la faune du Sud de l'Afrique. Heuglin (*Orn. Nordost Afr.*, p. 1253) l'indique dans la région qu'il décrit; d'après Peters, il existerait aussi dans le Mozambique.

Il habite également le Nord-Est et le Sud de la Sénégambie, d'où plusieurs individus nous ont été rapportés; nous en avons tué un dans les environs de Portendik. Les Nègres emploient son bec et ses caroncules pour fabriquer certains Grigris.

Gen. ANTHROPOIDES Vieill.

526. ANTHROPOIDES VIRGO Vieill.

Anthropoides virgo Vieill., Encycl. Méth., p. 1141.
Ardea virgo Lin., Syst. Nat., I, p. 234.
Grus Numidica Briss., Orn., V, p. 338.
Demoiselle de Numidie Buff., Pl. Enl., 134.

Koumäjh. — Assez rare. — Kita, rives de la Falémé, Sedhiou, Thionk, Bathurst, lac de N'Guer.

Malgré l'opinion contraire de certains auteurs, l'*Anthropoides virgo* existe en Sénégambie, où nous l'avons étudié; nous nous sommes procuré ses œufs, ils sont longuement ovoïdes, d'un chamois pâle, finement piquetés de brun, avec de larges taches éparses sur toute la surface. Ces œufs sont déposés au nombre de quatre dans une cavité pratiquée dans le sable, sans aucune matière étrangère destinée à les protéger; ils mesurent 0,084^{mm} suivant leur axe et 0,052^{mm} dans leur diamètre (Pl. XXX, fig. 4).

Gen. BALEARICA Briss.

527. BALEARICA PAVONINA Wagl.

Balearica pavonina Wagl., Syst. Av., p. 1.
Ardea pavonina Lin., Syst. Nat., I, p. 233.
Oiseau royal Buff., Pl. Enl., 265.

Diambe. — Commun. — Bakel, Richard-Toll, Maloumb, Samatite Cagnout, Diouk, Sorres, Leybar, M'Bao, Joalles, Ponte, Hann.

Cette espèce est désignée par les Européens sous le nom d'*Oiseau Trompette*. Labat (*op. cit.*, t. II, p. 230) l'appelle *Paon d'Afrique* ou *Peignez*; « c'est particulièrement au marigot des Maringouins, dit-il, qu'on trouve les oiseaux auxquels les Français ont donné le nom de Peignez; ils sont de la grosseur de nos Coqs d'Inde, leur plumage est gris mêlé de blanc et de noir; ils ont la tête couverte au lieu de plumes d'une espèce de crin doux et long de quatre à cinq pouces qui leur pend des deux côtés et qui est un peu frisé par le bout, la queue est dessus d'un noir lustré comme du jais, et le dessous blanc comme de l'ivoire. »

Malgré cette description peu exacte, il est cependant facile de reconnaître le *Balearica pavonina*.

528. BALEARICA REGULORUM Gray.

Balearica regulorum Gray, Gen. of Birds, III, p. 533.
Grus regulorum Licht., Verz. Doubl., p. 118.
Anthropoides regulorum Vig., P. Z. S. of Lond., 1833, p. 118.

Diambe. — Rare. — Gambie, Casamence, Mélacorée, Kagniac-Cay, Malo..mb, Monsor, Samatite, Wagran.

Les deux *Balearica* Africains existent en Sénégambie, où nous les avons tués l'un et l'autre; seulement ils paraissent occuper chacun une région différente, c'est-à-dire que le *Balearica pavonina* occupe l'Ouest, tandis que le *Balearica regulorum* habite particulièrement le Sud.

Fam. ARDEIDÆ Leach.

Gen. ARDEA Lin.

529. ARDEA CINEREA Lin.

Ardea cinerea Lin., Syst. Nat., I, p. 236.
— *cristata* Briss., Orn., V, p. 396, pl. XXXIV-XXXV.
Le Héron Huppé Buff., Pl. Enl., 755.

Okogo. — Peu commun. — Portendik, Cap Blanc, Argain, les Almadies.

Cette espèce est de passage en Sénégambie. Dohrn (*J. f. Orn.*, 1871, p. 3) la cite à l'archipel du Cap-Vert, où elle serait également de passage : « scheint sich nur setzen auf dem zuge so weit zu verirren. Ich sah auf S. Nicolas ein dort erlegtes übel augestopftes exemplar. »

530. ARDEA MELANOCEPHALA Child.

Ardea melanocephala Child., Den. Clap. Nair. App., 201.
— *atricollis* Wagl., Syst. Av. Ard., sp. 4.
— — Hartl., Orn. W. Afr., p. 219.

Okogo. — Peu commun. — Gambie, Casamence, Mélacorée, Bathurst, Albreda, Sedhiou.

Gen. **ARDEOMEGA** C. Bp.

531. ARDEOMEGA GOLIATH C. Bp.

Ardeomega Goliath C. Bp., Consp. Av., II, p. 109.
Ardea Goliath Temm., Pl. Col., 474.
— Hartl., Orn. W. Afr., p. 219.

Gnangeh. — Peu commun. — Lac de N'Guer, Khaza, Kouma, Kouguel, Makana, Taalari, mares aux Biches.

L'aire d'habitat de cette espèce s'étend sur toute l'Afrique.

Gen. **PYRRHERODIA** Finsh et Hartl.

532. PYRRHERODIA PURPUREA Finsh et Hartl.

Pyrrherodia purpurea Finsh et Hartl., Orn. O. Afr., p. 676.
Ardea purpurea Lin., Syst. Nat., I, p. 236.
Le Héron pourpré Buff., Pl. Enl., 788.

N'Gobé. — Peu commun. — Gambie, Casamence, Albreda, Sedhiou, Maloumb, Daranka.

Gen. DEMIGRETTA Blyth.

533. DEMIGRETTA ARDESIACA Heugl.

Demigretta ardesiaca Heugl., Orn. Nordost Afr., p. 1057.
Ardea ardesiaca Wagl. (*non Less.*), Syst. Av. Ard., sp. 20.
Herodias ardesiaca Hartl., Orn. W. Afr., p. 222.

Irouani. — Commun. — Bakel, Médine, Kouguel, Arondou, Makana, Taalari, N'Guer.

Cette espèce se retrouve en Guinée, dans le Benguela, le Sud de l'Afrique, le Zambèze, le Mozambique et à Madagascar d'après Layard, Peters et Heuglin.

Gen. LEPTERODIAS H. et Ehr.

534. LEPTERODIAS GULARIS Heugl.

Lepterodias gularis Heugl., Orn. Nordost Afr., p. 1050.
Ardea gularis Bosc., Act Soc. H. N., I, p. 4.
Herodias gularis Hartl., Orn. W. Afr., p. 221.
— *schistacea* Hartl., Orn. W. Afr., p. 221.

Irouani. — Commun. — Habite les mêmes localités que l'espèce précédente; comme elle aussi, elle est répandue sur tout le continent Africain.

Gen. HERODIAS Boie.

535. HERODIAS FLAVIROSTRIS Hartl.

Herodias flavirostris Hartl., Orn. W. Afr., p. 220.
Ardea flavirostris Wagl., Syst. Av., sp. 9.
Egretta flavirostris C. Bp., Consp. Av., II, p. 116.

Sakourajh. — Commun. — Gambie, Casamence, Bathurst, Sedhiou, Albreda.

536. HERODIAS MELANORHYNCHA Hartl.

Herodias melanorhyncha Hartl., Orn. W. Afr., p. 221.
Ardea melanorhyncha Wagl., Syst. Av., n° 117.

Sakourajh. — Très commun. — Tous les marigots de la Sénégambie.

Nous nous sommes assuré que les couleurs du bec, des parties nues, des pieds, etc., ne variaient pas suivant l'âge et le sexe, et que, malgré bien des rapports dans le plumage, ces caractères et ceux tirés de la taille militaient en faveur de la séparation des espèces; aussi ne pouvons-nous réunir les *Herodias flavirostris* et *melanorhyncha*. Nous ferons observer, en outre, que nos deux types ne se mélangent pas; le premier semble propre au bas de la côte, et nous n'avons jamais vu le second que dans les localités Nord-Est et Ouest.

Gen. GARZETTA Kaup.

537. GARZETTA GARZETTA Gray.

Garzetta garzetta Gray, Handl. Birds, III, p. 28.
Ardea garzetta Lin., Syst. Nat., I, p. 237.
— *egretta* Briss., Orn., V, p. 431.
Herodias garzetta Hartl., Orn. W. Afr., p. 221.

Sakourajh. — Excessivement commun sur les marigots de toute la Sénégambie.

Cette espèce fait son nid dans les roseaux ou les branches basses des Palétuviers; il est composé de feuilles et de branchages desséchés, grossièrement unis entre eux, et contient de dix à quinze œufs très pointus à un bout, d'un vert pré uniforme et des plus brillants; leur axe mesure 0,042mm; leur grand diamètre, 0,026mm (Pl. XXX, fig. 5).

Gen. BUBULCUS Puch.

538. BUBULCUS IBIS Heugl.

Bubulcus Ibis Heugl., Ibis, 1859, p. 346.
Ardea bubulcus Savig., Desc. Egyp. Zool., I, p. 298, t. VIII, f. 1.
Bubulcus bubulcus Hartl., Orn. W. Afr., p. 222.

Kounanke. — Commun. — Comme l'espèce précédente, cette espèce se rencontre sur tous les marigots de la Sénégambie.

Gen. BUPHUS Boie.

539. BUPHUS COMATUS C. Bp.

Buphus comatus C. Bp., Consp. Av., II, p. 126.
Ardea comata Pall., Reise, II, p. 715.
Buphus comata Hartl., Orn. W. Afr., p. 223.

Kounanke. — Assez commun. — Leybar, Diouk, Sorres, Gandiole, Hann, Ponte, M'Bao, Joalles, Sedhiou, Albreda, Zekinkior.

Gen. ARDETTA C. Bp.

540. ARDETTA MINUTA Gray.

Ardetta minuta Gray, Handl. Birds, III, p. 31.
— Hartl., Orn. W. Afr., p. 224.
Ardea minuta Lin., Syst. Nat., I, p. 240.

Sakourajh. — Assez commun. — Gambie, Casamence, Sedhiou, Daranka.

Cette espèce du Gabon, d'Angola, du Sud de l'Afrique, du Zambèze, de Madère, des Açores, de Syrie, de Palestine, etc., etc., n'avait pas encore été, que nous sachions, rencontrée en Sénégambie.

541. ARDETTA PODICEPS Hartl.

Ardetta Podiceps Hartl., Orn. W. Afr., p. 224.
Ardeola Podiceps C. Bp., Consp. Av., II. p. 134.

Kounajh. — Assez rare. — Gambie, Casamence, Sedhiou, Sainte-Marie.

Gen. ARDEIRALLA J. Verr.

542. ARDEIRALLA STURMI J. Verr.

Ardeiralla Sturmi J. Verr., in C. Bp. Consp. Av., II, p. 131.
Ardetta Sturmi Gray, Gen. of Birds, III, p. 556.
— Hartl., Orn. W. Afr., p. 224.

Kounajh. — Peu commun. — Gambie, Casamence, Sedhiou, Distaconda, Daranka.

L'aire d'habitat de cette espèce s'étend au Congo, au Benguela, au Damara, au Zambèze, à la Cafrerie, à Natal, etc.

Gen. BUTORIDES Blyth.

543. BUTORIDES ATRICAPILLA Hartl.

Butorides atricapilla Hartl., Orn. W. Afr., p. 223.
Ardea atricapilla Afzel. Act. Stockh., 1804.
Egretta thalassina Swain., Menag., p. 333.

Kounajh. — Commun. — Se rencontre sur les marigots de toute la Sénégambie.

L'espèce est répandue sur tout le continent, ainsi qu'à Madagascar, Maurice et la Réunion.

Gen. BOTAURUS Briss.

544. BOTAURUS STELLARIS Steph.

Botaurus stellaris Steph., Gen. Zool., XI, p. 600.
Ardea stellaris Lin., Syst. Nat., I, p. 239.
Le Butor Buff., Pl. Enl., 789.

Sakoukou. — Assez commun. — Leybar, Thionk, les Maringouins, les Almadies, Argain, îles de la Madeleine.

Le Butor d'Europe visite la Sénégambie à la fin de l'hivernage; nous ne l'avons jamais observé, passé cette époque.

Gen. NYCTICORAX Steph.

545. NYCTICORAX EUROPÆUS Steph.

Nycticorax Europæus Steph., Gen. Zool., XI, p. 609.
— *griseus* C. Bp., Consp. Av., II, p. 140.
Ardea nycticorax Lin., Syst. Nat., I, p. 235.

Konotoukouma. — Assez commun. — Mêmes localités que le *Botaurus stellaris*, où il se montre à la même époque.

Gen. CALHERODIUS C. Bp.

546. CALHERODIUS LEUCONOTUS Heugl.

Calherodius leuconotus Heugl., Orn. Nordost Afr., p. 1088.
— *cucullatus* Hartl., Orn. W. Afr., p. 225.
Ardea leuconotos Wagl., Syst. Av., sp. 33.
Nycticorax leuconotus Licht., Nom. Av., p. 90.

Bakokono. — Assez commun. — Thionk, Diouk, Safal, Sedhiou, Daranka.

Gen. TIGRISOMA Swain.

547. TIGRISOMA LEUCOLOPHUM Jard.

Pl. XXIII, fig. 1.

Tigrisoma leucolophum Jard., Ann. and Mag. N. H., vol. 17, p. 51.
— Hartl., Orn. W. Afr., p. 225.

Doumourono. — Peu commun. — Sedhiou, Daranka, Bathurst, Albreda, Thionk, Kita, Taalari.

Nous possédons deux spécimens de cette espèce rare et jusqu'ici observée seulement au Gabon, à Angola, au Rio-Boutry et au Vieux Calabar. De ces deux spécimens, l'un a été tué par nous à Thionk, le second à Taalari par M. le Dr Colin, c'est-à-dire à l'Ouest et au Nord-Est de la Sénégambie; l'un et l'autre sont adultes et du sexe mâle, ce qui nous permet d'en donner la description suivante :

Adulte ♂ — (*Type figuré* Pl. XXIII, fig. 1). — Plumage, d'un vert olive métallique à reflets plus pâles et brillants; dessus de la tête et derrière du cou, du même vert olive foncé; huppe blanche; face, côtés du cou, poitrine et ailes, vert métallique à bandes plus ou moins larges d'un roux cannelle; abdomen, flancs, d'un jaunâtre saumon pâle, avec quelques taches arrondies vert olive et de longues bandes blanches; bec, à mandibule supérieure vert olive pâle, l'inférieure jaune; parties nues de la face bleu pâle; iris jaune clair; pieds verts.

Longueur totale	530	millimètres.
— des ailes	260	—
— de la queue	110	—
— du bec	60	—
— du tarse	70	—

Cette description et ces mesures s'appliquent aux deux individus adultes que nous possédons et dont nous avons minutieusement vérifié le sexe; les teintes du mâle comparées à celles de la femelle, telles que les donnent MM. Barboza du Bocage et Hartlaub, présentent de très faibles différences.

La femelle se distingue par une taille plus faible, l'absence de huppe blanche et moins d'éclat et de vivacité dans la livrée, pour tout le reste elle est semblable au mâle.

Fam. CICONIIDÆ Selys.

Gen. CICONIA Lin.

548. CICONIA ALBA

Ciconia alba Briss., Orn., V, p. 365, t. XXXII
— Hartl., Orn. W. Afr., p. 226.
Ardea ciconia Lin., Syst. Nat., I, p. 235.

Peu commun. — Portendik, Cap Blanc, les Almadies.

Cette espèce, de passage en Sénégambie, ne séjourne que très peu de temps dans les localités qu'elle visite.

Gen. MELANOPELARGUS Reich.

549. MELANOPELARGUS NIGER Reich.

Melanopelargus niger Reich., Nat. Syst., t. CLXV, fig. 453.
Ciconia nigra Briss., Orn., V, p. 362.
Ardea nigra Lin., Syst. Nat., I, p. 235.

Secondiamo. — Assez rare. — Kita, Bakel, Boukarié, Maina, Richard-Toll, Sedhiou, Albreda, Bathurst.

Nous considérons cette espèce comme étant aussi de passage, ne l'ayant rencontrée qu'au temps de l'hivernage.

Gen. ABDIMIA C. Bp.

550. ABDIMIA ABDIMII Gray.

Abdimia Abdimii Gray, Handl. Birds, III, p. 35.
Ciconia Abdimii Licht., Verz. Doubl., p. 76.
— Hartl., Orn. W. Afr., p. 227.
Sphenorhynchus Abdimii Ehren., Symb. Phys. Av., II, t. V.

Secondiamo. — Assez commun. — Bakel, Bakoy, Bafing, Richard-Toll, Boukarié, Maina, Sedhiou, Zekinkior.

L'aire d'habitat de cette Cigogne comprend le Sud de l'Afrique, le Zambèze, le Mozambique, et une partie de l'Afrique centrale.

Gen. DISSOURA Cab.

551. DISSOURA LEUCOCEPHALA Cab.

Dissoura leucocephala Cab., Dek. Reis., III, p. 48.
Ciconia leucocephala Horsf., Trans. Linn. Soc., 1821, p. 188.
— — Hartl., Orn. W. Afr., p. 227.
— *episcopus* Bodd., Tab., Pl. Enl.

Kandejh. — Assez rare. — Gambie, Casamence, Sedhiou, Albreda, Diatacoada, Bathurst. Plus rare au Nord, Kita, Maina, Falémé.

Gen. MYCTERIA Lin.

552. MYCTERIA SENEGALENSIS Lath.

Mycteria Senegalensis Lath., Ind. Orn., Supp., pl. 64.
— Hartl., Orn. W. Afr., p. 228.
Ciconia Senegalensis Vieill., Gal., pl. CCLV.
Jabiru du Sénégal Lath., Gen. Hist., IX, p. 19.

Serignajh. — Commun. — Plaines de Bakel, Portendik, Bafoulabé, Gandiole, Richard-Toll, Babagaye, pays des Serrères, Maloumb, Monsor, Wagran.

Gen. LEPTOPTILOS Less.

553. LEPTOPTILOS CRUMENIFERUS Less.

Leptoptilos crumeniferus Less., Trait. Orn., p. 585.
— Hartl., Orn. W. Afr., p. 228.
Ciconia crumenifera Schleg., Mus. P. B., p. 12.
— *vetula* Sundev., Phys. Sallsk. Tijds., 1838, I, 108.
Argala crumenifera C. Bp., Consp. Av., II, p. 117.

Baboukey. — Commun. — Habite les mêmes localités que l'espèce précédente.

Les peaux préparées de cet Oiseau sont l'objet d'un commerce important; ses longues plumes sous-caudales, blanches et légères, désignées sous le nom de *Marabouts,* sont employées dans la parure. Le bec est d'un jaune sale brun à la base, les pieds blanchâtres et comme poudreux; l'iris d'un fauve cannelle pâle, les teintes de ces parties données par M. Barboza du Bocage (*Orn. Ang.*, p. 453) sont complètement inexactes.

Fam. ANASTOMATIDÆ C. Bp.

Gen. ANASTOMUS Bonn.

554. ANASTOMUS LAMELLIGERUS Temm.

Anastomus lamelligerus Temm., Pl. Col., 236.
— Hartl., Orn. W. Afr., p. 229.
Hians Capensis Less., Man. Orn., II, p. 252.
Hiator lamelligerus Reich., Nat. Syst., t. 167, f. 438.

M'Pitowenda. — Assez commun. — Bakel, Bafoulabé, Gangaran, Damarkour, Babagaye, Sedhiou, Berlng, Ghimbering, Daranka.

Fam. SCOPIDÆ C. Bp.

Gen. SCOPUS Briss.

555. SCOPUS UMBRETTA Gm.

Pl. XXIV, fig. 1 à 4.

Scopus umbretta Gm., S. N., I, p. 618.
— Hartl., Orn. W. Afr., p. 229.
Ardea fusca Forst., éd. Licht., p. 47.
Cephus scopus Wagl., Syst. Av., p. 140.
L'Ombrette du Sénégal Buff., Pl. Enl., 790.

Hab. — Commun. — Mêmes localités que l'espèce précédente, et toute la Sénégambie, ainsi que le continent Africain.

Les mœurs du *Scopus umbretta* ont été singulièrement interprétées; il semble que les observateurs se soient donné le mot pour inventer sur cet Oiseau les histoires les plus fantastiques, et c'est avec peine que nous voyons des Ornithologistes de mérite accepter ces rêveries sans discussion.

Comme Layard, Delgorgues, Ayres, Kirck, Monteiro, Holub, etc., nous avons étudié l'Ombrette dans les régions où elle habite; aussi devons-nous proclamer hautement que les récits de ces Naturalistes sont entachés des plus grossières erreurs.

« Le 30 janvier 1843, dit Delgorgues (*Voy. Afr. Austr.*, t. I, p. 516), je rencontrai un nid monstrueux couvert par un toit épais par le haut, n'ayant qu'une issue vers le Nord, sise sur un des côtés; la forme de cette issue n'était pas ronde, mais quadrangulaire; ce nid avait plus de six pieds de diamètre, et était formé d'une immense quantité de buchettes dont quelques-unes avaient la grosseur du petit doigt; l'Oiseau qui les construit n'est autre que le *Hamer-Kop* (*Tête de marteau*) des colons, *Ardea umbretta* des Naturalistes. »

« L'Ombrette, écrit Layard (*The Birds of S. Africa*, 1867, p. 593), est un Oiseau étrange, voltigeant dans l'obscurité avec une grande vivacité, il fait sa proie de Grenouilles et de petits Poissons, et quand deux ou trois individus viennent chasser sur le même petit étang, ils exécutent des danses singulières, sautant en rond les uns en face des autres, ouvrant et fermant leurs ailes et prenant les poses les plus grotesques, ils construisent des nids énormes et tellement solides que leur toit peut supporter le poids d'un homme fort ; ils ont un petit trou pour entrée et leurs œufs au nombre de 3 ou 5 sont d'un blanc pur. »

« J'appris, il y a peu de temps, raconte Ayres (*Ibis*, 1880, *vol.* IV, *fourth. ser.*, p. 268), que ce singulier Oiseau prenait sa nourriture dans un fossé peu profond ; il tâte tout autour de lui, avec ses pieds, en faisant des courbettes d'une façon des plus comiques, de manière à tourmenter les Grenouilles et les Crabes dont il se nourrit. »

Pour le Dr Kirck (*Ibis*, 1864, *vol.* VI, p. 333), « cet Oiseau est sacré et considéré comme possédant le pouvoir de sorcellerie; son nid colossal mesure six pieds de diamètre, sa forme est aplatie; la plus grande partie de sa masse est composée de bâtons et de branches d'arbres intimement tissés ensemble, ces nids servent au même couple pendant plusieurs années de suite ».

La version de Monteiro est tout autre (*Angola and the riv. Congo, vol.* II, 1875, p. 73) : « les naturels m'ont affirmé que l'Ombrette ne construit jamais elle-même son nid, mais que des Oiseaux de diverses espèces le bâtissent pour elle; si, ajoute-t-il, quelqu'un vient à se baigner dans l'étang où cet Oiseau a coutume de laver et de nettoyer ses plumes, aussitôt il est atteint d'une éruption semblable à la Gale ».

M. Gerbe, dans l'édition Française de la vie des animaux de Brehm (t. II, p. 628-629), va plus loin : « J'ai souvent vu, s'exprime-t-il, son nid énorme à ouverture parfaitement circulaire; ce nid extérieurement a de 1m65 à 2 mètres de diamètre et environ autant de hauteur, il est bombé en forme de dôme, l'intérieur est divisé en trois chambres complètement séparées l'une de l'autre, antichambre, chambre à demeure, chambre à coucher; ces chambres sont aussi bien construites que l'est l'intérieur du nid, l'entrée en est juste suffisante pour donner passage à l'Oiseau. La dernière chambre est située plus haut que les deux antérieures et de façon à ce que l'eau qui y entrerait puisse s'en écouler; mais le tout est si solidement établi que les pluies même les plus fortes ne peuvent l'endommager. La chambre à coucher est la plus vaste, elle est aussi la plus reculée et

20

c'est là que le mâle et la femelle couvent alternativement les deux œufs, qui, composant toute la couvée, reposent sur une couche molle de roseaux et de feuilles; la pièce moyenne sert à recevoir le produit des chasses; dans toute saison on y trouve des os d'animaux desséchés ou putréfiés; la chambre antérieure, la plus petite des trois, est une sorte de guérite où se tient l'Oiseau veillant à tout ce qui se passe, avertissant sa compagne par un cri et l'invitant ainsi à prendre la fuite. J. Verreaux croit se souvenir, sans en être sûr, que les œufs sont d'un blanc verdâtre semés de *quelques* taches *nombreuses*. »

Enfin, nous copions textuellement le passage suivant, que nous empruntons à la Conférence faite par M. Oustalet à la Sorbonne, le 10 mars 1883, sur l'architecture des Oiseaux, conférence publiée dans le Bulletin de l'Association Scientifique de France (p. 27 *du tirage à part*) : « Au point de vue zoologique, c'est dans le voisinage des Hérons que se place l'Ombrette, Échassier de taille moyenne et portant une livrée brune, qui habite l'île de Madagascar et toute l'Afrique australe, où il a été observé récemment par M. le Dr Holub. Dans cette dernière région l'espèce est connue sous le nom vulgaire de *Hammer-Kopf* (*Tête en marteau*),... l'Ombrette ne fréquente pas les marécages à la manière de beaucoup d'Échassiers et recherche surtout les courants et les ruisseaux limpides. Pendant des heures entières, cet Oiseau à la physionomie étrange se promène le long de la rive, comme un philosophe péripatéticien; il semble plongé dans de profondes méditations et s'en va le dos voûté en penchant sa tête chenue qu'il secoue de temps en temps comme pour chasser quelque pensée importune, à quoi peut-il songer? il cherche tout bonnement sur le sol les petits Mollusques dont il fait sa nourriture. Tout à coup il voit une ombre se projeter devant lui, il lève brusquement la tête et se trouve nez à nez avec un autre individu de son espèce; aussitôt il quitte son air absorbé et se met à exécuter une pyrrhique grotesque; son compagnon lui fait vis-à-vis pendant quelques instants; puis tous deux reprennent en sens inverse leur promenade méthodique.

» Le nid de l'Ombrette ne mesure pas moins de deux à trois mètres de circonférence à la partie supérieure, sur $0^m,50$ à $0^m,90$ de haut et pèse jusqu'à deux cents livres; il est en forme de cône renversé et consiste en une masse énorme de branches, de ramilles et même de débris d'ossements cimentés avec de la terre et disposés de manière à former une vaste chambre, dans laquelle donne accès un couloir de $0^m,15$ à $0^m,25$ d'ouverture. Cette chambre est parfaitement close en dessus et met la femelle qui couv à l'abri des intempéries. »

Les historiens, on le voit, n'ont pas fait défaut à l'Ombrette: ses promenades philosophiques, ses méditations, ses danses pittoresques, sa nidification monumentale pourront faire longtemps les délices des auditeurs que l'on vient instruire en Sorbonne; malheureusement rien de tout cela n'est vrai : les fables les plus brillamment exposées tombent forcément devant l'inflexibilité des faits résultant d'une observation directe et consciencieuse, et l'Ombrette péripatéticienne rentre tout simplement dans la catégorie des plus humbles Hérons.

Le *Scopus umbretta*, excessivement commun non pas seulement à Madagascar et dans l'Afrique australe mais aussi en Sénégambie et sur toute l'étendue du continent Africain, est un animal solitaire vivant par couples, chaque couple ayant, pour ainsi dire, un territoire délimité; on le rencontre sur les bords des marigots, tantôt immobile, tantôt à la recherche des petits Reptiles, des Crabes, des Insectes et des Poissons dont il se nourrit, ne se singularisant en aucune façon des troupes de Hérons de toute espèce, parmi lesquels il se mêle souvent; vers le soir, il pousse un long cri aigu et prend son vol vers le sommet des Palétuviers ou des arbres épars au milieu des marécages, afin d'y passer la nuit; à la pointe du jour, il se remet en chasse, comme les autres Échassiers ses voisins; nous ne voyons dans ces habitudes des plus ordinaires rien de comparable aux *promenades d'un philosophe péripatéticien;* à l'époque de l'union des sexes, comme chez un grand nombre d'Oiseaux, le mâle tourne un instant autour de la femelle en relevant sa huppe occipitale, il agite ses ailes et dès que l'accouplement est terminé, l'un et l'autre s'éloignent pour se remettre à la recherche de leur proie; malgré notre bon vouloir, nous n'avons jamais pu considérer cet acte comme l'*exécution* d'une *pyrrhique grotesque*.

L'Ombrette, a dit le Dr Holub, et d'après lui M. Oustalet, recherche les torrents et les ruisseaux limpides et ne fréquente pas les marais : c'est possible dans les localités explorées par notre confrère; mais les deux savants Naturalistes ne sont pas sans savoir que l'Ombrette vit en Sénégambie, où les ruisseaux et les torrents sont d'une excessive rareté, ce qui l'oblige à faire son habitat exclusif des marigots et des marécages. Ce manque d'eaux vives influerait-il sur ses mœurs, si différentes de celles de ses compagnons plus fortunés *des Colonies Anglaises?*

C'est à l'enfourchure de deux ou plusieurs branches et à une hauteur de quelques mètres, que l'Ombrette (du moins celle de Sénégambie) établit son nid, sur les arbres au bord des marigots ou dans les plaines avoisinantes; de loin il apparaît comme une masse informe d'herbes sèches, au centre de laquelle existe un trou parfaitement circulaire (Pl. XXIV, fig. 1). Sous cette masse de feuilles et de tiges de graminées, existe une véritable charpente de forme conique et triangulaire, faite de branches d'un assez fort diamètre, régulièrement disposées les unes au-dessus des autres en entre-croisement, et réunies par de la vase; cet agencement figuré sur la coupe perpendiculaire d'un nid (Pl. XXIV, fig. 2) ne peut être mieux comparé qu'à un panier à cultiver les orchidées; au fond de l'espace délimité par les branches, existe une couche de vase, où les œufs, au nombre de cinq à huit, reposent directement; ces œufs d'un beau rose à taches plus foncées (Pl. XXIV, fig. 3-4) mesurent 0,038^{mm} dans leur grand axe et 0,022^{mm} de diamètre.

Le diamètre du nid dépasse rarement 0^{m},80; sa hauteur est de 0^{m},56 et l'ouverture d'entrée, de 0^{m},08. Ces dimensions sont loin d'approcher de celles données par les observateurs précités; quant aux différentes pièces que M. Gerbe décrit, comme s'il les avait vues, nous ne les avons jamais observées; les Ombrettes de la Sénégambie n'ont ni chambre à coucher, ni salle à manger, ni guérite pour un veilleur; comme aux Nègres qui les entourent, une modeste case leur suffit!

Fam. PLATALEIDÆ C. Bp.

Gen. PLATALEA Lin.

556. PLATALEA LEUCORODIA Lin.

Platalea leucorodia Lin., Syst. Nat., I, p. 231.

Platalea nivea Cuv., R. An., I, p. 482.
— *alba* Scop., Sonn. Voy., t. XXVI.
La Spatule Buff., Pl. Enl., 405.

Glamkoudou. — Assez rare. — Argain, Cap Blanc, les Almadies, Cap-Vert.

La Spatule d'Europe est de passage en Sénégambie, où elle arrive à la fin de l'hivernage.

557. PLATALEA TENUIROSTRIS Temm.

Platalea tenuirostris Temm., Man. Orn., I, p. 113.
— *nudifrons* Less., Trait. Orn., p. 579.
Leucorodius tenuirostris Gray, Handl. Birds, III, p. 37.

Glamkoudou. — Peu commun. — Kita, Saldé, Thiouk, Diouk, M'Bao, Albreda, Sedhiou, Zekinkior.

Fam. TANTALIDÆ C. Bp.

Gen. TANTALUS Lin.

558. TANTALUS IBIS Lin.

Tantalus Ibis Lin., Syst. Nat., I, p. 241.
— Hartl., Orn. W. Afr., p. 230.
Ibis candida Briss., Orn., V, p. 349.

N'Djunoïh. — Assez commun. — Plaines de Bakel, Portendik, Bafoulabé, Gandiole, Oualo, Cayor, Galam, Maloumb, Sedhiou, Albreda, Bathurst.

Fam. IBIDIDÆ Gray.

Gen. FALCINELLUS Bechst.

559. FALCINELLUS FALCINELLUS Gray.

Falcinellus falcinellus Gray, Handl. Birds, III, p. 39.

Ibis falcinellus Flem., Brit. An., 103.
— Hartl., Orn. W. Afr., p. 230.
Tantalus falcinellus Lin., Syst. Nat., I, p. 241.

Orauna. — Assez commun. — Khasa, Safal, N'Guer, Kouma, N'Bilor, Gahé, Saloum, Daranka, Sedhiou.

Cet Ibis est répandu sur tout le continent Africain.

Gen. GERONTICUS Wagl.

560. GERONTICUS ÆTHIOPICUS Gray.

Geronticus Æthiopicus Gray, Gen. of Birds, III, p. 556.
Ibis religiosa Savig., Syst. Egyp. Ois., t. VII, f. 1.
Tantalus Æthiopicus Lath., Ind. Orn., II, p. 706. Juv.
Threscionis religiosus Hartl., Orn. W. Afr., p. 231.

N'Guik. — Commun. — Bakel, Saldé, Portendik, Thionk, Diouk, Galam, Oualo, Cayor, Daranka, Zekinkior.

Les parties nues de la tête et du cou chez le mâle de cette espèce sont d'un noir bleu, et non pas simplement noires comme l'avancent la plupart des auteurs; les pieds sont d'un rouge noir plus foncé aux doigts et aux articulations; le bec, d'un noir bleu, a le centre des mandibules rougeâtre; l'iris est brun et le tour des orbites d'un beau rouge laque.

Heuglin (*Orn. Nordost Afr.*, p. 1036) est le seul Ornithologiste, à notre connaissance, qui cite et décrive exactement un espace nu situé en dessous des ailes et sur le trajet de l'humérus : « cute subalari nuda, læte incarnato rubra. »

Gen. HARPIPRION Wagl.

561. HARPIPRION CARUNCULATA Rupp.

Harpiprion carunculata Rüpp., Ueber N. O. Afr., p. 122.
Ibis carunculatus Rüpp., Faun. Abyss., pl. XIX.
Bostrychia carunculata Reich., Nov. Syn. Av., pl. LXXXIII.

N'Guik. — Assez rare. — Kita, Bakoy, Bafing, Falémé, Kouguel, Arondou.

Elliot (*P. Z. S. of Lond.*, 1877) indique cet Ibis comme très commun en Abyssinie; d'après Rüppel et Blanfort, il descend jusque dans la haute Sénégambie, où sa présence a été dûment établie par M. le Dr Colin. Il habite également Angola.

Plusieurs Ornithologistes, parmi lesquels on peut citer Heuglin et Elliot, inscrivent cette espèce sous le nom générique de *Bostrychia*; ce nom doit être rejeté, non seulement parce qu'il est postérieur de dix-neuf ans à celui de *Harpiprion*, mais encore parce qu'il fait double emploi, ce nom de *Bostrychia* ayant été proposé par C. Montagne (*Hist. Phys. Polit. et Nat. de Cuba*) pour des Plantes du groupe des *Phycées*, et cela douze ans avant que Reichenbach ait songé à en faire une division des Ibis.

Gen. HAGEDASHIA C. Bp.

562. HAGEDASHIA CHALCOPTERA Elliot.

Hagedashia chalcoptera Elliot, P. Z. S. of Lond., 1877, p. 500.
Ibis chalcoptera Vieill., N. Dict. H. N., XVI, p. 9.
Geronticus hagedash Gray, Gen. of Birds, III, p. 550.
— Hartl., Orn. W. Afr., p. 231.

N'Guik. — Peu commun. — Gambie, Casamence, Mélacorée, Sedhiou, Daran ka, Zekinkior.

Gen. COMATIBIS Reich.

563. COMATIBIS COMATA Reich.

Comatibis comata Reich., Nov. Syn. Av., 1851, p. 291, f. 2383.
Ibis comata Rüpp., Syst. Ueber., 1845, t. XLV.

N'Guik. — Rare. — Kita, Bakel, Bakoy, Bafing, Tombocané.

C'est encore une espèce Abyssinienne recueillie dans la haute Sénégambie par le Dr Colin.

Fam. LIMOSIDÆ Gray.

Gen. NUMENIUS Lin.

564. NUMENIUS ARQUATA Lath.

Numenius arquata Lath., Ind. Orn., III, p. 710.
— Hartl., Orn. W. Afr., p. 232.
Scolopax arquata Lin., Syst. Nat., I, p. 242.
Le Courlis Buff., Pl. Enl., 818.

Tamabajh. — Assez rare. — Portendik, Cap Blanc, Argain, Baie du Lévrier, Cap-Vert, les Almadies, Pointe de Barbarie.

Nous considérons cette espèce comme de passage en Sénégambie, l'ayant seulement observée à l'époque de l'hivernage.

565. NUMENIUS PHÆOPUS Lath.

Numenius phæopus Lath., Ind. Orn., III, p. 712.
— Hartl., Orn. W. Afr., p. 232.
Scolopax phæopus Lin., Syst. Nat., I, p. 243.

Tamabajh. — Assez rare. — Nous ferons pour ce *Numenius* les mêmes observations que pour le précédent ; il habite les mêmes localités et de plus les bords de la Casamence et de la Gambie.

Gen. LIMOSA Briss.

566. LIMOSA ÆGOCEPHALA Gray.

Limosa ægocephala Gray, Gen. of Birds, III, p. 570.
Scolopax ægocephala Lin., Syst. Nat., I, p. 246.
La Barge commune Buff., Pl. Enl., 874.

Tamabajh. — Peu commun. — Portendik, Argain, les Almadies, Cap Blanc.

567. LIMOSA RUFA Briss.

Limosa rufa Briss., Orn., V, p. 231, t. XXV.
— Hartl., Orn. W. Afr., p. 233.
Scolopax Lapponica Lin., Syst. Nat., I, p. 246.

Tamabajh. — Peu commun. — Argain, Cap Blanc, Pointe de Barbarie, Gambie, Casamence.

Ces deux *Limosa* sont seulement de passage en Sénégambie.

Fam. TOTANIDÆ Gray.

Gen. TOTANUS Bech.

568. TOTANUS STAGNALIS Bech.

Totanus stagnalis Bech., Orn. Taschenb., II, p. 292.
— Hartl., Orn. W. Afr., p. 233.
Scolopax totanus Lin., Syst. Nat., I, p. 245.

Bitanké. — Assez commun. — Gambie, Casamence, Sedhiou, Albreda, Zekinkior.

Plus particulièrement propre à la basse Sénégambie, ce *Totanus* Européen, dont l'aire d'extension est considérable, nous paraît être seulement de passage dans les localités où nous l'avons observé.

569. TOTANUS OCHROPUS Temm.

Totanus ochropus Temm., Man. Orn., IV, p. 420.
Tringa ochropus Lin., Syst. Nat., I, p. 250.
Bécasseau ou Cul Blanc Buff., Pl. Enl., 843.

Bekas. — Assez commun. — Mêmes localités que l'espèce précédente; comme elle aussi, de passage.

570. TOTANUS GLAREOLA Temm.

Totanus glareola Temm., Man. Orn., IV, p. 421.
Tringa glareola Lin., Syst. Nat., I, p. 250.
— *littorea* Lin., Faun. Suec., p. 66.

Bekas. — Assez commun. — Toute la Sénégambie, où l'espèce est de passage.

571. TOTANUS CALIDRIS Bechst.

Totanus calidris Bechst., Naturg. Deustsch., IV, 216.
— Hartl., Orn. W. Afr., p. 234.
Tringa gambetta Gm., S. N., I, p. 671.
Scolopax calidris Lin., Syst. Nat., I, p. 245.
Chevalier aux pieds rouges Buff., Pl. Enl., 827.

Bekas. — Assez commun. — Toute la Sénégambie.

572. TOTANUS GRISEUS Bechst.

Totanus griseus Bechst., Naturg. Deutsch., IV, p. 231.
Limosa grisea Briss., Orn., V, p. 267.
Glottis chloropus Nils., Orn. Suec., II, p. 57.

Bekas. — Peu commun. — Gambie, Casamence, Sedhiou, Hann, M'Bao, Joalles, Rufisque.

573. TOTANUS FUSCUS Leisl.

Totanus fuscus Leisl., Nachtr. Bechst. Natg., II, p. 45.
Scolopax fusca Lin., Syst. Nat., I, p. 243.
Tringa atra Lath., Ind. Orn., II, p. 738.

Bekas. — Assez rare. — Cap Blanc, Argain, les Almadies, Pointe du Cap-Vert, Hann, M'Bao, Joalles, Rufisque.

Comme toutes ses congénères, cette espèce doit être placée parmi les Oiseaux migrateurs qui se montrent en Sénégambie pendant la durée de l'hivernage ou à la fin de cette saison.

Gen. **TRINGOIDES** C. Bp.

574. **TRINGOIDES HYPOLEUCUS** Gray.

Tringoides hypoleucus Gray, Handl. Birds, III, p. 40.
Tringa hypoleucas Lin., Syst. Nat., I, p. 250.
Actitis hypoleucus Hartl., Orn. W. Afr., p. 235.

Ishombo. — Assez commun. — Les Almadies, Argain, baie du Lévrier, M'Bao, Hann, Gambie, Casamence, Sedhiou, Daranka.

Fam. **RECURVIROSTRIDÆ** C. Bp.

Gen. **RECURVIROSTRA** Lin.

575. **RECURVIROSTRA AVOCETTA** Lin.

Recurvirostra avocetta Lin., Faun. Suec., p. 101.
— Hartl., Orn. W. Afr., p. 235.
Avocette Buff., Pl. Enl., 353.

Sagueminho. — Peu commun. — Argain, les Almadies, Cap Blanc, îles de la Madeleine, Gorée, Hann, Ponte, Joalles, Gambie, Casamence.

Nous avons observé cette espèce seulement au commencement de l'hivernage.

Gen. **HIMANTOPUS** Briss.

576. **HIMANTOPUS CANDIDUS** Briss.

Himantopus candidus Briss., Orn., V, p. 33.

Himantopus melanopterus Hartl., Orn. W. Afr., p. 230.
— *vulgaris* Bech., Orn. Taschenb., II, p. 335.
L'Echasse Less., Compl. Buff., II, p. 678.

Hauhlelajhi. — Rare. — Cap Blanc, les Almadies, Hann, Gambie, Casamence, Sedhiou, Bathurst.

Fam. TRINGIDÆ C. Bp.

Gen. PHILOMACHUS Möhr.

577. PHILOMACHUS PUGNAX Möhr.

Philomachus pugnax Möhr., Gen. Av.
Tringa pugnax Lin., Syst. Nat., I, p. 247.
Machetes pugnax Cuv., R. An., I, p. 527.
Le Combattant ou Paon de mer Buff., Pl. Enl., 305.

Omontgoul. — Rare. — Cap Blanc, Baie du Lévrier, les Almadies, Argain, Angel, les deux Mamelles, Sedhiou, Daranka, Bathurst.

Gen. TRINGA Lin.

578. TRINGA CANUTUS Lin.

Tringa canutus Lin., Syst. Nat., I, p. 251.
— Hartl., Orn. W. Afr., p. 237.
Maubèche grise Buff., Pl. Enl., 365.

Sandijha. — Commun. — Gambie, Casamence, Sedhiou, Bathurst, Albreda, Daranka, Mélacorée.

579. TRINGA CINCLUS Lin.

Tringa cinclus Lin., Syst. Nat., I, p. 251.
Schœniclus cinclus Möhr., Gen. Av.
Le Cincle Buff., Pl. Enl., 852.

Sandijha. — Rare. — Mêmes localités que l'espèce précédente.

580. TRINGA MINUTA Leisl.

Tringa minuta Leisl., Nachtr. Bechst. Natg., I, p. 74.
— Hartl., Orn. W. Afr., p. 238.
Actodromus minutus Kaup., Natur. Syst., p. 55.

Sandijha. — Assez commun. — M'Bao, Hann, Diouk, Gandiole, Sedhiou, Daranka.

581. TRINGA TEMMINCKII Leisl.

Tringa Temminckii Leisl., Nachtr. Bechst. Natg., I, p. 65.
— Hartl., Orn. W. Afr., p. 238.
Leimonites Temmincki Kaup., Natur. Syst., p. 37.

Sandijha. — Assez rare. — Joalles, Dakar, Sedhiou, Cap Nas, Mélacorée.

582. TRINGA SUBARQUATA Temm.

Tringa subarquata Temm., Man. Orn., II, p. 609.
Scolopax subarquata Guild., Nov. Conn. Petrop., 1775, XIX, p. 471.
Numenius Africanus Lath., Ind. Orn., II, p. 712.

Sandijha. — Assez commun. — Les Almadies, Argain, Hann, M'Bao, Gambie, Casamence, Mélacorée.

Gen. CALIDRIS Cuv.

583. CALIDRIS ARENARIA Leach.

Calidris arenaria Leach., Cat. Brit. Mus., p. 28.
Tringa arenaria Lin., Syst. Nat., I, p. 251.
Arenaria vulgaris Bech., Orn. Taschemb., II, p. 462.

Sandjiha. — Commun. — Toute la Sénégambie ; espèce éminemment voyageuse et ne se montrant que pendant l'hivernage.

Fam. SCOLOPACIDÆ C. Bp.

Gen. GALLINAGO Leach.

584. GALLINAGO MAJOR Leach.

Gallinago major Leach., Cat. Brit. Mus., p. 31.
Scolopax major Gm., S. N., I, p. 661.
— *gallinago* Temm., Man. Orn., II, p. 676.
La double Bécassine Degl., Orn., II, p. 181.

Bekassba. — Assez rare. — Portendik, Cap Mirik, Argain et le haut Sénégal, Bakoy, Kita, Arondou, Tenaboeuné.

585. GALLINAGO SCOLOPACINA C. Bp.

Gallinago scolopacina C. Bp., Compt. Rend., 1856, XLIII, p. 579.
— Hartl., Orn. W. Afr., p. 239.
Scolopax gallinago Lin., Syst. Nat., I, p. 244.
La Bécassine Buff., Pl. Enl., 883.

Bekassba. — Peu commun. — Argain, les Almadies, Pointe des Chameaux, M'Bao, Sedhiou, Daranka, Bathurst.

586. GALLINAGO GALLINULA C. Bp.

Gallinago gallinula C. Bp., List. Ois. Eur., p. 52.
Scolopax gallinula Lin., Syst. Nat., I, p. 244.
Lymnocryptes gallinula Kaup., Natur. Syst., p. 118.

Bekassba. — Rare. — Cap Blanc, baie du Lévrier, les Almadies, Pointe des Chameaux, marigot des Maringouins.

Gen. SCOLOPAX Lin.

587. SCOLOPAX RUSTICOLA Lin.

Scolopax rusticola Lin., Syst. Nat., I, p. 243.
Rusticola vulgaris Vieill., N. Dict. H. N., II, p. 348.
La Bécasse Buff., Pl. Enl., 885.

Bekassba. — Rare. — Cap Blanc, les Almadies, marigot des Maringouins, Portendik, où nous l'avons tué à la fin de l'hivernage.

Gen. RHYNCHÆA Cuv.

588. RHYNCHÆA CAPENSIS Gray.

Rhynchæa Capensis Gray, Zool. Misc., I, p. 18.
— Hartl., Orn. W. Afr., p. 239.
Scolopax Capensis Lin., Syst. Nat., I, p. 246.

Ishombo. — Peu commun. — Les Almadies, Cap Blanc, Argain, Hann, Cap Mirik, Sedhiou, Zekinkior, Cap Sainte-Marie.

Fam. PARRIDÆ Gray.

Gen. PARRA Lath.

589. PARRA AFRICANA Gm.

Parra Africana Gm., S. N., I, p. 709.
— Hartl., Orn. W. Afr., p. 240.
Metopodius Africanus Wagl., Isis, 1832.

N'Dyogono. — Assez commun. — Portendik, Kita, Bakel, Thionk, les Maringouins, les Almadies, Sedhiou, île aux Chiens, Cap Sainte-Marie.

Les œufs du *Parra Africana*, que nous avons étudiés sur place, ont une forme conique; ils sont d'un vert olive pâle et ornés de larges stries irrégulières brunes; leur grand axe mesure 0,035mm sur 0,024mm dans le plus grand diamètre (Pl. XXX, fig. 6).

Fam. FULICIDÆ C. Bp.

Gen. FULICA Lin.

890. FULICA ATRA Lin.

Fulica atra Lin., Faun. Suec., p. 193.
— Hartl., Orn. W. Afr., p. 245.
La Foulque Buff., Pl. Enl., 197.

Temotoma. — Assez rare. — Marigots de Leybar, Thiouk, N'Hiler, Kouma, lac de N'Guer, Babagaye, Khasa.

Les individus Sénégambiens ne diffèrent, sous aucun rapport, de ceux d'Europe.

891. FULICA CRISTATA Gm.

Fulica cristata Gm., S. N., I, p. 704.
Lupha cristata Rchb., Handb., III, pl. XXI.

Ouono. — Rare. — Étangs de Kouguel, Makana, Tombocané, bords de la Falémé, Bakoy, Bafing.

Cette espèce semble se localiser dans la région Nord-Est de la Sénégambie ; du moins M. le Dr Colin et nous ne l'avons pas observée ailleurs.

Fam. GALLINULIDÆ Gray.

Gen. GALLINULA Briss.

892. GALLINULA CHLOROPUS Lath.

Gallinula chloropus Lath., Ind. Orn., II, p. 770.
— Hartl., Orn. W. Afr., p. 244.
Fulica chloropus Lin., Syst. Nat., I, p. 218.

Ouaro. — Peu commun. — Lac de N'Guer, marais de Gangaran, étangs de Kouguel, Arondau, Makana.

Nous n'avons observé cette espèce que dans la haute Sénégambie où nous ne la considérons pas comme sédentaire.

Fam. PORPHYRIONIDÆ Rchb.

Gen. HYDRORNIA Hartl.

593. HYDRORNIA ALLENI Hartl.

Hydrornia Alleni Hartl., Orn. W. Afr., p. 243.
Porphyrio Alleni Thoms., Ann. and Mag. Nat. Hist., X, p. 204.
Gallinula mutabilis Sundev., Œfv. 1850, p. 132.

Guitokono. — Assez commun. — Kouguel, Makana, Thionk, Sedhiou, île aux Chiens.

Gen. PORPHYRIO Briss.

594. PORPHYRIO SMARAGNOTUS Tem.

Porphyrio smaragnotus Temm., Man. Orn., II, p. 700.
— *chlorynotus* Vieill., Encycl. Méth., 1050.

Seeyéjh. — Commun. — Mêmes localités que l'espèce précédente.

Cette espèce est très recherchée comme Oiseau de volière; les commerçants Européens la désignent au Sénégal sous le nom de *Poule Sultane*.

Ses œufs arrondis aux deux bouts sont d'un beau rose laque pâle, et portent des taches plus foncées irrégulièrement éparses sur toute la surface. Leur axe mesure 0,044mm; leur grand diamètre, 0,033mm (Pl. XXX, fig. 7). L'Oiseau construit un nid de roseaux et d'herbes desséchées, grossièrement enlacées; il est placé presque au niveau de l'eau, sur les racines et les branches des Palétuviers.

Fam. RALLIDÆ Leach.

Gen. ORTYGOMETRA Lin.

595. ORTYGOMETRA PYGMÆA Gray.

Ortygometra pygmæa Gray, Gen. of Birds, III, p. 583.
Crex pygmæa Naum., V. D., IX, p. 567, t. CCXXXIX.
— *Bailloni* Kaup., Thierr., II, p. 361.

Idiowoho. — Rare. — Kouma, N'Bilor, Safal, Monsor, Cagnout, Sumatite.

Gen. LIMNOCORAX Peters.

596. LIMNOCORAX SENEGALENSIS Peters.

Limnocorax Senegalensis Peters, Bericht. Verh. Ac. Wiss. Berl., 1854, p. 188.
— *flavirostris* Hartl., Orn. W. Afr., p. 244.
Rallus carinatus Swain., Class. Birds, I, p. 158, f. 80.

Idiowoho. — Peu commun. — Gambie, Casamence, Mélacorée, Ghimbering, Itou, Bering, Cagnout, Zekinkior, Albreda.

Gen. PORZANA Vieill.

597. PORZANA PORZANA Gray.

Porzana porzana Gray, Handl. Birds, III, p. 62.
Rallus porzana Lin., Syst. Nat., I, p. 262.
Gallinula porzana Lath., Ind. Orn., II, p. 772.
La Marouette Buff., Pl. Enl., 751.

Idiowoho. — Peu commun. — Portendik, Jarra, Farani, Aguitier, Thionk, Safal, Cap Mirik.

Gen. CREX Bechst.

598. CREX PRATENSIS Bechst

Crex pratensis Bechst., Naturg. Deutsch., IV, p. 410.
Rallus crex Lin., Faun. Suec., p. 70.
Gallinula crex Lath., Ind. Orn., II, p. 766.
Le Rale de Genêts Buff., Pl. Enl., 750.

Idiowaho. — Assez rare. — Leybar, Thiouk, Pointe de Barbarie, Sorres, Hann, M'Bao, Ponte.

599. CREX PULCHRA Gray.

Crex pulchra Gray, Zool. Misc., I, p. 13.
— Hartl., Orn. W. Afr., p. 241.
Gallinula pulchra Swain., Birds W. Afr., II, p. 248.

Idiown. — Assez rare. — Gambie, Mélacorée, Sedhiou, Daranka.

600. CREX DIMIDIATA Schleg.

Crex dimidiata Schleg., Mus. P. B., p. 27.
Corethrura cinnamomea Hartl., Orn. W. Afr., p. 242.
— *ruficollis* Layard, Birds S. Afr., p. 239.

Idiown. — Assez commun. — Habite les mêmes localités que le *Crex pulchra*.

Gen. RALLINA Schleg.

601. RALLINA OCULEA Schleg.

Rallina oculea Schleg., Mus. P. B., p. 20.
Rallus oculeus Hartl., Orn. W. Afr., p. 241.
Canirallus oculeus C. Bp., Compt. Rend. Ac. Sc., 1856, XLIII, p. 600.

Donkaré. — Rare. — Gambie, Casamence, Sedhiou, Bathurst, Ile aux Chiens, Samatite, Cagnout.

Fam. HELIORNITHIDÆ Less.

Gen. PODICA Less.

609. PODICA SENEGALENSIS Less.

Pl. XXV, fig. 1.

Podica Senegalensis Less., Trait. Orn., p. 596.
Heliornis Senegalensis Vieill., Gal. Ois., t. CCLXXX.
Podoa Pucherani C. Bp., note sur le genre Heliornis, 1856.

Idlowho. — Peu commun. — Thionk, Loybar, Lac de N'Guer, Khaza, Safol, Taalari, Gangaran, Cagnout, Ghimbering.

A part quelques légères différences que nous signalerons plus loin, Hartlaub (*Orn. W. Afr.*, p. 249) est le seul qui ait scrupuleusement décrit le mâle et la femelle du *Podica Senegalensis*; ses descriptions répondent parfaitement à tous nos exemplaires, ainsi qu'au type de Vieillot que nous avons sous les yeux, type un peu trop brièvement caractérisé et surtout mal figuré (*Gal. des Ois.*, 1825, t. II, p. 201, pl. CCLXXX).

C'est ce type de Vieillot déposé dans les galeries du Muséum de Paris que nous figurons; pour sa description, nous ne saurions mieux faire que de reproduire celle d'Hartlaub, en la modifiant légèrement.

Adulte ♂. — SUPRA SATURATE BRUNNEA, *passim olivaceo nitescente*, MACULIS DORSALIBUS *pallide isabellinis*, MAGNIS, *subrotundatis*, *nigro-marginatis*, CREBRE NOTATA; GULA CHALYBÆA, FASCIA STRIATA, SUPERCILIARI, UTRINQUE PER COLLI LATERA DECURRENTE ALBA; RECTRICUM RACHIDIBUS AURANTIIS; HYPOCHONDRIIS FULVO *castaneoque*, FASCIATIS; COLLO INFERIORE *pallide* FULVESCENTE; ROSTRO *culmine ruforubro*, *inferne corallino*; *iride roseo*; PEDIBUS CARNEO RUBENTIBUS.

Nos mensurations nous donnent :

Longueur totale	511	millimètres.
— de l'aile	230	—
— de la queue	140	—
— du bec	42	—
— des pieds	45	—

Adulte ♀. — MULTO MINOR; GULA ALBA.

En outre les teintes générales sont plus pâles et le devant de la poitrine est fortement teinté de roux cannelle.

Longueur totale	470	millimètres.
— de l'aile	180	—
— de la queue	120	—
— du bec	34	—
— des pieds	38	—

ODONTOGLOSSI Nitz.

Fam. PHOENICOPTERIDÆ C. Bp.

Gen. PHOENICOPTERUS Lin.

603. PHOENICOPTERUS ANTIQUORUM Temm.

Pl. XXVI, fig. 1.

Phoenicopterus antiquorum Temm., Man. Orn., II, p. 587.
— *ruber* Lin. *(pro parte)*, Syst. Nat., I, p. 139.
— *Europæus* Swain., Class. Birds, II, p. 364.

Diajholl. — Commun. — Pointe de Barbarie, Safal, Thionk, Leybar, N'Guer, Khaza, Cap-Vert.

604. PHOENICOPTERUS ERYTHRÆUS J. Verr.

Pl. XXVI, fig. 2.

Phoenicopterus erythræus J. Verr., Rev. Zool., 1855, p. 221.
— Gray, Ibis, 1869, p. 442, pl. XIV, f. 6.

Diajholl. — Assez commun. — Mêmes localités que l'espèce précédente; nous l'avons également tué en Gambie.

Gen. PHOENICONAIAS Gray.

605. PHOENICONAIAS MINOR Gray.

Pl. XXVI, fig. 3.

Phoeniconaias minor Gray, Ibis, 1869, p. 442, pl. XV, f. 8.
Phoenicopterus minor Geoff., Bull. Soc. Philom. Paris, II, p. 97.
— Hartl., Orn. W. Afr., p. 246.

Diajholl. — Assez commun. — Bakel, Kita, bords du Bafing, Falémé, N'Guer, Gangaran, Thiouk, Leybar, Mélacorée, Sedhiou, Ile aux Chiens, Zekinkior.

Gray (*loc. cit.*) s'est fondé sur la forme du bec pour caractériser les diverses espèces de la famille des *Phoenicopteridæ;* un examen minutieux des différents types nous a montré que cette fois ses vues étaient exactes, et nous les acceptons; nous différons seulement sur la manière d'interpréter certaines dispositions; sans entrer dans une étude comparative qui nous entraînerait trop loin, nous renvoyons à ses figures qui, opposées aux nôtres exécutées d'après le vivant, montreront suffisamment les caractéristiques invoquées.

ANSERINI Swain.

Fam. PLECTROPTERIDÆ Gray.

Gen. PLECTROPTERUS Leach.

606. PLECTROPTERUS GAMBIENSIS Steph.

Plectropterus Gambiensis Steph., Gen. Zool., XII, 7, t. XXXVI.
— Hartl., Orn. W. Afr., p. 246.
Anas Gambensis Briss., Orn., VI, p. 283.
Cygnus Gambensis Rüpp., Orn. Misc., XII, t. I.

Hitt. — Assez commun. — Saldé, Oualo, Cayor, Galam, Gambie, Casamence.

Il n'est pas rare de voir cette espèce domestiquée, vivre et se reproduire dans les basses-cours des Nègres et des Européens, notamment à Saint-Louis, Sorres, etc.

Gen. SARCIDIORNIS Eyt.

607. SARCIDIORNIS AFRICANA Eyt.

Sarcidiornis Africana Eyt., Mon. Anat., p. 103.
— Hartl., Orn. W. Afr., p. 246.

Berkejh. — Assez commun. — Marigots de Kouguel, Arondou, Makana, Lac de N'Guer, Leybar, Thiouk, Sorres, Bering, Diatacouda, Cagnout, Ghimbering.

A l'état vivant, le caroncule placé au-dessus du bec n'est pas noir, comme le disent la plupart des auteurs, ni d'un noir verdâtre, comme l'affirme Hartlaub (*loc. cit.*), mais d'un pourpre foncé et brillant.

Fam. ANSERIDÆ Lafr.

Gen. CHENALOPEX Steph.

608. CHENALOPEX ÆGYPTIACA Gould.

Chenalopex Ægyptiaca Gould., Birds Eur., V, p. 353.
Anas Ægyptiaca Lin., Syst. Nat., I, p. 197.

Hitt. — Peu commun. — Bakel, Kita, Makana, Tambokané, Taalari.

Cette espèce, tuée dans la haute Sénégambie, ne s'y montre que pendant les mois d'Octobre et de Novembre.

Gen. BERNICLA Steph.

609. BERNICLA CYANOPTERA Rupp.

Bernicla cyanoptera Rüpp., Syst. Ueber., t. XLVII.
Anser cyanopterus Schleg., Cat. Anser., p. 96.

Rare. — Bakel, Kita, Taalari, Makana.

Ce *Bernicla*, comme le *Chenalopex Ægyptiaca*, visite seulement le haut Sénégal.

Gen. NETTAPUS Brandt.

610. NETTAPUS AURITUS Gray.

Nettapus auritus Gray, Gen. of Birds, III, p. 608.
Anas auritus Bodd., Tab. Pl. Enl., 770.
Nettapus Madagascariensis Hartl., Orn. W. Afr., p. 247.

Sitio. — Commun. — Tous les marigots de la Sénégambie, et plus spécialement Kita, Taalari, Makana, Leybar, Thionk, Sorres, les Maringouins, lac de N'Guer, Sedhiou, Daranka, Albreda.

La femelle diffère du mâle par des teintes plus pâles et par l'absence de la tache vert pré entourée de noir, située de chaque côté du cou chez les mâles.

Chez les jeunes, le dessus de la tête et le derrière du cou sont d'un noir terne; les deux côtés de la face et du cou sont d'un blanc sale; une bande étroite brune, partant de la région occipitale, se dirige obliquement en traversant l'œil et va se terminer au niveau de la naissance du bec; deux taches brunes arrondies se montrent sur la même ligne en dessous de l'œil, l'une en côté de la région parotidienne, l'autre au niveau de la mandibule inférieure; les parties rousses de l'adulte sont d'un fauve cannelle excessivement pâle; le bec est noirâtre; l'iris, brun.

Le bec chez le mâle est orangé à onglet verdâtre; l'iris est blanc, et non pas brun; les pieds sont d'un brun jaunâtre pâle. Les œufs, d'un vert olive pâle, mesurent $0,039^{mm}$ dans leur grand axe sur $0,026^{mm}$ de diamètre (Pl. XXX, fig. 8).

Fam. ANATIDÆ Cuv.

Gen. DENDROCYGNA Swain.

611. DENDROCYGNA VIDUATA Hartl.

Dendrocygna viduata Hartl., Orn. W. Afr., p. 247.
Anas viduata Lin., Syst. Nat., I, p. 205.
— *personata* P. P. Wurtemb.

Agugarajh. — Commun. — Kita, Taalari, Bakel, Gangaran, Bakoy, Falémé, N'Guer, Maringouins, N'Bilor, N'Baroul, N'Diadioun, Casamence, Gambie.

612. DENDROCYGNA FULVA Baird.

Pl. XXVII, fig. 1.

Dendrocygna fulva Baird., Birds N. Amer., p. 770, tab. 63.
Anas fulva Gm., S. N., I, p. 530.

Agagaraïh. — Très commun. — Mêmes localités que le *Dendrocygna viduata.*

Comme le précédent, ce *Dendrocygna* abonde sur tous les marigots de la Sénégambie, où il vit sédentaire pendant toute l'année; c'est l'une des espèces les plus communes et nous insistons tout particulièrement sur ce fait. Les nombreux individus que nous avons examinés, tous ceux que nous possédons, ne diffèrent en rien des types Américains.

Le *Dendrocygna major,* espèce donnée comme Indienne et citée également dans la partie orientale du continent Africain et à Madagascar, est considéré, par les uns, comme espèce distincte; par les autres, comme race locale; en tout semblable par sa livrée au *Dendrocygna fulva,* il en différerait uniquement par sa taille de beaucoup supérieure.

Non seulement, la différence de taille seule n'est pas, selon nous, suffisante pour distinguer deux espèces; mais l'affirmation des auteurs, relativement à cette taille, est erronée; car le type *major* de Madagascar donne des dimensions de beaucoup inférieures à celles du type *fulva* Américain.

Les mesures comparées de deux échantillons, faisant partie des collections du Muséum, démontrent l'exactitude de notre assertion.

	Type de Madagascar.	*Type d'Amérique.*
Longueur totale	442 millim.	511 millim.
— de l'aile	220 —	240 —
— de la queue	74 —	78 —
— du bec	48 —	51 —
— du tarse	47 —	52 —
— du doigt médian	50 —	67 —

Les types Sénégambiens donnent les mêmes mensurations que ceux de Madagascar.

Nous faisons figurer un de nos exemplaires de la Sénégambie, tué par nous-même, sur le marigot de Leybar.

Quelques ornithologistes, Heuglin entre autres (*Orn. Ost Afr.*, II, p. 1303), ont soin, avec raison, de distinguer du *Dendrocygna fulva* le *Dendrocygna arcuata* de Cuvier, bien qu'il offre avec lui de très grands rapports : « Der *D. fulva,* dit Heuglin, sehr nahe steht *D. arcuata* Cuv. ».

D'autres, au contraire, inscrivent cette espèce en synonymie du *Dendrocygna fulva*; nous voyons, en effet, dans un ouvrage récent, la *prétendue race locale* du *Dendrocygna fulva*, qualifiée du nom de *Dendrocygna arcuata*, var. *major*; l'étude du type de Cuvier montre combien cette manière de voir est peu acceptable; la livrée de l'échantillon type est la suivante :

Adulte ♂. — En dessus brun à plumes bordées de roux jaunâtre; petites couvertures cannelle foncé, les autres d'un brun fuligineux; les grandes pennes rousses; dessus de la tête brun, joues d'un gris jaunâtre sale; cou, devant de la poitrine, de la même couleur; une ligne brune à peine indiquée sur la partie postérieure du cou à partir de la nuque; couvertures supérieures de la queue, cannelle foncé; poitrine, d'un brun jaune olivâtre pâle; ventre roux rougeâtre; dessous de la queue d'un blanc roux; bec rougeâtre; pieds d'un gris roux à membrane plus foncée; iris brun.

A des caractères différentiels aussi tranchés, il faut ajouter les dimensions qui doivent naturellement être tout aussi importantes ici que pour la variété *major*, dont on a vu la non-valeur.

Longueur	totale	410	millimètres.
—	de l'aile	190	—
—	de la queue	60	—
—	du bec	44	—
—	du tarse	42	—
—	du doigt médian	52	—

Gen. CAIRINA Flem.

613. CAIRINA MOSCHATA Flem.

Cairina moschata Flem., Phil. Zool., 1822, p. 260.
Anas moschata Lin., Syst. Nat., I, p. 199.
Le Canard musqué Buff., Pl. Enl., 989.

Khonkhel. — Commun. — Domestiqué.

Le Canard musqué est un des Oiseaux de basse-cour, que l'on rencontre le plus souvent en Sénégambie; chaque case de Nègres en possède plusieurs paires, notamment à Saint-Louis, N'Dar-Tout, Guet N'Dar, Sorres, etc.; les jeunes et les œufs sont directement consommés par eux ou vendus aux Européens. C'est un Oiseau des plus rustiques et dont l'élevage est des plus simples et des moins coûteux sur les bords du fleuve.

Gen. CASARCA C. Bp.

614. CASARCA RUTILA C. Bp.

Casarca rutila C. Bp., Geogr. List., p. 56.
Anas rutila Pall., Nov. Comm. Petrop., XIV, p. 579, t. XXII, f. 1.
Tadorna rutila Boie, Oken., Isis, 1822, p. 563.

Ujogeh. — Rare. — Marigots du haut fleuve; Falémé, Bakoy, Bafing, Taalari, Gangaran, Bnnionkadougou.

Cette espèce d'Égypte, d'Abyssinie, etc., descend dans le haut Sénégal, où elle vit à l'état sédentaire.

Gen. MARECA Steph.

615. MARECA PENELOPE C. Bp.

Mareca penelope C. Bp., Geogr. List., p. 65.
Anas penelope Lin., Syst. Nat., I, p. 202.
Canard siffleur Buff., Pl. Enl., 825.

Felebajh. — Assez commun. — Thionk, Leybar, Taalari, Sedhiou.

Ce Canard se montre seulement à la fin de l'hivernage, et doit être considéré comme voyageur.

Gen. DAFILA Leach.

616. DAFILA ACUTA Leach.

Dafila acuta Leach., Birds N. Amer., p. 776.

Anas acuta Lin., Syst. Nat., I, p. 202.
— *longicauda* Briss., Orn., VI, p. 369, t. XXXIV, f. 1, 2.
Le Pilet Buff., Pl. Enl., 945.

Kougouijh. — Assez commun. — Thionk, Sorres, Gandiole, Sedhiou, Daranka.

C'est une espèce également de passage.

Gen. ANAS Lin.

617. ANAS DOMESTICA Gm.

Anas domestica Gm., S. N., I, p. 538.
Boschas domestica Swain., Faun. Bor. Amer., II.

Boumou. — Commun. — Domestiqué.

L'*Anas boschas* ne nous est pas connu à l'état sauvage en Sénégambie; aussi est-ce intentionnellement que nous inscrivons sous le titre *domestica* les nombreux individus élevés par les Nègres, en compagnie du *Cairina moschata*.

618. ANAS XANTHORHYNCHA Forst.

Anas xanthorhyncha Forst., Descr. An., p. 315.
— *flavirostris* A. Smith. (*non Vieill.*), Illust. S. Afr. Zool., t. XCVI.

Boumou. — Assez rare. — Gambie, Casamence, Mélacorée, Sedhiou, Daranka, Marigot aux Huîtres.

C'est une des espèces du Sud et d'Angola notamment, que l'on voit remonter jusque dans la basse Sénégambie, d'où nous en possédons quatre exemplaires adultes mâles et femelles.

Gen. QUERQUEDULA Steph.

619. QUERQUEDULA CIRCIA Steph.

Querquedula circia Steph., Gen. Zool., XII, p. 143.
Anas circia Lin., Faun. Suec., p. 129.
— *querquedula* Briss., Orn., VI, p. 427, t. XXXIX.
Sarcelle commune Buff., Pl. Enl., 946.

Boro. — Assez commun. — Marigots de Sorres, Leybar, Diouk, Sedhiou, Zekinkior.

620. QUERQUEDULA CRECCA Steph.

Querquedula crecca Steph., Gen. Zool., XII, p. 146.
Anas crecca Lin., Syst. Nat., I, p. 204.
La petite Sarcelle Buff., Pl. Enl., 947.

Boro. — Commun. — Mêmes localités que sa congénère.

621. QUERQUEDULA CAPENSIS A. Smith.

Querquedula Capensis A. Smith., Illust. S. Afr. Zool., p. 98.
Anas Capensis Gm., S. N., I, p. 527.

Boro. — Assez rare. — Gambie, Casamence, Mélacorée, Sedhiou, Darauka, Zekinkior.

Cette espèce, du Cap et du Sud de l'Afrique, remonte assez régulièrement dans la basse Sénégambie.

622. QUERQUEDULA HARTLAUBI Cass.

Querquedula Hartlaubi Cass., Pr. Ac. N. Sc. Philad., 1858, p. 175.
— *cyanoptera* Hartl., Orn. W. Afr., p. 248.
Anas cuprea Schleg., Mus. P. B., p. 62.

Boro. — Rare. — Mêmes localités que l'espèce précédente, où elle vit à l'état sédentaire.

Gen. **SPATULA** Boie.

623. SPATULA CLYPEATA Boie.

Spatula clypeata Boie, Oken., Isis, 1822, p. 564.
Anas clypeata Lin., Syst. Nat., I, p. 200.
Canard souchet Buff., Pl. Enl., 971.

Jankiele. — Commun. — Thiouk, Sedhiou, Bathurst, Daranka, Gandiole, Diouk, les Almadies, Arguin, la Madeleine.

Fam. **FULIGULIDÆ** Swain.

Gen **FULIGULA** Steph.

624. FULIGULA RUFINA Steph.

Fuligula rufina Steph., Gen. Zool., XII, p. 188.
Anas rufina Pall., Reis., II, App., p. 713.
Canard siffleur huppé Buff., Pl. Enl., 928.

Jankelïha. — Peu commun. — Les Almadies, Arguin, la Madeleine, Pointe de Barbarie, Marigot des Maringouins, Joalles, Rufisque, Hann, rivière Samone.

Gen. **FULIX** Sundev.

625. FULIX MARILA Baird.

Fulix marila Baird., Birds N. Amer., p. 791.
Anas marila Lin., Syst. Nat., I, p. 196.
Le Milouinan Buff., Pl. Enl., 1002.

Jankiïha. — Rare. — Marigots du haut Sénégal, Kita, Bakel, Tanlari, Gangaran, Banioukadougou.

L'espèce est seulement de passage, nous ne la connaissons que dans le haut fleuve.

Gen. AYTHYA Boie.

626. AYTHYA NYROCA Boie.

Aythya nyroca Boie, Oken., Isis, 1822, p. 564.
Anas nyroca Guld., Nov. Comm. Petrop., XIV, p. 403.
La Sarcelle d'Égypte Buff., Pl. Enl., 1000.

Boro. — Peu commun. — Mêmes localités que l'espèce précédente, et comme elle, également de passage.

Fam. ERISMATURIDÆ Gray.

Gen. THALASSORNIS Eyt.

627. THALASSORNIS LEUCONOTUS Eyt.

Thalassornis leuconotus Eyt., Monogr. Anat., p. 168.
Anas leuconotus A. Smith., Illust. S. Afr. Zool., pl. CVII.

Boroba. — Rare. — Marigots de la basse Sénégambie, Gambie, Casamence, Sedhiou, Daranka.

Nous en possédons un exemplaire mâle adulte, provenant de Sedhiou.

Gen. ERISMATURA C. Bp.

628. ERISMATURA LEUCOCEPHALA Eyt.

Erismatura leucocephala Eyt., Monogr. Anat., p. 170.
Anas leucocephala Scop., Ann. Menag., I, p. 65.
Biziura leucocephala Schleg., Mus. P. B., p. 11.

Boroba. — Rare. — Kita, Dakel, Falémé, Bakoy, Bafing, Taalari, Gangaran.

629. ERISMATURA MACCOA Eyt.

Erismatura maccoa Eyt., Monogr. Anat., p. 169.
Anas maccoa A. Smith., Illust. S. Afr. Zool., t. CVIII.
Biziura maccoa Schleg., Mus. P. B., p. 10.

Boroba. — Rare. — Gambie, Casamence, Sedhiou, Zekinkior

Fam. MERGIDÆ Gray.

Gen. MERGUS Lin.

630. MERGUS SERRATOR Lin.

Mergus serrator Lin., Syst. Nat., I, p. 208.
Merganser niger Vieill., Encycl. Méth., p. 104.
Le Harle huppé Buff., Pl. Enl., 207.

Kangajh. — Peu commun. — Taalari, Gangaran, Gandiole, Saloum, Argain, baie du Lévrier.

C'est une espèce de passage en Sénégambie.

GAVIÆ C. Bp.

Fam. LARIDÆ Leach.

Gen. LARUS Lin.

631. LARUS MARINUS Lin.

Larus marinus Lin., Syst. Nat., I, p. 225.
Dominicanus marinus C. Bp., Consp. Av., II, p. 213.
Le Grisard Buff., Pl. Enl., 263.

Ogégé. — Assez commun. — Cap Blanc, les Almadies, Argain, Pointe de Barbarie.

632. LARUS FUSCUS Lin.

Larus fuscus Lin., Syst. Nat., I, p. 225.
— *griseus* Briss., Orn., VI, p. 162.

Ogégé. — Commun. — Mêmes localités que l'espèce précédente et généralement sur tout le littoral.

633. LARUS ARGENTATUS Brun.

Larus argentatus Brun, Orn. Bor., 1764, p. 44.
— *cinereus* Briss., Orn., VI, p. 160.
Goëland à manteau gris Buff., Pl. Enl., 253.

Ogégé. — Commun. — Cap Blanc, Argain, Baie du Lévrier, îles de la Madeleine, Pointe de Barbarie, Dakar, Gorée, les Almadies.

634. LARUS RIDIBUNDUS Lin.

Larus ridibundus Lin., Syst. Nat., I, p. 225.
— *capistratus* Temm., Man. Orn., II, p. 785.
Mouette rieuse Buff., Pl. Enl., 970.

Kassi. — Commun. — Cap Blanc, les Almadies, Cap Naz, Barre du Sénégal, Pointe de Barbarie, Arguin, Gorée.

635. LARUS HARTLAUBI Bruch.

Larus Hartlaubi Bruch., J. f. Orn., 1853, p. 102.
Gelastes Hartlaubi Hartl., Orn. Madag., p. 85.

Kassi. — Assez commun. — Embouchures de la Gambie et de la Casamence; Bathurst, Sedhiou.

636. LARUS MINUTUS Pall.

Larus minutus Pall., Zoogr. Rosso Asiat., II, p. 331.
— *nigrotis* Less., Man. Orn., p. 619.
— *Orbignyi* Sav., Descr. Egyp., p. 341, t. IX, f. 3.

Kassitout. — Peu commun. — Kita, Bakel, Bakoy, Bafing, Tanlari.

Cette espèce nous a été communiquée par M. le Dr Colin; nous en possédons deux exemplaires provenant des bords du Bafing.

637. LARUS GELASTES Licht.

Larus gelastes Licht., Thien. Fortp. Vog., p. 22.
— — Hartl., Orn. W. Afr., p. 252.
— *tenuirostris* Temm., Man. Orn., III, p. 478.

Kassi. — Commun. — Les Almadies, Arguin, Baie du Lévrier, les deux Mamelles, Dakar, Joalles, Rufisque, Gorée.

Gen. RISSA Leach.

638. RISSA TRIDACTYLA Gray.

Rissa tridactyla Gray, List. B. Brit. Mus., III, 171.
Larus tridactylus Lin., Syst. Nat., I, p. 220.
— Hartl., Orn. W. Afr., p. 253.

Kassi. — Commun. — Mêmes localités que l'espèce précédente.

Fam. STERNIDÆ C. Bp.

Gen. STERNA Lin.

639. STERNA FLUVIATILIS Brehm.

Sterna fluviatilis Brehm., Vog. Deuts., p. 770.
— *Senegalensis* Swain., Birds W. Afr., II, p. 250.
— Hartl., Orn. W. Afr., p. 255.

Douraïh. — Commun. — Cap Blanc, les Almadies, Argain, Baie du Lévrier, Dakar, Gorée, Bathurst, Cap Naz.

640. STERNA HIRUNDO Lin.

Sterna hirundo Lin., Syst. Nat., I, p. 227.
— *marina* Eyt., Gray, Sp. Brit. Mus., p. 200.
— *Nilotica* Hasslq., Reise, p. 325.

Douraïh. — Commun. — Toute la côte, du Cap Blanc au Cap Roxo.

641. STERNA MACROPTERA Blas.

Sterna macroptera Blas., J. f. Orn., 1866, p. 76.
— *Senegalensis* Schleg. (*non Swain.*), Cat. Stern., p. 16.

Douraïh. — Peu commun. — Casamence, Bathurst, et toute la côte Sud.

Nous ne connaissons pas cette espèce dans le Nord-Est et l'Ouest de la Sénégambie, où ses congénères se rencontrent souvent en grand nombre venant du large et des îles de l'Océan.

Gen. THALASSEUS Boie.

642. THALASSEUS CANTIACUS Boie.

Thalasseus cantiacus Boie, Oken., Isis, 1822, p. 563.
— — Hartl., Orn. W. Afr., p. 255.
Sterna cantiaca Gm., S. N., I, p. 606.

Douraïh. — Commun. — Les Almadies, Argain, la Madeleine, Dakar, Rufisque, Gorée, Bathurst.

643. THALASSEUS CASPICUS Boie.

Thalasseus caspicus Boie, Oken., Isis, 1822, p. 563.
— *melanotis* Swain., Birds W. Afr., II, p. 253.
Sterna Caspia Pall., Nov. Comm. Petrop., XIV, p. 583, t. XXII.

Dourajh. — Peu commun. — Gambie, Casamence, Sedhiou, Bathurst.

644. THALASSEUS BERGI Blas.

Thalasseus Bergi Blas., J. f. Orn., 1866, p. 81.
Sterna Bergi Licht., Verz. Doubl., p. 80.
Pelecanopus Bergi Hartl., Orn. W. Afr., p. 254.

Dourajh. — Peu commun. — Mêmes localités que l'espèce précédente.

Gen. **SYLOCHELIDON** Boie.

645. SYLOCHELIDON GALERICULATA Boie.

Sylochelidon galericulata Boie, Oken., Isis, 1844, p. 188.
— Hartl., Orn. W. Afr., p. 244.
Sterna galericulata Licht., Verz. Doubl., p. 81.

Dourajh. — Peu commun. — Gambie, Casamence, Sedhiou, Bathurst, Cap Blanc, les Almadies.

Cette espèce apparaît exceptionnellement dans la basse Sénégambie; il en est de même pour les rares spécimens observés sur la côte Nord-Ouest.

Un individu, tué par nous aux Almadies, en Juillet, à la suite d'un gros temps, fait partie de nos collections.

Gen. **STERNULA** Boie.

646. STERNULA MINUTA Boie.

Sternula minuta Boie, Oken., Isis, 1822, p. 563.
— Hartl., Orn. W. Afr., p. 256.
Sterna minuta Lin., Syst. Nat., I, p. 228.

Dourajh. — Assez commun. — Kita, Falémé, Marigots de Taalari, Gangaran.

M. le Dr Colin nous a communiqué de beaux exemplaires de cette espèce tués par lui dans les environs de Kita.

Gen. HYDROCHELIDON Boie.

647. HYDROCHELIDON FISSIPES Gray.

Hydrochelidon fissipes Gray, Gen. of Birds, III, p. 660.
Sterna fissipes Lin., Syst. Nat., I, p. 228.
— *obscura* Gm., S. N., I, p. 608.

Dourajh. — Peu commun. — Cap Blanc, Argain, les Almadies, Gorée, Dakar.

648. HYDROCHELIDON NIGRA Gray.

Hydrochelidon nigra Gray, Gen. of Birds, III, p. 660.
— Hartl., Orn. W. Afr., p. 256.
Sterna nigra Lin., Syst. Nat., I, p. 227.

Dourajh. — Assez rare. — Gambie, Albreda, Sedhiou, Bathurst.

649. HYDROCHELIDON HYBRIDA Gray.

Hydrochelidon hybrida Gray, Gen. of Birds, III, p. 660.
Sterna hybrida Pall., Zoogr. Rosso Asiat., II, p. 338.

Dourajh. — Peu commun. — Mêmes localités que l'*H. nigra*, où il semble faire seulement de rares apparitions.

650. HYDROCHELIDON ANAESTHETUS Heugl.

Hydrochelidon anaesthetus Heugl., Orn. Nordost Afr., p. 1453.
Sterna panayensis Gm., S. N., I, p. 607.
— *melanoptera* Swain., Birds W. Afr., II, p. 249.
— — Hartl., Orn. W. Afr., p. 255.

Douraïjh — Peu commun. — Gambie, Casamence, Bathurst Cap Mirik. Observé quelquefois, mais seulement à la suite de gros temps, à Gorée et à Dakar.

651. **HYDROCHELIDON FULIGINOSA** Wagl.

Hydrochelidon fuliginosa Wagl., Oken., Isis, 1832.
Sterna fuliginosa Finsh. et Hartl., Orn. Cent., p. 225.
— *infuscata* Licht., Verz. Doubl., p. 51.

Douraïjh. — Peu commun. — Mêmes localités que l'espèce précédente.

Gen. **ANOUS** Leach.

652. **ANOUS STOLIDUS** Leach.

Anous stolidus Leach., Cat. Brit. Mus., p. 180.
— Hartl., Orn. W. Afr., p. 256.
Sterna stolida Lin., Amœn. Acad., IV, p. 240.
Mouette brune Buff., Pl. Enl., 997.

Kassl. — Assez commun. — Cap Blanc, les Almadies, Argain, Pointe de Barbarie, Cap-Vert, Dakar, Cap Mirik, Gorée.

Fam. **RHYNCHOPSIDÆ** C. Bp.

Gen. **RHYNCHOPS** Lin.

653. **RHYNCHOPS FLAVIROSTRIS** Vieill.

Rhynchops flavirostris Vieill., N. Dict. H. N., III, p. 338.
— — Hartl., Orn. W. Afr., p. 257.
— *albirostris* Licht., Verz. Doubl., p. 80.
— *orientalis* Rüpp., Zool. Atl., p. 37, t. XXIV.

M'Barraïjh. — Commun. — Bords de la Falémé, du Bakoy, du

Bafing, Taalari, Gangaran, Bauionkadougou, les Almadies, Argain, Cap Naz, Gambie, Casamence, Bathurst.

L'aire d'habitat de cette espèce s'étend sur la majeure partie du continent Africain.

TUBINARI Swain.

Fam. PROCELLARIDÆ Boie.

Gen. PUFFINUS Briss.

654. PUFFINUS MAJOR Fab.

Puffinus major Fab., Oken., Isis, 1824, p. 785.
— Hartl., Orn. W. Afr., p. 250.
Procellaria grisea Gm., S. N., I, p. 564.
Puffinus cinereus C. Bp., Birds N. Amer., p. 370.

Doré. — Peu commun. — Cap Blanc, les Almadies, Argain, Pointe de Barbarie, Baie du Lévrier, Cap Mirik, Gorée.

655. PUFFINUS KUHLII C. Bp.

Puffinus Kuhlii C. Bp., Consp. Av., II, p. 202.
— *cinereus* Cuv., R. An., I, p. 554.

Doré. — Peu commun. — Mêmes localités que l'espèce précédente.

656. PUFFINUS ANGLORUM Bris.

Puffinus Anglorum Briss., Orn., VI, p. 131.
— *Baroli* C. Bp., Consp. Av., II, p. 204.
Procellaria puffinus Brun., Orn. Bor., p. 29.

Doré. — Commun. — Cap Blanc, Argain, Baie de Tanit, les Almadies, la Bayadère, les deux Mamelles, Cap Naz.

657. PUFFINUS FULIGINOSUS Strickl.

Puffinus fuliginosus Strickl., P. Z. S. of Lond., 1832, p. 129.
— *cinereus* A. Smith., Illust. S. Afr. Zool., t. LVI.

Doré. — Commun. — Mêmes localités que le *Puffinus Anglorum*.

658. PUFFINUS CHLORORHYNCHUS Less.

Puffinus chlororhynchus Less., Trait. Orn., p. 613.
Procellaria chlororhyncha Schleg., Mus. P. B., p. 23.
Puffinus sphenurus Gould., Ann. Mag. N. H., 1844, p. 365.

Doré. — Assez rare. — Gambie, Cap Naz, Bathurst, Sedhiou.

Gen. PROCELLARIA Lin.

659. PROCELLARIA PELAGICA Lin

Procellaria pelagica Lin., Syst. Nat., I, p. 212.
Thalassidroma pelagica Vig., Zool. Journ., 1825, II, p. 405.
Procellaria lugubris C. Bp., Comp. Rend. Ac. Sc., 1856.

Doré. — Commun. — Cap Blanc, les Almadies, la Bayadère, Gorée, Dakar, archipel du Cap-Vert.

Cette espèce, comme les deux suivantes, est commune au large; dans les gros temps, elle s'approche des côtes et vient souvent échouer à quelque distance dans les terres.

660. PROCELLARIA OCEANICA Kuhl.

Procellaria oceanica Kuhl., Monogr. Procell., p. 136, t. X, f. 1.
— *Wilsoni* C. Bp., J. Ac. Phil., III, p. 231, t. IX.
— — Hartl., Orn. W. Afr., p. 251.

Doré. — Commun. — Mêmes localités que le *Procellaria pelagica*.

661. PROCELLARIA FULIGINOSA Banks.

Procellaria fuliginosa Banks., Icon., 19.
— *Atlantica* Gould., Ann. Mag. N. H., 1844, p. 362.
— *macroptera* A. Smith., Illust. S. Afr. Zool., t. LII.

Doré. — Commun. — Mêmes localités que ses deux précédents congénères.

662. PROCELLARIA ÆQUINOXIALIS Lin.

Procellaria æquinoxialis Lin., Syst. Nat., I, p. 213.
— *nigra* Forst., Descrip. Anim., p. 26.

Doré. — Peu commun. — Cap Blanc, Arguin, la Bayadère, Baies de Tanit et du Lévrier, Archipel du Cap-Vert.

Repoussé du large par les gros temps.

663. PROCELLARIA VITTATA Gm.

Procellaria vittata Gm., S. N., I, p. 560.
Prion vittatus Lacep., Mém. Inst., 1800, p. 514.
Procellaria latirostris Bonnat, Encycl. Méth., p. 81.

Doré. — Rare. — Baie du Tanit, Arguin.

Nous avons observé une seule fois cette espèce en vue d'Arguin, où nous en avons tué, à la suite d'une tempête, un exemplaire, qui fait partie de nos collections.

Gen. DAPTION Steph.

664. DAPTION CAPENSE Steph.

Daption Capense Steph., Gen. Zool., XIII, p. 241.
Procellaria Capensis Lin., Syst. Nat., I, p. 213.
Le Damier Buff., Pl. Enl., 964.

Akakalajh. — Très rare. — Cap Mirik, Bathurst, embouchure de la Gambie.

Cette espèce du Cap se montre très rarement sur la côte Ouest d'Afrique, où elle est probablement poussée par les vents. Nous en possédons deux individus tués au Cap Mirik.

Gen. **OSSIFRAGA** H. et Jacq.

665. OSSIFRAGA GIGANTEA H. et Jacq.

Ossifraga gigantea H. et Jacq., Compt. Rend. Ac. Sc., 1844, p. 121.
Procellaria gigantea Gm., S. N., I, p. 564.
— *ossifraga* Forst., Descrip. Anim., p. 343.

Dikergajh. — Très rare. — Cap Mirik, Bathurst.

Une seule fois, à notre connaissance, cette espèce du Cap, qui semblerait assez fréquente dans les parages d'Angola (*Barboza du Bocage, Orn. Ang.*, p. 517-518), a été tuée à Bathurst, dans la basse Sénégambie. Nous possédons un bel exemplaire de mâle adulte tué au Cap Mirik. Il est à supposer que la présence de cet Oiseau, dans les localités où nous l'indiquons, n'est pas le pur effet du hasard; car le nom seul que les Nègres lui ont imposé dénote qu'ils le connaissent depuis longtemps, et que, s'il n'est pas sédentaire, il les visite cependant à des époques régulières.

Gen. **DIOMEDEA** Lin.

666. DIOMEDEA EXULANS Lin.

Diomedea exulans Lin., Syst. Nat., I, p. 214.
— *albatrus* Pall., Spic. Zool., V, p. 28.
L'Albatros Buff., Pl. Enl., 237.

N'Tioudombo. — Très rare. — Cap Mirik, Bathurst.

Nous ferons, pour cette espèce, les mêmes observations que pour l'*Ossifraga gigantea;* nous ajouterons que nous en avons tué un couple à la pointe de Barbarie au mois de Juillet. Les Nègres fabriquent, avec les membranes interdigitales des pattes, des Grigris et autres petits ustensiles, que l'on reçoit souvent de la basse Sénégambie, preuve certaine que l'Oiseau habite ces parages.

STEGANOPODI Nitz.

Fam. PHAËTHONIDÆ Rchb.

Gen. PHAËTHON Illig.

667. PHAËTHON AETHEREUS Lin.

Phaëthon aethereus Lin., Syst. Nat., I, p. 219.
Lepturus (*Paille en cul*) Briss., Orn., VI, p. 480, pl. XLII, f. 1.
Le Grand Paille en queue Buff., Pl. Enl., 998.

Niakou. — Rare. — Cap Blanc, les Almadies, Argain.

Heuglin (*Orn. Nordost Afr.*, p. 1471) indique cette espèce au Cap-Vert. Nous ne savons s'il entend l'archipel du Cap-Vert, où le *Phaëthon aethereus* existe en effet, ou bien la pointe du Cap-Vert, ce qui est tout différent. Nous ne le connaissons pas de cette dernière localité. Dans son catalogue du voyage de Marche et Compiègne (p. 41), M. Bouvier le cite comme ayant été recueilli à Fernand Vaz.

Fam. PLOTIDÆ Selys.

Gen. PLOTUS Lin.

668. PLOTUS LEVAILLANTI Temm.

Plotus Levaillanti Temm., Pl. Col., 380.
— *rufus* Licht., Doubl., p. 87.
— *congensis* Leach., Tuck. Voy., App., p. 408.
Anhinga du Sénégal Buff., Pl. Enl., 107.

Kandar. — Commun. — Thionk, Leybar, Sorres, Kita, Bakel, Gandiolo, Dioule, Albreda, Sedhiou, Bathurst.

Les tout jeunes sujets de cette espèce sont couverts d'un duvet blanc jaunâtre, teinté de roux par places, plus particulièrement à la partie postérieure du cou et à la poitrine.

Fam. SULARIDÆ Reich.

Gen. SULA Briss.

669. SULA BASSANA Briss.

Sula Bassana Briss., Orn., VI, p. 493.
— *major* Briss., Orn., VI, p. 497.
Pelecanus Bassanus Lin., Syst. Nat., I, p. 218.

N'Kindëjh. — Assez commun. — Cap Blanc, Argain, Tanit, Cap Mirik, Bathurst.

670. SULA FUSCA Briss.

Sula fusca Briss., Orn., VII, p. 499.
Pelecanus fiber Lin., Syst. Nat., I, p. 218.
— *parvus* Gm., S. N., I, p. 579.

N'Kindëjh. — Peu commun. — Les Almadies, Baie du Lévrier, Archipel du Cap-Vert.

Cette espèce existe dans les parages d'Angola (*B. du Boc.*, *Orn. Ang.*, p. 521).

671. SULA PISCATOR Hartl.

Sula piscator Hartl., Orn. W. Afr., p. 258.
Pelecanus piscator Lin., Syst. Nat., I, p. 217.
Sula candida Briss., Orn., VI, p. 501.
— *rubripes* Gould., P. Z. S. of Lond., 1837, p. 156.

N'Kinduja. — Rare. — Gambie, Casamence, Bathurst, île aux Chiens.

Fam. FREGATIDÆ Swain.

Gen. FREGATA Briss.

672. FREGATA AQUILA Illig.

Fregata aquila Illig., Prod. Av., p. 270.
Tachypetes aquila Vieill., Gal. Ois., t. CCXCIV.
Pelecanus aquilus Lin., Syst. Nat., I, p. 216.
Atagen aquila Gray, Gen. of Birds, III, p. 669.

Gawaye. — Rare. — Cap Blanc, les Almadies, archipel du Cap-Vert.

C'est cette espèce dont parle Adanson sous le nom de Grande Frégate (*Cours Hist. Nat.*, éd. *Payer*, t. I, p. 556), et qu'il indique à l'Archipel du Cap-Vert.
Son apparition, rare sur le littoral, coïncide avec les tempêtes.

Fam. GRACULIDÆ Gray.

Gen. GRACULUS Lin.

673. GRACULUS CARBO Gray.

Graculus carbo Gray, Gen. of Birds, III, p. 667.
Pelecanus carbo Lin., Syst. Nat., I, p. 216.
Carbo cormoranus Mey., Tasch. Vög. Deutsch., 1810, II, p. 575.
Phalacrocorax carbo Leach., Cat. Brit. Mus., p. 34.
— Hartl., Orn. W. Afr., p. 259.

Soonn. — Assez commun. — Thiouk, Leybar, Diouk, Gandiole, Rivière Samoue, Kounakeri, N'Diago, Diaoundoun.

Les jeunes ont le dessus de la tête, le cou et la gorge, piquetés de blanc sur un fond noir brun.

674. GRACULUS CRISTATUS Gray.

Graculus cristatus Gray, Gen. of Birds, III, p. 667.
Pelecanus graculus Lin., Syst. Nat., I, p. 217.
Carbo cristatus Temm., Man. Orn., II, p. 900.

Sénég. — Rare. — Kita, Bakel, Taalari, N'Guer, Aroundou, Makana, Tombocané.

675. GRACULUS LUCIDUS Gray.

Graculus lucidus Gray, Gen. of Birds, III, p. 667.
— *melanogaster* Gray, Gen. of Birds, III, p. 667.
Phalacrocorax melanogaster Less., Trait. Orn., p. 604.

Sénég. — Assez commun. — Gambie, Casamence, Ghimbering; plus rare en remontant la côte, les Almadies, île Safal, Gahé.

676. GRACULUS AFRICANUS Gray.

Graculus Africanus Gray, Gen. of Birds, III, p. 667.
Pelecanus Africanus Gm., S. N., I, p. 177.
Carbo longicaudus Swain., Birds W. Afr., II, p. 255, t. XXXI

Sénég. — Commun. — Kita, Bakel, Thiouk, Diouk, Rufisque, Joalles, Sedhiou, Bathurst, Zekinkior.

Les œufs de cette espèce sont excessivement allongés, ils présentent une teinte d'un blanc jaunâtre nuagée de vert pâle; leur grand axe mesure 0,066^{mm} sur 0,031^{mm} de diamètre (Pl. XXX, fig. 9).

Fam. PELECANIDÆ C. Bp.

Gen. PELECANUS Lin.

677. PELECANUS ONOCROTALUS Lin.

Pelecanus onocrotalus Lin., Syst. Nat., I, p. 132.
— Hartl., Orn. W. Afr., p. 250.
Le Pélican Buff., Pl. Enl., 87.

N'Djiagabar. — Commun. — Saint-Louis, Thionk, Diouk, et en général toute la Sénégambie.

Les Pélicans sont l'objet d'un commerce étendu de la part des Noirs et des Européens; les peaux préparées sont envoyées en Europe et employées dans la parure.

Les observations d'Adanson sur les Pélicans sont d'une scrupuleuse exactitude (*Cours Hist. Nat.*, éd. *Payer*, t. I, p. 560); nous les reproduisons en entier :

« Cet Oiseau fréquente les lacs et les rivières d'eau douce et d'eau salée, rassemblé toujours par grandes troupes. Il est toujours sur l'eau, nageant sans plonger et sans s'élever, comme le disent quelques écrivains, pour fondre avec rapidité sur les Poissons qui font sa seule nourriture.

» Voici la manière dont j'ai vu ces Oiseaux faire la pêche autour du Sénégal, où ils sont on ne peut pas plus communs. D'abord ils choisissent un lieu qui n'ait pas plus de deux à trois pieds de profondeur d'eau; ils s'y rassemblent à des distances de deux à trois toises les uns des autres et y nagent quelque temps tranquillement, puis prennent leur vol de temps en temps, à une très petite hauteur de cinq à six pieds, pour se laisser retomber pesamment à trois ou quatre toises de l'endroit qu'ils viennent de quitter; il est probable que l'eau se trouble par ce mouvement qui peut-être étourdit les Poissons. Dès qu'ils les voient rassemblés, ils ouvrent leur large bec qui forme une espèce de truble ou d'épervier, qui en prend plusieurs à la fois, puis ils vident leur poche de l'eau dont elle est remplie en penchant de côté leur bec qui la laisse écouler, pendant que les Poissons y restent jusqu'à ce qu'ils veuillent les avaler ou les porter à leurs petits.

» Le Pélican perche rarement sur les arbres. Je puis assurer que cet Oiseau est presque toujours sur le rivage, la tête appliquée contre son cou. La femelle fait son nid à terre à une petite distance des eaux, et elle y pond environ cinq œufs ».

678. PELECANUS RUFESCENS Gm.

Pelecanus rufescens Gm., S. N., I, p. 571.
— *cristatus* Less., Trait. Orn., p. 602.

N'Djlagubar. — Commun. — Mêmes localités que l'espèce précédente.

679. PELECANUS CRISPUS Bruch.

Pelecanus crispus Bruch., Oken., Isis, 1832, p. 1109.
— *onocrotalus* Pall., Zoogr. Rosso Asiat., II, p. 292.
— *patagiatus* Brehm., Oken., Isis., 1832.

Konkondontongou. — Assez rare. — Kita, Bakel, Taalari, Banionkadougou.

Un bel exemplaire de cette espèce nous a été communiqué par M. le Dr Colin ; il provient de Kita.

PIGOPODI Illig.

Fam. COLYMBIDÆ Leach.

Gen. COLYMBUS Lin.

680. COLYMBUS SEPTENTRIONALIS Lin.

Colymbus septentrionalis Lin., Syst. Nat., I, p. 220.
Mergus gutture rubro Briss., Orn., V, p. 111.
Cephus septentrionalis Pall., Zoogr. Rosso Asiat., II, p. 342.

N'Tiola. — Rare. — Kita, Bakel, Falémé, Bakoy, Bafing, Taalari.

C'est une espèce de passage, et qui visite exceptionnellement la haute Sénégambie.

Fam. PODICIPIDÆ Leach.

Gen. PODICEPS Lath.

681. PODICEPS CRISTATUS Lath.

Podiceps cristatus Lath., Ind. Orn., II, p. 780.
— Hartl., Orn. W. Afr., p. 249.
Colymbus cristatus Lin., Syst. Nat., I, p. 222.

Bakono. — Peu commun. — Thionk, Diouk, Gandiole, les Almadies, Arguin.

Les tout jeunes individus « nestling », comme disent les Anglais, sont couverts d'un duvet d'un gris foncé sur le dos, coupé de lignes parallèles et longitudinales d'un blanc sale; ces raies deviennent d'un blanc pur sur le cou et les côtés de la tête dont le fond est noirâtre, une tache d'un blanc éclatant forme une calotte occipitale, le ventre est entièrement blanc ainsi que la pointe du bec.

682. PODICEPS AURITUS Lath.

Podiceps auritus Lath., Ind. Orn., II, p. 781.
Colymbus auritus Lin., Faun. Suec., p. 53.
Podiceps nigricollis Brehm., Vög. Deutsch., p. 963.

Bakono. — Rare. — Gambie, Casamence, Bathurst, Mélacorée.

L'espèce paraît être de passage; un exemplaire de Bathurst, que nous possédons, a été tué à la fin de l'hivernage.

683. PODICEPS GRISEIGENA Gray.

Podiceps griseigena Gray, Gen. of Birds, III, p. 633.
Colymbus griseigena Bodd., Tab. Pl. Enl., 55.
— *rubricollis* Gm., S. N., I, p. 592.

Bakono. — Peu commun. — Kita, Falémé, Bakoy, Bafing, Taalari.

684. PODICEPS MINOR Lath.

Podiceps minor Lath., Ind. Orn., II, p. 784.
Colymbus fluviatilis Briss., Orn., VI, p. 59.
— *minor* Gm., S. N., I, p. 591.
— — Hartl., Orn. W. Afr., p. 249.

Somono. — Assez commun. — Thiouk, Leybar, Sorres, les Maringouins, Kita, Taalari, Joalles, Rufisque, Bathurst, Sedhiou.

Chez les très jeunes sujets de cette espèce, le duvet est brun foncé; les raies parallèles, moins nombreuses que dans le *Podiceps cristatus*, sont roux cannelle foncé; le front porte une tache blanche; la poitrine et le ventre sont blancs.

685. PODICEPS PELZELNI Hartl.

Podiceps Pelzelni Hartl., Orn. Madag., p. 83.
Poliocephalus Pelzelni Gray, Handl. Birds, III, p. 94.

Somono. — Très rare. — Kita, Bords du Niger, Bakoy et Bafing.

Un exemplaire authentique de cette espèce, considérée comme spéciale à Madagascar, exemplaire que nous possédons, a été tué dans les environs de Kita; elle visite régulièrement la haute Sénégambie.

RATITI Huxl.

STRUTHIONI Lath.

Fam. STRUTHIONIDÆ Vig.

Gen. STRUTHIO Lin.

686. STRUTHIO CAMELUS Lin.

Struthio camelus Lin., Syst. Nat., I, p. 265.
— Hartl., Orn. W. Afr., p. 206.
L'Autruche Buff., Pl. Enl., 457.

Bandioli. — Commun. — Toute la région Saharienne.

L'Autruche, en Sénégambie, est chassée par les Nègres, pour ses plumes, qu'ils vendent aux commerçants Européens; elles sont le sujet de transactions assez fortes; l'état des exportations, faites pendant l'année 1876, porte le chiffre des plumes de parure, parmi lesquelles celles d'Autruches forment la plus large part, à la somme de 231,646 francs. Cette somme résulte du prix élevé auquel monte chaque plume. Rarement les Autruches sont prises vivantes; il en résulte une diminution sensible de ces Oiseaux, dont on peut prévoir la destruction complète dans un temps peu éloigné.

Les observations d'Adanson sont, comme toujours, d'une grande exactitude. « L'Autruche, dit-il (*Cours Hist. Nat.*, éd. *Payer*, t. I, p. 365), pond, au Sénégal, deux ou trois fois pendant la saison sèche, entre le mois de Novembre et le mois de Mai, douze à quinze œufs chaque fois. Ces œufs, que j'ai mesurés, avaient six pouces et demi de longueur sur cinq pouces de diamètre. Elle pond sur des espèces de buttes de sable de quatre à cinq pieds de diamètre, qu'elle amoncelle avec ses pieds; non pas au soleil, comme on le prétend, mais à couvert sous les arbres isolés des plaines et plus souvent sur la lisière des forêts; elle les couve constamment la nuit, et pendant le jour, toutes les fois seulement que l'air est au-dessous de la température de trente à trente-deux degrés, ce qui arrive assez rarement dans ce pays pendant la saison de la ponte, quoique ce soit celle de l'hiver, ou la saison la moins chaude de l'année ».

La graisse de l'Autruche est très recherchée des Nègres; ils l'emploient dans certaines maladies.

M. Sclater, dans un mémoire *on the Struthious Birds living in the Society's Menagerie* (*Trans. Zool. Soc. of Lond.*, 1862, vol. IV, p. 351 *et seq.*), suppose qu'il existe en Afrique trois espèces ou trois races locales d'Autruches. Selon lui, l'espèce du Sud de l'Afrique diffère de celle du Nord, en ce que, chez le type du Cap, la peau du cou est bleue et non pas rouge, que le cou et le dessus de la tête sont couverts d'un duvet épais, tandis que le type de Barbarie a le sommet de la tête nu.

Quoi qu'il en soit de ces caractères peu concluants, nous sommes persuadé que la Sénégambie possède au moins deux espèces d'Autruches. Les renseignements nous manquent pour entrer dans les détails nécessaires à la démonstration de ce fait; nous établirons néanmoins, d'après nos notes, que deux types de taille différente ont été généralement confondus; l'un constituerait pour nous le *Struthio camelus* des auteurs, c'est celui que nous désignerons sous le nom de type Algérien le plus commun dans la région Sénégambienne qui touche au Sahara, type de très grande taille, dont le plumage chez le mâle est toujours fortement mélangé de blanc, à cou garni d'un duvet roussâtre. Le second, d'un tiers moins grand, a le cou à peine recouvert de rares poils bruns, son plumage est d'un noir bleuâtre intense; seuls, l'extrémité des ailes, la queue et un collier à la base du cou, sont d'un blanc pur. Ce type, en tout semblable à celui figuré par M. Sclater (Pl. LXVII, *loc. cit.*), s'observe dans la haute Sénégambie. C'est de lui que proviennent les œufs beaucoup moins volumineux que ceux du premier type, de forme plus arrondie et à test plus lisse souvent dépourvu des granulations caractéristiques, œufs semblables à ceux exposés par M. Bartlett, « smaller and very much smoother and less deeply pitted, the granulations in some specimens being nearly evanescent » (*Sclater, loc. cit.*).

En raison de la présence en Sénégambie de deux types, considérés jusqu'ici par plusieurs Ornithologistes comme ayant une aire d'habitat limitée, il nous semble que la distinction en Autruche du Nord et en Autruche du Sud de l'Afrique ne peut être admise, et que le nom d'*Australis*, proposé par M. Gurney pour le type du Sud (*Ibis*, 1868, p. 254), ne devra pas être accepté lorsque ces types seront mieux connus. Nous ajouterons que la caractéristique du cou emplumé, donnée par M. Sclater au type du Sud, est inexacte, puisqu'on la trouve chez les sujets dits Algériens.

Quant à un type de très petite taille relative, propre à l'intérieur de l'Afrique, l'Autruchon des anciens auteurs, *Struthio bidactylus* de Temminck, les renseignements qui nous ont été fournis tendent à constater sa présence à Kita et dans les plaines du Bakoy et du Bafing. Grâce à notre confrère M. le Dr Colin, nous espérons posséder bientôt des preuves de son existence; nous reviendrons sur ce sujet intéressant, dans les suppléments à cet ouvrage.

LISTE MÉTHODIQUE

DES

OISEAUX DE LA SÉNÉGAMBIE.

CARINATI Huxl.

Accipitrini Illig.

Vulturidae C. Bp.

I. Gyps Savig.

1. — G. occidentalis C. Bp.
2. — G. Rüppeli C. Bp.

II. Pseudogyps Sharpe.

3. — P. Africanus Sharpe.

III. Otogyps Gray.

4. — O. auricularis Gray.

IV. Lophogyps C. Bp.

5. — L. occipitalis C. Bp.

Neophronidae Savig.

V. Neophron Savig.

6. — N. percnopterus Savig.
7. — N. pileatus Gray.
8. — N. monachus Jard.

Gypaetidae C. Bp.

VI. Gypaetus Storr.

9. — G. ossifragus Sharpe.

Gypogeranidae C. Bp.

VII. Serpentarius Cuv.

10. — S. secretarius Daud.

Polyboridae C. Bp.

VIII. Polyboroides A. Smith.

11. — P. typicus A. Smith.

Circinidae C. Bp.

IX. Circus Lacep.

12. — C. Maurus Less.
13. — C. macrourus Sharpe.
14. — C. ranivorus Cuv.

Accipitridae Swain.

X. Melierax Gray.

15. — M. polyzonus Rüpp.
16. — M. gabar Hartl.
17. — M. niger Lay.

XI. Astur Lacep.

18. — A. tibialis J. Verr.
19. — A. sphenurus Sharpe.

XII. Accipiter Briss.

20. — A. minulus Vig.
21. — A. Hartlaubii Cass.
22. — A. melanoleucus A. Smith.

Buteonidae Swain.

XIII. Buteo Cuv.

23. — B. augur Rüpp.

XIV. Kaupifalco C. Bp.

24. — K. monogrammicus C. Bp.

Aquilidae Swain.

XV. Aquila Briss.

25. — A. rapax Less.
26. — A. Wahlbergi Sundev.

XVI Nisaetus Hodgs.

27. — N. spilogaster Sharpe.
28. — N. pennatus Sharpe.

XVII Spizaetus Vieill.

29. — S. bellicosus Kaup.
30. — S. albescens Gray.

XVIII. Lophoaetus Kaup.

31. — L. occipitalis Kaup.

Circaetidae Swain.

XIX. Circaetus Vieill.

32. — C. Gallicus Vieill.
33. — C. cinereus Vieill.
34. — C. Beaudouini J. Verr. et O. des Murs.
35. — C. cinerascens Müll.

XX. Helotarsus Smith.

36. — H. ecaudatus Gray.

Haliætidae Blyth.

XXI. Haliætus Savig.

37. — H. vocifer Cuv.

XXII. Gypohierax Rüpp.

38. — G. Angolensis Rüpp.

Milvidae C. Bp.

XXIII. Nauclerus Vigors.

39. — N. Riocouri Vigors.

XXIV. Milvus Cuv.

40. — M. Ægyptius Gray.
41. — M. Korschun Sharpe.

XXV. Elanus Savig.

42. — E. cæruleus Strickl.

XXVI. Pernis Cuv.

43. — P. apivorus Cuv.

XXVII. Baza Hodgs.

44. — B. cuculoides Schl.

Falconidae C. Bp.

XXVIII. Poliohierax Kaup.

45. — P. semitorquatus Kaup.

XXIX. Falco Lin.

46. — F. barbarus Lin.
47. — F. tanypterus Schl.
48. — F. ruficollis Swain.

XXX. Cerchneis Boie.

49. — C. tinnuncula Boie.
50. — C. neglecta Sharpe.
51. — C. rupicola Boie.
52. — C. ardesiaca Sharpe.

Pandioni Sharpe.

Pandionidae Sharpe.

XXXI. Pandion Savig.

53. — P. haliætus Less.

Strigi C. Bp.

Bubonidae Swain.

XXXII. Scotopelia C. Bp

54. — S. Peli C. Bp.
55. — S. Oustaleti Rochbr.

XXXIII. Bubo Cuv.

56. — B. maculosus C. Bp.
57. — B. cinerascens Guer.
58. — B. lacteus Steph.

XXXIV. Scops Savig.

59. — S. Senegalensis Swain.
60. — S. leucotis Swain.

Surnidae C. Bp.

XXXV. Noctua Savig.

61. — N. spilogastra Heugl.

XXXVI. Glaucidium Boie

62. — G. perlatum Sharpe.
63. — G. licua Rochbr.

Syrniidae Sharpe.

XXXVII. Asio Briss.

64. — A. Abyssinicus Strickl.
65. — A. Capensis Strickl.

XXXVIII. Syrnium Savig.

66. — S. nuchale Sharpe.
67. — S. Woodfordi C. Bp.

Strigidae C. Bp

XXXIX Strix Lin

68. — S. flammea Lin.
69. — S. insularis Pelz.
70. — S. Poensis Fras.

Psittaci Nits.

Palæornithidae Gray.

XL. Palæornis Vig.

71. — P. parvirostris C. Bp.

XLI. Agapornis Selby.

72. — A. Taranta Reichen.
73. — A. pullaria Selby.

Psittacidæ Leach.

XLII. Psittacus Lin.

74. — P. Timneh Fras.
75. — P. erythacus Lin.
76. — P. rubrovarius Reichb.

Pionidae Reichen.

XLIII. Pœocephalus Swain.

77. — P. robustus Reichen.
78. — P. fuscicollis Reichen.
79. — P. Gulielmi C. Bp.
80. — P. Senegalus Swain.
81. — P. flavifrons C. Bp.

Picari Nits.

Picidae C. Bp.

XLIV. Dendropicus Malh.

82. — D. Lafresnayi Malh.
83. — D. Africanus Gray.
84. — D. obsoletus Malh.
85. — D. Abyssinicus Heugl.
86. — D. minutus Malh.

XLV. Mesopicus Malh.

87. — M. pyrrhogaster Malh.
88. — M. menstruus Malh.
89. — M. immaculatus Malh.
90. — M. goertan Malh.

Gecinidae Gray.

XLVI. Chrysopicus Malh.

91. — C. nivosus Malh.
92. — C. maculosus Malh.
93. — C. chrysurus Malh.
94. — C. Nubicus Malh.
95. — C. punctatus Malh.

Picumnidae C. Bp.

XLVII. Verreauxia Hartl.

96. — V. Africana Hartl.

Yungidae C. Bp.

XLVIII. Yunx Lin.

97. — Y. æquatorialis Rüpp.

Cuculidae Swain.

XLIX. Cuculus Lin.

98. — C. canorus Lin.
99. — C. solitarius Steph.
100. — C. gularis Steph.
101. — C. clamosus Lath.

L. Chrysococcyx Boie

102. — C. smaragdineus Strickl.
103. — C. cupreus Pioreb.
104. — C. Klaasi C. Bp.

LI. Coccystes Gloger.

105. — C. glandarius Heugl.
106. — C. Caffer Sharpe.
107. — C. Jacobinus Cab. et Hein.

Phœnicophaidae Gray.

LII. Ceuthmochares Cab. et Hein.

108. — C. flavirostris Reichb.

Centropodidae C. Bp.

LIII. Centropus Illig.

109. — C. Senegalensis Kuhl.
110. — C. monachus Rüpp.
111. — C. superciliosus Hemp. et Ehr.

Indicatoridae Swain.

LIV. Indicator Vieill.

112. — I. Sparmanni Steph.
113. — I. major Steph.
114. — I. minor Steph.

Pogonorhynchidae Marsh.

LV. Pogonorhynchus V. der Hœv.

115. — P. dubius V. der Hœv.
116. — P. bidentatus Heugl.
117. — P. Vieilloti Strickl.
118. — P. melanocephalus Goff.

Megalæmidae Marsh.

LVI. Xylobucco C. Bp.

119. — X. scolopaceus Hartl.

LVII. Barbatula Less.

120. — B. pusilla Hartl.
121. — B. chrysocoma Marsh.
122. — B. atroflava Strickl.
123. — B. subsulphurea Fras.

LVIII. Gymnobucco C. Bp.

124. — G. calvus Hartl.

Capitonidae Briss.

LIX. Trachyphonus Rans.

124. — T. purpuratus Verr.

Trogonidae C. Bp.

LX. Trogon Lin.

126. — T. Narina Vieill.

Bucorvidae Elliot.

LXI. Bucorvus Less.

127. — B. Abyssinicus Less.
128. — B. Guineensis B. du Boc.
129. — B. Caffer B. du Boc.

Bucerotidae C. Bp.

LXII. Ceratogymna C. Bp.

130. — C. elata C. Bp.

LXIII. Bycanistes Cab. et Hein.

131. — B. cristatus Cab. et Hein.

LXIV. Pholidophalus Elliot.

132. — P. fistulator Elliot.

LXV. Lophoceros Hemp. et Ehr.

133. — L. nasutus Elliot.

LXVI. Tockus Less.

134. — T. melanoleucus C. Bp.
135. — T. fasciatus C. Bp.
136. — T. semifasciatus Sharpe.
137. — T. erythrorhynchus Rüpp.
138. — T. Bocagei Oustal.

Musophagidae C. Bp.

LXVII. Musophaga Isert.

139. — M. violacea Isert.

LXVIII. Turacus Cuv.

140. — T. giganteus Hartl.

LXIX. Schizorhis Wagl.

141. — S. Africana Hartl.
142. — S. concolor Hartl.
143. — S. leucogastra Rüpp.

LXX. Corithaix Illig.

144. — C. persa Hartl.
145. — C. purpureus Cuv.
146. — C. macrorhynchus Fras.

Coliidae C. Bp.

LXXI. Colius Briss.

147. — C. macrourus Heugl.
148. — C. nigricollis Vieill.

Coraciidae Gray.

LXXII. Coracias Lin.

149. — C. garrula Lin.
150. — C. naevia Daud.
151. — C. Abyssinica Gm.
152. — C. cyanogastra Sharpe.

Eurystomidae Rchbr.

LXXIII. Eurystomus Vieill.

153. — E. afer Gray.
154. — E. gularis Vieill.

Alcedinidae C. Bp.

LXXIV. Alcedo Lin.

155. — A. quadribrachys C. Bp.
156. — A. semitorquata Swain.

LXXV. Corythornis Kaup.

157. — C. cyanostigma Sharpe.
158. — C. caeruleocephala Kaup.

LXXVI. Ceryle Boie.

159. — C. rudis Boie.
160. — C. maxima Gray.

Dacelonidae C. Bp.

LXXVII. Ispidina Kaup.

161. — I. picta Kaup.

LXXVIII. Halcyon Swain.

162. — H. erythrogastra Sharpe.
163. — H. semicaerulea Rüpp.
164. — H. chelicutensis Finsch et Hartl.
165. — H. cyanoleuca Hartl.
166. — H. Senegalensis Swain.
167. — H. Malimbica Cass.

Meropidae Leach.

LXXIX. Merops Lin.

168. — M. apiaster Lin.
169. — M. superciliosus Lin.
170. — M. albicollis Vieill.
171. — M. bicolor Daud.
172. — M. viridissimus Swain.
173. — M. Nubicus Gm.

LXXX. Melittophagus Boie.

174. — M. variegatus C. Bp.
175. — M. erythropterus C. Bp.
176. — M. Lafresnayi Guer.
177. — M. Bullockii C. Bp.

LXXXI. Dicrocercus Cab.

178. — D. hirundinaceus Cab. et Hein.

Nyctiornithidae Swain.

LXXXII. Meropiscus Sundev.

179. — M. gularis Sundev.

Epopsini A. M. Edw.

Upupidae C. Bp.

LXXXIII. Upupa Lin.

180. — U. Senegalensis Hartl.
181. — U. Africana Bech.

Irrisoridae Less.

LXXXIV. Irrisor Less.

182. — I. erythrorynchus Mont.
183. — I. cyanomelas Mont.
184. — I. aterrimus Steph.

Ocyptilini A. M. Edw.

Cypselidae C. Bp.

LXXXV. Cypselus Illig.

185. — C. æquatorialis Mull.
186. — C. apus Blyth.
187. — C. Caffer Licht.
188. — C. parvus Licht.
189. — C. affinis Gray.

Chaeturidae Sclat.

LXXXVI. Chaetura Steph.

190. — C. Sabini Gray.

Caprimulgidae Vig.

LXXXVII. Caprimulgus Lin.

191. — C. tristigma Rüpp.
192. — C. poliocephalus Rüpp.
193. — C. Ægyptius Licht.
194. — C. rufigena A. Smith.

LXXXVIII. Scotornis Swain.

195. — S. longicauda Heugl.

LXXXIX. Macrodipteryx Swain.

196. — M. vexillarius Hartl.
197. — M. longipennis Shaw.

Passeri Illig.

Turdidae Gray.

XC. Turdus Lin.

198. — T. Abyssinicus Gm.
199. — T. pelios C. Bp.
200. — T. Chiguancoides Seebohm.

XCI. Geocichla Kuhl.

201. — G. Simensis Seebohm.

XCII. Monticola Boie.

202. — M. saxatilis Boie.

XCIII. Cossypha Vig.

203. — C. verticalis Hartl.
204. — C. semirufa Guer.

XCIV. Cercotrichas Boie.

205. — C. erythroptera Cab.

XCV. Cittocincla Sclat.

206. — C. albicapilla Sharpe.

Crateropodidae Swain.

XCVI. Argya Less.

207. — A. fulva Dresser.
208. — A. Acaciæ Cab.
209. — A. rubiginosa Heugl.

XCVII. Crateropus Swain.

210. — C. Reinwardtii Swain.
211. — C. platycercus Swain.
212. — C. leucocephalus Rüpp.
213. — C. atripennis Swain.

XCVIII. Hypergerus Reich.

214. — H. atriceps Hartl.

Saxicolidae Swain.

XCIX. Saxicola Bechs.

215. — S. lugubris Rüpp.
216. — S. leucura Keys.
217. — S. deserti Temm.
218. — S. stapazina Temm.
219. — S. œnanthe Bech.
220. — S. leucorhoa Hartl.
221. — S. aurita Temm.
222. — S. isabellina Cretz.

C. Myrmecocichla Cab.

223. — M. formicivora C. Bp.

CI. Pratincola Koch.

224. — P. rubetra Koch.
225. — P. Senegalensis Hartl.
226. — P. rubicola Koch.

CII. Pentholæa Cab.

227. — P. frontalis Cab.

Ruticillidae Swain.

CIII. Ruticilla C. L. Brehm.

228. — R. phœnicurus C. Bp.
229. — R. mesoleuca Cab.

CIV. Cyanecula Brehm.

230. — C. cærulecula C. Bp.

CV Erythacus Cuv.

231. — E. rubecula Swain.

Sylviidae Vigors.

CVI. Sylvia Scop.

232. — S. cinerea Bech.
233. — S. orphea Temm.
234. — S. conspicillata Marm.
235. — S. atricapilla Scop.
236. — S. subalpina Bonel.
237. — S. deserticola Trist.

Phylloscopidae Swain.

CVII. Phylloscopus Bois.

238. — P. sibilatrix Blyth.
239. — P. trochilus Bois.
240. — P. Bonelli C. Bp.

Calamodytidae C. Bp.

CVIII. Hypolais Brehm

241. — H. polyglotta Cab.
242. — H. opaca Cab.

CIX. Acrocephalus Naum.

243. — A. turdoides Heugl.
244. — A. streperus Naum.

CX. Calamocichla Sharpe.

245. — C. brevipennis Sharpe.

Maluridae Gray.

CXI. Euprinodes Cass.

246. — E. olivaceus Cass.

CXII. Dryodromas Finsch et Hartl

247. — D. rufifrons Sharpe.

CXIII. Sylvietta Latr.

248. — S. rufescens Cass.
249. — S. micrura Hartl.

CXIV. Eremomela Sundev.

250. — E. lutescens Hartl.
251. — E. viridiflava Hartl.
252. — E. pusilla Hartl.

CXV. Camaroptera Sundev.

253. — C. brevicaudata Sundev.
254. — C. superciliaris Cass.

CXVI. Prinia Horsf.

255. — P. mystacea Rüpp.

CXVII. Burnesia Jerd.

256. — B. gracilis Sharpe.

CXVIII. Orthotomus Horsf.

257. — O. erythropterus Sharpe.

CXIX. Cisticola Kaup.

258. — C. cinerascens Heugl.
259. — C. erythrops Sharpe.
260. — C. rufa Sharpe.
261. — C. cisticola Less.
262. — C. terrestris Ayres.
263. — C. Strangei Sharpe.
264. — C. lugubris O. des Murs.
265. — C. subruficapilla Sharpe.

Paridae Boie.

CXX. Parus Lin.

266. — P. leucomelas Rüpp.
267. — P. leuconotus Guér.

Ægithalidae Vig.

CXXI. Ægithalus Boie.

268. — Æ. calotropiphilus Rochbr.

Motacillidae Boie.

CXXII. Motacilla Lin.

269. — M. Alba Lin.
270. — M. vidua Sundev.

CXXIII. Budytes Cuv.

271. — B. flava Cuv.
272. — B. Rayi C. Bp.

Anthidae Gray.

CXXIV. Anthus Bechst.

273. — A. arboreus Bechst.
274. — A. campestris Bechst.
275. — A. Gouldii Fras.

CXXV. Macronyx Swain.

276. — M. croceus Gurn.

Pycnonotidae Gray.

CXXVI. Criniger Temm.

277. — C. Verreauxi Sharpe.
278. — C. barbatus Finsch.

CXXVII. Xenocichla Hartl.

279. — X. flavicollis Sharpe.
280. — X. olivacea Sharpe.
281. — X. syndactyla Sharpe.
282. — X. scandens Sharpe.
283. — X. leucopleura Sharpe.
284. — X. canicapilla Sharpe.

CXXVIII. Andropadus Swain.

285. — A. latirostris Strickl.
286. — A. virens Cass.

CXXIX. Chlorocichla Sharpe.

287. — C. gracilirostris Sharpe.

CXXX. Pycnonotus Boie.

288. — P. barbatus Gray.
289. — P. Ashanteus C. Bp.

Oriolidae Boie.

CXXXI. Oriolus Lin.

290. — O. galbula Lin.
291. — O. auratus Vieill.
292. — O. monachus Cab.
293. — O. brachyrhynchus Swain.

Dicruridae Swain.

CXXXII. Dicrurus Vieill.

294. — D. atripennis Swain.

CXXXIII. Buchanga Hodgs.

295. — B. modesta Rochbr.

Campephagidae Gray.

CXXXIV. Graucalus Cuv.

296. — G. pectoralis Jard.

CXXXV. Campephaga Vieill.

297. — C. phœnicea Swain.

Malaconotidae Wagn.

CXXXVI. Laniarius Vieill.

298. — L. barbarus Vieill.
299. — L. sulfureopectus Less.
300. — L. superciliosus Hartl.
301. — L. multicolor Gray.
302. — L. cruentus Hartl.
303. — L. Peli C. Bp.
304. — L. icterus Cuv.

CXXXVII. Dryoscopus Boie.

305. — D. Gambensis Hartl.

CXXXVIII. Telophonus Swain.

306. — T. Senegalus Strickl.
307. — T. trivirgatus A. Smith.

CXXXIX. Corvinella Less.

308. — C. corvina Less.

CXL. Nilaus Swain.

309. — N. brubru Strickl.
310. — N. Edwardsi Rochbr.

Laniidae Boie.

CXLI. Enneoctonus Boie.

311. — E. collurio Boie.
312. — E. Nubicus Cab.

CXLII. Lanius Lin.

313. — L. rufus Briss.
314. — L. rutilans Temm.

Prionopidae C. Bp.

CXLIII. Eurocephalus Smith.

315. — E. Rüppelli C. Bp.

CXLIV. Prionops Vieill.

316. — P. plumatus Swain.

CXLV. Bradyornis Smith.

317. — B. Senegalensis Hartl.

CXLVI. Malæornis Gray.

318. — M. edolioides Gray.

Muscicapidae Vig.

CXLVII. Muscicapa Lin.

319. — M. grisola Lin.
320. — M. aquatica Heugl.
321. — M. atricapilla Lin.

CXLVIII. Hyliota Swain.

322. — H. flavigastra Swain.

CXLIX. Artomyas J. et E. Verr.

323. — A. fuliginosa J. et E. Verr.

Myagridae Boie.

CL. Batis Boie.

324. — B. Senegalensis Sharpe.
325. — B. orientalis Sharpe.

CLI. Platystira Jard.

326. — P. cyanea Gray.

CLII. Terpsiphone Glog.

327. — T. cristata Sharpe.
328. — T. melanogastra Cab.
329. — T. Senegalensis Hochbr.
330. — T. nigriceps Sharpe.
331. — T. rufiventris Sharpe.

CLIII. Elminia C. Bp.

332. — E. longicauda C. Bp.
333. — E. teresita Antin.

Hirundinidae Vig.

CLIV. Chelidon Boie.

334. — C. urbica Boie.

CLV. Cotyle Boie.

335. C. ambrosiaca A. M. Edw.
336. C. rupestris Heugl.

CLVI. Waldenia Sharpe.

337. — W. nigrita Sharpe.

CLVII. Hirundo Lin.

338. — H. rustica Lin.
339. — H. lucida J. Verr.
340. — H. leucosoma Swain.
341. — H. filifera Steph.
342. — H. melanocrissus Gray.
343. — H. domicella Finsch et Hartl.
344. — H. Senegalensis Lin.
345. — H. Gordoni Jard.
346. — H. Abyssinica Guer.

Nectariniidae Illig.

CLVIII. Hedydipna Cab.

347. — H. metallica Cab.
348. — H. platura Reich.

CLIX. Nectarinia Illig.

349. — N. pulchella Jard.
350. — N. cupreonitens Shelly.

CLX. Cinnyris Cuv.

351. — C. superbus Cuv.
352. — C. splendidus Cuv.
353. — C. venustus Cuv.
354. — C. chloropygius C. Bp.
355. — C. Senegalensis Cuv.
356. — C. fuliginosus Cuv.
357. — C. amethystinus Cuv.
358. — C. Adelberti Gerv.
359. — C. cupreus Less.
360. — C. verticalis Shelly.
361. — C. cyanolæmus Sharpe et Bouv.

CLXI. Anthreptes Swain.

362. — A. Longuemarii C. Bp.
363. — A. rectirostris Shelly.
364. — A. hypodila Shelly.

Zosteropidae Vig.

CLXII. Zosterops Vig.

365. — Z. Abyssinica Guer.
366. — Z. Senegalensis C. Bp.

Lamprotornithidae C. Bp.

CLXIII. Lamprotornis Temm.

367. — L. ænea Hartl.
368. — L. purpureiptera Hartl.

CLXIV. Lamprocolius Sundev.

369. — L. ignitus Hartl.
370. — L. splendidus Hartl.
371. — L. auratus Hartl.
372. — L. cyanotis Swain.
373. — L. chalybeus Hartl.

CLXV. Notauges Cab.

374. — N. chrysogaster Cab.

CLXVI. Pholidauges Cab.

375. — P. leucogaster Cab.

CLXVII. Oligomydrus Schiff.

376. — O. tenuirostris Schiff.

Buphagidae Swain.

CLXVIII. Buphaga Lin.

377. — B. Africana Lin.
378. — B. erythrorhyncha Temm.

Glaucopidae Swain.

CLXIX. Cryptorhina Wagl.

379. — C. Afra Sharpe.

Corvidae Swain.

CLXX. Corvus Lin.

380. — C. scapulatus Daud.

CLXXI. Corone Kaup.

381. — C. corone Sharpe.

Ploceidae Gray.

CLXXII. Textor Temm.

382. — T. alecto Temm.

CLXXIII. Sycobius Vieill.

383. — S. melanotis C. Bp.

CLXXIV. Philagrus Cab.

384. — P. superciliosus Cab.

CLXXV. Sporopipes Cab.

385. — S. frontalis Cab.

CLXXVI. Nigrita Strickl.

386. — N. canicapilla Hartl.
387. — N. bicolor Sclat.

CLXXVII. Quelea Rchb.

388. — Q. occidentalis Hartl.
389. — Q. orientalis Heugl.

CLXXVIII. Foudia Rchb.

390. — F. erythrops Hartl.

CLXXIX. Hyphantornis Gray.

391. — H. brachypterus C. Bp.
392. — H. collarius Hartl.
393. — H. luteolus Hartl.
394. — H. aurifrons Hartl.
395. — H. vitellinus Hartl.
396. — H. textor Hartl.
397. — H. cucullatus Hartl.
398. — H. spilonotus Hartl.
399. — H. castaneofuscus Hartl.

CLXXX. Euplectes Swain.

400. — E. flammiceps Swain.
401. — E. oryx Rchb.
402. — E. franciscanus Hartl.
403. — E. phœniceomerus Gray.
404. — E. melanogaster Hartl.

CLXXXI. Symplectes Swain.

405. — S. jonquillaceus Hartl.
406. — S. bicolor Hartl.

Viduidae Cab.

CLXXXII. Penthetria Cab.

407. — P. macroura Cab.
408. — P. ardens Cab.

CLXXXIII. Vidua Cuv.

409. — V. regia Hartl.
410. — V. principalis Hartl.
411. — V. hypocherina J. Verr.

CLXXXIV. Steganura Rchb.

412. — S. paradisea Hartl.

CLXXXV. Hypochera C. Bp.

413. — H. ænea Hartl.
414. — H. ultramarina Hartl.

Coccothraustidae Swain.

CLXXXVI. Spermospiza Gray.

415. — S. haematina Hartl.

CLXXXVII. Pyrenestes Swain.

416. — P. ostrinus Gray.
417. — P. personatus Dubus.

Spermestidae Cab.

CLXXXVIII. Spermestes Swain.

418. — S. cucullata Swain.
419. — S. poensis Hartl.
420. — S. fringilloides Hartl.

CLXXXIX. Uroloncha Cab.

421. — U. cantans Cab.

CXC. Amadina Swain.

422. — A. fasciata Hartl.

CXCI. Ortygospiza Sundev.

423. — O. atricollis Cass.

CXCII. Estrilda Swain.

424. — E. cinerea Gray.
425. — E. astrild Swain.
426. — E. melpoda Hartl.
427. — E. viridis Gray.
428. — E. subflava Hartl.
429. — E. coerulescens Swain.
430. — E. Savaltori Reichb.
431. — E. quartinia C. Bp.
432. — E. Perreini Hartl.

CXCIII. Lagonosticta Cab.

433. — L. vinacea Hartl.
434. — L. Senegala Gray.
435. — L. rufopicta Hartl.
436. — L. minima Cab.

CXCIV. Uraeginthus Cab.

437. — U. phoenicotis Cab.
438. — U. granatinus Gurney.

CXCV. Pytelia Swain.

439. — P. melba Strickl.
440. — P. phoenicoptera Swain.

Fringillidae Vig.

CXCVI. Passer Briss.

441. — P. Swainsonii C. Bp.
442. — P. simplex Hartl.
443. — P. diffusus C. Bp.
444. — P. Jagoensis Gould.
445. — P. salicicolus Cab.

Pyrrhulidae Swain.

CXCVII. Crithagra Swain.

446. — C. butyracea Gray.
447. — C. musica Hartl.

Emberizidae Vig.

CXCVIII. Fringillaria Swain.

448. — F. flaviventris Hartl.
449. — F. septemstriata Hartl.

Alaudidae Boie.

CXCIX. Coraphites Cab.

450. — C. leucotis Cab.
451. — C. frontalis Cab.

CC. Alauda Lin.

452. — A. Goreensis Vieill.
453. — A. arvensis Lin.

CCI. Galerita Boie.

454. — G. Senegalensis C. Bp.

CCII. Calandrella Kaup.

455. — C. deserti C. Bp.
456. — C. cinctura Gould.

CCIII. Certhilauda Swain.

457. — C. nivosa Swain.

Pittidae Strickl.

CCIV. Pitta Temm.

458. — P. Angolensis Vieill.

Columbi Illig.

Treronidae Gray.

CCV. Treron Vieill.

459. — T. Waalia Heugl.
460. — T. calva Gray.

Columbidae Swain.

CCVI. Columba Lin.

461. — C. Guineensis Briss.
462. — C. Malherbei J. Verr.
463. — C. Schimperi C. Bp.
464. — C. domestica Lin.

CCVII. Turtur Selby.

465. — T. Senegalensis Riet.
466. — T. vinaceus Schleg.
467. — T. semitorquatus Swain.
468. — T. erythrophrys Swain.
469. — T. lugens Gray.

CCVIII. Peristera Swain.

470. — P. tympanistria Selby.

CCIX. Chalcopeleia Reich.

471. — C. Afra Reich.

CCX. Oena Selby.

472. — O. Capensis Selby.

Gallini Dum.

Pteroclidae C. Bp.

CCXI. Pterocles Temm.

473. — P. gutturalis A. Smith.
474. — P. Senegalus Gray.
475. — P. arenarius Temm.
476. — P. exustus Temm.
477. — P. quadricinctus Temm.

Phasianidae Vig.

CCXII. Gallus Lin.

478. — G. domesticus Auctor.

Meleagridae C. Bp.

CCXIII. Gallopavo Briss.

479. — G. domesticus Temm.

Numididae C. Bp.

CCXIV. Numida Lin.

480. — N. meleagris Lin.
481. — N. cristata Pall.
482. — N. plumifera Cass.
483. — N. ptylorhyncha Licht.

CCXV. Agelastus Temm.

484. — A. meleagrides C. Bp.

CCXVI. Phasidus Cass.

485. — P. niger Cass.

Perdicidae C. Bp.

CCXVII. Ptilopachys Gray.

486. — P. ventralis Gray.

CCXVIII. Francolinus Steph.

487. — F. bicalcaratus Gray.
488. — F. albigularis Gray.
489. — F. Lathami Hartl.
490. — F. Granti Hartl.

CCXIX. Coturnix Mulh.

491. — C. communis Bonn.
492. — C. Adansoni Verr.
493. — C. histrionica Hartl.

Turnicidae Gray.

CCXX. Ortyxelos Vieill.

494. — O. Meiffreni Hartl.

Caccabinidae Gray.

CCXXI. Ammoperdix Gould.

495. — A. Heyi Shelly.

Grallatori Illig.

Otididae Selys

CXXII. Eupodotis Less.

496. — E. Senegalensis Gray.
497. — E. Denhami Child.
498. — E. Arabs Gray.
499. — E. melanogaster Rüpp.
500. — E. Hartlaubi Heugl.

CCXXIII. Houbara C. Bp.

501. — H. undulata Gray.

Œdicnemidae Gray.

CCXXIV. Œdicnemus Temm.

502. — Œ. crepitans Temm.
503. — Œ. Senegalensis Swain.

Cursoridae Gray.

CCXXV. Cursorius Lath.

504. — C. Senegalensis Hartl.
505. — C. chalcopterus Temm.

CCXXVI. Pluvianus Vieill.

506. — P. Ægyptius Gray.

Glareolidae Brehm.

CCXXVII. Glareola Briss.

507. — G. pratincola Leach.
508. — G. nuchalis Gray.

Charadridae Swain.

CCXXVIII. Chettusia C. Bp.

509. — C. flavipes Gray.

CCXXIX. Lobivanellus Strickl.

510. — L. Senegalensis Rüpp.

CCXXX. Hoplopterus C. Bp.

511. — H. spinosus C. Bp.
512. — H. albiceps Gurney.

CCXXXI. Sarciophorus Strickl.

513. — S. pileatus Strickl.

CCXXXII. Squatarola Cuv.

514. — S. varia Bois.

CCXXXIII. Charadrius Lin.

515. — C. apricarius Gm.

CCXXXIV. Ægialites Bois.

516. — Æ. tricollaris Gray.
517. — Æ. fluviatilis Gray.
518. — Æ. pecuarius Lay.
519. — Æ. cantiana Bois.
520. — Æ. marginatus Cass.

Cinclidae Gray.

CCXXXV. Cinclus Moehr.

521. — C. interpres Gray.

Haematopodidae Gray.

CCXXXVI. Hæmatopus Lin.

522. — H. ostralegus Lin.
523. — H. Moquini C. Bp.

Gruidae Vig.

CCXXXVII. Grus Lin.

524. — G. cinerea Bech.

CCXXXVIII. Bugeranus Glog.

525. — B. carunculatus Gurney.

CCXXXIX. Anthropoides Vieill.

526. — A. virgo Vieill.

CCXL. Balearica Briss.

527. — B. pavonina Wagl.
528. — B. regulorum Gray.

Ardeidae Leach

CCXLI. Ardea Lin.

529. — A. cinerea Lin.
530. — A. melanocephala Child.

CCXLII. Ardeomega C. Bp.

531. — A. Goliath C. Bp.

CCXLIII. Pyrrherodia Finsh et Hartl.

532. — P. purpurea Finsh et Hartl.

CCXLIV. Demigretta Blyth.

533. — D. ardesiaca Heugl.

CCXLV. Lepterodias Hartl. et Ehr.

534. — L. gularis Heugl.

CCXLVI. Herodias Bois.

535. — H. flavirostris Hartl.
536. — H. melanorhyncha Hartl.

CCXLVII. Garzetta Kaup.

537. — G. garzetta Gray.

CCXLVIII. Bubulcus Puch.

538. — B. ibis Heugl.

CCXLIX. Buphus Bois.

539. — B. comatus C. Bp.

CCL. Ardetta C. Bp.

540. — A. minuta Gray.
541. — A. podiceps Hartl.

CCLI. Ardeiralla J. Verr.

542. — A. Sturmi J. Verr.

CCLII. Butorides Blyth.

543. — B. atricapilla Hartl.

CCLIII. Botaurus Briss.

544. — B. stellaris Steph.

CCLIV. Nycticorax Steph.

545. — N. Europæus Steph.

CCLV. Calherodius C. Bp.

546. — C. leuconotus Heugl.

CCLVI. Tigrisoma Swain.

547. — T. leucolophum Jard.

Ciconiidae Selys.

CCLVII. Ciconia Lin.

548. — C. alba Briss.

CCLVIII. Melanopelargus Reich.

549. — M. niger Reich.

CCLIX. Abdimia C. Bp.

550. — A. Abdimii Gray.

CCLX. Dissoura Cab.

551. — D. leucocephala Cab.

CCLXI. Mycteria Lin.

552. — M. Senegalensis Lath.

CCLXII. Leptoptilos Less.

553. — L. crumeniferus Less.

Anastomatidae C. Bp.

CCLXIII. Anastomus Bonn.

554. — A. lamelligerus Temm.

Scopidae C. Bp.

CCLXIV. Scopus Briss.

555. — S. umbretta Gm.

Plataleidae C. Bp.

CCLXV. Platalea Lin.

556. — P. leucorodia Lin.
557. — P. tenuirostris Temm.

Tantalidae C. Bp.

CCLXVI. Tantalus Lin.

558. — T. Ibis Lin.

Ibididae Gray.

CCLXVII. Falcinellus Bechst.

559. — F. falcinellus Gray.

CCLXVIII. Geronticus Wagl.

560. — G. Æthiopicus Gray.

CCLXIX. Harpiprion Wagl.

561. — H. carunculata Rüpp.

CCLXX. Hagedashia C. Bp.

562. — H. chalcoptera Elliot.

CCLXXI. Comatibis Reich.

563. — C. comata Reich.

Limosidae Gray.

CCLXXII. Numenius Lin.

564. — N. arquata Lath.
565. — N. phæopus Lath.

CCLXXIII. Limosa Briss.

566. — L. ægocephala Gray.
567. — L. rufa Briss.

Totanidae Gray.

CCLXXIV. Totanus Bech.

568. — T. stagnalis Bech.
569. — T. ochropus Temm.
570. — T. glareola Temm.
571. — T. calidris Bechst.
572. — T. griseus Bechst.
573. — T. fuscus Leisl.

CCLXXV. Tringoides C. Bp.

574. T. hypoleucus Gray.

Recurvirostridae C. Bp.

CCLXXVI. Recurvirostra Lin.

575. — R. avocetta Lin.

CCLXXVII. Himantopus Briss.

576. — H. candidus Briss.

Tringidae C. Bp.

CCLXXVIII. Philomachus Möhr.

577. — P. pugnax Möhr.

CCLXXIX. Tringa Lin.

578. — T. canutus Lin.
579. — T. cinclus Lin.
580. — T. minuta Leisl.
581. — T. Temminckii Leisl.
582. — T. subarquata Temm.

CCLXXX. Calidris Cuv.

583. — C. arenaria Leach.

Scolopacidae C. Bp

CCLXXXI. Gallinago Leach.

584. — G. major Leach.
585. — G. scolopacina C. Bp.
586. — G. gallinula C. Bp.

CCLXXXII. Scolopax Lin

587. — S. rusticola Lin.

CCLXXXIII. Rhynchaea Cuv.

588. — R. Capensis Gray.

Parridae Gray.

CCLXXXIV. Parra Lath.

589. — P. Africana Gm.

Fulicidae C. Bp.

CCLXXXV. Fulica Lin.

590. — F. atra Lin.
591. — F. cristata Gm.

Gallinulidae Gray.

CCLXXXVI. Gallinula Briss.

592. — G. chloropus Lath.

Porphyrionidae Rchb.

CCLXXXVII. Hydrornia Hartl.

593. — H. Alleni Hartl.

CCLXXXVIII. Porphyrio Briss.

594. — P. smaragnotus Temm.

Rallidae Leach.

CCLXXXIX. Ortygometra Lin.

595. — O. pygmæa Gray.

CCXC. Limnocorax Peters.

596. — L. Senegalensis Peters.

CCXCI. Porzana Vieill.

597. — P. porzana Gray.

CCXCII. Crex Bechst.

598. — C. pratensis Bechst.
599. — C. pulchra Gray.
600. — C. dimidiata Schleg.

CCXCIII. Rallina Schleg.

601. — R. oculea Schleg.

Heliornithidae Less.

CCXCIV. Podica Less.

602. — P. Senegalensis Less.

Odontoglossi Nitz.

Phoenicopteridae C. Bp.

CCXCV. Phoenicopterus Lin.

603. — P. antiquorum Temm.
604. — P. erythræus J. Verr.

CCXCVI. Phoeniconaias Gray.

605. — P. minor Gray.

Anserini Swain.

Plectropteridae Gray.

CCXCVII. Plectropterus Leach.

606. — P. Gambiensis Steph.

CCXCVIII. Sarcidiornis Eyt.

607. — S. africana Eyt.

Anseridae Lafr.

CCXCIX. Chenalopex Steph.

608. — C. Ægyptiaca Gould.

CCC. Bernicla Steph

609. — B. Cyanoptera Rüpp.

CCCI. Nettapus Brandt.

610. — N. auritus Gray.

Anatidae Cuv.

CCCII. Dendrocygna Swain.

611. — D. viduata Hartl.
612. — D. fulva Baird.

CCCIII. Cairina Flem

613. — C. moschata Flem.

CCCIV. Casarca C. Bp.

614. — C. rutila C. Bp.

CCCV. Mareca Steph.

615. — M. penelope C. Bp.

CCCVI. Dafila. Leach.

616. — D. acuta Leach.

CCCVII. Anas Lin.

617. — A. domestica Gm.
618. — A. xanthorhyncha Forst.

CCCVIII. Querquedula Steph.

619. — Q. circia Steph.

620. — Q. crecca Steph.
621. — Q. Capensis A. Smith.
622. — Q. Hartlaubi Cass.

CCCIX. Spatula Bois.

623. — S. clypeata Bois.

Fuliguliđæ Swain.

CCCX. Fuligula Steph.

624. — F. rufina Steph.

CCCXI. Fulix Sundev.

625. — F marila Baird.

CCCXII. Aythya Bois.

626. — A. nyroca Bois.

Erismaturidae Gray.

CCCXIII. Thalassornis Eyt.

627. — T. leuconotus Eyt.

CCCXIV. Erismatura C. Bp.

628. — E. leucocephala Eyt.
629. — E. maccoa Eyt.

Mergidae Gray.

CCCXV. Mergus Lin.

630. — M. serrator Lin.

Gavisei C. Bp.

Laridae Leach.

CCCXVI. Larus Lin.

631. — L. marinus Lin.
632. — L. fuscus Lin.
633. — L. argentatus Brun.
634. — L. ridibundus Lin.
635. — L. Hartlaubi Bruch.
636. — L. minutus Pall.
637. — L. gelastes Licht.

CCCXVII. Rissa Leach.

638. — R. tridactyla Gray.

Sternidae C. Bp.

CCCXVIII. Sterna Lin.

639. — S. fluviatilis Brehm.
640. — S. hirundo Lin.
641. — S. macroptera Blas.

CCCXIX. Thalasseus Bois.

642. — T. cantiacus Bois.
643. — T. caspicus Bois.
644. — T. Bergi Bbe.

CCCXX. Sylochelidon Bois.

645. — S. galericulata Bois.

CCCXXI. Sternula Bois.

646. — S. minuta Bois.

CCCXXII. Hydrochelidon Bois.

647. — H. fissipes Gray.
648. — H. nigra Gray.
649. — H. hybrida Gray.
650. — H. anaesthetus Heugl.
651. — H. fuliginosa Wagl.

CCCXXIII. Anous Leach.

652. — A. stolidus Leach.

Rhynchopsidae C. Bp.

CCCXXIV. Rhynchops Lin.

653. — R. flavirostris Vieill.

Tubinari Swain.

Procellaridae Bois.

CCCXXV. Puffinus Briss.

654. — P. major Fab.
655. — P. Kuhlii C. Bp.
656. — P. Anglorum Briss.
657. — P. fuliginosus Strickl.
658. — P. chlororhynchus Less.

CCCXXVI. Procellaria Lin.

659. — P. pelagica Lin.
660. — P. oceanica Kuhl.
661. — P. fuliginosa Banks.
662. — P. æquinoxialis Lin.
663. — P. vittata. Gm.

CCCXXVII. Daption Steph.

664. — D. Capense Steph.

CCCXXVIII. Ossifraga H. et Jacq.

665. — O. gigantea H. et Jacq.

CCCXXIX. Diomedea Lin.

666. — D. exulans Lin.

Steganopodi Nitz.

Phaëthonidae Rchb.

CCCXXX. Phaëthon Illig.

667. — P. aethereus Lin.

Plotidae Selys.

CCCXXXI. Plotus Lin.

668. — P. Levaillanti Temm.

Sularidae Reich.

CCCXXXII. Sula Briss.

669. — S. Bassana Briss.
670. — S. fusca Briss.
671. — S. piscator Hartl.

Fregatidae Swain.

CCCXXXIII. Fregata Briss.

672. — F. aquila Illig.

Graculidae Gray.

CCCXXXIV. Graculus Lin

673. — G. carbo Gray.
674. — G. cristatus Gray.
675. — G. lucidus Gray.
676. — G. Africanus Gray.

Pelecanidae C. Bp.

CCCXXXV. Pelecanus Lin.

677. — P. onocrotalus Lin.
678. — P. rufescens Gm.
679. — P. crispus Bruch.

Pigopodi Illig.

Colymbidae Leach.

CCCXXXVI. Colymbus Lin.

680. — C. septentrionalis Lin.

Podicipidae Leach.

CCCXXXVII. Podiceps Lath.

681. — P. cristatus Lath.
682. — P. auritus Lath.
683. — P. griseigena Gray.
684. — P. minor Lath
685. — P. Pelzelni Hartl.

RATITI Huxl.

Struthioni Leach

Struthionidae Vig.

CCCXXXVIII. Struthio Lin.

686. — S. camelus Lin.

Bordeaux. — Imprimerie J. Durand, rue Condillac, 20.

FAUNE

DE LA

SÉNÉGAMBIE

PAR

A.-T. DE ROCHEBRUNE

DOCTEUR EN MÉDECINE

LAURÉAT DE LA FACULTÉ DE MÉDECINE DE PARIS, LAURÉAT DE L'INSTITUT (AC. DES SC.),
ANCIEN MÉDECIN COLONIAL A St-LOUIS (SÉNÉGAL), AIDE-NATURALISTE AU MUSÉUM DE PARIS,
MEMBRE DE LA SOCIÉTÉ LINNÉENNE DE BORDEAUX, ETC., ETC.

REPTILES

Avec vingt planches en couleur retouchées au pinceau.

4me Livraison.

PARIS
OCTAVE DOIN
ÉDITEUR
8, PLACE DE L'ODÉON,
1884

FAUNE

DE LA

SÉNÉGAMBIE

Bordeaux. — Imprimerie J. Durand, rue Condillac, 20.

FAUNE

DE LA

SÉNÉGAMBIE

PAR

A.-T. DE ROCHEBRUNE

DOCTEUR EN MÉDECINE

LAURÉAT DE LA FACULTÉ DE MÉDECINE DE PARIS, LAURÉAT DE L'INSTITUT (AC. DES SC.),
ANCIEN MÉDECIN COLONIAL A St-LOUIS (SÉNÉGAL), AIDE-NATURALISTE AU MUSÉUM DE PARIS,
MEMBRE DE LA SOCIÉTÉ LINNÉENNE DE BORDEAUX, ETC., ETC.

REPTILES

Avec vingt planches en couleur retouchées au pinceau.

PARIS
OCTAVE DOIN
ÉDITEUR
8, PLACE DE L'ODÉON,
1884

FAUNE DE LA SÉNÉGAMBIE

REPTILES.

CONSIDÉRATIONS GÉNÉRALES.

§ 1. — Trois publications spéciales à la faune Herpétologique de la Sénégambie nous sont seulement connues; ce sont par ordre de dates : 1° le mémoire de A. Dumeril sur les Reptiles de la côte Occidentale d'Afrique, 1861 (1); 2° celui de Steindachner sur quelques Reptiles du Sénégal, 1870 (2); et 3° le travail de Böettger sur les Reptiles du Sénégal et du Cap-Vert, 1881 (3).

A part ces trois publications, dont les deux dernières comptent un nombre très restreint d'espèces et fournissent des indications souvent erronées, c'est à force de recherches pénibles dans les recueils périodiques étrangers, que l'on arrive à connaître à peu près exactement le nombre des Reptiles appartenant à la faune de la région qui nous occupe (4).

Parmi les notes et les diagnoses disséminées dans ces recueils périodiques, il convient de citer : celles de Kuhl (5), Bell (6),

---

(1) *Archives du Muséum*, t. X.

(2) *Sitzungsberichte d. Ak. d. Wissenschaften zu Wien.*

(3) *Abhandlungen Herausg. V. d. Senckenberg. Naturforschenden Gesselschaft.*

(4) Nous ne saurions trop faire remarquer le manque absolu d'ouvrages Français sur la faune des diverses régions Africaines.

(5) *In Oken, Isis*, Passim.

(6) *Transaction of the Linnean Society of London*, Passim.

Gray (1), Gunther (2), Cope (3), Hallowell (4), Reichenow (5), Peters (6), Barboza du Bocage (7).

Les faunes locales des contrées limitrophes fournissent un contingent considérable de types également propres à la Sénégambie, et doivent être consultées, ne fût-ce même qu'à titre de comparaison; nous mentionnerons plus particulièrement les ouvrages de E. Geoffroy Saint-Hilaire (8), Blanford (9), Rüppel (10), Smith (11), Peters (12), L. Vaillant (13), Sauvage (14), Barboza du Bocage (15).

Les ouvrages généraux renferment également d'utiles indications; tels sont ceux de Lacépède (16), Daudin (17), Dumeril et Bibron (18), Merrem (19), Swainson (20), Wagler (21), Wiegmann (22), Schlegel (23), Fitzinger (24), Gray (25), Gunther (26), Jan (27), Strauch (28), etc.

---

(1) *Proceedings of the Zoological Society of London*, Passim.

(2) *Proceedings of the Zoological Soc. of Lond.* et *Annales and Magazine of Nat. History*, Passim.

(3, 4) *Proceedings of the Academy of Natural sciences of Philadelphie*, Passim.

(5) *Archives fur Naturgeschichte Neue folge*, Passim.

(6) *Monatsberichte d. K. Akad. d. Wissenschaften zu Berlin*, Passim.

(7) *Jornal de Sciencias da Academia di Lisboa*, Passim.

(8) *Description de l'Egypte, Reptiles.*

(9) *Observation on the Zoology and Geology of Abyssinia.*

(10) *Neue Wirbelthiere zu d. fauna von Abyssinien Gehörig.*

(11) *Illustrations of the Zoology of South Africa*, Reptiles.

(12) *Naturwissenschaftliche Reise Nach Mossambique Zoologie*; Amphibien.

(13) *In G. Revoil faune et flore des Pays Çomals.*

(14) *Bulletin de la Société Philomathique de Paris*, Passim.

(15) *Listas dos Reptis das possessoes Portuguezas d'Africa Occidental.*

(16) *Histoire Naturelle des Quadrupèdes ovipares.*

(17) *Histoire des Reptiles.*

(18) *Erpetologie générale.*

(19) *Tentamen Systematis Amphibiorum.*

(20) *The Natural History of Fishes, Amphibious and Reptiles.*

(21) *Natürliche System der Amphibien.*

(22) *Archives fur Naturgeschichte.*

(23) *Essai sur la Physionomie des Serpents.*

(24) *Neue Classif. der Reptilen* et *Verhandlung. d. Gesselch. Natr. zu Berlin*, Passim.

(25) *Catalogues Bristish Museum.*

(26) *Catalogue Colubrini Snakes.*

(27) *Elenco syst. Degli Ofidi* et *Iconographie générale des Ophidiens.*

(28) *Mémoires de l'Acad. Imp. des Sciences de Saint-Pétersbourg*, Passim.

Quant aux récits des voyageurs, bien peu contiennent des renseignements sur les Reptiles; Adanson lui-même n'en parle que subsidiairement.

§ II. — L'étude des Reptiles de la Sénégambie et des autres parties du continent Africain conduit aux mêmes conclusions que celles précédemment posées à propos des Mammifères et des Oiseaux; comme pour ces deux classes, on constate l'énorme dispersion des genres et des espèces; le mélange de types Égyptiens, de Nubie, d'Abyssinie, du Cap, du Gabon, d'Angola, de la côte de Guinée, de celle de Mosambique, etc., est indéniable, et l'impossibilité de caractériser des zones, des sous-régions zoologiques distinctes, se montre de plus en plus évidente.

A. Dumeril (1), partisan des idées, selon nous, inadmissibles de Pucheran (2), relatives aux zones zoologiques Africaines, est le seul qui ne les ait pas admises pour les Reptiles.

C'est en vain que Wallace, à l'exemple de Sclater, Gunther et autres Naturalistes, s'est efforcé de caractériser ces zones, ces sous-régions, comme il les appelle (3); son argumentation n'a pas plus de valeur quand il étudie les Reptiles, que lorsqu'il considère les Mammifères et les Oiseaux; ses listes de familles et de genres, incomplètes ou fausses, sont en désaccord complet avec les développements dont il les fait précéder ou suivre, et ses types caractéristiques sont d'autant plus mal choisis qu'ils combattent ses théories au lieu de les affirmer.

La présence en Afrique, d'un certain nombre d'espèces, de genres, de familles même, que l'on n'a retrouvé jusqu'ici dans aucune autre partie du monde, est un fait notoire que Wallace ne pouvait évidemment méconnaître; mais quoi qu'il ait pu dire, ces espèces, ces genres, ces familles ne sont, en aucune façon, localisées.

Le genre *Pristurus*, l'un des trois cité par Wallace, comme caractéristique de la sous-région *East African, or central and East Africa*, existe en Sénégambie; les genres *Kinixys* et *Pelophilus*, pour l'auteur de la Géographical distribution of Animals,

(1) *Arch. Mus.*, t. X, *loc. cit.*, p. 158.
(2) Voir *Mammifères de la Sénégambie*, p. 4 et seq.
(3) *The Geographical distribution of Animals.* 2 vol. in-8°, 1876

sont spéciaux à la sous-région *West African*; or le genre *Kinixis* a été observé en Sénégambie, en Mosambique en Abyssinie, et le genre *Pelophilus*, appartient surtout à Madagascar; la sous-région *South African*, aurait en propre, les genres *Cordylus* et *Lamprophis*, cependant ces deux genres se retrouvent en Sénégambie; enfin la famille si remarquable des *Rachiodontidæ* n'est pas seulement confinée dans l'Ouest et le Sud, puisqu'elle compte des représentants dans l'Est et en Mosambique.

Sans vouloir comparer entre eux les divers Reptiles des prétendues sous-régions Africaines, travail pour lequel, du reste, beaucoup de documents font défaut, il suffit, pour montrer leur dispersion considérable, d'opposer les types Sénégambiens à ceux répartis sur le continent tout entier.

En se bornant aux chiffres donnés par Wallace(1), et aux indications fournies par les auteurs de faunes locales, l'ensemble des Reptiles distribués sur le continent Africain, abstraction faite bien entendue de la région Méditerranéenne, s'élève à environ 583 espèces, ainsi réparties:

Chéloniens	45	espèces.
Crocodiliens	4	—
Lacertiliens	245	—
Ophidiens	289	—

D'autre part, les espèces Sénégambiennes s'élèvent à 345, divisées en :

Chéloniens	33	espèces.
Crocodiliens	4	—
Lacertiliens	129	—
Ophidiens	168	—

La Sénégambie à elle seule possède par conséquent : 39,08 pour 100 des espèces Africaines; ces 39,08 pour 100, se subdivisent de la manière suivante :

Chéloniens	73,33	pour 100.
Crocodiliens	100	—

(1) Pour éviter toute confusion, nous acceptons les groupes tels qu'ils sont établis par Wallace, d'après la classification de Goenther (Wallace, t. I, p. 99, *loc. cit.*); les résultats, du reste, seraient identiques en prenant pour base de nos discussions, la classification que nous avons suivie dans cette étude.

Lacertiliens.........................	59,65 pour 100.
Ophidiens...........................	58,13 —

Ces chiffres nous dispensent d'insister plus longuement; ils démontrent surabondamment, croyons-nous, nos affirmations précédentes.

Les relations existant entre les faunes du continent Africain, et celle de l'Asie et de l'Archipel Indien (*The Oriental region*) ont été longuement développées et ne supportent plus aujourd'hui de discussion, les Reptiles les confirment plus encore peut-être que les représentants des autres classes, et Wallace ne peut se dispenser de partager l'opinion accréditée; mais, selon lui (et il compte bon nombre d'imitateurs), des relations non moins grandes sont manifestes avec la faune Américaine (*The Neotropical region*).

Cette assertion est réduite à néant par les chiffres mêmes de Wallace, bien qu'il se borne à examiner les familles, tenant à peine compte des genres et encore moins des espèces.

Etant, en effet, donné le nombre des familles par région, c'est-à-dire :

Pour la région Orientale..................	35	familles.
— Néotropicale...............	37	—
— Paléarctique...............	35	—
— Australienne...............	31	—

Sachant, d'autre part, que l'Afrique possède 32 familles dont :

14	sont communes avec la région	Orientale.
5	—	Néotropicale.
11	—	Paléarctique.
2	—	Australienne.

Il en résulte que le nombre des familles Africaines communes avec les autres régions se trouve dans le rapport de :

4	pour 100 pour la région	Orientale.
1,03	—	Néotropicale.
3,01	—	Paléarctique.
0,61	—	Australienne.

Le 1,03 pour cent de la région Néotropicale est donc, pour ainsi dire, nul et c'est à peine si l'on doit le mettre en ligne de compte.

L'étude des genres conduit à des résultats semblables; car, par le relevé des tableaux de Wallace, on obtient les proportions suivantes :

23	genres communs avec la région	Orientale.
11	—	Néotropicale.
13	—	Paléarctique.
5	—	Australienne.

Enfin, comme preuves irréfutables, Wallace invoque les Serpents de la famille des *Homalopsidæ* et des *Dryophidæ*.

» The Snakes of the family *Homalopsidæ*, dit-il (*loc. cit.*, *t.* 1., p. 265), have a *wide range*, in America, Europe and all ower of the Oriental region, but are confined to West Africa in the Æthiopian region; *Dryophidæ* of tropical America, occur also in West Africa ».

Quelques recherches dans l'ouvrage de Wallace établissent qu'en définitive l'Afrique possède quatre espèces de la famille des *Homalopsidæ;* deux genres et trois espèces de celle des *Dryophidæ;* de plus le *wide range* des *Homalopsidæ*, en Amérique (*loc. cit.*, p. 265), se réduit à quatre genres (*loc. cit*, p. 376), tandis que la région Orientale en contient onze.

En supposant, un instant, la présence en Amérique et en Afrique d'un nombre égal de genres dans une ou plusieurs familles, du moment où ces genres ne sont pas les mêmes, ils ne prouvent, en aucune façon, la trace d'une relation quelconque entre les deux continents, car Wallace avoue toujours en parlant des espèces de la famille des *Homalopsidæ* propres aux régions Orientale et Ethiopienne : « That the Æthiopian species constitute peculiar genera, so that in this family, the separation of the Æthiopian and Oriental region is very well marked. »

Il est impossible, nous le répétons, d'accumuler plus de contradiction, et de fournir plus bénévolement que ne le fait Wallace, des armes propres à combattre ses propres théories.

Les prédécesseurs, comme les imitateurs du naturaliste Anglais, ne disposent pas de preuves plus concluantes; ce qui montre sur quels fondements peu solides repose la division du continent Africains en *zônes* ou en *sous-régions* Herpétologiques.

§ III. — Il serait hors de propos de discuter les données émises par Schlegel, sur la distribution géographique des Reptiles

Africains; ce qui pouvait être admissible à l'époque où il publiait son indigeste *Essai sur la physionomie des Serpents* (1837), n'a plus aujourd'hui sa raison d'être; il en est tout autrement de ses opinions relatives aux modifications exercées par la nature du climat, sur la coloration des animaux, comme aussi sur d'autres caractères, et l'on fait aujourd'hui trop souvent appel, avec lui, aux RACES LOCALES, pour que nous n'examinions pas rapidement ce qu'il y a d'erroné dans ces lois et leurs applications.

En principe général, le climat du continent Africain, modifierait, d'après Schlegel, non seulement la coloration des animaux, mais aussi la conformation de tels ou tels de leurs organes.

Ainsi : « le *Monitor Niloticus* d'Égypte et du Sénégal serait remplacé au Cap par une *variété locale*, à teintes plus foncées et à dessins plus prononcés, dont on a fait le *Monitor albogularis* (*loc. cit.*, p. 216).

« Le *Vipera arietans* du Cap offrirait des teintes beaucoup plus pâles en Nubie et en Abyssinie (*loc. cit.*, p. 216).

« Le *Testuto pardalis* du Cap, également rapporté du Sénégal et d'Abyssinie, au lieu d'avoir dans ces lieux la carapace ornée d'un beau dessin noir et jaune, serait d'un *gris jaunâtre uniforme*, de plus *toutes les appendices* (1) de la peau auraient acquis sous l'influence d'un *climat aussi vigoureux*, un développement plus fort, de sorte que les écailles des pieds de devant auraient été transformées en pointes, ou même en épines; cette variété locale porte le nom de *Testudo sulcata* (*loc. cit.*, p. 216).

» Enfin, à Madagascar, au lieu de deux variétés locales : les *Emys Galeata* du Cap et *Geafiæ* d'Abyssinie, il existerait une race différente : le *Sternotherus nigricans* qui, quoique modelé sur le même type, se distinguerait constamment par des formes plus lourdes, une carapace moins large et un plastron en partie mobile, ce dernier caractère sans valeur, car, dit Schelgel, j'ai constaté le peu d'importance du caractère tiré de la mobilité du plastron et démontré que très souvent ce caractère est *purement accidentel* ou *simplement l'effet de l'âge.* » (*loc. cit.*, p. 217).

Devant de semblables aberrations :

---

(1) Nous copions textuellement, nous ne répondons pas des fautes de français.

Lorsque tous les Herpétologistes savent que le *Monitor albogularis,* prétendue *variété locale* du Cap, existe en Sénégambie et en Mosambique, avec une coloration semblable dans les trois localités;

Lorsque personne n'ignore que le *Testudo pardalis* du Cap, aux dessins jaunes et noirs, aux écailles des jambes antérieures lisses, se trouve en Sénégambie et en Abyssinie avec des caractères identiques et que le *Testudo sulcata* vit au Cap comme au Sénégal et en Abyssinie, avec sa teinte jaune grisâtre et ses pieds de devant armés d'écailles épineuses;

Lorsque il est démontré que la livrée du *Vipera arietans* varie suivant les individus et se montre claire ou obscure chez les spécimens du Cap, aussi bien que sur ceux d'Abyssinie et de Nubie;

Lorsque, enfin, la *mobilité du sternum* des *Sternotherus* est universellement acceptée, comme un *caractère générique fondamental,* que tous les auteurs les séparent des *Emys (Pelomedusa) Galeata* et *Geafiæ*, et que les uns et les autres sont indifféremment distribués sur tout le continent;

Toute réfutation serait puérile; les idées conçues par un cerveau en démence ne supportent pas de discussion.

Si l'influence climatérique *seule* possédait la puissance de transformer du tout au tout un type, ce qui est inadmissible, il faudrait tout d'abord, ce nous semble, que le climat d'une région donnée, fût diamétralement différent de celui d'une autre région comparée; *peut-être au temps de* Schlegel, le Cap, la Sénégambie, l'Abyssinie, l'Égypte, la Nubie, étaient dans ce cas; aujourd'hui ces régions ne nous sont pas connues sous cet aspect, aussi hésitons-nous à les considérer comme *autant d'officines de races locales.*

» En résumant, dit Schlegel, et en déduisant des lois (*loc. cit.*, p. 218), on arrive à ce résultat : que la différence des animaux qui se représentent mutuellement dans l'Afrique Australe et Septentrionale, se réduit à un développement plus ou moins complet de certaines parties et à une diversité dans les teintes; ceux qui habitent les dernières contrées, montrent ordinairement une livrée d'un jaune ou gris pâle, couleur propre à tant d'animaux qui fréquentent les déserts et que j'appellerais volontiers la *couleur du désert.* »

Ces conclusions nous révèlent un fait que nous ignorions au moment où, dans la partie Mammalogique de cet ouvrage, nous discutions les propositions de Pucheran, sur la teinte des Mammifères Africains, fait d'où il résulte que Pucheran a servilement copié Schlegel et formulé comme lui étant propres, les inadmissibles principes du Naturaliste Hollandais.

Quoi qu'il en soit, l'argumentation dont nous nous sommes servi, en traitant des teintes du pelage des Mammifères d'Afrique, étant rigoureusement la même lorsqu'on envisage la livrée des Reptiles, nous ne reviendrons pas sur ce sujet.

Nous insisterons néanmoins sur la faible valeur des caractères reposant uniquement sur des variations de couleurs, et nous signalerons les erreurs nuisibles que les théories préconçues et fantaisistes, font naître inévitablement :

Quand un Naturaliste entraîné par les écarts d'une imagination maladive, se plaît à couronner un système impossible, par une classification basée sur ce qu'il appelle la PHYSIONOMIE, « après avoir remarqué en examinant une série d'animaux vivants, qu'il se peint dans leurs *traits,* dans leurs *regards* et jusque dans leurs *formes,* l'expression de certains *penchants, d'habitudes, de passions,* qui sont d'une manière plus directe que chez l'homme, le résultat de l'organisation » (Schlegel, *loc. cit.*, I, p. IV); rien ne doit étonner de la part de ce Naturaliste, rien ne doit surprendre de la part de ceux qui l'admirent et l'imitent.

Dès lors, les caractères fondamentaux tirés de l'organisation des animaux s'effacent devant *l'expression des passions, des penchants,* reflétés par leurs *traits* par leurs *regards* mêmes; pour tout dire, les types les plus tranchés, reconnus et acceptés par les Maîtres, disparaissent pour laisser le champ libre : aux RACES et aux VARIÉTÉS LOCALES, créations si utiles à certains Zoologistes, et le plus bel ornement de leurs remarquables ouvrages, devant lesquels, beaucoup cependant ne se sentent pas le courage de s'écrier : CREDO QUIA ABSURDUM.

DESCRIPTION ET ÉNUMÉRATION DES ESPÈCES (1)

CHELONII Opp.

TESTUDINIDÆI C. Bp.

Fam. **CHERSINIDÆ** Merr.

Gen. **TESTUDO** Lin.

1. **TESTUDO PARDALIS** Lin.

Testudo pardalis Bell, Zool. Journ., t. II, p. 20, t. XXV.
— Dum. et Bib., Erp. Gen., t. II, p. 71.
— Gray, Cat. Shield Rept., 1855, p. 9.
Geochelone pardalis Fitz., Syst. Shield., p. 122.
Testudo bipunctata Cuv., R. An., t. II, p. 10.
— *Boiei* Wagl., Icon. Amph., t. XIII.

Ekaga. — Peu commun. — Gambie, Casamence, Ile aux Chiens. Ghimberinghe, Samatite, Samone.

---

(1) Notre classification des Reptiles de la Sénégambie est établie d'après les systèmes récents proposés par les Monographes les plus autorisés; nous aurons soin, en traitant de chaque ordre, d'indiquer les sources où nous avons puisé.

C'est ainsi que, pour les *Chelonii*, la classification proposée par M. le Professeur L. Vaillant (*Bull. Soc. Phil.*, Paris, 1877, 7ᵉ série, t. I, p. 54) nous a paru devoir être préférée, avec d'autant plus de raison que, basée sur la disposition des vertèbres cervicales, elle correspond, en quelque sorte, aux divisions de Dumeril et Bibron (*Erp. Gen.*, 1834, t. I, p. 364-365), qui jusqu'ici avaient été acceptées, malgré de légères modifications.

Le *Testudo pardalis*, généralement indiqué comme spécial à l'Afrique Australe, habite également la Sénégambie où nous l'avons recueilli, plus particulièrement dans les régions arrosées pa. la Gambie et la Casamence; c'est exceptionnellement que nous l'avons observé à l'Ouest, sur la lisière des forêts du pays des Sérères, et sur les bords de la rivière Samone.

Chez presque tous les Chéloniens, la forme de la boîte osseuse, comme celle des membres du cou et de la tête, éprouvent des modifications au fur et à mesure des progrès de l'âge.

Dans l'espèce qui nous occupe, l'adulte présente une teinte générale d'un jaune livide semé de taches nombreuses, petites et irrégulières, d'un brun noirâtre. Chez les jeunes, le fond de la couleur est jaune brillant, chaque plaque de la carapace est entourée de deux lignes brunes, alternant avec des lignes d'un jaune pâle, les unes et les autres coupées obliquement par d'autres lignes interrompues d'un brun rouge; au centre de ces écailles, existe un espace fortement chagriné, divisé en deux partes égales par une bande en *x* d'un gris jaunâtre.

Dumeril et Bibron (*Erp. Gen., loc. cit.*, p. 74) donnent au *Testudo pardalis* des œufs « rugueux d'un beau blanc, presque sphériques et de la grosseur d'une bille de billard »; nous les avons constamment vus de forme régulièrement ovoïde et ne dépassant pas la taille d'un œuf de Pigeon de dimensions ordinaires.

2. TESTUDO GEOMETRICA Lin.

Testudo geometrica Lin., Syst. Nat., I, p. 353.
— Dum. et Bib., Erp. Gen., t. II, p. 57.

Les Indigènes n'ont qu'un petit nombre de mots pour désigner les Reptiles, et souvent le même nom s'applique à des espèces différentes, nous croyons néanmoins devoir les noter soigneusement.

De même que pour les Poissons, nos comparaisons ont été faites dans le Laboratoire et les Galeries d'Herpétologie du Muséum; M. le Professeur Vaillant, notre ami le Docteur Sauvage, nous ont continué leur sympathique accueil; nous ne saurions les en remercier trop souvent. Nous sommes heureux également de citer le nom de M. Tomino, Préparateur au Laboratoire, et celui de M. Bocourt, Conservateur des Galeries, dont la bienveillante obligeance ne nous a jamais fait défaut.

Testudo geometrica Gray, Cat. Shield. Rept., 1855, p. 8.
Peltastes geometricus Gray, Supp. Cat. Shield. Rept., 1870, p. 9.
Testudo tentoria Bell., Zool. Journ., III, p. 420. Tab. 23-24.
Peltastes tentoria Gray, Supp. Cat. Shield. Rept., 1870, p. 9.

Ekaga. — Rare. — Habite les mêmes localités que l'espèce précédente, rives de la Gambie, de la Casamence, Mélacorée. Nous ne l'avons jamais observée dans l'Ouest.

C'est à tort, selon nous, que Gray, après avoir réuni dans son catalogue of Schield Reptiles (*loc. cit.*, p. 8), le *Testudo tentoria* au *Testudo geometrica*, l'érige plus tard au rang d'espèce, dans le Supplément à cet ouvrage (*loc. cit.*, p. 9). Certains des caractères qu'il invoque en faveur de cette distinction ne présentent aucune valeur; le « sternum lat or concave » de l'un, « convex » de l'autre, sont simplement des caractères de sexe; quant à la coloration, il ne faut pas en tenir compte vu son excessive variabilité.
Nous avons possédé vivantes les deux prétendues espèces et nous n'hésitons pas à les considérer comme identiques.

3. TESTUDO VERREAUXII Smith.

Testudo Verreauxii Smith., Illustr. Zool. S. Afr. Rept., pl. VIII.
— *Verroxii* Gray, Cat. Shield. Rept., 1855, p. 8.

Ekaga. — Rare. — Gambie, Casamence, Albréda, Sedhiou, Mélacorée.

Cette espèce du Sud de l'Afrique, bien distincte de la précédente, remonte jusque dans la basse Sénégambie; nous en possédons un magnifique exemplaire provenant d'Albreda, que nous devons à l'obligeance de notre ami regretté le capitaine Daboville.

4. TESTUDO SULCATA Mill.

Testudo sulcata Mill., On Var. Subj. tab. XXVI. A. B. C.
— — Dum. et Bib., Erp. Gen., t. II, p. 74, pl. 13, f. 1.
— — Gray, Cat. Shield. Rept., 1855, p. 9.

Testudo calcarata Merr., Tent. Syst. Amph., p. 52.
— *radiata Senegalensis* Gray, Syn. Rept., 11.
Peltastes sulcatus Gray, Supp. Cat. Shield. Rept., p. 12.

Bonath. — Commun. — Gandiole, N'Diago, Dony-Dack, Babagaye, Dakar-Bango, Saldé, Podor, Dagana, Kito, Boukarié, Maina; plus rare dans le Sud : Albreda, Bathurst, Mélacorée.

Le *Testudo sulcata* est, de toutes les Tortues Sénégambiennes, la seule dont la forme et la couleur n'éprouvent aucunes variations, quels que soient son âge et sa taille; sa teinte générale est d'un fauve clair, avec des lignes plus foncées, disposées régulièrement sur le pourtour des plaques de la carapace.

Elle se tient d'ordinaire dans les endroits arides et sablonneux, pouvant se soustraire facilement aux recherches, en raison même de sa couleur peu différente de celle du sol où, pendant le jour, on la trouve immobile. Elle marche avec beaucoup plus de vitesse que la plupart de ses congénères et dépense une quantité énorme de nourriture; les dimensions de sa carapace seule dépassent souvent 0,80 centimètres de long.

Les Nègres la recherchent pour la vendre aux Européens et pour fabriquer des Grigris avec les volumineux tubercules cornés de ses membres antérieurs et postérieurs.

L'aire d'habitat du *Testudo sulcata* s'étend sur presque tout le continent Africain.

Longtemps, cette espèce a été regardée comme habitant simultanément l'Afrique et l'Amérique; tout en paraissant accepter cette manière de voir Dumeril et Bibron avaient cependant formulé, avec raison, certaines réserves : « Ce fait de l'existence de Tortues originaires d'Amérique et d'autres qui sont bien certainement Africaines, disent-ils en effet (*loc. cit.*, p. 79), doit effectivement paraître extraordinaire, attendu que la classe entière des Reptiles n'en présente pas un exemple. *Nous avouons même que, pour y croire,* nous avons besoin qu'il nous soit attesté par une personne aussi recommandable que l'est M. d'Orbigny, *qui a lui-même recueilli en Patagonie,* où l'espèce est fort commune, selon lui, *un jeune Testudo sulcata.* »

L'examen de spécimens authentiques provenant d'Afrique et

d'Amérique, ont permis à Gray de trancher définitivement la question et de démontrer (*P. Z. S. of Lond.*, 1870, p. 707) qu'au lieu d'une espèce unique habitant l'ancien et le nouveau monde, ce qui serait une anomalie « which was an anomaly among the Testudinata », il en existait deux, qu'il fallait placer dans deux genres différents : « to two different subgenera, the one belonging to the old and the other to the new orld. »

Nous n'avons pas à examiner ici le plus ou moins de valeur des deux genres proposés par Gray, non plus que l'opinion de M. Sclater relative au nom de *Chilensis* imposé par Gray au type Américain.

5. TESTUDO MARGINATA Schoep.

Testudo marginata Schoep., t. II, 12, f. 1.
— — Gray, Cat. Tort. Brit. Mus., p. 9.
— — Dum. et Bib., Erp. Gen., t. II, p. 37.
— *campanulata* Wall., Chel., p. 121.
Cherseus marginatus Wagl., Syst. p. 138.

Bonath. — Assez rare. — Boukarié, Maina, Podor, Dagana.

Cette espèce indiquée du nord de l'Afrique, d'Algérie, de Grèce, d'Égypte, se rencontre dans la haute Sénégambie, où nous l'avons observée; un très bel exemplaire de Dagana existe dans le Musée des Colonies.

Gen. HOMOPUS Dum. et Bib.

6. HOMOPUS SIGNATUS Dum. et Bib.

Homopus signatus Dum. et Bib., Erp. Gen., t. II, p. 152.
— Gray, Cat. Shield. Rept., 1855, p. 11 et Supp., p. 13.
Testudo signata Walb. Chenol., p. 120.
— *denticulata* var. Gm., Syst. Nat., I, 1045.
— *Cafra* Daud., G. N. Rept., t. II, p. 291.

N'Kounou. — Assez rare. — Gambie, Casamence, Monsor, Maloumb, Gilfré, Macondianbongou, Guettala, Dianach, M'Boul.

Indiqué comme spécial au Cap et à l'Abyssinie, cet *Homopus* remonte dans la basse Sénégambie et se rencontre également dans la région Nord-Est, d'où plusieurs exemplaires nous sont parvenus par les soins de notre excellent confrère le Dr Colin.

7. HOMOPUS AREOLATUS Dum. et Bib.

Homopus areolatus Dum. et Bib., Erp. Gen., t. II, p. 146.
— Gray, Cat. Shield. Rept., 1855, p. 11 et Supp., p. 13.
Testudo areolata Thunb., N. A. Sued., t. VIII, p. 180.
Chersina tetradactyla Less., Bell. Sci., XXV, p. 119.
Le Vermillon Lacep., Quad. Ovip., t. I, p. 166.

N'Kounou. — Assez rare. — Maloumb, Kaour, Gourba, Cagnne-Cay, Ile aux Éléphants, Gilfré.

Cette espèce, également indiquée dans l'Afrique Sud et au Cap de Bonne-Espérance, habite, comme sa congénère, la basse Sénégambie, mais elle ne s'observe pas dans le Nord-Est. Dumeril et Bibron (*loc. cit.*, p. 151) l'indiquent de Madagascar.

La coloration des très jeunes individus diffère peu de celle des adultes; les teintes sont ordinairement plus pâles et le centre déprimé des plaques de la carapace est d'un rouge laque, au lieu du brun marron des sujets plus âgés.

Gen. KINIXYS Bell.

8. KINIXYS BELLIANA Gray.

Kinixys Belliana Gray, Syn. Rept., p. 69.
— — Gray, Cat. Shield. Rept., 1855, p. 13 et Supp., p. 13.
— *Schoensis* Rüpp., Mus. Senck., III, p. 220, t. XVI.
Cinixys Belliana Dum. et Bib., Erp. Gen., t. II, p. 168.

N'Kounou. — Assez commun. — Gambie, Casamence, Mélacorée, Dianoch, Gourba, Kaour.

Le *Kinixys Belliana* est indiqué par Gray (*loc. cit.*) dans l'Afrique Est et Ouest ainsi qu'en Gambie.

9. KINIXYS EROSA Gray.

Kinixys erosa Gray, Syn. Rept., p. 16.
— Gray, Cat. Shield. Rept., 1855, p. 13 et Supp., p. 14.
Cinixys erosa Dum. et Bib., Erp. Gen., t. II, p. 165.
Testudo erosa Schn., Arch. Kœnigsb., I, p. 321.

N'Kounou. — Assez commun. — Mêmes localités que l'espèce précédente.

Cette curieuse espèce, dit M. Cope (*Pr. Ac. N. S. Philad.*, 1859, p. 294), commune au Gabon, sur la rivière Camma et dans l'Ogooué, s'étend vers le Nord du côté de la Gambie; cette dernière région lui est également assignée par Gray (*loc. cit.*).

10. KINIXYS HOMEANA Bell.

Kinixys Homeana Bell., Trans. Lin. Soc. of Lond. XV, p. 400, pl. XVII, f. 2.
— Gray, Cat. Shield. Rept., 1855, p. 13 et Supp. p. 14.
Cinixys Homeana Dum. et Bib., Erp. Gen., t. II, p. 161, pl. XIV, fig. 2.

N'Kounou. — Assez commun. — Gambie, Casamence, Mélacorée; remonte jusqu'à Joalles et Rufisque, où nous l'avons recueilli.

Gray (*loc. cit.*, 1855) mentionne le *Kinixys Belliana* comme naturalisé au Mexique et à la Guadeloupe; le *Kinixys Homeana*, aurait été également introduit à la Guadeloupe et à Demerari. En considérant ces deux espèces comme Américaines, Dumeril et Bibron avaient été certainement induits en erreur par l'affirmation de Gray qui, dans le principe, leur attribuait la même origine.

« Des exemplaires de ces espèces, disent Dumeril et Bibron (*loc. cit.*, p. 165), ont été envoyés vivants de la Guadeloupe par M. Lherminier, au Muséum d'Histoire Naturelle, où ils sont morts peu de temps après leur arrivée. Comme aucun renseignement n'était joint à leur envoi, nous ignorons s'ils étaient bien originaires de cette île. Dans tous les cas, on a tout lieu de croire que ces espèces sont Américaines, car M. Gray nous a assuré que les carapaces, que possède le Musée Britannique, lui ont été adressées de Demerari et de la Guyane Anglaise. »

Gray, revenant en 1870 (*P. Z. S. of Lond.* p. 707) sur sa première opinion, rapporte que ces espèces : « is not even colonised much less naturalised, in that country (Guadeloupe et Demarara); but it is probable that some of the Negroes who are found of living animals may have taken them with them. »

Fam. EMYDIDÆ Gray.

Gen. CLEMMYS Wagl.

11. CLEMMYS LATICEPS Strauch.

Clemmys laticeps Strauch, Mem. Ac. Sc. St-Petersb., t. VIII, 7e ser., p. 75, 1865.
Emys laticeps Gray, Cat. Shield. Rept., 1855, p. 23.
Eryma laticeps Gray, Supp. Cat. Shield. Rept., 1870, p. 45.

Ogombé. — Assez commun. — Gambie, Casamence, Dianoch, Maka, Ghimberinghe, Wagran, Gilfré, environs d'Albreda, Samatite, Cagnout.

Selon Gray, l'espèce se rencontrerait au Nord et à l'Ouest de l'Afrique; nous ne l'avons jamais observée que dans la basse Sénégambie, où elle habite les marigots; pendant le jour elle se tient immobile sur les berges, se laissant tomber à l'eau au moindre bruit; c'est seulement la nuit qu'elle se livre à toute son activité, nageant à peu de profondeur ou marchant sur la vase à la recherche des petits animaux dont elle fait sa principale nourriture.

Fam. CHELYDIDÆ Gray.

Gen STERNOTHÆRUS Bell.

12. STERNOTHÆRUS NIGER Dum. et Bib.

Sternothærus niger Dum. et Bib., Erp. Gen., t. II, p. 397.
— Gray, Cat. Shield. Rept., 1855, p. 51.
— Strauch, Mem. Ac. Sc. St-Petersb., 1865, p. 108.

Ogombé. — Commun. — Marigots de Khara, Khouma, Safal, Leybar, Diouk, Babagbay, Richard-Toll.

Jusqu'ici, cette espèce est citée comme propre à Madagascar; c'est une des plus communes de la Sénégambie.

13. STERNOTHÆRUS NIGRICANS Donndorff.

Sternothærus nigricans Donndorff, Zool. Beitr., III, p. 34.
— — Dum. et Bib., Erp. Gen., t. II, p. 399.
— *subniger* Gray, Cat. Shield. Rept., 1855, p. 51.
Testudo subnigra Latr., Hist. Nat. Rept., t. I, p. 89, f. 1.
Terrapene nigricans Merr., Tent. Syst. Amph., p. 28, sp. 28.
La Tortue Noirâtre Lacep., Quad. Ov., t. I, p. 175, pl. XIII.

Ogombé. — Commun. — Habite les mêmes localités que l'espèce précédente.

Comme son congénère, le *Sternothærus nigricans* est indiqué, à tort, comme spécial à Madagascar.

14. STERNOTHÆRUS CASTANEUS Gray.

Sternothærus castaneus Gray, Synop. Rept., p. 38.
— — Dum. et Bib., Erp. Gen., t. II, p. 401.

Sternothærus castaneus Strauch, Mem. Ac. Sc. St-Petersb., 1865, p. 108.

— *Leachianus* Bell., Zool. Journ., t. II, p. 300.

Emys castanea Schweig, Prodr. Monogr. Chelon., p. 45.

Ogombé. — Assez commun. — Gambie, Casamence, Mélacorée, Khasa, Ile aux Chiens, Marigot aux Huîtres, Samatite, rivière Kounakori, Safal, Kouma, Leybar.

La manière de voir de M. Cope relativement à cette espèce (*Proced. Ac. N. Sc. Philad.*, 1859, p. 294), manière de voir partagée du reste par des Herpetologistes d'un mérite indiscutable, nous paraît la seule admissible. L'étude d'un certain nombre de spécimens fournit, en effet, des caractères distinctifs concluants, et démontre combien est peu fondée l'opinion de Gray, dont les diverses notices, remplies d'hésitations et de contradictions, sont la preuve de son ignorance complète du genre *Sternothærus* et de bien d'autres; nous aurons souvent l'occasion de signaler des faits à l'appui.

15. STERNOTHÆRUS SINUATUS Smith.

Sternothærus sinuatus Smith, Illustr. Zool. S. Afr., Rept., pl. I.
— Strauch, Mem. Ac. Sc. St.-Petersb. 1865, p. 109.
— Gray, Supp. Cat. Shield., Rept., 1870, p. 79.

Ogombé. — Rare. — Gambie, Casamence, Mélacorée, Dianoch, Maka, Albreda, Kaour.

16. STERNOTHÆRUS DERBIANUS Gray.

Sternothærus Derbianus Gray, Cat. Tort. Crocod. and Amphib., p. 37.
— Gray, Cat. Shield., Rept., p. 52.
— Strauch, Mem. Ac. Sc. St-Petersb., 1865, p. 109.
— Cope, P. Ac. N. Sc. Philad., 1859, p. 294.
— Peters., M. B. Ak., Berlin, 1877, p. 117.

Ogombé. — Peu commun. — Mêmes localités que le *Sternothærus sinuatus.*

Malgré les liens étroits qui semblent unir ces deux espèces, il est cependant facile de les différencier, et nous nous rangeons à l'opinion de M. Cope et de Peters (*loc. cit.*); comme le fait observer également M. Cope, les mœurs des deux espèces ne se ressemblent en aucune façon; le *Sternothærus sinuatus* se plaît dans les endroits les plus profonds des marigots, rarement il se rend à terre, et se laisse souvent flotter immobile à la surface de l'eau; le *Sternothærus Derbianus,* au contraire, habite les marécages et les flaques d'eau herbeuses au milieu des Palétuviers.

17. STERNOTHÆRUS ADANSONI A. Dum.

Sthernothærus Adansoni A. Dum. Cat. Meth. Rept., p. 10.
— A. Dum. Arch. Mus., t. VI, p. 243.
— Gray, Cat. Shield. Rept., 1855, p. 52 et Supp., 1870, p. 80.
Emys Adansonii Schweig., Prodr. Monog. Chelon., p. 30.

Ogombé. — Commun. — Makandianbongou, Guelli, Matam, Kita, Podor, Bakel, Saldé, Leybar, Thiouk, Diouk, Merinaghem, Kouma, N'Bilor, Khasa, Damarkour, Samono; Gadieba, Gambie, Casamence; archipel du Cap-Vert où Gray l'indique; nous en possédons un exemplaire de Santiago.

Les espèces composant le genre *Sternothærus,* soit qu'on les accepte comme nous venons de les établir avec Strauch (*loc. cit.*), soit qu'on en réduise le nombre suivant le système, selon nous, erroné de Gray, ne sont, en aucune façon, localisées à telle ou telle place sur le continent Africain, comme on l'a prétendu jusqu'ici.

On vient de voir que le *Sternothærus Adansoni* est le seul dont l'aire d'extension occupe le plus vaste espace, puisqu'on l'observe en Égypte, au Cap, dans le haut Sénégal, en Gambie et à l'archipel du Cap-Vert; le *Sternothærus Derbianus,* confondu par quelques-uns avec le *Sternothærus sinuatus,* appartiendrait seulement à la Gambie, tandis que ce dernier serait spécial au Cap; les *Sternothærus niger, nigricans* et *castaneus* auraient pour habitat unique Madagascar.

Les nombreux exemplaires, que nous avons recueillis et minutieusement comparés, nous ont péremptoirement démontré que tous ces types, indistinctement, vivent dans les fleuves et les marigots de la Sénégambie, et nous sommes convaincu que, par suite des recherches ultérieures, leur présence sera constatée sur une foule d'autres points du continent. Il en est incontestablement de même des espèces du genre *Pelomedusa* que nous allons examiner.

Gen. PELOMEDUSA Wagl.

18. PELOMEDUSA GEHAFIÆ Gray.

Pelomedusa Gehafiæ Gray, Cat. Tort. Brit. Mus., p. 38.
Pentonyx Gehafie Rüpp., Neue. Wirb. Z. Faun. Abyss., p. 2, tab. I.
— A. Dum., Cat. Meth. Rept., p. 18.
— Strauch, Mem. Ac. Sc., St-Petersb., 1865, p. 113.

Ogombé. — Commun. — Kita, Makhana, Matam, M'Boul, Podor, N'Guer, Saldé, Leybar, Thionk, Samone.

Cette espèce découverte pour la première fois par Rüppel en Abyssinie, retrouvée au Sennaar par Peters, ne nous est pas connue dans la région Sénégambienne dite du bas de la côte; commune dans le haut pays, elle ne nous paraît pas descendre plus loin que la pointe du Cap-Vert.

19. PELOMEDUSA GALEATA Wagl.

Pelomedusa galeata Wagl., Nat. Syst. Amph., p. 136, t. II, f. 36-37.
— Strauch, Mem. Ac. Sc. St-Petersb., 1865, p. 111.
Testudo galeata Schœp., Hist. Testud., p. 12, t. III, f. 1.
Pelomedusa subrufa Gray, Cat. Shield. Rept., 1855, p. 53.
— *nigra* Gray, Ann. and Mag. Nat. Hist., t. XII, p. 99.

Pentonyx Capensis Dum. et Bib., Erp. Gen., t. II, p. 390, pl. XIX, f. 2.
Hydraspis galeata Sowerb. et Lear, Tort. Terrap. and Turtles, 1872, p. 10, t. XLIX et IV.

Ogombé. — Commun. — Leybar, Thionk, Gandiolo, Gambie, Casamence, Mélacorée, Albreda, Sedhiou.

D'après les auteurs que nous avons consulté, cette espèce paraît s'étendre sur tout le continent Africain.

20. PELOMEDUSA GABONENSIS Strauch.

Pelomedusa Gabonensis Strauch, Mem. Ac. Sc. St-Petersb., 1865, p. 113.
Pentonyx Gabonensis A. Dum., Rev. et Mag. Zool., 1856, p. 373.
— A. Dum., Arch. Mus., t. X, p. 164, pl. XIII, f. 2. 2. a.

Ogombé. — Assez commun. — Gambie, Casamence, Mélacorée, Ile aux Chiens, Albreda, Bathurst.

Le type de A. Dumeril provenait du Gabon.

Dans un travail sur le genre *Sternothærus* (*P. Z. S. of Lond.*, 1863, p. 194.), Gray place le *Pelomedusa* (*Pentonyx*) *Gabonensis* en synonymie du *Sternothærus Derbianus.*

« Je pense, dit-il, qu'il n'est pas douteux que le spécimen envoyé du Gabon au Muséum de Paris par M. Aubry-Lecomte, et que A. Dumeril, dans un mémoire fait à la hâte, incomplet et des plus inexacts, *in his very hasty and very incomplete and inaccurate paper on the Reptiles of Western Africa,* a décrit et figuré sous le nom de *Pentonyx Gabonensis*, est tout simplement un jeune de *Sternothærus Derbianus;* il est en outre surprenant qu'un Herpétologiste comme A. Dumeril, *disposant de matériaux d'étude, d'une richesse exceptionnelle, n'ait pas su reconnaître* que son espèce, *à cause même de la largeur du sternum,* ne pouvait appartenir au genre *Pentonyx.* »

Le jugement peu courtois, pour ne pas dire plus, porté par Gray sur les travaux de A. Dumeril, n'a pas lieu d'étonner; on sait que certains savants Anglais ont assez l'habitude d'envenimer leur plume, quand il s'agit de leurs confrères de France et nous en avons déjà cité un exemple frappant en traitant des Oiseaux de la Sénégambie (p. 123), aussi n'insisterons-nous pas; mais il est utile de faire remarquer: que si l'*illustre* Gray eût étudié moins superficiellement *very hasty*, la description et la figure *incomplete and inaccurate* du peu *scrupuleux* A. Dumeril, il se serait peut-être aperçu qu'il donnait une bien faible preuve de son savoir, en ne sachant pas reconnaître que le caractère différentiel des genres *Sternothærus* et *Pelomedusa* ne réside pas dans le *plus ou moins de largeur du plastron*, mais bien dans la *mobilité* ou l'*immobilité absolue* de cet organe, et peut-être alors aurait-il vu que le plastron du *Pelomedusa Gabonensis* est immobile.

Bien longtemps avant nous, Strauch avait fait justice des allégations de Gray, en démontrant l'exactitude des renseignements fournis par A. Dumeril; il n'est pas sans intérêt de reproduire textuellement ce passage auquel nous faisons allusion.

« Gray behauptet, écrit Strauch (*loc. cit.*, p. 107), nämlich, dass die *Pelomedusa* (*Pentonyx*) *Gabonensis*, die A. Dumeril in den Archives du Museum abgebildet hat, und die sich von ihren Gattungsgenossen durch einen breiten Brustschild auszeichnet, der Jungendzustand seines *Sternothærus Derbianus* sei. Als Grund dafür führt er nur den breitern Brustschild an, vergisst dabei aber, wie es scheint, dass das differenzielle Merkmal der Gattungen *Sternothærus* und *Pelomedusa* nicht in der Breite des Brustschildes liegt, sondern in der Berveglichkeit des vorderen Sternallappens, die nur bei der ersteren Gattung vorkommt, und von der weder in der von A. Dumeril gegebenen *vortrefflichen Abbildung* etwas zu sehen, noch auch in der Beschreibung etwas zu lesen ist. »

Récemment la manière de voir de Gray a été soutenue par un Naturaliste Français attaché au British Museum; « en 1860, dit M. G. A. Boulenger (*Sur l'existence d'une seule espèce du genre Pelomedusa, Bull. Soc. Zool. France,* 1880, V^{e} vol., p. 146), A. Dumeril décrivit une *prétendue* espèce nouvelle, le *Pelomedusa Gabonensis,* mais qui n'est autre qu'un *Sternothærus, probablement* le *Derbianus* de Gray. »

Le libellé même de ce paragraphe montre suffisamment que M. G. A. Boulenger s'est borné à copier Gray et qu'il ne connaît nullement l'espèce de A. Dumeril.

Quoi qu'il en soit, après avoir considéré comme un devoir, de défendre un de nos Maîtres injustement accusé, après avoir établi que le type de A. Dumeril appartient bien positivement au genre *Pelomedusa* et non pas au genre *Sternothærus*, nous nous croyons en droit d'affirmer que ce type était adulte et complètement distinct de ses congénères.

Les exemplaires du *Pelomedusa Gabonensis*, que nous avons observés et recueillis en Sénégambie, répondent exactement aux descriptions de A. Dumeril, auxquelles nous renvoyons (*Rev. et Mag. de Zoologie et Arch. du Museum, loc. cit.*); abstraction faite des caractères invoqués, il faut tenir compte des rugosités « de toute la carapace », rugosités n'indiquant, en aucune façon, un état jeune, car elles se montrent chez tous les sujets, même les plus âgés, et servent par conséquent à le différencier des autres espèces du genre ; sa petite taille n'implique en rien non plus une croissance incomplète, l'espèce suivante que nous proposons comme nouvelle, établie sur un individu adulte et vieux, va pouvoir, nous l'espérons, confirmer cette assertion.

21. PELOMEDUSA GASCONI Rochbr.

(Pl. I, fig. 1, 2.)

Pelomedusa Gasconi Rochbr., Mss., 1881.

P. — CORTEX OVATO ROTUNDATUS, COMPLANATUS: SQUAMIS LINEIS RADIANTIBUS, SUBRUGOSIS, ORNATIS, MEDIANIBUS OBTUSE TUBERCULATO CARINATIS, LUTEO OLIVACEIS, FULVO CIRCUMDATIS; STERNUM SUBPLANUM, SORDIDE LUTEUM, SQUAMIS REGULARITER ET QUADRATIM LINEIS FULVIS INSTRUCTIS; SCUTELLÆ GULARES PARVISSIMÆ, TRIANGULARES; SCUTELLA INTERGULARIS ANGUSTA, ELONGATA, HASTÆFORMIS.

Carapace régulièrement ovale arrondie, presque aussi large en bas qu'en haut, très comprimée, à écailles ornées de légères stries finement granuleuses rayonnant du centre aux angles des écailles ; les cinq vertébrales portant au milieu une côte obtuse un peu tuberculeuse à la base de chaque écaille et simulant une carène large et peu saillante; écailles marginales quadrangulaires, minces et tranchantes à leur bord libre; coloration générale d'un fauve cannelle, tirant faiblement sur le brun, chaque écaille entourée d'une petite bande d'un brun fauve; sternum plan, à écaille intergulaire étroite, allongée, en fer de lance, les gulaires petites en triangle isocèle; les fémorales et surtout les anales brusquement rétrécies, les dernières très étroites; tout le plastron d'un jaune cannelle, à écailles régulièrement ornées de lignes brunes, espacées; membres d'un jaune pâle teintés par place de rouge groseille, cou brunâtre en dessus, linéolé en côté de petites bandes brun foncé et rouge; tête marbrée des mêmes teintes; iris rouge vermillon.

Longueur totale de la carapace	0m105
Largeur au milieu	0 090
— en avant	0 080
— en arrière	0 081
Épaisseur moyenne	0 020

Ogombé. — Peu commun. — Dagana, Saldé, lac de N'Guer, marigot des Maringouins.

Nous devons la connaissance de ce type remarquable à M. Gasconi, député du Sénégal; nous sommes heureux de le lui dédier en témoignage de notre reconnaissance et de notre affectueux dévouement, pour la bienveillante amitié dont il nous a toujours honoré.

M. Sclater (*P. Z. S. of Lond.*, 1871, p. 325) décrit une carapace et figure le sternum d'un *Pelomedusa*, rapporté du haut Zambèse par M .Chapman; cette espèce, qu'il ne nomme pas, est de tous les *Pelomedusa* connus celle qui se rapproche le plus de la nôtre; le *Pelomedusa Gasconi* s'en distingue cependant, surtout par la forme générale du plastron, une ornementation différente des lignes de chaque écaille, par une plus grande étroitesse des plaques fémorales, la petitesse des anales, leur écartement beaucoup plus aigu, par la même petitesse des plaques gulaires et la forme allongée et en fer de lance de l'intergulaire.

M. G. A. Boulenger, dont nous avons déjà cité le mémoire, ne reconnait qu'une seule espèce dans le genre *Pelomedusa*, et il s'appuie, pour le démontrer, sur certaines particularités du plastron.

« Si la forme de certaines plaques du plastron, telles que les *pectorales* et les *humérales*, dit-il (*loc. cit.*, p. 148), ne subit aucune modification avec l'âge, il n'en est pas de même entre les individus qui représentent toutes les formes intermédiaires entre les *Pelomedusa galeata* et *Gehafiæ*. Chez le *Pelomedusa galeata*, les plaques pectorales sont unies par une longue suture, tandis que, chez le *Pelomedusa Gehafiæ*, ces plaques sont subtriangulaires et séparées l'une de l'autre. »

Les sept plastrons figurés par M. G. A. Boulenger (*de a, à g*, p. 148 *à* 150, *loc. cit.*) sont tous identiquement semblables, seules les plaques pectorales et humérales sont plus ou moins développées, plus ou moins séparées, relativement les unes aux autres, ce sont là ses formes intermédiaires.

Ces variations, preuves démonstratives uniques pour M. G. A. Boulenger de l'unification des espèces du genre *Pelomedusa*, ont-elles la valeur qu'il s'efforce de leur donner ?

Aucun Herpétologiste, que nous sachions, tout en notant dans ses diagnoses, la disposition de ces plaques, n'a prétendu leur attribuer un caractère spécifique *fixe* et *fondamental*.

Les observations de M. G. A. Boulenger sont certainement des plus intéressantes, mais les conséquences qui, selon lui, en découlent, nous paraissent erronées, malgré son affirmation confirmée, écrit-il (*loc. cit.*, p. 147), par une lettre du Naturaliste Prussien Peters, en date du 11 avril 1880.

Nous avons vu et étudié un nombre de *Pelomedusa* égal, sinon de beaucoup supérieur, à celui indiqué dans le mémoire de M. G. A. Boulenger (40 spécimens), et quand nous avons cherché les caractères différentiels des deux espèces incriminées, laissant de côté les plaques pectorales et humérales, nous les avons trouvées : dans la forme générale de la carapace et du plastron, dans la forme et la disposition des plaques gulaires et intergulaires, dont personne n'a encore nié l'importance toute exceptionnelle ; or, les figures de M. G. A. Boulenger représentant sept plastrons avec plaques gulaires et intergulaires, calquées sur un même type, il s'ensuit que ces figures sont évidemment entachées d'inexactitude.

Si, en effet, on examine une quantité donnée d'individus des deux espèces adultes et du même sexe, on reconnaît les différences suivantes :

Chez le *Pelomedusa Geufiæ*, la carapace est régulièrement ovale dans son pourtour, sa surface supérieure s'incurve en arc de cercle ; le plastron, rétréci dans la région supérieure, se dilate brusquement au niveau des plaques pectorales et abdominales, pour se rétrécir de nouveau en suivant deux lignes fortement obliques à partir des fémorales; l'angle d'écartement des deux anales affecte une disposition largement obtuse; les deux plaques gulaires, étroites, allongées en triangle isocèle, accompagnent dans toute sa longueur la plaque intergulaire, très étroite, en forme de coin.

Chez le *Pelomedusa Galeata*, au contraire, la carapace est ovale, oblongue, rectiligne sur les côtés et arrondie aux deux extrémités, l'antérieure bien plus étroite que la postérieure; sa surface supérieure faiblement courbée au centre s'incline en pente de chaque côté; le plastron est large en avant, faiblement rétréci en bas, les côtés libres, les plaques fémorales et anales sont dirigées parallèlement, les plaques anales s'écartent suivant un angle aigu ; les plaques gulaires sont étroites, courtes, spiniformes, ne dépassant pas la moitié de la longueur de la plaque intergulaire, celle-ci large, quadrangulaire dans sa première moitié, affecte, dans sa moitié inférieure, la forme d'une pyramide obtuse.

Cette discussion suffit à démontrer que, contrairement aux idées de M. G. A. Boulenger, les espèces classées dans le genre *Pelomedusa* et acceptées par les Herpétologistes qui l'ont précédé, méritent d'être maintenues.

TRIONICYDÆ C. Bp.

Fam. CHITRADÆ Gray.

Gen. HEPTATHYRA Cope.

22. HEPTATHYRA AUBRYI Cope.

(Pl. II, fig. 1, 2.)

Heptathyra Aubryi Cope, Ac. N. Sc. Philad., 1859, p. 296.
Cryptopus Aubryi A. Dum., Rev. Zool., 1856, p. 374, tab. XX.
Cycloderma Aubryi Peters, M. B. Ak. Berlin, 1877, p. 117, taf. II, fig. 1-2.

tatanajh. — Assez rare. — Gambie, Casamence, Kaour, Dianech, marigot de Ghimberinghe, Albréda, Samone, Kounakéri

Découverte pour la première fois au Gabon par M. Aubry Lecomte, cette espèce habite plus particulièrement la basse Sénégambie; c'est exceptionnellement qu'elle se rencontre vers l'Ouest.

Nous ne savons si, au Gabon, « elle est recherchée comme fournissant un aliment très délicat réservé pour les Chefs de tribus », ainsi que le dit A. Dumeril (*loc. cit.*, p. 377), mais en Sénégambie, rien de semblable ne se passe; les Nègres, Chefs ou sujets la mangent rarement et ils la recherchent, comme toutes les autres Tortues d'eau douce, pour la vendre aux Européens. Sa chair offre des qualités supérieures à celles des Tortues de terre, fait déjà signalé par Adanson (*Cours H. N.* éd. *Payer*, vol. II, p. 27. 1845.)

Peters (*loc. cit.*) a le premier fait connaître le jeune de l'*Heptathyra Aubryi;* sa coloration, entièrement différente de celle de l'adulte, offre quelques particularités qui ont échappé à l'auteur que nous venons de citer.

La teinte générale est d'un jaune orangé, parsemé de taches nuageuses d'un ton verdâtre, la carapace est régulièrement ornée de lignes granuleuses concentriques d'un brun rouge; au centre, une ligne brune règne sur une partie de sa longueur. Cette ligne est accompagnée, de chaque côté, d'une série de fortes granulations de même couleur; elle est, en outre, limitée en avant par une plaque granuleuse ovoïde; la tête et le cou sont également jaune orangé, deux lignes fauves partant des yeux règnent en dessus sur les côtés du cou; une troisième ligne un peu plus courte s'étend entre les deux précédentes, et deux autres petites descendent en arrière des yeux; le centre des pattes, violacé et marbré de brun, est encadré par le jaune de leur pourtour; en dessous, la teinte est jaune pâle nuagé de brun, par places.

Chez l'adulte, le disque est d'un brun violet, parsemé de petits points et de taches irrégulières noires; le limbe, d'un brun pâle, est finement réticulé de noir; les pattes, la tête et le cou sont d'un vert olivâtre sale, les lignes du cou, disposées comme dans le jeune, sont noires et onduleuses.

93. HEPTATHYRA FRENATA Cope.

Heptathyra frenata Cope, P. Ac. N. S. Philad., 1859, p. 296.
Cyclanosteus frenatus Gray, Cat. Shield. Rept., 1855, p. 61.
Cycloderma frenatum Peters., Nat. Reise N. Mozambique, 1882, p. 14, taf. I, III.
Aspidochelys Livingstoni Gray, P. Z. S. of Lond., 1860, p. 5, pl. XXII, fig. 12.

Latanajh. — Assez rare. — Gambie, Casamence, Mélacorée, Dianoch, Matam, Khorkhol, Leybar, Diouk, Thiouk.

L'aire d'habitat de cette espèce est plus étendu que celui de l'*Heptathyra Aubryi;* observée en Mozambique et au Zambèse, par Livingston et Peters; elle se rencontre dans presque toute la région Sénégambienne.

Gray, dans un mémoire sur les *Trionichidæ* (*P. Z. S. of London*, 1864, page 91), considère les *Heptathyra Aubryi* et *frenata* comme très probablement identiques à cause de la similitude des lignes de la tête : « The similarity of the bands on the head shows that the *Cyclanosteus frenatus* of Peters and the *Cyclanosteus Aubryi* of Dumeril most probably belong to the same species. »

Plus tard, Gray (*Supp. Cat Shield Rept.*, 1870, p. 93) maintient cette opinion, et, de plus, il ajoute que les différences dans la forme des callosités du sternum, des deux espèces figurées, dépendent de l'âge ou de particularités individuelles : « The difference in the form of callosities may depend on the age or the individual peculiarities of the two specimen figured. »

Il est évident que, cette fois encore, Gray s'est complètement mépris sur la caractéristique des deux espèces; reproduire ici leurs diagnoses différentielles, nous entraînerait à des longueurs inutiles; nous renvoyons à l'examen des figures et des descriptions de A. Dumeril, de Peters, de Gray lui-même, et la comparaison la plus superficielle suffira pour démontrer la fausseté des allégations du Naturaliste Anglais.

D'autre part, l'étude des spécimens vivants et adultes nous a permis de voir combien les deux *Heptathyra* diffèrent entre eux, précisément par la disposition de leurs plaques sternales, par leur forme générale et par leur coloration.

Quant aux lignes du cou *et non pas de la tête* (head), fussent-elles semblables chez les deux espèces, *ce qui est inexact!*, ne serait-il pas puéril de les invoquer comme seules capables d'autoriser la réunion des deux espèces?

Fam. TRIONICYDÆ C. Bp.

Gen. GYMNOPUS Dum. et Bib.

94. GYMNOPUS ÆGYPTIACUS Dum. et Bib.

(Pl. III, fig. 1-2.)

Gymnopus Ægyptiacus Dum. et Bib., Erp. Gen., t. II, p. 484.
Trionyx Ægyptiacus Geoff., Ann. Mus., XIV, p. 12, pl. I-II.
— *Niloticus* Gray, Cat. Shield. Rept., 1855, p. 68.
— *labiatus* Bell, Monogr. Testud.
Testudo triunguis Forsk., Descr. Anim., p. 9.
Aspidonectes Ægyptiacus Wagl., Nat. Syst. Amph., p. 40.
Le Tyrse Cuv., R. An., t., II, p. 15.
Tyrse Nilotica Gray, Cat. Tort. Brit. Mus., p. 48.
Fordia Africana Gray, P. Z. S. of Lond., 1869, p. 110.

Loc. — Commun. — Safal, Khusa, Babagaye, Leybar, Thiouk, Diouk, Kouma, N'Bilor, Gahé, Saldé, Dagana, Albréda, Ghimberinghe, Cagnout, Samatite, Maloumb, Mélacorée.

Le *Gymnopus Ægyptiacus* habite tous les cours d'eau du continent Africain.

Comme chez presque toutes les Tortues d'eau douce, les teintes de l'adulte diffèrent considérablement de celles des jeunes individus.

Le disque de la carapace des sujets adultes, d'un brun verdâtre, est couvert de vermiculations assez régulièrement disposées dans le sens longitudinal, d'un jaune paille des plus accusés; le limbe et toutes les autres parties du corps sont d'un vert olivâtre nuagé de jaune pâle et piqueté de petites taches arrondies d'un bleu clair.

Les jeunes sujets offrent une coloration des plus remarquables : la teinte générale est d'un vert olivâtre, un peu moins foncé que chez les sujets adultes, et sur toutes les régions supérieures, y compris le cou et les pattes, existent de larges ocelles d'un beau bleu clair, entourés d'un cercle orangé; de tous petits points, d'un blanc éclatant, sont disposés entre les ocelles. Le disque n'est indiqué que par de légères granulations brunâtres disposées dans le sens longitudinal.

Le genre *Fordia* créé par *Gray* en 1869 (*P. Z. S. of Lond.*, p. 212) pour une prétendue variété de *Gymnopus Ægyptiacus* (*Tyrse Nilotica* var.), publiée en 1864 (*P. Z. S. of Lond.*, p. 88), est établi sur de si faibles caractères, qu'il ne nous semble pas devoir être accepté. Nous pourrions objecter, en faveur de cette manière de voir, la description d'un jeune individu rapporté par l'auteur à son *Fordia Africana*, à très peu près semblable au jeune *Gymnopus Ægyptiacus* précédemment examiné; la description suivante de Gray, en facilitant les comparaisons, permettra de juger.

« The head, neck, feet and dorsal disk covered with close, small Darck-edged, annular white spots, those on the sides of the head and especially on the chin and throat, being rather the largest. »

33. GYMNOPUS ASPILUS Rochbr.

Gymnopus aspilus Rochbr., Mss., 1870.

Aspidonectes aspilus Cope, P. Ac. N. Sc. Philad., 1859, p. 295.

Loc. — Assez commun. — Gambie, Casamence, Mélacorée, Samatite, Cagnout; plus rare dans l'Ouest, Diouk, Leybar.

L'*Aspidonectes aspilus*, décrit par Cope d'après un spécimen provenant de la rivière Ovenga, tribulaire du Fernando-Vas, n'a pas attiré l'attention des Herpétologistes et paraît être considéré, comme un individu de grande taille du *Gymnopus Ægyptiacus*. Ayant pu étudier des *Gymnopus* du Gabon et de la Sénégambie, de dimensions relativement considérables, nous avons acquis la certitude que l'espèce de Cope devait être distinguée et qu'elle habitait les fleuves de la Sénégambie, comme le *Gymnopus Ægyptiacus*.

Chez le *Gymnopus aspilus*, la tête est large, massive, courte, à lèvres épaisses et tuméfiées, tandis qu'elle est étroite, allongée, à lèvres larges, minces et comme membraneuses chez le *Gymnopus Ægyptiacus;* la carapace de celui-ci est ovale, arrondie à vermiculations régulières, concentriques et faiblement rugueuses, celle du premier est ovale, allongée, à vermiculations plus profondes et irrégulièrement distribuées. Les callosités sternales diffèrent sous plusieurs rapports; les deux xiphisternales du *Gymnopus aspilus*, séparées par un espace considérable, affectent une forme quadrangulaire; les bords supérieur et externe, rectilignes, se coupent à angle droit; le bord interne très développé est légèrement creusé en demi-cercle, le bord inférieur étroit, cintré dans sa première moitié, s'élargit dans la seconde, en décrivant une courbe profondément onduleuse; la surface est creusée de rugosités très saillantes, irrégulières et divisée dans son plus grand diamètre par une ligne médiane tuberculeuse. Les callosités hyposternales quadrangulaires, séparées des xiphisternales sur une étendue assez grande, sont également séparées l'une de l'autre, dans toute leur longueur; le bord supérieur excavé au milieu, s'unit au bord interne par une courbe continue et régulière, le bord externe incliné obliquement, s'incurve vers l'extrémité inférieure, large et obtuse.

Un espace restreint sépare, dans le *Gymnopus Ægyptiacus*, les xiphisternales quadrangulaires, étroites, à bords supérieurs concaves, à bords externes obliques de dedans en dehors et prolongés en pointe obtuse; presque en contact avec les xiphisternales, par leurs bords supérieurs, à peine creusés au centre, les callosités hyposternales, en forme de pyramide quadrangulaire, à bords internes inclinés sous un angle très obtus, se trouvent intimement unies au niveau de cet angle, et s'écartent obliquement à partir de ce point, laissant entre elles un espace étroit et longuement triangulaire, l'extrémité inférieure est subaiguë.

Les mensurations suivantes, prises sur deux sujets adultes et de même taille, appartenant aux deux types, compléteront ces données (1).

DÉSIGNATION DES MESURES	G. ÆGYPTIACUS	G. ASPILUS
Longueur totale du bout du museau à l'extrémité de la queue	1,150	1,150
Longueur de la tête	•	•
Largeur de la tête	0,067	0,111
Longueur de la carapace	0,400	0,430
Largeur moyenne de la carapace	0,410	0,433
Longueur du limbe en arrière de la carapace	0,230	0,250
Largeur de la callosité xiphisternale	0,200	0,221
Hauteur moyenne xiphisternale	0,131	0,157
Largeur de la callosité hyposternale	0,140	0,115
Hauteur moyenne hyposternale	0,031	0,059
Écartement des callosités xiphisternales en haut	0,060	0,102
— — en bas	0,017	0,030
Écartement des callosités hyposternales au sommet	•	0,010
— — à la pointe	0,015	0,025
Longueur des ongles	0,017	0,024
Épaisseur moyenne des ongles	0,010	0,024

Il faut encore ajouter aux caractères précédents, les ongles cultriformes, triangulaires, aigus, robustes du *Gymnopus Ægyptiacus,* bien distincts de ceux du *Gymnopus aspilus,* chez lequel ils sont aplatis, minces, à extrémité obtuse; enfin la coloration est entièrement différente, nous l'avons déjà décrite chez le *Gymnopus Ægyptiacus,* dans son congénère, la carapace est d'un brun rouge à vermiculations jaune cannelle claire, le limbe d'un vert olive tirant sur le brun, porte de rares maculatures jaunâtres; la tête, le cou et les pattes sont d'un vert olive moins foncé que celui du limbe, sans traces de macules.

M. W. Théobald, dans un mémoire sur les *Trionyx* de l'Inde (*P. Ac. Soc. of Bengal,* 1876, p. 170 et seq.), fait ressortir le caractère fondamental des individus jeunes, consistant dans la présence d'ocelles sur toutes les parties supérieures. M. Wood-Mason (*loc. cit.*, p. 179) confirme l'exactitude des observations de M. W. Théobald et les fait servir au développement d'une théorie

(1) Toutes les mesures sont en millimètres.

tendant à montrer que cette livrée, particulière aux jeunes *Trionyx* de toutes les espèces, est la preuve que le type ancestral était lui-même ocellé : « To adopt, dit-il, Hæckel's formula the developpement of the individual (*ontogeny*) was a brief and rapid recapitulation of that of the species (*phylogeny*). We might, ajoute-t-il, therefore feel confident that these young Turtles in their ocellated livery showed us the colouration of the progenitor of the group ».

Nous n'avons pas à discuter cette manière de voir; nous constaterons seulement que les mêmes faits se montrent chez les *Trionyx* Africains, où les jeunes des divers types, très différents des adultes par leur coloration, portent presque tous des ocelles plus ou moins accusés, ocelles dont les taches du limbo, de certains types adultes, pourraient être l'équivalent.

Gen. TETRATHYRA Gray.

20. TETRATHYRA BAIKII Gray.

Tetrathyra Baikii Gray, P. Z. S. of Lond., 1865, p. 323.
— Gray, Suppl. Cat. Shield. Rept., 1870, p. 110, fig. 36.

Loc. — Assez commun. — Podor, Dagana, Saldé, Leybar, Thiouk, Maringouins, Babagaye, Sorres, Diouk.

Gray indique cette espèce comme provenant du Niger (*West. Afr. river Niger ?*)

Le genre *Tetrathyra* a été avec raison démembré des *Cyclanosteus*, dont il se distingue surtout : par la forme et la disposition toute spéciale des callosités du sternum, au nombre de quatre, dont deux antérieures, petites, réniformes, et deux médianes quadrangulaires, les unes et les autres fortement rugueuses.

Chez le *Tetrathyra Baikii*, les deux callosités antérieures sont très petites, espacées, dirigées perpendiculairement à l'axe du plastron et franchement réniformes; les deux médianes, plus larges que hautes et quadrangulaires, ont leurs angles arrondis, à bords rectilignes; seul, le bord inférieur est faiblement concave.

La teinte générale est d'un vert olive foncé tacheté de blanc; le disque également brun olive marbré de noir, présente à sa partie antérieure un espace couvert de tubercules arrondis, toutes les régions inférieures d'un blanc sale, sont marbrées et tachetées de noir pâle.

Chez les jeunes sujets, la carapace est d'un brun clair traversé de bandes noirâtres, irrégulièrement distribuées et ornée de granulations dirigées suivant des lignes concentriques; des taches blanchâtres sont éparses sur le limbe, surtout en arrière.

37. TETRATHYRA VAILLANTII Rochbr.

(Pl. IV, fig. 1-2.)

Tetrathyra Vaillantii Rochbr., Mss., 1881.

T. — CORPUS OVATUM ANTICE SUBANGUSTATUM, POSTICE DILATATUM; CORTICE INTENSE VIOLACEO, MACULIS LUTEO ALBIS SPARSO; LIMBO PALLIDE OLIVACEO, LUTEO MARMORATO, MACULISQUE ALBIDIS PICTO; STERNUM PALLIDE GRISEUM, CALLOSITATIBUS ANTICIS OVATO ROTUNDATIS, OBLIQUE INCLINATIS, MEDIANIBUS QUADRATIS, MARGINE INFERNO, PROFUNDE BIPARTIS.

Corps ovoïde rétréci en avant, élargi en arrière; carapace tronquée au sommet, fortement rugueuse sur toute sa surface, d'un brun pourpre maculé de taches jaunes et blanchâtres; limbe d'un vert olive grisâtre lâchement marbré de jaune et piqueté de points d'un blanc gris; cou vert grisâtre sale, présentant trois lignes plus foncées disposées longitudinalement sur la région supérieure; tête d'un jaune orangé; pieds d'un jaune verdâtre à taches nuageuses d'un jaune foncé et blanchâtre; callosités sternales supérieures régulièrement ovoïdes; les médianes quadrangulaires à bords internes arrondis; à bords supérieurs faiblement concaves; à bords inférieurs profondément divisés et ouverts sur un angle très aigu; à bords externes faiblement crénelés; toutes les callosités couvertes de granulations aiguës disposées concentriquement.

Chez les individus jeunes, les parties supérieures sont d'un brun violacé mélangé de vert clair; le centre de la carapace plus foncé, présente des granulations concentriques; une ligne d'un brun pourpre règne longitudinalement sur la région médiane;

le limbe est couvert de petits ocelles orangés; le cou et la partie supérieure de la tête, sont d'un vert grisâtre ocellé de jaune orangé; les pieds verdâtres, sont mélangés de brun violacé pâle et ocellés comme le cou.

Loi. — Assez commun. — Se rencontre dans les mêmes localités que l'espèce précédente.

Le *Tetrathyra Vaillantii* est complètement distinct de son congénère; il s'en distingue par sa coloration, entièrement dissemblable, et par les callosités du sternum; les deux callosités antérieures, en effet, sont franchement ovoïdes, dirigées de dehors en dedans, et non pas réniformes et placées perpendiculairement; les deux callosités médianes sont plus longues, plus parallélogramiques, et leur bord inférieur externe, légèrement concave chez le *Tetrathyra Baikii*, est profondément divisé en deux par une solution de continuité coupée à angle aigu et à bords écartés et rectilignes, chez le *Tetrathyra Vaillantii*; les granulations des callosités, coniques, aiguës en forme de rape de la première espèce, sont enfin tuberculeuses et peu élevées dans la seconde.

Gen. CYCLANOSTEUS Gray.

98. CYCLANOSTEUS SENEGALENSIS Gray.

Cyclanosteus Senegalensis Gray, P. Z. S. of Lond., 1864, p. 93.
Cyclanorbis Petersi Gray, P. Z. S. of Lond., 1852, p. 135.
Emyda Senegalensis Gray, Cat. Tort. Brit. Mus., p. 47.
Cryptopus Senegalensis Dum. et Bib., Erp. Gen., II, p. 504.
Cycloderma Senegalense A. Dum. Arch. Mus., t. X, p. 168.
Cyclanosteus Senegalensis var. *Callosa* Gray, P. Z. S. of Lond., 1865, p. 425, f. 1.
Baikiea elegans Gray, Supp. Cat. Shield. Rept., 1870, p. 115.

Loi. — Commun. — Habite la majeure partie des marigots de la Sénégambie : Khasa, Babagaye, Safal, N'Guer, Diouk, Thiouk, N'Bilor, Sorres, Kounakeri, Cagnout, Albréda, Dianoch, Ghimberinghe, etc.

Le genre *Baikiea* de Gray ne nous paraît pas fondé, car il repose uniquement sur une anomalie des callosités sternales d'un *Cyclanosteus Senegalensis*.

CHELONIDÆI C. Bp.

Fam. CHELONIADÆ Gray.

Gen. CAOUANA Gray.

29. CAOUANA CARETTA Gray.

Caouana caretta Gray, Cat. Tort. Brit. Mus., p. 52.
Chelonia caouana Schweig., Prodr. Monogr. Chelon., p. 297.
Testudo caretta Lin., Syst. Nat., 351.
— *corticata* Proced. de Piso., Marin. lib. XVI, cap. III, p. 445.
Thalassochelys corticata Strauch., Mem. Ac. Sc. St-Petersb., 1865, p. 140.
La Caouane Lacep., Quad. Ovip., t. I, p. 96.

Dayaye. — Assez commun. — Cap-Blanc, baie de Tanit, Argain, baie du Lévrier, Gorée, Joalles, Rufisque, rade de Guet-N'Dar, archipel du Cap-Vert.

L'aire de dispersion de cette espèce, comme celle de toutes les Tortues marines, est des plus vastes, car elle habite la Méditerranée, l'Océan Atlantique, les côtes d'Amérique, Madère, les Açores, les Canaries, etc. Elle est assez fréquemment capturée par les Nègres de la côte Occidentale, soit au large, soit dans le voisinage des îles.

30. CAOUANA OLIVACEA Gray.

Caouana olivacea Gray, Cat. Tort. Brit. Mus., p. 53.
Chelonia olivacea Eschs., Zool. Atl., tab. III.
— *Dussumieri* Dum. et Bib., Erp. Gen., II, p. 557, pl. XXIV.
Thalassochelys olivacea Strauch, Mem. Ac. Sc. St-Petersb., 1865, p. 147.

Dayaye. — Assez commun. — Visite les mêmes parages que l'espèce précédente.

Le *Caouana olivacea* aurait pour patrie, d'après la majorité des auteurs : l'Océan Indien, les Philippines, la côte de Malabar, etc., A. Dumeril, dans son mémoire sur les Reptiles de l'Afrique Occidentale (*Arch. mus.*, t. X, 1853-1861, p. 170), cite de jeunes individus de cette espèce envoyés du Gabon par M. Aubry Lecomte; « si, comme tous les caractères semblent le démontrer, dit-il, il y a identité entre ces Chélonées et celle de Dussumier (*olivacea*), qui avait été trouvée jusqu'à ce jour, uniquement dans les mers de l'Inde, il faut voir ici une nouvelle preuve de ce fait que les Tortues de mer sont cosmopolites. »

Les jeunes exemplaires de M. Aubry Lecomte, que nous avons examinés dans les galeries du Muséum, appartiennent incontestablement au *Caouana olivacea;* de plus, son existence en Sénégambie, est démontrée par les individus adultes pris en rade de Guet N'Dar et de Gorée, que nous avons rapportés, individus aujourd'hui déposés au Musée des Colonies, après avoir figuré à l'exposition de 1878.

Gen. CARETTA Gray.

31. CARETTA IMBRICATA Gray.

Caretta imbricata Gray, Cat. Tort. Brit. Mus., p. 53.
Chelonia imbricata Schweig., Prodr. Monog. Chelon., p. 291.
— Dum. et Bib., Erp. Gen., t. II, p. 547.
Testudo imbricata Lin., Syst. Nat., p. 350.
Eretmochelys imbricata Fitz., Syst. Rept., p. 30.

Dayaye. — Assez commun. — Cap-Blanc, la Bayadère, Argain, les Almadies, baie d'Yof, Joalles, Rufisque.

Des spécimens de cette espèce cosmopolite, se voient au musée des Colonies, l'un pêché au banc d'Argain, provient de nos collections; le second a été pris dans les environs immédiats de Joalles.

Gen. MYDAS Agass.

32. MYDAS VIRIDIS Gray.

Mydas viridis Gray, Supp. Cat. Shield. Rept., 1870, p. 75.
Testudo viridis Schneid., Allgm. Naturg. d. Schildk., p. 299.
— *Mydas* Schoëp., Hist. Testud., p. 73.
Chelonia Mydas Dum. et Bib., Erp. Gen., t. II, p. 538.

Dayaye. — Commun. — Cap Blanc, cap Mirik, baie du Lévrier, Argain, la Bayadère, Tanuit, baie d'Yoff, Tinjmeira, Portudal, Joalles, Rufisque, archipel du Cap Vert et notamment à Saint-Vincent; rade de Gruet-N'Dar, Gorée, îles de la Madeleine.

Malgré son abondance à certaines époques, cette espèce n'est pas recherchée pour l'industrie ou l'alimentation, les Nègres la mangent rarement et la pêchent seulement comme objet de curiosité qu'ils vendent aux Européens; la grande quantité de *Mydas viridis* au banc d'Argain, avait été signalée dès 1682 par Le Maire dans son voyage au Cap Vert et au Sénégal (liv. VII, chap. IX, § II, t. II, p. 134.

Fam. SPHARGIDIDÆ Gray.

Gen. SPHARGIS Merr.

33. SPHARGIS CORIACEA Gray.

Sphargis coriacea Gray, Syn. Rept., p. 51.
Testudo coriacea Lin., Syst. Nat., p. 350.
Dermatochelys coriacea Strauch., Mem. Ac. Sc. St-Petersb., 1865, p. 133.
Sphargis mercurialis Sieb., Faun. Japon., Amph., p. 6, tab. I.
Coriudo coriacea Harl., Amer. Herp., p. 83.
La Tortue Luth Bosc, N. Dict. H. Nat., t. XXXIV, p. 257.

Dayaye. — Assez rare. — Rade de Guet-N'Dar, côte d'Argain, baie d'Yoff, Joalles, Rufisque.

Cette espèce est indiquée comme habitant l'Océan Atlantique, la Méditerranée, le Cap de Bonne-Espérance, les côtes du Chili, l'Amérique du Nord, le Japon, les mers de l'Inde, etc.; elle serait donc éminemment cosmopolite.

C'est Adanson qui, le premier, a signalé le *Sphargis coriacea* sur les côtes de la Sénégambie (*Hist. nat.*, éd. *Payer*, t. II, p. 26), car il faut incontestablement rapporter à cette espèce, sa Tortue *Kaouanne* « à test ovoïde, long de huit pieds, large de quatre pieds et demi, profond ou épais de deux pieds, formé entièrement d'un cartilage souple, huileux, recouvert d'une peau faisant corps avec lui, et relevé en dessus de côtes aiguës qui forment entre elles des cannelures longitudinales assez profondes. »

Adanson l'indique « comme étant commune à l'entrée de la rivière de Joalles dont les eaux sont toujours salées », et il la distingue de la *Kaouanne* de la Méditerranée, « en ce que cette dernière *a sept côtes* élevées d'un pouce, comme dentées en dessus du *test*, tandis que celle du Sénégal en a *seulement cinq*, aiguës. »

Agassiz semble disposé à distinguer également deux espèces dans le genre *Sphargis* (*Contr.*, vol. I, p. 373); nous n'avons pu voir de différences entre les exemplaires de la Méditerranée et ceux de la Sénégambie, où le nombre des côtes dorsales est le même, seulement la taille des Sénégambiens est plus forte, ce qu'il faut attribuer, sans doute, à leur âge plus avancé.

« Quand le *Sphargis coriacea* est vivant, rapporte M. Théobald (*Journ. Lin. Soc. of Lond.*, t. X, p. 10), les parties inférieures sont couvertes de taches blanches, qui disparaissent après la mort »; les exemplaires Sénégambiens ont les côtés du cou, la tête, la gorge et les pattes maculées de larges taches d'un blanc grisâtre; ces macules subsistent même sur l'animal desséché, témoin le splendide spécimen des Galeries du Muséum de Paris, provenant de l'ancien Musée de Dakar, et pêché dans les eaux de Rufisque.

HYDROSAURII Kaup.

CROCODILINI Peters.

F. a. CROCODILIDÆ C. Bp. (1)

Gen. OSTEOLÆMUS Cope.

34. OSTEOLÆMUS TETRASPIS Cope. (2)

(Pl. V, fig. 1.)

Osteolæmus tetraspis Cope, P. Ac. N. Sc. Philad., t. XII, p. 550, 1860.
Crocodilus frontatus Murr., P. Z. S. of Lond., 1862, p. 213, pl. XXIX.
— Strauch, Mem. Ac. Sc. St-Petersb., t. X, 1867, p. 37.
Halcrosia frontata Gray, Ann. and Mag. N. H., 3e ser., t. X, p. 273.

O. — ROSTRO BREVI, LATO, PARUM ATTENUATO, SUPRA DEPLANATO CONVEXO, SUBGLABRO; SEPTO NARIUM OSSEO, PALPEBRIS SUPERIORIBUS MAXIMA EX PARTE OSSEIS; FRONTE DECLIVI; SCUTIS NUCHALIBUS SEX, UNISERIATIS, CERVICALIBUS QUATUOR, PER PARIA IN SERIES TRANSVERSAS, DORSALIBUS IN SEX SERIES LONGITUDINALES DISPOSITIS; CRURIBUS POSTICE ECRISTATIS.

---

(1) Les coupes génériques établies par Gray, dans la famille des *Crocodilidæ*, n'ont pas été acceptées par la majorité des Herpétologistes. Tout en reconnaissant avec eux les tendances du Naturaliste Anglais à trop multiplier ces coupes, dans la plupart de ses ouvrages, nous croyons cependant que, dans cette famille, certaines divisions sont nécessaires; nous avons donc accepté la classification de Gray (auquel nous ne marchandons pas les critiques, lorsque nous les jugeons nécessaires), parce qu'elle nous parait établie sur des caractères suffisamment tranchés.

(2) Afin de diminuer les difficultés inhérentes à la distinction des espèces, nous reproduisons les diagnoses si bien faites de Strauch, dans son *Synopsis der gegenwartig lebenden Crocodilen* in *Mem. Ac. Sc. St-Petersb.*, t. X, 1867, après les avoir préalablement vérifiées sur nos exemplaires et sur ceux des Galeries du Muséum.

Ogombé. — Peu commun. — Mélacorée, Gambie, Casamence, marigots de Cagnout, de Bering, de l'île aux Chiens et aux Éléphants, Dianoch.

Tout en reconnaissant que le nom de *tetraspis* Cope est antérieur (1860) à celui de *frontatus* Murray (1862), et que l'un et l'autre désignent une seule et même espèce, Strauch déclare (*loc. cit.*) accepter de préférence le nom de *frontatus*, parce que la description de Murray est la plus complète et accompagnée d'une excellente figure : « weil er von einer sorgfältigen Beschreibung und einer vortrefflichen Abbildung begleitet ist. »

Les raisons invoquées par Strauch n'étant pas dans ce cas, selon nous, admissibles, nous avons choisi le nom de Cope en vertu de sa priorité; quant au genre *Halcrosia* Gray, il doit également passer en synonymie, le genre *Osteolæmus* Cope lui étant antérieur.

Gray ignorait sans doute, qu'avant lui, Cope avait reconnu l'utilité de séparer son espèce du genre *Crocodilus*, en créant pour elle celui de *Osteolæmus*.

L'espèce qui nous occupe, observée au Gabon et au Calabar, ne remonte pas au delà de la Gambie; c'est à tort que Gray l'indique dans le Sénégal et qu'il la donne comme représentant le *Crocodile noir* d'Adanson; Adanson ne l'a pas connu, on verra plus loin à quel type ce nom de *Crocodile noir* doit être attribué.

Gen. CROCODILUS Cuv.

35. CROCODILUS VULGARIS Cuv.

(Pl. V, fig. 2.)

Crocodilus vulgaris Cuv., Ann. Mus., t. X, p. 40, pl. I, f. 5-12 et pl. II, fig. 7.
— — Strauch, Mem. Ac. Sc. St-Petersb., t. X, 1867, p. 43.
— *Chamses* Bor. St-Vinc., Dict. class. H. N., t. V, p. 105.
— *Suchus* Geoff. St-Hil., Ann. Mus., t. X, p. 81, pl. III, fig. 2.
— *marginatus* Geoff. St-Hil., Descr. Egypt., Rept., 2e éd., XXIV, p. 565.
— *lacunosus* Geoff. St-Hil., Descr. Egypt., Rept., 2e édit, XXIV, p. 567.

Crocodilus complanatus Geoff. St-Hil., Descr. Egypt., Rept., 2e édit., XXIV, p. 570.

— *Niloticus* Wagl., Nat. Syst. Amph., tab. VII, fig. 2.

— *vulgaris* var. *A. C. D.* Dum. et Bib., Erp. Gen., t. III, p. 104, etc.

Le Crocodile vert Adans., Voy. au Seneg., p. 70, et Cours. H. N. édit. Payer, t. II, p. 40.

C. — ROSTRO LONGO, SUB ANGUSTO ET SUB ACUMINATO, SUPRA PLUS MINUSVE CONVEXO ET RUGOSO; SEPTO NARIUM CARTILAGINEO; PALPEBRIS SUPERIORIBUS MEMBRANACEIS; FRONTE PLUS MINUSVE CONVEXO, PORRIS PRÆORBITALIBUS OSSEIS VEL NULLIS, VEL BREVISSIMIS; SCUTIS NUCHALIBUS QUATUOR VEL SEX UNISERIATIS, CERVICALIBUS SEX IN DUAS SERIES TRANSVERSAS; DORSALIBUS IN SEX VEL OCTO SERIES LONGITUDINALES DISPOSITIS; CUTE IN LATERIBUS COLLI ET TRUNCI LÆVI; CRURIBUS POSTICÈ CRISTA VALDE SERRATA ARMATIS.

Diasikjh. — Commun. — Tous les marigots et les cours d'eau de la Sénégambie, de la Casamance au Haut-Sénégal, le Niger, la Falémé, etc., etc., sans exception.

Le Crocodile vulgaire, commun du temps d'Adanson dans les environs immédiats de Saint-Louis, n'habite plus aujourd'hui ces parages, où il est rare d'en rencontrer des individus isolés; quoi qu'il en soit, les récits d'Adanson renferment des renseignements qui, par leur exactitude, méritent d'être cités.

« Un peu au-dessus de l'escale aux Maringouins, dit-il (*Voy. au Sénég., loc. cit.*, p. 70), je commençai à voir des Crocodiles, quand je dis que je commençai à en voir, j'entends par centaines; car vers l'Isle du Sénégal on en trouve bien quelques-uns. Mais il semble que cet endroit soit leur rendez-vous, et même des plus gros; j'y en ai vu qui avaient depuis quinze jusqu'à dix-huit pieds de longueur, et j'ignore qu'il en existe de plus grands. Il y en avait plus de deux cents qui paraissaient en même temps au-dessus de l'eau. Lorsque le bateau passa dans ces quartiers, ils eurent peur et plongèrent aussitôt, mais ils reparurent bientôt après pour reprendre haleine; car ces animaux ne peuvent demeurer que quelques minutes sous l'eau sans respirer. Lorsqu'ils surnagent il n'y a que la partie supérieure de leur tête et une partie du dos qui s'élève au-dessus de l'eau; ils ne ressemblent alors à rien moins qu'à des animaux vivants, on les prendrait pour des tronc d'arbres flottants. Dans cette attitude, qui leur laisse l'usage des yeux, ils voient tout ce qui se passe sur l'un et l'autre bord du fleuve, et dès qu'ils aperçoivent quelque animal qui vient pour y boire, ils plongent, vont promptement à lui en nageant entre deux eaux, l'attrappent par les jambes, et l'entraînent en pleine eau pour le dévorer après l'avoir noyé. »

« Cet animal, dit encore Adanson (*Cours H. N.*, éd. *Payer, loc. cit.*, p. 46), est commun dans les eaux douces du Nil et surtout celles du Niger (Sénégal), où on le voit quelquefois par centaines dans les parties inférieures du fleuve, depuis l'île de Sorres, dans le marigot qui porte son nom : Diasie (Diasikjh), c'est-à-dire marigot des Crocodiles, jusqu'auprès de Podor.

» La femelle pond en Juin, au milieu des plaines sablonneuses exposées au soleil, à cinquante ou cent toises environ du rivage, 36 à 60 œufs ovoïdes, grands comme ceux de l'Oye, mais un peu plus longs, blancs, piquetés de jaune, à coque dure (*loc. cit.*, p. 47). »

« En côtoyant le marigot voisin de Sor-baba (*Voy. au Sénég.*, *loc. cit.*, p. 146), des traces fraîchement imprimés sur le sable et que je reconnus facilement pour être du Crocodile, piquèrent ma curiosité. J'arrivai à un endroit distant de cent cinquante pas du marigot où le sable paraissait avoir était gratté; mes Nègres jugèrent que ce pourrait être le lieu où ce Crocodile venait de faire sa ponte et ils ne se trompèrent pas; après avoir creusé environ un demi-pied, ils trouvèrent une trentaine d'œufs; ils n'étaient guère plus gros que des œufs d'Oye et répandaient une petite odeur musquée.

» Les Nègres mangent ses œufs et sa chair, qui est noire et grossière comme celle du Bœuf; j'en ai goûté plus d'une fois, mais tous deux ont une odeur de Musc peu supportable. »

Le Crocodile vulgaire reste immobile pendant le jour, le plus habituellement étendu au soleil sur la berge des marigots; c'est seulement le soir qu'il se met en chasse, nageant à la surface de l'eau ou embusqué sur la rive les yeux seuls émergeant au-dessus du liquide; il pousse de moments en moments un cri rauque comparable au beuglement du veau et perceptible à de grandes distances. Ces cris sont habituels aux jeunes comme aux adultes; six individus de 0,25 centimètres de long que nous conservions dans un baquet, nous étourdissaient tellement de leurs mugissements que nous dûmes nous en débarrasser en les plongeant dans l'alcool; on peut, par là, se faire une idée du bruit effroyable produit par des centaines de voix d'animaux dont beaucoup atteignent jusqu'à trois mètres de long.

Les Nègres chassent souvent cette espèce qu'ils ne redoutent pas, ils recueillent soigneusement sa graisse, remède efficace contre les douleurs, prétendent-ils; ils fabriquent également des Grigris avec ses ongles, afin de se préserver de l'attaque d'une autre espèce que nous allons examiner. Souvent nous avons mangé la chair du Crocodile vulgaire; la cuison fait complètement disparaître l'odeur musquée; la queue, la partie la plus estimée, fournit une viande blanche d'un goût agréable, semblable à celui de la viande de Porc; elle a l'avantage d'être beaucoup plus digestive que cette dernière.

P. Gervais, dans son article, sur les Crocodiles (*Dict. H. N. d'Orbigny*, 2e édition, 1867, t. IV, p. 474), cite deux passages d'Hérodote, relatifs à ces animaux : « et qui, dit-il, ont occasionné bien des commentaires »; l'un de ces passages est le suivant : « comme le Crocodile se nourrit particulièrement dans le Nil, il a toujours l'intérieur de la gueule tapissé d'insectes (*Bdella*) qui lui sucent le sang. »

« Une première question, dit P. Gervais, est de savoir quels sont ces *Bdella*; les traducteurs jusqu'à Scaliger avaient entendu par ce mot : les *Sangsues;* Aristote pensait probablement de même; on a dit plus récemment que c'était des Cousins. »

Il résulte de nos observations personnelles, « que les traducteurs jusqu'à Scaliger » seuls, ont eu raison : chez tous les Crocodiles vivants que nous avons examinés, nous avons invariablement vu la voûte palatine littéralement couverte d'une petite *Hirudinée,* d'un genre nouveau que nous avons décrite, sous le nom de *Lophobdella Quatrefagei* (*C. R. Ac. Sc.*, séance du 30 juin 1884); quant au *Trochilus* (qui, d'après E. G. Saint-Hilaire, serait le *Charadrius Ægyptiacus*, Hassel), nous ne l'avons jamais vu se livrer au nettoyage de la gueule des Crocodiles, et nous continuerons à reléguer parmi les fables, l'assertion d'Hérodote et de ses commentateurs

Gen. TEMSACUS Gray. (1)

80. TEMSACUS INTERMEDIUS Gray.

(Pl. VI, fig. 1, et Pl. VII, fig. 1.)

Temsacus intermedius Gray, Ann. And. Mag. Nat. Hist., t. X, 1862, p. 272.
Molinia intermedia Gray, Ann. And. Mag. Nat. Hist., t. X, 1862, p. 272.
Crocodilus intermedius Graves, Ann. Gen. Sc. Phys., t. II, p. 218.
— *Journei* Bor. St-Vinc., Dict. Class. H. N., t. V, p. 111, pl. II.
Le Crocodile de Journu A. Dum., Arch. Mus., t. X, p. 172, pl. XIV, f. 3.
Le Gavial du Sénégal Adanson, Cours H. N., éd. Payer, t. II, p. 46.

T. — ROSTRO LONGO, ANGUSTO, ACUMINATO, SUPRA CONVEXO, SEPTO NARIUM CARTILAGINEO; PALPEBRIS SUPERIORIBUS MEMBRANACEIS; FRONTE CONVEXO; SCUTIS NUCHALIBUS SEX UNISERIATIS, CERVICALIBUS SEX BISERIATIS ET A LORICA DORSALI SPATIO LATO-CUTANEO SEPARATIS; DORSALIBUS IN SEX SERIES LONGITUDINALES DISPOSITIS; CRURIBUS POSTICE CRISTA VALDE SERRATA ARMATIS.

N'Gandöjh. — Rare. — Gambie, Casamence, marigots de Cagnout, Itanech, Kaour.

Pour Gray (*loc. cit.*), le *Temsacus intermedius*, est originaire d'Amérique; Strauch (*loc. cit.*), se fondant sur une tête vendue à Huxley, par un marchand d'objets d'Histoire Naturelle et étiquetée *Crocodile de l'Orénoque*, suppose qu'il s'avancerait peut-être jusque dans l'Amérique Sud, mais il n'affirme rien et conclut que l'on n'a aucune certitude sur son habitat.

L'habitat Sénégambien de cette espèce ne fait pour nous aucun

---

(1) Le genre *Molinia* de Gray comprend le sous-genre *Temsacus*, créé spécialement pour le *Crocodilus intermedius*; considérant cette espèce comme devant être séparée des autres Crocodiles, nous avons dû prendre pour genre, le sous-genre de Gray; celui de *Molinia* ayant été fait, en 1794, par Mœnch (*Meth.*, p. 183), pour des Graminées du groupe des Festucacæ, dont le *Molinia cœrulea* Mœnch., de France, est le type.

doute, nous en avons vu un exemplaire adulte provenant de la Gambie, entre les mains de M. Isard, marchand d'animaux à Saint-Louis, et nous possédons une tête de jeune sujet recueilli en Casamence, que nous devons à l'obligeance de M. Paterson; il y a plus, c'est que le *Crocodilus Journei* (nous choisissons ce nom à dessein), a été connu d'Adanson.

Trois espèces de Crocodiles sont en effet citées par Adanson (*loc. cit.*) : le Crocodile vert ou vulgaire, le Crocodile noir et le Gavial du Sénégal.

Nous avons précédemment décrit le Crocodile vulgaire (*le vert*); on verra bientôt ce qu'il faut entendre par Crocodile noir; il reste le Gavial du Sénégal.

« Ce qui le distingue du Crocodile, dit Adanson (*Cours H. N.*, éd. *Payer*, t. II, p. 48), c'est qu'il est plus petit, jaune roux marbré de noir, à six rangs d'écailles sur le dos..... Il est aussi commun en Amérique : peut-être est-ce une autre espèce. »

De tous les Crocodiles Sénégambiens, le *Crocodilus Journei* est le seul auquel on puisse appliquer ces caractères; c'est donc évidemment lui qu'Adanson a désigné sous le nom de Gavial du Sénégal.

Tout porte à supposer que les individus d'Amérique, cités par Gray et Strauck appartenaient à une autre espèce, probablement au *Crocodilus acutus* E. Geoff. Saint-Hil.; quoi qu'il en soit, nous sommes persuadé, qu'en s'adonnant à la recherche et à l'étude des Crocodiles, particulièrement dans la basse Sénégambie, comme aux Ashanties et au Gabon, les voyageurs sauront découvrir cette espèce dont l'habitat authentiquement constaté par nous, ne peut aujourd'hui être mis en doute. Un très bel exemplaire de cette espèce existe dans les Galeries du Musée d'Histoire Naturelle de Bordeaux.

Gen. MECISTOPS Gray.

37. MECISTOPS CATAPHRACTUS Gray.

(Pl. VI, fig. 2.)

Mecistops cataphractus Gray, Ann. and Mag. N. H., 1862, p. 273.
Crocodilus cataphractus Cuv., Oss. Foss., 2e édit., Ve Part., t. II, p. 58, pl. V, f. 1, 2.

Mecistops Bennettii Gray, Cat. Tort. Crocod. and Amphisb., p. 57.
Crocodilus leptorhynchus Benn., P. Z. S. of Lond., 1835, p. 129.
— *niger* Latr., Hist. Nat. Rept., t. I, p. 210.
Crocodile noir Lacep., Œuv., éd. Pillot, t. II, p. 215.
Le Crocodile noir Adanson, Voy. Sénég., p. 73.

M. — ROSTRO LONGISSIMO, ANGUSTO ET MAXIME ACUMINATO, SUPRA CONVEXO; SEPTO NARIUM CARTILAGINEO; PALPEBRIS SUPERIORIBUS MEMBRANACEIS; FRONTE CONVEXO, PORRIS NULLIS; SCUTIS NUCHALIBUS MULTIS, PARVIS, BI VEL TRISERIATIS, CERVICALIBUS PLERUMQUE PER PARIA IN SERIES TRANSVERSAS DISPOSITIS ET LORICAM DORSALEM ATTINGENTIBUS; DORSALIBUS IN SEX SERIES LONGITUDINALES DISPOSITIS; CRURIBUS POSTICE, CRISTA VALDE SERRATA ARMATIS.

Malmado. — Commun. — Tous les marigots de la Sénégambie, où il vit avec le *Crocodilus vulgaris*.

Gray s'est évertué à démontrer que le Crocodile noir d'Adanson était le *Crocodilus frontatus*, son *Halcrosia frontata* (*Ann. and Mag. Nat. Hist.*, 3e sér., t. X., p. 265); Strauch, dans une discussion remarquable (*Mem. Ac. Sc. St-Petersb.*, 1869, t. X., p. 37, et *Bull. Ac. Sc. St-Petersb.*, 1869, p. 51 et seq.), a fait justice des erreurs du Naturaliste Anglais, erreurs basées sur de prétendues étiquettes écrites de la main même d'Adanson; il avance, toutefois, un fait que nous ne pouvons accepter : c'est l'identité du Crocodile noir avec le *Gavial* du Sénégal, et l'absence du *Crocodilus frontatus* en Sénégambie. Nous ne reviendrons pas sur ces deux assertions que nous croyons avoir précédemment réfutées.

Pour nous, le *Crocodilus cataphractus* est bien réellement le Crocodile noir d'Adanson; cette opinion a été émise par Latreille et Lacépède (*loc. cit.*); de leur côté, Dumeril et Bibron, sans rien affirmer cependant, penchent vers la même interprétation (*Erp. Gen.*, t. III, p. 128) : « Il n'y aurait rien d'étonnant, écrivent-ils, à ce que cette espèce (*Crocodilus cataphractus*) se trouvât aussi dans le Sénégal, et que ce ne fût à elle alors qu'il fallût rapporter le Crocodile noir d'Adanson; car elle offre bien évidemment un des principaux caractères qu'il assigne au dernier, celui d'avoir les mâchoires plus longues et plus étroites que celles du Crocodile vert. »

Le *Crocodilus cataphractus*, commun en Sénégambie, l'est un peu moins cependant que le Crocodile vulgaire; il est excessivement redouté des Nègres, qui ne le chassent qu'exceptionnellement, tandis qu'ils s'emparent sans difficulté du Crocodile vulgaire. Ce dernier, d'après leurs récits, n'attaque jamais l'homme: il se détourne devant sa pirogue, s'éloigne de lui quand il se baigne ou traverse son domaine, tandis que le Maimado s'acharne au contraire à sa poursuite, et sait en triompher toujours.

« On voit dans les environs du marigot d'Ouasoul, dit Adanson (*loc. cit.*, p. 71), une seconde espèce de Crocodile qui ne le cède point au vert pour la grosseur; on le distingue par sa couleur noire et par ses mâchoires qui sont beaucoup plus allongées; il est encore plus carnassier, on le dit même fort avide de chair humaine. »

Jobson, dans le récit des divers incidents de son voyage en Gambie effectué en 1821, rapporte que ce fleuve « est rempli de Crocodiles, et que les Nègres les croient si redoutables, qu'ils n'ont pas la hardiesse de laver leurs mains dans l'eau de la rivière et bien moins de la traverser à gué ou à la nage; les exemples de voracité de ces animaux sont en grand nombre; ils dévorent également les hommes et les bestiaux » (in *Walckenaer Hist. Gen., Voy.*, t. III. § II, p. 349 et seq. 1826).

Jobson fait observer que les Crocodiles « sont en moins grand nombre dans les parties inférieures de la rivière et que leurs cris se font entendre de fort loin, comme s'ils sortaient du fond d'un puits. »

Perrottet (*Voy. de St-Louis à Podor*, 1825) confirme la voracité du Crocodile noir en relatant un accident « arrivé sous ses yeux à l'embouchure du marigot de Taoué, où un Maure de la tribu des Azouana, en traversant ce marigot à la nage, fut entraîné sous l'eau par un de ces animaux et eut la jambe droite enlevée pai un coup de mâchoire. »

Le *Crocodilus cataphractus* atteint une taille aussi considérable que le *Crocodicus vulgaris*, l'un et l'autre mesurent souvent cinq mètres de long et pèsent de 200 à 300 kilogrammes.

MOSASAURI Rochbr. (1).

MONITORIDÆI Rochbr.

Fam. VARANIDÆ C. Bp.

Gen. PSAMMOSAURUS Fitz.

38. PSAMMOSAURUS GRISEUS Fitz.

Psammosaurus griseus Fitz., Neue Class. Rept., p. 50.
Varanus arenarius Dum. et Bib., Erp. Gen., t. III, p. 471.
— *Scincus* Merr., p. 59, nº 6.
— *terrestris* Schinz., Natur. Abb. Rept., p. 94, tab. XXXII, f. 2.

Njassawane. — Assez commun. — Aleb, Kaidé, Gasser-El-Barka, Portendick, Leybar, Thionk, Diouk, Sorres, pointe de Barbarie, Gandiole, Yen, N'Diago, Gadieba, Kaarta, Oualo, Deny-Dack, Ponte, Sebiceutane.

---

(1) Tout en classant les Varans parmi les Lacertiliens, les auteurs se sont efforcés de faire ressortir les différences essentielles qui les distinguent les uns des autres. Dumeril et Bibron (*Erp. Gen.*, t. III, p. 437 et seq.), surtout, ont longuement insisté sur ces différences en s'aidant des travaux de l'immortel Cuvier. La conformation du squelette, celle des organes internes et notamment des ventricules, sans parler d'autres particularités remarquables de leur structure, de plus leur très proche parenté avec les *Mosasaurus*, reptiles éteints de la Craie de Maestrich, des schistes de la Thuringe et d'Amérique, sont autant de caractères propres à les faire envisager comme constituant un groupe nettement défini. « The skull in the *Platynota* or *Monitors* of the Old Wordl, with the American genus *Heloderma*, dit Huxley (*Man. Anat. Verteb.*, 1871, p. 228), differs from that of any other *Lacertilia*, in the circonstance that the nasal bones, are represented by a single narrow ossification. » « The skull of *Mosasaurus*, continue le même auteur (*loc. cit.*, p. 230), prove that its structure was very similar to that of the Old World *Monitors* in the large size of the nasal apertures, and the fusion of the nasals in to a narrow bone. »

Par suite de ces considérations diverses, en proposant de séparer les Varans

Cette espèce, répandue sur la majeure partie du continent Africain, habite les régions arides et sablonneuses, où elle se pratique des terriers; d'une remarquable agilité, malgré sa taille assez forte, elle se nourrit exclusivement d'insectes; elle pond de trente à quarante œufs d'un blanc laiteux et de forme semblable à celle des œufs de Pigeon.

« Le Varan du désert, disent Dumeril et Bibron (*loc. cit.*, p. 473), lorsqu'on le retient en captivité, au lieu de se jeter sur sa proie avec avidité, ne peut être nourri que si on lui met dans la bouche des morceaux de chair et en employant la violence pour les lui faire avaler. »

Nous avons fréquemment possédé vivants des Varans du désert, et leur manière d'être, dans les cages où nous les tenions renfermés, ne nous a fourni rien d'analogue à ce que racontent Dumeril et Bibron, qui certainement ont été induits en erreur.

Inquiets, sans cesse en mouvement, faisant des efforts impuissants pour s'échapper, ils ne s'emparaient des gros insectes dont leur prison était abondemment fournie, que lorsqu'ils se croyaient hors de la vue et uniquement pressés par le besoin, laissant de côté la viande ou le Poisson qui leur étaient offerts. Quant au singulier moyen d'employer la violence pour leur faire avaler la nourriture, il ne réussit pas mieux vis-à-vis d'eux, que vis-à-vis de n'importe quel animal; la moindre tentative d'agression les exaspère, ils cherchent à mordre, se heurtent violemment contre la paroi des cages, et meurent rapidement par suite des blessures qu'ils se font, ou bien d'inanition, comme le constate leur excessive maigreur.

---

des vrais Lacertiliens, nous ne pouvons accepter le qualificatif de *Platynoti*, créé par Dumeril et Bibron (*loc. cit.*, p. 433); ce nom de Platynotes, en effet, ballotté des Insectes aux Reptiles, des Helminthes aux Crustacés, a servi pour la première fois à Fabricius (1801), pour désigner un groupe de Coléoptères; or, en supposant que la dénomination de Dumeril et Bibron fût acceptable, ce qui n'est pas, elle ne pourrait cependant être appliquée au groupe de Reptiles que nous étudions, puisqu'elle est postérieure de vingt-neuf années à Fabricius.

A cause même des relations intimes, reconnues par tous, qui unissent les Varans et les Mosasaures, nous les classons dans un ordre distinct, sous l'appellation de *Mosasauri;* cet ordre devra, en outre, comprendre deux divisions : celle des *Monitoridæi* pour les espèces vivantes, et celle des *Mosasauridæi* pour les types fossiles.

Les femelles sont relativement moins turbulentes; deux de celles que nous possédions, pondirent chacune quarante œufs dans l'espace de vingt-quatre heures, après avoir légèrement creusé la couche de sable dont le fond de leur cage était couvert.

Gen. MONITOR Cuv.

89. MONITOR NILOTICUS Gray.

Monitor Niloticus Gray, Synop. in Griff., Ann. Kingd., t. IX, p. 27.
Varanus Niloticus Fitz. Neue, Class. Rept., p. 50.
— Dum. et Bib., Erp. Gen., t. III, p. 476.
Lacerta Nilotica Lin., Syst. Nat., p. 369.
Tupinambis Niloticus Kuhl, Beitr. Zool., p. 124.
Le grand Monitor du Nil Cuv., Oss. Foss., t. V, p. 255.
Le Monitor du Nil Cuv., R. Ann., t. II, p. 25.

Yale. — Très commun. — Sorres, Thionk, Leybar, Diouk, Dakar-Bango, marigot des Maringouins, Kounakeri, rivière Samoue, N'Guer, Kouma, Gahé, Khasa, Dagana, Podor, Joalles, Gambie, Casamence, Albreda, Cagnout, Cagnac-Cay, marigots aux Huitres, Ghimberinghe.

Le *Monitor Niloticus* (Yale des Nègres, Guèle tapée des Européens) est commun sur tout le continent Africain; fréquent dans la région du Nil, il était connu d'Hérodote sous le nom de Crocodile terrestre.

Les stations les plus ordinairement habitées par cette espèce sont les bords des marigots où elle se tient en embuscade parmi les branches des Palétuviers, contrairement à l'assertion de Dumeril et Bibron (*loc. cit.*, t. III, p. 460), qui assurent, d'après certains voyageurs, que ces animaux ne peuvent grimper sur les arbres.

C'est seulement pendant les premières heures du jour, quelquefois le soir, qu'ils se livrent à la recherche de leur nourriture consistant principalement en Crustacés, en petits Poissons, en Reptiles et en œufs d'Oiseaux. Ils se creusent des terriers profonds sur les berges des marigots, et on les observe souvent traversant d'une rive à l'autre, la tête élevée hors de l'eau, sans y séjourner longtemps, malgré l'opinion contraire généralement accréditée.

Soit à terre, soit sur les arbres, ils se meuvent avec une rapidité surprenante; méfiants, ils fuient le danger, mais ils résistent courageusement quand toute retraite leur est fermée, et leur morsure est des plus cruelles. Quand ils se sentent attaqués, ils manifestent leur colère par un gonflement de la gorge excessivement dilatable et une sorte de soufflement fort et prolongé, produit par l'expulsion violente et rapide de l'air contenu dans les poumons.

Leur queue longue, robuste, flexible, devient une arme assez redoutable, par les cinglements puissants qu'ils savent lui imprimer. Nous avons vu des Nègres renversés par un coup de queue de Varans de 1m50 de long; nous-même, en ayant reçu un d'un individu blessé, nous éprouvâmes une vive douleur à la jambe droite, douleur suivie d'une ecchymose analogue à celles produites par un coup de bâton.

Il n'est pas rare de rencontrer des spécimens de 2m50 et plus, de longueur totale.

La coloration des très jeunes individus diffère beaucoup de celle des adultes; ils se font surtout remarquer par les bandes en chevrons de la tête et de la nuque, d'un beau jaune orangé et non pas d'un jaune clair. Les régions inférieures, sont également jaune orangé, coupées de bandes étroites d'un noir brillant. La figure d'un jeune Varan du Nil, donné par Peters, dans son ouvrage sur les Reptiles de Mosambique, est des plus défectueuses, car les teintes trop pâles sont celles d'un animal ayant longtemps séjourné dans l'alcool.

Le Varan du Nil est un mets recherché par certains Nègres et quelques Européens; sa chair, d'un blanc rosé, préparée de différentes manières, nous a toujours paru exquise, nourrissante et très digestive.

40. MONITOR ALBOGULARIS Gray.

Monitor albogularis Gray, Synop. in Griff. Ann. Kingd, t. IX, p. 28.
Varanus albogularis Dum. et Bib., Erp. Gen., t. III, p. 495.
Tupinambis albogularis Kuhl, Beitr. Zool., p. 125.
Regenia albogularis Gray, Spec. Liz., p. 8.

Yalé. — Assez rare. — Bakel, Arondou, Makana, Bafoulabé, Kouguel, bords de la Falémé, Bakoy, Bafing, Gouina, Talnari.

Cette espèce d'Abyssinie, de la côte de Mosambique, etc., ne nous est connue que dans le Nord-Est de la Sénégambie; comme la précédente, elle fréquente le bord des marigots; sa taille est moins considérable, quoiqu'elle dépasse souvent 1 mètre.

41. MONITOR OCELLATUS Gray.

Monitor ocellatus Gray, Synop. in Griff. An. King.l, t. IX, p. 25.
Varanus ocellatus Rüpp., Att. Reis. Nord. Afrik., p. 21, t. VI.
— Dum. et Bib., Erp. Gen., t. III, p. 496.

Yalé. — Peu commun. — Bakel, Makana, Arondou, Bakoy, Gouina, Thionk, Safal, Leybar, Khaza, Babaghay, M'Bilor, Gahé, N'Baroul.

Le *Monitor ocellatus* paraît spécial à la Sénégambie et à l'Abyssinie.

Gen. HYDROSAURUS Gray.

42. HYDROSAURUS MUSTELINUS Borre.

Hydrosaurus mustelinus Borre, Bull. Ac., Sc. Belgique, t. XXIX, 1870, p. 122.

Yalé. — Très rare. — Gambie, Casamence, marigots de Cagnout, de Ghimberinghe et de l'Ile aux Chiens.

Nous rapportons avec certitude à cette espèce, décrite d'après un exemplaire provenant de la côte de Guinée, un Varan de 1m10, que nous devons à l'obligeance de notre ami regreté le Capitaine Daboville.

Il se distingue de tous les autres Varans : par sa forme générale beaucoup plus svelte, par sa tête très allongée, pointue, à narines très rapprochées du bout du museau et par sa coloration particulière.

Avec M. Borre, nous le classons dans le genre *Hydrosaurus*, dont il est jusqu'ici le seul rerésentant Africain (1).

CHELOPODI Dum. et Bib.

RHIPTOGLOSSI Wiegm.

Fam. CHAMÆLEONIDÆ Gray (2).

Gen. CHAMÆLEON Laur.

43. CHAMÆLEON CALYPTRATUS A. Dum.

Chamæleon calyptratus A. Dum., Arch. Mus., t. VI, p. 259, pl. XXI.
— Gray, P. Z. S. of Lond., 1864, p. 468.

---

(1) Dumeril et Bibron, dans l'exposé de la distribution géographique des Varans (*loc. cit.*, p. 462), indiquent comme ayant été recueilli au Sénégal, leur *Varanus Picquotii*, puis, après avoir décrit cette espèce, ils lui donnent pour patrie le Bengale (*loc. cit.*, p. 480).

Bien que le *Varanus Picquotii* ne soit en aucune façon Sénégambien, nous devons signaler une contradiction qui, dans certain cas, pourrait conduire à de fâcheuses erreurs.

(2) Les raisons précédemment invoquées en faveur de la séparation des Varans d'avec les vrais Lacertiliens, sont non moins probantes quand il s'agit des Caméléons : « Ces animaux, disent Dumeril et Bibron (*Erp. Gen.*, t. III, p. 153), sont d'une structure si bizarre et si différente de celle des autres Reptiles, *qu'il faudrait presque les séparer de tous les autres Sauriens.* »

« Cependant, ajoutent-ils (*loc. cit.*, p. 154), nous rappellerons les caractères essentiels qui ont servi à tous les auteurs pour les ranger parmi les Lézards : ils n'ont pas de carapace comme les Chéloniens; ils ont constamment quatre pattes qui n'existent pas chez les Ophidiens; enfin, leurs doigts sont munis d'ongles acérés que les Batraciens n'offrent jamais. Ce sont donc des Sauriens. »

Il serait superflu de réfuter une argumentation aussi singulière pour ne pas dire plus!

Plus récemment, Huxley affirme également la différenciation des Caméléons et des Lacertiliens : « It is in the structure of the cranium, dit-il (*loc. cit.*,

Honsy. — Peu commun. — L'Akandianbongou, Kita, Guettala, Matam, M'Boul.

Les exemplaires de cette espèce, décrite par A. Dumeril, provenaient de la région du Nil; elle habite également la haute Sénégambie ainsi que l'établissent les spécimens des localités précédemment indiquées; c'est par erreur que Gray l'indique à Madagascar, d'après les types du Muséum de Paris.

Le Naturaliste Anglais affirme, dans les préliminaires de sa monographie (*loc. cit.*, p. 465), qu'il existe des variations considérables dans la hauteur et le développement des crêtes occipitales de certaines espèces; en prenant ces variations comme caractère spécifique, on éprouve, dit-il, un grand embarras pour la détermination : « This should make one careful in using the height of the crest as a character », il ne faut donc pas en tenir compte, car l'élévation de la crête est une conséquence de la rétraction des muscles, chez les individus élevés en captivité ou soumis à un long jeûne : « This often arises from the animals having been kept in confinement without (or with only a very limited supply) of food, until the muscles have shrunk », conditions dans lesquelles se sont trouvés beaucoup de spécimens conservés dans les collections : « more especially as many of the specimens in Museums have been kept alive in confinement either in the country which they naturally in habit or in some other, as collectors like to have them alive as pets. »

La variabilité de la crête occipitale est loin d'avoir l'importance

---

p. 231), that the Chameleonidæ depart most completely from the ordinary Lacertilian type. »

Pour nous, les caractères si tranchés du groupe aberrant des Caméléons ne permettent pas de les maintenir plus longtemps parmi les Lacertiliens proprement dits; ils doivent donc former un ordre à part que nous inscrivons sous le nom de *Chelopodi*, mot à l'aide duquel Dumeril et Bibron ont désigné leur groupe de Sauriens Chelopodes; la division unique des *Chelopodi* que comprendra notre ordre : les *Rhiptoglossi*. De Wiegmann fait allusion au caractère si remarquable de la langue de ces Reptiles.

Les genres de la famille des *Chamæleonidæ*, tels que Gray les définit (*P. Z. S. of Lond.*, 1864, p. 467), nous semblent fondés sur des caractères d'une valeur assez grande pour que nous ayons songé à les adopter.

que Gray lui prête; *plus forte* chez le *mâle*, *plus faible* chez la *femelle*, et cela d'une manière invariablement fixe, comme des centaines d'individus nous l'ont démontré, il faut y voir un *caractère de sexe;* la hauteur ou la brièveté relative de la crête occipitale ne causent donc nul embarras dans la détermination et Gray lui-même, malgré ses critiques sur ce *caractère variable*, ne l'a pas négligé pour distinguer ses espèces.

Les mêmes réflexions sont applicables aux prolongements cutanés des diverses régions de la tête de plusieurs types, toujours plus développés chez les mâles que chez les femelles, malgré l'opinion contraire de Gray (*loc. cit.*), d'Hallowell (*Journ. Ac. Nat. Sc. Philad.*, t. VII, p. 99), de A. Dumeril (*Arch. Mus.*, t. X, p. 174), etc. (1).

Quant au jeûne ou à la captivité, causes de la hauteur ou de la brièveté de la crête occipitale, nous n'en tiendrons aucun compte, l'objection de Gray est tellement puérile, qu'il serait plus puéril encore de chercher à la réfuter.

44. CHAMÆLEON CINEREUS Aldr.

Chamæleon cinereus Aldr., Quadr. Ovip., p. 670.
Chamæleo vulgaris var. A. Dum. et Bib., Erp. Gen., t. III, p. 204.
Chamæleon vulgaris Gray, P. Z. S. of Lond., 1864, p. 469.

Nonsy. — Peu commun. — M'Boul, Guottalo, Matam, Mélacorée, Gambie.

L'aire d'habitat du *Chamæleon vulgaris* Auctor. serait des plus vastes, puisqu'on lui assigne pour patrie le Sud de l'Europe, le

---

(1) Nous invoquerons, à l'appui de notre manière de voir, les observations de Gunther relatives à son *Chamæleon montium* des monts Cameroons, où l'on voit chez le mâle adulte : « two nearly straight pointed horns, the occiput flat, with a semi elliptical or semiovale outline and without lateral lobes »; tandis que chez la femelle adulte : « The two frontal horns are ruduced to two conical prœminences and the occiput is much less produced (*P. Z. S. of Lond.*, 1874, p. 442). » Il est impossible de prouver plus péremptoirement la fausseté des allégations de Gray, etc.

Nord de l'Afrique, l'Égypte, Tunis, Tripoli, Alger, le Sud de l'Afrique, l'Asie Mineure, l'Inde, Calcutta, le Japon, etc., etc.

Plusieurs Herpétologistes, à l'exemple de Dumeril et Bibron (*loc. cit.*), reconnaissent cependant dans cette espèce : « deux *races* ou *variétés* bien distinctes l'une de l'autre, tant par les pays qu'elles habitent, que par des différences dans les détails de leur organisation extérieure. »

Du moment où il existe réellement des différences dans l'organisation des types, du moment où l'un est localisé en Afrique, par exemple, l'autre en Asie, et qu'ils constituent, de l'avis même des auteurs, des *races locales*, ils doivent être *différenciés ;* aussi inscrivons-nous sous le nom de *cinereus*, qualificatif le plus anciennement imposé, le type Africain; tandis que le type Asiatique devra être désigné sous le nom d'*Indicus*, afin de bien préciser les contrées où il habite.

Il est unanimement reconnu que la variété ou race *A*, de Dumeril et Bibron, notre *Chamæleon cinereus*, se rencontre plus particulièrement « sur toute l'étendue des côtes Africaines baignées par la Méditerranée (Dum. et Bibr., *loc. cit.*); Gray l'indique au Nord de l'Afrique, au Sud du même continent, en Égypte; à ces localités nombreuses, il faut ajouter l'Abyssinie, où il a été recueilli par Lefebvre, et le Gabon, comme le témoignent les spécimens capturés dans cette contrée par M. Aubry Lecomte et déposés dans les Galeries du Muséum.

Malgré une comparaison attentive, Gray nous apprend qu'il lui a été impossible de distinguer le type Africain du type Asiatique; en revanche il a pu établir une variété *marmoratus*, sur un individu en alcool, portant des marbrures noires irrégulières.

Laissant pour ce qu'elle vaut la variété *marmoratus* de Gray, et reconnaissant sans efforts les caractères différentiels des deux types, caractères parfaitement établis par Dumeril et Bibron (*loc. cit.*, p. 208), nous les reproduisons tels qu'ils ont été donnés par les deux savants Naturalistes.

« Les individus de la variété *B* (*Indicus*), disent-ils, diffèrent de ceux de la variété *A* (*cinereus*), en ce que leur casque est plus haut et plus long ; en ce que les appendices cutanés existant de chaque côté de l'occiput, sont moins développés; enfin, en ce que les crêtes qui règnent sur le dessus et le dessous du corps se composent de dentelures plus longues, plus coniques et plus écartées; celles de ces dentelures en particulier qui se voient sous la gorge, sont très fortes et très pointues. »

Nous ne parlerons pas de la coloration, les sujets conservés en alcool fourniraient trop de *variétés marmoréennes.*

45. CHAMÆLEON SENEGALENSIS Gray.

Chamæleon Senegalensis Gray, Cat. Brit. Mus., p. 266.
Lacerta chamæleon Gm., Syst. Nat., p. 1059.
Chamæleo Senegalensis Daud., H. N. Rept., t. IV, p. 203.
— Dum. et Bib., Erp. Gen., t. III, p. 221.
Le Caméléon du Sénégal Cuv., R. An., t. II, p. 60.

Kakatorjh. — Très commun. — S'observe dans toute la Sénégambie.

Le Caméléon du Sénégal habite les plaines arides et la lisière des bois; c'est surtout à Sorres, Thiouk, Babaghaye, Dakar-Bango, Diouk, etc., que nous l'avons le plus fréquemment observé (1); tapi sur les branches des arbrisseaux, la crête abdominale appliquée sur le rameau qu'il a choisi, la queue enroulée autour de ce support, il reste des journées entières sans mouvement, roulant nonchalamment ses globes oculaires indépendemment mobiles, d'où s'échappe un regard atone, seul indice révélateur de son existence.

Sa teinte générale est le plus habituellement d'un vert clair, jaunâtre par places, ou d'un violet pâle irrégulièrement tacheté de gris et de brun; contrairement à l'opinion la plus accréditée, les objets environnants n'influent en rien sur son système de coloration *à l'état de repos.* Pour Dumeril et Bibron, au rapport des Voyageurs (*loc. cit.*, p. 170-171), « l'état coloré ordinaire approche en général de la teinte des écorces des arbres, ou de celle des branches sur lesquelles l'animal reste perché, quant il n'a pas

(1) Tout ce que nous rapportons, relativement à cette espèce, s'applique indifféremment aux autres Caméléons Sénégambiens.

pris la nuance des feuilles, au milieu desquelles il semble chercher à masquer sa présence. »

Nos observations multiples ne nous ont fourni rien de semblable; que le Caméléon soit caché sous les feuilles d'un vert olivâtre du *Gossypium punctatum* Schum., ou sur les branches noires du *Zyziphus Bachi* D. C., ou bien encore sur les ramuscules rougeâtres du *Chrysocalix rubiginosa* Perry, les teintes précitées nous ont toujours paru les mêmes.

La propriété devenue proverbiale, dont jouirait le Caméléon, de varier volontairement et à l'infini, son mode de coloration, est loin d'atteindre le degré de puissance que presque tous les auteurs lui ont accordé sans examen; seules la surprise ou la crainte provoquent quelques changements : le dos et les flancs se marbrent de taches brunes ou violettes, souvent de longues bandes étroites d'un vert obscur ou d'un rose sale règnent plus particulièrement sur la région abdominale; là se borne cette faculté que bien d'autres Lacertiliens moins célèbres possèdent à un degré parfois plus accentué et plus appréciable.

L'explication physiologique du changement de couleurs du Caméléon est trop connue aujourd'hui, grâce aux travaux de MM. H. Milne Edwards (l'*Institut*, 1834, p. 21); P. Bert (C. R. Ac. Sc., 1875, t. LXXXI, p. 938); E. Bücrke (*Wien. Denksch*, 1857); Krukenberg (*Vergleich. Physiol. Stud. tabth. Heidelberg*, 1880); pour qu'il soit utile de l'examiner ici; il convient néanmoins de citer l'opinion peu connue d'Adanson sur le même sujet, car le génie du célèbre Voyageur Français, trop souvent à dessein, rejeté dans l'ombre, lui avait fait pour ainsi dire entrevoir la cause première du phénomène histologiquement traduit à l'heure actuelle.

Les jeunes Caméléons, dit Adanson (*Cours H. N.*, éd. Payer, t. II, p. 36), sont d'un jaune vert, les adultes sont d'un jaune gris et les vieux d'un brun noir. Il est bien étonnant que l'on ait dit jusqu'ici que cet animal change de couleur à chaque instant et que son corps prend toutes les teintes de celles qu'on lui présente, au point que le public le regarde comme le symbole des flatteurs et des courtisans auxquels il a coutume d'appliquer son nom. Si les Naturalistes avaient bien observé cet animal, ils auraient remarqué que ce changement si célébré, et attribué à ses passions intérieures, à la crainte, à la colère, à la joie, à ses gentillesses, même, ne dépend que de la tension ou du relâchement de sa peau dont la structure bien connue et mieux examinée, aurait donné le dénouement de cette prétendue merveille; voici en quoi elle consiste : sa peau est chagrinée ou composée de petits tubercules assez égaux qui, dans l'état naturel de tranquillité, se touchent les uns les autres, et qui au contraire lorsque la peau s'étend, se trouvent écartés et séparés les uns des autres par un intervalle qui est brun, plus clair dans les jeunes que dans les vieux. Or les tubercules qui forment le chagrin des jeunes, étant jaune vert, ceux des adultes jaune gris, et ceux des vieux étant brun noir, ces derniers en enflant ou désenflant leur peau lorsqu'ils se mettent en colère, ne changent pas sensiblement de couleur; les adultes sont mêlés de brun et de jaune gris; pendant que les jeunes passent du jaune vert, au brun ou au cendré clair. »

D'un caractère doux et indolent, le Caméléon ne cherche jamais à fuir ni à mordre la main qui le saisit; dans le paroxysme de sa tranquille colère, il se borne à distendre sa gorge et à faire entendre une sorte de souffle comparable au bruit de l'air faiblement dirigé sur une flamme.

Après avoir saisi sa proie à l'aide de sa langue protractile, le Caméléon ne l'avale pas « de la même façon que le font les Grenouilles », suivant l'expression de Dumeril et Bibron (*loc. cit.*, p. 174); quand l'Insecte saisi est de petite taille, il est englouti dans la vaste cavité buccale qui se referme hermétiquement après être restée entr'ouverte pendant la manœuvre de la projection, mais quand l'Insecte est d'une taille assez forte, et c'est toujours le préféré, on observe une véritable mastication; cette mastication est lente, c'est par un mouvement ondulatoire des mâchoires, se croisant de droite à gauche, que le broiement analogue à l'acte de la rumination est effectué.

Essentiellement grimpeur, ainsi que l'indiquent la structure des pattes et de la queue, « on conçoit, disent Dumeril et Bibron (*loc. cit.*, p. 193), que lorsque le Caméléon est descendu sur le sol, où posé sur une surface plane, il éprouvre la plus grande difficulté dans sa marche. »

Le Caméléon se comporte sur le sol de la même manière que sur les branches des végétaux, ce sont les mêmes hésitations, les mêmes tâtonnements; à l'aide de ses pattes antérieures il explore le terrain, mais avec une allure remarquablement plus vive, comme s'il reconnaissait que ce sol uni le garantit de toute chute; dans ces conditions, la queue est roidie et courbée en sens inverse de son enroulement habituel, faisant office de balancier et ondulant de droite à gauche à chaque impulsion des pattes.

Malgré nos recherches nous n'avons pu saisir le moment de l'accouplement chez le Caméléon. « Les mâles, d'après Dumeril et Bibron (*loc. cit.*, p. 100), ne recherchent les femelles qu'à l'époque de la fécondation, et les individus se séparent quand cet acte a eu lieu, de sorte que *les mâles ne s'occupent en aucune manière de leur progéniture.* »

Nous ignorons si le Caméléon fait exception parmi les Reptiles chez lesquels le sentiment de la paternité, même rudimentaire, n'a pas encore été observé, mais nous pouvons affirmer que chez cet animal l'affection maternelle est nulle, et que son mode de nidification, ses prévoyances, son soin pour les œufs déposés, particularités décrites par Vallisneri et Cestoni (*Istoria del Cameleonte Africano*, 1696), plus tard reproduites par A. Dumeril (*Notice Hist. sur la Ménagerie des Reptiles*, Arch. mus., t. VII, p. 211, 1854), sont absolument contraires à la vérité.

La femelle du Caméléon, en effet, « ne se traîne pas en tournoyant sur le sable sans s'arrêter; elle ne gratte point le sol avec ses jambes antérieures, pour y façonner une fosse de quatre pouces de diamètre sur six de profondeur; elle ne recouvre point ses œufs une fois pondus, avec les déblais en se servant uniquement de sa patte antérieure droite, comme font les chats quand ils veulent cacher et recouvrir leurs ordures; et elle n'amoncelle pas des feuilles sèches, de la paille et de menus branchages secs pour former une sorte de toit sur cette hutte. »

Moins prévoyante, elle se contente, quand le besoin de la ponte se fait sentir, de descendre de l'arbuste sur lequel elle a élu domicile, pour déposer sur le sable au pied même de l'arbuste, environ soixante à quatre-vingt œufs (non pas trente, Dum. et Bib., *loc. cit.*), ovoïdes de forme identique à ceux de notre *Lacerta muralis*, quoique plus petits, et comme eux à coque molle, élastique et non pas calcaire (Dum. et Bib., *loc. cit.*).

Les œufs ainsi déposés, elle les abandonne à l'influence des rayons solaires, puis elle remonte sur la branche un instant quittée, où elle va continuer sa vie en quelque sorte végétative, sans se soucier davantage des germes dont indifféremment elle s'est débarrassée uniquement pour obéir à la loi inflexible qui la régit.

Comme tous ses congénères Sénégambiens, le *Chamæleon Senegalensis* passe, aux yeux des Naturels, pour un animal des plus dangereux; c'est avec une grande défiance qu'ils s'en emparent quelquefois en prenant des précautions infinies; si le Kakatorjh crache aux yeux, celui à qui ce malheur arrive ne tarde pas à être aveugle, dès lors force Grigris ont été inventés pour se préserver du funeste Reptile.

46. CHAMÆLEON GRACILIS Hallow.

Chamæleon gracilis Hallow., Jour. Ac. N. Sc. Philad., t. VIII, p. 324.
— Gray, P. Z. S. of Lond., 1864, p. 471.
— A. Dum., Arch. Mus., t. X, p. 173.

Kakatorjh. — Assez commun. — Leybar, Thionk, Dakar-Bango, Diouk, Joalles, Cap-Vert.

M. Barboza du Bocage considère le *Chamæleon gracilis*, comme identique au *Chamæleon Senegalensis*, et dans ses diagnoses de quelques espèces nouvelles de Reptiles de l'Afrique occidentale (*Jorn. Sc. Lisb.* 1872, n° XIII, p. 7), il se borne à le donner en synonymie de ce dernier, sans expliquer les raisons qui l'ont conduit à réunir les deux espèces.

Pour nous, comme pour un grand nombre de Naturalistes, le *Chamæleon gracilis* se distingue de son congénère par un casque plus large et aigu en arrière, par le volume plus considérable des granulations de la peau, et par le peu de longueur et la petitesse relative des denticulations du dos et de l'abdomen.

47. CHAMÆLEON AFFINIS Gray.

Chamæleon affinis Gray, Ann. and Mag. Nat. Hist., 1863, p. 248.
— *Abyssinicus* Fitz, Syst. Rept., p. 43.

Nonsy. — Rare. — Kita, Bakel, Falémé, Matam, M'Boul.

Nous devons la connaissance de cette espèce Abyssinienne, dans le Nord-Est de la Sénégambie, à notre excellent ami M. le Dr L. Savatier, Médecin en chef de la Marine.

48. CHAMÆLEON GRANULOSUS Hallow.

Chamæleon granulosus Hallow, P. Ac. N. Sc. Philad., 1856, p. 147
— Gray, P. Z. S. of Lond., 1864, p. 472.

Onwongoly. — Assez rare. — Gambie, Casamence, Mélacorée, Bathurst, Ile aux Chiens, Albreda.

49. CHAMÆLEON DILEPIS Leach.

Chamæleon dilepis Leach, Bowdich, Ashantee, App. IV, p. 493.
— Peters, Nat. Reise N. Mossambique, 1882, p. 21.
— Gray, Cat. Brit. Mus., p. 266.

Kakatorjh. — Commun. — Thiouk, Leybar, Diouk, Bakel, Saldé Joalles, Sainte-Marie, Albréda, Mélacorée.

Cette espèce, propre à toute la Sénégambie, existe également au Gabon, dans le Sud de l'Afrique, en Mosambique, etc.; son aire d'habitat s'étend sur la majeure partie du continent.

Gen. PHUMANOLA Gray.

50. PHUMANOLA NAMAQUENSIS Gray.

Phumanola Namaquensis Gray, P. Z. S. of Lond., 1864, p. 474.
Chamæleo Namaquensis Smith, Zool. Journ., 1831.
— *tuberculiferus* Gray, Cat. Brit. Mus., p. 267.

Onwongoly. — Rare. — Mélacorée, Gambie, Casamence, Ghimberinghe, Samatite, Wagran, Gilfré.

Indiqué pour la première fois par Smith (*loc. cit.*), dans l'Afrique

Sud, le Caméléon a été retrouvé dans la région d'Angola aux Mossamèdes; il ne remonte pas en Sénégambie, au delà de la Gambie.

Gen. LOPHOSAURA Gray.

51. LOPHOSAURA PUMILA Gray.

Lophosaura pumila Gray, P. Z. S. of Lond., 1864, p. 474.
Chamæleo pumilus Gray, Cat. Brit. Mus., p. 269.
Bradypodium pumilum Fitz., Syst. Rept., p. 43.

Onwongoly. — Rare. — Vit dans les mêmes localités que l'espèce précédente.

Du Sud de l'Afrique et du Cap de Bonne-Espérance, cette espèce ne se rencontre que dans la basse Sénégambie; nous devons au Capitaine Daboville, un exemplaire capturé sur les bords de la Casamence.

Gen. BROOKESIA Gray.

52. BROOKESIA SUPERCILIARIS Gray.

Brookesia superciliaris Gray, P. Z. S. of Lond., 1864, p. 477.
Chamæleo Brookesianus Gray, Cat. Brit. Mus., p. 270.
— *Brookesi* Fitz., Syst. Rept., p. 43.
— *superciliaris* Kuhl., Beitr. Zool, p. 102.

Nonsy. — Rare. — Mackana, Guellé, M'Boul, Ouarkhokh, Guettala, Kita.

M. Barboza du Bocage (*Journ. Sc., Lisb.*, 1872, p. 7) fait observer que Gray indique cette espèce comme habitant l'Afrique Occidentale (*loc. cit.*), bien que Dumeril et Bibron lui aient donné Madagascar pour patrie, et que « devant une assertion si positive le Zoologiste de Londres doit posséder sans doute des preuves ». Pas plus que M. Barboza du Bocage nous ne connaissons les preuves sur lesquelles Gray s'est fondé, mais la présence du *Brookesia superciliaris* dans la haute Sénégambie, où nous l'avons capturé, et d'où M. le Dr Colin nous l'a envoyé, confirme l'assertion de Gray.

Gen. TRICERAS Gray.

53. TRICERAS OWENII Gray.

Triceras Owenii Gray, P. Z. S. of Lond., 1864, p. 477.
Chamæleo Owenii Gray, Cat. Brit. Mus., p. 269.
Chamæleon Owenii Fitz., Syst. Rept., p. 102.
— *Bibroni* Martin, P. Z. S., of Lond., 1838, p. 64.

Onwongoly. — Rare. — Mélacorée, Gambie, Casamence, Gilfré, Samatite, Ile aux Chiens.

Bien que Fernando-Po soit considéré comme possédant en propre le *Triceras Owenii*, il n'en est pas moins vrai, que l'espèce se rencontre également dans la basse Sénégambie; nous avons déjà cité de nombreux exemples de la présence des animaux de cette île sur différents points de la région que nous étudions, preuve à ajouter à tant d'autres, de l'immense dispersion des espèces sur le continent Africain.

Gen. CYNEOSAURA Gray.

54. CYNEOSAURA PARDALIS Gray.

Cyneosaura Pardalis Gray, P. Z. S. of Lond., 1864, p. 479
Chamæleo Pardalis Gray, Cat. Brit. Mus., p. 266.
Bradypodium Pardalis Fitz., Syst. Rept., p. 43.

Nonsy. — Rare. — Kita, Bakel, M'Boul, Saldé, Dagana.

Les observations concernant l'espèce précédente, sont de tous points applicables au *Cyneausaura Pardalis.*

LACERTILII Opp. (1)

PACHYGLOSSI Wieg.

Fam. PLATYDACTYLIDÆ A. Dum. et Boc.

Gen. PLATYDACTYLUS Cuv.

58. PLATYDACTYLUS MURALIS Dum. et Bib.

Platydactylus muralis Dum. et Bib., Erp. Gen., t. III, p. 319.
Lacerta mauritanica Lin., Syst. Nat., p. 1061.
Ascalabotes mauritanicus C. Bp., Faun. Ital., p. sans numéro.
Platydactylus fascicularis Gray, Synop. in Griff. An. Kingd., t. IX, p. 48.
Le Geckotte Lacép., H. N. Quad. Ovip., t. I, p. 420.
Le Gecko des murailles Cuv., R. An., t. II, p. 52.

Hounck. — Assez rare. — Argain, Agnitier, Cap Blanc, Cap Mirik, Aléb, Elimani, Jarra, Grasser-El-Barka, pointe des Chameaux.

Cette espèce, propre à la région Méditerranéenne, habitant

(1) Les Varans et les Caméléons ayant été séparés des vrais Lacertiliens, pour les raisons précédemment invoquées, nous inscrivons, en tête de l'ordre des *Lacertilii*, les Geckos ou Ascalabotes, suivant la méthode la plus généralement adoptée.

« La conformation de la langue, plus importante que la forme et le mode de fixation des dents, fait observer Claus (*Trait. Zool.*, 2e édit. Franç., 1884, p. 1328), sert à caractériser les divers groupes composant l'ordre des Lacertiliens. » Les classifications de Wagler, Wiegmann et de M. Cope, basées sur cette conformation de la langue, sont celles que nous avons suivies.

MM. A. Dumeril et Bocourt, dans la partie Herpétologique du grand ouvrage sur la Mission scientifique au Mexique (1863, p. 39), ont dû modifier la classification du groupe des Geckotiens, établie par Cuvier et suivie par les auteurs

également l'Égypte et les côtes de Barbarie, doit être comprise dans la faune Herpétologique Sénégambienne.

Jamais elle ne s'écarte de la partie Nord-Ouest du littoral; la présence en Sénégambie, de types Sahariens et des côtes de Barbarie, déjà souvent démontrée, peut expliquer la présence du *Plactydactylus muralis* sur des points où le mélange de ces types s'est effectué; d'un autre côté, sachant combien le transport des Geckotiens, dans des localités les plus éloignées de leur centre d'habitat, est facile, en raison même de leur constitution propre, rien ne s'oppose à ce que quelques individus de l'espèce Européenne, apportés par une cause quelconque sur le littoral Sénégambien, s'y soient acclimatés et propagés aussi facilement qu'en Australie où l'espèce a été également introduite.

56. PLATYDACTYLUS ÆGYPTIACUS Cuv.

Platydactylus Ægyptiacus Cuv., R. An., t. II, p. 52.
— Dum. et Bib., Erp. Gén., III, p. 322.
Tarentola Ægyptiaca Gray, Cat. Liz. Brit. Mus., p. 165, 1845.
Le Gecko annulaire I. G. St-Hil., Egypt. Rept. H. N., pl. V, f. 57.

Houneck. — Assez commun. — Saint-Louis, Sorres, Guet-N'Dar, Thionk, Leybar, M'Bao, Han, Rufisque, Dakar, Gorée.

Steindachner (*Sb. Akad. Wien.* 1870, vol. LXII, p. 328) indique cette espèce à Dagana et à Gorée.

---

de l'*Erpétologie Générale*. Les sept genres de Duméril et Bibron, considérablement augmentés depuis par suite des découvertes nouvelles, sont, dès lors, devenus les types de sept grandes divisions; ces divisions ne suffisent plus aujourd'hui (10 mai 1884); nous les avons cependant adoptées pour les Geckotiens de la Sénégambie, la Science ne possédant pas, à l'heure actuelle, de travail général sur ce groupe difficile de Lacertiliens. Toutefois, nous ferons certaines réserves, à cause même de la prochaine publication du *Catalogue des Geckotiens*, de M. Boullenger, en voie d'exécution; attendre l'apparition de cet ouvrage, eût trop longtemps retardé la publication du nôtre, nous passons outre, tout en reconnaissant que des modifications devront être apportées, plus tard, dans l'exposé de nos espèces; nous aurons soin, du reste, d'en tenir compte en temps opportun.

Le *Platydactylus Ægyptiacus* habite les cases des Nègres, collé le long des tapates ou aux toits en roseaux ; il est excessivement redouté ; son urine, disent les Nègres, est un violent poison, aussi se gardent-ils bien de le toucher, ils le craignent, mais ils le tolèrent ; pour lui, indifférent, il se borne à saisir les Cancrelats et les Moustiques, si communs en Sénégambie, et dont il fait sa nourriture principale. Tous les Geckotiens de la Sénégambie partagent avec lui le privilège d'inspirer aux naturels une crainte superstitieuse.

57. PLATYDACTYLUS DELALANDII Dum. et Bib.

Platydactylus Delalandii Dum. et Bib., Erp. Gen., III, p. 324.
Tarentola Delalandii Gray, Cat. Liz. Brit. Mus., p. 165, 1864.

Hounck. — Peu commun. — Pointe de Dakar, Portendick, Argain, Agnitier, les deux Mamelles, Gasser-el-Barka, Elimané.

Découverte pour la première fois à Ténériffe, par Delalande, cette espèce, retrouvée plus tard à Madère, habite plus particulièrement la région littorale. Un exemplaire Sénégambien, donné au muséum de Paris par Gallot, existe dans les galeries d'Herpétologie.

Gen. PACHYDACTYLUS Wiegm.

58. PACHYDACTYLUS BIBRONI Smith.

Pachydactylus Bibroni Smith, Illustr. Zool. S. Afr., tab. I., f. 1.
— Peters, Nat. Reise. N. Mossambique, p. 25, 1882.

Hounck. — Rare. — Mélacorée, Gambie, Casamence, Ile aux Chiens, Dianoch, M'Boul, Kita, Bakel, Dagana, Macandianbongou.

L'aire d'habitat de cette espèce paraît assez étendue, car, indépendamment des localités où nous l'indiquons et où sa présence n'avait pas été jusqu'ici constatée, elle a été observée au Cap, dans le Damara, le Benguela, Boror et sur les côtes de Zanzibar.

59. PACHYDACTYLUS CEPEDIANUS Peters.

Pachydactylus Cepedianus Peters, Nat. Reise. N. Mozzambique, p. 27.
Platydactylus Cepedianus Dum. et Bib., Erp. Gen., t. III, p. 301.
Pelsuma Cepediana Gray, Cat. Liz. Brit. Mus., 1845, p. 166.
Gecko Cepedianus Merr., Amph., p. 43, sp. 16.
Le Gecko Cepedien Cuv., R. An., t. II, p. 46, pl. V, f. 5.

Hounck. — Assez rare. — Kita, Bakel, Podor, environs du lac de Pagnefoul, Mont Fouti, Bandoubé, Tanlari, Gangaran, Banlonkadougou, Kouguel, Arondou.

Le *Pachydactylus Cepedianus*, de Madagascar, Maurice, Bourbon, parages où il a été d'abord découvert, recueilli ensuite aux Comores, à Zanzibar et en Mozambique, se montre dans la haute Sénégambie, d'où il nous a été rapporté par M. le Dr L. Savatier.

La comparaison de nos échantillons avec ceux provenant de Madagascar, de Bourbon et de Zanzibar, ne nous a fourni aucun caractère propre à les différencier.

Gen. COLOPUS Peters.

60. COLOPUS WAHLBERGII Peters.

Colopus Wahlbergii Peters, Monat. Ak. d. Wissens, Berlin, 1869, p. 57.

Hounck. — Rare. — Kita, Bakel, Podor, Gangaran, Bandoubé.

Cette espèce de l'Afrique Australe habite la haute Sénégambie, où elle a été découverte par M. le Dr Colin.

Gen. ASCALABOTES Fitz.

61. ASCALABOTES GIGAS B. du Boc.

(Pl. VIII, fig. 1.)

Ascalabotes gigas B. du Boc., J. Sc., Lisb., 1875, n° 18.

Assez commun. — Ilheo Raso, archipel du Cap Vert (*Teste*, Barboza du Bocage); Ilheo Branco, campagne du Talisman.

Cette espèce remarquable, dont la taille atteint 0,236mm, décrite pour la première fois, par M. Barboza du Bocage, est localisée sur quelques îlots déserts de l'archipel du Cap Vert; sa découverte à l'Ilheo Raso est due à M. le Dr Hopffer; depuis elle a été capturée à l'Ilheo Branco, par les Naturalistes de la campagne du Talisman; nous figurons un des spécimens recueillis, grâce à la bienveillante obligeance de M. le Professeur L. Vaillant.

Fam. CHILIKIODACTYLIDÆ Rochbr.

Gen. DACTYCHILIKION Thomin.

62. DACTYCHILIKION BRACONNIERI Thomin.

(Pl. IX, fig. 1-2.)

Dactychilikion Braçonnieri Thomin., Bull. Soc. Philom., 27 juillet 1878, p. 250.

D. — SQUAMÆ DORSI ET ABDOMINIS MINUTISSIMÆ, HEXAGONÆ; FRONTIS ET ROSTRI, LATIORES, SUBROTUNDATÆ; DIGITI SPATULATI, SQUAMÆ HYPODACTYLORUM, LAMELLOSÆ, TRANSVERSALES, MARGINE POSTERIORE TENUISSIME FIMBRIATÆ; SUPRA MARGARITACEUS, VIOLACEO CŒRULESCENTE MARMORATUS; HUMERI, FEMORESQUE, FASCIIS CŒRULESCENTIBUS, DISTANTIBUS, ORNATIS; CAUDA GRACILIS, VIOLACEO CŒRULESCENTE ANNULATA; SUBTUS LUTEO ALBUS; PORI FEMORALES, ANALESQUE, NULLI.

Corps entièrement couvert d'écailles hexagonales excessivement petites, à l'exception de la partie antérieure du front et tout le museau, où ces écailles acquièrent une largeur plus grande et affectent une forme subarrondie; 8 plaques labiales supérieures, 6 inférieures, doigts spatuliformes à leur extrémité libre, très grêles, allongés, à partie élargie, garnie en dessous de lamelles transversales au nombre de 5-7, finement frangées chacune à leur bord postérieur et offrant, par cette disposition, un aspect feutré; teinte générale d'un gris de perle, rosé par places; régions supérieures ornées de marbrures nuageuses d'un violet bleuâtre pâle; membres portant des bandes distantes de couleur bleuâtre; queue grêle surtout à son extrémité, annelée de bandes étroites et irrégulières, d'un violet bleuâtre pâle; parties inférieures d'un blanc jaunâtre sale; aucuns pores aux cuisses et à la région cloacale.

Longueur totale 0m090

Ekere. — Rare. — Lac de Pagnefoul, Saldé, environs de Podor.

Le genre *Dactychilikion*, proposé par M. Thominot, Préparateur au Laboratoire d'Herpétologie, du Muséum de Paris, et dont nous avons dû modifier la diagnose d'après l'échantillon que nous possédons, a été établi sur un spécimen recueilli par Castelnau et provenant du Lac N'Gami.

La présence d'une espèce de cette région, en Sénégambie, pourrait laisser subsister jusqu'à un certain point des doutes dans l'esprit de quelques Naturalistes timorés, si, d'une part, l'immense dispersion des animaux de tous les ordres, sur le continent Africain, n'était chose démontrée; si, d'autre part, les Geckotiens, plus que tous les autres Reptiles, peut-être, n'étaient connus comme destinés à subir l'influence de migrations que l'on pourrait appeler forcées, à cause même de leur constitution toute spéciale. Ce fait connu de tous, et qui, chaque jour, fournit des preuves concluantes, n'a pas besoin de développements.

Le *Dactychilikion Braconnieri* a été jusqu'ici observé seulement dans la région Nord-Ouest de la Sénégambie, nous devons de le connaître, à M. Gasconi, député du Sénégal, que nous ne saurions trop remercier pour tout l'intérêt qu'il ne cesse de porter à nos études.

La disposition particulière des pelotes digitales de cette espèce remarquable, offre un caractère si nettement tranché, que le genre de M. Thominot doit, selon nous, devenir le type d'une division à établir dans le groupe des Geckotiens; en proposant la famille des *Chilikiodactylidæ*, nous avons employé à dessein les racines du genre, tout en en intervertissant l'ordre, afin de lui donner une désinence conforme à la nomenclature adoptée.

Fam. HEMIDACTYLIDÆ A. Dum. et Bib.

Gen. HEMIDACTYLUS Cuv.

63. HEMIDACTYLUS VERRUCULATUS Cuv.

Hemidactylus verruculatus Cuv., R. An., t. II, p. 54.
— Dum. et Bib., Erp. Gen., t. III, p. 359.
— L. Vaill., in Revoil Faune et Flore. Pays Çomalis, Rept., p. 16.

Oshesheil. — Commun. — Thionk, Leybar, Dakar-Bango, Diouk, Bakel, Dagana, Kita, Mélacorée, Albréda, Sedhiou.

64. HEMIDACTYLUS GUINEENSIS Peters.

Hemidactylus Guineensis Peters, Monat. Ak. d. Wissens., Berl., 1868, p. 641.
— B. du Boc., J. Sc. Lisb., 1873, nº 15.

Oshesheil. — Assez commun. — Mêmes localités que l'espèce précédente. Saint-Yago, archipel du Cap Vert (*Teste* Barboza du Bocage).

L'*Hemidactylus Guineensis*, très voisin de l'*Hermidactylus verruculatus*, appartient, comme lui, à la faune Sénégambienne. Comme le fait observer M. Barboza du Bocage, il se différencie de son congénère par des séries de tubercules dorsaux plus nombreux et moins régulièrement disposés; par un plus grand nombre de plaques labiales, par des plaques sous-digitales également plus nombreuses, et par le nombre et la disposition de ses pores fémoraux, 22 à 26, en séries continues.

65. HEMIDACTYLUS MABOUIA Cuv.

Hemidactylus Mabouia Cuv., R. An., t. II, p. 54.
— Dum. et Bib., Erp. Gen., t. III, p. 362.

Ibondhio. — Peu commun. — Matam, M'Boul, Khorkhol, N'Diago, Podor, Saldé, Gadieba, Yen, Kaarta.

L'aire d'habitat de cette espèce est considérable, car elle s'étend de l'Afrique Ouest, à Madagascar, aux îles Mascaraignes, à la Guyane, au Pérou, au Brésil et aux Indes. Il est de toute impossibilité de constater des différences, même les plus minimes, entre les types de ces diverses provenances. Les exemplaires Sénégambiens ne font pas exception, ils sont en tout semblables aux spécimens Américains et Asiatiques notamment.

Plusieurs Herpétologistes, Peters entre autres, seraient disposés à considérer l'espèce suivante comme remplaçant en Afrique l'*Hemidactylus Mabonia*, type qui, dès lors, serait étranger au continent; il n'en est rien, les deux formes, très voisines du reste, vivent pour ainsi dire côte à côte; l'une appartient en propre à l'Afrique, tandis que l'autre jouit d'une très grande dispersion.

66. HEMIDACTYLUS PLATYCEPHALUS Peters.

Hemidactylus platycephalus Peters, Monat. Ak. d. Wissens., Berl., 1854, p. 615.
— B. du Boc., J. Sc. Lisb., 1873, nº 15.

Ibondhio. — Peu commun. — Mêmes localités que l'espèce précédente.

Un des caractères principaux de cet Hémidactyle réside dans le nombre considérable des pores fémoraux chez les mâles.

67. HEMIDACTYLUS FRENATUS Schl.

Hemidactylus frenatus Schl., Mus. Leyd.
— Dum. et Bib., Erp. Gen., t. III, p. 366.

Ibondhio. — Assez rare. — Podor, Saldé, Kita, Guettala, Macadian-bongou.

Cette espèce semble se localiser en Sénégambie dans la région Nord-Est, d'où elle nous est parvenue par les soins de M. le Dr L. Savatier.

68. HEMIDACTYLUS CAPENSIS Smith.

Hemidactylus Capensis Smith, Illustr. Zool. S. Afr., tab. LXXV, f. 3
— Peters, Nat. Reise N. Mossambique, p. 28.

Ibondhio. — Rare. — Bakel, Falémé, Bakoy, Bafing, Kita, Guettala, M'Boul, Guellé.

Cet Hémidactyle, du Sud de l'Afrique, remonte dans la haute Sénégambie, où nous l'avons observé.

69. HEMIDACTYLUS AFFINIS Steind.

Hemidactylus affinis Steind., Sh. Akad. Vien., 1870, p. 328.

Ibondhio. — Assez commun. — Gorée, Dagana (*Teste.* Steindachner); Joalles, Rufisque, M'Bao, Thiouk, Leybar, Podor, Saldé.

70. HEMIDACTYLUS BOUVIERI Bocourt.

(Pl. IX, fig. 3-4.)

Hemidactylus Bouvieri Bocourt, N. Arch. Mus., t. VI, 1870, Bull., p. 17.
— *Cessacii* B. du Boc., J. Sc. Lisb., 1873, n° 15.

Assez commun. — Saint-Iago, archipel du Cap Vert, découvert par M. de Cessac; île Saint-Vincent, même archipel, découvert par M. Bouvier.

Le nom de *Bouvieri*, imposé à cette espèce par M. Bocourt, devra prévaloir, comme antérieur de trois années, à celui de *Cessaci*, employé par M. Barboza du Bocage, quand il sera péremptoirement démontré que les deux types appartiennent bien à la même espèce. Nous ne connaissons pas les spécimens de *Saint-Iago* décrits par M. Barboza du Bocage, mais, comme sa description diffère sous plusieurs rapports de celle de M. Bocourt, des plus exactes et faite sur trois échantillons de Saint-Vincent que nous avons sous les yeux, il est permis d'émettre des doutes sur l'identité spécifique des uns et des autres.

La figure que nous donnons de l'*Hemidactylus Bouvieri* type, nous dispense de reproduire la diagnose de M. Bocourt, pour laquelle nous renvoyons au volume cité des Nouvelles Archives du Muséum.

Gen. LEIURUS Gray.

71. LEIURUS ORNATUS Gray.

Leiurus ornatus Gray, Cat. Liz. Brit. Mus., 1845, p. 157.
Hemidactylus formosus Hallow, P. Ac. Nat. Sc. Philad., 1856, p. 150.

Ibondhio. — Assez rare. — Gambie, Casamence, Mélacorée, Albréda, Ghimberinghe, Bathurst, Ile aux Chiens, Cagnac-Cay.

Cette espèce de Liberia se retrouve dans la basse Sénégambie; nos types ne diffèrent pas de ceux décrits par Gray et par Hallowel.

Fam. PTYODACTYLIDÆ A. Dum. et Bib.

Gen. PTYODACTYLUS Cuv.

72. PTYODACTYLUS HASSELQUISTII Dum. et Bib.

Ptyodactylus Hasselquistii Dum. et Bib., Erp. Gen., t. III, p. 378.
Stellio Hasselquistii Schneid., Amph. Phys., part. II, p. 13.

Gecko ascalabotes Merr., Amph., p. 40.
Le Gecko des maisons Bor. St-Vinc., Dict. Class. H. N., t. VII, p. 182.
Ptyodactylus guttatus Rüpp., Reis. Nordl. Afrik. Rept., p. 13, tab. IV.

Oshashall. — Assez commun. — Kita, Bakel, Dagana, Podor, Saldé, Pagnefoul, Diouk, Leybar, Thiouk, Gambie, Casamence, Mélacorée, Albréda, Sedhiou.

Cette espèce, assez commune dans le Nord-Est de la Sénégambie, devient de plus en plus rare au fur et à mesure que l'on descend dans l'Ouest, et surtout dans le bas de la côte.

Gen. RHOPTROPUS Peters.

73. RHOPTROPUS AFER Peters.

Rhoptropus afer Peters, Monat. Ak. d. Wissens., Berlin, 1869, p. 59.
— B. du Boc., Jorn. Sc. Lisb., 1873, extr., p. 4.

Oshashall. — Rare. — Kita, Bakel, Saldé, Mont Fouti.

Cette espèce, découverte d'abord au Damara, dans l'Afrique Australe, puis dans l'intérieur de Mossamédes, a été observée en dernier lieu par M. le Dr Colin, dans la haute Sénégambie.

Gen. UROPLATES Fitz.

74. UROPLATES FIMBRIATUS Gray.

Uroplates fimbriatus Gray, Cat. Liz. Brit. Mus., 1845, p. 151.
Ptyodactylus fimbriatus Dum. et Bib., Erp. Gen., t. III, p. 381.
Gecko fimbriatus Daud., Hist. Rept., t. IV, p. 160, tab. LII.
La Tête plate Lacép., Hist. Quad. Ovip., t. I, p. 425, pl. XXX.
Le Gecko frangé Cuv., R. An., t. II, p. 56.

Ibondhio. — Assez commun. — Oualo, M'Boro, Gandiole, Diaoudoun, N'Diago.

« Cette espèce paraît être particulière à l'île de Madagascar, écrivent Dumeril et Bibron (*loc. cit.*), et nous ne voudrions pas affirmer qu'elle vive aussi au Sénégal, ainsi que l'ont avancé Lacépède et Daudin, d'après, disent-ils, le témoignage d'Adanson ; mais ils ne citent rien à l'appui de ce témoignage; et nous n'avons nous-même rien retrouvé, ni dans les écrits de ce Voyageur ni dans les objets de notre Musée, provenant de sa collection, qui puisse nous le faire admettre. »

Lacépède et Daudin, malgré l'opinion de Dumeril et Bibron, ont eu raison d'invoquer le témoignage d'Adanson, et de considérer l'*Uroplates fimbriatus*, comme existant au Sénégal.

« Un Gecko du Sénégal, dit en effet Adanson (Cours H. N., éd. Payer, t. II, p. 40), diffère de celui qui habite les chambres (*cases*), en ce que sa queue est large, déprimée, aplatie horizontalement, et que *tout son corps et même sa tête, ses pattes et sa queue, sont bordés d'une membrane en crête frangée.* »

Cette description, bien courte il est vrai, mais parfaitement caractéristique, répond à celle de Dumeril et Bibron.

Une seconde preuve à ajouter à celle que nous venons de donner, est la découverte de ce Geckotien, faite par nous, dans plusieurs des localités plus haut énumérées.

Fam. GYMNODACTYLIDÆ A. Dum. et Bib.

Gen. GYMNODACTYLUS Spix.

75. GYMNODACTYLUS SCABER Dum. et Bib.

Gymnodactylus scaber Dum. et Bib., Erp. Gen., t. III, p. 421.
— *Geckoides* Spix, Lacert. Bras., p. 17, tab. XVIII.
Stenodactylus scaber Rüpp., Reis. Nordl. Afrik. Rept., p. 15, tab. IV, f. 2.

Ibondhio. — Assez rare. — Falémé, Bakoy, Kita, Podor, Saldé, Mont Fouti.

Les spécimens Sénégambiens ne diffèrent en rien de ceux d'Égypte, décrits par Rüppel.

76. GYMNODACTYLUS KOSCHYI Steind.

Gymnodactylus Koschyi Steind., Sb. Akad. Vien., 1870, p. 329.

Cette espèce, décrite par Steindachner (*loc. cit.*) comme nouvelle, est indiquée par cet auteur uniquement à l'île de Gorée. (*Teste*, Steindachner.)

77. GYMNODACTYLUS CRUCIFER Val.

Gymnodactylus crucifer Val., C. R. Ac. Sc., t. LII, 1861.
— L. Vaill., in Revoil, Faun. et Flor. Pays Çomals, 1882, p. 17, pl. III, f. 1.

Ibondhio. — Rare. — Kita, Makadianbongou, Guettala, Makhana, Podor, N'Guer.

De l'Est de l'Afrique, cette espèce n'aurait pas été encore signalée en Sénégambie.

Gen. PRISTURUS Rüpp.

78. PRISTURUS FLAVIPUNCTATUS Rüpp.

Pristurus flavipunctatus Rüpp., Neue Wirb. Z. Faun. Abyss. Rept., tab. VI, f. 3.
Gymnodactylus flavipunctatus Dum. et Bib., Erp. Gen., t. III, p. 417.

Ekere. — Assez commun. — Mêmes localités que l'espèce précédente.

Cette espèce, comme le *Gymnodactylus crucifer*, nous est seulement connue dans la haute Sénégambie.

Gen. PHYLLURUS Cuv.

79. PHYLLURUS BLAVIERI Rochbr.

(Pl. IX, fig. 5-6.)

Phyllurus Blavieri Rochbr., Mss, 1881.

P. — CINNAMOMEUS, TUBERCULIS CONICIS LUTEIS SPARSUS; FASCIIS 4 LUTEIS CINCTUS; CAUDA CORDATA FUSCA, TUBERCULIS LUTEIS, LATIS, PROEMINENTIBUS, CIRCULARITER DISPOSITIS, ABRECTA.

Tête ovale elliptique, écailles excessivement petites, mélangées de tubercules coniques d'un beau jaune de Naples épars sur toutes les régions supérieures et les membres; d'une teinte uniforme fauve cannelle; quatre bandes transversales, également d'un jaune de Naples, sont régulièrement distribuées, l'une dans la région occipitale, l'autre, plus large, au niveau du cou, la troisième sur la région lombaire, et la dernière, un peu au-dessus du point d'insertion de la queue; celle-ci cordiforme, courte, d'une teinte brune et armée de forts tubercules disposés en couronnes et diminuant de volume du sommet à la base.

Longueur totale.................................. 0m070

Ekere. — Rare. — Saldé, Podor, Richard-Toll, Merinaghem.

Cette espèce remarquable nous a été donnée par M. le Capitaine Blavier (aujourd'hui Colonel), auquel nous sommes heureux de la dédier, en souvenir de nos excellentes relations pendant notre séjour au Sénégal.

Le *Phyllurus Milliusi* est celui dont le *Phyllurus Blavieri* se rapproche le plus, assez semblables entre eux par leur facies général; notre espèce se distingue cependant de sa congénère par sa tête moins trapue, plus elliptique, par le nombre des plaques labiales, 10-8 et non 13-12; par la grosseur des tubercules dorsaux, par la forme de la queue plus raccourcie, plus large, à tubercules de dimensions relativement considérables, disposés en couronne, et non pas courts et irrégulièrement répartis; enfin par son mode de coloration et sa taille plus petite.

Les auteurs donnent en général l'Australie, comme la patrie du *Phyllurus Milliusi;* un exemplaire de la Collection du Muséum de Paris, inscrit sous le n° B. 1453-76-158, provenant de Madagascar et donné par M. Lentz, offre si peu de différence avec les spécimens Australiens, qu'il n'est pas possible de les séparer.

Comme coloration, comme distribution des tubercules sur les régions supérieures, le type de Madagascar est presque semblable au nôtre qui, toutefois, s'en différencie plus particulièrement par la forme de la queue et les dimensions exceptionnelles des tubercules dont elle est armée.

Fam. STENODACTYLIDÆ A. Dum. et Bib.

Gen. PSYLODACTYLUS Gray.

80. PSYLODACTYLUS CAUDICINCTUS Gray.

Psylodactylus caudicinctus Gray, P. Z. S. of Lond., 1864, p. 61.
Stenodactylus caudicinctus A. Dum., Rev. et Mag. Zool., 1851, p. 478, pl. XIII.

Ekere. — Assez rare. — Thionk, Leybar, Diouk, Dakar-Bango, Safal.

Le type de cette espèce existe dans la Collection Herpétologique du Muséum de Paris.

La disposition toute particulière des lames hypodactyles a engagé, avec raison, Gray à proposer, pour le *Stenodactylus* de A. Dumeril, la création du genre *Psylodactylus.*

Gen. CHONDRODACTYLUS Peters.

81. CHONDRODACTYLUS ANGULIFER Peters.

Chondrodactylus angulifer Peters., Monat. Ak. d. Wissens, Berlin, 1870, p. 110, taf. III, fig. 1.

Ekere. — Rare. — Mélacorée, Gambie, Casamence, Cagnac-Cay, Maloumb, Samatite.

Les exemplaires que nous possédons, provenant de la Sénégambie, ne diffèrent sous aucun rapport de ceux décrits par Peters; voisins du *Stenodactylus guttatus,* ils s'en distinguent cependant comme l'observe Peters : « *Unguium defectu, pholidosi notæi heterogena; supra cinerно fescis, fasciis fusco nigris, latis, angulatis, ornatis* ».

Le *Chondrodactylus angulifer* n'a été jusqu'ici observé que dans la basse Sénégambie; nous devons à M. Maroleau de connaître cette espèce bien distincte du *Stenodactylus guttatus;* l'exemplaire que nous possédons, grâce à sa bienveillante obligeance, provient des bords du marigot de Cagnac-Cay.

Gen. STENODACTYLUS Cuv.

82. STENODACTYLUS MAURITANICUS Guich.

Stenodactylus Mauritanicus Guich., Expl. Sc. Algérie, Rept., p. 5, pl. I, f. 1 et *a b c d.*
— A. Dum., Cat. Rept. Mus., 1851, p. 47.

Ekere. — Rare. — Kita, Dagana, Bakel, Falémé, Bakoy, Guettala, Macandianbongou.

Les exemplaires de la haute Sénégambie, région Nord-Est, ne diffèrent, sous aucun rapport, de ceux de la région du Nil, donnés au Muséum de Paris par M. Botta.

83. STENODACTYLUS GUTTATUS Cuv.

Stenodactylus guttatus Cuv., R. An., t. II, p. 58.
— Dum. et Bib., Erp. Gen., t. III, p. 434.

Ekere. — Assez commun. — Mêmes localités que l'espèce précédente.

Ce *Stenodactylus* ne nous est connu que dans le Nord-Est de la Sénégambie.

PLATYGLOSSI Wagl.

Fam. AGAMIDÆ Swain.

Gen. AGAMA Daud.

84. AGAMA COLONORUM Daud.

(Pl. X, fig. 1.)

Agama Colonorum Daud., H. N. Rept., t. III, p. 356, excl. syn.
— Dum. et Bib., Erp. Gen., t. IV, p. 489.
Trapelus Colonorum Wagl., Syst. Amph., p. 145.
L'Agame Lacep., H. N. Quad. Ovip., t. I, p. 295, excl. syn.
— Daub., Dict. Rept., p. 587.
— Bonn., Encycl. Meth., pl. V, f. 3, excl. syn.
L'Igouane Agame Latr., Hist. Nat. Rept., t. I, p. 262, excl. syn.
Agama Bibroni A. Dum., Cat. Rept. Mus., Paris, 1851, p. 101.
— *Colonorum* Rüpp., Neue. Wirb. Z. Faun. Abyss., p. 14, pl. IV.
— *picticauda* Peters, Monat. Ak. d. Wissens., Berlin, 1877, p. 612.

Ketalbajh. — Très commun. — Saint-Louis, Sorres, Diouk, Thionk, Leybar, Dakar-Bango, Hann, Ponte, Rufisque, Dakar, les deux Mamelles, Cap Mirik.

L'*Agama Colonorum* est l'une des espèces les plus communes et aussi l'une des plus belles, parmi tous les Reptiles de la Sénégambie; d'une agilité extrême, on le voit, tantôt fuyant avec la rapidité d'une flèche, tantôt soulevé sur ses membres, la tête redressée, l'attitude provocatrice, attendre le passage des Insectes dont il se nourrit, en gonflant et dégonflant par saccades sa poche gulaire. Désigné par les Européens sous le nom de Margouillat, il s'écarte rarement des lieux habités, et se tient de préférence sur les cases des Nègres, d'où il s'élance pour courir sur le sable, remonter lestement le long des tapates, ne s'arrêtant dans ses excursions multiples, qu'aux heures les plus chaudes du jour et vers le soir. Nous ne l'avons jamais vu grimper le long des arbres, malgré l'affirmation de M. Steindachner; pendant la nuit, on le trouve blotti dans les dépressions du sol mobile des lieux où il habite, c'est le seul moment favorable pour effectuer sa capture, presque toujours impossible au milieu du jour.

De tous les auteurs qui ont parlé de cette espèce, aucun n'a décrit, même approximativement, son mode remarquable de coloration, chaque description semble avoir été faite uniquement d'après des individus conservés dans l'alcool; M. Steindachner lui-même, qui, paraît-il, l'aurait vue vivante, est tout aussi inexact que ses prédécesseurs.

Les innombrables exemplaires que nous avons si souvent étudiés sur place, nous ont invariablement présentés les teintes suivantes, que nous avons fidèlement traduites, d'après nature, sur notre planche X.

La tête est, en dessus, d'un bleu de ciel éclatant, marbrée en côté d'orange et de brun rougeâtre; les bouquets d'épines du cou, et la crête dorsale, sont d'un jaune paille vif; la région dorsale, d'un brun violet métallique, porte de larges taches irrégulières du même bleu que la tête et des bandes de points jaune vif disposés en travers; une large bande orange règne le long des flancs, ceux-ci, de même que l'abdomen d'un beau jaune, piqueté de rouge vermillon et de bleu clair; la gorge est jaune à bandes étroites, longitudinales bleues, et pointillée de rouge; les membres, de la même teinte brun violet métallique du dos, sont tachetés d'orange et de bleu; les parties supérieures de la queue sont d'un orangé intense, maculées de petites taches vermillon, en dessous règne une teinte jaune brillante; l'extrémité orange est précédée d'un large collier du plus beau bleu.

Cette riche coloration, que l'on doit s'attendre à retrouver aussi vive, mais avec des modes de distribution différents, chez toutes les espèces d'Agames, peut varier dans une même espèce suivant l'âge des sujets, et sous l'influence d'une sorte d'impressionalité, mais les variations constatées résident uniquement dans le plus où moins d'intensité des teintes, toujours invariablement les mêmes. Les femelles de l'*Agama Colonorum,* de même que celles des autres espèces, se distinguent des mâles par une taille plus petite et des couleurs ternes où le gris olivâtre, le jaune sale et le brun dominent.

C'est en vain que, sur environ 200 exemplaires d'*Agama Colonorum*, nous avons cherché la forme allongée et aiguë du museau, donnée comme caractéristique. Cette forme n'a rien de fixe, elle montre une tendance plus accentuée vers le raccourcissement que vers l'élongation, nous ne croyons pas non plus qu'il faille tenir compte du nombre de rangées d'écailles dorsales comprises entre l'insertion des membres antérieurs et postérieurs, ce nombre variant d'une manière notable suivant l'âge et le sexe.

Un caractère invariable chez l'*Agama Colonorum* réside dans la différence considérable existant entre les écailles dorsales et caudales; ces dernières acquièrent toujours des dimensions triples de celles du dos.

Nous réunissons à l'*Agama Colonorum* : l'*Agama Bibroni* de A. Dumeril, et l'*Agama picticauda* de Peters, dont les caractères ne suffisent pas pour les différencier.

85. AGAMA OCCIPITALIS Gray

Agama occipitalis Gray, Philos. Mag., 1827, p. 214.
— — Gray, Cat. Liz. Brit. Mus., 1845, p. 226.
— *Colonorum* var. Dum. et Bib., Erp. Gen., t. IV, p. 400.

Ketalbejh. — Assez commun. — Mêmes localités que l'espèce précédente.

Malgré ses très grandes relations avec l'*Agama Colonorum*, cette espèce est généralement acceptée. Gray lui donne comme caractère distinctif : « *The scales of the nape, crest, and groups of spines upon each side of the neck*, SHORT and TUBERCULAR ; tandis que ces mêmes *scales, etc.*, sont ELONGATE and SLENDER chez l'*Agama Colonorum*.

86. AGAMA RUPPELLI L. Vaill

Agama Ruppelli L. Vaill., L. Revoil. Faune et Flore. Pays Çomalis, Rept., 1882, p. 6, pl. I.

Ketalbajh. — Peu commun. — Kita, Mont Fouti, Tombocane, Gangaran, Bandoubé.

L'*Agama Rupelli*, découvert à Bender Mérayo, Pays des Çomalis, par M. Georges Revoll, descend jusque dans le Nord-Est de la Sénégambie, d'où M. le Dr L. Savatier nous l'a rapporté.

M. le Professeur Vaillant a fait ressortir les caractères qui le distinguent de l'*Agama Colonorum*, ces caractères consistent dans la forme de la plaque occipitale irrégulièrement rhomboïdale et échancrée en avant, dans les denticulations du bord libre des écailles de la tête, et dans les dimensions des écailles dorsales et caudales toutes égales entre elles et beaucoup plus grandes que chez l'*Agama Colonorum*.

La variabilité dans la forme générale de la tête précédemment indiquée chez les Agames, conduit à reléguer au rang de caractère subsidiaire, la disposition globuleuse et non allongée de l'*Agama Rupelli*.

Pour M. le Professeur Vaillant (*loc. cit.*, p. 7), « il ne paraît pas douteux que l'*Agama Rupelli* ne soit bien l'espèce décrite et figurée par Rüppel (*loc. cit.*), qu'il désigne sous le nom d'*Agama Colonorum;* seulement, le dessinateur n'aurait qu'imparfaitement rendu l'aspect de l'écaillure, *en accusant une trop grande différence de dimensions entre les écailles du dos et celles placées à la naissance de la queue* ».

Pour nous, la figure de Ruppel est la représentation minutieusement exacte de l'*Agama Colonorum* TYPE, dont le caractère dominant réside *dans la différence* plus haut établie *entre les dimensions des écailles dorsales et caudales*.

L'*Agama Ruppelli* est donc complètement distinct de celui de Ruppel, dont la figure représente une femelle d'*Agama Colonorum*.

L'*Agama Ruppelli* offre une teinte générale d'un brun cannelle pâle brillant, largement maculée de bleu changeant et d'orangé; une bande bleue règne en travers et en avant des yeux, les parties inférieures sont d'un jaune paille; la queue orange est annelée de brun cannelle, les membres sont de la même couleur.

87. AGAMA AGILIS Oliv.

Agama agilis Oliv., Voy. Emp. Ottom., t. II, p. 433.
— — Dum. et Bib., Erp. Gen., t. IV, p. 496.
— *Aralensis* Licht., Verz. Doubl. Zool. Mus. Berlin, p. 101.
— *sanguinolenta* Pall. Zoog. Ross. As., t. III, p. 23, pl. IV, f. 2.

Ketalbejh. — Assez commun. — Forets de Gommiers, Aleb, Portendik, Gasser-El-Barka, Elimane.

L'*Agama agilis*, espèce Asiatique et que l'on retrouve en Algérie et au Maroc, descend jusque dans la région Saharienne du Nord-Ouest de la Sénégambie où nous en avons capturé quelques exemplaires.

88. AGAMA SAVIGNYI Dum. et Bib.

Agama Savignyi Dum. et Bib., Erp. Gen., t. IV, p. 508.
L'Agame Audoin in Savig., Rept. Egypt. Suppl., pl. 1 f. 5.
Agama Savigny Blanf., P. Z. S. of Lond., 1881, p. 672.
Trapelus flavimaculatus Rüpp., Neue. Wirb. Z. Faun. Abyss. Rept., p. 12, taj. VI, f. 1.

Ketalbejh. — Peu commun. — Kita, Bakel, Saldé, Dagana, Fouti-Kouro, Bandoubé.

C'est à tort que Dumeril et Bibron (*loc. cit.*, p. 497) assimilent le *Trapelus flavimaculatus* de Rüppel, à l'*Agama agilis*; M. Blanfort a discuté (*loc. cit.*) les caractères qui l'en distinguent, et a été conduit, avec raison, à l'identifier avec l'*Agama Savigny*.

89. AGAMA RUDERATA Oliv.

Agama ruderata Oliv., Voy. Emp. Ottom., t. II, p. 248, tab. XXIX.
L'Agame variable J. G. St-Hil., Egypt. Rept. H. N., t. I, p. 127, pl. V, f. 3-4.

Agama mutabilis Merr., Tent. Syst. Amph., p. 50.
— Dum. et Bib., Erp. Gén., t. IV, p. 503.
Trapelus Ægyptius Cuv., R. An., t. II, p. 37.

Katalbajh. — Assez commun. — Podor, Saldé, Kita, Banlonkadougou, Albréda.

Localisé dans les régions Nord-Est de la Sénégambie, cette espèce se rencontre exceptionnellement dans le Sud. Nous en possédons un spécimen pris à Albréda et qui nous a été donné par le Capitaine Daboville.

60. AGAMA SAVATIERI Rochbr.

(Pl. XI, fig. 1-2.)

Agama Savatieri Rochbr., Mss, 1883.

A. — CAPITE LATO, *CONICO*, *SQUAMIS TUMIDIS* ET PUNCTIS PROFUNDE *IMPRESSIS*, APICE *CIRCUMDATIS*; SCUTELLO OCCIPITALI OVATO; CRISTA SPINALI ABBREVIATA; SQUAMIS DORSALIBUS, SUBLATIS, CARINATIS, APICE ACUTIS; CAUDALIBUS PAULULAM CRASSIORIBUS; VENTRALIBUS PARVIS, LÆVIBUS; RUFO CASTANEO, FASCIA DORSALI ANTICE LATA, POSTICE COARCTATA ET IN CINGULA LATAM PONE PELVIM DESINENTE *ORNATO*; LATERIBUS CŒRULEO MACULATIS; GUTTURE ABDOMINEQUE PALLIDE FLAVO VIRESCENTIBUS, AURANTIO *PUNCTATIS*; PEDIBUS ET CAUDA, RUFO CASTANEIS, *CŒRULEO* MARMORATIS.

Tête assez large, à museau conique, recouverte d'écailles épaisses, comme boursouflées, et portant sur le bord de leur extrémité libre une rangée de dépressions ovalaires profondes; plaque occipitale ovale, crête dorsale très courte, formée d'écailles courtes, obtuses, incurvées; écailles dorsales assez larges, fortement carénées, aiguës à l'extrémité libre; les caudales de même forme mais un peu plus grandes; les ventrales petites, lisses. Teinte générale d'un roux violacé changeant, flancs et côtés de la tête maculés de points arrondis d'un beau bleu clair; une bande orangée partant de l'occiput où elle est large, s'étend sur toute la longueur du dos, se rétrécit au niveau du bassin, et forme en arrière des cuisses, une large ceinture; la gorge, l'abdomen et le dessous de la queue sont d'un jaune paille piqueté d'orange; les membres, ainsi que le dessus de la queue, du même brun violacé que les régions supérieures, sont marbrés de bleu brillant.

Longueur totale	0m210
— de la queue	0 120

Ketalbejh. — Assez commun. — Gambie, Casamence, Mélacorée, Albréda, Bathurst.

Cette espèce, que nous devons à l'obligeance de M. le Dr L. Savatier, se distingue surtout par les détails de sculpture des écailles de la tête.

91. AGAMA HISPIDA Gravench.

Agama hispida Gravench., N. Act. Ac. C. L. Nat. Cur., XVI, p. 2, t. LXIV.
Lacerta hispida Lin., Syst. Nat., p. 205.
Agama aculeata Merr., Tont. Syst. Amph., p. 53.
— — Dum. et Bib., Erp. Gen., t. IV, p. 499.
— *spinosa* Dum. et Bib., Erp. Gen., t. IV, p. 502.

Ketalbejh. — Assez commun. — Kita, Bakel, Falémé, Bafing.

L'*Agama hispida*, commun dans la région du Cap, se retrouve à Angola et dans la haute Sénégambie; un exemplaire provenant du Niger a été donné au Muséum de Paris par M. Laucher.

92. AGAMA ANNECTEUS Blanf.

Agama annecteus Blanf., Obs. Geol. et Zool. Abyss.. 1870, p. 446 et fig., p. 447.

Ketalbejh. — Peu commun. — Kita, Bakel, Falémé, Bakoy, Bafing.

Les exemplaires recueillis par M. le Dr Colin en haute Sénégambie, ne diffèrent en rien des types Abyssiniens décrits par M. Blanfort (*loc. cit.*)

69. AGAMA BOCOURTI Rochbr.

(Pl. XI, fig. 3-4.)

Agama Bocourti Rochbr., Mss, 1881.

A. — CAPITE ABBREVIATO, SQUAMIS CARINA CRASSA ELEVATIS; FRONTE CONCAVO; SCUTELLO OCCIPITALI RHOMBOIDEO, 4 TUBERCULIS SUBOVATIS ADJUNCTO; CRISTA SPINALI FERE NULLA; SQUAMIS DORSALIBUS MINUTIS, INTENSE CARINATIS, APICE MUTICIS, CAUDALIBUS SIMILLIMIS, VENTRALIBUS PARVISSIMIS, APICE TRIDENTATIS; INTENSE VIRIDE OLIVACEO, SUPERNE LONGITUDINALITER AURANTIO FASCIATO; OCELLIS QUE LATERALIBUS, CŒRULEIS AURANTIO LIMBATIS, ORNATO; ABDOMINE FLAVO, LATERIBUS FASCIA AURANTIA UNDULATA CINCTIS; GUTTURE FLAVO; PEDIBUS VIRIDE OLIVACEIS; CAUDA SUPERNE OLIVACEA INFERNE FLAVA, CŒRULEO AURANTIO QUE MARMORATA.

Tête étroite, raccourcie, pyramidale, à museau très obtus; front excavé, écailles du museau portant au centre une forte carène; plaque occipitale de forme trapézoïdale accompagnée de quatre tubercules ovoïdes; crête dorsale nulle ou à peine indiquée; écailles dorsales carénées, à pointe libre sans épine, les écailles caudales semblables, celles de la région abdominale très petites, lisses, tridentées à la pointe; toutes les parties supérieures sont d'un vert olive foncé métallique; une ligne étroite orange règne sur toute la longueur du dos, des lignes interrompues et des taches de même couleur ornent la tête et les côtés du cou; une série d'ocelles d'un beau bleu, entourées d'un cercle orange, s'étend de chaque côté du corps, de l'insertion du membre antérieur aux deux tiers de la longeur de la queue; la gorge et le ventre sont d'un jaune paille, une bande onduleuse orange, disposée le long des flancs, est séparée de la ligne d'ocelles par un espace d'un vert clair; les membres sont du même vert que le dos.

Longueur totale.................................. 0m190
— de la queue.................................. 0 110

Ketalbejh. — Assez commun. — Gambie, Casamence, Mélacorée.

Cette espèce remarquable, bien distincte de toutes ses congénères par son mode d'écaillure et la disposition de la scutelle occipitale, nous a été donnée par M. le Dr L. Savatier.

94. AGAMA SINAITA Heyd.

Agama Sinaita Heyd., Atl. Reis. Nordl. Ajuk. V. Rüpp. Rept., p. 10, tab. III.

— Dum. et Bib., Erp. Gen., t. IV, p. 509.

Ketalbejh. — Assez rare. - Kita, Falémé, Fouti-Kouro.

La coloration de cette espèce à l'état vivant ne ressemble en rien à celle que Dumeril et Bibron lui attribuent.

La tête est d'un beau bleu de ciel glacé, les régions supérieures, d'un violet pâle, sont marbrées de bleu métallique et de bandes interrompues violet foncé, disposées en travers; le ventre est jaune, la queue, d'un violet tirant sur le rose, est annelée de violet foncé; les jambes, d'un violet bleuâtre, sont ornées en travers de bandes d'une teinte plus accusée.

Gen. STELLIO Daud.

95. STELLIO VULGARIS Daud.

Stellio vulgaris Daud., Hist. Rept., t. IV, p. 16.

— Dum. et Bib., Erp. Gen., t. IV, p. 529.

Lacerta stellio Lin., Syst. Nat., p. 361 (*Excl. Synon.*).

Le Stellion Bonnat, Encycl. Meth., pl. VIII, f. 4.

Mbotjh. — Rare. — Aleb, Gesser-El-Barka, Elimané.

Cette espèce se rencontre en Sénégambie, seulement à la limite extrême du désert. Les Nègres la distinguent très bien des Ketalbejh ou Agames.

96. STELLIO CYANOGASTER Rüpp.

Stellio cyanogaster Rüpp., New. Wirb. z. Faun. Abyss., p. 10, tab. V.
— Dum. et Bib., Erp. Gen., t. IV, p. 532.

Mboüh. — Rare. — Kita, Gangaran, Boukarie, Banionkadougou.

Le *Stellio cyanogaster* paraît localisé en Sénégambie, dans la région Nord-Est.

97. STELLIO NIGRICOLLIS B. du Boc.

Stellio nigricollis B. du Boc., Sc. Lisb., 1866, p. 43.
Agama atricollis Smith., Illustr. Zool. S. Afr. App., p. 14.

Mboüh. — Rare. — Gambie, Casamence, Mélacorée.

Donné par Smith (*loc. cit.*) comme habitant le Cap, cette espèce, indiquée à Angola par M. Barboza du Bocage (*loc. cit.*), remonte dans la basse Sénégambie.

Les trois *Stellio* Sénégambiens occupent, comme on le voit, chacun une région distincte, éloignée des points où jusqu'ici leur présence avait été constatée; leur aire d'extension est donc des plus considérables.

Fam. UROMASTICIDÆ Theob.

Gen. UROMASTIX Merr.

98. UROMASTIX ORNATUS Rüpp.

Uromastix ornatus Rüpp., Atl. Reis. Nordl. Afr. Ik., p. 1, tab. I.
— Dum. et Bib., Erp. Gen., t. IV, p. 538.

N'Jassawhane. — Peu commun. — Arondou, Makana, Tombocané, Gangaran, lisière des forêts de Bandoubé.

L'*Uromastix ornatus*, d'Égypte et d'Abyssinie, habite la haute Sénégambie, d'où il nous est assez souvent parvenu; comme ses congénères, il se plaît dans les lieux où croissent des végétaux herbacés, aussi le rencontre-t-on sur la lisière des forêts. Sa nourriture est exclusivement végétale. Nous en avons possédé deux couples vivants, toujours ils ont refusé les insectes que nous leur présentions, tandis qu'ils prenaient avec avidité les différentes Graminées dont nous avions soin de garnir leur cage.

99. UROMASTIX ACANTHINURUS Bell.

Uromastix acanthinurus Bell., Zool. Journ., 1825, t. I, p. 457.
— Dum. et Bib., Erp. Gen., t. IV, p. 543.

N'Jassawhane. — Rare. — Mêmes localités que l'espèce précédente.

Comme l'*Uromastix ornatus*, cette espèce habite la lisière des forêts et se nourrit de végétaux.

LEPTOGLOSSI Wieg.

Fam. TACHYDROMIDÆ Fitz.

Gen. TACHYDROMUS Daud.

100. TACHYDROMUS FORDII Hallow.

Tachydromus Fordii Hallow., Ac. N. Sc. Philad., 1857, p. 48.

Bassa. — Très rare. — Mélacorée.

Un exemplaire de cette espèce remarquable, identiquement

semblable à celui décrit par Hallowell, nous a été communiqué par notre regretté confrère, le Dr Carpentin.

Le genre *Tachydromus* ne comprenait qu'un très petit nombre d'espèces Asiatiques, jusqu'au jour où Hallowell fit connaître son espèce du Gabon, dont l'aire d'habitat s'étend, comme on le voit, jusque dans la basse Sénégambie.

Hallowell fait remarquer que le type Africain ne diffère sous aucun rapport des types Asiatiques, excepté : « in the presence of small plate imbedded between the internasal and frontal, and the two fronto nasals ». A l'exemple de l'auteur Américain, nous ne pensons pas que ces caractères soient suffisants pour autoriser la création d'un genre.

Comme l'échantillon du Gabon, le nôtre est grêle dans sa forme générale, la région dorsale est couverte de larges écailles hexagonales, fortement carénées au centre; on observe sur l'abdomen six rangées d'écaillures, également carénées, tandis que les écailles des flancs sont de dimensions très réduites; la marge supérieure de l'anus porte une large écaille accompagnée de deux plus petites situées de chaque côté; la queue, très longue, porte des verticilles d'écailles carénées; l'animal offre, en dessus, une teinte d'un vert bronzé à reflets métalliques, en dessous, toutes les régions sont d'un vert pâle nuagé de jaunâtre.

Fam. LACERTIDÆ C. Bp.

Gen. TROPIDOSAURA Fitz.

101. TROPIDOSAURA ALGIRA Fitz.

Tropidosaura algira Fitz., Verz. Zool. Mus. Wien., p. 52.
— Dum. et Bib., Erp. Gen., t. V, p. 168.
Lacerta algira Lin., Syst. Nat., p. 363.
L'Algire Lacep., Quad. Ovip., t. I, p. 367.

Sindaque. — Peu commun. — Cap Mirik, Argain, Elimane, Gasser-El-Barka, Aleb, Portendik, Bandoubé, Kita.

Cette espèce Méditerranéenne, commune en Algérie, et découverte dans le pays des Çomalis par M. Georges Revoil (*L. Vaill. in Rev. Faun. et Flor. Pays Comal. Rept.*, p. 19), occupe, en Sénégambie, deux régions distinctes, celle du haut fleuve, et la partie limitée au Nord-Ouest par le désert.

Gen. ICHNOTROPIS Peters.

102. ICHNOTROPIS MACROLEPIDOTA Peters.

Ichnotropis macrolepidota Peters, Monat. Ak. d. Wissens., Berl., 1854, p. 617. Reis. Nach. Mossamb., p. 45.
Tropidosaura Capensis Dum. et Bib., Erp. Gen., t. V, p. 171.

Sindaque. — Rare. — Kita, Bandoubé, Makana, Maïna.

Du Cap, de Mosambique, l'*Ichnotropis macrolepidota* se retrouve dans la haute Sénégambie.

103. ICHNOTROPIS DUMERILLI B. du Boc.

Ichnotropis Dumerilli B. du Boc., J. Sc. Lisb., 1866, p. 43.
Tropidosaura Dumerilli Smith., Ill. Illustr. S. Afr. Zool. App., p. 7.
Ichnotropis bivittata B. du Boc., J. Sc. Lisb., 1866, p. 43.

Sindaque. — Rare. — Mélacorée, Gambie, Casamence, Cagnout, Cagnac-Cay, Wagran.

Du Cap et d'Angola, cette espèce ne dépasse pas les régions de la basse Sénégambie, où nous l'indiquons, et d'où elle nous a été rapportée par M. Paterson.

Gen. LACERTA Lin. (1).

104. LACERTA GALLOTI Dum. et Bib.

Lacerta Galloti Dum. et Bib., Erp. Gen., t. V, p. 238.
Zootoca Galloti Gray, Cat. Liz., p. 30, 1845.
Lacerta Senegalensis Gray, Ann. And. Mag. Nat. Hist., 1838, p. 279.
— *Atlantica* Peters et Doria, Ann. Mus. Civ. St. Nat. di Genov., vol. XVIII, p. 433, fig. 1-2, 1882-1883.

Sindajh. — Rare. — Portendik, Aleb. Elimané, Gasser-El-Barka, Cap Blanc, Cap Mirik.

Le *Lacerta Galloti*, de Madère et des Canaries, se rencontre sur les points de la côte limitrophes de la région désertique, nous possédons deux grands exemplaires recueillis par nous au Cap Mirik, ne différant en aucune façon des types de Ténériffe.

Gray, après avoir donné, en 1838 (*loc. cit.*), sous le nom de *Lacerta Senegalensis*, un *Lacerta* très voisin, dit-il, du *Lacerta ocellata*, indique avec doute (?), au Sénégal, ce même *Lacerta*

(1) Différents auteurs, dit M. Boulenger, dans un travail sur les *Lacerta* du Catalogue de Gray (*P. Z. S. of London*, 1881, p. 740), ont déjà observé que le genre *Lacerta* a été divisé par Gray d'une manière tout à fait défectueuse, et, selon lui, les divisions, soit de Gray, soit de d'autres, n'ont pas leur raison d'être.

Déjà, à plusieurs reprises, nous avons donné notre manière de voir relativement à certains travaux de Gray, nous devons cependant, quand cela est juste, lui attribuer la part à laquelle il a droit, et c'est le cas pour le genre *Lacerta*.

Dumeril et Bibron, dont la tendance diamétralement opposée à celle de Gray est connue, ont divisé le genre *Lacerta* en quatre groupes ; cette division a été généralement acceptée ; or les genres de Gray, correspondant à tout ou partie des groupes de Dumeril et Bibron, caractérisés par la disposition et la forme des écailles, présentent tout au moins l'avantage de faciliter l'étude et le classement d'animaux souvent difficiles à différencier ; dès l'instant où le système de Dumeril et Bibron est reconnu avantageux, celui de Gray ne saurait être rejeté ; nous acceptons donc les divisions de Gray, conformes aux lois de la nomenclature, à l'exception cependant du genre *Zootoca* de Wagler, dont la qualité d'*ovovivipare*, sur laquelle il est fondé, ne constitue pas une caractéristique acceptable.

ocellata (*Cat. Liz.*, p. 30, 1845), puis, enfin, il le fait figurer sur la liste des Reptiles de l'Afrique occidentale qu'il a donnée, en 1858 (*P. Z. S. of Lond.*, p. 155). La taille des spécimens Sénégambiens du *Lacerta Galloti*, taille qu'atteignent également beaucoup des exemplaires des Canaries, leur facies général approchant de celui du *Lacerta ocellata*, une certaine analogie dans le mode de coloration, ont pu induire Gray en erreur, et lui faire confondre les deux espèces; ce sont du moins les conclusions auxquelles conduisent les hésitations de Gray.

D'un autre côté, bien que nous n'ayons jamais observé le *Lacerta ocellata* en Sénégambie, sa présence dans le Nord-Ouest extrême de cette région n'aurait rien d'impossible, si l'on réfléchit à la dispersion de certaines espèces d'Algérie, du Maroc, etc., que l'on sait descendre le long de la côte, jusqu'aux régions désertiques qui confinent à la Sénégambie.

Quoi qu'il en soit, devant toute absence de preuves, nous maintenons, au sujet du *Lacerta ocellata*, notre précédente supposition.

Le *Lacerta Atlantica*, de Peters et Doria, établi sur des individus provenant de Ténériffe et de Lancerote, n'est pas admissible, car les caractères différentiels invoqués par ses parrains, sont précisément ceux à l'aide desquels on distingue le *Lacerta Galloti*.

La simple comparaison des diagnoses du *Lacerta Atlantica* (*loc. cit.*) et du *Lacerta Galloti* (*loc. cit.*) auxquelles nous renvoyons, démontrera suffisamment que les *efforts combinés* de deux *Naturalistes* (*Prussien* et *Italien*) ont eu pour unique résultat de *fabriquer une mauvaise espèce*.

105. LACERTA SAMHARICA Blanf.

Lacerta Samharica Blanf., Obs. Geol. et Zool. Abyss., p. 449, fig. 1, p. 451.

Sindäjh. — Rare. — Mont Fouti, Kita, Bandoubé, Gangaran.

Nous rapportons à cette espèce Abyssinienne, un exemplaire recueilli dans le haut Sénégal par notre confrère, M. le Dr Colin.

106. LACERTA DUGESI H. M. Edw.

Lacerta Dugesi H. M. Edw., Ann. Sc. Nat., 1829, t. XVI, p. 84, tab. VI, f. 2.
— — Dum. et Bib., Erp. Gen., t. V, p. 236.
— *Maderensis* Fitz., Syst. Rept., p. 51.

Sindajh. — Rare. — Cap Mirik, Cap Blanc, Portendik, Argain, îles de la Madeleine.

Le *Lacerta Dugesi* est une des espèces qui ne dépassent pas, en Sénégambie, la région désertique.

Gen. NUCRAS Gray.

107. NUCRAS DELALANDII Gray.

Nucras Delalandii Gray, Ann, and Mag. Nat. Hist., t. I, p. 280.
Lacerta Delalandii H. M. Edw., Ann. Sc. Nat., 1829, t. XVI, p. 70, tab. XV, f. 6.
— — Dum. et Bib., Erp. Gen., t. V, p. 248.

Bakjh. — Rare. — Mélacorée, Gambie, Casamence, Sedhiou, Albréda.

Commune au Cap, cette espèce remonte dans la basse Sénégambie.

108. NUCRAS TESSELLATA Gray.

Nucras tessellata Gray, Cat. Liz., 1845, p. 33.
Lacerta tessellata Smith., Mag. Nat. Hist., t. II, p. 92.
— — Dum. et Bib., Erp. Gen., t. V, p. 244.

Bakjh. — Rare. — Mêmes localités que l'espèce précédente.

Gen. THETIA Gray (1).

109. THETIA PERSPICILLATA Gray.

Thetia perspicillata Gray, Cat. Liz., 1845, p. 32.
Lacerta perspicillata Dum. et Bib., Erp. Gen., t. V, p. 249.

Habit. — Rare. — Cap Mirik, Portendik, Gasser-El-Barka.

C'est encore une des espèces du Nord de l'Afrique qui s'avance jusqu'à la limite du désert.

Fam. EREMIDÆ Fitz.

Gen. ACANTHODACTYLUS Fitz.

110. ACANTHODACTYLUS VULGARIS Dum. et Bib.

Acanthodactylus vulgaris Dum. et Bib., Erp. Gen., t. V, p. 268.
— L. Vaill., in Revoil. Faun. et Flor. Pays Çomalis. Rept., p. 3.
Lacerta velox Dug., Ann. Sc. Nat., t. XVI, 1829, p. 383 *(non. syn.)*.
Acanthodactylus velox Gray, Cat. Liz., 1845, p. 36.

Habit. — Assez commun. — Kita, Podor, Dagana, Gangaran, Bandoubé.

Malgré l'opinion de M. Lataste, qui considère l'*Acanthodactylus vulgaris* comme exclusivement Européen (*Journ. le Nat.*,

(1) Nous avons eu un instant la pensée de rejeter le nom de *Thetia* de Gray, comme pouvant faire double emploi avec le nom de *Tethya* établi par Lamarck pour un groupe de *Spongiaires*; mais l'orthographe n'étant pas la même, nous croyons qu'il doit être conservé.

1881, p. 358), cette espèce se rencontre dans le pays des Çomalis où M. Georges Revoil l'a découverte à Lasgoréo, et dans la haute Sénégambie, où nous l'avons recueillie, ainsi que M. le Dr Colin; elle est donc aussi Africaine et possède une aire de dispersion des plus vastes.

111. ACANTHODACTYLUS SCUTELLATUS Dum. et Bib.

Acanthodactylus scutellatus Dum. et Bib., Erp. Gen., t. V, p. 272.
Lacerta scutellata Aud., Descr. Egypt. Rept. Supp., I, p. 172, pl. I, f. 7.
Acanthodactylus inornatus Gray, Cat. Liz., 1845, p. 38.
Photophilus scutellatus Fitz., Syst. Rept., I, p. 20.

Bahjh. — Commun. — Thiouk, Diouk, Leybar, Hann, M'Bao, Joalles, Rufisque, Sorres, Cap Mirik, Gambie, Casamence, Gangaran.

M. Steindachner (*SB. Ak. Wien.*, 1870, p. 331) indique cette espèce à Saint-Louis même; il serait plus exact de citer les Dunes de N'Dar Tout, et de Guet N'Dar.

112. ACANTHODACTYLUS DESERTI Rochbr.

Acanthodactylus deserti Rochbr., Mss. 1883.
Lacerta deserti H. M. Edw., Ann. Sc. Nat., 1829, t. XVI, p. 79, pl. VI, f. 8.
— Strauch., Mem. Ac. Sc. St-Petersb., 7e ser., t. IV, p. 32.
Zootoca deserti Gunth., P. Z. S. of Lond., 1859, p. 476.
Acanthodactylus Bedriagai Lataste, Journ. le Nat., 1881, p. 357.
— *Bedriagæ* Bouleng., P. Z. S. of Lond., 1881, p. 746, pl. LXIII, fig. 1.

Bahjh. — Assez commun, — Mêmes localités que l'espèce précédente.

« J'ai lieu de croire, dit M. Lataste dans un article sur son *Acanthodactylus Bedriagai* (*loc. cit.*), que cette NOUVELLE ESPÈCE n'est autre que le *Lacerta deserti* de Gunther, mais *je n'ai pu lui conserver ce nom déjà employé pour d'autres espèces du même genre.* »

Nous poserons en passant une simple question, sans essayer même d'y répondre : par quel phénomène étrange cette espèce est-elle nouvelle, si elle n'est autre que le *Lacerta deserti* de Gunther?

M. Boulenger (*loc. cit.*) adopte sans discussion les données de M. Lataste, pour lui comme pour ce dernier l'espèce est bien NOUVELLE; toutefois, il change, on ne sait pourquoi, le nom de BEDRIAGAI en BEDRIAGÆ, donnant à un nom d'homme une désinence féminine, ce qui est contraire aux usages adoptés, et, après avoir ajouté à la synonymie de l'espèce *nouvelle* le *Lacerta deserti* de Strauch, il fait observer que : « The name *deserti* Gunth. Though prior to that *Bedriagæ*, must be cancealed as there is *Lacerta deserti* Milne Edwards, wich is also, an *Acanthodactylus* ».

En comparant la fig. 8, pl. 6 (*loc. cit.*) de M. H. Milne Edwards, avec la fig. 1, pl. LXIII (*loc. cit.*), de M. Boulenger, on voit : *que l'une et l'autre sont identiques*, et que, par conséquent, le *Lacerta* (*Acanthodactylus*) *deserti* de M. H. Milne Edwards, et l'*Acanthodactylus Bedriagai* de M. Lataste ne font qu'une *seule et même espèce.*

A l'heure actuelle, si nous ne nous trompons, les espèces portant le qualificatif *deserti*, que M. Lataste *ne peut employer*, sont au nombre de trois :

Le *Lacerta deserti*, H. M. Edwards, 1829;
Le *Zootoca deserti*, Gunther, 1859;
Le *Lacerta deserti*, Strauch, 1860.

M. Lataste reconnait lui-même que le *Zootoca deserti* Gunth., n'est autre que son *Acanthodactylus Bedriagai;* le *Lacerta deserti* Strauch est également la même espèce, puisque M. Boulenger le cite en synonymie; enfin le *Lacerta deserti* H. M. Edw., désigné par M. Boulenger comme *Acanthodactylus*, ne peut, en vertu même des figures citées, être séparé de l'*Acanthodactylus Bedriagai.*

Les trois *Laserta deserti* ainsi réduits à une seule espèce, il est bon de rappeler une loi de la nomenclature, universellement admise, loi que MM. Lataste et Boulenger paraissent avoir oubliée et, d'après laquelle, quand, dans *un même genre*, le *même nom* a été donné par différents auteurs et à des époques successives, pour désigner *une même espèce*, qu'ils ne savaient pas avoir été décrite, *il faut prendre le nom le plus anciennement donné*, et inscrire les autres en synonymie.

C'est le cas du *Lacerta deserti* de M. H. Milne Edwards, lequel étant antérieur à ceux de Strauch et de Gunther, *doit bénéficier des droits de la priorité.*

M. Lataste, dans la comparaison minutieuse de son *Acanthodactylus* NOUVEAU avec trois *Lacerta* (*Acanthodactylus*) d'Audoin, et deux de Dumeril et Bibron, ne *cite même pas* le *Lacerta deserti* H. M. Edw., auquel M. Boulenger, son ami, a cependant le soin de faire allusion.

C'est un oubli, sans doute, car.... M. Lataste, on le sait, n'est pas de ces esprits étroits dont la science embryonnaire se complait dans la satisfaction intime d'elle-même, et auxquels le nom de l'illustre Doyen des Zoologistes vient trop souvent porter ombrage.

Quoi qu'il en soit, en désignant avec M. H. Milne Edwards, sous le nom de *deserti* l'espèce qui nous occupe, et en modifiant comme nous l'avons fait, sa synonymie, nous rendons, ce nous semble, à chacun la part qui lui incombe et nous répondons au véritable esprit scientifique, le seul qui doive prévaloir en Histoire Naturelle.

De la longue, très longue description de M. Lataste, de l'exposé des nombreuses variations de son *Acanthodactylus Bedriagai*, consistant : dans la taille svelte ou trapue; dans la tête effilée ou massive; dans les écailles du dos lisses ou carénées; dans les scutelles caudales également carénées ou lisses; dans les lamelles ventrales en rangées plus ou moins nombreuses; dans les denticulations digitales courtes ou longues, etc., etc., sans parler de la coloration, on est forcément conduit à reconnaître que plusieurs espèces bien tranchées ont été confondues et mélangées comme de parti pris.

Nous n'insisterons pas sur ces différences que nous venons d'indiquer brièvement, et nous nous contenterons, pour nos types Sénégambiens, de renvoyer à l'excellente description du *Lacerta deserti* de M. H. Milne Edwards, dont il est impossible de les distinguer.

113. ACANTHODACTYLUS SAVIGNYI Dum. et Bib.

Acanthodactylus Savignyi Dum. et Bib., t. V, p. 274.
Lacerta Savignyi H. M. Edw., Ann. Sc. Nat., 1829, t. XVI, p. 73, pl. VI, fig. 4.

Habit. — Assez commun. — Thiouk, Diouk, M'Bao, Hann, Leybar, Sorres, Dakar-Bango.

Un exemplaire de l'*Acanthodactylus Savignyi*, recueilli au Sénégal par Adanson, existe dans les Galeries du Muséum de Paris.

Nous ne pouvons réunir cette espèce au *Lacerta deserti*, comme l'ont fait Dumeril et Bibron (*loc. cit.*, p. 274); entre autres caractères différentiels, nous invoquerons : la quantité plus grande des rangées de scutelles ventrales, la longueur des pattes postérieures, le nombre des pores fémoraux, etc.; de plus, les figures représentant la tête, données par M. H. Milne Edwards (*loc. cit.*), Pl. 6, fig. 4 (*L. Savignyi*), et Pl. 6, fig. 8 (*L. deserti*), montrent les différences capitales entre les deux espèces.

114. ACANTHODACTYLUS BOSKIANUS Fitz.

Acanthodactylus Boskianus Fitz., M. S. in Wieg. H. M., p. 10.
— Dum. et Bib., Erp. Gen., t. V, p. 278.
Lacerta carinata Schinz., Natur. Abb. Rept., p. 102, t. XXXIX, fig. 4.
— *Boskiana* Daud., H. N. Rept., t. III, p. 188, t. XXXVI, fig. 1.

Habit. — Peu commun. — Kita, Fouti-Kouro, Gangaran, Tombocané.

Nous avons observé cette espèce Egyptienne dans la haute Sénégambie, où elle semble être cantonnée.

Gen. SCAPTEIRA Fitz.

115. SCAPTEIRA CAPENSIS Bouleng.

Scapteira Capensis Bouleng., P. Z. S. of Lond., 1881, p. 741.
Acanthodactylus Capensis Smith., Ill. Zool. S. Afr., pl. XXXIX.

Habit. — Rare. — Mélacorée, Gambie, Casamence, Ile aux Chiens.

116. SCAPTEIRA GRAMMICA Fitz.

Scapteira grammica Fitz., Ms. in Wieg. H. M., p. 9.
— Dum. et Bib., Erp. Gen., t. V, p. 283.
Lacerta grammica Licht., Verg. Doubl. Zool. Mus. Berlin, p. 100.

Habit. — Rare. — Kita, Gangaran, Tombocané, Bandoubé, Makana.

Cette espèce, d'après Peters (*M. B. Ak. Berl.* 1869, p. 60), n'existerait ni en Egypte, ni en Nubie; Dumeril et Bibron (*loc. cit.*) rapportent que leur description a été faite d'après un exemplaire envoyé du musée de Berlin à celui de Leyde, d'où ils l'avaient reçu en communication, et « que l'étiquette portait qu'il avait été recueilli en Nubie ». Ce fait viendrait détruire l'assertion de Peters. Quoi qu'il en soit, du reste, le *Scapteira grammica* est Africain et sa présence en Sénégambie est affirmée par les spécimens découverts par le Dr Carpentin.

Gen. EREMIAS Fitz.

117. EREMIAS RUBROPUNCTATA Fitz.

Eremias rubropunctata Fitz., Neue. Class. Rept., p. 51.
— Dum. et Bib., Erp. Gen., t. V, p. 297.
Lacerta rubropunctata Licht., Doubl. Zool. Mus. Berlin, p. 100.

Habit. — Assez commun. — Gangaran, Portendik, Saldé, Babaghay.

118. EREMIAS NITIDA Gunth.

Eremias nitida Gunth., Ann. And. Mag. Nat. Hist., vol. IX, 1872, p. 381.

Bahjh. — Rare. — Gambie, Mélacorée, Albréda, Bathurst, Ile aux Chiens.

Cet *Eremias*, voisin de l'*Eremias Knoxii* du Cap, peut être considéré comme son espèce représentative en Sénégambie.

119. EREMIAS LUGUBRIS Dum. et Bib.

Eremias lugubris Dum. et Bib., Erp. Gen., t. V, p. 309.
— Smith., Illustr. Zool. S. Afr., pl. XLVI, f. 2.

Bahjh. — Peu commun. — Mêmes localités que l'espèce précédente.

Gen. MESALINA Gray.

120. MESALINA PARDALIS Gray.

Mesalina pardalis Gray, Cat. Liz., 1845, p. 43.
Eremias pardalis Dum. et Bib., Erp. Gen., t. V, p. 312.
Lacerta pardalis Fitz., Neue. Class. Rept., p. 51.

Bahjh. — Assez commun. — Portendik, Hann, Diouk, Dakar-Bango, Gandiole, Oualo, Gangaran, Banionkadougou.

Cette espèce, commune en Égypte, pénètre dans la haute Sénégambie où elle est assez rare. et s'observe en plus grand nombre dans la région Ouest; son aire d'extension est assez considérable.

DIPLOGLOSSI Cope.

Fam. ZONURIDÆ Gray.

Gen. CORDYLUS Merr.

121. CORDYLUS GRISEUS Cuv.

Cordylus griseus Cuv., R. An., t. II, p. 33.
— Smith., Illustr. Zool. S. Afr., pl. XXVIII.
Zonurus griseus Dum. et Bib., Erp. Gen., t. V, p. 350.
Lacerta cordylus Lin., Syst. Nat., p. 361.

Sindahnlay. — Peu commun. — Saloum, Dianah, Yamina, Yatacunda.

Commune au Cap, cette espèce a été également recueillie à Sierra-Leone; un individu de cette contrée existe dans la collection du Muséum de Paris, c'est celui dont parlent Dumeril et Bibron (*loc. cit.*, p. 354). Le *Cordylus griseus* ne remonte pas plus loin que la basse Sénégambie, du moins nous ne l'avons jamais observé ailleurs; il se plaît dans les endroits arides où croissent des arbustes rabougris parmi lesquels il se tient d'habitude, manière de vivre un peu différente de celle que Smith (*loc. cit.*) lui attribue.

Gen. PSEUDOCORDYLUS Smith.

122. PSEUDOCORDYLUS MICROLEPIDOTUS Gray.

Pseudocordylus microlepidotus Gray, Cat. Liz., 1845, p. 49.
Cordylus microlepidotus Smith., Illustr. Zool. S. Afr., pl. XXIV.
Zonurus microlepidotus Dum. et Bib., Erp. Gen., t. V, p. 361.

Sindahnlay. — Peu commun. — Mêmes localités que l'espèce précédente.

Du Cap et de Sierra-Leone, comme le *Cordylus griseus;* cette espèce a des habitudes semblables à celles de sa congénère.

Fam. GERRHOSAURIDÆ Fitz.

Gen. GERRHOSAURUS Wiegm.

123. GERRHOSAURUS FLAVIGULARIS Wiegm.

Gerrhosaurus flavigularis Wiegm., Isis, 1828, p. 379.
— Dum. et Bib., Erp. Gen., t. V, p. 379.

Sindahdijh. — Assez commun. — Thionk, Diouk, Dakar-Bango, Samatite, Albréda, Zekenkior.

Contrairement aux dires de Smith (*Ill. Zool. S. Afr.*), le *Gerrhosaurus flavigularis* se tient dans les arbustes, et non parmi les feuilles sèches; comme tous ceux de ses congénères que nous avons pu étudier, ses mouvements sont vifs, il saute de branches en branches à la poursuite des Insectes, dont il fait sa nourriture principale.

124. GERRHOSAURUS NIGROLINEATUS Hallow.

Gerrhosaurus nigrolineatus Hallow., Proced. Ac. N. Sc. Philad., 1857, p. 49.
— Peters., Monat. Ak. d. Wissens. Berlin, 1876, p. 118.

Sindahdijh. — Assez commun. — Gambie, Casamence, Mélacorée, Albréda, Sedhiou.

Le Gabon, Angola, le Cap Lopez, sont indiqués comme la patrie exclusive de ce *Gerrhosaurus*, que nous avons recueilli en basse Sénégambie, et dont nous possédons également un magnifique exemplaire provenant de Sedhiou, rapporté en 1865 par notre ami regretté le Dr Cédont.

125. GERRHOSAURUS TYPICUS Dum. et Bib.

Gerrhosaurus typicus Dum. et Bib., Erp. Gen., t. V, p. 383.
— Smith., Illustr. Zool. S. Afr., pl. XXXVIII, f. 2
Pleurotuchus typicus Smith., Mag. Zool. and Bot., vol. I, p. 143.

Sindahdÿh. — Peu commun. — Mêmes localités que l'espèce précédente.

Cette espèce du Cap fait également partie de la faune Sénégambienne, où elle a été découverte par le Dr Cédont; l'exemplaire qu'il nous a offert a été capturé par lui dans les environs d'Albréda.

126. GERRHOSAURUS BIBRONI Smith.

(Pl. XII, fig. 1.)

Gerrhosaurus Bibroni Smith., Illustr. Zool. S. Afr., pl. XXXVIII, f. 1.

Sindahÿh. — Commun. — Thiouk, Leybar, Diouk, Dakar-Bango, Maringouins.

Le *Gerrhosaurus Bibroni,* l'une des espèces du genre des plus communes en Sénégambie, diffère, au point de vue de la coloration, du type décrit et figuré par Smith (*loc. cit.*); la teinte générale de toutes les parties supérieures est d'un vert olive bronzé et non d'un rouge brun; les deux bandes qui bordent les flancs sont d'un jaune orangé éclatant et non d'un jaune pâle; toutes les régions inférieures ainsi que les côtés de la tête, le cou, les flancs, le ventre et le dedans des membres, sont d'un rouge vermillon brillant. Nous faisons figurer un exemplaire recueilli à l'île de Thiouk, et dont les couleurs ont été prises pendant la vie de l'animal, c'est un mâle adulte; la figure de Smith se rapporte, selon nous, à une femelle, dont les teintes sont moins vives, et dont les parties inférieures sont d'un blanc verdâtre et non rouge vermillon.

Le *Gerrhosaurus Bibroni* se plait dans les hautes herbes et sur les arbustes qui croissent le long des marigots, son agilité est extrême et ne le cède en rien aux plus rapides de tous les Lacertiliens.

187. GERRHOSAURUS DULIGNONI Rochbr.

(Pl. XII, fig. 2.)

Gerrhosaurus Dulignoni Rochbr., Mss. 1883.

G. — G. BIBRONI SIMILLIMO, SED SCUTO OCCIPITALE QUADRATO, LATO; CAUDA SUBABBREVIATA, CONICA; PORIS FEMORALIBUS 14; SUPERNE OLIVACEO, RUBRO MACULATO; DORSO LINEA RUBRA, LATA, IN UTROQUE LATERE, MARGINATO; GULA, PECTORE, LATERIBUS ABDOMINEQUE CYANEIS.

Corps trapu, quadrangulaire, tête subconique, à museau obtus; plaque occipitale quadrangulaire; queue conique, relativement courte; parties supérieures, olive brillant maculé de rouge vif, une bande rouge règne de chaque côté des flancs, toutes les régions inférieures, les côtés de la tête, la gorge, l'abdomen, le dessous de la queue et le dedans des membres d'un beau bleu céleste.

Longueur totale....................................	0m185
— de la queue...........................	0 105

Sindahijh. — Assez commun. — Thionk, Korr, Leybar, Diouk, Dakar-Bango.

Très voisine du *Gerrhosaurus Bibroni,* cette espèce s'en distingue par la forme de la plaque occipitale, la brièveté relative de la queue, le nombre des pores fémoraux, et sa coloration complètement différente.

Nous sommes heureux de dédier ce type remarquable à M. Dulignon-Desgranges, en témoignage de notre vieille amitié.

Fam. MACROSCINCIDÆ Rochbr. (1).

Gen. MACROSCINCUS B. du Boc.

128. MACROSCINCUS COCTEAUI B. du Boc.

(Pl. XIII, f. 1.)

Macroscincus Cocteaui B. du Boc., J. Sc. Lisb., 1873. *Tir. à part.*
Euprepes Coctei Dum. et Bib., Erp. Gen., t. V, p. 666.
Euprepis Coctei Gray, Cat. Liz., 1845, p. 110.
Euprepes Cocteauii B. du Boc., P. Z. S. of Lond., 1873, p. 703.
Charactodon Cocteaui Trosch., Sitzung. d. Nieder. Gesel. Natur. Heilk., 1874, et Arch. Naturg., 1875, p. 121.

Lagartos. — Peu commun. — Ilheo Branco (Ilot Blanc), archipel du Cap Vert.

La véritable patrie du *Macroscincus Cocteaui* est restée longtemps ignorée ; l'histoire de sa découverte, minutieusement résumée par M. Barboza du Bocage (*P. Z. S. of Lond. loc. cit.*), mérite de nous arrêter un instant ; nous ne saurions mieux faire que de reproduire la note du conservateur du Musée de Lisbonne.

---

(1) Bien que Troschel connût le genre *Macroscincus (loc. cit.)* créé en 1873 *(loc. cit.)*, par M. Barboza du Bocage, pour un grand Scincoïdien décrit en 1839, par Dumeril et Bibron, sous le nom d'*Euprepis Coctei (loc. cit.)*, il proposait cependant pour cette espèce (1874, *loc. cit.*) le genre *Charactodon*, tiré de la conformation des dents.

Ce genre plus significatif, peut-être, que celui de M. Barboza du Bocage, ne peut, malgré cela, lui être préféré, car il lui est postérieur; mais la conformation remarquable et exceptionnelle des dents à couronne comprimée et denticulée sur les bords, chez un type dont tous les autres caractères répondent à ceux des Scincoïdiens, conduit forcément à l'isoler des formes auxquelles jusqu'ici il a été associé ; nous croyons donc utile, en commençant l'étude des espèces de ce groupe, si nombreuses en Sénégambie, de considérer le *Macroscincus Cocteaui* comme le type d'une famille que nous inscrivons sous le nom de *Macroscincidæ*.

« Dumeril et Bibron publièrent, en 1839 (*loc. cit.*), la description d'un Scincoïdien de grande taille, représenté dans les Galeries du Muséum de Paris par un spécimen unique, rapporté du Portugal par E. Geoffroy Saint-Hilaire. Cette espèce fut nommée *Euprepes Coctei,* en l'honneur de Cocteau si prématurément enlevé à la science.

» Dumeril et Bibron ne connaissaient pas l'habitat de l'espèce, mais ils la supposaient vaguement d'origine Africaine. La patrie de cette espèce ne nous est pas connue, disent-ils, mais nous la supposons originaire des côtes d'Afrique.

» Depuis cette époque, malgé le grand développement qu'ont eu dans ces dernières années, les voyages d'exploration, surtout en Afrique, l'*Euprepes Coctei,* n'avait été retrouvé par aucun voyageur, et le spécimen du Muséum de Paris, continuait à être regardé comme la seule preuve matérielle et authentique de son existence quelque part.

» Il y a peu de temps, j'avais découvert au Muséum de Lisbonne, parmi d'autres Reptiles provenant, comme l'exemplaire du Muséum de Paris, de l'ancien *cabinet d'Ajuda,* trois spécimens d'un gros Scincoïdien qui, malgré leur mauvais état de conservation, ressemblaient d'une manière frappante à l'*Euprepes Coctei.* Malheureusement, ces individus, préparés à sec, ne portaient aucune indication d'après laquelle il me fût permis de vérifier leur provenance. Du reste, il paraît que c'était l'habitude dans l'ancien *cabinet d'Ajuda,* de faire disparaître toute indication de ce genre, car nous n'avons pu la trouver dans aucun des exemplaires ayant appartenu à ses collections.

» Le *facies* de l'espèce me faisait partager l'opinion de Dumeril et Bibron, quant à son habitat; je la croyais comme eux Africaine. Cependant, il me semblait peu probable qu'elle dût venir des possessions Portugaises de l'Afrique Occidentale, et j'avais un vague espoir, qu'on la trouverait un jour dans les îles Saint-Thomé ou, du Prince, ou plus probablement, dans celles de l'archipel du Cap Vert.

» Quelques renseignements que j'avais reçu d'un voyageur Français, M. de Cessac, au sujet de l'existence probable d'un *Lacertien* de grande taille dans un îlot inhabité de ce dernier archipel, paraissaient apporter une nouvelle confirmation à ma manière de voir. . . . . .

» Or mes prévisions viennent en effet de se réaliser; je viens de recevoir trois spécimens vivants, deux adultes et un jeune, de l'*Euprepes Coctei*, identiques, aux anciens spécimens du *Cabinet d'Ajuda* et parfaitement conformes à la description publiée dans l'Erpétologie générale. Ces trois individus, qui m'ont été envoyés de l'île Saint-Iago du Cap Vert par M. le Dr Hopffer, chef de service de santé dans ces îles, ont été pris sur un îlot inhabité, situé à proximité de l'île Saint-Vincent et bien connu sous le nom de *Ilheo-Branco* (îlot blanc.)

» Les spécimens de l'ancienne collection du Muséum de Lisbonne (*Cabinet d'Ajuda*) proviennent du même endroit. Ils ont été envoyés en 1784 par un Naturaliste Portugais, J. da Silva Feijó, avec d'autres produits naturels. J'ai pu retrouver une liste, écrite de la main de Feijó, des produits naturels rassemblés par ce zélé Naturaliste sur l'Ilheo-Branco, parmi lesquels les spécimens de l'*Euprepes Coctei* se trouvent indiqués, sous le nom de *Lagartos*, nom dont on se sert encore aujourd'hui pour les désigner. »

Depuis la publication de cette note, le Muséum de Paris a reçu, à deux reprises différentes, de M. le Contre-Amiral Perrier d'Hauterive et de M. Delaunay, Lieutenant à bord de l'*Alceste*, plusieurs couples du *Macroscincus Cocteani;* tout dernièrement encore, la campagne d'exploration du *Talisman* en procurait d'autres exemplaires.

D'après M. Barboza du Bocage, qui l'a exactement décrit, le genre *Macroscincus* présente les caractères suivants : « Palais non denté, à échancrure profonde et triangulaire; langue légèrement fendue à la pointe, plate, squameuse; dents (à l'exception des antérieures de la mâchoire supérieure qui sont coniques) à couronne comprimée et dentelée sur les bords, à l'instar des dents d'Iguane; narines percées vers le bord postérieur de la nasale; deux supéro-nasales; une série de plaques sous-oculaires placées entre les sous-labiales et l'œil; écailles du tronc disposées en un nombre très considérable de séries longitudinales, celles du tronc et des flancs carénées, généralement à deux carènes, celles des régions inférieures, de la queue et des membres plus grandes et lisses.

« Par l'existence de supéro-nasales, fait observer M. Barboza du Bocage, et par ses écailles carénées, le genre *Macroscincus* ressemble aux *Euprepes;* mais, par ses plaques sous-oculaires, et par l'absence de dents au palais, il se rapproche davantage des *Tropidolepisma* et d'autres genres Australiens; enfin, ses dents à couronne dentelée, et le nombre considérable de ses rangées d'écailles lui accordent une place tout à fait à part parmi les Scincoïdiens. »

L'excellente description de Dumeril et Bibron nous dispense de donner une nouvelle diagnose du *Macroscincus Cocteaui*, dont nous donnons une figure faite d'après un des spécimens vivants rapportés par le *Talisman*.

D'après M. le Professeur A. Milne Edward (1), ce sont des animaux fort paisibles et qui ne cherchent pas à se défendre, ils se logent toujours à une certaine altitude, au milieu des éboulis de rochers, et se cachent dans des trous profonds où le bras a peine à les atteindre, mais ils s'y laissent prendre sans difficulté; leur alimentation est exclusivement végétale et se compose principalement des graines du *Calotropis procera*.

Avant les recherches du *Talisman* à l'Ilheo-Branco, M. le Professeur L. Vaillant avait étudié le *Macroscincus Cocteaui* vivant à l'état de captivité, et il résumait ses observations dans les Comptes-rendus de l'Académie des Sciences (2).

« Les Macroscinques, dit-il, grimpent avec une certaine agilité le long des rochers; à la ménagerie il ne sortent que le soir et restent cachés sous les abris la plus grande partie du jour; les habitants du pays où ils vivent avaient assuré à M. Delaunay que la nourriture principale de ces animaux, sans parler d'Insectes qu'ils peuvent rencontrer, consistait en œufs et couvées d'Oiseaux de mer qui nichent dans ces parages, mais nous n'avons pu leur faire accepter qu'une alimentation végétale, consistant tantôt en feuilles de Chou, tantôt en herbes, en Pommes et même en pain trempé. »

Suivant une tradition locale, le *Macroscincus Cocteaui*, aujourd'hui localisé uniquement à l'Ilheo-Branco, aurait habité, en nombre, d'autres îles de l'archipel du Cap Vert, et notamment à

(1) L'*Expédition du Talisman*, in Bull. Ass. Scient. France, 16-23 décembre 1883, p. 18-20.

(2) T. XCIV, 1882, p. 811-812.

l'ile de Saint-Vincent ou pendant une longue famine, il aurait été très recherché comme aliment et, par suite, il serait disparu détruit par les habitants; quelques exemplaires seuls, perdus sur l'Ilheo-Branco, auraient propagé l'espèce dans les localités presque inaccessibles où on la rencontre aujourd'hui.

Fam. EUPREPISIDÆ Bocourt (1).

Gen. EUPREPES Wagl. (2).

139. EUPREPES QUINQUETÆNIATUS Wagl.

Euprepes quinquetæniatus Wagl., Nat. Syst. Amph., p. 162.
— *Savignyi* Dum. et Bib., Erp. Gen., t. V, p. 677.
Mabuya quinquetæniata Fitz, Wers. Neue Class. Rept., p. 52.
Scincus Savignyi Aud., Descr. Egyp. Rept., t. I, Supp., p. 177, pl. II, f. 3.

Sibô. — Assez commun. — Kita, Saldé, Maïna, Gangaran, Makana, Thionk, Korr.

---

(1) Plusieurs classifications ont été successivement proposées, pour le grand groupe des *Scincoïdiens;* seul, le système de Dumeril et Bibron a été adopté. Les trois sous-familles des *Saurophthalmes*, des *Ophiophthalmes* et des *Typhlophthalmes*, des auteurs de l'*Erpétologie Générale* (t. V), ne répondent plus aux besoins de la science, car elles reposent sur des caractères d'une valeur secondaire, et se composent d'un mélange de types parfois trop hétérogènes.

Se fondant sur la structure, la présence ou l'absence de plaques ostéodermiques, indépendamment d'autres caractères tirés de l'organisation des animaux, M. Bocourt vient de donner récemment (*Mis. Sc. Mix. Zool.*, t. III, p. 476, 482; 1881) une nouvelle classification des *Scincoïdiens;* c'est cette classification que nous suivons ici, car elle nous paraît avoir l'avantage de grouper les types suivant une méthode des plus naturelles.

(2) Les noms génériques : *Euprepes* et *Euprepis*, Wagl.; *Mabuya*, Fitz.; *Tiliqua*, Gray; ont été tour à tour donnés à la majeure partie des espèces comprises dans la famille des *Euprepisidæ;* ces mots ayant tous une valeur semblable, il était indispensable d'en choisir un. Il est vrai que suivant une MODE TUDESQUE, nous pouvions les *accepter tous*, puisque dans certains

Cet *Euprepes*, d'Égypte et d'Abyssinie, occupe plus particulièrement le Nord-Est de la Sénégambie; nous l'avons exceptionnellement rencontré dans l'Ouest notamment à Korr et à Thionk où il est rare.

130. EUPREPES BREVICEPS Peters.

Euprepes breviceps Peters, Monat. Ak. d. Wissens. Berlin, 1873, p. 604.

Sibé. — Peu commun. — Gambie, Casamence, Mélacorée, Albréda, Ile aux Chiens.

Le type provient du Gabon et des monts Cameroons.

131. EUPREPES SEPTEMTÆNIATUS Reuss.

Euprepes septemtæniatus Reuss., Zool. Misc. Mus. Senck., t. I, p. 47, tab. III, f. 1.

— Dum. et Bib., Erp. Gen., t. V, p. 680.

Sibé. — Rare. — Kita, Maïna, Gangaran, Mont-Fouti, Banioukadougou.

Cette espèce Abyssinienne est localisée dans la haute Sénégambie.

---

ouvrages modernes, justement appréciés du reste, on se heurte à des qualificatifs tels que ceux-ci, par exemple : *Euprepes* (MABUYA) *breviceps; Tiliqua* (EUPREPES) *Fernandi; Euprepes* (TILIQUA) *Guineensis*, etc., etc. ; mais ne voyant dans cet assemblage bizarre qu'une application déplorable du terme *sous-genre*, mot *aussi vide de sens* que cet autre mot : *sous-espèce*, nous n'en tenons aucun compte, laissant aux partisans des accouplements hybrides, le soin de protéger leurs produits.

Le genre *Euprepes*, créé en 1830 par Wagler, bien que postérieur de quelques années à celui de *Mabuya*, de Fitzenger, est celui que nous choisissons par la raison que le nom *Mabuya* étant un nom barbare (*vox barbara* (Linné)), il doit être écarté, en vertu des lois de la nomenclature; quant au nom *Tiliqua*, comme il remonte à l'année 1839, il doit forcément passer en synonymie.

132. EUPREPES PERROTTETI Dum. et Bib.

Euprepes Perrotteti Dum. et Bib., Erp. Gen., t. V, p. 669.

Sibé. — Commun. — Podor, Dagana, Saldé, Thiouk, Leybar, Korr, Dakar-Bango, Sorres, Hann, Joalles, Cap Vert, Albréda, Sedhiou.

L'*Euprepes Perrotteti*, l'une des espèces les plus communes de la Sénégambie, a été découvert par Perrottet; le type ayant servi à la description de Dumeril et Bibron, existe dans les Galeries du Muséum de Paris; chez l'animal vivant, les taches des régions supérieures sont rouges et non pas jaunâtres comme le disent Dumeril et Bibron, les flancs sont rouges, non pas lavés de fauve, le dessous rosé et non pas d'un blanc jaunâtre.

133. EUPREPES PUNCTATISSIMUS Smith.

Euprepes punctatissimus Smith., Ill. Zool. S. Afr., pl. XXXI, fig. 1.

Sibé. — Peu commun. — Gambie, Casamence, Albréda, Ile aux Chiens, Bering, Samatite, Cagnac-Cay.

Cette espèce habite également le Cap et Angola.

134. EUPREPES OLIVIERI Dum. et Bib.

Euprepes Olivieri Dum. et Bib., Erp. Gen., t. V, p. 674.
— Smith, Ill. Zool. S. Afr., pl. XXI, fig. 3-4.
Scincus vittatus Aud., Descr. Egypt. Rept., t. I, pl. II, Supp., pl. V.

Sibé. — Assez commun. — Mêmes localités que l'espèce précédente.

L'*Euprepes Olivieri*, du Cap, d'Angola, d'Égypte, fréquent dans la basse Sénégambie, a été observé exceptionnellement dans le Nord-Est, d'où M. le Dr Ludovic Savatier en a rapporté un spécimen recueilli à Saldé.

135. EUPREPES BINOTATUS B. du Boc.

Euprepes binotatus B. du Boc., J. Sc. Lisb., 1867, p. 223, pl. III, fig. 3.

Sibé. — Rare. — Mélacorée, Gambie, Casamence, Wagran, Gilfré.

M. Barboza du Bocage (*loc. cit.*) rapporte, d'après M. Anchieta, que cette espèce, dans le Benguela, se plait dans les ruines, les fentes de murs, etc. En Sénégambie, elle habite les sables, les broussailles, sans plus se singulariser que les autres espèces.

136. EUPREPES DELALANDII Dum. et Bib.

Euprepes Delalandii Dum. et Bib., Erp. Gen., t. V, p. 690.
— *venustus* Gravenh., Proced. Ac. N. Sc. Philad., 1857, p. 195.

Sibé. — Assez commun. — Mêmes localités que l'espèce précédente.

D'abord découverte au Cap, puis citée d'Angola par M. Barboza du Bocage, cette espèce, que nous avons observée dans la basse Sénégambie, existerait dans l'archipel du Cap Vert, à l'Ilheo-Raso, d'après Gravenhorst (*loc. cit.*); l'*Euprepes venustus* de cet auteur est identique à l'*Euprepes Delalandii* de Dumeril et Bibron.

137. EUPREPES GRAVENHORSTII Dum. et Bib.

Euprepes Gravenhorstii Dum. et Bib., Erp. Gen., t. V, p. 686.

Sibé. — Rare. — Gambie, Casamence, Monsor, Ile aux Éléphants, Ghimberinghe.

L'aire d'habitat de cette espèce s'étend du Cap à Angola et à la basse Sénégambie; Dumeril et Bibron en indiquent un spécimen provenant de Madagascar.

138. EUPREPES ISSELI Peters.

Euprepes Isseli Peters, Monat. Ak. d. Wissens. Berlin, 1871, p. 567.

Sibé. — Rare. — Mêmes localités que l'espèce précédente.

139. EUPREPES FOGOENSIS O'Shaug.

Euprepes Fogoensis O'Shaug., Ann. Nat. Hist., 4e sér., t. XIII, p. 300.

Ilheo-Raso, Archipel du Cap Vert.

Ne connaissant pas cette espèce nous l'inscrivons d'après les indications de O'Shaughnessy.

140. EUPREPES HŒPFFERI B. du Boc.

Euprepes Hœpfferi B. du Boc., J. Sc. Lisb., 1875, p. 110.

Ilheo-Raso, Archipel du Cap Vert.

Nous faisons pour cette espèce les mêmes observations que pour la précédente et nous l'indiquons d'après M. *Barboza* du Bocage.

141. EUPREPES FERNANDI Burt.

Euprepes Fernandi Burt., P. Z. S. of Lond., 1844, p. 137.
— — *Gray*, Cat. Liz, 1845, p. 110.
— *striatus* Hallow., Trans. Phil. Sc. Philad., 1857, p. 75.

Rare. — Gambie, Mélacorée, Ghimberinghe, Samatite, Monsor,

Fernando-Po, Libéria et la basse Sénégambie sont les seules régions où cette espèce avait été jusqu'ici observée.

142. EUPREPES BIBRONI Dum. et Bib.

Euprepes Bibroni Dum. et Bib., Erp. Gen., t. V, p. .
Tiliqua Bibroni Gray, Cat. Liz., 1845, p. 111.

Sibé. — Assez commun. — Diouk, Korr, Albréda, Samatite, Sainte-Mary, Thionk, Leybar.

143. EUPREPES GUINEENSIS Peters

Euprepes Guineensis Peters, Monat. Ak. d. Wissens. Berlin, 1870. p. 773, pl. I, fig. 1 *(Tête)*.

Sibé. — Rare. — Gambie, Mélacorée, Casamence, Ile aux Éléphants.

Nous ne pouvons rapporter qu'à cette espèce, les spécimens de la basse Sénégambie que nous devons à l'obligeance de M. le Dr Savatier.

144. EUPREPES BLANDINGII Hallow.

Euprepes Blandingii Hallow, Trans. Phil. Sc. Philad., 1857, p. 76.

Sibé. — Rare. — Mêmes localités que l'espèce précédente.

145. EUPREPES MACULILABRIS Gray.

Euprepes maculilabris Gray, Cat. Liz., 1845, p. 114.

Sibé. — Assez commun. — Thionk, Leybar, Korr, Diouk, Maringouins, Samatite.

Cette espèce, rare dans les collections, est cependant assez fréquente dans toute la Sénégambie.

146. EUPREPES RADDONI Gray.

Euprepes Raddoni Gray, Cat. Liz., 1845, p. 112.

Sibé. — Assez commun. — Gambie, Casamence, Mélacorée, Ile aux Chiens, Samatite.

De même que l'*Euprepes maculilabris*, l'*Euprepes Raddoni* a été rarement rapporté par les explorateurs; un peu moins commun, il se localise dans la basse Sénégambie, seule région d'où il nous soit parvenu.

147. EUPREPES HARLANI Hallow.

Euprepes Harlani Hallow, Trans. Phil. Sc. Philad., 1857, p. 75.
Plestiodon Harlani Hallow, Proced. Ac. N. Sc., vol. II, p. 175.

Sibé. — Rare. — Gambie, Casamence, Mélacorée, Albréda, Sedhiou.

Le jaune éclatant des parties supérieures de cet *Euprepes*, les ponctuations blanches sur le fond brun sombre de la tête, les bandes brunes, bordées de blanc, disposées en travers, permettent de le distinguer à première vue de tous ses congénères. Nous devons au Capitaine Daboville un exemplaire adulte capturé à Sedhiou.

Fam. SCINCIDÆ Gray.

Gen. SCINCUS Laur.

148. SCINCUS OFFICINALIS Laur.

Scincus officinalis Laur., Synop. Rept., p. 55.
— Dum. et Bib., Erp. Gen., t. V, p. 564.
Lacerta Scincus Hasselq., Act. Upsal, 1744-1750, p. 30.
— Lin., Syst. Nat., p. 205.
Le Scinque Lacép., Quad. Ovip., t. I, p. 373, pl. XXIII.
Le Scinque des pharmacies Cuv., R. An., t. II, p. 53.

Habit. — Assez commun. — Portendik, Aleb, Gaser-El-Barka, Cap Mirik, Elimané, Kaïdé, Pointe des Chameaux, Sorres, les Maringouins.

Le *Scincus officinalis* est répandu sur la majeure partie du continent Africain; en Sénégambie, il est plus spécialement cantonné dans les régions voisines de la limite du désert. Il vit au milieu des sables brûlants, sans cesse à la chasse des Insectes, fuyant au moindre bruit et s'enfonçant avec une rapidité extrême dans le sol mobile, il est quelquefois employé dans la Thérapeutique des Nègres et surtout des Maures, chez lesquels il passe pour avoir des propriétés antisyphilitiques.

Gen. PEDORYCHUS Peters.

149. PEDORYCHUS HEMPRICHII Peters.

Pedorychus Hemprichii Peters, Monat. Ak. d. Wissens, Berlin, 1864, p. 44.

Scincus Hemprichii Wiegm., Arch. F. Naturg., t. III, p. 127, 1837.

Habit. — Assez rare. — Maïna, Boukarie, Taalari, Gangaran, Medine.

Le haut Sénégal est la seule région où nous ayons rencontré cette espèce Abyssinienne.

Gen. GONGYLUS Wagl.

150. GONGYLUS OCELLATUS Wagl.

Congylus ocellatus Wagl., Nat. Syst. Amph., p. 162.

— Dum. et Bib., Erp. Gen., t. V, p. 616.

Scincus occellatus Daud., H. N. Rept., t. IV, p. 308, pl. LVI.

Habit. — Assez commun. — Guettala, Makana, Bandoubé, Talaari, Thionk, Korr, Sorres.

Les spécimens que nous avons recueillis à Thionk, Korr, etc., ceux de la haute Sénégambie, capturés par M. le Dr Colin, ne peuvent laisser aucun doute sur la présence de cette espèce dans les régions que nous étudions.

151. GONGYLUS VIRIDANUS Gravenh.

Gongylus viridanus Gravenh., Act. Nov. Ac. Cœs. Leop., t. XXIII, p. 348.
Seps viridanus Gunth., P. Z. S. of Lond., 1871, p. 243.

Jahl. — Rare. — Kaïdé, Aleb, Portendik, Elimane, Cap Mirik, Cap Blanc, Agnitier.

Cette espèce est indiquée par Gunther et Gravenhorst comme habitant le Nord-Ouest de l'Afrique et Ténériffe.

Nos exemplaires Sénégambiens proviennent de la limite extrême du désert.

Fam. SEPSIDÆ Gray.

Gen. SPHENOPS Wagl.

152. SPHENOPS CAPISTRATUS Wagl.

Sphenops capistratus Wagl., Nat. Syst. Amph., p. 161.
— — Dum. et Bib., Erp. Gen., t. V, p. 578.
— *sepsoïdes* Reuss., Mus. Senck., p. 64.
— — Gunth., P. Z. S. of Lond., 1871, p. 241.

Sïlmajajk. — Peu commun. — Leybar, Thiouk, Pays des Serrères, Oualo, Gandiole, Albréda, Kaour, Guettala, Dianoch.

C'est avec doute que Gunther indique cette espèce au Sénégal où nous l'avons observée à plusieurs reprises.

Gen. ANISOTERMA A. Dum.

153. ANISOTERMA SPHENOPSIFORME A. Dum.

Anisoterma sphenopsiforme A. Dum., Rev. et Mag. Zool., 1850, p. 421, et Arch. Mus., t. X, p. 181, pl. XV, f. 3, 1858-1861.

Sphenops meridionalis Gunth., P. Z. S. of Lond., 1871, p. 242.

Sümajajh. — Assez commun. — Thionk, Diouk, Leybar, Gandiole, Joalles, Hann, M'Bao.

M. Gunther (*loc. cit.*) déclare *sans s'appuyer sur aucun raisonnement*, que le genre *Anisoterma* de A. Dumeril ne diffère en rien du genre *Sphenops* et, de l'*Anisoterma Sphenopsiforme*, il fait son *Sphenops meridionalis;* il ajoute que le British Museum possède un exemplaire de cette espèce capturé au Sénégal par M. Parzudaki.

M. Gunther commet tout simplement une de ces erreurs familières aux Naturalistes d'Outre-Manche; si, en effet, le genre *Anisoterma*, possède comme le genre *Sphenops*, un museau cunéiforme arrondi, des flancs anguleux à leur région inférieure, et quatre membres, en revanche *ses membres antérieurs*, courts et grêles, sont terminés par DEUX DOIGTS, ses *postérieurs* par QUATRE DOIGTS, tandis que les *quatre membres antérieurs et postérieurs* des *Sphenops* sont *chacun* terminés par CINQ DOIGTS. (*Voir* Dum. et Bib., *Erp. Gen.*, t. V, p. 577, et A. Dum., *loc. cit.*

Il serait superflu d'insister sur ces différences capitales, nous nous bornons à accepter le genre *Anisoterma* et à reléguer à la synonymie l'espèce de M. Gunther.

Gen. SCELOTES Fitz.

154. SCELOTES BIPES Gray.

Scelotes bipes Gray, Cat. Liz., 1845, p. 123.

Anguis bipes Lin., Syst. Nat., p. 1079.

Scelotes Linnæi Dum. et Bib., Erp. Gen., t. N, p. 785.
Le Lézard bipède Latr., Hist. Nat. Rept., t. II, p. 93.

Sûmäjäjh. — Rare. — Gambie, Casamence, Mélacorée, Kaour, Dianoch, Zekinkior, Macka.

Gen. SEPSINA B. du Boc.

155. SEPSINA ANGOLENSIS B. du Boc.

Sepsina Angolensis B. du Boc., J. Sc. Lisb., 1866, p. 62, pl. I, fig. 1.

Sûmäjäjh. — Rare. — Kaour, Dianoch, Mélacorée.

L'espèce type du genre créé par M. Barboza du Bocage a été découverte dans la basse Sénégambie par le Dr Cédont.

Gen. DUMERILIA B. du Boc. (1).

156. DUMERILIA BAYONII B. du Boc.

Dumerilia Bayonii B. du Boc., J. Sc. Lisb., 1866, p. 63.

Sûmäjäjh. — Rare. — Mêmes localités que l'espèce précédente.

C'est également au Dr Cédont que nous devons de connaître cette rare espèce.

---

(1) Le genre *Dumerilia* a été proposé par M. Barboza du Bocage, en novembre 1866 *(loc. cit.)*; en juillet 1867, M. Grandidier créait le même genre *Dumerilia*, pour une Tortue d'eau douce de Madagascar (*Rev. et Mag. Zool.*, 1867, p. 232); ce nom étant postérieur au premier, doit être rejeté. Si, comme nous le croyons, le genre *Grandidieria* n'existe pas encore, nous proposons de l'appliquer au *Dumerilia* de M. Grandidier.

Gen. HERPETOSAURA Peters.

157. HERPETOSAURA OCCIDENTALIS Peters

Herpetosaura occidentalis Peters, Monat. Ak. d. Wissens, Berlin, 1877, p. 410.

Slimajajh. — Rare. — Mélacorée, Dianoch, Kaour, Gourba.

L'*Herpetosaura occidentalis* des monts Cameroon, remonte dans la basse Sénégambie où il a été découvert par le Dr Carpentin.

Fam. LYGOSOMIDÆ Bocourt.

Gen. MOCOA Gray.

158. MOCOA AFRICANA Gray.

Mocoa Africana Gray, Cat. Liz., 1845, p. 83.

Rare. — Macandianbougou, Guettala, Ouarkhokh.

159. MOCOA REICHENOVII Peters.

Mocoa Reichenovii Peters, Monat. Ak. d. Wissens, Berlin, 1874, p. 160.

Rare. — Mélacorée, Dianoch, Gourba.

La haute et la basse Sénégambie possèdent comme on le voit, chacune une espèce de ce genre, leur découverte dans ces deux régions est due à nos collègues les Drs Cédont et Carpentin.

Gen. ABLEPHARUS Fitz.

160. ABLEPHARUS QUINQUETÆNIATUS Gunth.

Ablepharus quinquetæniatus Gunth., P. Z. S. of Lond., 1874, p. 298.

Silmajajh. — Rare. — Matam, M'Boul, Khorkhol, Guellé.

M. Gunther, en donnant cette espèce de la c[illegible] Ouest d'Afrique, ne précise aucune localité; elle a été trouvée dans la haute Sénégambie par le Capitaine Daboville.

Fam. ACONTIADÆ Gray.

Gen. ACONTIAS Cuv.

161. ACONTIAS MELEAGRIS Cuv.

Acontias meleagris Cuv., R. An., t. II, p. 71.
— Dum. et Bib., Erp. Gen., t. V, p. 802.
Anguis meleagris Lin., Syst. Nat., p. 390.
Eryx meleagris Daud., H. N. Rept., t. VII, p. 272.
La Peintade Daub., Encycl. Meth., p. 662.

Sadée. — Assez commun. — Mélacorée, Gambie, Casamence, Albréda, Zekinkior.

162. ACONTIAS NIGER Peters.

Acontias Niger Peters, Monat. Ak. d. Wissens, Berlin, 1854, p. 619.

Sadée. — Rare. — Mêmes localités que l'espèce précédente.

Cet *Acontias*, très voisin du précédent, en diffère surtout par son mode de coloration; M. le Dr L. Savatier nous en a procuré un spécimen pris à Zekinkior.

Gen. TYPHLACONTIAS B. du Boc.

163. TYPHLACONTIAS PUNCTATISSIMUS B. du Boc.

Typhlacontias punctatissimus B. du Boc., J. Sc. Lisb., 1873, nº XV, extr., p. 5.

Sadèo. — Très rare. — Gambie, Mélacorée, Ile aux Chiens.

L'exemplaire de cette espèce, que nous devons à l'obligeance du Capitaine Daboville, ne diffère en rien du type décrit par M. Barboza du Bocage, provenant de l'intérieur des Mossamides.

Fam. TYPHLOPHTHALMIDÆ Rochbr.

Gen. FEYLINIA Gray.

164. FEYLINIA CURRORI Gray.

Feylinia Currori Gray, Cat. Liz., 1845, p. 129.
— B. du Boc., Sc. Lisb., 1873, p. 5.

Sadèo. — Peu commun. — Gambie, Casamence, Mélacorée, Dianoch.

Gen. ANELYTROPS A. Dum.

165. ANELYTROPS ELEGANS A. Dum.

(Pl. XIV, fig. 1.)

Anelytrops elegans A. Dum., Rev. Zool., 1856, p. 420, pl. XXII, f. 1.
— A. Dum., Arch. Mus., t. X, p. 182, 1858-1861.
— B. du Boc., Sc. Lisb., 1866, p. 45.
Acontias elegans Hallow., Proced. Ac. N. Sc. Philad., 1852, p. 64.

Sadio. — Peu commun. — Ile aux Chiens, Cagnac-Cay, Wagran, Gilfré.

M. Barboza du Bocage, après avoir accepté, en 1866 (*loc. cit.*), le genre *Anelytrops*, de A. Dumeril, revient sur cette opinion en 1873 (*Jorn. Sc. Lisb.*, p. 6), et considère l'*Anelytrops elegans* comme identique au *Feylinia Currori*; il insiste plus particulièrement sur le nombre des plaques labiales, pour montrer la parfaite ressemblance des deux types.

« Chez le *Feylinia Currori*, dit-il, nous comptons quatre ou cinq labiales supérieures dont la troisième se trouve au-dessous de la plaque oculaire, et trois labiales inférieures; l'ouverture de la bouche se prolonge au delà de l'œil, de sorte que le nombre réel des labiales supérieures, s'accroît d'une ou deux plaques, après la troisième qui s'articule à la plaque oculaire.

A. Dumeril et Hallowell citent chez l'*Anelytrops elegans*, à peine 3 labiales supérieures et un égal nombre de labiales inférieures; mais, « tout nous porte, disent-ils, à admettre que ces différences, d'une importance secondaire, doivent être attribuées à de simples erreurs d'observation, ou regardées comme des variations individuelles, peut-être même en rapport avec des différences d'âge. »

Nous ne partageons pas la manière de voir de M. Barboza du Bocage, car les raisons qu'il fait valoir pour réunir les deux genres et les deux espèces sont précisément celles qui nous conduisent à les séparer.

Les 4 ou 5 plaques labiales supérieures de l'un, les 3 labiales supérieures de l'autre, l'ouverture de la bouche prolongée au delà de l'œil chez le premier, s'arrêtant au niveau de l'œil chez le second, sont des différences qui, pour nous, ne peuvent dépendre de variations individuelles encore moins de différences d'âge; nous citerons encore la coloration brun foncé uniforme du *Feylinia Currori*; brun tiqueté de plus clair à l'extrémité de chaque écaille chez l'*Anelytrops elegans*, et nous continuerons, comme d'autres Naturalistes, à différencier les deux types, et à les inscrire dans deux genres voisins, mais distinctement caractérisés.

Gen. TYPHLOPHTHALMUS Rochbr.

160. TYPHLOPHTHALMUS CUVIERI Rochbr.

Typhlophthalmus Cuvieri Rochbr., Mss., 1883.
Typhline Cuvieri Wieg., Herp. Mex., p. 11.
— Dum. et Bib., Erp. Gén., t. V, p. 833.
Acontias cæcus Cuv., R. An., t. II, p. 60.

Sadée. — Rare. — Ile aux Chiens, Cagnac-Cay, Gilfré, Zekinklor.

Cette espèce du Cap remonte dans la basse Sénégambie.

La parfaite identité du nom générique *Typhline* donné par Wiegmann, en 1834, à l'espèce que nous étudions, avec le nom *Typhlina* créé par Wagler en 1830 pour un genre de Serpents Opotérodontes, nécessite le rejet de l'un de ces deux noms; celui de Wiegmann étant postérieur, doit nécessairement disparaître.

L'*Acontias cæcus* de Cuvier, devenu le *Typhline Cuvieri* de Wiegmann, accepté par tous les Herpétologistes, est devenu le type de la famille des *Typhlinidæ;* Dumeril et Bibron, tout en adoptant, à tort, le genre *Typhline,* l'inscrivent dans leur famille des *Typhlophthalmes* comprenant les seuls genres *Feylinia*, *Dibamus* et *Typhline*. Comme cette famille est antérieure à celle des *Typhlinidæ*, nous croyons devoir lui donner la préférence; comme, en outre, les noms génériques *Typhline* et *Typhlina* font double emploi, laissant le plus ancien aux Ophidiens, comme l'a compris Wagler, nous désignons le genre de Wiegmann par un nom tiré de la famille même de Dumeril et Bibron, et le genre *Typhline* devient le genre *Typhlophthalmus*.

Le *Typhlophthalmus Cuvieri* se tient caché pendant le jour sous les feuilles et les herbes sèches; on l'observe seulement le soir, moment où il chasse les petits Insectes.

PROTOPHIDII Duv. (*pro parte*) (1).

ANNULATI Wieg.

Fam. TROGONOPHIDÆ Gray.

Gen. TROGONOPHIS Kaup.

167. TROGONOPHIS WIEGMANNI Kaup.

Trogonophis Wiegmanni Kaup., Isis., p. 880, tab. VIII, fig. 1.
— Dum. et Bib., Erp. Gen., t. V, p. 469.
Amphisbæna elegans P. Gerv., Bull. Sc. Nat., France, 1835, p. 135.
— P. Gerv., Mag. Zool., 1836, pl. XI.

---

(1) « Les Amphisbæniens, dit A. Duméril (*Rev. Zool.*, 1852, p. 315), peuvent établir un lien entre les Sauriens et les Serpents ; ils doivent prendre un rang plus élevé que celui de famille ou de tribu, mais doivent-ils former un ordre ? Il ne répond point à cette question ; cependant, si l'on s'appuie sur les caractères importants tirés de l'organisation de ces animaux, on doit conclure par l'affirmative. Plusieurs Naturalistes, tout en partageant cette manière de voir, ne sont pas allés jusqu'à les éle- er au rang d'ordre. Wiegmann, entre autres, s'est borné à en faire la division des *Annulati*, qu'il classait dans l'ordre des Sauriens ; seul, Gray les en a définitivement séparés ; seulement en les plaçant à côté des Crocodiles, il s'est étrangement mépris, et l'on est conduit à reconnaître dans cet assemblage disparate, l'indice évident de la sénilité de son esprit.

Duvernoy, dans ses *Leçons d'Histoire Naturelle*, p. 140, avait également proposé l'ordre des *Protophidii*, et sous ce vocable il classait les *Acontias*, les *Amphisbæna* et les *Typhlops*, se basant uniquement sur la configuration extérieure du corps.

Cette réunion de types n'a pas aujourd'hui sa raison d'être : les *Acontias* ont leur place marquée parmi les *Lacertiliens* ; les *Typhlops*, suivant l'opinion universellement admise, appartiennent aux *Ophidiens* ; les *Amphibæniens*, du moment où on les considère comme ordre, doivent donc être classés sous le nom proposé par Duvernoy, ce nom ayant le double avantage d'être le plus ancien et de figurer, pour ainsi dire, les caractères les plus saillants des formes qu'il renferme.

Nous acceptons donc l'ordre des *Protophidii*, dont les *Annulati* de Wiegmann deviennent la première et unique division.

Sadèe. — Rare. — Portendik, Cap Mirik, Jarra, Farani, Elimane.

Le *Trogonophis Wiegmanni*, propre au Nord de l'Afrique, à l'Algérie, à Tanger, au Maroc, est une de ces espèces que l'on voit s'acheminer le long des régions littorales et descendre jusqu'à la limite désertique de la Sénégambie.

Fam. AMPHISBÆNIDÆ C. Bp.

Gen. AMPHISBÆNA Lin.

168. AMPHISBÆNA QUADRIFRONS Peters.

Amphisbæna quadrifrons Peters, Monat. Ak. d. Wissens, Berlin, 1879, p. 277.

Sadèe. — Rare. — Mélacorée, Zekinkior, Ile aux Éléphants, Dianoch, Gourbo.

Les exemplaires de la basse Sénégambie ne diffèrent en rien de ceux du Sud-Ouest Africain, décrits par Peters et provenant de « Damaraland ».

Gen. CYNISCA Gray.

169. CYNISCA LEUCURA Gray.

Cynisca leucura Gray, Cat.; Shield., Rept., 1872, p. 71.
Amphisbæna leucura Dum. et Bib., Erp. Gen., t. V, p. 498.

Sadèe. — Assez rare. — Mêmes localités que l'espèce précédente.

Par son mode de coloration tout particulier et dont le trait principal consiste dans la teinte d'un blanc pur de l'extrémité de la queue, cette espèce, de la côte de Guinée, du Calabar, de Liberia et de la basse Sénégambie, ne peut être confondue avec aucune autre.

Gen. OPHIOPROCTES Bouleng.

170. OPHIOPROCTES LIBERIENSIS Bouleng.

Ophioproctes Liberiensis Bouleng., Soc. Zool. France, 1878, p. 301.

Sadée. — Rare. — Casamence, Mélacorée, Gambie, Maloumb, Monsor, Cagnac-Cay.

Ce type remarquable, découvert à Liberia, a été depuis retrouvé en basse Sénégambie par le Dr Carpentin.

Fam. CEPHALOPELTIDÆ Gray.

Gen. MONOTROPHIS Smith.

171 MONOTROPHIS SPHENORHYNCHUS Peters.

Monotrophis sphenorhynchus Peters, Monat. Ak. d. Wissens, Berlin, 1879, p. 275.
Lepidosternon sphenorhynchum Strauch., Mem. Ac. Sc., St-Petersb., 1882, p. 405, et Tir. à part.

Sadée. — Rare. — Mélacorée, Maloumb, Gourba, Dianorh.

Cette espèce s'étend de l'Est à l'Ouest de l'Afrique; elle a été capturée en Mozambique, à Angola et dans le Sud de la Sénégambie.

Fam. LEPIDOSTERNIDÆ Gray.

Gen. PHRACTOGONUS Hallow.

172. PHRACTOGONUS GALEATUS Hallow.

Phractogonus galeatus Hallow., Proced. Ac. Sc. Philad., 1852, t. VI, p. 62.

Lepidosternon galeatum Strauch., Mem. Ac. Sc. Saint-Petersb., 1883, p. 465 et Tir. à part.

Sadio. — Assez rare. — Mêmes localités que l'espèce précédente.

Jusqu'ici, elle avait été observée seulement à Liberia.

173. PHRACTOGONUS DUMERILLI Strauch.

(Pl. XIV, fig. 2.)

Phractogonus Dumerilli Strauch., Mem. Ac. Sc. Saint-Petersb., 1882, p. 467 et Tir. à part.
— *galeatus* A. Dum. (*non Hallow.*), Rev. et Mag. Zool., 1856, p. 424, et Arch. Mus., t. X, p. 184

Sadio. — Assez rare. — Gambie, Casamence, Itou, Cagnac-Cay Ghimberinghe.

A. Dumeril (*Arch. Mus., loc. cit.*, p. 184) déclare avoir trouvé sur trois exemplaires de l'espèce qui nous occupe, provenant du Gabon, les principaux caractères existant sur le type de Liberia décrit par Hallowell sous le nom de *Phractogonus galeatus*; « je ne constate, dit-il, que de petites différences qui ne suffisent pas pour motiver une distinction spécifique.

« Ainsi, 1° et c'est la dissemblance la plus importante, au lieu de : dents intermaxillaires : 1-1; maxillaires : $\frac{4-4}{5-5}$, je compte, comme sur les Amphisbéniens dont on a pu étudier le système dentaire, un nombre impair de dents intermaxillaires; la médiane est la plus forte et la plus longue; il y en a 7, et maxillaires : $\frac{3-3}{6-6}$

» 2° Parmi les quatre scutelles placées le long du bord de la rostrale, ce sont les externes et non les médianes, fort petites au reste, qui sont percées par les narines.

» 3° Quoique le nombre et la disposition des plaques du sternum soient semblables, il y a de légères différences dans leur forme.

» 4° Enfin on compte sur le tronc 226 anneaux et 20 à la queue : Hallowell en indique 214 et 18. »

Ces différences ont paru assez importantes à Strauch pour caractériser une espèce, et le type de A. Dumeril est devenu son *Phractogonus Dumerili*.

Une comparaison attentive des trois spécimens étudiés par A. Dumeril avec le type d'Hallowell et nos spécimens Sénégambiens, nous a démontré la parfaite justesse de l'opinion de Strauch.

Nous figurons un spécimen du *Phractogonus Dumerili* d'après des croquis exécutés par nous sur le vivant. La coloration remarquable de cette espèce est la suivante :

Les plaques céphaliques, d'un brun rouge, sont marginées de jaune brillant; la bande de plaques occipitales est également du même jaune; une teinte d'un rouge vineux pâle, règne sur les régions supérieures; chaque anneau, orné de traits assez larges et bruns, disposés en quinconce, est limité par une ligne circulaire d'un rouge vermillon; les parties inférieures sont rosées; l'extrémité caudale est d'un brun violacé.

174. PHRACTOGONUS ANCHIETÆ B. du Boc.

Phractogonus Anchietæ B. du Boc., J. Sc. Lisb., IV, p. 247.
Lepisdoternon Anchietæ Strauch., Mem. Ac. Sc. Saint-Petersb., 1882, p. 408 et Tir. à part.

Sadée. — Rare. — Gambie, Casamence, Itou, Ghimberinghe, Mélacorée.

M. Barboza du Bocage (*loc. cit.*) indique cette espèce, au Humbe, au Cunène et aux Mossâmmèdes.

175. PHRACTOGONUS JUGULARIS Peters.

Phractogonus jugularis Peters, Monat. Ak. d. Wissens. Berlin, 1880, p. 219.
Lepidosternon jugulare Strauch., Mem. Ac. Sc. Saint-Petersb., 1882, p. 409 et Tir. à part.

Sadée. — Rare. — Kita, Gangaran, Maïna, Banionkadougou.

C'est la seule espèce de l'ordre qui nous soit connue dans la haute Sénégambie, où elle nous est indiquée par MM. les Drs L. Savatier et Colin.

176. PHRACTOGONUS MAGNIPARTITUS Peters.

Phractogonus magnipartitus Peters, Monat. Ak. d. Wissens, Berlin, 1879, p. 276.
Lepidosternon magnipartitum Strauch., Mem. Ac. Sc. Saint-Petersb., 1882, p. 409 et Tir. à part.

Sadée. — Rare. — Gambie, Casamence, Mélacorée, Ghimbo-ringhe.

Le Gabon a été considéré, jusqu'ici, comme la patrie exclusive de cette espèce.

177. PHRACTOGONUS SCALPER Gunth.

Phractogonus scalper Gunth., P. Z. S. of Lond., 1876, p. 678.
Lepidosternon scalprum Strauch., Mem. Ac. Sc. Saint-Petersb., 1882, p. 409 et Tir. à part.

Sadée. — Rare. — Mêmes localités que l'espèce précédente.

D'Angola, seule région indiquée, ce *Phractogonus*, remonte dans la basse Sénégambie.

Les mœurs des différentes espèces que nous venons d'énumérer sont à peu près identiques; elles se plaisent dans les lieux secs et abrités, où elles se creusent des terriers d'où elles sortent rarement pendant le jour. Nous n'avons rencontré aucun spécimen dans les nids de *Termites*, malgré l'affirmation de certains Voyageurs.

OPHIDII Opp. (1).

OPOTERODONTI Dum. et Bib.

Fam. TYPHLOPIDÆ Dum. et Bib.

Gen. OPHTHALMIDION Dum. et Bib.

178. OPHTHALMIDION ESCHRICHTII Dum. et Bib.

Ophthalmidion Eschrichtii Dum. et Bib., Erp. Gén., t. VI, p. 265.
Typhlops Eschrichtii Schl., Abbild. Amph., p. 37, pl. XXXII, fig. 13-16.

Gusakh. — Rare. — Bering, Cagnac-Cay, Itou, Maloumb.

Cette espèce était, jusqu'ici, connue seulement sur la côte de Guinée.

---

(1) « Dumeril et Bibron, dit Claus (*Trait. Zool.*, 2e éd. Franç., 1884, p. 1318), ont substitué à l'ancienne division des Ophidiens en *Serpents non venimeux*, *Serpents suspects* et *Serpents venimeux*, une classification basée sur la structure des dents, qui a été généralement adoptée, bien qu'elle laisse à désirer sur certains points. Leurs groupes des *Aglyphodontes* et des *Opisthoglyphes* sont avantageusement réunis en un seul, les *Colubriformes* ».

Le mot *Colubriforme*, a le défaut, selon nous, d'apporter un élément étranger dans une classification basée sur la forme et la disposition des dents; si, en effet, les Serpents *à dents lisses (Aglyphodontes)* et ceux *à dents postérieures sillonnées (Opisthoglyphes)* peuvent être groupés côte à côte, la caractéristique du groupe ainsi formé, ne peut reposer sur la forme, sur la physionomie, comme dit Schlegel, des animaux qu'il comprend; physionomie, du reste discutable, la nature colubriforme n'étant pas rigoureusement propre à tous les types.

Les *Aglyphodontes* et les *Opisthoglyphes* constituent en réalité une réunion d'animaux *à caractères dentaires mixtes*, aussi proposons-nous de les désigner par le mot *Metabolodontes*. C'est à eux que doit s'appliquer, en outre, le

179. OPHTHALMIDION LINEOLATUM Jan.

Ophthalmidion lineolatum Jan., Elenc. Syst. d. Ofidi, 1863, p. 13.

Sasakh. — Rare. — Monsor, Ghimberinghe, Ile aux Chiens.

Jan indique cette espèce à Sierra-Leone.

180. OPHTHALMIDION KRAUSSI Reichen.

Ophthalmidion Kraussi Reichen., Arch. f. Naturg. Wieg. et Trosch., 1874, p. 291.
— Jan., Elenc. Syst. d. Ofidi, 1863, p. 13.

---

système de classification *par séries parallèles*, préconisé par A. Dumeril (*Rev. Zool.*, 1854, p. 554) et suivi par Jan (*Elenc. Sist. degli Ofidi*, 1863).

Les mots *Proteroglyphes* et *Solenoglyphes*, employés par Dumeril et Bibron, pour distinguer les Serpents venimeux, laissent un doute dans l'esprit, à cause même de leur terminaison; en effet, l'étymologie donnée par les auteurs de l'Erpétologie Générale: προτερων en avant, γλνφη entamure, pour les premiers, n'indique pas sur quel organe cette entamure existe; pour les seconds, l'étymologie ςωλην sillon et γλνφη entamure, n'a pas de sens. Ces mots de *Proteroglyphes* et de *Solenoglyphes* semblent devoir être avantageusement remplacés par ceux de *Aulacodontes* et *Solenodontes*.

Il est utile enfin de proposer une nouvelle division pour un groupe peu nombreux en espèces, mais possédant une structure exceptionnellement remarquable. Ce groupe est celui des *Dasypeltis*. L'excessive petitesse des dents, considérées longtemps comme faisant complètement défaut (*Anodon* de Smith), la gracilité, la faiblesse de tout le système mandibulaire, mais surtout l'existence, à l'extrémité libre de l'hypapophyse des vertèbres thoraciques, d'un dépôt d'émail leur donnant l'aspect de dents faisant saillie à l'intérieur de l'appareil digestif, le rôle physiologique de ces dents d'un type particulier, suffisent pour motiver la division que nous désignerons sous le nom de *Rachiodontes*.

Nous partageons ainsi les *Ophidiens* en cinq sections :

OPOTERODONTI..........	de οποτερος l'un ou l'autre, et οδονς dent.	
RACHIODONTI...........	ραχις colonne vertébrale,	id.
METABOLODONTI.........	μεταβολος variable,	id.
AULACODONTI...........	αυλαξ, ακος sillon,	id.
SOLENODONTI...........	ςωλην canal,	id.

Gasakh. — Rare — Gambie, Casamence, Mélacorée, Cagnac-Cay, Maloumb.

Cette espèce nous a été communiquée par le Dr Cédont.

181. OPHTHALMIDION ELEGANS Peters.

Ophthalmidion elegans Peters, Monat. Ak. d. Wissens, Berlin, 1868, p. 450.

Gasakh. — Rare. — Gambie, Casamence, Mélacorée, Sedhiou, Maloumb.

182. OPHTHALMIDION DECOROSUS Buch. et Peters.

Ophthalmidion decorosus Buch. et Peters, Monat. Ak. d. Wissens. Berlin, 1875, p. 197.

Gasakh. — Rare. — Mêmes localités que l'espèce précédente.

Le type provient des monts Cameroon; les deux espèces, très voisines, comme l'observe Peters, ont été trouvées en basse Sénégambie par le Dr Carpentin.

Gen. ONYCHOCEPHALUS Dum. et Bib.

183. ONYCHOCEPHALUS DELALANDII Dum. et Bib.

Onychocephalus Delalandii Dum. et Bib., Erp. Gen., t. VI, p. 273.
Typhlops Lalandii Schl., Abbild. Amph., p. 38, pl. XXXII, fig. 17-20.

Gasakh. — Peu commun. — Mélacorée, Itou.

184. ONYCHOCEPHALUS CONGESTUS Dum. et Bib.

(Pl. XV, fig. 1.)

Onychocephalus congestus Dum. et Bib., Erp. Gen., t. VI, p. 333.
— — A. Dum., Arch. Mus., t. X, p. 180.
— *Liberiensis* Hallow., Proced. Ac. Sc. Philad., 1848, p. 59.

Gasakh. — Assez commun. — Gambie, Ile aux Éléphants, Sainte-Marie, Albréda.

L'*Onychocephalus congestus*, du Gabon, de Liberia, de la Côte d'Or, est identiquement semblable à l'*Onychocephalus Liberiensis*, comme le fait observer A. Dumeril (*loc. cit.*); les types de la basse Sénégambie ne diffèrent pas de ceux des régions précitées; nous figurons un exemplaire recueilli dans les environs d'Albreda par le Dr Carpentin; les régions supérieures sont d'un noir bleuâtre, vaguement tachetées de jaune orangé, les régions inférieures sont d'un jaune pâle avec les flancs maculés de noir.

185. ONYCHOCEPHALUS DINGA Peters.

Onychocephalus dinga Peters, Monat. Ak. d. Wissens, Berlin, 1854, p. 620.
Typhlops dinga Peters, Reis. Nach. Mosamb. Rept., p. 93, pl. XIV, fig. 1 et 14 A, fig. 3.

Gasakh. — Assez rare. — Mêmes localités que l'espèce précédente; observée également dans le Nord-Est : Kita, Bandoubé, Talaari.

186. ONYCHOCEPHALUS NIGROLINEATUS Hallow.

Onychocephalus nigrolineatus Hallow., Proced. Ak. Sc. Philad. Ad., 1848, p. 59.

Gasakh. — Rare. — Gambie, Casamence, Mélacorée, Bathurst.

187. ONYCHOCEPHALUS CÆCUS A. Dum.

(Pl. XV, fig. 2.)

Onychocephalus cæcus A. Dum., Rev. Zool., 1856, p. 469, pl. XXI, fig. 4, et Arch. Mus., t. X, p. 188.

Gasakh. — Peu commun. — Gambie, Mélacorée, Ile aux Chiens.

Le type que nous figurons a été découvert en Mélacorée par le Dr Carpentin. La teinte générale est d'un brun rougeâtre, clair en dessus, rosé en dessous.

Fam. CATODONIDÆ Dum. et Bib.

Gen. STENOSTOMOPHIS Rochbr. (1).

188. STENOSTOMOPHIS NIGRICANS Rochbr.

Stenostomophis nigricans Rochbr., Mss., 1883.
Stenostoma nigricans Schl., Abbild. Amph., p. 38, taj. XXXII, fig. 21.
— Dum. et Bib., Erp. Gen., t. VI, p. 326.

Gasakh. — Rare. — Mélacorée, Gambie, Casamence; remonte dans l'est de la Sénégambie, où il a été observé à Talaari notamment.

---

(1) Le genre *Stenostoma*, ayant été créé par Latreille en 1810 pour un groupe de Coléoptères, le même genre *Stenostoma*, introduit par Wagler, en 1820, dans le vocabulaire herpétologique, ne peut être conservé. Le nom *Stenostomophis*, de στενοστομος qui a la bouche étroite et οφις Serpent, possédant la même étymologie que le *Stenostoma* de Wagler, fait cesser toute confusion, c'est celui que nous proposons.

Nous aurions pu, il est vrai, choisir entre les *Leptotyphlops*, *Eucephalus* de Fitzinger et *Rena* de Baird et Girard, tous synonymes de *Stenostoma*, mais ces mots ne traduisant pas le caractère que Wagler voulait mettre en lumière, nous les avons également écartés.

Par les mêmes motifs, la famille des *Stenostomidæ* de Peters, doit faire place á celle des *Catodonidæ* de Dumeril et Bibron, celle-ci est, du reste, antérieure à la première de trente-sept années.

189. STENOSTOMOPHIS SUNDERVALLI Rochbr.

Stenostomophis Sundervalli Rochbr., Mss., 1883.
Stenostoma Sundervalli Jan, Arch. per la Zool., vol. I, p. 191, et Icon. Oph., fasc. II, tav. V, fig. 11.

Oasakh. — Assez rare. — Thionk, Diouk, Leybar, Han, M'Bao, Ponte, Zekinkior, Ile aux Chiens, Albréda, Bathurst, Mélacorée.

190. STENOSTOMOPHIS SCUTIFRONS Rochbr.

Stenostomophis scutifrons Rochbr., Mss., 1883.
Stenostoma scutifrons Peters, Monat. Ak. d. Wissens, Berlin, 1865, p. 261, f. 3.

Oasakh. — Rare. — Gambie, Casamence, Mélacorée, Ile aux Éléphants, Maloumb, Cagnac-Cay, Wagran.

RACHIODONTI Rochbr.

Fam. RACHIODONTIDÆ Gunth.

Gen. DASYPELTIS Wagl.

191. DASYPELTIS SCABER Wagl.

Dasypeltis scaber Wagl., Nat. Syst. Amph., p. 178.
Rachiodon scaber Jourd., Journ. le Temps, 13 juin 1833.
— Dum. et Bib., Erp. Gen., t. VII, p. 491.
Coluber scaber Lin., Syst. Nat. I, p. 384.
Anodon typus Smith., Zool. Journ., 1829, p. 443.
Deirodon scaber Owen., Odontogr., p. 220.

Ohiane. — Assez rare. — Thionk, Diouk, Dakar-Bango, Cayor, Pays des Serrères, Mélacorée, Casamence.

L'aire d'habitat de cette espèce est assez vaste, car elle a été observée au Cap, en Egypte, en Mosambique, aux Ashanties et dans la Sénégambie.

192. DASYPELTIS ABYSSINICUS Rochbr.

Dasypeltis Abyssinicus Rochbr., Mss., 1883.
Rachiodon Abyssinicum Dum. et Bib., Erp. Gen., t. VII, p. 496.

Dhiane. — Assez rare. — Mêmes localités que l'espèce précédente; remonte dans le Nord-Est : Kita, Taluari, Bafing, Falémé, Banionkadougou.

193. DASYPELTIS PALMARUM Gunth.

Dasypeltis palmarum Gunth., Cat. Snakes, 1858, p. 142.
Coluber palmarum Leach., in Tuckey Expl. Zaire, 1810, App., p. 408.
Dasypeltis inornata Smith., Ill. Zool. S. Afr., pl. LXXIII.
Rachiodon inornatus Dum. et Bib., Erp. Gen., t. VII, p. 498.

Dhiane. — Peu commun. — Podor, Dagana, Kouma, M'Bilor, Gahé, Casamence, Mélacorée.

Cette espèce, que Gunther (*loc. cit.*) indique seulement au Congo et au Vieux Calabar, se rencontre au Cap, dans la Cafrerie; M. Fischer vient de la signaler dans l'Afrique Est, à Arusha (*Aus dem Jahrisb. f.* 1883, *rebed. Naturh. Mus. in Hamburg* 1884), son aire d'extension est donc des plus vastes.

194. DASYPELTIS FASCIATUS Smith.

Dasypeltis fasciatus Smith., Ill. Zool. S. Afr., pl. LXXIII.
— Dum. et Bib., Erp. Gen., t. VII, p. 499.

Ohiane. — Rare. — Gambie, Casamence, Mélacorée, Albréda, Ile aux Chiens, Zekinkior.

Ce *Dasypeltis* n'était connu jusqu'ici, croyons-nous, qu'à Sierra-Leone.

METABOLODONTI Rachbr.

Fam. ERYCIDÆ C. Bp.

Gen. ERYX Oppel.

195. ERYX JACULUS Wagl.

Eryx jaculus Wagl., Nat. Syst. Amph., p. 192.
— Dum. et Bib., Erp. Gen., t. VI, p. 463.

Sabantajh. — Assez commun. — Aleb, Kaiedô, Gaser-El-Barka, Elimané, Cap Mirik, Cap Blanc, Argain.

L'*Eryx jaculus*, d'Egypte, de Perse, de Tartarie, d'Arabie, de Syrie, de Grèce, etc., souvent observé en Sénégambie, parait localisé dans la partie désertique de l'Ouest et du Nord-Ouest. C'est toujours dans la région Saharienne du littoral que nous l'avons rencontré, au milieu des sables arides.

196. ERYX THEBAICUS Dum. et Bib.

Eryx Thebaicus Dum. et Bib., Erp. Gen., t. VI, p. 468.
L'Eryx de la Thébaide E. Geoff. St-Hil., Descr. Egypt., t. I, p. 140.

Sabantajh. — Assez commun. — Dagana, Saldé, Thionk, Diouk, le Oualo, le Cayor, Gadieba, Sebicoutane, Douzar, Han, Joalles, Rufisque.

Le Muséum de Paris possède plusieurs exemplaires Sénégambiens, de cette espèce Egyptienne.

Gen. RHOPTURA Peters.

197. RHOPTURA REINHARDTI Peters.

Rhoptura Reinhardti Peters, Monat. Ak. d. Wissens. Berlin, 1860, p. 340.
Eryx Reinhardtii Schl., Bijd. Genot. Act. Amst., 1851.
Calabaria fusca Gray, P. Z. S. of London, 1858, p. 155.

Sabantüjh. — Rare. — Mélacorée, Gambie, Casamence; rencontré exceptionnellement dans le Nord-Est, plaines du Banlonkadougou.

Un exemplaire de la Mélacorée a été capturé par le Dr Cédont.

Fam. BOÆIDÆ Dum. et Bib.

Gen. PELOPHILUS Dum. et Bib.

198. PELOPHILUS FORDII Gunth.

(Pl. XVI, fig. 1.)

Pelophilus Fordii Gunth., P. Z. S. of Lond., 1861, p. 142.
Chilobothrus Fordii Jan, Icon. Oph., 2e livr., p. 87.

Rare. — Forêts de Wagrau, Casamence.

Un exemplaire, recueilli par le Dr Cédont, nous est seul connu.
Ce type que nous figurons se distingue, comme coloration, de celui décrit par M. Gunther.
La teinte générale des parties supérieures est d'un rose jaunâtre et non pas d'un rouge olive, les séries de taches du dos et de la queue sont d'un brun rouge brillant limitées par une bordure rouge laque, les taches des flancs sont bleuâtres, les parties inférieures d'un jaune sale.

Fam. PYTHONIDÆ Dum. et Bib.

Gen. PYTHON Cuv.

199. PYTHON SEBÆ Dum. et Bib.

Python Sebæ Dum. et Bib., Erp. Gen., t. VI, p. 400.
Hortulia Sebæ Gray, Cat. Snakes, p. 10.
Python bivietatus Boié, Isis, t. XX, p. 510.
— Schl., Ess. Phys. Serp., p. 403.
Serpent géant Adanson, Voy. Sénég., p. 71 et 152.

N'Kiabi. — Commun. — Habite toute la Sénégambie.

Adanson, si bon observateur, si exact dans tout ce qui a trait aux animaux qu'il avait observés, se laisse entraîner à des exagérations quand il parle des Serpents géants, les Pythons du Sénégal.

Nous copions textuellement dans le récit de son voyage les passages concernant ces animaux, nous aurons soin de faire ressortir ce qu'il y a de vrai et de faux dans ses allégations.

« Vers le milieu du mois suivant (Septembre), dit-il (*loc. cit.*, p. 152), on me fit présent d'un jeune Serpent de l'espèce du Serpent géant. Ce présent me fit plaisir parce que c'était le premier de cette espèce que j'eusse vu, j'en conserve encore aujourd'hui la dépouille en entier dans mon cabinet. Il venait d'être pris dans le marigot même de l'île du Sénégal et il était très vivant, il avait trois pieds et un peu plus de longueur, le fond de la couleur était un jaune livide, coupé par une large bande noirâtre qui régnait tout le long du dos et sur laquelle étaient semées quelques taches jaunâtres assez irrégulières; un lustre répandu sur tout son corps, le fesait briller comme s'il eût été vernissé. Sa tête n'était ni plate ni triangulaire comme celle de la Vipère, mais arrondie et un peu allongée. Ce Serpent, tout petit qu'il était, suffisait pour me le faire distinguer de toutes les autres espèces; mais ce n'était qu'une faible image des gros dont jamais je ne me serais formé une idée juste si, peu de temps après, on ne m'en eût apporté, en différentes fois, deux médiocres dont le plus grand avait *vingt-deux pieds et quelques pouces de long sur huit pouces de large.* Un cendré noir, lavé de quelques lignes jaunes peu apparentes, était la couleur dominante de sa peau qui, étant étendue, avait vingt-cinq à vingt-six pouces de largeur; elle me fut laissée toute entière avec un tronçon de chair dont le reste devait faire le repas du chasseur et de tout son village pendant plusieurs jours. La tête, qui y tenait encore, égalait en grandeur celle d'un Crocodile de cinq à six pieds, ses dents étaient longues de plus d'un demi-pouce, fortes et aiguës, et l'ouverture de sa gueule aurait été plus que suffisante pour avaler en entier un Lièvre et même un Chien assez gros, sans avoir besoin de le mâcher.

» La vue de ces deux Serpents qui, de l'aveu de mes Nègres et de tous ceux qui en avaient beaucoup vu, n'étaient que médiocres, ne me permirent plus de douter de la vérité de ce que j'en avais entendu dire mille fois dans le pays et que j'avais mis au nombre des fables. Les Nègres mêmes, auxquels j'étais redevable de ceux-ci m'assurèrent que je n'avais rien vu de semblable en ce genre, et qu'il n'était pas rare d'en trouver, à quelques lieues dans l'Est de l'île du Sénégal, dont la grandeur égalait celle d'un mât ordinaire de bateau. Des gens du Bissao disent en avoir vu dans leur pays qui auraient surpassé de beaucoup ces pièces de bois. Il ne fut pas difficile de juger, par la comparaison de leurs récits avec les Serpents que j'avais sous les yeux, que la taille des plus grands de cette espèce, appréciée à sa juste valeur, devait être de *quarante à cinquante pieds pour la longueur*, et *d'un pied à un pied et demi pour la largeur.*

» La manière dont cet animal fait la chasse n'est pas moins singulière que son énorme grosseur; il se tient dans les lieux humides et proche des eaux, sa queue est repliée sur elle-même en deux ou trois tours de cercle qui renferment un espace rond de cinq à six pieds de diamètre au-dessus duquel s'élève sa tête avec une partie de son corps. Dans cette attitude et comme immobile, il porte ses regards tout autour de lui, et quand il aperçoit un animal à sa portée, il s'élance sur lui par le moyen des circonvolutions de sa queue qui font l'effet d'un puissant ressort. Si l'animal qu'il a atteint à belles dents est trop gros pour pouvoir être avalé en son entier, comme serait un Bœuf, une Gazelle ou le grand Bélier d'Afrique, après lui avoir donné quelques coups de ses dents meurtrières, il l'écrase et lui brise les os, soit en le serrant de quelques nœuds, soit en le pressant simplement du poids de tout son corps qu'il fait glisser pesamment dessus, il le retourne ensuite pour le couvrir d'une bave écumeuse qui lui facilite le moyen de l'avaler sans le mâcher.

» Ce monstre, tout terrible qu'il est par sa force, ne fait pas tant de ravages qu'on pourrait l'imaginer. La chasse aux grands animaux, tels que le Cheval, le Bœuf et autres quadrupèdes semblables qui trouvent leur salut dans leurs jambes, ne le flatte pas beaucoup, il mange plus volontiers d'autres Serpents plus petits que lui, des Lézards, des Crapauds et surtout des Sauterelles qui ne semblent naître par nuages dans ce pays que pour assouvir sa faim insatiable. »

Nous regrettons d'être cette fois en désaccord avec Adanson; mais la vérité nous impose l'obligation de dire que tout est faux dans les citations précédentes.

Nous avons vu et possédé en captivité un nombre considérable de Pythons: les plus grands, et ils sont rares, très rares, atteignaient six mètres de long sur quinze centimètres de diamètre; il y a loin de ces chiffres aux seize mètres de long sur quarante-huit centimètres de diamètre cités par Adanson; ces quarante-huit centimètres donnent une circonférence d'environ un mètre cinquante-sept centimètres, l'équivalent du volume d'un tonneau de Bordeaux. Nous aimons à supposer que le célèbre explorateur du Sénégal a cru trop aveuglément l'affirmation des Nègres, toujours enclins à l'exagération dans leurs récits, car il n'est pas supposable que dans l'espace de cent trente-trois années (les observations d'Adanson remontent à 1751) la taille des Pythons ait diminué dans d'aussi fortes proportions.

La destruction de nuées de Sauterelles par les Pythons doit être reléguée dans le domaine de la fable; il en est de même pour les Lézards, les Crapauds, les petits Serpents; la nourriture exclusive des animaux dont nous nous occupons, consiste en Oiseaux et en petits Mammifères.

C'est sur les branches des Palétuviers, au bord des marigots, que les Pythons se tiennent d'habitude, la queue enroulée fortement autour d'une branche; nous ne les avons jamais vus *lovés*, pour nous servir d'une expression usitée; souvent ils traversent les marigots à la nage; c'est seulement quand ils sont repus, qu'il restent immobiles dans les grandes herbes des bords de l'eau où les Nègres les capturent fréquemment, sans difficulté, pour les vendre aux commerçants Européens. Nous avons exposé, dans un mémoire sur les vertèbres des Serpents (*Journ. Anat. et Physiol.* 1880, p. 225), certaines particularités relatives à l'alimentation des Pythons; nous renvoyons à ce mémoire que nous ne pouvons reproduire ici.

300. PYTHON REGIUS Dum. et Bib.

Python regius Dum. et Bib., Erp. Gen., t. VI, p. 412.
Hortulia regia Gray, Cat. Snakes, p. 90.

N'Kiébi. — Peu commun. — Thiouk, Diouk, Leybar, Gambie, Mélacorée, Casamence.

Cette espèce, moins commune que la précédente et répartie comme elle dans toute la Sénégambie, se rencontre cependant plus particulièrement dans les régions dites du bas de la Côte.

Fam. CALAMARIDÆ Dum. et Bib.

Gen. TEMNORHYNCHUS Smith. (1).

301. TEMNORHYNCHUS SUNDEWALLII Smith.

Temnorhynchus Sundewallii Smith., Ill. Zool. S. Afr. App., p. 17.
Rhinostoma cupreum Gunth., Cat. Snakes, p. 9.

---

(1) Peters, après avoir donné les caractères des genres *Temnorhynchus* Smith., et *Prosymna* Gray (*M. B. Ak.*, Berlin, 1867, p. 235), caractères d'une valeur des plus faibles, cite deux exemplaires d'un Serpent dont l'un répond aux *Temnorhynchus*, l'autre aux *Prosymna*, bien qu'ils soient de la même espèce, et dès lors il se demande si l'un des deux genres ne doit pas disparaître : « So daffs die beiden Gattungen zusammen fallen mussen? »

Plus tard, dans son *Reise Nach. Mosambique* (p. 106) il accepte le genre *Prosymna* et donne le genre *Temnorhynchus* en synonymie du premier.

Dams. — Assez rare. — Kita, Bakel, Dagana, M'Boul.

Comme l'observe Peters, le *Rhinostoma cupreum* de M. Gunther est identique au *Temnorhynchus Sundewallii* de Smith ; il doit donc passer en synonymie.

302. TEMNORHYNCHUS MELEAGRIS Rochbr.

Temnorhynchus meleagris Rochbr., Mss., 1883.
Calamaria meleagris Reinh., Nogle. Nyc., Slangeart., 1848, p. 239.
Prosymna meleagris Gray, Cat. Snakes, p. 80.
— B. du Boc., J. Sc. Lisb., 1873, p. 9.

Dams. — Gambie, Casamence, Mélacorée, Zekinkior, Ile aux Chiens, Wagran.

303. TEMNORHYNCHUS FRONTALIS Peters

Temnorhynchus frontalis Peters, Monat. Ak. d. Wissens, 1869, p. 236.

Dams. — Rare. — Mêmes localités que l'espèce précédente ; remonte dans l'Ouest : Hann, Ponte, Kaarta, Sebicoutane.

Cet exemple est généralement suivi ; le genre *Temnorhynchus* créé en 1848 fait place au *Prosymna* proposé en 1849 ; M. Barboza du Bocage, Peters, bien d'autres, ne tiennent ainsi aucun compte des droits de priorité, et ne font connaître aucune des raisons qui les ont conduits à les enfreindre. En attendant une explication plausible, du moment où les deux genres sont considérés comme similaires, nous choisissons le plus ancien.

Abstraction faite de ce motif capital, le genre *Prosymna* devrait également disparaître ; « *nomina generica simili sono exeuntia, ansam præbent confusionis* », a dit Linné (*Phil. Bot.*, § 228) ; *Prosymna* de Gray (*Ophidiens*, 1840) et *Prosymnus* Laporte (*Coleoptères*, 1836), étant simili sono, ils entraînent à une confusion ; l'un des deux doit donc être rejeté et c'est naturellement le moins ancien, celui de Gray. A une époque où les lois de la nomenclature Linnéenne sont si souvent violées par ceux-là même qui les invoquent, il est utile de faire parfois appel à quelques-unes de ces lois.

204. TEMNORHYNCHUS JANI Rochbr.

Temnorhynchus Jani Rochbr., Mss., 1883.
Prosymna Janii Bianc., Spec. Zool. Mosamb., p. 280, taf. XV.
— Peters, Reise Nach. Mosamb., p. 106.

Dome. — Peu commun. — Tombocané, Makana, Talaari, Gangaran, Bandoubé.

Nous possédons un exemplaire de cette espèce capturé dans le Oualo par M. le Dr Ludovic Savatier.

205. TEMNORHYNCHUS AMBIGUUS Rochbr.

Temnorhynchus ambiguus Rochbr., Mss., 1883.
Prosymna ambigua B. du Boc., J. Sc. Lisb., 1873, p. 10, extr., n° XV.

Domé. — Assez rare. — Mélacorée, Gambie, Casamence, Ile aux Éléphants, Ghimberinghe, Cagnout, Itou; remonte exceptionnellement dans l'Ouest: Kaarta, Yen.

Un exemplaire de cette espèce, d'Angola, communiqué par le Dr Carpentin et provenant du Kaarta, ne diffère du type décrit par M. Barboza du Bocage que par des teintes plus vives. Il est d'un brun rougeâtre en dessus et non d'un brun clair; les parties inférieures sont jaunâtres et non brun clair; les écailles portent une tache centrale blanche et non pâle; enfin, les deux grandes taches jaune sale, sur les côtés de l'occiput, sont d'un jaune orangé dans l'exemplaire de provenance Sénégambienne.

Gen. ELAPOPS Gunth.

206. ELAPOPS MODESTUS Gunth.

Elapops modestus Gunth., Ann. and Mag. Nat. Hist., 1859, p. 161, pl. IV, fig. C.

Gamb. — Rare. — Zekinkior, Kaour, Makana, Dianech; remonte vers l'Ouest : Douzar, Kaarta, Kounakeri.

Gen. HOMALOSOMA Wagl.

807. HOMALOSOMA LUTRIX Dum. et Bib.

Homalosoma lutrix Dum. et Bib., Erp. Gen., t. VII, p. 110.
Coluber lutrix Lin., Syst. Nat., I, p. 375.
Homalosoma arctiventris Wagl., Nat. Syst. Amph., p. 191.

Gamb. — Assez rare. — Ile aux Chiens, Monsor, Samatite, Wagran, Mélacorée.

808. HOMALOSOMA VARIEGATUM Peters.

Homalosoma variegatum Peters, Monat. Ak. d. Wissens, Berlin, 1854, p. 622, et Reise Nach. Mosamb., p. 107, pl. XVI, fig. 1.

Gamb. — Rare. — Haut du fleuve, Guettala, Makandianbongou, Talaari, Bandoubé.

Cette espèce, de Mosambique, très voisine de sa congénère du Cap, a été découverte dans la haute Sénégambie par M. le Dr Colin. C'est au Dr Cédont que nous devons de pouvoir inscrire dans notre faune l'*Homalosoma lutrix* du Cap.

Gen. AMBLYODIPSAS Peters.

809. AMBLYODIPSAS UNICOLOR Peters.

Amblyodipsas unicolor Peters, Monat. Ak. d. Wissens, Berlin, 1856, p. 592.
Calamaria unicolor Reinh., Eoakr. Nogl., Slang., 1843, p. 236, taj. I.
Calamelas unicolor Gunth., Ann. and Mag. Nat. Hist., 1866, p. 26.

Dome. — Peu commun. — Ghimbering, Itou, Maloumb, Monsor.

310. AMBLYODIPSAS MICROPHTHALMA Peters.

Amblyodipsas microphthalma Peters, Monat. Ak. d. Wissens, Berlin, 1856, p. 592.
Calamaria microphthalma Bianc., Spec. Zool, Mosamb., VI, p. 94, taf. XII, f. 1.

Dome. — Assez rare. — Podor, Portendik, Saldé, Dagana, Thionk, Diouk, Oualo, Kaarta.

Jusqu'au jour où M. le Dr Colin nous a communiqué cette espèce, elle n'était connue que de Mosambique.

Gen. **MIODON** A. Dum.

311. MIODON GABONENSE A. Dum.

(Pl. XVII, fig. 1).

Miodon Gabonense A. Dum., Arch. Mus., t. X, p. 206.
Elapomorphus Gabonensis A. Dum., Rev. Zool., 1856, p. 468.
— A. Dum., Arch. Mus., t. X, p. 206.
Urobelus Gabonensis Jan, Syst. Calamarid. Icon. Ofidi, 1862, p. 42.

Dome. — Peu commun. — Gourba, Dianoch, Zekinkior, Kaour, Mélacorée.

L'excellente description de A. Dumeril (*loc. cit.*) nous dispense de décrire à nouveau cette espèce dont nous figurons un spécimen capturé à Zekinkior, identique au type du Gabon.

C'est avec hésitation que A. Dumeril a inscrit son espèce dans le genre *Elapomorphus;* aussi, à la fin de l'article qu'il lui consacre (*Arch. loc. cit.*), a-t-il soin de dire : « Si plus tard on rencontre encore chez d'autres Serpents Africains la brièveté remarquable des maxillaires supérieures et le petit nombre de dents qu'ils supportent, on pourrait les réunir sous une dénomination générique nouvelle, celle de *Miodon*. »

Nous avons adopté ce genre, bien antérieur à celui d'*Urobelus* proposé par Jan, et ayant de plus l'avantage d'indiquer le caractère le plus saillant des espèces qu'il renferme.

Gen. URIECHIS Peters.

212. URIECHIS CAPENSIS Peters.

Uriechis Capensis Peters, Reise Nach. Mosamb., p. 112.
Elapomorphus Capensis Smith., Ill. Zool. S. Afr. App., p. 16.

Dome. — Assez commun. — Gambie, Casamence, Maka, Dianech, Matam, Guélé, Guettala.

Cette espèce, du Cap et de la Cafrerie, signalée aussi en Mosambique par Peters, habite la basse Sénégambie et la partie Nord-Est de la même région.

213. URIECHIS NIGRICEPS Peters.

Uriechis nigriceps Peters, Monat. Ak. d. Wissens, Berlin, 1854, p. 623.
— Peters, Reise, Nach. Mosamb., p. 111, taj. XVIII, fig. 1.
Eucritus atrocephalus Jan, Cenn. Mus. Civic. di Milano, p. 44.
Uriechis atriceps Jan, Prodr. Icon. Ofidi II, Calamar., p. 49.

Dome. — Peu commun. — Kita, Bakel, Podor, Saldé, M'Boul, Ouarkhokh, Gangaran, Banionkadougou.

La teinte uniforme d'un brun olive des régions supérieures, la couleur jaune pâle des parties inférieures, indépendamment des autres caractères fournis par un spécimen des environs de Kita capturé par M. le Dr Colin, ne laissent aucun doute sur la présence de cette espèce en Sénégambie.

Fam. ZACHOLUSIDÆ Rochbr. (1).

Gen. LYTORHYNCHUS Peters.

214. LYTORHYNCHUS DIADEMA Peters.

Lytorhynchus diadema Peters, Monat. Ak. d. Wissens, Berlin, 1862, p. 272.
Heterodon diadema Dum. et Bib., Erp. Gen., t. VII, p. 779.
Simotes diadema Gunth., Cat. Snakes, p. 26.
Chatachlein diadema Jan, Elenc. Syst. Ofidi, p. 45.

Djähn. — Assez commun. — Portendick, Aleb, Cap Mirik, Cap Blanc, lisière des forêts de Gommiers, Argain, Elimané, Gasser-El-Barka, Jarra, Guettala.

Cette espèce, considérée comme Algérienne, indiquée également par Dumeril et Bibron dans le désert de l'Afrique Ouest, ne nous

---

(1) Dumeril et Bibron (*Erp. Gen.*, t. VII, p. 607) font remarquer que Wagler ayant fondé le genre *Zacholus* pour les *Coronella Austriaca* et *Girondica* à l'aide de caractères ne différant en rien de ceux invoqués par Laurenti pour son genre *Coronella*, il n'y a pas lieu de conserver le genre *Zacholus*.

Bien que tous les Herpétologistes acceptent le genre *Coronella*, nous croyons ne pas devoir les imiter. Nous avons précédemment fait appel à une loi de la nomenclature Linnéenne où *les mots Simili sono prêtent à la confusion*, or il n'est pas de mot qui prête à une confusion plus grande que celui de *Coronella*, quand on examine toutes les variantes auxquelles il a été soumis. Linné a créé le genre *Coronilla* pour une tribu des *Hedysarées*; ses *Coronillæ* servent à désigner une tribu de ces mêmes plantes. Lamarck a établi le genre *Coronula* pour un groupe de *Cirripèdes*, ainsi que la famille des *Coronulidæ*; le genre *Coronula* enfin a été fait par Goldefuss pour désigner certains *Rotifères*; l'hésitation peut être parfois des plus grandes, on le voit, entre *Coronella, Coronilla, Coronula*; *Coronilla* datant de 1764, doit donc seul être conservé; aussi reléguant à la synonymie le genre *Coronella* de Laurenti, 1768, nous le remplaçons par celui de *Zacholus*, Wagl., qui lui est équivalant comme caractères; par les mêmes raisons, la famille des *Coronellidæ* peut être avantageusement remplacé par celle des *Zacholusidæ* tirée du genre *Zacholus*.

est connue en Sénégambie que dans les localités limitées par la région Saharienne. Un individu, recueilli par M. le Dr Colin et provenant de Gueïtala, indique que sa dispersion peut s'étendre dans le sens de la région Nord-Est.

Gen. ZACHOLUS Wagl.

915. ZACHOLUS OLIVACEUS Rochbr.

Zacholus olivaceus Rochbr., Mss., 1883.
Coronella olivacea Peters, Monat. Ak. d. Wissens, Berlin, 1854, p. 622.
— Gunth., Cat. Snakes, p. 39.
— B. du Boc., J. Sc. Lisb., 1866, p. 66.

Djahn. — Peu commun. — Thionk, Leybar, Diouk, Dakar-Bango, Ponte, Hann, Gandiole, Oualo, Cayor.

916. ZACHOLUS FULIGINOIDES Rochbr.

Zacholus fuliginoides Rochbr., Mss., 1883.
Coronella fuliginoides Gunth. Cat. Snakes, p. 39.

Djahn. — Assez rare. — Mêmes localités que l'espèce précédente.

917. ZACHOLUS CANUS Rochbr.

Zacholus Canus Rochbr., Mss., 1883.
Coronella Cana Dum. et Bib., Erp. Gen., t. VII, p. 613.
Coluber Canus Lin., Mus. ad Fried., I, p. 31, tab. XI, fig. 1.

Djahn. — Très commun. — Diouk, Leybar, Thionk, Sorres, Joalles Rufisque, Cayor, Pays des Serrères.

Le *Zacholus canus* du Cap est commun en Sénégambie où il est loin d'avoir les mœurs que Smith lui attribue et que Dumeril et Bibron ont reproduites d'après l'auteur Anglais.

Nous n'avons jamais été témoin de sa hardiesse, de ses préparatifs pour combattre un ennemi; c'est principalement dans les cases abandonnées ou sous la paille des vieilles tapates que nous l'avons le plus habituellement rencontré, fuyant au moindre bruit, sans se retourner et sans chercher à se défendre contre son agresseur.

218. ZACHOLUS SEMIORNATUS Rochbr.

Zacholus semiornatus Rochbr., Mss., 1883.
Coronella semiornata Peters, Monat. Ak. d. Wissens, Berlin, 1854, p. 622.
— Peters, Reise Nach. Mosamb., p. 110, taf. XVII, fig. 2.

Djahn. — Assez rare. — Kita, Bakel, Guettala, M'Boul, Ouarkokh, Maïna, Banionkadougou.

Cette espèce paraît localisée dans la haute Sénégambie où elle a été capturée par M. le Dr Colin.

Gen. MEIZODON Fisch.

219. MEIZODON REGULARIS Fisch.

Meizodon regularis Fisch., Aband. Geb. Natur. Hamb., 1856, p. 112.
— Gunth., Ann. and Mag. Nat. Hist., 1861, p. 224.

Djahn. — Peu commun. — Gambie, Casamence, Mélacorée, Albréda, Ile aux Éléphants, Cagnout, Zekinkior.

Le type provient de Sierra Léone.

220. MEIZODON BITORQUATA Gunth.

Meizodon bitorquata Gunth., Ann. and Mag. Nat. Hist., 1861, p. 224.

Djähn. — Assez commun. — Thionk, Sorres, Dakar-Bango, Hann, Ponte, Sebicoutane, M'Boul, Cayor, Gandiole.

Cette espèce est indiquée au Sénégal, par Gunther.

221. MEIZODON DUMERILII Gunth.

Meizodon Dumerilii Gunth., Ann. and Mag. Nat. Hist., 1861, p. 225.

Djähn. — Assez commun. — Gambie, Mélacorée, Sainte-Mary, Bathurst, Albréda.

222. MEIZODON LONGICAUDA Gunth.

Meizodon longicauda Gunth., Ann. and Mag. Nat. Hist., 1863, p. 352, pl. V, fig. *a*.

Djähn. — Peu commun. — Habite les mêmes localités que l'espèce précédente.

M. Gunther (*loc. cit.*) l'indique seulement à Fernando-Po. Sa présence dans la basse Sénégambie est affirmée par les captures de M. le Dr Carpentin.

Gen. ABLABES Dum. et Bib.

223. ABLABES RUFULA Dum. et Bib.

Ablabes rufula Dum. et Bib., Erp. Gen., t. VII, p. 308.
Coronella rufula Licht., Verz. d. Doubl., p. 105.
Lamprophis rufulus Smith, Ill. Zool. S. Afr., pl. 58.
Ablabes rufulus Gunth., Cat. Snakes, p. 30.

Djähn. — Assez commun. — Thionk, Diouk, Leybar, Podor, Saldé, N'Diago, Diaoudoun.

« La couleur roussâtre qui a fait donner à cette espèce le nom qu'elle porte, disent Dumeril et Bibron (*loc. cit.*), ne s'observe que chez les individus altérés par l'alcool ; son mode de coloration naturel consiste en un brun noir régnant uniformément sur le dessus et les côtés de la tête, du tronc et de la queue et une teinte blanchâtre répandue sur les lèvres et les régions inférieures du corps. »

Ces indications sont inexactes, nos exemplaires Sénégambiens *vivants* sont identiques au type décrit par Smith (*loc. cit.*) : « superne viridi brunneus, inferne flavus, aliquando livido viridi variegatus. »

224. ABLABES HILDEBRANDTII Peters.

Ablabes Hildebrandtii Peters, Monat. Ak. d. Wissens, Berlin, 1878, p. 160.

— Fisch., Aband. Geb. Natur. Hamb., 1884, p. 7.

Djahn. — Peu commun. — Mêmes localités que l'espèce précédente ; s'avance plus dans le Nord-Est : Guettala, Makandianbougou.

Nos types ne peuvent être différenciés de ceux décrits par Peters et Fischer, les exemplaires provenant de Thionk et Diouk nous ont été communiqués par le Capitaine Daboville et par M. Pelletier. Le Dr Colin a retrouvé l'espèce dans le haut Sénégal, notamment à Guettala.

Gen. PSAMMOPHYLAX Fitz.

225. PSAMMOPHYLAX RHOMBEATUS Fitz.

Psammophylax rhombeatus Fitz., Syst. Rept., p. 26.
Coronella rhombeata Boié, Isis, 1827, p. 539.
Dipsas rhombeata Dum. et Bib., Erp. Gen., t. VII, p. 1154.
Trimerorhinus rhombeatus Smith., Ill. Zool. S. Afr., pl. LVI.

Djahn. — Assez commun. — Gambie, Casamence, Mélacorée, Albréda ; remonte dans l'Ouest et dans le Nord-Est, où il est plus rare : Pays des Serrères, Kaarta, Kounakeri, M'Boul, Guellé, Matam.

Cette espèce, du Cap, est répandue dans toute la Sénégambie.

Gen. MACROPROTODON Guich.

226. MACROPROTODON CUCULLATUS Jan.

Macroprotodon cucullatus Jan, Elenc. Syst. d. Ofidi, p. 55.
— *Mauritanicus* Guich., Exp. Alger. Rept., p. 22.
Lycognatus cucullatus Dum. et Bib., Erp. Gen., VII, p. 932.

Djahn. — Peu commun. — Khorkol, M'Boul, Guellé, Portendik, Bakoy, Bafing, Jarra, Gasser-El-Barka, Cap Mirik.

227. MACROPROTODON TEXTILIS Jan.

Macroprotodon textilis Jan, Elenc. Syst. d. Ofidi, p. 55.
Lycognatus textilis Dum. et Bib., Erp. Gen., VII, p. 931.

Djahn. — Peu commun. — Mêmes localités que l'espèce précédente.

Ces deux espèces, d'Egypte et du Nord de l'Afrique, ne dépassent pas la région Est de la Sénégambie et celle qui confine au Sahara; elles font partie des types Algériens dont la présence a été souvent constatée sur les derniers confins du désert Sénégambien.

Gen. AMPLORHINUS Smith.

228. AMPLORHINUS MULTIMACULATUS Smith.

Amplorhinus multimaculatus Smith., Ill. Zool. S. Afr., pl. LVII.

Djahn. — Peu commun. — Mélacorée, Gambie, Albréda, Zekinkior.

M. Gunther commet une grossière erreur en donnant cette espèce comme synonyme du *Coronella multimaculata* de Smith;

un simple examen des figures de l'auteur Anglais, lui aurait facilement démontré que les deux types sont entièrement distincts; une étude plus attentive lui aurait appris, en outre, qu'ils appartiennent à deux familles différentes. Nous reviendrons plus loin sur ce sujet.

Fam. NATRICIDÆ Gunth.

Gen. GRAYA Gunth.

229. GRAYA SILUROPHAGA Gunth.

Graya Silurophaga Gunth., Cat. Snakes, p. 51.

N'Dokhdome. — Assez commun. — Thionk, Diouk, Leybar, N'Guer, Gambie, Marigot aux Huitres.

M. Gunther a cru devoir baptiser cette espèce du nom de *Silurophaga*, à cause de la présence, dans l'estomac de son type, d'un spécimen de *Clarias Hasselquisti;* ce Siluroïde ne constitue pas sa nourriture exclusive, les autres Poissons de petite taille sont fréquemment capturés, et le nom de *piscivora*, plus vrai, n'aurait pas eu l'inconvénient de généraliser un fait exceptionnel.

Gen. TROPIDONOTUS Kuhl.

230. TROPIDONOTUS FEROX Gunth.

Tropidonotus ferox Gunth., Ann. and Mag. Nat. Hist., 1863, p. 355, pl. VI, fig. *f* et id., 1872, p. 27.

N'Dokhdome. — Peu commun. — Marigot des Maringouins, Fez, Merinaghem, Kouguel, Falémé, Bakoy, Bafing, Lac de Pagnefoul.

M. Gunther avait déjà signalé cette espèce dans l'Afrique Ouest.

Gen. LIMNOPHIS Gunth.

331. LIMNOPHIS BICOLOR Gunth.

Limnophis bicolor Gunth., Ann. and Mag. Nat. Hist., 1865, p. 90, pl. XI, fig. *c*.
— B. du Boc., J. Sc. Lisb., 1866, p. 68.

N'Dokhdome. — Peu commun. — Mêmes localités que l'espèce précédente et de plus la Gambie et la Casamence.

Ce type, d'Angola, est éminemment Sénégambien, comme le démontrent les exemplaires recueillis par le Dr Cédont.

Gen. HYDRÆTHIOPS Gunth.

332. HYDRÆTHIOPS MELANOGASTER Gunth.

Hydræthiops melanogaster Gunth., Ann. and Mag. Nat. Hist., 1872, p. 28, tab. IX.

N'Dokhdome. — Rare. — Gambie, Casamence, Mélacorée, Dianoch, Kaour, Cagnout, Ghimberinghe.

Jusqu'ici, cette espèce n'avait été observée qu'au Gabon.

Fam. COLUBRIDÆ C. Bp.

Gen. ZAMENIS Wagl.

333. ZAMENIS FLORULENTUS Dum. et Bib.

Zamenis florulentus Dum. et Bib., Erp. Gen., t. VII, p. 603.
Couleuvre à bouquets J. G. St-Hil., Descr. Égypt., pl. VIII, f. 1.
Zamenis ventrimaculatus Var. D. Gunth., Cat. Snakes, p. 106.

Djansa. — Assez rare. — Kita, Bakel, Bords du Bakoy, M'Boul, Guellé, Khorkohl.

Cette espèce, d'Egypte, pénètre jusque dans le haut Sénégal.

Gen. PERIOPS Wagl.

234. PERIOPS HIPPOCREPIS Wagl.

Periops hippocrepis Wagl. Nat. Syst. Amph., p. 189.
— Dum. et Bib., Erp. Gen., t. VII, p. 675.
Zamenis hippocrepis Gunth., Cat. Snakes, p. 103.
Coluber domesticus Lin., Syst. Nat., I, p. 389.

Djansa. — Assez commun. — Cap Mirik, Argain, Agnitier, Gasser-El-Barka, Almadies, Portendik.

Ce *Periops* est l'une des espèces du Norddo l'Afrique, que l'on voit descendre jusqu'à la lisière désertique de la Sénégambie.

235. PERIOPS PARALLELUS Dum. et Bib.

Periops parallelus Dum. et Bib., Erp. Gen., t. VII, p. 678.
Zamenis Cliffordii Gunth., Cat. Snakes, p. 104.

Djansa. — Assez commun. — Sorres, Gandiole, N'Diago, Cayor, Oualo, Gadieba, Kaarta, Ponte, Joalles, Rufisque, Han.

Gen. SCAPHIOPHIS Peters.

236. SCAPHIOPHIS ALBOPUNCTATUS Peters.

Scaphiophis albopunctatus Peters, Monat. Ak. d. Wissens, Berlin, 1870, p. 645, taj. I, fig. 4.

Djansa. — Rare. — Gambie, Mélacorée, Casamence, Sedhiou, Albréda, Ile aux Chiens.

Cette espèce s'étend de la Guinée à la basse Sénégambie, où elle a été découverte par le Dr Cédont.

237. SCAPHIOPHIS RAFFREYI Bocourt.

(Pl. XVIII, fig. 1.)

Scaphiophis Raffreyi Bocourt, Ann. Sc. Nat., 6e sér., Zool., 1875, t. II, art. 3.

Djanisa. — Rare. — Kita, Boukarié, Maïna, Macandianbongou.

Le type Abyssinien décrit par M. Bocourt ne diffère sous aucun rapport des spécimens du haut Sénégal; nous figurons un exemplaire provenant de Maïna.

Très voisin du *Scaphiophis albopunctatus*, il s'en distingue, comme le fait observer M. Bocourt, par le nombre des rangées d'écailles et sa coloration.

Les écailles sont distribuées de la façon suivante chez les deux espèces :

	S. Albopunctatus.	*S. Raffreyi.*
Au cou	25 rangées.	31
Au milieu du corps	23	27
Gastrotèges	210 au total.	232
Urostèges	64	55

Une teinte d'un jaune roussâtre règne sur les parties supérieures du *Scaphiophis Raffreyi*, dont le dos porte une bande de couleur plus foncée et quelques écailles brunes légèrement maculées de blanc à la base; les régions inférieures sont d'un jaune pâle.

Gen. MACROPHIS B. du Boc.

238. MACROPHIS ORNATUS B. du Boc.

Macrophis ornatus B. du Boc., J. Sc. Lisb., 1866, p. 67, pl. 1, fig. 2.

Rare. — Mélacorée, Casamence, Gambie.

Un exemplaire de Kaour a été recueilli par le Dr Cédont, et ne diffère pas du type de l'intérieur d'Angola, décrit par M. Barboza du Bocage.

Fam. PSAMMOPHIDÆ Gunth.

Gen. PSAMMOPHIS Boie.

239. PSAMMOPHIS SIBILANS Schl.

Psammophis sibilans Schl., Ess., II, p. 207.
— Böttger, Abhand. Senck. Nat. Gesel. Frankf., 1881, p. 395.

Joulojh. — Commun. — Sorres, Diouk, Pointe de Barbarie, Rufisque, Joalles, Cap Mirik, les deux Mamelles, Han, Ponte, Gambie, Albréda, Zekinkior.

La Gambie, Rufisque, sont indiqués par Gunther et Böttger, comme localités habitées par cette espèce, dont l'aire d'habitat s'étend sur presque tout le Continent Africain.

240. PSAMMOPHIS MONILIGER Schl.

Psammophis moniliger Schl., Ess. II, p. 207.
— Dum. et Bib., Erp. Gen., t. VII, p. 891.
Coluber moniliger Daud., Rept., t. VII, p. 69.

Joulojh. — Assez commun. — Mêmes localités que l'espèce précédente.

241. PSAMMOPHIS SUBTÆNIATUS Rochbr.

Psammophis subtæniatus Rochbr., Mss., 1883.
Psammophis sibilans var. *subtæniata* Peters, Reise Nach. Mosamb., p. 121.

Joulojh. — Assez commun. — Matam, M'Boul, Guettala, Makana. Banionkadougou.

* La variété *subtæniata* de Peters, que nous considérons comme une espèce, de même que la suivante, est plus particulièrement localisée dans le haut Sénégal et la région Nord-Est.

242. PSAMMOPHIS INTERMEDIUS Rochbr.

Psammophis intermedius Rochbr., Mss., 1883.
Psammophis sibilans var. *intermedius* Fisch., Abband. Geb. Natur. Hamb., 1884, p. 14.

Joulojh. — Peu commun. — Mêmes localités que le *Psammophis subtæniatus*.

243. PSAMMOPHIS ELEGANS Shaw.

Psammophis elegans Shaw., Zool. Baud., III, p. 536.
— Dum. et Bib., Erp. Gen., t. VII, p. 894.
— Böttger., Abhandl. Senck. Nat. Gesel., p. 395.

Joulojh. — Commun. — Thionk, Leybar, Diouk, Portendik, Joalles, Rufisque, Albréda, Sedhiou, Zekinkior.

244. PSAMMOPHIS IRREGULARIS Fisch.

Psammophis irregularis Fisch., Abband. Geb. Nat. Hamb., 1856, p. 92.
— Gunth., Cat. Snakes, p. 137.

Joulojh. — Assez commun. — Mêmes localités que l'espèce précédente.

245. PSAMMOPHIS CRUCIFER Boié.

Psammophis crucifer Boié, Isis, 1827, p. 547.
Coluber crucifer Merr., Beitr., I, pl. III.
— *lurus* Klein., Tent., p. 36.

Joulaïh. — Assez rare. — Gambie, Mélacorée, Zekinkior, Guettala, Matam.

La basse Sénégambie et le haut fleuve possèdent cette espèce, indiquée jusqu'ici comme spéciale au Cap.

846. PSAMMOPHIS PUNCTULATUS Dum. et Bib.

Psammophis punctulatus Dum. et Bib., Erp. Gén., VII, p. 897.
— Peters, Nach. Reise N. Mosambique, p. 123.

Joulaïh. — Peu commun. — Diouk, Sorres, Dakar-Bango, Cayor, Kaarta, Zekinkior.

Dumeril et Bibron indiquent cette espèce en Arabie; elle vit en Mosambique, suivant Peters, et nous l'avons observée dans la majeure partie de la Sénégambie. Son aire d'habitat serait ainsi considérable.

847. PSAMMOPHIS TRIGRAMMUS Gunth.

Psammophis trigammus Gunth., Ann. And. Mag. Nat. Hist., 1865, p. 7.

Joulaïh. — Peu commun. — Kaour, Maka, Dianoch, Guellé, Guettala, Portendik, Ponte, Han, Mélacorée.

848. PSAMMOPHIS BISERIATUS Peters.

Psammophis biseriatus Peters, Monat. Ak. d. Wissens, Berlin, 1881, p. 81.
— Fisch., Abband. Geb. Natur., Hamb., 1884, p. 13.

Joulaïh. — Rare. — Kita, Kouguel, Talsari, Bandoubé, Bakel, Guettala.

Cette espèce, de l'Afrique Est, existe également dans la haute Sénégambie, où elle a été capturée par M. le Dr Colin.

Gen. RHAMPHIOPHIS Peters.

249. RHAMPHIOPHIS ROSTRATUS Peters.

Rhamphiophis rostratus Peters, Monat. Ak. d. Wissens, Berlin, 1854, p. 624.
— Peters, Reise Nach. Mosamb., p. 124.
Cœlopeltis porrectus Jan, Icon. Oph., 34 livr., pl. II, fig. 1.

Bakansu. — Rare. — Talaari, Bandoubé, Kita, Banionkadougou, Khorkhol, Guettala.

Cette espèce remarquable a été observée dans la haute Sénégambie par M. le Dr Colin.

Gen. DIPSINA Jan.

250. DIPSINA MULTIMACULATA Jan.

Dipsina multimaculata Jan, Elenc. Syst. Ofidi, p. 55.
Coronella multimaculata Smith., Ill. Zool. S. Afric., pl. LXI.

Djahbacan. — Peu commun. — Gambie, Casamence, Mélacorée, Sedhiou, Wagran; remonte plus rarement dans l'Ouest : Sebicoutane, Deny-Dack.

C'est l'espèce que M. Gunther a malencontreusement confondue avec l'*Amplorhinus multimaculatus*.

251. DIPSINA RUBROPUNCTATA Fisch.

Dipsina rubropunctata Fisch., Abband. Geb. Natur. Hamb., 1884, p. 7, taf. I, f. 3.

Djahbakan. — Assez rare. — Guettala, Maïna, Banionkadougou, Ouarkokh.

Nous devons à M. le Dr Ludovic Savatier d'inscrire ces deux espèces dans la faune Sénégambienne.

Gen. CŒLOPELTIS Wagl.

259. CŒLOPELTIS LACERTINA Wagl.

Cœlopeltis lacertina Wagl., Nat. Syst. Amph., p. 189.
— *insignitus* Dum. et Bib., Erp. Gen., VII, p. 1130.
La Couleuvre maillée J. G. St-Hil., Descr. Egyp. Rept., pl. VII, fig. 6.

Dlhane. — Peu commun. — Portendik, forêts de Gommiers, Aleb, Kaidé, Jarra, Ferani, Gasser-El-Barka.

Cette espèce, de l'Afrique Nord, des régions méridionales Européennes, est indiquée de l'Afrique Ouest par Gunther (*Cat. Snakes*, p. 139); elle ne dépasse pas, à notre connaissance du moins, la région désertique Sénégambienne.

Gen. RHAGERRHIS Peters.

253. RHAGERRHIS TRITÆNIATA Gunth.

Rhagerrhis tritæniata Gunth., Ann. and Mag. Nat. Hist., 1868, p. 422.
— B. du Boc., J. Sc. Lisb., 1873, nº 15, p. 12.

Dlhane. — Assez rare. — Ouarkokh, Maïna, Kaarta, Zekinkior, Cagnout, Cagnac-Cay.

D'Angola et de Mosambique, cette espèce appartient également au Sud et au Nord-Est de la Sénégambie.

254. RHAGERRHIS PRODUCTA Peters.

Rhagerrhis producta Peters, Monat. Ak. d. Wissens, Berlin, 1862, p. 275.
Cœlopeltis productus Gervais, Ac. Sc. Montpel., II, p. 512, pl. V, fig. 5.

Dihane. — Rare. — Mêmes localités que son congénère.

Fam. DRYADIDÆ Dum. et Bib.

Gen. HERPETODRYAS Boié.

255. HERPETODRYAS BERNIERI Dum. et Bib.

Herpetodryas Bernieri Dum. et Bib., Erp. Gen., t. VII, p. 211.

Jahne. — Commun. — Khasa, Safal, Babagayhe, Bokol, Gahé, M'Bilor, Kaarta, Oualo, Ponte, Sebicoutane, Gandiolo, Mélacorée, Gambie.

Cette espèce, indiquée comme propre à Madagascar et à l'Ile de France, est une des plus communes de la Sénégambie; répartie sur toute l'étendue de cette région, elle ne présente aucun caractère différentiel avec les types des Iles Africaines, où elle avait été jusqu'ici seulement observée.

Gen. PHILODRYAS Wagl.

256. PHILODRYAS LINEATUS Jan.

Philodryas lineatus Jan, Elenc. Syst. di Ofidi, p. 83.
Dryophylax lineatus Dum. et Bib., Erp. Gen., t. VII, p. 1124.

Jahne. — Peu commun. — Macandianbongou, Guettala, M'Boul, Bokol, M'Baroul, Douzar, Sebicoutane.

La haute Sénégambie possède cette espèce, découverte en premier lieu dans les régions du Nil Blanc.

257. PHILODRYAS MINIATUS Jan.

Philodryas miniatus Jan, Elenc. Syst. di Ofidi, p. 84.
Dryophylax miniatus Dum. et Bib., Erp. Gen., t. VII, p. 1120.

Jahne. — Rare. — Gahé, Bokol, Thiouk, Yen, Kaarta, Merinaghem, Safal.

258. PHILODRYAS GOUDOTI Jan.

Philodryas Goudoti Jan, Elenc. Syst. di Ofidi, p. 84.
Dryophylax Goudoti Dum. et Bib., Erp. Gen., t. VII, p. 1122.
Herpetodryas Goudoti Schleg., Ess. Phys. Serp., II, p. 187.

Jahne. — Rare. — Mêmes localités que l'espèce précédente.

Ces deux espèces, de Madagascar, sont incontestablement Sénégambiennes; nous les avons capturées nous-même, et elles nous ont été données par MM. les Drs Ludovic Savatier, Colin, ainsi que par le Capitaine Daboville.

Gen. HERPETÆTHIOPS Gunth.

259. HERPETÆTHIOPS BELLII Gunth.

Herpetæthiops Bellii Gunth., Ann. and Mag. Nat. Hist., 1866, p. 27, pl. VII, fig. *b*.

Rare. — Mélacorée, Gambie, Casamence, Zekinkior.

Le type décrit par M. Gunther (*loc. cit.*) provient de Sierra-Leone.

Gen. XENUROPHIS Gunth.

260. XENUROPHIS CÆSAR Gunth.

Xenurophis Cæsar Gunth., Ann. and Mag. Nat. Hist., 1863, p. 357, pl. VI, fig. c.

Rare. — Mélacorée.

Un spécimen de cette rare espèce, découverte à Zekinkior, nous a été communiqué par le Dr Carpentin.

Fam. DENDROPHIDÆ Schleg.

Gen. LEPTOPHIS Bell.

261. LEPTOPHIS SMARAGDINUS Dum. et Bib.

Leptophis smaragdinus Dum. et Bib., Erp. Gen., t. VII, p. 537.
Dendrophis smaragdinus Schleg., Ess. Phys. Serp., II, p. 237.

Owangala. — Commun. — Leybar, Thionk, Diouk, Dakar-Bango, Gadieba, Sebicoutane, Hann, Rufisque, Kaour, Zekinkior, Albréda.

Gen. PHILOTHAMNUS Smith.

262. PHILOTHAMNUS IRREGULARIS Fisch.

Philothamnus irregularis Fisch., Abband. Geb. Natur. Hamb., 1884, p. 11.
Coluber irregularis Leach., in Bowdich. Ashantee App., p. 493.
Dendrophis Chenonii Reinh., Dansk. Vid. Selsk. Afh., X, 1843, p. 246.
Leptophis Chenonii Dum. et Bib., Erp. Gen., t. VII, p. 545.
Philothamnus albovariata Smith., Ill. Zool. S. Afr., pl. LXV.

Owan. — Assez commun. — Thionk, Leybar, Sorres, Dagana, Rufisque, Ponte, Albréda, Zekinkior.

263. PHILOTHAMNUS SEMIVARIEGATUS Smith.

Philothamnus semivariegatus Smith., Ill. Zool. S. Afr., pl. LIX-LX, et pl. LXIV, fig. 1.

Owangala. — Assez commun. — Ghimberinghe, Samatite, Zekinkior, Oualo, Kaarta, Gandiole, Sebicoutane, Quellé, M'Boul, Guettala.

264. PHILOTHAMNUS PUNCTATUS Peters.

Philothamnus punctatus Peters, Monat. Ak. d. Wissens, Berlin, 1860, p. 839.
— Peters, Reise Nach. Mosambique, p. 129, pl. XIX, a, fig. 1.

Owan. — Assez rare. — Kita, Falémé, Bakoy, Makandianbongou, Quellé, Khorkhol.

Cette espèce, de Mosambique, paraît localisée dans la haute Sénégambie, d'où l'ont rapportée MM. les Drs Ludovic Savatier et Colin.

265. PHILOTHAMNUS NATALENSIS Smith.

Philothamnus Natalensis Smith., Ill. Zool. S. Afr., pl. LXIV.

Owan. — Peu commun. — Gambie, Casamence, Mélacorée, Zekinkior, Sedhiou, Bathurst.

Gen. CHLOROPHIS Hallow.

266. CHLOROPHIS HETERODERMUS Hallow.

Chlorophis heterodermus Hallow., Proced. Ac. N. S. Philad., 1857, p. 55.
— Cope, Proced. Ac. N. S. Philad., 1860, p. 559.

Owan. — Rare. — Mêmes localités que l'espèce précédente.

Gen. HAPSIDOPHRYS Fisch.

267. HAPSIDOPHRYS LINEATUS Fisch.

Hapsidophrys lineatus Fisch., Abhand. Geb. Naturw., 1856, p. 110.
— Gunth., Cat. Snakes, p. 144.
Dendrophis nigrolineatus Schleg., Nom. Rept. Mus. Berol., p. 26.

Owan. — Assez commun. — Gambie, Casamence, Mélacorée, Albréda, Zekinkior; remonte dans l'Ouest : Guettala, Makandianbongou, Bokol, Néoulé, Kaibel, N'Baroul, Thiouk, Diouk.

268. HAPSIDOPHRYS CŒRULEUS Fisch.

Hapsidophrys cœruleus Fisch., Abhand. Geb. Naturw., 1856, p. 111, pl. II, fig. 5-6.
— Gunth., Cat. Snakes, p. 145.

Owan. — Assez rare. — Kita, Podor, Bakol, Dagana, Saldé, Maïna, Bafoulabé.

269. HAPSIDOPHRYS NIGER Gunth.

Hapsidophrys niger Gunth., Ann. and Mag. Nat. Hist., 1872, p. 25.

Owan. — Rare. — Mélacorée, Casamence, Dianoch, Kaour, Maloumb, Cagnac-Cay, Itou, Wagran.

Le type décrit par M. Gunther provenait du Gabon.

Un des exemplaires que nous avons eus en main, et que nous devons à l'obligeance de M. le Dr L. Savatier, se distingue du type de M. Gunther par une coloration plus pâle et des dimensions moindres; pour tout le reste il lui est identique.

Gen. DISPHOLIDUS Duvernoy. (1).

270. DISPHOLIDUS TYPUS Rochbr.

Dispholidus typus Rochbr., Mss., 1883.
Bucephalus typus Dum. et Bib., Erp. Gen., t. VII, p. 878.
— *Capensis* Smith., Ill. Zool. S. Afr., pl. X.

Sadëjh. — Assez commun. — Thionk, Diouk, Leybar, Ounlo, Kaarta, Joalles, Rufisque, Albréda, Zekinkior.

271. DISPHOLIDUS VIRIDIS Rochbr.

Dispholidus viridis Rochbr., Mss., 1883.
Bucephalus viridis Smith., Ill. Zool. S. Afr., pl. III.
— *typus* Var. *viridis* Auctor.

Sadëjh. — Assez commun. — Mêmes localités que l'espèce précédente.

Cette espèce est indiquée à Rufisque par Böttger (*Abhand. Senck. Nat. Gesells.* 1884, p. 397).

Avec Smith, nous considérons le *Dispholidus viridis* comme espèce distincte et non comme une variété du *Dispholidus typus*. Les caractères différentiels énumérés par l'auteur sont trop évidents pour qu'il soit nécessaire d'insister et de les énumérer ici.

---

(1) Le genre *Bucephalus*, créé par Smith en 1829 *(Zool. Journ.)*, ne peut être conservé, car il a été proposé et accepté, en 1827, par Baër, pour un groupe de *Trematodes*. Le genre *Dispholidus* de Duvernoy (1833) et celui de *Dryomedusa* de Fitzenger (1843), étant synonymes de *Bucephalus*, l'un des deux doit remplacer ce dernier; le genre *Dispholidus* antérieur de dix années, est celui sous lequel nous désignons les espèces Sénégambiennes jusqu'ici classées dans le genre *Bucephalus*.

Gen. CHRYSOPELEA Boie.

272. CHRYSOPELEA PRÆORNATA Gunth.

Chrysopelea præornata Gunth., Cat. Snakes, p. 147.
Dendrophis præornata Schleg., Ess., II, p. 236.
Oxyrhopus præornatus Dum. et Bib., Erp. gen., VII, p. 1039.

Sadeïjh. — Peu commun. — Thionk, Diouk, Leybar, Oualo, Kaarta, Sebicoutane, Douzar.

Gen. RHAMNOPHIS Gunth.

273. RHAMNOPHIS ÆTHIOPISSA Gunth.

(Pl. XIX, fig. 1.)

Rhamnophis Æthiopissa Gunth., Ann. and Mag. Nat. Hist., 1862, p. 129, pl. X.

Sadeïjh. — Rare. — Guellé, Ouarkhokh, M'Boul, Dianoch, Kaour.

L'exemplaire que nous figurons provient de Kaour et nous a été communiqué par le Dr Carpentin; identique au type de M. Gunther par l'ensemble de ses caractères, il en diffère sensiblement par son mode de coloration : toutes les parties supérieures sont d'un brun violet changeant; une ligne orange règne sur le milieu du dos; deux lignes de même couleur s'étendent de chaque côté de la queue, des bandes d'un violet pourpre partagent le corps en anneaux réguliers; les parties inférieures sont d'un jaune orangé; les gastrotiges sont bordées de brun pourpre.

Gen. THRASOPS Hallow.

274. THRASOPS FLAVIGULARIS Hallow.

Thrasops flavigularis Hallow., Proced. Ac. N. Sc. Philad., 1857, p. 67.

Sadajh. — Rare. — Kaour, Gourba, Dianoeh, Cagnao-Cay, Ghimberinghe, Maloumb, Monsor, Samatito, Albréda.

Cette espèce, du Gabon, remonte dans la basse Sénégambie où elle parait localisée. Nous en possédons un exemplaire de Maloumb, que nous devons au Capitaine Daboville.

Fam. DRYOPHIDÆ Gunth.

Gen. UROMACER Dum. et Bib.

375. UROMACER OXYRHYNCHUS Dum. et Bib.

Uromacer oxyrhynchus Dum. et Bib., Erp. Gén., t. VII, p. 722, pl. LXXXIII, fig. 1.
Ahætulla oxyrhyncha Gunth., Cat. Snakes, p. 154.

Ewooc. — Commun. — Sebicoutane, Deny-Dack, Douzar, Thionk, Diouk, Bakel, Boukarié, Maïna, Mélacorée.

Cette espèce est l'une des plus communes de la Sénégambie. M. Gunther (*loc. cit.*) la donne comme originaire de Saint-Domingue; nous ignorons s'il est revenu sur cette manière de voir, les recherches les plus minutieuses ne nous ont fourni aucune indication à ce sujet; quoi qu'il en soit, à l'époque où il publiait son *Catalogue of Colubrine Snakes* (1858), il mettait en doute l'origine Africaine de l'*Uromacer oxyrhynchus* et, en le donnant comme de Saint-Domingue, il le confondait incontestablement avec une autre espèce.

Cette manière de faire, du reste, n'a pas lieu d'étonner, de la part de M. Gunther dont les ouvrages fourmillent d'erreurs grossières, malgré l'autorité que l'on attache d'habitude à son nom.

Gen. THELOTORNIS Smith.

276. THELOTORNIS KIRTLANDII Peters.

Thelotornis Kirtlandii Peters, Reise Nach. Mosambique, p. 131, taj. XIX, fig. 2.
Leptophis Kirtlandii Hallow., Proc. Ac. Nat. Sc. Philad., 1844, p. 62.
Thelotornis Capensis Smith, Ill. Zool. S. Afr., App., p. 19.
Oxybelis Lecomtei Dum. et Bib., Erp. Gen., t. VII, p. 821.
Cladophis Kirtlandii A. Dum., Arch. Mus., X, p. 204, pl. XVII, f. 8.

Sadëjh. — Peu commun. — Gambie, Casamence, Mélacorée, Sedhiou, Wagran, Ile aux Chiens, Monsor, Maloumb, Cagnac-Cay.

L'aire d'habitat de cette espèce, découverte d'abord au Gabon, est assez étendue, puisqu'on la rencontre à la Côte-d'Or, en Mosambique, à Angola et en Sénégambie.

Fam. DIPSADIDÆ Schleg.

Gen. TARBOPHIS Fleisch.

277. TARBOPHIS VIVAX Dum. et Bib.

Tarbophis vivax Dum. et Bib., Erp. Gén., VII, p. 913.
Coluber vivax Fitz., Neue, Class. Rept., p. 57.
Dipsas fallax Schleg., Phys. Serp., II, p. 295.

Ewoco. — Peu commun. — Matam, Guellé, Terrier du Coq, Kita, Portendik, Forani, Jarra.

Cette espèce, d'Égypte et d'Europe, habite la région Nord-Est de la Sénégambie, d'où elle s'étend le long de la limite désertique qu'elle ne dépasse jamais; elle ne nous est pas connue dans le Sud.

Gen. TELESCOPUS Wagl.

278. TELESCOPUS OBTUSUS Dum. et Bib.

Telescopus obtusus Dum. et Bib., Erp. Gen., VII, p. 1056.
Coluber obtusus Reuss., Mus. Senck., I, p. 137.
Dipsas Ægyptiaca Schleg., Abbild. Amph., p. 135, pl. XLV, fig. 19.

Ewooo. — Assez rare. — Se rencontre dans les mêmes régions que l'espèce précédente.

279. TELESCOPUS SEMI ANNULATUS Smith.

Telescopus semi annulatus Smith, Ill. Zool. S. Afr., pl. LXXII.
— Dum. et Bib., Erp. Gen., VII, p. 1058.
— Peters, Monat. Ak. d. Wissens, Berlin, 1867, p. 137.
Leptodira semi annulata Gunth., Ann. and Mag. Nat. Hist., 1872, p. 31.

Ewooo. — Peu commun. — Gambie, Casamence, Mélacorée, Samatite, Cagnout, Maloumb, Maka, Dianoch.

Entièrement distinct de l'espèce précédente, ce *Telescopus*, de la basse Sénégambie, habite également le Cap où il a été découvert par Smith, et en Mosambique où l'indique Peters.

Tout nous porte à penser que le *Leptodira semi annulata*, décrit par M. Gunther (*loc. cit.*) comme espèce nouvelle, n'est autre que le *Telescopus semi annulatus* de Smith; la forme générale, le nombre des rangées d'écailles, leur disposition, les couleurs sont identiques, aussi l'inscrivons-nous en synonymie.

Gen. TRIGLYPHODON Dum. et Bib.

280. TRIGLYPHODON PULVERULENTUM Jan.

Triglyphodon pulverulentum Jan, Elenc. Syst. di Ofidi, p. 102.
Dipsas pulverulenta Fisch., Abhand. Geb. Nat. Hamb., 1856, p. 81.

Ohiane. — Rare. — Gambie, Casamence, Mélacorée, Albréda, Sedhiou, Cagnac-Cay, Monsor.

391. TRIGLYPHODON FUSCUM Dum. et Bib.

Triglyphodon fuscum Dum. et Bib., Erp. Gen., VII, p. 1101.
Dipsas valida Fisch., Abhand. Geb. Nat. Hamb., 1856, p. 87.
— Gunth., Cat. Snakes, p. 172.

Ohiane. — Peu commun. — Gambie, Mélacorée, Dianoch, Maka, Gourba, Kaour, Ile aux Chiens, Wagran.

Le nom de *Trigliphodon fuscum*, dit M. Gunther (*loc. cit.*), ne peut être conservé : « having been given to an Australian species of genus, by Gray in the year 1842. »

Gray *Zool. Miscel.* 1842, p. 54) a publié un *Dendrophis fusca;* on ne sait pourquoi M. Gunther a jugé à propos de faire de ce *Dendrophis* un *Dipsas*, aussi croyons-nous qu'il n'y a pas lieu de tenir compte de son observation et d'accepter, comme il le fait, le nom de *valida* (*Fischer* 1856), postérieur à celui de *fusca* (Dum. et Bibr., 1854).

Le *Triglyphodon fuscum*, indiqué seulement à la Côte de Guinée, au Fantee, à la Côte d'Ivoire, vit dans la basse Sénégambie, où il a été recueilli par le Capitaine Daboville et le Dr Carpentin.

Gen. TOXICODRYAS Hallow.

392. TOXICODRYAS BLANDINGII Hallow.

Toxicodryas Blandingii Hallow., Proced. Ac. N. Sc. Philad., 1857, p. 60.
— A. Dum., Arch. Mus., X, p. 209.

Sudsjh. — Peu commun. — Gambie, Casamence, Mélacorée, Sedhiou, Ghimberinghe, Maloumb, Cagnout, Cagnac-Cay.

Divers Herpétologistes, Jan entre autres (*Elenc. di Ofidi*, p. 105), considèrent cette espèce comme identique au type Indien, décrit sous le nom d'*Opetiodon cynodon* par Cuvier.

A. Dumeril (*loc. cit.*) a montré les caractères différentiels des deux espèces; ces caractères, que nous trouvons sur nos spécimens Sénégambiens comparés au type Indien, sont les suivants :

« *Type Indien.* — Une seule plaque préoculaire remontant jusqu'à l'angle antérieur de la frontale moyenne, huit temporales, anale simple. »

« *Type Sénégambien.* — Deux plaques préoculaires, la supérieure n'allant pas rejoindre l'angle antérieur de la frontale moyenne, six temporales, anale double. »

Gen. ETEIRODIPSAS Jan.

283. ETEIRODIPSAS COLUBRINA Jan.

Eteirodipsas colubrina Jan, Elenc. Syst. di Ofidi, p. 105.
Dipsas colubrina Schleg., Abbild. Amph., p. 136, pl. XLV, fig. 21.
— Dum. et Bib., Erp. Gén., VII, p. 1146.

Dhiane. — Assez rare. — Gambie, Casamence, Mélacorée, Dianoch, Maka; remonte dans le Nord-Est : Matam, Guellé, M'Boul.

L'*Eteirodipsas colubrina* est une des espèces de Madagascar que l'on voit se montrer sur le continent Africain, et se disperser sur un espace assez considérable. Nous avons déjà eu occasion de citer des exemples semblables pour diverses autres espèces.

Gen. CROTAPHOPELTIS Fitz.

284. CROTAPHOPELTIS RUFESCENS Jan.

Crotaphopeltis rufescens Jan, Elenc. Syst. di Ofidi, p. 105.
Coluber rufescens Gmel., Syst. Nat., I, p. 1094.
Heterurus rufescens Dum. et Bib., Erp. Gén., VII, p. 1170.
Leptodeira rufescens Gunth., Cat. Snakes, p. 165.

Dhiane. — Assez commun. — Gambie, Casamence, Mélacorée, Ile aux Éléphants, Maka, Sedhiou, Albréda.

M. Gunther (*loc. cit.*) et Böttger (*Abhand. Senck. Nat. Gesel. Frankf.*, 1881, p. 398) avaient déjà indiqué cette espèce en Sénégambie.

Fam. LYCODONTIDÆ Dum. et Bib.

Gen. HETEROLEPIS Smith.

285. HETEROLEPIS CAPENSIS Smith.

Heterolepis Capensis Smith., Ill. Zool. S. Afr., pl. LV.
— Dum. et Bib., Erp. Gen., VII, p. 427.

Doma. — Rare. — Gambie, Casamence, Mélacorée, Albréda, Zekinkior, Bathurst.

Le type de cette espèce provient du Cap; la figure de Smith ne répond, en aucune façon, à la description exacte qu'il donne de sa coloration.

286. HETEROLEPIS GLABER Jan.

Heterolepis glaber Jan, Elenc. Syst. di Ofidi, p. 98.

Doma. — Rare. — Habite les mêmes localités que l'espèce précédente.

Jan (*loc. cit.*) indique cette espèce à la Côte-d'Or et à Boutry (*Afr. Occid.*).

Gen. SIMOCEPHALUS Gray.

287. SIMOCEPHALUS POENSIS Gray.

Simocephalus Poensis Gray, in Gunth. Cat. Snakes, p. 194.
— Gunth., Ann. and Mag. Nat. Hist., 1863, p. 360.
Heterolepis Poensis Smith., Ill. Zool. S. Afr., note, pl. LV.
— *bicarinatus* Dum. et Bib., Erp. Gén., VII, p. 422.

Dome. — Peu commun. — Mélacorée, Kaour, Dianoch, Gourba, Ile aux Chiens.

Cette espèce, de la basse Sénégambie, observée pour la première fois à Fernando-Po, existe en Guinée, au Calabar et dans les monts Cameroon.

288. SIMOCEPHALUS GRANTI Gunth.

Simocephalus Granti Gunth., Ann. and Mag. Nat. Hist., 1863, p. 360, pl. V, fig. *f*.

Dome. — Peu commun. — Gambie, Mélacorée, Benty, Bandoubé, Sebicoutane, Kaarta, Makhana.

Gen. LAMPROPHIS Fitz.

289. LAMPROPHIS AURORA Dum. et Bib.

Lamprophis aurora Dum. et Bib., Erp. Gén., VII, p. 431.
Coronella aurora Schleg., Ess., II, p. 75.

Dome. — Peu commun. — Rufisque, Joalles, Han, Ponte, Kaarta, Oualo, Sebicoutane, Kenakeri, Diouk, Thionk.

Gen. LYCOPHIDION Fitz.

890. LYCOPHIDION HORSTOCKII Schleg.

Lycophidion Horstockii Schleg., Ess., II, p. 111.
Lycodon Capensis Smith., Ill. Zool. S. Afr., tab. V. (Non Dum. et Bib.)

Domba. — Assez commun. — Gambie, Casamence, Mélacorée, Maloumb, Samatite, Wagran.

Cette espèce a été observée au Cap et à Angola.

891. LYCOPHIDION GAMBIENSE Rochbr.

Lycophidion Gambiense Rochbr., Mss., 1883.
— *Horstockii* var. Gunth., Ann. and Mag. Nat. Hist., 1866, p. 29.

Rare. — Gambie. (*Teste*, Gunther.)

M. Gunther (*loc. cit.*) cite une variété remarquable « Extraordinary variety » provenant de la Gambie; bien qu'elle paraisse devoir constituer une espèce, dit M. Gunther, « there is not the slightest structural difference from the ty pical *Lycophidion Horstockii.* »

Nous ne connaissons pas le type de M. Gunther; cependant, d'après sa description, nous croyons qu'il peut être élevé au rang d'espèce; nous l'inscrivons sous le nom de *Lycophidion Gambiense* et nous copions textuellement la diagnose de M. Gunther.

« The specimen is 21 inches long; is black, nearly all the scales having bluish white edges, a series of thirty quadrangular white spots occupies the back of the trunk, each spot enclosing nine or ten scales; the series commences with a withe longitudinal streak on the neck and occiput, and terminates with about seven streak like spots on the back of the thail. »

292. LYCOPHIDION LATERALE Hallow.

Lycophidion laterale Hallow., Proced. Ac. N. S. Philad., 1857, p. 58.

Domba. — Rare. — Gambie, Mélacorée, Casamence, Ile aux Chiens, Ghimberinghe.

Cette forme du Gabon remonte dans la basse Sénégambie.

293. LYCOPHIDION ACUTIROSTRE Gunth.

Lycophidion acutirostre Gunth., Ann. and Mag. Nat. Hist., 1868, p. 427, pl. XIX, fig. *d*.

Domba. — Rare. — Kita, Bakel, Falémé, Matam, Makhana, Macandianbongou.

L'exemplaire du haut Sénégal, que nous devons à l'obligeance de M. le Dr Ludovic Savatier, ne diffère en rien de ceux de Zanzibar, remarquables par la forme aiguë du museau et le nombre des scutelles ventrales constamment beaucoup plus petites que dans le *Lycophidion Horstockii* dont il se rapproche le plus.

*294. LYCOPHIDION IRRORATUM Gunth.

Lycophidion irroratum Gunth., Ann. and Mag. Nat. Hist., 1868, p. 426.
Coluber irroratus Leach., in Boud. Miss. Ashantee, p. 494.
Hypsirhina Maura Gray, Zool. Miscel, p. 67.
Lycodon Maura Gray, M. S. Brit. Mus.
Metoporhina irrorata Gunth., Cat. Snakes, p. 198.

Domba. — Peu commun. — Gambie, Casamence, Mélacorée, Bathurst, Zekinkior, Samatite, Gourba, Kaour.

Cette espèce, de la basse Sénégambie, habite la côte de Guinée et provient également de Sierra-Leone.

395. LYCOPHIDION SEMI CINCTUM Dum. et Bib.

Lycophidion semi cinctum Dum. et Bib., Erp. Gen., VII, p. 414.
— *semi annulis* Peters, Monat. Ak. d. Wissens, Berlin, 1854, p. 622.
— — Peters, Reise Nach. Mozambique, p. 135, pl. XVI, fig. 1.

Domba. — Peu commun. — Knour, Gourba, Samatite, Zekinkior, Banionkadougou, Guettala, Talaari.

Il ne nous est pas possible de distinguer spécifiquement le *Lycophidion semi annulis* de Peters du *Lycophidium semi cinctum* de Dumeril et Bibron, la comparaison des descriptions et des figures montre une identité parfaite, soit dans la taille, soit dans la coloration, soit dans la disposition, le nombre et la forme des écailles.

396. LYCOPHIDION GUTTATUM Jan.

Lycophidion guttatum Jan, Elenc. Syst. di Ofidi, p. 96.
Lycodon guttatum Smith., Ill. Zool. S. Afr., pl. XXIII.

Domba. — Assez rare. — Gambie, Mélacorée, Casamence, Zekinkior, Gourba.

Cette espèce habite également le Cap et Sierra-Leone.

Gen. CATAPHERODON Rochbr. (1).

397. CATAPHERODON UNICOLOR Rochbr.

Catapherodon unicolor Rochbr., Mss., 1883.

---

(1) Le genre *Boædon*, proposé en 1854 par Dumeril et Bibron (*Erp. Gén.*, t. VII, p. 357), a été généralement admis; cependant Gray, Peters, M. Gunther et beaucoup d'autres Naturalistes, ont modifié ce nom dans tous leurs travaux et l'ont écrit BOODON, attribuant faussement cette orthographe aux

Boædon unicolor Dum. et Bib., Erp. Gen., VII, p. 359.
Lycodon unicolor Boie, Isis, 1827, p. 521.

Okandia. — Peu commun. — Maloumb, Itou, Monsor, Dianoch, Kaour, Guellé, Gilfré, Ghimberinghe, Albréda.

M. Steindachner (*Sitz. Ber. Ac. Wien*, 1870) et Böttger (*Abhand. Senck. Nat. Gesel. Frank.*, 1881) indiquent cette espèce en Sénégambie.

---

auteurs de l'*Erpétologie Générale*, sans donner les raisons de ce changement. Quoi qu'il en soit, ni le mot *Boædon*, ni le mot *Boodon* ne peuvent être conservés.

Dumeril et Bibron *(loc. cit.)* ont soin de donner l'étymologie de leur genre *Boædon* qui veut dire : à dents de *Boa* (de *Boa*, Serpent et οδους, dent). Ce mot est hybride, c'est-à-dire composé d'un mot latin *Boa*, Serpent-Bœuf, et οδους, dent; or il existe une loi fondamentale de la nomenclature Linnéenne, loi universellement admise, que nous avons eu plusieurs fois l'occasion d'invoquer à propos *des productions scientifiques d'un Conchyliologiste peu scrupuleux* et ainsi conçue : « *Nomina generica, ex vocabulo Græco et Latino, similibusque, hybrida non agnoscenda sunt.* » (Lin., *Philos. Bot.*, § 223); par ces motifs, le nom générique *Boædon* doit être rejeté.

Quant au mot *Boodon*, modifié sans doute à cause même des raisons que nous venons d'énumérer, il doit également disparaître, car non seulement il ne répond pas au but que cherchaient Dumeril et Bibron, mais de plus, il est absurde puisqu'il indique un caractère impossible.

Son étymologie n'est et ne peut être que celle-ci : Βους, Βοος, Bœuf et οδους, dent; les deux racines sont Grecques, le mot est bon en tant que mot tiré du Grec, c'est possible, mais absurde dans l'espèce, nous le répétons, puisqu'il fait supposer l'existence d'un groupe de *Serpents à dents de Bœuf.*

Les mêmes Herpétologistes, auteurs du genre *Boodon*, lui réunissent, avec raison, du reste, le genre *Eugnathus* de Dumeril et Bibron (*loc. cit.*, p. 357); ce mot remplacerait avantageusement celui de *Boædon*, mais il date de 1854, et possède le désavantage d'être postérieur au genre *Eugnathus*, créé d'abord en 1834 par Schönherr, pour un groupe de *Coléoptères*, puis en 1843, par Agassiz, pour certains Poissons. Cette fois encore le nom de Dumeril et Bibron, comme celui d'Agassiz, ne peuvent être admis.

Conséquemment, nous appuyant sur la caractéristique même de Dumeril et Bibron : « Boædon : *premières dents sus-maxillaires plus longues que les suivantes* », c'est-à-dire *disposées en pente*, nous croyons pouvoir proposer le genre Cataphererodon de καταφερής-ής, qui est en pente, et οδους, dent. Tous les *Boædon* ou *Boodon* des auteurs devront être compris dans ce genre.

298. CATAPHERODON CAPENSE Rochbr.

Catapherodon Capense Rochbr., Mss., 1883.
Boædon Capense Dum. et Bib., Erp. Gen., VII, p. 364 (*non Smith*).

Okondia. — Peu commun. — Cagnac-Cay, Sainte-Mary, Ile aux Éléphants, Kaarta, Yen, Deny-Dack, Kounakeri, Gandiole.

Cette espèce a été signalée au Cap et aux Iles Loos.

299. CATAPHERODON VARIEGATUM Rochbr.

Catapherodon variegatum Rochbr., Mss., 1883.
Boodon variegatum Gunth., Ann. and Mag. Nat. Hist., 1868, p. 426.
Alopecion variegatum B. du Boc., J. Sc. Lisb., 1867, p. 230, pl. III, fig. 4.

Okondia. — Peu commun. — Mélacorée, Gambie, Casamence, Zekinkior, Sedhiou.

Le type décrit par M. Barboza du Bocage (*loc. cit.*) a été capturé dans l'intérieur d'Angola; l'espèce est localisée dans la basse Sénégambie d'où l'a rapportée le Dr Carpentin.

300. CATAPHERODON NIGRUM Rochbr.

Catapherodon nigrum Rochbr., Mss., 1883.
Boodon nigrum Fisch., Abhand. Senck. Ges. Hamb., 1856, p. 91.
— *quadrivirgatum* Hallow., Proced. Ac. S. Philad., 1857, p. 56.
— *infernalis* Gunth., Cat. Snakes, p. 199.

Okondia. — Peu commun. — Makana, Kita, Falémé, Khasa, Portendik, Maloumb, Zekinkior, Ghimberinghe.

Cette espèce s'étend du Cap au Gabon, et parait répartie dans toute la région Sénégambienne.

301. CATAPHERODON FASCIATUM Rochbr.

Catapherodon fasciatum Rochbr., Mss., 1883.
Alopecion fasciatum Gunth., Cat. Snakes, p. 196.

Okandia. — Assez rare. — Bakel, Saldé, Safal, Gadieba, N'Diago, Yen, Douzar.

Un spécimen de cette espèce, provenant de Saldé, nous a été donné par le Capitaine Daboville.

302. CATAPHERODON GEOMETRICUM Rochbr.

Catapherodon geometricum Rochbr., Mss., 1883.
Boodon geometricus Gunth., Cat. Snakes, p. 198.
Eugnathus geometricus Dum. et Bib., Erp. Gén., VII, p. 406.

Okandia. — Assez rare. — Thionk, Diouk, Dakar-Bango, Kaarta, Zekinkior, Sedhiou, Aibréda.

303. CATAPHERODON QUADRILINEATUM Rochbr.

Catapherodon quadrilineatum Rochbr., Mss., 1883.
Boædon quadrilineatum Dum. et Bib., Erp. Gén., VII, p. 363.
Boodon quadrilineatus Peters, Reise Nach. Mosambique, p. 133.

Okandia. — Peu commun. — Mêmes localités que l'espèce précédente.

M. Peters (*loc. cit.*) fait remarquer que cette espèce a été confondue par les auteurs avec le *Boædon geometricum* dont, pour lui, la patrie est encore douteuse; ne pouvant affirmer s'il est du continent Africain ou de Madagascar; l'observation directe nous a démontré que l'une et l'autre espèce sont Sénégambiennes; leur aire d'habitat paraît être assez étendue; car, indépendamment de notre région, ils ont été rencontrés au Cap, en Mosambique et à Angola.

304. CATAPHERODON LEMNISCATUM Rochbr.

Catapherodon lemniscatum Rochbr., Mss., 1883.
Boædon lemniscatum Dum. et Bib., Erp. Gén., VII, p. 365.

Okandia. — Rare. — N'Baroul, Safal, Maka, Babaghaye, Khorkhol, Matam, Falèmé, Kita, Banionkadougou.

Espèce Abyssinienne et de la haute Sénégambie.

Gen. **HOLUROPHOLIS** A. Dum.

305. HOLUROPHOLIS OLIVACEUS A. Dum.

Holuropholis olivaceus A. Dum., Rev. Zool., 1856, p. 465.
— A. Dum., Arch. Mus., t. X, p. 195, pl. XVI, fig. 1, *a*, *b*, *c*.

Okandia. — Assez rare. — Mélacorée, Gambie, Casamence, Zekinkior, Sedhiou.

Les spécimens de la basse Sénégambie ne diffèrent aucunement du type du Gabon.

Gen. **HORMONOTUS** Hallow.

306. HORMONOTUS AUDAX Hallow.

Hormonotus audax Hallow., Proced. Ac. N. S. Philad. 1857, p. 56.

Okandia. — Rare. — Mêmes localités que l'espèce précédente.

Gen. BOTHROPHTHALMUS Schleg.

307. BOTHROPHTHALMUS LINEATUS Schleg.

Bothrophthalmus lineatus Schleg., Nomencl., p. 27.
— A. Dum., Arch. Mus., t. X, p. 196.

Okandia. — Rare. — Mélacôrée, Monsor, Kaour, Dianoch, Gourba, Maloumb.

308. BOTHROPHTHALMUS BRUNNEUS Gunth.

Bothrophthalmus brunneus Gunth., Ann. and Mag. Nat. Hist., 1863, p. 356, pl. VI, fig. *e*.

Okandia. — Rare. — Gambie, Casamence, Kaour, Dianoch, Samatite, Cagnac-Cay.

Le type de M. Gunther provenait de Fernando-Po; un spécimen de Kaour nous a été communiqué par M. le Dr Ludovic Savatier.

Gen. BOTHROLYCUS Gunth.

309. BOTHROLYCUS ATER Gunth.

Bothrolycus ater Gunth., P. Z. S. of London, 1874, p. 444, pl. LVIII, fig. *b*.

Okandia. — Très rare. — Mélacorée, Gambie.

Cette espèce rare et remarquable a été découverte en Sénégambie par le Dr Cédont.

AULACODONTI Rochbr.

Fam. ELAPSIDÆ Gunth.

Gen. POECILOPHIS Gunth.

310. POECILOPHIS HYGIÆ Gunth.

Poecilophis hygiæ Gunth., P. Z. S. of London, 1859, p. 10.
Elaps hygiæ Merr., Beitr., I, t. VI.
— Dum. et Bib., Erp. Gén., VII, p. 1213.
Coluber lacteus Lin., Mus. Ad. Fried., I, tab. XVIII, fig. 1.

Khonkendja. — Assez rare. — Mélacorée, Gambie, Casamence, Zekinkior, Sedhiou, Ile aux Éléphants.

311. POECILOPHIS DORSALIS Gunth.

Poecilophis dorsalis Gunth., P. Z. S. of London, 1859, p. 10.
Elaps dorsalis Smith., Ill. Zool. S. Afr. App., p. 21.

Khonkendja. — Assez rare. — Habite les mêmes localités que l'espèce précédente.

Ces deux espèces, du Cap et de tout le Sud de l'Afrique, ne dépassent pas la basse Sénégambie.

Gen. ELAPSOIDEA B. du Boc.

312. ELAPSOIDEA GUNTHERI B. du Boc.

Elapsoidea Guntheri B. du Boc., J. Sc. Lisb., 1866, p. 70.

Khonkendja. — Rare. — Dianoch, Kaour, Maloumb, Gilfré, Ghimberinghe, Wagran, Kaarta, Sebicoutane.

Le type de ce genre nouveau, décrit par M. Barboza du Bocage, a été recueilli à Cabinda, ainsi qu'à Bissau; découvert dans la basse Sénégambie par le Dr Cédont, il a été observé également en remontant vers l'Ouest; nous en possédons un spécimen provenant des plaines du Kaarta, où M. le Dr Ludovic Savatier l'a capturé.

Fam. ATRACTASPIDIDÆ Gunth.

Gen. ATRACTASPIS Smith.

313. ATRACTASPIS BIBRONI Smith.

Atractaspis Bibroni Smith., Ill. Zool. S. Afr., pl. LXXI.
— *inornatus* Smith., Ill. Zool. S. Afr., *descript.*

Dhiasa. — Peu commun. — Itou, Gilfré, Cagnout, Maloumb, Douzar, Gadieba.

L'aire d'habitat de cette espèce s'étend du Cap à Sierra-Leone et au Sud et à l'Ouest de la Sénégambie.

314. ATRACTASPIS ATERRIMUS Gunth.

Atractaspis aterrimus Gunth., Ann. and Mag. Nat. Hist., 1863, p. 363.

Dhiasa. — Peu commun. — Mêmes localités que l'espèce précédente.

L'*Atractaspis aterrimus,* dit M. Gunther (*loc. cit.*), est semblable à l'*Atractaspis Bibroni* « very similar », mais s'en distingue par sa coloration.

Nous appuyant sur la disposition et le nombre des rangées d'écailles, etc., nous distinguons les deux formes, mais nous citons l'observation de M. Gunther comme un nouvel exemple de la facilité et du sans gêne avec lesquels le Naturaliste Anglais et beaucoup de ses imitateurs fabriquent certaines espèces; la coloration *seule* devient un *caractère fondamental*, quand pour eux le besoin de publier un nom nouveau se fait sentir; mais quand le nom a été imposé avant eux, cette coloration n'a plus aucune valeur, fût-elle même associée à d'autres caractères.

315. ATRACTASPIS CORPULENTUS Hallow.

Atractaspis corpulentus Hallow., Proced. Ac. N. S. Philad., 1857, p. 70.
— Gunth., Cat. Snakes, p. 239.

Dhlasa. — Peu commun. — Mélacorée, Gambie, Zekinkior, Itou, Gilfré.

Le type a été découvert au Gabon.

316. ATRACTASPIS IRREGULARIS Gunth.

Atractaspis irregularis Gunth., Cat. Snakes, p. 239.
Elaps irregularis Reinh., Besk. Slang. Kopenh., 1843, p. 41.

Dhlasa. — Rare. — Mélacorée, Gambie, Casamence, Samatite, Cagnac-Cay.

Le nombre des rangées d'écailles sur le tronc, celui des gastrostèges et des urostèges, une *coloration particulière*, nous font accepter cette espèce comme distincte de l'*Atractaspis Bibroni*, que M. Gunther (*loc. cit.*) inscrit en synonymie.

317. ATRACTASPIS MICROLEPIDOTUS Gunth.

Atractaspis microlepidotus Gunth., Ann. and Mag. Nat. Hist., 1866, p. 29, pl. VII, f. 7 *(Tête)*.

Dhlasa. — Rare. — Mélacorée, Gambie, Dianoch, Maka, Sebicoutane, Deny-Dack.

Fam. DENDRASPIDIDÆ A. Dum.

Gen. DENDRASPIS Schleg.

318. DENDRASPIS ANGUSTICEPS A. Dum.

Dendraspis angusticeps A. Dum., Rev. et Mag. Zool., 1856, p. 558.
— A. Dum., Arch. Mus., t. X, p. 216, pl. XVI.
Naja angusticeps Smith., Ill. Zool. S. Afr., pl. LXX.
— Dum. et Bib., Erp. Gen., VII, p. 1301.

N'Doksouj. — Assez commun. — Thionk, Leybar, Diouk, Diaoudoun, Gadieba, Kaour, Gourba, Maloumb, Samatite.

L'aire de dispersion de ce *Dendraspis* comprend le Cap, la baie de Lagoa, le Gabon, la côte de Mosambique et toute la Sénégambie.

319. DENDRASPIS JAMESONII Schleg.

Dendraspis Jamesonii Schleg., Vers. Zool. Amst., 1848.
Elaps Jamesonii Schleg., Phys. Serp., p. 179, pl. II, fig. 19.

N'Doksouj. — Peu commun. — Mêmes localités que l'espèce précédente.

Jusqu'ici cette espèce paraît spéciale à l'Afrique Ouest.

320. DENDRASPIS WELWITSCHII Gunth.

Dendraspis Welwitschii Gunth., Ann. and Mag. Nat. Hist., 1865, p. 97, pl. III, fig. *a*.

N'Doksouj. — Peu commun. — Mélacorée, Gambie, Casamence, Maloumb, Samatite, Zekinkior.

321. DENDRASPIS POLYLEPIS Gunth.

Dendraspis polylepis Gunth., Ann. and Mag. Nat. Hist., 1865, p. 98, pl. III, fig. *d*.

N'Doksouj. — Assez commun. — Kita, Bakel, Guettala, Makana, Banionkadougou.

322. DENDRASPIS INTERMEDIUS Gunth.

Dendraspis intermedius Gunth., Ann. and Mag. Nat. Hist., 1865, p. 98, pl. III, fig. *c*.

N'Doksouj. — Rare. — Mêmes localités que l'espèce précédente.

Ces deux dernières espèces, signalées au Zambèze, se rencontrent dans la haute Sénégambie, où elles ont été recueillies par M. le Dr Ludovic Savatier.

Gen. CAUSUS Wagl.

323. CAUSUS RHOMBEATUS Wagl

Causus rhombeatus Wagl., Nat. Syst. Amph., p. 172.
— Dum. et Bib., Erp. Gen., VII. p. 1203.
Sepedon rhombeatus Licht., Berl. Dubl. Verz., 1823, sp. 106.
— Smith, Ill. Zool. S. Afr. App., p. 21.

Atoubam. — Peu commun. — Maka, Dianoch, Zekinkior, Matam, Khorkhol, Leybar, Thionk, Diouk, Kaarta, Rufisque.

Nous avons observé cette espèce dans toute la Sénégambie.

324. CAUSUS LICHTENSTEINI Jan.

Causus Lichtensteini Jan, Elenc. Syst. di Ofidi, p. 119.
— Böttger, Abhand. Senck. Nat. Ges. Frankf., 1881, p. 399.

Atoubam. — Peu commun. — Habite avec l'espèce précédente.

M. Böttger, qui (*loc. cit.*) indique le *Causus rhombeatus* à Rufisque, n'accepte pas le *Causus Lichtensteini* comme espèce, mais comme variété ou race locale du premier; le fait, fût-il exact, ce que nous nions, ce serait une raison de plus pour lui conserver le nom proposé par Jan (*loc. cit.*).

Gen. SEPEDON Merr.

325. SEPEDON HÆMACHATES Merr.

Sepedon hæmachates Merr., Syst. Amph. Tent., p. 146.
— Dum. et Bib., Erp. Gén., VII, p. 1259.
Naja hæmachates Smith, Ill. Zool. S. Afr., pl. XXXIV.
Vipère hæmachate Lacép., Quad. Ovip. Serp., t. II, p. 115, pl. II, fig. 3.

Deuba. — Peu commun. — Gambie, Mélacorée, Maka, Diouk, Leybar, Thionk, Hann, Ponte, Dakar-Bango.

Comme les deux précédentes espèces, le *Sepedon hæmachates* habite toute la Sénégambie.

Fam. NAJIDÆ C. Bp.

Gen. CYRTOPHIS Sund.

326. CYRTOPHIS SCUTATUS Smith.

Cyrtophis scutatus Smith, Ill. Zool. S. Afr. App., p. 22.
Naja fulafula Bianc., Spec. Zool. Mosamb., p. 41, taj. IV, fig. 1.
Aspidelaps scutatus Jan, Elenc. Syst. di Ofidi, p. 118.

Ouolof. — Rare. — M'Boul, Khorkhol, Matam, Djanoch, Kaour.

Du Nord-Est et du Sud de la Sénégambie, cette espèce se rencontre au Cap et en Mosambique.

Gen. NAJA Laur.

327. NAJA HAJE Smith.

Naja haje Smith, Ill. Zool. S. Afr., pl. XVIII.
Coluber haje Lin., Mus. Ad. Fried., II, p. 46.
Uræus haje Wagl., Nat. Syst. Amph., p. 173.

Ouolof. — Peu commun. — Podor, Guellé, Matam, Guettala, Macandianbougou.

Pour nous, le type Sénégambien du *Naja haje* est plus particulièrement localisé dans la région Nord-Est ; ce type est parfaitement figuré sur la planche XVIII de Smith (*loc. cit.*) où il est désigné sous le nom de *variété A*. Sa teinte générale est d'un jaune ocracé, brunâtre sur le dos, avec de petites taches irrégulières noires, disséminées sur toutes les régions supérieures ; assez rare en Sénégambie, cette espèce serait la plus commune au Cap.

328. NAJA INTERMIXTA Dum. et Bib.

Naja intermixta Dum. et Bib., Erp. Gén., VII, p. 1290.
— *haje* var. B. Smith, Ill. Zool. S. Afr., pl. XIX.

Ouolof. — Assez commun. — Saldé, Dagana, M'Bilor, Khasa, Gahé, Nehoulé.

Dumeril et Bibron ont, avec raison, nommé la prétendue *variété* B, de Smith, bien distincte de tous les autres *Naja* Africains et remarquable par sa teinte générale d'un brun rouge brillant et par les flammures et les taches rouges et jaunes dont toutes les régions supérieures sont abondamment mouchetées; les parties inférieures sont d'un bleu de plomb maculées de taches quadrangulaires d'un jaune pâle.

329. NAJA MELANOLEUCA Hallow.

Naja melanoleuca Hallow., Proced. Ac. N. S. Philad., 1857, p. 61.
— *haje* var. C. Smith, Ill. Zool. S. Afr., pl. 20.

Iwomba. — Commun. — Thiouk, Diouk, Leybar, Dakar-Bango, Sorres, Gandiole, Oualo, Cayor, Kaarta, Ponte, Han.

Nous adoptons la manière de voir de M. Hallowell, quand il propose de nommer la *variété* C, de Smith. Cette forme, que l'on retrouve au Cap et au Gabon, est la plus commune en Sénégambie où elle est connue et redoutée des Européens sous le nom de Serpent noir.

330. NAJA ANCHIETÆ B. du Boc.

Naja Anchietæ B. du Boc., J. Sc. Lisb., 1879, p. 98.
— *haje* Var. *viridis* Peters, Monat. Ak. d. Wissens, Berlin, 1873, p. 411.

Deuba. — Assez rare. — Mélacorée, Gambie, Casamence, Gourba, Kaour, Dianoch.

Cette espèce, bien distincte par l'écaillure de la tête et sa coloration, a été, avec raison, distinguée du *Naja haje* par M. Barboza du Bocage. Elle a été observée à Angola; Peters l'indique également en Égypte.

331. NAJA NIGRICOLLIS Reinh.

Naja nigricollis Reinh., Besk. Nogl. Slang., p. 37.
— B. du Boc., J. Sc. Lisb., 1866, p. 71.

Deuba. — Rare. — Gambie, Casamence, Zekinkior, Albréda, Ile aux Chiens, Dianoch.

Toutes les espèces de *Naja* sont également redoutées des Nègres; ils affirment que leur salive est un poison, qu'ils peuvent la lancer à plusieurs mètres de distance, et que, lorsque cette salive vient à atteindre les yeux, la perte de la vue en est la conséquence. Ce préjugé est en vigueur chez tous les Nègres de l'Afrique, car les mêmes faits sont identiquement racontés par tous les observateurs.

Smith (*loc. cit.*) rapporte que les *Naja* grimpent sur les arbres et qu'ils vont souvent à l'eau; nous n'avons rien vu de semblable en Sénégambie où ces Serpents se tiennent dans les lieux herbeux mais arides, éloignés des cours d'eau et des marigots.

SOLENODONTI Rochbr.

Fam. VIPERIDÆ C. Bp.

Gen. VIPERA Laur.

332. VIPERA SUPERCILIARIS Peters.

Vipera superciliaris Peters, Monat. Ak. d. Wissens, Berlin, 1854, p. 625.
— Peters, Reise Nach. Mosambique, p. 144, taf. XXI.
— Strauch., Mem. Ac. Sc. Saint-Petersb., 1870, t. XIV, p. 84.

Ungulan. — Assez rare. — Kouguel, Arondou, Makana, Gangaran, Banionkadougou, Kouma, Kaibel, Bokol, Torbeck.

Nous ne pouvons avoir aucun doute sur l'authenticité de la présence de cette espèce de Mosambique, en Sénégambie; un splendide exemplaire rapporté du haut fleuve par M. le Dr Ludovic Savatier ne diffère, sous aucun rapport, du type décrit par Peters (*loc. cit.*).

Gen. ECHIDNA Merr.

333. ECHIDNA MAURITANICA Guich.

Echidna Mauritanica Guich., Exp. Sc. Algérie Rept., p. 24, pl. III.
— Dum. et Bib., Erp. Gen., VII, p. 1431.
Vipera Mauritanica Strauch., Mem. Ac. Sc. Saint-Petersb., 1870, t. XIV, p. 79.

Ungulan. — Peu commun. — Farani, Elimane, Argain, Agnitier, Cap Mirik, Kaiédé.

D'Égypte et d'Algérie, cette espèce s'arrête à la limite Saharienne de la Sénégambie.

334. ECHIDNA AVICENNÆ Alpin.

Echidna Avicennæ Alpin., H. Ægyp., § I, p. 210, tab. VII.
— *atricauda* Dum. et Bib., Erp. Gén., VII, p. 1430.
Vipera Avizennæ Strauch., Mem. Ac. Sc. Saint-Petersb., 1870, t. XIV, p. 113.

Ungulan. — Assez commun. — Cap Mirik, les Maringouins, Pointe de Barbarie, Argain, Cap Blanc.

Comme l'espèce précédente, cette *Echidna* ne franchit pas la région désertique.

335. ECHIDNA INORNATA Smith.

Echidna inornata Smith, Ill. Zool. S. Afr., pl. IV.
— Dum. et Bib., Erp. Gén., VII, p. 1437.
Vipera inornata Strauch., Mem. Ac. Sc. Saint-Petersb. 1870, t. XIV, p. 97.

Unguianka. — Assez rare. — Mélacorée, Casamence, Gambie, Zekinkior, Cagnac-Cay, Ile aux Chiens.

336. ECHIDNA ATROPOS Merr.

Echidna atropos Merr., Tent. Syst. Amph., p. 152.
— Dum. et Bib., Erp. Gén., VII, p. 1432.
Coluber atropos Gm., Syst. Nat., n° 1086.
Vipera atropos Schleg., Phys. Serp., p. 581, pl. XXI, f. 67.
— Strauch., Mem. Ac. Sc. Saint-Petersb., 1870, t. XIV, p. 98.

Ungulanka. — Mêmes localités que la précédente.

Ces deux espèces, du Sud de l'Afrique et plus spécialement du Cap, ne paraissent pas dépasser les régions de la basse Sénégambie.

Gen. CERASTES Wagl.

337. CERASTES CAUDALIS Dum. et Bib.

Cerastes caudalis Dum. et Bib., Erp. Gén., VII, p. 1446.
Vipera caudalis Smith, Ill. Zool. S. Afr., pl. VII.
— Strauch., Mem. Ac. Sc. Saint-Petersb., 1870, t. XIV, p. 106.

Ungulan. — Peu commun. — Maloumb, Monsor, Wagran, Bokol, Sebicoutane, Kaarta, Gadieba.

338. CERASTES ÆGYPTIACUS Dum. et Bib.

Cerastes Ægyptiacus Dum. et Bib., Erp. Gén., VII, p. 1440.
Vipera cerastes Schleg., Ess., II, p. 585.
— Strauch., Mem. Ac. Sc. Saint-Petersb., 1870, t. XIV, p. 108.

Ungulan. — Assez commun. — Kita, Makana, Gangaran, Oualo, Cayor, Kaarta, Joalles, Rufisque, Dakar.

Les Nègres de la Sénégambie redoutent, avec raison, cette espèce, cachée entièrement sous le sable, et pouvant atteindre facilement de ses morsures les pieds nus de ceux qui la foulent inconsciemment; nous avons eu à soigner dans le village de Sorres deux cas de morsures graves, chez des enfants Nègres.

Gen. ECHIS Merr.

339. ECHIS ARENICOLA Strauch.

Echis arenicola Strauch., Mem. Ac. Sc. St-Petersb., 1870, t. XIV, p. 117.
— *frænata* Dum. et Bib., Erp. Gén., VII, p. 1449.

Ungulan. — Assez commun. — Mêmes localités que l'espèce précédente.

Gen. CLOTHO Gray.

340. CLOTHO NASICORNIS Gray.

Clotho nasicornis Gray, Cat. Snakes Brit. Mus., p. 25.
Coluber nasicornis Shaw., Nat. Miscel., t. III, pl. XCIV.
Vipera nasicornis Strauch., Mem. Ac. Sc. St-Petersb., 1870, t. XIV, p. 88.

Nlangor. — Peu commun. — Mélacorée, Gambie, Casamence; remonte dans l'Ouest : Samone, Kounakeri, Kaarta.

L'aire d'habitat de cette espèce ne paraît pas dépasser la côte Ouest, elle existe en Guinée, au Gabon et aux Cameroon.

Gen. ATHERIS Cope.

341. ATHERIS SQUAMIGERA Cope.

Atheris squamigera Cope, Proced. Ac. Sc. Philad., 1862, p. 337.
— Strauch., Mem. Ac. Sc. Saint-Petersb., 1870, t. XIV, p. 124.
Echis squamigera Hallow., Proced. Ac. Sc. Philad., t. VII, p. 193.

Niangor. — Rare. — Gambie, Casamence, Mélacorée, Zekinkior, Albréda, Dianoch.

Un exemplaire de cette espèce du Gabon et de la basse Sénégambie a été exceptionnellement recueilli par le Dr Cédont dans le Kaarta.

342. ATHERIS BURTONI Gunth.

Atheris Burtoni Gunth., Ann. and Mag. Nat. Hist., 3e sér., t. XI, p. 25.
— Strauch., Mem. Ac. Sc. Saint-Petersb., 1870, t. XIV, p. 125.

Niangor. — Très rare. — Mélacorée, Dianoch, Kaour, Maka, Maloumb, Cagnac-Cay.

343. ATHERIS CHLOROECHIS Peters.

Atheris chloroechis Peters, Monat. Ak. d. Wissens, Berlin, 1864, p. 645.
— Strauch., Mem. Ac. Sc. Saint-Petersb., 1870, t. XIV, p. 126.

Niangor. — Rare. — Mêmes localités que l'espèce précédente.

Gen. BITIS Gray.

344. BITIS ARIETANS Gray.

Bitis arietans Gray, Zool. Miscel., 1842, p. 69.
Echidna arietans Merr., Tent. Syst. Amph., p. 152.
— Dum. et Bib., Erp. Gén., VII, p. 1425, pl. LXXIX, f. 1.
Vipera arietans Strauch., Mem. Ac. Sc. St-Petersb., 1870, t. XIV, p. 93.

Dangnar. — Commun. — Thionk, Leybar, Diouk, Khasa, Babaghaye, Dagana, Kaibel, Kaarta, Cayor, Oualo, Bakel, Talaari, Gambie, Casamence.

Cette espèce est répandue sur tout le continent Africain.

Adanson (*Voy. au Sénég.*, p. 126), rapporte au sujet du *Bitis arietans*, une aventure qui lui serait survenue au village de Sorres, le 22 avril 1751. Le cachet de vérité dont les récits du Voyageur Français sont généralement empreints fait supposer qu'à l'époque éloignée où il visitait la Sénégambie, le fait qu'il rapporte s'est produit, aujourd'hui on n'y voit rien de semblable. Aussi, afin d'établir un contraste, nous copions *in extenso* le passage d'Adanson :

« J'étais assis, dit-il, sur une natte, au milieu d'une cour, avec le Gouverneur de Sorres et toute sa famille; une Vipère de l'espèce malfaisante, après avoir fait le tour de la compagnie, s'approcha de moi; cette familiarité ne me plaisait guère et, pour éviter les accidents, je m'avisai de la tuer d'un coup de baguette que je tenais à la main. Toute la compagnie se leva aussitôt en jetant les hauts cris comme si j'eus fait un meurtre, chacun s'éloigna de moi et prit la fuite, l'endroit fut bientôt désert; je profitai de cet instant où j'étais seul pour mettre la Vipère dans mon mouchoir et la cacher dans la poche de ma veste, c'était un moyen de m'assurer cet animal et en même temps de calmer tous les esprits en le leur ôtant de la vue. Je n'étais pas trop en sûreté dans ce lieu et l'on m'y aurait fait un mauvais parti; mais le maître du village, homme de bon sens chez qui tout cela s'était passé, réfléchit qu'il était de son honneur et de son intérêt de faire cesser le tumulte et d'étouffer le bruit. Voilà un trait qui fait voir combien les Nègres sont zélés observateurs de leur religion et des superstitions qui y sont attachées, ils ne regardent pas les Serpents comme leurs fétiches ou leurs divinités, ils les respectent cependant assez pour ne pas les tuer; ils les laissent croître et multiplier dans leurs cases, quoique souvent ces animaux mangent leurs poulets et osent, pour ainsi dire, coucher avec eux. »

A l'heure actuelle, dans aucune case habitée on ne rencontre de Serpents et les Nègres tuent les Vipères sans crainte et sans remords; ils savent aussi les prendre vivantes pour les vendre aux Européens; de cette façon nous en avons possédé plusieurs couples en captivité.

345. BITIS RHINOCEROS Gray.

(Pl. XX, fig. 1.)

Bitis Rhinoceros Gray, Zool. Miscel., 1842, p. 70.
Echidna Rhinoceros A. Dum., Arch. Mus., t. X, p. 220.
— *Gabonica* Dum. et Bib., Erp. Gén., VII, p. 1428.
Vipera Rhinoceros Strauch., Mem. Ac. Sc. Saint-Petersb., 1870, t. XIV, p. 91.

Dangnar. — Assez commun. — Toute la Sénégambie.

Ce magnifique Ophidien est le plus redoutable de tous ceux de la Sénégambie; il atteint des dimensions relativement considérables, un spécimen, dont nous avons failli être victime et que nous avons tué à Dakar-Bango, mesurait un mètre soixante centimètres de long sur dix-huit centimètres de circonférence.

Le révérend Dr T. S. Savage a publié (*Proced. Ac. S. Philad.* 1848, p. 37) des particularités relatives aux mœurs de cette espèce que nous ne pouvons nous dispenser de citer.

« Cet animal, dit-il, lent et indolent dans ses mouvements, évite l'homme, à moins qu'il ne soit provoqué ou arrêté dans sa marche; il habite indifféremment les terrains bas ou élevés et se nourrit de Rats, de petits Reptiles et de Poissons d'eau douce qui habitent les marais; il décèle sa présence par un bruit particulier semblable à un sourd grognement auquel succède une sorte de sifflement; le premier bruit, bien connu, avertit de prendre garde, le second indique qu'il va mordre; quand il se prépare à l'attaque il aplatit la tête, le corps se rétracte sur lui-même, et la gueule énormément distendue, les crochets projetés en avant, les yeux enflammés, il darde son ennemi; il ne s'élance point sur sa proie, mais frappe, la dernière partie du corps et la queue fixées au sol. »

Lorsque le révérend Dr T. S. Savage écrivait le passage que nous venons de traduire, quoique ses observations aient été faites dans une colonie Anglaise où les animaux, parait-il, se comportent d'une façon toute spéciale (nous en avons cité quelques exemples (1), il est à supposer que l'insuccès de sa propagande religieuse auprès de quelque naturel de Liberia, influait sur son esprit, autrement il n'eût pas avancé des faits d'une inexactitude aussi flagrante.

Il est faux, en effet, que l'espèce qui nous occupe se nourrisse de Poissons. Les grognements décélateurs de sa présence sont une pure rêverie.

Sa gueule béante, enfin, pendant l'attaque, est non moins fantaisiste et dénote une ignorance complète de la façon dont les Serpents venimeux cherchent à s'emparer de leur proie.

Le *Bitis Rhinoceros* est un animal nocturne, il se tient dans les localités les plus arides, caché pendant le jour sous les touffes d'herbes desséchées, c'est seulement à la nuit qu'il se met en chasse; aucun indice ne décèle sa présence à telle ou telle place, et le hasard seul le fait rencontrer.

Un jour, en soulevant à Dakar-Bango, un amas de petites branches desséchées, nous ne fûmes pas peu surpris de mettre à découvert un énorme individu de cette espèce enroulé sur lui-même; excité à l'aide d'une longue branche flexible dont nous nous étions muni, il se mit en mesure de fuir après avoir tenté de nous atteindre d'un rapide coup de tête; plusieurs coups de la branche vigoureusement assénés sur la région dorsale eurent pour résultat de précipiter sa marche sans qu'il manifestât l'intention de renouveler son attaque; après une poursuite assez longue sans parvenir à l'arrêter par ce moyen craignant de le voir nous échapper, nous le tuâmes d'un coup de feu.

Nous avons possédé en captivité plusieurs spécimens de *Bitis Rhinoceros;* le jour ils restaient enroulés dans un coin de leur cage, refusant toute nourriture consistant en Oiseaux de petite taille, le soir, dès qu'ils apercevaient la proie que nous avions placée avec eux dans la journée, ils détendaient rapidement la partie antérieure du corps, frappaient l'Oiseau d'un seul coup, ouvrant la gueule juste au moment de l'atteindre, et se mettaient en mesure de l'avaler seulement après sa mort, c'est-à-dire au bout de quelques secondes à peine.

Aussitôt atteint, l'Oiseau pousse un cri et tombe sur le côté pour ne plus se relever.

---

(1) Voir Oiseaux : *Scopus umbretta*, p. 300 et seq.

Nous avons fait représenter, sur la planche ci-jointe, notre bel exemplaire de Dakar-Bango. Aucune des figures du *Bitis Rhinoceros* que nous avons examinées, ne montre les écailles relevées à l'extrémité du museau, particularité ayant valu à l'animal le nom caractéristique de *Rhinoceros.*

Nous croyons être le premier à tenir compte, graphiquement du moins, de ces appendices remarquables, dont beaucoup de sujets sont habituellement dépourvus.

NOTES ADDITIONNELLES.

Au moment où nous donnons le bon à tirer de cette feuille, on nous communique un travail de M. G. A. Boulenger intitulé: *Synopsis of the Families of existing Lacertilia,* extrait des *Annales and Magazine of Natural History for August* 1884.

Ce travail que nous nous réservons d'examiner dans nos suppléments, et où l'on trouve des mélanges et des réunions de types, selon nous des plus hétérogènes, n'infirme en rien la classification que nous avons proposée dans les pages précédentes.

Voir page 69.

PLATYDACTYLUS GIGAS L. Vaill.

(Pl. VIII, fig. 1 et 2.)

Platydactylus gigas L. Vaill., in Coll. Mus. Paris.
Ascalabotes gigas B. du Boc., J. Sc. Lisb., 1875, nº 18.
— Rochbr., *loc. cit.*, p. 69, nº 61.

C'est avec raison que M. le Professeur L. Vaillant a fait étiqueter cette forme sous le nom de *Platydactylus gigas;* le nom générique *Ascalabotes,* sous lequel, à l'exemple de M. Barboza du Bocage, nous l'avons désignée, doit être rejeté comme n'étant plus accepté aujourd'hui.

Le type devra donc être inscrit à la page 70, à la suite du *Platydactylus Delalandii*.

Nous avons fait figurer, sous un fort grossissement, un œil du *Platydactylus gigas*, afin de montrer la disposition toute particulière de la pupille.

« L'iris des *Platydactylus*, disent Dumeril et Bibron (*Erp. Gén.*, t. VI, p. 269), présente une pupille dont l'ouverture est quelquefois arrondie, mais le plus souvent elle offre *une fente linéaire et dont les bords sont frangés*, de manière que l'animal peut diminuer à volonté l'ouverture par laquelle la lumière et les images qu'elle produit parviennent sur la rétine. »

La pupille franchement *cateniforme* du *Platydactylus gigas* et *nullement frangée*, nous semble digne d'attirer l'attention.

LISTE MÉTHODIQUE

DES

REPTILES DE LA SÉNÉGAMBIE.

CHELONII Opp.

Testudinidæi C. Bp.

Chersinidæ Merr.

I. Testudo Lin.

1. — T. pardalis Lin.
2. — T. geometrica Lin.
3. — T. Verreauxi Smith.
4. — T. sulcata Mill.
5. — T. marginata Schœp.

II. Homopus Dum. et Bib.

6. — H. signatus Dum. et Bib.
7. — H. areolatus Dum. et Bib.

III. Kinixys Bell.

8. — K. Belliana Gray.
9. — K. erosa Gray.
10. — K. homeana Bell.

Emydidæ Gray.

IV. Clemmys Wagl.

11. — C. laticeps Strauch.

Chelydidæ Gray.

V. Sternothærus Bell.

12. — S. niger Dum. et Bib.
13. — S. nigricans Donndorff.
14. — S. castaneus Gray.
15. — S. sinuatus Smith.
16. — S. Derbianus Gray.
17. — S. Adansoni A. Dum.

VI. Pelomedusa Wagl.

18. — P. gehafiæ Gray.
19. — P. galeata Wagl.
20. — P. Gabonensis Strauch.
21. — P. Gasconi Rochbr.

Trionicydæi C. Bp.

Chitradæ Gray.

VII. Heptathyra Cope.

22. — H. Aubryi Cope.
23. — H. frenata Cope.

Trionicydæ C. Bp.

VIII. Gymnopus Dum. et Bib.

24. — G. Ægyptiacus Dum. et Bib.
25. — G. aspilus Rochbr.

IX. Tetrathyra Gray.

26. — T. Baikii Gray.
27. — T. Vaillantii Rochbr.

X. Cyclanosteus Gray.

28. — C. Senegalensis Gray.

Chelonidæi C. Bp.

Chelonidæ Gray.

XI. Caouana Gray.

29. — C. caretta Gray.
30. — C. olivacea Gray.
31. — C. imbricata Gray.

XII. Mydas Agass

32. — M. viridis Gray.

Sphargididæ Gray.

XIII. Sphargis Merr

33. — S. coriacea Gray.

HYDROSAURII Kaup.

Crocodilini Peters.

Crocodilidæ C. Bp.

XIV. Osteolæmus Cope.

34. — O. tetraspis Cope.

XV. Crocodilus Cuv.

35. — C. vulgaris Cuv.

XVI. Temsacus Gray.

36. — T. intermedius Gray.

XVII. Mecistops Gray.

37. — M. Cataphractus Gray.

MOSASAURI Rchbr.

Monitoridæi Rchbr.

Varanidæ C. Bp.

XVIII. Psammosaurus Fitz.

38. — P. griseus Fitz.

XIX. Monitor Cuv.

39. — M. Niloticus Gray.
40. — M. albogularis Gray.
41. — M. Ocellatus Gray.

XX. Hydrosaurus Gray.

42. — H. mustelinus Borre.

CHELOPODI Dum. et Bib.

Rhiptoglossi Wiegm.

Chamæleonidæ Gray.

XXI. Chamæleon Laur.

43. — C. [illegible] A. Dum.
44. — C. cinereus Aldr.
45. — C. Senegalensis Gray.
46. — [illegible]ow.
47. — C. affinis Gray.
48. — C. granulosus Hallow.
49. — C. dilepsis Leach.

XXII. Phumanola Gray.

50. — P. Namaquensis Gray.

XXIII. Lophosaura Gray.

51. — L. pumila Gray.

XXIV. Brookesia Gray.

52. — D. superciliaris Gray.

XXV. Triceras Gray.

53. — T. Owenii Gray.

XXVI. Cyneosaura Gray.

54. — C. pardalis Gray.

LACERTILII Opp.

Pachyglossi Wiegm.

Platydactylidæ A. Dum. et Boc.

XXVII. Platydactylus Cuv.

55. — P. muralis Dum. et Bib.
56. — P. Ægyptiacus Cuv.
57. — P. Delalandii Dum. et Bib.

XXVIII. Pachydactylus Wiegm.

58. — P. Bibroni Smith.
59. — P. capensis Peters.

XXIX. Colopus Peters.

60. — C. Wahlbergii Peters

XXX. Ascalabotes Fitz.

61. — A. gigas B. du Boc.

Chilikiodactylidæ Rchbr.

XXXI. Dactychilikion Themin.

62. — D. Braconieri Themin.

Hemidactylidæ A. Dum. et Boc.

XXXII. Hemidactylus Cuv

63. — H. verruculatus Cuv.
64. — H. Guineensis Peters.
65. — H. mabouia Cuv.
66. — H. platycephalus Peters.
67. — [illegible]
68. — H. Capensis Smith.
69. — H. affinis Steind.
70. — H. Bouvieri Bocourt.

XXXIII. Leiurus Gray

71. — L. ornatus Gray.

Ptyodactylidæ A. Dum. et Bib.

XXXIV. Ptyodactylus Cuv.

72. — P. Hasselquistii Dum. et Bib.

XXXV. Rhoptropus Peters.

73. — R. afer Peters.

XXXVI. Uroplates Fitz.

74. — U. fimbriatus Gray.

Gymnodactylidæ A. Dum. et Bib.

XXXVII. Gymnodactylus Spix.

75. — G. scaber Dum. et Bib.
76. — G. Kotschyi Steind.
77. — G. crucifer L. Vaill.

XXXVIII. Pristurus Rüpp.

78. — P. flavipunctatus Rüpp.

XXXIX. Phyllurus Cuv.

79. — P. Blavieri Rochbr.

Stenodactylidæ A. Dum. et Bib.

XL. Psylodactylus Gray.

80. — P. caudicinctus Gray.

XLI. Chondrodactylus Peters.

81. — C. anguilifer Peters.

XLII. Stenodactylus Cuv.

82. — S. Mauritanicus Guich.
83. — S. guttatus Cuv.

Platyglossi Wagl.

Agamidæ Swains.

XLIII. Agama Daud.

84. — A. colonorum Daud.
85. — A. occipitalis Gray.
86. — A. Rupelli L. Vaill.
87. — A. agilis Oliv.
88. — A. Savignyi Dum. et Bib.
89. — A. ruderata Oliv.
90. — A. Savatieri Rochb.
91. — A. hispida Gravenh.
92. — A. connectens Blanf.
93. — A. Bocourti Rochbr.
94. — A. Sinaita Heyd.

XLIV Stellio Daud.

95. — S. vulgaris Daud.
96. — S. cyanogaster Rüpp.
97. — S. nigricollis B. du Boc.

Uromasticidæ Theob.

XLV. Uromastix Merr.

98. — U. ornatus Rüpp.
99. — U. acanthinurus Bell.

Leptoglossi Wiegm.

Tachydromidæ Fitz.

XLVI. Tachydromus Daud.

100. — T. Fordii Hallow.

Lacertidæ C. Bp.

XLVII. Tropidosaurus Fitz.

101. — T. algira Fitz.

XLVIII. Ichnotropis Peters.

102. — I. macrolepidota Peters.
103. — I. Dumerilii B. du Boc.

XLIX. Lacerta Lin.

104. — L. Galloti Dum. et Bib.
105. — L. Samharica Blanf.
106. — L. Dugesi H. M. Edw.

L. Nucras Gray.

107. — N. Delalandii Gray.
108. — N. tessellata Gray.

LI. Thetia Gray.

109. — T. perspicillata Gray.

Eremidæ Fitz.

LII. Acanthodactylus Fitz.

110. — A. vulgaris Dum. et Bib.
111. — A. scutellatus Dum. et Bib.
112. — A. deserti Rochbr.
113. — A. Savignyi Dum. et Bib.
114. — A. Boskianus Fitz.

LIII. Scapteira Fitz.

115. — S. Capensis Bouleng.
116. - S. grammica Fitz.

LIV. Eremias Fitz.

117. — E. rubropunctata Fitz.
118. — E. nitida Gunth.
119. — E. lugubris Dum et Bib.

LV. Mesalina Gray.

120. — M. pardalis Gray.

Diploglossi Cope.

Zonuridæ Gray.

LVI. Cordylus Merr.

121. — C. griseus Cuv.

LVII. Pseudocordylus Smith.

122. — P. microlepidotus Gray.

LVIII. Gerrhosaurus Wiegm.

123. — G. flavigularis Wiegm.
124. — G. nigrolineatus Hallow.
125. — G. typicus Dum. et Bib.
126. — G. Bibroni Smith.
127. — G. Duliguoui Rochbr.

Macroscincidæ Rochbr.

LIX. Macroscincus B. du Boc.

128. — M. Cocteaui B. du Boc.

Euprepisidæ Bocourt.

LX. Euprepes Wagl.

129. — E. quinquetæniatus Wagl.
130. — E. breviceps, Peters.
131. — E. septemtæniatus Reuss.
132. — E. Perrotteti Dum. et Bib.
133. — E. punctatissimus Smith
134. — E. Olivieri Dum. et Bib.
135. — E. binotatus B. du Boc.
136. — E. Delalandii Dum. et Bib.
137. — E. Gravenhorstii Dum. et Bib.
138. — E. Isseli Peters.
139. — E. Fogoensis O'Shang.
140. — E. Hœpfferi B. du Boc.
141. — E. Fernandi Burt.
142. — E. Bibroni Dum. et Bib.
143. — E. Guineensis Peters.
144. — E. Blandingi Hallow.
145. — E. maculilabris Gray.
146. — E. Raddoni Gray.
147. — E. Harlani Hallow.

Scincidæ Gray.

LXI. Scincus Laur.

148. — S. officinalis Laur.

LXII. Pedorychus Peters.

149. — P. Hemprichii Peters.

LXIII. Gongylus Wagl.

150. — G. ocellatus Wagl.
151. — G. viridanus Gravenh.

Sepsidæ Gray.

LXIV. Sphenops Wagl.

152. — S. capistratus Wagl.

LXV. Anisoterma A. Dum.

153. — D. sphenopsiforme A. Dum.

LXVI. Scelotes Fitz.

154. — S. bipes Gray.

LXVII. Sepsina B du Boc.

155. — S. Angolensis B. du Boc.

LXVIII. Dumerilia B. du Boc.

156. — A. Bayonii B. du Boc.

LXIX. Herpetosaura Peters.

157. — H. occidentalis Peters.

Lygosomidæ Bocourt.

LXX. Mocoa Gray.

158. — M. Africana Gray.
159. — M. Reichenovii Peters.

LXXI. Ablepharus Fitz.

160. — A. quinquetæniatus Gunth.

Acontiadæ Gray.

LXXII. Acontias Cuv.

161. — A. meleagris Cuv.
162. — A. niger Peters.

LXXIII. Typhlacontias B. du Boc.

163. — T. punctatissimus B. du Boc.

Typhlophthalmidæ Rochbr.

LXXIV. Feylinia Gray.

164. — F. Currori Gray.

LXXV. Anelytrops A. Dum.

165. — A. elegans A. Dum.

LXXVI. Typhlophthalmus Rochbr.

166. — T. Cuvieri Rochbr.

PROTOPHIDII Dum. (P. Part.).

Annulati Wiegm.

Trogonophidæ Gray.

LXXVII. Trogonophis Kauf.

167. — T. Wiegmanni Kauf.

Amphisbœnidæ C. Bp.

LXXVIII. Amphisbœna Lin.

168. — A. quadrifrons Peters.

LXXIX. Cynisca Gray.

169. — C. leucura Gray.

LXXX. Ophioproctes Bouleng.

170. — O. Liberiensis Bouleng.

Cephalopeltidæ Gray.

LXXXI Monotrophis Smith.

171. — M. sphenorhynchus Peters.

Lepidosternidæ Gray.

LXXXII. Phractogonus Hallow.

172. — P. galeatus Hallow.

173. — P. Dumerilii Strauch.

174. — P. Anchietæ B. du Boc.

175. — P. jugularis Peters.

176. — P. magnipartitus Peters.

177. — P. scalper Gunth.

OPHIDII Opp.

Opoterodonti Dum. et Bib.

Typhlopidæ Dum. et Bib.

LXXXIII. Ophthalmidion Dum et Bib.

178. — O. Eschrichti Dum. et Bib.

179. — O. lineolatum Jan.

180. — O. Kraussi Reichen.

181. — O. elegans Peters.

182. — O. decorosus Buch. et Peters.

LXXXIV. Onychocephalus Dum. et Bib.

183. — O. Delalandii Dum. et Bib.

184. — O. congestus Dum. et Bib.

185. — O. dinga Peters.

186. — O. nigrolineatus Hallow.

187. — O. cæcus A. Dum.

Calodonidæ Dum et Bib.

LXXXV. Stenostomophis Rochbr.

188. — S. nigricans Rochbr.

189. — S. Sundewalli Rochbr.

190. — S. scutifrons Rochbr.

Rachiodonti Rochbr.

Rachiodontidæ Gunth.

LXXXVI Dasypeltis Wagl.

191. — D. scaber Wagl.

192. — D. Abyssinicus Rochbr.

193. — D. palmarum Gunth.

194. — D. fasciatus Smith.

Metabolodonti Rochbr.

Erycidæ C. Bp.

LXXXVII. Eryx Oppel.

195. — E. jaculus wagl.

196. — E. Thebaicus Dum. et Bib.

LXXXVIII. Rhoptura Peters.

197. — R. Reinhardti Peters.

Boæidæ Dum. et Bib.

LXXXIX Pelophilus Dum. et Bib.

198. — P. Fordii Gunth.

Pythonidæ Dum. et Bib.

XC. Python Cuv.

199. — P. Sebæ Dum. et Bib.

200. — P. regius Dum. et Bib.

Calamaridæ Dum. et Bib.

XCI. Temnorhynchus Smith.

201. — T. Sundewalli Smith.

202. — T. meleagris Rochbr.

203. — T. frontalis Peters.

204. — T. Jani Rochbr.

205. — T. ambiguus Rochbr.

XCII. Elapops Gunth.

206. — E. modestus Gunth.

XCIII. Homalosoma Wagl.

207. — H. lutrix Dum. et Bib.

208. — H. variegatum Peters.

XCIV. Amblyodipsas Peters.

209. — A. unicolor Peters.
210. — A. microphthalma Peters.

XCV. Miodon A. Dum.

211. — M. Gabonense A. Dum.

XCVI. Uriechis Peters.

212. — U. Capensis Peters.
213. — U. nigriceps Peters.

Zacholusidæ Rochbr.

XCVII. Lytorhynchus Peters.

214. — L. diadema Peters.

XCVIII. Zacholus Wagl.

215. — Z. olivaceus Rochbr.
216. — Z. fuliginoides Rochbr.
217. — Z. canus Rochbr.
218. — Z. semiornatus Rochbr.

XCIX. Meizodon Fisch.

219. — M. regularis Fisch.
220. — M. bitorquata Gunth.
221. — M. Dumerilii Gunth.
222. — M. longicauda Gunth.

C. Ablabes Dum. et Bib.

223. — A. rufula Dum. et Bib.
224. — A. Hildebrandtii Peters.

CI. Psammophylax Fitz.

225. — P. rhombeatus Fitz.

CII. Macroprotodon Gunth.

226. — M. cucullatus Jan.
227. — M. textilis Jan.

CIII. Amplorhinus Smith.

228. — A. multimaculatus Smith.

Natricidæ Gunth.

CIV. Graya Gunth.

229. — G. Silurophaga Gunth.

CV. Tropidonotus Kuhl.

230. — T. ferox Gunth.

CVI. Limnophis Gunth.

231. — L. bicolor Gunth.

CVII. Hydræthiops Gunth.

232. — H. melanogaster Gunth.

Colubridæ C. Bp.

CVIII. Zamenis Wagl.

233. — Z. florulentus Dum. et Bib.

CIX. Periops Wagl.

234. — P. hippocrepis Wagl.
235. — P. parallelus Dum. et Bib.

CX. Scaphiophis Peters.

236. — S. albopunctatus Peters.
237. — S. Raffreyi Bocourt.

CXI. Macrophis B. du Boc.

238. — M. ornatus B. du Boc.

Psammophidæ Gunth.

CXII. Psammophis Boie.

239. — P. sibilans Schl.
240. — P. moniliger Schl.
241. — P. subtæniatus Peters.
242. — P. intermedius Rochbr.
243. — P. elegans Shaw.
244. — P. irregularis Fisch.
245. — P. crucifer Boie.
246. — P. punctulatus Dum. et Bib.
247. — P. trigrammus Gunth.
248. — P. biseriatus Peters.

CXIII. Rhamphiophis Peters.

249. — R. rostratus Peters.

CXIV. Dipsina Jan.

250. — D. multimaculata Jan.
251. — D. rubropunctata Fisch.

CXV. Cœlopeltis Wagl.

252. — C. lacertina Wagl.

CXVI. Rhagerrhis Peters.

253. — R. tritæniata Gunth.
254. — R. producta Peters.

Dryadidæ Dum. et Bib.

CXVII. Herpetodryas Boie.

255. — H. Bernieri Dum. et Bib.

CXVIII. Philodryas Wagl.

256. — P. lineatus Jan.
257. — P. miniatus Jan.
258. — P. Goudoti Jan.

CXIX. Herpetæthiops Gunth.

259. — H. Bellii Gunth

CXX. Xenurophis Gunth.

260. — X. Cæsar Gunth.

Dendrophidæ Schl.

CXXI. Leptophis Bell.

261. — L. smaragdinus Dum. et Bib

CXXII. Philothamnus Smith.

262. — P. irregularis Fisch.
263. — P. semivariegatus Smith.
264. — P. punctatus Peters
265. — P. natalensis Smith.

CXXIII. Chlorophis Hallow.

266. — C. heterodermus Hallow.

CXXIV. Hapsidophrys Fisch.

267. — H. lineatus Fisch.
268. — H. cœruleus Fisch
269. — H. niger Gunth.

CXXV. Dispholidus Duvernoy.

270. — D. typus Rochbr.
271. — D. viridis Rochbr.

CXVI. Chrysopelea Boie.

272. — C. procornata Gunth.

CXXVII. Rhamnophis Gunth.

273. — R. Æthiopissa Gunth.

CXXVIII. Thrasops Hallow.

274. — T. flavigularis Hallow.

Dryophidæ Gunth.

CXXIX. Uromacer Dum. et Bib.

275. — U. oxyrhynchus Dum. et Bib.

CXXX. Thelotornis Smith.

276. — T. Kirtlandii Peters.

Dipsadidæ Schl.

CXXXI. Tarbophis Fleisch.

277. — T. vivax Dum. et Bib.

CXXXII. Telescopus Wagl.

278. — T. obtusus Dum. et Bib.
279. — T. semiannulatus Smith.

CXXXIII. Trigiyphodon Dum. et Bib.

280. — T. pulverulentum Jan.
281. — T. fuscum Dum. et Bib.

CXXXIV. Toxicodryas Hallow.

282. — T. Blandingi Hallow.

CXXXV. Eteirodipsas Jan.

283. — E. colubrina Jan.

CXXXVI. Crotaphopeltis Fitz.

284. — C. rufescens Jan.

Lycodontidæ Dum. et Bib.

CXXXVII. Heterolepis Smith.

285. — H. Capensis Smith.
286. — H. glaber Jan.

CXXXVIII. Simocephalus Gray.

287. — S. Poensis Gray.
288. — S. Granti Gunth.

CXXXIX. Lamprophis Fitz.

289. — L. aurora Dum. et Bib.

CXL. Lycophidion Fitz.

290. — L. Horstockii Schl.
291. — L. Gambiense Rochbr.
292. — L. laterale Hallow.
293. — L. acutirostre Gunth.
294. — L. irroratum Gunth.
295. — L. semicinctum Dum. et Bib.
296. — L. guttatum Jan.

CXLI. Catapherodon Rochbr

297. — C. unicolor Rochbr.
298. — C. Capense Rochbr.
299. — C. variegatum Rochbr.
300. — C. nigrum Rochbr.
301. — C. fasciatum Rochbr.
302. — C. geometricum Rochbr.
303. — C. quadrilineatum Rochbr.
304. — C. lemniscatum Rochbr.

CXLII. Holuropholis A. Dum.

305. — H. — Olivaceus A. Dum.

CXLIII. Hormonotus Hallow.

306. — H. audax Hallow.

CXLIV. Botrophtalmus Schl.

307. — B. lineatus Schl.
308. — B. brunneus Gunth.

CXLV. Bothrolycus Gunth.

309. — B. ater Gunth.

Aulacodonti Rochbr.

Elapsidæ Gunth.

CXLVI. Pœcilophis Gunth.

310. — P. hygiæ Gunth.
311. — P. dorsalis Gunth.

CXLVII. Elapsoidea B. du Boc.

312. — E. Guntheri B. du Boc.

Atractaspididæ Gunth.

CXLVIII. Atractaspis Smith.

313. — A. Bibroni Smith.
314. — A. aterrimus Gunth.
315. — A. corpulentus Hallow.
316. — A. irregularis Gunth.
317. — A. microlepidotus Gunth.

Dendraspididæ A. Dum.

CXLIX. Dendraspis Schl.

318. — D. angusticeps A. Dum.
319. — D. Jamesonii Schl.
320. — D. Wellwitschii Gunth.
321. — D. polylepis Gunth.
322. — D. intermedius Gunth.

CL. Causus Wagl.

323. — C. rhombeatus Wagl.
324. — C. Lichtensteini Jan.

CLI. Sepedon Merr.

325. — S. hæmachates Merr.

Naiidæ C. Bp.

CLII. Cyrtophis Sund.

326. — C. scutatus Smith.

CLIII. Naja Laur.

327. — N. haje Smith.
328. — N. intermixta Dum. et Bib.
329. — N. melanoleuca Hallow.
330. — N. Anchietæ B. du Boc.
331. — N. nigricollis Reinh.

Solenodonti Rochbr.

Viperidæ C. Bp.

CLIV. Vipera Laur.

332. — V. superciliaris Peters.

CLV. Echidna Merr.

333. — E. Mauritanica Guich.
334. — E. Avicennæ Alpeni.
335. — E. inornata Smith.
336. — E. atropos Merr.

CLVI. Cerastes Wagl.

337. — C. caudalis Dum. et Bib.
338. — C. Ægyptiacus Dum. et Bib.

CLVII. Echis Merr.

339. — E. arenicola Strauch

CLVIII. Clotho Gray.

340. — C. nasicornis Gray.

CLIX. Atheris Cope.

341. — A. squamigera Cope.
342. — A. Burtoni Gunth.
343. — A. chlorechis Peters.

CLX. Bitis Gray.

344. — A. arietans Gray.
345. — A. Rhinoceros Gray.

EXPLICATION DES PLANCHES

Planche I.

Figure 1. — *Pelomedusa Gasconi* Rochbr., 3/5 grand. nat.
» 2. — Carapace vue en dessous.

Planche II.

Figure 1. — *Heptathyra Aubryi* Cope, adulte, 1/8 grand. nat.
2. — La même jeune, grand. nat.

Planche III.

Figure 1. — *Gymnopus Ægyptiacus* Dum. et Bib., adulte, 1/7 grand. nat.
» 2. — La même jeune, grand. nat.

Planche IV.

Figure 1. — *Tetrathyra Vaillantii* Rochbr., adulte, 1/4 grand. nat.
» 2. — La même jeune, grand. nat.

Planche V.

Figure 1. — *Osteolæmus tetraspis* Cope, tête vue en dessus, 1/8 grand. nat.
» 2. — *Crocodilus vulgaris* Cuv., tête vue en dessus, 1/12 grand. nat.

Planche VI.

Figure 1. — *Temsacus intermedius* Gray, tête vue en dessus, 1/6 grand. nat.
2. — *Mecistops cataphractus* Gray, tête vue en dessus, 1/10 grand. nat.

Planche VII.

Figure 1. — *Temsacus intermedius* Gray, 1/10 grand. nat.

Planche VIII.

Figure 1. — *Platydactylus gigas* L. Vaill., grand. nat.
» 2. — Œil grossi 4 fois, montrant la forme de la pupille.

Planche IX.

Figure 1. — *Dactychilikion Braconnieri* Thom., grand. nat.
» 2. — Un doigt du même, grossi 2 fois 1/2.
» 3. — *Hemidactylus Bouvieri* Boc., grand. nat.
» 4. — Un doigt du même, grossi 2 fois.
» 5. — *Phyllurus Blavieri* Rochbr., grand. nat.
» 6. — Un doigt du même, grossi 5 fois.

Planche X.

Figure 1. — *Agama colonorum* Dum., 2/3 grand. nat.

Planche XI.

Figure 1. — *Agama Savatieri* Rochbr., grand. nat.
» 2. — Tête du même, vue en dessus et grossie.
» 3. — *Agama Bocourti* Rochbr., grand nat.
» 4. — Tête du même, vue en dessus et grossie.

Planche XII.

Figure 1. — *Gerrhosaurus Bibroni* Smith, grand. nat.
» 2. — » *Dulignoni* Rochbr., grand. nat.

Planche XIII.

Figure 1. — *Macroscincus Cocteaui* B. du Boc., 1/2 grand. nat.

Planche XIV.

Figure 1. — *Anelytrops elegans* A. Dum., grand. nat.
» 2. — *Phractogonus Dumerilli* Strauch, grand. nat.

Planche XV.

Figure 1. — *Onychocephalus congestus* Dum. et Bib., grand. nat.
» 2. — » *cœcus* A. Dum., grand. nat.

Planche XVI.

Figure 1. — *Pelophilus Fordii* Gunth., 1/2 grand. nat.

Planche XVII.

Figure 1. — *Miodon Gabonense* A. Dum., 2/3 grand. nat.

Planche XVIII.

Figure 1. — *Scaphiophis Raffreyi* Boc., 2/3 grand. nat.

Planche XIX.

Figure 1. — *Rhamnophis Æthiopissa* Gunth., 3/4 grand. nat.

Planche XX.

Figure 1. — *Bitis Rhinoceros* Gray, 1/2 grand. nat.

Original en couleur

NF Z 43-120-8

FAUNE

DE LA

SÉNÉGAMBIE

PAR

A.-T. DE ROCHEBRUNE

DOCTEUR EN MÉDECINE

LAURÉAT DE LA FACULTÉ DE MÉDECINE DE PARIS, LAURÉAT DE L'INSTITUT (AC. DES SC.)
ANCIEN MÉDECIN COLONIAL A Sᵗ-LOUIS (SÉNÉGAL), AIDE NATURALISTE AU MUSÉUM DE PARIS,
MEMBRE DE LA SOCIÉTÉ LINNÉENNE DE BORDEAUX, ETC., ETC.

POISSONS

Avec [illegible] planches en couleurs retouchées au pinceau

PARIS
OCTAVE DOIN
ÉDITEUR
8, PLACE DE L'ODÉON, 8

BORDEAUX
J. DURAND, IMPRIMEUR
DE LA SOCIÉTÉ LINNÉENNE
20, RUE CONDILLAC, 20

1883

FAUNE

DE LA

SÉNÉGAMBIE

FAUNE

DE LA

SÉNÉGAMBIE

PAR

A.-T. DE ROCHEBRUNE

DOCTEUR EN MÉDECINE

LAURÉAT DE LA FACULTÉ DE MÉDECINE DE PARIS, LAURÉAT DE L'INSTITUT (AC. DES SC.)
ANCIEN MÉDECIN COLONIAL A ST-LOUIS (SÉNÉGAL), AIDE NATURALISTE AU MUSÉUM DE PARIS,
MEMBRE DE LA SOCIÉTÉ LINNÉENNE DE BORDEAUX, ETC., ETC.

POISSONS

Avec six planches en couleurs retouchées au pinceau

PARIS
OCTAVE DOIN
ÉDITEUR
8, PLACE DE L'ODÉON, 8

BORDEAUX
J. DURAND, IMPRIMEUR
DE LA SOCIÉTÉ LINNÉENNE
20, RUE CONDILLAC, 20

1883

A LA MÉMOIRE DE MON PERE

A.-T. DE ROCHEBRUNE

LAURÉAT DE LA SOCIÉTÉ LINNÉENNE DE BORDEAUX
ET L'UN DE SES FONDATEURS.

PRÉFACE

L'ouvrage dont nous commençons aujourd'hui la publication, grâce au sympathique accueil de la Société Linnéenne de Bordeaux, à laquelle nous sommes uni par un profond sentiment de reconnaissance et le souvenir d'une mémoire vénérée, a pour objet l'étude des Vertébrés et des Invertébrés propres à la Sénégambie ; il formera 2 volumes composés chacun de Monographies, dont la réunion aura pour but de présenter, l'ensemble de la Faune de cette région, et comprendra les Races humaines, les Mammifères, Oiseaux, Reptiles, Batraciens, Poissons, Crustacés, Insectes, Mollusques, Échinodermes, Zoophites, etc.(1).

Les collections recueillies pendant notre séjour en Sénégambie (1875-1877) (2) ; les croquis de la plupart des espèces, exécutés sur place ; les nombreuses observations réunies jour par jour, jointes aux découvertes que nos devanciers ont consignées dans divers recueils, mais qui n'ont pas encore été groupées en un tout homogène ; enfin la grande quantité de types variés, quelquefois uniques, exposés dans les riches Galeries Zoologiques du Muséum de Paris, contribueront puissamment à aplanir les difficultés de la tâche longue et difficile, que, seul, nous n'hésitons pas à entreprendre, dans l'espoir de la mener à bonne fin.

L'étude attentive et consciencieuse de la Faune Sénégambienne, nous paraît être une œuvre utile ; l'Histoire Naturelle de

---

(1) Des circonstances indépendantes de notre volonté, nous ont empêché de faire paraître nos diverses monographies, dans un ordre méthodique ; c'est ainsi que nous donnons en premier lieu les Poissons, puis les Mammifères, les Reptiles, les Oiseaux, les Races humaines, etc. Mais chaque monographie portant une pagination spéciale, elles pourront être méthodiquement classées, à la fin de la publication — une introduction générale et une carte de la Sénégambie compléteront ces séries.

(2) Nos types sont, pour la plupart, déposés dans les Galeries du Muséum ; quelques-uns font partie de la Collection du Musée des Colonies.

cette partie de l'Afrique, si remarquable à tant de titres, compte un nombre restreint de publications, car la voie ouverte aux Naturalistes par Adanson, depuis un peu moins de deux siècles, a été rarement parcourue, et les courageux explorateurs qu'attire l'inconnu du Centre Africain, se sont rarement arrêtés à cette première étape, où l'on apprend à mourir sans gloire, mais où l'on est certain de trouver, en revanche, de riches mines scientifiques à exploiter.

Puissions-nous réussir à soulever un lambeau du voile qui les cache; puissions-nous provoquer des recherches assidues, et planter ainsi des jalons utiles pour tous ceux appelés par les exigences de leur profession, à vivre sous le climat meurtrier d'une contrée trop imparfaitement explorée!

En s'adonnant à l'étude des êtres qu'elle nourrit, ils contribueront aux progrès de la Science et, de plus, ils trouveront, comme nous, un adoucissement aux regrets qu'entraînent là, plus que partout, ailleurs peut-être, les souvenirs de la Patrie absente!

Paris, 2 janvier 1882.

FAUNE DE LA SÉNÉGAMBIE

POISSONS

CONSIDÉRATIONS GÉNÉRALES.

§ I. — Depuis l'époque où A. Duméril écrivait son important Mémoire sur les Reptiles et les Poissons de la côte occidentale d'Afrique (1), peu de travaux sont venus accroître le nombre des espèces décrites ou mentionnées par le savant Professeur du Muséum de Paris.

Parmi les rares publications relatives à l'Ichthyologie, nous trouvons seulement les brochures de M. Steindachner sur quelques espèces du Sénégal (2), et les notes de MM. Péters (3), Gill (4), Cope (5), Gunther (6), relatives au même sujet.

Le mémoire de Bleeker (7), consacré aux Poissons de la côte de Guinée, bien que ne traitant pas des espèces Sénégambiennes, doit être consulté, plusieurs types étant communs aux deux régions.

Il en est de même pour la savante monographie ichthyologique de l'Ogôoué par M. le Dr Sauvage (8), où se trouve la liste des espèces fluviales du Sénégal.

---

(1) *Arch. Mus.* t. X, p. 137-268. (1858-1861.)

(2) *Verh. zool. bot. ges.* Wien. (1864-1866-1869). — *Beitr. Z. Kenntniss Der Fishe Afrika's.* Wien, 1881.

(3) *Monastb. Berl. Akad.* (1857-1864-1876.)

(4) *Proced. Ac. nat. sc. Philad.* (1862.)

(5) *Journ. Ac. nat. sc. Philad.* (1866.)

(6) *Proc. zool. soc. Lond.* (1859.)— *Wiegm. Arch.* (1862.)—*Cat. Fisch. Brit. Mus.*

(7) 1861-1862.

(8) *Nouv. Arch. Mus.* Paris, 2e série, t. III, p. 5-56.

Nous indiquerons, outre ces divers ouvrages, la Faune des Canaries, par Valenciennes (1), le Traité de pêche sur la côte occidentale d'Afrique, par Berthelot (2), la mémoire de Castelneau (3), sur les Poissons de l'Afrique australe, les ouvrages d'Adanson, dont les deux principaux (4) renferment de précieux renseignements; enfin les traités généraux de Lacépède (5), Cuvier et Valenciennes (6) et quelques notes de Guichenot (7).

§ II. — Pour bien préciser le mode de répartition des espèces ichthyologiques Sénégambiennes, il convient, avant tout, de connaître la nature des parages qu'elles habitent et les phénomènes qui s'y produisent. En ce qui concerne le littoral, il nous faut étudier sa constitution géologique (8), la nature de ses fonds, ses atterrissements, ses profondeurs, les courants qui le sillonnent; relativement aux fleuves, il est nécessaire d'examiner leur ossature, le régime de leurs eaux et leurs dépôts, soit sur leur parcours, soit à leur embouchure.

Lorsque l'on quitte le cap Blanc, que nous prenons comme limite Nord extrême, pour suivre le littoral Africain, en vue d'aboutir au cap Verga, limite extrême Sud, on parcourt une suite de côtes, d'abord basses, souvent remplies d'écueils, limitées par des dunes de sable feldspathique, et, au fur et à mesure du chemin parcouru, par des falaises abruptes, généralement formées de roches trachytiques, rarement à base de Pyroxène, démontrant ainsi que cette longue étendue d'environ six cents milles, comprise entre les 20° et 10° de latitude N., et les 19° et 16° de longitude O., est due tout entière à des dépôts érup-

(1) In *Hist. Nat. des Canaries*, par Webb et Berthelot, t. II, 1839-1844.

(2) In-8°. Paris, M DCCC XL.

(3) Broch. in-8°, 78 pages (1861).

(4) *Hist. nat. du Sénégal*, in-4°, M DCC LVII. — *Cours d'hist. nat.* 1772. — Édit. Payer, t. II (1845).

(5) *Hist. Poiss.* Passim.

(6) *Hist. Poiss.* Passim.

(7) In Dumeril, *loco cit.*

(8) Très peu de renseignements nous paraissent avoir été donnés jusqu'ici sur la géologie de la côte occidentale d'Afrique. — Le grand planisphère de Marcou et Ziegler (2° édit. 1875) est muet sur ce point.

tifs; çà et là se rencontrent des lambeaux de plages soulevées, notamment au cap Blanc, et quelques îlots de terrains pétris de coquilles fluviales, dont nous ne devons pas tenir compte pour le moment, ayant à les examiner lorsque nous traiterons de l'ossature des fleuves.

La configuration des côtes est en raison directe de la composition du sol qui les limite. En effet, aux dunes correspondent de vastes baies, des bancs parfois considérables, des fonds de sable et de coquilles, souvent de vase, ceux-ci plus spécialement à l'embouchure des cours d'eau et dans un parcours assez étendu à partir de ces points; aux falaises succèdent les récifs, les fonds de graviers et de roches, toujours les plus grandes profondeurs.

Du cap Blanc aux premiers rochers du cap Vert, à quelques milles du plateau des Almadies, sans tenir compte de la portion de côte comprise entre le marigot des Maringouins, situé à environ quinze milles au Nord de Saint-Louis et la baie d'Yof, à dix-sept milles Sud de cette localité, espace de trente-deux milles sur lequel nous aurons à revenir, on relève les baies du Levrier, les hauts fonds de la Bayadère, le banc d'Argain, la baie de Tanit et le banc d'Angel, parages depuis longtemps connus par l'abondance exceptionnelle des poissons que l'on y rencontre et qui est due aux conditions favorables inhérentes à la nature de ces côtes. Nous voyons se reproduire le même fait, pour les baies de Dakar, Gorée, Joalles, Rufisques; plus loin encore, pour celles de la Gambie, du cap Sainte-Marie et du cap Rouge.

La moyenne des profondeurs sur toute l'étendue de la côte, peut être évaluée entre douze et vingt-cinq brasses (1).

L'anse du cap Blanc, par exemple, limitée dans sa partie Sud par une falaise trachytique et une portion de plage soulevée, présente un fond de sable mélangé de débris de la falaise et donne de douze à dix-neuf brasses de profondeur; celle du Levrier, à fond de sable, mesure les mêmes chiffres; sur le banc d'Argain, vaste plateau de sable et de coquilles brisées (comme les côtes basses environnantes), d'une longueur approximative de soixante milles, la sonde relève huit à dix brasses; le haut-fond de la Bayadère, le plus considérable, à huit milles dans le

(1) La plupart des brassages cités ont été puisés dans l'excellent ouvrage de l'amiral Roussin (*Mémoire sur la navigation aux côtes occid. d'Afr.*).

Sud, compte vingt brasses, tandis qu'autour de ces écueils, à peu près à cinq milles au large, on relève de vingt-cinq à cinquante brasses, sur fond de sable feldspathique.

Six à dix brasses, seulement, recouvrent le banc d'Angel, tandis que vers les parages du cap Vert, notamment à la pointe des Almadies et aux Deux-Mammelles (parages où les falaises se montrent les plus hautes), la profondeur descend : pour le premier, à quatre-vingt-quatre brasses; pour le second, de soixante-quatre à soixante-dix, et remonte à douze brasses dans la baie de Gorée.

A partir du cap Naze, limitant au Sud la grande baie où s'élève l'île de Gorée, les fonds sont tous de sable et de coquilles, mélangés de débris de roches brunâtres, au fur et à mesure que l'on s'approche du cap Verga. Les sondages de six à douze brasses, à un demi-mille de la côte, tombent à quatre, vers l'embouchure de la Casamence, pour reprendre et s'élever à cinquante brasses dans les eaux du cap Verga.

Les courants, constants sur les côtes de la Sénégambie, suivent le gisement de ces côtes du Nord au Sud.

Le grand courant polaire Nord de l'Afrique, issu de la branche Nord-Est du Gulf-Stream, relié au courant de Gibraltar et à celui du Portugal, s'incline au Sud, pour se confondre avec le courant du golfe de Guinée et délimite ainsi une large étendue affectant la forme d'un triangle isocèle, au centre duquel s'élèvent Madère et les Canaries. Tous les courants particuliers rayonnant de ces courants principaux, sont, en somme, le produit du volume d'eau général, venant se heurter contre les obstacles échelonnés sur son parcours et se subdivisant en bras, dont le retour à la masse s'effectue toujours au bout d'un parcours limité. Ces phénomènes se montrent, par exemple, au banc d'Argain, au cap Vert, sur tous les points analogues de la côte et à l'embouchure des rivières, où le courant fluvial, venant à rencontrer le courant marin, lutte un instant avant de se mêler avec lui, et occasionne les barres, si fréquentes dans les fleuves d'Afrique.

Des récifs nombreux, répandus le long du littoral où ils provoquent un état analogue à ces barres et connu sous le nom de *brisants*, règnent sur la presque totalité de la côte, mais plus spécialement du cap Blanc à la baie d'Yof.

La succession, démontrée par les sondages, d'accores combinés avec les courants qui les côtoient, et dont la vitesse, proportionnellement faible, n'en existe pas moins, produit des flots de fond; ceux-ci, forcés de s'élever les uns sur les autres, en vertu de la résistance produite par les accores, se soulèvent avec toute la force acquise, et parvenus à leur summum, retombent sur eux-mêmes, pressés par la pesanteur, sans pouvoir s'étendre en nappe sur le rivage, *brisant*, pour nous servir de l'expression consacrée, comme s'ils venaient déferler contre une barrière de rochers.

§ III. — Ces renseignements topographiques et hydrologiques connus, si l'on embrasse l'ensemble des espèces marines, on constate: que les côtes de la Sénégambie possèdent une faune à elles propre; et qu'en outre (nous insistons sur ce fait d'une façon toute particulière) elles nourrissent un grand nombre d'espèces de la Méditerranée et de l'archipel Canarien, tandis que les espèces Américaines existent dans de très faibles proportions.

Sur deux cent quarante espèces, en effet, composant la faune littorale, quatre-vingt-sept sont propres à la côte occidentale d'Afrique, soixante-sept ont été mentionnées comme appartenant à la Méditerranée, aux Canaries, à Madère; sept seulement sont éminemment Américaines; quant aux soixante-dix-neuf restant, quoique en général communes à toutes les mers, elles ont cependant une tendance à se cantonner sur les rivages Asiatiques et plus particulièrement sur ceux de l'archipel Indien.

La faune littorale peut donc être ainsi répartie : trente-six espèces pour cent Africaines; vingt-huit pour cent Méditerranéennes; deux pour cent Américaines; les espèces Asiatiques peuvent être évaluées à seize pour cent.

Dans l'introduction à sa Faune ichthyologique des Canaries, Valenciennes, abordant ce sujet, s'exprime ainsi: « Situé à l'entrée » du grand bassin de l'Atlantique sur la côte d'Afrique, cet » archipel *semble plutôt lier, par les poissons qu'il nourrit, les côtes* » *du continent Américain au bassin de la Méditerranée, qu'à la* » *côte d'Afrique.* »

A l'époque (1839-1844) où Valenciennes écrivait ces lignes, l'ichthyologie des côtes d'Afrique était bien peu connue et la comparaison entre les deux régions ne pouvait être établie sur des bases certaines; sans cela il lui eût été facile de conclure à la similitude des espèces du littoral Sénégambien et de l'archipel des Canaries, et il n'eût pas cité comme seules espèces communes : les *Pagrus vulgaris* et *Chrysophris cæruleo-sticta*.

Pour démontrer le lien intime qui unit la côte d'Afrique à la Méditerranée et à l'archipel des Canaries, il suffit d'établir le calcul suivant, fait d'après les indications consignées dans le mémoire même de Valenciennes : sur cent douze espèces, abstraction faite de vingt-trois spéciales aux Canaries, quarante-trois sont communes aux côtes de la Sénégambie, quarante et une vivent dans la Méditerranée et cinq dans les mers d'Amérique.

Les espèces des parages de Madère donnent des résultats identiques, car trente-huit de ces espèces se retrouvent sur nos côtes d'Afrique.

Ces chiffres comparés aux nôtres prouvent, par leur presque identité, la similitude précédemment signalée; il ne pouvait guère en être autrement, car si, d'un côté, les deux rives sont assez rapprochées pour que les mêmes espèces puissent s'y rencontrer, de l'autre, leur nature, leur configuration est semblable; ces causes doivent donc influer sur la distribution et le stationnement des mêmes poissons. A Madère, aux Canaries, sur les côtes de la Sénégambie, on observe une ossature littorale identique, des fonds composés des mêmes éléments, des rivages soumis aux mêmes influences, en un mot partout les mêmes conditions d'existence.

La liaison entre le bassin Méditerranéen, les Canaries et les côtes d'Afrique ainsi établie, contrairement aux dires de Valenciennes, il reste à examiner quelles relations existent entre les espèces des côtes d'Amérique et celles de la Méditerranée, et quel rôle, surtout, l'archipel des Canaries, nécessairement aussi les côtes d'Afrique (puisque la majeure partie des espèces sont les mêmes), doivent jouer dans la question.

Malgré l'autorité, généralement accordée au collaborateur de Cuvier, nous cherchons vainement sur quelles preuves il a pu établir l'opinion plus haut énoncée ? En démontrant que ces preuves font défaut, nous apporterons un élément d'une valeur plus grande encore, en faveur de la thèse que nous soutenons sur l'analogie des faunes Méditerranéennes et des côtes occidentales d'Afrique.

Comme preuve concluante du mélange de formes Américaines et Canariennes, Valenciennes invoque (1) « les *Priacanthes*, les » *Berix*, les *grandes Carangues*, les *Scombres* et les *Pimeleptères.* »

Nous venons d'établir que cinq espèces Américaines, seules, étaient signalées par Valenciennes sur les côtes de l'archipel Canarien; ceci posé, en étudiant minutieusement son Mémoire, on ne lui voit d'abord citer relativement aux Carangues et aux Scombres que des espèces de la Méditerranée (2); si l'on passe aux *Priacanthes* et aux *Berix* dont il décrit deux espèces, le *Priacanthus boops* et le *Berix decadactylus* qui « N'ENTRENT PAS DANS LA MÉDITERRANÉE, » il est facile de voir que ces deux genres sont loin d'être essentiellement Américains, car, sur dix-huit espèces appartenant au premier, trois existent il est vrai dans les mers d'Amérique, mais onze habitent l'Inde, la Chine, le Japon, les Moluques, Sumatra, Batavia, les Seichelles; trois, Madère et Sainte-Hélène; une enfin la mer Rouge. Il en est de même du genre *Berix*, où l'on compte cinq espèces, toutes de Madère, de l'océan Indien et des mers d'Australie (3).

Il en est de même pour le genre *Pimelepterus*, que Valenciennes choisit « comme un des meilleurs exemples à prendre » pour démontrer la similitude des espèces Américaines et Cana» riennes, similitude d'autant plus remarquable, qu'elle a lieu » pour des poissons *qui ne peuvent être comptés parmi les espèces* » *voyageuses* » (4).

En consultant l'Histoire Naturelle des poissons de Cuvier et de Valenciennes, à l'article du *Pimelepterus Boscii* Lacep., dont le *P. incisor* de Valenciennes n'est, selon M. Gunther (5), que le synonyme, et ne doit pas être confondu avec le *P. incisor* C. V., du Brésil, on trouve (6) « que Bosc a vu les Pimeleptères suivre les

---

(1) *Loc. cit.* p. 1, introduction.
(2) *Loc. cit.* p. 49.
(3) Gunther, *Cat. fisch. Brit. Mus.* t. I, p. 12 et seq., p. 215 et seq.
(4) *Loc. cit.* p. 1, introduction.
(5) *Loc. cit.* p. 497.
(6) *Loc. cit.* t. VII, p. 263.

» navires dans la haute mer et s'assembler en troupes autour du » gouvernail, pour dévorer ce que l'on rejette du bâtiment ; que le » *P. Dussumieri* C. V., du Bengale fut pris par Dussumier le long » d'un morceau de bois flottant (1) ; que le *P. Reynaldi* C. V., de la » Sonde fut pêché le long du bord » (2).

Nous ajouterons enfin que sur les douze espèces connues, si trois sont Américaines, deux sont du cap de Bonne-Espérance et de la mer Rouge, les autres de Java, Batavia, les Philippines et la Nouvelle-Guinée (3).

Il serait superflu d'accumuler de nouvelles preuves en faveur de la cause que nous défendons (4).

Nous croyons avoir démontré, d'une part, l'identité des espèces Méditerranéennes et Canariennes avec celles de la Sénégambie; nous venons de faire voir, d'autre part, que les preuves invoquées en faveur de l'union des côtes d'Amérique avec le bassin de la Méditerranée, ne peuvent être acceptées. Modifiant la proposition de Valenciennes, il faudrait dire : *La côte ouest d'Afrique, liée au bassin de la Méditerranée et à l'archipel des Canaries, n'a aucune relation appréciable avec les côtes du continent Américain.*

Si un rapprochement devait être cherché, nous le trouverions dans les mers de l'Inde, et nous pourrions, pour les poissons de

(1) *Loc. cit.*, vol. VII, p. 273.

(2) *Loc. cit.*, vol. VII, p. 274.

(3) Gunther, *loc. cit.*

(4) Berthelot *(De la pêche sur la côte occidentale d'Afrique)* émet une opinion semblable (p. 54-55), sur laquelle Valenciennes semble avoir établi la sienne. Toutefois Berthelot ajoute que peut-être les espèces du Nouveau-Monde ont pu s'égarer à travers l'Océan jusque dans ces parages. En ce qui a trait aux espèces propres aux Canaries, il a soin de dire (p. 53) : « Les phalanges de » poissons du cap Blanc, de la barre du Sénégal, de la baie de Gorée, de l'em- » bouchure de la Gambie, fournissent depuis plus de trois siècles leurs tributs » aux îles Canaries ». Cette citation n'a pas besoin de commentaires ; mais un peu plus loin, il ajoute : que la grande collection de poissons rapportée par lui et Webb provient de ces parages. N'est-ce pas dire hautement que Valenciennes a été induit en erreur, et que, sur de faux renseignements, il a décrit comme éminemment Canariennes, des espèces communes, sinon spéciales aux côtes d'Afrique ?? Cependant Valenciennes connaissait et cite souvent le Traité de pêche de Berthelot ! Les deux ouvrages fourmillent à chaque page de contradictions, dont la cause nous est inconnue !

la Sénégambie, plus peut-être que pour tout autre groupe de l'échelle zoologique, invoquer l'opinion d'Isidore Geoffroy Saint-Hilaire (1), confirmée par Pucheran (2), développée par Duméril (3) : « *Presque tous les genres Africains ont des représen-* » *tants dans l'Inde.* » Isidore Geoffroy Saint-Hilaire et Pucheran parlaient des mammifères, Duméril des reptiles ; pour les poissons, il faut comprendre non seulement les *genres*, mais aussi les *espèces;* ces dernières, d'après nos chiffres, ont fourni une moyenne de vingt-huit pour cent, quantité bien supérieure aux deux pour cent des espèces Américaines. Quant aux genres, si leur nombre dépasse celui des espèces sur les côtes de la Sénégambie (fait analogue pour l'archipel Canarien), ils sont malgré tout en trop petite minorité, pour permettre de voir une liaison quelconque entre les deux continents (4).

La faune marine et littorale Sénégambienne se compose donc en presque totalité : d'une part, d'espèces de la Méditerranée; de l'autre, d'espèces spéciales à ses parages, lui donnant un facies caractéristique.

§ IV. — Le bassin de la Sénégambie, arrosé par plusieurs cours d'eau, dont les plus importants sont : le Sénégal, la Gambie et la Casamence, est en partie borné au Sud-Est par la chaîne du Fouta-Djalon, dernier contrefort des montagnes de Kong, où ces fleuves prennent leur source. Tous courent parallèlement de l'Est à l'Ouest, en recevant divers affluents, dont le plus important pour le Sénégal est la Falémé; leur cours est tortueux, semé de bancs de sable et de barrages de roches d'origine ignée, occasionnant

---

(1) *Voyage de Bellanger aux Indes orient.*, p. 10.

(2) *Revue zool.*, 1835, p. 403.

(3) *Poiss. et rept. côte occ. d'Afr. loc. cit.*, p. 158.

(4) « Les espèces littorales, dit Valenciennes, suivent en général les configurations des continents. » *(Dict. d'hist. nat.*, d'Orbigny, t. XI, p. 238, col. 2, 2e édit, 1872.) Il démontre, par là, l'extension des espèces Méditerranéennes aux côtes de la Sénégambie. Puis il ajoute : « Ainsi je ne connais que *deux ou* » *trois espèces communes aux côtes occidentales de l'Afrique et aux rives* « *orientales de l'Amérique*, mais il faut ajouter tout de suite que *ces poissons* » *sont cosmopolites.* » Cette observation détruit la théorie développée dans l'ichthyologie Canarienne, et confirme les conclusions auxquelles les précédentes discussions nous ont conduit.

souvent des chutes élevées ; des îles nombreuses se succèdent sur leur parcours ; leurs berges onduleuses, coupées en pente, limitent des anses profondes, où l'eau est presque toujours calme. Un de leurs principaux caractères réside dans la présence de Marigots, vastes amas d'eau, souvent plus larges que les fleuves eux-mêmes, se prolongeant dans les terres, à des distances considérables et soumis comme les fleuves dont ils dépendent, aux crues de la saison des pluies. Des forêts de *Rhizophora mangle* Lin., croissent le long de leurs rives, et forment, par l'enlacement de leurs branches aphylles, immergées, des retraites où s'assemblent les espèces fluviales.

Les plaines alluviales dans lesquelles est creusé le lit des fleuves et des marigots, sont formées d'amas de coquilles du genre *Ætheria*, disposés tantôt par couches alternant avec des bancs d'argiles jaunâtres, tantôt sans aucun mélange, s'étendant sur de vastes espaces d'une épaisseur de plusieurs mètres ; les îles sont entièrement composées de ces dépôts, qui tous appartiennent à la formation quaternaire.

Les fonds sont plus ou moins vaseux suivant la rapidité ou la lenteur de l'écoulement des eaux. Ces vases, entraînées à l'embouchure, s'étendent sur certains points des côtes, — de la barre du Sénégal à la baie d'Yof, par exemple, également aussi à la baie de Gambie et de la Casamence.

Le peu d'inclinaison des terrains fait que le flux se fait sentir à des distances souvent très grandes de l'embouchure, mais le phénomène se produit seulement pendant la saison sèche, à l'époque des basses eaux ; aussi les deux grandes saisons de l'année sont-elles désignées en Sénégambie par l'état des fleuves : salés pendant la saison sèche, doux pendant celle des pluies.

L'abondance et la variété des espèces ichthyologiques est en raison de ces deux états.

Pendant la saison sèche, les représentants de la faune éminemment fluviale se rencontrent en petit nombre, tandis qu'à l'époque des pluies, de juin à septembre, lorsque tous les cours d'eau grossissent et sortent de leurs rives, non seulement certaines espèces marines remontent, mais les espèces spéciales aux fleuves, jusque-là cachées dans les profondeurs, ou cantonnées dans les points les plus éloignés, s'assemblent en phalanges innombrables et apparaissent poussées par le besoin de la reproduction.

La constitution, la nature des fleuves de la Sénégambie étant les mêmes pour tous, le raisonnement permettait d'entrevoir ce que l'observation directe démontre : une égale répartition des mêmes espèces; sur quatre-vingt-douze on en connaît jusqu'ici huit seulement localisées dans la Casamence et la Gambie; encore ces espèces appartiennent-elles à des genres communs aux autres cours d'eau.

De nombreux représentants des genres *Chromis* et *Mormyrus*, ainsi qu'une grande variété de *Siluroïdes*, caractérisent surtout cette faune. Il est inutile de faire ressortir l'intérêt offert, non pas seulement comme le dit M. le Dr Sauvage (1), par la faune de la région centrale, à cause de la présence d'espèces de *Ganoïdes* et de *Dipnés*, mais par la faune Africaine entière ; les auteurs ont appelé l'attention sur ce point : les genres *Protopterus* et *Polypterus* sont communs à tous les fleuves d'Afrique.

L'ensemble des espèces Sénégambiennes démontre cette proposition formulée par Duméril (2) : « On ne peut pas admettre pour cette région une faune particulière. » Pour ne parler que du Nil et du Sénégal, sur cent espèces, vingt-neuf leur sont communes.

Nous ne chercherons pas à expliquer les causes de la communauté d'espèces des divers fleuves d'Afrique, en invoquant, avec plusieurs zoologistes, la communication des cours d'eau par l'intermédiaire des grands lacs, non plus que par la constitution géologique, la succession de hautes terrasses étagées et la descente des espèces d'un plateau central, signalées par divers voyageurs; nous confirmons un fait établi bien avant nous, c'est-à-dire : *la dispersion des genres et même de presque toutes les espèces fluviales, sur le continent Africain*, et nous croyons que, pour tracer, d'une façon à peu près exacte, les étapes parcourues dans cette dispersion, il faut attendre d'avoir sur l'hydrographie et l'orographie Africaine, des notions encore plus complètes et plus exactes que celles aujourd'hui connues.

---

(1) *Loc. cit.*, p. 6.
(2) *Loc. cit.*, p. 158.

§ V. — Indépendamment des espèces essentiellement fluviales, il en est d'autres sur lesquelles il n'est pas inutile d'attirer un instant l'attention. Généralement considérées comme marines, leur présence est cependant constante dans les eaux douces de la Sénégambie. Presque toutes appartiennent à la classe des Chondroptérygiens, et il est facile de constater d'une façon évidente qu'elles ne remontent point les fleuves à l'époque des pluies, pour redescendre aux approches de la saison sèche, à l'exemple de plusieurs espèces marines; mais qu'elles s'y sont établies, s'y multiplient et y vivent d'une manière permanente, comme semblent le prouver les innombrables individus de tout âge pêchés pendant toute l'année.

Les grands marigots de Saloum, Lampsar, Mouit, Oualalan, N'Galel, etc., entre autres, nourrissent en effet des troupes considérables de Squalidiens, parmi lesquels dominent les genres *Carcharias*, *Galeus* et *Zygæna*.

L'ordre des Rajidiens fournit des exemples analogues : les *Pristis*, les grands *Trygon*, certains *Torpedo*, sont uniquement pris dans les fleuves et les marigots tributaires. Ces faits viennent confirmer l'opinion émise par Valenciennes (1) : « Il n'est pas » jusqu'aux Raies (qui semblent être une forme essentiellement » marine) qui n'aient quelques espèces vivant dans les eaux » douces. »

Le silence jusqu'ici gardé sur ces espèces cantonnées en quelque sorte dans les eaux douces de la Sénégambie, ne peut être attribué qu'aux difficultés éprouvées par les voyageurs pour recueillir des animaux souvent de grande taille, peut-être aussi au peu d'attention dont ces espèces sont l'objet; quoi qu'il en soit, elles n'en constituent pas moins une remarquable exception, et nous ne pouvons nous empêcher d'attribuer leur localisation dans ces parages, à la nature même des cours d'eau.

Deux données importantes découlent de l'ensemble des considérations précédentes.

La première démontre: — l'existence sur les côtes de la Sénégambie d'une faune marine spéciale ; — de plus, la communauté de nombreuses espèces avec le bassin Méditerranéen ; — la non-

(1) *Dict. Hist. Nat.*, d'Orbigny, t. XI, p. 237, col. 1, art. *Poissons* (2e édit.).

existence d'une relation quelconque avec les côtes du continent Américain, — et la fréquence sur ces rivages, d'espèces propres aux mers de l'Inde.

La seconde prouve : — que, pour les espèces fluviales, il n'existe point de faune Sénégambienne particulière; — et que l'on doit, dans l'état actuel de nos connaissances, admettre une seule et unique région ichthyologique Africaine.

DESCRIPTION ET ÉNUMÉRATION DES ESPÈCES [1]

DIPNOI Mull.

SIRENOIDEI Gunth.

Fam. PROTOPTERIDÆ Gunth.

Gen. PROTOPTERUS Ow.

1. PROTOPTERUS ANNECTENS Gray.

Protopterus annectens Gray Batrach. Grad., p. 62.
— Gunth. Cat. Fish. Brit. Mus., t. VIII, p. 322.
— Svg. Faun. Ichth. Ogooë. NII. Arch. Mus., 1881, p. 15.
Lepidosiren annectens, Owen Proc. Lin. Soc., 1839, p. 27.
— Dum. Poiss. Afr. Occ., p. 261, nº 1.

Tobajh. — Rare dans les localités qu'il habite, mais se rencontre dans tous les cours d'eau d'Afrique: Haut-Sénégal, Podor, Backel, Dagana, Falèmé, Casamence, Gambie, Sierra-Leone, Rio-Nunez, etc., — paraît être plus fréquent dans les lacs du Cayor et de Pagnéfoul.

Castelnau (*Anim. nouv. ou rares, recueillis dans les part. centr. de l'Amér. du Sud.*, p. 104) décrit une peau desséchée rap-

---

(1) La classification que nous avons adoptée, est celle de Gunther (*Catalogue Fishes British Museum*) modifiée d'après le *Traité de Zoologie* de Schmarda et les idées généralement adoptées par les zoologistes.

Nous avons eu soin de faire suivre chaque espèce du nom indigène, toutes les fois que cela nous a été possible. Les noms sont orthographiés d'après le

portée du Sénégal par Adanson sous le nom de *Tobal;* malgré son mauvais état de conservation, il est facile de reconnaître qu'elle appartient à un *P. annectens*.

L'examen des nombreux individus de ces *Protopterus*, réunis au Muséum d'Histoire naturelle, ne fournit point de caractères assez tranchés pour autoriser la création de plusieurs espèces; nous ne pouvons cependant nous empêcher de partager l'opinion de Castelnau, et de penser qu'une étude minutieuse de ce genre, basée sur des spécimens de diverses provenances Africaines, permettra d'en reconnaître un certain nombre, avec d'autant plus de raison, que, malgré de sérieux travaux, le genre *Protopterus* n'est encore qu'imparfaitement connu.

GANOIDEI Mull.

HOLOSTEI Mull.

Fam. POLYPTERIDÆ Mull.

Gen. POLYPTERUS Geoff.

9. POLYPTERUS BICHIR Geoff.

Polypterus Bichir, Geoff. Bull. Soc. Phil., t. III, p. 97.
— Gunth. Cat. Fish. Br. Mus., t. VIII, p. 326 (*P. Bichir*, var. α — 13 rayons à la dorsale).

---

mode même de prononciation. Il est bon d'observer que le *j* doit donner un son guttural analogue au *j* espagnol.

Toutes nos déterminations ont été faites dans le Laboratoire d'Herpétologie du Muséum. Nous prions M. le Professeur L. Vaillant de vouloir agréer le témoignage de notre reconnaissance pour sa bienveillance pour nous. Nous adressons également nos remerciements à notre affectueux collègue et confrère M. le docteur Sauvage, avec lequel nous avons longuement étudié nos types, ainsi qu'à MM. Tomino et Braconier, préparateurs au même Laboratoire, dont la complaisance ne nous a jamais fait défaut.

Jhoppe. — Rare : — Sénégal (haut du fleuve), lac de Cayor, lac de Pagnéfoul, Falémé, chutes de Gouina.

3. POLYPTERUS LAPRADEI Stdn.

Polypterus Lapradei Steind. Anz. d. LX. Bd. Sitzb. Akad. Wissensch. I. Abth. Juni. Heff. Jahrg., 1869. tab. I, j. 1, 2, tab. II j, 1
— Dum. Ganoid., p. 396.
— Gunth. Cat. Fish. Brit. Mus., t. VIII, p. 327. (*P. Bichir.* var. γ — 15 rayons à la dorsale.)

Sénégal, Gambie.

4. POLYPTERUS SENEGALUS Cuv.

Polypterus Senegalus Cuv., Reg. an.
— Steind. *loc. cit.* p. 2, tab. 1, fig. 3, 4, 5.
— Svg. Faune Ichth. Ogooé, *loc. cit.*, p. 15.
— Dum. Poiss. Afr. Occ., p. 254, n. 163.
— Gunth. Cat. Fish. Brit. Mus., t. VIII, p. 327. (*P. Bichir.* var. γ — 9 ou 10 rayons à la dorsale.)

Jhoppe. — Assez commun : — marigots de Leybar, de Thionk, des Maringouins, de Saloum, Ile à Morphile, Falémé, Backel, Podor, Dagana.

Nous avons récolté plusieurs spécimens de cette espèce, atteignant 0,580 de longueur. Les nègres nous ont affirmé qu'à l'époque des basses eaux, il est facile d'en prendre des exemplaires de plus d'un mètre de long; nous n'avons pu vérifier l'exactitude de cette assertion que nous signalons à l'attention des explorateurs.

La teinte générale de cette espèce est vert-pré clair, le ventre blanc argenté; trois lignes vert plus foncé, longitudinales, sur le dos et les flancs; dorsale de même couleur, une macule brune à l'extrémité de chaque rayon; nageoires rosées; iris jaunâtre.

Le fond de la couleur est toujours le même chez la plupart des autres espèces; des taches ou des lignes brunes et noirâtres sont disposées plus ou moins régulièrement sur le corps.

5. POLYPTERUS PALMAS Ayr.

Polypterus Palmas Ayres Proc. Bost. Soc. Nat. Hist., t. III, 1850, p. 181.
— Gunth. Cat. Fish. Br. Mus., t. VIII, p. 327. (*P. Bichir*, var. 6,
— 8 rayons à la dorsale.)

Gambie.

CHONDROPTERYGII Cuv.

PLAGIOSTOMATA SELACHOIDEI Dum.

Fam. CARCHARIIDÆ Cuv.

Gen. CARCHARIAS Lin.

6. CARCHARIAS (APRIONODON) ISODON Dum.

Carcharias (Aprionodon) isodon Dum. Elasm., p. 349.
Carcharias punctatus Mitch. *in* Gunth. Cat. Fish. Br. Mus., t. VIII, p. 361.

N'jkorou. — Assez commun : — rade de Guet N'Dar, brisants de la pointe de Barbarie, rade de Dakar; — pénètre dans les marigots de Leybar ; — dépasse rarement la taille de 1 mètre 20 cent.

7. CARCHARIAS (PRIONODON) GLAUCUS M. et H.

Carcharias (Prionodon) glaucus Mull. et Henl. Plag., p. 36, pl. II
Carcharias glaucus Cuv. *in* Gunth., Cat. Fish. Br. Mus., t. VIII, p. 365.

Guiajhando. — Commun : — baie d'Argain, Dakar, Gorée, Guet N'Dar, Portendik, Joalles, Rufisque, baie de Sainte-Marie.

La coloration des types Africains diffère un peu, sur le vivant, de celle indiquée par les auteurs : d'un beau bleu indigo sur le dos et les nageoires, la base et le sommet des pectorales sont blanchâtres; le museau et la région orbitaire vert foncé piqueté de bleu; le ventre blanc portant de petites lignes onduleuses roses disposées horizontalement; le lobe inférieur de la caudale rougeâtre; l'iris blanc rougeâtre.

8. CARCHARIAS (PRIONODON) LEUCOS. Dum.

Carcharias (Prionodon) leucos, Dum. Elasm., p. 358.

Dekojh. — Assez commun : — Dakar, cap Vert, baie de Sainte-Marie, marigot de Saloum.

9. CARCHARIAS (PRIONODON) MELANOPTERUS M. et H.

Carcharias (Prionodon) melanopterus Mull. et Henl., p. 43, pl. 19 fig. 5.

Carcharias melanopterus Quoy et Gaim. Voy. Uran., p. 194, pl. 43, fig. 1-2.

— Gunth. Cat. Fish. Brit. Mus., t. VIII, p, 369.

Nilow. — Commun : — marigots de Leybar, des Maringouins, de Thiouk.

Teinte gris bleuâtre sur le dos; ventre gris, ainsi que les nageoires, la pointe de toutes ces dernières d'un noir intense; iris blanc d'argent.

10. CARCHARIAS (PRIONODON) LIMBATUS M. et H.

Carcharias (Prionodon) limbatus Mull. et Henl., p. 49, tab. 19, fig. 9.

Carcharias limbatus Gunth. Cat. Fish. Brit. Mus., t. VIII, p. 373.

Cap Vert.

Gen. **GALEOCERDO** M. et H.

11. GALEOCERDO TIGRINUS M. et H.

Galeocerdo tigrinus Mull. et Henl., p. 59, pl. 23.
— Gunth. Cat. Fish. Brit. Mus., t. VIII, p. 378.
— Dum. Elasm., p. 393.

Thiajho. — Rare : — rade de Guet N'Dar ; — Un exemplaire de 3 m. 40, provient du marigot de Thionk.

Cette espèce est identique, comme coloration, à la figure citée de Muller et Henle ; seulement les taches sont plus arrondies et s'étendent moins sur les flancs ; l'iris est jaune doré.

Gen. **GALEUS** Cuv.

12. GALEUS CANIS Cuv.

Galeus Canis, Rond. de Pisc., p. 377.
— Dum. Elasm., p. 390.
— Gunth. Cat. Fish. Brit. Mus., t. VIII, p. 379.

Coulcoull. — Très commun dans tous les marigots, où on le rencontre durant l'année entière. — Rarement pris en rade de Guet N'Dar.

Gen. **ZYGÆNA** Cuv.

13. ZYGÆNA MALLEUS Sch.

Zygæna malleus Schaw. Nat. Misc., pl. 267.
— Gunth. Cat. Fish. Brit. Mus., t. VIII, p. 381.
Sphyrna zygæna, Mull. et Henl., p. 51.
Cestracion zygæna Dum. Elasm., p. 382.

Diarandoÿe. — Excessivement commun : — marigots de Leybar, Thionk, Sorres, où il pullule. — Fréquemment pêché dans le haut du fleuve ; — plus rare dans la Gambie ; — n'a pas été pris en mer, à notre connaissance.

14. ZYGÆNA LEEUWENII Griff.

Zygæna Leeuwenii Griffith Cuv. Anim. Kingd., t. X, p. 640, pl. 50.
— Dum. Poiss. Afr. Occ., p. 261, n° 4.
Cestracion Leeuwenii, Dum. Elasm., p. 383.

Diarandoÿe. — Se rencontre en aussi grand nombre que le précédent, et dans les mêmes localités.

M. Gunther (*loc. cit.*) fait de cette espèce un synonyme du *Z. malleus*. Dumeril (*loc. cit.*) indique avec raison un caractère distinctif constant chez les jeunes comme chez les adultes : le lobe inférieur de la caudale est dirigé très peu obliquement et se réunit à angle droit avec le supérieur, au lieu de former, comme dans le *malleus*, un angle aigu et une sorte de fourche. Un second caractère que Dumeril néglige, réside dans la forme de la tête. D'après lui, elle serait semblable à celle du *malleus*, c'est-à-dire égale à la longueur de la queue et trois fois aussi large que longue. Chez nos sujets jeunes ou vieux, la tête mesure la moitié de la longueur de la queue et est seulement deux fois aussi large que longue.

La coloration, en outre, est complétement différente. Un gris plus ou moins intense règne sur toutes les parties du *malleus*. Chez le *Leeuwenii*, nous voyons : parties supérieures bleu noir; ventre blanc vineux marqué de stries longitudinales onduleuses et violacées; lobe inférieur de la caudale grisâtre; pectorales ayant à l'angle interne une large maculature rosée; iris gris.

Adanson, dans son cours d'Histoire naturelle (*loc. cit.*, t. II, p. 174), dit que le *Marteau zygæna* passe l'été dans la Méditerranée et va hiverner au Sénégal, de septembre en avril; la présence constante des *Zygæna* dans les eaux du Sénégal, détruit cette assertion qui n'est établie, du reste, sur aucune preuve.

15. ZYGÆNA TUDES Cuv.

Zygæna tudes Cuv. Reg. an.
— Valenc. Mem. Mus., t. IX, p. 225, pl. 12.
— Gunth. Cat. Fish. Brit. Mus., t. III, p. 382.
Sphyrna tudes Mull. et Henl., p. 53.
Cestracion tudes Dum. Elasm., p. 384.

N'Ûoloh. — Assez commun : — Gambie, Casamence ; — remplace dans ces cours d'eau les espèces précédentes.

Gen. MUSTELUS Cuv.

16. MUSTELUS LÆVIS Riss.

Mustelus lævis Riss. Faun. Eur. mer., t. III, p. 127.
— Dum. Elasm., p. 401, pl. 3, fig. 4-6 (Dents).
— Gunth. Cat. Fish. Brit. Mus., t. VIII, p. 385.

Guinondou. — Très rare : — pris quelquefois au large : parages du cap Blanc, Portudal, Baie de Tanit.

Fam. LAMNIDÆ Cuv.

Gen. OXYRHINA M. et H.

17. OXYRHINA GOMPHODON M. et H

Oxyrhina gomphodon Mull. et Henl., p. 68, pl. 23.
Oxyrhina punctata Dum. Elasm., p. 409.
Lamna Spallanzanii Bp. *in* Gunth. Cat. Fish. Br. Mus., t. VIII, p. 391.

Endajh. — Assez commun : marigots de Leybar, des Maringouins, de Saloum, Thionk, Dakar-Bango, Gorée, Dakar, Rufisque.

Gen. CARCHARODON M. et H.

18. CARCHARODON RONDELETII M. et H.

Carcharodon Rondeletii Mull. et Henl., p. 70.
— Dum. Elasm., p. 411.
— Gunth. Cat. Fish. Brit. Mus., t. VIII, p. 392.

Khadjh. — Rare : — pris au large ; — un exemplaire, pêché en rade de Guet N'Dar, mesurait 4 m. 25.

Gen. ODONTASPIS Agass.

19. ODONTASPIS TAURUS (Raf.) M. et H.

Odontaspis taurus (Rafinesque) Mull. et Henl., p. 73, pl. 30.
— Dum. Elasm., p. 417.
Odontaspis Americanus Mitch. Phil. et Lit. Trans. New-York, t. 1, p. 483.
— Gunth. Cat. Fish. Brit. Mus., t. VIII, p. 392.

Semass. — Peu commun ; — pris au large en rade de Guet N'Dar ; rarement dans les marigots, où cependant il pénètre quelquefois : Gorée, Dakar, Portendick.

Teinte générale gris rougeâtre, ventre blanc ; le dos et les flancs couverts de lignes onduleuses rouges ; museau et région interorbitaire couverts de points noirs ; iris brun ; dépasse 2 mètres 80.

Fam. NOTIDANIDÆ Mull. et Henl.

Gen. NOTIDANUS Cuv.

20. NOTIDANUS CINEREUS Cuv.

Notidanus cinereus Cuv. Reg. an.
— Gunth. Cat. Fish. Brit. Mus., t. VIII. p. 398.

Heptanchus cinereus Mull. et Henl., p. 81, tab. 33, fig. 3, (Dents).
— Dum. Elasm., p. 432.

N'gohajh. — Commun dans tous les marigots; — quelquefois pris au large : — parages du cap Blanc, Portendick, rade de Guet N'Dar.

Fam. SCYLLIIDÆ Gunth.

Gen. GENGLYMOSTOMA M. et H.

21. GENGLYMOSTOMA CIRRATUM M. et H.

Genglymostoma cirratum Mull. et Henl., p. 28.
— Dum. Elasm., p. 334.
— Dum. Poiss. Afr. Occ., p. 263, n° 3.

Rare : — Gorée, Rufisque, Joalles.

Fam. SPINACIDÆ Gunth.

Gen. ACANTHIAS M. et H.

22. ACANTHIAS UYATUS M. et H.

Acanthias uyatus Mull. et Henl., p. 83.
— Dum. Elasm., p. 439.
— Gunth. Cat. Fish. Brit. Mus., t. VIII, p. 419.

Moumougnor. — Très commun : — Dakar, Gorée, Guet N'Dar, cap Roxo, cap Sainte-Marie, marigots de Saloum, Leybar, etc.; — ne dépasse pas 1 mètre.

Cette espèce est bien distincte de *l'A. vulgaris* Riss. par l'aiguillon engagé presque des 2/3 dans l'épaisseur des téguments de la première dorsale, qui est plus haute; par celui de la deuxième, l'égalant presque en hauteur, et par le sillon longitudinal de chaque côté des aiguillons.

Gen. ECHINORHINUS Blainv.

33. ECHINORHINUS SPINOSUS Blainv.

Echinorhinus spinosus Blainv. Faun. fr., p. 68.
— Mull. et Henl. Plag., p. 96, pl. 60.
— Dum. Elasm., p. 459.

Moumoujh. — Commun : — sur toute la côte : cap Blanc, Portendick, Guet N'Dar, Dakar, Gorée.

Adanson (*loc. cit.* p. 459) indique également cette espèce comme fréquemment rencontrée dans les mêmes localités que celles où nous la signalons.

Gen. ISISTIUS Gill.

34. ISISTIUS BRASILIENSIS Gill.

Isistius Brasiliensis Gill. *in* Gunth. Cat. Fish. Br. Mus., t. VIII, p. 429.
Scymnus Brasiliensis Quoy et Gaim. Voy. Uran. Zool., p. 198.
— Dum. Poiss. Afr. Occ., p. 261, n° 5.

Cap Vert.

PLAGIOSTOMATA BATOIDEI Dum.

Fam. PRISTIDÆ Dum.

Gen. PRISTIS Lath.

35. PRISTIS PERROTTETI M. et H.

Pristis Perrotteti Mull. et Henl., p. 108.
— Dum. Elasm., p. 474.

Pristis Perrotteti Gunth. Cat. Fish. Brit. Mus., t. VIII, p. 430.
— Dum. Poiss. Afr. Occ., p. 261, n° 7.

Sayjhne. — Très commun dans le Sénégal et tous les marigots qui en dépendent : Falémé, Gambie, marigot de Saloum, etc., — atteint fréquemment de 4 à 5 mètres.

26. PRISTIS ANTIQUORUM Lath.

Pristis antiquorum Latham. Trans. Lin. Soc., 1794, t. II, p. 277. pl. 26.
— Gunth. Cat. Fish. Brit. Mus., t. VIII, p. 438.
— Mull. et Henl. Plag., p. 105.
— Dum. Poiss. Afr. Occ., p. 261, n° 6.

Sayjhne. — Très commun dans les mêmes localités que le *P. Perrotteti*, avec lequel on le rencontre, — et où il atteint une taille aussi considérable.

M. Gunther (*loc. cit.*, p. 437) pense que la différence dans la taille des dents rostrales ne peut servir comme caractère spécifique bien tranché ; s'il est vrai que la longueur des dents rostrales varie suivant l'âge, le nombre de ces dents ne varie pas et est constant dans chaque espèce, chez les sujets très jeunes comme chez les adultes de grande taille. La forme ne varie pas non plus. Fortes, épaisses, à bord antérieur un peu courbé vers son extrémité libre et beaucoup plus mince que le postérieur, ces dents sont creusées d'un sillon, chez les jeunes et les vieux individus du *P. antiquorum* à rostre élargi, épais, qui compte en outre de 16 à 18 paires de dents.

Dans le *P. Perrotteti*, les dents sont fortes, robustes, à bord antérieur droit à son extrémité libre, creusées d'un sillon peu profond, ne régnant pas dans toute la longueur, à rostre moins élargi ; on lui compte de 19 à 20 paires de dents.

27. PRISTIS OCCA Dum.

Pristis occa Dum. Elasm., p. 479.
Pristis pectinatus Lat. *in* Gunth. Cat. Fish. Brit. Mus., t. VIII, p. 437.

Sajhne. — Commun dans les mêmes localités que les précédentes espèces; — n'atteint jamais une grande taille; maximum 2 mètres.

Dumeril (*loc. cit.*) ignorait l'origine de cette espèce; elle se distingue du *P. pectinatus*, à laquelle M. Gunther la rapporte, par ses 24 paires de dents rostrales implantées obliquement par rapport à l'axe du rostre et non perpendiculaires; par la brièveté relative du lobe inférieur de la caudale; par une forme générale plus élancée; la hauteur moins grande de ses dorsales; la forme plus aiguë des pectorales et une taille toujours moindre, quel que soit l'âge des individus.

Fam. RHINOBATIDÆ Gunth.

Gen. RHYNCHOBATUS Gunth.

28. RHYNCHOBATUS DJEDDENSIS Rupp.

Rhynchobatus Djeddensis Rupp. Atl. Fish., p. 54, tab. 14, fig. 1.
— Gunth. Cat. Fish. Brit. Mus., t. VIII, p. 441.
Rhynchobatus lævis Mull. et Henl. Plag., p. 111.
— Dum. Elasm., p. 483.

Kiaker. — Assez commun: — pointe de Barbarie, dans les brisants, baie d'Argain, cap Vert; — atteint de 2 mètres à 2 mètres 80.

D'après Dumeril (*loc. cit.*) la var. III de Muller et Henle porte un abondant semis de taches blanches disposées le long de la ligne médiane, en bande irrégulière, et semblerait propre à la mer Rouge. Ce mode de coloration est particulier aux jeunes sujets et d'autant plus prononcé que les individus sont moins éloignés de l'époque de leur naissance; l'espèce en outre est incontestablement Sénégambienne.

Gen. RHINOBATUS Gunth.

29. RHINOBATUS HALAVI Rupp.

Rhinobatus Halavi Rupp. Atl. Fish., p. 55, tab. 14, fig. 2.
— Mull. et Henl. Plag., p. 120.

Rhinobatus Halavi Dum., Elasm., p. 496.
— Gunth. Cat. Fish. Brit. Mus., p. 442.

Gnatjh. — Peu commun : — Gambie, Casamence, à leur embouchure ; baie de Sainte-Marie ; — rencontré très rarement à Dakar.

30. RHINOBATUS CEMICULUS Geoff.

Rhinobatus cemiculus Geoff. St Hil. Descr. Egyp. Poiss., p. 224, pl. 27 fig. 3.
— Mull. et Henl. Plag., p. 118.
— Dum. Elasm., p. 495.
Rhinobatus undulatus Offer. *in* Gunth. Cat. Fish. Brit. Mus., t. VIII, p. 444.

Kiaker. — Peu commun : — rade de Dakar, Gorée ; — ne parvient pas à une très grande taille ; de 0,940 à 1 m.

Fam. TORPEDINIDÆ Dum.

Gen. TORPEDO Dum.

31. TORPEDO NIGRA Guich.

Torpedo nigra Guich. Expl. Alger. Poiss., p. 131, pl. 8.
Torpedo hebetans Lowe. Trans. Zool. Soc., II, p. 195 (1841).
— Gunth. Cat. Fish. Brit. Mus., t. VIII, p. 449.

Tolh. — Sénégal, plus spécialement le haut du fleuve ; lac de Pagnefoul, marigots du Cayor, Falémé.

Nous rapportons à cette espèce, les échantillons communément recueillis à Podor, Dagana, Bakel, en tout semblables à ceux décrits par Guichenot : entièrement noirs, sans taches ni marbrures, semés partout d'une multitude de petits points blancs ; sans dentelures au bord des dents.

32. TORPEDO OCULATA Davy.

Torpedo oculata Davy Research., I, p. 78.
— Mull. et Henl. Plag., p. 127.
— Dum. Poiss. Afr. occ., p. 261, nº 8.
Torpedo narce, Riss. *in* Gunth. Cat. Fish. Brit. Mus., t. VIII, p. 449.

Gorée, Rufisque ; — cité par Steindachner, *Loc. cit.*, p. 34.

33. TORPEDO MARMORATA Riss.

Torpedo marmorata Riss. Ichth. Nice, p. 20, pl. 3, fig. 4.
— Mull. et Henl. Plag., p. 128.
Torpedo trepidans Valenc. Ichth. Canar., p. 101.

Toth. — Peu commun : — rade de Guet N'Dar, cap Blanc, baie d'Argain, cap Mirik.

Les nègres, généralement superstitieux et redoutant les choses qu'ils ne peuvent s'expliquer, ne craignent point cependant les espèces de cette famille, malgré leurs propriétés électriques ; souvent même ils s'en nourrissent.

Fam. RAJDÆ Dum.

Gen. PLATYRHINA M. et H.

34. PLATYRHINA SCHONLEINII M. et H.

Platyrhina Schönleinii Mull. et Henl., p. 125, tab. 44.
— Steind. Beitr. Z. Kent. Fish. Afrik. p. 34.

Peu commun : — Gorée ; — cité par Steindachner.

Fam. TRYGONIDÆ Dum.

Gen. UROGYMNUS M. et H.

35. UROGYMNUS ASPERRIMUS Dum

Urogymnus asperrimus Dum. Elasm., p. 580.
— Gunth. Cat. Fish. Brit. Mus., t. V, p. 471.

Anacanthus africanus Mull. et Henl. Plag., p. 157.
— Dum. Poiss. Afr. occ., p. 201, n° 9.

Golann. —Peu commun :—baie de Gambie, cap Rouge, baie de Sainte-Marie.

Gen. TRYGON Adam.

36. TRYGON THALASSIA Col.

Trygon thalassia Columm. Physol., p. 105, tab. 28.
— Mull. et Henl. p. 161, 197.
— Dum. Elasm., p. 596.

Guaheyam. — Assez commun : — tout le Sénégal et les grands marigots ; — remonte jusqu'à Bakel.

37. TRYGON SPINOSISSIMA Dum.

Trygon spinosissima Dum. Elasm., p. 598.

Guaheyam. — Mêmes localités que le *T. thalassia*, et de plus la Gambie, etc.

Très voisin du *T. thalassia*, le *T. spinosissima* s'en distingue : par son disque à angles faiblement arrondis; par sa queue plus de deux fois aussi longue que le corps ; par son pli cutané, dont la longueur et la hauteur sont moitié de celui du *thalassia ;* par une plus grande quantité d'aiguillons sur la partie antérieure du disque ; par sa couleur jaunâtre très pâle en dessus, à bords du disque rosés ; par le dessous blanc, strié de gris.

Le tronçon de queue sur lequel Dumeril a pu établir son espèce (provenant de Sierra-Leone, n° 685 *Coll. ichth. Mus. Paris*) mesure 0,880. On voit dans toute la partie supérieure et sur les côtés, une série d'épines coniques, robustes, fortement canaliculées, à base élargie, d'un brun pâle, à pointe acérée blanchâtre, d'une hauteur moyenne de 0,013. Toute la surface comprise entre ces épines (éparses et en assez petit nombre, si on les compare à celles du *thalassia*) (n° 683 *Coll. ichth. Mus. Paris*), isolées sans ordre ou réunies par trois ou quatre, est couverte d'autres épines de 0,001 à 0,003 de hauteur, à sommet tronqué et émaillé; un certain nombre d'autres épines semblables aux grandes, mais plus petites, sont çà et là au milieu des précédentes.

Nos deux *Trygon* Africains parviennent à une taille considérable : nous en avons observé quelques-uns de 4 mètres de haut sur 2 mètres de large; la queue mesurait en outre 1 mètre 640. Nous n'avons pas d'exemple d'individus pris en mer. Ces deux espèces semblent localisées dans le fleuve. Très recherchées des nègres, elles sont d'une capture assez difficile; ils les mangent rarement, mais les pêchent pour obtenir les queues, dont les Ouoloffs font des cannes, après les avoir séchées et grossièrement polies.

38. TRYGON MARGARITA Gunth.

Trygon margarita Gunth. Cat. Fish. Br. Mus., t. VIII, p. 470.

N'gothol. — Commun sur les plages sablonneuses et les brisants: Guet N'Dar, Babagaye, banc d'Argain, Gorée, Dakar. — Très estimé; — vendu aux Européens sous le nom de Raie.

C'est bien l'espèce décrite par M. Gunther et caractérisée: *a single large round tubercle, like a pearl, in the centre of the back.*

Gen. PTEROPLATEA M. et H.

39. PTEROPLATEA VAILLANTII Rochbr.

Pl. II, Fig. 1, 2, 3.

Pteroplatea Vaillantii. — Rochbr. Bull. Soc. Phil. Paris, 22 mai 1880.

P. — CORPUS VALDE DEPRESSUM, TRANSVERSE 2 LATIUS QUAM LONGUM, ANTICE AD MARGINES BICONCAVUM, POSTICE SUBRECTUM, OBLIQUATUM; SUBFLAVO AURANTIACUM, MACULIS PRASINIS MARMORATUM, INFERNE ROSEUM; IRIS AURANTIACA; PINNÆ PECTORALES ELLIPTICÆ ACUTÆ; PINNÆ ANALES ROTUNDATÆ; CAUDA BREVISSIMA PINNIS DESTITUTA; SPINÆ 2 LONGITUDINEM CAUDÆ ÆQUANTES, CANNALICULATÆ, DENTICULISQUE ARMATÆ; DENTES TRICUSPIDES, DENTICULO CENTRALI MINORE.

♂. — LONG. 1m. LAT. 2m.

Habitat. — Rare : — espèce propre au fleuve; capturée en dedans de la barre du Sénégal, par huit brasses de profondeur sur fond de vase ; — remonte jusqu'à Medine ; — marigots de Thiouk, des Maringouins.

Hauteur du disque comprise 2 fois dans la largeur; bords antérieurs courbes, concaves au milieu ; bords postérieurs droits, se touchant presque au niveau de la queue; proéminence du museau presque nulle ; pectorales allongées, elliptiques aiguës; queue très courte, contenue 4 fois dans la hauteur du disque et 8 *fois* dans sa largeur, nue en dessus et en dessous, sans plis cutanés; deux épines caudales égales entre elles et à la longueur de la queue, fortes, larges, canaliculées longitudinalement, dentelées, à dentelures profondes et acérées ; espace inter-orbitaire compris 8 fois dans la hauteur du disque, celui-ci faiblement rugueux au centre; dents tricuspides, à pointe médiane aussi longue que les latérales : un tentacule très petit aux évents.

Teinte générale jaunâtre en dessus, passant à l'orangé à la pointe des pectorales, couverte de maculatures d'un beau vert donnant à toute cette région un aspect finement marbré; centre du disque plus foncé ; queue brune ; aiguillons rosés, à dentelures et à sillons noirâtres; nageoires anales d'un rouge vineux; dessous blanc rosé ; iris orangé.

Distinct des autres espèces du genre *Pteroplatea*, le *P. Vaillantii* se rapproche cependant du *P. japonica* Schl. par les bords antérieurs du disque concaves au milieu, et sa queue sans plis cutanés; mais il s'en éloigne par l'acuité de ses pectorales, la présence de tentacules aux évents, son museau à proéminence presque nulle, sa queue plus courte et son mode de coloration; il se distingue de toutes par sa dentition. (1)

Le *P. Vaillantii* atteint une taille considérable : nous en avons vu deux individus de plus de 4 mètres de large ; c'est, avec les *Trygon thalassia et spinosissima*, le plus grand Rajidien de la Sénégambie; comme les *Trygon*, il paraît également spécial au fleuve.

---

(1) Voir pour les différences de dentition : Pl. II, fig. 4, *Pteroplatea Japonica* Schl. — fig. 5, *P. Canariensis*. Valenc.

Fam. MYLIOBATIDÆ Dum.

Gen. MYLIOBATIS Dum.

40. MYLIOBATIS BOVINA Geoff.

Myliobatis bovina Geoff. St-Hil. Descr. Egyp. Poiss., p. 323, pl. 26, f. 1.
— Gunth. Cat. Fish. Brit. Mus., t. VIII, p. 490.
Myliobatis episcopus Valenc. Ichth. Canar., p. 98, pl. 21.

Oiouten. — Peu commun : — cap Blanc, cap Mirick, baie d'Arguin, de Tanit.

Gen. ÆTOBATIS M. et H.

41. ÆTOBATIS FLAGELLUM M. et H.

Ætobatis flagellum Mull. et Henl., p. 180.
— Dum. Elasm., p. 642.
Ætobatis Narinari Mull. et Henl. *in* Gunth. Cat. Fish. Brit. Mus., t. VIII, p. 492.

Dianouetz. — Assez rare : — En rade de Guet N'Dar, pointe de Barbarie ; — se plait dans les brisants.

D'un violet foncé passant au rouge vineux sur les angles externes du disque, qui est d'un vert sombre, et à iris orangé, nos *Ætobatis*, dont l'un mesure 0,340 de long sur 0,720 de large, diffèrent de ceux décrits par Dumeril (*loc. cit.*) par le centre du disque, et la tête fortement rugueuse. Comme chez les types de cet auteur, la queue est également rugueuse, mais dans toute son étendue (1 mètre 07) et non pas seulement à la région supérieure.

42. ÆTOBATIS LATIROSTRIS A. Dum.

Ætobatis latirostris Dum., Poiss. Afr. occ., p. 242, pl. XX, f. 1, p. 261, n° 10.
Ætobatis Narinari Mull. et Henl. *in* Gunth., Cat. Fish. Brit. Mus., t. VIII, p. 420.

Impoge. — Peu commun : — cap Roxo, baie de Gambie, cap Ste-Marie.

Gen. RHINOPTERA Kuhl.

43. RHINOPTERA PELI Bleek.

Rhinoptera Peli Bleek. Poiss. Guin., p. 18, pl. 1.
— Dum. Elasm., p. 640.

Bindan. — Assez commun ; — Gorée, Dakar, Joalles, Rufisque.

44. RHINOPTERA JAVANICA M. et H.

Rhinoptera javanica Mull. et Henl. Plag., p. 182, pl. 58.
— Gunth., Cat. Fish. Br. Mus., t. VIII, p. 494.
— Dum. Elasm., p. 647, et Poiss. Afr. occ., p. 261, nº 11.

Bindan. — Mêmes localités que le *R. Peli*, avec lequel on le rencontre.

Dumeril (*Elasm. loc. cit.*) indique le *R. Peli* de Gorée d'après un jeune individu envoyé par M. Rang, tandis que dans son Mémoire sur les poissons de la Côte occidentale d'Afrique, c'est le *R. javanica* qu'il cite de cette localité. Cette divergence d'indications nous avait fait supposer que l'une seulement des deux espèces habitait les côtes d'Afrique et que le *R. javanica* devait être écarté de nos listes ; mais un examen de la dentition des sujets nous a pleinement convaincu que ces deux espèces de *Rhinoptera* devaient être maintenues, car nous trouvons bien les plaques dentaires des deux mâchoires avec 9 rangées longitudinales pour la première espèce, et 7 rangées pour la seconde, ainsi que l'indique Dumeril (*loc. cit.*).

Fam. CEPHALOPTERÆ Dum.

Gen. CEPHALOPTERA Dum.

45. CEPHALOPTERA GIORNA Riss.

Cephaloptera giorna Riss. Ichth. Nice, p. 14.
— Dum. Elasm., p. 653.
— Valenc. Ichth. Canar., p. 97, pl. XXII.
Dicerobatis giorna Gunth. Cat. Fish. Br. Mus., t. VIII, p. 496.

Habit. — Rare : — baie du cap Blanc, cap Mirick, quelquefois rade de Guet N'Dar, dans les brisants.

Cette espèce, d'une taille souvent très forte, est estimée des nègres et vendue très cher aux Européens qui la connaissent sous le nom de Raie ; c'est le seul Rajidien qui, avec le *Trygon margarita* et l'espèce suivante, soit mangé sur la Côte occidentale d'Afrique.

40. CEPHALOPTERA ROCHEBRUNEI Vaill.

Pl. I, fig. 1, 2.

Cephaloptera Rochebrunei Vaill. Bull. Soc. Phil. Paris, 1879. (Séance du 17 mai), p. 171.

Habit. — Très rare : — pêché sur la côte de Guet N'Dar et dans les brisants de la pointe de Barbarie.

M. le professeur Vaillant, que nous remercions d'avoir bien voulu nous dédier cette espèce, la décrit ainsi d'après l'unique échantillon que nous avons rapporté du Sénégal :

« Pectorales, mesurées depuis leur origine derrière l'œil jusqu'à leur angle postérieur, à très peu près égales à la hauteur de la longueur de la moitié du disque, se terminant en angle aigu extérieurement ; bord antérieur largement convexe, bord postérieur concave ; dents petites, larges de 0m,001, à bord postérieur fortement dentelé, présentant deux ou trois pointes principales ne mesurant pas moins du tiers de la largeur, et parfois une petite pointe accessoire de chaque côté ; ces dents, régulièrement disposées en quinconce, et occupant la moitié centrale des cartilages tant supérieur qu'inférieur, comptent une cinquantaine de rangées transversales et une dizaine en profondeur : tégument sans scutelles appréciables ; queue inerme, portant à son origine une courte nageoire dorsale ; sa longeur, autant qu'on en peut juger, très peu supérieure au disque (elle est brisée, mais, semble-t-il, à une petite distance de son extrémité).

» Tout le disque est, à la partie dorsale, d'un bleu d'outre-mer foncé avec une teinte rousse suivant une bande médiane, ovalairement élargie en avant, bande qui occupe les trois quarts postérieurs du disque; les nageoires ventrales et les appendices copulateurs (l'individu est ♂) sont de cette même teinte rousse qui s'étend sous la queue, dont les parties supérieures et latérales sont foncées, noires; partie infero-externe des prolongements céphaliques d'un bleu pur; iris jaune d'or.

» La longueur du disque, mesurée du bord du museau à l'origine de la nageoire dorsale, est de 0,56; la largeur extrême de 1,09; la partie restante de la caudale mesure 0,49.

» Le *Cephaloptera Rochebrunei* Vaill. se distingue nettement par ses dents de ses congénères; chez les *Cephaloptera giorna* Lacep. et *C. Olfersii* Mull., ces organes, cordiformes ou triangulaires à côtés cintrés, sont sensiblement d'égales dimensions en largeur et en longueur; chez les *C. Kuhlii*, M. et H., *C. monstrosum*, Klunz., *C. Draco*, Gth., et *C. Eregodoo*, Cant., la largeur l'emporte notablement sur la dimension antero-postérieure; le bord dirigé du côté de la cavité buccale est droit et tranchant, dans les trois premières espèces, festonné ou légèrement denticulé dans la quatrième; c'est donc celle-ci qui se rapprocherait jusqu'à un certain point le plus du *C. Rochebrunei*, mais les dents sont plus petites proportionellement, puisqu'il y a 80 à 95 rangées au lieu de 50; de plus ces festons mousses ne sont pas comparables aux pointes aiguës coniques, si nettement accusées dans cette espèce (1).

» Le *C. Rochebrunei*, très rare comme nous l'avons dit, se plait dans les brisants; les nègres ne le mangent jamais et le considèrent comme un animal nuisible. »

(1) Voir pour les différences de dentition : Pl. I fig. 3, *Cephaloptera giorna*. Cuv. — fig. 4, *C. Draco* M. et H. — fig. 5, *C. Eregodoo*. Dum.

TELEOSTEI Mull.

ACANTHOPTERYGII Mull.

Fam. BERYCIDÆ Lowe.

Gen. HOLOCENTRUM Arted.

47. HOLOCENTRUM HASTATUM C. V.

Holocentrum hastatum C. V. Hist. nat. Poiss., t. III, p. 208, t. VII, p. 490, pl. 5.
— Gunth., Cat. Fish. Brit. Mus., t. I, p. 30.
— Dum. Poiss. Afr. occ., p. 208, n° 38.

Sjhojho. — Assez rare : — se rencontre sur la côte, de Saint-Louis à Gorée, où il habite de préférence les parages à fond de rochers ; — remonte parfois l'embouchure du fleuve ; — pêché en juin et juillet ; — très estimé des nègres.

Fam. PERCIDÆ Ow.

Gen. LABRAX Cuv.

48. LABRAX LUPUS Lacep.

Labrax lupus C. V. Hist. nat., Poiss., t. II, p. 56.
— Gunth. Ann. and Mag. nat. Hist., t. XII, p. 174.
— Valenc. Ichth. Canar., p. 5.
— Dum. Poiss. Afr. occ., p. 201, n° 24.

Coubajh. — Cap Vert, Saint-Louis, Gorée, banc d'Argain, rade de Guet N'Dar, Dakar ; — dépasse parfois 1m de longueur ; — très recherché comme aliment ; — les plus grands individus sont généralement pêchés au large.

49. LABRAX PUNCTATUS (Bloch) Gunth.

Labrax punctatus Gunth. Ann. and. Mag. nat. Hist., t. XII, p. 174.
Steind. Ichth Ber. über. eine nache. Akad. Wien. 1867, p. 607.
— Steind. Fish. des. Sénég. Acad. Weissen. 1869, p. 3.

Labrax lupus C. V. Hist. nat. Poiss., t. II, p. 50.
— Valenc., Ichth. Canar., p. 5.
Sciana punctata Bloch. Naturg. ausl. Fish., v. p. 64, tab. 305.

Goubajh. — Cap Vert, Gorée, rade de Dakar, rade de Guet N'Dar, Saint-Louis ; — très estimé ; — atteint comme le précédent 1m de long.

Ces deux espèces de *Labrax*, caractérisées par la disposition des *dents voméviennes* décrites par M. Gunther (*loc. cit.*), d'après les observations fournies par M. Barboza du Bocage, directeur du Musée de Lisbonne, sont propres à la Méditerranée ainsi qu'à toutes les mers occidentales d'Europe (Vaillant, *Sur la distr. géogr. des Percina, Compt. rend. Acad. Sc.* 18 *novembre* 1872); elles sont communes sur les côtes de la Sénégambie, où on les pêche par 20 brasses de profondeur, sur fond de galets. L'assertion de M. Steindachner, qui leur assigne pour habitat les eaux saumâtres, et, pendant la saison sèche, les marigots bien au-dessus de Saint-Louis, ne peut être acceptée, car on les y chercherait vainement, surtout à une époque où les eaux du Sénégal et des marigots qui en dépendent, ne renferment aucune des grandes espèces marines, dont l'apparition a lieu seulement à l'époque des pluies de l'hivernage.

Gen. LATES Cuv.

50. LATES NILOTICUS Lin (Spec.)

Lates niloticus C. V. Hist. nat. Poiss.; t. II, p. 89, t. III, p. 490.
— Steind. Fish. des. Sénég., p. 4, tab. 1.
— Gunth. Cat. Fish. Brit. Mus., t. I, p. 67.
— Dum. Poiss. Afr. occ., p. 261, n° 25.

Kompaye. — Se trouve sur tout le cours du Sénégal, Podor, Dagana, Gambie, Falémé à son embouchure avec le Sénégal; marigots de Leybar, Thiouk; Casamence; marigot de Saloum.

Le nom de *Ghiéneveche*, que Cuvier (*loc. cit.*) donne à cette espèce d'après les renseignements fournis par le gouverneur Jubelin, et qu'il considère comme une altération du mot *Kescher* par lequel les Arabes désignent les *Lates* du Nil, est inconnu des Ouoloffs et ne mérite pas d'être conservé. Les maures Trarzas de la rive droite emploient eux-mêmes le nom de *Kompaye* pour désigner le *Lates niloticus*.

Gen. APSILUS C. V.

51. APSILUS FUSCUS C. V.

Apsilus fuscus C. V. Hist. nat. Poiss., t. VI, p. 540, pl. 168. *b*.
— Gunth. Cat. Fish. Brit. Mus., t. I, p. 82.
— Dum. Poiss. Afr. occ., p. 262, n° 27.

Porto-Praya, S.-Iago, cap Vert.

Gen. SERRANUS Cuv.

52. SERRANUS NIGRI Gunth.

Serranus nigri Gunth. Cat. Fish. Brit. Mus., t. I, p. 112.
Epinephelus nigri Bleek. Poiss. Guin., p. 45.

Lajooji. — Casamence, Falémé; très rare à Gorée et à Dakar, où il atteint 0,350 de long.

53. SERRANUS PAPILIONACEUS C. V.

Serranus papilionaceus C. V. Hist. nat. Poiss., t. VIII, p. 471. Supp.
— Valenc. Ichth. Canar., p. 7.
— Gunth. Cat. Fish. Brit. Mus., t. I, p. 114.
— Dum. Poiss. Afr. occ., p. 261, n° 26.
Serranus cyanostigma K. et V. H. *in* Dum. Poiss. Afr. occ., p. 261, n° 30.

Djentiacher. — Cap Blanc, cap Vert, Gorée, banc d'Argain, rade de Dakar, Guet N'Dar; — les nègres le rejettent lorsqu'ils l'ont pris dans leurs filets ou à la ligne, le considérant comme toxique; — se rencontre par troupes, en septembre et octobre. — M. Bouvier a bien voulu nous communiquer une belle série de cette espèce, recueillie par lui au cap Vert.

Une grande ressemblance existant entre les *Serranus papilionaceus* et *cyanostigma*, de faux renseignements ont pu seuls induire Dumeril en erreur et lui faire inscrire le *S. cyanosigma* dans son Catalogue des Poissons de la Côte occidentale d'Afrique comme provenant de Gorée.

Le *cyanostigma* K. et V. H., décrit par Cuvier (*loc. cit.*, t. II p. 350), est une espèce Asiatique propre aux mers de Java, qui ne peut être aujourd'hui maintenue sur les listes des espèces Africaines.

54. SERRANUS LINEO-OCELLATUS Guich.

Serranus lineo-ocellatus Guich. *in* Dum. Poiss. Afr. occ., p. 244-261, nº 31.

Sopajhane. — Assez fréquent sur les plages rocheuses : Gorée, Dakar, Saint-Louis, Portendick; — est rarement pêché par les nègres; — juillet et août.

Le mode de coloration de ce Serran diffère notablement de celui décrit par Dumeril (*loc. cit.*, p. 223). Un individu de 0,200, comme le type de Dumeril, offre une teinte brun bleuâtre, foncée à la partie supérieure, argentée sous le ventre; de chaque côté sept bandes verticales larges, également brun bleuâtre, sont couvertes de points arrondis d'un rouge vermillon; l'intervalle entre les bandes est sans taches; les nageoires rougeâtres, sont, ainsi que le préopercule, tachetées de points rouges; l'iris est blanc.

55. SERRANUS OUATALIBI C. V.

Serranus ouatalibi C. V. Hist. nat. Poiss., t. II, p. 381.
— Gunth. Cat. Fish. Brit. Mus., t. I. p. 120.

Cap Vert.

56. SERRANUS TÆNIOPS C. V.

Serranus tæniops C. V. Hist. nat. Poiss., t. II, p. 370.
— Gunth. Cat. Fish. Brit. Mus., t. I, p. 121.
— Dum. Poiss. Afr. occ., p. 261, nº 32.

Dojh. — S.-Iago, Porto-Praya, Gorée; — assez commun en juin et juillet.

57. SERRANUS GIGAS Brünn.

Serranus gigas C. V. Hist. nat. Poiss., t. II, p. 270.
— Gunth. Cat. Fish. Mus., t. I, p. 132.

Dialajhk. — Rare : — habite les rochers : Saint-Louis, Gorée, Dakar ; — péché en septembre; — dépasse rarement 0,600.

Cuvier (*loc. cit.*) donne plusieurs variétés de coloration du *S. gigas*, d'après différents auteurs. Un spécimen de 0,630 recueilli à Dakar, se rapproche de la description de Duhamel (*in* V. C. *loc. cit.*). Les teintes sont ainsi réparties : dos brun rougeâtre foncé ; flancs orangés, ainsi que le préopercule ; ventre gris argenté; dorsale d'un rouge vineux, à rayons plus clairs, ainsi que les pectorales; anale et caudale brunes à rayons noirâtres; iris jaune clair.

58. SERRANUS FIMBRIATUS Lowe.

Serranus fimbriatus Lowe Trans. Cambr. Phil. Soc., 1836, p. 195, pl. 1.
— Valenc. Icth. Canar., p. 8.
Serranus gigas Gunth. Cat. Fish. Brit. Mus., t. I, p. 132.

Domm Dojhe. — Peu commun : — pointe de Barbarie, cap Blanc et la côte jusqu'à Saint-Louis, Rufisque, cap Mirick, baie de Tanit, Almadies.

Cette espèce, très voisine du *S. gigas*, ainsi que l'observe Valenciennes, et que M. Gunther lui a réunie, s'en distingue nettement par son mode de coloration, presque identique à celui figuré par Lowe. Un spécimen de Guet N'Dar présente une teinte générale rouge brun clair, sans gros points jaunes sur tout le corps; le ventre est blanc, faiblement maculé de gris; la caudale est rougeâtre; l'anale, d'un gris verdâtre; la ligne latérale brune; l'iris blanc; il mesure 0,400.

59. SERRANUS GOREENSIS C. V.

Serranus Goreensis C. V. Hist. nat. Poiss., t. VI, p. 511.
— Gunth. Cat. Fish. Brit. Mus., t. I, p. 133.
— Dum. Poiss. Afr. occ., p. 261, nº 28.
— Steind. Beit. Kennt. Fish. Afrik., p. 6.

Diaiakar. — Fréquemment pêché à Gorée, Dakar; rare au cap Vert; rade de Guet N'Dar, par 12 à 14 brasses; — très estimé des Ouoloffs.

D'une couleur générale violacée, cette espèce a les flancs orangés, le ventre légèrement jaunâtre, et porte sur tout le corps des maculatures nuageuses blanches; la dorsale, d'un gris sale, présente sur son bord libre une bande d'un violet brun; l'anale, teintée comme la précédente, a également comme elle des rayons d'un beau rouge; les pectorales rougeâtres sont lavées de violet; la caudale, brune à rayons rouges; l'iris est blanc; la pupille noire excessivement large. L'animal atteint souvent 0,780.

60. SERRANUS FUSCUS Lowe.

Serranus fuscus Lowe. Trans. Cambr. Phil. Soc., 1838, p. 196.
— Valenc. Ichth. Canar., p. 9.
— Gunth. Cat. Fish. Brit. Mus., t. I, p. 134.

Tioff. — Assez commun: — cette espèce est pêchée en février et mars; elle habite de préférence les brisants et les anses où la mer est agitée: rade de Guet N'Dar, pointe de Barbarie; commune au banc d'Arguin; — elle atteint souvent 0,800.

Valenciennes donne au *S. fuscus* une couleur brune sur le dos, pâle sur le ventre: cette partie, dit-il, a de nombreuses lignes tortueuses qui font de larges circonvolutions. Plusieurs sujets de forte taille nous permettent de compléter cette description et de donner la distribution exacte des couleurs qui, dans cette espèce, sont éminemment caractéristiques.

Sur un fond d'un bistre clair, plus foncé vers le dos, règnent, de chaque côté, quatre larges bandes verticales brunes; le ventre est blanc; tout le corps est couvert de maculatures brunes; de la partie postérieure de l'œil, à pupille blanche rosée, partent quatre lignes sinueuses bleues, serpentant le long des flancs et allant aboutir à l'insertion de la caudale; la nageoire dorsale bistre est maculée de brun; la caudale est brune; l'anale, rougeâtre; les pectorales, brunes dans leur première moitié supérieure, sont inférieurement teintées de jaune et de rouge pâle.

61. SERRANUS ÆNEUS G. S. H.

Serranus æneus C. V. Hist. nat. Poiss., t. II, p. 283.
— Dum. Poiss. Afr. occ., p. 261, n° 29.
— Steind. Beit. Kennt. Fish. Afrik., n° 5.

Jhouth. — Peu commun : — pêché au large : rare à Gorée et à Dakar, plus fréquent dans les parages du cap Blanc ; — vient quelquefois jusqu'aux brisants près de la barre du Sénégal ; — juillet-août ; — atteint jusqu'à 0,750.

Le *S. æneus* est d'un brun métallique, plus sombre sur le dos; huit à neuf bandes d'un brun noirâtre se montrent de chaque coté et ne dépassent que faiblement la ligne latérale ; le ventre est blanc légèrement nuagé de brun, avec un pointillé de couleur plus foncée; dorsale blanc grisâtre à rayons bruns portant au sommet quatre lignes de points également bruns; pectorales et anale d'un gris lavé de rose; caudale brune à rayons rougeâtres; iris blanc rosé.

62. SERRANUS ACUTIROSTRIS C. V.

Serranus acutirostris C. V. Hist. nat. Poiss., t. II, p. 286, t. IX, p. 432.
— Valenc. Ichth. Canar., p. 11, pl. 3, fig. 1.
— Gunth. Cat. Fish. Brit. Mus., t. I, p. 135.

Lourr. — Mêmes localités que l'espèce précédente; — parvient à une taille de 0,450; — très rarement mangé par les nègres; — octobre-novembre.

Gen. RHYPTICUS C. V.

63. RHYPTICUS SAPONACEUS C. V.

Rhypticus saponaceus C. V. Hist. nat. Poiss., t. III, p. 63.
— Gunth. Cat. Fish. Brit. Mus., t. I, p. 172.

Rapporté du cap Vert par Quoy et Gaimard.

Gen. LUTJANUS Bloch.

64. LUTJANUS DENTATUS Dum. (1)

Mesoprion dentatus Dum. Poiss. Afr. occ., p. 245-261, n° 35, (*non* Gunth. Cat. Fish. Brit. Mus., t. I, p. 188.)
Apsilus dentatus Guich. *in* Ramon de la Sagra Hist. Poiss. Cuba, p. 20, pl. 1, fig. 2.)

Dienoujher Diejch. — Généralement pêché dans les eaux saumâtres : Saint-Louis, Dakarbango, Leybar; plus rarement en mer : Gorée, Babagayo, Dakar; — très estimé; — octobre-novembre.

Le *Mesoprion dentatus* de M. Gunther (*loc. cit.*), établi sur l'*Apsilus dentatus* Guich. (*loc. cit.*), n'a aucune affinité avec le *Mesoprion dentatus* de Dumeril. Le savant professeur connaissait l'*Apsilus* de son aide-naturaliste, et cependant qualifiait du même nom spécifique l'espèce de Gorée; preuve qu'elle appartient à un genre différent.

M. Gunther qui, lui aussi, adopte les deux genres (*loc. cit.*, 1, p. 82 et p. 184), semble en méconnaître le caractère, en faisant

---

(1) A l'exemple de M. le prof. L. Vaillant (*Mission Sc. au Mex. et dans l'Am. cent; Etudes sur les Poissons; — publié sous les auspices du Ministre de l'Inst. Publ.*), nous adoptons le genre *Lutjanus* Bloch, comme étant des plus naturels, antérieur au genre *Mesoprion* et admis par Cuvier dans la 1re édit. du Règne animal.

passer de l'un à l'autre le type de Guichenot, sans donner les motifs qui l'ont conduit à opérer ce changement.

Quoi qu'il en soit, les *M. dentatus* Gunth. et *M. dentatus* Dum. font double emploi, et il devient nécessaire de rayer du Catalogue ichthyologique le *M. dentatus* Gunth. en conservant l'*Aprion dentatus* Guich., qui est antérieur de quatorze ans.

Dumeril dit de son système de coloration qu'il ne présente rien de particulier et qu'il ressemble au *M. Gorensis* C. V. Un individu de 0,550 nous a offert quelques différences que nous croyons devoir noter.

Comme ce dernier, le dessus de la tète et le dos sont brun mordoré, mais sans aucune teinte jaune à la partie postérieure; les flancs sont d'un jaune rougeâtre; la dorsale bleu violacé à rayons plus foncés et non pas jaune orangé; les ventrales et l'anale rouge lavé de violet; les pectorales semblables, avec une tache bleue à la base; l'iris blanc jaunâtre.

65. LUTJANUS JOCU C. V.

Mesoprion jocu C. V. Hist. nat. Poiss., t. II, p. 466.
Mesoprion griseus C. V. Hist. nat. Poiss., t. II, p. 469.
— Gunth. Cat. Fish. Brit. Mus., t. I, p. 194.
Mesoprion Gorensis C. V. Hist. nat. Poiss., t. VI, p. 540.
— Dum. Poiss. Afr. occ., p. 245-261, n° 34.
Mesoprion retrospinis C. V. Hist. nat. Poiss., t. VI, p. 541.
— Dum. Poiss. Afr. occ., p. 261, n° 36.
Lutjanus Guineensis Blk. Poiss. Guin., p. 40, tab. X, fig. 1.

Ouroïjh. — Assez commun : — mêmes parages que l'espèce précédente ; — octobre-novembre.

M. Gunther réunit, sous le nom de *M. griseus* C. V., la plupart des espèces citées à la synonymie précédente. M. le professeur Vaillant, dans le classement des nombreux spécimens faisant partie des collections ichthyologiques du Muséum, a été conduit à les réunir au *M. jocu* C. V. L'examen des sujets frais démontre la justesse de ce classement, en permettant de suivre les transitions qui lient entre elles des espèces jusqu'ici considérées comme distinctes.

Sous cette même dénomination doit rentrer le *Lutjanus Guineensis* de Blecker, presque identique à la variété *Gorensis*, comme du reste il le supposait lui-même.

Un échantillon de 0,750 diffère notablement par ses couleurs de ceux étudiés par Cuvier.

Sa teinte générale est brun rouge brillant; le ventre, rose pâle, porte une série de petites lignes longitudinales bleues; sur l'opercule et le préopercule existent de larges taches nuageuses bleuâtres; la dorsale, d'un beau rose, à rayons bruns, présente, à la base de sa portion molle, une large bande brune, maculée de bleu; l'anale et la caudale, également roses, ont leurs rayons marqués de points bleus espacés; les ventrales sont vermillon vif; l'iris, blanc bleuâtre.

66. LUTJANUS FULGENS C. V.

Mesoprion fulgens C. V. Hist. nat. Poiss., t V, p. 539.
— Dum. Poiss. Afr. occ., p. 261, nº 33.

Diabarrjh. — Assez rare; — se pêche au large, par vingt brasses de profondeur; approche quelquefois des brisants : Portendik, cap Vert, Gorée, pointe de Barbarie; — octobre-novembre.

67. LUTJANUS EUTACTUS Bleek.

Lutjanus eutactus Bleek. Poiss. Guin., p. 51, tab. XI, fig. 2.

Iahle. — Gorée, Portendik, baie de Sainte-Marie, cap Verga, Almadies, cap Manuel, baie d'Angel.

68. LUTJANUS AGENNES Bleek.

Lutjanus agennes Bleck. Poiss. Guin., p. 51, tab. IX, fig. 1.

Iahle. — Mêmes localités que l'espèce précédente; — pêchées au large, par 25 brasses de profondeur, ces deux espèces sont assez communes en septembre et octobre, mais peu estimées.

Les *L. eutactus* et *agennes*, qui atteignent jusqu'à 0,815 de longueur, sont identiques par leur coloration aux spécimens décrits par Blecker. Les deux figures données par cet auteur ne correspondent nullement aux descriptions.

69. LUTJANUS MALTZANI Steind.

Lutjanus Maltzani Steind. Beit. Kennt. Fish. Afrik., p. 7.

Indiqué comme rare par Steindachner : — Rufisque, Gorée.

Gen. PRIACANTHUS C. V.

70. PRIACANTHUS MACROPHTHALMUS C. V.

Priacanthus macrophthalmus C. V. Hist. nat. Poiss., t. , p. .
— Steind. Beit. Kennt. Fish. Afrik. p. 8.

Côte de Sénégambie (*Teste* Steindachner).

Fam. PRISTIPOMATIDÆ Cuv.

Gen. PRISTIPOMA Cuv.

71. PRISTIPOMA JUBELINI C. V.

Pristipoma Jubelini C. V. Hist. nat. Poiss., t. V, p. 250.
— Bleck. Poiss. Guin., p. 54, t. XIII, fig. 2.
— Steind. Fish. Des. Sénég., p. 7, tab. II.
— Dum. Poiss. Afr. occ., p. 262, n° 51.

Korojhne. — Assez commun ; — se pêche au large : rade de Guet N'Dar, Gorée, Dakar, cap Manuel ; — août-septembre.

Rapporté de Gorée par Adanson, sous le nom de *Coroï*.

Les individus que nous avons recueillis (de 0,300 de long), diffèrent par leur coloration des sujets décrits par Blecker et provenant des côtes de Guinée.

Sur un fond vert olive, plus foncé vers le dos, des maculatures verdâtres forment une série de lignes parallèles, s'arrêtant au niveau des flancs ; le ventre est blanc argenté jaunâtre ; la dorsale blanc verdâtre, avec une série de taches plus foncées; l'anale rosée; les pectorales verdâtres; l'iris blanc.

72. PRISTIPOMA ROGERI C. V.

Pristipoma Rogeri C. V. Hist. nat. Poiss., t. V, p. 254.
— Gunth. Cat. Fish. Brit. Mus., t. I, p. 298.
— Steind. Fish. Des. Sénég., p. 12, tab. 4.

Iaohl. — Se tient généralement au large : Gorée, Dakar, cap Vert; — octobre-novembre.

73. PRISTIPOMA BENNETTII Lowe.

Pristipoma Bennettii Lowe. Trans. zool. Soc., t. II, p. 170.
— Valenc. Ichth. Canar., p. 26.
— Gunth. Cat. Fish. Brit. Mus., t. I, p. 298.
— Steind. Ichth. Bericht. uber. eine. Rüse nach Span rond. Portug. Sitzb. Akad. Wien. Bd. LVI. Abth. 1867.
— Steind. Fish. Des. Sénég. p. 13.
Pristipoma ronchus Valenc. Ichth. Canar., p. 25, pl. VII, fig. 2.

Decïkg. — Commun sur tout le cours du Sénégal : Saint-Louis, marigots des Maringouins, Thionk, Leybar, Sorres, lac de Pagnéfoul, Gambie, Casamence ; — s'observe toute l'année ; — très rarement pêché au large.

De tous les *Pristipomes* observés en Sénégambie, le *P. Bennettii* paraît avoir pour habitat exclusif les eaux saumâtres et les divers fleuves de la région ; là, en effet il abonde, tandis que sa capture en mer est un fait presque exceptionnel. La taille à laquelle il parvient, semble être en raison du milieu où il vit; les échantillons pris en mer, dépassent rarement 0,170; c'est la taille de ceux des Canaries et de Madère (Valenc., *loc. cit.*); ceux des eaux douces ou saumâtres atteignent 0,650 à 0,680; les nombreux exemplaires vendus notamment sur le marché de Saint-Louis sont rarement de dimensions moindres.

Soit par suite de l'influence exercée par la nature des eaux, soit comme conséquence de l'âge, nos individus du fleuve montrent une coloration qu'il est bon de noter.

Sur un fond d'un vert pâle, une multitude de taches vert foncé et jaunâtre donnent à toute la région supérieure un aspect marbré; le préopercule et l'opercule sont lavés de violet; une large tache bleu violacé couvre l'angle de ce dernier; toutes les nageoires sont jaunâtres à rayons bruns; la dorsale porte en outre à sa base, entre chaque rayon, une série de taches brunes; l'iris est jaune pâle.

La description de Valenciennes (*loc. cit.*) s'applique aux sujets pêchés en mer.

74. PRISTIPOMA VIRIDENSE C. V.

Pristipoma Viridense C. V. Hist. nat. Poiss., t. V, p. 287.
— Valenc. Ichth. Canar., 26.
— Gunth. Cat. Fish. Brit. Mus., t. I, p. 302.
— Dum. Poiss. Afr. occ., p. 262, n° 57.

Cap Vert ; recueilli à Saint-Vincent par M. Bouvier.

75. PRISTIPOMA SUILLUM C. V.

Pristipoma suillum C. V. Hist. nat. Poiss., t. IX, p. 482 (adulte).
— Gunth. Cat. Fish. Brit. Mus., t. I, p. 302.
— Steind. Fish. Des. Sénég., p. 14, tab. V.
Pristipoma Rangii C. V. Hist. nat. Poiss., t. IX, p. 484 (jeune).
— Dum. Poiss. Af. occ., p. 262, n° 53.

Cap Vert, Gorée.

76. PRISTIPOMA MACROPHTHALMUM Bleek.

Pristipoma macrophthalmum Bleek. Poiss. Guin., p. 52, pl. XII, fig. 1.
— Steind. Fish. Des. Sénég., p. 16.
Larimus auritus C. V. Hist. nat. Poiss., t. VIII, p. 501.
— Gunth. Cat. Fish. Brit. Mus., t. I, p. 268.

Sompath. — Commun à Gorée, Dakar, banc d'Arguin, cap Vert, Guet N'Dar; — atteint 0,315; — pêché en octobre et novembre.

La coloration du *P. macrophthalmum*, espèce créée par Blecker sur le *Larimus auritus* C. V., type du genre *Larimus* de Gunther, et adoptée par les ichthyologistes modernes, mérite d'être rectifiée :

La description de Cuvier et Valenciennes (*loc. cit.*) est celle qui se rapproche le plus des types que nous avons vus. La grande tache, non pas noire mais orangée, de la partie libre de l'opercule, dont Bleeker ne parle pas, est constante; la nageoire dorsale est olivâtre; l'anale et les pectorales, rosées sans pointillé brun; la région du dos est verdâtre, glacée de jaune, et non pas rose ou vert rosé; enfin les bandes latérales sont peu distinctes, non pas argentées mais violacées; l'iris, blanc lavé de jaune.

Le peu de différence de taille des échantillons de Cuvier et de Bleeker (0,170-0,216) d'avec les nôtres (0,218-0,227), ne permet pas d'attribuer à l'âge les différences que nous venons de signaler.

77. PRISTIPOMA PERROTTETI V. C.

Pristipoma Perrotteti C. V. Hist. nat. Poiss., t. V., p. 251.
— Gunth. Cat. Fish. Brit. Mus., t. I, p. 302.
— Steind. Fish. Des Sénég., p. 10, tab. III.
Pristipoma Perrottæi C. V. *in* Dum. Poiss. Afr. occ., p. 262, nº 54.

Jouroubole. — Assez rare ; — habite au large les fonds de roche ; — pêché en juillet, et peu estimé ; — Dakar, Gorée, Rufisque.

78. PRISTIPOMA OCTOLINEATUM C. V.

Pristipoma octolineatum C. V. Hist. nat. Poiss., t. IX, p. 487.
— Guich. Poiss. *in* Expl. Alger., p. 44, pl. 2.
— Gunth. Cat. Fish. Brit. Mus., t. I, p. 303.
— Dum. Poiss. Afr. occ., p. 262, nº 56.

Kodjh. — Rare : — cap Vert, Gorée, Dakar, cap Verga ; — pêché en novembre et décembre.

Gen. DIAGRAMMA Cuv.

79. DIAGRAMMA MEDITERRANEUM Guich.

Diagramma mediterraneum Guich. Poiss., Expl. Alger., p. 45, pl. 5.
— Gunth. Cat. Fish. Brit. Mus., t. I, p. 321.

Bandé. — Pêché au large : — rade de Guet N'Dar, Dakar, Portendik ; — août ; — peu commun.

Cette espèce Méditerranéenne est quelquefois prise à 2 ou 3 milles en mer. Les individus vendus sur les marchés nègres sont identiques à ceux décrits par Guichenot, et montrent une couleur gris violacé uniforme sur le dos, sans aucunes taches ni bandes, avec les nageoires d'un brun noirâtre et l'intérieur de la bouche rouge.

Gen. DENTEX Cuv.

80. DENTEX VULGARIS C. V.

Dentex vulgaris C. V. Hist. nat. Poiss., t. VI, p. 220, pl. 153.
— Valenc. Ichth. Canar., p. 36.
— Gunth. Cat. Fish. Br. Mus., t. I, p. 366.

Dembe. — Assez commun dans les parages à fond de gravier et de sable : Dakar, Gorée, Rufisque, Portendik, cap Blanc ; — parvient à la taille de 0,750 ; — très recherché comme aliment.

81. DENTEX FILOSUS Val.

Dentex filosus Valenc. Ichth. Canar., p. 37.
— Gunth. Cat. Fish. Brit. Mus., t. I, p. 371.
— Guich. Expl. sc. Alger. Poiss., p. 52.

Dembesen. — Moins commun que l'espèce précédente, avec laquelle on le rencontre dans les mêmes parages.

Bien que cette espèce n'ait pas été décrite par Valenciennes sur des individus vivants, les couleurs indiquées par lui diffèrent peu de celles que nous avons notées.

Tout entier d'un beau rouge laque foncé sur le dos, plus pâle et argenté sous le ventre, le *D. filosus* ne nous a présenté aucune trace de taches irrégulières bleu foncé sur le dessus de la tête et le dos, jusqu'au milieu de sa longueur. Quelques spécimens présentent de chaque côté une large bande dirigée obliquement, couverte d'une multitude de points brunâtres, et simulant une sorte d'écharpe enveloppant la partie médiane du corps.

La plupart de nos types Sénégambiens rentrent dans la catégorie des spécimens de Valenciennes, à filaments des rayons dorsaux et des nageoires ventrales très longs. Comme les siens, ils mesurent 0,400 à 0,470 de longueur. Nous ne pensons pas que les filaments distinguent dans cette espèce le jeune âge (Valenc., *loc. cit.*, p. 33); ils sont caractéristiques du sexe et appartiennent aux mâles.

Gen. **SMARIS** Cuv.

82. **SMARIS MELANURUS** C. V.

Smaris melanurus C. V. Hist. nat. Poiss., t. VI, p. 422.
— Gunth. Cat. Fish. Brit. Mus., t. I, p. 389.
— Dum. Poiss. Afr. occ., p. 262, nº 65.

Cap Vert, Gorée.

Fam. **MULLIDÆ** Gray.

Gen. **MULLUS** Lin.

83. **MULLUS BARBATUS** Lin.

Mullus barbatus Lin. Syst. Nat., t. I, p. 495.
— C. V. Hist. nat. Poiss., t. III, p. 442, pl. 70.
— Gunth. Cat. Fish. Brit. Mus., t. I, p. 401.
— Valenc. Ichth. Canar., p. 17.

Hab. — Assez commun; — cap Blanc, golfe d'Argain; descend jusqu'à Saint-Louis; Rade de Guet N'Dar; — août-septembre; — atteint 0,325.

Gen. **UPENEUS** C. V.

84. **UPENEUS PRAYENSIS** C. V.

Upeneus Prayensis C. V. Hist. nat. Poiss., t. III, p. 485.
— Gunth. Cat. Fish. Brit. Mus., t. I, p. 409.
— Dum. Poiss. Afr. occ., p. 262, nº 45.
Pseudupeneus Prayensis Bleck. Poiss. Guin., p. 56, tab. XI, fig. 1.

Yakh. — Porto-Praya, Saint-Vincent, d'où M. Bouvier en a rapporté un exemplaire de 0,315 ; — rare à Saint-Louis ; — s'égare quelquefois dans le Sénégal, où nous en avons capturé un de 0,200 de long.

C'est sur cette espèce que Blecker a cru pouvoir établir son genre *Pseudupeneus*, auquel il rapporte également *l'U. maculatus* C. V. et qu'il caractérise : « Dentes maxillis conici, intermaxillares biseriati, serie externa ex parte retrorsum curvati, » inframaxillares uniseriati, vomerini et palatini nulli. »

En parlant de cette double rangée de dents, Blecker décrit particulièrement celles de la rangée externe *qu'il a vues* former deux groupes « dont le postérieur reculé vers l'angle de la bouche » ne consiste qu'en deux ou trois dents coniques et droites, mais » dont l'antérieur s'approche de la symphyse et n'est composé » que de trois ou quatre dents notablement plus longues que les » autres et dont les deux postérieures sont recourbées en » arrière. » Il paraît, ajoute-t-il, « que cette remarquable dentition » se retrouve dans l'*Upeneus maculatus;* Cuvier dit bien de cette » espèce qu'elle a des dents sur une seule ligne, mais je suppose » qu'il s'est trompé ; il en dit autant du *Prayensis*, mais, par » rapport au *maculatus*, il ajoute : quelques-unes au milieu de la » mâchoire supérieure sont plus fortes et dans un grand individu » il y en a, au milieu, quatre qui se recourbent en avant, et de » chaque côté une plus forte qui se recourbe en arrière. »

Lorsque Blecker n'hésite pas à créer une espèce, parce que, sur la ligne latérale d'un poisson, il compte une écaille de plus que sur la ligne latérale d'un autre, ainsi que nous le verrons par la suite, il n'y a pas lieu de s'étonner en lui voyant établir un genre sur six dents, dont quatre se courbent en avant et deux en arrière.

Nous avons dû rechercher si, comme le suppose Blecker, Cuvier s'était trompé, et après une étude attentive de la dentition des deux espèces, faite concurremment avec M. le Dr Sauvage, sur les types mêmes que Cuvier avait eus en main (*pour l'U. Prayensis, le n° 1,926 A., de la coll. du Muséum, exemplaire de Quoy et Gaimard; — pour l'U. maculatus, le n° 1,926 A., exemplaire de Delalande*), nous avons acquis la certitude que Blecker avait mal vu et que, dans l'une et l'autre espèce, les dents, aux deux mâchoires, sont sur une seule et unique rangée. Des exemplaires provenant de nos propres récoltes nous ont conduit au même résultat. Le genre fantaisiste *Pseudupeneus* doit donc être rayé de la nomenclature.

Relativement à la coloration de l'*U. Prayensis*, nous devons encore dire que Blecker n'est pas exact.

D'un beau rouge doré, comme le dit Cuvier, avec une tache d'un rouge plus foncé sur chaque écaille, l'*U. Prayensis* n'a point le préopercule brunâtre en arrière, ni la nageoire dorsale avec une bande longitudinale brune; de plus il possède des barbillons atteignant le bord postérieur des opercules, barbillons que Blecker, pour des raisons que nous ne connaissons pas, a négligé de faire représenter sur la fig. 1 de sa planche XI. Ne serait-on pas en droit de croire que, pour lui, cette absence est un des caractères du genre *Pseupudeneus* ?

Fam. SPARIDÆ Rich.

Gen. CANTHARUS Cuv.

85. CANTHARUS SENEGALENSIS C. V.

Cantharus Senegalensis C. V. Hist. nat. Poiss., t. VI, p. 337.
— Dum. Poiss. Afr. occ., p. 202, n° 68.

Cap Vert : Gorée ; — assez commun toute l'année.

Gen. BOX Cuv.

86. BOX SALPA Lin.

Box salpa C. V. Hist. nat. Poiss., t. VI, p. 357, pl. 162.
— Valenc. Ichth. Canar., p. 36.
Box Goreensis C. V. Hist. nat. Poiss., t. VI, p. 364.
— Gunth. Cat. Fish. Brit. Mus., t. I, p. 421.
Boops Goreensis C. V. *in* Dum. Poiss. Afr. occ., p. 202, n° 64.

Feyour. — Gorée, Dakar, Rufisque ; commun en août et septembre.

Nous rattachons à cette espèce le *Box Goreensis*. Ce qui l'en distingue, d'après Cuvier, c'est l'absence de tache à la pectorale;

mais cette tache est plus ou moins apparente et ne finit par disparaître que sur les grands individus, ainsi que nous l'avons constaté par l'examen de nombreux spécimens.

Gen. SARGUS Klein.

87. SARGUS ANNULARIS Geoff.

Sargus annularis Geoff. St-Hil. Descr. Egyp. Poiss., pl. 18, fig. 3.
— C. V. Hist. nat. Poiss., t. VI, p. 35, pl. 142.
— Gunth. Cat. Fish. Brit. Mus., t. I, p. 445.
— Dum. Poiss. Afr. occ., p. 262, nº 58.

Gorée, Rufisque, Joalles.

88. SARGUS FASCIATUS C. V.

Sargus fasciatus C. V. Hist. nat. Poiss., t. VI, p. 59.
— Valenc. Ichth. Canar., p. 29, pl. IX, fig. 2.
— Gunth. Cat. Fish. Brit. Mus., t. I, p. 448.

Jonoh. — Cap Blanc, cap Mirick, baie d'Argain, Rufisque ; — août-septembre.

89. SARGUS CERVINUS Lowe.

Sargus cervinus Lowe Trans. Zool. Soc., t. II, p. 177.
— Valenc. Ichth. Canar., p. 29.
Gunth. Cat. Fish. Brit. Mus., t. II, p. 448.

Jonesh. — Mêmes localités que le *S. fasciatus*. — Cette espèce, comme la précédente, vit en troupes nombreuses; les nègres les pêchent par 10 et 15 brasses de profondeur ; — très estimées pour leur chair, comme tous les *Sparidæ* de la côte.

90. SARGUS VULGARIS Geoff.

Sargus vulgaris Geoff. St-Hil. Descr. Egyp., pl. 18, fig. 2.
— Gunth. Cat. Fish. Brit. Mus., t. I, p. 437.
— Steind. Beit. Kennt. Fish. Afrik., p. 12.

Peu commun ; — Gorée ; — (*teste* Steindachner).

Gen. LETHRINUS Cuv.

91. LETHRINUS ATLANTICUS C. V.

Lethrinus atlanticus C. V. Hist. nat. Poiss., t. VI, p. 275.
— ? Gunth. Cat. Fish. Brit. Mus., t. I, p. 260.
— Dum. Poiss. Afr. occ., p. 262, nº 62.

Cap Vert.

Gen. PAGRUS Cuv.

92. PAGRUS VULGARIS C. V.

Pagrus vulgaris C. V. Hist. nat. Poiss., t. VI, p. 148.
— Valenc. Ichth. Canar., p. 32.
— Gunth. Cat. Fish. Brit. Mus., t. I, p. 466.
— Dum. Poiss. Afr. occ., p. 262, nº 60.

Dembesjhal. — Gorée, cap Vert, Dakar ; — vit par bandes; — septembre-octobre.

93. PAGRUS AURIGA Valenc.

Pagrus auriga Valenc. Ichth. Canar., p. 34.
— Gunth. Cat. Fish. Brit. Mus., t. I, p. 471.
Pagrus Berthelotii Valenc. Ichth. Canar., p. 33.

Kibaro. — Gorée, cap Vert, Rufisque, Dakar.

94. PAGRUS EHRENBERGII C. V.

Pagrus Ehrenbergii C. V. Hist. nat. Poiss., t. VI, p. 155.
— Gunth. Cat. Fish. Brit. Mus., t. I, p. 471.

Kibaro n'toul. — Gorée, cap Vert, les brisants à l'embouchure du Sénégal.

Cette espèce, d'un beau rose, porte, sur le dos et les flancs, sept lignes longitudinales de traits bleus allongés et espacés; toutes les nageoires roses ont leurs rayons rouge vermillon; une tache brune existe à la base de la pectorale : l'iris est blanc jaunâtre.

Gen. PAGELLUS Cuv. Val.

95. PAGELLUS ERYTHRINUS C. V.

Pagellus erythrinus C. V. Hist. nat. Poiss., t. VI, p. 170.
— Gunth. Cat. Fish. Brit. Mus., t. I, p. 473.
Pagellus Canariensis Valenc. Ichth. Canar., p. 35.

Goyne. — Cap Blanc, cap Mirick, Gorée, banc d'Argain; — se prend au large; — février-mars.

Dans cette espèce doit rentrer la variété décrite par Valenciennes (*loc. cit.*) sous le nom de *P. Canariensis*. Les couleurs sont identiques. On ne peut considérer comme caractère les dents de devant moins nombreuses et les tuberculeuses plus grosses que chez le *P. erythrinus*. De nombreuses variations se montrent sous ce rapport, en raison de la taille à laquelle sont parvenus les sujets; les nôtres mesurent 0,450.

96. PAGELLUS MORMYRUS C. V.

Pagellus mormyrus C. V. Hist. nat. Poiss., t. VI, p. 200.
— Gunth. Cat. Fish. Brit. Mus., t. I, p. 481.
Pagellus Goreensis C. V. Hist. nat. Poiss., t. VI, p. 203.
— Dum. Poiss. Afr. occ., p. 261, n° 61.

Gorée, Dakar.

Gen. CHRYSOPHRYS Cuv.

97. CHRYSOPHRYS CÆRULEOSTICTA C. V.

Chrysophrys cæruleosticta C. V. Hist. nat. Poiss., t. VI, p. 110.
— Valenc. Ichth. Canar., p. 31, pl. 6, fig. 2.
— Gunth. Cat. Fish. Brit. Mus., t. I, p. 485.

Takjhaye — Cap Blanc, Gorée, Dakar, Guet N'Dar; — espèce du large; — février et mara.

Sur un fond général rose pâle, s'étend, le long du dos, une bande étroite d'un rose plus foncé et plus vif, piquée de points bleus; quatre lignes de points de la même couleur existent de chaque côté jusqu'à la ligne latérale, marquée de points rouges à centre bleu; des mouchetures bleues, très fines, couvrent la première moitié du ventre, d'un blanc argenté; la dorsale est rose à rayons rouges; une bande étroite, jaune, borde sa partie libre; les autres nageoires sont roses à rayons violacés; une tache brun rouge se trouve à la base des pectorales; la région susoculaire, bleue; la partie libre de l'opercule, rouge vermillon; l'iris, blanc bleuâtre.

98. CHRYSOPHRYS GIBBICEPS C. V.

Chrysophrys gibbiceps C. V. Hist. nat. Poiss., t. VI, p. 127, pl. 147.
— Gunth. Cat. Fish. Brit. Mus., t. I, p. 486.
Chrysophrys cristiceps C. V. Hist. nat. Poiss., t. VI, p. 132.
— Gunth. Cat. Fish. Brit. Mus., t. I, p. 486.

Diankarfeth. — Gorée, Dakar, Saint-Louis, Guet N'Dar, Babagaye, Angel, Almadies.

L'une des espèces les plus communes de la côte Sénégambienne, le *C. gibbiceps* présente des caractères tellement tranchés qu'il est impossible de le méconnaître.

Ce qui le distingue de tous ses congénères, c'est l'énorme développement de la partie antérieure de la tête, développement situé en dessus et en avant des yeux; sur des individus de 0,650 (taille moyenne) la largeur de la tête est comprise 4 1/3 dans sa hauteur; cette hauteur fait 2 1/2 de la longueur totale; le diamètre de l'œil, compris 6 1/4 dans la hauteur de la tête, l'est 3 1/2 dans sa largeur; le profil de la face, presque vertical, forme un angle droit avec celui du dos qui s'incline brusquement vers la queue.

Le seul individu connu de Cuvier et originaire du Cap, mesurait 0,567, « les couleurs en étaient totalement effacées; des » taches brunâtres sur les flancs et quelques reflets argentés » étaient seulement apparents. »

La couleur de ce poisson est rouge laque glacé d'argent, s'éclaircissant sur le ventre qui est d'un blanc rosé brillant; une bande d'un bleu intense couvre la partie supérieure du dos, ainsi que toute la bosse frontale; des séries de points bleus s'étendent en lignes parallèles, de chaque côté; la ligne latérale est marquée de points brun rougeâtre; les nageoires sont d'un rouge lavé de brun violacé; l'iris, blanc rosé.

Le *C. gibbiceps* se rapproche du *C. cæruleosticta* par l'ensemble général de ses formes; par sa tête obtuse épaisse; par la verticalité de son profil; mais il s'en distingue par l'exagération du développement de la région céphalique; par son diamètre biorbitaire externe égalant plus de trois fois celui de l'œil; par sa coloration, et enfin par le nombre de ses rayons :

D. 12-10; A. 3-7; C. 18; P. 16; V. 1-5.

Sous le nom de *C. cristiceps*, Cuvier (*loc. cit.*) décrit une seconde espèce ressemblant beaucoup au *C. gibbiceps*, dont il ne la distingue que par un profil moins oblique et par une crête moins forte. Nous avons pu nous assurer que le *C. cristiceps* de Cuvier est la femelle du *C. gibbiceps;* en ouvrant un nombre considérable de ces poissons, toujours et invariablement on trouve que les spécimens à développement frontal sont porteurs de laites, tandis que les autres ont des ovaires. Ce fait est du reste bien connu des nègres, qui choisissent de préférence les mâles comme ayant la chair plus délicate, et les reconnaissent à la bosse frontale, donnant en outre aux autres le nom de *Diankarfelh Diguen Ba*, c'est-à-dire *femme du Diankarfelh.*

Castelnau (*loc. cit.*, p. 20), à l'article *Chrysophris gibbiceps*, avait déjà signalé ce fait; seulement il maintient le *Chrysophris cristiceps* comme espèce distincte, ce que nous ne pouvons accepter.

Les nègres de Saint-Louis et de toute la côte pêchent cette espèce pendant la plus grande partie de l'année, mais principalement d'avril à septembre; ils en font une énorme consommation pour la confection du couscous, dont il est la base en outre ils le sèchent et l'échangent avec les Maures et les nègres de l'intérieur.

Fam. **SQUAMIPINNES** Cuv.

Gen. **CHÆTODON** Arted.

99. CHÆTODON LUCIÆ Rochbr.

Pl. IV, fig. 1,

Chætodon Luciæ Rochbr. Bull. Soc. Phil. Paris, séance du 22 mai 1880.

C. CORPUS OVATO ROTUNDATUM, COMPRESSUM, FUSCO AURATUM, FASCIIS 2 SUBLATIS, BRUNNEIS, ORNATUM; CAPITE CONCAVO; PREOPERCULO INDENTATO; SETÆ PINNÆ DORSALIS (3-4) LONGIORES.

LONG. 0,078.

D $\frac{12}{21}$; A $\frac{3}{16}$; L. LAT. 46; L. TRANS. $\frac{5}{13}$

Rapporté de Sainte-Lucie (cap Vert) par M. Bouvier.

Museau faiblement proéminent, égal au diamètre de l'œil; profil du front concave; préopercule à bord non dentelé; hauteur totale du corps, prise au niveau des pectorales, égale à la longueur; tête comprise 3 1/6 dans la longueur totale; diamètre de l'œil contenu 3 fois dans la longueur de la tête; portion molle de la dorsale et de l'anale régulièrement arrondie; épines de la dorsale fortes, les 3e et 4e plus longues, leur dimension représentant 1 1/6 de la distance existant entre l'extrémité du museau et le bord du préopercule; 2e épine anale la plus longue, robuste.

Teinte générale brun pâle doré, plus foncée sur le dos; écailles larges portant un liseret brun sur leur bord libre; bande oculaire brune, égalant en largeur 1/2 du diamètre de l'œil, descendant un peu au-dessous de l'opercule; une seconde bande brune, plus large, part du pied du 3e rayon épineux de la dorsale et descend perpendiculairement, en passant sous les pectorales; caudale cunéiforme tronquée; toutes les nageoires d'un brunâtre pâle.

Le *Ch. Sanctæ-Helenæ* Gunth. (*Rep. on. a coll. Afr. Fish. Mad. at St-Helena, Proc. zool. Soc. Lond.* 1868, p. 227), est l'espèce dont la nôtre se rapproche le plus; mais elle s'en distingue : par son museau plus court; par le nombre de ses rayons; la grosseur et la force de son 2e rayon anal; les écailles de ses lignes latérale et transverse; par la bande oculaire dépassant le bord du préopercule; enfin par l'ensemble de sa coloration.

Également voisin du *Ch. striatus* L., ce dernier cependant s'en éloigne par son museau plus court que le diamètre de l'œil, par les dimensions de ses épines dorsales, les cinq bandes brun noir de ses flancs, et le nombre de ses rayons et des écailles de ses lignes latérale et transverse.

100. CHÆTODON HOEFLERI Steind.

Chætodon Hoefleri Steind. Beit. Kennt. Fish. Afrik., p. 14, pl. V, fig. 1.

Gorée (*teste* Steindachner).

Cette espèce, que Steindachner considère comme voisine du *C. striatus*, est identique à notre *C. Luciæ;* la présence d'une troisième bande brunâtre à la partie postérieure du corps est la seule différence que nous lui trouvons.

Nous ne pensons pas que cette variation dans l'ornementation puisse servir à établir une espèce, et nous l'aurions inscrite en synonymie de la nôtre s'il n'existait pas une très faible variation dans le nombre des rayons de la dorsale et de l'anale.

Blecker (*Poiss. Guin.*, p. 67) rapporte aussi d'une façon dubitative au *C. striatus*, un jeune *Chætodon* envoyé de la côte de Guinée (Elmina) par M. Pel. La mollesse des épines, des os operculaires et de la bouche, lui fait considérer cet exemplaire comme rachitique et accidentellement venu sur la côte de Guinée.

L'existence du genre *Chætodon* dans les parages de Sainte-Hélène, du cap Vert et de Gorée, engagerait à considérer l'échantillon de Blecker comme pouvant appartenir à notre espèce.

Gen. EPHIPPUS Cuv.

101. EPHIPPUS GOREENSIS C. V.

Ephippus Goreensis C. V. Hist. nat. Poiss., t. VII, p. 125, pl. 178.
— Dum. Poiss. Afr. occ., p. 262, n° 67.
— Gunth. Cat. Fish. Brit. Mus., t. II, p. 61.

Diakarao N'Gajhta. — Dakar, Gorée, Rufisque, où il est peu commun ; — rejeté par les nègres comme poisson vénéneux ; — août-septembre.

M. Gunther donne à cette espèce une coloration uniforme ; pour Cuvier, elle paraît argentée, chaque écaille ayant un bord étroit, brunâtre, et les nageoires gris brun.

Un sujet de Dakar, de 0,200, avait, à l'état frais, toute la partie supérieure, jusqu'à la ligne latérale, brun violacé marbré de noir brun ; le ventre blanc, les rayons épineux de la dorsale brun rouge, reliés par une membrane jaune orangé clair ; les pectorales et les ventrales jaunâtres à rayons bruns ; les autres nageoires grises, à rayons d'un noir violet bordés d'une bande de même couleur ; l'iris blanc.

Fam. TRIGLIDÆ Kaup.

Gen. SCORPÆNA Arted.

102. SCORPÆNA SCROFA Lin.

Scorpæna scrofa Lin. Syst. Nat., t. I, p. 453.
— C. V. Hist. nat. Poiss., t. IV, p. 288.
— Gunth. Cat. Fish. Brit., Mus., t. II, p. 109.
— Valenc. Ichth. Canar., p. 20.

Djhenajh. — Gorée, Dakar, cap Vert, d'où M. Bouvier en a rapporté de beaux spécimens ; — pêché dans les rochers, en septembre et octobre.

103. SCORPÆNA USTULATA Lowe.

Scorpæna ustulata Lowe. Procd. Zool. Soc. Lond., 1840, p. 36.
— Gunth. Cat. Fish. Brit. Mus., t. II, p. 110.

Djhen N'Ao. — Très rare : à Gorée, Dakar, Joalles ; — considéré par les nègres comme vénéneux, ainsi que l'espèce précédente.

Les couleurs assignées par Gunther au *S. ustulata*, sont identiques à celles que nous avons notées sur des sujets vivants.

104. SCORPÆNA SENEGALENSIS Steind.

Scorpæna Senegalensis Steind. Beitr. Kennt. Fish. Afrik., p. 15, pl. IV, fig. 1-2.

Rufisque (*teste* Steindachner).

Gen. TRIGLA Arted.

105. TRIGLA LINEATA Lin.

Trigla lineata Lin. Gmel., t. I, p. 1385.
— Gunth. Cat. Fish. Brit. Mus. t. II, p. 200.
— Steind. Beitr. Kennt. Fish. Afrik., p. 16.

Rufisque (*teste* Steindachner).

Gen. DACTYLOPTERUS Lacep.

106. DACTYLOPTERUS VOLITANS C. V.

Dactylopterus volitans C. V. Hist. nat. Poiss., t. IV, p. 117.
— Gunth. Cat. Fish. Brit. Mus., t. II, p, 221.

Guinjhuir. — Cap Blanc, Gorée ; — vient parfois échouer dans les eaux de Saint-Louis sur la rive droite, dite rive des Maures ; cap Vert, d'où M. Bouvier en a rapporté des individus de 0.310.

Fam. SCIÆNIDÆ Owen.

Gen. LARIMUS C. V.

107. LARIMUS PELI Bleek.

Larimus Peli Bleck. Poiss. Guin., p. 63, pl. XVI, fig. 2.

N'Tinge. — Assez commun : — embouchure de la Gambie, cap Sainte-Marie, cap Rouge ; — août-septembre ; — atteint 0,350 à 0,410.

Cette espèce est identique sous tous les rapports au type décrit par Blecker.

Gen. UMBRINA Cuv.

108. UMBRINA CANARIENSIS Valenc.

Umbrina Canariensis Valenc. Ichth. Canar., p. 24.
— Gunth. Cat. Fish. Brit. Mus., t. II, p. 274.

Ouonombo. — Cap Blanc, Portendick, rade de Saint-Louis, banc d'Argain ; — estimé comme aliment ; — pêché au large, en juillet et août ; — atteint de 0,400 à 0,490.

Gen. SCIÆNA Arted.

109. SCIÆNA SENEGALENSIS. C. V.

Sciæna Senegalensis C. V. *in* Gunth. Cat. Fish. Br. Mus., t. II, p. 290.
— Steind. Fish. Des. Sénég., p. 30.
Corvina Senegalla C. V. Hist. nat. Poiss., t. V, p. 132.
Johnius Senegalla Dum. Poiss. Afr. occ., p. 202, nº 49.

Koulo. — Communément pêché au large, en août et septembre ; — Argain, Dakar, Gorée, Rufisque ; — atteint de 0,352 à 0,480.

Cuvier et M. Gunther lui donnent une couleur uniforme;

seules les nageoires portent des taches; Cuvier ajoute que l'on ne voit point de taches sur le dos.

D'une teinte générale vert olive brillant sur le dos; le ventre gris perlé; des lignes de points bruns, dirigées obliquement, descendant, sur tout le corps; la dorsale, les ventrales et l'anale d'un gris verdâtre à rayons bruns, et maculées de points noirs; la caudale et les pectorales noirâtres; l'opercule et le préopercule vert métallique, également avec des points bruns; l'iris blanc.

Telles sont les couleurs dont sont ornés les individus vivants.

110. SCIÆNA EPIPERCUS Bleek.

Sciæna epipercus Steind. Fish. Des. Sénég., p. 27, t. IX.
Rhinoscion epipercus Bleek. Poiss. Guin., p. 64. pl. XIV.

Thonon. — Péché au large, dans les mêmes parages que le *S. Senegalensis*; — parvient à la taille de 0.600 à 0,825.

Nos échantillons diffèrent des types de Blecker : par une coloration brun violacé sur le dos; par toutes les nageoires, jaunâtres, vermiculées de brun et à rayons de la même couleur; par l'iris jaune orangé.

111. SCIÆNA SAUVAGEI Rochbr.

Pl. III, fig. 1.

Sciæna Sauvagei Rochbr. Bull. Soc. Phil. Paris (22 mai 1880).

S. — Corpus oblongo ovatum, leviter compressum, desuper cupreo violaceum, infra argenteum; operculum cæruleo nitescente; pinnis lutescentibus; cauda crenata; iris pallide aurantiaca.

Long. 0,910 a 0.1800, et sup.

D $\frac{IX}{27}$; P $\frac{1}{14}$; V $\frac{1}{6}$; A $\frac{2}{7}$; C. 17; L. Lat. 75; Li. Trans. $\frac{9}{10}$.

Corps oblong fusiforme, faiblement comprimé; profil du front légèrement concave, celui du dos s'inclinant assez brusquement vers l'extrémité caudale; hauteur contenue 6 1/2 dans la longueur totale; diamètre de l'œil compris 8 fois dans la longueur de la tête; les deux maxillaires égaux, à peine protractiles, portant une rangée de dents fortes, coniques, écartées, en arrière une large bande de dents en velours disparaissant au maxillaire inférieur; 75 écailles latérales; 9-10 dans la série transverse; rayons de la dorsale épineux, robustes; le 1er plus court, les 2e et 3e les plus longs; pectorales aiguës; les épines de l'anale faibles, la 1re courte, la 2e égalant la moitié de la longueur des rayons : caudale crénelée.

Teinte générale violet métallique foncé sur toute la partie supérieure; ventre blanc lavé de violet clair; opercule teinté de bleu brillant; 1re dorsale brun pâle à rayons plus foncés; 2e dorsale vert brunâtre; pectorales, ventrales et anales jaunâtres, à rayons brun clair; caudale brune; iris blanc orangé.

Long. des exempl. de 0,910 à 1 m. 80.

Saccaby. — Très commun : — pêché en janvier et février ; — rade de Guet N'Dar, pointe de Barbarie, banc d'Argain, Portendik, Rufisque ; — par 12 à 16 brasses de profondeur.

Le *Sciæna Sauvagei* ne peut être confondu avec les autres espèces Africaines, dont il se distingue par des caractères tranchés.

Il semble, au premier abord, se rapprocher du *S. aquila*, Lin., mais il s'en différencie principalement : par le nombre des rayons qui, chez ce dernier, sont pour la dorsale $\frac{10}{26}$; par le nombre 75 de la ligne latérale au lieu de 53; celui de $\frac{9}{16}$ de la ligne transverse au lieu de $\frac{11}{20}$; par la faiblesse des rayons épineux de l'anale; et enfin par son système de coloration.

Si l'on se rapporte à l'époque (XVe siècle) où florissaient les grandes pêcheries Portugaises établies sur la côte d'Afrique, (pêcheries où notre *Sciæna* surtout était séché et exporté sous le nom de *Morue* sur divers points du continent Européen) ; si l'on considère l'abondance de l'espèce dans les parages où elle habite, il est difficile de comprendre comment elle a pu rester si longtemps ignorée des naturalistes.

Très recherché aujourd'hui par les nègres, le *Sc. Sauvagei* est l'objet d'une pêche abondante; la tête est la partie la plus estimée et réservée uniquement pour le couscous; fendus longitudinalement, les individus de taille moyenne sont desséchés et échangés avec les Maures.

Gen. CORVINA Cuv.

112. CORVINA NIGRA C. V.

Corvina nigra C. V. Hist. nat. Poiss., t. V, p. 86.
— Gunth. Cat. Fish. Brit. Mus., t. II, p. 297.
— Valenc. Ichth. Canar., p. 39.

Egojh. — Cap Blanc, Portendik, Saint-Louis: — assez fréquemment pêché au large, en juillet et août; — les pêcheurs Canariens se rendent sur les côtes d'Afrique pour pêcher cette espèce dans le canal qui sépare la côte de l'archipel. — (Valenc., *loc. cit.*)

113. CORVINA NIGRITA C. V.

Corvina nigrita C. V. Hist. nat. Poiss., t. V, p. 103.
— Gunth. Cat. Fish. Brit. Mus., t. II, p. 297.
— Steind. Fish. Des. Sénég., p. 24, tab. VIII.
— Dum. Poiss. Afr. occ., p. 262, n° 48.

Egojh. — Capturé dans les mêmes parages que l'espèce précédente: — Gorée, Dakar, Rufisque.

114. CORVINA CLAVIGERA A. C.

Corvina clavigera C. V. Hist. nat. Poiss., t. V, p. 101.
— Dum. Poiss. Afr. occ., p. 262, n° 47.
Corvina Moorii Gunth. Ann. and Mag. nat. Hist., vol. XVI, 1865, p. 48.

M. Gunther (*Cat. Fish. Brit. Mus.*, t. II p. 296) déclare, dans une note, que la forme en massue de l'épine de la 2ᵉ dorsale chez cette espèce, n'est qu'un état pathologique accidentel, observé sur un *C. nigrita*.

Plus tard en donnant la description d'un *Corvina* nouveau, provenant de la rivière de Gambie (*Corvina Moorii, loc. cit.*), après avoir de nouveau insisté sur ce fait et affirmé que l'épine claviforme est la conséquence d'un dépôt anormal de substance osseuse, il signale la présence d'une épine identique, à la 2e dorsale de son *C. Moorii* et sur un autre exemplaire de la même espèce.

Il nous semble difficile d'expliquer pathologiquement la présence d'un dépôt osseux, toujours situé à la même épine et aux mêmes nageoires, chez des espèces d'un même genre, et de le considérer comme anormal.

D'un autre côté, si la description du *C. Moorii* Gunth. (*long. des types* 0,500) diffère sous certains rapports de celle du *C. clavigera* V. C. (*long. des types* 0,484), sous d'autres elle s'en rapproche. Tout semble donc relier ces deux espèces. Aussi, malgré les dires de M. Steindachner (*loc. cit.*, p. 27), qui, tout en venant confirmer l'opinion de M. Gunther, en ce qui concerne le *C. clavigera*, se tait sur le *C. Moorii* (bien qu'il dût le connaître puisqu'il était décrit quatre ans avant sa brochure sur le Sénégal), nous pensons qu'il convient, jusqu'à ce qu'une étude plus complète ait permis de trancher définitivement la question, de conserver le *C. clavigera* de Cuvier et de considérer le *C. Moorii* de Gunther comme synonyme de l'espèce établie par l'illustre naturaliste français.

Gen. OTOLITHUS Cuv.

115. OTOLITHUS SENEGALENSIS C. A.

Otolithus Senegalensis C. V. Hist. nat. Poiss., t. IX, p. 470.
— Gunth. Cat. Fish. Br. Mus., t. II, p. 366.
— Steind. Fish. Des. Sénég., p. 19, tab. VI.
Pseudotolithus typus Bleck. Poiss, Guin., p. 60, pl. XV, fig. 1.

Fetau. — Commun en juillet-août ; — atteint 0,450 ; — Saint-Louis. Gorée, Dakar.

116. OTOLITUS BRACHYGNATHUS Blek.

Pseudotolithus brachygnathus Bleck. Poiss. Guin., p. 62, pl. XXIV. fig. 2.

Roumatch. — Saint-Louis, Gorée, Dakar, Cap Roxo.

117. OTOLITHUS MACROGNATHUS Bleek.

Otolithus macrognathus Bleek. *in* Steind. Fish. Des. Sénég., p. 22, tab. VII.

Pseudotolithus macrognathus Bleek. Poiss. Guin., p. 61, pl. XIII fig. 2.

Labarjh. — Mêmes localités que le précédent ; — les deux espèces remontent le Sénégal et les autres cours d'eau de la côte pendant l'hivernage.

Fam. POLYNEMIDÆ Rich.

Gen. POLYNEMUS Lin.

118. POLYNEMUS QUADRIFILIS C. V.

Polinemus quadifilis C. V., t. III, p. 390, t. VII, p. 518, pl. 68.
— Gunth. Cat. Fish. Br. Mus., t. II, p. 330.
— Steind. Fish. Des. Sénég., p. 30, tab. X.
— Dum. Poiss. Afr. occ., p. 262, nº 41.
Trichidion quadrifilis Bleek. Poiss. Guin., p. 88.

Dyané. — L'une des espèces les plus communes du Sénégal, de la Gambie, de la Casamence ; marigots; eaux saumâtres ; — pêché également en mer ; — très estimé surtout par les Européens qui, à Saint-Louis, le désignent sous le nom de *Capitaine.*

Les écailles de ce poisson, qui dépasse souvent la taille de 1 m. à 1 m. 25 c., étaient, il y a peu de temps encore, l'objet d'un commerce assez étendu. Séchées et expédiées en France, elles étaient employées, après avoir subi une préparation particulière, à encoller certaines étoffes de soie et notamment les rubans.

Gen. PENTANEMUS Arted.

119. PENTANEMUS QUINQUARIUS Arted.

Pentanemus quinquarius Arted. *in* Sebæ. Thes., t. III, p. 74, pl. 27, fig. 2.
— Gunth. Cat. Fish. Brit. Mus., t. II, p. 331.
Polynemus macronemus Pel. Bydrage Tot de dierk 1851, p. 9.
— Dum. Poiss. Afr. occ., p. 262, nº 44.

Etobujh. — Embouchures de la Gambie et de la Casamence ; — rare dans les marigots du Sénégal ; — lac de Guerr.

Gen. GALEOIDES Gunth.

120. GALEOIDES POLYDACTYLUS Gunth.

Galeoides polydactylus Gunth. Cat. Fish. Brit. Mus., t. II, p. 332.
— Steind. Fish. Des. Sénég., p. 33, tab. XI.
Polynemus decadactylus Bleck. Natur. ausl. Fish. IX, p. 26, tabl. 401.
— C. V. Hist. nat. Poiss., t. III, p. 392.
— Dum. Poiss. Afr. occ., p. 262, nº 42,
Polynemus enneadactylus C. V. Hist. nat. Poiss., t. III, p. 392, t. VII.
— Dum. Poiss. Afr. occ., p. 262, nº 44.

Siket N'Bew. — Commun : — rade de Saint-Louis, Guet N'Dar, Gorée ; — remonte le fleuve ; — pêché en juin et juillet ; — peu estimé ; — ne dépasse pas 0,250 à 0,320.

Fam. SPHYRÆNIDÆ Bleck.

Gen. SPHYRÆNA Arted.

121. SPHYRÆNA VULGARIS C. V.

Sphyræna vulgaris C. V. Hist. nat. Poiss., t, III, p. 327.
— Gunth. Cat, Fish. Brit. Mus., t. II, p. 327.

Sphyræna becuna Lacep. C. V. Hist. nat. Poiss., t. III, p. 340.
— Dum. Poiss. Afr. occ., p. 262, n° 40.
Sphyræna viridensis C. V. Hist. nat. Poiss., t. III, p. 342.
— Dum. Poiss. Afr. occ., p. 262, n° 39.

Gorée, cap Vert.

D'après Cuvier lui-même (*loc. cit.*), les *Sphyræna* précédemment énumérés ne se distinguent que par des différences inappréciables de coloration; à l'exemple de M. Gunther, nous les réunissons au type *vulgaris*.

Fam. TRICHIURIDÆ Gunth.

Gen. TRICHIURUS Lin.

122. TRICHIURUS LEPTURUS Lin.

Trichiurus lepturus Lin. Syst. Nat., t. I, p. 429.
— C. V. Hist. nat. Poiss., t. VII, p. 237.
— Gunth. Cat. Fish. Brit. Mus., t. II, p. 346.
— Dum. Poiss. Afr. occ., p. 262, n° 73.
Enchelyopus lepturus Bleck. Poiss. Guin., p. 74.

Saflkhe. — Gorée, Rufisque, Dakar, cap Sainte-Marie, cap Roxo; — assez commun; — mars-avril.

Fam. SCOMBRIDÆ Cuv.

Gen. SCOMBER Arted.

123. SCOMBER PNEUMATOPHORUS de la Roche.

Scomber pneumatophorus de la Roche., An. Mus. Hist. nat., t. XIII, p. 315-334.
— C. V. Hist. nat. Poiss., t. VIII, p. 36.
— Gunth. Cat. Fish. Brit. Mus., t. II, p. 359.
— Dum. Pois. Afr. occ., p. 262, n° 69.

Assez rare; — remonte le Sénégal.

124. SCOMBER COLIAS Lin.

Scomber Colias Lin. Syst. I, p. 1329,
— Gunth. Cat. Fish. Brit. Mus., t. II, p. 361.
— Steind. Beit. Kennt. Fish. Afrik., p. 17.

Rufisque (*teste* Steindachner).

Gen. THYNNUS C. V.

125. THYNNUS PELAMYS C. V.

Thynnus pelamys C. V. Hist. nat., t. VIII, p. 113, pl. 114.
— Gunth. Cat. Fish. Brit. Mus., t. II, p. 365.

Bonette. — Passe par bandes, en avril et mai ; — péché au large, par 17 brasses de profondeur ; — rade de Guet N'Dar, cap Blanc, Portendik, cap Roxo, cap Vert ; — ne dépasse que rarement la taille de 0,850 à 0,925.

126. THYNNUS ALALONGA C. V.

Thynnus alalonga C. V. Hist. nat. Poiss., t. VIII, p. 128, pl. 215.
— Gunth. Cat. Fish. Brit. Mus., t. II, p. 366.

Bonette. — S'observe dans les mêmes conditions que le *T. pelamys*.

Gen. PELAMYS C. V.

127. PELAMYS SARDA C. V.

Pelamys Sarda C. V. Hist. nat. Poiss., t. VIII, p. 149, p. 247.
— Gunth. Cat. Fish. Brit. Mus., t. II, p. 367.
— Dum. Poiss. Afr. occ., p. 262, n° 70.

Cap Vert.

128. PELAMYS UNICOLOR Guich.

Pelamys unicolor Guich. Expl. Alger. Poiss., p. 58.
— Gunth. Cat. Fish. Brit. Mus., t. II, p. 368.

Scypoon. — De passage, et pêché au large comme tous les grands Scomberoïdes des régions Africaines ; — février-mars ; — atteint de 1 m. à 1 m. 50.

Gen. CYBIUM Cuv.

129. CYBIUM TRITOR C. V

Cybium tritor C. V. Hist. nat. Poiss., t. VIII, p. 170, pl. 218.
— Gunth. Cat. Fish. Brit. Mus., t. II, p. 372.
— Dum. Poiss. Afr. occ., p. 202, n° 71.
Cybium altipinne Guich. Dum. Poiss. Afr. occ., p. 260-262, n° 72.

Jhede. — Très commun, surtout à Gorée, Dakar, Rufisque, où l'espèce est l'objet de pêches abondantes en juin et juillet ; — atteint 0,840.

Le *Cybium altipinne* Guich., originaire de Gorée, est donné nominalement comme espèce nouvelle par Dumeril (*loc. cit.*); nous avons étudié le type même de Guichenot, dans la collection ichthyologique du Muséum, et nous avons pu nous convaincre que, seule, la hauteur relative de sa dorsale, le distingue du *C. tritor*; ainsi que le note Dumeril. Par tous ses autres caractères il lui est identique, et doit être considéré comme un jeune individu; sa longueur est 0,420.

Gen. ELACATE Cuv.

130. ELACATE NIGRA Cuv.

Elacate nigra Cuv. *in* Gunth. Cat. Fish. Brit. Mus., t. II, p. 375.
Elacate atlantica C. V. Hist. nat. Poiss., t. VIII, p. 331, pl. 233.
— Dum. Poiss. Afr. occ., p. 202, n° 75.

Warangall. — Fréquente tout le littoral en février et mars ; est pris quelquefois dans les brisants et à la barre du Sénégal, Gorée, cap Vert, Argain.

Sa couleur est d'un brun violet foncé sur toute la partie supérieure ; le ventre est blanc argenté ; les pectorales et le lobe inférieur de la caudale, jaunâtre; toutes les autres nageoires brun violet, à rayons plus foncés; l'iris blanc bleuâtre.

Gen. ECHENEIS Cuv.

131. ECHENEIS REMORA Lin.

Echeneis remora Lin. Syst. I, p. 446.
— Gunth. Cat. Fish. Brit. Mus., t. II, p. 378.
Echeneis batrachoïdes Dum. Class. des Ech. *in* C. R. Acad. Sc. 1858, t. 47, p. 374. — Poiss. Afr. occ., p. 264, nº 177.

Dack. — Cap Vert, Gorée, rade de Guet N'Dar; — juillet-août.

L'*Echeneis batrachoides* est encore l'une des espèces nominales de Dumeril, que l'examen des types recueillis par Perrottet permet de rapporter à l'*E. remora;* comme ce dernier, il a le corps trapu, fusiforme; la longueur du disque est contenue 3 1/6 dans celle du corps; le disque porte 19 paires de plaques; sa couleur générale est brune, avec de rares maculatures blanches et une bande de même couleur sur le milieu des ventrales.

132. ECHENEIS NAUCRATES Lin.

Echeneis naucrates Lin. Syst. I, p. 446.
— Gunth. Cat. Fish. Brit. Mus., t. II, p. 384.
— Valenc. Ichth. Canar., p. 87.
Echeneis occidentalis Dum. Class. des Ech. *in* C. R. Acad. des Sc. 1858, t. 47, p. 374. — Poiss. Afr. occ., p. 264, nº 176.

Dack. — Saint-Louis, embouchure du Sénégal, pointe de Barbarie; — juillet et août; — cette espèce comme la précédente n'est pêchée par les nègres que comme objet de curiosité.

Nous faisons, pour l'*E. occidentalis*, les mêmes observations que pour les autres espèces nominales de Dumeril. Il doit rentrer dans la section II de M. Gunther, a 23 paires de plaques. Les types de Perrottet présentent un corps fusiforme allongé; la longueur du disque est contenue 4 3/5 dans la longueur totale; ils sont d'une teinte brun olivâtre foncé, plus pâle sous le ventre; une bande roussâtre s'étend dans toute la longueur, au-dessus de la ligne latérale; une large bordure blanche s'observe à la dorsale et à l'anale, ainsi qu'une tache de même couleur aux deux lobes de la caudale; chez quelques sujets âgés, le ventre, gris perlé, est piqueté de noir; les pectorales et les ventrales blanchâtres, à rayons violacés.

Fam. CARANGIDÆ Owen.

Gen. CARANX Cuv.

133. CARANX JACOBÆUS C. V.

Caranx jacobæus C. V. Hist. nat. Poiss., t. IX, p. 42.
— Gunth. Cat. Fish. Brit. Mus., t. II, p. 427.
— Dum. Poiss. Afr. occ., p. 262, nº 85.

St-Yago (cap Vert).

134. CARANX RHONCHUS Geoff.

Caranx rhonchus Geoff. Descr. Egypt. Poiss., pl. 24, fig. 1.
— C. V. Hist. nat. Poiss., t. IX, p. 35.
— Gunth. Cat. Fish. Brit. Mus., t. II, p. 428.
— Dum. Poiss. Afr. occ., p. 262, nº 84.

Gorée, Rufisque.

135. CARANX CRUMENOPHTHALMUS Bleck.

Caranx crumenophthalmus Lacép., t. IV, p. 107.
— C. V. Hist. nat. Poiss., t. IX, p. 63.
— Gunth. Cat. Fish. Brit. Mus., t. II, p. 429.

Korkofanha. — Très rare à Gorée ; — plus fréquent au cap Roxo, baie de Sainte-Marie, Gambie.

136. CARANX SENEGALLUS C. V.

Caranx Senegallus C. V. Hist. nat. Poiss., t. IX, p. 78.
— Gunth. Cat. Fish. Brit. Mus., t. II, p. 435.

Caranx Senegallus Steind. Fish. Des. Sénég., n° 30.
— Dum. Poiss. Afr. occ., p. 262, n° 86.

Korkoj. — Saint-Louis, rade de Guet N'Dar, Gorée, cap Blanc.

137. CARANX DENTEX C. V.

Caranx dentex C. V. Hist. nat. Poiss., t. IX, p. 87.
— Gunth. Cat. Fish. Brit. Mus., t. II, p. 441.
Caranx analis C. V. Hist. nat. Poiss., t. IX, p. 88.
— Valenc. Ichth. Canar., p. 57, pl. 12.

Jhorjhor. — Saint-Louis, Dakar, Gorée, cap Blanc, pointe de Barbarie ; — assez fréquemment péché en août, mais très peu estimé, comme du reste toutes les espèces du genre *Caranx*.

138. CARANX CARANGUS C. V.

Caranx carangus C. V. Hist. nat. Poiss., t. IX, p. 91.
— Gunth. Cat. Brit. Mus., t. II, p. 448.
— Steind. Fish. Des. Sénég., p. 36.
— Dum. Poiss. Afr. occ., p. 262, n° 87.

Sottsapajh. — Péché plus spécialement dans le Sénégal, à peu de distance de l'embouchure, en juillet et août ; — ne dépasse pas 0,750.

139. CARANX ALEXANDRINUS Geoff.

Caranx Alexandrinus Geoff. St-Hil. Descr. Egyp. Poiss., pl. 22, fig. 2.
— Gunth. Cat. Fish. Brit. Mus., t. II, p. 455.
Scyris Alexandrina C. V. Hist. nat. Poiss., t. IX, p. 152.
— Dum. Poiss. Afr. occ., p. 262, n° 88.

Fanta. — Gorée, Dakar, Saint-Louis, les brisants du fleuve ; — août et septembre ; — dépasse souvent 0,895 de longueur.

140. CARANX GOREENSIS C. V.

Caranx Goreensis C. V. in Gunth. Cat. Fish. Brit. Mus., t. II, p. 457.

Hynnis Goreensis C. V. Hist. nat. Poiss., t. IX, p. 195, pl. 257.
— Dum. Poiss. Afr. occ., p. 262, n° 92.

Ouorsounn. — Assez rare ; — se tient sur les fonds rocheux : Dakar, Gorée, Rufisque.

Gen. ARGYREIOSUS Leach.

141. ARGYREIOSUS Lacep.

Argyreiosus setipinnis Lacep. *in* Gunth. Cat. Fish. Brit., Mus. t. II, p. 459.
Vomer Goreensis Gunth. *in* Dum. Poiss. Afr. occ., p. 262, n° 89.
Vomer Gabonensis Guich. *in* Dum. Poiss. Afr. occ., p. 262, n° 90.
Vomer Senegalensis Guich. *in* Dum. Poiss. Afr. occ., p. 262, n° 91.

Jalisougay. — Très commun, en octobre et novembre ; — Gorée, Dakar, Rufisque, toute la côte ; — n'est pas estimé comme aliment.

A l'exemple de M. Steindachner (*Fish. Des. Sénég. p.* 38) nous réunissons à l'*A. setipinnis* les espèces précitées, mentionnées par Dumeril ; elles ne constituent que des variétés de sexe et surtout d'âge.

Gen. MICROPTERYX Agass.

142. MICROPTERYX CHRYSURUS Agass.

Micropteryx chrysurus Agass. *in* Gunth. Cat. Fish. Brit. Mus., t. II, p. 460.
Seriola cosmopolita C. V. Hist. nat. Poiss., t. IX, p. 219.
— Dum. Poiss. Afr. occ., p. 262, d° 93.

Gorée, Dakar.

Gen. SERIOLA Cuv.

143. SERIOLA DUMERILII Riss.

Seriola Dumerilii Riss. Eur. merid., t. III, p. 424.
— V. C. Hist. nat. Poiss., t. IX, p. 201, pl. 258.

Seriola Dumerilii Gunth. Cat. Fish. Brit. Mus., t. II, p. 462.
— Valenc. Ichth. Canar., p. 57.

Dyayhah. — Se pêche toute l'année, principalement à Gorée et à Dakar; — vit par troupes excessivement nombreuses.

D'après M. Gunther (*loc. cit.*), cette espèce varie un peu comme coloration. Les individus Sénégambiens diffèrent, sous plusieurs rapports, des types décrits par Cuvier : — partie supérieure d'un bleu violacé foncé; dix ou douze bandes verticales, à base arrondie, de couleur semblable, ne dépassant pas la ligne latérale; 1re et 2e dorsales également bleu violacé, à rayons plus foncés; pectorales, anale et caudale, jaunâtres lavées de brun; ventrales rosées; iris jaune blanc.

Les très jeunes individus, selon Cuvier (*loc. cit.*, p. 304), ont de cinq à six bandes noirâtres larges, de chaque côté.

Le séjour constant de ce poisson dans les eaux de Dakar et de Gorée, ainsi que sa taille, dont le maximum dépasse rarement 0,425, nous portent à penser que sa coloration ne peut dépendre de l'âge; il faut y voir tout au moins une variété bien tranchée; peut-être même mériterait-elle d'être élevée au rang d'espèce, et de porter alors le nom de : *Seriola Dakariensis*.

Gen. LICHIA Cuv.

144. LICHIA AMIA Cuv.

Lichia amia Cuv. Reg. an., t. III, Poiss., pl. 54, fig. 3.
— Gunth. Cat. Fish. Brit. Mus., t. II, p. 476
— Dum. Poiss. Afr. occ., p. 262, n° 76.

Gorée, Saint-Louis.

145. LICHIA GLAUCA Riss.

Lichia glauca Riss. Eur. mérid., t. III, p. 429.
— Valenc. Ichth. Canar., p. 56, pl. 13, fig. 1.
— Gunth. Cat. Fish. Brit. Mus., t. II, p. 477.
— Steind. Fish. Des. Sénég., p. 39.
— Dum. Poiss. Afr. occ., p. 262, n° 77.

Glaucus Rondeletii Will. Hist. Pisc., p. 207, t. s. 15, fig. 1, in Bleek. Poiss. Guin., p. 75-76.

Therall. — Gorée, Saint-Louis, Dakar; — pêché en novembre et décembre; — assez estimé comme aliment.

146. LICHIA VADIGO Riss.

Lichia vadigo Riss. Eur. mérid., t. III, p. 430.
— C. V. Hist. nat. Poiss., t. VIII, p. 303, pl. 235.
— Valenc. Dict. Hist. nat., t. XI, p. 238.
— Gunth. Cat. Fish. Brit. Mus., t. II, p. 478.

Hiette. — Gorée, Dakar, Joalles, Rufisque; — décembre; — avec les autres espèces du même genre.

147. LICHIA CALCAR C. V.

Lichia calcar C. V. Hist. nat. Poiss., t. VIII, p. 306.
— Gunth. Cat. Fish. Brit. Mus., t. II, p. 479.
— Dum. Poiss. Afr. occ., p. 262, n° 78.

Hiettedtojh. — Cap Sainte-Marie, cap Roxo, embouchure de la Gambie; — pêché en octobre et novembre; — peu estimé.

Gen. TEMNODON C. V.

148. TEMNODON SALTATOR C. V.

Temnodon saltator C. V. Hist. nat. Poiss., t. IX, p. 260.
— Gunth. Cat. Fish. Brit. Mus., t. II, p. 480.
— Valenc. Ichth. Canar., p. 58, pl. 13, fig. 2.
— Dum. Poiss. Afr. occ., p. 262, n° 94.

Bottjhe. — Très commun en mars et avril: — Guet N'Dar, Babagaye, banc d'Argain, cap Vert, Gorée, Dakar.

Gen. SPARACTODON Rochbr.

CORPUS ELLIPTICUM, SUBCOMPRESSUM, SQUAMIS LATIS; PREOPERCULUM INDENTATUM; PINNA DORSALIS SETIS TENUIBUS; PINNA ANALIS INARMATA; DENTES BREVIBUS CRASSIS CONICIS; TABULA PALATINA DENTIBUS VILLOSIS, TRIANGULARIBUS TECTA.

Corps elliptique, comprimé; écailles larges; préopercule non dentelé; première dorsale à épines faibles, contiguës; pas d'épines au devant de l'anale; ligne latérale lisse; bouche à peine protractile; une rangée de dents fortes, courtes, coniques aux deux maxilliaires; une seconde rangée de dents plus faibles, également coniques, au maxilliaire supérieur; plaque vomérienne triangulaire, à dents en velours.

Voisin du genre *Temnodon*, celui que nous proposons (σπαράκτης, déchireur, et ὀδοὺς dent) s'en distingue: par la grandeur de ses écailles; la disposition de la dorsale et de l'anale; l'absence d'épines au devant de cette dernière; par son préopercule sans denticulations; enfin par la forme et l'agencement des dents maxillaires.

149. SPARACTODON NALNAL Rochbr.

Pl. IV, fig. 2.

Sparatodon Nalnal Rochbr. Bull. Soc. Phil. Paris, 22 mai 1880.

S. — CORPUS ELLIPTICUM, SUBCOMPRESSUM, SUPERNE GRISEUM, INFERNE ARGENTEUM, PUNCTICULIS NIGRIS UNDIQUE PICTUM; PINNÆ DORSALES PECTORALESQUE, LUTESCENTIBUS; VENTRALES, ROSEIS; CAUDALIS PALLIDE OLIVACEA.

LONG. 0,350.

D $\frac{VII}{24}$; P 15; V 7; A 21; C 19; L. LAT. 98-100; L. TRANS. 11-22.

Hauteur du corps comprise 5 fois dans la longueur totale; longueur de la tête contenue 4 fois dans cette même longueur; museau fort, épais, faiblement protractile; œil large, diamètre égalant 4 fois la longeur de la tête; espace interorbitaire 1 1/2 du diamètre de l'œil; préopercule sans denticulations, arrondi; dents courtes, fortes, coniques, espacées, disposées sur le bord des maxillaires; 12-15 à l'inférieur, 18-20 au supérieur, où existe, en arrière du premier rang, une deuxième série de dents plus faibles, également coniques; plaque vomérienne petite, triangulaire, à dents en velours; première dorsale à épines faibles, les première, deuxième et sixième les plus courtes, à sommet libre, commençant au niveau de la moitié des pectorales; la deuxième dorsale commençant un peu avant l'origine de l'anale, allongée, concave, la partie antérieure la plus haute, égalant le cinquième de la hauteur du corps; anale, sans épines à la base, plus courte que la deuxième dorsale, fortement échancrée, à lobes aigus, égaux.

Teinte générale grise; ventre blanc argenté; sommet de la tête bleuâtre; opercule et préopercule, blanchâtre rosé; ligne latérale noire; un picté noir très fin sur les flancs et la région operculaire; dorsale et anale jaunâtres, semées de points noirs; pectorales jaunâtres; ventrales blanc rosé; caudale verdâtre sale; iris blanc.

Nalnal. — Vit par bandes; — fréquemment pêché en novembre et décembre; — Saint-Louis, Guet N'Dar, pointe des Chameaux, Babagaye; — plus rare à Gorée, Rufisque et Joalles; — remonte très rarement le fleuve à l'époque de l'hivernage; — très estimé comme aliment.

M. Steindachner (*Beitr. Kennt. Fish. Afr.*, p. 35), discute les caractères que nous avons assignés au *Sparactodon Nalnal*, et il en conclut à son identité probable avec le *Temnodon saltator* C. V.

Il suffit de relire notre description et de la comparer à celle du *T. saltator*, telle qu'elle est établie par Gunther (*Cat. Fish. Brit.*, p. 479-480, t. II) et invoquée par M. Steindachner, pour reconnaître les caractères distinctifs des deux genres et des deux espèces.

Nous ajouterons que l'étude du type déposé dans les galeries du Muséum de Paris, faite comparativement avec un grand nombre de *Temnodon saltator*, de différentes tailles et de diverses provenances, par MM. Vaillant et Sauvage, dont l'autorité n'est pas discutable, est venue confirmer la légitimité du genre que nous avons proposé

Nous sommes convaincu que le jour où M. Steindachner voudra examiner notre type, il reconnaîtra sans aucune difficulté qu'il mérite d'être séparé des *Temnodon*.

Gen. TRACHYNOTUS Lacep.

150. TRACHYNOTUS OVATUS Lin.

Trachynotus ovatus L. *in* Gunth. Cat. Fish. Brit. Mus., t. II. p. 481.
— Steind. Fish. Des. Sénég., p. 41.
Trachynotus teraia C. V. Hist. nat. Poiss., t. VIII, p. 418. (jun.)
— Dum. Poiss. Afr. occ., p. 262, nº 79.

Gorée, Saint-Louis.

151. TRACHYNOTUS GOREENSIS C. V.

Trachynotus Goreensis C. V. Hist. nat. Poiss., t. VIII, p. 419 (*non* Bleck.).
— Gunth. Cat. Fish. Brit. Mus., t. II, p. 483.
— Steind. Fish. Des. Sénég., p. 39.
— Dum. Poiss. Afr. occ., p. 262, nº 81.
Trachynotus myrias C. V. Hist. nat. Poiss., t. VIII, p. 421.
— Gunth. Cat. Fish. Brit. Mus., t. II, p. 483.
— Dum. Poiss. Afr. occ., p. 262, nº 83.
Trachynotus maxillosus C. V. Hist. nat. Poiss., t. VIII, p. 420 (adulte.)
— Bleck. Poiss. Guin., p. 78, pl. XVIII.
— Dum. Poiss. Afr. occ., p. 262, nº 82.

Doum-Doung. — Commun : — Saint-Louis, Sénégal, marigots de Leybar, des Maringouins, de Thionk, DakarBango.

Les *T. myrias* et *maxillosus* ne doivent être considérés que comme des exemplaires d'âges différents, du *T. Goreensis.*

152. TRACHYNOTUS TERAIOIDES Guich.

Trachynotus teraioides Guich. *in* Dum. Poiss. Afr. occ., p. 246-262, nº 80.
— Steind. Fish. Des. Sénég., p. 42, tab. XII.

Saint-Louis.

153. TRACHYNOTUS MARTINI Steind.

Trachynotus Martini Steind. Fish. Des. Sénég., p. 43.

Sénégal.

Gen. PSETTUS Comm.

154. PSETTUS SEBÆ C. V.

Psettus Sebæ C. V. Hist. nat. Poiss., t. VII, p. 181.
— Gunth. Cat. Fish. Brit. Mus., t. II, p. 486.
— Bleck. Poiss. Guin., p. 68.
— Steind. Fish. Des. Sénég., p. 45.
— Dum. Poiss. Afr. occ., p. 262, n° 68.

Thiakarack (jeune) ***Thiakarack reck*** (adulte). — Habite le Sénégal, pendant tout l'hivernage; — n'est jamais mangé par les nègres.

Bleeker (*loc. cit.*) soutient l'opinion d'Artedi (*in* Seba. Thes. III, p. 63) relative à la dentition de cette espèce, opinion suivant laquelle existeraient cinq groupes distincts de dents (un vomérien, deux palatins, deux ptérigoidiens), et il ne « comprend » pas l'assertion de Cuvier lorsqu'il nie l'existence des dents » palatines. »

L'examen du type recueilli par Heudelot (n° 256, 1 *de la coll. Ichth. du Mus.*) et d'un grand nombre d'exemplaires recueillis par nous dans le Sénégal, démontre comme toujours que Cuvier ne s'est pas trompé. Dans certains cas très rares, on constate une plaque vomérienne petite, triangulaire, avec quelques dents villiformes, à peine visibles à un assez fort grossissement; mais de semblables n'existent nulle part ailleurs. Il faut avoir affaire à de très jeunes individus pour apercevoir la plaque vomérienne; ces dents, pour ainsi dire rudimentaires, disparaissent promptement et ne peuvent avoir qu'une valeur négative, en tant que caractère.

La coloration du *Psettus Sebæ* varie considérablement suivant l'âge. La description de Cuvier (*Loc. cit.*) s'applique à nos échantillons de 0,080 à 0,100 de longueur; elle en diffère seulement en ce que la bande oculaire est parfaitement marquée et que tout le corps, blanc argenté, est pointillé de brun; les trois bandes brunes sont pointillées de brun plus foncé; les nageoires d'un jaunâtre clair; l'iris rosé.

Chez l'adulte, de 0,250 à 0,320 de longueur, la partie supérieure est d'un bleu brillant intense; le ventre blanc bleuâtre; la dorsale et l'anale gris violacé; les pectorales jaunes à reflets orangés; la caudale verdâtre, avec une bande blanche à son extrémité; l'iris rouge.

Cuvier a été induit en erreur en indiquant la capture du *P. Sebæ* dans le Sénégal à l'époque où le fleuve est salé. C'est à l'époque de l'hivernage qu'il apparaît, en bandes tellement innombrables, qu'à cette espèce surtout peut s'appliquer l'expression d'Adanson : « .... ces bancs de poissons si serrés qu'ils » roulaient au-dessus les uns des autres. » (*Hist. nat. du Sénég.*, p. 98.)

Le mode de natation du *P. Sebæ* est remarquable. La tête dirigée en bas, la caudale au niveau de l'eau, il progresse en agitant ses deux pectorales de haut en bas et de bas en haut, imprimant ainsi au corps, perpendiculaire par rapport à leur axe, un mouvement dans le même sens, analogue à celui d'un flotteur, montant et descendant au milieu d'un liquide.

Fam. XIPHIIDÆ Agass.

Gen. XIPHIAS Arted.

155. XIPHIAS GLADIUS Lin

Xiphias gladius Lin. Syst., t. I, p. 432.
— C. V. Hist. nat. Poiss., t. VIII, p. 255, pl. 225-226.
— Gunth. Cat. Fish. Brit. Mus., t. II, p 511.

Bangjhojh. — Très rare : — pêché au large : cap Blanc; — un individu de 0,2132 pris en rade de Guet N'Dar.

156. XIPHIAS VELIFER Cuv.

Machæra velifera Cuv. Nouv. Ann. Mus. Hist. nat. 1832, p. 43, pl. 3.
— Gunth. Cat. Fish. Brit. Mus., t. II, p. 512.

Oumbaïte. — Assez fréquemment pris au large : Dakar, Gorée, Guet N'Dar.

A l'époque de notre séjour à Dakar, nous avons observé dans le Musée de cette localité une peau de *Xiphias velifer* mesurant une longueur de 1,25 ; l'individu avait été pêché en rade de Gorée, au milieu d'une bande de nombreux sujets de la même espèce.

Gen. HISTIOPHORUS C. V.

157. HISTIOPHORUS GLADIUS Brown.

Histiophorus gladius Brown. *in* Gunth. Cat. Fish. Brit. Mus., t. II, p. 513.
Histiophorus Americanus C. V. Hist. nat. Poiss., t. VIII. p. 393.
— Dum. Poiss. Afr. occ., p. 262, n° 74.

Un individu de 1,32, pris au large de Gorée, existait également dans la collection réunie à Dakar.

Fam. GOBIIDÆ Owen.

Gen. GOBIUS Arted.

158. GOBIUS LATERISTRIGA Dum.

Gobius lateristriga Dum. Poiss. Afr. occ., p. 247, pl. XXI, fig. 1, 1ª, p. 263, n° 114.

Hiben. — Peu commun : — Casamence, Gambie ; — rapporté par M. Bouvier ; — très rare à Saint-Louis.

159. GOBIUS HUMERALIS Dum.

Gobius humeralis Dum. Poiss. Afr. occ., p. 248, pl. XXI, fig. 2, t. a, p 263, n° 112.

Hiben. — Peu commun : — Casamence, Gambie ; — rapporté par M. Bouvier ; — très rare aux marigots de Sorres.

160. GOBIUS MENDRONI Svg.

Gobius Mendroni Svg. Bull. Soc. Phil. Paris, 1879-1880.

Hiben. — Commun au Sénégal : — bras droit du fleuve ; — récolté par nous et par M. Bouvier : — Casamence, Gambie ; — à Saint-Louis, par M. Mendron.

Nous donnons textuellement la description publiée par M. le docteur Sauvage d'après un échantillon du Muséum identique à ceux que nous avons pris et à ceux également recueillis par M. Bouvier,

$$D \frac{VI}{I.11} ; A \frac{1}{10} ; L. LAT. 33.$$

Hauteur du corps comprise près de 6 fois dans la longueur de la tête, 4 1/2 dans la longueur totale ; tête bien plus large que haute ; pas d'écailles sur la tête ; museau un peu plus long que l'œil, dont le diamètre est contenu 4 fois 1/2 dans la longueur de la tête ; pas de canines ; maxillaires s'étendant jusqu'au niveau du centre de l'œil ; écailles cténoïdes ; dix séries d'écailles entre l'anale et la deuxième dorsale ; rayons supérieurs des pectorales non soyeux ; ventrales n'atteignant pas l'anus ; caudale arrondie, contenue cinq fois dans la longueur totale du corps.

Jaune brunâtre avec de nombreuses bandes verticales de couleur foncée ; tête de couleur brune ; anale, ventrales et pectorales sablées de noir ; tache noire peu marquée à la partie supérieure de la base des pectorales ; deux lignes brunes à la base de la caudale ; dorsales avec des taches nuageuses brunâtres.

Long. 0,080.

161. GOBIUS CASAMANCUS Rochbr

Pl. V, fig. 1, 2.

Gobius Casamancus Rochbr. Bul. Soc. Phil. Paris, 22 mai 1880.

G. — CORPUS OBLONGO CONICUM, PALLIDE FUSCUM, 3 FASCIIS LONGITU-

DINALITER DISPOSITIS ET 2 MACULIS NIGRESCENTIBUS ORNATUM; CAPUT PUNCTICULIS CÆRULEIS SPARSUM; PINNIS FUSCIS.

LONG. 0,037.

D $\frac{VI}{I\text{-}12}$; A $\frac{I}{10}$. L. LAT. 39.

Hauteur du corps comprise 6 fois dans la longueur totale; longueur de la tête 3 1/6 dans cette longueur, la largeur égalant 1 1/2 de sa longueur; diamètre de l'œil contenu 3 1/2 fois dans la longueur de la tête; longueur du museau égal au diamètre de l'œil; yeux situés sur un plan presque horizontal; diamètre interorbitaire 1 1/7 de celui de l'œil; lèvres épaisses; dents pointues coniques; pas de canines; dorsales séparées, leur hauteur contenue 1 1/2 dans la hauteur du corps; anale de même hauteur; pectorales allongées, elliptiques.

Teinte générale brun pâle; trois bandes longitudinales étroites, parallèles, noirâtres, la première au niveau des dorsales, la deuxième un peu en dessous, la troisième le long de la ligne latérale; nageoires brunâtre clair, ponctuées de plus foncé; 2 taches noirâtres à la base des pectorales; opercule et préopercule à maculatures bleuâtres; iris de même couleur.

Recueilli dans la rivière Casamence par M. Bouvier.

Voisin du *G. lateristriga* Dum. et *Mendroni* Svg., il se distingue du premier par la forme de la tête, plus longue et moins large; par les yeux un peu plus latéraux; l'espace interorbitaire plus grand; et sa coloration particulière. Il diffère du second par sa tête plus allongée; son museau plus court; la petitesse de l'espace interoculaire; la forme de sa caudale; également aussi par la distribution des teintes.

Gen. PERIOPHTHALMUS Schw.

162. PERIOPHTHALMUS PAPILIO Bloch.

Periophthalmus papilio Bloch. Schn., p. 63. tab. 14.
— C. V. Hist. nat. Poiss., t. XII, p. 190, pl. 353.
— Dum. Poiss. Afr. occ., p. 263, n° 105.
Periophthalmus Koelreuteri var. *a papilio* Gunth. Cat. Fish. Brit. Mus., t. III, p. 99.

Mood Machère. — Excessivement commun sur les bords de tous les marigots : Sorres, Thionk, Leybar ; — Ile au Bois, etc.

L'étude du *P. papilio* vivant nous a permis de noter exactement ses couleurs ; elles diffèrent de celles décrites par les auteurs.

Dos brun rougeâtre ; ventre jaune pâle ; dix à douze bandes verticales brunâtres nuageuses, de chaque côté ; première dorsale très élevée, violet bleu intense à sa base, sa seconde moitié à bandes horizontales bleu clair et rougeâtre, alternant entre elles ; deux larges bandes ondulées, blanches, bordées de noir foncé dans le dernier tiers ; seconde dorsale rosée bleuâtre, 4 bandes bleu clair et blanches alternant dans sa moitié supérieure ; caudale brunâtre à rayons rouges ; pectorales et ventrales de même couleur ; anale bleuâtre à rayons rosés ; toute la région operculaire et le pédicule des pectorales couverts de points bleu clair, à centre blanc ; iris d'un rouge intense. Cette description est prise sur des individus de 0,137, de longueur.

103. PERIOPHTHALMUS GABONICUS Dum.

Periophthalmus gabonicus Dum. Poiss. Afr. occ., p. 250, pl. XXII, fig. 4, p. 263, n° 106.

Mood Machère. — Mêmes localités que le précédent.

104. PERIOPHTHALMUS ERYTHRONOTUS Guich.

Periophthalmus erythronotus Guich. *in* Dum. Poiss. Afr. occ., p. 250, pl. XXII, fig. 5.

Mood Machère. — Mêmes localités que les précédents.

Les trois *Periophthalmes* Sénégambiens, dont les caractères sont assez tranchés pour que leur place au rang d'espèce soit conservée, ce que M. Gunther eût sans doute fait s'il les eût connus à l'époque où il publiait son Catalogue des Poissons du Musée Britannique, vivent ensemble dans les mêmes localités, et ont les mêmes mœurs.

Adanson dit (Cuvier, *loc. cit.*) que les *Periophthalmes* marchent et sautent, à mer basse, sur la vase du fleuve et qu'ils sont appelés *Tibilank* par les nègres.

Le nom de *Tibilank* pouvait exister lors du voyage d'Adanson ; aujourd'hui il est oublié et remplacé par le nom de *Moad Machère*. D'un autre côté nous n'avons jamais observé de *Periophthalmes* à mer basse. En revanche, les bords des marigots de tout le Sénégal en sont couverts ; constamment hors de l'eau, à la chasse des insectes dont ils font leur nourriture exclusive, ils marchent avec rapidité sur la vase, toutes les nageoires couchées, se servant des pectorales comme de pattes qu'ils agitent vivement pour franchir des espaces assez considérables, et se précipitant, au moindre bruit, soit dans l'eau, soit dans les trous profonds creusés par des Décapodes appartenant aux genres *Cardisoma* et *Sesarma*.

Le naturaliste, en les voyant pour la première fois en arrêt, soulevés sur leurs pectorales, croit apercevoir des Batraciens urodèles, ou des Lacertiens d'un nouveau genre.

La faculté de vivre longtemps hors de l'eau dont jouissent les *Periophthalmes*, réside dans une disposition particulière de l'appareil branchial ; nous en étudierons la structure dans un mémoire spécial. Comme exemple de la vitalité de ces animaux, nous citerons seulement le fait suivant : durant les plus fortes chaleurs de juillet, plusieurs exemplaires que nous avions réunis pour l'étude, dans un vase large et profond, après avoir gravi le long des bords perpendiculaires du vase et s'être échappés, franchirent un escalier de quinze marches et furent retrouvés, trois heures après, à cinq cents mètres de notre habitation, dans le sable brûlant d'une rue de Saint-Louis, où nous pûmes les reprendre ; rapportés et plongés dans le vase, ils vécurent longtemps, faisant chaque jour de nouvelles fuites et restant des heures entières sur le sable, sans en éprouver aucun mal. La nuit ils se tenaient appliqués sans mouvement le long de la paroi du vase, position qu'ils affectionnent dans les trous de *Cardisoma* et de *Sesarma*, où ils se réfugient la nuit, comme nous nous en sommes assuré maintes fois.

Gen. ELEOTRIS Gronov.

165. ELEOTRIS GUAVINA C. V.

Eleotris guavina C. V. Hist. nat. Poiss., t. XII, p. 223.
— Gunth. Cat. Fish. Brit. Mus., t. III, p. 124.
— Dum. Poiss. Afr. occ., p. 248-263, n° 108.

Boudeckh. — Assez rare : — marigots de Saint-Louis, des Maringouins, de Leybar, Casamance, Gambie.

Le doute émis par Dumeril (*loc. cit.*) relativement à cette espèce, est tranché par les quelques exemplaires provenant des marigots du Sénégal. Malgré la mauvaise conservation de l'échantillon rapporté par Adanson, Valenciennes (*loc. cit.*) ne s'était nullement trompé en le rapportant à l'*E. guavina*. Nos types, ainsi que ceux de la Casamence communiqués par M. Bouvier, concordent en tout avec la description de Valenciennes; le *Boudé* d'Adanson est bien notre *Boudeckh* des Ouoloffs.

166. ELEOTRIS VITTATA Dum.

Eleotris vittata Dum. Poiss. Afr. occ., p. 249, pl. XXI, fig. 4. 4a, p. 263, n° 110.

Mondejh. — Rare : — Gambie, Casamence, d'où l'a rapporté M. Bouvier.

167. ELEOTRIS DUMERILLII Svg.

Eleotris Dumerillii Svg. Bull. Soc. Phil. Paris, 1870-1888.
Eleotris maculata Dum. Poiss. Afr. occ., p. 248, pl. XXI, fig. 3. 3a, p. 263, n° 109. (*non* Gunth. Cat. Fish. Brit. Mus., t. III, p. 112.)

Mondejh. — Peu commun : — Gambie, Casamence (M. Bouvier).

Le nom spécifique de *maculata* existant déjà pour un *Eleotris* Américain, M. le docteur Sauvage a dû donner celui de *Dume-*

villii à l'espèce Sénégambienne, décrite postérieurement par Dumeril.

168. ELEOTRIS MALTZANI Steind.

Eleotris Maltzani Steind. Beitr. Kennt. Fish. Afrik., p. 24.

Rufisque. (*Teste* Steindachner); — rare.

Fam. BATRACHIDÆ Cuv.

Gen. BATRACHUS Schn.

169. BATRACHUS DIDACTYLUS Bloch.

Batrachus didactylus Bloch. Sch., p. 42.
— Gunth. Cat. Fish. Brit. Mus., t. III, p. 170.
Batrachus barbatus C. V. Hist. nat. Poiss., pl. XII, p. 493.
— Dum. Poiss. Afr. occ., p. 263, n° 114.

Tienthann. — Se tient dans les parages rocailleux: — rarement pêché; — juillet et août; — les nègres le redoutent et prétendent que son contact est mortel; — rade de Guet N'Dar, Dakar, Gorée, banc d'Arguin.

Fam. PEDICULATI Cuv.

Gen. ANTENNARIUS Comm.

170. ANTENNARIUS PARDALIS C. V.

Antennarius pardalis C. V. *in* Gunth. Cat. Fish. Brit. Mus., t. III, p. 193.
Chironectes pardalis C. V. Hist. nat. Poiss., t. XII, p. 420, pl. 363.
— Dum. Poiss. Afr. occ., p. 263, n° 113.

Gorée. — Long. 0,060.

171. ANTENNARIUS MARMORATUS Gunth.

Antennarius marmoratus Gunth. Cat. Fish. Brit. Mus., t. III, p. 185.
var. δ *gibba*. (Gunth. *loc. cit.*, p. 187).

Chironectes gibbus Dekay, New-York Faun. Fish., p. 164, pl. 24, fig. 74.

Jkgay. — Assez rare : — Gorée, Dakar, embouchure de la Gambie ; — est partout un épouvantail pour les nègres, qui redoutent ce poisson comme mortel ; — long. 0,102.

Fam. BLENNIIDÆ Owen.

Gen. BLENNIUS Artedi.

172. BLENNIUS GOREENSIS C. V.

Blennius Goreensis C. V. Hist. nat. Poiss., t. XI, p. 235.
— Dum. Poiss. Afr. occ., p. 263, n° 103.

Côtes de Gorée.

173. BLENNIUS BOUVIERI Rochbr.

Pl. V, fig. 3, 4.

Blennius Bouvieri Rochbr. Bull. Soc. Phil. Paris, 22 mai 1880.

B. — CORPUS OBLONGUM, DESUPER ROSEO FUSCUM, INFERNE ARGENTATUM, 3 FASCIIS LONGITUDINALITER DISPOSITIS, NIGRIS ORNATUM ; PINNA DORSALIS CÆRULEA, FUSCO MACULATA, MARGINATA ; CAUDALIS PECTORALESQUE, FUSCIS.

D $\frac{XII}{20}$; A 20 ; LEG. L. 44.

Hauteur du corps comprise 5 fois dans la longueur totale ; celle de la tête égale au cinquième de cette longueur ; hauteur de la tête 1 1/4 de la largeur, diamètre de l'œil compris 3 1/2 dans la longueur de la tête ; espace interoculaire 1/2 du diamètre de l'œil ; région frontale fortement bombée ; tentacules susorbitaires en lanières plates elleptiques, égalant 1/2 du diamètre de l'œil ; opercule et préopercule profondement striés ; dents pectinées, une canine à l'angle interne de la commissure des deux maxillaires, les inférieures plus fortes que les supérieures ; dorsale commençant au niveau de la partie libre de l'opercule, contigué avec la caudale, arrondie en arrière; pectorales ovoïdes, dépassant faiblement l'anus; ventrales à deux rayons forts, rigides, le supérieur plus court que l'inférieur.

Coloration uniforme, brun rosé clair, trois bandes longitudinales parallèles noirâtres sur les flancs; ventre gris argenté; dorsale bleuâtre clair, à rayons plus foncés; une macule brune à la base de chacun d'eux; bande brun bleuâtre le long du bord supérieur de la dorsale et de l'anale, celle-ci bleu clair, à partie libre des rayons, blanc; caudale et pectorales brunâtres; iris paraissant blanc bleuâtre.

Rivière Casamence; — assez commun; — recueilli par M. Bouvier.

Le *Blennius sanguinolentus* Pall. est l'espèce dont la nôtre se rapproche le plus; elle s'en différencie: par les dimensions de la tête; le nombre des canines; la forme des tentacules et la disposition des couleurs.

Gen. CLINUS Cuv.

174. CLINUS NUCHIPENNIS Q. G.

Clinus nuchipennis Quoy et Gaim. Voy. Uran. Zool., p. 255.
— Gunth. Cat. Fish. Brit. Mus., t. III, p. 262.
Clinus pectinifer C. V. Hist. nat. Poiss., t. XI, p. 374.
— Dum. Poiss. Afr. occ., p. 263, n° 104.

Côtes de Gorée.

175. CLINUS PEDATIPENNIS Rochbr.

(Pl. VI, fig. 2, 3, 4.)

Clinus pedatipennis Rochbr, Bull. Soc. Phil. Paris, 22 mai 1880.

C. — CORPUS OBLONGUM, PALLIDE CÆRULEUM, FUSCO MARMORATUM; PINNIS FUSCIS NIGRO MACULATIS; OPERCULUM ALBO MACULATUM; TENTACULIS PEDICULATIS.

LONG. 0,075

D $\frac{XVIII}{12}$; A $\frac{2}{20}$ L. LAT. 68.

Hauteur du corps 5 1/4 de la longueur; longueur de la tête comprise 4 fois dans la longueur totale; sa hauteur égale à 1 1/5 de sa longueur; longueur du museau égale au diamètre de l'œil; celui-ci compris 3 fois dans la longueur de la tête; tentacules susorbitaires au nombre de 16, égalant 1/2 du diamètre de l'œil, réunis sur un pédicule ovalaire, à base étroite; dorsales continues, la deuxième un peu plus haute que la première; caudale elliptique.

Gris bleuâtre marbré de brun; nageoires brun très clair, ponctuées de brun noirâtre, les points disposés en lignes parallèles, avec tache bleuâtre à l'opercule.

Assez commun : — rivière Casamence (M. Bouvier).

Cette espèce se distingue du *C. nuchipennis* (avec lequel elle offre certains points de similitude) : par sa forme plus élancée; la longueur plus grande de la tête; la faiblesse relative des rayons de la première dorsale; la moins grande hauteur de la deuxième; l'absence de tentacules nasaux et occipitaux; et surtout par ses tentacules orbitaires, nombreux, filiformes et portés sur un pédicule ovalaire.

Fam. ACRONURIDÆ Bleck.

Gen. ACANTHURUS Bloch.

176. ACANTHURUS CHIRURGUS Bloch.

Acanthurus chirurgus Bloch. Schn., p. 214.
— C. V. Hist. nat. Poiss., t. X, p. 168.
— Gunth. Cat. Fish. Brit. Mus., t. III, p. 329.
Acanthurus phlebotomus C. V. Hist. nat. Poiss., t. X, p. 176, pl. 287.
— Dum. Poiss. Afr. occ., p. 263, nº 96.

Sourrouzen. — Peu commun : — parages rocheux, en rade de Guet N'Dar, Dakar, Gorée.

D'un brun noirâtre à la partie supérieure, les exemplaires de Guet N'Dar ont une ligne d'un noir intense le long du dos et de la portion antérieure de la tête; le ventre est blanc jaune pâle; huit lignes étroites, ondulées, rose lilas, s'étendent horizontalement de chaque côté; toutes les nageoires sont brunâtres, à rayons noirs; les pectorales ont leur moitié inférieure d'un rouge orangé; la même couleur règne aux lèvres, à l'opercule et au préopercule; une bande également rouge orangé se montre au centre de la caudale et à son extrémité libre; l'épine caudale, brun rouge, est entourée d'un cercle ovalaire rouge orangé; l'iris est blanc bleuâtre.

Fam. MUGILIDÆ Bleek.

Gen. MUGIL Artéd.

177. MUGIL CEPHALUS Cuv.

Mugil cephalus Cuv. Reg. an.
— C. V. Hist. nat. Poiss., t. XI, p. 19, pl. 307.
— Gunth. Cat. Fish. Brit. Mus., t. III, p. 417.
— Dum. Poiss. Afr. occ., p. 263, n° 97.

Thian. — Très commun : — pêché à la barre du Sénégal et dans tous les marigots ; — juillet-août.

178. MUGIL ÖUR Forsk.

Mugil Öur Forsk. p. XIV, n° 100.
— Var. γ Rupp. N. W. Fish., p. 131.
— Steind. Beitr. Kennt. Fish. Afrik., p. 24.
Mugil cephalotus C. V. Hist. nat. Poiss., t. XI, p. 110.

Rufisque, Gorée (*teste* Steindachner).

179. MUGIL GRANDISQUAMIS C. V.

Mugil grandisquamis C. V., Hist. nat. Poiss., t. XI, p. 103.
— Dum. Poiss. Afr. occ., p. 263, n° 90.

Sénégal

180. MUGIL CAPITO Cuv.

Mugil capito Cuv. Reg. an.
— C. V. Hist. nat. Poiss., t. XI, p. 36, pl. 308.
— Gunth. Cat. Fish. Brit. Mus., t. III, p. 439.

Dane Dane. — Commun : — barre du Sénégal, tous les marigots ; — juillet-août ; — Casamence (M. Rouvier).

181. MUGIL BREVICEPS C. V.

Mugil breviceps C. V. Hist. nat. Poiss., t. XI, p. 106.
— Dum. Poiss. Afr. occ., p. 203, nº 101.

Gorée.

182. MUGIL SALIENS. Riss.

Mugil saliens Riss. Ichth. Nice, p. 345
— C. V. Hist. nat. Poiss., t. XI, p. 47, pl. 309.
— Dum. Poiss. Afr. occ., p. 203, nº 98.

Sénégal.

183. MUGIL CRYPTOCHILUS C. V.

Mugil cryphtochilus C. V. Hist. nat. Poiss., t. XI, p. 61.
— Gunth. Cat. Fish. Brit. Mus., t. III, p. 444.
— Dum. Poiss. Afr. occ., p. 203, nº 102.

Demm. — Peu commun : — les brisants, Gorée ; — remonte plus rarement le fleuve, avec ses congénères ; — juillet-août ; — long. 0,550.

184. MUGIL HYPSELOPTERUS Gunth.

Mugil hypselopterus Gunth. Cat. Fish. Brit. Mus., t. III, p. 450.

Thiarrh. — Assez fréquent : — marigots de Saint-Louis et le haut Sénégal, Gambie, embouchure de la Falémé.

Identiques aux types décrits par M. Gunther (*loc. cit.*), nos exemplaires s'en distinguent seulement : par la coloration jaune de la caudale, de la base de l'anale, et des pectorales ; ces dernières avec une tache noirâtre à leur origine.

185. MUGIL SCHLEGELI Bleek.

Mugil Schlegeli Bleck. Poiss. Guin., p. 92, tab. XIX, fig. 1.

Segnall. — Assez commun ; — Casamence, d'où M. Bouvier en a rapporté quelques bons spécimens ; — se rencontre rarement dans les brisants et à la barre du Sénégal, d'où nous nous en sommes cependant procuré un, de 0,110.

186. MUGIL FALCIPINNIS C. V.

Mugil falcipinnis C. V. Hist. nat. Poiss., t. XI, p. 105.
— Gunth. Cat. Fish. Brit. Mus., t. III, p. 453.
— Dum. Poiss. Afr. occ., p. 263, nº 100.

Jhrrh. — Très commun : — brisants, barre du Sénégal, marigots ; — plus rare à Gorée ; — atteint 0,490 de longueur.

187. MUGIL CHELO Cuv.

Mugil Chelo Cuv. Règ. An.
— C. V. Hist. nat. Poiss., t. XI, p. 50, fig. 309.
— Gunth. Cat. Fish. Brit. Mus., t. III, p. 454.

Pounayh. — Cap Blanc, Portendik ; — moins commun que les espèces précédentes ; — remonte exceptionnellement le fleuve ; — marigot des Maringouins ; — septembre et octobre.

Tous les *Mugil* Sénégambiens sont recherchés pour l'excellence de leur chair.

Gen. MYXUS Gunth.

188. MYXUS CURVIDENS C. V.

Myxus curvidens C. V. XI, p. 149, pl. 313.
— Gunth. Cat. Fish. Brit. Mus., III, p. 467.
— Steind. Beitr. Kennt. Fish. Afrik., p. 26.

Rufisque, dans les marigots (*teste* Steindachner.)

Fam. CENTRISCIDÆ Bleek.

Gen. CENTRISCUS Lin.

189. CENTRISCUS GRACILIS Lowe.

Centriscus gracilis Lowe. Proc. Zool. Soc., 1839, p. 86.
— Gunth. Cat. Fish. Brit. Mus., t. III, p. 521.

Jhompt. — Rare : — banc d'Argain, Gorée, cap Sainte-Marie, cap Roxo ; — novembre.

Fam. FISTULARIDÆ Mull.

Gen. FISTULARIA Lin.

190. FISTULARIA TABACCARIA Lin.

Fistularia tabaccaria Lin. Mus. Fried. 1, p. 80, tab. 28, fig. 2.
— Gunth. Cat. Fish. Brit. Mus., t. III, p. 529.
Fistularia ocellata Dum. Poiss. Afr. occ., p. 260-263, n° 127.

Nanou. — Gorée, Dakar, banc d'Argain, cap Vert ; — fréquemment pêché par les nègres, qui ne le mangent pas, mais le donnent comme jouet à leurs enfants.

D'après M. Gunther (*loc. cit.*, p. 530) un très jeune sujet de *Fistularia tabaccaria*, pris dans les parages des îles Saint-Thomas (golfe de Guinée) par les Zoologistes de l'Expédition du Congo, prouve l'existence de ce genre sur les côtes Africaines de l'Atlantique.

Dès l'année 1716, Frezier (*Relation du Voyage de la mer du Sud aux côtes du Chili et du Pérou, fait pendant les années* 1712-1713-1714) signalait cette espèce dans les eaux du cap Vert : « il » y a dans la baie de Saint-Vincent, dit-il (*loc. cit.*, p. 12) une » infinité de poissons........ qui ont une queue de rat et » des taches rondes partout ; un de ceux que nous primes, » qui avait six pieds de long, est fort semblable au *Petimbuala*

» *Brasiliensis*, de Marcgrave, p. 148. » Cette simple observation prouve que le genre *Fistularia* était signalé sur les côtes d'Afrique, environ cent et quelques années avant que les explorateurs de l'expédition du Congo ne l'aient découvert. Ce fait de priorité établi, le *F. ocellata*, cité nominalement par Duméril (*loc. cit.*), doit-il être considéré comme une variété du *F. tabaccaria*, caractérisée par des taches plus nombreuses (probablement le même que l'exemplaire de Frezier, *ayant des taches rondes partout*), ou bien comme espèce distincte? Malheureusement nous ne connaissons pas le type d'après lequel Duméril a établi son espèce, et il n'en a laissé aucune description. Quoiqu'il en soit, un rapprochement, que nous faisons néanmoins sous toutes réserves, pourrait servir à élucider la question :

Castelnau (*Animaux nouv. ou rares recueillis dans les parties centrales de l'Amer. du Sud*, p. 60), sous le nom d'*Aulastoma Marcgravii*, désigne une *Fistulaire* de Rio, « d'un vert olivâtre, avec de nombreuses taches arrondies et bleues sur le corps, et quelques lignes longitudinales bleues, dont une bien marquée de chaque côté; à ventre aussi, en général, nuancé de cette dernière couleur. » Cette espèce, dit-il, me paraît être le *Petimbuala* de Marcgrave; c'est une espèce voisine, mais bien distincte, du *Fistularia tabaccaria*.

La ressemblance signalée par Frezier entre l'espèce qu'il a prise et celle de Marcgrave, d'un côté; la similitude de cette dernière avec les sujets de Castelnau, de l'autre, nous engagent à conclure que les individus du cap Vert et ceux du Brésil sont identiques: or si cette identité est reconnue, l'espèce de Duméril est bien la même, d'autant plus que le cap Vert et Gorée sont deux localités assez voisines pour nourrir des animaux semblables, fait démontré du reste.

Il resterait maintenant à savoir si l'espèce de Castelnau doit être maintenue, ou rentrer, comme le veut M. Gunther, dans le *F. tabaccaria*. Les types, nous le répétons, nous étant inconnus, nous ne pouvons nous prononcer en faveur de l'une ou de l'autre opinion; malgré celle de M. Gunther, il nous semble prudent d'attendre de nouvelles recherches propres à résoudre le problème, et de considérer jusque-là le *F. ocellata* de Dumeril comme une variation du *tabaccaria*.

ACANTHOPTERYGII PHARYNGOGNATHI Mull.

Fam. POMACENTRIDÆ Cuv.

Gen. POMACENTRUS Lacep.

101. POMACENTRUS HAMYI Rochbr.

Pl. III, fig. 2.

Pomacentrus Hamyi Rochbr. Bull. Soc. Phil. Paris, 22 mai 1880.

P. — CORPUS OVOIDEUM, SUBCOMPRESSUM, FRONTE CONVEXO; PREOPERCULUM MINUTE DENTICULATUM, FUSCUM, PUNCTIS CÆRULEIS SPARSUM; PINNIS FUSCIS.

LONG. 0,075.

D $\frac{XIII}{14}$; A $\frac{2}{10}$; L. LAT. 26. L. TRANS. $\frac{3}{10}$.

Hauteur du corps comprise 2 1/6 dans la longueur totale; longueur de la tête, 4 fois dans la longueur totale; diamètre de l'œil contenu 2 1/2 dans la longueur de la tête; museau 1/3 du diamètre de l'œil, court, obtus; profil du front bombé; espace interorbitaire égal au diamètre de l'œil; préopercule finement denticulé; dorsale épineuse, moins élevée que la molle, à rayons courts, relativement forts; fin de la dorsale allongée; la première épine de l'anale très courte, en partie cachée, égale à 1/3 de la longueur de la seconde; caudale échancrée; trois rangées d'écailles sousorbitaires.

Brun clair, plus foncé à la partie supérieure; les écailles marquées d'un trait circulaire mince, noirâtre; opercule, préopercule et régions orbitaire et frontale, semés de petits points bleuâtres; nageoires brunes; une tache noirâtre à la base des pectorales; iris bleuâtre.

Rivière Casamence; — recueilli par M. Bouvier.

La présence du genre *Pomacentrus*, genre essentiellement Indien, n'avait pas encore été signalée, que nous sachions, sur la Côte occidentale d'Afrique.

En dédiant cette espèce à M. le Docteur Hamy, nous sommes heureux de rendre au savant Anthropologue, un témoignage de reconnaissance pour l'amitié et l'intérêt qu'il n'a cessé de nous prodiguer.

Gen. GLYPHIDODON Lacep.

192. GLYPHIDODON LURIDUS Brow.

Glyphisodon luridus C. V. Hist. nat. Poiss., t. V, p. 475, t. IX, p. 509.
— Gunth. Cat. Fish. Brit. Mus., t. IV, p. 56 (Glyphisodon).

Oroumboye. — Pêché en novembre ; — assez commun dans les brisants, à Guet N'Dar, Babagaye ; — n'est pris que par hasard dans le fleuve ; — Gorée, Joalles.

Corps brun verdâtre, ventre blanc azuré brillant; une tache d'un beau bleu à la base des pectorales; une autre tache de même couleur, large, à l'angle de l'opercule ; toutes les nageoires, d'un brun rouge pâle ; les pectorales jaunâtres. Les points bleus épars sur la base de la pectorale et sur le devant de la poitrine, indiqués par Valenciennes (*loc cit.*), n'existent pas sur nos échantillons ; — long. 0,252.

193. GLYPHIDODON HOEFLERI Steind.

Glyphidodon Hoefleri Steind. Beitr. Kennt. Fish. Afrik., p. 27, tab. V, fig. 2.

Gorée (*teste* Steindachner.)

Gen. HELIASTES Gunth.

104. HELIASTES BICOLOR Rochbr.

Pl. III, fig. 3.

Heliastes bicolor Rochr. Bull. Soc. Phil. Paris, 22 mai 1880.

H. — CORPUS ELONGATO OVATUM, SUBCOMPRESSUM, FRONTE OBLIQUO; PRÆOPERCULUM INDENTATUM, ÆNEO FUSCUM; SQUAMIS AUREO MACULATIS; PINNIS FUSCIS; PINNA CAUDALIS INTENSE AURANTIACA.

LONG. 0,100.

D $\frac{XII}{13}$; A $\frac{2}{12}$; L. LAT. 30 ; L. TRANS. $\frac{3}{11}$

Corps comprimé; profil du front oblique, se relevant au niveau du pied de la première dorsale; hauteur comprise 2 1/3 dans la longueur; longueur de la tête contenue 4 1/2 dans la longueur du corps; diamètre de l'œil 3 fois dans la longueur de la tête; espace interoculaire égal 1 1/6 du diamètre de l'œil; museau égal au diamètre de l'œil, protactile; 4 rangées d'écailles sous-orbitaires; préopercule droit, non dentelé; épines de la dorsale, fortes, presque égales; la portion molle, plus haute; les rayons médians, les plus longs; caudale échancrée, à lobes arrondis; premier rayon de l'anale très court, contenu 4 fois dans la longueur du second, ce dernier fort et robuste; premier rayon mou des ventrales allongé en filament; pectorales courtes, tronquées.

Couleur générale brune; une tache dorée à la partie libre de toutes les écailles; nageoires brunes, à rayons jaunâtres; caudale jaune orangé; iris de même couleur.

Casamence; — recueilli par M. Bouvier et communiqué par lui.

L'*Heliastes Chromis* L., de Madère et de la Méditerranée, est celui dont notre espèce se rapproche le plus; elle s'en distingue surtout par son mode de coloration; la forme des épines dorsales et anales et la disposition des nageoires. Aucun type du genre *Heliastes* n'avait encore été signalé sur les côtes de la Sénégambie.

Fam. LABRIDÆ Cuv.

Gen. LABRUS Artedi.

195. LABRUS MIXTUS Fries.

Labrus mixtus Fries Ekstr. Skand. Fish., p. 100, pl. 37-38.
— Gunth. Cat. Fish. Brit. Mus., t. IV, p. 74.
Labrus Jagonensis Bowd. Excurs. Mad. et Porto Santo, p. 234 fig. 7.
— Dum. Poiss. Afr. occ., p. 263, n° 116.

Cap Vert, embouchure de la Gambie.

Ne connaissant pas l'espèce de Valenciennes, nous pensons, avec M. Gunther (*loc. cit.*, p. 69), que le *L. Jagonensis*, cité par Duméril, doit être réuni au *L. mixtus*, vu la grande variabilité de ce dernier.

Gen. CENTROLABRUS Lowe.

196. CENTROLABRUS TRUTTA Lowe.

Centrolabrus trutta Lowe *in* Gunth. Cat. Fish. Brit. Mus., t. IV, p. 93.
Acantholabrus viridis C. V. Hist. nat. Poiss., t. XIII, p. 252.
— Valenc. Ichth. Canar., p. 64, pl. 17.

Rapporté du cap Vert par M. Bouvier.

Gen. COSSYPHUS C. V.

197. COSSYPHUS SCROFA C. V.

Cossyphus scrofa C. V. *in* Gunth. Cat. Fish. Brit. Mus., t. IV, p. 111.
Labrus scrofa C. V. Hist. nat. Poiss., t. VIII, p. 93.
— Dum. Poiss. Afr. occ., p. 93.

Cap Vert.

198. COSSYPHUS TREDECIMSPINOSUS Gunth.

Cossyphus tredecimspinosus Gunth. (*sec.* Trosch.) *in* Steind. Beitr. Kennt. Fish. Afrik., p. 28.
Cossyphus Jagonensis Trosch. Arch. nat., p. 220.

Gorée, où l'espèce serait rare (*teste* Steindachner).

Gen. JULIS C. V.

199. JULIS PAVO Hasselq.

Julis pavo Hasselq. *in* Gunth. Cat. Fish. Brit. Mus., t. IV, p. 179.
— Bleek. Poiss. Guin., p. 32.

Omaejk. — Assez fréquent ; — apparait par troupes, en juin ; — Gorée, Dakar, cap Vert, cap Sainte-Marie, embouchure de la Gambie.

Nous ne voyons aucune différence entre nos échantillons Sénégambiens et ceux de la Méditerranée ; les faibles variations indiquées sur les types de Guinée, par Bleeker, manquent complètement aux nôtres.

Gen. CORIS Gunth.

200. CORIS ATLANTICA Gunth.

Coris Atlantica Gunth. Cat. Fish. Brit. Mus., t. IV, p. 197.

Ngogo. — Cap Sainte-Marie, cap Roxo, Bathurst ; — assez fréquent ; — indiqué à Sierra Leone par M. Gunther.

Gen. SCARUS Forsk.

201. SCARUS CRETENSIS Aldr.

Scarus Cretensis Aldr., p. 8.
— Gunth. Cat. Fish. Brit. Mus., t. IV, p. 209.
Scarus rubiginosus C. V. Hist. nat. Poiss., t. XIV, p. 171.
— Valenc. Ichth. Canar., p. 68.
Scarus Canariensis Valenc. Ichth. Canar., p. 17, fig. 2.

Kander. — Commun sur les côtes rocheuses ; — cap Vert, cap Blanc, rochers de la rade de Guet N'Dar — très estimé des nègres ; — longueur moyenne : 0,730 à 0,915.

Gen. PSEUDOSCARUS Bleek.

202. PSEUDOSCARUS HOEFLERI Steind.

Pseudoscarus Hoefleri Steind. Beit. Kennt. Fish. Afrik., p. 30, tab. VI, fig. 2.

Gorée (*teste* Steindachner).

Fam. GERRIDÆ Gunth.

Gen. GERRES Gunth.

203. GERRES BILOBUS C. V.

Gerres bilobus C. V. Hist. nat. Poiss., t. VI, p. 466.

Dobe. — Commun à Gorée, Dakar, cap Vert et toutes les parties rocheuses de la côte ; — en août et septembre ; — dépasse 0,210.

204. GERRES NIGRI Gunth.

Gerres nigri Gunth. Fish. 1, p. 347, et Cat. Fish. Brit. Mus., t. IV, p. 254.

Dobe. — Mêmes localités que le *bilobus* : Casamence, Gambie ; — mais moins fréquemment observé.

205. GERRES MELANOPTERUS Bleck.

Gerres melanopterus Bleck. Poiss. Guin., p. 44, tab. VIII, fig.

Dobe. — Assez commun dans le Sénégal et les marigots ; — pêché en octobre ; — rivière Casamence, Gambie.

La description donnée par Blecker est parfaitement exacte, et reproduit fidèlement les couleurs de nos échantillons ; quant à la figure qui l'accompagne, comme toujours, elle est purement fantaisiste.

Fam. CHROMIDÆ Mull.

Gen. CHROMIS Cuv.

206. CHROMIS NILOTICUS Cuv.

Chromis Niloticus Cuv. Règ. An.
— Gunth. Cat. Fish Brit. Mus., t. IV, p. 267.
— Steind. Ichth. Mitth. (VII.) Wien. 1864, p. 4.

Ouasshass. — De même que tous les *Chromides* dont nous allons nous occuper, le *Niloticus* abonde dans les eaux du Sénégal et dans tous les marigots du fleuve.

La quantité des individus appartenant aux diverses espèces de *Chromis* est innombrable; nous pourrions répétér ce que nous disions précédemment à l'article du *Psettus Sebæ*: « les poissons roulent les uns sur les autres. » Ils remontent le fleuve au moment de l'hivernage; c'est un indice de la saison des pluies, d'après les Ouoloffs, assertion dont nous avons vérifié l'exactitude. La coloration des espèces est tellement tranchée que les nègres savent les distinguer et leur appliquent à chacune un nom particulier.

Certaines espèces parviennent à une taille assez grande; alors on les recherche pour la bonté de leur chair, et elles sont désignées par les Européens sous la dénomination de *Carpe*. Ce sont les mêmes dont parle Adanson (*loc. cit.*, p. 125): « Dans le marigot de Sorres, dit-il, un poisson très commun, appelé *carpet*, » espèce de *vieille* semblable à la carpe, mais plus courte, saute » dans les pirogues. » Il arrive en effet qu'en parcourant en pirogue les divers marigots des environs de Saint-Louis, le soir principalement, le sillage de l'embarcation, en déplaçant les bancs épais des *Chromis*, précipite leur marche et que, pressés, il sautent par dessus bord; c'est du reste la seule façon dont les Ouoloffs pêchent ces espèces, et toujours la pêche est fructueuse.

207. CHROMIS DUMERILII Steind.

Chromis Dumerilii Steind. Ichth. Mitth., p. 3, pl. VII, fig. 1.

Sénégal.

208. CHROMIS POLYCENTRA Dum.

Chromis polycentra Dum. *in* Gunth. Cat. Fish. Brit. Mus., t. IV, p. 270.
Tilapia polycentra Dum. Poiss. Afr. occ., p. 254, 263, n° 122.

Ouasssaun. — Cette espèce est indiquée par Duméril comme provenant de Gorée; — très commune dans le Sénégal; — nous ne la connaissons pas des parages de l'Ile.

209. CHROMIS NIGRIPINNIS Guich.

Chromis nigripinnis Guich. *in* Gunth. Cat. Fish. Brit. Mus., t. IV, p. 270.
Tilapia nigripinnis Guich. *in* Ann. Mus., t. X, p. 254, pl. 22, fig. 4.
— Dum. Poiss. Afr. occ., p. 254-263, pl. XXII, fig. 2ª, n° 121.

Ouasspoul. — Est indiqué par Duméril comme provenant du Gabon ; — très commun dans le Sénégal.

Les descriptions de Duméril ont été faites sur des exemplaires conservés dans l'alcool, et dont les couleurs étaient en partie disparues, ou tout au moins modifiées par le séjour dans la liqueur; nous les désignerons d'après le vivant chaque fois que les modifications devront être notées; mais, en thèse générale, à « *teinte générale brune* », il faut substituer: « *vert doré plus ou moins intense.* »

210. CHROMIS HEUDELOTII Dum.

Chromis Heudelotii Dum. *in* Gunth. Cat. Fish. Brit. Mus., t. IV, p. 27.
Tilapia Heudelotii Dum. Poiss. Afr. occ., p. 254-263, n° 120.

Ouasban. — Sénégal ; — atteint 0,254.

211. CHROMIS LATUS Gunth.

Chromis latus Gunth. Cat. Fish. Brit. Mus., t. IV, p. 271.

Ouassban. — Sénégal; — la portion supérieure de l'opercule n'est pas noire, comme le dit M. Gunther, mais bleue; il en est de même de la tache située à la base de la dernière épine de la dorsale.

212. CHROMIS GUNTHERI Steind.

Chromis Guntheri Steind. Ichth. Mitth., p. 6, tab. VIII, fig. 3-4.

Sénégal.

213. CHROMIS AUREUS Steind.

Chromis aureus Steind. Ichth. Mitth., p. 7, tab. VIII, fig. 5.

Ouassourjh. — Sénégal; — très commun; — atteint 0,346.

La tache ronde, gris noirâtre, sur l'extrémité supérieure de l'opercule, dont parle M. Steindachner, est d'un beau bleu, comme chez tous les *Chromis* Africains.

214. CHROMIS PLEUROMELAS Dum.

Chromis pleuromelas Dum. *in* Gunth. Cat. Fish. Brit. Mus., t. IV, p. 271.
Tilapia pleuromelas Dum. Poiss. Afr. occ., p. 253-263, n° 118.

Ouassomajh. — Commun, avec les précédents; — atteint jusqu'à 0,315.

La tache noire sur chaque flanc (Duméril), consiste en une teinte nuageuse, plus foncée que le reste du corps, qui est vert bleuâtre métallique.

215. CHROMIS LATERALIS Dum.

Chromis melanopleura Dum. *in* Gunth. Cat. Fish. Brit. Mus., t. IV, p. 272.
Tilapia lateralis Dum. Poiss. Afr. occ., p. 253-263, n° 119.

Ouassjhat. — Sénégal; — dépasse 0,237.

316. CHROMIS MELANOPLEURA Dum.

Chromis lateralis Dum. in Gunth. Cat. Fish. Brit. Mus., t. IV, p. 272.
Tilapia melanopleura Dum. Poiss. Afr. occ., p. 253-263, pl. XXII, fig. 1 1a no 117.

Ouassbach. — Excessivement commun; — de 0,125; — est estimé et mangé comme les petits poissons de nos rivières de France.

Dos vert doré pâle; ventre blanc argent; une ligne d'un bel éclat métallique sur chaque écaille; ligne flexueuse violacée le long des flancs; dorsales violâtres, à rayons verts; anales et pectorales violacées; caudale de même couleur, à bordure rouge; iris d'un jaune pâle.

317. CHROMIS CÆRULEO MACULATUS Rochbr. (1)

(Pl. IV, fig. 3)

Chromis cæruleo maculatus Rochbr. Bull. Soc. Phil. Paris, 22 mai 1880.

C. — CORPUS ELLIPTICUM, SUBCOMPRESSUM, FRONTE CONCAVO, SUPERNE ÆNEO VIRIDESCENTE, INFERNE ROSEO, 5 MACULIS CÆRULEIS, ROTUNDATIS, MEDIANITER DISPOSITIS, ORNATO; PINNÆ, VIRIDESCENTES; PECTORALES ET VENTRALES, LUTEIS.

LONG. 0,137.

D $\frac{XIV}{11}$ A $\frac{3}{61}$; L. LAT. 29; L. TRANS. 4-13.

Hauteur du corps contenue 3 fois dans sa longueur, la caudale comprise; longueur de la tête 4 fois dans la longueur du corps; diamètre de l'œil 3 1/4 fois dans la longueur de la tête; museau proéminent, égalant 1 3/4 le diamètre de l'œil; profil rostrofrontal convexe; cinq rangées d'écailles à la région sous-orbitaire; bord du préopercule oblique, arrondi; dorsales de même hauteur; deuxième dorsale à base allongée, dépassant la première moitié de la caudale.

Partie supérieure vert foncé brillant, ainsi que la dorsale, l'anale et la caudale; ventre et région faciale roses; une tache

(1) A la légende de la pl. V, lire *cæruleo* au lieu de *cœruleo*.

d'un beau bleu foncé à l'angle de l'opercule; quatre taches rondes, de même couleur et de dimensions décroissantes de la pectorale à l'anale, espacées et disposées horizontalement sur les flancs; pectorales et ventrales jaunâtres; iris rouge.

Ouass Thiar. — Commun dans toute la partie haute du fleuve; marigots de Thiouk, lac de Pagnefoul.

218 CHROMIS MACROCENTRA Dum.

Talapia macrocentra Dum. Poiss. Afr. occ., p. 250-263, nº 123.

Ouass hosse. — L'une des espèces les plus communes, et parvenant à la plus grande taille : 0,332.

Vert pâle, à nombreuses marbrures vert métallique foncé; ventre rosé; dorsale, anale et caudale, brun pâle, à lignes de points bleus, à centre blanc; une tache bleue à l'opercule; pectorales et ventrales rosées; iris jaunâtre pâle.

219. CHROMIS RANGII Dum.

Tilapia Rangii Dum. Poiss. Afr. occ., p. 255-263, nº 123.

Ouass houn. — Long. 0,243.

Vert foncé à la partie supérieure; un point blanc au centre de chaque écaille; ventre blanc verdâtre, à écailles bordées d'une ligne également verdâtre; une tache bleue à l'angle de l'opercule; dorsales et anales vertes; caudale verdâtre, à rayons bruns; ventrales et pectorales jaunâtres, à rayons verts; iris blanc.

220. CHROMIS AFFINIS Dum.

Tilapia affinis Dum. Poiss. Afr. occ., p. 255-263, nº 125.

Ouass dan. — Espèce de petite taille : 0,112.

Sur un fond jaunâtre, un picté brun; région frontale vert doré; cinq bandes de même couleur, perpendiculaires, ne dépassant pas les flancs; dorsales, bleu pâle, à points bleu foncé, une large tache bleue et deux lignes de même couleur à l'extrémité postérieure; anale également bleu clair, à points plus foncés; une tache semblable à l'opercule; caudale, pectorale et ventrale rosées; iris jaune.

221. CHROMIS FAIDHERBI Rochbr.

(Pl. V, fig. 5).

Chromis Faidherbi Rochbr. Bull. Soc. Phil. Paris, 22 mai 1880.

C. — CORPUS OVATO ELONGATUM, SUBCOMPRESSUM, FRONTE SUBCONVEXO, INTENSE ÆNEO VIRESCENTE, INFERNE ARGENTEO ROSEUM; 3 FASCIIS FUSCIS CINCTUM; PINNÆ ROSEIS; PINNA CAUDALIS CÆRULESCENS.

LONG. 0,120. — D $\frac{XIV}{11}$; A $\frac{3}{7}$; L. Lat. 27; L. TRANS. 3-9.

Hauteur comprise 2 1/2 fois dans la longueur totale; longueur de la tête 4 1/5 dans la longueur totale; diamètre de l'œil 4 fois dans la longueur de la tête: museau conique, égalant 2 1/6 fois le diamètre de l'œil; profil rostrofrontal droit, convexe; trois rangées d'écailles à la région sousorbitaire; bord du préopercule vertical, arrondi; dorsales de même hauteur; caudale tronquée.

Ouass jhon. — Espèce commune, pêchée dans le bras droit du Sénégal, dans les parages du pont Faidherbe.

En donnant à cette espèce le nom du regretté Gouverneur du Sénégal, nous sommes l'interprète de la reconnaissance que lui a vouée la Colonie tout entière; son souvenir devenu légendaire chez les Ouoloffs, démontre que les grands cœurs sont appréciés, même par des nègres, bien au-dessus de la force et de l'autocratie.

222. CHROMIS MICROCEPHALUS Bleck.

Chromis microcephalus Bleck. *in* Gunth. Cat. Fish. Brit. Mus., t. IV, p. 272.

Melanogenes microcephalus Bleck. Poiss. Guin. p. 37., tab. VI, fig. 1.

Ouassandojh. — Assez commun. — Long. 0,247.

La teinte noire des préoperoules, opercules, etc., indiquée par Bleeker, est bleue; les taches de la dorsale sont de la même couleur.

223. CHROMIS MACROCEPHALUS Bleek.

Chromis macrocephalus Bleek. *in litt.* sec. Gunth. Cat. Fish. Brit. Mus., t. IV, p. 273.
Melanogenes macrocephalus Bleek. Poiss. Guin., p. 36, t. VI, fig. 2.

Ouassgoühe. — Long. 0,319.

Les remarques précédentes sur la coloration s'appliquent également à cette espèce.

Gen. HEMICHROMIS Peters.

224. HEMICROMIS FASCIATUS Peters.

Hemichromis fasciatus Peters. Monast. Berl. Acad., 1857, p. 403.
Bleek. Poiss. Guin. p. 38, pl. V, fig. 1.
Chromichthys elongatus Dum. Poiss. Afr. occ., p. 257-263, pl. XXII, fig. 3, n° 126.

Hosse. -- Commun dans le Sénégal et tous les marigots, mêlé à la foule compacte des *Chromis*; — long. 0,087.

Ni Duméril, ni Blecker, ne donnent exactement les couleurs de cette espèce.

Jaune verdâtre très pâle; chaque écaille, jusqu'au niveau du ventre, avec une macule rouge; ventre blanc bleuâtre; six bandes verdâtres s'élargissant au niveau de la ligne latérale, et bleues à cette place, perpendiculaires, ne dépassent pas les flancs; nageoires blanc verdâtre, à rayons violacés; une bande étroite bleue bordant chacune de ces nageoires; tache bleue à l'opercule, front et régions orbitaires verdâtres; iris jaune.

225. HEMICHROMIS AURITUS Gill.

Hemichromis auritus Gill. Proc. Acad. nat. Sc. Philad., 1862. p. 135.
-- Gunth. Cat. Fish. Brit. Mus., t. IV, p. 275.

Habit. — Commun, avec le *fasciatus*. — Long. 0,070.

Vert clair bronzé; ventre blanc verdâtre; trois bandes plus foncées, ne dépassant pas la ligne ventrale; nombreuses maculatures vertes en lignes horizontales, sur la partie supérieure; tache bleue à l'opercule; nageoires jaunâtres, à rayons rouges; ligne rouge bordant la dorsale, l'anale et la caudale; iris rouge.

236. HEMICHROMIS DESGUEZI Rochbr.

(Pl. V, fig. 6.)

Hemichromis Desguezi Rochbr. Bull. Soc. Phil. Paris, 22 mai 1880.

H. — CORPUS OVOIDEUM, SUBCOMPRESSUM, AURATO FUSCUM; FASCIIS 5, OBLIQUIS OLIVACEIS CINCTUM; PREOPERCULUM ET PINNÆ DORSALES PUNCTICULIS CÆRULEIS, ARENATIS.

D $\frac{XIII}{12}$ A $\frac{3}{10}$; L. Lat. 28; L. Trans. 3-9.

LONG. 0,095.

Hauteur comprise 3 fois dans la longueur du corps, la caudale non comptée; longueur de la tête 4 1/7 dans la longueur totale; diamètre de l'œil contenu 3 fois dans la longueur de la tête; museau court protactil, égal à 1 1/2 du diamètre de l'œil; espace interorbitaire égal au diamètre de l'œil; quatre rangées d'écailles sousorbitaires; dorsale haute, à rayons robustes; les troisième, quatrième, cinquième et sixième, les plus hauts; dorsale molle à pointe prolongée, dépassant le milieu de la caudale; premier rayon de l'anale très court, en partie caché; le deuxième égalant la moitié du troisième; pectorales à second rayon prolongé en filament flexible chez les individus mâles; caudale tronquée.

Teinte brun doré métallique; cinq macules brunes, disposées le long de la base de la dorsale; cinq bandes obliques d'avant en arrière, correspondant aux macules, d'un brun verdâtre, plus pâle sur le ventre; une bande de points bleuâtres au pédicule de la caudale; la dorsale, ainsi que toute la région préoperculaire et operculaire, sablées de points bleus; iris blanc.

Habitat. — Assez commun : — Casamence, Gambie.

ANACANTHINI Mull.

Fam. GADIDÆ Owen.

Gen. MORA Risso.

227. MORA MEDITERRANEA Riss.

Mora Mediterranea Riss. Eur. merid., t. III, p. 224.
— Gunth. Cat. Fish. Brit. Mus., t. IV, p. 341.
Asellus Canariensis Valenc. Ichth. Canar., p. 76, pl. 14, fig. 3.

Ompaïh. — Cap Blanc, Portendik, Guet N'Dar, parages d'Argain ; — pêché de mars en juillet ; — très estimé des nègres ; — long. 0,860 à 1,275.

Valenciennes (*loc. cit.*) l'indique comme se trouvant en bandes nombreuses sur les côtes d'Afrique.

Gen. PHYCIS Cuv.

228. PHYCIS MEDITERRANEUS Delar.

Phycis Mediterraneus Delar. Ann. Mus., t. XIII, p. 332.
— Gunth. Cat. Fish. Brit. Mus., t. IV, p. 354.
Phycis limbatus Valenc. Ichth. Canar., p. 78, pl. XIV, fig. 2.

N'bonoh. — Habite les mêmes parages que l'espèce précédente, et atteint la même taille.

Le *P. Mediterraneus* est également indiqué par Valenciennes comme vivant en troupes serrées sur les côtes Africaines.

Fam. OPHIDIIDÆ Mull.

Gen. OPHIDIUM Cuv.

229. OPHIDIUM BARBATUM Lin.

Ophidium barbatum Lin. Syst. Nat., 1, p. 431.
— Gunth. Cat. Fish. Brit. Mus., IV, p. 377.
— Steind. Beitr. Kennt. Fish. Afrik., p. 31.

Rufisque (*teste* Steindachner).

Gen. AMMODYTES Arted.

230. AMMODYTES SICULUS Swains.

Ammodytes Siculus Swains. Zool. ill. ser. 1. pl. 63, fig. 1.
— Steind. Beitr. Kennt. Fish. Afrik., p. 31.

Rufisque (*teste* Steindachner).

Fam. PLEURONECTIDÆ Flem.

Gen. PSETTODES Benn.

231. PSETTODES ERUMEI m.

Psettodes Erumei Bl. *in* Gunth. Cat. Fish. Brit. Mus., t. IV, p. 402.
Hippoglossus Erumei Cuv. Reg. an.
— Dum. Poiss. Afr. occ., p. 264, nº 171.

Boung. — Assez fréquemment pêché à peu de distance de la plage : Guet N'Dar, pointe de Barbarie, rade de Dakar, Gorée.

Brun, marbré de teintes plus foncées à la partie supérieure; partie inférieure d'un blanc rosé; nageoires rougeâtres, à rayons bruns; pectorale jaunâtre; iris jaune.

Gen. RHOMBUS Klein.

232. RHOMBUS SENEGALENSIS Kaup.

Rhombus Senegalensis Kaup. *in* Wiegm. Arch., 1855.
— Dum., Poiss. Afr. Occ., p. 264, nº 172.

Sénégal.

Gen. SOLEA Cuv.

233. SOLEA SENEGALENSIS Kaup.

Solea Senegalensis Kaup. *in* Wiegm. Arch., 1855.
— Gunth. Cat. Fish. Brit. Mus., t. VI, p. 404.
— Dum., Poiss. Afr. occ., p. 264, nº 173.

Ocrar. — Assez commun sur les plages sableuses : — Dakar, Gorée, baie d'Argain, rade de Guet N'Dar ; — estimé comme aliment.

Gen. CYNOGLOSSUS H. B.

934. CYNOGLOSSUS SENEGALENSIS Kaup.

Cynoglossus Senegalensis Kaup. *in* Gnath. Cat. Fish. Brit. Mus., t. IV, p. 502.

Arelia Senegalensis Kaup. *in* Wiegm. Arch., 1858.
— Dum., Poiss. Afr. occ., p. 261, n° 175.

Plar. — Très commun, principalement en octobre : — Gorée, Dakar, Guet N'Dar, pointe de Barbarie.

PHYSOSTOMI Mull.

Fam. SILURIDÆ Cuv.

Gen. CLARIAS Gronow.

935. CLARIAS SENEGALENSIS C. V.

Clarias Senegalensis C. V. Hist. nat. Poiss. t. XV, p. 383.
— Svg. Faun. ichth. Ogooué, *in* Nouv. Arch. Mus., t. III, 1880.
— Dum. Poiss. Afr. occ., p. 263, n° 139.

Yesso. — Assez commun : — Sénégal et marigots ; — pendant toute l'année ; — très estimé des nègres et des Européens.

Les individus décrits dans l'ouvrage de Cuvier, ne mesuraient que 0,216 ; leur coloration avait été détruite par leur séjour dans l'alcool ; les individus vivants, de 0,750 à 0,780, nous ont présenté les teintes suivantes :

Partie supérieure brunâtre à marbrures très nombreuses, jaunes, rouges et bleues, se fondant les unes avec les autres ; ventre blanc brillant ; tête brune marbrée de bleu foncé ; opercule et préopercule blancs, maculés de bleu ; barbillons, bleu noirâtre ;

dorsale, anale et caudale, vert olive sale à marbrures plus foncées; une ligne rougeâtre borde la caudale; pectorales grisâtres, à rayons et marbrures bleues; ventrales grisâtres.

236. CLARIAS ANGUILLARIS Lin.

Clarias anguillaris L. *in* Gunth. Cat. Fish. Brit. Mus., t. V, p. 14.
— Svg. Faune. ichth. Ogooe, *loc. cit.*
Clarias Hasselquistii C. V. Hist. nat. Poiss., t. XV, p. 362.

Sess. — Habite avec l'espèce précédente dans les mêmes localités; — s'en distingue surtout par sa coloration.

237. CLARIAS XENODON Gunth.

Clarias xenodon Gunth. Cat. Fish. Brit. Mus., t. V, p. 16.
— Svg. Faune ichth. Ogooe, *loc. cit.*

Sénégal.

238. CLARIAS MACROMYSTAX Gunth.

Clarias macromystax Gunth. Cat. Fish. Brit. Mus., t. V, p. 17.
— Svg. Faune. ichth. Ogooe, *loc. cit.*

Bokack. — Commun, à Saint-Louis, lac Pagnefoul, île à Morfile, Gambie, Casamence.

239. CLARIAS LÆVICEPS Gill.

Clarias læviceps Gill. Proc. Acad. Nat. Sc. Phil., 1862 p. 139.
— Gunth. Cat. Fish. Brit. Mus., t. V, p. 13, note infràpag.

Akoujh. — Assez communément pêché avec les autres *Clarias*.

Tous ces Siluroïdes homaloptères parviennent à une taille relativement forte et dépassent souvent celle de 0,780, assignée au *C. Senegalensis;* ils se plaisent, comme du reste tous les autres Silures dont nous allons nous occuper, dans les lieux où abondent les substances animales en décomposition, et les détritus de toute sorte jetés au fleuve ou dans les marigots voisins des villages nègres.

Gen. HETEROBRANCHUS Geoff.

(Pl. VI, fig. 1).

240. HETEROBRANCHUS SENEGALENSIS. C. V.

Heterobranchus Senegalensis C. V. Hist. nat. Poiss. t. XV, p. 397.
— Dum. Poiss. Afr. occ., p. 263, nº 140.
— *longifilis* C. V. Hist. nat. Poiss., t. XV, p. 394, pl. 447.
— *isopterus* Bleck., Poiss. Guin., p. 103, tab. 11-22, f. 1-1.
— *macronema* Bleck. Poiss. Guin., p. 100, tab. 21, f. 1-2.

Blick. — Très commun : — Sénégal et tous les marigots ; — pendant toute l'année ; — abonde principalement dans le fleuve aux abords de l'abattoir de Saint-Louis ; — depuis 0,180 de long. jusqu'à 1,230 et plus.

D. 39 ; A. 50 ; P. 1-10.

Corps allongé, antérieurement cylindrique, comprimé en arrière ; abdomen proéminant ; tête large, fortement aplatie, à bords déprimés, convexes, sa longueur comprise 4 1/5 dans la longueur totale du corps, sa largeur égale à 1 1/8 de sa longueur, prise jusqu'au bord libre de l'opercule ; crête interpariétale triangulaire, équilatérale, à sommet arrondi, à bords concaves ; casque fortement granuleux, à granulations larges, tuberculiformes, ne s'irradiant pas du centre à la circonférence, mais éparses sans ordre sur toute la surface ; scutelles du casque polygonales, plus ou moins irrégulières, séparées par des espaces nus, sans granulations ; œil petit, à diamètre compris 7 fois dans la longueur de la tête ; narines postérieures oblongues, à ouverture valvulée ; les antérieures situées sur le bord du museau, tubuleuses, à tubulures courtes ; barbillons nasaux dépassant un peu le bord de l'opercule, les supramaxillaires, plus longs que l'extrémité des ventrales ; les inframaxillaires dépassant l'extrémité des pectorales ; mâchoires égales ; bouche large, sa largeur comprise trois fois environ dans la longueur de la tête ; lèvres charnues, très faiblement protactiles ; dents petites, villiformes, nombreuses, pointues, à pointe inclinée en dedans ; les intermaxillaires disposées sur deux bandes oblongues, elliptiques, presque contiguës, plus longues que larges ; les vomériennes sur une plaque subsemilunaire indivise ; les inframaxillaires, sur deux bandes courbes elliptiques, plus longues que larges, un peu espacées au centre, à bords externes arrondis; ligne latérale formée de tubes contigus; dorsale commençant à une faible distance de la pointe de la crête interpariétale, subcontiguë à l'adipeuse, cette dernière plus basse en avant qu'en arrière, à partie postérieure arrondie, non contiguë à la caudale, sa hauteur contenue 3 1/2 fois dans sa longueur; anale commençant au niveau de la base de la dorsale, séparée de la caudale; caudale elliptique arrondie; épine des pectorales robuste, presque lisse, sans denticulation à son bord libre.

Portion supérieure du corps, jusqu'au niveau de la ligne latérale, brun violet à marbrures plus foncées; ventre blanc rosé; ces deux teintes séparées sans transition par la ligne latérale, à tubulures rouges; casque brun violet, à maculature bleuâtre; toutes les nageoires rose sale, à rayons plus foncés; adipeuse bleu foncé à la base, blanchissant au sommet; barbillons brun violet; iris rose.

Longueur de l'échantillon, 1,230.

Lorsque l'on compare avec les *Heterobranches* Africains, l'*H. Senegalensis*, dont on ne connaissait jusqu'ici que la tête osseuse, décrite dans l'Histoire naturelle des Poissons, les caractères spécifiques invoqués par les auteurs, sont si peu tranchés, qu'ils ne peuvent suffire à distinguer les espèces.

Blecker lui-même, en publiant ses *Heterobranchus isopterus* et *macronema*, les considère comme espèces douteuses, et fait observer que, pour établir une diagnose certaine, il est indispensable de connaître des individus d'âges différents.

Les nombreux spécimens de l'*H. Senegalensis*, si souvent pris par nous dans les eaux du Sénégal, viennent pleinement confirmer cette opinion.

En effet, si l'on peut estimer approximativement l'âge des sujets par leur taille plus ou moins forte, on reconnait parmi eux des différences notables. La crête interpariétale est aiguë ou obtuse; les granulations du casque sont faibles ou tuberculeuses; les barbillons, variables en longueur, se raccourcissent avec l'âge; l'épine pectorale est forte ou relativement faible, lisse ou denticulée; l'adipeuse tantôt haute, tantôt peu développée; les dents faibles, à peine visibles ou résistantes et fortes; souvent la dorsale se montre avec un ou deux rayons en plus; souvent aussi trois ou quatre disparaissent à l'anale; la coloration enfin varie sensiblement, les teintes sombres étant ordinairement particulières aux exemplaires de petite taille.

Ces faits viennent répondre au désiratum de Bleeker, et permettent de rapporter à de jeunes *H. Senegalensis* l'*H. Guineensis* décrit par cet Ichthyologiste; ses descriptions, vérifiées sur des types de taille à peu près égale aux siens, ne nous ont laissé aucun doute.

C'est également à un jeune *H. Senegalensis*, qu'il faut rattacher l'*H. longifilis* C. V. (*loc. cit.*, t. XV, p. 934.)

Valenciennes, en décrivant les caractères propres à distinguer l'*H. Senegalensis* d'avec cette espèce, signale : « La proéminence » interpariétale plus obtuse, plus large à la base; les échancrures » de la nuque plus profondes, parce que les sustemporaux sont » plus reculés; la scissure entre les frontaux plus large, plus » courte, plus triangulaire; les os du crâne plus fortement gra- » nuleux; les dents en soie plus longues. »

Il faut observer que l'exemplaire d'*H. longifilis*, auquel Valenciennes compare le *Senegalensis*, mesure 0,540, et que la tête de ce dernier, la seule partie de l'animal qu'il connût, a 0,361 de long, ce qui dénote un individu d'environ 1,520. Des modifications devaient naturellement se rencontrer entre deux types de taille aussi dissemblable; d'autant plus que le crâne, étudié par Valenciennes (crâne aujourd'hui déposé dans les Galeries d'anatomie comparée du Muséum), présente avec notre exemplaire, dont la tête mesure 0,290 (dimension bien supérieure à celle du *longifilis*), des variations identiques; de telle sorte que si l'on voulait caractériser les deux crânes, il suffirait de reproduire la diagnose de Valenciennes.

Cet exemple suffirait seul à prouver l'influence exercée par l'âge sur les caractères spécifiques des espèces du genre *Heterobranchus*. Cependant, dans ce genre difficile en raison même de cette variabilité, les recherches d'anatomie comparée nous semblent être appelées à fournir des caractères tranchés.

La distinction souvent basée sur l'habitat des espèces, ne saurait être ici invoquée, lorsque l'on sait que les Heterobranches du Sénégal se rencontrent également dans le Nil, le Niger, la Gambie, etc.

Gen. SCHILBE Bleek.

241. SCHILBE DISPILA Gunth.

Schilbe dispila Gunth. Cat. Fish. Brit. Mus., t. V, p. 51.
— Svg. Faune. ichth. Ogooe, *loc. cit.*

Gonlar. — Assez fréquent : — Falémé, lac de Guerr ; — se rencontre quelquefois dans les marigots de Sorres, Leybar ; — plus commun dans la Gambie et la Casamence ; — atteint 0,315.

242. SCHILBE SENEGALENSIS C. V.

Schilbe Senegalensis Valenc. *in* Gunth. Cat. Fish. Brit. Mus., t. III, p. 51.
— Svg. Faune ichth. Ogooe, *loc. cit.*
Schilbe Senegallus C. V. Hist. nat. Poiss., t. XIV, p. 378.
— Dum., Poiss. Afr. occ., p. 263, nº 128.

Sénégal.

Gen. EUTROPIUS Mull.

243. EUTROPIUS NILOTICUS Rupp.

Eutropius Niloticus Rupp. *in* Gunth. Cat. Fish. Brit. Mus., t. V, p. 52.
— Svg. Faune ichth. Ogooe, *loc. cit.*
Bagrus schilbeides C. V. Hist. nat. Poiss., t. XIV, p. 387
Eutropius Adansonii C. V. *in* Gunth. Cat. Fish. Brit. Mus., t. V, p. 54.
— Svg. Faune ichth. Ogooe, *loc. cit.*
Bagrus Adansonii C. V. Hist. nat. Poiss., t. XIV, p. 391, pl. 414.
— Dum., Poiss. Afr. occ., p. 273, nº 129.

N'Kjhell, — Commun : — tout le Sénégal et les marigots qui en dépendent ; — très estimé comme aliment ; — 0,350 de longueur.

Les individus décrits par Valenciennes (*loc. cit.*), longs de 0,216 à 0,290, paraissent argentés sur le dos, avec les nageoires plus ou moins grises ou fauves.

Sur le vivant, ce poisson a le dos vert métallique foncé, avec une teinte jaunâtre doré sur les flancs; le ventre blanc argent; dorsale et adipeuse, brunes; caudale et pectorale, rouge laque; anale grisâtre, avec une bande noire, à son tiers moyen, dans toute la longueur; région orbitaire rouge laque, marbrée de bleu ; iris jaune.

L'*Eutropius* (*Bagrus*) *Adansonii*, a été créé par Valenciennes sur un échantillon desséché et mal conservé, rapporté par Adanson. L'espèce, ajoute l'auteur, est très voisine de l'*E. Niloticus*. Le type d'Adanson ne nous a révélé aucune différence. Le nom même (*Nkel*) qu'il lui donne, est, à l'orthographe près, le même que le nôtre. Nous réunissons donc les deux espèces, dont rien jusqu'ici ne justifie la distinction.

Gen. BAGRUS Bleek.

344. BAGRUS BAYAD C. V.

Bagrus bayad C. V. Hist. nat. Poiss., t. XIV, p. 397.
— Gunth. Cat. Fish. Brit. Mus., t. V, p. 69.
— Svg. Faun. ichth. Ogooe, *loc. cit.*
— Dum. Poiss. Afr. occ., p. 263, n° 130.

Bettjhe. — Un des Siluroïdes les plus communs du fleuve : — Saint-Louis et tous les marigots ; — estimé ; — dépasse 0,780.

Partie supérieure brun violet intense; ventre gris violet pâle casque brun, picté de points bleus; pectorales rosées, à rayon épineux brun; 1re dorsale brune; 2e dorsale d'un brun rougeâtre, à sommet lavé de jaune; anales et ventrales, jaunâtres; caudale brune à la partie supérieure, rougeâtre inférieurement; barbillons rosés; yeux très grands, à iris jaune brun.

345. BAGRUS DOCMAC C. V.

Bagrus docmac C. V. Hist. nat. Poiss., t. XIV, p. 404.
— Gunth. Cat. Fish. Brit. Mus., t. V, p. 70.

Teuhaky. — Commun, avec le *B. bayad*, dont il atteint les dimensions.

Cette espèce, très voisine de la précédente, ne s'en distingue extérieurement que par une forme plus trapue; un rayon de moins à la dorsale, et une coloration plus pâle; mais le nombre de ses vertèbres ne peut laisser aucun doute sur sa légitimité.

Le nom de *Oalous*, qu'Adanson auttribue au *B. bayad*, ne lui est pas donné par les Ouoloffs; il est appliqué à une espèce du genre *Mormyrus*.

Gen. CHRYSICHTHYS Gunth

246. CHRYSICHTHYS MAURUS C. V.

Chrysichthys maurus C. V. *in* Gunth. Cat. Fish., Brit. Mus., — t. V., p. 72.
— Svg. Faun. ichth. Ogooe, *loc. cit.*
Bagrus maurus C. V. Hist. nat. Poiss., t. XIV, p. 431.
— Dum. Poiss. Afr. occ., p. 263, nº 132.

Saysse. — Très commun : — Saint-Louis, marigots ; — rarement mangé ; — taille moyenne 0,550.

Partie supérieure vert bleu métallique; ventre blanc verdâtre; museau, opercule et préopercule à taches nuageuses blanches; nageoires roses; adipeuse bleue; barbillons roses; iris blanc.

247. CHRYSICHTHYS NIGRITA C. V.

Chrysichthys nigrita C. V. *in* Svg. Faun. ichth. Ogooe, *loc. cit.*
Bagrus nigrita C. V. Hist. nat. Poiss., t. XIV, p. 426, pl. 416.
— *non Chr. Cranchii* Gunth. Cat. Fish. Brit. Mus., t. V, p. 72.
— Dum. Poiss. Afr. occ., p. 263, nº 131.

Sinjkh. — Commun : — avec l'espèce précédente ; — atteint une taille moindre 0.259 à 0,210.

D'après M. le Dr Sauvage (*loc. cit.*), des différences notables existent entre le *C. Cranchii* (*Pimelodus Cranchii* Leach) et le *C.* (*Bagrus*) *nigrita* Valenc.; le *C. nigrita* serait jusqu'ici spécial au Sénégal.

248. CHRYSICHTHYS NIGRODIGITATUS Lacep.

Chrysichthys nigrodigitatus Lacep. *in* Gunth. Cat. Fish. Brit. Mus., t. V, p. 73.

Arius acutivelis C. V. Hist. nat. Poiss., t. XV, p. 85.
— Dum., Poiss. Afr. occ., p. 263, n° 35.

Henjha. — Assez commun : — Saint-Louis, marigots de Sorres, de Thionk ; — 0,200 à 0,315 de long.

Nous ne connaissons pas cette espèce de Gorée, où Valenciennes l'indique.

Gen. **PIMELODUS** Gunth.

249. PIMELODUS PLATYCHIR Gunth.

Pimelodus platychir Gunth. Cat. Fish. Brit. Mus., t. V, p. 134.
— Svg. Faun. ichth. Ogooe, *loc. cit.*

Kelljha. — Assez fréquent : — rivières Gambie, Casamence, Rio-Nunez ; — un individu de 0,975 provient de l'embouchure de la Falémé, près des chutes de Gouina.

Gen. **AUCHENASPIS** Gunth.

250. AUCHENASPIS BISCUTATUS Geoff. S^t-H.

Auchenaspis biscutatus Geoff. St-H. *in* Gunth. Cat. Fish. Brit. Mus., t. V, p. 137.
— C. V. Hist. nat. Poiss., t. XV, p. 197.
Pimelodus biscutatus Geoff. St-H. Descr. Egyp. Poiss., pl. 14, f. 1-3.
— *occidentalis* C. V. Hist. nat. Poiss., t. XV, p. 203.
Auchenaspis occidentalis Svg. Faun. ichth. Ogooe, *loc. cit.*

Kala. — L'un des poissons les plus communs de la région : abonde toute l'année, dans le Sénégal et le long des quais de l'Ile Saint-Louis, où il se nourrit de toutes les immondices que l'on jette dans le fleuve ; les petits nègres en prennent en grande quantité, à l'aide d'une épingle recourbée attachée à un fil ; vivant, il est dangereux par les blessures qu'il peut faire en écartant vivement les épines robustes de ses pectorales et de sa dorsale.

Gris bronzé sur la partie supérieure; ventre gris pâle; tête et armature céphalique, gris marbré de violet; nageoires, brun jaunâtre; ligne latérale noire; barbillons roses; iris jaune orangé; — en juin et juillet.

Les individus mâles de cette espèce portent, au premier rayon mou de la dorsale et des pectorales, un long filament gris rosé, onduleux; les pointes de l'anale très échancrée sont aussi ornées d'un filament de même nature, mais plus court.

M. Gunther (*loc. cit.*) a compris l'utilité de réunir au *Pimelodus biscutatus* C. V. (*Auchenaspis biscutatus*), le *Pimelodus occidentalis* C. V. (*Auchenaspis occidentalis*).

Valenciennes, dans son grand ouvrage (*loc. cit.*), dit lui-même à l'article *P. occidentalis* ; « Il est tellement semblable à celui du Nil (*biscutatus*), que nous avons d'abord hésité à le regarder comme une espèce à part; cependant voici les caractères qui nous y ont déterminé : sa tête est un peu plus allongée.....; son barbillon maxillaire est plus court à proportion; les dents de l'épine pectorale sont beaucoup moins fortes; enfin et surtout le suscapulaire, au lieu de cette partie rhomboïdale qu'il a dans l'espèce d'Egypte, en a une étroite et pointue vers le haut. »

Tous ces caractères, si peu tranchés, ne suffisent pas pour établir l'espèce. Ce serait le lieu de répéter ce que nous disions relativement aux *Heterobranches* Africains : ici encore la question d'âge doit être sérieusement examinée. Par l'étude de nombreux sujets, on voit le passage de l'une à l'autre espèce se manifester par des transitions insensibles, portant sur les points donnés comme différentiels.

Gen. ARIUS Gunth.

251. ARIUS HEUDELOTII C. V.

Arius Heudelotii C. V. Hist. nat. Poiss., t. XV, p. 73, pl. 428.
— Gunth. Cat. Fish. Brit. Mus., t. V, p. 154.
— Svg. Faune ichth. Ogooe, *loc. cit.*
Dum. Poiss. Afr. occ., p. 263, nº 134.
Bagrus Goreensis Guich. *in* Dum. Poiss., Afr. occ., p. 260, nº 133.
— Svg. Faun. Ogooe, *loc. cit.*

Kelkal. — Commun : — Saint-Louis, marigots de Sorres, Leybar, etc. — indiqué de Gorée, par Duméril.

Le *Bagrus Goreensis* Gunth., cité par Duméril dans sa liste des poissons de la côte Occidentale d'Afrique, a été établi sur une peau bourrée, conservée dans l'alcool, et acquise de M. Lennier. Cet échantillon, indiqué comme recueilli à Gorée, porte le n° 1187 dans la Collection ichthyologique du Muséum. Mais ce prétendu *Bagre* n'est autre qu'un exemplaire de l'*Arius Heudelotii*, long de 0,400 ; il est en effet identiquement semblable à cette espèce, ainsi que nous l'a surabondamment démontré l'examen que nous en avons fait, conjointement avec M. le docteur Sauvage.

252. ARIUS PARKII Gunth.

Arius Parkii Gunth. Cat. Fish. Brit. Mus., t. V, p. 154.
— Svg. Faune ichth. Ogooe, *loc. cit.*

Kelkal. — Assez rare : — marigot de Saloum, Gambie, Casamence.

***Gen.* SYNODONTIS C. V.**

253. SYNODONTIS MACRODON Is. G. St-H.

Synodontis macrodon Is. Geoff. St-Hil. Poiss. Nil., p. 156.
— C. V. Hist. nat. Poiss., t. XV, p. 252.
— Gunth. Cat. Fish. Brit. Mus., t. V, p. 211.
— Dum. Poiss. Afr. occ., p. 263, n° 137.
— Svg. Faune ichth. Ogooe, *loc. cit.*

Sénégal.

254. SYNODONTIS SCHAL Hyrt.

Synodontis schal Hyrt. Dnkschr. Acad. Wiess. Wien., 1859, t. XVI, p. 16.
— Gunth. Cat. Fish. Brit. Mus., t. V, p. 212.
— Svg. Faune ichth. Ogooe, *loc. cit.*

Bendäjh. — Assez commun : — Saint-Louis (fleuve), marigots de Leybar, Thionk, lac de Guerr.

255. SYNODONTIS NIGRITUS C. V.

Synodontis nigritus C. V. Hist. nat. Poiss., t. XV, p. 265, pl. 441.
— Gunth. Cat. Fish. Brit. Mus., t. V, p. 214.
— Svg. Faune ichth. Ogooe, *loc. cit.*
Synodontis nigrita Valenc. *in* Dum., Poiss. Afr. occ., p. 263, nº 138.

Bendaïh. — Commun : — Sénégal, marigots de Thionk, Sorres, Dakar, Bango; — moins commun dans le haut Sénégal, ainsi que ses congénères.

256. SYNODONTIS GAMBIENSIS Gunth.

Synodontis Gambiensis Gunth. Cat. Fish. Brit. Mus., t. V, p. 214.

Ampembua. — Assez commun : — Falémé, haut Sénégal, Casamence, Gambie.

257. SYNODONTIS XIPHIAS Gunth.

Synodontis xiphias Gunth. Cat. Fish. Brit. Mus., t. V, p. 215.

Ampembua. — Mêmes localités que le *Gambiensis;* — toutes ces espèces sont recherchées comme aliment par les nègres.

Gen. MALAPTERURUS Lacep.

258. MALAPTERURUS ELECTRICUS Lacep.

Malapterurus electricus Lacep., t. V, p. 91.
— C. V. Hist. nat. Poiss., t. XV, p. 518, pl. 455.
— Gunth. Cat. Fish. Brit. Mus., t. V, p. 219.
— Dum. Poiss. Afr. occ., p. 263, nº 141.
— Svg. ichth. Ogooe, *loc. cit.*, et notice sur la Faune ichth. Ogooe, *in* Bull. Soc. Phil. Paris, 28 décembre 1878.

Wagnard. — Très commun dans tout le Sénégal et les marigots; — estimé et recherché des nègres, qui ne tiennent aucun compte de ses facultés électriques.

Le *Malapterurus electricus* du Sénégal, d'après Valenciennes, a les taches plus marquées et souvent moins nuageuses que celles des individus pêchés dans le Nil (*loc. cit.*, p. 538). Celui qu'il décrit, provenant de ce fleuve, porte sur un fond olivâtre plus ou moins foncé, des taches noires semées sans ordre sur tout le corps et les nageoires (*loc. cit.*, p. 522). D'un autre côté, M. le Dr Sauvage (*loc. cit.*) donne au *M. electricus* une bande blanchâtre, au pédicule caudal. Nos échantillons diffèrent, sous certains rapports, de ceux décrits par les auteurs précités. C'est au *M. electricus*, var. *Ogooensis* Svg., qu'ils ressemblent le plus, et dès lors ils pourraient être inscrits sous le nom de : *forma Senegalensis.*

Partie supérieure gris cendré foncé; ventre blanc jaunâtre; larges maculatures noires distribuées irrégulièrement sur le dos, les flancs et les nageoires; une bordure rouge pâle à la caudale, l'anale et les ventrales; adipeuse grise; barbillons rosés; iris rouge vif.

Fam. CHARACINIDÆ Mull.

Gen. CITHARINUS Mull. et Trosch.

259. CITHARINUS GEOFFROYI Cuv.

Citharinus Geoffroyi C. V. Hist. nat. Poiss., t. XXII, p. 95.
— Gunth. Cat. Fish. Brit. Mus., t. V, p. 302.
— Dum. Poiss. Afr. occ., p. 264, n° 164.
— Svg. Faune ichth. Ogooe, *loc. cit.*

Beets. — Pêché en août, et très recherché comme aliment ; — Sénégal, marigots de Thionk, Ile à Morphile, Dakar Bango, Falémé, Gambie ; — taille moyenne : 0,443.

Front et région dorsale, jusqu'au pied de la nageoire, vert métallique; flancs violacés à maculatures plus foncées; ventre blanc argent; dorsale et lobe supérieur de la caudale violet pourpre; adipeuse bleue; anales, ventrales et lobe inférieur de la caudale, rouge laque; pectorales violacées; iris blanc pur.

Gen. ALESTES Gunth.

360. ALESTES SETHENTE C. V.

Alestes sethente C. V. Hist. nat. Poiss., t. XXII, p. 190.
— Gunth. Cat. Fish. Brit. Mus., t. V, p. 313.
— Dum. Poiss. Afr. occ., p. 264, n° 167.

Sénégal, Gambie.

361. ALESTES KOTSCHYI Heck.

Alestes Kotschyi Heckel *in* Russegger, Reise, t. II, part. 3, p. 303, tab. 21, fig. 4.
— Gunth. Cat. Fish. Brit. Mus., t. V, p. 313.

Selinqué. — Très commun : — Sénégal et ses marigots; lac de Guerr, Falémé, Casamence ; — n'est pas mangé; — les plus grands individus ne dépassent pas 0,117.

Les mots *Body silvery*, de M. Gunther, ne donnent aucune idée des couleurs de cette espèce.

Brun grisâtre très brillant, plus pâle dans la région inférieure; adipeuse plus foncée, ainsi que le lobe supérieur de la caudale; lobe inférieur rougeâtre; pectorales violacées; les autres nageoires grisâtres; iris jaune très clair.

362. ALESTES MACROLEPIDOTUS Bilh.

Alestes macrolepidotus Bilharz, Sitzgsber. Acad. Wien., 1852, t. III, tab. 37.
— Gunth. Cat. Fish. Brit. Mus., t. V, p. 313.
Bricinus macrolepidotus C. V. Hist. nat. Poiss., t. XXII, p. 157, pl. 639.
— Dum. Poiss. Afr. occ., p. 264, n° 165.
— Svg. Faune ichth. Ogooe, *loc. cit.*

Karkar. — Peu commun : marigots de Sorres, Leybar, Dakar Bango, Thionk, Gambie; — assez fréquemment mangé par les nègres; — de 0,180 à 0,210 de long.

Gen. BRACHYALESTES Gunth.

263. BRACHYALESTES NURSE Rupp.

Brachyalestes nurse Rupp. *in* Gunth. Cat. Fish. Brit. Mus., t. V, p. 314.
Chalceus giule C. V. Hist. nat. Poiss., t. XXII, p. 255.
— Dum. Poiss. Afr. occ., p. 264, nº 168.

Sénégal.

264. BRACHYALESTES LONGIPINNIS Gunth.

Brachyalestes longipinnis Gunth. Cat. Fish. Brit. Mus., t. V, p. 315.
— Svg. Faune ichth. Ogooe, *loc. cit.*

Sandoné. — Commun : — marigots du Sénégal, rade de Sent-Louis, lac de Guerr, Gambie, Rio-Nunez.

Région supérieure vert métallique; ventre blanc; nageoires rosées; adipeuse bleue; une tache elliptique de même couleur en avant du pédicule de la caudale, se prolongeant jusqu'à l'extrémité des rayons; iris rouge; — atteint 0,152 de longueur.

Gen. HYDROCYON Mull. et Trosch.

265. HYDROCYON FORSKALII Cuv.

Hydrocyon Forskalii Cuv. Mém. Mus., t. V, p. 354, pl. 28, f. 1.
— C. V. Hist. nat. Pois., t. XXII, p. 309.
— Gunth. Cat. Fish. Brit. Mus., t. V, p. 351.
— Dum. Poiss. Afr. occ., p. 264, nº 169.
— Svg. Faune ichth. Ogooe, *loc. cit.*
Hydrocyon brevis Gunth. Cat. Fish. Brit. Mus., t. V, p. 351.
Hydrocyon lineatus Schleg. Mus. Lugd. Bat. — Bleek. Poiss. Guin., p. 125.
— Gunth. Cat. Fish. Brit. Mus., t. V, p. 352.
— Svg. Faune ichth. Ogooe, *loc. cit.*

Guerr. — Très commun : — tout le Sénégal et ses marigots, embouchure de la Falémé, Gambie, Casamence ; — très estimé, surtout par les Européens, qui le désignent sour le nom de *Brochet ;* — de 0,595 à 0,893 de longueur.

Les caractères assignés par Blecker et M. Gunther aux *Hydrocyon lineatus* et *brevis*, ne présentent pas une valeur suffisante pour les distinguer spécifiquement de l'*Hydrocyon Forskalii*. En effet, la hauteur du corps comparée à sa longueur, et deux ou quatre écailles en plus ou en moins sur la ligne latérale, ne sauraient constituer une démarcation franche entre des groupes d'individus, parce que les uns proviennent du Sénégal, ou du haut et du bas Nil, les autres du Centre de l'Afrique, ou bien des Côtes de Guinée. L'existence d'espèces identiques dans la plupart des fleuves Africains, est aujourd'hui démontrée, et il n'est plus possible, pour un assez grand nombre, d'invoquer l'habitat dans le but de faire prévaloir des caractères d'importance tout au plus secondaire. Le même principe, appliqué à certains genres des fleuves de France, trouverait, nous en sommes convaincu, fort peu d'imitateurs, et serait cependant souvent beaucoup plus admissible.

Cuvier connaissait les formes trapues et les formes allongées des *Hydrocyon* du Nil et du Sénégal ; malgré « l'examen détaillé de » toutes leurs parties, il n'avait pu trouver aucune différence » spécifique entre ces diverses formes (*loc. cit.*, p. 314). » C'est que l'illustre auteur de l'Histoire des Poissons, mieux que l'Ichthyologiste Allemand, savait discerner les caractères sur lesquels il fondait ses espèces ; et de son côté M. Gunther les eût peut-être plus difficilement définies, si, comme ses maître Cuvier et Valenciennes, auxquels il n'épargne pas ses critiques, il n'eût eu pour sujets d'étude que des échantillons trop souvent d'une conservation défectueuse.

Les opinions de Cuvier et de M. Gunther nous étaient connues à l'époque de nos recherches dans la Sénégambie, et nous avons pu les contrôler à l'aide de nombreux types d'*Hydrocyon* du Sénégal, de la Falémé, de la Gambie et de la Casamence, où les formes trapues et les formes allongées sont largement représentées. Il résulte de ce contrôle que Cuvier a eu raison de ne pas scinder en plusieurs espèces l'*Hydrocyon Forskalii*.

Des recherches ultérieures viendront, telle est notre conviction, affirmer ces données; mais, quoi qu'il arrive, si des espèces autres que l'*H. Forskalii*, se rencontrent un jour dans les fleuves de l'Afrique, nul doute que des naturalistes consciencieux sauront trouver pour les décrire, des caractères d'une valeur moins discutable que ceux invoqués par M. Gunther.

Gen. SARCODACES Gunth.

266. SARCODACES ODOE Bloch.

Sarcodaces odoe Bloch *in* Gunth. Cat. Fish. Brit. Mus., t. V, p. 252.
Xyphorhynchus odoe C. V. Hist. nat. Poiss., t. XXII, p. 345.
— Dum. Poiss. Afr. occ., p. 204, n° 170.

Sagaell. — Commun : — Sénégal, tous les marigots, Falémé, lac de Guerr, Gambie ; — très estimé ; — atteint 0,570.

Dos vert doré métallique; flancs rosés; ventre blanc rosé argenté; dorsale, anale et caudale brunâtres à rayons rouges, couvertes de maculatures brunes; adipeuse bleue; ventrales jaune pâle; pectorales de même couleur, pictées de rouge à la base; trois bandes onduleuses de couleur orangée, partant de l'angle interne de l'œil et s'irradiant pour se terminer au bord de l'opercule; iris blanc rosé.

Gen. DISTICHODUS Mull. et Trosch.

267. DISTICHODUS NILOTICUS Mul.

Distichodus Niloticus Mull. et Trosch. Hor. ichth., t. I, p. 12, tab. 1, fig. 3.
— Gunth. Cat. Fish. Brit. Mus., t. V, p. 360.
Distichodus nefasch C. V. Hist. nat. Poiss., t. XVII, p. 175.
— Dum. Poiss. Afr. occ., p. 204, n° 166.

Somar. — Commun : — Sénégal, marigots de Leybar, Sorres, Thiouk, Dakar Bango, Falémé, Casamence, Gambie ; — de 0,215 à 0, 359 de long.

La coloration de cette espèce varie chez le mâle et la femelle

♂. Teinte générale vert clair brillant; de larges maculatures foncées et bleuâtres sur le dos et les flancs; caudale de même couleur; le tout piqueté de points blanchâtres; dorsale et anale grisâtres, à taches bleues; pectorales et ventrales rosées;

♀. Teinte générale violacée; de larges maculatures vertes sur la tête, le dos et les flancs; dorsale jaunâtre pâle, à points bleus; anale rosée, avec des points également bleus; caudale rougeâtre, piquetée de blanc; — iris blanc, chez l'un et l'autre.

268. DISTICHODUS ROSTRATUS Gunth.

Distichodus rostratus Gunth. Cat. Fish. Brit. Mus., t. V, p. 360.
— Svg. Faune ichth. Ogooe, *loc. cit.*

Somar. — Très commun dans tous les marigots du Sénégal; — mangé par les nègres; — Casamence, Gambie, où il est peu estimé.

D'un vert mat sur la région dorsale, à bandes nuageuses plus foncées s'arrêtant à la ligne latérale; ventre blanc; dorsale verdâtre, à taches brunes; anale grisâtre; les autres nageoires jaunâtres; iris blanc jaune.

Fam. MORMYRIDÆ Mull.

Gen. MORMYRUS Gunth.

269. MORMYRUS RUME C. V.

Mormyrus rume C. V. Hist. nat. Poiss., t. XIX, p. 247, pl. 599.
— Dum. Poiss. Afr. occ., p. 264, n° 151.

Sénégal, les marigots.

270. MORMYRUS HASSELQUISTII C. V.

Mormyrus Hasselquistii C. V. Hist. nat. Poiss., t. XIX, p. 253.
— Gunth. Cat. Fish. Brit. Mus., t. IV, p. 217.
— Svg. Faune ichth. Ogooe, *loc. cit.*

Houdoun. — Peu commun : — Sénégal et ses marigots, lac de Guerr, Falémé, Gambie.

371. MORMYRUS JUBELINI C. V.

Mormyrus Jubelini C. V. Hist. nat. Poiss., t. XIX, p. 252.
— Dum. Poiss. Afr. occ., p. 264, n° 152.
— Svg. Faune ichth. Ogooe, *loc. cit.*

Waualouss. — Sénégal et ses marigots, Gambie ; — assez commun.

Teinte générale verdâtre très pâle, pictée de vert plus foncé; toutes les nageoires violet clair; museau picté de même couleur; iris jaune.

372. MORMYRUS MACROPHTHALMUS Gunth.

Mormyrus macrophthalmus Gunth. Cat. Fish. Brit. Mus., t. VII
Svg. Faune ichth. Ogooe, *loc. cit.*

Beukett. — Rare : — Sénégal, Falémé, Casamence.

373. MORMYRUS TAMANDUA Gunth.

Mormyrus tamandua Gunth. Procod. Zool. Soc., 1864, pl. 2, f. 1.
— et Cat. Fish. Brit. Mus., t. VI, p. 217.

Wawouas. — Rare : — Sénégal, Gambie.

374. MORMYRUS CYPRINOIDES Lin.

Mormyrus cyprinoides L. Mus. Ac. Frid., p. 109.
— Gunth. Cat. Fish. Brit. Mus., t. VI, p. 218.
— C. V. Hist. nat. Poiss., t. XIX, p. 265.
— Svg. Faune ichth. Ogooe, *loc. cit.*

N'Dickouss. — Haut-Sénégal, Falémé, Gambie ; — assez fréquemment pêché.

875. MORMYRUS NIGER Gunth.

Mormyrus niger Gunth. Cat. Fish. Brit. Mus., t. V, p. 219.
— Svg. Faune ichth. Ogooe, *loc. cit.*

Gambie, Sénégal.

876. MORMYRUS BRACHYISTIUS Gill.

Mormyrus brachyistius Gill. Procsd. Acad. nat. Sc. Phil., 1862, p. 139.
— Gunth. Cat. Fish. Brit. Mus., t. VI, p. 219.
— Svg. Faune ichth. Ogooe, *loc. cit.*

Djhongoh. — Rare : — Sénégal, Casamence, Gambie, Falémé.

877. MORMYRUS ADSPERSUS Gunth.

Mormyrus adspersus Gunth. Cat. Fish. Brit. Mus., t. VI, p. 221.
— Svg. Faune ichth. Ogooe, *loc. cit.*

Sénégal, Gambie.

Les couleurs que nous avons indiquées au *Mormyrus Jubelini* sont généralement semblables chez toutes les espèces de ce genre. Elles se modifient par des teintes plus foncées ou plus claires et ne peuvent être d'un grand secours pour la détermination. Souvent le picté verdâtre est remplacé par des taches, quelquefois aussi par des bandes transverses. Certaines espèces atteignent une forte taille, qui varie depuis 0,120 jusqu'à 0,795 et même 0,800. Très estimé des nègres, les Européens recherchent également le *M. Jubelini* comme aliment. Aussi vient-il souvent sur les marchés, apporté parfois de localités très éloignées par les Maures, et surtout par les Pouls et les Bambaras.

Gen. HYPEROPISUS Gill.

278. HYPEROPISUS OCCIDENTALIS Gunth.

Hyperopisus occidentalis Gunth. Cat. Fish. Brit. Mus., t. VI, p. 223.
— Svg. Faune ichth. Ogooe, *loc. cit.*

Roumm. — Assez rare : — Sénégal et ses marigots, lac de Guerr, Falémé, Gambie, Casamonce, Rio-Pongo ; — peu estimé ; — atteint 0,498 et plus.

Tête vert métallique intense; dos jaune doré; flancs bleus violacés; ventre blanc; pectorales et caudales, rougeâtre laque; dorsale, anale et ventrale, jaunâtre doré, à rayons bruns; iris rouge foncé.

Fam. GYMNARCHIDÆ Mull.

Gen. GYMNARCHUS Cuv.

279. GYMNARCHUS NILOTICUS Cuv.

Gymnarchus Niloticus Cuv. Rég. an. — Erdl. Abhandl. Bays. Akad. Wiss. 1847, p. 209.
— Gunth. Cat. Fish. Brit. Mus., t. VI, p. 224.
— Svg. Faune ichth. Ogooe, *loc. cit.*

Ouonoès. — Peu commun : — Sénégal, marigots de Sorres, des Maringouins, lac de Guerr, Falémé ; — dépasse 0,497 ; — n'est pas mangé par les nègres.

Brun rouge à la partie antérieure; ventre blanc rougeâtre; ligne latérale noire; dorsale brune, à base noire; rayons de même couleur; un point noir à la base de chacun de ces rayons; pectorales noirâtres; des lignes blanches onduleuses répandues sans ordre sur les flancs; iris jaune.

Fam SCOMBRESOCIDÆ Mull.

Gen. BELONE Cuv.

280. BELONE LOVII Gunth.

Belone Lovii Gunth. Cat. Fish. Brit. Mus., t. VI, p. 236.

Cap Vert, d'où M. Bouvier en a rapporté de beaux spécimens.

281. BELONE SENEGALENSIS C. V.

Belone Senegalensis C. V. Hist. nat. Poiss., t. XVIII, p. 421.
— Gunth. Cat. Fish. Brit. Mus., t. VI, p. 234.
— Dum. Poiss. Afr. occ., p. 264, nº 147.

Sambasselette. — Vit par bandes, que l'on pêche en novembre dans les brisants : Guet N'Dar, pointe de Barbarie, embouchure du Sénégal, Gorée, Dakar, banc d'Arguin ; — peu estimé ; — les nègres le rejettent à cause de la couleur verte des os, comme chez l'espèce de nos mers (*Belone vulgaris* Flem.).

Dos vert jaunâtre; ventre blanc pur très brillant; une bande violet pâle le long de la ligne latérale; une seconde, rose très clair, à la base du ventre; nageoires verdâtres, ainsi que le maxillaire supérieur; iris jaune.

282. BELONE CHORAM Rupp.

Belone choram Rupp. N. Wirb. Fish., p. 72
— Gunth. Cat. Fish. Brit. Mus., t. VI, p. 230-357.
— Steind. Beitr. Kenn. Fish. Afrik., p. 31.

Rufisque (*teste* Steindachner); — Gunther l'indique (*loc. cit.*) comme provenant des côtes de la rivière Cameroon.

L'espèce habite les côtes de Mozambique et de Zanzibar.

Gen. HEMIRAMPHUS Cuv.

283. HEMIRAMPHUS SCHLEGELI Bleck.

Hemiramphus Schlegeli Bleck. Poiss. Guin., p. 120, tab. XXV, fig. 1.

Sambajh. — Se rencontre en petites troupes dans les parages où la mer est agitée ; généralement sur les fonds de rochers : — embouchure de la Gambie, de la Casamence et du Rio-Nunez ; — toujours de petite taille, 0.097 à 0,115.

284. HEMIRAMPHUS VITTATUS Valenc.

Hemiramphus vittatus Valenc. Ichth. Canar., p. 70.
— Gunth. Cat. Fish. Brit. Mus., t. VI, p. 269.

Sambajh. — Rare : — rade de Guet N'Dar, pointe de Barbarie ; — plus commun dans les brisants du cap Mirik.

285. HEMIRAMPHUS BRASILIENSIS Lin.

Hemiramphus Brasiliensis Lin. *in* Gunth. Cat. Fish. Brit. Mus., t. VI, p. 270.
Hemiramphus Brownii C. V. Hist. nat. Poiss., t. XIX, p. 13.
— Dum. Poiss. Afr. occ., p. 264, n° 148.

Sambajh. — Assez commun : — Gorée, Dakar, cap Vert, banc d'Argain, Rufisque, Joalles.

Gen. EXOCŒTUS Arted.

286. EXOCŒTUS EVOLANS Lin.

Exocœtus evolans Lin. Syst. Nat. p. 521.
— Gunth., Cat. Fish. Brit. Mus., t. VI, p. 282.
— Dum. Poiss. Afr. occ., p. 264, n° 150.
Exocœtus obtusirostris Gunth. Cat. Fish. Brit. Mus., t. VI, p. 283.

Mankhar. — Cap Vert, Gorée, Dakar, banc d'Argain; — assez commun, en juin et juillet.

Nous ne trouvons aucun caractère sérieux pour séparer l'*Exocætus obtusirostris* Gunth. de l'*E. evolans* Lin. De l'aveu même de son inventeur, le museau plus court et la tête plus haute l'en distinguent seulement; il compte aussi deux écailles de moins sur la ligne latérale; — c'est la répétition de ce que nous avons signalé pour l'*Hydrocyon Forskalii.*

287. EXOCÆTUS LINEATUS C. V.

Exocætus lineatus C. V. Hist. nat. Poiss., t. XIX, p. 99.
— Gunth. Cat. Fish. Brit. Mus., t. VI, p. 287.
— Dum. Poiss. Afr. occ., p. 264, nº 149.
Exocætus exiliens Bloch. *in* Valenc. Ichth. Canar., p. 71.

Goumbonn. — Gorée, Dakar, cap Vert; — commun, en juin et juillet, avec le précédent.

Fam. CYPRINODONTIDÆ Agass.

Gen. HAPLOCHILUS Mull.

288. HAPLOCHILUS FASCIOLATUS Gunth.

Haplochilus fasciolatus Gunth. Cat. Fish. Brit. Mus., t. VI, p. 358 (add.).

Nergnah. — Peu commun : — Gambie, Rio-Pongo; — dépasse raremen 0,052.

289. HAPLOCHILUS SPILARGYREIA Dum.

Haplochilus spilargyreia Dum.
Haplochilus infrafasciatus Gunth. Cat. Fish. Mus., t. VI, p. 313.
Pœcilia spilargyreia Dum. Poiss. Afr. occ., p. 258-264, nº 146.

Cette espèce est indiquée par Duméril comme provenant des eaux douces de la côte des Mandingues. C'est évidemment de la Falémé ou des chutes de Gouina que les exemplaires lui sont parvenus.

Il est juste de rendre à cette espèce le nom imposé par Duméril, nom que M. Gunther a cru devoir changer en celui d'*infra-fasciatus*, parce que ses échantillons portent des bandes, contrairement à ceux de Duméril, d'une coloration uniforme. Elle appartient au genre *Haplochilus* et non au genre *Pœcilia*. Nous nous en sommes assuré par l'étude des exemplaires types (nº 2992 de la Coll. ichth. du Mus.) ; mais le nom spécifique était créé cinq ans avant que M. Gunther ne l'eût connu. Ce nom a donc acquis le droit de priorité.

Fam. CYPRINIDÆ Agass.

Gen. LABEO Cuv.

290. LABEO SELTI V. C.

Labeo selti C. V. Hist. nat. Poiss., t. VI, p. 345.
— Dum. Poiss. Afr. occ., p. 263, nº 142.
— Svg. Faune ichth. Ogooe, *loc. cit.*

Sénégal.

291. LABEO SENEGALENSIS C. V.

Labeo Senegalensis C. V. Hist. nat. Poiss., t. XVI, p. 346, pl. 486.
— Gunth. Cat. Fish. Brit. Mus., t. VII, p. 49.
— Dum. Poiss. Afr. occ., p. 263, nº 143.
Rohitichthys Senegalensis Bleek. Atl. ichth. Cypr., p. 25.
— Svg. Faune ichth. Ogooe, *loc. cit.*

Sotts. — Très commun dans tout le Sénégal et les marigots ; — recherché comme aliment ; — taille moyenne : 0,543.

Dos vert bronzé intense; ventre rosé; toutes les écailles violacées à leur partie libre; dorsale verdâtre, à rayons rouges, ainsi que la caudale; les autres nageoires roses; iris blanc jaunâtre.

Gen. BARBUS Gunth.

292. BARBUS COMPTACANTHUS Bleek.

Barbus comptacanthus Bleek. *in* Gunth. Cat Fish. Brit. Mus., t. VII, p. 134.
Barbodes comptacanthus Bleck. Poiss. Guin., p. 111, tab. 23, fig. 2.
— Svg. Bull. Soc. Phil. Paris, 1878, p. 14.

Gnonghi. — Assez rare dans le Sénégal; — plus commun dans la Falémé et la Gambie.

Fam. OSTEOGLOSIDÆ Agass.

Gen. HETEROTIS Ehrh.

293. HETEROTIS NILOTICUS Ehrh.

Heterotis Niloticus Ehrh. *in* Gunth. Cat. Fish. Brit. Mus., t. VII, p. 380.
Heterotis Adansonii C. V. Hist. nat. Poiss., t. XIX, p. 478.
— Dum. Poiss. Afr. occ., p. 264, n° 156.

Diagal. — Commun: — Sénégal, marigots des Maringouins, de Dakar Bango, Leybar; — est rarement mangé; — pêché surtout en décembre; — dépasse souvent 0,789 de long.

Adanson rapporte que les nègres nomment cette espèce *Vastrès* (C. V. *loc. cit.*). Nous ne l'avons point entendu appeler ainsi. Ses couleurs sont réparties de la façon suivante: parties supérieures vert noirâtre; ventre rouge pâle; ces deux teintes séparées par une ligne latérale noire; nageoires blanc verdâtre, à rayons plus foncés, à l'exception des ventrales qui sont roses; opercule violacé; museau jaunâtre; iris de même couleur.

Fam. CLUPEIDÆ Cuv.

Gen. CLUPEA Cuv.

294. CLUPEA AUREA C. V.

Clupea aurea Cuv. *in* Gunth. Cat. Fish. Brit. Mus., t. VII, p. 437.
Alausa aurea C. V. Hist. nat. Poiss., t. XX, p. 427.
— Dum. Poiss. Afr. occ., p. 264, nº 162.

Cap Vert, Gorée.

295. CLUPEA DORSALIS C. V.

Clupea dorsalis C. V. *in* Gunth. Cat. Fish. Brit. Mus., t. VII, p. 438.
Alausa dorsalis C. V. Hist. nat. Poiss., t. XX, p. 488.
— Dum. Poiss. Afr. occ., p. 264, nº 162.
Alosa platycephalus Bleck. Poiss. Guin., p. 123, pl. 26, f. 2.

Wouah. — Commun : — séjourne par bandes, d'avril en septembre ; — côtes de Gorée, Dakar, Joalles, Portendick ; — nous ne l'avons jamais rencontré dans les eaux douces, comme l'indique M. Gunther.

296. CLUPEA MADERENSIS Lowe.

Clupea Maderensis Lowe. Trans. Zool. Soc., t. II, p. 189.
— Gunth. Cat. Fish. Brit. Mus., t. VII, p. 440.
Alausa eba C. V. Hist. nat. Poiss., t. XX, p. 417.
— Dum. Poiss. Afr. occ., p. 264, nº 160.

Awouath. — Côtes de Gorée, Guet N'Dar, cap Vert ; — communément pêché en juin et juillet.

Le nom de *Eba* donné à cette espèce, par Adanson, d'après les Ouoloffs, est inconnu aujourd'hui; ses couleurs ne ressemblent également en rien à celles qui lui sont attribuées par les auteurs.

Dos vert métallique foncé; ventre blanc argenté bleuâtre; une ligne longitudinale d'un blanc pur règne le long de la ligne latérale; douze lignes perpendiculaires formées de très petits points bleus, partant de cette ligne blanche, descendent jusqu'au bas de l'abdomen; lobe supérieur de la caudale vert comme le dos; l'inférieur noirâtre; les autres nageoires rosées; opercule lavé de rose; iris jaunâtre; atteint 0,354.

297. CLUPEA SENEGALENSIS C. V.

Clupea Senegalensis C. V. *in* Gunth. Cat. Fish. Brit. Mus., t. V, p. 441.
Melitta Senegalensis C. V. Hist. nat. Poiss., t. XX, p. 370.
— Dum. Poiss. Afr. occ., p. 264, n° 159.

Hobah. — Peu commun : — rade de Guet N'Dar, embouchure du Sénégal, Portendick, banc d'Argain : — taille moyenne 0,412.

Étudiée sur le vivant, cette espèce présente : dos vert jaunâtre doré; ventre blanc argenté, une teinte violacée pâle métallique sur les flancs; dorsale verdâtre, à rayons plus foncés; anale rouge; caudale de même couleur, à sommet du lobe supérieur bleuâtre foncé; ventrales et pectorales rosées; iris blanc jaunâtre.

Les écailles profondément ciliées sur le bord libre donnent à cette espèce un aspect tout particulier; les écailles dorsales seules portent ces cils très longs et très flexibles, leur longueur est plus prononcée chez les individus mâles.

Gen. PELLONULA Gunth.

298. PELLONULA VORAX Gunth.

Pellonula vorax Gunth. Cat. Fish. Brit. Mus., t. VII, n. 452.

Samba Amoul Karo. — Vit en troupes nombreuses, et est pêché principalement pendant l'hivernage ; — très estimé des nègres et des Européens : — Sénégal et tous les marigots, Sorres, Thionk, Leybar, Dakar Bango, etc. ; — de 0,080 à 0,115.

Dos rouge vif clair; une ligne de même couleur à la base du ventre, ce dernier blanc argent; nageoires verdâtres transparentes; iris blanc rosé.

C'est de cette espèce dont parle Adanson et qu'il prit pour de petits rougets, lorsqu'il dit (*loc. cit.*, p. 155) : « En traversant » l'île au Bois pour gagner le village de Klonk, j'aperçus plu- » sieurs petits poissons dans les marais formés par l'eau des « pluies; ils étaient tous d'une même espèce, et le rouge vif » dont ils étaient colorés, me les fit reconnaître pour des rougets » de la petite espèce. »

Gen. PELLONA C. V.

299. PELLONA AFRICANA Bloch.

Pellona Africana Bloch. Poiss. Guin., p. 122, tab. 26, fig. 1.
— Gunth. Cat. Fish. Brit. Mus., t. VII, p. 455.
Pellona iserti C. V. Hist. nat. Poiss., t. XX, p. 307.
— Dum. Poiss. Afr. occ., p. 259, n° 157.

Samba. — Peu commun : — Sénégal, marigots de Sorres, Leybar, Casamence; — se rencontre par petites troupes.

300. PELLONA GABONICA Dum.

Pellona gabonica Dum. Poiss. Afr. occ., p. 259, tab. XXIII, fig. 3, & 264, n° 158.

Sambatta. — Rare dans le Sénégal ; — assez commun dans la Falémé, la Casamence et la Gambie.

Gen. ALBULA Gronow.

301. ALBULA CONORHYNCUS Bloch.

Albula conorhyncus Bloch. Schn., tab. 86.
— Gunth. Cat. Brit. Mus., t. VII, p. 458.
Albula Goreensis C. V. Hist. nat. Poiss., t. XIX, p. 342.

Cap Vert, Gorée.

Gen. ELOPS Lin.

302. ELOPS SAURUS Lin.

Elops saurus Lin. Syst. Nat., I, p. 518.
— Gunth. Cat. Fish. Brit. Mus., t. VII, p. 470.
— Dum. Poiss. Afr. occ., p. 264, n° 154.

Leaktioye. — Très commun : — Sénégal, marigots de Leybar, Dakar Bango, Thionk.

Dos vert bleu métallique; ventre blanc verdâtre brillant; dorsale jaunâtre, à partie antérieure de la couleur du dos; lobe supérieur de la caudale, de même couleur; lobe inférieur rougeâtre; anale violacée; pectorales rougeâtres; iris jaune pâle.

303. ELOPS LACERTA C. V.

Elops lacerta C. V. Hist. nat. Poiss., t. XIX, p. 381, pl. 575.
— Gunth. Cat. Fish. Brit. Mus., t. VII, p. 471.
— Dum. Poiss. Afr. occ., p. 264, n° 155.

Leak. — Très commun, avec le précédent.

Dos gris bleuâtre métallique, pâle; ventre blanc, faiblement azuré; 1er lobe de la caudale brun; lobe inférieur, jaune doré; les autres nageoires rosées; une tache bleuâtre à la dorsale; régions frontale et operculaire vert métallique foncé, piquetées de points bleus; iris jaune pâle.

La plupart de nos Clupeïdes Africains ne sont pas recherchés comme aliment par les populations nègres, à cause de leur taille en général petite; certains d'entre eux cependant, les *Elops* notamment, sont séchés et apportés par les Maures qui les échangent ou les vendent aux nègres.

Gen. **MEGALOPS** Commers.

304. MEGALOPS THRISSOIDES Bleek.

Megalops thrissoïdes Bleek. Schn., p. 424.
— Gunth. Cat. Fish. Brit. Mus., t. VII, p. 38.
Megalops atlanticus C. V t. XIX, p. 398.
Megalops giganteus Bleek. Ned. Tydschr. Dierk., t. III, 1866, p. 282.

Mell. — Rare : — pêché au large, généralement au mois d'août ; — rade de Guet N'Dar, Gorée ; — ne remonte jamais les fleuves et passe par troupes peu nombreuses ; — très estimé ; — cette espèce dépasse la taille de 2 mètres.

Parties supérieures bleu outremer brillant; ventre blanc argenté: nageoires brun verdâtre, à rayons bruns; iris jaune rougeâtre.

Fam. NOTOPTERIDÆ Cuv.

Gen. **NOTOPTERUS** C. V.

305. NOTOPTERUS AFER Gunth.

Notopterus afer Gunth. Cat. Fish. Brit. Mus., t. VII, p. 480.

Dabjha. — Peu commun : — rivière de Gambie, embouchure du Rio-Pongo, embouchure de la Casamence, cap Roxo, baie de Sainte-Marie ; — de passage au mois d'août.

Fam. MURÆNIDÆ Mull.

Gen. **CONGER** Kaup.

306. CONGER MARGINATUS Valenc.

Conger marginatus Valenc. in Voy. Bon. Poiss., p. 201, pl. 9 fig. 1.
— Gunth. Cat. Fish. Brit. Mus., t. VIII, p. 38.

Dyéye. — Commun en rade de Guet N'Dar, marigots des Maringouins, Sorres, Leybar.

Gen. MYRIOPHIS Bleck.

307. MYRIOPHIS PUNCTATUS Lutk.

Myriophis punctatus Lütken Vidensk. Meddel. naturh. Foren. Kjoebenh. 1851, n° 1ε
— Gunth. Cat. Fish. Brit. Mus., t. VIII, p. 50.

Rare : — Gambie (rapporté par M. Bouvier).

Gen. OPHICTHYS Gunth.

308. OPHICTHYS ROSTELLATUS Rich.

Ophicthys rostellatus Rich. *in* Gunth. Cat. Fish. Brit. Mus., t. VIII, p. 56.
Mystriophis rostellatus Kaup. Apod., p. 10.
— Dum. Poiss. Afr. occ., p. 264, n° 178.

Dian Doujher. — Peu commun : — péché au large, par 120 brasses de profondeur, sur fond de sable; — rade de Guet N'Dar, embouchure de la Gambie ; entre parfois dans le Sénégal ; — taille moyenne 0,980.

Teinte générale brune, grisâtre sous le ventre; tête ornée de lignes onduleuses violacées; pectorales noires; dorsale et anale rosées, avec une ligne noire bordant ces deux nageoires.

309. OPHICTHYS SEMICINCTUS Rich.

Ophicthys semicinctus Rich. Voy. Erèbe et Terr., p. 99.
— Gunth. Cat. Fish. Brit. Mus., t. VIII, p. 80.
Pisœdonophis semicinctus Kaup. Apod., p. 22.
— Dum. Poiss. Afr. occ., p. 264, n° 179.

Schyk. — Peu commun : — plage de Guet N'Dar, pointe de Barbarie, Gorée, banc d'Argain, embouchure de la Gambie.

310. OPHICTHYS PARDALIS Valenc.

Ophicthys pardalis Valenc. *in* Gunth. Cat. Fish. Brit. Mus., t. VIII, p. 82.
Ophisurus pardalis Valenc. Ichth. Canar., p. 90, pl. 16, f. 2.

Schykba. — Commun : — plage de Guet N'Dar, Gorée, cap Vert, où M. Bouvier a recueilli l'espèce.

Gen. MURÆNA Gunth.

311. MURÆNA MELANOTIS Kaup.

Muræna melanotis Kaup. *in* Gunth. Cat. Fish. Brit. Mus., t. VIII, p. 98.
Limamuræna melanotis Kaup. Aale. Hamburg. Mus. p. 27, tab. 4, fig. 3.

Cap Vert ; — recueilli par M. Bouvier.

312. MURÆNA AFRA Lacep.

Muræna afra Lacep. V. p. 642.
— Gunth. Cat. Fish. Brit. Mus., t. VIII, p. 123.
— Steind. Brit. Kennt. Fish. Afrik., p. 55.

Rufisque (*teste* Steindachner) ; — espèce des mers de l'Inde et d'Australie ; — habite également le Niger.

Gen. THYRSOIDEA Kaup.

313. THYRSOIDEA LINEOPINNIS Kaup.

Thyrsoidea lineopinnis Kaup. Apod., p. 82.
— Dum. Poiss. Afr. occ., p. 264, n° 180.

Muræna afra Gunth. Cat. Fish. Brit. Mus., t. XIII, p. 123.

Cap Vert, embouchure de la Casamence ; — rapporté par M. Bouvier.

314. THYRSOIDEA MACULIPINNIS Kaup.

Thyrsoidea maculipinnis Kaup. Apod., p. 83.
— Dum. Poiss. Afr. occ., p. 264, n° 181, pl. XXIII, f. 1, a, b, c, d.
Muræna maculipinnis Gunth. Cat. Fish. Brit. Mus., t. VIII, p. 124.

Dian diechih. — Commun ; — plage de Guet N'Dar, pointe de Barbarie, cap Vert, Gorée ; — taille moyenne 1,100.

Duméril figure, grandeur naturelle, un exemplaire de cette espèce mesurant 0,240, sur lequel on ne peut reconnaître aucune des couleurs de l'animal. De son côté, Bleeker (*Poiss. Guin.*, pl. XXVII) représente la même espèce d'une façon inexacte, ce que confirme sa description. Nos exemplaires, jeunes ou vieux, nous ont montré : teinte générale jaunâtre marbrée de brun rouge et de jaune foncé ; tête à marbrures plus accusées ; dorsale jaune sale, à rayons bruns et à larges maculatures rougeâtres ; anale grise, tiquetée de brun ; iris jaune.

315. THYRSOIDEA UNICOLOR Kaup.

Thyrsoidea unicolor Kaup. Apod., p. 89, fig. 64.
— Dum. Poiss. Afr. occ., p. 264, n° 183.
Muræna unicolor Gunth. Cat. Fish. Brit. Mus., t. VIII, p. 125.

Gorée.

Gen. PŒCILOPHIS Kaup.

316. PŒCILOPHIS LECOMTEI Kaup.

Pœcilophis Lecomtei Kaup. Apod., p. 103.
Dum. Poiss. Afr. occ., p. 264, n° 185., pl. XXIII, fig. 2, a, b, c, d.

Muræna Lecomtei Gunth. Cat. Fish. Brit. Mus., t. VIII, p. 131.

Dianbäjh. — Très commun dans la Casamence, d'où M. Bouvier en a rapporté des exemplaires de tout âge.

Les ocelles dont l'espèce est ornée, sont bleuâtres, tantôt rangées en séries, tantôt et le plus souvent éparses sans aucun ordre sur tout le corps; le fond général de la couleur est brun pâle, plus accusé sur le dos et blanchissant à la région abdominale.

317. PŒCILOPHIS PELI Kaup.

Pœcilophis Peli Kaup. Apod., p. 102, fig. 68.
— Bleck. Poiss. Guin., p. 130, tab. 28.
— Dum. Poiss. Afr. occ., p. 264, n° 184.
Muræna Peli Gunth. Cat. Fish. Brit. Mus., t. VIII, p. 132.

N'dia. — Peu commun : — deux exemplaires rapportés de la Casamence par M. Bouvier nous sont connus.

En général, les nègres ne mangent pas les espèces de la famille des *Murænidæ*. Ils redoutent ces animaux qu'ils considèrent comme des serpents, et prétendent que leur morsure est mortelle. Les noms de *Dian*, *Dieye*, *Schick*, dont ils les baptisent, veulent en effet dire Serpent; ils ont soin de faire suivre ces mots d'un qualificatif, afin de distinguer les espèces qu'ils savent très bien reconnaître; ce qu'ils font également pour les Ophydiens, contrairement aux dires d'un médecin de la marine (*in litt.*, 23 novembre 1877) peu versé en histoire naturelle.

LOPHOBRANCHII Cuv.

Fam. SYNGNATHIDÆ Kaup.

Gen. SYNGNATHUS Lin.

318. SYNGNATHUS ACUS Lin.

Syngnathus acus Lin. Syst. Nat. 1, p. 416.
— Gunth. Cat. Fish. Brit. Mus., t. VIII, p. 157.

Sinkindi. — Assez rare ; — plage de Guet N'Dar, pointe de Barbarie.

Adanson, dans son cours d'Histoire naturelle (1772, *édit. Payer*, 1845, 2e vol., p. 89), parlant de cette espèce, dit qu'elle est commune dans les sables maritimes du Sénégal. Nous l'avons seulement rencontrée sur la plage, à la suite de gros temps, après les fortes *tornades*, ce qui nous porte à penser qu'elle était entraînée du large.

Gen. DORYICHTHIS Dum.

319. DORYICHTHIS JUILLERATI Rochbr.

(Pl. VI, fig. 5.)

Doryichthis Juillerati Rochbr. Bull. Soc. Phil. Paris, 22 mai 1880.

D. — Corpus elongatum, subquadratum, obtusum, pallide fuscum ; rostro quinque maculato ; pinnæ pallide fuscæ.

Tête contenue 5 fois dans la longueur totale; museau 2 fois aussi long que la région postoculaire, plus court de 1/10 de la dorsale; dorsale insérée sur les trois derniers anneaux du tronc et les sept premiers de la queue; queue, sans la caudale, plus longue que le 1/2 de la longueur du tronc, y compris la tête;

denteluro très faiblement prononcée sur les arêtes de la tête et les angles des anneaux. Couleur brun pâle; 5 taches quadrangulaires noirâtres en dessous du rostre et de chaque côté; nageoires d'un brunâtre très clair.

D. 50; anneaux du tronc 20. — Long. 0, 121. — Larg. du dos, 0,002; épaisseur dans son plus grand diamètre, 0,004.

Rare : — rade de Dakar, Gorée ; — provient des collections réunies à Dakar et adressées au Muséum.

Voisin du *D. brachyurus* Bleck, il s'en distingue par sa dorsale plus longue, la position de celle-ci sur les 3 derniers anneaux du corps et les 7 premiers de la queue (et non sur le dernier du corps et les 8 premiers de la queue, caractère propre au *D. brachyurus*); par son museau plus court et les dimensions plus longues de la queue.

Gen. HIPPOCAMPUS Leach.

330. HIPPOCAMPUS GUTTULATUS Cuv.

Hippocampus guttulatus Cuv. Reg. an.
— Gunth. Cat. Fish. Brit. Mus., t. VIII, p. 202.
— Dum. Poiss. Afr. occ., p. 261, n° 21.
Hippocampus Deanei Dum. Poiss. Afr. occ., p. 243-261, n° 23.

Peu commun : — Casamence, Rio-Pongo, Gambie ; — très rare à Gorée, d'où nous n'en connaissons qu'un individu jeune.

En comparant le type de l'*Hippocampus Deanei* de Duméril (*n°* 1211, *de la Coll. ichth. du Mus.*) avec un *Hippocampus guttulatus* Algérien, de même taille (*n°* 5977. *Coll. ichth. du Mus.*) nous avons acquis la certitude qu'ils étaient l'un et l'autre, de la même espèce. Les seules différences propres au *Deanei* consistent : dans sa forme un peu plus trapue; l'absence des lambeaux cutanés; la couronne occipitale plus développée; les tubercules moins anguleux (ce qui dénote un individu âgé, ayant éprouvé une sorte d'usure des points saillants de son dermo-squelette). Le pointillé blanchâtre répandu sur les plaques, plus abondant que chez le *guttulatus*, ne peut suffire à le distinguer de celui-ci.

321. HIPPOCAMPUS BICUSPIS Kaup.

Hippocampus bicuspis Kaup. Lophobr., p. 13, tab. 3, f. 1.
— Dum. Poiss. Afr. occ., p. 261, n° 23.
— Gunth. Cat. Fish. Brit. Mus., t. VIII, p. 205.

Gorée.

Nous pouvons affirmer que, contrairement à l'assertion de M. Gunther (*loc. cit.*), le type du Muséum de Paris (n° 5884) n'appartient pas à un très jeune sujet.

PLECTOGNATHI Cuv.

Fam. SCLERODERMI Cuv.

Gen. BALISTES Cuv.

322. BALISTES FORCIPATUS Gm.

Balistes forcipatus Gm. L. 1, 1472.
— Gunth. Cat. Fish. Brit. Mus., t. VIII, p. 216.
— Dum. Poiss. Afr. occ., p. 261, n° 12.
Balistes dicrostigma Guich. *in* Dum. Poiss. Afr. occ., p. 261, n° 13.

N'dor. — Peu commun: — Gorée, cap Vert, Guet N'Dar; n'entre pas dans l'alimentation des nègres.

Le *Balistes dicrostigma* Guich. est identique au *forcipatus*. Les filets libres de la dorsale n'existent pas, par suite soit d'accident, soit de l'âge.

323. BALISTES ACULEATUS Lin.

Balistes aculeatus Lin. Sys. Nat., t. 1, p. 406.
— Gunth. Cat. Fish. Brit. Mus., t. VIII, p. 223.

N'dor. — Assez rare; — mêmes localités que le *forcipatus*; — Gambie, Casamence.

Gen. MONACANTHUS Cuv.

394. MONACANTHUS SETIFER Benn.

Monacanthus setifer Benn. Proc. Zool. Soc., 1830, p. 112.
— Gunth. Cat. Fish. Brit. Mus., t. VIII, p. 239.
Monacanthus filamentosus Valenc. Ichth. Canar., p. 95, pl. 17, fig. 1.

N'dorgah. — Pris en mer ; — cap Blanc, cap Mirik ; — plus rarement en vue de Guet N'Dar.

395 MONACANTHUS HEUDELOTII Holl.

Monacanthus Heudelotii Holl. *in* Gunth. Cat. Fish. Brit. Mus., t. VIII, 251.
Aluterus Heudelotii Holl. Ann. Sc. nat., 1855, t. VI, p. 13.

Sénégal.

396. MONACANTHUS SCRIPTUS Orb.

Monacanthus scriptus Orb. *in* Gunth. Cat. Fish. Brit. Mus., t. VIII, p. 252.

Cap Vert, d'où il a été rapporté par M. Bouvier.

Gen. OSTRACION Arted.

397. OSTRACION QUADRICORNIS Lin.

Ostracion quadricornis Lin. Syst. Nat., 1, p. 409.
— Gunth. Cat. Fish. Brit. Mus., t. VIII, p. 257.
— Bleck. Poiss. Guin., p. 20.

Kounaye, — Très rarement rencontré vivant : — c'est après les gros temps d'hivernage qu'on le trouve jeté sur la plage : Guet N'Dar, pointe de Barbarie, plages de Dakar, d'Argain ; — n'a jamais plus de 0,062 à 0,079.

Fam. GYMNODONTES Cuv.

Gen. TETRODON Cuv.

328. TETRODON GUTTIFER Benn.

Tetrodon guttifer Benn. Proc. Zool. Soc., 1830, p. 148.
— Gunth. Cat. Fish. Brit. Mus., t. VIII, p. 272.

Boundâjh. — Peu commun : — Gambie, Casamence, Falémé, à leur embouchure ; — plus rare à Dakar et Gorée, où on l'observe quelquefois.

329. TETRODON LÆVIGATUS Lin.

Tetrodon lævigatus Lin. Syst. Nat., 1, p. 411.
— Gunth. Cat. Fish. Brit. Mus., t. VIII, p. 274.
Gastrophysus lævigatus Bleek. Poiss. Guin., p. 22, pl. II.
Promecocephalus lævigatus Bib. *in* Dum. Poiss. Afr. occ., p. 261, n° 18.

Ouakan. — Assez commun : — rade de Gorée, rade de Guet N'Dar.

330. TETRODON SCELERATUS Forst.

Tetrodon sceleratus Forst. Gm. L. 1, p. 1444.
— Gunth. Cat. Fish. Brit. Mus., t. VIII, p. 276.
Promecocephalus argentatus Bib. Rev. Zool., 1855, p. 279.
— Dum. Poiss. Afr. occ., p. 261, n° 17.

Gorée.

331. TETRODON SPENGLERI Bloch.

Tetrodon Spengleri Bloch. Aust. Fish., t. 1, p. 135, tab. 144.
— Gunth. Cat. Fish. Brit. Mus., t. VIII, p. 284.

Bounn. — Assez commun : — Guet N'Dar, Dakar, Gorée ; — pris en juillet et août ; — très redouté des nègres, comme vénéneux, bien plus encore que toutes les espèces du même genre.

332. TETRODON FAHAKA Hass.

Tetrodon fahaka Hasselq. Itin., p. 400.
— Gunth. Cat. Fish. Brit. Mus., t. VIII, p. 290.

Tetrodon lineatus Lin. Syst. Nat., p. 414.
Tetraodon lineatum Dum. Poiss. Afr. occ., p. 261, n° 16.

Boundy. — Rare : — Gorée, Guet N'Dar, banc d'Argain, cap Vert.

Sa coloration, sur le vivant, mérite d'être notée : parties supérieures bleu intense ; ventre orangé, à mouchetures brunâtres ; une ligne orange règne le long du dos ; trois autres lignes, larges, de même couleur, s'étendent sur les flancs ; l'une d'elles entoure le pied des pectorales ; anale et caudale olivâtres, à rayons bruns ; pectorales jaunâtres, à rayons rougeâtres ; iris rouge vermillon vif. Nos échantillons mesurent de 0,350 à 0,480.

333. TETRODON STELLATUS Bloch.

Tetrodon stellatus Bloch. *in* Gunth. Cat. Fish. Brit. Mus., t. VIII, p. 294.
Dilobomycterus maculatus Bib. *in* Dum. Pois. Afr. occ., p. 261.

Gorée.

Duméril (*loc. cit.*, p. 261, n° 20) indique, de Gorée, une espèce sous le nom d'*Ephippion maculatum* Bib. Le genre *Ephippion*, crée par Bibron (*Travail inéd. relatif aux Plectog. gymnod.*) et sur lequel Duméril a publié une note (*in Rev. et Mag. Zool.*, 1875, t. VII, p. 274 et suiv.) ne nous est pas connu. Nous serions néanmoins disposé à supposer que l'*Ephippion maculatum* n'est autre que le *Tetrodon stellatus* (*maculatus*), également de Gorée. M. Gunther, qui connaissait très bien le travail précité, n'en parle pas dans son *Cat. Brit. Mus.*

Gen. DIODON Gunth.

334. DIODON HYSTRIX Lin.

Diodon hystrix Lin. Syst. Nat., 1, p. 413.
— Gunth. Cat. Fish. Brit. Mus., t. VIII, p. 306.

Ouakandé. — Rare.

Cette espèce, indiquée du Gabon par M. Gunther, se rencontre en mer, près des côtés des caps Roxo et Sainte-Marie ; elle remonte plus haut encore; un seul exemplaire a été pêché à 6 milles en mer, dans les parages du banc d'Argain; un autre, dans la rade de Guet N'dar, à deux milles des brisants.

Gen. **ORTHAGORISCUS** Bloch.

335. ORTHAGORISCUS TRUNCATUS Flem.

Orthagoriscus truncatus Flem. Brit. An., p. 170.
— Gunth. Cat. Fish. Brit. Mus., t. VIII, p. 320.

Zatanga. — Rare : — cap Roxo, cap Sainte-Marie ; — quelquefois rencontré au cap Vert.

LEPTOCARDII Mull.

CIRROSTOMI Owen.

Fam. AMPHIOXIDÆ Mull.

Gen. **BRANCHIOSTOMA** Costa.

336. BRANCHIOSTOMA LANCEOLATUM Pall.

Branchiostoma lanceolatum Pall. Spicil. Zool., X, pl. 19, tab. 1, f. 11.
— Gunth. Cat. Fish. Brit. Mus., VIII, p. 113.
— Steind. Beitr. Kenn. Fish. Afrik., p. 35.
Amphioxus lanceolatus Yarr. Brit. Fish., 1836, p. 408.

Rufisque (*teste* Steindachner).

Nous ne connaissons pas l'existence de cette espèce en Sénégambie, et nous pensons que si le genre *Amphioxus* se rencontre dans ces parages, comme l'indique M. Steindachner, il est de toute probabilité que l'espèce doit être distinguée du type de nos côtes Européennes. L'étude de ces espèces de diverses provenances, nous paraît présenter un haut intérêt.

LISTE MÉTHODIQUE

DES

POISSONS DE LA SÉNÉGAMBIE

DIPNOI Mull

Sirenoidei Gunth.

Protopteridæ Gunth.

I. Protopterus Ow.

1. — P. annectens Gray.

GANOIDEI Mull.

Holostei Mull.

Polypteridæ Mull.

II. Polypterus Geoff.

2. — P. Bichir Geoff.
3. — P. Lapradei Steind.
4. — P. Senegalus Cuv.
5. — P. Palmas Ayr.

CHONDROPTERYGII Cuv.

Plagiostomata Selachoidei Dum.

Carchariidæ Cuv.

III. Carcharias Lin

6. — C. isodon Dum.
7. — C. glaucus M. et H.
8. — C. leucos Dum.
9. — C. melanopterus M. et H.
10. — C. limbatus M. et H.

IV. Galeocerdo M et H.

11. — G. tigrinus M. et H.

V. Galeus Cuv.

12. — G. Canis Rond.

VI. Zygæna Cuv.

13. — Z. malleus Sch.
14. — Z. Leeuwenii Griff.
15. — Z. tudes Cuv.

VII. Mustelus Cuv.

16. — M. lævis Riss.

Lamnidæ Cuv.

VIII. Oxyrhina M. et H.

17. — O. gomphodon M. et H.

IX. Carcharodon M. et H.

18. — C. Rondeletii M. et H.

X. Odontaspis Agass.

19. — O. taurus (Rafin.) M. et H.

Notidanidæ M. et H.

XI. Notidanus. M et H.

20. — N. cinereus Cuv.

Scylliidæ Gunth.

XII. Ginglymostoma M. et H.

21. — G. cirratum M. et H.

Spinacidæ.

XIII. Acanthias M. et H.

22. — A. uyatus M. et H.

XIV. Echinorhinus Blainv.

23. — E. spinosus Bl.

XV. Isistius Gill.

24. — I. Brasiliensis Gill.

Plagiostomata Batoidei Dum.

Pristidæ Dum.

XVI. Pristis Lath.

25. — P. Perrottetí M. et H.
26. — P. antiquorum Lath.
27. — P. occa Dum.

Rhinobatidæ Gunth.

XVII Rhynchobatus Gunth.

28. — R. Djeddensis Rupp.

XVIII. Rhinobathus Gunth.

29. — R. Halavi Rupp.
30. — R. cemiculus Geoff.

Torpedinidæ Dum.

XIX. Torpedo Dum.

31. — T. nigra Guich.
32. — T. oculata Davy.
33. — T. marmorata Riss.

Rajidæ Dum.

XX. Platyrhina M. et H.

34. — P. Schonleinii M. et H.

Trygonidæ Dum.

XXI. Urogymnus M. et H.

35. — U. asperrimus Dum.

XXII. Trygon Adam.

36. — T. thalassia Column.
37. — T. spinosissima Dum.
38. — T. margarita Gunth.

XXIII. Pteroplatea M. et H.

39. — P. Vaillantii Rochbr.

Myliobatidæ Dum.

XXIV. Myliobatis Cuv.

40. — M. bovina Geoff.

XXV. Ætobatis M. et H.

41. — Æ. flagellum M. et H.
42. — Æ. latirostris Dum.

XXVI. Rhinoptera Kuhl.

43. — R. Peli Bleeh.
44. — R. Javanica M. et H.

Cephalopteræ Dum.

XXVII. Cephaloptera Dum.

45. — C. giorna Riss.
46. — C. Rochebrunei Vaill.

TELEOSTEI Mull.

Acanthopterygii Mull.

Beryoidæ Lowe.

XXVIII Holocentrum Arted.

47. — H. hastatum C. V.

Percidæ Owen.

XXIX. Labrax Cuv.

48. — L. lupus Lacep.
49 — L. punctatus (Bloch.) Gunth.

XXX. Lates Cuv.

50. — L. niloticus Lin.

XXXI. Apsilus C. V.

51. — A. fuscus C. V.

XXXII. Serranus Cuv.

52. — S. nigri Gunth.
53. — S. papilionaceus C. V.
54. — S. lineo-ocellatus Guich.
55. — S. cuatalibi C. V.
56. — S tæniops C. V.
57. — S. gigas Brün.
58. — S. fimbriatus Lowe.
59. — S. Goreensis C. V.
60. — S. fuscus Lowe.
61. — S. æneus G. St-H.
62. — S. acutirostris C. V.

XXXIII. Rhypticus C. V.

63. R. saponaceus C. V.

XXXIV. Lutjanus Bloch.

64. — L. dentatus Dum.
65. — L. jocu C. V.
69. — L. fulgens C. V.

67. — L. sutpatus Bloch.
68. — L. agennes Bleck.
69. — L. Maltzani Steind.

XXXV. Priacanthus C. V.

70. — P. macrophthalmus C. V.

Pristipomatidæ Cuv.

XXXVI. Pristipoma Cuv.

71. — P. Jubelini C. V.
72. — P. Rogeri C. V.
73. — P. Bennettii Lowe.
74. — P. Viridense C. V.
75. — P. suillum C. V.
76. — P. macrophthalmum Bleck.
77. — P. Perrotteti C. V.
78. — P. ectolineatum C. V.

XXXVII. Diagramma Cuv.

79. — D. mediterraneum Guich.

XXXVIII. Dentex Cuv.

80. — D. vulgaris C. V.
81. — D. filosus Valenc.

XXXIX. Smaris Cuv.

82. — S. melanurus C. V.

Mullidæ Gray.

XL. Mullus Lin.

83. — M. barbatus Lin.

XLI. Upeneus C. V.

84. — N. Prayensis C. V.

Sparidæ Rich.

XLII. Cantharus Cuv.

85. — C. Senegalensis C. V.

XLIII. Box Cuv.

86. — B. salpa Lin.

XLIV. Sargus. Klein.

87. — S. annularis Geoff.
88. — S. fasciatus C. V.
89. — S. cervinus Lowe.
90. — S. vulgaris Geoff.

XLV. Lethrinus Cuv.

91. — L. atlanticus C. V.

XLVI. Pagrus Cuv.

92. — P. vulgaris C. V.
93. — P. auriga Valenc.
94. — P. Ehrenbergii C. V.

XLVII. Pagellus C. V.

95. — P. erythrinus C. V.
96. — P. mormyrus C. V.

XLVIII. Chrysophrys Cuv.

97. — C. cæruleosticta C. V.
98. — C. gibbiceps C. V.

Squamipinnes Cuv.

XLIX. Chætodon Arted.

99. — C. Luciæ Rochbr.
100. — C. Hœfleri Steind.

L. Ephippus Cuv.

101. — E. Goreensis C. V.

Triglidæ Kaup.

LI. Scorpæna Arted.

102. — S. scrofa Lin.
103. — S. ustulata Lowe.
104. — S. Senegalensis Steind.

LII. Trigla Arted.

105. — T. lineata Lin.

LIII. Dactylopterus Lacep.

106. — D. volitans C. V.

Sciænidæ Owen.

LIV. Larimus C. V.

107. — L. Peli Bleck.

LV. Umbrina Cuv.

108. — U. Canariensis Valenc.

LVI. Sciæna Arted.

109. — S. Senegalensis C. V.
110. — S. epipercus Bleck.
111. — S. Sauvagei Rochbr.

LVII. Corvina Cuv.

112. — C. nigra C. V.
113. — C. nigrita C. V.
114. — C. clavigera C. T.

LVIII. Otolithus Cuv.

115. — O. Senegalensis C. V.
116. — O. brachygnathus Bleek.
117. — O. macrognathus Bleek.

Polynemidæ Bleek.

LIX. Polynemus Lin.

118. P. quadrifilis C. V.

LX. Pentanemus Arted.

119. — P. quinquarius Art.

LXI. Galeoides Gunth.

120. — G. polydactylus Gunth.

Sphyrænidæ Bleek.

LXII. Sphyræna Arted.

121. — S. vulgaris C. V.

Trichiuridæ Gunth.

LXIII. Trichiurus Lin.

122. — T. lepturus Lin.

Scombridæ Cuv.

LXIV. Scomber Arted.

123. — S. pneumatophorus de la Roche.
124. — S. Colias Lin.

LXV. Thynnus C. V.

125. — Q. pelamys C. V.
126. — Q. alalonga C. V

LXVI. Pelamys C. V.

127. — P. Sarda C. V.
128. — P. unicolor Guich.

LXVII. Cybium Cuv.

129. — C. tritor C. V.

LXVIII. Elacate Cuv.

130. — E. nigra Cuv.

LXIX. Echeneis Arted.

131. — E. remora Lin.
132. — E. naucrates Lin.

Carangidæ Owen.

LXX. Caranx Cuv.

133. — C. jacobæus C. V.
134. — C. rhonchus Geoff.
135. — C. crumenophthalmus Bleek.
136. — C. Senegallus C. V.
137. — C. dentex C. V.
138. — C. carangus C. V.
139. — C. Alexandrinus Geoff.
140. — C. Goreensis C. V.

LXXI. Argyreiosus Leach

141. — A. setipinnis Lacep.

LXXII. Micropteryx Agass.

142. — M. chrysurus Agass.

LXXIII. Seriola Cuv.

143. — S. Dumerilii Riss.

LXXIV. Lichia Cuv.

144. — L. amia Cuv.
145. — L. glauca Riss.
146. — L. vadigo Riss.
147. — L. calcar C. V.

LXXV. Temnodon C. V.

148. — T. saltator C. V.

LXXVI. Sparactodon Rochbr.

149. — S. Nalnal Rochbr.

LXXVII. Trachynotus Lacep.

150. — T. ovatus Lin.
151. — T. Goreensis C. V.
152. — T. teraioides Guich.
153. — T. Martini Steind.

LXXVIII. Psettus Comm.

154. — P. Sebæ C. V.

Xyphiidæ Agass.

LXXIX. Xyphias Arted.

155. — X. gladius Lin.
156. — X. velifer Cuv.

LXXX. Histiophorus Lacep.

157. — H. gladius Brown

Gobiidæ Owen.

LXXXI. Gobius Arted.

158. — G. lateristriga Dum.
159. — G. humeralis Dum.
160. — G. Mendroni Svg.
161. — G. Casamancus Rochbr.

LXXXII. Periophthalmus Artad.

162. — P. papilio Bl.
163. — P. Gabonicus Dum.
164. — P. erythronotus Guich.

LXXXIII. Eleotris Gronov.

165. — E. guavina C. V.
166. — E. vittata Dum.
167 — E. Dumerilii Stg.
168. — E. Maltzani Steind.

Batrachidæ Cuv.

LXXXIV. Batrachus Schn.

169. — B. didactylus Bl.

Pediculati Cuv.

LXXXV. Antennarius Comm.

170. — A. pardalis C. V.
171. — A. marmoratus Gunth.

Blenniidæ Owen.

LXXXVI. Blennius Arted.

172. — B. Goreensis C. V.
173. — B. Bouvieri Rochbr.

LXXXVII. Clinus Cuv.

174. — C. archipinnis Quoy et G.
175. — C. pedatipennis Rochbr.

Acronuridæ Bleck.

LXXXVIII. Acanthurus Bloch.

176. — A. chirurgus Bloch.

Mugilidæ Bleck.

LXXXIX. Mugil Arted.

177. — M. cephalus Cuv.
178. — M. Our Forsk.
179. — M. grandisquamis C. V.
180. — M. capito Cuv.
181. — M. breviceps C. V.
182. — M. saliens Riss.
183. — M. cryptochilus C. V.
184. — M. hypselopterus Gunth.
185. — M. Schlegeli Bleck.
186. — M. falcipinnis C. V.
187. — M. Chelo Cuv.

XC. Myxus Gunth.

188 — M. curvidens C. V.

Centriscidæ Bleck.

XCI. Centriscus Lin.

189. — C. gracilis Lowe.

Fistularidæ Mull.

XCII. Fistularia Lin.

190. — F. tabacaria Lin.

Acanthopterygii pharyngognathi Mull.

Pomacentridæ Cuv.

XCIII. Pomacentrus Lacep.

191. — P. Hamyi Rochbr.

XCIV. Glyphidodon Lacep.

192. — G. luridus Brown.
193. — G. Hoefleri Steind.

XCV. Heliastes Gunth.

194. — H. bicolor Rochbr.

Labridæ Cuv.

XCVI. Labrus Arted.

195. — L. mixtus Fries.

XCVII. Centrolabrus Gunth.

196. — C. trutta Lowe.

XCVIII. Cossyphus C. V.

197. — C scrofa C. V.
198. — C. tredecimspinosus.

XCIX. Julis C. V.

199. — J. pavo Hassel.

C. Coris Gunth.

200. — C. Atlantica Gunth.

CI. Scarus Forsk.

201. S. Cretensis Aldr.

CII. Pseudoscarus Bleck

202. — P. Hoefleri Steind.

Gerridæ Gunth.

CIII. Gerres Cuv.

203. — G. bilobus C. V.
204. — G. nigri Gunth.
205. — G. melanopterus Bleek.

Chromidæ Mull.

CIV. Chromis Cuv.

206. — C. Niloticus Cuv.
207. — C. Dumerilii Steind.
208. — C. polycentra Dum.
209. — C. nigripinnis Guich.
210. — C. Heudelotii Dum.
211. — C. latus Gunth.
212. — C. Guntheri Steind.
213. — C. aureus Steind.
214. — C. pleuromelas Dum.
215. — C. lateralis Dum.
216. — C. melanopleura Dum.
217. — C. cæruleo maculatus Rochbr
218. — C. macrocentra Dum.
219. — C. Rangii Dum.
220. — C. affinis Dum.
221. — C. Faidherbi Rochbr.
222. — C. microcephalus Bleck.
223. — C. macrocephalus Bleck.

CV. Hemichromis Peters.

224. — H. fasciatus Peters.
225. — H. auritus Gill.
226. — H. Desguezi Rochbr.

Anacanthini Mull.

Gadidæ Owen.

CVI. Mora Riss.

227. — M Mediterranea Riss.

CVII. Phycis Cuv.

228. — P. Mediterraneus Delar.

Ophidiidæ Mull.

CVIII. Ophidium Cuv.

229. — O. barbatum Lin.

CIX. Ammodytes Arted.

230. — A. Siculus Swains.

Pleuronectidæ Flem.

CX. Psettodes Benn.

231. — P. Erumei Bl.

CXI. Rhombus Klein.

232. — R. Senegalensis Kaup.

CXII. Solea Cuv.

233. — S. Senegalensis Kaup.

CXIII. Cynoglossus H. B.

234. — C. Senegalensis Kaup.

Physostomi Mull.

Siluridæ Cuv.

CXIV. Clarias Gronow.

235. — C. Senegalensis C. V.
236. — C. anguillaris Lin.
237. — C. xenodon Gunth.
238. — C. macromystax Gunth.
239. — C. læviceps Gill.

CXV. Heterobranchus Geoff.

240. — H. Senegalensis C. V.

CXVI. Schilbe Bleck.

241. — C. dipsila Gunth.
242. — C. Senegalensis C. V.

CXVII. Eutropius Mull.

243. — E. Niloticus Rupp.

CXVIII. Bagrus Bloch.

244. — B. bayad C. V.
245. — B. docmac C. V.

CXIX. Chrysichthys Gunth

246. — C. maurus C. V.
247. — C. nigrita C. V.
248. — C. nigrodigitatus Lacep.

CXX. Pimelodus Gunth.

249. — P. Platychir Gunth.

CXXI. Anchenapsis Gunth.

250. — A. biscutatus Geoff.

CXXII. Arius Gunth.

251. — A. Heudelotii C. V.
252. — A Parkii Gunth.

CXXIII. Synodontis C. S.

253. — S. macrodon I.-S.-G. St-Hil.
254. — S. schal Hyrt.
255. — S. nigritus C. V.
256. — S. Gambiensis Gunth.
257. — S. xiphias Gunth.

CXXIV. Malapterurus Lacep.

258. — M. electricus Lacep.

Characinidæ Mull.

CXXV. Citharinus M. et T.

259. — C. Geoffroyi Cuv.

CXXVI. Alestes Gunth.

260. — A. sethente Cuv.
261. — A. Kotschyi Heck.
262. — A. macrolepidotus Hilh.

CXXVII. Brachyalestes Gunth.

263. — B. nurse Rupp.
264. — B. longipinnis Gunth.

CXXVIII. Hydrocion M. et T.

265. — H. Forskalii Cuv.

CXXIX. Sarcodaces Gunth.

266. — S. odoe Bloch.

CXXX. Distichodus M. et T.

267. — D. niloticus Mull.
268. — D. rostratus Gunth.

Mormyridæ Mull.

CXXXI. Mormyrus Gunth.

269. — M. rume C. V.
270. — M. Hasselquistii C. V.
271. — M. Jubelini C. V.
272. — M. macrophthalmus Gunth.
273. — M. tamandua Gunth.
274. — M. cyprinoides Lin.
275. — M. niger Gunth.
276. — M. brachyistius Gill.
277. — M. adspersus Gunth.

CXXXII. Hyperopisus Gill.

278. — H. Occidentalis Gunth.

Gymnarchidæ Gunth.

CXXXIII. Gymnarchus Cuv.

279. — G. Niloticus Cuv.

Scombresocidæ Mull.

CXXXIV. Belone Cuv.

280. — B. Lovii Gunth.
281. — B. Senegalensis C. V.
282. — B. choram Rupp.

CXXXV. Hemiramphus Cuv.

283. — H. Schlegelii Bleek.
284. — H. vittatus Valenc.
285. — H. Brasiliensis Lin.

CXXXVI. Exocœtus Arted.

286. — E. evolans Lin.
287. — E. lineatus C. V.

Cyprinodontidæ Agass.

CXXXVII. Haplochilus M. Cl.

288. — H. fasciolatus Gunth.
289. — H. spilargyreia Dum.

Cyprinidæ Agass.

CXXXVIII. Labeo Cuv.

290. — L. selti C. V.
291. — L. Senegalensis C. V.

CXXXIX. Barbus Gunth.

292. — B. camptacanthus Bleek.

Osteoglosidæ Agass.

CXL. Heterotis Ehrh.

293. — H. Niloticus Ehrh.

Clupeidæ Cuv.

CXLI. Clupea Cuv.

294. — C. aurea C. V.
295. — C. dorsalis C. V.
296. — C. Maderensis Lowe.
297. — C. Senegalensis C. V.

CXLII. Pellonula C. V.

298. — P. vorax Gunth.

CXLIII. Pellona C. V

299. — P. Africana Bleek.
300. — P. gabonica Dum.

CXLIV. Albula Gronow.

301. — A. conorhyncus Bleek.

CXLV. Elops Lin.

302. — E. saurus Lin.
303. — E. lacerta C. V.

CXLVI. **Megalops** Comm.

304. — M. thrissoides Bleck.

Notopteridæ Cuv.

CXLVII. **Notopterus** C. V.

305. — N. afer Gunth.

Murænidæ Mull.

CXLVIII. **Conger** Kaup.

306. — C. marginatus Valenc.

CXLIX. **Myriophis** Bleck.

307. — M. punctatus Valenc.

CL. **Ophyctys** Gunth.

308. — O. rostellatus Rich.
309. — O. semicinctus Rich.
310. — O. pardalis Valenc.

CLI. **Muræna** Gunth.

311. — M. melanotis Kaup.
312. — M. afra Lacep.

CLII. **Thyrsoidea** Kaup

313. — T. lineopinnis Kaup.
314. — T. maculipinnis Kaup.
315. — T. unicolor Kaup.

CLIII. **Pœciliophis** Kaup.

316. — P. Lecomtei Kaup.
317. — P. Pelli Kaup.

Lophobranchii Cuv.

Syngnathidæ Kaup.

CLIV. **Syngnathus** Lin.

318. — S. acus Lin.

CLV **Doryichthis** Dum.

319. — D. Juillerati Bochbr.

CLVI. **Hippocampus** Leach.

320. — H. guttulatus Cuv.
321. — H. bicuspis Kaup.

Plectognathi Cuv.

Sclerodermi Cuv.

CLVII. **Balistes** Cuv.

322. — B. forcipatus Cuv.
323. — B. aculeatus Lin.

CLVIII. **Monacanthus** Cuv.

324. — M. setifer Ben.
325. — M. Heudelotii Holl.
326. — M. scriptus Orb.

CLIX. **Ostracion** Artcd.

327. — O. quadricornis Lin.

Gymnodontes Cuv.

CLX. **Tetrodon** Cuv.

328. — T. guttifer Benn.
329. — T. lævigatus Lin.
330. — T. sceleratus Forst.
331. — T. Spengleri Bleck.
332. — T. fahaka Hass.
333. — T. stellatus Bleck.

CLXI. **Diodon** Gunth.

334. — D. hystrix Lin.

CLXII. **Orthagoriscus** Bleck.

335. — O. truncatus Flem.

LEPTOCARDII Mull.

Cirrostomi Owen.

Amphioxidæ Mull.

CLXIII. **Branchiostoma** Costa.

336. — B. lanceolatum Pall.

EXPLICATION DES PLANCHES

Planche I.

Figure 1. — *Cephaloptera Rochebrunei* Vaill. 1/7 grand. nat.
» 2. — Dents du *Cephaloptera Rochebrunei* Vaill., grossies 12 fois.
» 3. — » » *giorna* Cuv. » » »
» 4. — » » *Draco* M. et H. » » »
» 5. — » » *Eregodoo* Dum. » » »

Planche II.

Figure 1. — *Pteroplatea Vaillanti* Rochbr. 1/10 grand. nat.
» 2. — Aiguillon suscaudal, vu par sa face postérieure. 1/3 grand. nat.
» 3. — Dents du *Pteroplatea Vaillantii* Rochbr., grossies 10 fois.
» 4. — » » *Japonica* Schleg. » » »
» 5. — » » *Canariensis* Valenc. » » »

Planche III.

Figure 1. — *Sciæna Sauvagei* Rochbr. 1/10 grand. nat.
» 2. — *Pomacentrus Hamyi* Rochbr. grand. nat.
» 3. — *Heliastes bicolor* Rochbr. 1/2 grand. nat.

Planche IV.

Figure 1. — *Chætodon Luciæ* Rochbr. grand. nat.
» 2. — *Sparactodon Nalnal* Rochbr. 1/3 grand. nat.
» 3. — *Chromis cæruleo-maculatus* Rochbr. 1/2 grand. nat.

Planche V.

Figure 1. — *Gobius Casamancus* Rochbr. double grand. nat.
» 2. — Ecaille du même, grossie 18 fois.
» 3. — *Blennius Bouvieri* Rochbr. 2/3 grand. nat.
» 4. — Dentition du même, grossie 5 fois.
» 5. — *Chromis Faidherbi* Rochbr. 2/3 grand. nat.
» 6. — *Hemichromis Desguezi* Rochbr. grand. nat.

Planche VI.

Figure 1. — *Heterobranchus Senegalensis* C. V. 1/12 grand. nat.
» 2. — *Clinus pedatipennis* Rochbr. grossi 1/2 fois.
» 3. — Ecaille du même, grossie 15 fois.
» 4. — Tentacule susorbitaire du même, grossi 15 fois.
» 5. — *Doryicthis Juillerati* Rochbr. grand. nat.

Bordeaux. — Imp. J. Durand, rue Condillac, 20.

TABLE ALPHABÉTIQUE GÉNÉRALE

Des noms contenus dans les cinq fascicules, composant le Tome premier de la

FAUNE DE LA SÉNÉGAMBIE

(VERTÉBRÉS)

MAMMIFÈRES

NOTA. — Les noms écrits en italiques, indiquent les espèces acceptées dans l'ouvrage.

OISEAUX

REPTILES

AMPHIBIENS

POISSONS

FIN.

Bordeaux. — Imprimerie J. Durand, rue Condillac, 40.

Début d'une série de documents
en couleur

Pl. 1

J. Terrier del. — Imp. Becquet fr. Paris

Otolicnus Senegalensis Gray.

BIBLIOTHÈQUE
du
MUSEUM

Pl. II.

J Terrier del

Imp Becquet fr Paris.

1. Erinaceus Adansoni Rochbr — 2. Crocidura viaria Rochbr.

3. Crossopus nasutus Rochbr.

BIBLIOTHÈQUE
du
MUSEUM

Pl. III

J Terrier del. Imp. Becquet fr. Paris.

1. Graphiurus Hueti Rochb. _ 2 Aulacodus Swinderianus Tem.

BIBLIOTHEQUE
du
MUSEUM

Pl. IV

1

2

. Terner del.

1. 2. Atherura armata P. Gerv.

Imp. Becquet fr. Paris

BIBLIOTHÈQUE
du
MUSEUM

Pl. V

J Terrier del.

Imp Becquet fr. Paris.

1. Canis Laobetianus Rochbr. — 2. Vulpes Edwardsi Rochbr.

BIBLIOTHEQUE
du
MUSEUM

Pl. VI

J. Terrier del

Bos triceros Rochbr

Imp Becquet fr Paris

BIBLIOTHEQUE
du
MUSEUM

Pl. VII

2

1

3

J. Terrier del

Imp Becquet fr. Paris

1. Oreas Colini Rochbr. — 2. Oreas Derbianus Gray.
3. Oreas Canna Gray.

BIBLIOTHÈQUE
du
MUSEUM

Pl. VIII

J. Terrier del.

Imp. Becquet fr. Paris

Tragelaphus gratus Sclat.

BIBLIOTHEQUE
du
MUSEUM

J. Terrier del.

Imp. Becquet fr. Paris.

1. Ovis Bakelensis Rochbr. _ 2. Ovis Djalonensis Rochbr.

Fin d'une série de documents
en couleur

BIBLIOTHÈQUE
du
MUSEUM

EXPLICATION DES PLANCHES

Planche I.

Plumes du corps avec plumes adventices.

Toutes les figures sont de grandeur naturelle.

Figure 1. — *Gyps Rüppeli* C. Bp.
» 2. — *Gypaetus ossifragus* Sharpe.
» 3. — *Poliohierax semitorquatus* Kaup.
» 4. — *Pandion haliætus* Less.
» 5. — *Scotopelia Oustaleti* Rochbr.
» 6. — *Bubo maculosus* C. Bp.
» 7. — *Glaucidium licua* Rochbr.
» 8. — *Pococephalus fuscicollis* Reichen.
» 9. — *Mesopicus goertan* Malh.
» 10. — *Cuculus clamosus* Lath.
» 11. — *Trachyphonus purpuratus* Verr.
» 12. — *Trogon Narina* Vieill.
» 13. — *Turacus giganteus* Hartl.
» 14. — *Merops viridissimus* Swain.
» 15. — *Irrisor aterrimus* Steph.
» 16. — *Caprimulgus tristigma* Rüpp.
» 17. — *Turdus pelios* C. Bp.
» 18. — *Saxicola leucorhoa* Hartl.
» 19. — *Sylvia deserticola* Trist.
» 20. — *Parus leucomelas* Rüpp. (1).
» 21. — *Cinnyris fuliginosus* Cuv.
» 22. — *Lanius rutilans* Temm.
» 23. — *Terpsiphone melanogastra* Cab.
» 24. — *Corvus scapulatus* Daud.
» 25. — *Vidua hypocherina* J. Verr.
» 26. — *Calandrella deserti* C. Bp.

(1) Par suite d'une erreur de lithographie, la fig. 19 a été donnée à deux plumes différentes. Celle qui est placée au milieu de la planche entre les nos 22 et 18 doit porter le no 20 (*Parus leucomelas*), 20 devient 21 et ainsi de suite jusqu'à 26.

Planche II.

Plumes du corps avec plumes adventices.

Toutes les figures sont de grandeur naturelle.

Figure 1. — *Circaetus Beaudouinii* J. Verr. et O. des Murs.
» 2. — *Gyps occidentalis* C. Bp. — Plume de la collerette.
» 3. — *Tockus semifasciatus* Sharpe.
» 4. — *Cisticola rufa* Sharpe.
» 5. — *Motacilla alba* Lin.
» 6. — *Nilaus Edwardsi* Rochbr.
» 7. — *Buphaga Africana* Lin.
» 8. — *Cryptorhina Afra* Sharpe.
» 9. — *Pyrenestes ostrinus* Gray.
» 10. — *Fringillaria flaviventris* Hartl.
» 11. — *Euplectes flammiceps* Swain.
» 12. — *Estrilda Savatieri* Rochbr.
» 13. — *Cursorius Senegalensis* Hartl.
» 14. — *Larus fuscus* Lin.
» 15. — *Dendrocygna fulva* Baird.

Planche III.

Plumes du corps avec plumes adventices.

Toutes les figures sont de grandeur naturelle.

Figure 1. — *Numida cristata* Pall.
» 2. — *Phasidus niger* Cass.
» 3. — *Francolinus bicalcaratus* Gray.
» 4. — *Eupodotis Senegalensis* Gray.
» 5. — *Tantalus Ibis* Lin.
» 6. — *Geronticus Æthiopicus* Gray.
» 7. — *Anthropoides virgo* Vieill.
» 8. — *Charadrius apricarius* Gm.
» 9. — *Parra Africana* Gm.
» 10. — *Tigrisoma leucolophum* Jard.
» 11. — *Scopus umbretta* Gm.
» 12. — *Phœnicopterus antiquorum* Temm.
» 13. — *Nettapus auritus* Gray.
» 14. — *Sterna hirundo* Lin.

Planche IV.

Figure 1. — *Gyps Rüppeli* C. Bp., mâle jeune 1/5 grand. nat.

Planche V.

Figure 1. — *Serpentarius secretarius* Daud., jeune 1/5 grand. nat.

Planche VI.

Figure 1. — *Spizaetus albescens* Gray., jeune 1/4 grand. nat.

Planche VII.

Figure 1. — *Poliohierax semitorquatus* Kaup., mâle grand. nat.
» 2. — » » femelle grand. nat.

Planche VIII.

Figure 1. — *Scotopelia Oustaleti* Rochbr., mâle 1/3 grand. nat.

Planche IX.

Figure 1. — *Glaucidium licua* Rochbr., mâle grand. nat.

Planche X.

Figure 1. — *Psittacus rubrovarius* Rochbr., 3/4 grand. nat.

Planche XI.

Figure 1. — *Poeocephalus fuscicollis* Reichen., 3/4 grand. nat.

Planche XII.

Figure 1. — *Chrysococcyx smaragdineus* Strickl., mâle adulte grand. nat.
» 2. — » » mâle jeune grand. nat.

Planche XIII.

Figure 1. — *Tockus Bocagei* Oustal., mâle 1/2 grand. nat.

Planche XIV.

CORACIAS et EURYSTOMUS

Caractères génériques (figures grandeur naturelle).

Figure 1. — Tête de *Coracias garrula* Lin.
» 2. — Sternum vu de profil.
» 3. — Tarse, métatarse et doigts.

Figure 4. — Plume du corps avec plume adventice d'après nature.
» 5. — » » d'après M. Sharpe.
» 6. — Tête d'*Eurystomus afer* Gray.
» 7. — Sternum vu de profil.
» 8. — Tarse, métatarse et doigts.
» 9. — Plume du corps avec plume adventice d'après nature.
» 10. — » » d'après M. Sharpe.

Planche XV.

Figure 1. — *Eurystomus afer* Gray, mâle adulte 2/3 grand. nat.
» 2. — » » femelle adulte 2/3 grand. nat.

Planche XVI.

Figure 1. — *Ægithalus calotropiphilus* Rochbr., mâle adulte grand. nat.
» 2. — Son nid grand. nat.
» 3. — Œufs grand. nat.

Planche XVII.

Figure 1. — *Nilaus Edwardsi* Rochbr., mâle adulte grand. nat.
» 2. — » » femelle adulte grand. nat.

Planche XVIII.

Figure 1. — *Cinnyris venustus* Cuv., mâle adulte grand. nat.
» 2. — Son nid grand. nat.
» 3. — Œufs grand. nat.

Planche XIX.

Figure 1. — *Spermospiza hæmatina* Hartl., mâle adulte grand. nat.
» 2. — » » femelle adulte grand. nat.
» 3. — » » jeune grand. nat.

Planche XX.

Figure 1. — *Estrilda subflava* Hartl., mâle grand. nat.
» 2. — Son nid grand. nat.
» 3. — Œufs grand. nat.

Planche XXI.

Figure 1. — *Estrilda Savatieri* Rochbr., mâle grand. nat.
» 2. — » *Perreini* Hartl., mâle grand. nat.

Planche XXII.

Figure 1. — *Phasidus niger* Cass., mâle adulte 3/7 grand. nat.

Planche XXIII.

Figure 1. — *Tigrisoma leucolophum* Jard., mâle 1/4 grand. nat.

Planche XXIV.

Figure 1. — Nid de *Scopus ombretta* Gm., 1/8 grand. nat.
» 2. — Coupe perpendiculaire du nid 1/8 grand. nat.
» 3-4. — Œufs grand. nat.

Planche XXV.

Figure 1. — *Podica Senegalensis* Less., mâle 1/3 grand. nat.

Planche XXVI.

Figure 1. — *Phœnicopterus antiquorum* Temm., 2/3 grand. nat.
» 2. — » *erythræus* J. Verr., 2/3 grand. nat.
» 3. — *Phœniconaias minor* Gray, 2/3 grand. nat.

Planche XXVII.

Figure 1. — *Dendrocygna fulva* Baird., mâle 1/3 grand. nat.

Planche XXVIII.

OVOLOGIE.

Toutes les figures sont de grandeur naturelle.

Figure 1. — *Serpentarius secretarius* Daud.
» 2. — *Helotarsus ecaudatus* Gray.
» 3. — *Aquila rapax* Less.
» 4. — *Accipiter minulus* Vig.
» 5. — *Milvus Ægyptius* Gray.

Planche XXIX.

OVOLOGIE.

Toutes les figures sont de grandeur naturelle.

Figure 1. — *Cuculus solitarius* Steph.

Figure 2. — *Cinnyris flavirostris* Rochbr.
» 3. — *Pogonorhynchus bidentatus* Heugl.
» 4. — *Colius macrourus* Heugl.
» 5. — *Merops Nubicus* Gm.
» 6. — *Caprimulgus rufigena* A. Smith.
» 7. — *Macrodipteryx longipennis* Shaw.
» 8. — *Sylvietta rufescens* Cass.
» 9. — *Prinia mystacea* Rüpp.
» 10. — *Cisticola rufa* Sharpe.
» 11. — » *Strangei* Sharpe.
» 12. — *Laniarius cruentus* Hartl.
» 13. — *Lamprotornis ænea* Hartl.
» 14. — *Cryptorhina Afra* Sharpe.
» 15. — *Corvus scapulatus* Daud.
» 16. — *Hyphantornis ocularius* Hartl.
» 17. — » *aurifrons* Hartl.
» 18. — *Penthetria ardens* Cab.
» 19. — *Estrilda cærulescens* Swain.
» 20. — *Galerita Senegalensis* C. Bp.
» 21. — *Certhilauda nivosa* Swain.
» 22. — *Pitta Angolensis* Vieill.

Planche XXX.

OVOLOGIE.

Toutes les figures sont de grandeur naturelle.

Figure 1. — *Pterocles exustus* Temm.
» 2. — *Houbara undulata* Gray.
» 3. — *Cursorius Senegalensis* Hartl.
» 4. — *Anthropoides virgo* Vieill.
» 5. — *Garzetta garzetta* Gray.
» 6. — *Parra Africana* Gm.
» 7. — *Porphyrio smaragnotus* Temm.
» 8. — *Nettapus auritus* Gray.
» 9. — *Graculus Africanus* Gray.

Bordeaux. — Imprimerie J. Durand, rue Condillac, 20

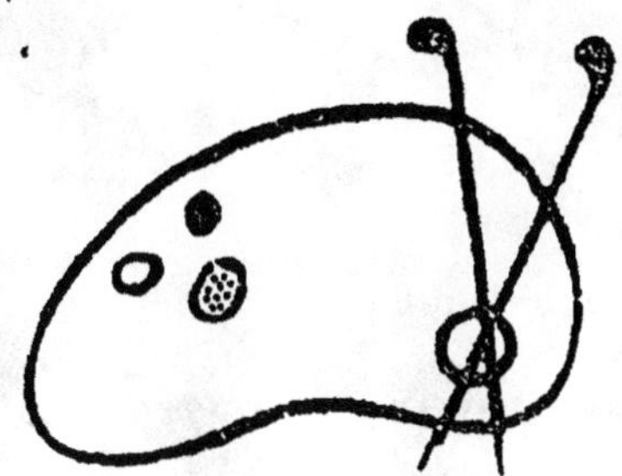

Début d'une série de documents
en couleur

Pl. I.

J. Terrier del. Imp Becquet fr Paris.

Plumes du corps avec Plumules adventices.

J. Terrier del. Imp. Becquet fr. Paris.

Plumes du corps avec Plumules adventices.

BIBLIOTHÈQUE
du
MUSEUM

J. Terrier del.

Imp. Becquet fr. Paris.

Plumes du corps avec Plumules adventices

BIBLIOTHÈQUE
du
MUSEUM

Gyps Ruppeli C.Bp. ♂ ♀

BIBLIOTHÈQUE
du
MUSEUM

Pl. V

J. Terrier del.

Imp. Becquet fr. Paris

Serpentarius secretarius Daud. ♂

J. Terrier del. Imp. Becquet fr. Paris

[illegible]raetus albescens Gray ♂ ♀

BIBLIOTHÈQUE
du
MUSEUM

PL. VII

del. Imp. Becquet fr. Paris

[illegible]

BIBLIOTHÈQUE
du
MUSEUM

Pl. X

Imp. Becquet fr. Paris

Psittacus rubrovarius Rochbr. ♂

BIBLIOTHÈQUE
du
MUSEUM

Pl. XI

J. Terrier del. Imp. [illegible] Paris

Poeocephalus fuscicollis Reichen ♂

BIBLIOTHÈQUE
du
MUSEUM

Pl. XII

J. Terrier del. Imp. Becquet fr. Paris

Chryzococcyx smaragdinus Strick ♂.♀

Pl. XIII.

Tockus Bocagei Cuv. ♂.

Pl. XIV.

J. Terrier del.

Imp. Becquet fr. Paris.

Coracias et Eurystomus

Caractères generiques.

BIBLIOTHEQUE
du
MUSEUM

J. Terrier del — imp Becquet fr Paris

Eurystomus afer Gray ♂ ♀

Pl. XVI.

Imp Becquet fr Paris

Aegithalus Calotropiphilus Rochbr

BIBLIOTHÈQUE
du
MUSEUM

J. Terrier del. Imp. Becquet fr Paris.

Nilaus Edwardsi Rochbr. ♂. ♀.

Pl. XVIII

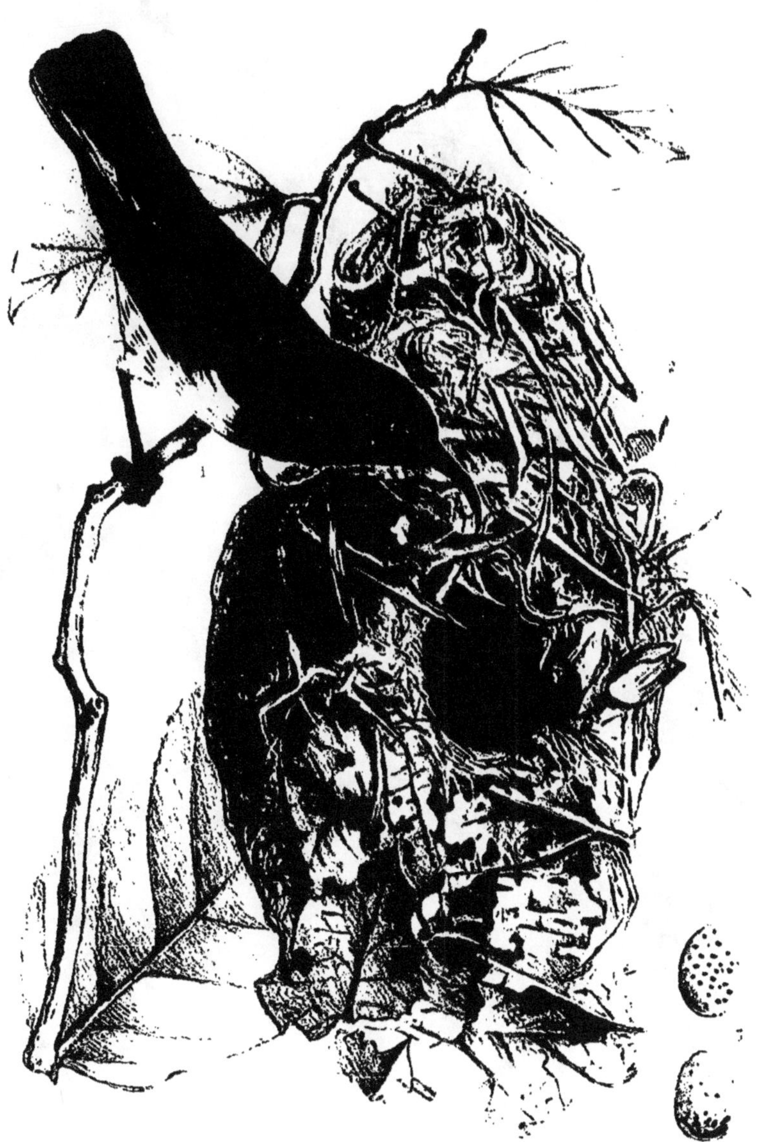

J. Terrier del. Imp. Becquet fr. Paris

Cinnyris venustus Cuv.

MUSEUM

Pl. XIX

Spermospiza hæmatina Hartl ♂ ♀

BIBLIOTHÈQUE
du
MUSEUM

Pl. XX

J. Terrier del. Imp. Becquet fr. Paris

Estrilda subflava Hartl.

BIBLIOTHÈQUE
du
MUSEUM

J. Terrier del. Imp. Becquet fr. Paris

1. Estrilda Savatieri Rochbr. — 2. Estrilda Perreini Hartl.

BIBLIOTHEQUE
du
MUSEUM

Pl. XXII

J. Terrier del. Imp. Becquet fr. Paris

Tigrisoma leucolophum Jard. ♂.

BIBLI THEQUE
du
MUSEUM

J. Terrier del. — Imp. Becquet fr. Paris

Scopus umbretta Gmel.

(nidification.)

Pl. XXV.

J Terrier del

Podica Senegalensis Less. ♂

J. Terrier del.

Imp. Becquet fr. Paris

Têtes de Phoenicopteridæ.

BIBLIOTHÈQUE
du
MUSEUM

Pl. XXVII.

J. Terrier del. Imp. Becquet fr. Paris.

Dendrocygna fulva Baird. ♂

BIBLIOTHÈQUE
du
MUSEUM

Pl. XXVIII

J. Terrier del. Imp. Becquet fr. Paris

Oologie (Types nouveaux ou rares.)

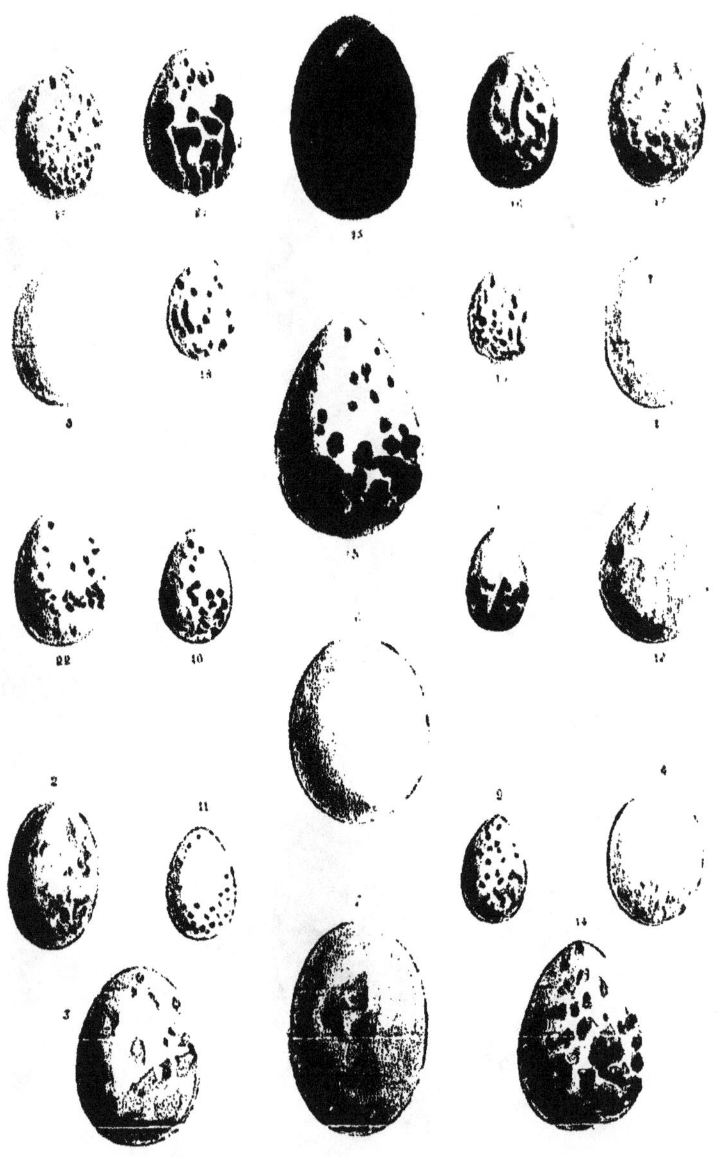

J. Terrier del

Imp. Becquet fr. Paris

Oologie. (Types nouveaux ou rares)

BIBLIOTHÈQUE
du
MUSEUM

Pl. XXX

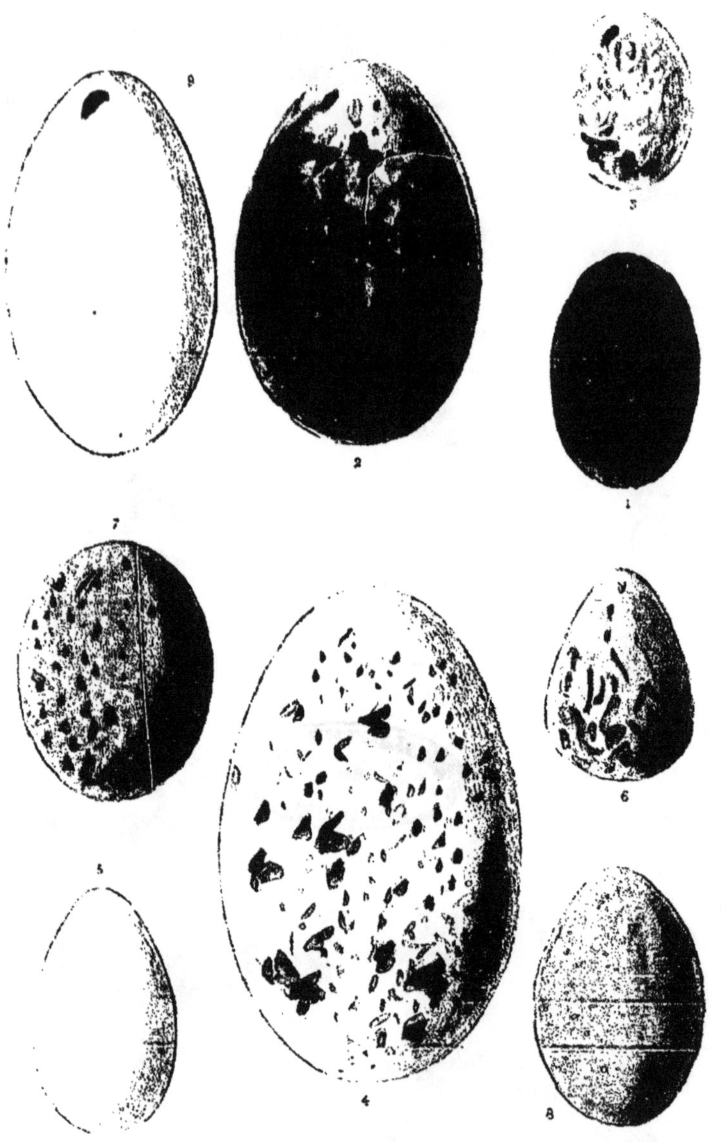

J. Terrier del. Imp. Becquet fr. Paris.

Oologie (Types nouveaux ou rares)

Pl. I

1

2

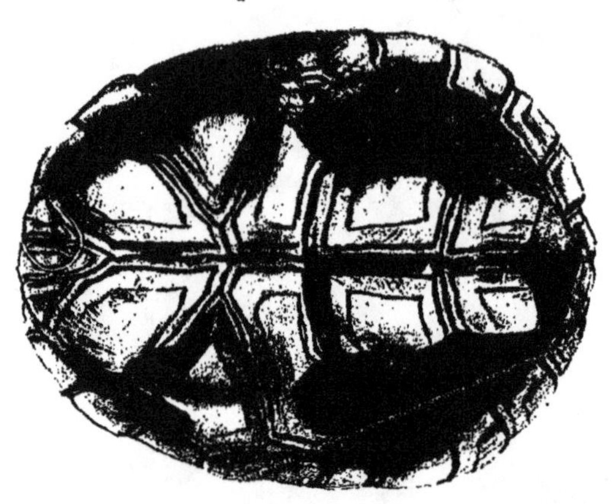

J. Tertier del. Imp. Becquet fr. Paris

Pelomedusa Gasconi Rochbr.

BIBLIOTHÈQUE
du
MUSEUM

Pl. II.

J Terrier del

Heptathyra Aubryi Cope

J. Terrier del. Imp. Becquet fr. Paris

Gymnopus Ægyptiacus Dum. et Bib.

BIBLIOTHEQUE
du
MUSEUM

J. Terrier del.

Imp. Becquet fr. Paris

Tetrathyra Vaillantii Rochbr.

BIBLIOTHEQUE
du
MUSEUM

J. Terrier del.

Imp. Becquet fr Paris.

1. Osteolæmus tetraspis, Cope. _ 2. Crocodilus vulgaris Cuv.

BIBLIOTHEQUE
du
MUSEUM

Pl. VI.

J. Terrier del.

Imp. Becquet fr. Paris

1. Tomistomus intermedius Gray. 2. Mecistops cataphractus Gray.

Pl. VII.

J Terrier del

imp Becquet fr Paris

Temsacus intermedius Gray

BIBLIOTHÈQUE
du
MUSEUM

Pl. VIII.

J. Terrier del. Imp. Becquet fr. Paris

Platydactylus gigas L. Vaill.

Tessier del. Imp. Becquet fr. Paris

1. 2. Dactychilikion Braconnieri Trom.
3. 4. Hemidactylus Bocavieri Boc. — 5. 6. Phyllurus Blavieri Rochbr.

BIBLIOTHÈQUE
du
MUSEUM

Pl. X.

J. Terrier del.

Imp. Becquet fr. Paris

Agama Colonorum Daud.

J. Terrier del. Imp. Becquet fr. Paris

1.2. Agama Savattieri Rochbr. 3.4. Agama Bocourti Rochbr.

BIBLIOTHEQUE
du
MUS

Pl. XII

BIBLIOTHÈQUE
du
MUS UM

Pl. XIII

J. Terrier del

Macroscincus Cocteaui B. du Boc.

J. Terrier del.

Imp. Becquet fr. Paris.

1. Anelytrops elegans A. Dum. _ 2. Phractogonus Dumerilli Strauch.

BIBLIOTHÈQUE
du
MUSEUM

PL. XV.

1

2

J. Terrier del

Imp. Becquet fr. Paris.

1. Onychocephalus congestus D et B. _ 2. Onychocephalus coecus A. Dum.

BIBLIOTHEQUE
du
MUS UM

Pl. XVI.

J Terrier del. Imp Becquet fr Paris

Pelophilus Fordii Gunth.

BIBLIOTHÈQUE
du
MUSEUM

Pl. XVII

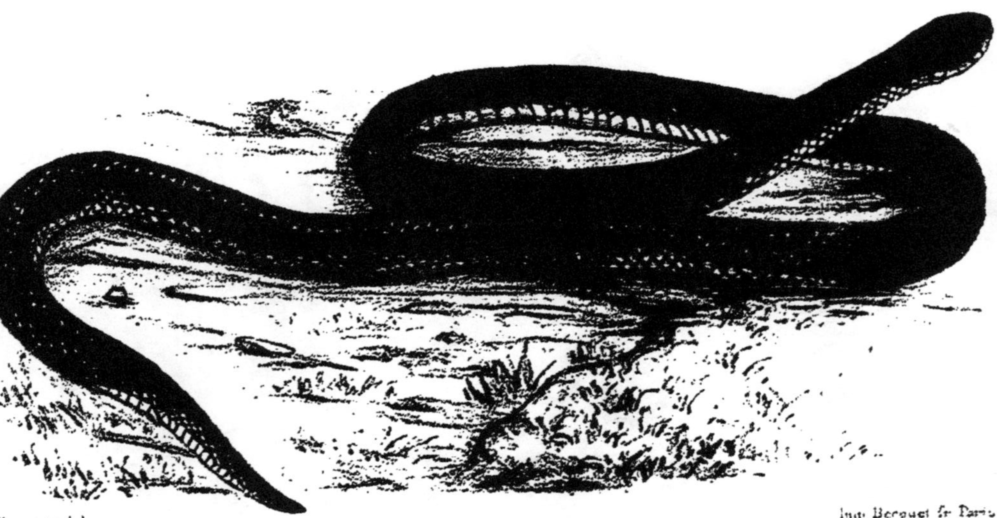

J. Terrier del

Imp. Becquet fr. Paris.

Miodon Gabonense A. Dum.

Pl. XVIII

J. Terrier del. — Imp. Becquet fr. Paris.

Scaphiophis Raffreyi Bocourt

BIBLIOTHÈQUE
du
MUSEUM

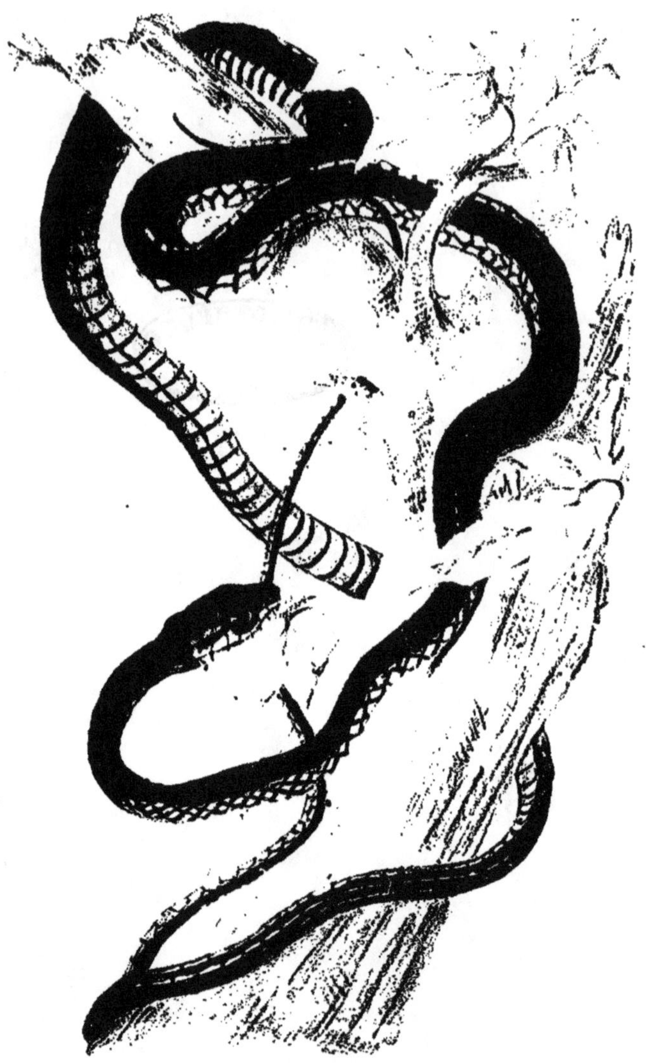

J. Terrier del. Imp. Becquet fr. Paris

Rhamnophis Æthiopissa Gunth.

Pl. XX.

J. Terrier del.

Imp. Becquet fr. Paris.

Bitis Rhinoceros Gray.

BIBLIOTHEQUE
du
MUSEUM

Pl. I.

Formant del.

Imp. Becquet r. des Noyers. 37.

Cephaloptera Rochebrunei Vaill.

Pl. II

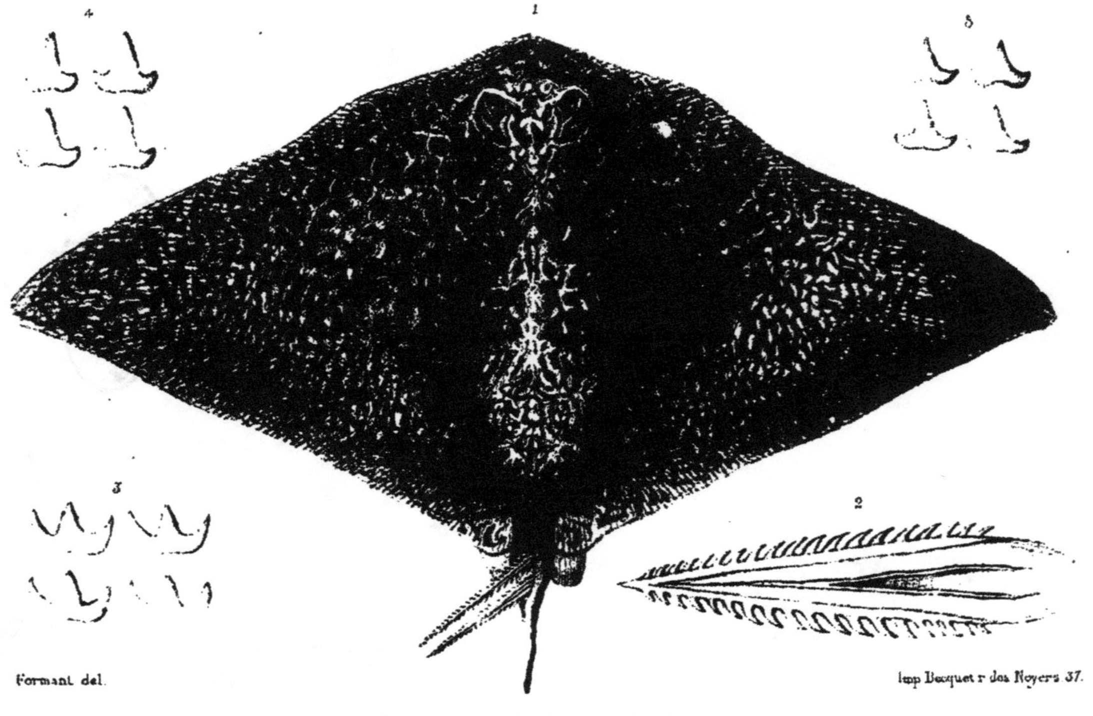

Formant del.

Imp Becquet r des Noyers 37.

Pteroplatea Vaillantii Rochbr.

Pl. III.

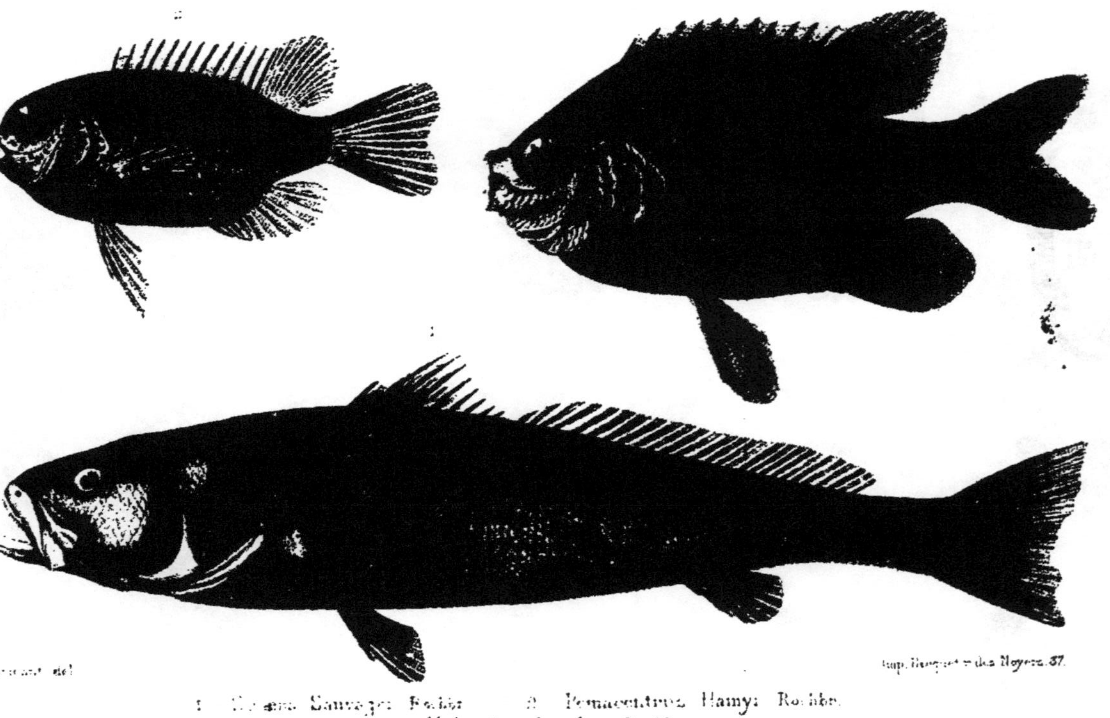

del.

Imp. Becquet r. des Noyers, 37.

1. [illegible] Sauvagei Rochbr. 2. Pomacentrus Hamyi Rochbr.
3. Heliastes bicolor Rochbr.

Pl. IV

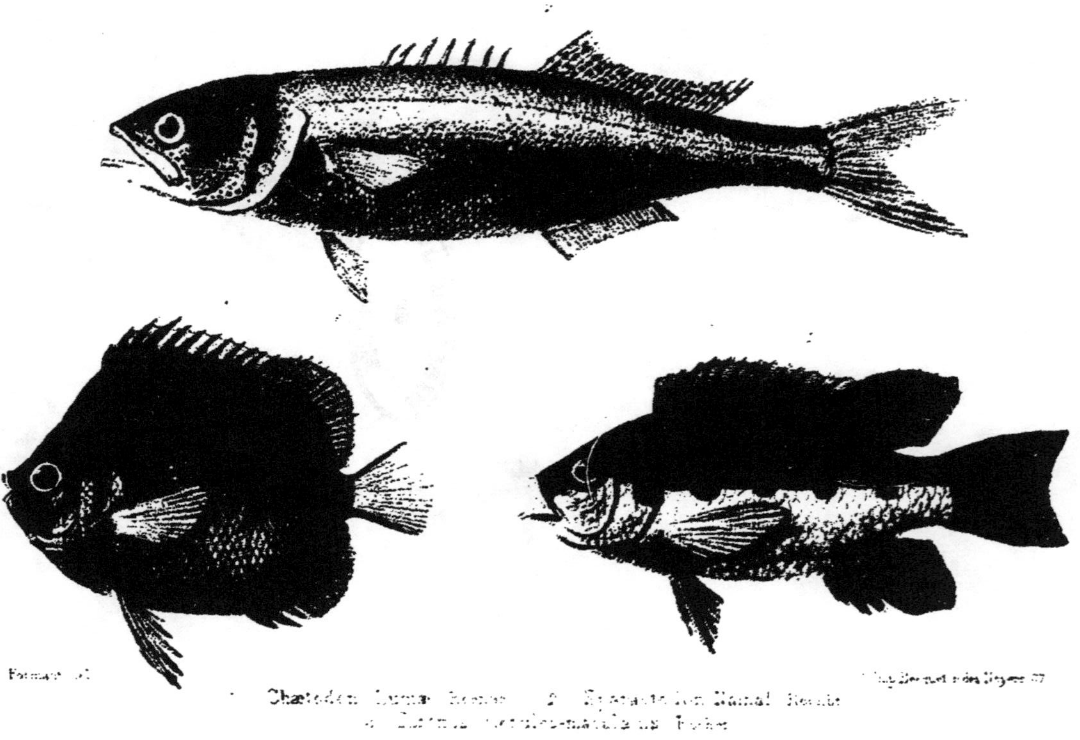

Chætodon [illegible] 2. [illegible] Natal [illegible]
3. [illegible]

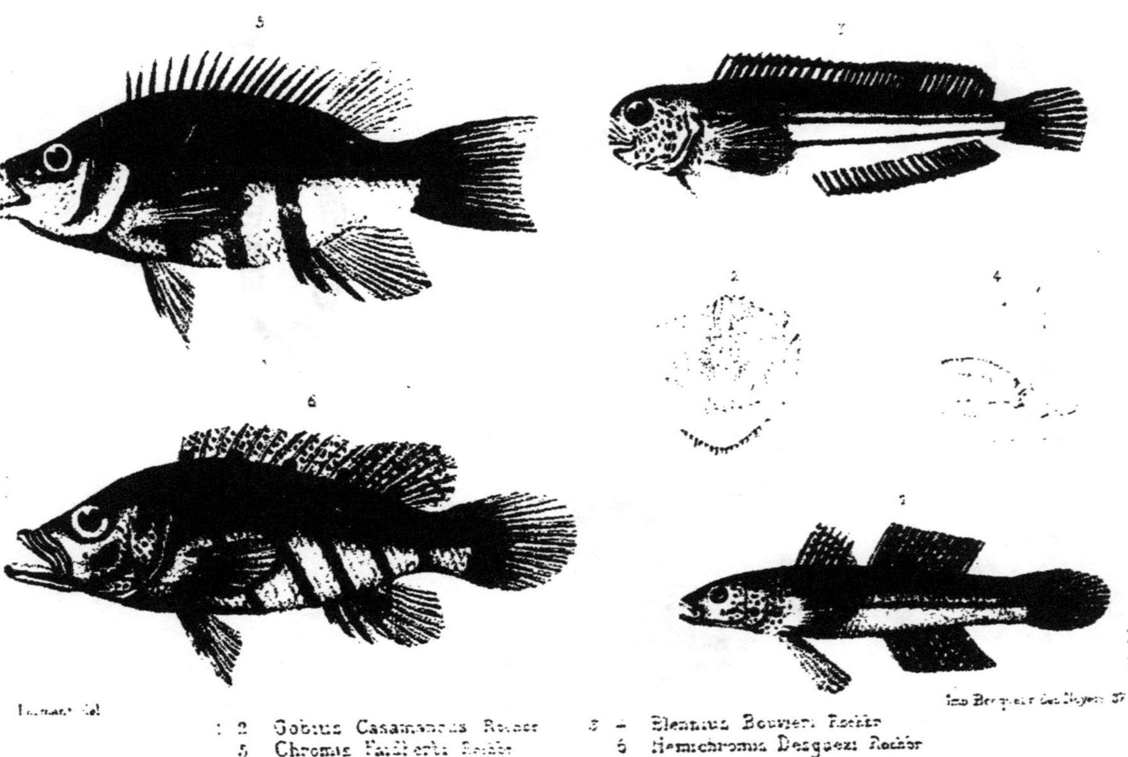

1. 2 Gobius Casamancus Rochbr. 3. 4 Blennius Bouvieri Rochbr.
5 Chromis Faidherbi Rochbr. 6 Hemichromis Desguezi Rochbr.

Pl. VI

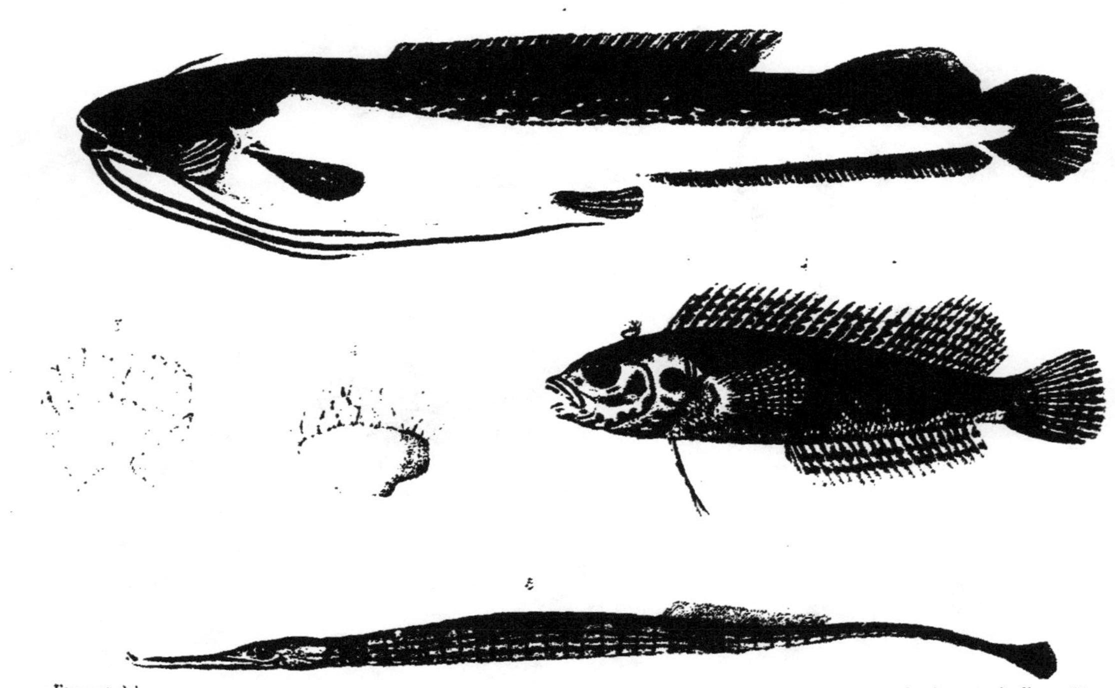

Formant del.

Imp. Becquet r. des Noyers 37

1. Heterobranchus Senegalensis C.V. 2.3.4. Clinus pedatipennis Rochbr
5. Doryichthis Juillerati Rochbr

BIBLIOTHEQUE
du
MUSEUM

www.ingramcontent.com/pod-product-compliance
Lightning Source LLC
Chambersburg PA
CBHW060440240326
41598CB00087B/1999